中国气象局　南京信息工程大学共建项目资助精品教材

全球气候系统卫星遥感导论

——气象卫星资料的多学科应用

陈渭民　陶国庆　邱新法　编著

内容简介

21世纪以来，卫星探测数据应用已经进入跨学科研究的新时代，卫星资料的应用已经成为各个学科的重要内容之一。作者基于地球环境的变化及其研究的进展，在讲授气象卫星资料多学科应用课程近20年的基础上，通过多年资料收集编写了本书，目的是有一本系统全面的卫星遥感基本原理和方法的教材，方便学生的学习。本书可供大气遥感、陆地和海洋遥感专业及相关专业的本科生、研究生以及从事遥感工作的科研人员参考使用。

图书在版编目(CIP)数据

全球气候系统卫星遥感导论/陈渭民，陶国庆，邱新法编著．—北京：气象出版社，2012.7

ISBN 978-7-5029-5501-4

Ⅰ．①全…　Ⅱ．①陈…　②陶…　③邱…　Ⅲ．①卫星遥感-应用-气候系统-研究　Ⅳ．①P4

中国版本图书馆CIP数据核字(2012)第108979号

Quanqiu Qihou Xitong Weixing Yaogan Daolun

全球气候系统卫星遥感导论

陈渭民　陶国庆　邱新法　编著

出版发行：气象出版社

地　　址：北京市海淀区中关村南大街46号　　**邮政编码**：100081

总 编 室：010-68407112　　**发 行 部**：010-68409198

网　　址：http://www.cmp.cma.gov.cn　　**E-mail**：qxcbs@cma.gov.cn

责任编辑：王萃萃　　**终　　审**：章澄昌

封面设计：燕　彤　　**责任技编**：吴庭芳

责任校对：石　仁

印　　刷：北京奥鑫印刷厂

开　　本：787 mm×1092 mm　1/16　　**印　　张**：50.5

字　　数：1324千字

版　　次：2012年7月第1版　　**印　　次**：2012年7月第1次印刷

定　　价：84.00元

前 言

在过去的几十年内，随着世界人口和经济的持续增长，城市的扩展，全球工业化程度提高，空调、冰箱和汽车的大量使用，大面积森林的砍伐，人类对地球的干扰加强，地球的环境发生了很大的变化：气候增暖、平流层臭氧含量减少、对流层污染、EL Nino 事件加强、大气环流异常、森林火灾频发、大面积干旱、土地荒漠化、海平面上升、风暴、暴雪、沙尘暴、局部地区的洪水泛滥、印度洋海啸、强烈大地震……自然灾害频繁发生，由大气、海洋、江河、陆地、冰盖与生物圈交织形成的自然环境正面临人类活动的威胁。脆弱的环境在自然灾害面前已变得更加不堪一击，自然灾害则通过因果关系的恶性循环使环境进一步退化。

在一些地区由于长期缺乏降水和无节制的土地滥用使自然环境荒漠化，约 1/3 的地表面积和 1/5 的世界人口正在忍受荒漠化的肆虐。生物多样性（地球生命物种及由其形成的自然格局）有助于保持全球环境的运转，但空气污染、水匮乏和污染、土壤退化和城市扩展都对生物多样性构成威胁。海温上升使支撑了大量海洋生物生存并作为重点旅游项目的珊瑚礁大面积褪色，其中厄尔尼诺事件尤为突出。湿地、森林和湖泊一类的生态系统是河流自然整体的重要组成部分，它们作为河流与陆地生态系统的一个缓冲，在储存和削弱洪水方面具有重要作用。因此，必须维护它们的健康完好状态。结构性防洪干预无法完全控制超出设计标准的极端洪水事件，而且它们可能会对自然环境造成负面影响。平流层臭氧对植物、海洋生物、动物和人类具有保护作用，它使地球生命免受太阳紫外线的伤害，但氟氯烃和其他人为化学品却会破坏臭氧。许多问题至今尚未得到解决，需要地球科学家对地球上发生的基本过程进行深入的了解，从区域到全球、从短期到长期发生的地球物理过程进行研究，研究重点应调整到影响环境的气候变异和变化方面。

为防止环境进一步恶化，人们急切要解决的问题是认识地球上发生的越来越多的各种事件，地球正在或将要发生何种变化，建立一个突发和灾害事件的观测系统、资料传输和收集天气、气候和大气观测资料等环境状况的预报系统网络。

国家气象和水文部门的一项基本工作是监测大气温室气体、紫外线、气溶胶和臭氧的长期变化，评估它们对人类、气候、空气和水质、海洋和陆地生态系统等产生的相应影响。另外一项重要活动是监测火山爆发或工业事故产生的有害颗粒物通过大气和水的传输。为完成这些任务，首要的是利用半个世纪以来发展的空间技术，建立以卫星为主体的全球观测体系，对现有的观测体系加强完善，提高探测能力，对气候变化、生态环境、温室气体实行监视观测，实现数据共享。近十几年来，在世界气象组织（WMO）的倡导下，建立了全球大气监测（GAW）网、平流层变化探测网(NDSC)、UV辐射测量网、地球观测系统(EOS)等,推出了世界气候研究计划(WCRP)、国际地圈生物圈计划(IGBP)、国际人文因素计划(IHDP)等探测研究计划,开创了人类监视和认识地球系统的新时代。

为对地球系统实行多角度、多时相、三维空间全方位探测,国际科学组织提出建立多功能、高质量、多光谱、高分辨率卫星观测体系,揭示地球系统各种物理现象的短期和长期变化,各种物理过程的相互作用。在进入21世纪以来,卫星探测数据应用已经进入跨学科研究的新时代,已经不是从事气象工作的只对大气进行研究,从事海洋工作的只对海洋研究……卫星资料可用于不同学科领域的研究,卫星资料的多学科研究是未来卫星资料应用的重要特征,卫星资料已经广泛用于大气、海洋、陆面、地理、林业、农业、生物、化学、军事等诸多领域。而地球科学的各个学科的进一步发展也离不开卫星数据的应用,卫星资料的应用已经成为各个学科的重要内容之一。

卫星遥感地球的复杂性在于卫星测量的辐射不仅来自于大气,且同时来自陆地表面和海洋,它们之间的相互依赖,使得在卫星反演地球表面特性或大气特性时遇到很大的困难,为解决这方面问题,必须对遥感目标物的物理特性深入了解,掌握卫星遥感的基本原理。

作者基于地球环境的变化和这方面研究的进展,在讲授气象卫星资料多学科应用课程近20年的基础上,退休5年多来,通过多年资料收集编写了本书,目的是期望有一本系统全面的卫星遥感基本原理和方法的教材,方便学生的学习。本书对象是大气遥感、陆地和海洋遥感专业及相关专业的本科生、研究生及从事遥感的科研人员。全书分十四章,第一章是地球演变及其观测计划,主要讲述地球大气的变化历史,影响地球变化的主要因子和地球系统探索计划目标和卫星观测计划;第二章介绍地球观测系统(EOS)卫星、新一代业务气象卫星系列和几种地球观测卫星(EOS)观测仪器;第三章介绍卫星观测地球系统的基础知识;第四章主要讲述卫星资料的反演方法;第五章介绍水汽光谱特性及其卫星遥感水汽的方法;第六章介绍卫星遥感大气中的悬浮物——气溶胶的光学特性和方法;第七章是高层大气遥感探测臭氧和微量气体,介绍大气臭氧的时空特点、形成和破坏及臭氧的光谱特性,大气臭氧的反演;第八章介绍云的微物理参数和几何特征,云的光特性及辐射传输,卫星遥感云参数方法;第九章介绍陆面某些特性和卫星遥感陆面特性;第十章介绍植被的光学特征和植物遥感方法;第十一章介绍海洋现象、水体的吸收和散射特性和特征,卫星被动遥感海洋参数;第十二章介绍微波辐射的基本特点、空间被动微波遥感水汽、降水、液态水含量;第十三章介绍星载雷达基本原理、TRMM卫星、散射计、雷达高度计、雷达成像仪遥感方法;第十四章介绍遥感资料在数值模式中的应用——资料同化的基本方法。

本书主要由陈渭民完成,其中陶国庆参与了第五章到第八章的编写工作,邱新法参与编写了第九章到第十一章。中国工程院院士徐祥德仔细审阅全书,提出许多宝贵修改意见。本书编写过程中得到了南京信息工程大学教务处和研究生部的支持和资助,对此深表谢意。

限于作者能力和水平,书中错误在所难免,希读者予以指教和谅解。

编著者

2011年5月

目 录

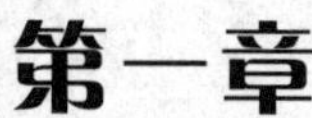

第一章　地球演变及其观测计划

第一节　地球模式系统

在过去的几十年内，随着世界人口和经济的持续增长，城市的扩展，全球工业化程度提高，空调、冰箱和汽车的大量使用，大面积森林的砍伐，人类对地球的干扰加强，地球的环境发生了很大的变化：气候增暖、平流层臭氧含量减少、对流层污染、厄尔尼诺或拉尼娜事件加强、大气环流异常、森林火灾频发、大面积干旱、土地荒漠化、海平面上升、风暴、暴雪、沙尘暴、局部地区的洪水泛滥、强烈大地震和由此引起的海啸……自然灾害频繁发生，成千上万人失去生命，人类的生存环境恶化，遭受严重威胁，人们急切要解决的问题是对地球上发生的越来越多的各种事件进行监视观测，认识地球正在或将要发生何种变化，建立一个突发和灾害事件的预警系统。但是地球系统是一个十分复杂的系统，许多问题至今尚未得到解决，需要地球科学家对地球上发生的基本过程进行深入的了解，从区域到全球、从短期到长期发生的地球物理过程进行研究。为完成这些任务，首要的是利用半个世纪以来发展的空间技术，建立以卫星为主体的全球观测体系，对现有的观测体系加强完善，提高探测能力，对气候变化、生态环境、温室气体实行监视观测，实现数据共享。近十几年来，在 WMO 的倡导下，建立了全球大气监测(GAW)网、平流层变化探测网(NDSC)、UV 辐射测量网、地球观测系统(EOS)等，推出了世界气候研究计划(WCRP)、国际地圈生物圈计划(IGBP)、国际人文因素计划(IHDP)等探测研究计划，开创了人类监视和认识地球系统的新时代。

一、地球及其大气的起源(约在 15 亿到 20 亿年前)

要理解现有的地球系统，先应对地球的过去有所了解：地球是如何形成的、是怎样演变的，地球上曾经发生过哪些事件，它最初是什么样的，发生这些变化的原因是什么。下面作简要的说明。

1. 地球的形成阶段

如图 1.1 所示，太阳系的形成分为三个阶段：早期阶段，宇宙尘和气体聚合成为太阳星云；第二阶段，太阳和行星凝聚为明确的实体；最后阶段，多数宇宙尘和气体消失，只有少数保留为小行星和彗星。

4.5 万亿年前，在重力的影响下，太阳系星云凝固为环绕太阳运动的地球。数量小的挥发性气体构成地球的初始大气，这些气体主要是氢(H_2)气和氦(He)气。

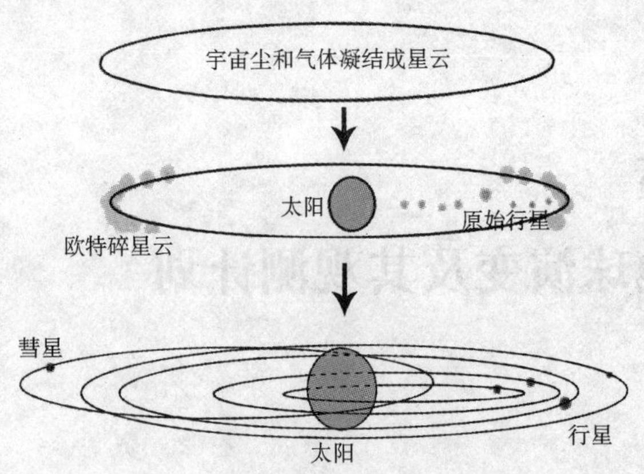

图 1.1 太阳系起源及地球的形成

2. 行星(地球)演变和气体排放——大气形成时的原始气体

图 1.2 表示地球物理和地球化学过程对地球大气的贡献和地球早期演变结构(Turco,1977),图中显示了早期地球气体从地球内部向外排放形成大气的过程。这些气体的特征表现为以下几点。

(1)在地球早期大气中没有单独的氧分子 O_2,在太阳星云中,最初氧原子出现在如 CO_2 和 H_2O 化合物内。

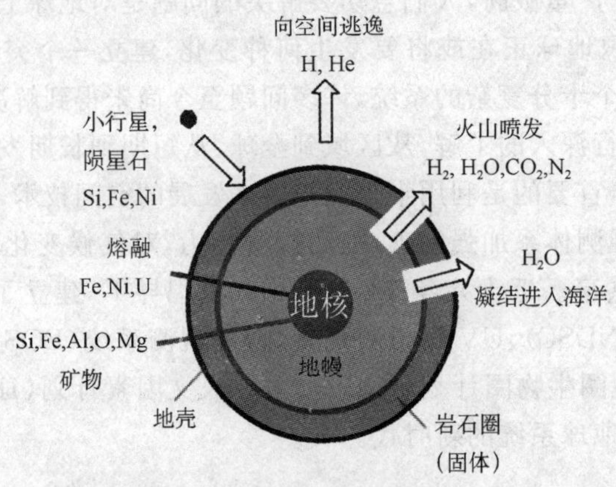

图 1.2 地球大气初始生成(Turco,1977)

(2)早期大气中的成分是主要来自地球内部的挥发性气体:H_2O、CO_2 和 N_2,地球内部的气体通过火山喷发到达地球表面,其中 H_2O 约占 85%,CO_2 占 10%,还有少量的硫。

(3)来自地球内部的挥发性气体控制着大气主要成分、环境条件。

表 1.1 给出组成地球的早期主要成分,地球主要由岩石和页岩构成,大气和海洋只占很小部分。

表 1.1 地球主要成分

物质	岩石	页岩	海洋、溶解的 CO_2	石油、气体、煤	大气(CO_2)	生物圈
百分数(%)	71	29	0.1	0.03	0.003	7×10^{-5}

3. 化学纪

这一时期,大气是由物理和化学过程控制(没有生命过程),化学过程表现为以下几种。

(1)由于大气成分(没有 O_3)受到强烈的紫外线(UV)辐射作用,光化过程开始改变,如水汽(H_2O)、二氧化碳(CO_2)、甲烷(CH_4)、氨(NH_3)和氢(H_2)。例如 $2NH_3+h\nu \rightarrow N_2+3H_2$。

(2)在地球演变期间大气中的气体发生改变(例如氧 O_2),但是另有一些气体保持恒定不变(如氮 N_2),化学纪对地球上海洋形成具有重要意义,在海洋形成过程中,表现为:

①⇒建立氢化物循环过程;

②⇒海洋是易变气体贮藏器,它通过形成的水云;通过大气中的 CO_2 经一氧化碳变换为石灰石沉淀制约和通过热贮存保存的作用,是气候的关键因子;

③⇒海洋提供了第一个生命有机物;

④在海洋中 CO_2 变换为碳沉淀物。化学过程为:

$$CO_2(\text{气体})+H_2O \leftrightarrow H_2CO_3(\text{水成物}),$$

$$H_2CO_3(\text{水成物}) \leftrightarrow H^+ + HCO_3^-,$$

$$HCO_3^- \leftrightarrow H^+ + CO_3^{2-},$$

$$CA^{2+} + CaCO_3(\text{沉降});$$

氧分子通过光电离和光合作用生成:

$$2H_2O+h\nu \rightarrow 2H_2+O_2$$

$$H_2O+CO_2 \rightarrow \{CH_2O\}+O_2$$

其中90%的氧分子是由光合作用生成的,光电离只占很小部分。

4. 微生物纪

化学纪之后是微生物纪,由无生命到地球上出现生命,表现为微生物有机物的形成。生命的形成与下面的物理过程相关。

(1)当气体混合物(H_2、N_2、CH_4、H_2O、NH_3)暴露在高能(闪电、紫外辐射等)中可以形成生命的有机分子——氨基酸。图 1.3 表示当对 H_2、N_2、CH_4、H_2O、NH_3 进行电击时产生氨基酸的试验装置的示意图。

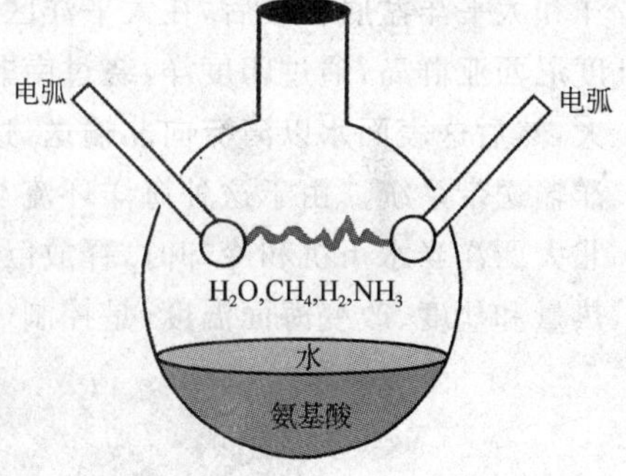

图 1.3　微生物形成试验

(Turco,1977)

(2)地球上环境和生命同时演变的主要步骤:①在无生命的地球上非生命化学物演变;②细菌形成和演变;③光合作用:绿色植物利用光、水和二氧化碳;④大气中氧气的生成和积累;⑤有氧呼吸:氧利用生命的生成演变;⑥臭氧层的形成:允许生命由海洋移到陆地;⑦陆地上复杂生命的形成。

(3)微生物已通过同化(新陈代谢)化学转换作用对大气产生巨大的影响,但是人类对大气引起更大的变化。

二、地球系统的圈层结构

地球系统是由水圈(包括冰雪圈)、大气圈、岩石圈和生物圈等若干圈层包围的系统构成,这些圈层相互作用,使各圈层内的物理参数发生改变,从而促使全球气候系统发生变化。下面首先对这些系统作简要说明。

1. 水圈(包括冰雪圈层)

(1)地球系统水的成分。在地球系统内,水圈中的水表现为三种相态(固态、液态和气态),

气态只表现为水汽，液态表现为云滴、雨滴、雾和气溶胶，而固态表现为冰和雪。水从一种形式向另一种形式连续循环，在正常温度和地面气压下，水是地球系统内自然的唯一以三态共存的化学成分。海洋覆盖地球表面的70.8%，是水圈中贮存水最多的地方，占地球上水的97%，海水的平均深度约为3.8 km，但是只占地球质量的0.02%，地球上约96.4%的水是海洋的盐水，约0.6%以盐的固体水存在。其次在水圈中，冰雪是最大贮存水的形式，主要覆盖在极地和格陵兰，水圈中水的2.1%由冰雪组成。在陆地（江河、湖泊）、地表下（土壤含水量和地下水）、大气（水汽、云、可降水）和生物圈内的水量很少，大气中的水只有0.001%，其他的占0.6%，虽然大气中的水如此地少，但它对地球系统十分重要。

(2)海洋输送带系统（温盐环流）。海洋和大气间的耦合是以风驱动表面海流，风驱动海流仅限于深度为100m的海洋表面层，且以数月至年到达海洋盆地。对于大于100m的深水海流，其流动更加缓慢和由于深水中进行测量很困难，对于其研究更有挑战性。深水中水的流动是由于水温和盐度（溶解的盐量的测量）小的差别出现水的密度差异引起的。比暖水密度更大的冷水，趋向下沉，密度低的暖水在冷水体中上浮；盐度大的水比盐度小的水密度大，趋向于下沉，盐度低的水向上浮。盐度和温度相结合确定水质量是保持在初始位置还是下沉到水底。虽然深水流动很慢，但是它保持海水间彼此很好地混合，因此，海水具有均匀的化学成分。

在极区和近极地区域是海水密度最大的地方，在高纬地区海冰形成，由于冰粒与盐的不相容性，海冰与溶解的盐水分离，使海水的盐度增加，由此海水的密度增大。如图1.4中所示，这种寒冷的盐水出现在大西洋北部的格陵兰和冰岛附近水域，海洋冰层大面积形成，使海水密度增大下沉，形成从高纬度向南流向赤道地区的海底洋流，并且进入南太平洋至南极附近地区，环绕南极地区的深水与来自北大西洋的深水相混合，然后冷的海底流向北伸展到大西洋、印度洋和太平洋盆底。最后，在太平洋区域，深水缓慢向上到海表面扩散，后转向返回开始穿过印度尼西亚群岛，通过印度洋，绕过南非，进入热带大西洋，强烈加热和蒸发使海水更热、盐度更大，然后这表面水以湾流向北输送，这就完成一个完整的海水流循环，这种海水流循环称为海洋输送带系统。由于这种海洋环流与海洋温度和盐分有关，所以也称为温盐环流（THC），在北大西洋当水下沉和冷却时，释放巨大的热量，使欧洲地区的温度比同纬度要高。THC输送热量和盐度、改变海面温度，是控制气候变化的重要因素之一。

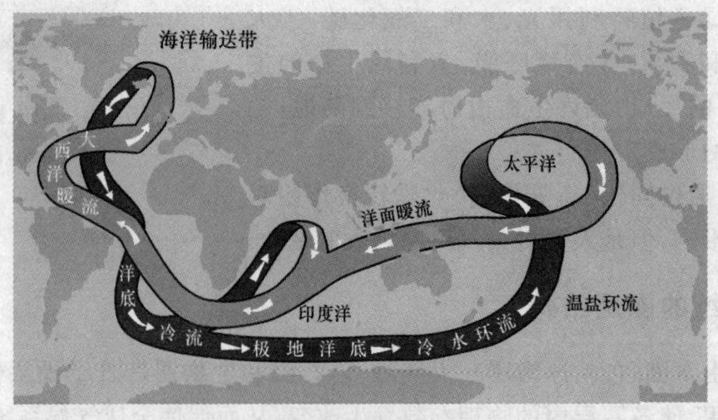

图1.4　海洋输送带系统（Broecker，1991）

(3)冰雪圈。冰雪圈的主要成分是雪、河冰和湖冰、海冰、冰川和冰盖、冰架、冰层和冻结地面。从冰质量和它的热容量，冰雪圈是第二个最大的气候系统的分量。冰雪圈的地面反射率和由于相变释放的潜热，强烈地影响地面的能量平衡，极地冰雪的出现（消失）与径向温度差的增加（减小）密切相关，它影响大气风场和海流。由于温度—冰反照率的正反馈作用，有些冰雪圈分量起加强气候变化和可变性的作用，但是冰川和冻土起短期平均可变性的作用（注：当温度降低，冰增加，反照率增加，又使温度降低，反之，当温度升高或减小，反照率减小，温度升高），这样它指示气候变化的可变性。

陆地上冰雪圈贮存世界上75%淡水，格陵兰和极地冰层分别近似等效海平面上升7 m和57 m，陆地冰质量的改变已引起海平面的变化，区域尺度的冰川和冰盖对淡水的可利用起关键作用。

目前陆地表面的10%为固定冰覆盖，这只是极地和格陵兰冰盖和冰川之外的很小一部分。年平均海洋的7%为冰覆盖。在深冬季节，北半球陆地表面约49%为雪覆盖，冰雪圈中的冻土分量的面积最大。在冰圈中各分量的变化发生在不同的时间尺度，这取决于它们的动力和热力特征，冰圈的所有部分对短期气候变化有作用，而包括冰龄周期长在内的永久的冰雪、冰架和冰层对气候的长期变化有作用。

积雪与季节有关，在北半球范围内，雪覆盖的面积由平均最大为45.2×10^6 km^2 的1月到平均最小45.2×10^6 km^2 的8月（1966—2004年），从每年的11月到次年的4月，积雪可覆盖赤道以北陆地表面的33%还要多，在1月达到49%。在气候系统中雪起着与反照率有关的强的正反馈作用，而湿度、潜热及随纬度和季节变化的下垫面日射有关的弱的负反馈作用。在冬季，高纬度的河和湖冰扩大，虽然面积和体积相对于冰雪圈的其他分量要小，但是它在水的淡化、冬季运输、输油管和桥等起重要作用，因此，冰层厚度和持续时间等的变化影响人类活动和环境。

陆地上水圈的冻结部分是冰川，环绕在高山地区的巨大冰川、山脉冰川和持久冻结地面的冰、海面上的冰块和冰山称之为冰圈。除冻结海面的冰块外，所有冰雪是淡水，冰川是在重力作用下内部流动的冰质量。在北极地区，冰层厚达3 km以上，北极冰层占地球冰的90%，很多小冰川（几十米到上百米厚）处在陆地上最高的山谷中，至今约有10%的冰川冰覆盖在陆地区域，但是在170万年前，冰川主要在北半球，占陆地表面的30%之多。最大冰川出现在约20,000年到18,000年前，冰川覆盖世界的许多地方。

当冰川上形成的降雪超过每年融雪的时期，则当雪堆积时，下降的新雪压在下面的旧雪上，压力的作用使其变成冰，当冰川形成时，它保存了雪下落时季节的痕迹和气泡，冰层和冰中气泡的化学分析提供开始降雪时的气候条件，可获取几十万年（约650,000年）极地的地球气候变化和大气成分的信息。

在重力作用下冰川的冰从高纬度或高山地区（这里的雪保存到夏季）缓慢地向低纬度或高度低的地方移动，冰融化并流入附近的海洋。极地周围冰川的冰向外进入海洋，成为比海水密度低的冰，漂浮在海上，形成厚度500 m的冰架，冰架边缘的冰块破裂开成冰山，随南极周围的海流移动，同样不规则的冰山离开冰川，流入大洋。每年冬季南极周围的海水通过冻结形成海冰，在夏季大多数南极周围的海冰融化，但也有些冰可以持续好几年，称为多年冰，多年冰随冰的年龄损失含盐量，这样爱斯基摩人收集旧冰，使海水变暗。图1.5给出了各类冰雪的时间尺度，陆地上的雪，江、河、湖冰时间尺度较短，只有数天到月，而海洋处的冰层和冻土的生命最长可达百年到千年以上。

冰雪圈对气候有重要作用，在生命生存的界限内，在数百万年到数亿年期间，地球气候由冷变暖，在显生宙期间，有三个冰川时期（奥陶纪、石炭纪、新生代）持续数千万年，中纬度地区，随冰的增加降低海平面高度，这些冷的“冰室”期间，海平面高度是低的，大气中的CO_2浓度是低的，减小净的光合作用和碳的贮存，减小海洋火山喷发(相对于“温室”期间)。随显生宙“冷室”到“温室”跃变期间，出现生物灾难或物种减少事件，反映出生物圈与水圈之间复杂的反馈过程。

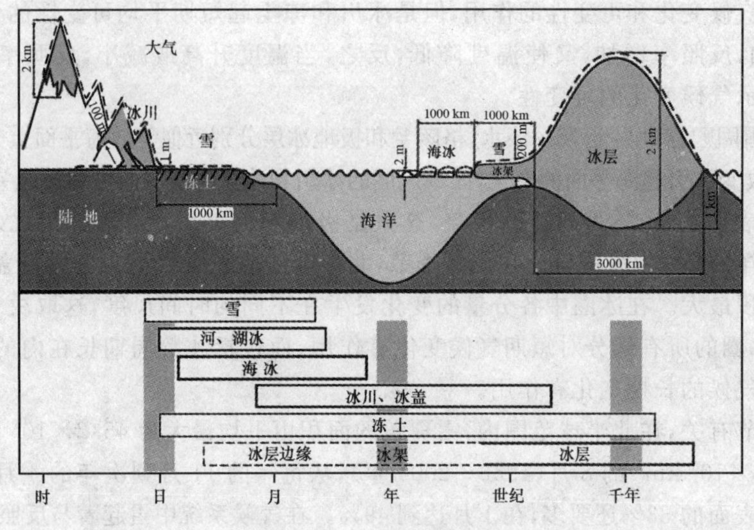

图 1.5　冰雪的时间尺度

图 1.6 表示了显生宙期与重要气候变化的碳、锶和硫同位素比值。碳是有机碳(主要是^{12}C)和碳酸岩(无机)碳($\delta^{13}C$)之间的部分，表层(地幔)碳和甲烷(有机碳)消耗^{13}C，更多的沉积碳作为有机物质埋藏，大量的保留为碳酸岩碳。在造山带或低海平面暴露的大陆架中，包含有同位素有机碳的沉积物风化的增加。在碳石沉积中的 $\delta^{13}C$ 比值改变为更大负值。在第四

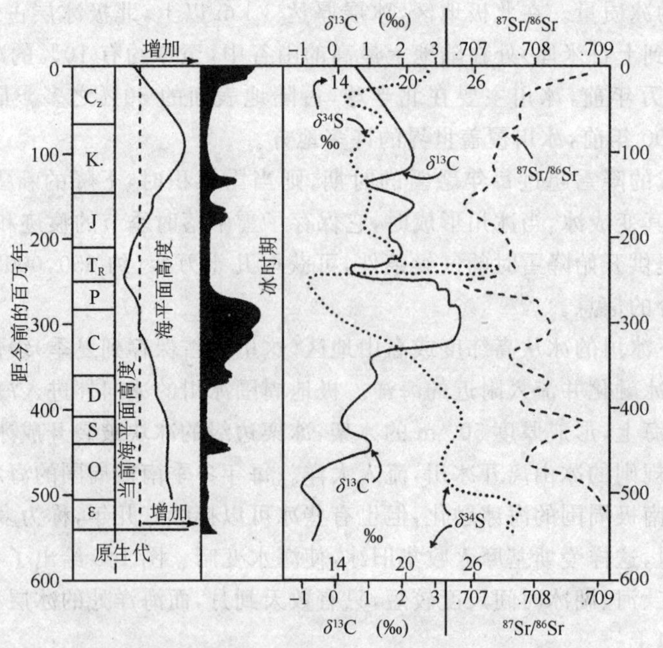

C_z为新生代；K为白垩纪；J为侏罗纪；T_R为三叠纪；P为二叠纪

C为石炭纪；D为泥盆纪；S为志留纪；O为奥陶纪；ε寒武纪

图 1.6　显生宙期与重要气候变化的碳、锶和硫同位素比值

纪更新期（更新世）中，更大的 $\delta^{13}C$ 负值相应于冰川增加时期。在震旦纪中，沉淀在冰川海洋沉积物顶的石碳岩中发现 $\delta^{13}C$ 最大值。但是在古生代晚冰期和奥陶纪冰川，$\delta^{13}C$ 值较温室期大很多。图中显示在冰川期间海平面高度是相对低的，这时的水以冰的形式贮藏，在时间尺度 10^5 年间全球海平面高度下降。海冰的范围对地球的反照率或反射率有一个重要的正反馈，海冰范围扩大和海平面高度下降。当反照率增加时，地球吸收较少的太阳辐射，气候变得更冷；相反则是较暖，更潮湿的时期，海平面提高，极冰减小。

图 1.7 表示古生代晚期冰期（从石炭纪到二叠纪晚期）约 350 百万年到 253 百万年期间，是有名的冈得瓦纳冰川时期，它使冈得瓦纳古陆地表面（澳大利亚、印度、亚洲、美洲、南美洲和非洲）破裂，冰川远离南极伸展至 40°S。在大多数地方出现多次进退过程，且在不同陆地上有年序堆积层，轨迹移动通过南半球高纬度。在北半球，北美中部陆地有冰川—海平面升降周期沉积。冈得瓦纳冰川沉积物是魏格纳大陆漂移说的部分明证。在巴西和阿根廷的冰川沉积物中发现来自非洲南部和西部的岩石。图中显示了这一时期冈得瓦纳冰川沉积物、海平面高度、大气中氧含量、物种和同位素锶的时间变化。

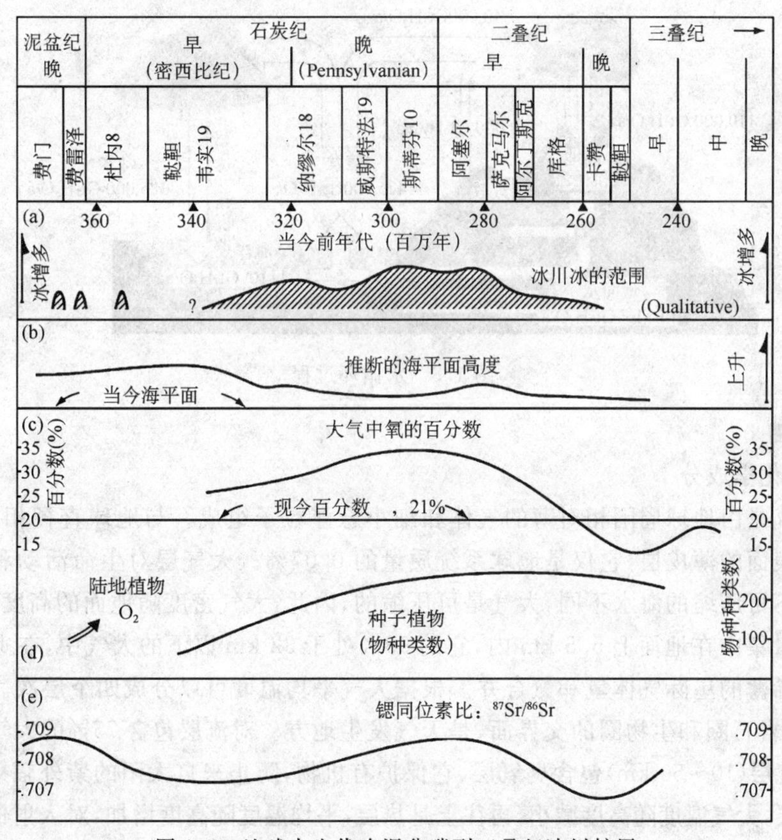

图 1.7　地球古生代晚泥盆碳到三叠纪冰川扩展

（4）水圈动力学。在地球不同地区有着以不同速率连续的水运动，海洋是所有陆地表面之上和之下的水运动最终目的地，在河流和水流通道的流水需几周时间到达海洋，地面水通常以很慢的速度通过裂缝和细的开口进入次表面的岩石和沉淀物或送入河流、湖泊，或直接进入海洋。

水冻结成冰川要多长时间？冰川响应气候（长期平均温度和降雪）变化作缓慢扩张（增厚和加大）和收缩（变薄和后退），山地的冰川对气候的响应的时间尺度为数十年，直到最近，

NASA ICESat 观测表明，冰川迅速融解，大的冰块在次冰川上流动。因此，冰川的流动更像山地冰川的流动，于是对极地冰层的长期稳定性提出疑问。

(5)水循环过程(图 1.8)。地球系统中的水循环过程中，水由液态→气态(蒸发或汽化，吸热过程)，或者气态→液态(凝结)，或者固态→液态(溶化或融解)，或者液态→固态(冻结或结晶)，或者气态→固态(凝华，沉积)，或者固态→气态(升华)。在水循环过程中，云是十分重要的部分，它通过降水或降雪将水从大气中送到地表面，是水循环过程的重要一步；同时它将其他气体和气溶胶粒子送到地表面，净化大气系统。水循环过程如图 1.8 所示，图中给出每年水的相态间的转换的数量，可以看到海洋蒸发(425,000 Gt/a)和降水(385,000 Gt/a)，是水循环过程的主要部分，其中通过水汽输送(40,000 Gt/a)到达陆地上空凝结形成云，产生降水；陆地降水(110,000 Gt/a)部分通过蒸发(70,000 Gt/a)进入大气和部分通过地面径流(40,000 Gt/a)及地下水进入海洋。

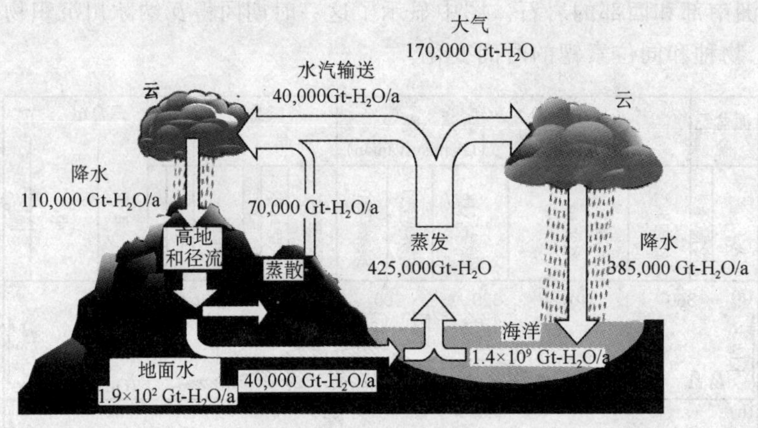

图 1.8 水循环过程

2. 大气圈

(1)大气化学成分

地球大气是由地球周围相对薄的气体和细小悬浮粒子组成。与地球直径相比，大气层像是一个苹果表面的薄皮层，它仅是地球系统质量的 0.07%。大气层对生命活动和生物过程是重要的。与不可压缩的海水不同，大气是可压缩的，因此，大气密度随地面的高度而减小，约一半的大气质量集中在地面上 5.5 km 内，它的 99%处于 32 km 以下的大气中，在 1000 km 高度大气与十分稀薄的星际气体氢和氦合并。根据大气平均温度可以分成四个层次。对流层是大气圈与水圈、岩石圈和生物圈的交界面，是天气发生地方。对流层包含 75%的大气质量和 99%的水汽。平流层(10～50 km)包含臭氧层，它保护有机物，防止来自太阳的紫外辐射损害。平流层上是中间层，大气温度随高度减小，再往上是热层，平均温度随高度增加，对入射的太阳辐射特别敏感。

氮和氧是大气中的主要气体，均匀混合向上到约 80 km，不考虑水汽的变化，氮占低层大气体积的 78.08%，氧占 20.95%，其次最多的气体是氩(0.93%)和二氧化碳(0.038%)，还有许多包括臭氧和甲烷等痕量气体，与氧和氮不同的是，这些痕量气体随时空有明显的变化。

另外，悬浮在大气中的气体、微小的固体和液态粒子，称为气溶胶，大多数气溶胶粒子太小不能被看到，但是总体上，如构成云的水滴、冰晶是可以见到的。多数气溶胶出现在大气低层，地面是它们的源地，它们来源于风侵蚀地表土壤、海洋浪花、森林火灾、火山喷发和工业产生出的化学气体、交通工具排放尾气，虽然大气中气溶胶的浓度很小，但它对大气中的一些过程有重要作用。气溶胶作为凝结核和成冰核形成云，对于全球水循环过程是重要的。某些气溶胶与入射的太阳辐射相互作用，影响空气的温度。

大气气体的重要性不一定与它的浓度有关，某些浓度很低的大气成分及其的生命有关。如大多数水汽限于大气低层几千米范围内，即使在热带湿度最大的地区，它从没有超过大气体积的 4%，但是没有水汽，地球就没有水循环，没有降水、没有雪和海洋。没有水汽，地球将会很冷，生命也不会存在。虽然大气中的二氧化碳在大气低层只占 0.038%，但它对光合作用是重要的，没有二氧化碳就没有绿色植物和食物，虽然大气中臭氧浓度很小，但在平流层的形成和分解能保护地球上的有机生命。

(2)温室气体

温室效应是云或温室气体截取由地表面发射的红外辐射，然后再发射回地面的效应。温室气体有 H_2O、CO_2、CH_4、O_3 等。当前关于温室气体遇到的问题有：①由于人类活动增加的温室气体，导致潜在的全球变暖；②温室气体浓度增加是确定的事实，但是如何将它与其他因子对气候的作用区分开，是一个问题。早在 1896 年 Arrhenios 提出 CO_2 增加会导致全球气候增暖，到 1938 年，G. Callendar 指出，从 1890 年以来，大气中的 CO_2 每年以 10%的速度增加；1955 年，G. Plass 说明 CO_2 吸收谱线与 H_2O 谱线相交重叠，对大气会截取更多的红外辐射；1956 年，R. Revell 证明，由于海水化学成分，海面层吸入 CO_2；1957 年，C. Keeling 检测到在过去两年中 CO_2 增加。表 1.2 给出包括 CO_2 在内，由于人类活动引起的全球温室气体浓度增加情况和生命期。CO_2 是最重要的温室气体，生命期在几百年时间尺度内，由于 CO_2 陆地生物圈和海洋的碳循环，其生命期难以确定。CH_4 从 1990 年以来以 1%/a 的速率增加，它的来源主要是自然和人类两种。N_2O 目前浓度很低，但它以 0.2%/a 的速率增加，它的生命期很长，达 150 年。

表 1.2　由于人类活动引起的温室气体增加

化合物	工业化前浓度(ppbv①)	目前浓度(ppbv)	增加速率(%/a)	生命期(a)
CO_2	275,000	356,000	0.4	100～200(难估计)
CH_4	800	1714	0.8	11
N_2O	290	310	0.2	150
O_3(对流层)	10	10～200	1	数小时
卤化类碳				
$CFCl_3$(CFC－11)	0	0.3	5	50
$CF2Cl_2$(CFC－12)	0	0.5	5	102
CF3Cl(CFC－13)	0	0.005	5	139
CF_2HCl(HCFC－22)	0	0.1	7	13
CH_3CCl_3(三氯乙烷)	0	0.16		5.4
CF_3Br(Halon－l501)	0	0.002	20	65
$C_2F_3Cl_3$(CFC－113)	0	0.082	10	85
CF_2CI_3CF2Cl(CFC－114)	0	0.02	5	300
C_2F_5Cl(CFC－15)	0	<0.01	5	1700
CH3Br(溴化钾)	大概为 0	0.0015	15	1.5

① $ppb=10^{-9}$。

从1850—1990年(IPCC,1995)温室气体对气候的辐射强迫估计约为:CO_2(+156 W/m^2):CH_4(+0.47 W/m^2);N_2O(+0.14 W/m^2);$CFCL_3$(CFC-11)(+0.06 W/m^2);CCL_4+HCFC-22,+CFC-113(+0.08 W/m^2);总量+2.45 W/m^2。

(3)大气动力学——大气环流

①大气径向环流。大气对地球表面的加热率和冷却率相关响应是大气环流,如热带出现净辐射加热,高纬度出现净辐射冷却。加热和冷却的变化导致温度梯度,响应这种温度梯度,地球系统大气出现环流和热量再分布,热量从低纬度热带流向高纬度,从地面流向高空。

图1.9表示夏季通过我国西部上空的南、北半球的六个径向环流圈,其中由于青藏高原南侧的对流活动,大气为上升运动,由于青藏高原是一热源,在高原南侧对流层上部是一热带东风急流;高原上的上升气流到高空分成两支,一支向北,另一支向南,构成南、北半球两支哈得来环流圈;到中纬度地区与南、北球的费雷尔环流圈构成下沉运动区,这下沉区的上空是副热带西风急流带;再往北(北半球)是费雷尔环流圈与极地环流圈构成的近极地极锋上升运动区,上空是极地急流。因此,相应这两支环流圈的上升运动区是降水区,而下沉区是干旱区。在地球南北径向有六个上升区,同时有五个下沉区。

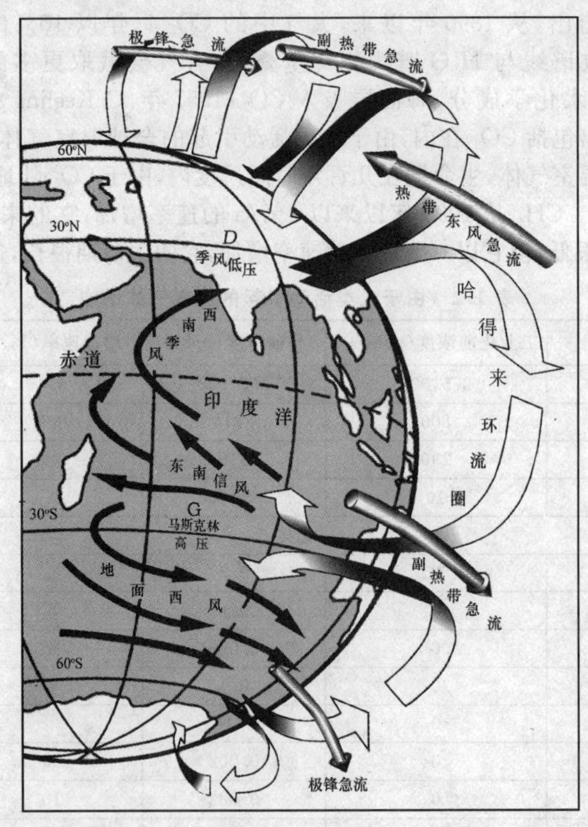

图1.9　哈得来和费雷尔纬向环流圈

②沃克纬向大气环流圈(图1.10)。沃克环流圈是指热带太平洋垂直平面内东西向的环流圈,它是对赤道西太平洋地区暖的洋面空气被加热上升、东太平洋冷水面上空气冷却下沉的响应形成的纬向环流圈。如图1.10所示,在南半球南太平洋东部洋面地区,由于洋底冷水上

升，在该地区形成大面积冷水区，冷的水面促大气形成下沉气流区，而在新几内亚地区由于偏东信风将太阳加热的表面海水向西吹等因素，地面温度增加，下垫面是一暖池，造成大气不稳定，形成上升运动，它与东太平洋地区的下沉运动构成纬向环流圈，就是沃克大气环流圈。这一纬向环流圈的低层为偏东信风，海水由于信风作用和岛屿的阻挡，在赤道太平洋西部堆积，从而造成海平面高度比东太平洋的要高大约 60 cm，同时使该地区的海水温度升高，正常情况下赤道西太平洋海面温度比东太平洋高约 8～10℃，就是在澳大利亚北部洋面上的温度为 28～30℃，近南美西海岸洋面上温度接近 20℃；比中太平洋高约 2～4℃，沃克环流影响到全球大气及全球气候变化。

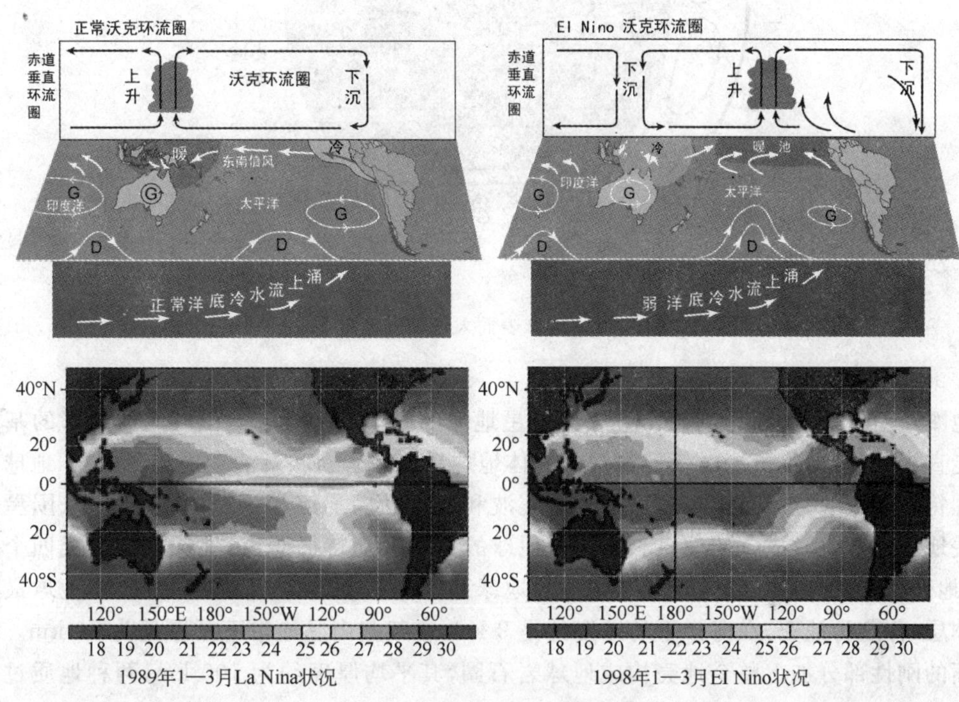

图 1.10　沃克大气环流圈

但是当海底冷水流向上涌动减弱时，赤道东太平洋地区冷水区消失，海面温度升高时，近南美太平洋面高压范围缩小，南半球低槽加深，赤道偏东信风就要减弱或消失，导致赤道西太平洋暖池东移，温度比正常高 3℃左右，垂直剖面沃克环流圈东移，上升和下沉运动区向东平移，与其相伴的对流云和降水区向东移，导致整个大气环流和气候发生改变，这就是厄尔尼诺现象。

与厄尔尼诺现象相反，当赤道东太平洋地区的海水温度较正常年份低很多时，冷水区范围增大，沃克环流圈加强，地面偏东信风更强，澳大利亚地区对流云和降水更强，这一种现象称为拉尼娜现象。

③地球表面大气层环流圈。图 1.11 给出全球地表面大气环流的平均概念分布，可以看到在宽广的赤道地区是由东北信风和东南信风构成的热带辐合带，其对流层的垂直运动是辐合上升气流，将下层热量、动量向上输送；在 30°N 处是由中纬度西风带与东北信风构成的副热带高压区，对流层的垂直环流是辐合下沉运动；在 60°N(S)处以北(南)是极地高压控制，它与

中纬度西风带构成冷锋，形成环绕的极地区冷锋带，称之极锋。

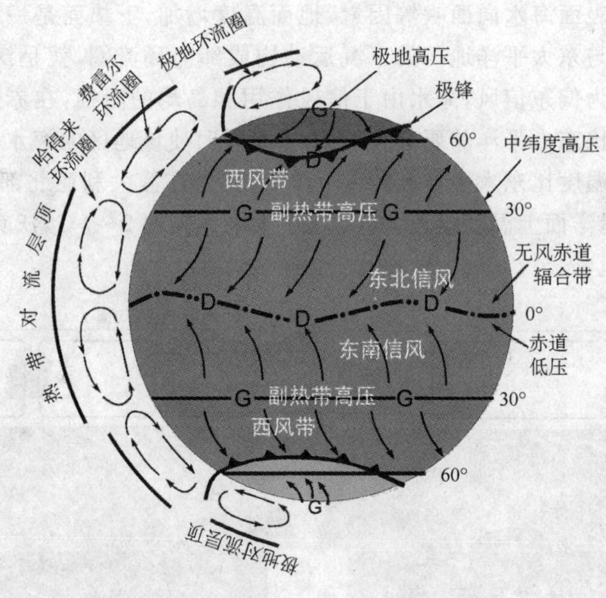

图 1.11　地球表面大气层环流分布

3. 地圈

地圈是由岩石、矿物和沉积物组成的行星地球的固体部分(图 1.12)，地球内部的基本部分不能直接观测，即不可能对任何很深的固体地球最深的矿物和石油直接观测，关于地球内部的物理特性和成分是通过由地震发出的地震波和地质勘探了解和认识的。另外，从陨星石得到有关地球内部化学成分的信息。从行星地球的穿透振动特征研究，地球内部分成四个球壳组成：地壳、地幔、外地核和内地核。考虑到地球系统质量，地球内部基本是固体，地球最外部的固体层，称之为地壳，在海洋下的厚度约是 8 km，在某些山脉地带下的厚约为 70 km。地幔最上面的刚性部分加上整个地壳构成地球岩石圈，其平均厚度约为 100 km，两种地质过程连续控制岩石圈：地表地质过程和内部地质过程。

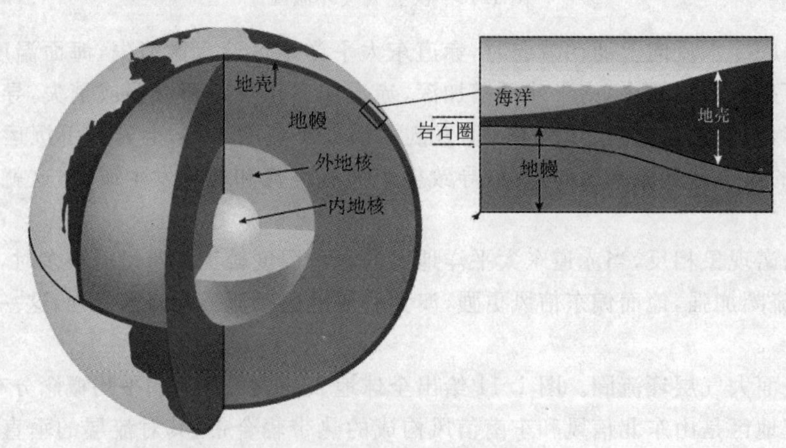

图 1.12　地球的内部结构

(1)地表面地质过程。发生在岩石圈(主要地壳)和另一地球子系统之间的风化和腐蚀，风化引起暴露岩石的物理风化、化学分解或溶解。由风化产生的岩石碎粒称之为沉淀物，水在风化分解溶解岩石和降水粒子在化学离解岩石的化学反应中起着重要作用。在岩石的细裂缝和空隙中充满水和温度低于0℃以下，由于冰具有膨胀特性，水冻结产生压力使岩石碎裂成小粒子。

最后风化产生有机物与无机物相混合的陆地土壤，支持植物根的生长和作物需要的水和营养。由岩石床或沉积物土壤纹理变化很大。典型的土壤有50%空隙，被大约相等比例的水和空气占有。植物也通过其生长的根部的物理作用和土壤释放的二氧化碳参加风化作用。

腐蚀是由重力、水运动、冰川和风将泥沙进行清除和传送，在全球水过程中，流水和冰川是主要方式。腐蚀剂将泥沙由高的陆地源输送到低的海洋、湖泊区域。风化和腐蚀将块状岩石减小为足够小的粒子由腐蚀作用物输送。腐蚀和风化消除沉积物，使新岩石表面暴露在大气和风化过程。风化和腐蚀使陆地高度降低。

(2)内部地质过程。是通过包括火山、造山等地质构造活动抬升陆地，并作用于表面地质过程，大多数地质构造活动发生在岩石圈板块之间的边界处。岩石圈被地球内部巨大的地幔对流驱动(每年小于20 cm)整个地球面破裂为12块状板块和许多较小的板块。陆地位于移动的板块上，通过海底扩展形成海洋盆地。

(3)板块构造。大概至少在3亿年前，陆地周期性地集中为超级陆地，然后分裂为较小的区段部分。超级陆地称为联合陆地，在200百万年前开始破裂分离，大块陆地缓慢地移动到目前陆地的位置。板块结构可从撒哈拉荒漠中的冰川沉积物和珊瑚礁说明，惊奇地发现它们指示当时的气候条件，当时陆地的纬度与今天不同，冰川沉积物和珊瑚礁特征反映数百万年前的气候条件和当时的板块结构。

发生在板块间的边界处的地质过程产生包括山地、火山、深海槽和海洋盆地大尺度陆地和海洋特征。板块边界巨大的胁迫作用引起广大区域岩床的弯曲和断裂。热的熔解的岩石物质称为岩浆，它从岩石的深处或地幔的上部向上和沿断裂的岩石移动，某些岩浆推进到岩石层的上部，进入岩石体的裂缝内冷却和凝固，形成山脉的核心。某些岩浆进入火山口，或通过断裂处作为熔岩流到地表面冷却和凝固。在海底的板块边界扩展，向上的岩浆流凝固为新的海洋岩石。在地球化学过程中，与火山相关的板块结构是重要的，它释放水汽、二氧化碳和其他气体进入大气和海洋。

活动的火山不限于板块边界处，某些活动火山离板块边界很远，这是由于地幔的热点是一个长生命的岩浆源，是地幔中上升的热的岩浆羽，板块位于热点之上时，岩浆可以穿透岩石，并形成火山。大的岛屿夏威夷是由于它位于太平洋板块下的地幔热点之上，火山活动造成的。

4. 生物圈

地球上所有活着的有机物是生物圈的一个分量，它的尺度范围从微观的称之细菌到最大尺度植物和动物(如红杉、蓝鲸)。在陆地上和海洋中，细菌和一个单体的有机物支配生物圈，海洋中动物平均大小约是一个蚊虫的尺度。在地球上，大的多单体有机物(包括人)是相对少的生物。

陆地上或大气中的有机生物生长在近地球表面。不过海洋有机生物发生在整个海洋深处，并生长在断裂层、火山口和海底泥浆。某些有机生物生长在温度和压力使其不可能生存的极端环境中，事实上，有些科学家估算，生长在海底下断裂岩石缝内的有机生物质量可能是巨大的，甚至超过生活在海底上面的有机生物质量。这些多数生存在深海的有机生物保持着神秘状态(至今不是十分清楚)。

与生物圈有关的物质对大气中气体有重要作用,图 1.13 表示有生命与无生命时大气所有成分的百分数的变化,在地球上无生命时,N_2、O_2、CH_4、N_2O、H_2、NH_3、HCl 物质含量很小或没有,CO_2 含量很高;但出现生命以后,大气成分发生明显改变,大气中 O_2 增加,CO_2 减小,与此同时由于生命的出现,形成一系列微量气体 CH_4、N_2O、H_2、NH_3、HCl,大气环境发生改变,生态变得脆弱。

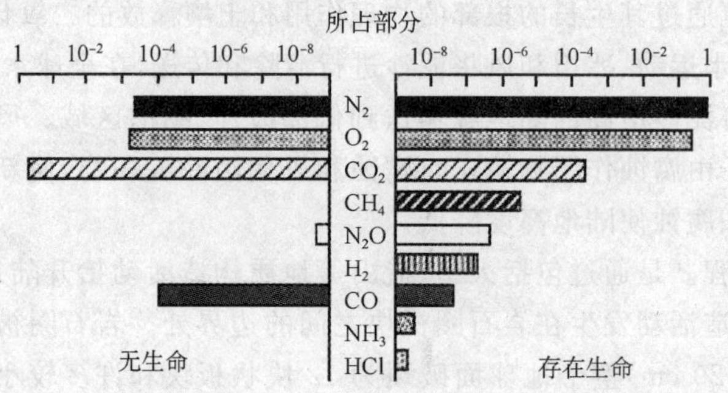

图 1.13　生命对大气成分的作用

(1)光合作用。光合作用和细胞呼吸对于地球表面的生命是重要的,它是生物圈与地球其他子系统间的作用。光合作用是绿色植物利用来自太阳的辐射能与来自大气中的二氧化碳相结合,与水一起产生糖类的过程,是一个含有大量能量的碳水化合物形式,所释放的氧是光合作用的重要副产品,而动物消耗植物获取能量,另有些动物吞食消耗植物的动物,这种能量消耗过程称之为食物链。细胞呼吸,是一个通过用于维持、生长和再生产的获取和释放能量形式的有机过程。由此,在地球系统内释放二氧化碳、水、热能。

对于陆地或海洋表面水的大多数有机生命,太阳光是能量的主要来源。但是对居于海洋底部岩石裂缝中黑暗深海中的特殊有机物,生物过程依靠的是化学能,而不是太阳能,是通过一个称之为化学合成作用的过程,这些海洋有机物获取能量来自地球内部有机物如硫化氢(H_2S)物质。

(2)生态系统。另一个与有机物有关的(如作为食物源)是它们的生态系统中的物理化学环境(如水、氧、二氧化碳和栖息地),生物圈由生态系统构成,植物和动物与确定地理区域的物理条件和化学物质相互作用,荒漠、热带雨林、苔原冻土带、海湾、湿地、湖泊、河流和珊瑚礁是自然生态系统的例子。多数人生活在陆地生态系统发生改变的城市、城镇、农场和乡村。

生态系统是生产者(植物)、消者者(食肉动物)和分解者(细菌、徽菌)的栖息地。生产者(也称自营养“对于自滋养”)构成多数生态系统,使用太阳能,光合作用叶绿素形成丰富能量的碳水化合物。直接或间接与植物有关的食用食物称为异营养的,直接食用植物的动物称食草动物,捕捉其他动物的称食肉动物,食用植物和动物的动物称为杂食动物。死亡留下的有机物通常被细菌和徽菌分解破坏,营养循环又返回环境。

(3)食物链。食物关系,称为食物链,可以十分简单地假定陆地食物链,鹿(食草动物)吃植物(初级生产力),后又被狼(食肉动物)或人类(基本杂食动物)所食。在食物链中,每一阶段称为营养等级(或食物等级)。一般地,在某一营养等级上只有 10% 的能量可利用,转换到下一个较高的营养等级。

(4)生物量。生物量指有机物的总重量或质量,是一个比能量更容易测量的量,因此,在描述食物链中能量的转换用生物量的多少克或千克表示,如需要100 g植物产生10 g鹿,和产生1 g狼。陆地和海洋的食物链中,有比植物—鹿—狼的食物链更复杂例子,除某些明显的例子外,海洋和陆地有机生物食用不同类型的食物,后又被一群其他生物所食,这种更复杂的食物关系构成食物网。

在沿海岸入海口区生态系统是十分重要的例子,水圈、岩石圈和生物圈以特别方式相互作用,通常在河流入海口和在潮汐湿地和海湾处的入海口处,淡水与盐水混合;在入海口处的水遭遇每日潮汐振荡(海平面响应月亮和太阳重力作用周期性的上升和下降);在入海口的有机生物生长在海流、温度、盐度和悬浮沉积物浓度频繁涨落中。

由于生物和物理特征的结合,河流入海口是最大的生产生态系统,它们连续接收来自江河和海洋潮汐营养和有机物。在入海口的水流以捕捉方式,重新使营养和岩屑流动(死亡或部分分解留下的植物和动物)。这些条件支持繁密植物(浮游生物、沼泽地草)的生长以及大群动物的饲料。丰富的食物和入海口的优越条件有利于幼年鱼类的发展和保护。低盐和浅水阻止许多海洋掠夺者捕食幼鱼。入海口有利于牡蛎、蛤蚌、龙虾、小虾和蜗牛生活,这些有机生物为鱼、鸟和人类提供丰富的食品。河口也是幼年的如鲑鱼和条纹鲈鱼由海洋进入河流产卵的场所。

(5)生化—碳循环过程

①碳生化过程。在大气中主要碳化合物有CO_2、CO和CH_4、碳酸钙(如$CaCO_3$)、有机化合物(如CH_2O),图1.14表示碳在生物圈和岩石圈中的输送。地球上碳过程分为基本(快速)过程和二级(慢速)过程。

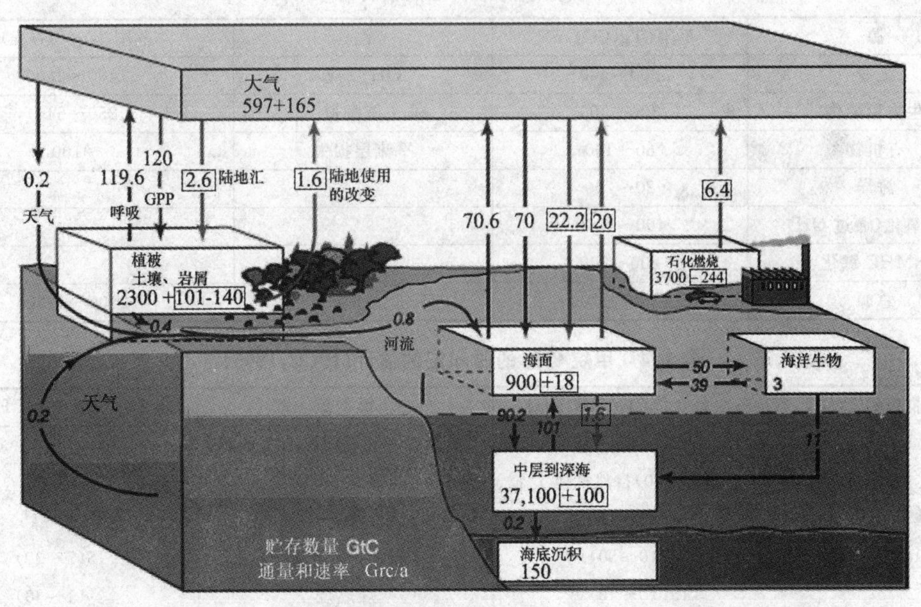

图1.14　地球大气系统中的碳交换过程

主要的基本(快速)碳输送过程有:

——通过光合作用和呼吸作用,大气与陆面生物量的交换,每年80GtC;

——由于溶解和蒸发,大气与海洋间的CO_2交换,每年约50GtC;

——通过下沉和上升，海面与深海之间碳化合物的交换，每年 25GtC；

——海表面与水中生物量，通过 CO_2 光合作用和呼吸作用交换，每年 5GtC。

二级(慢速)碳输送过程有：

——通过硅酸盐矿物再生和火山，碳化合物(如 CO_2)沉积物与大气之间的输送，每年 0.05GtC；

——来自陆地通过风化和径流，沉积物与海洋间碳化合物输送，每年 0.2GtC；

——海洋间与沉积物间由于沉积和介壳埋入海底，碳化合物输送，每年 0.25GtC；

——通过沉积物的抬升风化期间氧化，沉积物与大气间石化有机碳输送，每年 0.05GtC；

——由于沉积和腐蚀碎屑埋入海底，海洋间与沉积物间有机碳输送，每年 0.05GtC。

②含碳化合物的重要性。含碳化合物有 CO_2、CO、CH_4、碳酸钙(如 $CaCO_3$)、有机化合物(如 CH_2O)。

——二氧化碳：从全球气候变暖来看，它是最重要的痕量气体成分，CO_2 的水平从 1880 年的 280 ppm① 增加到 1993 年的 356 ppm；

——一氧化碳：在对流层全球尺度上，化学生命 30～90 天，对流层 CO 混合比范围为 40～200 ppb；

表 1.3 和表 1.4 分别给出了大气中 CO 和 CH_4 的源和汇。可以看到，CO 的源主要是工业、生物量燃烧和甲烷氧化等，其次是有机物和海洋；CO 的汇有：CO 与 OH 反应，土壤的翻耕。而甲烷(CH_4)的源地在自然界中主要是湿土地，但人类活动加剧，石化燃料、生物碳都是 CH_4 重要来源；CH_4 的汇主要是在对流层，小部分汇聚到土壤和平流层。

表 1.3　一氧化碳的源和汇的估计(IPCC,1995)

源	范围(Tg(CO)/a)	汇	范围(Tg(CO)/a)
工业	300～550	OH 反应	1400～2600
生物量燃烧	300～700	土壤翻耕	250～640
有机物	60～160	平流层损失	～100
海洋	20～200		
甲烷氧化(通过 OH)	400～1000		
NMHC 氧化	200～600		
总源	1800～2700	总汇	2100～3000

表 1.4　甲烷 CH_4 的源和汇的估计(IPCC,1995)

恒定源	各个估计值(Tg(CH_4)/a)	恒定源	各个估计值(Tg(CH_4)/a)
自然：		人类活动—石化燃料有关的源：	
海洋	10(5～50)自然气体	40(25～50)	
湿土地	115(55～150)	煤矿	30(15～45)
Termites 白蚁类	20(10～50)	石油工业产品	15(5～30)
其他	15(10～40)	煤燃烧	? (1～30)
总的自然源	160(110～210)	总的与石化有关的源	100(70～120)

① ppm=10^{-6}。

续表

恒定源	各个估计值($Tg(CH_4)/a$)	恒定源	各个估计值($Tg(CH_4)/a$)
生物碳：		汇	
肠道发酵	85(65～100)	对流层 OH	445(360～530)
水稻	60(20～100)	平流层	40(32～48)
生物量燃烧	40(20～80)	土壤	30(15～45)
陆地掩埋	40(20～70)	总的汇	515(430～600)
动物排泄	25(20～30)	全球总的含量	4850 $Tg(CH_4)$
生活污水处理	25(15～80)		
总生物	275(200～350)		
总的人类活动源	375(300～450)		
总生成源	535(410～660)		

由于人类活动使大气中 CO_2 增加，通常称之为“人为的 CO_2”，导致当前全球自然碳循环的扰动，人为产生的 CO_2 由两部分组成：

①来自石化燃料燃烧和水泥产生的 CO_2，是由几十万年地质贮存重新释放；

②由采伐森林和农业发展，它是数十年到几个世纪的贮存，由于碳持续地影响大气，相对于自然碳循环，这些碳扰动驱动气候变化。

根据 Bern 碳循环模式，大气中的 CO_2 增加 50％，在 30 年内发生改变；若进一步增加 20％，则在几个世纪内改变；在 20 世纪 90 年代期间，由人为石化燃料燃烧产生的 CO_2 大约 80％，陆地使用变化约占 20％。图 1.14 是 20 世纪 90 年代大气与海洋和陆地之间 CO_2 的交换过程的年通量(Gt C/a)，显示了工业化前的自然通量和人类活动引起的通量(方括号内数字)，陆地 CO_2 净损耗(39)是由石化燃烧发射累积—大气增加—海洋贮存的推算出的。

第二节　地球系统的物理模式

地球上发生的物理过程十分复杂，这些过程影响着全球气候，导致全球气候发生变化。图 1.15 表示在地球上发生的各种地球物理过程，主要有：①地球系统与宇宙空间的辐射交换；②大气中发生的降水、云的形成和消亡、空气污染、火山喷发；③地球表面发生的海气和陆气交换、植被覆盖变化、水循环过程、生化过程等。为描述这些过程，需将观测的各种数据输入地球模式，改进、认识、理解和建立地球气候系统模式，这涉及模式的可靠性、数据的真实性和输入资料的同化。如果模式可信赖，并可用于预测人类的影响，①、②项是重要的，如果对获取各种数据的使用是最优的，则最后一项是重要的。

地球系统模式考虑为联机计算机模式，求解一组描述地球流体环境(各时间尺度的大气和海洋)演变数学方程式组，合适的边界条件，特别是地球表面的生物圈和土壤起重要作用。显然方程式描述大气状态和成分、海洋和冰雪圈、土壤顶部几米内和与地球内部动力相互作用的物理状态、地面植被物理状态和生化过程的演变，以及陆地和海洋生物群表示，这意味着在整个地球的水平和垂直格点网距中以一定的模式分辨率描述大气、海冰和陆面的特性。有两个因子限制实际的数值模式，第一个是至今有一些重要的过程不很清楚，第二个限制因子是计算分辨率很高(10～15 km)的数值模式需要昂贵的计算费用。

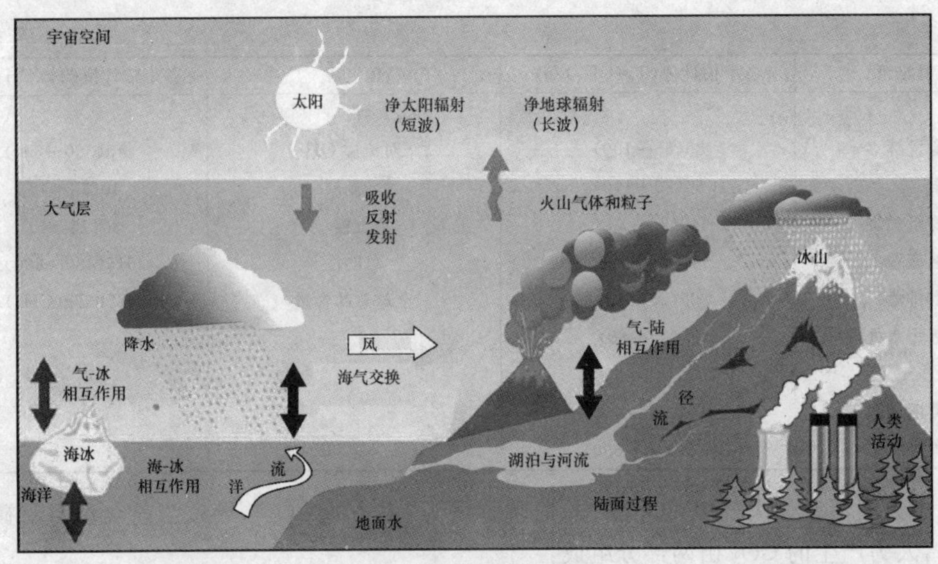

图 1.15　地球系统中的物理过程(Roger,1998)

一、地球—大气系统过程的空间和时间尺度特征

1. 地球系统相互作用分量

过去的几十年间,由于空间遥感技术的发展,数值模式的改进和计算机性能提高,以及包含在动力方程组内的大气、海洋、化学资料的同化方法实现,对地球系统的认识和模式有很大改进。图 1.16 表示地球系统中的大气化学、大气动力、陆面与海洋生化、动力、生态各分量间复杂的相互作用和相互作用的途径,主要有:

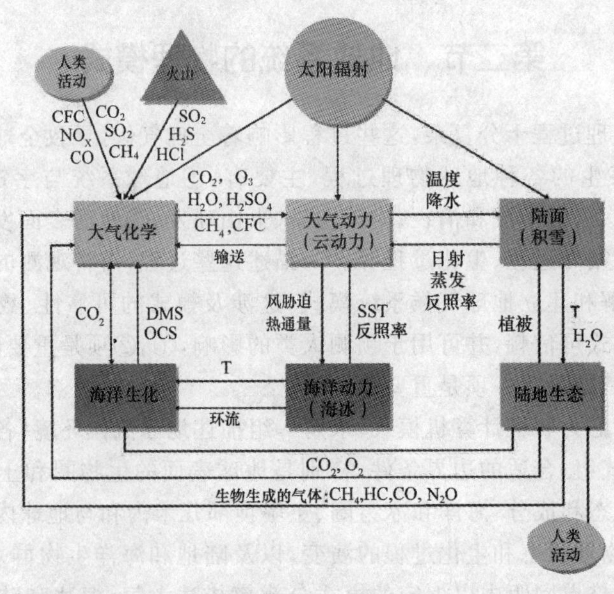

图 1.16　地球各分量间相互作用路径示意图(Roger,1998)

①人类活动和火山通过大气中的化学成分与大气化学发生作用;

②大气通过温度、降水、日射、蒸发、反照率与陆面发生相互作用；

③陆面生态通过植被和水(H_2O)与地面发生作用；

④大气通过热通量、风胁迫、海面温度和反照率与海洋发生作用；

⑤大气化学通过化学物质输送与大气动力发生作用；

⑥大气化学通过 CO_2、动力海洋系统与海洋生化相互作用。

虽然有这些进展，但是在描述地球系统的状态和它的分量、估计它未来的变化的能力仍然明显不足，这些不足首先是由于对地球的观测不充分和对许多物理过程的认识不够。

2. 从区域到全球尺度地球系统模式的研究项目

图 1.17 给出在地球不同部分所要研究的主要项目：①在大气的平流层，研究项目是大气动力—辐射—化学的相互作用，平流层气溶胶的源、分布、特性，臭氧的形成、输送和消亡；②对流层要解决的是大气动力—辐射—云—能量间的相互作用，水循环过程，碳循环过程，这包括降水、碳的收支；③在地球表面，研究项目有海气相互作用、海洋环流、生物、海冰等；④地球内部有大地水准面、大地测量和重力磁场。

大气	平流层	大气动力—辐射—化学		
	对流层	大气动力—辐射—云—能量 水循环—碳循环		
地球表面		海洋	陆地水圈	陆地生物圈
		海气相互作用 海洋环流 海洋生物 海岸区 海冰 能量输送	水文 土壤湿度	陆面过程 陆面生物 生态系统 雪和陆冰雪
地球内部		大地水准面 大地测量 重力和磁场		

图 1.17　地球系统的分层内容(Roger,1998)

3. 地球系统的尺度和时间

地球上发生各种物理现象的空间尺度和生命时间各不相同，图 1.18 表示各种地球—大气过程系统的空间和时间尺度，时间尺度可以从分钟的大气湍流到数十年的海洋、气候变化，甚至于几百万年的物种形成。地球过程的时空变化反映了地球系统本身的演变过程，从图中看到，地球上空间尺度在 10,000 km 以上的是全球天气系统、CO_2 的变化、生命的起源等，尺度最小、生命时间最短的是大气湍流，其次是大气中的对流运动。

4. 地球模式中的各种物理现象和监测

在不同高度的地球大气中，发生的物理现象不同，由图 1.19 看到：①在平流层以上大气中 UV 强度大，发生的物理现象主要是对大气电离，形成电离层，产生臭氧，为监视臭氧，UV 的测量十分重要；②对流层发生的物理现象有各类天气现象、温室效应、大气污染、空中水资源等；③在地球表面的物理现象与地面特征有关，在海洋与海水有关。

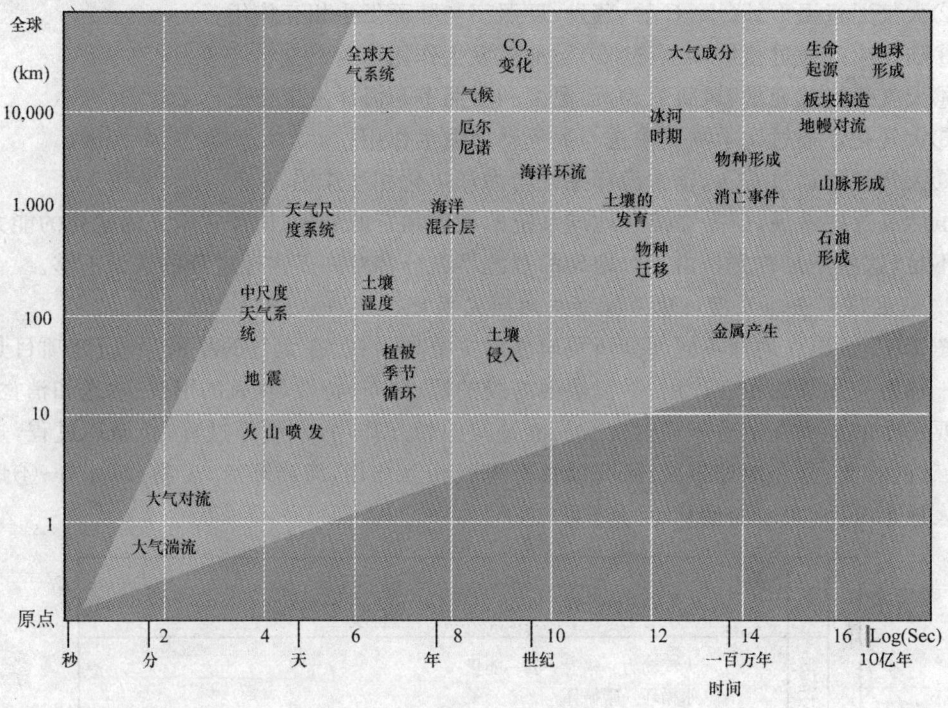

图 1.18　各类地球过程的尺度和时间

<table>
<tr><td rowspan="2">大气</td><td>平流层</td><td colspan="3">臭氧监视
UV 辐射预测</td></tr>
<tr><td>对流层</td><td colspan="3">温室效应，污染，台风，水资源，
天气预测，航空导航</td></tr>
<tr><td colspan="2" rowspan="2">地球表面</td><td>海洋</td><td>陆地水文</td><td>地理—生物圈</td></tr>
<tr><td>海平面上升，
海洋状态，
风暴潮，海啸，船舶航行与导航，
渔业和水质量，污染，资源</td><td>水资源，
干旱，洪水，
水资源管理，
水污染</td><td>粮食供给，陆地使用，
陆地管理，污染，干旱，
洪涝，资源，侵蚀，
自然灾害，病虫害，
荒漠化</td></tr>
<tr><td colspan="2">地球内部</td><td colspan="3">活动火山，地震，自然资源，地图学</td></tr>
</table>

图 1.19　地球上不同高度发生的物理现象(Roger,1998)

二、地球内部过程及相关作用

在整个时间尺度上，地球内部的过程与气候、地球的环境和运动的地球发生相互作用。这包括火山爆发，它与大气和海洋发生相互作用，由地震、海啸、土壤侵蚀或陆地崩塌，引起的环境改变，地壳的调整，冰雪消融，影响海平面高度，所有这些已深刻地影响人类的生态和经济。对于未来的进展，更多地要求关注地球内部的动力的起源、演变和地核的构成，地幔和地壳对地球内部动力的作用。图 1.20 表示地球上发生的一些动力系统。

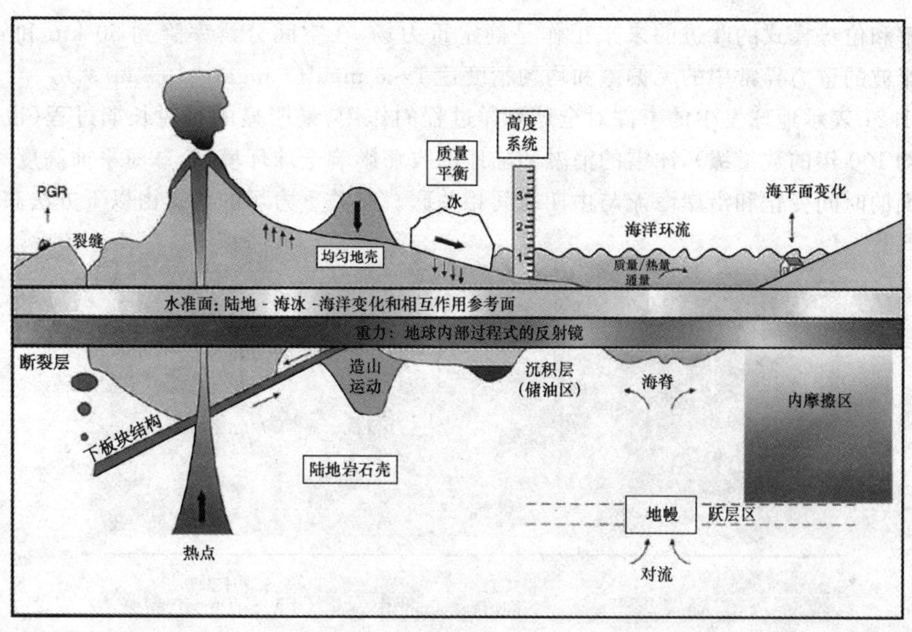

图 1.20　地球动力系统(Roger,1998)

由于不能直接测量地球内部的物理或化学参数，只有很少有关地球内部动力的直接信息源，最突出的是磁场、重力场和地震波的传播，近年来地震波摄影带来许多有用信息，反演异常的速度场且转换为地理参数，但是如密度异常等仍然是未解决的问题。因此，地球重力场和磁场的观测对于地球内部的动力研究是十分重要的。重力场和磁场的观测与发生在地核、岩石圈和地幔的过程密切相关。但是对这两种情况的谱特征和随时间的变化明显不同，因此，磁场的研究与重力波的科学目标不同，在地球科学和海洋环流中，重力场与海洋水准面和大地测量学相关联。为实现这些目标，用合适的时间内以高的空间分辨率对全球各个地点观测，确定地球的重力和磁场是十分重要的，只有使用卫星能实现这一目的。

(1)海洋水准面对海洋环流的作用。海洋动态地形的长期变化和绝对值要求确定静止的"假定的"海洋表面，也就是海洋水准面。这对于模拟海洋环流和解释卫星资料是必需的，幸而，从目前的观点而言，水准面的不确定性和它对绝对动态地形的作用是有限的，特别是对于波长误差小于 1000 km 的振幅度 10～30 cm 量级的不确定性结果。

通过使用高度计、全球海洋环流模式，高质量的同步观测资料连续研究和预测气候变化和变迁，重要的是降低地球水准面的测量误差，特别是对于 100～200 km 的半波波长的累积误差应小于 2 cm，得到半波长小于 0.1 cm 的误差，如对于 1000 km，一旦达到，就可以确定重力场。

(2)重力场和地球内部过程。陆地岩石圈的动力问题是研究地球内部的物理过程的中心问题，这包括化学和热力成分和在下部山脉带、在下沉盆地变薄和裂缝碰撞造山、地陷和分层过程，和热点的热力过程，精确和详细地确定重力场特别重要，这包括：①断层的主动和被动模型的判别；②导致盆地下沉的质量异常的识别；③确定陆地深处密度结构和陆地岩石圈的力学强度；④冰雪收缩对海平面高度变化的贡献。

对地幔过程的认识，特别是对流形式，和过去冰雪质量的调整的了解，将更多地获取和改进地球重力场的知识，而且精确和详尽的异常重力场的确定对提高理解陆地岩石圈起重要作用。也需要识别冰雪融化对海平面升高的贡献，和对全球海洋地球内部过程的作用。这些过程的理解和位势模式的改进的未来工作是确定重力场，在空间分辨率降到 50 km 和 400 km 之间的半波的重力异常中的无偏差和均匀精度达 1～3 mgal(1 mgal$=10^{-5}$ m/s^2)。

图 1.21 表示地球发生的事件对全球海洋过程的作用，最明显的是对长期过程(也就是气候尺度约 100 年的数量级)，冰雪的消融和陆地的收缩影响全球环境、全球海平面高度和洋流。而海平面的时间变化和沿岸海流与中期时间相关联。有关重力场的数据由以下方法获取：

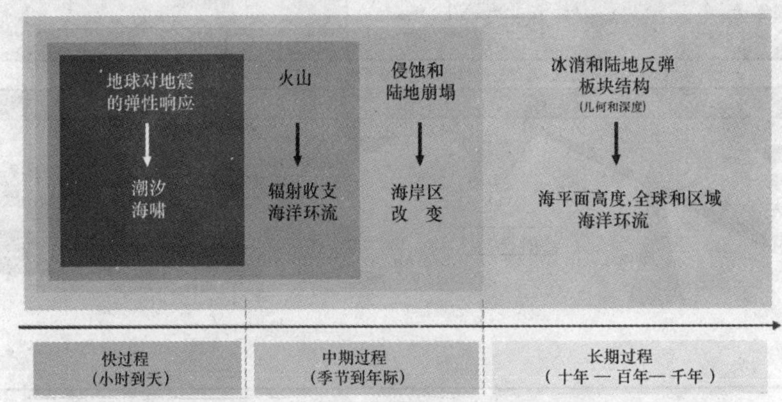

图 1.21　地球内部的各个过程对全球海洋的作用(Roger,1998)

——陆地重力异常：由重力(和高度)测量得到，表示为等角区的平均值；

——重力：由卫星上的雷达高度计获取精确的全球海平面高度，得到重力；

——位势高度：由卫星轨道的角分析确定位势。图 1.22 给出由卫星获取的全球重力场分布图。

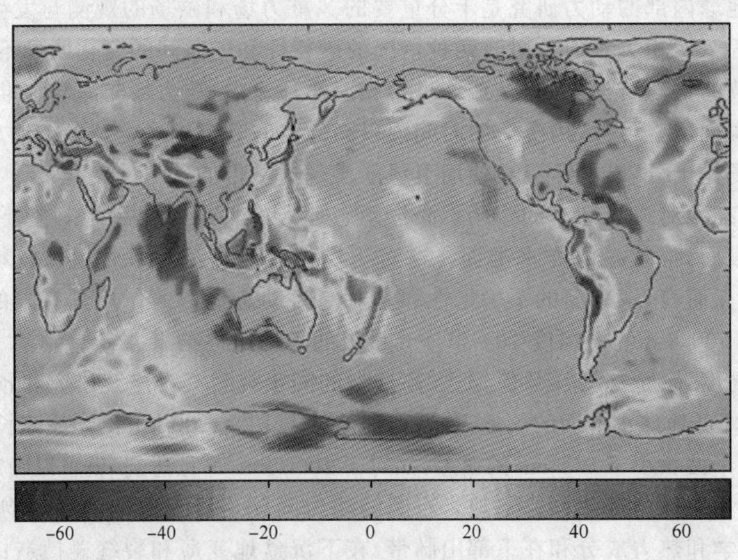

图 1.22　全球重力异常分布(Roger,1998)

(3)地球内部磁场过程。改进对磁场和它的时间变化的认识，对于了解地核过程是十分关键的问题。图 1.23 显示了地球磁场的分布，它与地球内部地核结构有关系。

在研究地核过程中，地核磁场和它的时间变化对于研究地核过程是十分关键的数据，特别是地核体的流动动能和地核与断层之间力学耦合。磁场矢量最佳全球描述和在观测日长度内地核运动间依次分离、长期变化、冲撞和低频变化，要求全球磁场定量精度优于 1.5 nT。

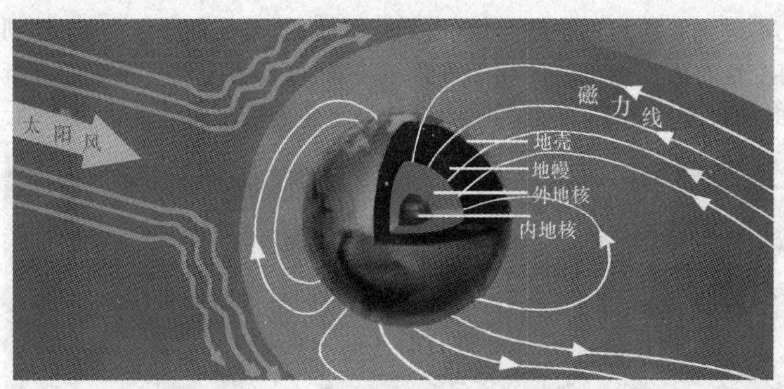

图 1.23 地球内部磁场(Roger,1998)

(4)大地测量学。目前,不同竖直高度系统(数据相接)在 100 km 距离之外在岛屿之间和在岛屿与陆地之间的差为分米量级。因此,地球一处的海平面变化与另一处的海平面高度变化不适当的比较,不可能分别精确区分海平面上升还是陆地上升。

因此,大地测量中关键目标之一是改进测量和使用高质量重力场资料,使不同竖直高度系统统一大约在 0.05 m 内。

(5)地球内部的信息。整个全球观测系统的主要焦点,主要项目有:①分辨率 100~200 km具有精度 1~2 mgal 重力异常;②在 100~200 km 累积水准面误差量级 1~2 cm;③单位竖直高度系统约 0.05 m;④全球时间和静磁场优于 1.5 nT。

精确的水准面对于所有地形过程作为静止参考,包括动力海洋地形(由此海洋环流)、冰块的年龄变和陆地表地形。

三、气候物理过程

如图 1.24 所示,气候变化是地球系统中由许多变化的物理过程组成,气候系统的不同物理变量显示出明显的内部可变性,气候系统的各个变量在很宽的时间尺度范围内涨落,从快

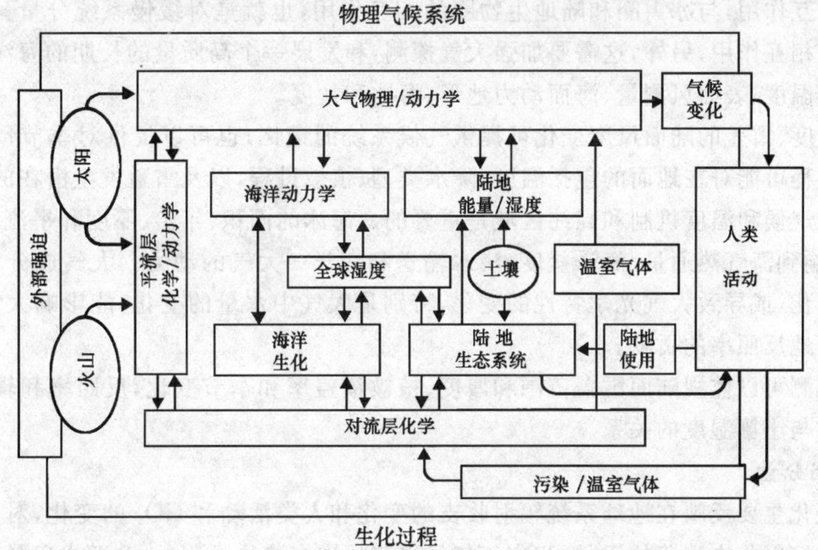

图 1.24 与生化系统、物理系统和人类相关的 IGBP 的全球模拟(Roger,1998)

(大气)分量(几小时到几周),到中期分量(季到年际变化)至长期分量(几十年到世纪或更长变化)。气候的可变性与大气中可变的化学成分相关联,以及由于气候系统的分量以不同方式相互作用取决于时间尺度。图 1.25 以时间为尺度表示各分量所包含的内容。

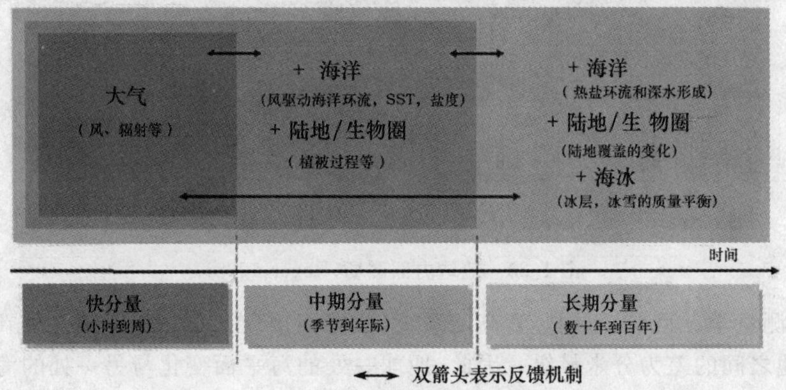

图 1.25　气候系统各分量间关系(Roger,1998)

1. 快分量

气候系统的快分量主要与大气有关(也就是与天气有关),对气候系统的快分量的理解和认识,要求掌握大气动力和全球能量和水循环知识,也就是要求对重要过程和大气模式中水循环过程的深入理解,包括云—辐射过程、凝结、蒸发和降水过程、晴空大气中和行星边界层的湍流,以及地表面的水循环。为完成这些,必须在业务和研究上要求加强对三维风场、温度和湿度场的观测,测量地表面的行星反照率,大气和地面的长波辐射,云和气溶胶的光学特性和微波散射特性;降水、海洋和陆地的表面温度、土壤湿度、雪和冰盖等。

2. 中期分量

不考虑大气的混沌特性,海洋和陆地表面的缓慢变化控制气候的短期变化。为预测季节到年际气候的涨落(变化),要求对大气(快分量)合适的描述,它与主要在热带(动力和热力)海洋上部的相互作用,与冰雪圈和陆地生物圈的相互作用,也就是对缓慢系统分量——雪盖、海冰和植被的相互作用,另外,这需要加强大气探测,和发展一个高质量的长期的海洋观测,包括精确的海面温度、表面风测量、海面动力地形,海冰和盐度。

土壤湿度、雪盖的陆面尺度变化可提供气候系统的记忆,也可以提供对季节预报的探索。这些气候过程可能对在地面的包括温度、降水类型、植被过程,以及雪盖发生潜在的、反馈的作用。它们对气候和温度机制和高纬区域是重要的。海冰的面积、年龄、厚度和平流的测量是重要的,它影响到海气热通量、海洋盐度、淡水输送和海洋—大气的动力。大气成分和化学变化引起环境变化,或导致大气光学特性的变化,特别是大气中水量的变化,能影响大气气体的发射和云对陆地反照率的贡献。

卫星观测可以监视陆面雪盖范围和厚度、植被覆盖率和季节变化,反照率和辐射平衡,植被状态和它与土壤湿度的关系。

3. 长期分量

长期变化主要反映在地球系统辐射收支的变化和人类活动和 CO_2 的变化,对十几年或较长时间尺度辐射收支涨落的贡献,相应于气候涨落的许多信号是小的,和要求以最佳的精度和准确无误地取样观测它们。

海洋对流混合和深处的海底水形成的认识，涉及海洋对碳吸收的长期气候趋势的估计，和它与大气中二氧化碳的长期控制关系，这需要精确表示全球气候模式中包括海洋动力、碳和热力循环的海洋分量。

陆地环境与大气耦合通过包括能量、动量、水分和气体的交换过程。陆地使用的改变对长期气候变化的贡献的水循环起重要作用，但是陆面的生物和化学过程在气候模式中的表达是不足够的，尽管它在长期趋势中是决定性因子之一，这些过程在海洋中是同样的。

目前海洋模式预测在高纬度地区的最高温度在增加，如果是这样，这可能导致冰层质量平衡和数十年冰雪的重要改变。海冰和冰雪比冰覆盖层具有更短的时间尺度，但这不仅因为短期对气候条件仍是重要的，而对数十年和更长时期尺度也是重要的。海冰覆盖范围的主要改变是影响深水的形成和海洋二氧化碳的吸收，两个过程是明显的气候作用。

4. 传递给气候的信息

简言之，它实质是涉及气候系统中各种过程的认识的提高。①气候快变量：三维风场的观测，三维云和气溶胶分布的观测，它们与辐射和动力场的相互作用；②气候中期分量：对于海洋—大气、大气—陆地/生物圈和海洋—大气岩石圈界面处通量的反演和能量作用的评估；③气候长期分量：海洋环流和能量输送和溶解生物种类；海洋—大气之间能量的气体交换过程和生态系统水循环，以及它们对气候的响应，大气顶宽带辐射通量的测量；极地冰层流动质量平衡的观测和它对气候的响应，海冰动力分析和深水的形成。

四、岩石圈和生物圈中的物理过程

在岩石圈和生物圈内，主要环境过程和转换的发生对气候系统的演变和全球环境变化起重要的作用，通过自然现象和人类的影响，特别是人类的作用，如陆面覆盖和使用、水状况的改变、大气成分的改变和海平面高度变化，如何回答气候如何影响陆地生态系统和生物过程，以及它们的分量通过这些生态系统的变化影响新的可恢复和非可恢复岩石圈和生物圈的资源。图 1.26 显示了植物叶子表面过程与气候、陆地使用和大气化学间的相互关系。

如果在小尺度局部地区，岩石圈和生物圈系统与大气和海洋界面处发生的这些过程获得深入理解和参数化，就可把这些知识推广到至今仍没有了解的区域尺度直至全球尺度。这些主要可变化通过参数揭示未知过程，然而，与生物圈现象相关联的地面与大气的相互作用，生态过程等，至今没有合适的参数揭示所有尺度发生的过程。

局地尺度发生的许多陆面特征和重要过程必须考虑到陆面特性的主要变化后，再推广到区域和全球尺度，因而目前仍然没有足够可靠的模式确定环境质量、资源状态和气候趋势对人类活动的作用。对于研究和定量理解气候变化主要有以下几个最重要的过程。

1. 能量和水循环

对于能量循环，需要测量的入射和射出的辐射通量，特别是有云时的至今没有足够清楚；另外，足够精度地测量潜热和感热通量和将其参数化仍然很困难，最后是需要分析土壤热通量，它对能量的年变化具有光滑效应。

在水循环过程中，改进对降水、雪盖和流域的水径流的时空分布的认识，如蒸腾，它直接与潜热通量和土壤湿度有关。土壤湿度对大气环流十分敏感，对它的精确的测量，对改进大气环流模式的预测十分重要。图 1.27 显示了生物圈（生理特征、生化特征和生态系统）与测量参数间的相互作用。

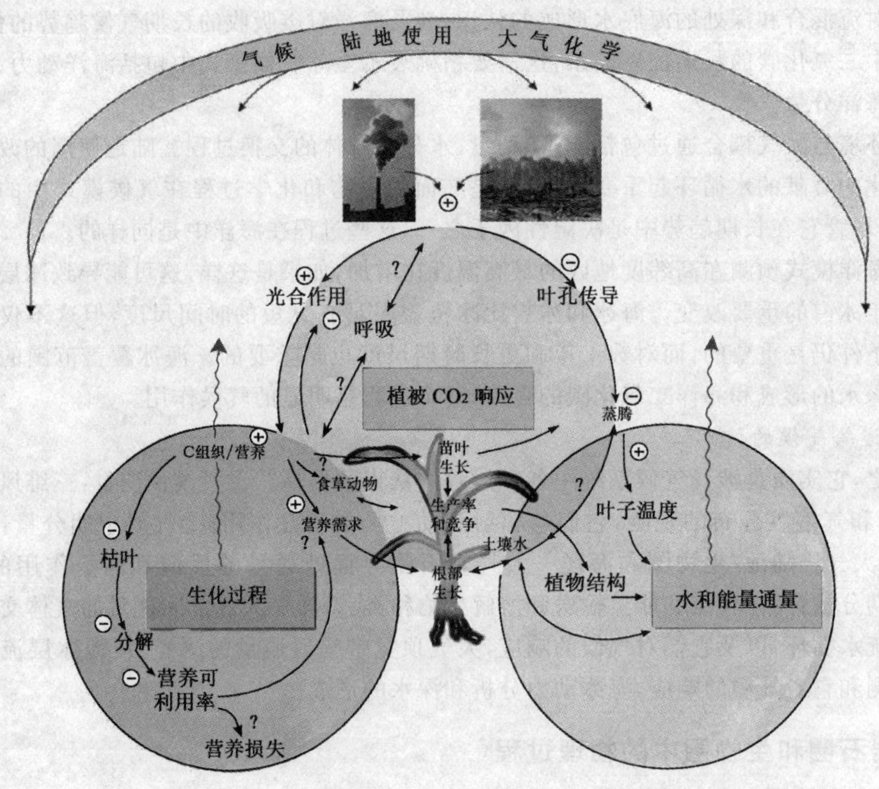

图 1.26 植物叶子表面的生物过程(Roger,1998)

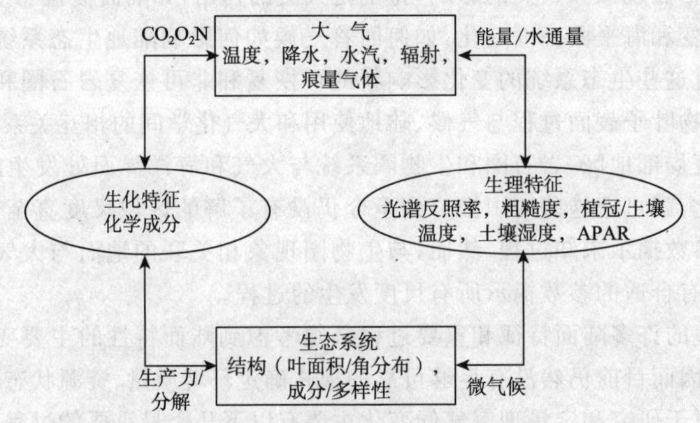

图 1.27 生物圈与测量参数间的相互作用(Roger,1998)

2. 生物化学过程

在气候变化中，特别关注大气中二氧化碳和甲烷温室气体浓度的增加，并且陆地生态系统是这些气体的源和汇。在全球碳循环中的主要问题是缺乏对陆地生态与大气碳交换的认识，因此，需要有定量的碳交换过程、气候和水文参数信息数据的空间分布，植被和土壤的生物、生化特征及季节变化。此外，有一些主要的温室气体、光化活动气体，特别是氮化合物、碳氢和臭氧气体，在生态系统中起重要作用。

在能量和水循环、碳循环和大气化学之间存有强耦合。它们与各种辐射过程密切相关，强烈地受温室气体、水汽浓度的影响和来自植被的作用。在这里，对于能量、水和二氧化碳和对于生态的动力学，向上的耦合是最重要的，如图1.28所示。

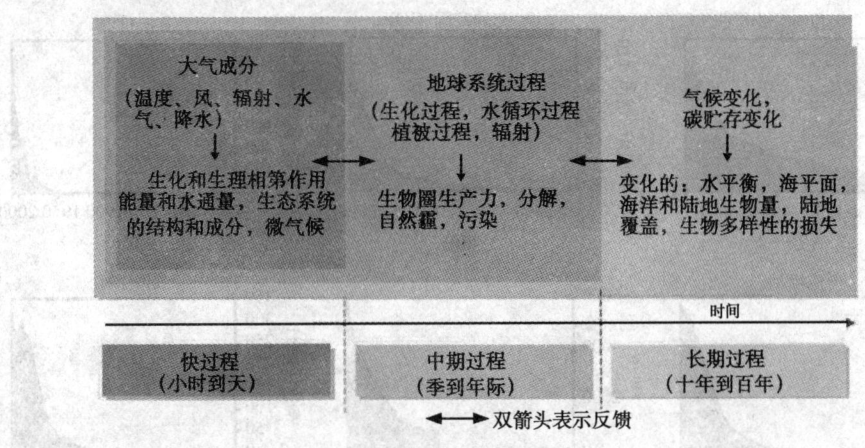

图1.28　地球生物圈的相互作用与发生的过程时期（Roger,1998）

3. 不同生态系统的生产力

有关生物圈的生产力常用叶面积指数、部分植被覆盖、叶子对太阳的光谱吸收等表示，这些信息需要使用生物或生产力模式，将辐射变换为有机碳等信息，这类信息可以由生物类型识别和地表目标分类得到，这要求有：①不同生物类别植被的特性和表示；②生物圈对碳循环的贡献；③生物圈如何影响环境；④农业区和森林的生产力。

4. 岩石圈和生物圈的信息传递

基于陆地特征和今后十年空间观测的主要内容有：①包括生物的地理特性，及环境污染引起的这些特性的变化；②包括地面初级生产力、生化和水循环、能量输送和土壤相互作用。

在气候预测中，地表/大气交换过程与能量和水交换过程一起是为决定预报未来和理解模拟生态系统的因子，再与改进的数值模式相结合。至此，由卫星提供陆地和海洋生态系统的物理特性的空间分布和时间变化输入到气候模式中。

五、大气和海洋环境——人类的作用

1. 人类活动

近150年以来，人类活动对地球环境的影响主要表现在以下几方面：

①人类已消耗掉几百万年形成的已知石油的40%；

②近50%的陆地直接被人类活动所更改，生物多样性、营养循环、土壤结构、土壤生物学和气候已发生重要的变化；

③由于化肥和石化燃烧，使大气中氮合成固定，比在整个大地生态中自然固氮更多；

④由于人类的活动，使用了全部淡水的1/2或更多，在许多地区地下水资源显著下降；

⑤影响气候的温室气体浓度，如CO_2和CH_4在大气中有明显增加；

⑥沿海岸和海洋动植物的栖息地已经显著恶化，50%红树林已经发生改变，湿地收缩了1/2；

⑦过度的捕捞使海洋鱼类减少约22%，海洋超过开发限度的44%；

⑧在世界海洋和陆地生态中的衰减速率显著增大，现在地球在第一个大的衰减事件中是

单个生物(人类引起的)。

图1.29显示了工业革命后人类活动增长速率。

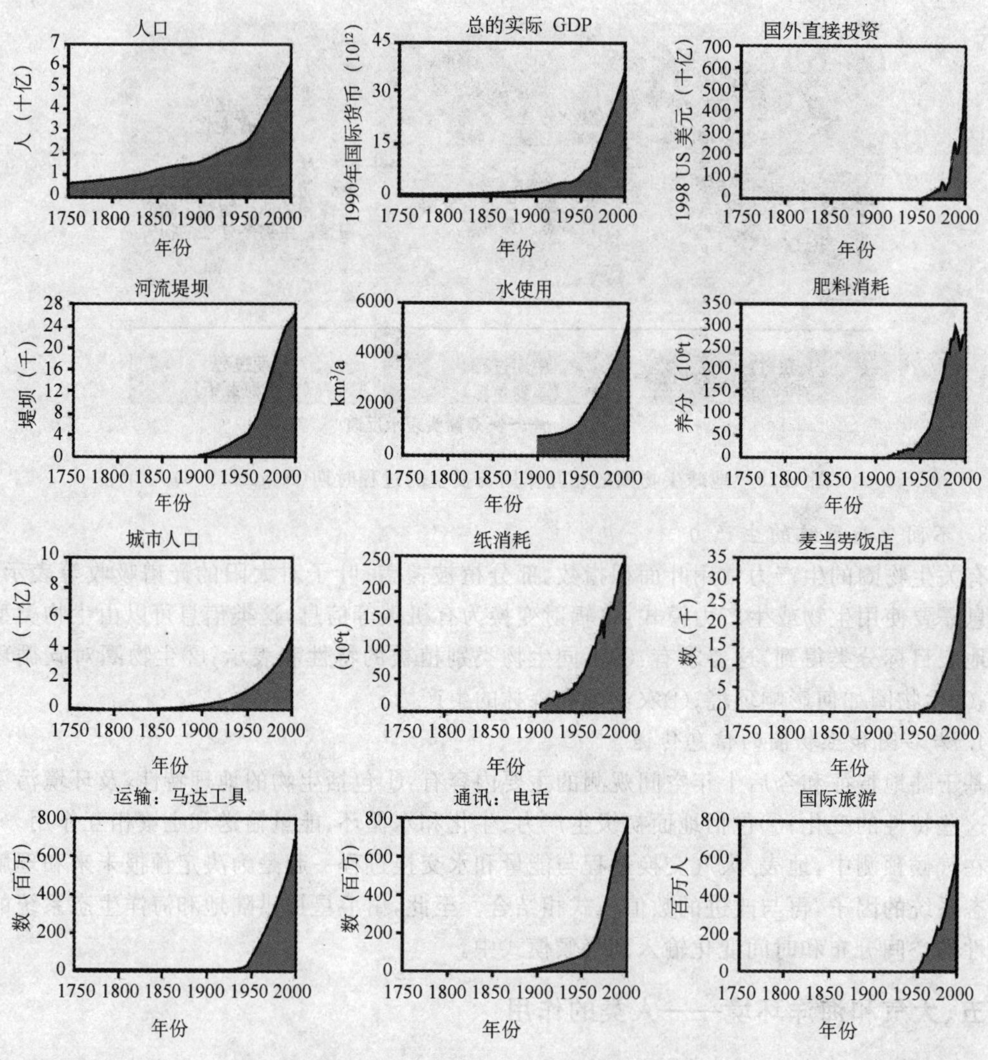

图1.29　人类活动事件增长速率(Steffen等,2004)

2. 人类活动对地球作用的结果

由于人类活动的加剧,地球环境的化学成分迅速变化,出现许多新问题,这影响到地球系统的所有分量,也就是大气、海洋、海岸区域和土壤,给出的科学挑战问题主要有:①在不同分量中气体和粒子通量(陆地和海洋生物圈、大气、海洋、土壤);②对化学和光化转换和输送过程的认识;③用这些交换评价人类变化产生环境变化的结果。地球水准面的知识是重要的。

我们可以根据地球环境分量时空尺度对主要环境变化划分。环境化学成分的变化取决于源、汇和动力过程的时间尺度;边界层和对流层下部以短时间尺度为主,因此,以相对快的变化表示(从小时到周),长时间尺度涉及海洋、对流层上部和平流层,通过相对慢变化表示(从月到数十年)。

(1)人类活动引起大气成分的变化。在地球大气成分中,地表面排放的放射性的和化学活动微量气体迅速增加,这些发射气体包括甲烷、氧化氮、碳化氢、硫酸化合物和卤素类气体,影响对流层中臭氧和羟基辐射分布和大气的氧化和自洁。同时，云和气溶胶在影响对流层和平流层中的化学和气候的重要性正在显现。因此，需要理解和确定影响对流层的温室气体、对流层的氧化和平流层、臭氧层特性这些变化，由此，对气候变化和地球大气环境污染是十分重要的。

(2)对流层上部和平流层的化学过程。在平流层和对流层下部发生的过程决定化学成分和它们的光学和物理特性，由此直接和间接影响地球气候和紫外线的透射率，现有的测量已改进对系统的理解，得到完整(有理解)的三维模式，可以解释大多数观测结果，不过留下了不确定性。由于发生在气溶胶和极地平流层的异类化学的复杂性，与稳定态的可能偏差，目前的模式不能提供对现有大气状态给出足够合理的解释。缺乏对平流层低层和对流层上部的理解，这意味着不能确定性地预测包括臭氧层在内的未来大气成分的变化结果。事实上，人类产生的卤素类气体在平流层浓度峰值是通过世纪转换的特性，即当第一次观测极地臭氧洞后的下一世纪中卤素类气体可能回转。

(3)海洋污染。人类的出现和活动即探索和利用海洋环境资源，意味着海洋和冰盖污染的风险，特别是海岸区域，人类活动的70%出现在这里，风险更容易出现。某些海洋污染有直接的短期环境效应，而另一些是在环境和有机物中累积的，对海冰资源使用具有长期威胁，仍有更多的不同类型污染的作用需要澄清。

海洋污染的发生和范围的检测和认识从局地到全球引起重视，地方、国家和国际规定和在此基础上一致在海洋环境中与人类活动相关的各种污染可接受和判别等级界限，其关键要求对海洋污染的监视和它的作用，即监视沿海岸区域水的质量、晴天海洋和冰覆盖海区污染的数量和污染物的输送。

(4)环境变化的信息传送。主要有：①大气成分——大气氧化特性的变化量，人类活动的影响，温室气体和气溶胶辐射强迫的变化量；②对流层上部和平流层下部——化学和光化过程的量，异类化学的作用，不同空间尺度的动力学影响；③海洋污染——污染源；污染的输送(海流和沿岸流)；在海洋环境中生理—生化间的耦合。同时，增加资料，监视主要种类的主要变量(如海平面高度)，表示环境的长期变化。加上这些资料，监视气体的种类和表示环境的长期演变的主要变量(如海平面高度)，地球监视计划为实现这些监视提供服务。

图1.30分别给出了平均温度、大气CO_2浓度、海岸氮通量和海洋渔业的时间变化。由图可见，近几十年来平均气温迅速增高；由于人类干扰，CO_2浓度显著上升；沿海岸氮通量加大，海洋沿岸区养殖和捕捞增长。

图1.31表示1750—2000年250年来地球上一些影响气候的重要气体的变化，地球表面温度、洪涝灾害、海洋生态、热带雨林、土地使用和物种等的时间变化。从图中可以看到：近50年来，特别是近十多年来，CO_2、N_2O、CH_4浓度，臭氧在破坏，表面温度、洪水等快速增大。

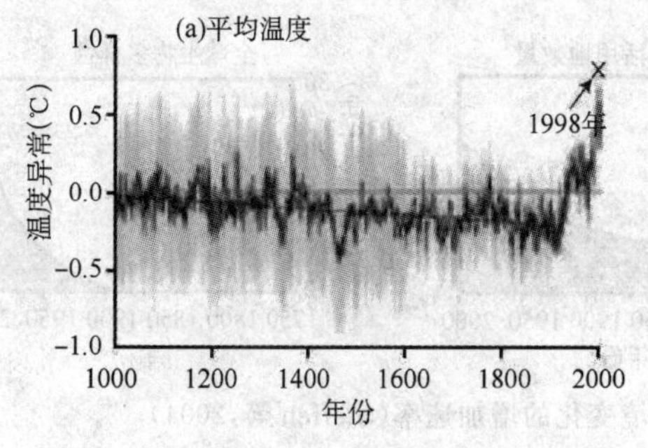

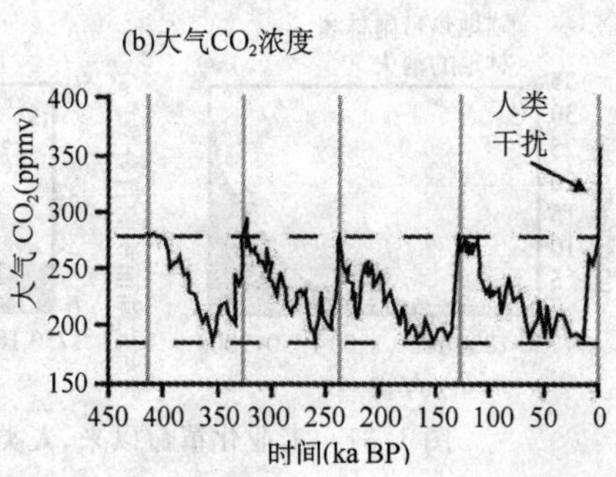

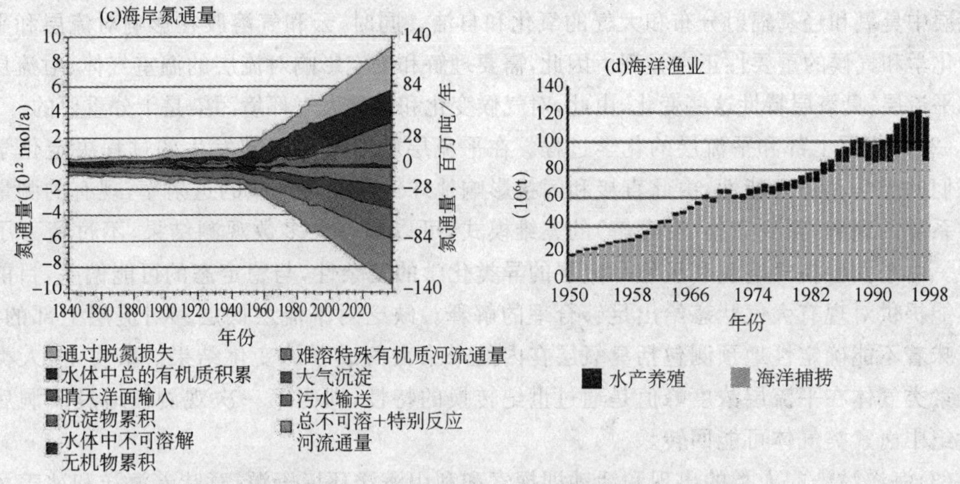

图 1.30 人类活动引起的地球处于非相对状态(Steffen 等,2004)

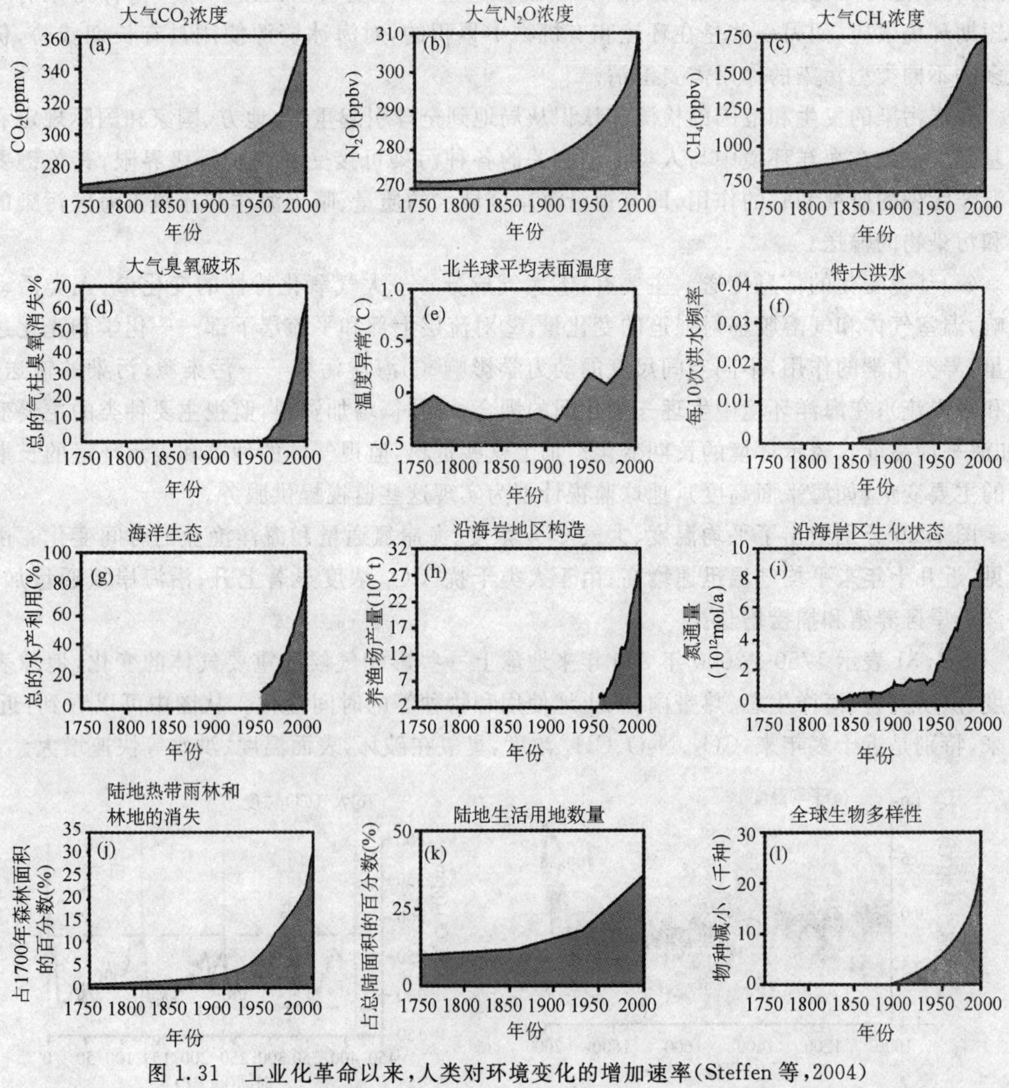

图 1.31 工业化革命以来,人类对环境变化的增加速率(Steffen 等,2004)

六、地球系统总体模式

虽然在过去几十年，定量理解地球系统有很大的进展，但是要精确描述大气状态还有很长的路程，还没有能力描述未来变化，地球观测的首要目标必须是提供资料，加深对基本过程的理解和认识，全球辐射收支和气候可变性的定量，演变检测，直至真实的分层的累积高分辨率模式和资料同化方案，能表达地球系统状态和预测它的演变，图 1.32 表示地球模式系统的模块，它由三个模块组成，它所期望的需要的工具是空间观测，它以新的方式大范围提供最新的资料，卫星提供全球和任何地方的各个资料，由空间提供的地球物理数据的数量巨大，并可以确定地球系统的所有分量，卫星遥感系统本身的所有特征在整个时空尺度范围是连续改变的，当只有卫星遥感能获取相关资料时，它在地球系统的研究中起关键作用。

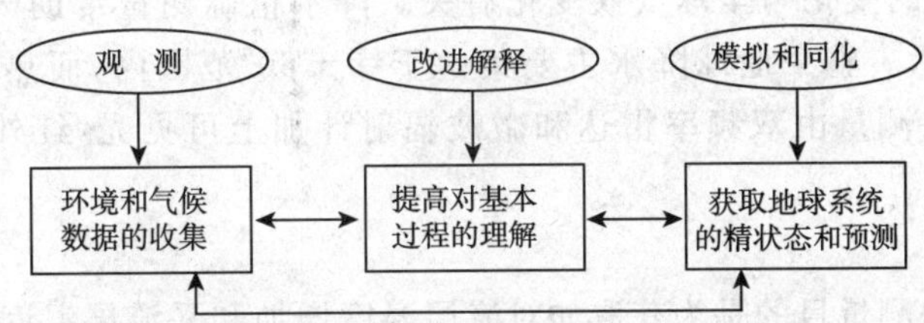

图 1.32　地球模式系统的模块(Roger,1998)

第三节　地球系统探索计划目标和卫星观测

一、地球系统探测的主要内容和意义

1. 地球重力场

确定地球重力场的目的是提供对于区域和全球重力场的模式和为更大区域研究，和包括海洋环流、地球内部物理特性的应用时使用的水准面(参考等位势面)。由卫星高度计获取的资料，确定绝对海洋地形给出精确的参考面，加深对海流认识，估计海洋环流的绝对值。确定海洋热量和淡水的侧向输送，和它的区域和时间变化，与气候可变性的耦合。

卫星包括三轴重力梯度计和 GPS/GLONASS 接收机两种仪器，称之为大气探测 GNSS(全球卫星导航系统)GRAS，参考卫星轨道为高度 250 km 太阳同步轨道。

2. 地球磁场

测量地球磁场的目的是提高对地球核心结构的认识，对起源于地心的地球附近磁场和由电离层和磁层中电流产生的地球外部的磁场知识的提高有助于对它的运动的认识，也有可能检测岩石圈磁异场的长波部分，另一个目的是扩大对地球环境的认识和太阳的影响，以及改进全球磁场模式，由此为当今导航系统提供支持。特别是观测用于改进国际地磁参考场(IGRF)。

为测量地球磁场，采用两颗小卫星，一颗相对高度高的卫星(600 km)监视主磁场的长期限变化和外部磁场(生命 5 年)，另一颗低高度卫星，测量岩石圈异常磁场(6 个月)，采用的主要仪器有磁力计、荷电粒子探测器和离子漂移计，加上定位信息。

3. 大气风场

目标是填补目前气象观测系统内存在严重的测风资料的空隙，提供晴天条件下的三维风场，将风资料同化到数值天气预报模式中，以及加上由散射计导得的海面风资料和其他辅助资料，是进一步发展数值预报的关键因素。

大气风场的测量也支持气候模式的真实性及其改进，和进行揭示气候变化研究，三维风场的测量直接作用是研究全球能量收支，提供全球环流和特征、降水系统和 El Nino 研究资料。

计划在国际空间站上，加上星载多普勒测风激光雷达，提高晴空风场测量功能。

4. 降水分布

测量地球上降水分布(包括极地区域)以满足气候和天气预报模式的需要。由气候模拟得出，降水分布的大的变化与全球气候变化有关。降水精确测量帮助气候和天气模式中降水和水过程式的表示。整个地球降水主要集中于纬±60°范围内，而热带地区(纬度±30°)占降水的2/3。降水测量由双频率雷达和微波辐射计加上可见光/红外图像和垂直大气探测仪来完成的。

5. 大气温度

大气温度廓线的测量目的是为获取如对流层温度增加和平流层温度减小的资料，探测气候变化和研究气候变化。初步研究表明，这些与瞬时气候变化试验一致，但是由于没有高垂直分辨率的精确的大气温度资料，特别是平流层，不能满足气候研究变化的要求。

对此，作为业务气象和气候研究，需要对流层上部和平流层下部的温度、湿度数据的全球观测，为实现这一目标采用空基系统，GRAS，大气探测全球卫星导航系统，由一组安置于卫星星体上的无线电导航信号接收器(GPS 和 GLONASS 系统)达到地理全覆盖和相应的空间分辨率，同时要求业务气象卫星具有这一功能。

6. 冰雪圈和冰覆盖区

测量海冰的形状和超出水面的高度，确定海冰的粗糙度，由此估计海冰的厚度，进而计算大气与海洋能量交换、极区淡水的输送。提供冰层地形的观测。冰覆盖层高度变化和高纬度冰雪的测量对于水循环过程中冰雪圈分量的计算是重要的。另外，海洋地形的测量给出海洋表面流和动力学(旋转和涡旋)的信息，输入到气候模式。

为实现冰雪圈观测采用两种高度计测量方法，一种是安置于单星和双星的微波高度计，另一种是用一激光高度计观测冰和一个通用脉冲高度计提供海洋数据。

7. 生物圈和大气界面

陆面过程和相互作用的观测对于陆面过程与大气相互作用是十分重要的，观测内容主要是反映表面特征的反照率、多谱段反射率和 BRDF(双向反射率分布函数)、表面温度，以及与此相关的地球物理变量，它包括生命产生过程，如生产力、蒸腾和营养过程，二氧化碳增加的作用、生物多样性的失去(减少)、水文过程、污染、人类对自资源的压力研究。与空间测量相平行的是地面测量计划。

主要核心是由局地到区域和全球尺度的定标，及对从小尺度到中尺度过程的理解和表示，加强大尺度空间分布模式可靠地表达，加强环境监视和管理。

一个覆盖可见光/近红外图像(图像光谱仪)和热红外(图像辐射计)超光谱图像仪，是这一项目的核心，采用极地轨道覆盖全球陆地。

8. 云与辐射的相互作用

辐射过程知识的提高对地球气候变化起关键的作用，目前模式预测气候变化的不确定性明显减小，对云和气溶胶的相互作用和辐射的观测，有助于人类控制大气气体和粒子化合物的变化。

由测量弄清云和气溶胶的作用和确定全球增暖有多少来自于人类活动，由此即将面临的气候增暖变化，反映自然或人类变化的短期趋势仍是不确定的。重要的是气候响应的预测是全面了解辐射对目前气候作用的量级、振幅和大尺度气候异常的演变。

对此采用后向散射激光雷达和云雷达两个仪器，可以观测云和气溶胶特征。它也可以由宽带辐射计和云图像仪获取。

9. 平流层和对流层界面

在大气中，一个值得注意的问题是平流层下部和对流层上部出现的化学过程的认识和理解，痕量气体（特别是水汽和臭氧）及在这两层次之间的热量和动量交换的研究。

二、地球系统探索计划

为认识和理解地球系统内发生各种过程和它们间的相互作用，改进和提高气候模式预测气候演变的能力，主办全球观测系统的国际科学联盟理事会（ICSU）、联合国粮农组织（FAO）、联合国教科文组织（UNESCO）、联合国环境计划署（UNEP）、联合国教科文组织政府间海洋委员会（IOC/UNESCO）、世界气象组织（WMO）共同推出全球总体观测系统（IGOS），表 1.5 给出全球总体观测系统各部分，它包括：全球气候观测系统（GCOS）、全球海洋观测系统（GOOS）、全球陆地观测系统（GTOS）、全球观测系统/全球大气观测网（GOS/GAW）、地球卫星观测系统（CEOS）、国际地圈生物圈计划（IGBP）、世界气候研究计划（WRCP）等。表 1.5 中给出各探测计划的高度位置和各个子计划。由于计划及其内容太多，下面仅对某些计划作简要的说明和介绍。

表 1.5　地球系统模式等级环境国际观测计划（Roger，1998）

大气	平流层	世界气象组织（WMO）/世界气候研究计划（WCRP） 全球气候观测系统（GCOS）， 平流层过程和对气候的作用（SPARC） 国际地圈生物圈计划（IGBP） 国际全球大气化学计划（IAGC） 特殊力的全球分析、说明和模拟（GAIM）
	对流层	世界气象组织（WMO）/世界气候研究计划（WCRP） 全球气候观测系统（GCOS），全球能量和水循环试验（GEWEX） 气候可变性和预测性（CLIVAR），平流层过程和对气候作用（SPARC） 国际地圈生物圈计划（IGBP） 水过程中的生物圈（BAHC），国际全球大气化学计划（IAGC） 特殊力的全球分析、说明和模拟（GAIM）

续表

	海洋	陆地水圈	陆地生物圈
地球表面	世界气候研究计划(WCRP) 全球能量和水过程试验(GEWEX) 气候可变性和预测性(CLIVAR) 极地气候系统研究(ACSYS) 世界海洋环流试验(WOCE) 全球气候观测系统(GCOS) 全球海洋观测系统(GOOS) 国际地圈物生圈(IGBP) 海岸区陆海相互作用(LOICA) 联合海洋通量研究(JGOFS) 特殊力全球分析、说明和模拟(GAIM) 国际政府海洋图委员会(IOC) 海平面全球观测系统(GLOSS) 全球海洋生态动力学(GLOBEC) 联合国环境计划(UNEP) 全球环境监视系统(GEMS)	世界气候研究计划(WCRP) 全球能量和水过程试验(GEWEX) 气候可变性和预测性(CLIVAR) 全球气候观测系统(GCOS) 全球陆地观测系统(GTOS) 主动气候系统研究(ACSYS) 国际地圈生物圈计划(IGBP) 水过程中的生物圈(BACH) 特殊力全球分析、说明和模拟(GAIM) 海岸区陆海相互作用(LOICZ)	世界气候研究计划(WCRP) 全球能量和水过程试验(GEWEX) 气候可变性和预测性(CLIVAR) 全球气候观测系统(GCOS) 全球陆地观测系统(GTOS) 主动气候系统研究(ACSYS) 国际地圈生物圈计划(IGBP) 水过程中的生物圈(BACH) 海岸区陆海相互作用(LOICZ) 陆地使用和陆地覆盖变化(LUCC) 全球变化和陆地生态(GCTE) 特殊力全球分析、说明和模拟(GAIM) 联合国环境计划(UNEP) 全球环境监视系统(GEMS)
地球内部	大地测量国际联盟(IAG)　重力国际局(BGI)　地球动力国际 GPS 局(IGS)		

1. 全球气候观测系统简介

全球气候观测系统是地球观测系统的重要组成部分之一，它包括卫星和常规观测系统，表 1.6 给出观测系统提供的大气、海洋和陆地的地球参数。

表 1.6　大气产品

基本气候变量/全球产品要求的卫星观测	为获取产品需求的基本卫星资料
地面风速和风向 地面风矢分析，部分来自再分析	被动微波辐射率和散射计资料
高层大气温度 均匀大气温度分析； 加强 MSU－等效温度记录； 来自掩星法导得对流层上部和平流层低层温度的新数据 由再分析得到的温度分析	被动微波辐射率； GPS 无线电掩星数据； 为在再分析中使用高光谱分辨率 IR 辐射率
水汽 海洋和陆地上空总的水汽含量 对流层和平流层底部的水汽廓线	被动微波辐射率； UV/VIS 辐射率； IR 图像和 6.7 μm 探测 183GHz 谱带微波探测
云特性 云辐射特性(ISCCP 产品)	VIS/IR 图像 IR 和微波探测
降水 降水估算的改进，由特殊卫星仪器和合成产品两者导得	被动微波辐射率 高时间分辨率静止卫星测量； 静止卫星多光谱图像

续表

基本气候变量/全球产品要求的卫星观测	为获取产品需求的基本卫星资料
臭氧 臭氧廓线和总含量	UV/VIS 和 IR/微波辐射率
气溶胶特性 气溶胶光学厚度和其他特性	VIS/NIR/SWIR 辐射率
二氧化碳、甲烷和其他 GHCs 温室气体分布，如 CO_2 和 CH_4、硫酸定量估计区域源和汇	NIR/IR 辐射率
高空风 高空风分析，特别是大气再分析	VIS/IR 图像 多普勒激光雷达
大气再分析	FCDS 和这些报告产品识别其他数据值的分析

表 1.7　海洋产品

基本气候变量/全球产品要求的卫星观测	为获取产品需求的基本卫星资料
海冰 海冰浓度	微波和可见光图像
海平面高度 海平面和它的全球平均变化	高度计
海面温度 海面温度	单角和多角 IR 和微波图像
海色 海色和由海色导得的叶绿素浓度	多光谱可见光图像
海面状态 波高和其他海面状态的测量(波方向，波长，周期)	高度计
海面盐度 海面盐度测量的研究	微波辐射
海洋再分析 利用高度计和海面卫星测量再分析	FCDS 和这些报告产品识别其他数据值的分析

表 1.8　陆地产品

基本气候变量/要求卫星观测的全球产品	为获取产品需求的基本卫星资料
湖 确定全球陆地上的湖 陆地湖的分布图 湖面高度 湖的表面温度	VIS/NIR 图像和雷达图像 高度计 高分辨率红外图像
冰雪和冰盖 冰雪覆盖和其他冰层图 为确定质量平衡冰层高度的变化	高分辨率 VIS/NIR/WSIR 图像 高度计
雪盖 雪面积	高分辨率 VIS/NIR/WSIR 和被动微波图像
反照率 方向半球反照率(黑天空)	多光谱和宽带图像

续表

基本气候变量/要求卫星观测的全球产品	为获取产品需求的基本卫星资料
陆面覆盖 中分辨率陆地类型图 高分辨率陆面类型图检测陆面变化	中分辨率多光谱 VIS/NIR/IR 图像 高分辨率多光谱 VIS/NIR 图像
fAPAR fAPAR 图	VIS/NIR 图像
LAI LAI 图	VIS/NIR 图像
生物量 全球森林区生物量和变化的研究	L 带和 P 带 SAR 激光高度计
火点分布 燃烧面积,活动火点图和火辐射功率	VIS/NIR/WSIR 中分辨率多光谱图像
土壤湿度 全球近表面土壤湿度分布图的研究	主动和被动微波

2. 全球能量和水过程试验计划(GEWEX)

世界气候研究计划的全球能量和水循环试验计划是由世界气象组织、国际科学会议(ICSU)、国际海洋委员会(IOC)和联合国教科文组织(UNESCO)发起组织实施。

水以它不同形式在地球气候系统中起重要作用,如水汽,它是地球上最强和最丰富的温室气体和大气能量的传送者。云在大气的增暖和冷却中起重要作用,这种作用取决于云的高度和成分,降水控制土壤的湿度和地面的径流。从陆地和海洋蒸发到大气是一闭合的过程,为预测气候变化和实现 GEWEX 的目标,首先是要认识和理解蒸发、云形成和降水整个过程。

GEWEX 的第 1 阶段计划是发展一个新的环境系列卫星,即 Terra、Aqua、TRMM、ENVISAT 和 ADEOS-I,应用当前的业务和研究卫星资料,投入业务运行的新卫星;第二阶段是由新的卫星提供的数据开始科学探索。

为确定能量和水对气候的影响,GEWEX 的目标是:①使用全球测量确定地球水循环和能量通量;②模拟全球水循环和评估它对大气、海洋和陆面的作用;③发展能预测全球和区域水过程和水资源变化以及它对气候变化响应的模式;④为业务天气预报、水文、气候预测建立发展一个资料观测、管理和资料同化系统。

为实现这一目标,GEWEX 在能量和水循环中的关键参数是云、水汽、气溶胶、地面辐射、降水陆面特征和边界层气象参数的全球分布和可变性、陆地与大气的耦合。为运行区域和全球预测模式需要云、陆面—大气、边界层参数。中尺度陆气耦合已启动 GEWEX 的水文气象计划。在亚马逊河、波罗的海、密西西比河流域、马更些河流域和四个亚洲流域(泰国陆地、青藏高原、西伯利亚和中国东部地区)五个陆地尺度的实施,以提供新过程的理解和模式表达的改进。

GEWEX 基本思路是通过第一阶段对能量和水过程式的观测,改进理解和改进中尺度模式陆面耦合参数和云过程,通过区域尺度的研究,上升到全球尺度的预测。并向下到局地水资源的应用。在第一阶段,通过区域场的运行和多尺度模拟,扩大到全球尺度,产生改进气候变化预测和水资源应用的重要结果。

GEWEX 有三个研究方面组成:辐射计划、水文气象计划、模拟和预测计划,确定全球能量和水过程。图 1.33 表示了 GEWEX 主要分量和研究内容。

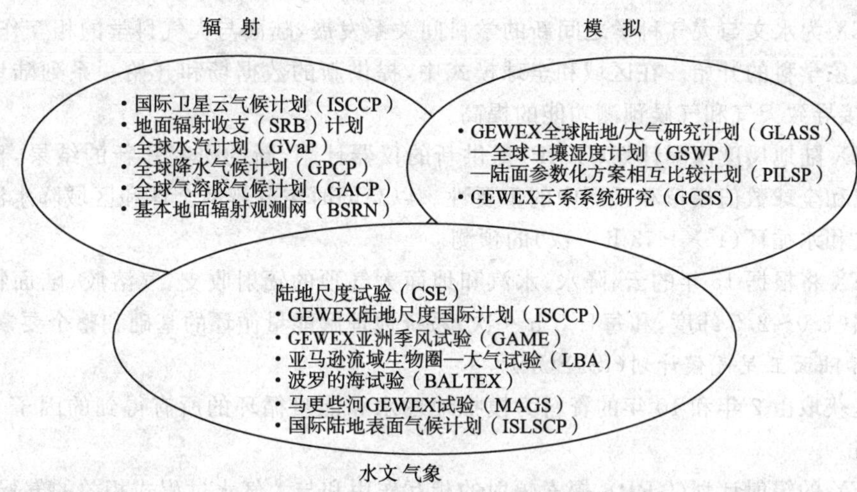

图 1.33　GEWEX 研究计划和各分量

这些研究主要集中在以下几方面。

GEWEX 辐射专题：研究卫星和同一位置上地面遥感长期测量资料，精确地确定地面辐射和水通量，诊断数十年时间尺度气候变化的非强迫的原因。

GEWEX 水文气象专题：论证预测时间尺度从季到年的水资源和土壤湿度的变化，根据分布和加强方法的研究，建立陆地尺度试验(CSEs)和协(相)同的加强观测时期(CEOP)。

GEWEX 模拟和预测：发展一个关于能量和水收支的高精度的全球模式信息和它们可变性和对气候强迫响应可预测性的论证。集中于关于云和陆面过程的表示。

GEWEX 是气候研究计划的核心部分，涉及大气动力学和热力学和地球表面的相互作用，它与 WCRP 的所有计划有关，特别是与气候的可变性和可预测性计划、极地平流层过程计划和气候冰雪圈计划相关。

GEWEX 第 1 阶段的结果：

①完成 15～25 年水循环过程的全球数据，显示全球变化，包括区域和年际变化和趋势；

②通过联合国政府间气候变化专门委员会(IPCC)产生第一个间接气溶胶作用全球分析，为精确的地面辐射和降水预测，需要确定改进气溶胶数据和过程式的理解；

③为模式和超越教育使用产生第一个全球数据库记录的编制；

④通过全球观测和陆面和云过程参数化改进，通过区域研究和模式相互比较，得到主要水循环变量的理解和模拟，减小主要的不确定性；

⑤改进区域和全球水和能量的理解，但是区域收支闭合，需要进一步研究和改进；

⑥加大改进国家和国际间功能，承担大尺度场运行，相互间方法研究，来自许多方法和数据系统的大尺度数据的管理；

⑦运用新研究、数据和分析论证土壤湿度和全球高分辨率降水资料在陆面相互作用的重要性；

⑧主要的新的陆地表面方法提高改进预测能力；

⑨通过区域/陆地尺度试验资料和模拟，加深对局地过程的改进理解，但是过程期间的模拟必须得到改进。

GEWEX 第 1 阶段的全球作用如下。

GEWEX 为水文与大气科学之间新的学科间关系发展，陆面与大气科学的相互作用耦合，导致水文气象学科的开始。在区域和全球模式中，提供新的数据场和开始一系列陆地表面参数更新，直接导致天气和气候预测功能的提高。

GEWEX 陆地尺度国际计划(GCIP)提供新的仪器计划、新的研究和新的结果，显示土壤湿度在区域和全球数值模拟和预测中的重要性。以高的时空分辨率全球和区域降水测量提供更精确水文和水循环(1°×1°,3 h 一次)的预测。

GEWEX 将根据 15 年的云、降水、水汽和地面大气顶的辐射收支、气溶胶、陆面特征的地球观测数据(1.0～2.5 纬度，和每日 3 h 一次)系统地理解能量循环的基础和整个要素。

3. 国际陆面卫星气候计划(ISLSCP)

首先是获取由 2 年和 10 年的资料为模拟地球水和能量循环的所有得到的因子 1°×1°的观测数据组。

GEWEX 的辐射计划(GRP)：探索辐射的相互作用和与大气水过程式相关的气候反馈，大气中水汽、降水、云和气溶胶的改变对地球能量平衡的影响，和这些过程的加入、复杂和模拟，为这些现象的研究，用卫星观测提供大范围足够精度的时空分辨率的全球基本资料，GRP 与卫星资料相结合给出全球能量和水循环分量和它们间的关系。

4. 国际卫星云气候计划(ISCCP)

从 1983 年开始至今，ISCCP 已有 20 多年的有关云和相关参数的历史数据，这些数据和分析产品已用于云动力学特征研究，估算云对辐射收支的作用，研究云过程在水循环中的作用和说明云在气候反馈中的作用。

主要目标：①对于所有的气象卫星建立和保持共同的辐射定标标准；②产生第一个全球可分解的云气候学；③发展一个全球云特性用于再构建完整辐射收支。

5. 地面辐射(SBR)

SBR 已完成 12 年地面辐射数据的处理，使用 ISCCP 每 3 h 一次的参数输入，SBR 得出3 h 的地面辐射数据和每日、月 3 h 和月的时间平均辐射。全球年平均辐射资料显示，与其他卫星方法的结果十分一致(±3 W/m^2)，但相对于常规估计，在短波向下辐射通量部分减小(－12 W/m^2)，而长波向下辐射通量增加(＋20 W/m^2)。相对于基本地面辐射观测网通量的测量，月平均短波太阳和长波 RMS 差，短波辐射为 20 W/m^2，长波辐射为 15 W/m^2，在最大，显示要达到 RMS 差为 10 W/m^2 和全球逐年平均可变性约±2 W/m^2 的目标尚需更多努力。气溶胶在改进精度上是最大的干扰。

6. 全球水汽计划(GVaP)

GVaP 产生 NASA 水汽数据(NVAP)，已经成功地加入到水汽测量系统的计算中。NVAP 与地面无线电探空和由特殊感应微波图像(SSM/I)、来自 TIROS 业务垂直探测器的红外资料、与云(ISCCP)和降水(全球降水计划)资料相互比较，显示出与 GEWEX 辐射计划资料很强的一致性。

7. 全球降水气候计划(GPCP)

GPCP 进行的程序：目标是收集由地面雨量筒(6000 个 23 年以上的观测)数据和 NOAA 极轨卫星和 DMSP 卫星微波资料估算降水产品，目前由 NOAA NCDC 可得到三种产品：1979 年到现在的全球每月和 5 日纬距间隔 2.5°和 1997 年至今每日 1.0°的产品。现已取得识别复杂地形上的固态降水和液态降水，研究多种微波降雪检测算法。进行由卫星估算降水算

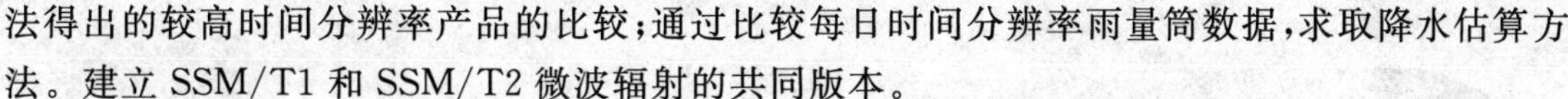

法得出的较高时间分辨率产品的比较；通过比较每日时间分辨率雨量筒数据，求取降水估算方法。建立 SSM/T1 和 SSM/T2 微波辐射的共同版本。

8. 全球气溶胶气候计划(GACP)

GACP 分析卫星观测数据和地面测量，推算全球气溶胶特性分布和它的季节和年际变化，实现改进气溶胶模拟、过程、输送，使用双谱段 AVHRR 反演海上的气溶胶光学厚度和 Anstrom指数产生全球 1°×1°的 18 年以上的数据组。进行 GACP 与 MODIS 气溶胶的大量比较，全球光学厚度平均值和区域/季节分布趋势两方面的一致性、合理性。

第二章
地球观测卫星和卫星观测仪器

为对地球系统实行多角度、多时相、三维空间全方位探测，揭示地球系统中各种物理现象的短期和长期变化，各种物理过程的相互作用，国际科学组织提出建立多功能、高质量、多光谱、高分辨率卫星观测体系。在进入21世纪以来，卫星探测数据应用已经进入跨学科研究的新时代，已经不是从事气象工作的只对大气进行研究，从事海洋工作的只对海洋研究……卫星资料可用于不同学科领域的研究，卫星资料的多学科研究是未来卫星资料应用的重要特征，卫星资料已经广泛用于大气、海洋、陆面、地理、林业、农业、生物、化学、军事等诸多领域。而地球科学的各个学科的进一步发展也离不开卫星数据的应用，卫星资料的应用已经成为各个学科的重要内容之一。本章对近年来主要观测卫星和有关仪器作介绍。

第一节　地球观测系统(EOS)卫星介绍

EOS起始于1980年NASA提出的美国全球变化研究计划(USGCRP)，并于1991年建立地球观测系统(EOS)，它是由多颗卫星组成和为实行多学科(大气、海洋、陆面、生物、化学等)综合研究，加深对地球系统变化的理解，回答理解全球气候变化的问题，地球气候系统是如何变化的，各种地球现象是如何发生的，又是如何变化的，自然和人类对全球环境变化的作用，建立人类对地球系统发生的各种现象的长期监视，改进对全球尺度上地球系统各分量及它们间相互作用的理解目的而建立的全球卫星观测体系。

EOS的计划是：①建立由多颗卫星组成的地球观测体系，能满足多学科研究地球的资料收集系统；②发展一个包括数据的反演、资料同化综合性的资料处理系统；③建立对多学科地球系统研究的资料服务系统；④通过十年或更长时间建立获取和收集从空间测量的遥感全球数据库。

EOS观测卫星体系主要由三种类型的卫星组成：Terra EOS AM(EOS/地球星)，Aqua EOS PM(EOS/水星)，Aura(EOS/化学星)。它们的工作寿命至少在6年以上。

EOS观测卫星体系主要研究内容有以下几方面。

①水和能量循环过程：云的形成、消散和它的辐射特性对大气温室效应、大尺度水分布、蒸发的影响；

②海洋：大气和海洋之间、海洋上部与下层之间能量、水和化学物质之间的交换(包括海冰和海洋底部水流的形成)；

③对流层和平流层下部的化学：温室气体与水循环和生态过程，它们在大气中的转换、和与气候的相互作用；

④陆面水文和生态过程：深入研究陆面径流和进入海洋的水流，以及包括气候变化间的相互作用在内的大气中温室气体的源和汇；

⑤冰川和极地冰层：预测海平面高度和水平衡；

⑥平流层中上部的化学：化学反应、太阳和大气间的相互关系，重要辐射气体的源和汇；

⑦地球：火山和它对地球气候的作用。

总的 EOS 卫星系列包括下列卫星：ACRIMSAT、ADEOS、EOS PM、EOP Chemistry、ICEsat、Cloudsat、Jason-1、Landsat 7、Meteor 3M-1、QuikSat。

图 2.1 所示为当前空间运行的主要 EOS 及相关卫星的轨道和位置，这些卫星的主要功能见表 2.1。

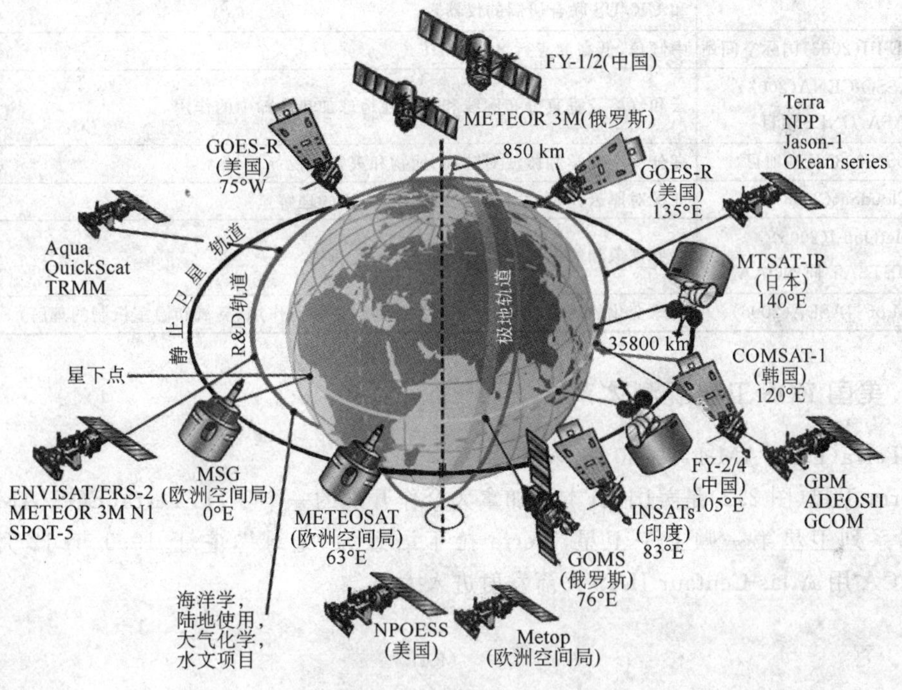

图 2.1　地球观测卫星(EOS)

表 2.1　地球观测系列卫星(EOS)一览表

Landsat-7(1999.4.15)	ETM+，用可见光和红外谱段监视陆地表面
QuikSCAT(1999.6.19)	海风，海洋表面风矢
Terra(1999.12.18)	云、气溶胶和辐射平衡，地理生态系统、陆地使用土壤、地面能量/湿度，对流层化学成分、火山喷发、海洋初级生产力等
AcrimSat(1999.12.20)	ACRIM-III，总的太阳辐照率监视(TSI)
EO-1(2000.11.21)	新的 ALI 仪器，ALI 和 ETM+景象之间的比较
SAGE-III on Meteor-3M(2001)	中一倾角轨道飞行 SAGE-III，测量全球总臭氧及火山的烟羽 SO_2 及对喷发到大气的作用。
Jason-1(2001)	NASA/CNES 高度计任务，海洋环流
Envisat(2001)	ESA，大气化学和海洋生物，继续 ERS

续表

Aqua(EOS/PM-1)(2001)	大气温度和湿度；云，降水和辐射平衡；陆地和海洋过程特征，包括初级生产力、海气能量和湿度通量，海冰和雪盖范围(包括巴西、日本的仪器)
GRACE(2001)	美—德双—小卫星重力项目，目的是获取对于全球平均模式(高分辨率)和地球重力场分量的时间变化高精度的长期数据
CESat-1(2001)	洋面冰层的质量平衡、云顶和陆面地形
SORCE(2002)	总的分光谱太阳照度
VCL(2002,TBD)	对于生态/气候的模拟表征陆面覆盖物三维结构、监测和预测(生物量制图、植被层高度、植被层的密度廓线)
Aura(EOS/CHEM-1)(2003)	大气化学成分，对流层—平流层能量和化学交换，化学气候的相互作用，空气质量(Joint 和 UK/US 联合研制的仪器)
ISS/SAGE-III(2003)国际空间站	中倾角、低高度飞行 SAGE-III
PICASSO-CENA(2003) NASA/CNES 项目	云和气溶胶垂直分布廓线和它们在地球加热冷却中的作用
ALOS(2003)日本项目	高分辨率光学和微波对陆面、地物和灾害监视
CloudSat(2003)	加深对厚云光特性对地球辐射收支作用的理解
MetOop-I(2005) EUMETSAT 同 NOAA	业务气象和气候监视，与未来气候研究目标
GCOM of NASDA(2006)	全球变化的研究(能量循环、大气/海洋的相互作用、臭氧和温室机制的理解)

一、美国 EOS 卫星观测体系

1. Terra(EOS/AM-1,10:30/地球星)卫星

Terra 卫星(图 2.2)是美国、日本和加拿大合作开发的一个项目，Terra(EOS/AM-1)卫星是 EOS 系列卫星第一颗上午卫星，Terra 拉丁语意为“地球”，它于 1999 年 12 月 18 日，VAFB,CA 用 Atlas-Centaur IIAS 火箭发射进入太空。

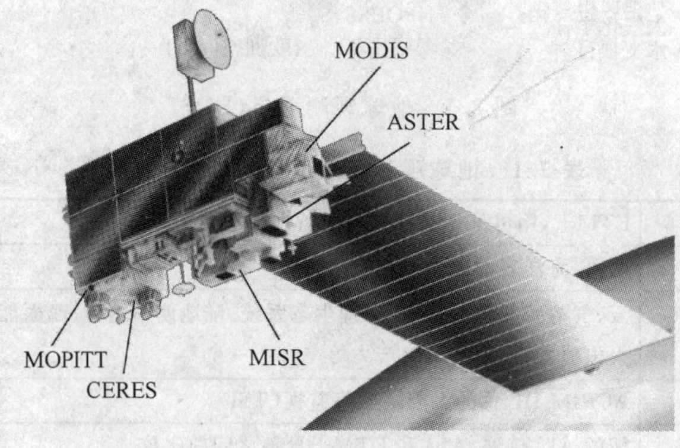

图 2.2 Terra 卫星外形及仪器分布

(1)Terra(EOS/AM-1)特点：Terra 卫星是三轴定向稳定卫星，6.8 m(长)×3.5 m(直径)，发射前重量 5190 kg，进入轨道后重量 1155 kg。卫星平均功率 2.53 kW，设计寿命为 6 年。Terra(EOS/AM-1)卫星采用太阳同步轨道，每天环绕地球 16 圈，卫星高度 705 km，倾角 98.5°，周期为 99 min，通过赤道时间为 10:30。有效荷载平均数据速率是 18,545Mbit/s

(109Mbit/peak),星上记录每一条轨道的数据,由 GSFC 接收卫星发送的数据。表 2.2 给出 Terra 卫星的一些主要参数。

表 2.2　Terra(EOS/AM-1)和 Aqua(EOS/PM-1 S/C)参数

参数名称	Terra(EOS/AM-1)	Aqua(EOS/PM-1 S/C)
下行中心频率	8212.5 MHz	8160 MHz
EIRP	14 W	27.2 W
带宽	26 MHz	15 MHz
数据调制	OQPSK	SQPSK
数据格式	NRZ-L	NRZ-L
I/Q 功率比(标称)	1∶1	1∶1
工作占空度	100%	100%
天底处天线覆盖	±64°	±64°
天线极化	RHCP	RHCP
数据速率	13 Mbit/s	15 Mbit/s
资料约定标准	CCSDS	CCSDS
提供数据的仪器	MODIS,ASTER,CERES,MISR,MOPITT	MODIS,AIRS,AMSU-A,CERES,HSB,AMSR-E

(2)Terra 卫星携带仪器:美国提供卫星和发射,观测仪器由 NASA 提供 MODIS、CERES、MISR 三种仪器(图 2.2),日本提供 ASTER,加拿大提供 MOPITT。

①中分辨率成像光谱辐射计(MODIS):该仪器由 NASA/GSFC 的 V. Salomonson 领导,主要承担人是 Raytheon SBRS;MODIS 算法是由美国、英国、澳大利亚和法国国际科学团队完成,算法分成四个学科组:大气、陆地、海洋和定标。MODIS 继承 AVHRR(POES),HIRS(POES),TM(Landsat),CZCS(Nimbus-7)等仪器的特点,MODIS 仪器具有 36 个通道(AVHRR-3 具有 6 个通道),空间分辨率最高达 250 m,而 AVHRR 只有 1 km。更详细情况见后。

②星载热发射和反射辐射计(ASTER):这是由日本(MITI 与 NASA 共同计划)提供的仪器,ASTER 的领导是 ERSDAC 的 Hiroji Tu(日本)和 JPL 的 Anne B. Kahle,ASTER 由 JAROS 管理。美国和日本共同负责仪器设计、定标和可靠性论证。为了解影响气候变化的物理过程,仪器提供高分辨率多谱段地球表面和云的图像,用于研究地面能量平衡、植被蒸腾、植物分布和土壤湿度、水循环过程、火山等。

ASTER 是由若干个日本公司制造,它由三个分立的子仪器组成,这三个子系统是:VNIR(可见光近红外—3 个通道),SWIR(短波红外—6 个通道),TIR(热红外—5 个通道)。

③多角成像光谱辐射计(MISR):该仪器由 NASA/JPL,D. J. Diner 领导,MISR 可提供高分辨率多角方向的阳光照射地球表面的图像(对每一景象观测时间可达 1 min),MISR 使用 9 个 CCD 相机以 9 个方向对地球观测,每个相机有四个通道,合计有 36 个通道。地面取样为 275 m,550 m 或 1100 m,幅宽 360 km,9 天对赤道地区整个地球覆盖,高纬度地区是 2 天。

MISR 提供全球行星地球和反照率图、气溶胶和植被特性,监视全球和区域自然和人类活动生成气溶胶辐射光学特性,如单次反照率和散射相函数等。

④云和地球辐射能量系统仪(CERES):由 B. Barkstorm,NASA/LaRC 领导,TRW 建造,其目的是长时期测量地球辐射收支和来自地面到大气顶的辐射,提供精确的云和辐射数据库,

输入到WCRP(国际研究计划TOGA、WOCE、GEWEX)。用测量到的值反演云量、云高、液态水含量、短波和长波光学深度，其主要科学目的是:为气候分析研究提供大气顶的辐射通量的ERBE记录，使用同样的算法产生ERBE数据;估算地球表面和天顶的辐射通量;首次长期提供地球大气系统内辐射的全球估算值;给出云特性的估计。

CERES是由一双宽带扫描辐射计组成(两个相同的仪器，为实现完整的空间覆盖，一个工作在垂直卫星轨道方向，从地球的一边到另一边扫描，另一个转动扫描平面(双轴扫描)，以实现角取样);垂直卫星轨道平面连续测量ERBS。双轴扫描辐射计提供角辐射通量信息，改进模式精度。

仪器质量为90 kg，功率为103 W，数据速率是20 kbit/s，由加热器和辐射器控制温度。

⑤对流层污染测量仪(MOPITT):该仪器由多伦多大学J. Drummond领导，由COMDEC制造，MOPITT是第一个气体相干光谱仪，仪器测大气发射和反射的红外辐射，由这些数据可以用于反演对流层CO廓线和总的CH_4含量，其目的是研究这些气体与陆表面、海洋、生物系统的相互作用(分布、输送、源和汇)，相关光谱仪原理是利用气体池内压力调制和长度调制，在2.3、2.4和4.7 μm处测量。在4 km高度层CO浓度测量精度为10%，CH_4丰度的精度为1%，幅宽为616 km，空间分辨率为22 km×22 km，仪器质量182 kg，功率24.3 W，占空度100%，数据速率为25 kbit/s。

MOPITT是一个扫描仪器，IFOV为1.8°×1.8°(天底22 km×22 km)，扫描线由29个像点，每1.8°一个点。最大扫描角是偏离轴26.1°，相应幅宽为640 km。MOPITT给出的CH_4产品为22 km水平分辨率，精度1%。

(3)Terra卫星研究内容(表2.3):陆面变化、森林的砍伐和草原变成农田对气候的影响，树木和植物吸收大气中的CO_2，当有机物分解为CO_2进入大气，知道有多少植被破坏，有多少植被恢复，产生多少有机物质是了解陆地人类对气候的影响。利用NOAA的卫星资料和总的臭氧成像光谱仪(TPMS)监视热带森林的燃烧，MODIS是第一颗获取地球表面每日陆地覆盖变化的仪器，由MODIS可以监视燃着的森林火灾，树林和有机物的燃烧排放二氧化碳、一氧化碳、甲烷和气溶胶进入大气，MODIS也可以监视植物和林火后树林的恢复，区分林地和作物地，区分老树林和新的绿草地。

表2.3 Terra卫星研究内容和所用仪器

内容	测量项目	使用仪器
大气	云特性	MODIS,MISR,ASTER
	辐射能通量	CERES,MODIS,MISR
	对流层化学成分	MOPITT
	气溶胶特性	MODIS,MISR
	大气温度、大气湿度	MODIS
陆地	陆面和陆面变化	MODIS,MISR,ASTER
	植被动态变化	MODIS,MISR,ASTER
	陆面温度	MODIS,ASTER
	火的发生	MODIS,ASTER
	火山效应	MODIS,MISR,ASTER

续表

内容	测量项目	使用仪器
海洋	海面温度 浮游植物 不可分解的有机物	MODIS MODIS, MISR
冰雪圈	陆冰变化 海冰 雪盖	ASTER MODIS, ASTER MODIS, ASTER

2. Aqua(EOS/PM-1 S/C)卫星

Aqua(EOS/PM-1 S/C)卫星是EOS系列卫星第一颗下午(13:30)卫星，Aqua名称是由于它获取包括海洋、陆地表面水、降水、水汽和径流等水的信息，Aqua是“水”的意思，它利用6种仪器连续长期记录地球上的水过程，于2001年12月18日发射进入太空。

Aqua是一颗三轴定向稳定太阳同步轨道卫星(图2.3)，卫星的尺度2.68 m×2.47 m×6.49 m，太阳电池翼板展开后的尺度：4.81 m×16.70 m×8.04 m，发射前重量5,190 kg，进入轨道后重量1155 kg。卫星平均功率2.53 kW，设计寿命为6年。Aqua(EOS/PM-1)卫星每天环绕地球16圈，卫星高度705 km，倾角98°，通过赤道时间10:30。卫星使用的X和S带频段发送讯号。

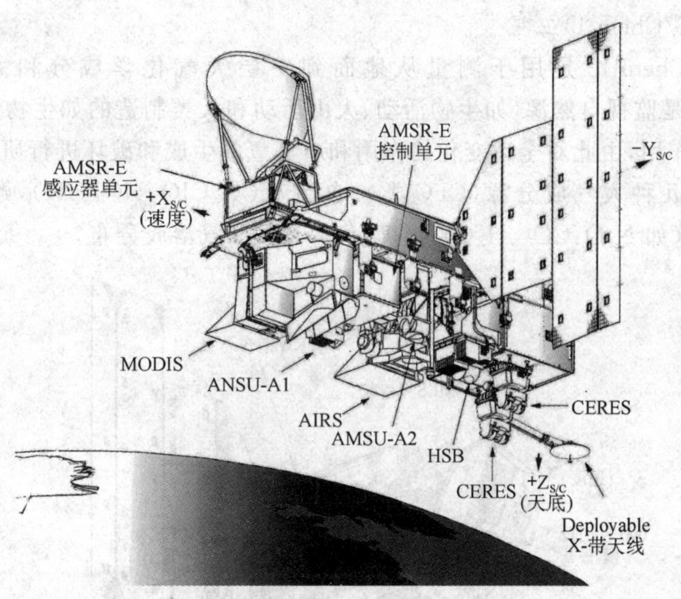

图2.3　Aqua卫星形状

Aqua(EOS/PM-1 S/C)卫星的仪器有如下。

①大气红外探测器(AIRS)：该仪器是由NASA/JPL制造，仪器的主要领导是M. T. Chehine，AIRS与AMSU和HSB一起，继承了NOAA POES卫星上的HIRS和AMSU仪器，其目标是以高光谱分辨率测量全球大气的温度和湿度廓线，在3.74～15.4(m谱段测量向上的红外辐射，同时以2378个频段(谱带)进行测量，而只有少量可见光谱带。AIRS仪器由一列光栅光谱仪组成，详情见后。

②高级微波扫描辐射计(AMSR-E):这是一个 NASDA/NASA 合作完成的仪器,它继承了 AMSR 仪器的基本特征,由三菱电子公司建造,目的是测量地球物理参数,如云特性、辐射通量、降水、陆面湿度、海冰、雪盖、海面温度和海面风场;AMSR-E 是 12 个通道、6 个频率的全功率辐射计,测量 6.925 GHz、10.65 GHz、18.7 GHz、23.8 GHz、36.5 GHz 和 89.0 GHz 的亮度温度,在全部通道作垂直和水平极化。

③改进的微波探测单元(AMSU):该仪器由 INPE 提供,AMSU 是由 Azusa 的 Aerojet CA 设计,它是 15 通道微波辐射计,每一个通道具有 3.3°射束宽度,AMSU 分为两个单元:AMSU-A1(3～15 通道)和 AMSU-A2(1～2 通道),3～14 通道采用 50～60 GHz 氧谱带,给出上至 50 km 的温度垂直分布;大气窗通道(1、2 和 15)通过对地面发射率、大气液态水和总的可降水含量的订正,增强温度探测。

④云和地球辐射能量系统(CERES):同 Terra 卫星。

⑤湿度探测器(HSB):HSB 是一个微波辐射计,测量大气辐射,获取大气水汽廓线和检测云下降水,水平天底空间分辨率 13.5 km,HSB 为有 4 个通道的被动微波仪,每一通道射线波束宽度为 1.1°,在 150～190 GHz 范围,提供从地面到高空 42 km 的湿度廓线,测量的信号也对云中的液态水和霰、降水云中的大水滴敏感。HSB 在轨道垂直方向以 2.76 s 速率连续扫描,它与 AMSU-A 联合一起工作。

⑥中分辨率成像光谱仪(MODIS):同 Terra 卫星。

3. Aura(EOS/Chem-1)卫星

Aura(EOS/Chem-1)是用于测量从地面到中层大气化学成分和大气动力的卫星(图 2.4),其目的是监视自然源(如生物活动、火山活动和人类制造的如生物量燃烧源)与大气成分之间的相互作用,由此对全球变化的作用和对臭氧的生成和破坏进行研究。Aura 提供由人类引起的全球几种大气成分源(CFC 类)、自由基(如 ClO,NO,OH),贮藏气(如 HNO,HCl)和痕量气体(如 N_2O,CO_2、H_2O),温度,位势高度和气溶胶分布。

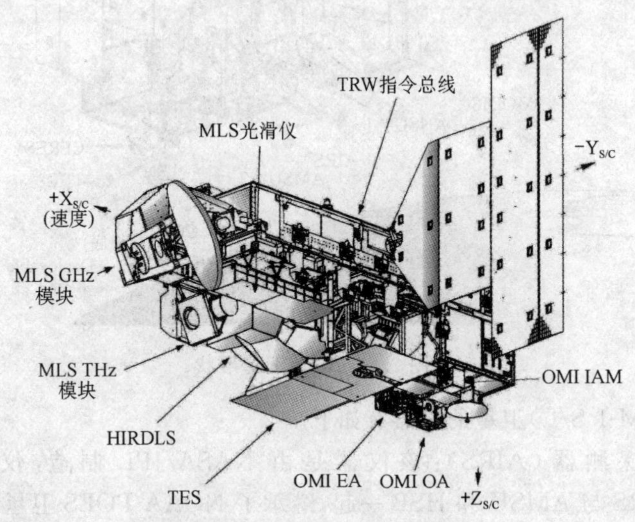

图 2.4 Aura 卫星外形和携带的仪器

Aura 卫星与 Aqua 卫星十分类似,卫星轨道是圆形太阳同步轨道,卫星高度为 705 km,倾角为 98°,通过赤道时间 13:45。卫星的尺度为:2.7 m×2.28 m×6.85 m(体积),卫星展开后

的尺度为4.7 m×17.03 m×6.85 m；Aura卫星是三轴稳定卫星，发射时的质量为2967 kg，卫星的质量是1767 kg，有效负载质量为1200 kg，以S频带发送的无线频率，从太阳阵列提供的功率为4.6 kW。卫星的寿命不小于6年。卫星于2004年6月19日上午6:01(美国东部时间)由加利福尼亚范登堡空军基地发射，发射窗3 min，卫星分离时间64 min，发射后25 h接收到卫星发射信号，卫星于2004年9月28日开始工作。

Aura卫星带有以下四种仪器。

①高分辨率动态临边探测器(HIRDLS)：这是科罗拉多大学(美国)和牛津大学(英国)联合研制的仪器，领导者是科罗拉多大学的J. Gillet和牛津大学的J. Barnett，主要承包人是英国Lockheed和Martin和Astrium Ltd。HIRDLS采用的光谱范围是6～18 μm，仪器观测全球温度分布，微量气体(O_3、H_2O、CH_4、N_2O、HNO_3、NO_2、N_2O_5、CFC_{11}、CFC_{12}、$ClONO_2$)的浓度和对流层上部、平流层和中层气溶胶及水汽、云顶；扫描幅宽为2000～3000 km，在12 h内可对包括极地在内的整个地球覆盖，用指令方位扫描可以得到高的水平分辨率，与其相伴有快速的仰角扫描；提供在垂直轨道方向向上到3000 km的廓线，标准廓线空间分辨率是500 km×500 km(水平等效为5°经度×5°纬度)×1 km垂直，每一取样数据的平均体积为1 km垂直×10 km垂直轨道×300 km沿视线。

HIRDLS是一个临边红外扫描辐射计，探测对流层上部、平流层和中间层大气。HIRDLS在垂直方向对多个方位用21个通道以临边方式测量6.12～17.76 μm谱段范围内大气发射的红外辐射，四个通道测量CO_2发射的辐射，取CO_2混合比已知的条件，计算透过率，利用辐射传输方程确定普朗克辐射的垂直分布，由此导出温度垂直分布，由位势高度的空间变化确定位涡和风。

HIRDLS数据速率为65 kbit/s，质量220 kg，占空度100%，功率220 W(平均)、239 W(峰值)，仪器尺度：154.5 cm×113.5 cm×130 cm；FOV(扫描区域)：仰角22.1°～27.3°水平下，方位角：−21°(太阳侧)～+43°(反太阳侧)；探测器：1 km垂直×10 km(2.5°)水平，仪器具有21个光电导HgCdTe探测器，制冷在65 K，每一个探测器有一个分立的带通相干滤波器，热力控制采用一对Stirling循环制冷器、加热器、太阳电池、辐射器面板，工作温度范围20～30℃。

②微波临边探测器(MLS)：该仪器继承UARS卫星上的仪器，仪器领导是NASA/JPL，J. W. Waters，MLS在亚毫米和毫米波谱段测量临边大气发射的热辐射，目的是获取，(a)对流层上部、平流层下部的化学成分，平流层温度和H_2O、O_3、ClO、BrO、HCl、OH、HO_2、HNO_3、HCN、N_2O气体的浓度，测量对流层上部的H_2O、O_3(对气候的辐射强迫)；(b)平流层中上层的化学成分，通过辐射的测量监测臭氧化学、臭氧储存、臭氧破坏过程中的气体源；(c)火山爆发对全球变化的作用，MLS测量SO_2和其他气体。

MLS全天候对从对流层上部到热层下部高度范围作测量，垂直扫描着重对流层上部到平流层下部，每一轨道获得整个纬度覆盖。气压(由O_3谱线)和高度(由陀螺仪测量FOV的方向小的变化)测量给出成分的精确的垂直信息。

MLS采用被动临边探测，通过偏置卡塞格仑扫描天线收集热发射光谱；临边扫描是0～120 km，空间分辨率是3～300 km(水平)×1.2 km(垂直)。MLS包含5个光谱带的外差辐射计，FOV：相对于天底的视轴60°～70°；IFOV=±2.5°(半锥，轨道方向)，空间分辨率：沿星下点轨迹测量；分辨率随不同的谱带而变化，在640 GHz频率、临边切点处空间分辨率是1.5 km

(垂直)×3 km(垂直轨道)×300 km(轨道方向);毫米和亚毫米波长处的分辨率 3 km(垂直)×5 km(垂直轨道)×500 km(轨道方向);仪器质量 430 kg,功率 530 W,占空度 100%,数据速率为 100 kbit/s;通过辐射器和百叶窗以及加热器控制热到空间,热工作范围 10～35℃。

表 2.4 Aura 卫星仪器和探测内容

名称	探测项目
高分辨率动力临边探测器(HIRDLS)	T 廓线,O_3,H_2O,CH_4,N_2O,NO_2,HNO_3,N_2O_5,CF_3Cl,CF_2Cl_2,$ClONO_2$,气溶胶成分
微波临边探测器(MLS)	T 廓线,H_2O,O_3,ClO,BrO,HCl,OH,HO_2,HNO_3,HCN,N_2O,CO,冰云,HOCl,CH_3CN
臭氧监视仪(OMI)	O_3 含量,气溶胶,NO_2,SO_2,BrO,OClO,HCHO,UV-B,云顶压力,O_3 廓线
对流层发射光谱仪 TES	T 廓线,O_3,NO_2,CO,HNO_3,CH_4,HO

③臭氧监视仪(OMI):仪器由 NIVR(荷兰空气和空间发展学院)与 FMI(芬兰气象学院)提供,仪器领导是荷兰(KNMI)的 Pieternel Levelt 和芬兰(FMI)的 Gilbert W. I. 及美国(NASA)的 Ernest Hisenrath。OMI 继承了在 ERS-2 上的 TOM 以及安装在环境(Envisat)卫星上的 SCIAMACHYT 和 GOMOS 仪器,目标是监测臭氧和其他微量气体,监测大气污染,OMI 与 MLS、HIRDLS 协同观测。OMI 能提供:

——13 km×24 km 的臭氧气柱含量分布图和 36 km×48 km 臭氧廓线(继续 TOMS 和 GOME 臭氧气柱含量的数据);

——测量空气的关键分量:NO_2、SO_2、BrO、OClO 和气溶胶;

——区别气溶胶的类别,如烟、尘和硫酸;

——测量云顶压力和云量;

——制作全球 UV-B 辐射的分布和趋势;

——近实时的臭氧产品和其他痕量气体。

OMI 是一个广角非扫描的天底观测的仪器,测量 2600 km 宽的后向太阳散射辐射,望远镜具有 114°的 FOV,仪器设计为集成 UV/VIS 图像光谱仪,同时对空间和光谱配准,使用两列 CCD 阵列(推扫式超光谱图像),仪器有光谱范围在 270～500 nm 的两个通道测量,在轨道方向以 1500 带观测地球,提供每日全球覆盖。OMI 采用极化编码器对入射辐射消极化,然后辐射由二级望远镜聚焦,一个双色器件将辐射分为 UV 和 VIS 通道,UV 通道再分裂为 UV-1(270～314 nm)和 UV-2(306～380 nm)两个子通道。在 UV-1 子通道,每一像点的取样间隔距离比 UV-2 子通道大两个因子。这意味增大有用信号与暗电流信号的比值,由此增大 UV-1 的 SNR。在垂直轨道方向上像点引起的 IFOV 值,对于 UV-1 是 6 km,对于 UV-2 和 VIS 是 3 km。空间分辨率是取样间距的 2 倍。4 个或 8 个 CCD 探测器像点组沿垂直轨道方向上分割安置,基本探测器曝光时间是 0.4 s,相应沿轨道方向上移动 2.7 km。在 OMI 中,五个序列的 CCD 图像是电子互相加,合成一个在轨道方向的 13 km 的 FOV。另外,CCD 每一列数据(波长)向下没有相加(监视云和地表反照率)。像点分割和图像相加方法用于提高 SNR 和降低数据速率。

CCD 探测器阵列是后向照射和帧转换类型,在图像区段的每一帧具有 576×780 像点和在贮存或读出区段中相同的量。设置的帧转换同时允许将曝光和先前曝光信号读出。可以有序准确地将像点读出速率(130 kHz)和好的完整数据。有两个图像放大模式,对于区域研究,有 13 km×13 km 的空间分辨率。在一种图像放大模式中,幅宽降低为 725 kmd,而另一种图像放大模式中，光谱分辨率降为 306～432 nm。用高分辨率反演云覆盖信息，与工作模式是独立的。

④对流层发射光谱仪(TES)：领导者是 NASA/JPL 的 R. Beer，仪器继承了 ATMOS(ATLAS)和 AES 功能。TES 是高分辨率红外图像傅里叶变换光谱仪，光谱覆盖范围：3.2～15.4 μm。TES 具有临边和天底探测两种功能，临边模块：高分辨率为 2.3 km，高度覆盖 0.34 km；对天底模块：TES 空间分辨率 0.53 km×0.53 km，幅宽 5.3 km×8.5 km，TES 是一个可定向的仪器，可获取局地垂直方向 45°内的任何目标，或产生区域横截面长度到 885km，没有任何空隙的覆盖，TES 测量地面和大气发射的热辐射和反射太阳辐射，由此可提供白天和夜间、覆盖任何地区。

由 TES 探测可以进一步获取对流层物理参量分布、微量气体混合的长期变化，包括源和汇，对流层与平流层间的交换，和对气候和生物圈的作用。TES 提供三维全球对流层臭氧和它的光化初级粒子(臭氧生成和破坏的化学成分)，此外，观测目标还有：

——NO_y、CO、O_3 和 H_2O 的同步测量，确定全球 OH 分布；

——NO_y 和 SO_2 测量，如作为形成强酸 H_2SO_4 和 HNO_3 的初级粒子；

——对流层多数成分的梯度测量；

——确定低层大气中活动性辐射成分的长期趋势。

TES 仪器的主要特点：

——提供后向到后向圆锥反射器光程差的变化；

——对于射束分裂—再组合和补偿器，使用 KBr(钾溴)物质；

——对于实际大气测量仅用两个输入窗口的一个，另一个用于观测仪器内置的、槽沟的参考目标；

——一个二级泵固态 Nd:YAG 激光器干涉图样品控制；

——系统中为聚光和平行光，卡塞格仑望远镜可能使透射单元最少；

——被动空间观测辐射器使相干辐射计和光学部件的温度维持在 180 K；

——两轴万向接头指向镜工作在周围环境温度能观测全部视场(45°圆锥天底脉冲尾临边扫描)；

——两独立焦平面组件利用主动脉冲管制冷维持温度 65 K。

在向下模式中，TES 仪器工作步进凝视状态。在临边扫描中，仪器指向切点高度，因此在 16 s 临边扫描(这与足点尺度可比较的)期间，约在 110 km 高度，足点是沿视线方向测量，由此保障了大气不均匀性的观测。

表 2.5　TES 仪器参数

参数	特征	注解
光谱仪类别	圆锥形四个入口，FTS(傅里叶变换光谱仪)	两临边和天底观测功能
光谱取样距离	可交换向下视 0.0592 cm^{-1}和 临边 0.0148 cm^{-1}	非极化
光学路径差	可交换向下视±8.45 cm^{-1}和临边±33.8 cm^{-1}	双面相干图
整个光谱覆盖	650～3050 cm^{-1}(3.2～15.4 μm)	连续，通常包括有 200～300 cm^{-1}宽多重子区域
单个探测器阵列覆盖	1A,1900～3050 cm^{-1}　1B,820～150 cm^{-1} 2A,1100～1950 cm^{-1}　2B,650～900 cm^{-1}	All MCT 处在 65 K 的光压(PV)探测器

续表

参数	特征	注解
阵列形态	1×16	全部四个光学阵列的形态
孔径直径	5 cm	单位放在系统
系统6集光率(每像点)	9.45×10^{-5} $cm^2\cdot sr$	不许可来自卡塞格仑二级镜小的中央模糊
调制指数	>0.7;650~3050 cm^{-1}	>0.5;1.06 μm(激光控制)
光谱精度	±0.00025 cm^{-1}	对于有限的FOV订正后,偏轴效应,多普勒频移等
通道	峰值之间<10%;定标后<1%	楔形的所有平面透过率单元
空间分辨率	0.5 km×0.5 km(天底) 2.3 km×2.3 km(临边)	IFOV IFOV
空间覆盖	5.3 km×8.5 km(天底) 37 km×23 km(临边)	
定向精度	75 μrad俯仰,750 μrad偏航,1100 μrad横滚	峰值之间
凝视视场	对天底45°圆锥纵向临边扫描	也观测内部定标源
扫描(总)时间	4 s天底和定标,16 s临边	等速扫描,4.2 cm/s(光学路径差速率)
天底最大凝视时间	208 s	40下视扫描
横切覆盖	885 km最大	
相干图动力范围	≤16 bit	加四刈幅增益步骤
辐射计精度	≤1 K,650~2500 cm^{-1}	内部,可调暖黑体加冷空间
像点间相交	<10%	包括衍射、畸变、支架漫射等
光谱SNR	要求600:1,30:1 min	取决于光谱区域、目标。限于一般光子射击源
仪器寿命	5年/在轨	加上发射前的2年
尺度	1.0 m×1.3 m×1.4 m	地球的暗影
功率	334 W(平均),361 W(峰值)	
仪器质量	385 kg	
仪器数据速率	4.5 Mbit/s(平均)　6.2 Mbit/s(峰值)	科学研究

4. 地球科学计划(ESE)

ESE最早称为MTPE(行星地球项目),但是NASA在1980年开始,美国提出一个更加广泛的理念和构想,它设想为星载、机载和地面联合的测量观测系统,它代表美国地球观测计划的蓝图,和对美国全球变化研究计划(USGCRP)的作用和相关的国际的共同努力理解地球和人类对地球的影响,除NASA外,参加ESE和USGCRP的包括NOAA(DOC)、USGS(DOI)、NSF/NCAR、DOE、USDA、EPA、DoD。ESE是一个结构庞大和复杂的机构。

ESE的目标是改进人们对整个地球系统的理解和它们间的相互作用,ESE的科学目标是探索控制地球系统的物理、化学、生物现象过程,主要有以下几方面。

(1)水文过程:根据大气输送的热量、水汽和动量,研究控制陆地和海面之间水过程的相互作用;

(2)生化过程:研究它对微量气体和气溶胶的形成、消散和输送的作用;

(3)大气过程:云和气溶胶的形成、消散和分布及它们与太阳辐射的相互作用;

(4)生态过程:环境等对生态的影响和它对全球变化的影响,通过何种方式对全球变化起作用;

(5)地球物理过程:通过构造学、火山、海冰和冰川融化成形或不断改变地球表面。

ESE数据的来源主要是地球观测系统(EOS),附加小的地球科学探索计划(ESSP)项目。

ESE是由空间飞行器、飞机和地面组成的长期观测系统,相应的地基和业务服务(资料处理和分发中心、数据库、通讯等),资料分析和解释单元。ESE第一阶段的任务见表2.6,它给出EOS前1990—1998年的地球观测项目;ESE第二阶段开始于第一颗EOS卫星(1999年Terra)的发射。EOS作为ESE的主要单元,提供连续系统的长达15年低轨道的观测。

表2.6　ESE第一阶段卫星

NASA卫星/感应器	目标
ERBS(业务)	地球辐射收支,气溶胶,和来自57°倾角轨道的臭氧数据
UARS(业务)	平流层和中层化学和动力过程
Spacelab系列(1992—1994)	航天飞机ATLAS,LITE,SRL-I和SRL-2
TOPEX/Poseidon(op.)	海洋环流(与CNES一起的共同项目)
Lageos-2(与意大利	为监视地球岩石层运动,卫星激光测距
SeaStar/SeaWiFS(1997)	监视海洋初级生产力的海色资料
TOMS/EP(1996)	臭氧制图和监视
NSCAT/ADEOS(1996)	海面风矢(与NASDA一起)
TOMS/ADEOS(1996)	臭氧制图和监视(与NASDA一起)
TRMM(1997)	热带地区降水,云和辐射过程(同NASDA一起)
POES系列(NOAA)	地球的VNIR辐射,IR大气探测,臭氧测量
陆地4,-5(Eosat)	高分辨率VNIR辐射和地形表面
DMSP系列(DOD)	VNIR和被动微波大气和表面测量
ERS-l,op.(ESA)	SAR数据,微波高度计,海面风和温度
JERS,1(NASDA)	SAR数据和高分辨率VNIR辐射
ERS-2,op.(ESA)	如ERS-I一样,增加臭氧制图和监视
Radarsat(1995)(CSA)	地球表面的SAR数据(与CSA/NASA的项目)
ADEOS(NASDA)	表面VNIR和微波辐射,风,和大气化学

二、欧洲遥感卫星(ERS/Envint)

1. ERS—1卫星

ERS—1于1991年7月由Kourou利用Ariance IV运载火箭发射,ERS-1计划开始于1981年,它包括地面站的建立、资料处理。ERS—1是三轴定向卫星,它是由SPOT卫星改进建立的平台,其尺度为2 m×2 m×3 m(高);卫星姿态由若干仪器测量,由一组动量飞轮控制。

ERS—1卫星主要仪器有以下几个。

(1)主动微波遥感仪器(AMI):由法国MMS建造,包括为获取图像和波模块的合成孔径雷达(SAR)和为获取测风散射计(SCAT)两个雷达。这一仪器工作在下面任一模式之一。

①AMI图像模块:在C带(频率5.3 GHz,波长5.66 cm)测量,带宽15.55 GHz;极化=线性垂直(LV);PRF范围:1640~1720 Hz,每步2 Hz;脉冲长度37.12 μs,压缩脉冲64 ns;峰值功率4.8 kW;天线尺度10 m×1 m;视角=23°;辐射计分辨率5 bit(原始数据SAR模块);相应为约30 m的空间分辨率;幅宽100 km;数据速率105 Mbit/s。

每条轨道图像模块工作时间为12 min(12%占空),包括4 min卫星蚀。

②AMI波模块:在有波浪情况下海面雷达反射率变化的测量,规定图像(5km×5km);也

称为“imagettes”；沿轨迹 200 km 的矩形间隔处。这些图形变换为谱，提供海洋波系统的长度和方向的信息。

模式参数特征：频率 5.3 GHz，极化＝线性垂直（LV）；入射（视）角 23°，波方向 0°～180°；波长 100～1000 m；方向精度±20°；长度精度±25％；每 200～300 km 空间取样：5 km×5 km；分辨率 30 m，数据速率 370 kbit/s；占空因子 70％。

③AMI 风散射计模块（AMI-SCAT）：使用三个分立的侧视方式的天线（向前、中间、向后射束）（图 2.5），测量海面风速和风向，模式参数特征：风向范围 0°～360°，精度±20°；风速范围 4～24 m/s，精度 2 m/s 或 10％，空间分辨率 50 km；格点间隔 25 km，幅宽 500 km（SRA 同一侧），（刈）幅偏离轨迹 200 km（到轨迹一侧），频率＝5.3 GHz±200 kGHz；极化＝LV；功率 4.8 kW；入射角范围＝16°～42°（中）、22°～50°（向前）、22°～50°（向后）；天线长度为 2.3 m（中）、3.6 m（向前）、3.6 m（向后）；数据速率 500 kbit/s；在海洋观测。它与 AMI SAR 不能同时工作，但与风和波的模块可能同时工作。三个天线连续射向（照射）500 km 幅，每一次雷达测量的是来自对于使用 25 km 格点间隔的 50 km 分辨的重叠单元的海面的后向散射。结果是三个独立的后向散射测量与关于一个 25 km 的单元中心有关（三个不同观测方向，通过十分小的时间延迟区分）。在数学模式中使用“三个一组”确定海表面的风矢量。

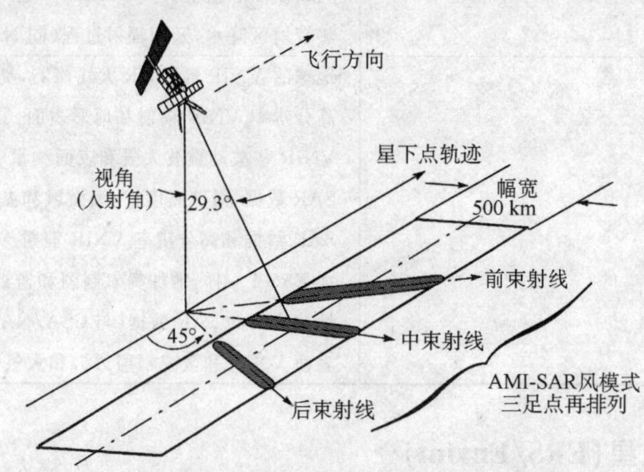

图 2.5 AMI 仪器观测方式

（2）雷达高度计（RA-1）：仪器工作在 Ku 带，它由反射器、波导馈器、三角支撑架、喇叭馈电器和波导组成，RA-1 是天底观测的脉冲式雷达，测量来自海面和冰面的回波。频率 13.8 GHz；脉冲长度 20 μs；脉冲重复频率 1020 Hz；线性调制带宽 330 MHz（对于海洋模式）和 82.5 MHz（对于冰面模式）；RF 发射功率 55 W（峰值）；天线直径 1.2 m；最大数据速率 15 kbit/s；仪器重量 96 kg；功率 130 W；RA-1 采用两个模式工作：海洋模式和冰模式；射束宽度 1.3°；足点为 16～20 km（取决于海面状态）；对于短持续无线电脉冲频率垂直向下发送，RA-1 通过两种延迟方式计时。为脉冲压缩技术（线性调制），要求测量距离高度的精度（优于 10 cm）。仪器采用频率调制和脉冲形状的谱分析，由 RA-1 测量可以导得以下参数：

①精确海面高度（对于研究海流的海面高度、潮汐和全球水准面）；②主要波浪高度；③海面风速；④各种冰参数（表面形状、冰类型、海冰边界）。

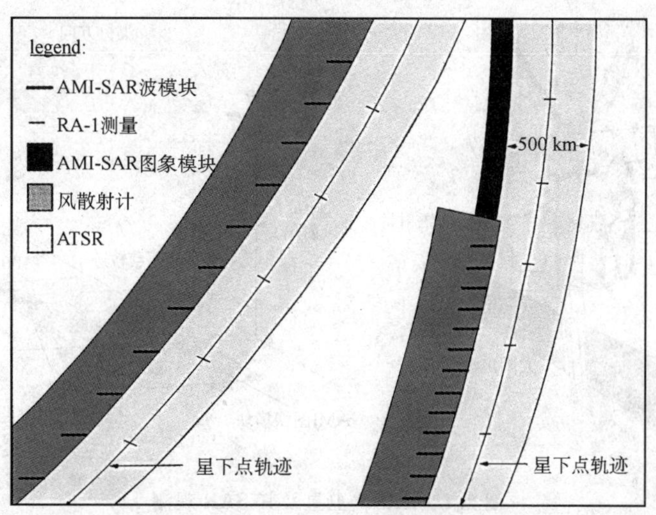

图 2.6　ERS-1 感应器幅宽图解

(3)轨道扫描辐射计(ATSR)(图 2.7):它由以下两种仪器组成。

①微波辐射计(MWR):它以频率 23.8 GHz 和 36.5 GHz、用 60 cm 的卡塞格仑偏置天线在天底方向对地球观测,将接收的信号与温度已知的参考源作比较,使短期变化的影响极小。用附加装置对 MWR 定标,天空喇叭形角锥天线指向冷空间;暖参考由仪器内部获得,IFOV=20 km(分辨率),每个通道具有 400 MHz 带宽。MWR 的基本目标是获取大气中的水汽和液态水含量,改进海面温度的测量精度,也为提供对流层 RA-1 距离精确订正。

②红外辐射计(IRR):具有四个光谱通道:1.6 m(SWIR)、3.7 m、10.8 m 和 12 m;空间分辨率 1 km×1 km(天底 IFOV)。辐射计分辨率<0.1 K;对于云量为 80%海域的 SST,50 km×50 km 区域平均的绝对精度<0.5 K,扫描方法以两个不同的角度(0°和 47°)在幅宽 500 km 轨道方向约 800 km 观测地球表面,由于卫星的运动,依次在垂直于轨道方向扫描的同时沿轨道向前移动 1 km,每 150 ms 旋转镜扫描两轨迹(每次扫描总共有 2000 像点,对于天底观测资料为 555 像点,对于前向观测资料为 371 个点)。仪器测量:(a)云顶温度和云量;(b)海面温度(主要目的)。

IRR 的热红外通道使用一个高级探测器制冷系统和定标功能。IRR 的倾斜扫描特别重要,在观测天顶角约 55°和沿轨道 900 km,感应器可纪录偏离天底像点的一条线,约 2 min 后,卫星直接对天底下的目标观测,进行图像数据组合(在天底和前向数据组再取样后),在 500 km幅宽内由两幅配准的具有 1 km 空间分辨率的图像组成。在短时间内同一区域的依次图像导得大气信息数据,可以精确对海洋大气订正。

(4)激光后向反射器(LRR):地面精确跟踪卫星的一个被动装置(SLR 网激光测距站),支持仪器数据获取,LRR 特点:波长 350～800 nm(最优 532 nm);效率:寿命结束端大于 0.15,反射系数>0.8 寿命中止;FOV:半角锥仰角 60°,方位角 360°,直径≤20 cm。

(5)精距离和距离率设备(PRARE):精确的卫星距离测量导得高的精确高度测量,进而对于海洋环流的研究和大地水准面应用于如海面形状和地壳的动力。

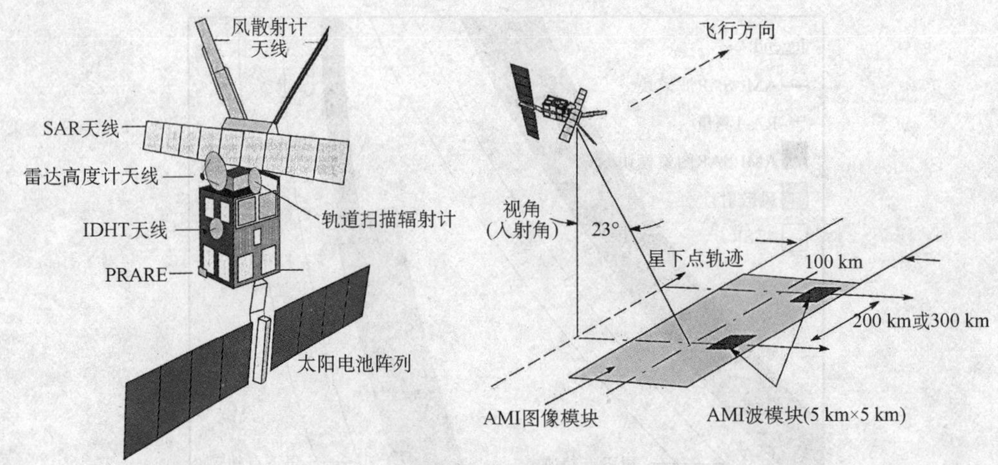

图 2.7　ERS-1 卫星及其 SAR 观测

2. ERS-2 卫星

(1)卫星基本特点：ERS-2 是继 ERS-1 卫星之后于 1995 年 4 月 21 日发射的欧洲遥感卫星，它的目标与 ERS-1 卫星相同，另增加大气化学的项目。

轨道：太阳同步极轨卫星轨道，高度 780 km，倾角 98.5°，过赤道地方时 10:30 AM，卫星周期 100 min，覆盖地球周期 3 天。

(2)仪器：ERS-2 卫星携带的仪器基本与 ERS-1 一样(AML、ATSR-2、RA、PRARE(2))+GOME(大气化学)。

①轨道扫描辐射计和微波探测器(ATSR-2)：在 ATSR-2 上的 IRR 在可见光谱段为植被的研究提供数据，增加了观测谱段。通道由附加的次级焦平面组件调整(FPA)，VIS 的中心波长分别为：0.555 m、0.659 m、0.865 m，使用太阳光和复杂的程序定标，IR 通道中心波长为：1.6 μm、3.7 μm、10.85 μm 和 12 μm。

②全球臭氧监视仪(GOME)：ESA 仪器，领导：J. Burrow，主要承包者：意大利，佛罗伦萨，Galileo 公司。GOME 是一个垂直轨道方向扫描的光学双光谱仪，它工作的谱段为：240～790 nm(1 级：棱镜，2 级：光栅)，光谱间距分成四个通道，每一个安装有 1024 个像点的线性阵列探测器。光谱分辨率为 UV：0.2 nm、VNIR：0.4 nm；GOME 测量大气的反射、散射太阳辐射和来自地表面的辐射。测量吸收光谱导得臭氧的定量信息和其他种类气体的量。另外为改进后向散射方法，仪器使用 ATSR-2 的全部功能，GOME 根据“差分光学吸收光谱仪(DOAS)”进行测量。GOME 测量平流层和对流层臭氧廓线和臭氧总量。另外，还测量 H_2O 的含量和在臭氧光化反应中的其他气体(如 NO_2、OClO、BrO 和在反气旋条件下可能的 ClO 和 SO_2 和 HClO 等污染气体)。GOME 也能用于研究大气中的气溶胶分布、云加上地面光谱反射率。

GOME 由下面模块组成：光谱仪、四个焦平面组件(FPA)、定标单元、电子扫描单元(SEU)组件、极地测量装置(PMD)、数字数据控制单元(DDHU)、光学支架和热控系统。

仪器对天底观测，但是为了定标也对太阳和月亮进行观测。对于星载定标，GOME 不只用一种方法，而是探索几种方法，要对绝对辐射和波长两者实行定标，这意味着 GOME 通过常用的后向散射方法反演臭氧分布，以及通过更新的差分光学吸收光谱仪。

IFOV 相应光谱仪在地球的投影是一个 40 km(轨道方向)×1.7 km(垂轨道方向)很窄的矩形,扫描镜在垂轨道方向以三步扫描过 IFOV(正常模式),最大幅宽 960 km,具有相应地面 40 km×320 km 的像素,可调的较小的像素是 40 km×40 km(较小幅宽),以 960 km 幅宽在三天内对全球覆盖,有规则地对太阳观测进行定标,为波长的稳定性使用一波长定标灯,当仪器对入射辐射的极化敏感时,极化探测器移动到相应于探测器 2～4 的宽带通道的极化方向。GOME 数据速率 40 kbit/s。GOME 的光谱通带:

• 通带 1(240～295 nm),512 通道(主要分子是 O_3 和 NO 发射的哈脱莱带);

• 通带 2(249～405 nm),1024 通道(主要分子是 O_3 汉金斯带、O_4、NO_2、HCHO、SO_2、BrO 和 OClO);

• 通带 3(400～605 nm),1024 通道(主要分子是 NO_2、OClO、O_2、O_3);

• 通带 4(590～790 nm),1024 通道(主要分子是 O_3、NO_3、H_2O、O_2)。

3. 欧洲环境卫星(ENVISAT)(图 2.8)

欧洲极轨地球观测卫星(POEM)分成环境和气象业务两组卫星,这一卫星是由最初的极轨地球观测卫星(POEM)计划更名后的卫星,卫星分上午(AM)和下午(PM)两个系列卫星。卫星于 2002 年 3 月 1 日利用 Ariane-5 火箭发射,卫星工作寿命为 5 年,欧洲环境卫星包括卫星平台(PPF)总体和仪器两部分;PPF 又包括:(a)伺服模块(SM),它提供卫星的主要功能;(b)有效荷载模块(PLM),提供仪器安置空间和对于观测仪器的数据处理、能源和通信子系统。仪器部分有安置于卫星外部的天线和各种仪器。

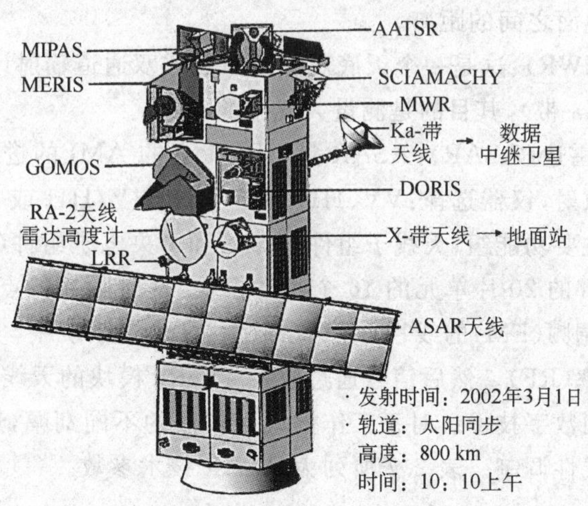

图 2.8　欧洲环境卫星(ENVISAT)

ENVISAT 是一颗近极地太阳同步圆形轨道卫星,卫星高度 800 km,过赤道时间 10 AM,倾角 98.5°,轨道周期 100.6 min,对地球覆盖周期 35 天。数据用 X 带和 Ka 带波段传送,数据速率 4.6 Mbit/s。

卫星携带的仪器有:中分辨率光谱图像仪(MERIS)、被动大气探测迈克逊干涉仪(MIPAS)、雷达高度计(RA-2)、微波辐射计(MWR)、高级合成孔径雷达(ASAR)、掩星全球臭氧监视仪(GOMOS)、扫描图像光谱仪(SCIAMACHY)、高级轨道扫描辐射计(AATSR)。

(1)中分辨率光谱图像仪(MERIS):这是一个被动推进式宽视场仪器(CCD 技术),以高光谱分辨率(可见光范围)测量地球表面、海洋和来自云的反射辐射,它有单独增益设置,使 15 个谱带之中的一个有最优的动态范围(光谱的宽度和位置)。它的目标是:监测海洋生物和生化参数(叶绿素浓度、悬浮粒子),制作海洋污染、海岸侵蚀、海冰图等;大气云分布、云高度、水汽含量、气溶胶等;监测植被/生物量、农业/森林等。

MERIS是一个程序化、高光谱分辨率成像仪,光谱范围390~1040 nm,图像总的幅宽为1150 km,它有5个相同的模块(相机),每一个相机具有14°FOV,相邻相机重迭0.4°,具有的视场68.5°FOV,相机以扇形排列,通过具有无方向的三棱镜的5个消极化窗观测地球,在光栅光谱仪入口缝处形成一个图像,其图像谱分配在一个CDD对探测器矩阵阵列(576线×780列,每个像元的尺度是22.5 μm×22.5 μm)。CCD工作在帧变换模式,为保持其在温度−22℃工作,CDD与Peltier制冷器耦合。

(2)被动大气探测迈克逊干涉仪(MIPAS):这是一个高分辨率的傅里叶变换的光谱仪,测量全球尺度的大气成分浓度廓线,MIPAS是一个接收临边发射辐射探测扫描大气,工作频段是4.15~14.6 μm(685~2410 cm^{-1}),昼夜测量平流层和无云下对流层上部约20种微量气体的变化,主要有:平流层O_3、NO、NO_2、HNO_3、HNO_4、N_2O_5、$ClONO_2$、COF_2、HOCl;气候研究:O_3、CH_4、H_2O、N_2O、CFCs(F_{11}、F_{12}、F_{22}、CCl_4、CF_4)、CO、OCS;输送过程(对流层与平流层间的交换):对流层上部的化学:NO、CO、CH_4、O_3、HNO_3。MIPAS测量不同切线高度的系列气体发射光谱,光谱仪将测量的光谱变换为调制信号,同时出现许多IR谱带光谱干涉图。光谱仪输出的是由每一观测景象的干涉图组成。

(3)雷达高度计(RA-2):它是RA-1功能的扩展,是一个天底指向脉冲式雷达高度计,主要功能是测量卫星到地面之间的距离。

(4)微波辐射计(MWR):这是一个天底观测的迪克式双通道辐射计,工作频率:23.8 GHz(K-带)和36.5 GHz(Ka-带),其目的是测量大气中的水汽。

(5)高级合成孔径雷达(ASAR):ASAR是ERS-1上的AMI的进一步发展,它在C波段测量来自地面的后向散射,仪器选择:VV、HH、VV/HH、HV/HH或VH/VV五种极化模式之一。ASAR有两种主要功能组:天线子组件(ASA)和中央电子组件(CESA),天线阵列有每个大小为1 m×0.65 m的20片单元的16个收发模块,发射脉冲特点是:输出是对中心频率124 MHz的(IF)载波调频(FM)的线性脉冲,在放大(RF)子系统中,实行脉冲放大和频率变换为5.331 GHz的频率(RF)。然后信号通过收发Tx/Rx模块的天线片单元子系统中,通常,信号的产生和处理采用数字技术。对于工作模块和仪器的不同刈幅,这些可以通过脉冲的时间和带宽的多重脉冲线性调制。表2.7所列为ASAR技术参数。

表2.7 ASAR参数

工作模式→参数	图像模式	宽刈幅模式	交替/交叉极化	波模式	全球监视
极化	VV或HH	VV或HH	VV/HH,HH/HV或WNH	VV或HH	W或HH
空间分辨率(轨道和垂直轨道)	28 m×28 m	150 m×150 m	29 m×30 m	28 m×30 m	950 m×980 m
辐射计分辨率	1.5 dB	1.5—1.7 dB	2.5 dB	1.5 dB	1.4 dB
刈幅宽	上至100 km 7子刈幅	400 km 5子刈幅	上至100 km 7子刈幅	5 km模糊 7子刈幅	≥400 km 5子刈幅

续表

工作模式→参数	图像模式	宽刈幅模式	交替/交叉极化	波模式	全球监视
模糊度比值(点) 沿轨道 垂直轨道	26～30 dB 32～46 dB	22～29 dB 26～34 dB	19～28 dB 26～41 dB	27～30 dB 31～46 dB	27～29 dB 25～32 dB
模糊度比值(分布) 沿轨道 垂直轨道	23～25 dB 17～39 dB	20～25 dB 17～31 dB	18～25 dB 17～39 dB	23～25 dB 21～48 dB	25～28 dB 17～31 dB
辐射计稳定性	0.32～0.40 dB	0.32～0.42 dB	0.50～0.55 dB	0.55～0.60 dB	0.46～0.53 dB
噪声等效 σ=0	−22～−22 dB	−21～−26 dB	−19～−22 dB	−20～−22 dB	−32～−35 dB
入射角	15°～45°		15°～45°	15°～45°	
中心频率	5.331 GHz(C 带)				
PRF	1650～2100 Hz				
线性调频带宽	上至 16 MHz				
天线尺度	10 m×1.3 m(五个 1.3 m×2 m 平板组成)				
工作(占空度)	上至 30 min/轨道			轨道上中止工作	
数据速率	上至 100 Mbit/s			0.9 Mbit/s	
能源功率	1365 W	1200 W	1395 W	647 W	713 W
仪器质量	832 kg				

ASAR 是活动的相控阵天线，在天线尺度 1.3 m×100 m 上分布有 Tx/Rx 模块，这样可以调节单个模块的相位和增益，天线发射和接收的射线波束可控制和调节(来自天线不同表面的发射区的发射辐射的振幅和相位独立控制)，根据场效应译码器，对振幅、开关、天线和相移，使用整体微波积分电路技术，ASAR 也提供独立的对这些区域每一个接收信号加权。这对发射和控制雷达射线束提供很大的灵活性，得到 ASAR 仪器在不同模块数中工作功能。

ASAR 成图模块有以下两种。

• 图像模块：工作在七种预先确定的一种成像雷达收集数据，但是相对窄的刈幅(在观测区 485 km 内的选取小于 100 km 刈幅成像)，具有高的空间分辨率(30 m)，图像模式可连续提供单刈幅的图像，指向入射角 15°～45°的任何地方，收发极化可以是 HH 或 VV 的任一种。

• 波模块：在海洋表面 100 km 轨道方向频率间隔中的 5 km×5 km(称为模糊)小区域成像，测量由于海洋表面波引起的雷达后向散射的变化，它使用如与图像模块相同的刈幅和极化，间歇性(周期)工作提供低速率数据，贮存在卫星上，而不是直接发送到地面。

ASAR 扫描 SAR 模块的原理是通过电子可调控天线仰角的射线束达到所需的刈幅，则雷达图像可与入射角同步和对于不同射线束位置顺序同步图像。对于每一单个射线束的图像区形成一个子刈幅。扫描 SAR 的原理是在两个或更多子刈幅之间分配雷达工作的时间，得到每一全覆盖图像。系统发射脉冲和来自对于周期长度子刈幅接收的回波，足以与在所需分辨率的射束足点内的面积的雷达图像同步。然后分刈射线束，照射不同的子刈幅和连续以这种方式直至覆盖全部宽刈幅。在这一点，系统回到初始子刈幅和重复扫描过程。

ASAR 扫描合成孔径模块有下面三种。

• 交替极化模块：它提供 HH 或 VV 或同一景象交叉极化图像的选择，在合成孔径内沿轨道方向每个极化隔行扫描观测，模块采用修正的扫描合成孔径的方法，替代不同仰角的子刈幅之间扫描，选择极化模式，对于单一刈幅（预先选取图像或波模式）中，在两种极化 HH、VV 之间交替选取极化模式。

• 宽刈幅模块：在 405 km 的一个宽刈幅（或更大）连续成像覆盖，划分成宽度从 60 km 到 100 km 的五个子刈幅区域，分辨率为 150 m。

• 全球监视模块：ASAR 在轨道方向按宽度 405 km 的刈幅连续取样，获取空间分辨率为 100 km 的 405 km 宽刈幅全球图像。用于监视全球冰或雪，森林的砍伐、沙漠化或湿度等。

SAR 的目标是：提供海洋波浪、海冰的范围和移动、雪和冰的范围、表面地形、陆面特性、地球生物量（特别是热带地区森林的砍伐、大尺度植被分布）、地面土壤湿度和湿地的范围等信息。

(6)掩星全球臭氧监视仪（GOMOS）：这是一个 UV/或见光/近红外临边观测光栅光谱仪，采用掩星法工作模式，它的光源是星光，而不是太阳和月亮，每条轨道测量 25～40 颗星光，达到能持久均匀全球覆盖。光学系统是光栅型，谱段范围 250～950 nm，测量 O_3、H_2O、NO_2、NO_3、气溶胶和温度的平流层廓线，垂直分辨率为 1.7 km。

(7)扫描型大气图像光谱仪（SCIAMACHY）：SCIAMACHY 的主要目标是测量全球对流层和平流层内的微量气体；大气中的气溶胶、云高、地表的光谱反射率；对流层中 O_3、O_2、O_4、NO_2、N_2O、CO、CO_2、CH_4 和特别条件下的 H_2O、HCHO、SO_2、NO_3；平流层 O_3、O_2、NO、NO_2、NO_3、N_2O、CO、CO_2、CH_4、H_2O 和 BrO，40 km 以上的 NO 测量，平流层下部臭氧洞出现时的 COlO、ClO。

SCIAMACHY 有以下几种工作模式。①临边扫描模式：痕量气体和气溶胶的垂直分布；仪器对从地面到 100 km 高度、厚度层 3 km 扫描和 100 km 像点宽；②天底观测模式：观测全球的痕量气体、气溶胶、云量（三天至少观测一次），幅宽 1000 km，扫描周期向前移动 4 s，向后移动 2 s；天底分辨率为 32 km；③太阳和月亮掩星模式：高分辨率吸收光谱仪（DOAS），IFOV＝0.07°（方位）×0.014°（仰角），对太阳或月亮表面进行跟踪和垂直扫描，将测量到的光谱定标光谱比较得到大气的差分吸收。

(8)高级轨道扫描辐射计（AATSR）：该仪器有四个红外通道（1.6 μm、3.7 μm、10.8 μm 和 12.0 μm），三个可见光反射通道（0.55 μm、0.66 μm、0.87 μm）。它的目标是：①测量海面温度；②大气顶的亮度温度；③海洋动态变化、陆面特性、云特性。

三、NASA 地球系统探索计划系列卫星（ESSP）—A-列车卫星

ESSP 是 NASA 科学探索（ESE）的组成部分，ESSP 的主要部分是由 CALIPSO、CloudSat 和 Parasol 三颗小型卫星加上 EOS 的 Aqua、Aura 两颗卫星构成 A-列车卫星，探索大气、陆地和海洋中的气候变化秘密，最后加上一颗 OCO 卫星，总计 6 颗卫星。ESSP 除以上的 A-列车卫星外，还有重力再现和气候试验（GRACE）和 HYDRDS 两颗卫星。

A-列车卫星的 6 颗卫星在同一太阳同步卫星轨道上运动，组成列车系列卫星，如图 2.9 所示，每天 13:30 以间隔几分钟（约 15 min）通过赤道，这系列卫星由美国 NASA 发射，其中一个卫星 PARASOL 由法国空间局（CNES）建造。表 2.8 列出了 A-列车系列卫星的仪器和功能。

图 2.9　A-列车序列卫星

表 2.8　A-列车系列卫星仪器和功能

卫星	仪器	特征	云和气溶胶产品
Aqua 首颗队列卫星	MODIS	36 通道辐射计，2300 km 宽刈幅，0.25～1 km可变分辨率	陆地、海洋和大气产品，后者包括云、气溶胶光学厚度、粒子尺度信息，以及云的发射率和云顶高度
	AIRS/AMSU-A/HSB	IR 和微波组合探测，±50°刈幅，IR 探测器分辨率 10 km	晴空大气温度和湿度廓线，云特性
	AMSR-E	6 通道微波辐射计，1445 km 刈幅，不对称的 FOV 具有分辨率变化由 6 km×4 km(89 GHz)～43 km×75 km(6 GHz)	海洋区域 LWP，水汽，降水
	CERES	宽带和光谱辐射率转换为通量，天底分辨率 20 km	大气顶辐射收支，初级产品是时间平均辐射通量，也获取瞬时辐射通量
CloudSat 迟后 Aqua 约可变时间小于 120 s	94 GHz 雷达 (CPR)	500 m 垂直距离门(gates)由地面到 30 km 高灵敏度，FOV 近似 1.4 km	云廓线信息，液态和冰水含量廓线，降水，通过 Aqua 测量结合雷达测量获取，包括 MODIS 和 AMSR-E 以及 CALIPSO 激光雷达
CALIPSO 与 CloudSat 迟后时间维持 15 s+2.5 s	激光 (CALIOP)	具有消极化的 532 nm 和 1064 nm 通道 FOV 300 m 和 70 m 分辨率	对流层上部云的云廓线信息，薄卷云的光学厚度、气溶胶光学厚度估计廓线。
	IIR	具有 1 km FOV 的 3 道 IR 辐射计刈幅64 km	卷云光学特性
PARASOL 迟后 CALIPSO 约 2 min	POLDER	可见光和近红外通道的 9 极化通道，5 m 分辨率，刈幅 400 km	云和细模式气溶胶光学厚度和粒子尺度
Aura Lags Aqua by about 15 min	HIRDLS	IR 临边探测器	痕量气体和平流层气溶胶
	MLS	微波临边探测器	痕量气体，对流层上部薄云冰含量
	TES	IR 成像光谱仪，0.5 km×5 km 分辨率，窄刈幅和可变指向	痕量气体，也提供云的高光谱分辨率
	OMI	UV 光栅光谱仪，13 km×24 km 分辨率	云和气溶胶指数

(1)水星 Aqua 卫星是 EOS 的第二颗，前面已经有说明，它于 2002 年 5 月 4 日发射，加入到 A-列车卫星，作为列车卫星的第一颗，主要任务是测量全球海面盐度，由于人类主要局限于在陆地，对洋面盐度的变化的全球观测取样很少，只有通过卫星提供。通过 Aquarius 卫星揭示水循环、气候和海洋的物理过程。

(2)化学星 Aura 卫星是 EOS 观测卫星 Terra 和 Aqua 卫星之后的第三颗卫星，加入列车卫星中按时间顺序，它处于 A-列车卫星中的最后一颗，于 2004 年 7 月 15 日进入轨道。它在列车卫星中的目的是研究空气质量，平流层臭氧和气候变化，前面已有说明。

(3)云卫星(Cloudsat)是由 NASA 和加拿大空间局联合研制的卫星，于 2005 年发射，卫星载有垂直分辨率 500 m 的云廓线雷达(CPR)，雷达发射微波频率 94 GHz，它能探测全部冰云的 90%和所有水云的 80%，可以提供各种云的特性，将从空间提供全球随季节和地理变化的云廓线和特性，其目的是获取在全球模式中云的表征方式，由此扩大研究能力，改进提高天气和气候的预测能力。表 2.9 给出 CPR 仪器的功能，表 2.10 给出了云卫星的主要产品。

表 2.9　CPR 主要参数

参数	值
标称频率	94 GHz
脉冲宽度	3.3 μs
PRF	4300 Hz
最小可探测 Z	−26 dBZ
数据窗	0～25 km
天线尺度	1.95 m
动态范围	70 dB
积分时间	0.3 s
垂直分辨率	500 m
垂直轨道方向分辨率	1.4 km
沿轨道方向分辨率	2.5 km
数据速率	15 kbps

表 2.10　云卫星主要产品

产品 ID	产品名称	负责人
1B-CPR-FL	雷达后向散射廓线(First-Look)	Steve Durden
1B-CPR	雷达后向散射廓线	Steve Durden
2B-GEOPROF	云几何廓线	Jay Mace
2B-CLDCLASS	云分类	Zhien Wang
2B-CWC-RO	云水含量(只是雷达)(包括液态水和冰)	Richard Austin
2B-TAU	云光学深度	Igor Polonsky
2B-CWC-RVOD	云水含量(雷达一可见光学学厚度)(包括液态水和冰)	Richard Austin
2B-FLXHR	辐射通量和加热率	Tristan L'Ecuyer
2B-GEOPROF-LIDAR	雷达一激光雷达云几何廓线	Jay Mace
2B-CLDCLASS-LIDAR	雷达一激光雷达云分类	Ken Sassen 和 Zhien Wang

(4)云—气溶胶激光雷达和红外探索卫星观测(CALIPSO)，由美国和法国共同研制，是

ESSP 第二颗小型卫星，它于 2004 年发射，卫星携带正交极化云和气溶胶激光雷达(CALIOP)，这是一个两波段极化激光雷达，可以获取垂直分辨率 30 m 和水平分辨率 333 m 的云和气溶胶垂直廓线，由激光雷达得到的廓线可提供关于气溶胶、云和冰云/水云，以及气溶胶定量分类的信息，进而研究气溶胶和薄云在在调节地球天气、气候和空气质量的作用。由 CALIPSO 得到的数据将改进我们对人类影响大气中云的了解，改进人们对长期气候变化和季节年变化的预测。该卫星还载有由法国空间研究中心提供的三通道红外成像辐射计(IIR)，和一个单通道高分辨率的宽视场照相机(WFC)，与激光雷达一起，获取卷云粒子尺度和辐射特征，WFC 也可得到与其他卫星间的高精度空间分辨率配准。表 2.11 所列的为 IIR 和 WFC 的主要参数。

该卫星与其他四个卫星一起提供全球有关气溶胶和云特性、辐射通量和大气状态的数据，能对气溶胶和云的辐射作用新的评估；从而进一步较大地改进预报空气质量和气候变化的能力。

表 2.11　WFC 和 IIR 主要参数

IIR		WFC	
波长	8.65 μm,10.6 μm,12.0 μm	波长	645 nm
光谱分辨率	0.6～1.0 μm	光谱带宽	50 nm
IFOV/刈幅	1 km/64 km	IFOV/刈幅	125 m/61 km
210K 时的 NETD	0.3K	数据速率	26 kbps
定标	+/−1K		
数据速率	44 kbps		

(5)大气科学的极化和各向异性反射激光观测卫星(Parasol)是 A-列车系列卫星中的第二个微型卫星，于 2004 年 12 月 18 日起入轨，它携有地球反射率极化和方向辐射计(POLER)，仪器通过 8 个谱段，测量由地球表面反射的极化光方向特征，通过几个方向地面和大气反射光的极化特征信息，表示冰云还是水云，改进人们对云和气溶胶微物理特性的了解，使用这新的观测方法，可区分大气中的自然和人为产生的气溶胶。表 2.12 所列的为 Parasol 的主要参数，表 2.13 所列的为 POLDER 谱带参数。该仪器从空间获取地球大气系统反射率的极化和方向性数据，服务于下列国际地球生物圈的研究：

①对流层气溶胶物理特性；

②获取云层的物理化学特性；

③研究云与气溶胶的相互作用，对地球辐射收支的影响；

④研究海洋浮游生物获取碳的初级生产能力，海洋在碳循环中的作用；

⑤获取植被的反射比。

表 2.12　Parasol 主要参数

质量	32 kg	观测视场	±43°轨道方向
体积	0.8 m³×0.5 m³×0.25 m³		±51°垂直轨道方向
消耗功率	50 W(图像模式)	刈幅	2400 km
编码	12 bits	像点大小(天底)	6 km×7 km
数据速率	883 kbps	工作期间	3 年

表 2.13　POLDER 谱带参数(P 极化,NP 非极化)

POLDER 谱带	443P	443NP	490NP	565NP	670P	763NP	765NP	910NP	865P
波长中心(μm)	444.5	444.9	492.2	564.5	670.2	763.3	763.1	907.7	860.8
谱带宽度(μm)	20	20	20	20	20	10	40	20	40
极化	Yes	No	No	No	Yes	No	No	No	Yes
饱和等级	1.1	0.97	0.75	0.48	1.1	1.1	1.1	1.1	1.1

(6)轨道碳观测(OCO)卫星,2008 年发射,这颗卫星从 A-列车卫星在轨道上的时间序列车的头部,在 Aqua 卫星 15 min 的前方,OCO 卫星安装有三个光栅光谱仪,每一个覆盖两个分立的波长区间,其一个处在氧-A 吸收带,另两个处在 CO_2 吸收带,测量 CO_2 的浓度分布,将同一地区的卫星观测与地面观测进行比较,确定 CO_2 的源和汇,从而了解人类活动导致气候的变化。

除此之外,重力再现和气候试验(GRACE)通过进一步对海洋海流和热量输送、海平面气压变化的测量,监测海洋质量的改变,通过监测陆地上水和雪的贮存的变化,解开全球气候问题。GRACE 的基本目标获取精确的、地球重力场各分量的平均和时间变化的全球的和高分辨率的数据。该卫星已于 2002 年 3 月 17 日发射;HYDRDS 卫星首次提供全球土壤湿度和陆面冻结/溶化,导致天气和气候预测的突破,并了解水、能量和碳循环过程(定于 2010 年发射)。

第二节　新一代业务气象卫星系列

一、新一代美国极轨业务气象卫星系列——NPOESS 卫星

通过近十年的工作,美国的商务部(DoC)管辖国家海洋大气管理局(NOAA)、国防部(DoD)和国家空间宇航局(NASA)三部门构成的综合计划局(IPO)已发展了一个国家极地轨道卫星系统(NPOESS)。NPOESS 计划的主要一步是将美国民用和军用气象卫星合并为单一、统一、相互衔接的卫星系统,一旦替代当前的 NOAA 和 DMSP 卫星系统,将成功地继承约 40 年的服务。NOAA 和 DMSP 卫星系统革命性地在观测和预测天气方面发挥重要作用。而 NPOESS 的发展,将进一步发展和扩大观测、评估和预测整个地球系统——大气、海洋、陆地和空间环境。

IPO 设置于 NOAA 内,负责研制、管理、获取和运行 NPOESS,IPO 的观念是给对于 NOAA,DOD 和 NASA 三个部门分别负责其中的一个。NASA 负责整个系统,也对卫星的运行负责。NOAA 也对国际和民用使用者负责。DoD 负责对包括发射的主要系统的获得,支持 IPO。

1997 年,IPO 启动一个功能强大的减小探测仪器风险的工作,为创建 NPOSSE 进行关键性探测仪器组和算法的基本研究,在 2001 年 8 月,对于五个重要的图像和探测仪器完成最终设计,并开始这些仪器的原型的研制和制造,直至 2004 年末三个探测仪器递交第一次飞行试验。2000 年,IPO 开始计划确定和风险减小计划,确定以下仪器的要求。

图 2.10 给出了 NPOESS 卫星的基本结构,表 2.14 为 NPOESS 上带有的仪器。以下介绍 NPOESS 卫星的主要仪器和系统。

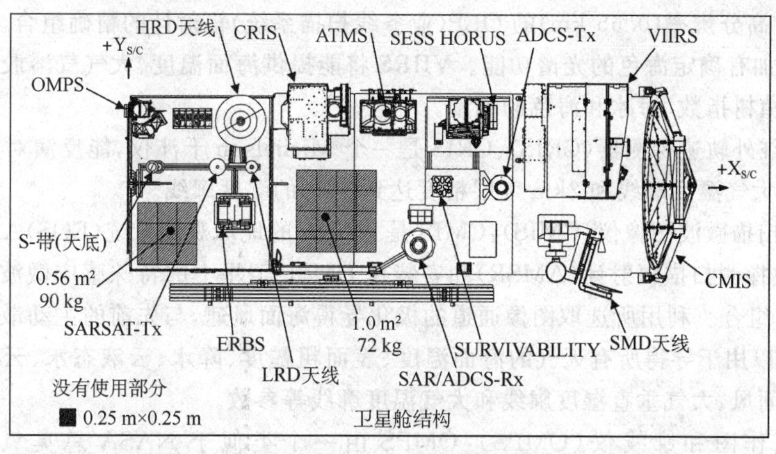

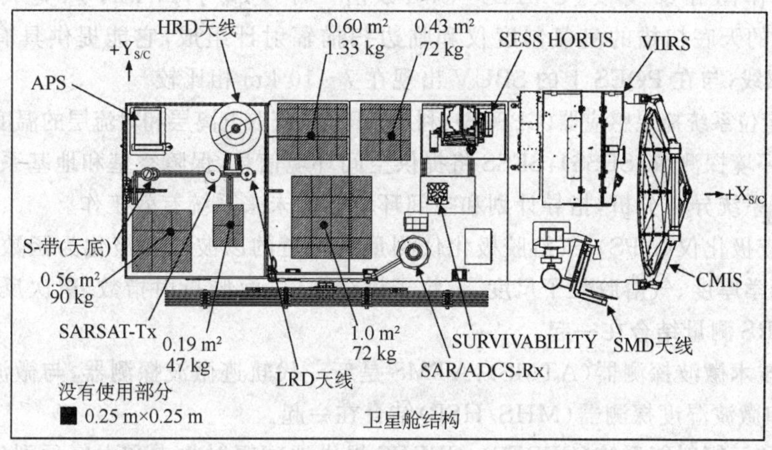

图 2.10　NPOESS 卫星及其仪器位置

表 2.14　NPOESS 带有的仪器

NPOESS仪器	仪器提供者	继承/状况
垂直红外轨道探测仪(CrlS)	ITT	CDR2003 年 8 月
可见光/红外图像仪辐射计(VIIRS)	Raytheon SBRS	MODIS/CDR 2002 年 3 月
先进技术微波探测仪(ATMS)	Northrep Ommman 电子系统	AMSU/NPP 单元由 NASA/GSFC 开始发展
圆锥扫描微波图像仪/探测仪(CMIS)	Boeing 卫星系统	SSM/T & TMI/CDR 11/05
臭氧制图和廓线仪(OMPS)	Ball ATC	CDR2003 年 3 月
雷达高度计(ALT)	Alcatel(Fr.)	JASON & Topex-Poseidon
地球辐射收支(ERBS)	NGST	CERES & ERBE
总的太阳照度感应器(TSIS)	CU LASP	TIM & SIM/SORCE 2003 年 1 月
空间环境探测仪(SESS)	Ball-Various	DMSP,POES,GOES
高级资料收集系统(ADCS)	CNES(Fr.). NGST	GFE 感应器,NGST 天线
搜索和救援卫星辅助跟踪(SARSAT)	CNES(Fr.),DND(Can.)NGST	POESGFE 感应仪,NGST 天线/POES
气溶胶极化仪(APS)	Raylhece SBRS	NPOESS 由于重新计划推迟获证和 NASA GLORY 项目
生命存活感应仪(SS)	NGST. Sandia	SSF DMSP

(1)可见光/红外图像仪辐射计(VIIRS):是安置于 NOAA 卫星上的 AVHRR 和在 DMSP

卫星上的具有高分辨率(0.65 km)的OLP(业务线扫描系统)辐射计的精确组合。VIIRS具有22个通道,附加有确定海色的光谱功能。VIIRS将能提供海面温度、大气气溶胶、雪盖、云量、表面反照率、植树指数、海冰和海色的测量。

(2)垂直红外轨迹探测器(CRIS):CRIS是一个Michelson干涉仪,能反演对流层1 km气层精度1K的大气温度廓线和2km气层精度达到15%的湿度廓线。

(3)圆锥扫描微波图像仪(CMIS):CMIS是NASA的地球观测系统(EOS)Apua卫星上日本的先进微波探测扫描辐射计(AMSR)和安装在DMSP卫星上的特殊感应微波图像仪/探测器(SSM/I)的组合。利用所选取图像通道的极化导得海面风速,与先前的主动散射计相类似。CIMS数据可以用于导得所有天气的海面温度、表面粗糙度、降水、云液态水、云底高度、雪水等效含量、表面风、大气垂直湿度廓线和大气温度廓线等参数。

(4)臭氧作图和廓线仪(OMPS):OMPS由一个类似于NASA总臭氧作图光谱仪(TOMS)功能的天底扫描的臭氧制度仪和临边扫描辐射计组成,它能提供具有垂直分辨率3 km的臭氧廓线,与在POES上的SBUV出现在7~10 km相比较。

(5)全球定位系统掩星感应器(GPSOS):利用GPSOS获取电离层和对流层的温度、湿度廓线。

(6)空间环境探测仪(SESS):SESS将提供空间环境信息,保障空基和地基系统工作,减小空间环境作用系统异常分析,指导计划和空间环境影响未来系统有效工作。

(7)气溶胶极化仪(APS):气溶胶极化仪测量沿轨道的以波长和极化为函数的背景强度,确定气溶胶光学厚度、气溶胶粒子尺度、云粒子谱分布、气溶胶折射指数、单次反照率和形状,极化仪与VIIRS测量结合在一起。

(8)先进技术微波探测器(ATMS):ATMS是新一代轨迹微波探测器,与微波温度探测器(AMSU-A)和微波湿度探测器(MHS/HSB)结合在一起。

(9)地球和云辐射能系统(CERES):CERES提供地球辐射收支和大气顶到地面的大气辐射,第一个CERES安装在TRAMM卫星。

(10)总的太阳照度感应器TSIM:TSIM测量太阳的辐射输出变化,其中包括200~300 nm和1500 nm光谱区间,IPO计划制造总的照度监视器(TIM)和太阳照度监视器(SIM),两仪器一起称为TSIM,装载在NOPPES卫星。

(11)雷达高度计(ALT):在NPOESS上午卫星安装一个双频率雷达高度计,高度计测量海面地形、主要波浪的高度、风速,导得海面环流参数,用于业务工作和研究。

二、静止业务气象环境卫星(GOES)的目标

GOES I-M卫星的目标是美国为建立保护生命财产的业务环境和风暴的可靠预警系统,监视地球表面和空间环境条件,改进大气和海洋观测和资料发送功能,为政府、国家和私人公司提供卫星资料产品和改进资料应用。

1. GOES卫星系统

GOES I-M卫星主要有三个功能:

(1)环境遥感:获取、处理和分发图像、探测资料和空间环境测资料,近地球空间天气测量;

(2)资料收集:询问和接收来自地面收集平台(DCP)获取的资料,应答国家海洋大气管理局指令和资料收集站;

(3)数据广播:连续应答天气传真和其他气象资料给小的使用者,所有其他系统独立;应答

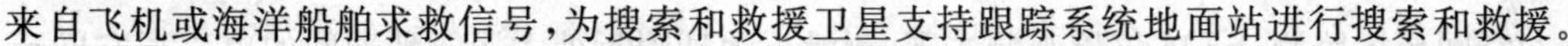

来自飞机或海洋船舶求救信号，为搜索和救援卫星支持跟踪系统地面站进行搜索和救援。

2. GOES 卫星的仪器

环境感应仪器：5 通道图像仪，19 通道探测仪，空间环境监测器，包括高能粒子感应器，高能质子和粒子探测器，X 射线探测器，磁场计。

资料收集：资料收集系统(DCS)。

资料广播：资料处理中继(PDR)和天气图传真(WEFAX)传送；搜索和救援(SAR)；遥感探测资料和多路资料的发送。

3. GOES 卫星系统空间部分项目

GOES I-M 系列卫星是 20 世纪 90 年代到 21 世纪的对于天气事件和地球环境的基本观测平台，这些高级卫星加强了 GOES 系统实时连续观测天气现象功能，提供气象通信和极大地改进气象观测。为改进短期天气预报和空间环境监测以及大气科学研究和对数值天气预报模式、气象现象和环境探测设计支持。

(1)观测平台：GOES I-M 设计为三轴定向稳定卫星，能使卫星仪器始终面对地球观测，因此，能有很高的时间分辨率，观测地球上云、监测地表温度和大气水汽分布、探测大气垂直温度和水汽垂直结构，因此，可以观测大气现象的连续演变，实时监测生命短、动态演变，特别是直接影响人类生命安全、保护财产、经济等的局地强风暴和热带气旋，GOES I-M 卫星能高容量和高质量提供气象资料。它具有灵活控制仪器对地球扫描，为改进局地区域小尺度短时天气预报和数值模拟提供重要功能。

(2)灵活的扫描控制：图像仪和探测仪两者采用两轴换向镜系统与 31.1 cm 孔径卡塞格仑望远镜相连接的伺服驱动，当感应器分离时，它们可以同时和独立地表面成像和大气探测。每一个具有灵活的扫描控制，能对小区域以及半球和全球(地球圆面)覆盖观测，和对局地强风暴和短生命的局地天气现象进行精细地、连续地观测。

上述扫描方法可改进小区域和短期天气预报和强风暴预警的中尺度扫描，对 3000 km×3000 km 的图像仪大面积扫描需 3 min；对 1000 km×1000 km 图像仪小面积扫描需 41 s；对 3000 km×3000 km 探测仪面积扫描需 43 min。整个地球圆面需要 26 min。图 2.11 所示的为图像仪观测区域。

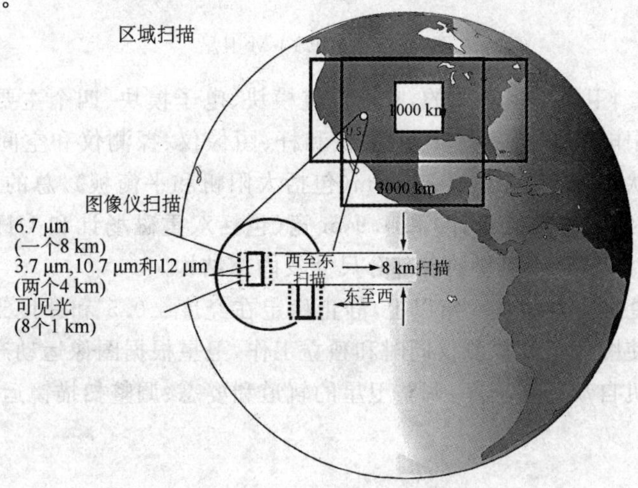

图 2.11　图像仪观测区域

(3)空间环境监测:SEM 仪器观测太阳,测量近地球附近处太阳—地球间的电磁场空间环境,这些空间天气变化能影响到电离层无线电的工作、水平雷达、飞行高度很高的载人飞机、电能的输送、航天飞机或空间站。

此外,卫生上携带的 XRS 监视太阳的总 X 射线活动,EPS 和 HEPAD 检测由地球捕获的电子能量和质子辐射以及直接的太阳质子、α 粒子和宇宙射线。磁场计测量卫星周围的三个地球磁场分量,监视电离层和磁层流引起的变化。

(4)卫星的结构:GOES I-M 卫星是三轴定向稳定星体,能使图像仪和探测仪辐射计连续指向地球,卫星体是一个包括装载全部发动机和电子设备和安装仪器的稳定平台。一个单翼、两面太阳电池组面向南一侧连续环绕卫星俯仰轴旋转,在轨道运动期间跟踪太阳,使用的单翼太阳电池板固定在卫星的南面一侧,可使北面的图像仪的探测仪的辐射制冷器观察冷空间。一个锥形的太阳帆固定在星体北侧 17 m 长的杆上,以平衡太阳辐射压引起的转(力)矩。在固定在太阳翼板末端的调整板为精细平衡控制太阳辐射,除遥测和指令外,为无阻碍地球覆盖和最大对准稳定,所有通信天线牢固地固定在面向地球的一面。为提供全方向覆盖,遥测和指令天线固定在卫星东侧的 2 m 长的杆上。备用的三轴磁场计固定在展开的 3 m 长的杆上,系在反着地球一面,使来自卫星的干扰最小。图 2.12 显示了卫星的外形和构件布局。

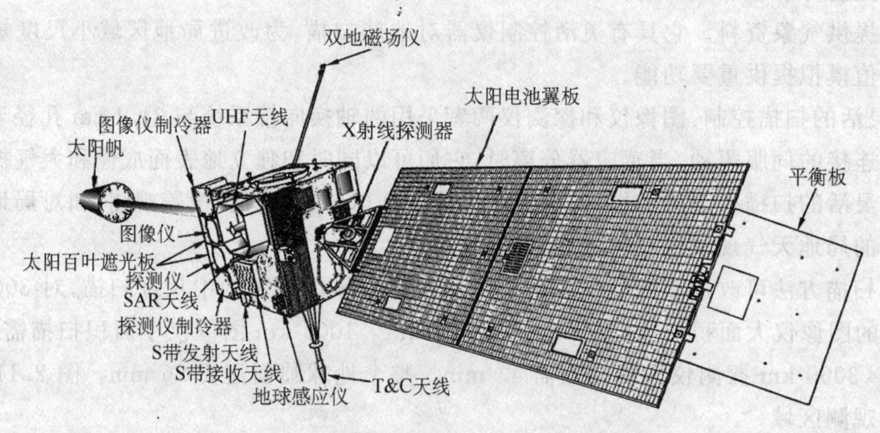

图 2.12　GOES I-M 卫星

为了组装和检查,卫星是模块式的,它由推进模块、电子模块、四个主要面(地球、北、南和反着地球的面)、太阳电池阵列和驱动、太阳帆和杆、图像仪、探测仪和空间环境探测仪构成。卫星进入轨道工作状态时,卫星总长 26.9 m(包括太阳帆和平衡板),总的卫星高度为 5.9 m(包括遥测和指令天线到双重磁场计)和 4.9 m 宽(包括双重磁场计和 UHF 天线)。图 2.13 和图 2.14 所示为 GOES I-M 卫星的各部分尺寸及内部结构。

GOES I-M 卫星工作寿命在 5 年以上,静止稳定在经度±0.5°和纬度±0.5°,卫星为了在它的工作寿命期间使图像仪和探测仪同时和独立工作,卫星根据图像运动产生一个信号,在卫星入轨年星上计算机自动更新程序,调整卫星的轨道和姿态、调整扫描镜运动。

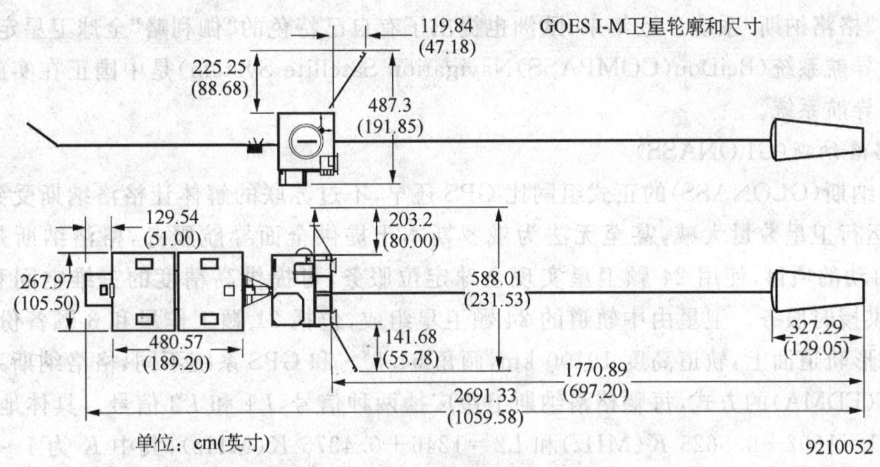

图 2.13　GOES I-M 卫星的各部分的尺寸

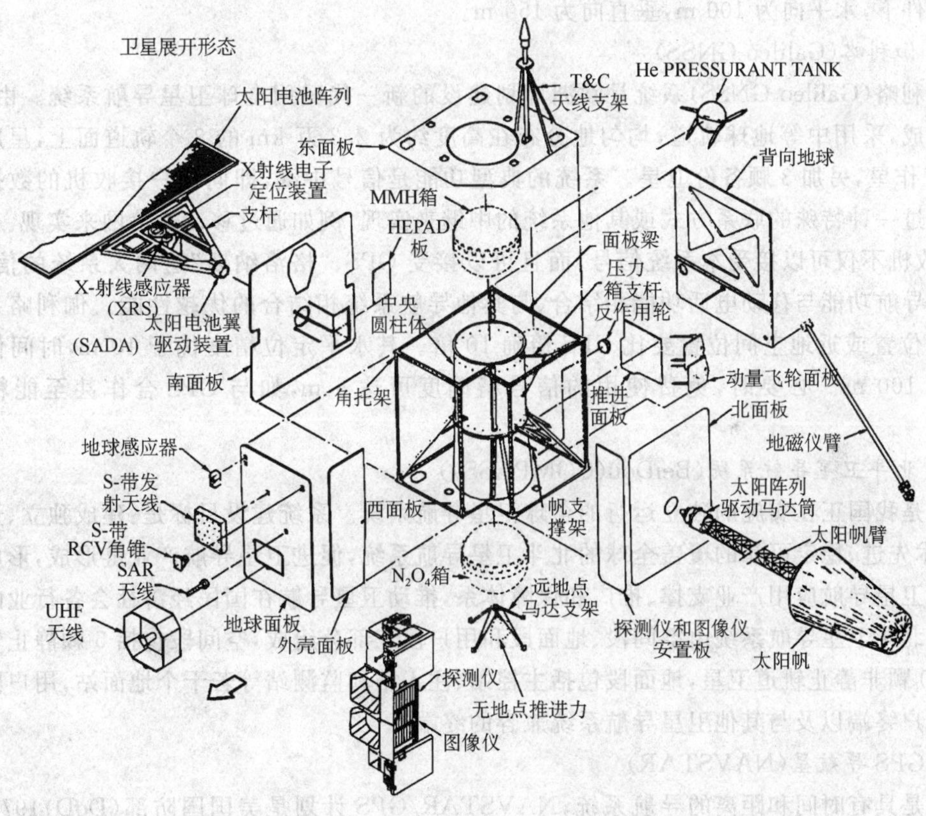

图 2.14　GOES I-M 卫星内部结构

第三节　全球定位卫星系统

一、全球定位卫星系统介绍

世界上正在运行的全球导航定位卫星系统主要有两大系统：一是美国的 GPS 系统，二是俄罗斯的“格洛纳斯”系统。近年来，欧洲也提出了有自己特色的“伽利略”全球卫星定位计划。北斗卫星导航系统(BeiDou(COMPASS) Navigation Satellite System)是中国正在实施运行的全球卫星导航系统。

1. 格洛纳斯(GLONASS)

格洛纳斯(GLONASS)的正式组网比GPS还早，不过苏联的解体让格洛纳斯受到很大影响，正常运行卫星数量大减，甚至无法为俄罗斯本土提供全面导航服务，格洛纳斯是苏联在1976年启动的项目，使用24颗卫星实现全球定位服务，可提供高精度的三维空间和速度信息，也提供授时服务。卫星由中轨道的24颗卫星组成，包括21颗工作星和3颗备份星，分布于3个圆形轨道面上，轨道高度19100 km，倾角64.8°。和GPS系统不同，格洛纳斯系统使用频分多址(FDMA)的方式，每颗格洛纳斯卫星广播两种信号，$L1$和$L2$信号。具体地说，频率分别为$L1=1602+0.5625\ K$(MHz)和$L2=1246+0.4375\ K$(MHz)，其中K为1～24，为每颗卫星的频率编号，同一颗卫星满足$L1/L2=9/7$。格洛纳斯系统设计定位精度为在95%的概率条件下，水平向为100 m，垂直向为150 m。

2. 伽利略(Galileo-GNSS)

伽利略(Galileo-GNSS)系统是欧洲计划建设的新一代民用全球卫星导航系统。由30颗卫星组成，采用中等地球轨道，均匀地分布在高度约为2.3万km的3个轨道面上，星座包括27颗工作星，另加3颗备份卫星。系统的典型功能是信号中继，即向用户接收机的数据传输可以通过一种特殊的联系方式或其他系统的中继来实现，例如通过移动通信网来实现。“伽利略”接收机不仅可以接受本系统信号，而且可以接受GPS、“格洛纳斯”这两大系统的信号，并且具有导航功能与移动电话功能相结合、与其他导航系统相结合的优越性能。伽利略系统确定地面位置或近地空间位置要比GPS精确10倍。其水平定位精度优于10 m，时间信号精度达到100 ns。必要时，免费使用的信号精确度可达6 m，如与GPS合作甚至能精确至4 m。

3. 北斗卫星导航系统(BeiDou(COMPASS))

这是我国正在实施的独立运行的全球卫星导航系统。系统建设目标是：建成独立、开放兼容、技术先进、稳定可靠的覆盖全球的北斗卫星导航系统，促进卫星导航产业链形成，形成完善的国家卫星导航应用产业支撑、推广和保障体系，推动卫星导航在国民经济社会各行业的广泛应用。北斗卫星导航系统由空间段、地面段和用户段三部分组成，空间段包括5颗静止轨道卫星和30颗非静止轨道卫星，地面段包括主控站、注入站和监测站等若干个地面站，用户段包括北斗用户终端以及与其他卫星导航系统兼容的终端。

4. GPS导航星(NAVSTAR)

这是具有时间和距离的导航系统，NAVSTAR/GPS计划是美国国防部(DoD)1973年特别授命美国空军实施建立的全球空基无线电定位和导航系统，美国GPS是一个空基无线电定位/导航系统，它将地球表面任一地方的三维位置、速度和时间信息提供给具有无线电装备的使用者。GPS系统有21颗卫星在近圆形轨道、六个轨道平面上工作(图2.15)，这样至少有4颗卫星观测地球表面的任何地方，另外，有3颗备用卫星在轨道上，最初卫星轨道倾角为63°，但为了便于航天飞机发射，倾角改为55°。卫星高度为20,000 km。

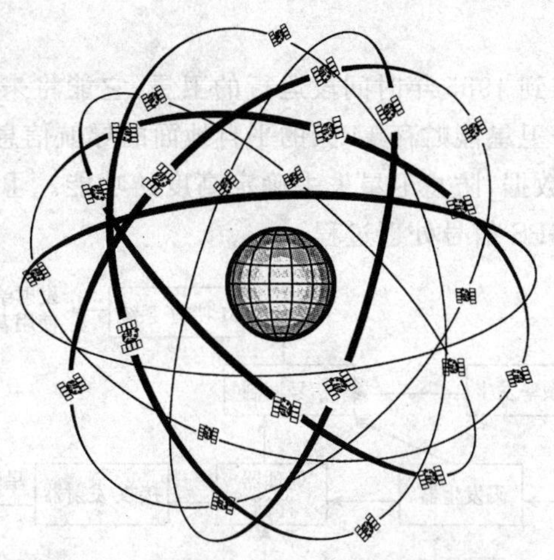

图 2.15　全球卫星定位系统

二、美国 GPS 系统

GPS 卫星空间段由 24 颗卫星的工作星座：21 颗工作卫星加上 3 颗机动备用的卫星。表 2.17给出这些卫星的轨道参数。在 1998 年，GPS 卫星具有一个子组的三组群：组群设计为子组，"Ⅰ组"卫星用于系统检验；"Ⅱ组"系列卫星具有功能系统能力，利用铯钟为定时的功能；可选择性的工具，误差状况的检测和为了长生命的辐射电子学硬件。表 2.17 是 GPS 卫星主要参数。

表 2.17　GPS 卫星主要参数

参数		NAVSTAR/GPS
轨参数	周期(min)	717.94(−12 h)
	倾角(°)	55.0
	半长轴(km)	26,560
	轨道平面间距(°)	60(6 轨道平面)
	地面轨迹重复(轨道)	2
	地面轨迹重复(天数)	1 恒星天
发射信号参数	信号分离方法	2DMA
	L-带载频(MHz)	L1＝1575.42
		L2＝1227.60
	PRS 时钟速率(MHz)C/A 码	.023
	(PRS＝假随机次)P 码	0.23
	S 长度(chips)C/A 码	1.023
	P 码	1.187104×1012
导航信息	超帧时间(min)	12.5
	超帧容量(bits)	37,500
	字时间(s)	0.6
	字容量(bits)	30
	每帧字数	50
	卫星星历说明	Kepler elements and per-
	时间参考	turbation factors
	位置参考	UTC(USNO)WGS84

1."Ⅰ组"卫星

"Ⅰ组"卫星是 1978 年到 1985 年时间段运行的卫星,它能将来自地面的导航信息在卫星上持续工作到 3.5 天,每个卫星能贮存 14 天的平自地面的导航信息,但是缺少星上动量控制,要求经常更新来自地面的数据,防止卫星失去确定高度的功能。Ⅰ组的某些卫星工作寿命比设计的更长。图 2.16 为 GPS 信号处理过程。

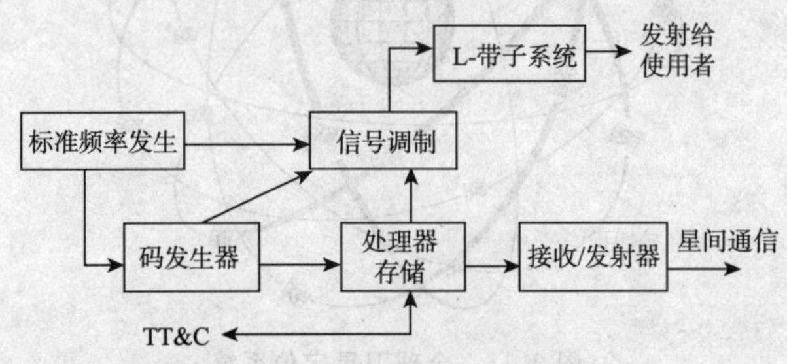

图 2.16　GPS 信号处理过程

卫星采用自旋稳定(在两模块中肼推进器),来自两太阳翼板(5 m^2 和 3×15 Ah NiCd 电池)的能量:410 W;发射分离时质量 760 kg;在轨质量为 455 kg;设计卫星寿命 5 年(喷气燃料 7 年);原子钟:三个铷钟、一个铯钟。信号强度,对于 P 信号为+23.8 dBW,对于 C/A 信号为+26.8 dBW。

2."Ⅱ组"卫星(图 2.17)

(1)"Ⅱ-1 到Ⅱ-8 组"卫星,这一系列卫星于 1989 年 4 月到 1990 年 10 月,使用火箭发射,总共有 9 颗卫星,卫星的工作在没有广播信号与来自地面相互作用最小的位置。这一组卫星在抗环境辐射硬件和可利用及安全性都进行改进。卫星由铝栅格状结构制成,采用自旋稳定,卫星发射时重 1667 kg,在轨重量 843 kg,功率 700 W,设计寿命 7.5 年,两个铯原子钟和两个铷原子钟,信号强度-160 dBW(C/A)、-163 dBW(P/L1)、-166 dBW(P/L2)、-165 dBW(P/L3),卫星装有 IONDS(总工作核探测器),卫星通过环形 UHF 天线进行卫星之间的联系,卫星带有 X 射线感应器、返地 X 射线感应器、无线电波探测器等。

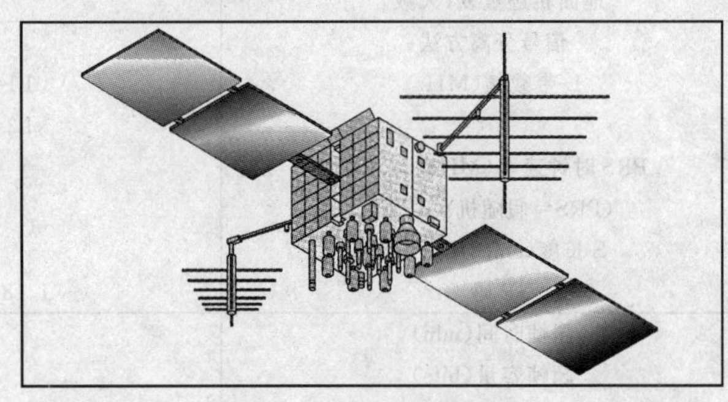

图 2.17　GPSⅡ组卫星

(2)"Ⅱ组 A"卫星"第ⅡA-10 到ⅡA-27 组"卫星,这一系列卫星于 1990 年 12 月到 1996 年 9 月,使用火箭发射,总共有 18 颗卫星,卫星加强了服务功能,导航信息保存和参考数据可达 180 天。

(3)"Ⅱ组 R"卫星"替代工作"卫星,这一系列卫星于 1989 年 12 月到 1997 年 1 月,使用火

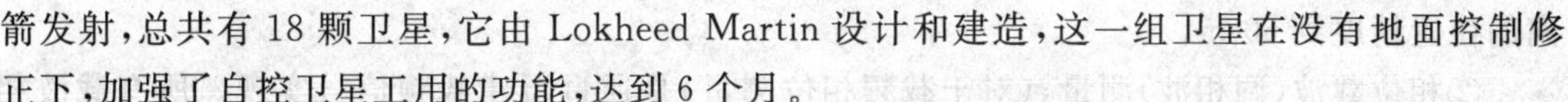

箭发射，总共有18颗卫星，它由Lokheed Martin设计和建造，这一组卫星在没有地面控制修正下，加强了自控卫星工用的功能，达到6个月。

(4)升级改造后的“Ⅱ组R”卫星(系列中的21颗的12颗之外的)，这一卫星的改造主要是：(a)加强软件功能，提供程序更新功能；(b)增强硬件，(c)加强信号。

(5)“Ⅱ组F”卫星，从2003年开始“Ⅱ组F”卫星替代旧有“Ⅱ组A”和“Ⅱ组R”卫星。“Ⅱ组F”卫星，这是第四代GPS卫星。

3. GPS控制段

GPS控制段称为业务控制系统(OCS)，它由位于世界各地的五个监视站(科罗拉多斯普材斯、夏威夷和卡瓦加(太平洋)、阿森松岛(大西洋)迪戈加西亚岛(印度洋))和主控制站(MCS)组成，它由USAF/SC实行操作(空间指令站)，监测站使用GPS接收器用观察和由此由卫星信号累积距离资料被动跟踪全部卫星。来自监视站的数据经MCS处理，估算卫星轨道(星历表)，并由此更新每个卫星的导航信息。更新信息(包括时钟订正)，通过地面天线发射传送到卫星，它也用于为发射和接收卫星控制信息。MCS和卫星间TT&C(功能)函数以S带发射。

4. GPS使用段

GPS使用段由具有GPS接收器的全球使用者通信组成，接收器将来自卫星信号变换为位置、速度和时间估计。需要4颗卫星计算位置和时间。

GPS/NAVSTAR是根据用同步时间参考的直接距离测量的一种方式，卫星分享共同时间系统，称为“GPS时间”，连续发射(广播)，一个精确的参考时间，在L带的两个频率：$L1=1575.42$ MHz，$L2=1227.6$ MHz处作为扩展的谱信号，使用两个扩展的谱码：民用原始搜索(C/A)码(1.023 MHz)和精防护(10.23 MHz)码，参指P码(P)。两载体$L1$和$L2$是用P码相调制，另外$L1$带是通过C/A码的相调制。两个信号，$L1$和$L2$用一个PRN(假随机噪声)码调制一个重复数字随机比特的顺序，允许一个导航使用者装置检测一个重复顺序(“相位”)的开始，PRN方法也使用于信息的安全。

两种码的精度是不同的，在GPS卫星中，在“可选择性”中，当选择安全状态时，民用码的接收器不能破译军事P码(当选用SA，军事使用者确定的位置精度在17.8 m以内，而民用使用者精度在100 m以内，由此对于所有使用者要考虑到可选择性)。在有些时候使用通过GPS装载的相位跟踪可以得到“厘米量级的精度”。这也称之为“实时动态相位载体跟踪(RTK)”。

测量原理：使用距离测量和距离延迟测量，得到三维位置(用四颗卫星得到经度、纬度和仰角)，三颗卫星可得到二维位置(如经度和纬度，对于多数地表的运动是足够的)。GPS采用大地水准系统。

5. GPS系统的最初功能

(1)GPS基本观测：对于一个运动的物体如飞机，GPS卫星具有信号发射的全部距离扩展功能，可精确到1 m以下的水平。根据两码的译码数据，这些在最初的设计中得到应用。GPS的三个基本观测用于精确确定运动物体的位置。

①伪距离测量，是GPS信号到达的时间测量(如接收时钟的测量)和它的发射时间(如通过卫星时钟确定)，通过同时观测四个或更多的卫星，可以对接收器位置的确定和接收时钟和GPS卫星时间系统之间的时间差值。可获取的选择性(SA)对于民用使用者不能接收到P码假距离测量，降低了GPS伪码距离的精度，星历表误差和通过SA引入的时钟抖动，减小伪距

离的位置精度到 60 m。

②相位载波(调相波)测量,(对于载频相位测量)是通过再建载频信号实现。所有载波相位跟踪是在同一时间的参考和遥感接收器跟踪载波相位两者的差(GPS 使用需要特别设备的载波跟踪接收器)。在载波相位处理中包括修改双相位编码和测量对于两频率在再建载波与在接收器内的本地谐振器的相位差。当这载波承载的相位通过过程的转动,累计过程数。相位测量是对来自接收器单元的卫星时刻的累计相位变化直到接收器失去信号。载波相位测量具有几毫米的噪声电平。载波相位测量的关键参数是分辨率的确定性和连续维持锁定卫星信号必然性,GPS 载波相位跟踪在陆地研究和其他应用中是革命性的。

在卫星构成的飞行应用中,使用相对位置测量的 CDGPS(GPS 载波相位差分)方法可提供高的带幅宽,多重运载工具的状态(相对位置和姿态)的低噪声测量,在两邻近天线的 GPS 测量,通过相对相位的跟踪,可以高精度地估算天线间的相对位置。GPS 发射器安装在运载工具上,可以通过假定的卫星星历表确定相对位置,当没有 GPS 卫星时,用于本身星座上。

③多普勒频移:由载波的相位时间偏差可以确定多普勒频移,多普勒观测很少用于大地测量定位,它可用于当丢失来自卫星的信号时,通过小间隔的相位测量或过程。

(2)GPS 应用

科学研究应用:①测量地壳的运动;②海岸潮汐位置测量,标准高度系统研究陆地上升和海平面的变化;③发展区域差分 GPS(DGPS)系统港口运输服务;④利用 GPS 确定冰川地理位置坐标,冰层的增长和消融;⑤借助 GPS 建立地震预报模式;研究新的预报方法;⑥确定通信卫星的姿态;⑦精确定时;⑧精确测量大气成分等。

商业应用:控制民用航空,指导飞机的着陆,特别是第三世界国家,没有导航系统,导航系统对外出从商、航行、公路汽车导航、通信等许多方面,有重大经济效益。

(3)GPS 轨道和姿态仪器(图 2.18)。实时干涉仪测量姿态的概念:GPS 天线阵列安置在卫星的刚性构架上,软件控制多路来自全部天线接收的信号到达单一的接收器,在接收器内的不同通道处理来自不同天线的信号。接收器能由载波相位差获取天线和入射信号方向之间的角度,附加在车载代码计算来自对于实时确定依次载波相位的测量的姿态。GPS 接收器姿态确定方法主要取决于天线的布置(基线)、载波相位测量的精度、车载数据处理方法,对于间隔 1 m 天线,一个点的精确度约为 3°。图 2.19 所示为参考站的 GPS 微工作站。

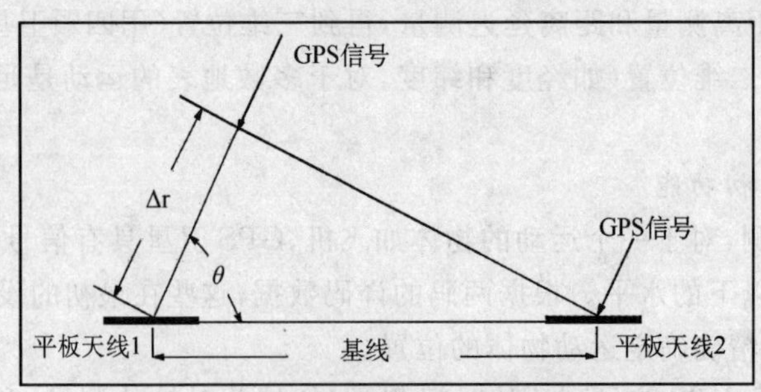

图 2.18 卫星干涉仪测量几何图

调整高级导航感应器矢量位置(TANS 矢量):

①空间系统公用产品(GPS 张量);②GPS 姿态确定和控制系统(GADACS);③GPS 姿态

导航试验(GANE)；④ATV 空间会合点预发展(ARP)；⑤GPS 姿态确定飞行器(GADFLY)；⑥SIGI(空间综合 GPS/INS)：SIGI 是测量给出姿态、位置和时间。

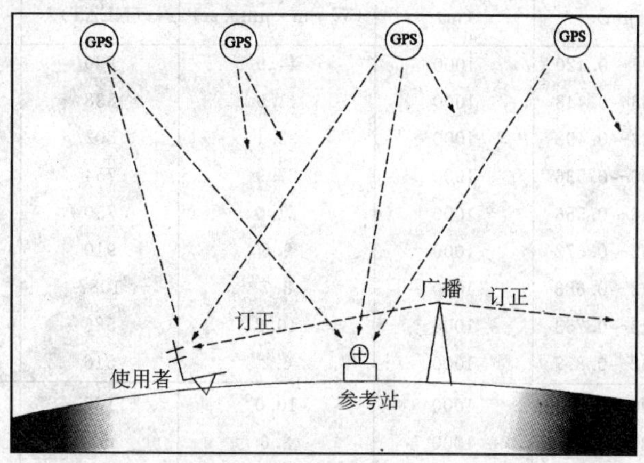

图 2.19　参考站的 GPS 微工作站

第四节　地球观测卫星(EOS)观测仪器 MODIS 的介绍

卫星观测仪器很多，在上面已作了十分简单的说明，本节只对 MODIS 作较详细介绍。

一、MODIS 概况

中分辨率图像光谱仪(MODIS)是地球观测系统(EOS)主要仪器之一，它装载于 EOS Terra(EOS/AM-1)和 Aqua(EOS-PM S/C)卫星上，用于监视全球大气水汽、气溶胶粒子和云特性，探索地气和海气之间的相互作用。MODIS 的光谱范围为 0.42～14.24 μm，是一个 36 通道的扫描辐射计，通道中心波长和范围由表 2.18 给出。

表 2.18　MODIS 光谱特征、星下点分辨率及在在太阳天顶角为 $\theta_0=22.5°$ 时亮度温度

通道	中心波长 (μm)	通道范围 (μm)	星下点分辨率 (m)	分谱辐射率 NESR (W・m・μm・sr)	信噪比 SNR (NEΔT)	最大亮温 (K)	主要用途
1	0.659	0.620～0.670	250	21.8	128		云和陆地界限
2	0.865	0.841～0.876	250	24.7	201		
3	0.470	0.459～0.479	500	35.3	243		云特性 陆面特性
4	0.555	0.545～0.565	500	29.0	228		
5	1.240	1.230～1.250	500	5.4	74		
6	1.640	1.628～1.652	500	7.3	275		
7	2.10	2.105～2.155	500	1.0	110		

续表

通道	中心波长 (μm)	通道范围 (μm)	星下点分辨率 (m)	分谱辐射率 NESR (W·m·μm·sr)	信噪比 SNR (NEΔT)	最大亮温 (K)	主要用途
8	0.415	0.405～0.420	1000	44.9	880		海色 浮游生物 生化
9	0.443	0.438～0.448	1000	41.9	838		
10	0.490	0.483～0.493	1000	32.1	802		
11	0.531	0.526～0.536	1000	27.9	754		
12	0.565	0.546～0.556	1000	21.0	750		
13	0.653	0.662～0.672	1000	9.5	910		
14	0.681	0.673～0.683	1000	8.7	1087		
15	0.750	0.743～0.753	1000	10.2	586		
16	0.865	0.862～0.877	1000	6.2	516		
17	0.905	0.890～0.920	1000	10.0	167		可降水总量
18	0.936	0.931～0.941	1000	3.6	57		
19	0.940	0.915～0.965	1000	15.0	250		
20	3.750	3.660～3.840	1000	0.45	(0.05)	335	云和地表温度
21	3.750	3.929～3.989	1000	2.83	(2.00)	700	
22	3.959	3.929～3.989?	1000	0.67	(0.07)	328	
23	4.050	4.020～4.080	1000	.079	(0.07)	328	
24	4.465	4.433～4.598	1000	0.17	(0.25)	264	火况与温度
25	4.515	4.482～4.594	1000	0.59	(0.25)	285	温度廓线
26	1.375	1.360～1.390	1000	6.00	(150)		卷云
27	6.715	6.535～6.895	1000	1.16	(0.25)	271	水汽
28	7.325	7.175～7.475	1000	2.18	(0.25)	275	
29	8.550	8.400～8.700	1000	9.58	(0.25)	324	
30	9.730	9.580～9.880	1000	3.69	(0.25)	275	臭氧总量
31	11.030	10.780～11.280	1000	9.55	(0.25)	400	表面温度
32	12.020	11.770～12.270	1000	8.94	(0.25)	400	云顶温度
33	13.335	13.185～13.485	1000	4.52	(0.25)	285	云顶高度
34	13.635	13.485～13.785	1000	3.76	(0.25)	268	
35	13.935	13.785～14.085	1000	3.11	(0.25)	261	
36	14.235	14.085～14.385	1000	2.08	(0.35)	238	

图 2.20 是 MODIS 仪器结构，图 2.21 所示为 MODIS 仪器及组件。它是一个光学机械成像光谱仪，设计成垂直于轨道方向的双向连续扫描，最大扫描范围在天底一侧 55°(即两侧为 110°)，可得到扫描带宽 2330 km。扫描镜是一双面扫描望远镜，并且设置有三个双向射线分裂器，由此得到地面分辨率为 250 m、500 m 和 1000 m 三种，其中：对于 8～36 光谱通道，分辨率为 1000 m，每个谱带置有 10 个线性阵列探测器；对于通道 3～7，分辨率为 500 m，每个谱带置有 20 个具有相干干涉滤光镜的线性阵列探测器；每组探测器阵列位于四个焦平面上，对于通道 1～2 分辨率为 250 m，每个谱带置有 40 个线性阵列探测器，彼此平行排成一列。这样每次扫描成像于同一平面上，由此得每次图幅在轨道方向为 10 km、垂直轨道方向为 2330 km。对这种方式所有的通道(0.42～0.57 μm，0.65～0.94 μm，1.24～4.57 μm，6.72～14.24 μm)同时在一焦平面上取样和配准，在焦平面间的记录误差小于 100 m。对于太阳天顶角为 θ_0 =

70°信噪比(SNR)与通道有关,其范围在 57～1100。

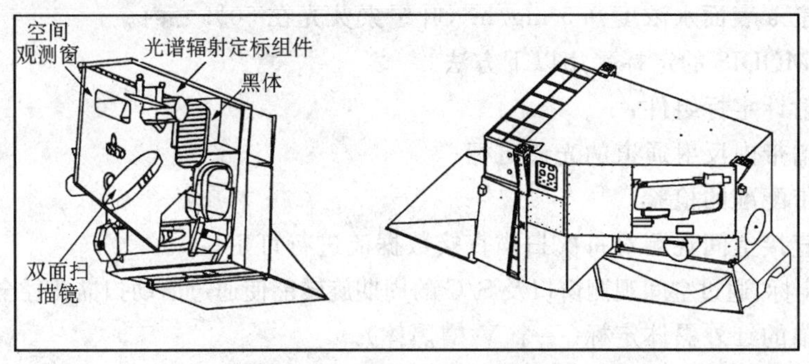

图 2.20　MODIS 仪器图解

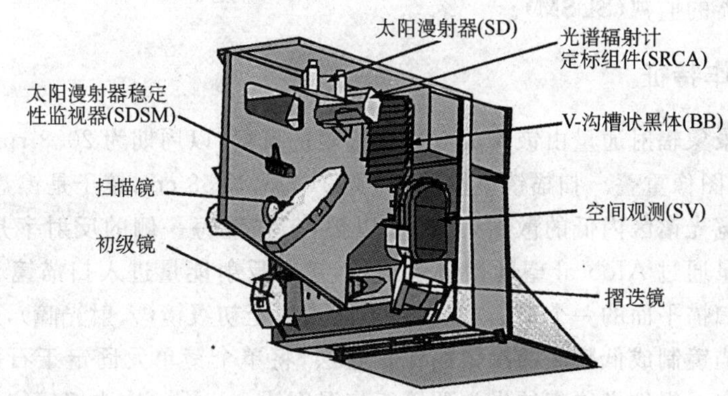

图 2.21　MODIS 仪器及组件

对于可见光范围到 2.2 μm,MODIS 极化灵敏度＜2%;信噪比和噪声等效温度差优于表 5.18中的 30%～40%,对于 λ＜3 μm,绝对辐照度精度为 5%,对于 λ＞3 μm 时为 1%。对于海洋,绝对温度精度为 0.2 K,陆地为 1 K。仪器重量 250 kg,扫描速率 20.3 rpm,周期负荷 100%,功率 225 W,资料速率 6.2 Mbit/s(平均),10.6 Mbit/s(白天峰值),3.2 Mbit/s(夜间),灰度等级 12bit。

MODIS 每 1～2 天提供全球覆盖服务产品如下。

• 拼接好的云图:分辨率为 1 km、500 m、250 m 的昼夜云图。

• 气溶胶浓度和光学特性:白天期间的海洋 5 km,陆地为 10 km。

• 云特性:云的光学厚度、粒子的有效半径、云粒相态、云顶高度、云顶温度。

• 植被和陆面覆盖、状况、生产率:

——植被指数的大气订正、土壤、极化和方向效应;

——表面反射率;

——陆面类型的识别和变化检测;

——净的初生产率、叶面积指数、有效光合截获辐射。

• 雪面和海冰覆盖量和反射率。

• 昼夜具有分辨率为 1 km 的表面温度,对于海洋的绝对精度为 0.3～0.5℃,陆地为 1℃。

• 海色:在近红外通道大气订正的基础上,对于 415～653 nm 谱带内确定海洋离水辐射率在 5%以内。

• 叶绿素浓度：对于 1 类水，0.05～50 mg/m³，在 35%之内。

• 在叶绿素-a 表面水浓度 0.5 mg/m³，叶绿素荧光在 50%之内。

对于星载 MODIS 的定标采用以下方法。

• 光谱辐射计定标组件：

——通道谱带内反射通道的光谱定标；

——光谱带配准的检验；

——利用直接空间观测对每次扫描直接数据流进行订正；

——月光定标，通过空间观测窗口及 S/C 的周期旋转能使通过活动扫描孔径全扫描穿过月亮。

• 每次扫描的红外黑体定标（一个 V-槽黑体）。

• 太阳漫射器（SD）参考。

• 太阳漫射器的监视（SDSM）。

二、仪器工作特征

地球表面的景象辐射通量由铍构成双面扫描镜的反射，以周期为 20.3 rpm（±0.001 s）连续旋转，控制扫描图像重叠。扫描镜呈椭圆形，宽 21 cm，长 58 cm，镜子是镍盘，并为高的反射率和在感应器的宽光谱区内低的散射，表面涂以银，扫描镜每一侧的反射率是 AOT 的函数，来自扫描镜的能量通过 Afoocal 望远摺叠镜组件，接着反射能量进入扫描镜与摺叠镜之间的消极化的垂直于扫描平面的一个平面，然后辐射能入射至初级镜（入射光瞳），通过视场光栏并到达第二级。扫描镜制成低膨胀的涂银的保护基层，将单个镜单元固定于石墨—环氧树脂结构保持单元的定向。组件必须有的光学环境工作温度为±10℃。在次级镜之后是一个双向射束分裂器组件（由三个射束分裂器组成），直接能量通过四个物镜组件，然后进入具有独立的带通滤波器的四个聚焦平面组件（FPA），射束分裂器实行光谱分离，将 MODIS 光谱分解成四个光谱区：VIS（0.412～0.551 μm）、近红外（NIR）（0.650～0.940 μm）、短波/中红外（SWIR/MWIR）（1.240～4.656 SWIR/MWIR）、和长波红外区（LWIR）（6.715～14.235 μm）。双向色分器 1 使用 ZnSe 基层，且反射进入的 VIS，透射 NIR，平衡 14.235 μm 的景色能量；双向色分器 2 使用一个 BK-7ZK 基层，反射 0.400～0.600 μm 谱带的能量；双向色分器 3 也使用 ZnSe 基层，反射 1.24～4.515 μm 之间谱带的能量，拒绝谱带外的能量通过两带通滤光片和双向分色器。

对于图像景象能量进入相应的聚焦平面，每一光谱区具有一个物镜组件，在每一聚焦平面上沿轨道方向排列一行探测器，这样在扫描轨道方向 10 km 图像，因而按 1000 m 的带在沿轨道安置 10 个探测器，若按 500 m 的带安置 20 个探测器，按 250 m 的带安置 40 个探测器。

对于每一谱带的谱通道分离发生在以电介质带通滤光片的聚焦平面（FPA）处，这些滤光片浇制在玻璃片基层上；在某些情况下，两个滤光片浇制在单个基层上。滤光片基层置于共同的光刻掩膜基层上，每个 FPA 一个。光刻掩膜给出一组谱带，及对于探测器视场的光刻掩膜。对于 0.43～2.2 μm 谱带要求低的剩余极化灵敏性，在 0.43～2.2 μm 的谱带小于 2%极化的要求是通过将银涂在镜片上实现，在 NIR 目标中交叉扫描和摺叠镜和补偿片达到。

VIS 和 NIR 聚焦平面（FPA）工作在环境温度下，对于低噪声读出是由混合光电硅和最优瞬时响应作用。对 SWIR/MWIR FPA 使用 HgCdTe 混合光电探测器，而且也用于对于所有谱带之外的 LMWIR FPA 的 10 μm。对于波长 10 μm 之下 LMWIR FPA 也包括六谱带的光电 HgCdTe 探测器，因为波长大于 10 μm 处在温度 85K 下工作最佳。

被动辐射制冷组件设计为被动制冷 SWIR/MWIR 和 LWIR 聚焦平面温度为 85 K，制冷器要求对空间张有 170°×115°的视场，采用这冷却部件达到工作温度为 81 K。4 K 的空间温度可以满足整个仪器工作期间和温度控制的潜在的变化。冷却组件位于 SWIR/MWIR 和 LWIR 聚焦平面组件，在轨的中间阶段的冷却器窗约工作在 137 K。

模拟电子单元和模数转换电子单元对于所有光电探测器提供初始时钟和电压偏差，LWIR 光电探测器的前置放大，并将模拟信号转换为 12bit 的数字信号。

当 MODIS 镜进行扫描时，来自定标面板上的数种能量反射入望远镜，使用旋转扫描镜两侧，当扫描镜旋转时，将进行下面的工作过程(图 2.22)。

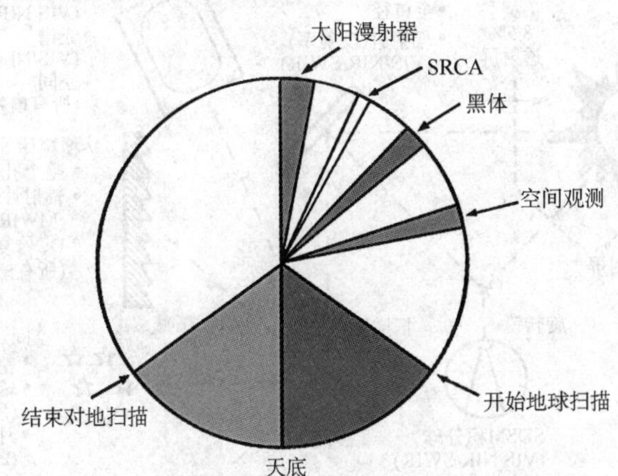

图 2.22　MODIS 扫描镜每侧的扫描依次由太阳漫射器、光谱辐射计定标组件、黑体、空间和地球

表 2.19　MODIS 扫描镜参数

区段	#可得帧数	在 LIB 中用的帧码	AOI(°)
SD	50	中心 15	50.9～49.6
SRCA	15	15	38.4～38.1
BB	50	中心 15	27.3～26.6
SV	50	中心 15	11.6～10.9
EV	1354	1354	10.5～65.5

(1)扫描镜扫描 SD，当 AM 平台接近北极晨昏线白天一侧时，打开 SD 门，SD 被照射约 2 min，来自漫射器光的入射到探测器的角范围为 50.9°～49.6°，SDSM 在这一时间进行工作，在太阳通过衰减屏和 SD 时，SDSM 交替观测。散射阳光偏离 SD 并使用 SDSM 对 SD 的偏离进行订正，由这一过程跟踪反射太阳谱带辐射定标的稳定性。

(2)扫描镜对 SRCA 扫描，SRCA 用于跟踪 MODIS 在发射后辐射定标的变化，表征对于反射太阳谱带响应的在轨的变化范围，确定这些谱带的中心波长，和跟踪对于每一探测器的地球定位的扫描漂移，和 36 个通道中的每一个的轨道的偏移，SRCA 的 AOI 区域是 38.4°～38.1°，SRCA 由地面指令控制。

(3)扫描镜对 BB 扫描，BB 给出发射谱带每一个探测器的定标曲线的一个点，观测 BB 并用于每条扫描线，BB 温度相对于扫描腔近似是等温的，BB 的 AOI 区域是 27.3°～26.6°。

(4)扫描镜对 SV 窗口扫描，提供所有 36 谱带定标曲线的零参考点，观测 SV 并用于每一谱带的每一条线，一年内有少数时间在 SV 窗口，月亮是可见的，在这一时间月亮提供另一个定标的辐射源，而不是零辐射参考，应用 SV，对于扫描镜的 AOI 是 11.6°～10.9°。

(5)扫描镜对 EV 舱口扫描；垂直于轨道方向的扫描平面的对向地球的视角为 110°，扫描周的其余部分用于获取科学和工程数据、执行指令和数据贮存工作。EV 的 AOI 范围是 10.5°～65.5°。

扫描镜扫描次序和各段的顺序如图 2.23 所示，对于 SV 和 EV 是远距离观测并要进行聚焦，而对于 SD、SRCA 和 BB 是近距离观测，不需要聚焦。

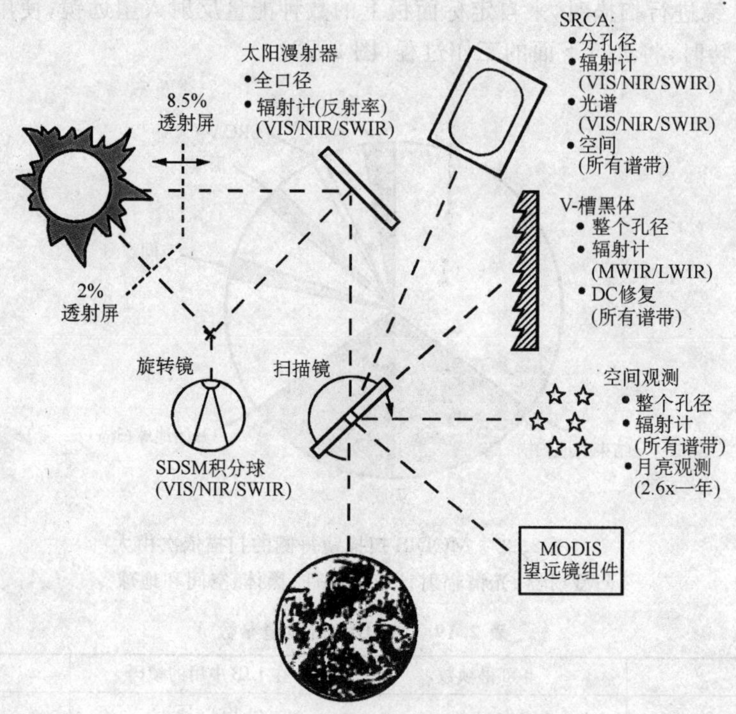

图 2.23　MODIS 光路系统图解

以地面轨道方向为 $+x$ 方向，在 $+x$ 方向观测的地面投影点，扫描自右向左垂直于轨道方向，与轨道方向垂直的一扫描幅长为 2200 km，天底宽 10 km。每次扫描得到的一幅包含有 1354 帧。一帧的大小在扫描方向为 1 km，在天底轨道方向为 10 km。桨状飞轮扫描在扫描边界处出现有弯弓形特征，转动视场扫描放大 3 km×20 km。对于 8～36 谱带，探测器本身尺度与地面 1 km 地面瞬时视场(IFOV)匹配。对于 1 km 谱带轨道方向有 10 个探测器。

500 m 谱带(带 3～7)的探测器的大小相应为 500 m×500 m 瞬时视场；在轨道方向有 20 个探测器，在一个帧内每一探测器取样四次。

250 m 谱带(带 1～2)的探测器的大小相应为 250 m×250 m 瞬时视场；在轨道方向有 40 个探测器，在一个帧内每一探测器取样四次。

在一个给定的帧内，有 10 个像点，$IFOV_1$ 是轨道方向扫描的头边界，$IFOV_{10}$ 是轨道方向扫描的末端边界。相应对于 500 m 谱带和 250 m 谱带的计数方法。

三、太阳漫射器和太阳漫射器稳定性的监视器

(1)太阳漫射器 SD：是一个全孔径的、一端到另一端的定标器，用于提供反射太阳谱带定标的太阳光的测量，漫射表面是来自空间等级光谱构成，因为它在 VIS-NIR——SWIR 区域有

高的反射率，并且具有近似朗伯面反射廓线，当卫星通过北极时，漫射器是打开的，太阳光能入射至漫射器。根据漫射器的光特性和太阳角度可以计算漫射器的辐射率，用于反射太阳光谱带的辐射计定标。照射到太阳漫射器数据累计到当仪器处于晨昏线暗的一侧时作为在仪器定标期间通过地球观测窗口进入仪器的散射光数量的界限，因为 SD 的安置，对于大多数的谱带的辐射电平接近动态范围的上端。高增益谱带在低的辐射率处饱和，并对于这些谱带在 SD 观测窗口可置一个 8.5%的透射屏。

(2)太阳漫射器稳定性的监视器 SDSM：通常由于在轨道上阳光对太阳漫射器作用而退化，MODIS 的设计包括一个太阳漫射器稳定性的监测器，跟踪 SD 的反射率。SDSM 由一个镜面积分球和一个定向镜组成，在 SDSM 孔径处安置一个 2%的透射屏。定向镜交替指在衰减的太阳光处，太阳光由 SD 和暗室散射。这些光照射具有 9 个硅光电探测器滤光片的 SDSM 积分器，这些探测器的光谱带通近似在 0.4～0.9 μm 的 9 个 MODIS 谱带。用暗室信号订正硅光敏二极光探测器暗信号位移。对 SD/SDSM 数据处理是脱机进行的。

四、光谱辐射计定标组件(SRCA)

SRCA 是一个头尾相接，分孔径定标。它以三种模式工作：光谱、辐射计和空间。在光谱模式中，跟踪 0.4～2.1 μm 仪器的光谱响应；在空间模式中，通过十分准确的标度对所有光谱在扫描和轨道方向上进行仪器的谱带记录；辐射计模式使用地面定标到轨道漫射器定标转换的灯，提供一个辐射计参考电平，在辐射计模式中，跟踪 0.4～2.1 μm 仪器响应，与发射前一个 1W 到三个 10 W 灯特征比较。

SRCA 使用一个内部系统跟踪 SRCA 光谱和辐射计工作模式特征，用铷镨混合物玻璃吸收滤光片和分立的探测器建立 SRCA 波长标度，SRCA 输出准直管是一望远镜系统，硅光光敏探测器安放在准直管中央暗区。这探测器没有温度补偿，但可以通过一个光谱定标顺序跟踪 SRCA 光谱信号强度的变化。温度控制硅光敏二极管安装在 SRCA 的积分器电源组件上，可以用于对辐射计反馈模块灯的操作。或当灯工作于稳定电流模块时，跟踪灯的输出。SRCA 数据处理是脱机进行。

五、黑体(BB)

V 槽形 BB 是一个对于 MWIR 和 LWIR 谱带的全孔径辐射计定标源，它提供一个已知的辐射源，且用于数据贮存器工作。为定标要求需要 BB 的温度均匀和高的有效发射率(>0.992)。在热真空检验期间最初的红外定标是对 BB 的定标(黑体定标源，BCS)。

扫描腔设计为常定温度和 BB 在扫描腔温度(通常为 273 K)处漂移。BB 可以被加热，而且在 315 K 处被控制。BB 的温度可以监视，但不能被控制。在接近辐射的前表面安置有12 个热敏电阻器测量温度和推断表面的温度梯度。这些热敏电阻器可直接跟踪，NIST 标准温度刻度。每一个粒子作的 BB 处理是一个发射红外定标的整数部分并且在 DAAC 在线进行。

六、空间观测(SV)

这是一个对太空敞开的电子模块，可以直接观测冷空间，提供对于零输入辐射源的感应器响应，它是全孔径的定标器，每次对空间扫描定标观测是对所有谱带。对于发射红外谱带，它给出了 BB 所要的直线定标的第二个定标点。用这定标建立发射红外探测器的增益和零偏移。2～5 年的时间段有月亮定标的可能，每年有 2～6 次月亮通过空间窗口(SV)，其大约为全部月亮 2/3 rad。这一空间观测窗口也可以得到在光谱反射太阳部分探测器的零偏移。

七、反射太阳谱带(1～19 和 26)

在轨监视反射太阳光谱带的探测器响应 MODIS 设计为周期地打开 MODIS 前向面板孔径的防护门,使太阳辐射照射光谱 SD 格板。原理上,直接照射击队 SD 的太阳辐射与日地距离调整的太阳常数、可选择的衰减屏的透过率、漫射器的反射率和太阳入射角的余弦成正比。在发射前,可以由 NIST 确定的 MODIS VIS,NIR 和 SWIR 反射光谱的绝对辐射定标得到。发射后,对 SD/SDSM 系统辐射值转换。在 A&E 方面及发射前定标的 SRCA 对 MODIS 定标监视。用直接观测的 SD,SD 组件提供对于 1～7 谱带和 17～19 谱带两个已知的辐射率等级(电平);对于所有的反射率谱带具有一个衰减屏限制 SD 辐射率。SD 屏的透射率是标称的 8.5%,但具有随太阳入射辐射和 MODIS 观测几何关系的函数而变化的测量。SDSM 能使 MODIS 估算地球背景双向反射率因子(BRF)。

对 MODIS 反射太阳谱带定标系数所要求(响应)可靠性和采用每单位辐射率计数单位和每单位反射率的计数值,通过一个定标基准的观测,仪器特性期间,这些在实验室确定的可靠性(响应)。在 A&E 期间,MODIS 的辐射可靠性(响应)由 SRCA 监测。在 A&E 之后,用 SD 观测太阳监测反射太阳谱带的可靠性(响应)的变化。不过当 MODIS 测量地球发射的辐射,SD 没有同样的光学厚度。这意味着可靠性(响应)的时间变化必须与超过漫散射板的寿命必然发生改变。

定标数据和时间的合成:发射时的定标是由发射前的定标程序得到的,在每一模式中对于 SRCA 的 MODIS 响应是对于大约同一时刻的对感应器的定标获得的。调节 BB 发射率,则 BB 和 BCS 给出发射率谱带的同样定标。

当在轨道上时,由 SRCA 空间模块推断伴随谱带记录的改变,直接编入数据组。谱带光谱记录的改变由静止卫星观测仪器图像仪完成。

八、MODIS 数据处理系统

为实际使用方便,MODIS 将卫星观测数据作预处理,形成多个数据集,供用户使用,卫星数据处理分成一系列处理等级,数据集的处理级别是参指这一文件档的全部,在图 2.24 方框中给出了 MODIS 的处理等级,等级(Level-1)数据(如电压、计数值、亮度温度等)是根据计算方法和对于变换到等级 Level-2 计算机处理功能要求已知的。图 2.24 所示为 MODIS 的工作过程。

处理等级和可利用性:

Level 0——重新构建没有作任何处理的仪器观测(有效荷载数据)的全分辨率原始数据,清除任何和附加于数据的参数(如同步帧、通信头);

Level 1A——重新构建没有处理的全分辨率的仪器数据,附加时间参考、计算和补充包括辐射计定标和几何定位系数和地理参照坐标参数的信息(如平台的星历表)的解释,但是对于 Level 0 不应用;

Level 1B——将已经处理的 Level 1A 加到感应器单元(不是所有的 EOS 仪器具有同样的 Level 1B);

Level 2——以 Level 1 数据源导得相同分辨率和位置的地球物理变量;

Level 3——常用利用某些完整和一致性,制作对于均匀时空定位网格点尺度可变化图;

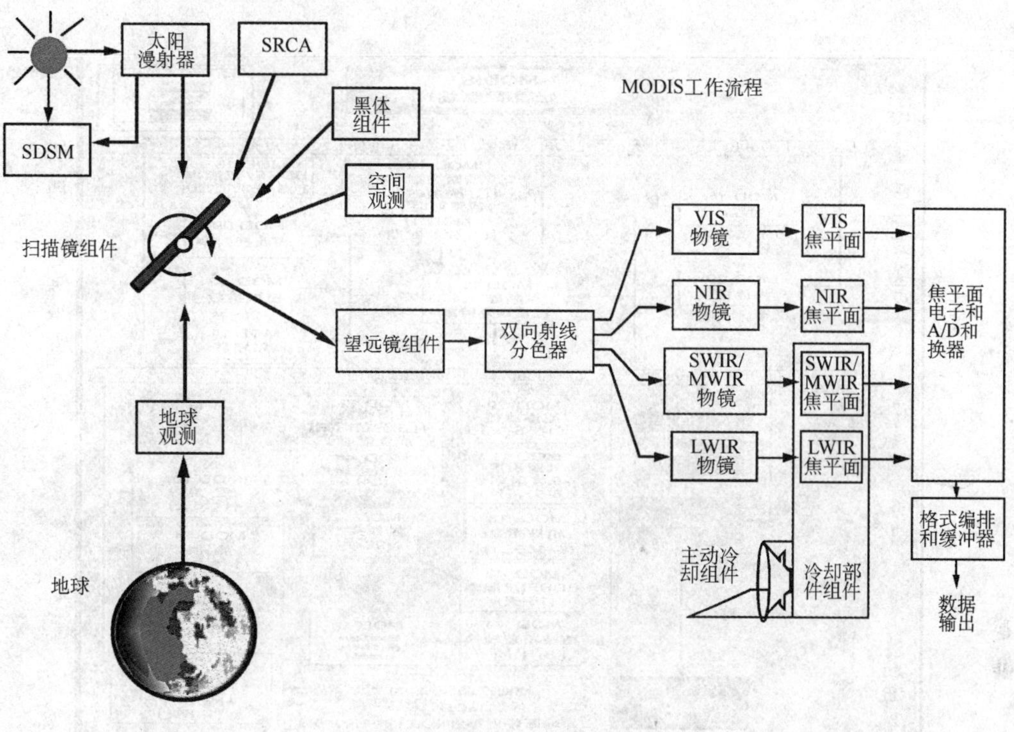

图 2.24　MODIS 工作过程图

Level 4——模式输出或由低等级数据分析的结果(如从多重测量导得的可变量)。

MODIS 有 44 个文件,图 2.25 给出了 MODIS 仪器处理各个等级的功能和产品。

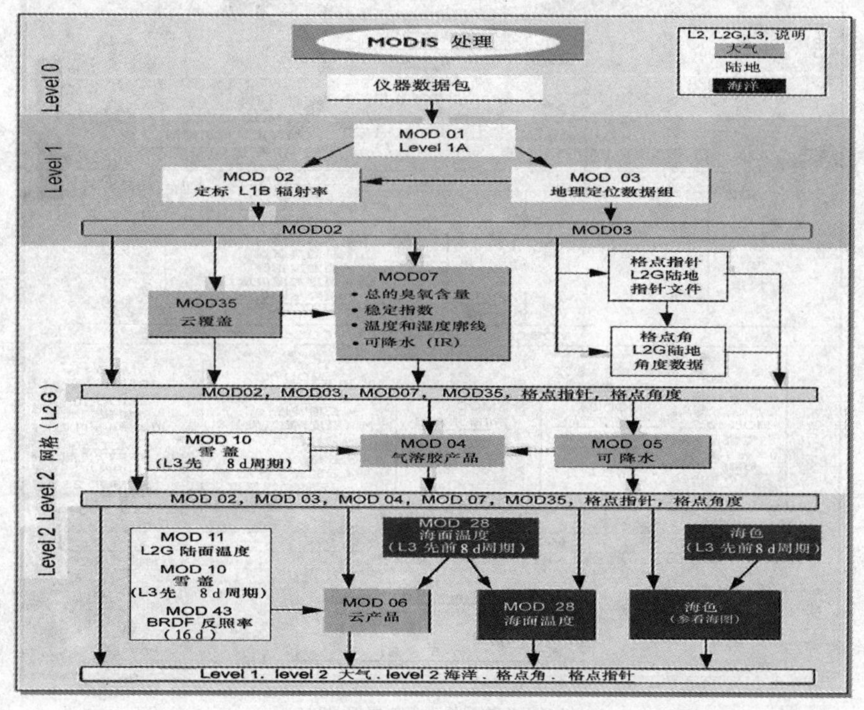

(a)MODIS数据处理总框架图

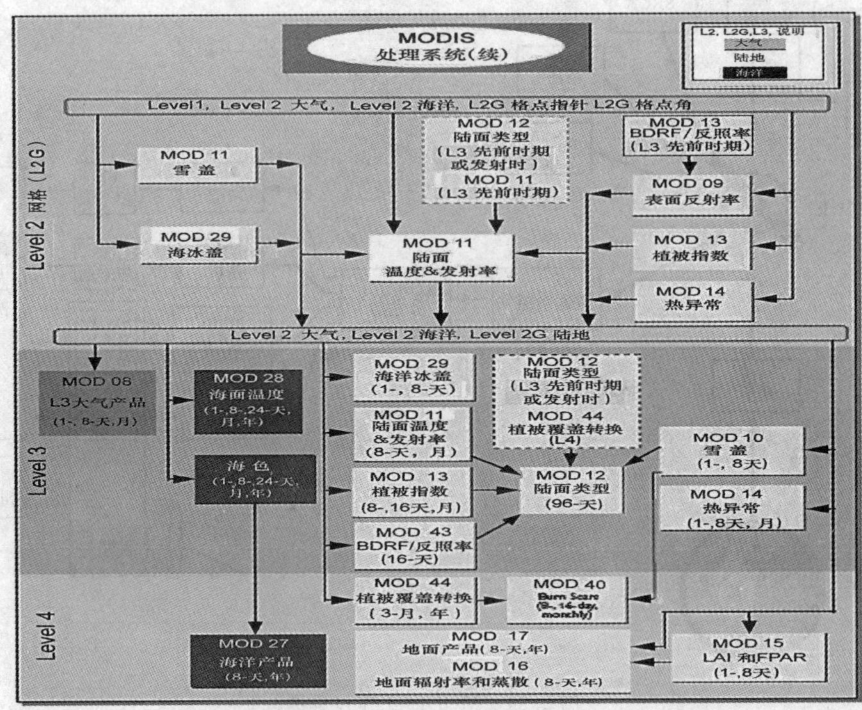

(b)MODIS数据处理陆地框架图和产品

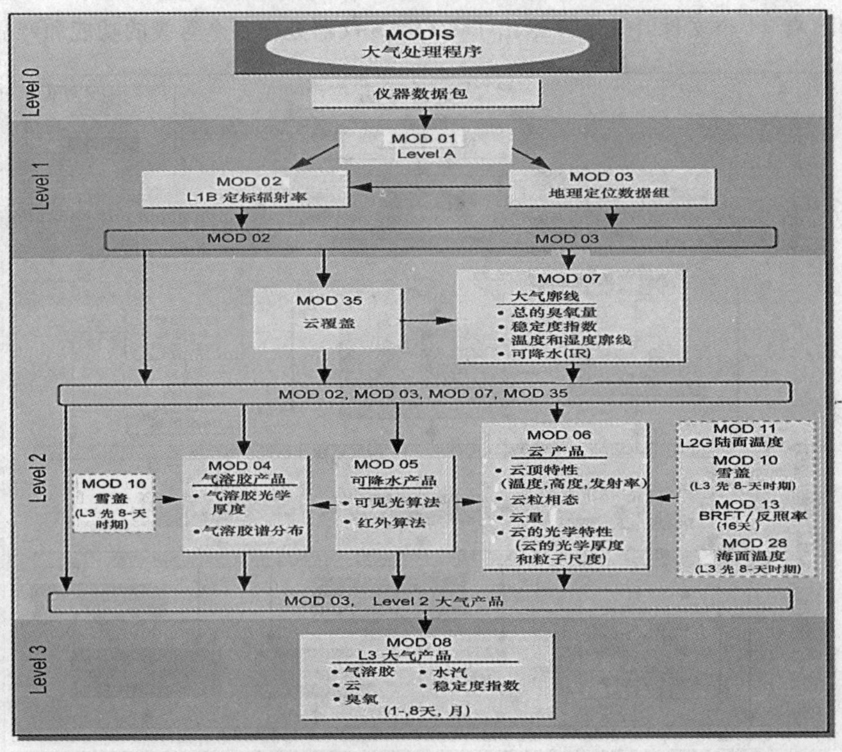

(c)MODIS数据处理大气框架图和产品

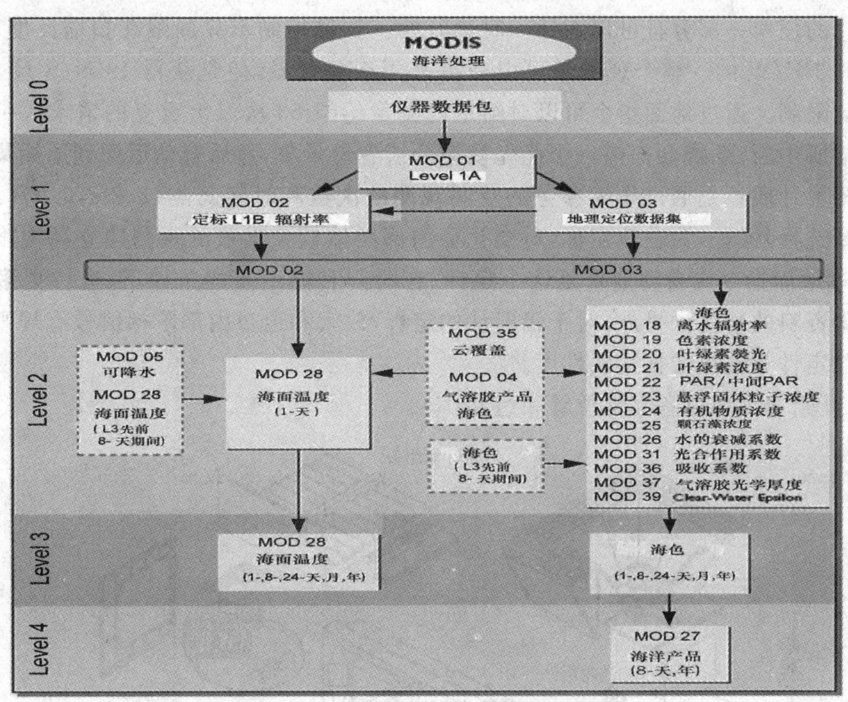

(d)MODIS数据处理海洋框架图和产品

图 2.25　MODIS 处理系统结构

第五节　静止卫星观测仪器介绍

在静止气象卫星上携带的主要仪器是图像仪和探测仪两种，由图像仪可以获取多通道光谱图像，探测仪获取大气垂直廓线参数。

一、图像仪

1. 基本结构

图像仪由电子电路、能源、感应器三个模块组成。其中感应器模块包括望远镜、扫描组件和探测器，安置在具有屏蔽板、辐射和加热控制窗的卫星基座外部上；电子模块提供电路、指令操作、控制和信号处理功能，它也为固定结构和热扩散的电路间相互连接服务；电源供给模块包括变压器、燃料和对于卫星电子电源子系统面板电源控制。电路和电源供给模块安置于卫星内部设备板上。

通过保持图像仪的光学仪器、探测器和电子子系统每部分的最大性能来维持感应信息信号流的特性和精确度。图像器光学系统收集地面大气辐射，通过光束分裂器获取所需的通道，然后将各通道的信号进入各自的探测器组，即是每个通道的成像探测器上，每个探测器将景象辐射转换为电信号、然后放大、滤波和数字化，合成的数字信号到感应数据发送器，然后到达多路调制器向下到地面站。

用户可以请求获取一张或一系列图像，以选定的经纬度（行和列）开始并以另一个经纬度结束（行和列）。图像仪对和输入命令相对应的扫描位置作出响应。图像帧可以包括整个地球的圆盘或它的任何一部分且可以在任一时刻开始。扫描控制不只局限在扫描尺度和时间上；21°N/S 且 23°E/W 的一整个观测角可以获得来用于星背景，但是获得 19°N/S 且 20.8°E/W 的图像受到限制。通过地面指令可以对给定的图像给予 63 次以上重复的请求。一帧序列会被优先扫描所中断；系统会扫描一个优先帧集合或者星景象，然后自动返回到原始集中。

红外辐射计质量是通过作为参考的空间观测的次数和时间间隔（2.2 s，9.2 s 或 36.6 s，由地面指令选择）保证，为在轨定标，对全孔径内部黑体较少次数的观测建立高温度基线。每 10 min 通过地面指令或自动地重复这个定标，在时间和温度差的条件下，进行更多的定标以保持有输出资料的精度。另外，对于辐射计的定标，放大和通过内部阶梯信号有规则地检验数据流决定稳定性和输出数据的线性度。

图 2.26 给出图像仪各部件位置和组件。

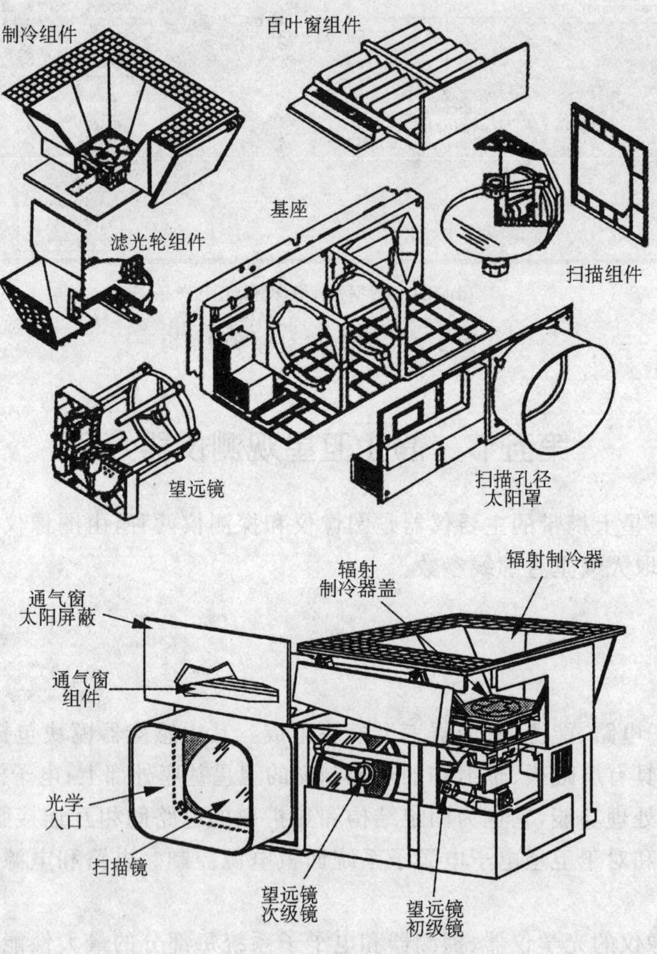

图 2.26　GOES-I 图像仪各部件和位置

2. 图像仪光谱通道

GOES I-M 图像仪是五通道（一个可见光、四个红外）成像辐射计，接收地球表面的辐射和反射太阳辐射，用一个伺服驱动、两轴换向镜扫描系统与卡塞格林望远镜系统相连接，图像仪多光谱可以东西方向 20°/s 速率，从北到南同时按东到西/西到东方向路径扫描幅宽 8 km。表 2.20给出 GOES I-M 图像仪的通道及相应的探测器，表 2.21 为 GOES I-M 图像仪的主要特性，表 2.22 给出 GOES I-M 图像仪各通道范围和用途。

表 2.20　图像仪通道路和探测器

通道	探测器类型	天底处标称方形 IGFOV
1. 可见光	Silicon	1 km
2. 短波红外	InSb	4 km
3. 水汽	HgCdTe	8 km
4. 长波红外 1	HgCdTe	4 km
5. 长波红外 2	HgCdTe	4 km

表 2.21　图像仪主要特性

参数	特征
FOV 确定的单元	探测器
通道到通道配准	在天底处 28 μrad(1.0 km)
辐射计定标	300 K 内部黑体和空间观测
Signal quantizing	10 bits，全部通道
Scan capability	圆盘、区域
输出数据速率	2,620,800 bit/s
成图区域	20.8°E/W，19°N/S

表 2.22　GOES I-M 图像仪通道

通道序号	波长范围(μm)	最大测量范围	气象目标温度范围
1	0.55～0.75	1.6%～100%	云盖反照率
2(GOES-I/J/K)	3.80～4.00	4～320 K	夜间云(空间 340 K)
2(GOES-L/Ivl)	3.80～4.00	4～335 K	夜间云(空间 340 K)
3(GOES-I/J/K/L)	6.50～7.00	4～320 K	水汽(空间 290 K)
3(GOES-M)	13.0～13.7	4～320 K	云盖和高度
4	10.20～11.20	4～320 K	海面温度和水汽(空间 335 K)
5(GOES-I/J/K/L)	11.50～12.50	4～320 K	海面温度和水汽(空间 335 K)
5(GOES-M)	5.8～7.3	4～320 K	水汽

3. 仪器的工作过程

图像仪通过一组输入的地面指令控制，由指令控制扫描的位置和面积，这样仪器具有对整个地球观测功能，分区图包含有地球圆盘边界和在地球景象内所包围的不同面积。但是最大扫描宽度由地面操作完成，是 19.2°，对于精确决定风和监视中尺度现象，面积扫描选择能快速连续局地观测。扫描面积大小和位置能确定在小于 1 个可见光像点内，得到完全的可调性。

图像仪也提供地球背景的可调节功能(模糊度为 B0 阶第四量级)，一旦预测到地球的时间和位置，图像仪就指向 21°N/S×23°E/W 视场(FOV)并扫描停止。当地球图像通过 1 km×28 km 可见光阵列，它的取样速率是 21817 个样本/s，提高地球背景的灵敏度通过增加电子增益和降低可见光预放大的噪声实现，对于图像导航和配准需足够的星次数景象。

通过数字扫描控制器，图像仪可提供对全球扫描到中尺度面积区域扫描的业务图像，位置的精度通过绝对位置控制系统提供(位置误差是不累积的)。在仪器内，每个位置可精确确定和可选取任一位置和高的精度。在整个图像和整个时间，保持有每一扫描线的配准精度。总的系统精度与卫星的运动的姿态确定有关，也包括位置误差。图像和探测器的运动引起小的完全确定的卫星姿态的干扰，它通过卫星控制逐步减小但是总的补偿速率太慢。由于所有扫描器和卫星的物理因子是已知的，扫描位置通过图像仪和探测器连续提供，

卫星的每次扫描运动引起的扰动，可以容易的通过姿态和轨道控制的子系统（AOCS）计算得到。据此可以制造一个补偿信号，应用于扫描伺服控制环来偏差扫描，抵消干扰。这种简单的信号和控制界面提供校正，使各种组合效应最小。使用这种技术，忽略其他单元的业务化地位，成像仪和探测仪是相互完全独立，确保图像的定位精确度。如有需要，扫描镜移动的补偿方法可通过指令取消。

在卫星仪器的组合中，姿态和轨道控制的子系统（AOCS）还提供补偿信号，平衡卫星姿态与轨道之间的效应，可以预测结构热效应。将这些效应与 24 h 的周期参数拟合，由此预测这期间的干扰。通过 AOCS，将成熟的地面校正算法应用到仪器中，作为一个总的图像运动补偿（IMC）信号，包括上面描述的扫描镜移动补偿。

4. 探测器模块

探测器模块由百叶窗制冷组件、望远镜，aft 光学，前置放大、扫描孔径太阳屏蔽、扫描组件底板、扫描电路和散热器组件。底板是光学支架，扫描组件和望远镜组件安置在底板上，底板上的被动散热组件和电加热器支持望远镜和主要部件的热稳定性。一个被动辐射冷却器用一个恒温器控制加热，在冬半年的 6 个月内，使 IR 探测器的温度维持在 94 K，而对有效工作期间的一年中的其余时间温度为 101 K。还提供 104 K 的备份温度。可见光探测器仪器的工作温度在 13～30℃。通过电缆将前置放大的信号输送到电子模块。

图 2.27 给出图像仪的光学系统。为收集发射和反射辐射能，扫描器移动平镜产生双向反射光栅扫描，来自背景的热辐射和反射太阳光通过太阳屏蔽进入扫描孔径，然后精密的平镜将它们折射至称之为卡塞格仑反射望远镜，直径 31.1 cm 的初级镜，将能量集中到直径 5.3 cm 的次级镜，镜子的表面形状形成一个长的聚焦射线束，通过光学中继，将辐射能送到探测器上。

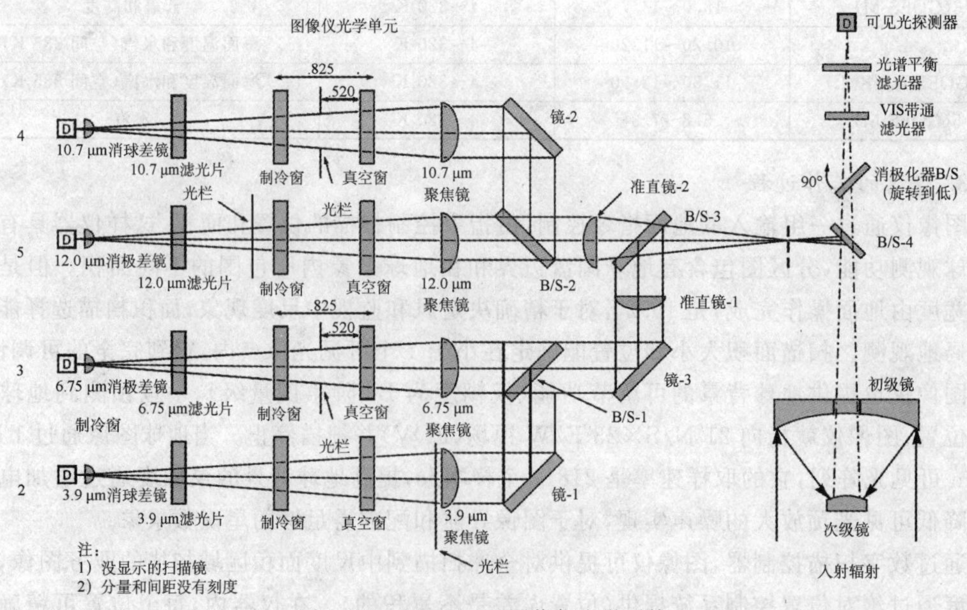

图 2.27　GOES I-M 图像仪光学系统

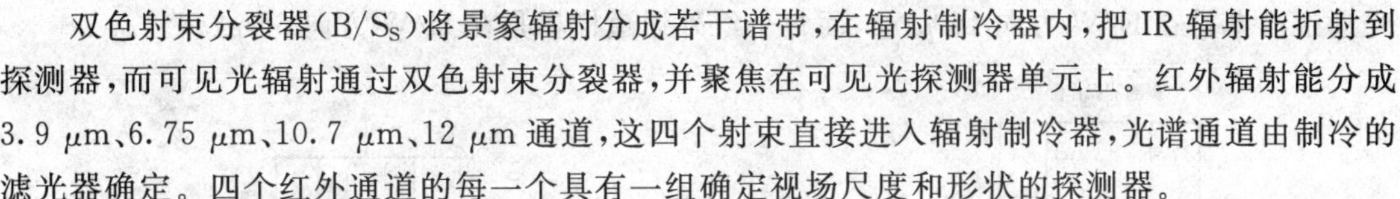

双色射束分裂器(B/S_s)将景象辐射分成若干谱带,在辐射制冷器内,把 IR 辐射能折射到探测器,而可见光辐射通过双色射束分裂器,并聚焦在可见光探测器单元上。红外辐射能分成 3.9 μm、6.75 μm、10.7 μm、12 μm 通道,这四个射束直接进入辐射制冷器,光谱通道由制冷的滤光器确定。四个红外通道的每一个具有一组确定视场尺度和形状的探测器。

通过限制探测器总的模块温度范围,维持光学功能。同时辐射性能也可以通过限制冷空间观测间的温度变化(温度变化率)得到保持。热控制也有助于通道定标和聚焦的稳定度。热控制设计包括:

• 图像仪尽可能与卫星星体保持绝热(热隔离)。

• 在太阳同步轨道白天部分加热期间(直接太阳加热进入扫描仪孔径),用一个向北的辐射制冷器控制温度,通过百叶窗系统控制净能量进入。

• 在仪器中装配一个加热器,由此来补偿因红外能量在夜间冷却时,通过扫描口径到达空间的热损失。

• 在扫描口径(在视场仪器外)安装一个太阳光屏蔽罩,阻挡入射太阳辐射进入仪器,可以因此限制口径接收直接太阳能量的时间。

图 2.27 所示为 GOES I-M 图像仪光学系统。

5. 图像仪的探测器

图像仪同时获取 5 个不同波长或者通道的辐射数据,其中辐射通道的每一个由波长所代表的主要光谱敏感度而得以区分。将这 5 个通道分为两类:可见光(1 通道)和红外(2~5 通道)。对于这 5 个通道,图像仪总计包含有 22 个探测器。

(1)可见光通道:可见光硅探测器阵列(1 通道)包括 8 个探测器(V1~V8)。每个探测器产生一个 28 μrad 的瞬时几何视场(IGFOV)。在卫星轨道的星下点处,28 μrad 对应于在地表上一个 1 km 的正方形像元。

(2)红外通道:对于通道 2(3.9 μm),红外通道使用 4 单元锑化铟(lnSb)探测器,对于通道 3(6.75 μm),使用 2 单元的 HgCdTe(碲镉汞)探测器;对于通道 4(10.7 μm)和 2(12 μm),采用四单元 HgCdTe(碲镉汞)探测器;由两扫描线成对组成的四个单元组提供沿扫描线的重叠。在通道 2,4 和 5 的每个探测器是具有 112 μrad 正方形的 IGFOV,相应于在星下点每边长为 4 km 的正方形像元。通道 3 包含两个正方形探测器,每个探测器为 224 μrad 的 IGFOV,星下点像素每边长为 8 km。

6. 探测器的配置

5 个探测器阵列可选取"侧偏 1"或者"侧偏 2"的模式进行配置,通过选择"侧偏 1"或者"侧偏 2"的电子设备都会造成另一侧成为备用集。对于整个可见光通道阵列(V1~V8),两种模式都得到保证。在侧偏 1 模式中,红外通道只能使其上部的探测器(1—1~1—7)得到保证,而侧偏 2 模式中只能确保其下部的探测器(2—1~2—7)。像元的 GVAR 编号如图 2.28 所示。

虽然仪器物理分立,探测器阵列进行了光学上的配准。这个光学配准中的小偏差取决于在仪器构造和组装过程中的物理不同轴性以及探测器元件的尺寸。这些偏差由固定偏差造成,它可以通过仪器取样的电子方法和地面上地表通过设备的操作过程(在星感应时没有订正)两个方面订正。

由于扫描速率(20°/s)和探测器取样速率(红外通道 5460 个样本/s 和可见光通道 21840 样本/s)的组合超出 E/W 方向 IGFOV 的像元,因此,图像仪超过对观测背景取样。每个可见光通道样本是在 E/W 方向 16 μrad，而每个红外通道样本是在 E/W 方向 64 μrad。

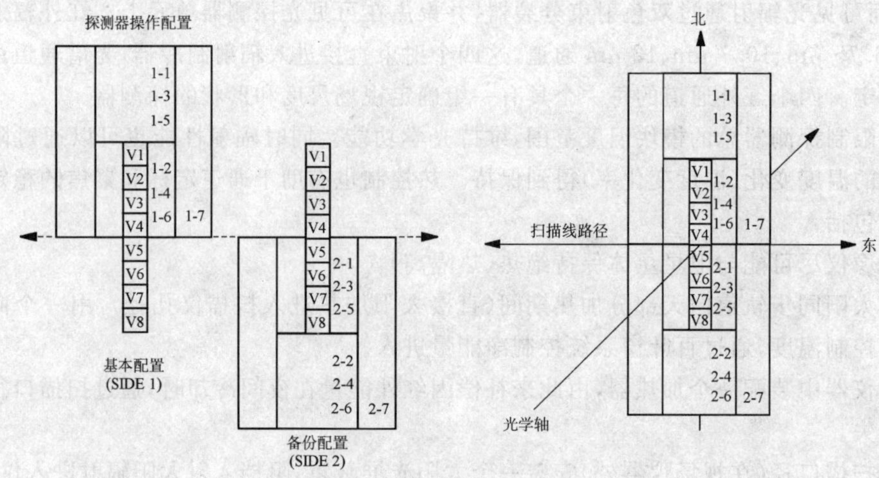

图 2.28　探测器组合配置图

7. 扫描控制

扫描镜的位置是由两个伺服马达控制，一个控制 N/S 扫描方向，另一个控制 E/W 扫描方向。每个伺服马达与一个感应式探测器相联系，测量机械轴旋转角度。因此，扫描镜位置和对图像仪使用的坐标系统是以感应式传感器的输出方式得到测量。对两轴的扫描控制是通过确立所要求的扫描镜角位置实现。将所需的角度输入到一个角位置探测器中(一个感应式传感器对应于一个轴)，然后产生一个位移误差信号。这个信号送到一个直接驱动转矩马达中(每个对应一个轴)，推动扫描镜和探测器到达一个空位置。

对于 E/W 偏向，直接驱动转矩马达安装在扫描镜的一侧，而位置感应装置(感应式定位编码器)安装在相反的一侧。所有的旋转部件全部在共同的一组单个承重旋转轴上。使用固有的高分辨率和可靠性的部件与驱动、移动相耦合，因此，感应部分很可靠和精确。通过旋转望远镜上光学轴上的平衡环(依赖以上部件)，实现 N/S 方向的移动。这个旋转轴上装有其他转矩马达上的旋转部件和感应式传感器，再一次提供必要的可靠控制。

由于噪声、阻力、轴承的缺点、未配准以及感应式探测器的缺点，伺服系统不是完全精确的。主要的伺服指向和配准误差是固定的，它是由感应式位置探测器和其电子驱动单元引起的型式误差。在这些回路中，单个感应式探测器轴型式的变化、正弦和余弦驱动间的不平衡、相互干扰和馈通，数模转换(D/A)误差对固定型式误差的贡献。在环境条件下测量这些误差，将订正值储存在可编程的只读存储器中。订正值应用于扫描仪中作为扫描地址的函数。固定型式误差的测量值在±15 μrad(机械上的)间变化，其频率大于感应式探测器周期的四倍；订正后，误差减小到±4 μrad 之内。通过设计可以使温度、寿命、辐射环境方面固定格式误差的范围最小化，残余误差也包括在指示预算中。

对于两驱动轴，使用驱动和误差探测组件基本上是可以识别的。E/W 方向驱动系统有一个相干误差积分器(CEI)，迴路可以对摩擦的微小变化或其他作用做自动订正。控制组件由于其频率和控制特征而被最优化，对应于系统层次控制处理器，发展逻辑性用于对状态的精确控制。图 2.29 给出了 GOES I-M 图像仪的控制模块。

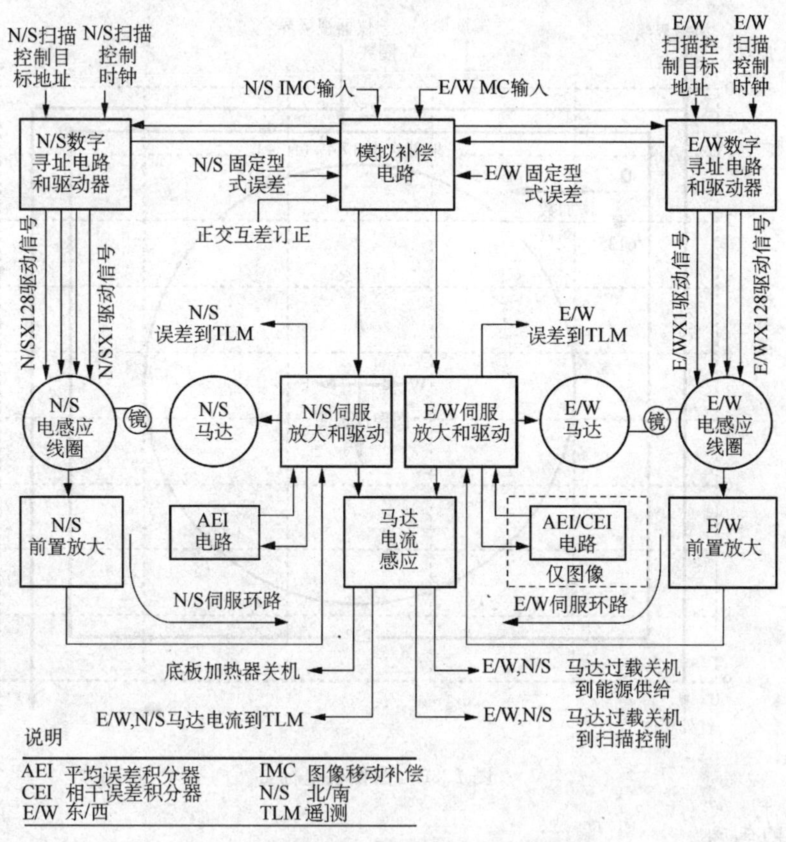

图 2.29 GOES I-M 图像仪扫描控制模块

8. 扫描工作过程

通过输入命令开始扫描控制，设置一个图像帧开始和结束的位置。在一个扫描过程中，通过感应式探测器过程和过程中的递增数确定位置，递增数确定其位置的正弦和余弦值。每个E/W 递增相应于 E/W 方向机械转动 8 μrad 或者 E/W 方向光学转动 16 μrad。每个N/S递增对应于 N/S 方向机械和光学转动 8 μrad。识别了目前和开始位置间的距离，给出递增的步阶(8 μrad)，以高速率(10°/s)到达地址。完成 E/W 方向回转后，开始N/S方向的回转。由开始位置扫描，使用相同的脉冲速率和递增产生线扫描。扫描镜的惯性平滑，小的递增步阶远小于误差预算。当扫描线结束位置(识别指令位置)，控制系统进入预先调整的减速或者加速。在这 0.2 s 间隔期间，扫描镜速度是通过速度控制的 32 递增步余弦函数，以 32 步改变。这缓慢和反转扫描镜，因此扫描镜以相反方向精确的定位和以精确的速率开始线性扫描。在这间隔中，N/S 扫描控制万向组件向南方向移动了 224 μrad(8 μrad 的 28 递增步)，线性扫描和N/S方向连续步进直至移动到达最南边界。

扫描到空间时，对空间、或对地探测、或红外黑体的扫描，对扫描和复原使用相同的位置控制和回转函数。指令输入(用于星感应或优先帧)或内部子程序(对空间端和红外定标)的进行是取决于命令的类型、周期因子和位置。图 2.30 所示为图像仪坐标。

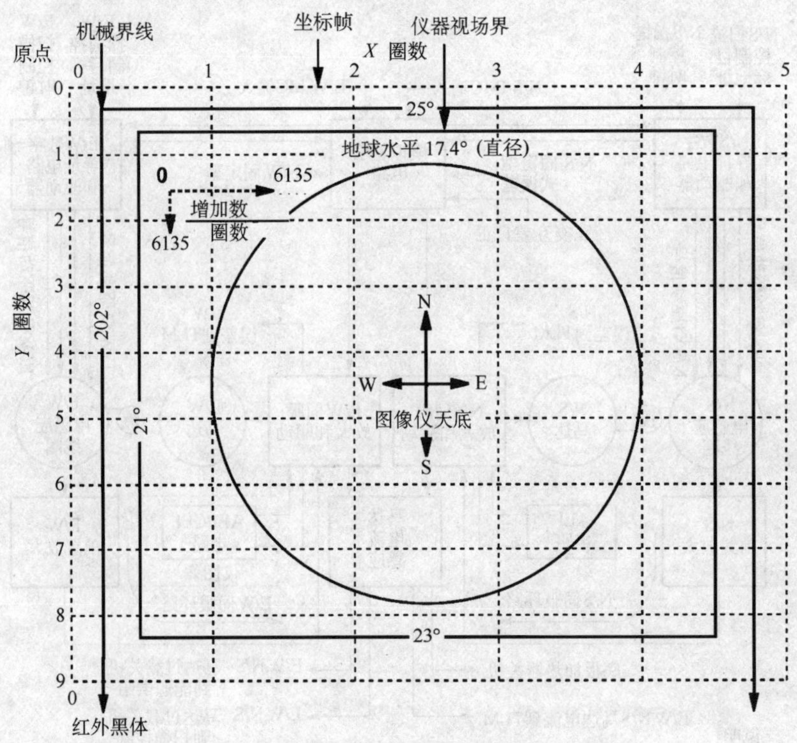

图 2.30　图像仪坐标

9. 图像的生成

在成像的工作过程中，通过扫描镜在东西方向(20°/s)旋转产生一条扫描线，每个活动成像探测器同时进行取样(红外：5460/s，可见光：21840/s)。在扫描线的末端，从北南方向通过步进旋转，改变扫描镜的观测仰角。然后下一条扫描线通过扫描镜在东西方向上旋转获取，探测器进行再一次同时取样。探测器取样发生在重复数据块格式的情况下。总而言之，所有可见光通道探测器对每个数据块进行四次取样，同时每个活动红外探测器对每个数据块进行取样。

在扫描过程和步进之间和仪器的 FOV 作图，参考的是一个初始零扫描过程零步进的坐标帧(帧的西北侧)，对于静止卫星轨道，将地球作为帧的中心，在仪器的天底，相对应于卫星的星下点作为帧的中心。在扫描线/像素空间中的 GVAR 坐标系统，它的原点定在图的 NW 角。

在取样数据中，三个组件造成的总的偏移(失配)可通过电子方法和地面设备的操作得到订正：

- 在信号处理滤光片延迟中，由于通道之间改变引起一个固定的 E/W 方向偏移；
- 在仪器组件中，光学轴偏移(失配)导致了一个固定的 E/W 和 N/S 方向的偏移；
- 通过图像旋转，引起一个可变的 E/W 和 N/S 方向的改变。

10. 电子设备

图像仪的电路部分由前置放大、探测器组件中的热控制，在电子模块中的指令和控制、遥测、探测器数据处理，电源的电路构成。在电子模块中还包括有扫描控制电子电路，伺服前放安置在探测器模块的扫描仪内。

11. 信号数据处理

在探测器模块中，对可见光和红外通道的低电平信号进行前置放大。然后将这些模拟信号送到电子模块中，进行放大、滤波和将信号转换为数字码。为实现高质量的可见光成像的可见光和辅助星探测功能，对于辐射测量的红外光，在可见光和红外谱带内的所有通道信号按1024 bit(10^{10} bit)数字化。对来自全部通道的数据以连续数据流方式进入整个系统，因此，每个通道的输出必须进入一个短时段的记忆存储，用于数据流的合理堆放。每个通道由一个探测器，前置放大器，模数转换器(A/D)和信号缓冲区组成。所有信号链都是独立、分离的。线性驱动设计利用每个电路终端提供信号处理的备用电路，和卫星发射机相接(录像和格式程序只对红外通道是备用的)。

12. 电子定标

当图像仪观测空间时，将电子定标信号输入3、4、5通道的前置放大器。在1、2通道的前置放大器之后，输入电子定标信号。16个精确信号电平是由一个步进数模(D/A)转换器导得，在0.2 s对空间观测时插入的。定标信号由一个0.5 bit精度的10 bit转换器获取，对于准确定标给出精度和线性度。

(1)可见光通道：可见光通道的每一个探测器单元具有一个分立的放大器/处理器。这些电流探测器的前置放大器将高阻抗硅探测器中的光电流转换为输出电压，具有大约108 V/A的增益。这些前置放大器之后，是包括电子滤波器和空间钳位电路。数据信号的数字化也是空间钳位电路的一部分。可见光信息转换成10 bit数字形式，给出接近0.1%到超过100%的反照率范围。大约0.1%的差别是可辨别的，且在转换过程中线性数字化提供了系统0.5 bit的线性误差。利用与星探测通道同样的可见光通道探测器，但是提升大约4倍的增益和减小了带宽。

(2)红外通道：对每个探测器元件，红外通道具有一个分立的放大器/处理器。对于高阻抗的InSb探测器，3.9 μm通道有一个的混合电流探测器前置放大器。对3、4、5通道的单个前置放大安置在探测器模块的冷却片上。红外信息变换成10 bit数字形式，给出接近0.1%到超过100%的响应范围。对于空间背景温度320 K，每个通道有一个稳定的增益。这10 bit数字化形式，可使最低噪声电平得以区分。数字化系统是具有固有线性的A/D转换器，信号变换为线性和精度为0.5 bit。对于数据的格式化，可通过系统定时和控制电路，二进制码视频是脉冲进入到公共数据总线。

(3)格式化：图像仪信息的数据格式由在一个给定取样时间间隔内形成的数据块组成。图像仪使用1 km的可见光探测器组合(8个)和4 km和8 km红外探测器对8 km幅宽进行扫描，重叠取样导致以每64 μrad收集红外数据(在天底2.28 km)，其利用数据块格式，即数据流中每个字节的地址，是完全可以被识别的，同时所有的信息可以在地面分离和修改格式。可见光探测器在64 μrad期间进行4次取样，得到每个样本16 μrad的取样率。在每个数据块中，4组可见光数据与每一个红外探测器中的一组组合。

表2.23给出图像仪功能参数，图2.31为图像仪功能块工作流程图。

表 2.23 图像仪功能参数

参数	功能特性		
系统绝对精度	红外通道	＜1 K	
	可见光通道	最大背景辐射的+5%	
系统相对精度	扫描线之间	＜0.1 K	
	探测器之间	⩽02 K	
	通道之间	⩽0.2 K	
	黑体定标之间	⩽0.35 K	
地球景象面积		21°N/S×23°E/W	
成像速率	全球	＜26 min	
时间延迟		⩽3 min	
固定地球投影和网格持续时间		24 h	
数据时效			
卫星处理时间		＜30 s	
数据的时间一致性		⩽5 s	
成像周期		中午时间	午夜±4 h
天底图像导航精度		4 km	6 km
一图像内的配准	25 min	50 μrad	50 μrad
重复图像间的配准	15 min	53 μrad	70 μrad
	90 min	84 μrad	105 μrad
	24 h	168 μrad	168 μrad
对于特殊轨道	48 h	21 μrad	210 μrad
通道路间的配准		28 μrad	28 μrad
			(只是 IR)

格式由数据块集组成，一个数据块有 480 bits，每个数据块可以分成 48 个 10 bit 的字。在主动扫描期间，当图像仪扫描镜处在扫描线的开始时，格式序列用一个来自扫描控制系统的扫描线起始指令开始，数据格式器和扫描控制同步。头文件格式按照包括数据块的同步化和标识码，卫星和仪器识别，状态标志、姿态和轨道控制电子数据，当前的扫描镜位置坐标，填入整个数据块。头文件块之后，接着是主动扫描数据块集；这些包含同步和数据块标识码，移动补偿数据，伺服误差和辐射数据。当扫描镜到达扫描线的末端时，用三个主动扫描数据块开始相反序列扫描，允许在扫描线末端对辐射数据的完全收集。一个跟踪格式，和头文件格式相似，跟随着识别 39 个遥测格式数据块。

数据信号处理通过多路和程序开始处理来自红外、可见光探测器和遥测组合的数据；与探测器数据一起的一平行到串行变换和数据多路处理。其他信息，比如同步脉冲、扫描位置和遥测数据编入数据选择电路中。然后将这些数据，设置脉冲振幅和阻抗电平，通过馈线送到发射机天线。这些数据以 2.6208 Mbit/s 或 5460 组/s 的速率发送。

13. 电源供给

电源供给将卫星总线电压(29.5～42.5 V)变换成需要的仪器电压。对单元有 1、2 两端，虽然每次只有一端执行操作，但每一端都独立和由指令进行选择。一个保护电阻的过滤片允许任一端所有非备用电路(指令输入电路、感应式前置放大器、附加温度控制器、探测器前置放大器等)的操作。备用电路通过保险丝与另一端相连供电，从而阻止故障事件发生时的系统损失。

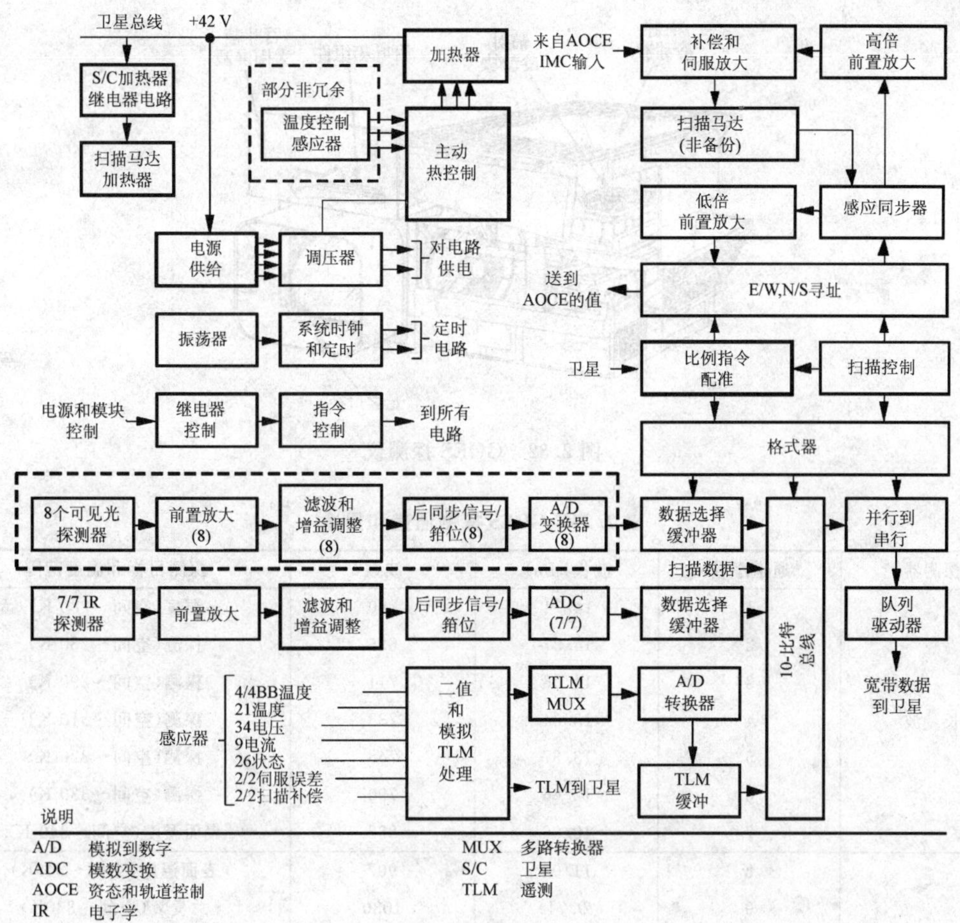

图 2.31　图像仪功能块流程图

两端的电源变压器和利用开关调节器将总线电压转化成一个稳定的 26.5 V 的直流。在正常工作状态下，调节器输出主备用直流转换器上的电压电源用于电子线路。

主转换器由电源放大器、变压器、整流器以及滤波器组成。它提供了未标准的电压来运转伺服电源放大器和伺服感应式探测器驱动。标准电压主要用于运转图像仪中的模拟电路，同时给逻辑电路提供能量。备用直流转换器由同步振荡器、整流器、滤波器、稳压器组成，且用于运转备用遥测和附加温度控制电路。它同时提供增压用于提高开关稳压器的功能，40 kHz 信号同步输入到主转换器中。

二、GOES 大气探测仪

GOES 探测仪是一个 19 通道的离散滤光片辐射计(图 2.32)，探测大气温度垂直廓线、湿度、地面和云顶温度、臭氧分布等参数，具有提供全球和区域图像(包括圆盘)的功能。19 个谱段中有 7 个长波(LW)、5 个中波(MW)、6 个短波(SW)和 1 个可见光，获取基本探测产品。

表 2.24 所示为 GOES 探测仪的探测通道和用途；表 2.25 所示为 GOES 探测仪的主要参数；表 2.26 为 GOES 探测器的功能摘要。

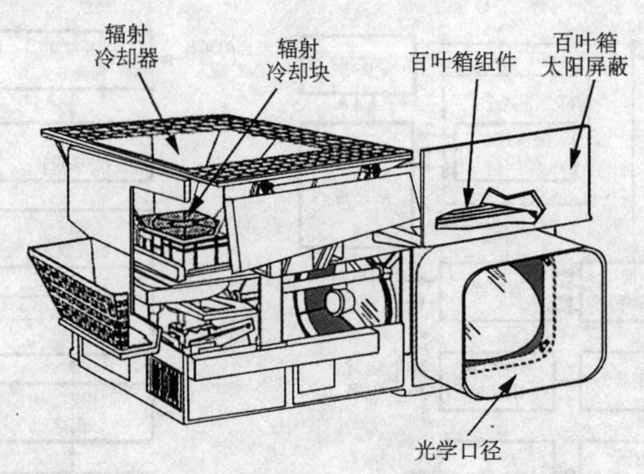

图 2.32　GOES-探测仪

表 2.24　GOES 探测通道和用途

探测器	通道序号	波长(μm)	波数	探测目标和温度范围
长　波	1	14.71	680	温度(空间～280 K)
	2	14.37	696	探测(空间～280 K)
	3	14.06	711	探测(空间～290 K)
	4	13.64	733	探测(空间～310 K)
	5	13.37	748	探测(空间～320 K)
	6	12.66	790	探测(空间～330 K)
	7	12.06	832	表面温度(空间～340 K)
中　波	8	11.03	907	表面温度(空间～345K)
	9	9.71	1030	总臭氧(空间～330K)
	10	7.43	1345	水汽(空间～310K)
	11	7.02	1425	探测(空间～295K)
	12	6.51	1535	探测(空间～290K)
短　波	13	4.57	2188	温度(空间～295K)
	14	4.52	2210	探测(空间～295K)
	15	4.45	2248	探测(空间～295K)
	16	4.13	2420	探测(空间～295K)
	17	3.98	2513	温度(空间～295K)
	18	3.74	2671	表面温度(空间～345K)
				温度(空间～345K)
可见光	19	0.70	14367	云

表 2.25　GOES 探测仪主要参数

参数	功能
视场定义元素	场栏
望远镜口径	直径 31.1 cm(内口径 12.2 cm)
通道定义	干涉的滤光片
辐射定标	空间和 300 K 红外黑体
视场取样	以 280 μrad 为中心的四个 N/S 区域

续表

参数	功能
扫描步移角	E/W 方向 280 μrad(天底 10 km)
步移缓存时间	0.1 s,0.2 s,0.4 s 可调整
扫描能力	全球全空间
探测区域	0°N/S～60°E/W,10 km×40 km
信号量化	13 bits,所有通道
输出数据速率	40 kbit/s
通道间配准	22 μrad

表 2.26　探测器功能摘要

参数		功能	
系统总精确度		红外通道≤1K　可见光通道　最大场辐射±5%	
系统相对精确度		线与线间	≤0.25 K
		探测器与探测器间	≤0.40 K
		通道与通道间	≤0.29 K
		黑体定标与定标间	≤0.60 K
星感应区域		21°N/S～23°E/W	
探测速率		3000 km×3000 km≤42 min	
时间延迟		≤3 min	
可见光通道数据的定量化		≤0.1%的反照率	
红外通道数据的定量化		1/3 特定噪声的同等辐照差(NEΔN)	
宇宙飞船数据处理的及时要求		≤30 s	
探测时段		中午±8 h	午夜±4 h
在天底图像扫描的精确度		10 km	10 km
120 min 访问寄存	120 min	84 μrad	112 μrad
重访寄存	24 h	280 μrad	280 μrad
通道和通道间的寄存		28 μrad	28 μrad

1. 仪器的组成

探测仪由探测器、电子电路、能源三个模块组成(图 2.33),探测器模块包括望远镜、扫描组件和探测器,安置在具有屏蔽、辐射和加热控制窗的卫星基座外部,电子模块提供充足电路,实行指令、控制和信号处理功能,也为固定结构和为合适的热扩散的相互间连接电子板;能源模块包括 dc/dc 变换,燃料和能源控制,为变换和卫星能源输送分配的探测器电路。电子和能源支持模块安装于卫星的设备翼上(内部北翼)。

多重探测器阵列以 0.1 s 间隔(也以同一 FOV 按得到 0.2 s 和 0.4 s 的指令)同时在大气的 4 个位置取样。在每一取样周期每个视场(FOV)给出 19 个通道的输出。一定的红外(IR)光谱由插有选择的滤光片变换为探测组件的光路旋转轮给出;滤光片按三个谱带排列在轮上。轮旋转与扫描镜的步进运动同步。

用户通过指令选取一组探测开始和结束位置的经纬度。探测器要根据这些输入指令对扫描位置响应。探测帧可以包括地球的全部或部分在任一时间开始。探测器扫描控制没有扫描尺度和时间的限制,因此,南北 21°,东西 23°的完整观测角是可以用于卫星定位的。由于观测孔径和带宽条件的限定，使南北 19°以及东西 19.2°的探测受到限制。通过地面控制，可以得到超过 16 次重复请求的特定地理位置。提供的性能可以干扰帧优先扫描的顺序。这个系统将扫描一个优先帧的集合或者对星感应，然后自动返回到最初的集合。

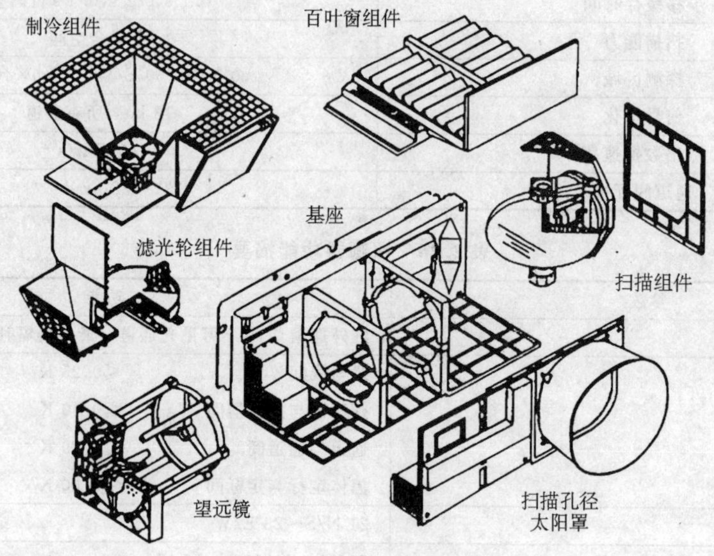

图 2.33 GOES 探测仪部件

辐射计性能可以保持每两分钟对空间的重复观测，并以此作为参考。对于小于重复观测时间(20 min)的整个孔径间隔的黑体，建立了一个高温度基线用于轨道的仪器定标。此外，在每个黑体参考循环中，放大器和数据流用电子阶梯信号来检查稳定度。探测器的其他方面和成像仪是一样的。

2. 仪器的工作过程

探测器由一组确定的输入指令控制，仪器具有全部和局部探测的功能，包括全部包围地球景象的不同探测面积，扫描尺度面积可以如探测一个位置的那样小，在每一步探测 0.1 s 位置可选择为 0.2 s 或 0.4 s，在每 0.2 s 探测时间内，提供为增加面积探测率跳过扫描线的可选择功能。

探测器的灵活操作包括对一个星的感应功能。当预测到一个星的时间和位置，探测器就会在南北 21°以及东西 23°视场内指向那个地点并且扫描停止。240 μrad 南北覆盖、分裂为八个一组的线性阵列的探测器，类似于成像仪，已经被使用。当星的图像传到探测器，对被取样的信号进行编码，然后放在每个探测器的数据块中用于抽取并用于地面站。星感应探测器以 40 次/s 的频率进行取样。

每 3 个波段(长波，12～14.7 μm；中波，6.5～11 μm；短波，3.7～4.6 μm)中 4 个元素数组的复制导致了红外波段光谱的分离；安排在旋转轮上的滤光片可以对取样时间和理想通道配准进行有效的利用。每个探测器将大气辐射转化成被放大、过滤过且数字化了的电信号；产生的数字信号被发送到传感器的数据发射机，然后向下链路传到输出的多路器到达地面站。

通过同步滤光轮的旋转并伴随扫描镜的步进运动，当扫描镜处于静止状态时，所有的取样完成。基于地面的指令，扫描系统利用西到东和东到西 280 μrad、北到南 1120 μrad 的逐步扫描形成任意尺寸和方位的帧，继续这种格式的扫描直到完成预期的帧。可见光通道

(0.7 μm),不是滤光轮的一部分,是一系列单独的未冷却、拥有同样视场尺寸和间隔的探测器的一部分。这些探测器同时在红外通道(3,11,18)取样,提供所有探测数据的记录。

由于数字化控制的扫描仪,这种探测器提供全球扫描到中尺度地区扫描的业务化探测。通过完全位置控制系统(位置误差是非累积的)可以准确定位。利用这种仪器,每个地点被准确定位,并且可以以高精度到达任意一个选择的地点。在一段时间里沿着扫描线扫描一幅图像,保持预约地点的精确性。和宇宙飞船的运动、姿态有关的总的系统精确度也包括这种分配误差。

成像探测扫描镜的移动导致了一个很小但是不可忽略的宇宙飞船姿态的扰动,这种扰动通过对宇宙飞船的控制逐渐减小,但是速率太慢而不能被完全补偿。因为了解到扫描仪和宇宙飞船的所有物理因素且成像探测器连续地提供扫描位置,由宇宙飞船的每个扫描运动导致的扰动可以容易的通过姿态和轨道控制的子系统(AOCS)计算得到。发展的补偿信号运用于扫描伺服控制环来偏置扫描且抵消干扰。这种简单的信号和控制界面提供了能最小化各种组合效能的校正。通过这种技术,忽略其他单元的业务化地位,成像探测仪是完全独立的且保持图像的定位精确度。如果有必要,扫描镜移动的补偿方案会通过命令而被破坏。

在卫星仪器的组合中,姿态和轨道控制的子系统(AOCS)还会提供补偿信号来校正卫星的姿态、轨道效应和可预测的结构热效应。这些扰动通过星感应和陆表特征而被识别。通过AOCS将成熟的地面校正算法运用到仪器的使用中来作为一个总的图像运动补偿信号,包括上面描述的扫描镜移动补偿。

探测器模块:探测器模块由百叶窗组件、基座、扫描组件、扫描孔径阳光屏蔽、前放、望远镜、aft光学、滤光轮和制冷组件组成。扫描组件和望远镜的光学平台安装在基座上。被动百叶窗组件和电子加热器支持望远镜和主要部件的热力稳定性。装有热静力学控制加热器的一个被动辐射制冷装置在冬至时期使红外探测器保持在94 K,在一年的其他时间保持101 K(104 K作为备用)。可见光的地球感应探测器的仪器温度达到13～30℃。前放在探测器模块中能够将低能级信号转化成高能级,通过电缆将低阻抗输出传输到电子模块中。

3. 探测仪光学系统

探测仪(图2.34和图2.35)望远镜与图像仪相类似,双色射线分裂器将背景辐射分为所需的谱带,使IR能量转向安置有辐射制冷的最冷(箱体)的探测器,而可见光能量通过双色射线分裂器,并聚焦在在可见光(探测和星)探测器单元。另一个双色射线分裂器将SW和MW谱带能量反射,使LW透过它。18个IR通道光分离是由滤光轮组件完成。

滤光轮组件:滤光轮是一个直径为28.2 cm,包含分为三个中心环的18个滤光窗的圆盘,对于每一个IR探测器组群为一个环。外部环包含7个LW通道,中间环包含6个SW通道,内环包含5个MW通道。每一个通道选取滤光角长度给出接近相等的完成余地。飞轮的面积大约1/4没有滤光片,对于这"无滤光区"通过扫描镜的步进同步。飞轮连续旋转到镜子步进下一位置和停顿,对18个通道实行取样。停顿0.075 s,保障镜子于所有通道对同一大气柱同一时间处理和取样。

第一个通道取样是具有小的空间和较少受扫描镜的位置影响的高高度感应器,为了最大稳定性和同时记录,地球表面观测通道是一组接近探测期间末端,在整个飞轮期间没有观测,可见光探测器窗口关闭,因此IR通道在同一时刻对同一大气柱取样。

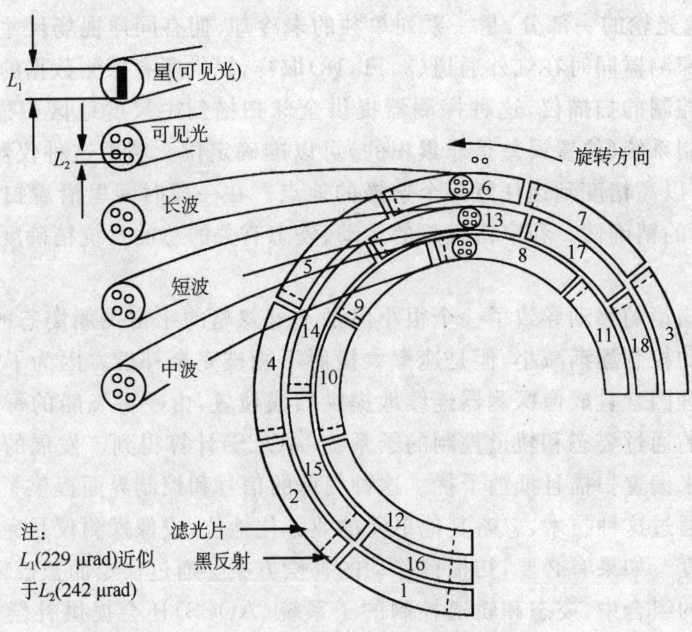

图 2.34 GOES-探测仪

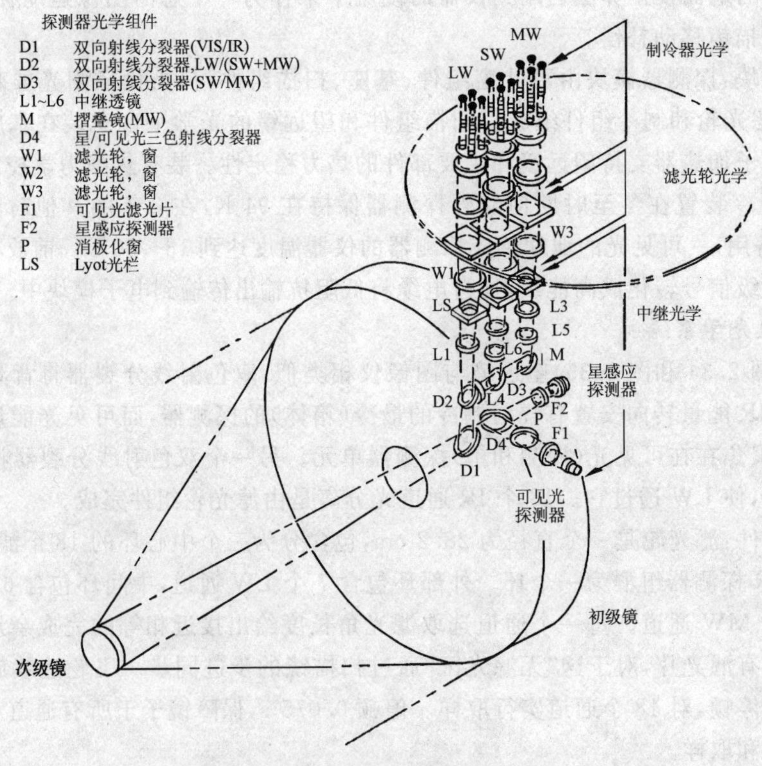

图 2.35 GOES-探测仪光学系统

滤光轮按光学确定光谱单元作用，它也对辐射计的稳定性和信号质量有重要影响，每个滤光器具有很窄的光谱带，限制来自背景辐射输入和滤光轮路径中光学部件的贡献，从滤光轮到探测器，没有光谱限制，与在制冷中宽带限制滤光器不同。在这面积中任何的小的辐射偏离会引起信号的噪声。为了减小发射能量的随机噪声，除此之外，提供进入探测器很低的背景辐射输出，滤光轮制冷到 235 K。通过辐射表面与滤光轮壳(罩)相接，它的温度约为 238 K。加热器和精确的温度控制电路维持滤光轮壳(罩)在 1 K 以内的温度设置。

4. 探测器

探测仪通过 4 个分立探测器组件和旋转滤光轮，获取 19 个波段(通道)的辐射计数据。这产生 1120 μrad N/S(北/南)扫描，以 280 μrad(10 km)纬度步移动。5 个探测器阵列给出星背景的探测功能。通过中心波长表征的辐射计的每个通道指示初步光谱灵敏度。19 个通道加宽分成两类：可见光(通道 19)和红外(1～18 通道)。

可见光通道：由 4 个探测器组成的可见光探测器阵列(通道 19)通过探测器设置具有直径 242 μrad 瞬时几何视场(IGFOV)，相应星下点地面一个 8.7 km 直径的标称像点尺度。星背景阵列，由分裂的 8 个为一组的探测器组成，安装在相同的底座上，与可见光探测器中心对准，它与图像仪可见光相同，但具有 0.97 km 的分辨率和 8.5 km 阵列覆盖。

红外通道：IR 通道(1～8)含有 3 个探测器组：LW、MW 和 SW，每一组包含有 4 个探测器，与可见光通道一样的方式通过光栏设置视场。

形态：每一个场栏或探测器型式是以同样的不对称方式排列，具有一个标称的焦平面，在仪器中，星感应排列和可见光辐射计排列具有一个显式光学路径。用在红外波段(LW、MW、SW)上的三个阵列，光学地固定在滤光轮组件的后面，每个阵列控制一个不同的红外光谱区。尽管和仪器分离，但四个辐射计阵列光学上配准，引起 19 个通道的像素自动的调整装置。

5. 扫描控制器

对于成像仪，探测器(图 2.36，图 2.37)是用线扫交替(也就是说，西到东，随后东到西扫描，反过来也一样)来扫描选定的图像区域，同样能够北到南，南到北扫描。但是，GOES 只能摄取北到南的扫描方式是一种业务化的限制。两个伺服马达控制探测器的扫描镜位置，一个用于 N/S 方位，另一个用于 E/W 扫描方位。扫描镜的位置和因此应用于仪器的坐标系统，可以按照感应式传感器的输出来测量。通过建立扫描镜的理想角位置，可以形成用于两轴的扫描控制。这种理想角被输入到一个角位置传感器中(一个轴对应一个感应式传感器)，产生了

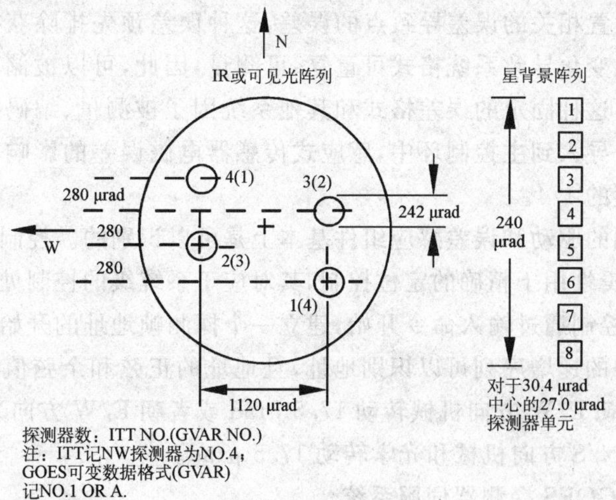

图 2.36　GOES-探测器

一个位移的误差信号。这个信号传到一个直接驱动转力矩马达中(每个对应一个轴),推动扫描镜和传感器到达一个空位置。

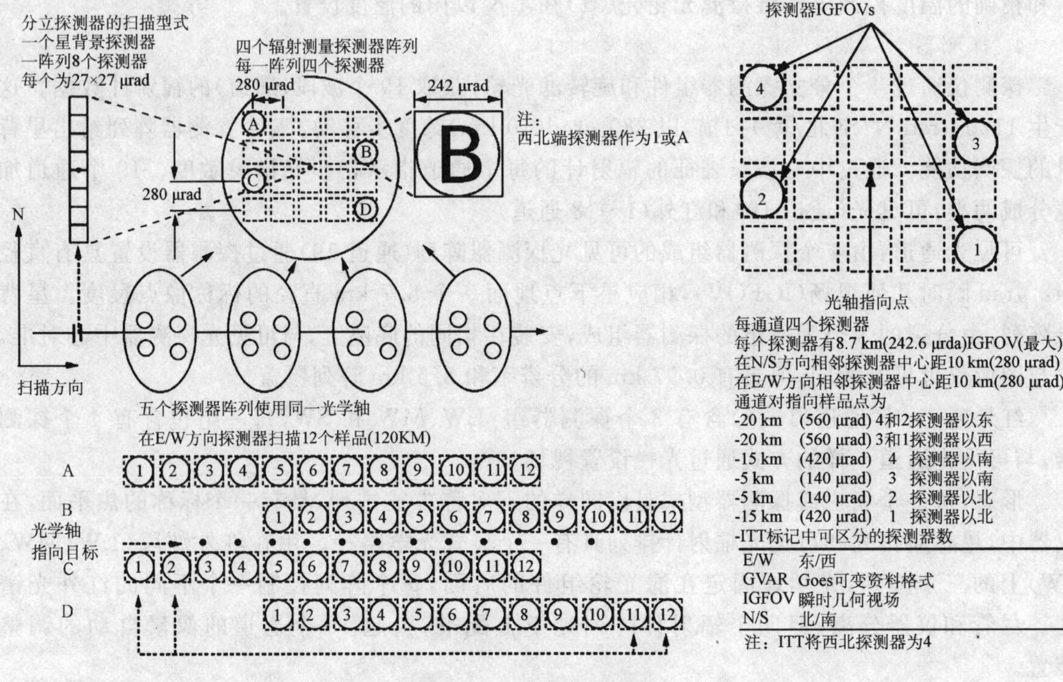

图 2.37 GOES 探测器

对于 E/W 偏向,直接驱动转力矩马达装载在扫描镜的一侧,定位感应装置(感应式定位编码器)装载在另一侧。在单个轴上所有的旋转部分都有一系列相同的支座。用内在高分辨率和可靠性的组件,与驱动耦合,因此对移动,感应非常敏感且精确。通过旋转望远镜上光学轴上的平衡环(依赖以上组件),实现 N/S 方向的移动。这个旋转轴上装有其他转力矩马达上的旋转部分和感应式传感器,再一次提供必要的紧密控制。

由于噪声、阻力、轴承的缺点、未配准以及感应式探测器的缺点,伺服系统不是完全精确的。这种固有的和位置相关的误差导致点的误差,这种误差预先排除获得最高可能的系统精确度。个别轴的轻微变化导致系统格式可重复、可测量,因此,可以被储存提取来中和感应式传感器的内在误差。这种固定的误差格式和其他系统因子被测量、编码且储存在只读存储器中。将这种误差信号导入到主控制环中,感应式传感器电磁误差的影响和其他系统影响将被减少到低于非校正值的 1/4。

用于两个驱动轴的驱动和误差感应组件基本上是可以识别的。控制组件的频率和控制特征优化了,成熟的逻辑性用于精确的定位控制,其对应于系统级的控制处理器。

扫描工作:扫描控制通过输入命令开始,建立一个探测帧地址的开始和结束。利用感应式传感器环路和环路中的递增序列可以识别地址,且地址的正弦和余弦值取决于递增序列。每个 E/W 递增对应于朝 E/W 方向机械转动 17.5 μrad 或者朝 E/W 方向光学转动 35 μrad。每个 N/S 递增对应于 N/S 方向机械和光学转动 17.5 μrad。

图 2.38 所示为 GOES 探测器伺服系统。

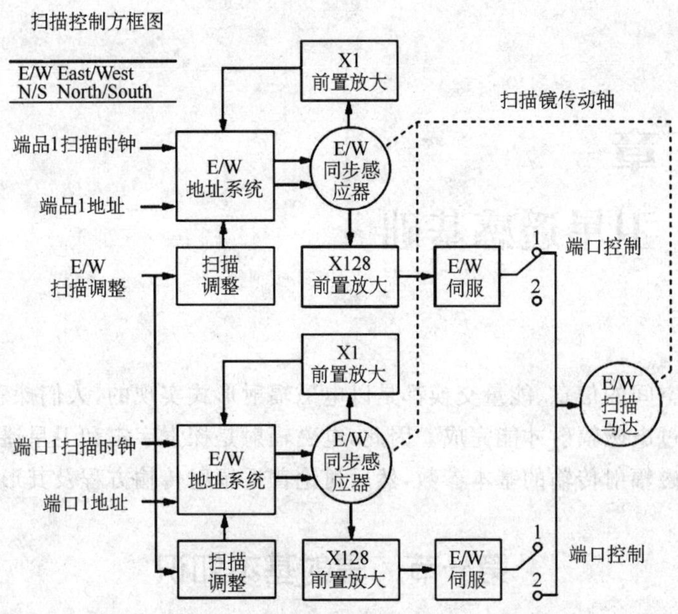

图 2.38　GOES 探测仪伺服系统

现在和初始地址间的距离被识别，导致递增步移(17.5 μrad)以高速率(10°/s)到达地点。为了使峰值功率需求最小化，先横向扫描，再纵向扫描到被请求的地点。

对空间扫描可定位、感应星，通过回转功能扫描红外黑体的辐射。命令输入(用于星感应或者优先扫描)或者内在子程序(空间定位和红外定标)发生在一帧适当的时间里。

6. 探测数据的形成

由反复的步进取样定位序列，即组成 100 ms(单缓存区)、200 ms(双缓存区)、400 ms(四倍缓存区)间隔，可以获得探测器 E/W 方向的扫描，这受到滤光轮旋转的控制。进行步移定位按序重复扫描直到到达最终的扫描线。从这点上来说，执行 100 ms 间隔扫描，扫描镜将会在 N/S 方向以 1120 μrad 步移(宇宙飞船亚轨道点 40 km 处)，比 E/W 扫描步移大四倍。

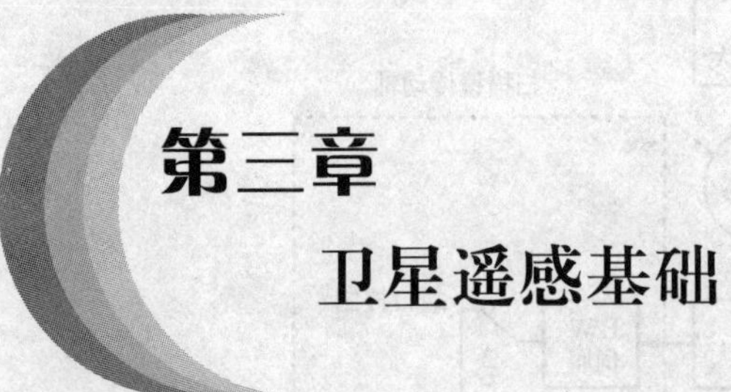

第三章 卫星遥感基础

地球与宇宙空间的信息、能量交换都是以电磁辐射形式实现的，人们探索宇宙和从宇宙观测地球也只有通过电磁辐射才能完成。因此，电磁辐射是探索宇宙和卫星遥感的基础，下面先分别引入描述电磁辐射传输的基本参数，然后讨论普适辐射传输方程及其形式解。

第一节　辐射基本知识

这一节主要介绍描述辐射场的基本量和辐射的基本定理，这对掌握辐射基本理论十分重要。

一、辐射基本量

1. 辐射通量密度或照度

定义为通过单位面积、单位时间、单位波长（频率或波数）的辐射能，写为

$$F_{\lambda}(\boldsymbol{r},\boldsymbol{n})=\frac{\mathrm{d}^{3}Q}{\mathrm{d}A\mathrm{d}t\mathrm{d}\lambda} \tag{3.1}$$

式中，F_{λ}（$\mathrm{J/(sec\cdot m^2\cdot \mu m)=(W/(m^2\cdot\mu m))}$）是单色辐射通量密度，$\boldsymbol{n}$ 是表面的法线方向，Q 是辐射能。

2. 辐射强度或辐射率

(1)立体角：辐射描述的是在空间中某一传播方向上的辐射能，而卫星遥感测量的是来自于某一方向的辐射能。因此，为表示空间中任一点处某一方向的辐射场强度，首先需要引入立体角的概念，由于辐射是有方向的，立体角也有方向性。下面就立体角作说明。

如图 3.1，定义立体角为球面上任一面积对球中心所张的角，数值上等于该面积被球半径的平方除，采用微分形式写为

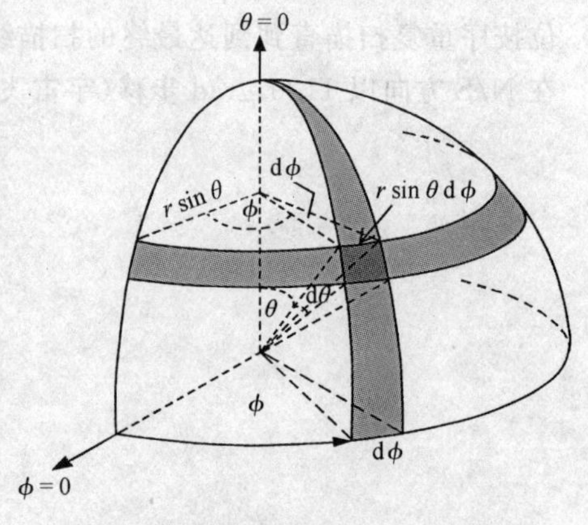

图 3.1　立体角

$$\mathrm{d}\Omega=\frac{\mathrm{d}A}{r^{2}} \tag{3.2}$$

式中，$\mathrm{d}A=r\mathrm{d}\theta r\sin\theta\mathrm{d}\phi$，是球表面的面元，$r$ 是面元到球中心的距离，θ、ϕ 分别是极角和方位角，则立体角元为

$$\mathrm{d}\Omega=\sin\theta\mathrm{d}\theta\mathrm{d}\phi=-\mathrm{d}\mu\mathrm{d}\phi \tag{3.3}$$

及 $\sin\theta=(1-\mu^2)^{1/2}$，$\mu=\cos\theta$。

①整个空间的立体角：对整个空间积分，就是 θ：$-\pi\to\pi$ 和 ϕ：$0\to2\pi$，即

$$\Omega=\int_0^{2\pi}\int_{-\pi}^{+\pi}\sin\theta\mathrm{d}\theta\mathrm{d}\varphi=4\pi$$

②对于球面上一弧形区所张的立体角，$\Omega=\int_{\theta_1}^{\theta_2}\sin\theta\mathrm{d}\theta\int_0^{2\pi}\mathrm{d}\varphi=2\pi(\cos\theta_1-\cos\theta_2)$；

③角度为 θ 时的球冠所张的立体角，$\Omega=\int_0^{2\pi}\mathrm{d}\varphi\int_0^{\theta}\sin\theta\mathrm{d}\theta=2\pi(1-\cos\theta)$；

④对于小角度 θ，有 $\cos\theta\to1-\theta^2/2$，则 $\Omega\approx\pi\theta^2$；

⑤太阳对于地球张的立体角为 $\Omega_\odot\approx\pi\theta_\odot^2$，日地距离为 $d_\odot=1.5\times10^8$ km，太阳半径为 $R_s=6.96\times10^5$ km，则

$$\Omega_\odot=\frac{\pi R_s^2}{d^2}=6.76\times10^{-5}(\mathrm{sr})$$

立体角是有方向的，如图3.2所示，在直角坐标中它可以表示为

$$\boldsymbol{\Omega}=\Omega_x\boldsymbol{i}+\Omega_y\boldsymbol{j}+\Omega_z\boldsymbol{k} \tag{3.4}$$

其中

$$\begin{aligned}\Omega_x&=\frac{\partial x}{\partial s}=\boldsymbol{\Omega}\cdot\boldsymbol{i}=\cos(\Omega,i)=\sin\theta\cos\varphi=(1-\mu^2)^{1/2}\cos\varphi\\ \Omega_y&=\frac{\partial y}{\partial s}=\boldsymbol{\Omega}\cdot\boldsymbol{j}=\cos(\Omega,j)=\sin\theta\sin\varphi\\ \Omega_z&=\frac{\partial z}{\partial s}=\boldsymbol{\Omega}\cdot\boldsymbol{k}=\cos(\Omega,k)=\cos\theta=\mu\end{aligned} \tag{3.5}$$

(2)辐射率的定义：辐射率定义为在垂直于辐射传播方向上单位面积、单位立体角、单位时间、单位波长(频率或波数)的辐射能 Q，写为

$$I_\lambda(\boldsymbol{n},\boldsymbol{\Omega})=\frac{\mathrm{d}^4Q(\Omega)}{\mathrm{d}A\cos\theta\mathrm{d}\Omega\mathrm{d}t\mathrm{d}\lambda} \tag{3.6}$$

式中，I_λ 是单色辐射强度，θ 是介质表面方向 $\boldsymbol{n}$ 与辐射传播方向 $\boldsymbol{\Omega}$ 之间的夹角，$\mathrm{d}A$ 是介质表面积，$\mathrm{d}A\cos\theta$ 是垂直于 $\boldsymbol{\Omega}$ 方向的面积，$\cos\theta=\boldsymbol{\Omega}\cdot\boldsymbol{n}$。注意：单色不是在单一波长，而是指以波长 λ 为中心的波长间隔 $\Delta\lambda$ 很窄的范围。辐射率所用的单位：

$(\mathrm{J}/(\mathrm{sec}\cdot\mathrm{sr}\cdot\mathrm{m}^2\cdot\mu\mathrm{m}))=(\mathrm{W}/(\mathrm{sr}\cdot\mathrm{m}^2\cdot\mu\mathrm{m}))$

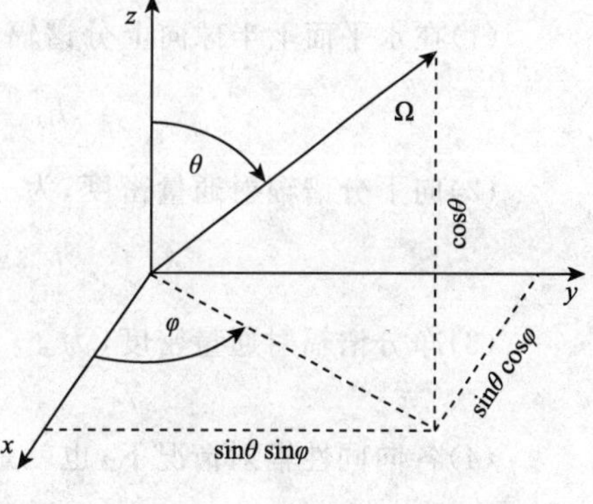

图3.2　Ω_x、Ω_y、Ω_z

辐射率特点：

①强度是坐标、方向、波长(频率)、时间的函数，因此，它取决于七个独立变量：三个空间、两个角度、一个波长和一个时间；

②在透明介质中，沿射线方向，强度不变；

③如果强度与方向无关，表示电磁辐射场是各向同性的；

④如果辐射与位置无关，则辐射场是均匀的。

对于将任一函数对立体角积分，如强度就是对半球方向积分：

$$h=\int_0^{2\pi}\mathrm{d}\varphi\int_{\pi/2}^{0}I(\theta,\varphi)\sin\theta\mathrm{d}\theta=\int_0^{2\pi}\mathrm{d}\varphi\int_0^1 I(\mu,\varphi)\mathrm{d}\mu \tag{3.7}$$

3. 辐射强度与辐射通量密度

实际中使用的辐射通量密度是半球辐射通量密度，定义半球辐射通量密度为

$$F=\int_0^{2\pi}\mathrm{d}\varphi\int_0^1 I(\mu,\varphi)\mu\mathrm{d}\mu \tag{3.8}$$

它与 h 的不同在于它表示的是通过水平面的辐射通量密度，h 则是 $\boldsymbol{\Omega}$ 方向上的通量密度。

投射到一表面的辐射通量密度，称为辐照度，写为

$$E_{\lambda,z}(\boldsymbol{r},\boldsymbol{\Omega})=I_\lambda(\boldsymbol{r},\boldsymbol{\Omega})\cos\theta\mathrm{d}\Omega\mathrm{d}\lambda=I_\lambda(\boldsymbol{r},\boldsymbol{\Omega})\Omega_z\mathrm{d}\Omega\mathrm{d}\lambda \tag{3.9}$$

上式对全波长和整个空间积分，有

$$E_{,x}(\boldsymbol{r})=\int_0^\infty\int_{4\pi}I_\lambda(\boldsymbol{r},\boldsymbol{\Omega})\Omega_x\mathrm{d}\Omega\mathrm{d}\lambda \tag{3.10}$$

总的辐照度为

$$E(\boldsymbol{r})=\int_0^\infty\int_{4\pi}\boldsymbol{\Omega}I_\lambda(\boldsymbol{r},\boldsymbol{\Omega})\mathrm{d}\Omega\mathrm{d}\lambda=\boldsymbol{i}E_{\lambda,x}(\boldsymbol{r})+\boldsymbol{j}E_{\lambda,y}(\boldsymbol{r})+\boldsymbol{k}E_{\lambda,z}(\boldsymbol{r}) \tag{3.11}$$

式中，$E_y(\boldsymbol{r})=\int_0^\infty\int_{4\pi}\Omega_yI_\lambda(\boldsymbol{r},\boldsymbol{\Omega})\mathrm{d}\Omega\mathrm{d}\lambda$；$E_z(\boldsymbol{r})=\int_0^\infty\int_{4\pi}\Omega_zI_\lambda(\boldsymbol{r},\boldsymbol{\Omega})\mathrm{d}\Omega\mathrm{d}\lambda$。在表面法向 $\boldsymbol{n}$ 照度为

$$E_{n\lambda}(\boldsymbol{r})=E_\lambda(\boldsymbol{r})\cdot\boldsymbol{n}=\int_{4\pi}\boldsymbol{\Omega}\cdot\boldsymbol{n}I_\lambda(\boldsymbol{r},\boldsymbol{\Omega})\mathrm{d}\Omega=\int_{4\pi}\cos(\Omega,\boldsymbol{n})I_\lambda(\boldsymbol{r},\boldsymbol{\Omega})\mathrm{d}\Omega \tag{3.12}$$

4. 分谱辐射通量与强度

由式(3.6)，某一表面的辐射通量密度是将其法向辐射率对立体角积分，为

$$F_\lambda=\int_\Omega I_\lambda\cos\theta\mathrm{d}\Omega=\int_0^{2\pi}\int_{\pi/2}^{\pi/2}I_\lambda\cos\theta\ \sin\theta\mathrm{d}\theta\mathrm{d}\phi \tag{3.13}$$

(1)在水平面上半球向上分谱辐射量密度，为

$$F_\lambda^+=\int_0^{2\pi}\int_0^{\pi/2}I_\lambda\cos\theta\sin\theta\mathrm{d}\theta\mathrm{d}\phi \tag{3.14}$$

(2)向下分谱辐射通量密度，为

$$F_\lambda^-=\int_0^{2\pi}\int_{\pi/2}^0 I_\lambda\cos\theta\sin\theta\mathrm{d}\theta\mathrm{d}\phi \tag{3.15}$$

(3)净分谱辐射通量密度，为

$$F_\lambda=F_\lambda^++F_\lambda^- \tag{3.16}$$

(4)各向同性辐射情况下，也就是朗伯面时，有 $I_\lambda=I_{\lambda0}$，辐射强度与通量密度，为

$$F_\lambda^+=\int_0^{2\pi}\int_0^{\pi/2}I_\lambda\cos\theta\sin\theta\mathrm{d}\theta\mathrm{d}\phi=\pi I_{\lambda0} \tag{3.17}$$

5. 折射指数不连续的两介质界面处的辐射量

如果一束射线通过两介质 1、2 界面 S_1、S_2 的通量为 P_1、P_2，则 $\frac{P_{1\lambda}}{S_1}=F_1=F_2=\frac{P_{2\lambda}}{S_2}$，根据 Snell 定理：

$$m_1\sin\theta_1=m_2\sin\theta_2 \tag{3.18}$$

如果 θ_1、θ_2 很小，上式近似为

$$m_1\theta_1=m_2\theta_2 \tag{3.19}$$

式中，m_1、m_2 为两介质的折射。

由此有 $m_1^2\Omega_1=m_2^2\Omega_2$，其中 $\Omega=\pi\theta^2$。由于 $I_1\Omega_1=F_1=F_2=I_2\Omega_2$，所以有

$$\frac{I_1}{m_1^2}=\frac{I_2}{m_2^2} \tag{3.20}$$

二、辐射基本定理

1. 黑体辐射

对于物体温度为 T、波长为 λ 的普朗克(黑体)分谱辐射公式为

$$M_\lambda(T)=2\pi hc^2/\{\lambda^5[\exp(hc/k_B T\lambda)-1]\}=C_1/\{\lambda^5[\exp(C_2/\lambda T-1)]\} \tag{3.21}$$

式中,$M_\lambda(T)$($\mathrm{W/(m^2\cdot\mu m)}$)是黑体分谱辐射射出度(辐射通量密度),$h=6.6262\times10^{-27}\,\mathrm{erg\cdot s}$,是普朗克常数,$k_B=1.3806\times10^{-16}\,\mathrm{erg\cdot K}$,是玻尔兹曼常数,$C_1=3.7427\times10^{-8}\,\mathrm{W\cdot\mu m^4/m^2}$、$C_2=1.4388\times10^4\,\mathrm{\mu m\cdot K}$,分别是第一和第二辐射常数。普朗克辐射亮度公式为

$$B_\lambda(T)=2hc^2/\{\lambda^5[\exp(hc/k_B T\lambda)-1]\} \tag{3.22}$$

如果以频率 f 表示为

$$B_f(T)=2hf^3/\{c^2[\exp(hf/k_B T)-1]\} \tag{3.23}$$

如果以波数 v 表示为

$$B_v(T)=2hc^2v^3/[\exp(hcv/k_B T)-1] \tag{3.24}$$

式中,k_B 是玻尔兹曼常数(1.38×10^{-23} J/K),h 是普朗克常数,c 是光速,T 是温度(K)。

注意 $B_\lambda(T)$、$B_f(T)$、$B_v(T)$之间的关系,由

$$I_v\mathrm{d}v=I_f\mathrm{d}f=I_\lambda\mathrm{d}\lambda \text{ 和 } \lambda=c/f \tag{3.25}$$

有

$$B_f(T)=\lambda^2B_\lambda(T)/c \tag{3.26a}$$

$$B_v(T)=\lambda^2B_\lambda(T) \tag{3.26b}$$

2. 普朗克公式的渐近特征

(1)$\lambda\to\infty$($f\to0$),瑞利—琼斯分布

$$B_\lambda(T)=2k_Bc_T/\lambda^4 \tag{3.27a}$$

$$B_f(T)=2k_Bf^2T/c^2 \tag{3.27b}$$

注:用于被动微波遥感,波长很长时,黑体辐射率正比于 T。

(2)$\lambda\to0$($f\to\infty$):

$$B_\lambda(T)=2hc^2\exp(-hc/\lambda k_B T)/\lambda^5 \tag{3.29a}$$

$$B_f(T)=2k_Bf^2T/c^2 \tag{3.29b}$$

3. 总的黑体辐射定理

$$B(T)=\int_0^\infty B_\lambda(T)\mathrm{d}\lambda=\frac{C_1T^4}{\pi}\int_0^\infty\frac{\mathrm{d}(\lambda T)}{(\lambda T^5)[\exp(C_2/\lambda T)-1]}=\left[\frac{C_1}{\pi C_2^4}\int_0^\infty\frac{y^3\mathrm{d}y}{\mathrm{e}^y-1}\right]T^4 \tag{3.30}$$

式中,$y=C_2/\lambda T$,其中积分为 $\pi^4/15$,因此常数为

$$\sigma=\frac{\pi^4C_1}{15C_2^4}5.67\times10^{-8}\quad(\mathrm{W/(m^2\cdot K^4)})$$

常数 σ 称为斯蒂芬—玻尔兹曼常数,由此得总的黑体辐射为

$$B(T)=\frac{\sigma}{\pi}T^4 \tag{3.31}$$

式中，π是对于各向同性辐射出现的因子。

在卫星遥感中常是对有限光谱宽度的普朗克函数积分，也就是由波长 $\lambda_1 \to \lambda_2$ 积分，则是

$$\int_{\lambda_1}^{\lambda_2} B_\lambda(T)\mathrm{d}\lambda = \left[\frac{C_1}{\pi C_2^4}\int_{y_2}^{y_1}\frac{y^3\mathrm{d}y}{\mathrm{e}^y-1}\right]T^4 \tag{3.32}$$

式(3.32)积分一般不能解析求出。为此求取波长由 $0 \to \lambda_1$ 之间的黑体辐射，即是

$$f(\lambda_1 T) = \frac{\int_0^{\lambda_1} B_\lambda(T)\mathrm{d}\lambda}{\int_0^{\infty} B_\lambda(T)\mathrm{d}\lambda} = \frac{15}{\pi^4}\int_{y_1}^{\infty}\frac{y^3\mathrm{d}y}{\mathrm{e}^y-1} \tag{3.33}$$

可以数值地或预先计算好的查算表求取，则黑体辐射的 $\lambda_1 \to \lambda_2$ 光谱积分为

$$\int_{\lambda_1}^{\lambda_2} B_\lambda(T)\mathrm{d}\lambda = [f(\lambda_2 T) - f(\lambda_1 T)]\frac{\sigma}{\pi}T^4 \tag{3.34}$$

表 3.1 给出不同谱带的太阳辐射常数(日地平均距离处的太阳辐照度)和占有的百分数，从表中可以看到太阳辐射主要集中于可见光和近红外谱段及以下谱段。

表 3.1 太阳常数在各谱段的分布(Theicekara,1976)

谱段	波长间隔(μm)	辐照度(W/m²)	占有的百分数(%)
紫外及紫外以外	<350	62	4.5
近紫外	350～400	57	4.2
可见光	400～700	522	38.2
近红外	700～1000	309	22.6
红外及以下	>1000	417	30.5
总的太阳常数		1367	100.0

第二节 辐射的发射、吸收、透射和反射

辐射与物质的相互作用表现为辐射的发射、吸收、透射和反射，卫星遥感探测地表物质和大气特性就是利用辐射与物质的相互作用，获取物体的辐射特性，由此识别各类物体。下面就对基本概念进行说明。

一、辐射的发射

1. 方向发射率

定义：由一物体在 $\boldsymbol{\Omega}$ 方向发出的辐射能 $I_\lambda(\boldsymbol{\Omega})\cos\theta\mathrm{d}\boldsymbol{\Omega}\mathrm{d}A$ 与以该物体温度 T 发出的黑体辐射能 $B_\lambda(\mathrm{T})\cos\theta\mathrm{d}\boldsymbol{\Omega}\mathrm{d}A$ 的比值称为方向比辐射率，为

$$\varepsilon_\lambda(\boldsymbol{\Omega}, T_s) = \frac{I_\lambda^+(\boldsymbol{\Omega})\cos\theta\mathrm{d}\Omega\mathrm{d}A}{B_\lambda(T)\cos\theta\mathrm{d}\Omega\mathrm{d}A} = \frac{I_\lambda^+(\boldsymbol{\Omega})}{B_\lambda(T)} \tag{3.35}$$

物体在 $\boldsymbol{\Omega}$ 方向发射的辐射率为

$$I_\lambda(\boldsymbol{\Omega}) = \varepsilon_\lambda(\boldsymbol{\Omega}, T_s)B_\lambda(T) \tag{3.36}$$

如果 λ 很大，由瑞利—琼斯定理，方向发射率写为

$$\varepsilon_\lambda(\boldsymbol{\Omega}, T_s) = \frac{T_B(\boldsymbol{\Omega})}{T_s} \tag{3.37}$$

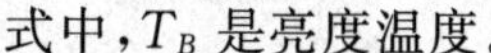

式中，T_B 是亮度温度。

2. 通量发射率

将方向发射率对上半球或下半球空间积分得半球发射率

$$\varepsilon_\lambda(2\pi,T_s)=\frac{\int_+ I_\lambda^+(\boldsymbol{\Omega})\cos\theta\mathrm{d}\Omega\mathrm{d}A}{\int_+ B_\lambda(T)\cos\theta\mathrm{d}\Omega\mathrm{d}A}=\frac{\int_+ \varepsilon_\lambda(\boldsymbol{\Omega},T_s)B(T_s)\cos\theta\mathrm{d}\Omega\mathrm{d}A}{\pi B_\lambda(T_s)}$$

$$=\frac{1}{\pi}\int_+ \varepsilon_\lambda(\boldsymbol{\Omega},T_s)\cos\theta\mathrm{d}\boldsymbol{\Omega} \tag{3.38}$$

通量发射率可以直接测量，但也可以通过测量表面反射率 ρ，由 $\varepsilon=1-\rho$ 获取发射率。

物体对整个空间发射的辐射通量密度为

$$F_\lambda(4\pi)=\int_{4\pi} I_\lambda(\boldsymbol{\Omega})\cos\theta\mathrm{d}\boldsymbol{\Omega}=\int_{4\pi}\varepsilon_\lambda(\boldsymbol{\Omega},T_s)B_\lambda(T)\cos\theta\mathrm{d}\boldsymbol{\Omega}=\varepsilon_\lambda(T_s)\pi B_\lambda(T) \tag{3.39}$$

式中，$\varepsilon_\lambda(T_s)$是物体的比辐射率，$\varepsilon_\lambda(T_s)=\frac{1}{\pi}\int_{4\pi}\varepsilon_\lambda(\boldsymbol{\Omega},T_s)\cos\theta\mathrm{d}\boldsymbol{\Omega}$。

3. 亮度温度

定义：以黑体温度发射的辐射等同于测量到物体发射的辐射，则黑体温度为实测物体的亮度温度。亮度温度由普朗克公式求取，即

$$T_B=\frac{C_2}{\lambda\ln\left[1+\frac{C_1}{\lambda^5 I_\lambda}\right]} \tag{3.40}$$

式中，$C_1=1.1911\times10^8\ \mathrm{W/(m^2\cdot sr\cdot\mu m^4)}$和 $C_2=1.4388\times10^4\ \mathrm{K\cdot\mu m}$。因此，亮度温度是把实际物体发出的辐射作为黑体发出的且由普朗克公式得出的温度，称为该物体的亮度温度。

二、辐射的吸收

1. 分光谱吸收率

定义分光谱吸收率 $\alpha_\lambda(-\boldsymbol{\Omega}',T_s)$为在入射方向 $\boldsymbol{\Omega}'$上吸收辐射与入射辐射之比值，写为

$$\alpha_\lambda(-\boldsymbol{\Omega}',T_s)=\frac{I_{\lambda,\alpha}^-(\boldsymbol{\Omega}')\cos\theta'\mathrm{d}\Omega'\mathrm{d}A}{I_\lambda^-(\boldsymbol{\Omega}')\cos\theta'\mathrm{d}\Omega'\mathrm{d}A}=\frac{I_{\lambda,\alpha}^-(\boldsymbol{\Omega}')}{I_\lambda^-(\boldsymbol{\Omega}')} \tag{3.41}$$

式中，$I_\lambda^-(\boldsymbol{\Omega}')\cos\theta'\mathrm{d}\Omega'\mathrm{d}A$ 是入射至介质的辐射能，$I_{\lambda,\alpha}^-(\boldsymbol{\Omega}')\cos\theta'\mathrm{d}\Omega'\mathrm{d}A$ 是介质吸收的辐射能。

半球分光谱吸收率为

$$\alpha_\lambda(-2\pi,T_s)=\frac{\int_- I_{\lambda,\alpha}^-(\boldsymbol{\Omega})\cos\theta'\mathrm{d}\Omega'\mathrm{d}A}{\int_- I_\lambda(\boldsymbol{\Omega}')\cos\theta'\mathrm{d}\Omega'\mathrm{d}A}=\frac{\int_- \alpha\lambda(\boldsymbol{\Omega},T_s)I_\lambda^-(\boldsymbol{\Omega}')\cos\theta'\mathrm{d}\Omega'\mathrm{d}A}{F_\lambda^-} \tag{3.42}$$

2. 吸收引起辐射的减小

在 $\boldsymbol{\Omega}$ 方向上的入射辐射 $I_{\lambda,t}(\boldsymbol{\Omega})$由于介质吸收引起辐射的减小，辐射的减小与吸收介质密度成正比，与入射辐射强度成正比，写为

$$\mathrm{d}I_{a,\lambda,t}(\boldsymbol{\Omega})=-k_{a,\lambda,v}(\boldsymbol{r},t)I\lambda,t(\boldsymbol{\Omega})\mathrm{d}s=-k_{a,\lambda}(\boldsymbol{r},t)\rho(\boldsymbol{r},t)I_{\lambda,t}(\boldsymbol{\Omega})\mathrm{d}s \tag{3.43}$$

式中，$k_{a,\lambda,v}(\boldsymbol{r},t)=-k_{a,\lambda}(\boldsymbol{r},t)\rho(\boldsymbol{r},t)$是体积吸收系数，$k_{a,\lambda}(\boldsymbol{r},t)$是质量吸收系数，$\rho(\boldsymbol{r},t)$是吸收介质的密度。

3. 吸收光学厚度

考虑到大气密度随高度的增加而减小，为了方便，将光学厚度定义为

$$\tau_{a,\lambda}(\boldsymbol{r},t)=\int_{s}^{s_1}k_{a,\lambda}(\boldsymbol{r},t)\rho(\boldsymbol{r},t)\mathrm{d}s \tag{3.44}$$

式中，$k_{a,\lambda}(\boldsymbol{r},t)$是质量吸收系数，光学厚度的微分形式为

$$\mathrm{d}\tau_{a,\lambda}(\boldsymbol{r},t)=-k_{a,\lambda,v}(\boldsymbol{r},t)\mathrm{d}s=-k_{a,\lambda}(\boldsymbol{r},t)\rho(\boldsymbol{r},t)\mathrm{d}s \tag{3.45}$$

式中，"－"表示光学厚度 $\mathrm{d}\tau$ 随路径 $\mathrm{d}s$ 的加大而减小，也就是光学厚度增加的方向与路径增大的方向相反。

4. 光程（光学质量）

大气对辐射的吸收和散射取决于辐射光束通过吸收和散射物质的含量，这种物质含量称为光程，又称为空气的绝对光学质量 m_a，为

$$m_a=\int_{s}^{s_1}\rho(\boldsymbol{r},t)\mathrm{d}s \tag{3.46}$$

式中，$\rho(\boldsymbol{r},t)$是吸收物质的密度，$\mathrm{d}s$ 是沿光束方向的微分元，积分由高度 H 到大气顶，对于无折射平面平行大气，光束以天顶角为 θ 方向光程为垂直方向光程乘以因子 $\sec\theta$，相乘因子称为空气的相对光学质量 m_r，定义为

$$m_r(h)=\int_{h}^{\infty}\rho(\boldsymbol{r},t)\mathrm{d}s/\int_{h}^{\infty}\rho(\boldsymbol{r},t)\mathrm{d}s \tag{3.47}$$

式中，$\mathrm{d}h$ 是垂直方向的微分元，对于无折射平面平行大气的相对光学质量为

$$m_r(h)=\sec\theta$$

考虑到地球曲率，大气的相对光学质量为

$$m_r(\theta)=\{[(R/\hat{H})\cos\theta+]^2+2(R/\hat{H})+1\}^{1/2}-(R/\hat{H})\cos\theta \tag{3.48}$$

式中，$\hat{H}$ 是以地面密度为 ρ_g 的均质大气高度，即是 $\hat{H}=P_g g/\rho_g$，R 是地球半径，P_g 是地面气压，θ 是太阳天顶角。对于 20 km 上空臭氧的光特性计算中，可证明有

$$m_r(h)=[1+(h/R)]/[\cos^2\theta+2(h/R)]^2$$

三、辐射的散射

1. 散射辐射和散射系数

(1)方向散射系数：因入射辐射受介质粒子散射，使辐射由传播方向 $\boldsymbol{\Omega}$ 散射到方向$\boldsymbol{\Omega}'$，由此使传播方向 $\boldsymbol{\Omega}'$的辐射减小为

$$\mathrm{d}I_{sca,\lambda,t}(\boldsymbol{\Omega})=-k_{sca,\lambda}(\boldsymbol{r},\boldsymbol{\Omega}\rightarrow\boldsymbol{\Omega}',t)\rho(\boldsymbol{r},t)I_{\lambda,t}(\boldsymbol{\Omega})\mathrm{d}s \tag{3.49}$$

式中，$k_{sca,\lambda}(\boldsymbol{r},\boldsymbol{\Omega}\rightarrow\boldsymbol{\Omega}',t)$是 $\boldsymbol{\Omega}$ 方向上的质量散射系数，$\boldsymbol{\Omega}'$是入射辐射方向，$\boldsymbol{\Omega}$ 是散射辐射方向。

(2)体积方向散射系数：将方向质量散射系数 $k_{sca,\lambda}(\boldsymbol{r},\boldsymbol{\Omega}\rightarrow\boldsymbol{\Omega}',t)$乘以密度 $\rho(\boldsymbol{r},t)$得到体积散射方向系数，即是

$$k_{sca,\lambda,v}(\boldsymbol{r},\boldsymbol{\Omega}\rightarrow\boldsymbol{\Omega}',t)=k_{sca,\lambda}(\boldsymbol{r},\boldsymbol{\Omega}\rightarrow\boldsymbol{\Omega}',t)\rho(\boldsymbol{r},t) \tag{3.50}$$

式中，$k_{sca,\lambda,v}(\boldsymbol{r},\boldsymbol{\Omega}\rightarrow\boldsymbol{\Omega}',t)$是体积方向散射系数。

(3)体积散射系数（总）：如果对所有散射辐射方向 $\boldsymbol{\Omega}$ 积分，也就是对整个空间积分，得到

$$k_{sca,\lambda}(\boldsymbol{r},t)=\int_{4\pi}k_{sca,\lambda}(\boldsymbol{r},\boldsymbol{\Omega}\rightarrow\boldsymbol{\Omega}',t)\mathrm{d}\boldsymbol{\Omega}' \tag{3.51}$$

$\boldsymbol{k}_{sca,\lambda}(\boldsymbol{r},t)$是总的散射系数，或称质量散射系数，它是质量方向散射系数对整个空间的积分。

2. 散射光学厚度

在 $\boldsymbol{\Omega}\rightarrow\boldsymbol{\Omega}'$方向上的散射光学厚度为

$$\tau_{sca,\lambda}(\boldsymbol{r},\boldsymbol{\Omega}\rightarrow\boldsymbol{\Omega}',t)=\int_{s}^{s_1}k_{sca,\lambda,v}(\boldsymbol{r},\boldsymbol{\Omega}\rightarrow\boldsymbol{\Omega}',t)\mathrm{d}s \tag{3.52}$$

其微分形式写为

$$\mathrm{d}\tau_{sca,\lambda}(\boldsymbol{r},\boldsymbol{\Omega}\rightarrow\boldsymbol{\Omega}',t)=-k_{sca,\lambda,v}(\boldsymbol{r},\boldsymbol{\Omega}\rightarrow\boldsymbol{\Omega}',t)\mathrm{d}s \tag{3.53}$$

为描述散射的空间分布，这里引入相函数，将体积散射方向函数写成总的体积散射函数与散射相函数的乘积，即是

$$k_{sca,\lambda,v}(\boldsymbol{r},\boldsymbol{\Omega}\rightarrow\boldsymbol{\Omega}',t)=\frac{1}{4\pi}k_{sca,\lambda,v}(\boldsymbol{r},t)P_{\lambda}(\boldsymbol{r},\boldsymbol{\Omega}\rightarrow\boldsymbol{\Omega}',t) \tag{3.54}$$

式中，$P_{\lambda}(\boldsymbol{r},\boldsymbol{\Omega}\rightarrow\boldsymbol{\Omega}',t)$是相函数。

3. 散射相函数

由式(3.54)，相函数定义为

$$P_{\lambda}(\boldsymbol{r},\boldsymbol{\Omega}\rightarrow\boldsymbol{\Omega}',t)=P(\Theta)=4\pi k_{sca,\lambda,v}(\boldsymbol{r},\boldsymbol{\Omega}\rightarrow\boldsymbol{\Omega}',t)/k_{sca,\lambda}(\boldsymbol{r},t) \tag{3.55}$$

式中，Θ是散射角，它是入射方向与散射方向间的夹角。相函数表示的是散射辐射的空间分布特性，它是大气散射辐射中一个很重要的参量，相函数是归一化的，写成

$$\frac{1}{4\pi}\int_{\Omega}P(\Theta)\mathrm{d}\Omega=1 \tag{3.56}$$

4. 散射角与极角和方位角间的关系

由图 3.3 可知，根据球面三角的余弦定理，大圆$\overline{AC}=\theta'$，$\overline{BC}=\theta$，$\overline{BC}=\Theta$可得如下关系：

$$\begin{aligned}\cos\Theta&=\Omega'\cdot\Omega\\&=(\boldsymbol{i}\cos\varphi'\sin\theta'+\boldsymbol{j}\sin\varphi'\sin\theta'+\boldsymbol{k}\cos\theta')\cdot(\boldsymbol{i}\cos\varphi\cos\theta+\boldsymbol{j}\sin\varphi\sin\theta+\boldsymbol{k}\cos\theta)\\&=\cos\theta'\cos\theta+\sin\theta'\sin\theta\cos(\phi'-\phi)\\&=\mu'\mu+(1-\mu'^2)^{1/2}(1-\mu^2)^{1/2}\cos(\phi'-\phi)\end{aligned} \tag{3.57}$$

式中，$\mu'=\cos\theta'$，$\mu=\cos\theta$。

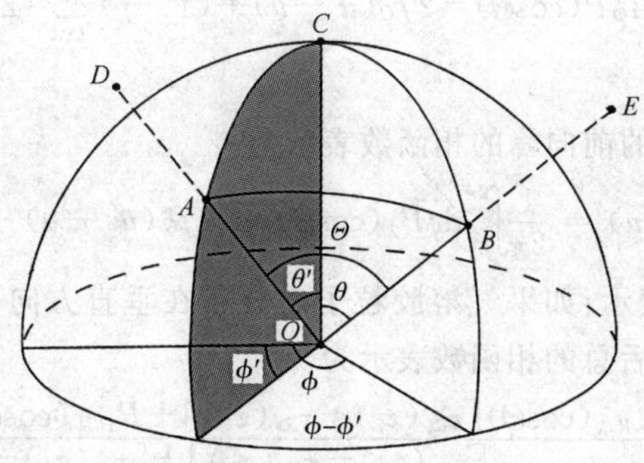

图 3.3　散射角

(1)对于瑞利散射，相函数为

$$P_{s,R,\lambda}(\Theta)=\frac{3}{4}(1+\cos^2\Theta) \tag{3.58}$$

将散射相函数代入，则根据不对称因子定义，g_{λ} 写为

$$\begin{aligned}g_{\lambda}&=\frac{1}{4\pi}\int_0^{2\pi}\int_0^{\pi}\frac{3}{4}(1+\cos^2\Theta)\cos\Theta\sin\Theta\mathrm{d}\Theta\mathrm{d}\varphi\\&=-\frac{3}{8}\int_0^{2\pi}\int_1^{-1}(\mu+\mu^3)\mathrm{d}\mu\mathrm{d}\varphi=0\end{aligned} \tag{3.59}$$

(2)对于云和气溶胶的米散射相函数近似为 Henyey-Greenstein 函数,为

$$P_{HG\lambda}(\cos\Theta)=\frac{1-g_{\lambda}^{2}}{(1+g_{\lambda}^{2}-2g_{\lambda}\cos\Theta)^{3/2}} \tag{3.60}$$

这一函数是通过一个参数与实际相函数拟合得出的,不十分严格。如果以级数展开表示为

$$P_{HG\lambda}(\cos\Theta)=1+3g_{\lambda}\cos\Theta+5g_{\lambda}^{2}P_{2}(\cos\Theta)+g_{\lambda}^{3}P_{3}(\cos\Theta)+\cdots\cdots \tag{3.61}$$

也就是 Henyey-Greenstein 相函数具有能描述对于前向散射 $g=1$、各向同性散射 $g=0$ 和后向散射 $g=-1$ 的特征,所以线性组合为

$$P_{\lambda}(\cos\Theta)=bP_{HG\lambda}(g,\cos\Theta)+(1-b)P_{HG\lambda}(g',\cos\Theta) \tag{3.62}$$

式中,b 表示散射的后向部分,$(1-b)$表示散射的前向部分。

(3)相函数的 Delta 近似:当散射粒子很大时,散射辐射主要出现于向前只有很小圆锥角度的传播方向上,这时相函数第一项可以用 δ 函数表示,其余各项则以勒让德多项式表示,则相函数写为

$$\begin{aligned}P_{\delta-N}(\cos\Theta) &= P_{\delta-N}(u',\phi';u,\phi) = 2f\delta(1-\cos\Theta)+(1-f)\sum_{l=0}^{2N-1}(2l+1)\hat{\chi}_{l}P_{l}(\cos\Theta)\\ &= 4\pi f\delta(u'-u)\delta(\phi'-\phi)+(1-f)\sum_{l=0}^{2N-1}(2l+1)\hat{\chi}\times\left\{\sum_{m=0}^{l}p_{l}^{m}(u')p_{l}^{m}(u)\cos m(\phi'-\phi)\right\}\end{aligned} \tag{3.63}$$

式中,$f(0\leqslant f\leqslant 1)$是一个与实际相函数拟合确定的无量纲数,如果 $f=0$,则仅有勒让德多项式。

通常辐射对于方位依赖很小,在求解方位平均的辐射传输方程时,对于方位平均的标量相函数一般表达式为

$$P_{\delta-N}(u',u)=\frac{1}{2\pi}\int_{0}^{2\pi}\mathrm{d}\phi P(\cos\Theta)=2f\delta(u'-u)+(1-f)\sum_{l=0}^{2N-1}(2l+1)\hat{\chi}_{l}P_{l}(u')P_{l}(u) \tag{3.64}$$

对于各向同性具有强的前向峰的相函数表示为

$$P_{\delta-N}(u',u)=\frac{1}{2\pi}\int_{0}^{2\pi}\mathrm{d}\phi P_{\lambda}(\cos\Theta)=2f\delta(u'-u)+(1-f) \tag{3.65}$$

(4)总的散射相函数表示:如果气溶胶粒子谱分布在垂直方向一定,则在 z_1 和 z_2 气层间考虑分子散射和粒子散射后总的相函数表示为

$$P_{\lambda}(\cos\Theta,z_{1},z_{2})=\frac{P_{s,R,\lambda}(\cos\Theta)[\tau_{R\lambda}(z_{2})-\tau_{R\lambda}(z_{1})]+P_{HG\lambda}(\cos\Theta)[\tau_{a\lambda}(z_{2})-\tau_{a\lambda}(z_{1})]}{[\tau_{R\lambda}(z_{2})-\tau_{R\lambda}(z_{1})]+[\tau_{a\lambda}(z_{2})-\tau_{a\lambda}(z_{1})]} \tag{3.66}$$

式中,$\tau_{R\lambda}$、$\tau_{a\lambda}$ 分别是分子散射和粒子散射的光学厚度,$P_{s,R,\lambda}(\cos\Theta)$是分子散射相函数,$P_{HG\lambda}(\cos\Theta)$是气溶胶粒子 Henyey-Greenstein 相函数。

图 3.4 显示了不同粒子尺度 $x=2\pi a/\lambda$(a 是粒子半径)下相函数,当 $x=1$,波长 $\lambda=2\pi a$ 时,相函数表现为粒子对辐射散射有前向和后向两部分,前向大于后向;当 $x=2$ 时,相函数表现为粒子对辐射散射只有前向部分,当 $x=5$ 或 10 时,相函数表现为粒子对辐射散射有狭窄前向部分,尺度因子 x 值越大,前向部分越狭窄扁长。

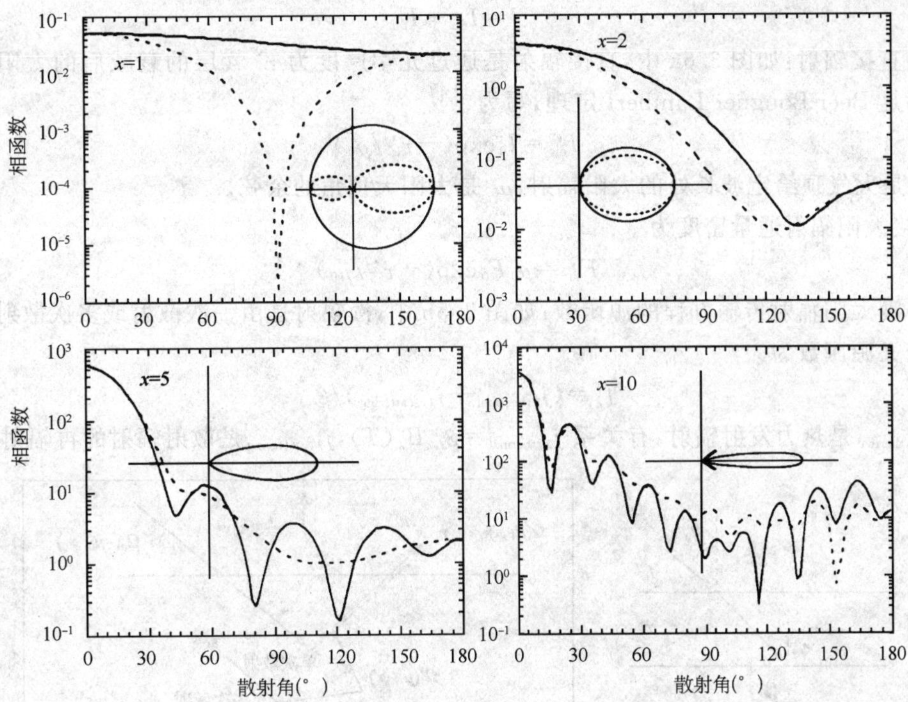

图 3.4 不同尺度粒子的散射相函数

5. 不对称因子

图 3.4 显示相函数的前向和后向部分是不对称的，为了表达后向散射与前向散射的对称性，在研究散射问题时引入不对称因子，定义为散射角余弦的加权平均，写为

$$g_\lambda = \frac{1}{4\pi}\int_0^{2\pi}\int_0^{\pi} P_\lambda(\cos\Theta)\cos\Theta \mathrm{d}\Omega_a \tag{3.67}$$

在一般情况下有

$$g_\lambda \begin{cases} >0, & \text{前向米氏散射} \\ =0, & \text{各向同性散射或瑞利散射} \\ <0, & \text{后向散射} \end{cases} \tag{3.68}$$

对于强的前向散射的不对称因子接近为＋1，而对于强的后向散射不对称因子为－1。不对称因子也可以写成

$$g_\lambda = \frac{1}{4\pi}\int_0^{2\pi}\int_0^{\pi} P_\lambda(\cos\Theta)\cos\Theta\sin\Theta \mathrm{d}\Theta \mathrm{d}\phi \tag{3.69}$$

对于各向同性情况下，相函数为 $P_{s,k,\lambda}(\cos\Theta)=1$，则不对称因子为

$$g_\lambda = \frac{1}{4\pi}\int_0^{2\pi}\int_0^{\pi}\cos\Theta\sin\Theta \mathrm{d}\Theta \mathrm{d}\phi = -\frac{1}{2}\int_1^{-1}\mu \mathrm{d}\mu = 0 \tag{3.70}$$

这里 $\mu=\cos\Theta$，由于各向同性散射辐射在所有方向的分布是相同的，因此，对于各向同性散射的对称因子为 0。从上可以看到，不对称因子用于描述前向和后向散射各占有的份额，对于实际大气中，通常认为大气在水平方向是均匀的，其不同之处表现在向上和向下辐射的不同，因而不对称因子用于表达向上和向下辐射流的近似，即二流近似。

6. 直接和漫太阳辐射

到达地面的太阳辐射场是由明显不同的直接辐射 I_{dir} 和散射辐射 I_{dif} 两个分量之和，即

$$I=I_{\mathrm{dir}}+I_{\mathrm{dif}} \tag{3.71}$$

(1)直接辐射：如图 3.5a 中，直接辐射是通过光学厚度为 τ^* 气层的衰减后的太阳辐射部分，它满足 Beer-Bouguer-Lambert 定理，写为

$$I_{\mathrm{dir}}^{\downarrow}=I_0\exp(-\tau^*/\mu_0) \tag{3.72}$$

式中，I_0 是大气顶给定波长处的太阳辐射，μ_0 是太阳天顶角的余弦。

直接太阳辐射通量密度为

$$F_{\mathrm{dir}}^{\downarrow}=\mu_0F_0\exp(-\tau^*/\mu_0) \tag{3.73}$$

(2)漫太阳辐射传输方程的源函数：如图 3.5b 中，漫辐射是由一次散射或多次散射所构成的光，定义源函数为

$$J_\lambda=(j_{\lambda,\mathrm{thermal}}+j_{\lambda,\mathrm{scattering}})/\beta_{e,\lambda}$$

式中，$j_{\lambda,\mathrm{thermal}}$ 是热力发射辐射，有关系 $j_{\lambda,\mathrm{thermal}}=\beta_{a,\lambda}B_\lambda(T)$，$j_{\lambda,\mathrm{scattering}}$ 是散射辐射的再辐射。

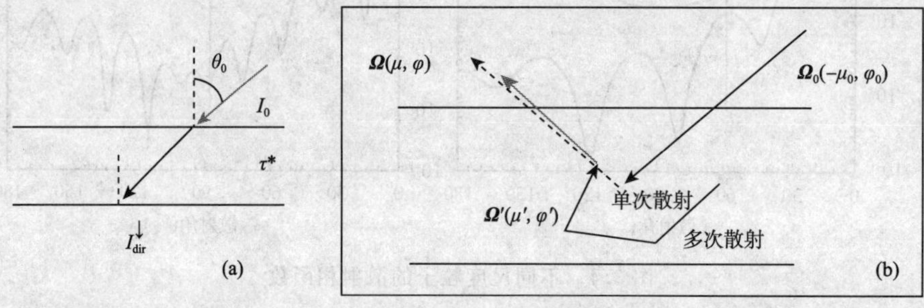

图 3.5 (a)直接太阳辐射；(b)单次散射和多次散射

①一次散射辐射

$$\delta I_\lambda(\boldsymbol{\Omega})=\frac{\beta_{s,\lambda}}{4\pi}I_\lambda(\boldsymbol{\Omega}')P_\lambda(\boldsymbol{\Omega},\boldsymbol{\Omega}')\mathrm{d}s\mathrm{d}\boldsymbol{\Omega}' \tag{3.74}$$

式中，$I_\lambda(\boldsymbol{\Omega}')$ 是方向为 $\boldsymbol{\Omega}'(\mu',\varphi')$ 的入射辐射。

②多次散射

对整个立体角积分，得

$$\delta I_\lambda(\boldsymbol{\Omega})=\frac{\beta_{s,\lambda}}{4\pi}\int_{4\pi}P_\lambda(\boldsymbol{\Omega},\boldsymbol{\Omega}')I_\lambda(\boldsymbol{\Omega}')\mathrm{d}s\mathrm{d}\boldsymbol{\Omega}' \tag{3.75}$$

按体积散射系数 $\beta_{s,\lambda}$ 和相函数 $P(\mu,\varphi;\mu',\varphi')$ 可写为

$$j_{\lambda,\mathrm{scattering}}(\boldsymbol{\Omega})=\frac{\beta_{s,\lambda}}{4\pi}\int_{\boldsymbol{\Omega}'}I(\boldsymbol{\Omega}')P(\boldsymbol{\Omega},\boldsymbol{\Omega}')\mathrm{d}\boldsymbol{\Omega}' \tag{3.76}$$

散射相函数 $P(\mu,\varphi;\mu',\varphi')$ 表示作为方向函数的散射能量的角分布。

(3)单次散射反照率：定义单次反照率，写为

$$\tilde{\omega}_0=\int P(\cos\Theta)\frac{\mathrm{d}\omega}{4\pi} \tag{3.77}$$

它表示在光束消光衰减中纯散射占的那部分。因此，单次反照率 $\tilde{\omega}_0$ 也可以写为

$$\tilde{\omega}_0(\tau_\lambda)=\mathrm{d}\tau_{s\lambda}/\mathrm{d}\tau_{e\lambda}=k_{s\lambda}/(k_{a\lambda}+k_{s\lambda}) \tag{3.78}$$

对于纯散射而言，$\tilde{\omega}_0=1$，为完全反射体。在各向同性的情况下，由式(3.77)得：$\tilde{\omega}_0=P(\cos\Theta)$。当存在吸收时，$\tilde{\omega}_0<1$，则 $1-\tilde{\omega}_0$ 表示对辐射的吸收。

四、辐射的反射

1. 表面的分光谱双向反射率

定义为向上的反射辐射 $dI^+_{\lambda r}(\boldsymbol{\Omega})$ 与向下入射辐射 $I^-_\lambda(\boldsymbol{\Omega}')\cos\theta' d\boldsymbol{\Omega}'$ 的比值，写为

$$\rho_\lambda(-\boldsymbol{\Omega}',\boldsymbol{\Omega})=\frac{dI^+_{\lambda,r}(\boldsymbol{\Omega})}{I^-_\lambda(\boldsymbol{\Omega}')\cos\theta' d\boldsymbol{\Omega}'} \tag{3.79}$$

式中

$$I^+_{\lambda r}(\boldsymbol{\Omega})=\int_+ dI^+_{\lambda r}(\boldsymbol{\Omega})=\int_- \rho_\lambda(-\boldsymbol{\Omega}',\boldsymbol{\Omega})I^-_\lambda(\boldsymbol{\Omega}')\cos\theta' d\boldsymbol{\Omega}' \tag{3.80}$$

对于各向同性情况下，也就是朗伯面在各个方向的反射率相同，它可以用一固定的反射率 ρ^L_λ 表示，称为朗伯反射率，即有

$$\rho_\lambda(-\boldsymbol{\Omega}',\boldsymbol{\Omega})=\rho^L_\lambda \tag{3.81}$$

这时向上的反射辐射写为

$$I^+_{\lambda r}=\rho^L_\lambda\int_- I^-_\lambda(\boldsymbol{\Omega}')\cos\theta' d\boldsymbol{\Omega}'=\rho^L_\lambda F^-_\lambda \tag{3.82}$$

向上辐射通量密度为

$$F^+_\lambda=\pi I^+_{\lambda r}=\pi\rho^L_\lambda F^-_\lambda \tag{3.83}$$

2. 对于太阳的单向镜面表面反射率

根据菲涅尔定理，入射和反射方向间天顶角的关系为 $\theta=\theta'$，方位角为 $\phi=\phi'+\pi$，镜面单向反射率写为

$$\rho_\lambda(-\boldsymbol{\Omega}',\boldsymbol{\Omega})=\frac{\rho^F_\lambda(\theta)}{\cos\theta}\delta(\cos\theta-\cos\theta')\delta(\phi-(\phi'+\pi)) \tag{3.84}$$

式中，$\rho^F_\lambda(\theta)$ 是朗伯镜面的方向反射率。反射的太阳辐射为

$$I^+_{\lambda r}(\boldsymbol{\Omega})=\int_- I^+_\lambda(\boldsymbol{\Omega}')\frac{\rho^F_\lambda(\theta)}{\cos\theta}\delta(\cos\theta-\cos\theta')\delta(\phi-(\phi'+\pi))\cos\theta' d\boldsymbol{\Omega}'=I^-_\lambda(\theta,\phi'-\pi)\rho^F_\lambda(\theta) \tag{3.85}$$

朗伯面对太阳辐射的双向反射率为朗伯面反射率与镜面单向反射率之和，写为

$$\rho_\lambda(-\boldsymbol{\Omega}',\boldsymbol{\Omega})=\rho^L_\lambda+\frac{\rho^F_\lambda(\theta)}{\cos\theta}\delta(\cos\theta-cos\theta')\delta(\phi-(\phi'+\pi)) \tag{3.86}$$

3. 入射太阳(平行)光的反射辐射率

由于太阳离地球距离相当远，到达地球的太阳辐射可以近似为平行辐射光，则投射到地球的太阳辐射强度写为

$$I^-_\lambda(\boldsymbol{\Omega}')=F_{\lambda\odot}\delta(\boldsymbol{\Omega}-\boldsymbol{\Omega}_\odot) \tag{3.87}$$

式中，$\delta(\boldsymbol{\Omega}-\boldsymbol{\Omega}_\odot)$ 是 δ 函数，$F_{\lambda\odot}$ 是到达大气顶的太阳辐射。在各向同性情况下，朗伯面反射太阳辐射强度和辐射通量密度分别为

$$I^+_{\lambda r}=\rho^L_\lambda F_{\lambda\odot}\cos\theta_\odot,\ F^+_{\lambda r}=\pi\rho^L_\lambda F_{\lambda\odot}\cos\theta_\odot \tag{3.88}$$

镜面(单向)反射率和通量密度分别为

$$I^+_{\lambda r}(\boldsymbol{\Omega})=\rho^L_\lambda F_{\lambda\odot}\delta(\cos\theta-\cos\theta_\odot)\delta(\phi-(\phi_\odot+\pi)) \tag{3.89a}$$

$$F^+_{\lambda r}=\int_+ I^+_{\lambda r}(\boldsymbol{\Omega})\cos\theta d\Omega=\rho^F_\lambda(\theta_\odot)F^\odot_\lambda\cos\theta_\odot \tag{3.89b}$$

4. 对太阳光的(平行光)表面反照率

对于平行太阳光,向上漫反射辐射写为

$$I_{\lambda r}^{+}(\boldsymbol{\Omega}) = F_{\lambda\odot}\int_{-}\rho_\lambda(-\boldsymbol{\Omega}',\boldsymbol{\Omega})\delta(\cos\theta-\cos\theta_\odot)\delta(\phi'-\phi_\odot)\cos\theta'\mathrm{d}\boldsymbol{\Omega}'$$
$$= F_{\lambda\odot}\cos\theta_\odot\rho_\lambda(-\boldsymbol{\Omega}_\odot,\boldsymbol{\Omega}) \tag{3.90}$$

反射的辐射通量密度表示为

$$F_{\lambda r}^{+} = \int_{+} I_{\lambda r}^{+}(\boldsymbol{\Omega})\cos\theta\mathrm{d}\Omega = F_{\lambda\odot}\cos\theta_\odot\int_{+}\rho_\lambda(-\boldsymbol{\Omega}_\odot,\boldsymbol{\Omega})\cos\theta\mathrm{d}\boldsymbol{\Omega} \tag{3.91}$$

半球反照率写为

$$\rho_\lambda(-\boldsymbol{\Omega}_\odot,2\pi) = \frac{F_{\lambda r}^{+}}{F_{\lambda\odot}\cos\theta_\odot} = \int_{+}\rho_\lambda(-\boldsymbol{\Omega}_\odot,\boldsymbol{\Omega})\cos\theta\mathrm{d}\boldsymbol{\Omega} \tag{3.92}$$

观测方向的反照率为

$$\rho_\lambda(-\boldsymbol{\Omega}_\odot,\boldsymbol{\Omega}_\nu) = \frac{I_{\lambda r}^{+}(\boldsymbol{\Omega}_\nu)}{F_{\lambda\odot}\cos\theta_\odot} \tag{3.93}$$

对大气而言,大气的反射函数表示为

$$R_\lambda(-\boldsymbol{\Omega}_\odot,\boldsymbol{\Omega}_\nu) = \pi\rho_\lambda(-\boldsymbol{\Omega}_\odot,\boldsymbol{\Omega}_\nu) = \frac{\pi I_{\lambda r}^{+}(\boldsymbol{\Omega}_\nu)}{F_{\lambda\odot}\cos\theta_\odot} \tag{3.94}$$

五、气层介质的方向反射函数

1. 反射函数和透射函数

如果照射到一气层的辐照度为 $I_0(\boldsymbol{\Omega}')\mu'$,$I_0(\boldsymbol{\Omega}')$ 为以方向($\boldsymbol{\Omega}'$)入射到气层的辐射率,($\mu;\phi$)是气层对辐射的反射方向,则反射函数和透射函数可以通过下面的式子来定义:

$$I_r(0,\boldsymbol{\Omega}) = \frac{1}{\pi}\int_0^{2\pi}\int_0^1 R(\boldsymbol{\Omega},\boldsymbol{\Omega}')I_0(-\boldsymbol{\Omega}')\mu'\mathrm{d}\mu'\mathrm{d}\phi' \tag{3.95a}$$

$$I_t(\tau_1,-\boldsymbol{\Omega}) = \frac{1}{\pi}\int_0^{2\pi}\int_0^1 T(\boldsymbol{\Omega},\boldsymbol{\Omega}')I_0(-\boldsymbol{\Omega}')\mu'\mathrm{d}\mu'\mathrm{d}\phi' \tag{3.95b}$$

式中,($-\boldsymbol{\Omega}'$)是入射大气顶的辐射方向,$I_0(-\boldsymbol{\Omega}')$是入射至散射层顶部的向下阳光辐射,$R(\mu,\phi,\boldsymbol{\Omega}')$所定义的反射函数,它表示整层气层对向下的辐射的反射辐射;$T(\boldsymbol{\Omega},\boldsymbol{\Omega}')$是所定义的气层的透射函数,$I_r(0,\mu,\phi)$是大气顶的反射辐射,$I_t(\tau_1,\mu,\phi)$是透过气层的透射辐射。实际上,对于太阳光的方向只需用单一方向近似就足够了,写成

$$I_0(-\boldsymbol{\Omega}) = \delta(\mu-\mu_0)\delta(\phi-\phi_0)F_0 \tag{3.96}$$

式中,δ 是狄拉克 δ 函数,F_0 是垂直于太阳光束的入射太阳辐射通量密度。这时由式(3.78)、式(3.79)分别得反射函数和透射函数为

$$R(\boldsymbol{\Omega};\boldsymbol{\Omega}_0)=\pi I_r(0,\boldsymbol{\Omega})/(\mu_0 F_0) \tag{3.97}$$

$$T(\boldsymbol{\Omega};\boldsymbol{\Omega}_0)=\pi I_t(\tau_1,-\boldsymbol{\Omega})/(\mu_0 F_0) \tag{3.98}$$

式中,$L_t(\tau_1,-\mu,\phi)$代表漫透射强度,它没有包括直接透射太阳辐射 $F_0\mathrm{e}^{-\tau_1/\mu_0}$。

2. 局地的反射比 r(行星反照率或局地反射比)和漫透射比 t

(1)反射比:定义为大气顶处反射通量密度与入射通量密度之比,写为

$$r(\mu_0) = \frac{F_{\mathrm{dif}}^{\uparrow}(0)}{\mu_0 F_0} = \frac{1}{\pi}\int_0^{2\pi}\int_0^1 R(\boldsymbol{\Omega};\boldsymbol{\Omega}_0)\mu\mathrm{d}\boldsymbol{\Omega} \tag{3.99}$$

式中,$F_{\mathrm{dif}}^{\uparrow}(0)$为大气顶的向上漫辐射,$\mu_0 F_0$ 是入射辐射通量密度。当反射函数与方位无关时,

反射比为

$$r(\mu_0)=2\int_0^1 R(\mu,\mu_0)\mu\mathrm{d}\mu \tag{3.100}$$

(2)漫透射比:定义为大气底处透过的漫辐射与入射通量密度之比,写为

$$t(\mu_0)=\frac{F_{\mathrm{dif}}^{\uparrow}(\tau_1)}{\mu_0 F_0}=\frac{1}{\pi}\int_0^{2\pi}\int_0^1 T(\mu,\phi;\mu_0,\phi_0)\mu\mathrm{d}\mu\mathrm{d}\phi \tag{3.101}$$

式中,$F_{\mathrm{dif}}^{\uparrow}(\tau_1)$是大气层底处的漫透射辐射。当透射与方位无关时,透射比可以写为

$$t(\mu_0)=2\int_0^1 T(\mu,\mu_0)\mu\mathrm{d}\mu \tag{3.102}$$

(3)全球漫透射比 $\bar{t}_{\mathrm{dif}}$:定义为透射至行星表面与入射行星上的辐射能量比。与上类似可以得

$$\bar{t}_{\mathrm{dif}}=\frac{F^{\downarrow}(\tau_1)}{\pi\alpha^2\pi F_0}2\int_0^1 t(\mu_0)\mu_0\mathrm{d}\mu_0 \tag{3.103}$$

(4)直接透射比:定义为透射至行星表面的直接辐射能量与入射行星上的辐射能比,写为

$$\bar{t}_{\mathrm{dir}}=2\int_0^1 \mathrm{e}^{-\tau_1/\mu_0}\mu_0\mathrm{d}\mu_0 \tag{3.104}$$

(5)全球吸收比:定义为被行星吸收的辐射与入射至行星的辐射能的比值,写为

$$\bar{a}=1-\bar{r} \tag{3.105}$$

(6)表观反照率:在大气顶处测量到的反射太阳辐射,估算的反照率称表观反照率。如果大气顶测量到的辐射率为 $L(\theta_v,\theta_s;\phi_v,\phi_s)$,则表观反照率定义为

$$r^*(\theta_v,\theta_{\mathrm{sun}};\phi_v,-\phi_{\mathrm{sun}})=\pi I(\theta_v,\theta_{\mathrm{sun}};\phi_v,-\phi_{\mathrm{sun}})/E_0\mu_{\mathrm{sun}} \tag{3.106}$$

式中,θ_v是观测角,θ_{sun}、ϕ_{sun}是太阳的入射角和方位角,E_0 是大气顶的太阳辐照度,表观反照率的意义类似于亮度温度,表示当将卫星测量的辐射看成是由地表反射的。而实际卫星测量的辐射为地面反射和大气反射两部分之和。

六、辐射的透过率

1. 介质的方向透过率

定义为在 $\boldsymbol{\Omega}$ 方向透过介质的辐射率与在$-\boldsymbol{\Omega}'$方向入射到介质的辐照度之比值,写为

$$\widetilde{T}_{\lambda}(-\boldsymbol{\Omega}',\boldsymbol{\Omega}_v)=\frac{\mathrm{d}L_{\lambda,t}^{-}(\boldsymbol{\Omega})}{L_{\lambda}^{-}(\boldsymbol{\Omega}')\cos\theta'\mathrm{d}\boldsymbol{\Omega}'} \tag{3.107}$$

式中,$I_{\lambda,t}^{-}(\boldsymbol{\Omega})$是在 $\boldsymbol{\Omega}$ 方向透过介质的辐射率,表示为

$$I_{\lambda,t}^{-}(\boldsymbol{\Omega})=\int_{-}\mathrm{d}L_{\lambda,t}^{-}(\boldsymbol{\Omega})=\int_{-}\widetilde{T}_{\lambda}(-\boldsymbol{\Omega}',\boldsymbol{\Omega}_v)I_{\lambda,t}^{-}(\boldsymbol{\Omega}')\cos\theta'\mathrm{d}\boldsymbol{\Omega}' \tag{3.108}$$

2. 直接透射比 $\widetilde{T}_{\lambda,\mathrm{dir}}$

定义为透过大气层的直接辐射与入射辐射之比,写为

$$\widetilde{T}_{\lambda,dir}(-\boldsymbol{\Omega}')=\frac{\mathrm{d}I_{\lambda,t,\mathrm{dir}}^{-}(\boldsymbol{\Omega})}{I_{\lambda}^{-}(\boldsymbol{\Omega}')\cos\theta'\mathrm{d}\boldsymbol{\Omega}'}=\mathrm{e}^{-\tau(\theta)} \tag{3.109}$$

3. 漫透射函数 $\widetilde{T}_{\lambda,dif}$

定义为透过大气层的漫辐射与入射辐射之比,写为

$$\widetilde{T}_{\lambda,dif}(-\boldsymbol{\Omega}',\boldsymbol{\Omega}_v)=\frac{\mathrm{d}I_{\lambda,t,\mathrm{dif}}^{-}(\boldsymbol{\Omega})}{I_{\lambda}^{-}(\boldsymbol{\Omega}')\cos\theta'\mathrm{d}\boldsymbol{\Omega}'} \tag{3.110}$$

4. 总的透射率

定义为直接透射率与漫透射率之和，写为

$$\widetilde{T}_{\lambda}=\widetilde{T}_{\lambda,\mathrm{dir}}(-\boldsymbol{\Omega}')+\widetilde{T}_{\lambda,\mathrm{dif}}(-\boldsymbol{\Omega}',-\boldsymbol{\Omega}_{\nu}) \tag{3.110}$$

总的向下透射为

$$I_{\lambda,t}^{-}(\boldsymbol{\Omega})=I_{\lambda}^{-}(\boldsymbol{\Omega})\mathrm{e}^{-\tau_{\lambda}(\theta)}+\int_{-}\widetilde{T}_{\lambda,\mathrm{dif}}(-\boldsymbol{\Omega}',-\boldsymbol{\Omega}_{\nu})I_{\lambda,t}^{-}(-\boldsymbol{\Omega}')\cos\theta'\mathrm{d}\boldsymbol{\Omega}' \tag{3.111}$$

式中，$I_{\lambda}^{-}(\boldsymbol{\Omega})\mathrm{e}^{-\tau_{\lambda}(\theta)}$ 是直接透射辐射强度，$\int_{-}\widetilde{T}_{\lambda,\mathrm{dif}}(-\boldsymbol{\Omega}',-\boldsymbol{\Omega}_{\nu})I_{\lambda,t}^{-}(-\boldsymbol{\Omega}')\cos\theta'\mathrm{d}\boldsymbol{\Omega}'$ 是漫透射辐射强度。对于太阳光，写成

$$I_{\lambda,t}^{-}(\boldsymbol{\Omega})=F_{\lambda0}\delta(\cos\theta'-\cos\theta_0)\delta(\phi'-\phi_0)\mathrm{e}^{-\tau_{\lambda}(\theta)}+F_{\lambda0}\widetilde{T}_{\lambda,\mathrm{dif}}(-\boldsymbol{\Omega}',-\boldsymbol{\Omega}_{\nu})\cos\theta_0 \tag{3.112}$$

透射的辐射通量密度写为

$$F_{\lambda,t}^{-}=F_{\lambda0}\cos\theta_0\left[\mathrm{e}^{-\tau_{\lambda}(\theta)}+\int_{-}\widetilde{T}_{\lambda,\mathrm{dif}}(-\boldsymbol{\Omega}',-\boldsymbol{\Omega}_{\nu})\cos\theta\mathrm{d}\Omega\right] \tag{3.113}$$

半球(2π)向下透射率写为

$$\widetilde{T}_{\lambda}(-\boldsymbol{\Omega}_0,2\pi)=\frac{F_{\lambda,t}^{-}}{F_{\lambda,0}\cos\theta_0}=\mathrm{e}^{-\tau_{\lambda}(\theta_0)}+\int_{-}\widetilde{T}_{\lambda,\mathrm{dif}}(-\boldsymbol{\Omega}_0,-\boldsymbol{\Omega}_{\nu})\cos\theta\mathrm{d}\Omega \tag{3.114}$$

5. 球面(全球)反照率 $\bar{r}$ 和漫透射比 $\bar{t}_{\mathrm{dif}}$

对于整个行星而言，太阳光相对于行星上各点的天顶角是不同的，因而在考虑整个行星的反照率、漫透射比等时需计及太阳天顶角的作用。

(1)球面(全球)反照率：定义为整个行星反射的能量与入射至行星上的能量之比。首先，对于半径为 a 的行星截得的太阳辐射能量为(行星截面积)×(入射至行星处的太阳能量密度)。其次，如图 3.6 中，现考察半径为 a'、厚度为 $\mathrm{d}a'$ 的圆环，又若行星的局地反射率为 μ_0，则这圆环反射的能量通量为 $r(\mu_0)F_0 2\pi a'\mathrm{d}a'$；由于 $a'=a\sin\theta_0$，$\mathrm{d}a'=a'\cos\theta_0\mathrm{d}\theta_0$，则通量又写为 $2\pi a^2F_0r(\mu_0)\mu_0\mathrm{d}\mu_0$。最后，整个行星反射的能量通量为

$$f^{\uparrow}(0)=2\pi a^2F_0\int_0^1 r(\mu_0)\mu_0\mathrm{d}\mu_0 \tag{3.115}$$

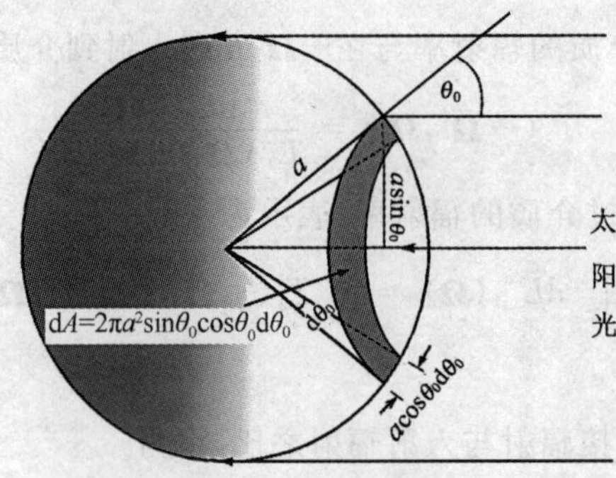

图 3.6 定义球面反照率的几何图

因而球面反照率写为

$$\bar{r}=\frac{f^{\uparrow}(0)}{\pi a^2F_0}=2\int_0^1 r(\mu_0)\mu_0\mathrm{d}\mu_0 \tag{3.116}$$

6. 大气顶总的反射函数和透射函数

(1)大气顶总反射函数:对于地球大气系统,大气顶总的反射函数可以写为

$$R_{\mathrm{tot}}(-\boldsymbol{\Omega}_0,\boldsymbol{\Omega}_v,\alpha_s)=R_{\mathrm{atom}}(-\boldsymbol{\Omega}_0,\boldsymbol{\Omega}_v)+\frac{\widetilde{T}(-\boldsymbol{\Omega}_0,-2\pi)\alpha_s\widetilde{T}(-\boldsymbol{\Omega}_0,-2\pi)}{1-\bar{\rho}_{\mathrm{atmos}}\alpha_s} \tag{3.117}$$

式中,第一项 $R_{\mathrm{atom}}(-\boldsymbol{\Omega}_0,\boldsymbol{\Omega}_v)$ 表示的是大气对 $-\boldsymbol{\Omega}_0$ 方向入射辐射的反射到观测方向 $\boldsymbol{\Omega}_v$ 的反射函数,第二项是考虑到气层与地面之间的多次反射后的反射函数,α_s 是地面反照率。

(2)总的透射函数:考虑到地表的总透射函数可写为

$$\widetilde{T}_{\mathrm{tot}}(-\boldsymbol{\Omega}_0,\boldsymbol{\Omega}_v,\alpha_s)=\widetilde{T}_{\mathrm{atom}}(-\boldsymbol{\Omega}_0,\boldsymbol{\Omega}_v)+\frac{\widetilde{T}(-\boldsymbol{\Omega}_0,-2\pi)\alpha_s\widetilde{\rho}_c(2\pi,\boldsymbol{\Omega})}{\pi[1-\widetilde{\rho}_{\mathrm{atmos}}\alpha_s]} \tag{3.118}$$

式中第一项是大气的透过率,$\widetilde{T}(-\boldsymbol{\Omega}_0,-2\pi)$是向下透射函数。

(3)上半空间的反射率写为

$$\rho_{\mathrm{tot}}(-\boldsymbol{\Omega}_0,2\pi,\alpha_s)=\rho(-\boldsymbol{\Omega},2\pi)+\frac{\widetilde{T}(-\boldsymbol{\Omega}_0,-2\pi)\alpha_s\widetilde{T}}{1-\rho_{\mathrm{atmos}}\alpha_s} \tag{3.119}$$

(4)下半空间的反射率

$$\rho_{\mathrm{tot}}(-\boldsymbol{\Omega}_0,2\pi,\alpha_s)=\rho(-\boldsymbol{\Omega},2\pi)+\frac{\widetilde{T}(-\boldsymbol{\Omega}_0,-2\pi)\alpha_s\widetilde{T}(-\boldsymbol{\Omega}_0,-2\pi)}{1-\rho_{\mathrm{atmos}}\alpha_s} \tag{3.120}$$

七、介质辐射的散度和冷却率

介质中辐射的散度可以写为

$$\nabla\cdot F_\lambda=\frac{\partial F_\lambda}{\partial x}+\frac{\partial F_\lambda}{\partial y}+\frac{\partial F_\lambda}{\partial z} \tag{3.121}$$

如果散度$\nabla\cdot F_\lambda>0$,介质失去辐射能量,内能下降,导致温度下降冷却;如果散度$\nabla\cdot F_\lambda<0$,辐射流向介质,介质辐射加热,内能增加,温度上升。对于介质质量为 $\rho\Delta z$,定压比热容为 C_{p},则该质量温度上升 1℃所需要的能量为 $C_{\mathrm{p}}\rho\Delta z$,若在 Δt 时间内介质吸收的辐射能为 $\Delta t\nabla\cdot F_\lambda$,则介质温度的改变为 ΔT,有

$$\Delta T=-\Delta t\,\nabla\cdot F_\lambda/C_{\mathrm{p}}\rho\Delta z \tag{3.122}$$

或写为

$$\frac{\partial T}{\partial t}=-\nabla\cdot F_\lambda/C_{\mathrm{p}}\rho\Delta z \tag{3.123}$$

第三节　辐射传输方程

地球与宇宙间辐射交换时发生的复杂过程主要出现于大气中,影响大气中的辐射过程的因素有:

①大气中的分子和粒子的吸收和发射使传播方向辐射改变,由于大气中的水汽、二氧化碳、臭氧等吸收气体,一方面要吸收入射辐射使辐射减小,同时要以自身的温度发射辐射使辐射加强;

②物质对辐射的散射使传播方向辐射减小;

③物质发射辐射使传播方向辐射加强;

④入射的多次散射辐射使传播方向辐射加强。

一、考虑吸收、散射和发射时的辐射传输方程

在大气中传输的辐射有下面几部分：

$$\begin{aligned}
\mathrm{d}I_\lambda(\tau_\lambda,\boldsymbol{\Omega}) = & -k_{a,\lambda}(\boldsymbol{r},t)\rho(\boldsymbol{r},t)I_{\lambda,t}(\boldsymbol{r},\boldsymbol{\Omega})\mathrm{d}s - && \text{物质吸收使辐射减小} \\
& \int_{4\pi} k_{sca,\lambda}(\boldsymbol{r},\boldsymbol{\Omega}\rightarrow\boldsymbol{\Omega}',t)\rho(\boldsymbol{r})I_{\lambda,t}(\boldsymbol{r},\boldsymbol{\Omega})\mathrm{d}\boldsymbol{\Omega}'\mathrm{d}s + && \text{散射使辐射减小} \\
& \frac{\beta_{s,\lambda}}{4\pi}\int_{4\pi} P_\lambda(\boldsymbol{\Omega},\boldsymbol{\Omega}')I_\lambda(\boldsymbol{r},\boldsymbol{\Omega}')\rho(\boldsymbol{r})\mathrm{d}s\mathrm{d}\boldsymbol{\Omega}' + && \text{多次散射使辐射加强} \\
& \frac{\beta_{s,\lambda}}{4\pi} I_\lambda(\boldsymbol{\Omega})P_\lambda(\boldsymbol{\Omega},\boldsymbol{\Omega}')\mathrm{d}s\mathrm{d}\boldsymbol{\Omega}' + j_\lambda\rho(\boldsymbol{r})\mathrm{d}s && \text{一次散射和发射辐射使辐射加强} \\
= & -[k_{a,\lambda}(\boldsymbol{r}) + k_{sca,\lambda}(\boldsymbol{r})]I_\lambda(\boldsymbol{r},\boldsymbol{\Omega})\rho(\boldsymbol{r})\mathrm{d}s + \\
& \frac{k_{sca,\lambda}}{4\pi}\int_{4\pi} P_\lambda(\boldsymbol{\Omega},\boldsymbol{\Omega}')I_\lambda(\boldsymbol{r},\boldsymbol{\Omega}')\rho(\boldsymbol{r})\mathrm{d}s\mathrm{d}\boldsymbol{\Omega}' + \\
& \frac{k_{sca,\lambda}}{4\pi} I_\lambda(\boldsymbol{r},\boldsymbol{\Omega})P_\lambda(\boldsymbol{\Omega},\boldsymbol{\Omega}')\rho(\boldsymbol{r})\mathrm{d}s\mathrm{d}\boldsymbol{\Omega}' + j_\lambda\rho(\boldsymbol{r})\mathrm{d}s
\end{aligned} \tag{3.124}$$

根据

$$\mathrm{d}\tau_\lambda = -[k_{a,\lambda}(\boldsymbol{r}) + k_{sca,\lambda}(\boldsymbol{r})]\rho(\boldsymbol{r})\mathrm{d}s \tag{3.125a}$$

$$\omega_0 = k_{sca,\lambda}(\boldsymbol{r})/[k_{a,\lambda}(\boldsymbol{r}) + k_{sca,\lambda}(\boldsymbol{r})] \tag{3.125b}$$

和

$$j_\lambda = \varepsilon_\lambda(T_s)B(T_s) = k_{a,\lambda}B(T_s) \tag{3.126}$$

则有

$$\begin{aligned}
\mu\frac{\mathrm{d}I_\lambda(\tau_\lambda;\boldsymbol{\Omega})}{\mathrm{d}\tau} = & I_\lambda(\tau_\lambda,\boldsymbol{\Omega}) - \frac{\omega_0}{4\pi}\int_{\boldsymbol{\Omega}'} P(\boldsymbol{\Omega},\boldsymbol{\Omega}')I(\boldsymbol{\Omega}')\mathrm{d}\boldsymbol{\Omega}' - \\
& \frac{\omega_0}{4\pi}F_{0\lambda}(\boldsymbol{\Omega}')P_\lambda(\boldsymbol{\Omega},-\boldsymbol{\Omega}_0)\exp(-\tau/\mu_0) - (1-\omega_0)B(T_s)
\end{aligned} \tag{3.127}$$

若源函数写为

$$\begin{aligned}
J_\lambda(\tau_\lambda,\mu,\boldsymbol{\Omega}') = & \frac{\omega_0}{4\pi}\int_{\boldsymbol{\Omega}'} P(\boldsymbol{\Omega},\boldsymbol{\Omega}')I(\boldsymbol{\Omega}')\mathrm{d}\boldsymbol{\Omega}' + \\
& \frac{\omega_0}{4\pi}F_{0\lambda}(\boldsymbol{\Omega})P_\lambda(\boldsymbol{\Omega}',-\boldsymbol{\Omega}_0)\exp(-\tau_\lambda/\mu_0) + (1-\omega_0)B(T_s)
\end{aligned} \tag{3.128}$$

则有

$$\mu\frac{\mathrm{d}I_\lambda(\tau_\lambda;\boldsymbol{\Omega})}{\mathrm{d}\tau} = I_\lambda(\tau_\lambda,\boldsymbol{\Omega}) - J_\lambda(\tau_\lambda,\boldsymbol{\Omega}) \tag{3.129}$$

如果立体角 $\boldsymbol{\Omega}$ 用 μ,φ 表示，平面平行大气的辐射传输方程为

$$\mu\frac{\mathrm{d}I_\lambda(\tau_\lambda;\mu,\varphi)}{\mathrm{d}\tau} = I_\lambda(\tau_\lambda,\mu,\varphi) - J_\lambda(\tau_\lambda,\mu,\varphi) \tag{3.130}$$

如果将式(3.43)表示的纯吸收、式(3.49)纯散射和式(3.74)表示的一次散射合并成一式，可以得太阳光的多次散射辐射传输方程为

$$\frac{\mathrm{d}I_\lambda(s;\mu,\varphi)}{\mathrm{d}s} = -(k_{\lambda,sc} + k_{\lambda a})\rho I_\lambda(s;\mu,\varphi) + \frac{k_{\lambda,sc}\rho}{4\pi}\int_0^{2\pi}\int_{-1}^{1} I_\lambda(s,\mu',\varphi')P_\lambda(\mu,\varphi;\mu',\varphi')\mathrm{d}\mu'\mathrm{d}\varphi' +$$

$$\frac{k_{\lambda,sc}\rho}{4\pi}F_0 P_\lambda(\mu,\varphi;-\mu_{sun},\varphi_{sun})e^{-\tau/\mu_{sun}} \tag{3.131}$$

或者以 $d\tau_\lambda=-(k_{\lambda,sc}+k_{\lambda a})\rho ds=-(k_{\lambda,sc}+k_{\lambda a})\rho dz/\mu$ 代入,则写为

$$\mu\frac{dI_\lambda(\tau_\lambda;\mu,\varphi)}{d\tau_\lambda}=I_\lambda(\tau_\lambda;\mu,\varphi)-\frac{\tilde{\omega}_0}{4\pi}\int_{4\pi}I_\lambda(\tau_\lambda,\mu',\varphi')P_\lambda(\mu,\varphi;\mu',\varphi')P_\lambda(\mu,\varphi;\mu',\varphi')d\mu'd\varphi'-$$

$$\frac{\tilde{\omega}_0}{4\pi}F_0 P_\lambda(\mu,\varphi;-\mu_{sun},\varphi_{sun})e^{-\tau_\lambda/\mu_{sun}} \tag{3.132}$$

式中,右边第一项为辐射传播方向上因吸收和散射对辐射的衰减,第二项是多次散射辐射项,第三项是对太阳辐射的一次散射,则太阳辐射的源函数分别为

$$J_\lambda(\tau_\lambda;\mu,\varphi)=J_\lambda^{diffuse}(\tau_\lambda;\mu,\varphi)+J_\lambda^{direct}(\tau_\lambda;\mu,\varphi) \tag{3.133a}$$

$$J_\lambda^{diffuse}(\tau_\lambda;\mu,\varphi)=\frac{\tilde{\omega}_0}{4\pi}\int_{4\pi}I_\lambda(\tau_\lambda,\mu',\varphi')P_\lambda(\mu,\varphi;\mu',\varphi')d\mu'd\varphi' \tag{3.133b}$$

$$J_\lambda^{direct}(\tau_\lambda;\mu,\varphi)=\frac{\tilde{\omega}_0}{4\pi}F_0 P_\lambda(\mu,\varphi;-\mu_{sun},\varphi_{sun})e^{-\tau_\lambda/\mu_{sun}} \tag{3.133c}$$

二、红外谱段散射大气的红外辐射传输

在红外波段,如果大气处于局地热力平衡,则要考虑目标物发射辐射,则传输方程为

$$\mu\frac{dI_\lambda(\tau_\lambda;\mu,\varphi)}{d\tau_\lambda}=I_\lambda(\tau_\lambda;\mu,\varphi)-\frac{\tilde{\omega}_0}{4\pi}\int_{4\pi}I_\lambda(\tau_\lambda,\mu',\varphi')P_\lambda(\mu,\varphi;\mu',\varphi')P_\lambda(\mu,\varphi;\mu',\varphi')d\mu'd\varphi'-$$

$$\frac{\tilde{\omega}_0}{4\pi}F_0 P_\lambda(\mu,\varphi;-\mu_{sun},\varphi_{sun})e^{-\tau_\lambda/\mu_{sun}}+(1-\tilde{\omega}_0)B_\lambda(T) \tag{3.134}$$

式中,$B_\lambda(T)$是温度为 T 的普朗克函数。此时源函数为

$$J_\lambda(\tau_\lambda;\mu,\varphi)=J_\lambda^{diffuse}(\tau_\lambda;\mu,\varphi)+J_\lambda^{direct}(\tau_\lambda;\mu,\varphi)+J_\lambda^{emis}(\tau_\lambda;\mu,\varphi) \tag{3.135a}$$

$$J_\lambda^{diffuse}(\tau_\lambda;\mu,\varphi)=\frac{\tilde{\omega}_{\lambda0}}{4\pi}\int_{4\pi}I_\lambda(\tau_\lambda,\mu',\varphi')P_\lambda(\mu,\varphi;\mu',\varphi')d\mu'd\varphi' \tag{3.135b}$$

$$J_\lambda^{direct}(\tau_\lambda;\mu,\varphi)=\frac{\tilde{\omega}_{\lambda0}}{4\pi}F_0 P_\lambda(\mu,\varphi;-\mu_{sun},\varphi_{sun})e^{-\tau/\mu_{sun}} \tag{3.135c}$$

$$J_\lambda^{emis}(\tau_\lambda;\mu,\varphi)=(1-\tilde{\omega}_{\lambda0})B_\lambda(T) \tag{3.135d}$$

对于与方位无关的情况下,相函数写为

$$P_\lambda(\mu,\mu')=\frac{1}{2\pi}\int_0^{2\pi}P_\lambda(\mu,\varphi;\mu',\varphi')d\varphi' \tag{3.136}$$

与方位无关的漫辐射传输方程式写为

$$\mu\frac{dI_\lambda(\tau_\lambda;\mu)}{d\tau_\lambda}=I_\lambda(\tau_\lambda;\mu)-\frac{\tilde{\omega}_{\lambda0}}{2}\int_{-1}^{1}I_\lambda(\tau_\lambda,\mu')P_\lambda(\mu,\mu')d\mu'-\frac{\tilde{\omega}_{\lambda0}}{4\pi}F_{\lambda0}P_\lambda(\mu,-\mu_0)\exp(-\tau_\lambda/\mu_0) \tag{3.137}$$

三、平面平行大气的辐射传输方程

在三维坐标系中,对于平面平行大气辐射传输采用$(z;\theta,\phi)$表示,写为

$$\cos\theta\frac{dI(z;\theta,\phi)}{k\rho dz}=-I(z;\theta,\phi)+J(z;\theta,\phi) \tag{3.138}$$

式中，θ 是极角，ϕ 是相对 X 轴的方位角，上式中为简便，略去辐射量的下标波长 λ，引入由大气上界向下的垂直光学厚度

$$\tau = \int_z^\infty k\rho \mathrm{d}z' \tag{3.139}$$

则有

$$\mu \frac{\mathrm{d}I_\lambda(\tau;\mu,\phi)}{\mathrm{d}\tau_\lambda} = I(\tau;\mu,\phi) - J(\tau;\mu,\phi) \tag{3.140}$$

式中，$\mu=\cos\theta$，式(3.140)成为以$(\tau;\mu,\phi)$为函数的平面平行大气中有关多次散射的辐射传输基本方程。

1. 有限大气层内向上和向下的辐射亮度

(1)有限大气层内向上辐射亮度：对于大气层内 τ 高度处向上($\mu>0$)的辐射亮度，将式(3.140)乘以 $\mathrm{e}^{-\tau/\mu}$，则有

$$\frac{\mathrm{d}}{\mathrm{d}\tau}\{I(\tau;\mu,\phi)\mathrm{e}^{-\tau/\mu}\} = \left(\frac{\mathrm{d}I(\tau;\mu,\phi)}{\mathrm{d}\tau} - \frac{1}{\mu}I(\tau;\mu,\phi)\right)\mathrm{e}^{-\tau/\mu} = -\frac{1}{\mu}J(\tau;\mu,\phi)\mathrm{e}^{\tau/\mu} \tag{3.141}$$

对式(3.141)由 $\tau\to\tau_1$ 进行积分，则向上的辐射率为

$$I(\tau;\mu,\phi) = I(\tau_1;\mu,\phi)\mathrm{e}^{-(\tau_1-\tau)/\mu} + \int_\tau^{\tau_1} J(\tau';\mu,\phi)\mathrm{e}^{-(\tau_1-\tau)/\mu}\frac{\mathrm{d}\tau'}{\mu}(1\geqslant\mu>0) \tag{3.142}$$

式中，τ' 是 τ 的积分参数。

(2)有限大气层内向下辐射亮度：对于大气层内 τ 高度处向下($\mu<0$)的辐射亮度，与上类似，只是用 $-\mu$ 代替 μ，并由 $0\to\tau$ 进行积分，得

$$I(\tau;-\mu,\phi) = I(0;-\mu,\phi)\mathrm{e}^{-\tau/\mu} + \int_0^{\tau} J(\tau';-\mu,\phi)\mathrm{e}^{-(\tau-\tau_1)/\mu}\frac{\mathrm{d}\tau'}{\mu}(-1\leqslant\mu<0) \tag{3.143}$$

(3)有限大气层顶和底处向上和向下的辐射亮度：有限大气层顶处($\tau=0$)，由大气发射的向下辐射亮度为 0，只有向上的辐射亮度，由式(3.142)可以得

$$I(0;\mu,\phi) = I(\tau_1;-\mu,\phi)\mathrm{e}^{-\tau_1/\mu} + \int_0^{\tau_1} J(\tau';\mu,\phi)\mathrm{e}^{-\tau'/\mu}\frac{\mathrm{d}\tau'}{\mu} \tag{3.144}$$

式中，右边第一项和第二项分别表示大气底面和大气层内部发射的辐射。

有限大气层底处($\tau=\tau_1$)，大气向上辐射忽略不计，仅考虑向下大气辐射，由式(3.143)得

$$I(\tau_1;-\mu,\phi) = I(0;-\mu,\phi)\mathrm{e}^{-\tau_1/\mu} + \int_0^{\tau_1} J(\tau';-\mu,\phi)\mathrm{e}^{-(\tau_1-\tau')/\mu}\frac{\mathrm{d}\tau'}{\mu} \tag{3.145}$$

式中，$I(\tau_1;-\mu,\phi)$为大气底层处的向下辐射，式中右边第一项为入射大气顶后透过整层大气到达大气低层的辐射，第二项为整层大气发出的向下辐射。

(4)半无限大气层内 τ 处向上、向下大气辐射亮度

①半无限大气层内 τ 处的向上辐射亮度。对于半无限大气的顶部和底部，没有向上和向下的漫辐射，即

$$I(\tau_1;\mu,\phi)=0 \text{ 和 } I(0;-\mu,\phi)=0$$

因此，在 τ 处的向上辐射写为

$$I(\tau;\mu,\phi) = \int_z^\infty J(\tau';\mu,\phi)\mathrm{e}^{-(\tau'-\tau)/\mu}\frac{\mathrm{d}\tau'}{\mu} \tag{3.146}$$

②半无限大气层内 τ 处的向下辐射。对于半无限大气 τ 处的向下辐射写为

$$I(\tau;-\mu,\phi)=I(0;-\mu,\phi)\mathrm{e}^{-\tau/\mu}+\int_0^{\tau}J(\tau';\mu,\phi)\mathrm{e}^{-(\tau'-\tau)/\mu}\frac{\mathrm{d}\tau'}{\mu} \tag{3.147}$$

式中，$I(\tau;-\mu,\phi)$是半无限大气 τ 处的向下辐射，式中左边第一项 $I(0;-\mu,\phi)\mathrm{e}^{-\tau/\mu}$是入射大气顶并透过大气到达 τ 处的辐射，式中左边第二项是 τ 以上大气层发出的向下辐射。

因此，漫太阳辐射的源函数可以写成两个分量

$$J(\tau,\mu,\varphi)=\frac{\omega_0}{4\pi}\int_0^{2\pi}\int_{-1}^{1}I(\tau,\mu',\varphi')P(\mu,\varphi;\mu',\varphi')\mathrm{d}\mu'\mathrm{d}\varphi'+\frac{\omega_0}{4\pi}F_0P(\mu,\varphi;-\mu_0,\varphi_0)\exp(-\tau/\mu_0) \tag{3.148}$$

式中，ω_0 是单次反照率，P 是散射相函数。

散射辐射的源函数比热辐射源函数更为复杂：①它涉及整个气层，而热辐射源函数只与局地状况有关；②相函数是方向很复杂的函数，且是极化状态的函数。

辐射传输方程式的近似求解方法：①单次散射近似法；②两流近似法；③爱顿丁和δ-爱顿丁近似。

辐射传输方程式的精确求解方法：①离散纵标法；②加倍累加法；③蒙特卡洛法。

第五节　大气气体吸收计算方法

一、地球大气中的吸收气体和大气光谱特征

地球大气中各种气体的分子主要有氮、氧、水汽、二氧化碳、臭氧、甲烷、一氧化碳等分子，它们的结构不同，其吸收光谱也不同，图 3.7 显示了由于这些分子吸收造成的大气吸收光谱，图 3.8 显示了单个大气成分的吸收光谱。

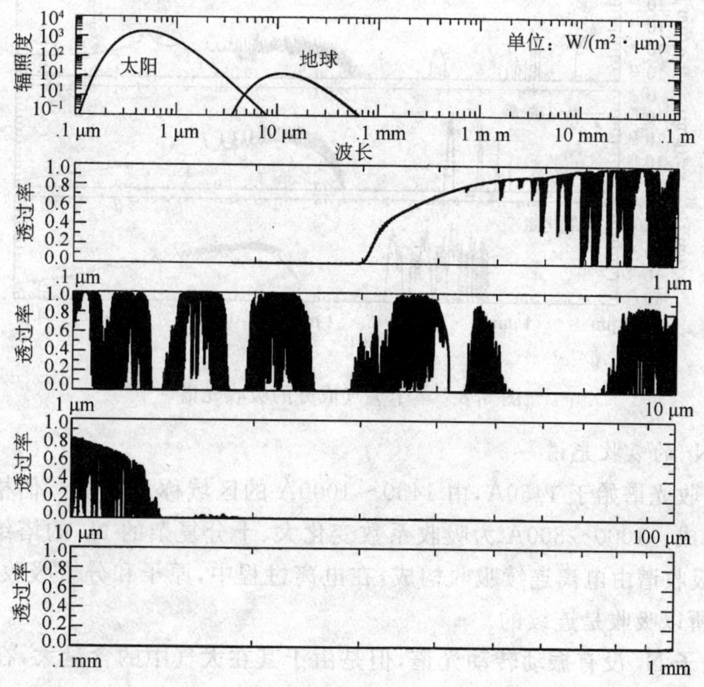

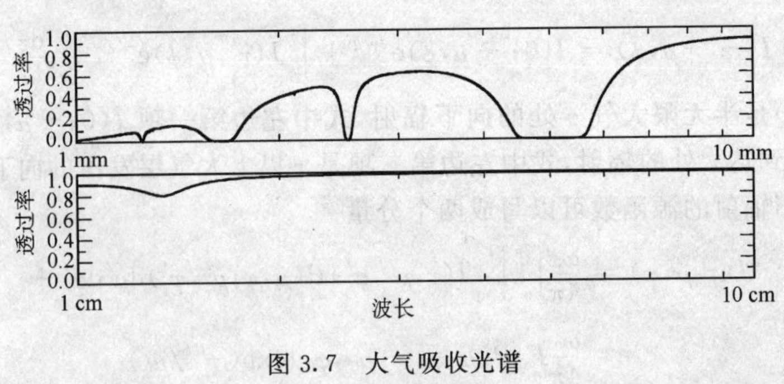

图 3.7　大气吸收光谱

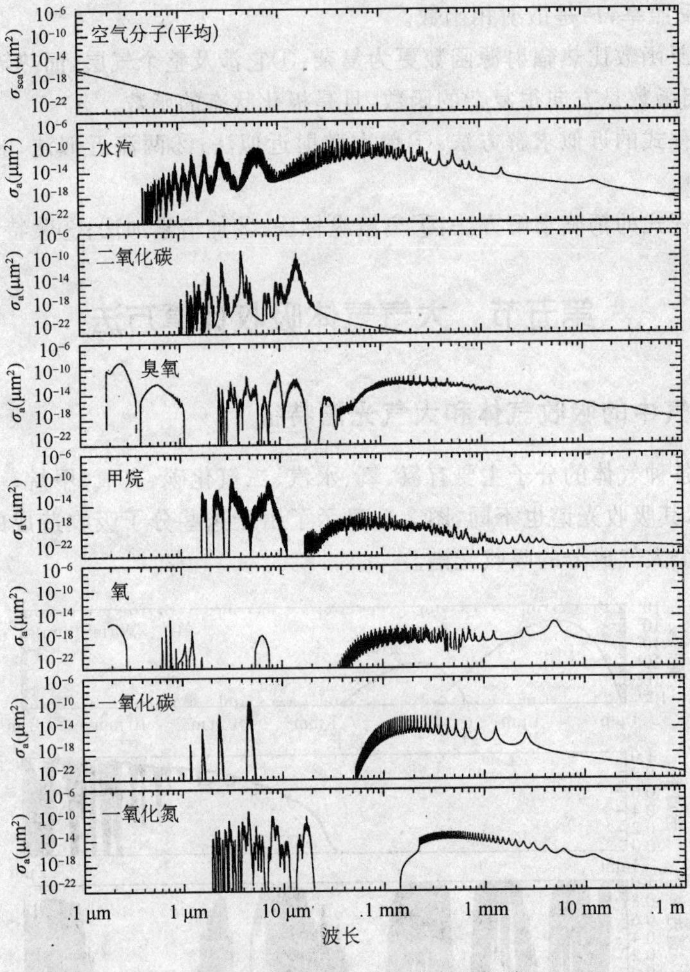

图 3.8　单个大气成分的吸收光谱

1. 氮分子 N_2 的吸收光谱

氮分子的吸收光谱始于 1450Å，由 1450～1000Å 的区域称为赖曼－伯格－霍普菲带，它由一些锐谱线构成。1000～800Å 为吸收系数变化大、十分复杂的 N_2 的塔纳卡－沃莱带，小于 800Å 的 N_2 吸收谱由电离连续吸收构成，在电离过程中，原子和分子吸收的能量远比移去电子的能量多，所以吸收是连续的。

对称的氮分子 N_2 没有振动转动光谱，但是由于其在大气中的含量大，在 N_2 分子碰撞过程中可以诱发偶极距,形成 2400～2500 cm^{-1}的振动带和从 300 cm^{-1}开始,中心在 100 cm^{-1}的转动带。在大气路径很长时,这些吸收都能观测到,如在 29 cm^{-1}处,N_2 的吸收占海平面以上整层大气总吸收的 20%。通常,在某一频率上谱线的吸收系数反映了谱线的强度,并随温度而变。谱线宽度可达 50 cm^{-1},对于 ν>200 cm^{-1},谱线远翼的贡献超过线中心处。在 300 K,转动谱线的强度为 6.5×10^{-43} cm^4。

对于温度为 220 K 的从 12 km 到空间的平流层估算转动带最大的大气吸收为:天顶角 25°时计算得出吸收为 8%;天顶角为 80°时吸收为 38%,这与水汽吸收的转动带的吸收相当。

2. 氧分子 O_2 的吸收光谱

氧分子 O_2 是一个线性双原子分子,大气中氧的第二种同位素变态是$^{16}O^{18}O$,其吸收带不仅相对于$^{16}O^{16}O$ 分子的谱带有位移,而且由于这种对称性下降,有更多的谱线。

(1)氧分子 O_2 的紫外、分子吸收谱带:氧分子的紫外吸收光谱始于 2600Å 左右,一直延伸到更短的波长。氧分子 O_2 的紫外吸收带是电子跃迁形成的,2600～2000Å 处是 Herzberg 带;在 2420Å 以下,电子跃迁成为离解,最终生成$^{16}O(^3P)+^{16}O(^3P)$和一个弱的 Herzberg 连续吸收带。此带的分子吸收系数是很小的,仅为 10^{-23}～10^{-24} cm^2,这对于能量吸收是不重要的,但是对于臭氧的形成是重要的。

在 1950～1750Å 是 Schuma-Runge 带,在 1750Å 处,该带合并成一个较强的连续带,生成$^{16}O(^3P)+^{16}O(^1D)$谱带,是分子氧吸收光谱的最重要的特征。在 1295Å、1332Å、和 1352Å 的特征表明有更强的离解。

在 1060Å 和 1280Å 间的还没有确认,但特别要注意的是太阳光谱中的 Lyman-α 线(1215.7Å),它出现于吸收系数最小的地方,在压力较低、具有自加宽系数为 1.47×10^{-23} cm^2/hPa时,其吸收系数为 1.00×10^{-20} cm^2,这个压力作用是不清楚的,但对我们的目的是不重要的。

在 850Å 与 1100Å 的区域是一系列 Rydberg 带,如所知的 Hopfield 吸收带,于近 950Å 具有峰值截面 5×10^{-17} cm^{-1},在 1026.5Å(12.08 ev),吸收部分是由束缚跃迁引起的。

在 850Å 以下,主要是电离吸收。在 300Å 以下,吸收如同两个原子氧一样。

(2)振转光谱带中的禁止带:氧是一个具有很大磁偶极距的超磁气体,在转动带的禁磁偶极跃迁的微波低 J 谱线已作了广泛的研究,其选择规则与电偶极跃迁相同。由已知的磁偶极距计算带强度。转动带的谱带强度为 7.23×10^{-24} cm。电子基态的平衡转动常数为 1.4457 cm^{-1},相应 O—O 键长为 120.74 pm。在大气光谱中的振动基频带中的电子四偶极跃迁很难观测到,其基频为 1556.379 cm^{-1},带强度为 6.15×10^{-27} cm,平衡转动常数为 1.4457 cm^{-1},相应 O—O 键长为 120.74 pm。

(3)碰撞感生谱带:已经在文献中报道了六个碰撞感生或二聚谱带。可见光谱带中的三个是液态氧的蓝色。在红外谱带,已观测到氧的基频、第一谐频和转动带。在大气谱带中,已观测到转动带和一个可见光谱带。

三个可见光带的两个是很弱的,并相应于大气系统的红光的振动跃迁(2,0)和(3,0)。第三个带位于 21,000 cm^{-1},在太阳天顶光谱中只有很小的吸收。

(4)氧原子光谱(O):氧原子的吸收在远紫外光谱,但是也在原子氧的电子基态的精细结构跃迁引起的近红外谱带中出现。氧原子的基态是三重的,具有分量$^3P_0$、$^3P_1$ 和$^3P_2$。磁偶极跃迁发生于$^3P_0$ 与$^3P_2$、$^3P_1$ 与$^3P_2$ 之间,爱因斯坦吸收系数和能级间隔,对于前者为 1.7×10^{-5} s^{-1}

和 226 cm^{-1}，对于后者为 8.8×10^{-5} s^{-1}和 161 cm^{-1}。

3. 水汽 H_2O 的吸收光谱

水汽是大气中最重要的吸收成分，它是由三个原子组成一个不对称的三角形陀螺分子，钝顶角为 104.45°，氧与氢原子之间的距离为 0.0958 nm，水汽有 $H^{16}OH$、$H^{18}OH$、$H^{17}OH$、$H^{16}OD$四种同位素，它们在大气中的百分比分别为 99.73%、0.2039%、0.0373%、0.0298%。这些同位素具有强的永久电偶极矩，对于 H_2O 的电偶极矩为：$M_B=1.94$ deb；对于 D_2O：$M_B=1.87$ deb；对于 $H^{16}OD$：$M_A=0.64$ deb，$M_B=1.70$ deb。由于水汽在大气中的含量很大，加上水汽分子的复杂结构，从电磁波谱的远紫外区到微波谱区，都存在有水汽吸收。其主要特点有如下。

(1)水汽的电子谱带：水汽的电子吸收光谱位于波长小于 186 nm 的光谱区，在 186～145 nm 水汽的连续吸收区，最大吸收在 165 nm 附近；在 145～98 nm 存在有明显的吸收带，低于 93.6 nm 出现连续吸收区。

(2)水汽的振—转光谱带：水汽的振动－转动光谱带是十分复杂的，用高分辨率观测仪可观测到每个光谱带内包含有几百条甚至数千条谱线。在这一谱段内，水汽有三个基频带，其位置见表 3.2，从表中看出，表中 ν_2(6.3 μm)是水汽最强和最宽的一条振转谱带，范围 900～2400 cm^{-1}，它吸收了 5.5～7.5 cm^{-1}光谱段的地球辐射；ν_1(2.66 μm)、ν_3(2.74 μm)较弱，ν_1 又比 ν_3 弱。由于 ν_1、ν_3 和 $2\nu_3$ 相互重叠，构成了 2.7 μm 谱带群，范围为 2800～4400 cm^{-1}；表 3.2 给出了水汽的强红外吸收光谱带。在近红外谱带(4500～11000 cm^{-1})存在六个可区分的谱线群(Ω、ψ、ϕ、τ^c、σ^c 和 ρ^c)，其位置见表 3.2，这些带对于水汽含量高的低层大气有重要意义。在可见光区有一些弱吸收带。在表 3.2 中，p_I 是宽带 $\Delta\tilde{\nu}$ 的热发射部分，(ε_p^i)是宽带发射率，$P_i(\varepsilon_F^i)$ 是对总发射率的带贡献。

(3)水汽的连续吸收：在水汽 6.3 μm 吸收带和振—转动谱带之间大气窗区发生于接近大气温度普朗克函数峰值处，并且通过这窗区的热辐射对大气问题是十分重要的。

表 3.2　地球大气中一些重要吸收气体的振－转动带

成分含量	带 μm(cm^{-1})	跃迁	谱带间隔(cm^{-1})	$p_I(T=290$ K)	$<\varepsilon_F^i>(u^*)$	$P_i<\varepsilon_F^i>(u^*)$	G_i
CO_2 356 ppmv	15(667)	y_2;P,Q,R	540～800	0.268	0.761	0.204	32
	10.4(961) 9.4(1064)	谐频	830～1250	0.250	0.0877	0.25×10^{-2}	
H_2O 10^{-5}～0.02 (对流层) 2～7 ppmv (平流层)	57(175)	转,P,R	0～350	0.133	1	0.133	75
	24(425)	转,p—型	350～500	0.147	0.988	0.145	
	15(650)	转,e—型	500～800	0.311	0.611	0.190	
	8.5(1180)	e—型,p—型	1110～1250	0.062	0.238	1.47	
	7.4(1350)	e—型,p—型	1250～1450	0.0576	0.880	5.03	
	6.2(1595)	ν_2;P,R;p—型	1450～1880	0.051	1	0.0511	
O_3 0.2～10 ppmv	9.6(1110)	ν_1;P,R;	980～1100	0.058	0.441	2.37	10
CH_4 1.714 ppmv	7.6(1306)	ν_1	950～1650	0.250	0.166	0.0420	8
N_2O 311 ppbv	7.9(1286)	ν_1	1200～1350	0.0522	0.319	0.0170	
	4.5(2224)	ν_1	2120～2270	0.003			

4. 二氧化碳 CO_2

二氧化碳 CO_2 分子在太阳光谱中有许多弱吸收带，主要有 2.0 μm、1.6 μm 和 1.4 μm，但这些吸收带是如此之弱，在太阳辐射计算中可以忽略不计。2.7 μm 略强一些，它与水汽的吸收带相重合。

二氧化碳 CO_2 分子是一个线型对称的三原子(O—C—O)分子，它处于基振动态时的键长为 115.98 pm，相应的转动常数为 0.3906 cm^{-1}。大气中 CO_2 的同位素有 $^{16}O^{12}C^{16}O$、$^{16}O^{12}C^{18}O$、$^{16}O^{12}C^{16}O$和$^{16}O^{13}C^{16}O$ 四种，它们在大气中的百分比分别为 98.420、0.4078、1.108 和 0.0646。CO_2 没有永久的电偶极矩，因此它没有纯转动光谱。

(1)CO_2 的电子谱带：CO_2 电子谱带位于远紫外区，在 132.5 nm 和 147.5 nm 附近处有两个最大的吸收，相应吸收系数为 6×10^{-19} cm^2 和 8×10^{-19} cm^2；波长低于 117.5 nm 时，吸收系数迅速增加；至 112.5 nm，吸收系数达 10^{-16} cm^2。对于 CO_2 的远紫外光谱至今知之甚少。

(2)CO_2 的振－转光谱带 ν_3，ν_4：CO_2 有三个基频 ν_1、ν_2 和 ν_3。其中 CO_2 的 ν_1 是对称振动，偶极距保持不变，不存在光谱；CO_2 的 ν_2(15 μm)带是双重简并振动，是 CO_2 主要吸收带，其次是 4.3 μm，其他还有谐频带、复合频带和热力频带。表 3.2 给出了二氧化碳的振－转红外主要谱带。

①CO_2 的 ν_2(15 μm)范围为 12～18 μm，是一个十分宽的光谱区域，中心区域为 13.5～16.5 μm，对大气辐射交换有重要作用。

②CO_2 的 4.3 μm 吸收带有很强的吸收和复杂的结构，它由$^{16}O^{12}C^{16}O$(2349.16 cm^{-1})、$^{16}O^{13}C^{16}O$(2283.48 cm^{-1})两个基频和$^{16}O^{12}C^{16}O$(2429.37 cm^{-1})的 $\nu_1+\nu_3-2\nu_2$ 的联合带组成，其中 ν_3 振动带是一个十分窄的强吸收带。这些带都为平行带，没有 Q 支。

③CO_2 还有谐频带、复合频带和热频带。其中心为 10.4 μm、9.4 μm、5.2 μm、4.8 μm、2.7 μm、2.0 μm、1.6 μm 和 1.4 μm，以及一系列弱带。

5. 臭氧 O_3 吸收光谱

臭氧 O_3 是一个三原子非对称陀螺分子，顶角为 1270，键长 0.126 nm，在大气中有三种变态同位素：$^{16}O^{16}O^{16}O$、$^{16}O^{18}O^{16}O$、$^{16}O^{16}O^{18}O$。

(1)臭氧 O_3 的电子谱带：臭氧 O_3 分子的电子跃迁形成了位于紫外光谱区的哈脱莱带(Hadley)和霍根斯带(Huggins)($\lambda<340$ nm)，以及夏皮尤(Chappuis)(450～470 nm)带。

对于中心 255.3 nm 在的哈得来带是 O_3 的主要吸收光谱带，吸收截面 $1.08\times10^{-17}cm^2$，因此于 255.3 nm 处整层大气的透过率仅为 10^{-66}。哈得来带是由许多弱线组成，其线距为 1 nm 左右，这些弱线构成了一个强的连续吸收带。哈得来的吸收与温度有密切的关系，如果与温度为 291 K 相比较，对于波长为 310 nm 和 250 nm，温度为 227～201 K 时，吸收系数比率 $k(T)/k(291\ K)$分别为 0.88 和 0.97；而温度为 243 K 时，其吸收系数比率为 0.92 和 0.98。

在哈得来的长波翼区 310～340 nm，具有明显的带结构，这些弱带也称为霍根斯带，这个带对温度很敏感，并且不同的波长随温度而不同。O_3 在 340～450 nm 区域较为透明；位于 450～740 nm 的夏皮尤带最大分子吸收系数为 $5\times10^{-21}cm^2$，这说明吸收很小。它的温度效应可以忽略，但对太阳的直接加热和曙暮光的研究有作用。

(2)臭氧的振动—转动光谱带：臭氧的三个基本振动频率都是活性的，它构成了三个基本振转带，其中心频率为：$\nu_1=1103.14$ cm^{-1}(9.0 μm)，$\nu_2=700.93$ cm^{-1}(14.1 μm)，$\nu_3=1043$ cm^{-1}(9.6 μm)。其中 ν_1、ν_2 相对 ν_3 很弱。ν_3 在三个基频中吸收最强的带，它正好处在 8～13 μm 的

红外大气窗区，这个带的中心部分宽度约为 1.0 μm。在垂直气柱中大约有一半的太阳辐射被子吸收。

O_3 的谐频和复合频有：5.75 μm、4.75 μm、3.59 μm、3.27 μm、2.7 μm 吸收带。

6. 其他吸收气体

(1)甲烷 CH_4：甲烷分子是个具有 C－H 键长为 109.3 pm 的球形对称陀螺分子，由于分子的高度对称性，各振动能级是高度简并的，9 个基本振动频率中，一个属于二重简并，两个属于三重简并，因此，甲烷分子只有四个基本振动频率。对应甲烷分子的四个振动方式，所以在九个基频中只有四个是独立的(ν_1，ν_2，ν_3，ν_4)，其 ν_1＝2914.2 cm^{-1}，ν_2＝1526 cm^{-1}，ν_3＝3020.3 cm^{-1}(3.3 μm)，ν_4＝1306.2 cm^{-1}(7.7 μm)，而且在红外谱段只有两个(ν_3，ν_4)是活跃的。

CH_4 没有永久的电偶极矩，所以没有纯转动光谱。

(2)一氧化碳 CO：一氧化碳 CO 是一个线性异核双原子分子，键长 123 pm，平衡转动常数 1.9313 cm^{-1}，具有 0.34×10^{-34} C-m(0.1deb)的电偶极矩，因而有弱的 CO 的纯转动光谱，处在 100～600 μm 的远红外区。CO 有两种同位素变态：$^{13}C^{16}O$、$^{12}C^{16}O$。唯一的基带处在 2143.27 cm^{-1}(4.6 μm)，带强为 9.81×10^{-28} cm。

(3)一氧化氮 NO：NO 是顺磁性双原子分子，由于不存在成对的电子，因此，NO 的电子基态为 2 Π 态，当∑(电子自旋对内核轴的投影)对 Λ 轨道角动量对内核轴投影，分别取反平行或平行排列时，电子角动量有两个值构成 Π1/2 和 Π3/2 双重态。因此，NO 5.3 μm 基带的振转光谱由两个亚带组成，每个亚带都有具有 P、R 和较弱的 Q 支，由于这两个亚带的振动和有效转动常数接近相同，故光谱成双线系列。其近带中心双线之间频率相差仅千分之几波数。

二、大气吸收谱线

1. 大气吸收谱线的一般表征

实际中的任何一条谱线不是单色的，有一定的宽度、强度和形状。对此一般采用线强 S、谱线半宽度 α 和谱型函数 $f(\nu_1,\nu_0,P,T)$ 三个参数表示谱线的基本特征。谱线的强度定义为

$$S=\int_{-\infty}^{+\infty}k(\nu)\mathrm{d}\nu \tag{3.149}$$

式中，$k(\nu)$ 是谱线的体积吸收系数，可以写为

$$k(\nu)=S\cdot f(\nu,\nu_0,P,T) \tag{3.150}$$

式中，$f(\nu,\nu_0,P,T)$ 是谱线的谱型函数，它是频率、压力和温度的函数，并满足归一化条件

$$\int_{-\infty}^{+\infty}f(\nu,\nu_0,P,T)\mathrm{d}\nu=1 \tag{3.151}$$

定义谱线的宽度：当频率处的吸收系数为谱线中心频率处吸收系数的 1/2 时所对应的频率宽度，即是

$$k(\nu_1)=k(\nu_0+\alpha)=\frac{1}{2}k(\nu_0) \tag{3.152}$$

$$k(\nu_2)=k(\nu_0-\alpha)=\frac{1}{2}k(\nu_0) \tag{3.153}$$

则 $\Delta\nu=\nu_1-\nu_2=2\alpha$ 称为谱线的全宽度，α 为谱线的半宽度，ν_1、ν_2 分别是谱线的上、下限。在谱线半宽度内的频率范围称为线芯，其外的频率范围称线翼。

2. 谱线的位置

(1)分子的能级、跃迁及其光谱：在分子中的电子不从属于某一特定的原子，而是在整个分

子范围内运动，每个分子的运动状态在量子力学中用波函数 ψ 描述，为方便，借用经典力学中的轨道概念，把波函数 ψ 称为分子轨道，称 $|\psi^2|$ 为分子中的电子在空间各处出现的几率密度或称电子云，这个特殊空间区域叫做轨道，不同轨道上的电子具有不同能量，每一轨道上不能被多于两个电子占有，而这两个电子的自旋方向相反。

原子中的电子具有一定的能量，根据量子理论，这种能量以不连续的能级(能量状态)表示，当原子中的电子在它的不连续的能级中跃迁时，就产生线状光谱，这种线状光谱与原子所具有的能级有关，而原子的能级又与其结构和内部运动有关。而对于分子而言，由于分子运动比原子要复杂得多，分子除了它的平动运动之外，还有分子的转动、振动和电子的运动。因此，分子的总能量是这四种运动能量之和

$$E(\text{总}) = E_e + E_v + E_r + E_t \tag{3.154}$$

式中，E_e、E_v、E_r 和 E_t 分别是电子能、振动能、转动能和平动能。在这些能量中，除平动能外，其余三项都是量子化的。量子化能级的改变引起分子的发射和吸收，当分子由低能级跃迁为高能级时，则伴随分子对辐射的吸收；反之，当分子由高能级向低能级跃迁时，则伴随着分子的发射。分子发射或吸收辐射的频率可以由玻尔频率准则确定，写为

$$\nu = \frac{\Delta E}{h} = \frac{\Delta E_e + \Delta E_v + \Delta E_r}{h} = \nu_e + \nu_v + \nu_r \tag{3.155}$$

式中，ν_e、ν_v、ν_r 分别是分子中电子、振动和转动能级的改变所发射或吸收辐射的频率；ΔE_e、ΔE_v 和 ΔE_r 分别是两个电子、振动和转动能级的能量之差。由于电子能级的能量差一般在 1～20eV，振动能级的能量差在 0.05～1 eV，转动能级的能量差小于 0.05 eV，所以有

$$\Delta E_e > \Delta E_v > \Delta E_r \tag{3.156}$$

根据玻尔频率准则可以求出，对于电子能级间能量的改变而发射或吸收的辐射频率处在紫外到可见光谱段；由于振动能级的能量改变所发射或吸收的频率处在红外光谱段；转动能级的能量改变所发射或吸收的频率处在微波谱段。

3. 谱线的强度

(1)谱线强度的量子表示：引入谱带强度，写为

$$S = \frac{h v_{lu}}{c} B_{l\to u}\left(N_l - N_u \frac{g_l}{g_u}\right) \tag{3.157}$$

或者写为

$$S = \frac{2\pi^2 v_{mn}}{3h\varepsilon_0 c} \sum_i \sum_k |R(m_i n_k)|^2 \left(\frac{N_m}{g_m} - \frac{N_n}{g_n}\right) \tag{3.158}$$

其中，$R(m_i n_k) = \int \psi^{0*}_{(m_i)} M \psi^0(n_k) \mathrm{d}r$。$R(m_i n_k) = \int \psi^{0*}_{(m_i)} M \psi^0(n_i) \mathrm{d}\tau$，$\mathrm{d}\tau$ 是体积元。

(2)谱线强度与温度的关系：在热力平衡的大气中，使用玻尔兹曼分布定理，线强也可以表示为

$$S = \frac{2\pi^2 v_{mn}}{3h\varepsilon_0 c} \sum_i \sum_k |R(m_i n_k)|^2 \left[1 - \exp\left(-\frac{h v_{nm}}{kT}\right)\right] \exp\left(-\frac{E_m}{kT}\right) \tag{3.159}$$

压力的变化比温度的变化大得多，所以温度的作用显得不太重要，但是线强也与温度有关，其表示为

$$S(T) = S(T_0)\frac{N_i(T)}{N_i(T)} = S_0(T)\left(\frac{T_0}{T}\right)^{\alpha x} \exp\left[-\frac{E_i(T_0 - T)}{kTT_0}\right]\left[\frac{1 - \exp(-h\nu/kT)}{1 - \exp(h\nu/kT_0)}\right] \tag{3.160}$$

式中，对于 CO_2、H_2O，其 αx 的取值分别为 1 和 1.5，α 是一常数，x 是线型因子。

(3)谱带的强度：对于振一转谱带的带强为谱带内所有线强之和，写为

$$S_{带}(T)=\sum_i S_i(T) \tag{3.161}$$

式中，i 是谱线序号。

4. 谱线的加宽谱型函数

谱线的宽度随气压、分子的运动速度而改变，而谱线的加宽按其性质可以分为均匀加宽和非均匀加宽，所谓均匀加宽是指每一个分子对加宽谱线内的任一频率都有贡献，而非均匀加宽则只是对某一特定频率有贡献。按谱线加宽的物理原因，分为自然加宽、压力加宽、多普勒加宽和混合加宽等，其中多普勒加宽属非均匀加宽，其余则为均匀加宽。

(1)压力加宽的谱型函数与半宽度：愈往大气低层，大气压力愈加大，这使得分子密度加大，而分子间发生碰撞的次数增多。分子间的碰撞缩短了激发态的寿命，进一步加宽，即谱线宽度加大，这种由于分子碰撞引起的谱线加宽称碰撞加宽，也称压力加宽。压力加宽的谱型函数可以用洛仑兹谱型表示，对于第 i 成分第 k 条谱线的洛仑兹谱型函数可以表示为

$$f_{Lk}^i=\frac{1}{\pi}\frac{\alpha_{Lk}^i}{(\nu-\nu_k)^2+(\alpha_{Lk}^i)^2} \tag{3.162}$$

式中，α_L 是碰撞加宽的半宽度。如果 α_{L0}、P_0(一个大气压)和 T_0(=273°K)是大气标准状态下的谱线半宽度、气压和温度，则有

$$\alpha_k^i=\alpha_{k,0}^i\frac{P}{P_0}\sqrt{\frac{T_0}{T}} \tag{3.163}$$

对于多数气体而言，$\alpha_{Lk,0}^i$ 的值为 0.01～0.1 cm^{-1}。例如 CO_2 的典型值为 $\alpha_{L0}\cong 0.07\ cm^{-1}$。

图 3.9 表示压力为 1 Pa、0.5 Pa 和 0.25 Pa 时的洛仑兹谱型，同时可以看到，在洛仑兹谱线的远翼区，吸收随压力的增加而增加；而谱线中心处，吸收随压力的增加而减小。由式(3.163)还可以看出，半宽度与大气的压力成正比，由于从地面到大气顶的压力变化达三个量级，洛仑兹谱线宽度的改变同样达三个量级。图 3.10 给出了不同高度上的洛仑兹线谱型，图的左边为三个高度上的气压，图的右边部分是在每个高度上由于 CO_2 压力加宽吸收线型，其中，Δv_R 是卫星携带的辐射计向下观测的响应函数相对于谱线的位置，辐射计的响应宽度较谱线宽度要小。当辐射计的响应处于线中心时，它观测到的辐射主要来自高层，而对于谱线中心之外，则测量的主要是低层的辐射。

对于同类分子碰撞引起的加宽，称自加宽；而对于不同类型分子引起的加宽称外加宽。由于这两种加宽具有不同的效率，为此引入"等效压力 P_e"的概念，则谱线的半宽度为

$$\alpha_L=\alpha_{Le0}\left(\frac{P_e}{P_{e0}}\right)^m\left(\frac{T}{T_0}\right)^N \tag{3.164a}$$

$$P_e=P+(1-B)P_i \tag{3.164b}$$

式中，P_i 是第 i 类吸收气体的分压，B 称为自加宽系数。例如，对于 CO_2 的 660 cm^{-1} 处，其自加宽为 $\alpha_{k,0}(CO_2)=0.1\ cm^{-1}$，而外加宽($N_2$)为 $\alpha_{k,0}(CO_2)=0.064\ cm^{-1}$。

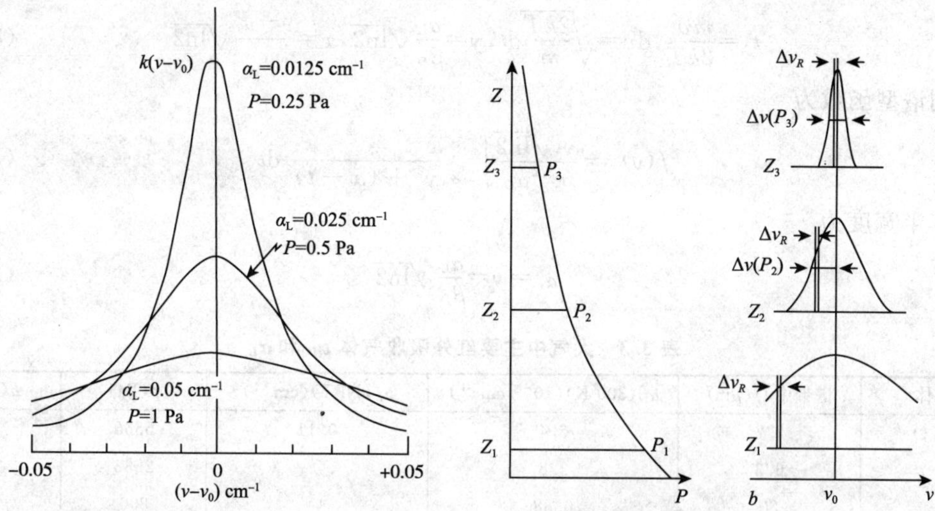

图 3.9 对于三个不同气压下的洛仑兹廓线

图 3.10 洛仑兹谱线线型随高度的改变

(2)谱线的多普勒加宽：当相对于测量仪器有一个运动着的并发射电磁辐射的物体朝着仪器或背着仪器运动，则这仪器就会测量到物体发射的电磁辐射的频率随物体的运动速度而发生改变，这就是多普勒(Doppler)效应。在大气中，吸收气体既是一个吸收体，同时又是一个发射体，由于气体分子不停地作无规则(在速度和方向上)运动，同时不停地发射电磁辐射，根据多普勒效应原理，它必然会引起谱线的加宽。特别是高层大气，气体稀薄，分子运动路程加长，多普勒加宽是谱线加宽的主要作用。多普勒(Doppler)谱型函数可以写为

$$f_D(v-v_0)=\frac{c}{\nu_0}\sqrt{\frac{m}{2\pi kT}}\exp\left(-\frac{mc^2}{2kT}\frac{(\nu-\nu_0)^2}{\nu_0^2}\right) \tag{3.165}$$

即有多普勒半宽度为

$$\alpha_D=\frac{\nu_0}{c}\sqrt{\frac{2\ln 2kT}{m}} \tag{3.166}$$

若谱型函数用谱线的半宽度表示，写为

$$f_D(v-v_0)=\frac{1}{\alpha_D}\sqrt{\frac{\ln 2}{\pi}}\exp\left(-\frac{(\nu-\nu_0)^2}{\alpha_D^2}\ln 2\right) \tag{3.167}$$

表 3.3 给出了大气中主要红外吸收气体的洛仑兹半宽度和多普勒半宽度的值，以及当 $\alpha_D=\alpha_L$ 时的压力和高度。

(3)谱线的混合加宽(Voigt)和谱型函数：在实际大气中，当气压大于 50 hPa 时，谱线的加宽以压力加宽为主，而当气压小于 1 hPa 时，分子碰撞很少，这时谱线的加宽以多普勒加宽为主。当气压大于 1 hPa、小于 50 hPa 时压力加宽与多普勒加宽具有同等重要的作用，这时谱线的加宽是这两种加宽共同作用的结果，并称之为混合加宽或 Voigt 型加宽，其谱型函数(Voigt)写为

$$f_v(\nu)=\int_{-\infty}^{+\infty}f_L(\nu)f_D(\nu)\mathrm{d}\nu=\frac{1}{\pi}\int_{-\infty}^{+\infty}\frac{\alpha_L}{[\nu-\nu_0(1+v/c)]^2+\alpha_L^2}\sqrt{\frac{m}{2\pi kT}}\exp\left(-\frac{mv^2}{2kT}\right)\mathrm{d}v \tag{3.168}$$

若令

$$t^2=\frac{mv^2}{2kT},\mathrm{d}v=\sqrt{\frac{2kT}{m}}\mathrm{d}t,y=\frac{\alpha_L}{\beta_D}\sqrt{\ln 2},x=\frac{\nu-\nu_0}{c}\sqrt{\ln 2} \tag{3.169}$$

则谱型函数为

$$f(\nu)=\frac{y\sqrt{\ln 2}}{\pi^{3/2}\alpha_D}\int_{-\infty}^{+\infty}\frac{\mathrm{e}^{-t^2}}{y^2+(x-t)^2}\mathrm{d}t \tag{3.170}$$

其半宽度为

$$\alpha_v=y=\frac{\alpha_L}{\beta_D}\sqrt{\ln 2} \tag{3.171}$$

表 3.3 大气中主要红外吸收气体 α_D 和 α_L

气体	谱带中心(μm)	α_D(300 K)(10^{-3} cm^{-1})	α_L(NPT)(cm^{-1})	p(Pa)	h(km)
H_2O	2.7	6.4	0.11	5866	17
	6.3	2.8		2533	23
	20	0.88		800	32
	40	0.44		400	37
CO_2	4.3	2.6	0.15	1733	26
	15	0.75		533	34
N_2O	7.8	1.5	0.16	933	30
O_3	4.7	2.3	0.16	1467	27
	9.6	1.1			33
	14.1	0.76			34
CH_4	3.3	3.3	0.18	3200	22
	7.7	2.4		1333	27

由于多普勒线型的线翼区(谱线半宽度以外)的衰减比洛仑兹(Lorentz)型的衰减要快得多,因此,在混合线型中,Doppler 加宽的作用主要集中在谱线的中心,在谱线的翼区则可用 Lorentz 线型,但是在离谱线中心几个波数之外的远翼,其加宽由于气体性质、含量等因素,实际的线型与 Lorentz 线型有较大的差异,需要加以订正,如图 3.11 所示。

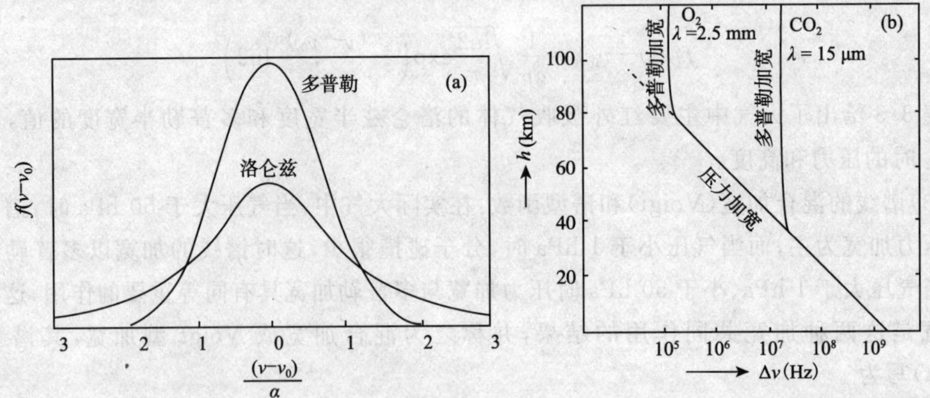

图 3.11 多普勒线型(a)与洛仑兹线型(b)的 O_2 微波和 CO_2 红外线宽与大气高度间关系的比较

如果对于有多种气体存在时,第 j 吸收带的第 k 条谱线、第 i 类分子的谱形函数为 $f_k^{i,j}=f_k^i$,由于分子间的碰撞和多普勒效应,f_k^i 是压力、温度和波数的函数。在考虑碰撞和多普勒效

应两种作用下，合适的 Voigt 谱型函数为 $f_k^i = V_k^i$，则有

$$V_k^i = \frac{\alpha_k^i}{\pi^{3/2}} \int_{-\infty}^{\infty} \frac{\exp(-t^2)}{(\alpha_k^i)^2 + (v - v_k - t\beta_k^i / \sqrt{\ln 2})^2} dt \tag{3.172}$$

其中

$$\alpha_k^i = \alpha_{k,0}^i \frac{P}{P_0} \left(\frac{T_0}{T}\right)^{\Gamma_K^I} \tag{3.173}$$

$$\beta_k^i = \frac{v_k}{c} \sqrt{\frac{2\kappa T \ln 2}{m^i}} \tag{3.174}$$

为碰撞加宽和多普勒加宽的半宽度。$\alpha_{k,0}^i = \alpha_k^i (P_0, T_0)$，$\Gamma_k^i$ 是一个表达温度与碰撞半宽度有关的常数，c 是光速，κ 是玻尔兹曼常数，m^i 是第 i 种气体的分子质量。多普勒半宽度写为 $\beta_k^i = c_3 v_k \sqrt{\frac{T}{M^i}}$，这里 $c_3 = 3.5811 \times 10^{-7}$，$M^i$ 是分子重量。

三、大气吸收的计算

本节的主要内容是引入计算辐射通过吸收气体层透过率的一般方法，前面已经描述了关于大气吸收气体透过率函数的数学公式，但是实际大气吸收气体的透过率计算是要计算某一谱段内许多谱线（谱带）的透过率。现在已有很多有关这方面的计算方法，图 3.12 表示不同透过率函数形式之间的相互关系。透过率函数有强度透过率和通量透过率的应用。无论单色还是宽带透过率（若干谱线组成的谱带平均）的透过率计算，都是本节的内容。这些函数可用于均匀路径或温度 T 和气压 p 变化的不均匀路径。可以看到从强度到通量透过率变换是很简单的，主要内容是讨论宽带透过率模式和温度 T 和气压 p 变化的不均匀路径问题的处理。

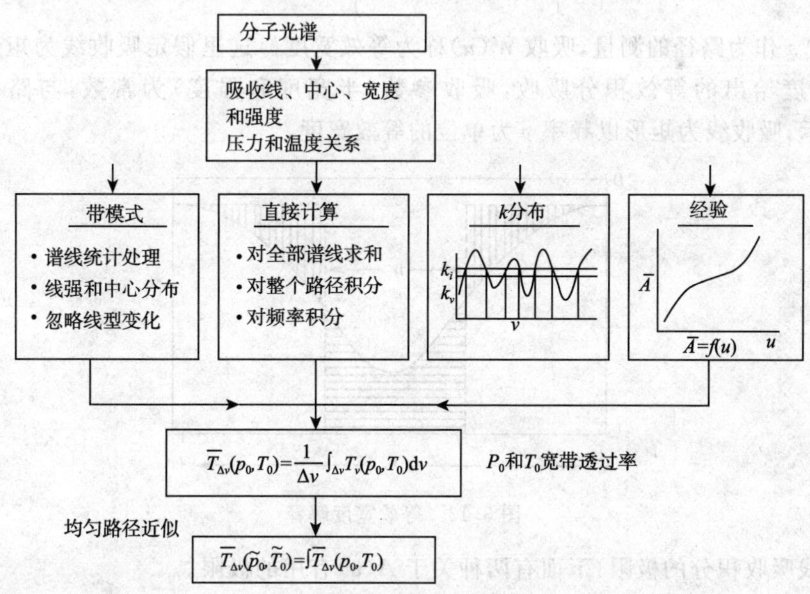

图 3.12　透过率计算的几种方法间的关系

沿倾斜光路 $s_1 \rightarrow s_2$ 的透过率表示为

$$\widetilde{T}(s_1, s_2) = e^{\int k_m dz/\mu} = \widetilde{T}(z_1, z_2, \mu) \tag{3.175}$$

式中，$\widetilde{T}(z_1,z_2,\mu)$称之为对于由$(z_1,z_2,\mu)$确定路径的射束透过率函数。通常透射函数表示为

$$\widetilde{T}_f(z_1,z_2,\mu)=\int_0^1\mu\widetilde{T}(z_1,z_2,\mu)\mathrm{d}\mu/\int_0^1\mu\mathrm{d}\mu \tag{3.176}$$

这是一个对μ加权的透过率函数表征通过气层$z_1\rightarrow z_2$的照度透过率。

式(3.176)可以写成

$$\widetilde{T}_f(z_1,z_2)=2E_3[\tau(z_1,z_2)] \tag{3.177}$$

式中是第n阶指数积分。

$$2E_n(x)=\int_1^\infty \mathrm{e}^{-\eta x}\mathrm{d}\eta/\eta^n \tag{3.178}$$

式中，$\eta=1/\mu$，$x=\tau$。

$$2E_3(x)=\mathrm{e}^{-\beta x} \tag{3.179}$$

式中，$\beta=1.66$，因此

$$\widetilde{T}_f(z_1,z_2)=\mathrm{e}^{-\beta\int k\mathrm{d}u} \tag{3.180}$$

其重要性在于通量透过率可以通过使用对于强度透过率仅随漫射因子β路径增加模拟，因此，发展一个宽带通量函数理论，考虑强度透射率，并注意用引入漫射函数的这个透射率给出宽带通量透过率。

1. 单线吸收的频率积分

多数问题是要求取从谱线半宽度到宽的光谱区域 10～100 cm^{-1}宽度范围内各光谱量的光谱变化的透射率(或等效吸收)函数总的光谱积分，对此在掌握如何求出为复杂积分之前，先研究单谱线累积吸收特性。

通过对吸收的频率积分定义单色吸收：

$$W(u)=\int\mathrm{d}\nu(1-\mathrm{e}^{-k_\nu u})=\int\mathrm{d}\nu(1-\mathrm{e}^{-Sf(\nu-\nu_0)k_\nu u}) \tag{3.181}$$

式中，u替代s作为路径的测量，吸收$W(u)$称为等效宽度。这里假定吸收线为矩形、以频率ν为单位的宽度给出的等效积分吸收，吸收参数(半宽度和强度)为常数，与路径无关。如图 3.13 所示，吸收线为矩形以频率ν为单位的等效宽度。

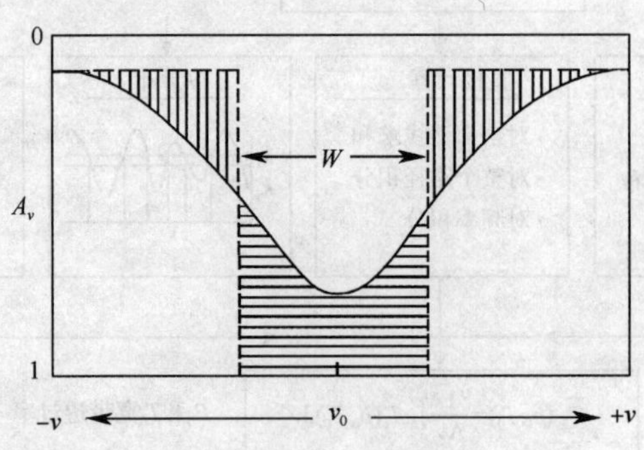

图 3.13 等效宽度解释

(1)单线吸收积分的极限：下面有两种关于$A(u)$有用的极限。

①弱线极限：假定$u\rightarrow 0$，$Sf(\nu)u\ll 1$，则

$$\mathrm{e}^{-Sf(\nu)u}\sim 1-Sf(\nu)u \tag{3.182}$$

和

$$W=Su\int f(\nu)\mathrm{d}\nu=Su \tag{3.183}$$

可见这与线型无关。

②强线近似或平方根极限:对于洛仑兹型

$$f(\nu-\nu_0)=\frac{1}{\pi}\frac{\alpha_L}{(\nu-\nu_0)^2+\alpha_L^2} \tag{3.184}$$

假定$|\nu-\nu_0|\gg\alpha L$,因此,$\frac{1}{(\nu-\nu_0)^2+\alpha_L^2}\rightarrow\frac{1}{(\nu-\nu_0)^2}$,则有

$$\exp\left[-\frac{1}{\pi}\frac{Su\alpha_L}{(\nu-\nu_0)^2+\alpha_L^2}\right]\rightarrow \mathrm{e}-\frac{Su\alpha_L}{\pi(\nu-\nu_0)^2} \tag{3.185}$$

$$W(u)=\int \mathrm{d}\nu\left[1-\mathrm{e}-\frac{Su\alpha_L}{\pi(\nu-\nu_0)^2}\right] \tag{3.186}$$

和

$$W(u)=2\sqrt{Su\alpha_L} \tag{3.187}$$

强线吸收的条件发生在存在大量的吸收物质 u 或压力很大(大的 α_L)的情况下。弱吸收对物质量很敏感。这些极限的物理解释如图 3.14 中,在线性 C 区域,吸收只出现在谱线中心处,当 u 增加时,谱线中心吸收到达的全部能量,通过谱线翼区 A 吸收增加(强区域)。

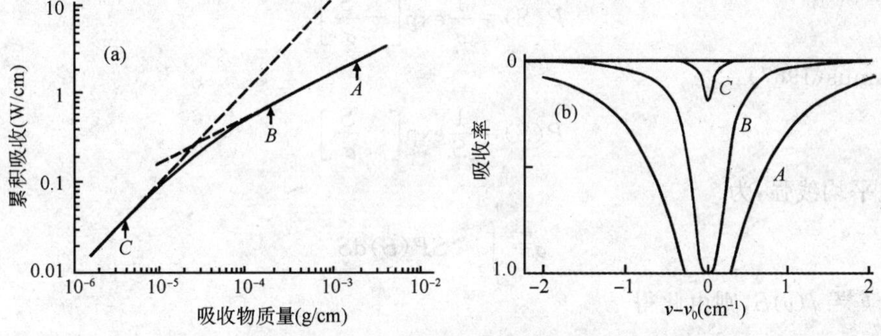

图 3.14　极限的物理解释

(2)单罗仑兹谱线宽带吸收:用 Ladenburg-Reiche 函数表示为

$$W_{L-R}(u)=\int_{-\infty}^{+\infty}\left[1-\mathrm{e}^{-\frac{Su\alpha_L}{\pi(\nu-\nu_0)^2+\alpha_L^2}}\right]\mathrm{d}\nu=2\pi\alpha_L\{y\mathrm{e}^{-y}[I_0(y)+I_1(y)]\} \tag{3.188}$$

式中,$y=\frac{Su}{2\pi\alpha_L}$,因此,这可近似为

$$W_{L-R}(u)\sim Su\left[1+\left(\frac{Su}{4\alpha_L}\right)^{5/4}\right]^{-2/5} \tag{3.189}$$

对于所有 Su/α_L 的值在 1%之内,图 3.14a 给出强吸收和弱吸收和 L-R 函数,称之为增长曲线,对于热带大气辐射是很重要的。

(3)随线强分布的谱线吸收:这里考虑对谱线间强度变化的吸收谱线的吸收平均,但不考虑谱线宽度和谱线的重叠。由于数千条谱线线强的变化,比线宽 α_L 的变化更重要,这是一个合理的近似。在有些情形中,可以把某些谱线重叠的谱带模式简化为简单的单线分布。

图 3.15 表示为函数 $P(S)$的线强分布,$P(S)\mathrm{d}S$ 是线强具有在 $S\rightarrow S+\mathrm{d}S$ 之间的谱线部分。根据假定的 $P(S)\mathrm{d}S$ 形式得到各种模式,并考虑以下两种特殊例子。

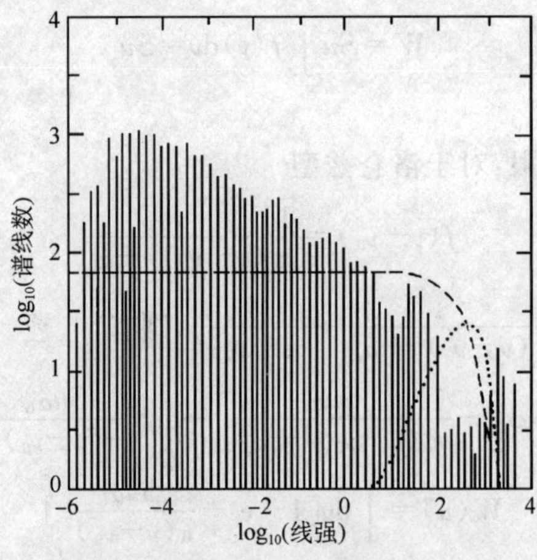

图 3.15 CO_2 谱线在 450 cm 和 900 cm^{-1} 间波数处强度的直方图分布（点线是 Goody 模式，长虚线是 Malkmus 模式），给定线组的每一杆表示谱线数目，一个给定线组的平均强度的 20% 的谱线选入线组。

Goody(1952)：

$$P(S)=\frac{1}{\sigma}\exp\left[-\frac{S}{\sigma}\right] \tag{3.190}$$

Malkmus(1967)：

$$P(S)=\frac{1}{S}\exp\left[-\frac{S}{\sigma}\right] \tag{3.191}$$

式中，σ 是平均线强，为

$$\sigma=\int_0^{+\infty} SP(S)\mathrm{d}S \tag{3.192}$$

如果 $k_\nu=f(\nu)S$，则由此得

$$\overline{W}=\int_0^{+\infty} P(S)W(S)\mathrm{d}S \tag{3.193a}$$

和

$$\overline{W}=\int_0^{+\infty} P(S)\mathrm{d}S\int_{-\infty}^{+\infty}\{1-\exp[-Sf(\nu)u]\}\mathrm{d}\nu \tag{(3.193b)}$$

因此，Goody

$$W=\int_{-\infty}^{+\infty}\sigma f(\nu)u/[1+Sf(\nu)u]\mathrm{d}\nu \tag{3.194a}$$

$$W=\sigma u\left(1+\frac{Su}{\pi\alpha_L}\right)^{-1/2} \tag{3.194b}$$

Malkmus：

$$W=\int_{-\infty}^{+\infty}\ln[1+uSf(\nu)]\mathrm{d}\nu \tag{3.195a}$$

$$W_M=\frac{\pi\alpha_L}{2}\left[\left(1+\frac{4Su}{\pi\alpha_L}\right)^{1/2}-1\right] \tag{3.195b}$$

2. 重叠谱线：带模式

如果在 $\Delta\nu$ 内出现若干重叠谱线，显然在某些 $\Delta\nu$ 间隔，光学质量增加不能导得吸收率无限

增加。因此，平方根公式必然失败。为此修正包括谱线重叠的单线吸收理论，但是总体上方法不多，更成功的方法是根据系列谱线统计处理，而不是单谱线组，这种模式称为统计带模式。

(1)规则带模式。Elsasser(1938)：谱带的平均吸收和和等效吸收系数，对于线性分子的 $P+R$ 支谱带

$$f_E(\nu)=\frac{1}{\delta}\frac{\sinh(2\pi\alpha/\delta)}{\cosh(2\pi\alpha\delta)\cos(2\pi\nu/\delta)}=\sum_{n=-\infty}^{n=+\infty}\frac{1}{\pi}\frac{\alpha_L}{(\nu-n\delta)^2+\alpha_L^2} \tag{3.196}$$

相应均匀路径的透过率为

$$\widetilde{J}_E=\frac{1}{\Delta\nu}\int_{\Delta\nu}\exp[-Sf_E(\nu)u]\mathrm{d}\nu \tag{3.197}$$

式中，$\Delta\nu=6$，这一积分一般不能由初等函数求解。

考虑两个极限，当$\frac{\alpha_L}{\delta}\to\infty$，$\sinh2\pi/\delta$，$\cosh2\pi\alpha/\delta\to\infty$，则有

$$J_E=\exp[-Su/\delta] \tag{3.198}$$

这里谱线强度重叠，不考虑到谱线结构，α_L/δ 增大，也就是压力加大，没有连续效应，透过率与线型无关。

如果 $\sinh2\pi\alpha_L\sim2\pi\alpha_L/\delta$，$\cosh2\pi\alpha_L/\delta\sim1$（小的 α_L/δ），则

$$\bar{\tau}_E=1-\Phi(\sqrt{\pi S\alpha_L u/\delta})=1-\Phi\left(\sqrt{\frac{lu}{2}}\right),l=\frac{2\pi\alpha S}{\delta^2} \tag{3.199}$$

式中，$\Phi(x)=\frac{2}{\sqrt{\pi}}\int_0^x \mathrm{e}^{-x}\mathrm{d}x$＝几率积分。对于这模式应用于合适的吸收体（图 3.16）是很一致的。

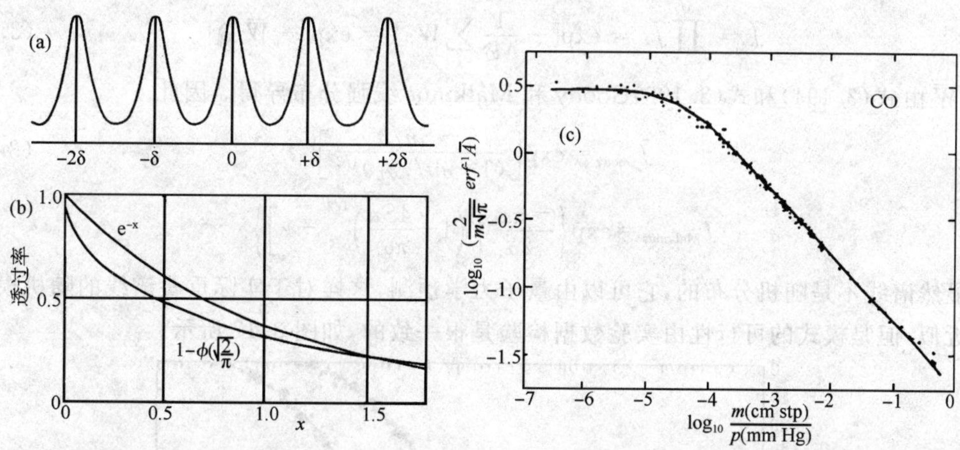

图 3.16 Elsasser 模式谱线形(a)(Goody,1964)，纯单线指数型谱线透过率和 Elsasser 模式谱线形观测模式的比较(b)，CO 吸收带实测和拟合透过率的比较(c)

(2)随机模式。规则带模式一般限于大气中的 CO_2 分子吸收，多数情况下使用随机模式且与观测更一致。随机模式一种方法是取无限列谱线，然后将若干列谱线通过相乘组合，考虑谱线强度一定的谱带，则

$$k_\nu=\sum_{i=1}^{N}k_\nu^{(i)} \tag{3.200}$$

是在 ν 处的吸收系数，由于处在 ν_i 处间隔为 $-N\delta/2$ 和 $N\delta/2$ 的 N 条随机分布的重叠谱线，透

过率为

$$\tilde{J}_{\nu}=\exp(-u\sum_{i=1}^{N}k_{\nu}^{(i)})=\prod_{i=1}^{N}\exp(-uk_{\nu}^{(i)}) \tag{3.201}$$

如果谱线位于间隔 $d\nu_i$ 的几率是 $d\nu_i/\delta$，则谱线处于 ν_1 和 $\nu_1+d\nu_1$，ν_2 和 $\nu_2+d\nu_2$，……之间的联合概率为

$$\prod_{i=1}^{N}\frac{d\nu_i}{\delta} \tag{3.202}$$

对于在间隔内所有可能谱线的排列

$$\tilde{J}=\frac{\prod_{i=1}^{N}\int_{-N\delta/2}^{N\delta/2}\frac{d\nu_i}{\delta}\exp[-uk^{(i)}]}{\prod_{i=1}^{N}\int_{-N\delta/2}^{N\delta/2}d\nu_i/\delta} \tag{3.203}$$

当 $n\rightarrow\infty$ 时有近似式

$$\tilde{J}\rightarrow\exp\{-\frac{1}{\delta}\int_{-\infty}^{+\infty}[1-\exp(-uk_{\nu})]d\nu\}=\exp(-W/\delta) \tag{3.204}$$

这表明随机排列的谱线的透过率等于平均吸收 W/δ 的指数。

考虑在光谱间隔 $M\delta$ 内有 M 条随机排列的谱线，则第 i 条谱线平均透过率为

$$\tilde{J}_i=\exp(-W_i/M\delta) \tag{3.205}$$

式中，W_i 是第 i 条谱线的等效宽度，M 条谱线的平均透过率为

$$\tilde{J}=\prod_{i=1}^{M}\tilde{J}_i=\exp[-\frac{1}{M\delta}\sum_{i}W_i]=\exp[-\overline{W}/\delta] \tag{3.206}$$

式中，$\overline{W}$ 由式(3.194)和式(3.195)Goody 和 Malkmus 线强分布导得。因此

$$\tilde{J}_{\mathrm{Goody}}=\exp\left[\frac{-\overline{S}u/\delta}{(1+\sigma u/\pi\alpha_L)^{1/2}}\right] \tag{3.207}$$

$$\tilde{J}_{\mathrm{Malkmus}}=\exp\left\{\frac{-\pi\alpha_L}{2\delta}\left[\left(1+\frac{4\overline{S}u}{\pi\alpha_L}\right)^{1/2}-1\right]\right\}$$

显然谱线不是随机分布的，它可以由量子力学预测，这样对于实际重叠谱线的随机模式是一个近似，但是模式的可行性由实验数据检验是很一致的，如图 3.17 所示。

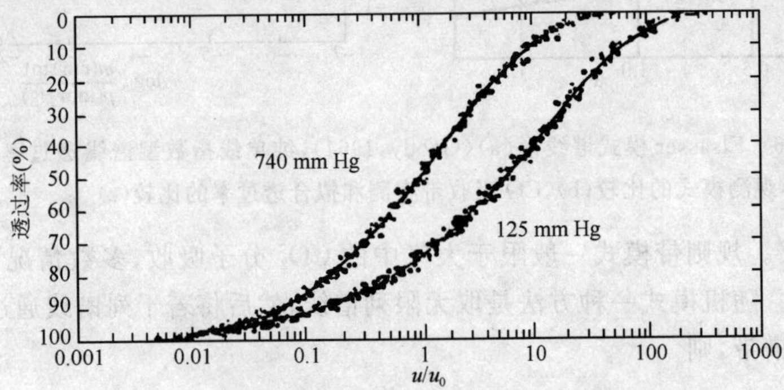

图 3.17　随机模式(对于 6.3 μm、2.7 μm、1.87 μm、1.38 μm、1.1 μm 水汽谱带的观测和全线)之间的比较

(3)谱带参数拟合。使用式(3.207)与实际光谱资料拟合得到谱带参数 α_L、σ、δ，对于 Goody 和 Malkmus 两种线强模式的透过率为

$$J_{\text{Goody}}=\exp[-(w^{-2}+s^{-2})^{1/2}] \tag{3.208}$$

$$J_{\text{Malkmus}}=\exp\left\{\frac{-s^2}{2w}\left[\left(1+\frac{4w^2}{s^2}\right)^{1/2}-1\right]\right\} \tag{3.209}$$

这里定义弱(w)和强(s)参数为

$$w=\frac{1}{\Delta\nu}\sum_i S_i u \tag{3.210}$$

$$s=\frac{1}{\Delta\nu}\sum_i \sqrt{S_i\alpha_i} \tag{3.211}$$

如在 15 μm 区域 CO_2-H_2O 重叠谱带的透过率，两重叠吸收谱带的透过率的形式为

$$J_{H_2O+CO_2}=J_{H_2O}\times J_{CO_2} \tag{3.212}$$

根据表 3.4 列出的参数，CO_2：$s/\delta=718.7$，$\pi\alpha/\delta=0.448$；H_2O：$s/\delta=2.919$，$\pi\alpha/\delta=0.06$；由式(3.207)，则得到

$$J_{H_2O}=\exp\left[\frac{-2.919\times\beta u_{H_2O}}{\left(1+\frac{2.919}{0.06}\times\beta u_{H_2O}\right)^{1/2}}\right] \tag{3.213}$$

$$J_{CO_2}=\exp\left[\frac{-718.7\times\beta u_{H_2O}}{\left(1+\frac{718.7}{0.448}\times\beta u_{H_2O}\right)^{1/2}}\right] \tag{3.214}$$

式中，u_{H_2O} 和 u_{CO_2} 分别是水汽和二氧化碳的光学路程，一般情况下，水汽的 $u_{H_2O}=2.8\ \text{cm}^{-2}$，$u_{CO_2}=44\times330\times101300/(980\times29)0.5(\text{g/cm}^2)$。这些值与 $\beta=1.66$ 一起导得

$$J_{H_2O+CO_2}=0.406\times3\times10^{-6}=1.22\times10^{-6}$$

和对于双倍的 CO_2 量，有

$$J_{H_2O+CO_2}=0.406\times1.6\times10^{-8}=6\times10^{-9}$$

可得出谱带中 CO_2 部分是十分不透明和这吸收体的增加仅是一定程度上降低已有的低的透过率。

3. *k* 分布方法

透过率的 k 分布方法是指在某光谱间隔内的出现的一组吸收系数 k_ν 的频数，在均匀大气中，光谱透过率是对给定间隔一系列独立的吸收系数 k_ν。在给定光谱间隔，对于 k_ν 归一化概率分布函数由 $f(k)$ 给出。它是最大和最小值分别为 $k_{\max}$、$k_{\min}$，则光谱透过率表示为

$$\widetilde{T}(u)=\frac{1}{\Delta\nu}\int_{\Delta\nu}\mathrm{e}^{-k_\nu u}\mathrm{d}\nu=\int_0^\infty \mathrm{e}^{-ku}f(k)\mathrm{d}k \tag{3.215}$$

这里当 $k_{\min}\to0$ 和 $k_{\max}\to\infty$ 时，有

$$\int_0^\infty f(k)\mathrm{d}k=1 \tag{3.216}$$

表 3.4　谱带参数

谱带	间隔(cm^{-1})	$\overline{S}/\delta(cm^2/g)$	$\pi\alpha/\delta$
H_2O 转动	40～160	7210.30	0.182
	160～280	6024.80	0.094
	280～380	1614.10	0.081
	380～500	139.03	0.080
	500～600	21.64	0.068
	600～720	2.919	0.060
	720～800	0.386	0.059
	800～900	0.0715	0.067
CO_2 15 μm	582～752	718.7	0.448
O_3 9.6 μm	1000.0～1006.5	6.99×10^2	5.0
	1006.5～1013.0	1.40×10^2	5.0
	1013.0～1019.5	2.79×10^2	5.0
	1019.5～1026.0	4.66×10^3	5.5
	1026.0～1032.5	5.11×10^2	5.8
	1032.5～1039.0	3.72×10^2	8.0
	1039.0～1045.5	2.57×10^3	6.1
	1045.5～1052.0	6.05×10^2	8.4
	1052.0～1058.5	7.69×10^2	8.3
	1058.5～1065.0	2.79×10^2	6.7
H_2O 6.3 μm	1200～1350	12.65	0.089
	1350～1450	134.4	0.230
	1450～1550	632.9	0.320
	1550～1650	331.2	0.296
	1650～1750	434.1	0.452
	1750～1850	136.0	0.359
	1850～1950	35.65	0.165
	1950～2050	9.015	0.104
	2050～2200	1.529	0.116

图 3.19 表示 k 分布的概念模式，将图中水平划分为的 n 个带，中心值于 $k_1, k_2, \cdots, k_m$。F_i 表示点位于 $k_i-\frac{\Delta k}{2}\leqslant k_\nu\leqslant k_i+\frac{\Delta k}{2}$ 覆盖 ν 轴的面积。

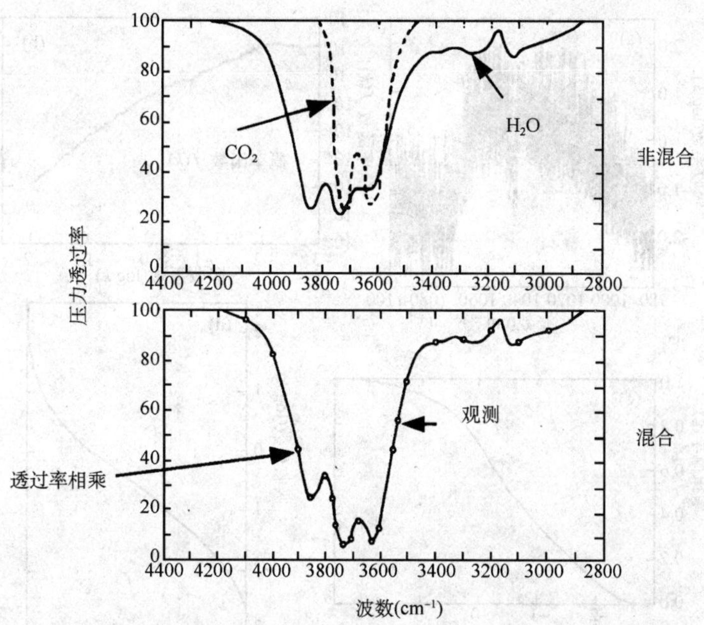

图 3.18　在 4400～2800 cm^{-1}光谱区中 CO_2 和 H_2O 重叠谱线吸收率

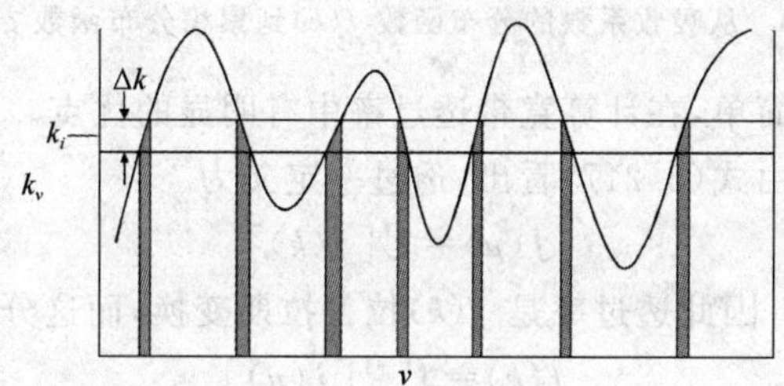

图 3.19　k 分布方法

因而，定义累积概率密度函数为

$$g(k)=\int_0^k f(k)\mathrm{d}k \tag{3.217}$$

式中，$g(0)=0$，$g(k\to\infty)=1$，$\mathrm{d}g(k)=f(k)\mathrm{d}k$。在 k 空间中，$g(k)$是单调递增和光滑函数。通过 g 函数，光谱透过率可以写为

$$T(u)=\int_0^1 \mathrm{e}^{-k(g)u}\mathrm{d}g=\sum_{j=1}^{M}\mathrm{e}^{-k(g_j)u}\Delta g_j \tag{3.218}$$

由于 $g(k)$是在 k 空间中的光滑函数，它的逆也是存在的，在 g 空间中，$k(g)$也是光滑函数，因而在 g 空间积分代替冗长的波数积分，通过有限的和相对少的指数项求取。

图 3.20 中，(a)在 O_3 9.6 μm 谱带，$p=30$ hPa，$T=220$ K 下，分辨率 0.05 cm^{-1}，吸收系数 k 以 $cm^{-1}\cdot atm^{-1}$ 为单位的波数 ν 的函数；(b)吸收系数的概率分布函数 $f(k)$；(c)由式(3.217)求得相对于(b)$f(k)$的累积概率函数；(d)吸收系数表示为 g 的函数，g 是 $\log k$ 的一个单调平滑函数。

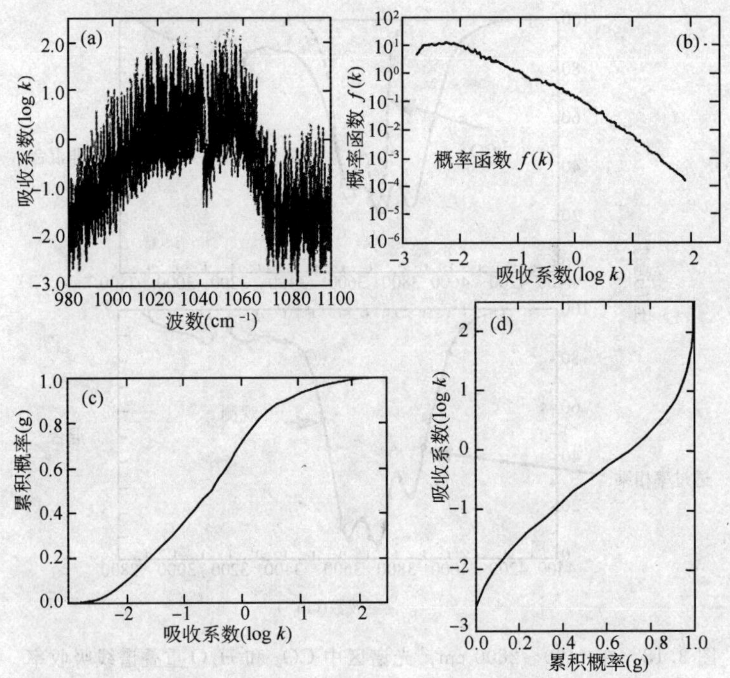

图 3.20　从吸收系数的分布函数 $f(k)$ 到累积分布函数 $g(\log k)$

k 分布的物理基础很简单，在计算宽带透过率中有明显的优点。

k 分布的第二种方法由式(3.217)看出，透过率定义为

$$J(u)=\mathcal{L}[f(k)] \tag{3.219}$$

式中，$\mathcal{L}$ 是拉普拉斯变换。因此透过率是 $f(k)$ 拉普拉斯变换，而这分布由逆变换得到

$$f(k)=\mathcal{L}^{-1}[J(u)] \tag{3.220}$$

对于某些函数，这方便地给出谱函数 $f(k)$，如 Malkmus 模式的拉普拉斯变换的逆，解析地给出

$$kf(k)=\frac{1}{2}\left(\frac{(\bar{k})y}{k}\right)^{1/2}\exp\left[\frac{\pi y}{4}\left(2-\frac{k}{\bar{k}}-\frac{\bar{k}}{k}\right)\right] \tag{3.221}$$

式中，$\bar{k}=\sigma/\delta$，$\nu=\alpha_L/\delta$。

经验透过率函数

$$W_{\text{LAB}}=\begin{cases}A\tilde{u} & W<W_0 \quad (3.222\text{a})\\ B+C\ \log\tilde{u} & W>W_0 \quad (3.222\text{b})\end{cases}$$

$$\tilde{u}=\tilde{u}(p/p_{\text{LAB}})^n \tag{3.223}$$

式中，A、B、C、W_0 和 n 是经验常数，$\tilde{u}$ 是吸收体质量，p 是气压，下标 LAB 是指实验室条件下气压。大多数涉及的是单参数 u，所有经验模式要小心使用：即使是理论，可应用的是拟合的参数范围。

4. 不均匀路径的透过率

上面讨论了温度和压力为常数的均匀路径情况下，也就是 $k(\nu)$ 是常数情况，这些只能在实验室中出现。对于实际大气必须进行订正。①在实际大气中透过率使用的 p、T 是变化的；②对于一定 p、T 下在实验室得到的数据，不能用于实际大气，必须作调整。

图 3.21 给出谱线路径上对压力变化的结果，图中显示路径上气压变化由单条谱线构成的实际谱线廓线，大气谱线廓线不再是洛仑兹型。在低压作用下，表现更尖的峰；而高压下具有宽的翼区。

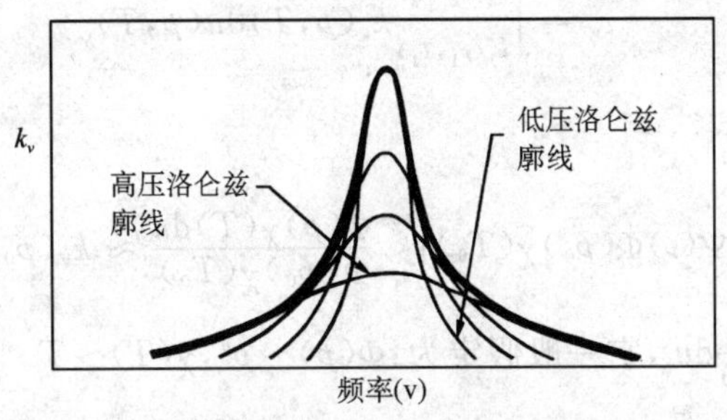

图 3.21　谱线随气压的变化

在处理不均匀路径作用中，假定温度 T 和气压 p 变化的不均匀路径可以用某种方式的定标参数对一个均匀路径近似，使用两个基本形式。在讨论之前先考虑一个精确解析的情况。

(1)混合比为常数、等温大气的一个精确解：考虑谱线中心频率 $\nu_0=0$ 的情况，则

$$\tau(\nu)=\int_{u_1}^{u_2}\frac{S(T)\alpha_0(p/p_0)}{\pi\nu^2+[\alpha_0(p/p_0)]^2}\mathrm{d}u \tag{3.224}$$

$$\mathrm{d}u=\frac{r}{g}\mathrm{d}p=m\mathrm{d}p \qquad (m=\text{吸收体质量})$$

假定特性

$$rS=\text{常数} \tag{3.225}$$

这样对于等温均匀混合吸收气体(r=常数)，则

$$\tau(\nu)=\frac{Srp_s}{\pi\alpha_0 g}\int_{u_1}^{u_2}\frac{\tilde{p}}{(\nu/\alpha_0)^2+\tilde{p}^2}\mathrm{d}\tilde{p} \tag{3.226}$$

式中，$\tilde{p}=p/p_0$。

$$\tau\nu=\eta\left\{\log_e\left[\left(\frac{\nu}{\alpha_0}\right)^2+p^{-2}\right]\right\}_{p_1}^{p_1}$$

式中，$\eta=Su/2\pi\alpha_0$。

$$T_\nu=\mathrm{e}^{-\tau\nu}=\left(\frac{\nu^2+\alpha_1^2}{\nu+\alpha_2^2}\right)^{-\eta} \tag{3.227}$$

假定在均匀路径的平均气压为 $\tilde{p}=(p_1p_2)^{1/2}$，有计算公式

$$\tau\nu=\frac{S}{\pi}\frac{\alpha_0(\tilde{p}/p_0)u}{\nu^2+[\alpha_0(\tilde{p}/p_0)]^2} \tag{3.228}$$

(2)定标近似：对于非均匀路径的最简单和最一般的方法是定标或参数近似，假定压力和温度对吸收的作用可分离为

$$ku(p,T)=\Psi(\nu)\Phi(p)\chi(T) \tag{3.229}$$

例如：$\nu-\nu_0>\alpha_L$，在谱线的翼处，便有

$$k_\nu=\frac{S\alpha_L/\pi}{(\nu-\nu_0)^2}$$

$$\Rightarrow\Psi(\nu)\sim\left(\frac{1}{\nu-\nu_0}\right)^2,\Phi(p)\sim\frac{p}{p_0} \tag{3.230}$$

$$\chi \to \left(\frac{T}{T_0}\right)^{1/2}$$

则

$$\tau_\nu = \int_{u_1(p_1,T_1)}^{u_2(p_2,T_2)} k_\nu(p,T)\mathrm{d}u(p,T) \tag{3.231}$$

近似为

$$\tau_\nu = \Psi(\nu)\Phi(p_0)\chi(T_0)\int_{u_1}^{u_2}\frac{\Phi(p)\chi(T)\mathrm{d}u}{\Phi(p_0)\chi(T_0)} \approx k_\nu(p_0,T_0)\tilde{u} \tag{3.232}$$

式中，$\tilde{u} = \int \frac{\Phi(p)\chi(T)}{\Phi(p_0)\chi(T_0)}\mathrm{d}u$，它一般假定为：$\Phi(p)\sim p^n$，$\chi(T)\sim T^{-m}$，因此

$$\tilde{u} = \int \left(\frac{p}{p_0}\right)^n \left(\frac{T_0}{T}\right)^m \mathrm{d}u \tag{3.233}$$

表 3.5 给出对于不同吸收气体的 n 和 m，可以看到对于强吸收极限的吸收系数，$n=1$。

(3)两参数近似：Van de Hulst-Curtis-Godson(VCG)：对于不均匀路径，前面的方法是根据吸收气体的数量进行订正。通常 n 随吸收体的状态(强吸收 $n=1$，弱吸收 $n=0$)而变化，这样做的结果通常是很差的。显然最好的方法是采用两参数近似的方法计算吸收，最常用的两参数方法是由 Curtis-Godsonr(1954)提出的两参数方法，其是对平均气压定义确定一个定标吸收气体量。比这方法还早，Van de Hulst(1945)提出同样的方法，因此称为 Van de Hulst-Curtis-Godson(VCG)方法，即 VCG 近似。为描述这近似方法，首先考虑的是等温路径，然后在强吸收和弱吸收极限选择调整做精确匹配。

表 3.5　不同吸收体的 *nt* 和 *m* 值

气体	光谱区	n	m
水汽		0.9～1	0.45
二氧化碳	短波	1.75	11～8
臭氧		0	0
水汽		0.5～0.9	0.45
二氧化碳	长波	1.75	11～8
臭氧		0.4	0.2

平均吸收率 $\overline{A}$ 写为

$$\overline{A} = \frac{W}{\Delta\nu} = \frac{1}{\Delta\nu}\int_{\Delta\nu} 1-\exp\left[-\int k_\nu \mathrm{d}u\right]\mathrm{d}\nu = \frac{1}{\Delta\nu}\int_{\Delta\nu} 1-\exp\left[-\int Sf(\nu)\mathrm{d}u\right]\mathrm{d}\nu \tag{3.234}$$

弱线极限近似：当式(3.234)中的指数→0 时，由于$\int f(\nu)\mathrm{d}\nu=1$，可近似为

$$\tilde{J} = \int \mathrm{e}^{-\int Sf(\nu)\mathrm{d}u}\mathrm{d}\nu = \frac{1}{\Delta\nu}(\left[1-\int Sf(\nu)\mathrm{d}u\right]\mathrm{d}\nu \approx 1-\int S\mathrm{d}u \tag{3.235}$$

对于规则谱带的光谱间隔 S_i 和 α_i 是常数，而在 VCG 近似为

$$S\tilde{u} = \int S\mathrm{d}u \tag{3.236}$$

或

$$\tilde{u} = \int \mathrm{d}u$$

强线极限近似：对于均匀路径强线极限的推导与强极限的推导类似。对于不均匀路径，强线极限中，$|\nu-\nu_0| \gg \alpha_L$，则对单谱线有

$$\tilde{J} = \frac{1}{\Delta\nu}\int_{\Delta\nu} \exp\left[-\int \frac{S\alpha_L/\pi}{(\tilde{\nu})^2}\mathrm{d}u\right]\mathrm{d}\tilde{\nu} \tag{3.237}$$

式中，$\tilde{\nu}=\nu-\nu_0$，如果

$$x = \tilde{\nu}\left[\int \frac{S\alpha_L \mathrm{d}u}{\pi}\right]^{-1/2}$$

则

$$\tilde{J} = \frac{1}{\Delta\nu}\left[\int_u S\alpha_L/\pi\mathrm{d}u\right]^{1/2}\int_{\Delta x} \exp\left(-\frac{1}{x^2}\right)\mathrm{d}x \tag{3.238}$$

由于 $\Delta\nu \gg \alpha_L$，积分范围事实上是无穷的，因此有

$$\tilde{J} \sim 1-2\left[\int S\alpha_L \mathrm{d}u\right]^{1/2} \tag{3.239}$$

通过引入等效均匀极限，则有

$$\widetilde{\alpha u} = \int \alpha \mathrm{d}u \tag{3.240}$$

$$\widetilde{p}\widetilde{u} = \int \tilde{p}\mathrm{d}\tilde{u}$$

例如，根据谱带模式，假定吸收物质的垂直分布具有形式 $r(p)=r_s\bar{p}^3$，其中 $\bar{p}=p/p_s$。则 VCG 近似为

$$\tilde{u} = \int \mathrm{d}u = \frac{r_s p_s}{g}\int_0^1 \bar{p}^3 \mathrm{d}\bar{p} = \frac{r_s p_s}{4g}$$

和

$$\widetilde{p}\widetilde{u} = \int p\mathrm{d}u = p_s\int_0^1 \bar{p}\mathrm{d}u$$

由于 $\mathrm{d}u = r\mathrm{d}p/g$，有

$$\widetilde{p}\widetilde{u} = \frac{p_s^2 r_s}{g}\int_0^1 \bar{p}^4 \mathrm{d}\bar{p} = \frac{r_s p_s^2}{5g}$$

因此 $\tilde{p}=0.8p_s$。现可以应用于 Goody 和 Malkmus 带模式，考虑不均匀路径的 Goody 带模式：对于均匀路径时

$$J_{\mathrm{Goody}}(u)=\exp\left[\frac{(-\sigma/\delta)u}{(1+\sigma u/\pi\alpha_L)^{1/2}}\right] \tag{3.241}$$

而对于不均匀路径时

$$J_{\mathrm{Goody}}(\tilde{u})=\exp\left[\frac{(-\sigma/\delta)\tilde{u}}{(1+\sigma\tilde{u}/\pi\alpha_{L,s}\tilde{p})^{1/2}}\right] \tag{3.242}$$

式中，$\alpha_{L,s}$是压力为 p 时的谱线半宽度，使用参数 $\tilde{u}=2.8\ \mathrm{g/cm^{-2}}$，则有

$$J_{\mathrm{Goody}}(\tilde{u}=2.8)=\exp\left[\frac{-2.919\times 2.8}{(1+2.919\times 2.8/0.06\times 0.8)^{1/2}}\right]=0.536$$

与均匀路径 0.498 值比较。

又如，VCG 检验，这方法的精度可以对上面的假设进行检验，考虑大气层气压在 $p_1 \to p_2$，设

$$p_2 = f p_1$$

根据方程式

$$\tau_\nu^{exact}(1,2) = \eta \ln\left[\frac{\nu^2 + \alpha_L(1)^2}{\nu^2 + \alpha_L(2)^2}\right] \tag{3.243}$$

其可以写成形式

$$\tau_\nu^{exact}(1,2) = \eta \ln\left[\frac{(\nu/\bar{\alpha}_L)^2 + 1/f}{(\nu/\bar{\alpha}_L)^2 + f}\right] \tag{3.244}$$

式中，$\bar{\alpha}_L$ 是平均谱线半宽度，定义为 $\bar{\alpha}_L[\alpha_L(1)\alpha_L(2)]^{1/2}$。在这例子中，VCG 光学厚度近似表示为

$$\tau_\nu^{VCG}(1,2) = \frac{S\tilde{u}}{2\pi\tilde{\alpha}_L}\frac{2}{(\nu/\tilde{\alpha}_L)^2 + 1} \tag{3.245}$$

式中

$$\tilde{u} = \frac{r_s p_1}{g}(1 = f)$$

$$\tilde{\alpha}_L = \left(\frac{1+f}{2}\right)\alpha_L(1) \tag{3.246}$$

因此，大气层用 $\bar{\alpha}_L$ 和 f 的 VCG 近似，光学厚度表示为

$$\tau_\nu^{VCG}(1,2) = 2\eta\frac{(1-f)}{(1+f)}\frac{2}{(\nu/\tilde{\alpha}_L)^2 + 1} \tag{3.247}$$

第六节　大气中粒子的光散射电磁辐射的极化特征

一、麦克斯韦方程组

麦克斯韦方程组是粒子光散射的基础。由空间电荷建立的激发态形成的电磁场分别用电场强度 $\boldsymbol{E}$ 和磁感应强度 $\boldsymbol{B}$ 表征。描述电磁场对物体的作用用电流密度 $\boldsymbol{J}$，电位移 $\boldsymbol{D}$ 和磁感应矢量 $\boldsymbol{H}$。在介质附近其物理特性连续的各点上，上述 5 个矢量的时、空导数可由麦克斯韦方程组相联系

$$\nabla \times \boldsymbol{H} = \boldsymbol{J} + \frac{\partial \boldsymbol{D}}{\partial t} \tag{3.248}$$

$$\nabla \times \boldsymbol{E} = -\frac{\partial \boldsymbol{B}}{\partial t} \tag{3.249}$$

$$\nabla \cdot \boldsymbol{D} = \rho \tag{3.250}$$

$$\nabla \cdot \boldsymbol{B} = 0 \tag{3.251}$$

式中，t 表示时间，c 是光速，ρ 是电荷密度，$\boldsymbol{P}$ 是介电极化强度，它为介质内某一点附近单位体积内分子电偶极矩的总和。

由于 $\nabla \cdot \nabla \times H = 0$，对式(3.248)作点积运算

$$\nabla \cdot \boldsymbol{J} = \nabla \cdot \frac{\partial \boldsymbol{D}}{\partial t} \tag{3.252}$$

将式(3.250)对 t 微分后可得

$$\frac{\partial\rho}{\partial t}+\nabla\cdot\boldsymbol{J}=0 \tag{3.253}$$

这就是电磁场的连续性方程。电位移 $\boldsymbol{D}$ 和磁感应矢量 $\boldsymbol{H}$ 可以写为

$$\boldsymbol{D}=\varepsilon_0\boldsymbol{E}+\boldsymbol{P} \tag{3.254}$$

$$\boldsymbol{H}=\frac{1}{\mu_0}\boldsymbol{B}-\boldsymbol{M} \tag{3.255}$$

式中,$\boldsymbol{M}$ 是磁偶极矩。

为了由已经给定的电流和电荷分布唯一地确定电磁场矢量,还需要有电磁场下的物态关系,就是

$$\boldsymbol{J}=\sigma\boldsymbol{E} \tag{3.256}$$

$$\boldsymbol{B}=\mu\boldsymbol{H} \tag{3.257}$$

$$\boldsymbol{P}=\varepsilon_0\chi\boldsymbol{E} \tag{3.258}$$

式中,σ 是电导率,ε 是介电常数,μ 是磁导率。

对于空间,通常为 $\rho=0$,$|\boldsymbol{J}|=0$,以及 ε、μ 均为常数,这时麦克斯韦方程组简化为

$$\nabla\times\boldsymbol{H}=\frac{\varepsilon}{c}\frac{\partial\boldsymbol{E}}{\partial t} \tag{3.259}$$

$$\nabla\times\boldsymbol{E}=-\frac{\mu}{c}\frac{\partial\boldsymbol{H}}{\partial t} \tag{3.260}$$

$$\nabla\cdot\boldsymbol{E}=0 \tag{3.261}$$

$$\nabla\cdot\boldsymbol{H}=0 \tag{3.262}$$

2. 边界条件

场矢量、$\boldsymbol{D}$、$\boldsymbol{B}$ 和 $\boldsymbol{H}$ 在通过一个介质与另一个介质的界面处可以是不连续的,界面处的边界条件可以由麦克斯韦方程得到:

①$\boldsymbol{D}$ 和 $\boldsymbol{B}$ 的法向分量不连续性

$$\begin{aligned}(\boldsymbol{D}_2-\boldsymbol{D}_1)\cdot\hat{\boldsymbol{n}}&=\rho_s\\(\boldsymbol{B}_2-\boldsymbol{B}_1)\cdot\hat{\boldsymbol{n}}&=0\end{aligned} \tag{3.263}$$

②$\boldsymbol{H}$ 和 $\boldsymbol{E}$ 的切向分量不连续性

$$\begin{aligned}\hat{\boldsymbol{n}}\times(\boldsymbol{H}_2-\boldsymbol{H}_1)&=0\\\hat{\boldsymbol{n}}\times(\boldsymbol{E}_2-\boldsymbol{E}_1)&=0\end{aligned} \tag{3.264}$$

二、平面电磁波

在无源均匀介质中的平面电磁波表示为

$$\boldsymbol{E}(\boldsymbol{r},t)=\boldsymbol{E}_0\exp(i\boldsymbol{k}\cdot\boldsymbol{r}-i\omega t),\boldsymbol{H}(\boldsymbol{r},t)=\boldsymbol{H}_0\exp(i\boldsymbol{k}\cdot\boldsymbol{r}-i\omega t) \tag{3.265}$$

式中,假定矢量 $\boldsymbol{E}_0$、$\boldsymbol{H}_0$ 和 $\boldsymbol{k}$ 是恒定的矢量,一般波矢量 $\boldsymbol{k}$ 是复数:$\boldsymbol{k}=\boldsymbol{k}_R+i\boldsymbol{k}_I$,由此

$$\begin{aligned}\boldsymbol{E}(\boldsymbol{r},t)&=\boldsymbol{E}_0\exp(-\boldsymbol{k}_1\cdot\boldsymbol{r})\exp(i\boldsymbol{k}_R\cdot\boldsymbol{r}-i\omega t)\\\boldsymbol{H}(\boldsymbol{r},t)&=\boldsymbol{H}_0\exp(-\boldsymbol{k}_1\cdot\boldsymbol{r})\exp(i\boldsymbol{k}_R\cdot\boldsymbol{r}-i\omega t)\end{aligned} \tag{3.266}$$

$\boldsymbol{E}_0\exp(-\boldsymbol{k}_1\cdot\boldsymbol{r})$ 和 $\boldsymbol{H}_0\exp(-\boldsymbol{k}_1\cdot\boldsymbol{r})$ 分别是电磁波的振幅,而 $\boldsymbol{k}_R\cdot\boldsymbol{r}-i\omega t$ 是其相位。$\boldsymbol{k}_R$ 是等相位表面的法向,这里 $\boldsymbol{k}_I$ 是等振幅面的法向,当 $\boldsymbol{k}_R$ 和 $\boldsymbol{k}_I$ 相平行时,称电磁波是均匀的,否则为不均匀的。在 $\boldsymbol{k}_R$ 方向等相位表面传播的相速度 $\nu=\omega/|\boldsymbol{k}_R|$。

对于平面电磁波，麦克斯韦方程取如下形式

$$\boldsymbol{k}\cdot\boldsymbol{E}_0=0 \tag{3.267a}$$

$$\boldsymbol{k}\cdot\boldsymbol{H}_0=0 \tag{3.267b}$$

$$\boldsymbol{k}\times\boldsymbol{E}_0=\omega\mu\boldsymbol{H}_0 \tag{3.267c}$$

$$\boldsymbol{k}\times\boldsymbol{H}_0=-\omega\varepsilon\boldsymbol{E}_0 \tag{3.267d}$$

式中，$\varepsilon=\varepsilon_0(1+\chi)+i\sigma/\omega$ 是复介电常数，第一、二个方程表示平面电磁波是横波：$\boldsymbol{E}_0$ 和 $\boldsymbol{H}_0$ 与 $\boldsymbol{k}$ 垂直，而且 $\boldsymbol{E}_0$ 和 $\boldsymbol{H}_0$ 彼此垂直。由方程式(3.266)和式(3.267c)得到 $\boldsymbol{H}(\boldsymbol{r},t)=(\omega\mu)^{-1}\boldsymbol{k}\times\boldsymbol{E}(\boldsymbol{r},t)$。因此，电磁波只要考虑电场。

用 $\boldsymbol{k}$ 点乘式(3.267c)两边，使用式(3.267a)和式(3.267d)，便有 $\boldsymbol{k}\cdot\boldsymbol{k}=\omega^2\varepsilon\mu$。在实际中引入均匀平面波，复合波矢量可以写为 $\boldsymbol{k}=(k_R+ik_I)\hat{\boldsymbol{n}}$，其中 $\hat{\boldsymbol{n}}$ 是传播方向的实单位矢量，且 k_R 和 k_I 两者是非负值。则得到

$$\boldsymbol{k}=\boldsymbol{k}_R+i\boldsymbol{k}_I=\omega\sqrt{\varepsilon\mu}=\omega m/c \tag{3.268}$$

式中，$\boldsymbol{k}$ 是波数，$c=1/\sqrt{\varepsilon_0\mu_0}$ 是真空中的光速，而

$$m=m_R+im_I=\sqrt{\varepsilon\mu/\varepsilon_0\mu_0}=c\sqrt{\varepsilon\mu} \tag{3.269}$$

是非负的复折射指数，m_R 是实部，m_I 是虚部。因此平面均匀电磁波具有形式

$$\boldsymbol{E}(\boldsymbol{r},t)=\boldsymbol{E}(\boldsymbol{r})\exp^{-i\omega t}=\boldsymbol{E}_0\exp(-\omega c^{-1}m_I\hat{\boldsymbol{n}}\cdot\boldsymbol{r})\exp(-i\omega c^{-1}m_R\hat{\boldsymbol{n}}\cdot\boldsymbol{r}-i\omega t) \tag{3.270}$$

如果复折射指数的虚部非 0，则它取决于电磁波通过介质时振幅的衰减。在这种情况下，介质是吸收的。复折射指数的实部取决于电磁波的相速：$\nu=c/m_R$。对于真空，$m=m_R=1$，$\nu=c$。均匀电磁波的玻印亭矢量的时间平均值为

$$\langle\boldsymbol{S}(\boldsymbol{r})\rangle=\frac{1}{2}\boldsymbol{Re}[\boldsymbol{E}(\boldsymbol{r})\times\boldsymbol{H}^*(\boldsymbol{r})]=\frac{1}{2}\boldsymbol{Re}\{\sqrt{\varepsilon/\mu}\}|\boldsymbol{E}_0|^2\exp(-\omega c^{-1}m_I\hat{\boldsymbol{n}}\cdot\boldsymbol{r})\hat{\boldsymbol{n}} \tag{3.271}$$

因此，$\langle\boldsymbol{S}(\boldsymbol{r})\rangle$ 是在传播方向和它的绝对值 $\boldsymbol{I}(\boldsymbol{r})=|\langle\boldsymbol{S}(\boldsymbol{r})\rangle|$，称为强度，如果介质是吸收的，它指数衰减：$\boldsymbol{I}(\boldsymbol{r})=I(0)\exp(-\alpha\hat{\boldsymbol{n}}\cdot\boldsymbol{r})$。吸收系数是 $\alpha=4\pi m_I/\lambda$，其中，$\lambda=2\pi c/\omega$ 是自由空间波长。辐射强度具有单色能量通量的量纲：[能量/面积×时间]。

折射指数与介电常数间关系写为

$$\begin{aligned}\varepsilon_r{}'&=m_R^2-m_I^2\\ \varepsilon_r{}''&=2m_Rm_I\end{aligned} \tag{3.272}$$

式中，ε'、ε'' 分别是介电常数的实部和虚部，写为

$$\varepsilon'=\varepsilon_{rh}+\frac{\Delta}{1+\omega^2\tau_e^2} \tag{3.273}$$

这里的 Δ 是静介电常数 ε_{rs} 与高频介电常数 ε_{rh} 之差，为

$$\Delta=\varepsilon_{rs}-\varepsilon_{rh} \tag{3.274}$$

静介电常数 ε_{rs} 是当频率 $\omega\to0$ 时的介电常数；ε_{rh} 是当 $\omega\to\infty$ 时的介电常数，它们与有效时间常数和介电常数、频率间的关系分别为

$$\tau_e=\tau\frac{\varepsilon_{rs}+2}{\varepsilon_{rh}+2} \tag{3.275}$$

$$\varepsilon_r=\varepsilon_{rh}+\frac{\varepsilon_{rs}-\varepsilon_{rh}}{1+i\omega\tau_e} \tag{3.276}$$

介电常数为

$$\varepsilon_r = 1 + \frac{\omega_\rho^2}{\omega_0^2 - \omega^2 - i\gamma\omega} \tag{3.277}$$

介电常数的实部

$$\varepsilon_r{}' = 1 + \frac{\omega_\rho^2(\omega_0^2 - \omega^2)}{(\omega_0^2 - \omega^2)^2 + \gamma^2\omega^2} \tag{3.278}$$

虚部为

$$\varepsilon_r{}'' = \frac{\omega_\rho^2\gamma\omega}{(\omega_0^2 - \omega^2)^2 + \gamma^2\omega^2} \tag{3.279}$$

介电常数与电场和极化率的关系为

$$\boldsymbol{P} = (\varepsilon_r - 1)\varepsilon_0 \boldsymbol{E}$$

$$\boldsymbol{P} = \frac{\omega_p^2}{\omega_o^2 - \omega^2 - i\gamma\omega}\varepsilon_0 \boldsymbol{E}' \tag{3.280}$$

三、平面电磁波极化

1. 平面电磁波极化表示

如果选取正的 z 轴方向为 $\boldsymbol{\Omega}$ 方向，电磁场可以分解为平行和垂直分量，写成

$$\boldsymbol{E} = \boldsymbol{E}_\parallel + \boldsymbol{E}_\perp, \quad \boldsymbol{E}_\parallel = E_\parallel \hat{e}_\parallel, \quad \boldsymbol{E}_\perp = E_\perp \hat{e}_\perp \tag{3.281a}$$

$$\boldsymbol{H} = \boldsymbol{H}_\parallel + \boldsymbol{H}_\perp, \boldsymbol{H}_\parallel = +\boldsymbol{H}_\perp, \boldsymbol{H}_\parallel = \sqrt{\frac{\varepsilon}{\mu}}\hat{e}_z \times \boldsymbol{E}_\parallel, \quad \boldsymbol{H}_\perp = \sqrt{\frac{\varepsilon}{\mu}}\hat{e}_z \times \boldsymbol{E}_\perp \tag{3.281b}$$

这里分量 $\boldsymbol{E}_\parallel$、$\boldsymbol{E}_\perp$、$\boldsymbol{H}_\parallel$、$\boldsymbol{H}_\perp$ 满足波动方程式，$\hat{e}_\perp$、$\hat{e}_\parallel$、$\hat{e}_z$ 是根据右手定假确定的单位矢量，有关系

$$\hat{e}_\perp \cdot \hat{e}_\parallel = \hat{e}_\perp \cdot \hat{e}_z = \hat{e}_\parallel \cdot \hat{e}_z = 0, \quad \hat{e}_\perp \times \hat{e}_\parallel = \hat{e}_z \tag{3.282}$$

其中 $E_\parallel$ 和 $E_\perp$ 是包含有 z 轴和任意确定方向（观测方向）平面的电场的平行和垂直分量。

由式(3.281a)和式(3.282)，得到

$$E_\parallel = R\{\varepsilon_\parallel\} \quad E_\perp = R\{\varepsilon_\perp\} \tag{3.283}$$

式中，$\varepsilon_\parallel$ 和 $\varepsilon_\perp$ 是复振幅，由下式给出

$$\begin{aligned} \varepsilon_\parallel &= a_\parallel \exp[i(kz - \omega t + \delta_\parallel)] \\ \varepsilon_\perp &= a_\perp \exp[i(kz - \omega t + \delta_\perp)] \end{aligned} \tag{3.284}$$

这里 $a_\parallel$ 和 $a_\perp$ 是电场振幅，$\delta_\parallel$ 和 $\delta_\perp$ 是相角，类似地可以导得磁场分量的形式。在真空中的波数 $k_0 \equiv \omega/c_0 \equiv 2\pi/\lambda_0$，$\lambda_0$ 是真空中的波长，则式(3.283)、式(3.284)可以方便地表示为

$$E_{\parallel,\perp} = R\{a_{\parallel,\perp} \exp\{i[(k_0 mz - \omega t) + \delta_{\parallel,\perp}]\}\} \tag{3.285}$$

大多数光学仪器不能测量与光线相关的光子和极化电磁场，而是测量电磁场矢量分量的组合的时间平均值，并具有强度的量纲。为定义这些量，这里使用与右旋笛卡尔坐标相关联的球坐标系统（图 3.22）。平面电磁波传播方向由单位矢量 $\hat{\boldsymbol{n}}$ 表示，或者等效为 (ϑ, φ)，这里 $\vartheta \in \{0, \pi\}$ 是极角，而 $\varphi \in \{0, 2\pi\}$ 是方位角。电场矢量的 ϑ 和 φ 分量分别表示为 $\boldsymbol{E}_\vartheta$ 和 $\boldsymbol{E}_\varphi$。分量 $\boldsymbol{E}_\vartheta = E_\vartheta\hat{\vartheta}$ 位于径圈平面内，而分量 $\boldsymbol{E}_\varphi = E_\varphi\hat{\varphi}$ 垂直于这平面；$\hat{\vartheta}$ 和 $\hat{\varphi}$ 是相应的单位矢量。$\hat{\boldsymbol{n}} = \hat{\vartheta} \times \hat{\varphi}$。考虑一平面电磁波在均匀无吸收的介质（$\boldsymbol{k}_1 = 0$）中传播，并写为

$$\boldsymbol{E}(\boldsymbol{r}, t) = \boldsymbol{E}_0 \exp(i\boldsymbol{k} \cdot \hat{\boldsymbol{n}} - i\omega t) \tag{3.286}$$

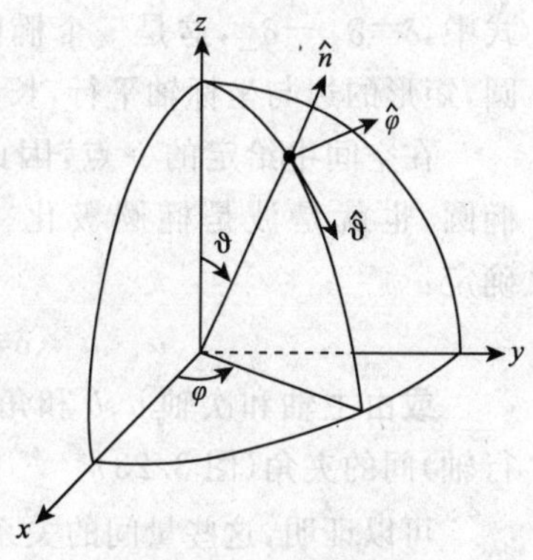

图 3.22 球坐标系统

2. 极化电磁波辐射能量传送

光辐射传送能量的速率由玻印亭矢量 $\boldsymbol{S}$ 表示，它与电场和磁场矢量有关，写为 $\boldsymbol{S}=\boldsymbol{E}\times\boldsymbol{H}$，给出了电磁场瞬时能量流的大小和方向。$\boldsymbol{E}\times\boldsymbol{H}$ 是在波方向单位面积的辐射功率。

由式(3.281a)和式(3.281b)，对于时间调谐平面波，传送能量写为

$$\boldsymbol{S}=\boldsymbol{E}\times\boldsymbol{H}=\sqrt{\frac{\varepsilon}{\mu}}[E_{\parallel}\hat{e}_{\parallel}+E_{\perp}\hat{e}_{\perp}]\times[E_{\parallel}\hat{e}_z\times\hat{e}_{\parallel}+E_{\perp}\hat{e}_z\times\hat{e}_{\perp}]$$

$$=\sqrt{\frac{\varepsilon}{\mu}}[E_{\parallel}E_{\parallel}+E_{\perp}E_{\perp}\hat{e}_{\perp}]\hat{e}_z=\sqrt{\frac{\varepsilon}{\mu}}[R\{\varepsilon_{\parallel}\}R\{\varepsilon_{\parallel}\}+R\{\varepsilon_{\perp}\}R\{\varepsilon_{\perp}\}]\hat{\Omega}_0 \tag{3.287}$$

式中，$\hat{\Omega}_0$ 是波的传播方向，实际对 $\boldsymbol{S}$ 的瞬时值意义不大，而对它的时间平均值有意义，即

$$\langle\boldsymbol{S}\rangle=\frac{1}{\langle t\rangle}\int_0^{\langle t\rangle}\mathrm{d}t\boldsymbol{S}(t) \tag{3.288}$$

式中，$\langle t\rangle$是时间平均，对于周期函数，$\langle t\rangle$是一个波的周期积分数，其一个周期是 $1/\nu$，可以证明它是两个同样周期的时间调谐函数和乘积的时间平均，即

$$\langle R\{a(t)\}\cdot R\{b(t)\}\rangle=\frac{1}{2}R\{ab^*\}=\frac{1}{2}R\{a^*b\} \tag{3.289}$$

式中，$a(t)$和 $b(t)$两者是在式(3.284)的形式，星号（$*$）表示共轭复数，使用式(3.288)求得 $\hat{\Omega}$ 方向的能量流为

$$\langle\boldsymbol{S}\rangle=\frac{m}{2\mu c_0}\left\{\frac{\varepsilon}{2}[\varepsilon_{\parallel}\cdot\varepsilon_{\parallel}{}^*+\varepsilon_{\perp}\cdot\varepsilon_{\perp}{}^*]\right\}\delta(\hat{\Omega}-\hat{\Omega}_0) \tag{3.290}$$

这里使用了式 $c=1/\sqrt{\mu\varepsilon}$ 和 $m=c_0/c=\sqrt{\varepsilon\mu/\varepsilon_0\mu_0}$。波纹括号中量是平面电磁波的能量密度，$u=u_e+u_m$，它由电场 u_e 和磁场 u_m 能量两部分组成，式(3.290)表示在 z 方向以速度 $c=c_0/m$ 传播的平面电磁波的能量密度，也表示平面电磁波由两分量组成

$$I_{\parallel}=(m/2\mu c_0)|\varepsilon_{\parallel}|,I_{\perp}=(m/2\mu c_0)|\varepsilon_{\perp}| \tag{3.291}$$

3. 平面电磁波的线极化、椭圆极化

现考虑一随空间和时间变化的平面电磁波，假定方程(3.283)～(3.284)的相位变化部分为 $\varphi=kz-\omega t$，可以反电场分量写为

$$E_{\parallel}=a_{\parallel}\cos(\varphi+\delta_{\parallel}),\qquad E_{\perp}=a_{\perp}\cos(\varphi+\delta_{\perp}) \tag{3.292}$$

现消去 φ 可以确定 $\boldsymbol{E}$ 的空间变化，容易证明

$$\left(\frac{E_{\parallel}}{a_{\parallel}}\right)^2+\left(\frac{E_{\perp}}{a_{\perp}}\right)^2-2\frac{E_{\parallel}E_{\perp}}{a_{\parallel}a_{\perp}}\cos\delta=\sin^2\delta \tag{3.293}$$

式中，$\delta\equiv\delta_{\parallel}-\delta_{\perp}$，这是一个椭圆方程式，内接于矩形内的椭圆，矩形的边与坐标轴平行，长度分别为 $2a_{\parallel}$ 和 $2a_{\perp}$。

在空间中给定的一点，因此，电场矢量的尖端轨迹是个椭圆，也就是波是椭圆极化。椭圆的特性由三个量可以确定：

$$a_{\parallel}、a_{\perp}、\delta\equiv\delta_{\parallel}-\delta_{\perp}$$

或由主轴和次轴 a、b 和角 ψ。角 ψ 是主轴与水平轴（平行轴）间的夹角（图 3.23）。

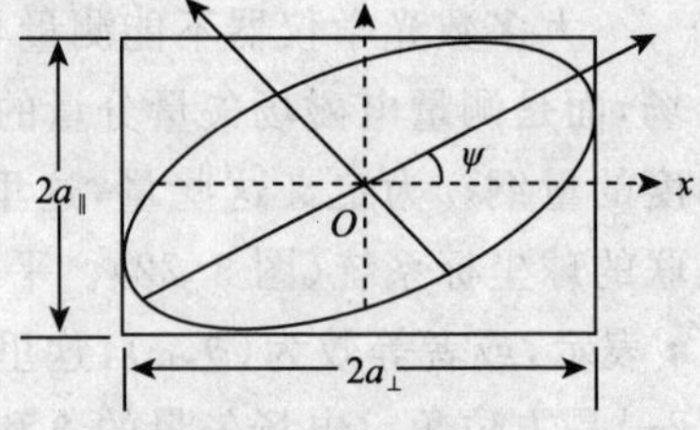

图 3.23　椭圆极化波（电磁波矢量振动椭圆）

可以证明，这些量间的关系为

$$a^2+b^2=a_{\parallel}{}^2+b_{\perp}{}^2;\pm ab=a_{\parallel}b_{\perp}\sin\delta;$$

$$\tan 2\psi = (\tan 2\alpha)\cos\delta; \quad \tan\alpha = \frac{\alpha_{\parallel}}{\alpha_{\perp}} \tag{3.294}$$

极化：线极化和圆极化。在方程式中椭圆退化为直线或圆时，出现线和圆极化的特殊情况。当两分量的位相差是 π 的倍数时，就是 $\delta=\delta_{\parallel}-\delta_{\perp}=m\pi(m=0,\pm1,\pm2,\pm3,\cdots)$ 由方程式(3.293)得到

$$\frac{E_{\perp}}{E_{\parallel}}=(-1)^m\frac{\alpha_{\perp}}{\alpha_{\parallel}} \tag{3.295}$$

这种情况下，是线极化，两分量间的比值是常数。考虑到时间有关的因子 ϕ，$\boldsymbol{E}$ 矢量沿直线随角频率振荡大小值，由 $-a_{\parallel}$ 到 $+a_{\perp}$。当分量的大小相等，$a_{\parallel}=a_{\perp}=a$，相位角是 90°相位差，就是 $\delta=\delta_{\parallel}-\delta_{\perp}=m\pi/2(m=0,\pm1,\pm2,\pm3,\cdots)$，则方程式成为圆方程，就是

$$E_{\parallel}{}^2+E_{\perp}{}^2=a^2 \tag{3.296}$$

4. 斯托克斯参数

描述电磁波极化的重要参数是引入斯托克斯参数，它定义为四个量：

$$\begin{aligned} I&=E_{\perp}E_{\perp}{}^*+E_{\parallel}E_{\parallel}{}^*=a_{\perp}{}^2+a_{\parallel}{}^2\\ Q&=E_{\perp}E_{\perp}{}^*-E_{\parallel}E_{\parallel}{}^*=a_{\perp}{}^2-a_{\parallel}{}^2\\ U&=E_{\perp}E_{\parallel}{}^*+E_{\parallel}E_{\perp}{}^*=2a_{\perp}a_{\parallel}\cos\delta\\ V&=E_{\perp}E_{\perp}{}^*+E_{\parallel}E_{\parallel}{}^*=a_{\perp}{}^2+a_{\parallel}{}^2 \end{aligned} \tag{3.297}$$

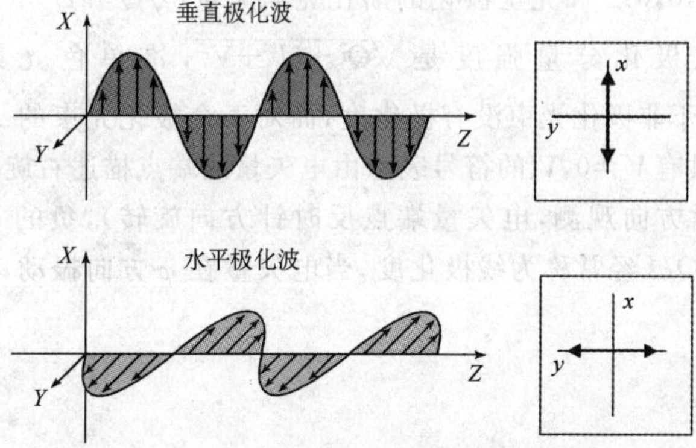

图 3.24　垂直和平面极化波

式中斯托克斯参数 I,Q,U,V 为实的 4×1 列元的矢量 $\boldsymbol{I}$，称为斯托克斯矢量，写成矩阵形式：

$$\boldsymbol{I}=\begin{pmatrix}I\\Q\\U\\V\end{pmatrix}=\frac{1}{2}\sqrt{\frac{\varepsilon}{\mu}}\begin{pmatrix}E_{0\parallel}E_{0\parallel}^*+E_{0\perp}E_{0\perp}^*\\ E_{0\parallel)}E_{0\parallel)}^*-E_{0\perp}E_{0\perp}^*\\ -E_{0\parallel)}E_{0\perp}^*-E_{0\perp}E_{0\parallel)}^*\\ i(E_{0\perp}E_{0\parallel)}^*-E_{0\parallel)}E_{0\perp}^*)\end{pmatrix} \tag{3.298}$$

第一个斯托克斯参数 I 等于强度式(3.298)中 $m_I=0$ 和 ε、μ 实部。斯托克斯参数 Q,U,V 具有相同的单色能量通量的量纲和波的极化状态。很容易证明它们间有下面关系式：

$$I^2=Q^2+U^2+V^2 \tag{3.299}$$

由式(3.265)给出的单色平面电磁波意味着复振幅 $\boldsymbol{E}_0$ 是定常的。在实际中，这个量通常随时间是涨落的。虽然频率的涨落比角频率 ω 小得很多，它仍然是如此之高，大多数光学装置不能检测它，而是相对长的时间内测量斯托克斯参数的平均值，因此，对于准单色光束，斯托克

斯参数修正为

$$\begin{bmatrix} I \\ Q \\ U \\ V \end{bmatrix} = \frac{1}{2}\sqrt{\frac{\varepsilon}{\mu}} \begin{bmatrix} \langle E_{0\parallel} E_{0\parallel}^{*} \rangle + \langle E_{0\perp} E_{0\perp}^{*} \rangle \\ \langle E_{0\parallel} E_{0\parallel}^{*} \rangle - \langle E_{0\perp} E_{0\perp}^{*} \rangle \\ -\langle E_{0\parallel} E_{0\perp}^{*} \rangle - \langle E_{0\perp} E_{0\parallel}^{*} \rangle \\ i\langle E_{0\perp} E_{0\parallel}^{*} \rangle - i\langle E_{0\parallel} E_{0\perp}^{*} \rangle \end{bmatrix} \tag{3.300}$$

式中，$\langle\cdots\rangle$表示相对于涨落时间要长的时间间隔的平均。当两个或更多准单色光束在同一方向以混合不相干方式传播(就是假定各光束间无固定相位关系)，混合的斯托克斯矢量等于各个光束的斯托克斯矢量之和

$$I = \sum_{n} I_n \tag{3.301}$$

式中，n 是光束数。

通常等式(3.299)是不成立的，只对准单色光束成立，取而代之的是

$$I^2 \geqslant Q^2 + U^2 + V^2 \tag{3.302}$$

此不等式仅在 $\boldsymbol{E}_{0\vartheta}(t)$ 和 $\boldsymbol{E}_{0\varphi}(t)$ 之间完全相关时成立。在这种情况下可以说光束是完全极化的。这定义虽然包括一个单色波，但是更普遍。如果 $\boldsymbol{E}_{0\vartheta}(t)$ 和 $\boldsymbol{E}_{0\varphi}(t)$ 是完全不相关的，且 $\langle \boldsymbol{E}_{0\vartheta}\boldsymbol{E}_{0\vartheta}^{*} \rangle = \langle \boldsymbol{E}_{0\varphi}\boldsymbol{E}_{0\varphi}^{*} \rangle$，则 $Q=U=V=0$，就是说准单色光束是非极化的(或是自然的)。

从式(3.302)看出，数学上可将任何准单色光束分解为两部分：是非极化的斯托克斯矢量 $(I-\sqrt{Q^2+U^2+V^2},0,0,0)^{\mathrm{T}}$ 和完全极化的斯托克斯矢量 $(\sqrt{Q^2+U^2+V^2},Q,U,V)^{\mathrm{T}}$，这里 T 是转置。因此，完全极化分量强度是 $\sqrt{Q^2+U^2+V^2}$，准单色光束的极化度是 $P=\sqrt{Q^2+U^2+V^2}/I$。对于非极化光束没有极化度，而对于全极化光束的 P 等于 1；对于部分极化的光束($0<P<1$)具有 $V\neq 0$，V 的符号表示由电矢量的端点描述右旋振动椭圆，V 是正的表示左旋极化(当在传播方向观测，电矢量端点反时针方向旋转)，负的 V 表示右旋极化。当 $U=0$时，比值 $P_Q=-Q/I$ 经常称为线极化度，当电矢量在 φ 方向振动，P_Q 是正的(就是垂直于散射平面)。

第四章 卫星资料的反演方法

卫星在空间观测地球大气系统，获取描述物体特性的量不是由卫星直接测量得到的，而是由卫星观测地球大气系统内物体发出或反射的辐射，通过反演得到的。物体发射或反射的辐射与物体的特性有关，描述物体特性的量有温度、发射率、反射率、吸收率、光学厚度等，这些特性与辐射的关系可以辐射模式表示，通过辐射传输模式可以根据物体的特性求出物体发出的辐射量，这就是正演；而所谓反演是指由卫星测量的辐射量求取描述物体特性量的方法，这与正演的计算方向正好相反。基于由卫星反演地球大气的方法很多，下面讲述反演的一般基本原理和方法，主要选自 Clive d. Rodgers 著的《Inverse Methods for Atmospheric Sounding Theory and Practice》(2000)一书。

第一节　简单的反演问题解

为描述反演的基本原理，首先以卫星探测大气温度为例说明反演的过程。如果在晴天条件下，在波数 ν 处大气顶的辐射写为

$$L(\nu)=\int_0^{\infty} B[\nu,T(z)]\frac{\mathrm{d}\widetilde{T}(\nu,z)}{\mathrm{d}z}\mathrm{d}z \tag{4.1}$$

式中，$B[\nu,T(z)]$是高度 z、温度为 T、波数为 ν 处的普朗克函数，$\widetilde{T}(\nu,z)$是大气顶处测量来自高度 z 之上大气的透过率，为了简化，假定大气的吸收是如此之大，以致于地面到卫星之间的透过率为 0，地面发出的辐射可以忽略。在式(4.1)中，当辐射气体为二氧化碳的情况下，其混合比作为常数，$\widetilde{T}(\nu,z)$是已知的，只有大气温度 $T(z)$是未知的，卫星测量光谱辐射包含有决定大气温度廓线的信息。但是在实际中，只对有限光谱带积分，对此这里先作定性分析。考虑一组 m 波数相近间隔 ν_i 的一组辐射率测量 $L(\nu_i)(i=1,\cdots,m)$，由此普朗克函数与频率的依赖关系可以忽略，而只考虑透过率的变化关系

$$L_i=L(\nu_i)=\int_0^{\infty} B[\bar{\nu},T(z)]K_i(z)\mathrm{d}z \tag{4.2}$$

式中，$\bar{\nu}$ 是某个通道波数，$K_i(z)=\mathrm{d}\widetilde{T}(\nu,z)/\mathrm{d}z$ 只是 z 和 i 的函数，现在是作为未知普朗克函数 $B[\bar{\nu},T(z)]$的线性化。如果求得 $B[\bar{\nu},T(z)]$，则 $T(z)$可以由普朗克公式直接求取。式(4.2)的辐射率 $L(\nu_i)$是普朗克公式 $B[\bar{\nu},T(z)]$与权重函数 $K_i(z)$的加权平均。由于假定地面到空间的透过率为 0，为使 $\int_0^{\infty} K_i(z)\mathrm{d}z=1$，实际 $L(\nu_i)$是一个平均值。因此，在反演中，由于这任一量取 $K_i(z)$的一部分，因此，在大气反演中称它为权重函数。

由于问题是弱约束或病态的，当只有有限个测量和未知量是连续函数，求解式(4.2)有一

定困难，显然是把未知量表示为有限个参数的函数，如多项式或正弦和余弦之和。其一般的线性形式写为

$$B[\bar{\nu},T(z)] = \sum_{j=1}^{m} w_j W_j(z) \tag{4.3}$$

式中，w_j 是求取的系数，对于廓线表示，用 $W_j(z)$ 是对于有限高度范围内作为 z^{j-1} 或 $\sin(2\pi jz/Z)$ 和 $\cos(2\pi jz/Z)$ 一组函数，式(4.3)代入式(4.1)得出

$$L_i = L(\nu_i) = \sum_{j=1}^{m} w_j \int_0^{\infty} W_j(z) K_i(z) \mathrm{d}z = \sum_{j=1}^{m} C_{ij} w_j \tag{4.4}$$

因此，定义方形矩阵 $\boldsymbol{C}$，其元素 $C_{ij} = \int_0^{\infty} W_j(z) K_i(z) \mathrm{d}z$ 很容易计算，现有 m 个方程和 m 个未知数，从原则上是可以精确求解。

不幸的是，这一方程在实际中是病态的，这就意味着在测量中的任何实验误差可能有很大的振幅，且解是无任何意义的。尽管它是与测量相一致。方程(4.2)是第一类弗雷德霍姆积分方程，很早就指出这一方程是病态的。即使如此，下面将着手用形式解求解这方程和进行元素的误差分析。通过矩阵变换，解式(4.4)，系数矢量 $\boldsymbol{b}$ 是 $\boldsymbol{C}^{-1}\boldsymbol{I}$，其中 $\boldsymbol{I}$ 是辐射矢量，并代入式(4.3)得

$$B[\bar{\nu},T(z)] = \sum_{i,j} W_j(z) C_{ji}^{-1} L_i = \sum_{i} G_i(z) L_i \tag{4.5}$$

式中，C_{ji}^{-1} 是逆矩阵 $\boldsymbol{C}^{-1}$ 的第 ji 分量，这方程也可定义一组函数 $G_i(z)$，这在反演理论的不同领域中有不同的名称，在大气反演中，对于测量的辐射率 L_i，由于 $G_i(z)L_i$ 是对廓线解的贡献，通常称之为贡献函数，当解代回到测量式(4.2)，这给出精确的辐射测量值，由此可以称之精确的。如果测量 L_i 包含误差 ε_i，显然相应廓线中有误差 $G_i(z)\varepsilon_i$，因此，函数 $G_i(z)$ 的大小给出求解方法病态条件的指示。

通过模拟给出的简单例子说明，图 4.1 表示卫星天底探测温度发射辐射情形下的一组权重函数，取垂直坐标 $\zeta = -\ln(p/p_0)$，其中 p 是气压，p_0 是地面气压，n 通道从高度 p 到空间的透过率为 $\widetilde{T}(z) = \exp(p/p_n)$，其相应吸收系数的吸收气体是不随温度和气压而变的均匀混合气体。由此其权重函数与 $p\exp(-p/p_n)$ 成正比，在 $p = p_n$ 处具有最大值。选取间隔是 $\delta\ln p_n = 0.75$，相应约 5 km。

具有和不具有噪声的模拟反演结果如图 4.2 所示，图中模拟实线是根据美国标准大气的“真实”廓线，普朗克的非线性忽略不计，即 $B(\zeta) = T(\zeta)$，因此，辐射率的是温度廓线的简单加权平均，用多项式 $W_j(\zeta) = \zeta^{j-1} (j = 1, \cdots, m)$ 表示，根据式(4.5)，计算的辐射率反演温度廓线，点线是无噪声反演的结果。如噪声以 0.5 K 的均方根加到模拟测量上，并重复反演，反演噪声结果以虚线表示，结果表明，即使很小的的噪声，反演也有很大的差别。

为进行误差分析，计算贡献函数 $G_i(\zeta)$，如图 4.3 所示，通过大的 $G_i(\zeta)$ 值表示噪声的敏感性分析，甚至在中间区域。廓线具有测量同样的单位。

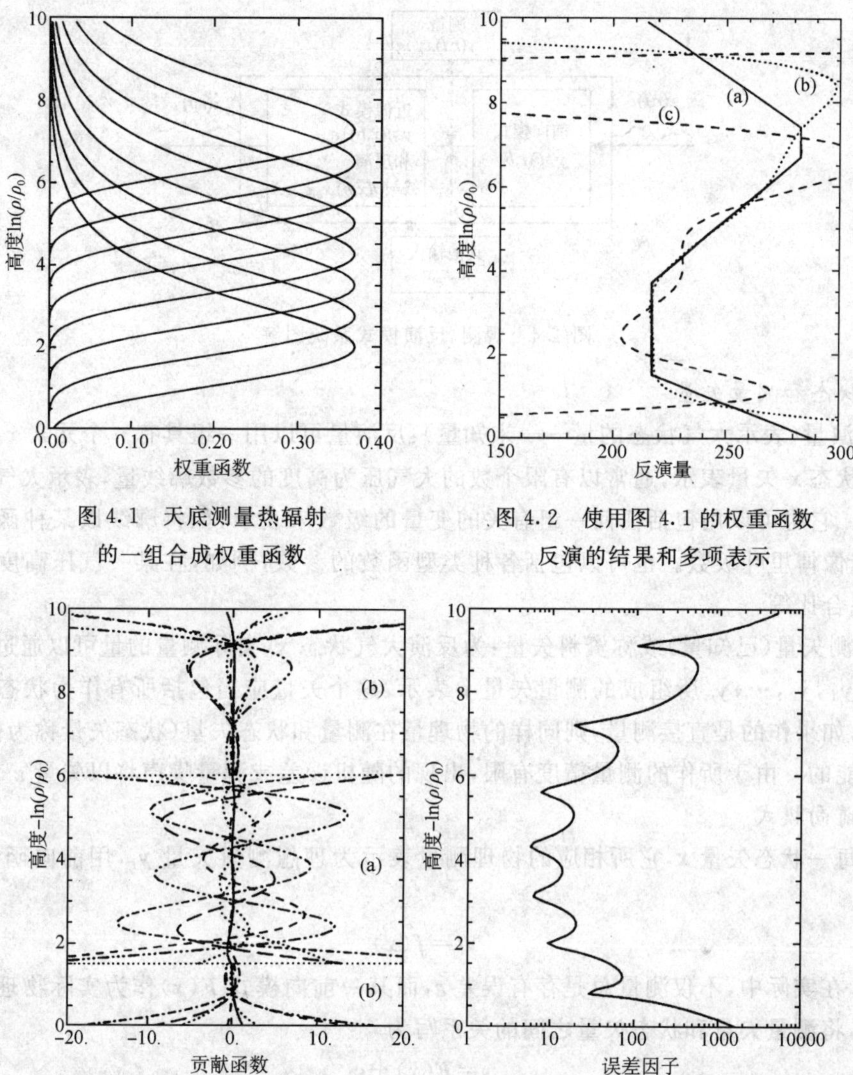

图 4.1　天底测量热辐射的一组合成权重函数

图 4.2　使用图 4.1 的权重函数反演的结果和多项表示

图 4.3　左图是图 4.2 的贡献函数，右图是反演的误差振幅因子

第二节　卫星测量的信息

一、基本问题陈述

卫星资料的反演是建立并求解一组线性或非线性的方程组的问题，由于在某些参数存在测量误差，因此，在建立方程组的过程中，就有可能出现误差。研究间接测量的信息内容，将已知的测量集合用矢量 $\boldsymbol{y}$ 表示，称为测量矢量；而大气状态为未知矢量，用 $\boldsymbol{x}$ 表示。如一般表示大气的温度分布状态用连续函数表示，而不是用离散函数。但是，如果可以找到接近连续函数的离散值的方法，达到所希望的精度。测量过程就可以用前向模式描述它的物理过程。图 4.4 是观测—反演系统图解。

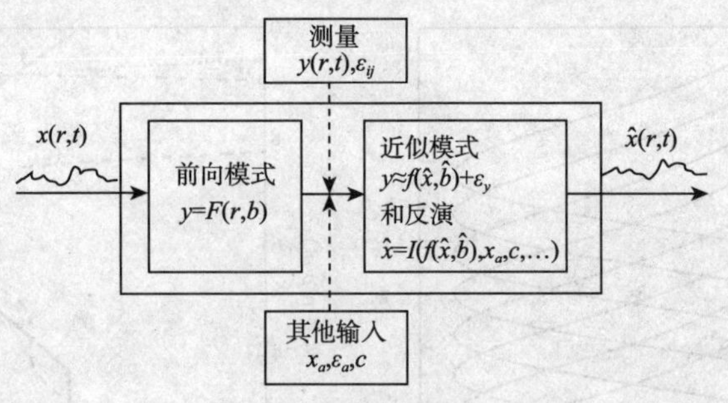

图 4.4　观测、反演模式系统图解

(一)状态和测量矢量

1. 反演量(表示大气状态的量——未知量):反演量可以用一组具有 n 个元素 $x_1, x_2, \cdots x_n$ 所组成的状态 $\boldsymbol{x}$ 矢量表示,通常以有限个数的大气压为高度的参数廓线量,表示大气参数随高度的变化。它也可以用包括任何一组有关的变量的级数来表示,如将廓线以某种函数展开的系数表示,像傅里叶级数。也可以包括各种类型函数的参数,例如,在某一气压高度的空气密度、臭氧混合比等。

2. 观测矢量(已知量)或称资料矢量:为反演大气状态 $\boldsymbol{x}$,实际测量的量可以通过一组具有 m 个元素 $y_1, y_2, \cdots, y_m$ 所组成的测量矢量 $\boldsymbol{y}$ 表示,这个矢量应当包括所有作为状态矢量函数的观测量,如果作的是直接测量,则同样的物理量在测量和状态矢量(状态矢量称为模)中出现是完全可能的。由于所作的测量精度有限,出现的随机误差或测量噪声将以矢量 $\boldsymbol{\varepsilon}$ 表示。

(二)前向模式

对于每一状态矢量 $\boldsymbol{x}$,它所相应的物理测量表示为理想测量矢量 $\boldsymbol{y}_I$,用前向函数 $\boldsymbol{f}(\boldsymbol{x})$ 表示为:

$$\boldsymbol{y}_I = \boldsymbol{f}(\boldsymbol{x}) \tag{4.6}$$

但是,在实际中,不仅测量总是存有误差 $\boldsymbol{\varepsilon}$,而某一前向模式 $\boldsymbol{F}(\boldsymbol{x})$ 作为实际物理状态的近似。因此,将测量矢量和状态矢量之间的关系写为

$$\boldsymbol{y} = \boldsymbol{F}(\boldsymbol{x}) + \boldsymbol{\varepsilon} \tag{4.7}$$

这里矢量 $\boldsymbol{y}$ 是具有误差 $\boldsymbol{\varepsilon}$ 的测量,$\boldsymbol{F}(\boldsymbol{x})$ 是状态的矢量函数值,其表示对物理测量的理解。为构建前向模式,必须要了解测量装置是如何工作的,所测量的物理量的特点,如来自 CO_2 的热辐射是怎样进行的,或太阳的后向紫外辐射与哪些物理量有关系,例如温度分布或臭氧分布。由于在大多数反演问题中,反演的量是连续函数,而测量的总是离散量。因此造成大多数反演问题是病态的,或无明显约束的。简单的处理是用有限个参数表示相应的无限变量参数,取代实际的连续状态函数。

(三)权重函数矩阵

为研究测量信息内容,最一般的方法是将其作为线性问题处理,为此采用一个对于参考状态 $\boldsymbol{x}_0$ 的线性前向模式,如果 $\boldsymbol{F}(\boldsymbol{x})$ 在反演误差范围内是线性的,写为

$$\boldsymbol{y} - \boldsymbol{F}(\boldsymbol{x}_0) = \frac{\partial \boldsymbol{F}(\boldsymbol{x})}{\partial \boldsymbol{x}}(\boldsymbol{x} - \boldsymbol{x}_0) + \boldsymbol{\varepsilon} = \boldsymbol{K}(\boldsymbol{x} - \boldsymbol{x}_0) + \boldsymbol{\varepsilon} \tag{4.8}$$

式中,$\boldsymbol{K}$ 是 $m \times n$ 权重函数矩阵,权重函数的每一矩阵元素是前向模式对于状态矢量 $\boldsymbol{x}$ 元素的导数,即 $K_{ij} = \partial F_i(\mathrm{x}) / \partial x_j$。这种类型导数称之为 Fréchet 导数。如果 $m < n$,由于测量的数量

较未知量要少，方程描述的是没有确定的解（或病态的或不确定的），类似地，如果 $m>n$，方程常描述的是过约束的或超定的。不过这种描述太简单了，很易出错。但是，对于一组同时出现超定或低定的方程是可能的。

权重函数项是大气遥感探测著作中是特有的。它最早应用于大气温度遥感中，前向模式中取普朗克函数垂直廓线的加权平均。

（四）矢量空间

在处理线性方程式时常用线性矢量空间的概念，现给出两个空间的特别名称：(1)状态空间（或模空间）是 n 维矢量空间，空间中可能的状态用一个点，或从原点到一个点的矢量（对 $\boldsymbol{x}_0$ 开始的矩）表示；(2)测量空间（或数据空间）是 m 维矢量空间，同样由一个点或一个矢量（以 $\boldsymbol{F}(\boldsymbol{x}_0)$ 为起点）表示每一可能的测量。则测量过程就等效为从状态空间到测量空间的映射转换，而反演则是找到从测量空间到状态空间的合理的映射变换方法。权重函数矩阵 $\boldsymbol{K}$ 等效为不计测量误差 ε 的前向映射变换。在状态空间中具有 n 维 $\boldsymbol{K}$ 矩阵的每一行，可以由矢量 $\boldsymbol{k}_i$ 表示，虽然它不是一个状态。它相应于在背景中的第 i 个测量 $\boldsymbol{y}_i$，对于给定状态矢量 $\boldsymbol{x}$ 的测量坐标的第 i 个值，是 $\boldsymbol{x}$ 和 $\boldsymbol{k}_i$ 矢的积，加上测量误差 ε。因此 $\boldsymbol{K}$ 的 m 行中的每一行相应于测量空间坐标，给出由状态到测量空间的映射变换。由测量误差统计确定映射变换的模糊（失真）。

图 4.5 表示两维状态空间，用分量 x_1 和 x_2 表示状态 $\boldsymbol{x}$。作三次测量，其相应有三个单位矢量 $\boldsymbol{k}_1$，$\boldsymbol{k}_2$，$\boldsymbol{k}_3$ 及单位长度的权重函数，测量 y_1，y_2 和 y_3 为相应于 $\boldsymbol{x}$ 在 $\boldsymbol{k}_s$ 上的正交投影，也就是由原点到与 $\boldsymbol{k}$ 矢量垂线相交的距离，则由这三个数确定了在三维测量空间中一个点，图 4.5 也表明这样的测量是过约束的。仅给定权重函数矢量和测量，可以由测量与权重函数矢量的垂直的交线求取状态。但是仅需要两个量确定 $\boldsymbol{x}$，第三个是多余的，而且如果测量有误差，它与另两个不一致，使所有三条垂线不能相交在一个点。测量空间是三维的，但是状态空间是映射在它的两维子空间，因为一个测量总是其他两个的函数。在没有测量误差的情况下，在测量空间的点而不在这子空间的点，不能相应于可能的状态。

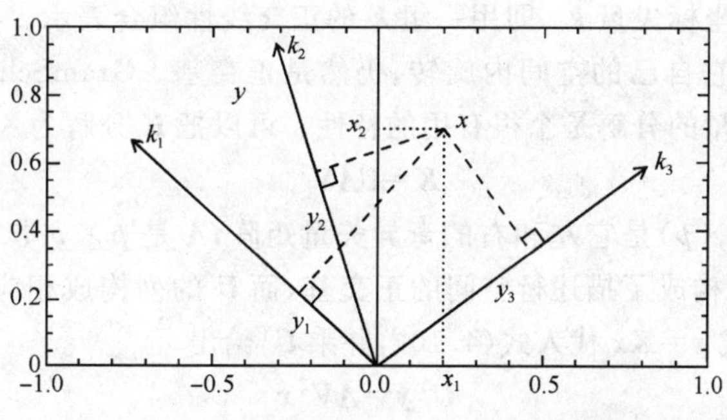

图 4.5 两维中状态空间和三维中的测量空间

二、无测量误差的线性问题

首先考虑任意维数的无测量误差的线性问题，在此情况下反演问题简化为线性联立方程

$$\boldsymbol{y}=\boldsymbol{K}\boldsymbol{x} \tag{4.9}$$

且该方程涉及是否有解、解是否唯一，或为有限数目的解。因此，一般反演是研究方程在无解或无唯一解情况下，由测量 $\boldsymbol{y}$ 提取关于状态 $\boldsymbol{x}$ 的信息的问题。

(一)状态空间的子空间

m 维权重函数矢量 $\boldsymbol{k}_i$ 包含有某些子空间,其维数不大于 m,如果矢量是非线性独立的,则可以小于 m。当矩阵 $\boldsymbol{K}$ 的秩用 p 表示,并等于线性独立的行(列)数,则子空间的维数是已知的。如果 $m>n$,即测量值数目大于未知量,则秩不能大于 n,并且甚至可以小于 n,这样的子空间,其矢量构成的 $\boldsymbol{K}$ 行列,并称其为 $\boldsymbol{K}$ 的行或列空间,其可以包含或不能包含整个状态空间。$\boldsymbol{K}$ 也可以为一列 p 维空间,为测量子空间。

可以设想正交坐标系或状态空间的基,它在行空间中具有 p 个正交基矢(坐标),则不在行空间的 $n-p$ 基矢与行空间正交的,因此,与所有权函数矢量正交。仅处于行空间的状态矢量分量对测量矢量有贡献,所有其他分量与它正交,对测量具有零贡献,也就是不可测。这种不能确定的状态矢量部分称为 $\boldsymbol{K}$ 的零空间。

如果 $p<n$,也就是零空间存在,问题则难以确定。在这种情况下,由于状态分量不能由测量确定,解不是唯一的,它可以取任意值。它们的大小(无论是取零还是其他值)必须有其他调整确定,或它们显然必须被忽略。

如果反演状态在零空间具有分量,它们的值不能由测量得到。

仅考虑行空间中的状态分量,如果 $m>p$,即是测量值的数目大于 $\boldsymbol{K}$ 的秩,则它们是超定的;如果 $m=p$,为完全确定。因此,对于一个问题既是超定(在行空间中),又不确定(如果有零空间)是可能的,这种状况称为混合确定。甚至对于比未知量更多的测量是可能的,$m>n$,如果 $p<n$,问题为不确定,仅对 $m=n=p$ 时,问题完全确定。

如果问题是完全确定的,则可以通过解 $p\times p$ 方程组得到唯一的解。如果问题在行空间中是超定的,并且没有测量误差,则无论测量必须同 $\boldsymbol{k}_j$ 矢量一样线性相关,或者它们是矛盾,都没有精确的解。当出现误差时,后者是正常情况,并将在下面进一步讨论。

(二)鉴别零空间和行空间

对于上面描述的状态空间,给定状态空间 $\boldsymbol{K}$ 的行空间可以等同于求取一个基或坐标系统,也就是可以用正交坐标矢量 $\boldsymbol{k}_j$,即用一组 $\boldsymbol{k}_j$ 的正交线性组合表示。这有很多方式,显然有无限多个基,正交基在它自己的空间内旋转,仍然是正交基。GramSchmidt 正交大概是最简单的方法,但是奇异矢量的分解是个很有用的特性。可以把 $\boldsymbol{K}$ 分解为

$$\boldsymbol{K}=\boldsymbol{U}\boldsymbol{\Lambda}\boldsymbol{V}^{\mathrm{T}} \tag{4.10}$$

式中,$\boldsymbol{U}(m\times p)$ 和 $\boldsymbol{V}(n\times p)$ 是它左和右的奇异矢量矩阵,$\boldsymbol{\Lambda}$ 是 $p\times p$ 非零奇异值的对角矩阵,p 是 $\boldsymbol{K}$ 的秩。$\boldsymbol{V}$ 的 p 列构成了描述行空间的正交基,而 $\boldsymbol{U}$ 的列构成相应于列空间的测量空间的基。将线性前向模式 $\boldsymbol{y}=\boldsymbol{K}\boldsymbol{x}$ 代入式(4.10),并乘 $\boldsymbol{U}^{\mathrm{T}}$ 给出

$$\boldsymbol{U}^{\mathrm{T}}\boldsymbol{y}=\boldsymbol{\Lambda}\boldsymbol{V}^{\mathrm{T}}\boldsymbol{x} \tag{4.11}$$

因此,设 $\boldsymbol{y}'=\boldsymbol{U}^{\mathrm{T}}\boldsymbol{y}$ 和 $\boldsymbol{x}'=\boldsymbol{V}^{\mathrm{T}}\boldsymbol{x}$,则得

$$\boldsymbol{y}'=\boldsymbol{\Lambda}\boldsymbol{x}' \tag{4.12}$$

这表明,在列空间的 p 变换为测量 $\boldsymbol{y}'$,在 p 维行空间中每一个分量正比于变换状态 $\boldsymbol{x}'$ 分量。$\boldsymbol{V}$ 矩阵构成一个行空间中的自然基,与列空间中的 $\boldsymbol{U}$ 矩阵基有关。

图 4.6 表示相对于图 4.1 中 8 个权重函数奇异矩阵矢量,每个图上部给出相应的奇异值,这表示与傅里叶表示类似,函数是正交的、振荡的,且随奇异值振荡增大。

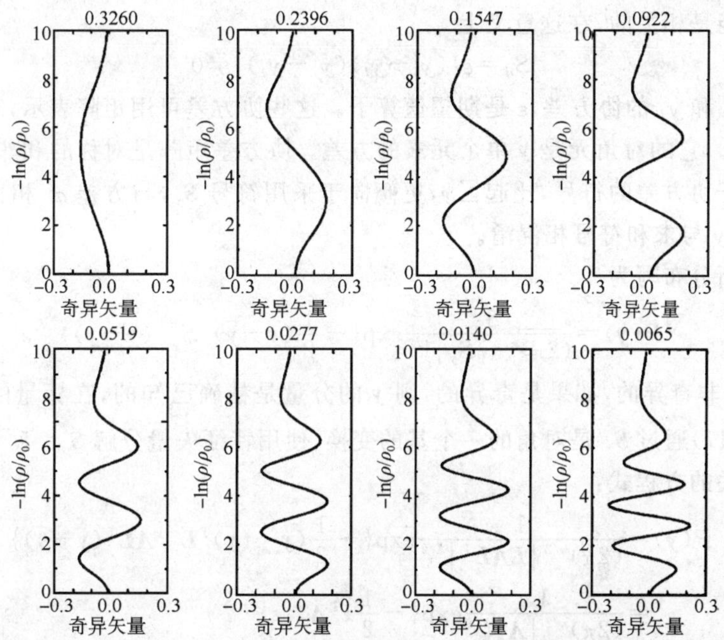

图 4.6　权函数的奇异矢量和每一平面的奇异值

三、存在测量误差的线性问题

(一)实验误差的描述

所有实际测量都有误差或噪声,因此,任何反演都必须考虑到测量误差。实验误差的合理处理是在反演方法设计时主要考虑的问题,因此,需要一个公式,能表示测量的不确定性和反演结果的不确定性,以使反演结果不确定性最小。

使用贝叶斯方法,采用概率密度函数($pdf's$)描述试验误差,是很有用的方法,对于测量参数的实际值 $pdf P(y)$ 可用一个标量测量值的平均 $\bar{y}$ 和标准误差 σ 表示,$\bar{y}$ 和方差 σ^2 可以简单地表示为:

$$\bar{y}=\int yP(y)\mathrm{d}y \tag{4.13}$$

$$\sigma^2=\int(\bar{y}-y)^2P(y)\mathrm{d}y \tag{4.14}$$

并且 y 处于$(y,y+\mathrm{d}y)$的概率为 $P(y)\mathrm{d}y$。将这种方式的概率看作关于 y 测量,而不是对 y 的一系列重复测量的分布函数,通过一定重复测量是估算概率的有用方法。对此,$P(y)$一般取高斯或正态分布:

$$P(y)=N(y-\bar{y},\sigma)=\frac{1}{(2\pi)^{1/2}\sigma}\exp\left\{-\frac{(y-\bar{y})^2}{2\sigma^2}\right\} \tag{4.15}$$

对于实验误差是一个很好的近似,对于数学运算十分方便。下面将看到,如果关于 pdf 可得到的信息仅是它的平均值和方差,则高斯分布含有的是有关测量量的最小信息,在这一意义上使用信息量。

当测量的是矢量,概率密度仍可以对整个测量空间定义为 $P(\mathbf{y})$,$P(\mathbf{y})\mathrm{d}\mathbf{y}$(这里 $\mathrm{d}\mathbf{y}$ 是 $\mathrm{d}y_1$,…,$\mathrm{d}y_m$ 的简写)解释为在测量空间中处在多维间隔$(\mathbf{y},\mathbf{y}+\mathrm{d}\mathbf{y})$之间的测量值的密度。一个矢

量不同元素可能是相关的，在这意义上

$$S_{ij}=\varepsilon\{(y_i-\bar{y}_i)(y_j-\bar{y}_j)\}\neq 0 \tag{4.16}$$

式中，S_{ij} 称为 y_i 和 y_j 的协方差，ε 是期望值算子。这些协方差可用矩阵表示，对于 $\boldsymbol{y}$ 的协方差矩阵由 $\boldsymbol{S}_y$ 表示。它的对角元是 $\boldsymbol{y}$ 单个元素的方差。协方差矩阵是对称的和非负定的，并且总是正定的。对于协方差的符号，比起 $\sum y$，更倾向于采用符号 $\boldsymbol{S}_y$，与方差 σ^2 相比，用符号 $\boldsymbol{S}_y$ 更符合逻辑，且 $\sum y$ 与求和符号相混淆。

矢量的高斯分布写为

$$P(\boldsymbol{y})=\frac{1}{(2\pi)^{n/2}|S_y|^{1/2}}\exp\{-\frac{1}{2}(\boldsymbol{y}-\bar{\boldsymbol{y}})^{\mathrm{T}}S_y^{-1}(\boldsymbol{y}-\bar{\boldsymbol{y}})\} \tag{4.17}$$

式中，$\boldsymbol{S}_y$ 必须是非奇异的，如果是奇异的，则 $\boldsymbol{y}$ 的分量是精确已知的，在标量的情况下等效于 $\sigma=0$。方程(4.17)通过 $\boldsymbol{S}_y$ 是对角的一个基的变换，使用特征矢量分解 $\boldsymbol{S}_y=\boldsymbol{L}^{-1}\boldsymbol{\Lambda}\boldsymbol{L}^{\mathrm{T}}$，得到与标量高斯分布有关的方程式：

$$\begin{aligned}P(\boldsymbol{y})&=\frac{1}{(2\pi)^{n/2}|\boldsymbol{L\Lambda L}^{\mathrm{T}}|^{1/2}}\exp\{-\frac{1}{2}(\boldsymbol{y}-(\bar{\boldsymbol{y}})^{\mathrm{T}}\boldsymbol{L}^{-1}\boldsymbol{\Lambda}\boldsymbol{L}^{\mathrm{T}}(\boldsymbol{y}-\bar{\boldsymbol{y}})\}\\&=\frac{1}{(2\pi)^{n/2}|\boldsymbol{\Lambda}|^{1/2}}\exp\{-\frac{1}{2}\boldsymbol{z}^{\mathrm{T}}\boldsymbol{\Lambda}^{-1}\boldsymbol{z}\}\end{aligned} \tag{4.18}$$

这里 $\boldsymbol{z}=\boldsymbol{L}^{\mathrm{T}}(\boldsymbol{y}-\bar{\boldsymbol{y}})$。因此，$pdf$ 可以写为 $\boldsymbol{z}$ 的每一个元素的 $pdf's$ 独立的乘积。

$$P(\boldsymbol{z})=\prod_i\frac{1}{(2\pi\lambda_i)^{1/2}}\exp\left\{-\frac{z_i^2}{2\lambda_i}\right\} \tag{4.19}$$

式中，特征值 λ_i 是的 z_i 的方差。特征矢量变换提供测量空间的基，变换测量是统计独立的。一个奇异协方差矩阵应将有一个或多个零特征值，相应 $\boldsymbol{z}$ 的元素是无误差的。这样的分量可能与实际的测量无关。并可以消去或适当忽略。

注意概率 pdf 为常数的一个表面数学形式为

$$(\boldsymbol{y}-\bar{\boldsymbol{y}})^{\mathrm{T}}\boldsymbol{S}^{-1}(\boldsymbol{y}-\bar{\boldsymbol{y}})=\sum_i z_i^2/\lambda_i=\text{constant} \tag{4.20}$$

并且是测量空间的椭球体，主轴相应于特征矢量 $\boldsymbol{S}_y$，这些轴的长度正比于 $\lambda_i^{1/2}$。这些椭球体可以设想为多变量等效误差平均。

(二)反演问题的贝叶斯方法

下面研讨关于从测量的 pdf 到状态的 pdf 问题。根据前向模式(4.7)由测量的数据将把状态空间转换为测量空间。因此设想 $\boldsymbol{F}(\boldsymbol{x})$ 是一个确定的转换，仅已知测量的统计误差 ε，在状态空间的一个点出现测量误差时，转为由 ε 的概率密度函数确定的测量空间区域。反过来，如果 $\boldsymbol{y}$ 是一个给定的测量，它可以是由 pdf 表示的状态空间任一地方的所得结果，而不是来自一个点的。幸而有状态空间的先验数据，例如气候数据，其也可以由 pdf 表示，并用于约束解。这样的先验知识可以看作实际的测量，与实际测量一样，它提供了一些对状态的某些特性估计，同时也给出了估计的准确性，通常这种准确性相对差。

从前面看到，简单的解方程的方法导致病态，所以需要寻找更多合适的方法。贝叶斯方法是一个解决反演噪声问题的很有用的方法，这个方法中要有先验理解和某些量的期望，并要按新的数据更新这些量和理解。不完全的先验知识可以作为整个状态空间的概率密度函数。由于实验误差，测量也存在缺陷，但它可以作为整个测量空间的 pdf。应知道什么样的测量与先验知识结合到状态空间。贝叶斯定理可以解决这个问题。

1. 贝叶斯定理

在状态矢量或测量矢量的函数中，概率密度是标量值函数，对此定义：

$P(\boldsymbol{x})$为状态 $\boldsymbol{x}$ 的先验概率 pdf，这是指量 $P(\boldsymbol{x})\mathrm{d}\boldsymbol{x}$ 是测量之前的概率，$\boldsymbol{x}$ 是处于多维体元$(\boldsymbol{x},\boldsymbol{x}+\mathrm{d}\boldsymbol{x})$中，表示在作测量之前 $\boldsymbol{x}$ 的定量知识。它满足归一化分布 $\int P(\boldsymbol{x})\mathrm{d}\boldsymbol{x}=1$。

$P(\boldsymbol{y})$为测量 $\boldsymbol{y}$ 的先验概率 pdf，具有相似的意义，就是进行测量之前的测量的 pdf。

$P(\boldsymbol{y},\boldsymbol{x})$为 $\boldsymbol{x}$ 和 $\boldsymbol{y}$ 联合先验概率 pdf，意指 $P(\boldsymbol{y},\boldsymbol{x})\mathrm{d}\boldsymbol{x}\mathrm{d}\boldsymbol{y}$ 是 $\boldsymbol{x}$ 处于$(\boldsymbol{x},\boldsymbol{x}+\mathrm{d}\boldsymbol{x})$，$\boldsymbol{y}$ 处在$(\boldsymbol{y},\boldsymbol{y}+\mathrm{d}\boldsymbol{y})$时的概率。

$P(\boldsymbol{y}|\boldsymbol{x})$为给定 $\boldsymbol{x}$ 时 $\boldsymbol{y}$ 的条件 pdf，意指 $P(\boldsymbol{y}|\boldsymbol{x})\mathrm{d}\boldsymbol{y}$ 是当给定 $\boldsymbol{x}$ 值时 $\boldsymbol{y}$ 处在$(\boldsymbol{y},\boldsymbol{y}+\mathrm{d}\boldsymbol{y})$的概率。

$P(\boldsymbol{x}|\boldsymbol{y})$为给定 $\boldsymbol{y}$ 时 $\boldsymbol{x}$ 的条件 pdf，意指 $P(\boldsymbol{x}|\boldsymbol{y})\mathrm{d}\boldsymbol{x}$ 是当给定 $\boldsymbol{y}$ 值时 $\boldsymbol{x}$ 处在$(\boldsymbol{x},\boldsymbol{x}+\mathrm{d}\boldsymbol{x})$的概率。

以上量在反演问题中是重要的量。

对于所有这些不同的函数似乎都使用同样的符号 P，但是在每种情况中，把自变量作成 pdf，并方便地消去许多下标。

当 $\boldsymbol{x}$ 和 $\boldsymbol{y}$ 是标量时，图 4.7 中表示当是标量时的概念。图中等值线是$P(x,y)$，而$P(x)$是$P(x,y)$对整个 y 值的积分：

$$P(x)=\int_{-\infty}^{\infty}P(x,y)\mathrm{d}y \tag{4.21}$$

同样，$P(y)$是 $P(x,y)$对整个 x 值的积分。条件概率 $pdfP(y|x)$是正比于给定 x 时以 y 为函数的 $P(y,x)$；沿图中断点虚线。比例常数是 $\int P(y|x)\mathrm{d}y=1$，所以 $P(y,x)$被沿其等值线积分值除，得

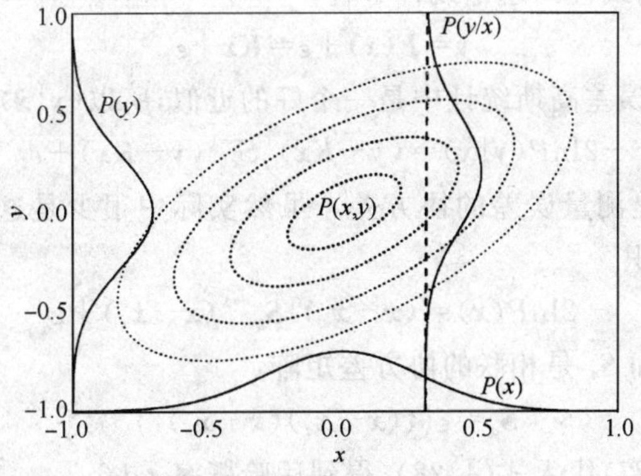

图 4.7　两维情况下的 Bayes 定理

$$P(y\mid x)=\frac{P(x,y)}{\int P(x,y)\mathrm{d}y} \tag{4.22}$$

上式的积分由式(4.21)代入得到

$$P(y|x)=P(x,y/P(x)) \tag{4.23}$$

使用变量等效证明：$P(x|y)=P(x,y/P(y))$，并对两方程间消去 $P(x,y)$，就得两个不同条件下 $pdf's$ 之间关系的贝叶斯定理，对于矢量情况下通常表述为

$$P(\boldsymbol{x}|\boldsymbol{y})=\frac{P(\boldsymbol{y}/\boldsymbol{x})P(\boldsymbol{x})}{P(\boldsymbol{y})} \tag{4.24}$$

上式左边的 $P(\boldsymbol{x}|\boldsymbol{y})$ 是当给定测量条件下状态的后验概率 pdf。这是为什么要伴随测量，不断更新状态的先验知识 $P(\boldsymbol{x})$。$P(\boldsymbol{y}|\boldsymbol{x})$ 是描述的是如果状态为 $\boldsymbol{x}$ 时关于 $\boldsymbol{y}$ 的知识。把它写为显式只要求前向模式和测量误差的统计表示，仅要求保留的量是分母 $P(\boldsymbol{y})$。形式上这可以通过对 $P(\boldsymbol{x},\boldsymbol{y})$ 的表达式的整个 $\boldsymbol{x}$ 积分得到，即 $P(\boldsymbol{y}|\boldsymbol{x})P(\boldsymbol{x})$，但实际中，它仅是一个归一化因子，并且常是不需要的。

于是，反演方法的概念如下：

- 在进行测量之前，有一个作为先验概率 pdf 的先验知识表示；
- 测量过程表示为由图像状态空间到测量空间的前向模式；
- 贝叶斯定理提供了反演这种图像的形式和通过伴随测量 pdf 的不断更新先验的 pdf，计算后验的 pdf。

注意：考察贝叶斯定理是普适的，它不仅正好是一个反演问题，它得到的解与其他方法得到的解是可比较的，而且它包括通过可能解、考虑到所有可能的状态、给予每一个的概率密度的特征方式提供的所有反演方法。

在这种方法中前向模式从没有显式反演，但后显式没有得到解答。它提供了测量如何改进状态的信息的某些情况，但为得到显式反演，必须由先验的 pdf 表示的全体中选择一种状态，或状态的期望值或更多的可能值，与某些宽度的测量一起给出反演精度。因此，需要进一步研究得到等效于反演前向模式的数学表示式。

2. 高斯统计的线性问题

最简单的贝叶斯是考虑一个线性问题，其所有的 pdf 是高斯分布，通常用高斯分布模拟概率密度函数，许多过程可以用它很好地表示。

对于前向模式之一的线性问题是线性方程：

$$\boldsymbol{y}=\boldsymbol{F}(\boldsymbol{x})+\varepsilon=\boldsymbol{K}\boldsymbol{x}+\varepsilon \tag{4.25}$$

在实际测量中，对于误差高斯统计中是一个好的近似，所以 $(\boldsymbol{y}|\boldsymbol{x})$ 表示为

$$-2\ln P(\boldsymbol{y}|\boldsymbol{x})=(\boldsymbol{y}-\boldsymbol{K}\boldsymbol{x})^{\mathrm{T}}S_{\varepsilon}^{-1}(\boldsymbol{y}-\boldsymbol{K}\boldsymbol{x})+c_1 \tag{4.26}$$

式中，c_1 是一个常数，$\boldsymbol{S}_{\varepsilon}$ 是测量误差的协方差。虽然实际中很少是这样，但是为了方便，通过高斯 pdf 描述 $\boldsymbol{x}$ 先验知识

$$-2\ln P(\boldsymbol{x})=(\boldsymbol{x}-\boldsymbol{x}_a)^{\mathrm{T}}\boldsymbol{S}_a{}^{-1}(\boldsymbol{x}-\boldsymbol{x}_a)+\mathrm{c}_2 \tag{4.27}$$

式中，$\boldsymbol{x}_a$ 是 $\boldsymbol{x}$ 的先验值，而 $\boldsymbol{S}_a$ 是相联的协方差矩阵

$$\boldsymbol{S}_a=\varepsilon\{((\boldsymbol{x}-\boldsymbol{x}_a)(\boldsymbol{x}-\boldsymbol{x}_a)^{\mathrm{T}}\} \tag{4.28}$$

将式(4.26)和式(4.27)代入式(4.28)，得到后验概率 pdf

$$-2\ln P(\boldsymbol{y}|\boldsymbol{x})=(\boldsymbol{y}-\boldsymbol{K}\boldsymbol{x})^{\mathrm{T}}\boldsymbol{S}_{\varepsilon}^{-1}(\boldsymbol{y}-\boldsymbol{K}\boldsymbol{x})+(\boldsymbol{x}-\boldsymbol{x}_a)^{\mathrm{T}}\boldsymbol{S}_a{}^{-1}(\boldsymbol{y}-\boldsymbol{K}\boldsymbol{x})+c_3 \tag{4.29}$$

式中，c_3 是常数，这是关于 $\boldsymbol{x}$ 的二次方形式，所以一定能写为

$$-2\ln P(\boldsymbol{x}|\boldsymbol{y})=(\boldsymbol{x}-\hat{\boldsymbol{x}})^{\mathrm{T}}\hat{\boldsymbol{S}}^{-1}(\boldsymbol{x}-\hat{\boldsymbol{x}})+c_4 \tag{4.30}$$

也就是后验概率 pdf 也是具有期望值 $\hat{\boldsymbol{x}}$ 和协方差 $\hat{\boldsymbol{S}}$ 的高斯分布。考虑在式(4.30)和式(4.29)中的有关的同类项，关于 $\boldsymbol{x}$ 的二次方形式：

$$\boldsymbol{x}^{\mathrm{T}}\boldsymbol{K}^{\mathrm{T}}\boldsymbol{S}_{\varepsilon}^{-1}\boldsymbol{K}\boldsymbol{x}+\boldsymbol{x}^{\mathrm{T}}\boldsymbol{S}_a{}^{-1}\boldsymbol{x}=\boldsymbol{x}^{\mathrm{T}}\hat{\boldsymbol{S}}^{-1}\boldsymbol{x} \tag{4.31}$$

给出

$$\hat{\boldsymbol{S}}^{-1}=\boldsymbol{K}^{\mathrm{T}}\boldsymbol{S}_{\varepsilon}^{-1}\boldsymbol{K}+\boldsymbol{S}_{a}{}^{-1} \tag{4.32}$$

同样关于 $\boldsymbol{x}^{\mathrm{T}}$ 的同类线性项

$$(-\boldsymbol{Kx})^{\mathrm{T}}\boldsymbol{S}_{\varepsilon}^{-1}(\boldsymbol{y})+(\boldsymbol{x})^{\mathrm{T}}\boldsymbol{S}_{a}{}^{-1}(-\boldsymbol{x}_{a})=\boldsymbol{x}^{\mathrm{T}}\hat{\boldsymbol{S}}^{-1}(-\hat{\boldsymbol{x}}) \tag{4.33}$$

使用仅是为了方便，作为关于 $\boldsymbol{x}$ 的同类线性项，简单给出这个方程的转置，对任一 $\boldsymbol{x}$ 值，消去 $\boldsymbol{x}^{\mathrm{T}}s$，以 $\hat{\boldsymbol{S}}^{-1}$ 代入式(4.32)得

$$\boldsymbol{K}^{\mathrm{T}}\boldsymbol{S}_{\varepsilon}^{-1}\boldsymbol{y}+\boldsymbol{S}_{a}{}^{-1}\boldsymbol{x}_{a}=(\boldsymbol{K}^{\mathrm{T}}\boldsymbol{S}_{\varepsilon}^{-1}\boldsymbol{K}+\boldsymbol{S}_{a}{}^{-1})\hat{\boldsymbol{x}} \tag{4.34}$$

由此

$$\begin{aligned}\hat{\boldsymbol{x}}&=(\boldsymbol{K}^{\mathrm{T}}\boldsymbol{S}_{\varepsilon}^{-1}\boldsymbol{K}+\boldsymbol{S}_{a}{}^{-1})^{-1}(\boldsymbol{K}^{\mathrm{T}}\boldsymbol{S}_{\varepsilon}^{-1}y+\boldsymbol{S}_{a}{}^{-1}\boldsymbol{x}_{a})\\&=\boldsymbol{x}_{a}+(\boldsymbol{K}^{\mathrm{T}}\boldsymbol{S}_{\varepsilon}^{-1}\boldsymbol{K}+\boldsymbol{S}_{a}{}^{-1})^{-1}\boldsymbol{K}^{\mathrm{T}}\boldsymbol{S}_{\varepsilon}^{-1}(\boldsymbol{y}-\boldsymbol{K}\boldsymbol{x}_{a})\end{aligned} \tag{4.35}$$

可以使常数项相等，但没有增加更多的信息，为了准确规范 $pdf's$，从方程(4.16)知 c_1、c_2、c_4 一定是形式 $-\ln\ln[(2\pi)|\boldsymbol{S}|]$。对于 $\hat{\boldsymbol{x}}$ 的另一种形式可以从式(4.35)得到

$$\hat{\boldsymbol{x}}=\boldsymbol{x}_{a}+\boldsymbol{S}_{a}\boldsymbol{K}^{\mathrm{T}}(\boldsymbol{K}\boldsymbol{S}_{a}\boldsymbol{K}^{\mathrm{T}}+\boldsymbol{S}_{a})^{-1}(\boldsymbol{y}-\boldsymbol{K}x_{a}) \tag{4.36}$$

其推导见下面部分。

记住，对于反演问题的贝叶斯解不是 $\hat{\boldsymbol{x}}$，而是高斯 $pdfP(\boldsymbol{x}|\boldsymbol{y})$，其中 $\hat{\boldsymbol{x}}$ 是期望值，$\hat{\boldsymbol{S}}$ 是协方差。注意，对于线性问题，$\hat{\boldsymbol{x}}$ 是先验期望值和测量的线性函数，协方差矩阵的逆 $\hat{\boldsymbol{S}}^{-1}$ 是一个先验协方差矩阵逆和测量误差协方差矩阵逆的函数。在式(4.32)中的项是已知的新的信息矩阵，后面将详细分析。

图 4.8 表示了当状态空间具有三维状态空间、测量空间和二维时的先验协方差、测量和后验协方差之间的关系。中心位于 $\boldsymbol{x}_a$ 的大椭球面表示先验协方差的等值线，勾画了状态空间的范围。椭圆表示与测量一致的状态的范围，椭球的轴是与测量完全相符的状态组，圆柱包围实验误差。轴的方向表示零空间。两个测量元的权重函数与轴正交。小的椭球勾画了先验信息和测量两者相一致的范围，注意它的中心 $\hat{\boldsymbol{x}}$，不处于圆柱轴，也就是期望值与测量值没有精确配合。

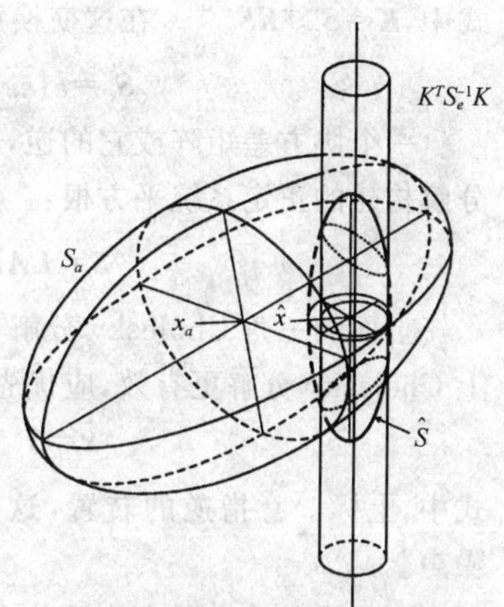

图 4.8 对于三维状态空间和二维测量空间中，先验状态估计和测量图到状态空间以及后验估计之间的关系

四、自由度

(一)能测量多少个独立量

当实验误差不存在时，由测量可确定 p 个的独立变量，但是这些测量有误差，对一定范围内有不确定性。可以想象，某些值的误差足够大，可使测量值没有意义，因此，有用的独立变量可以小于 p 个。即使在精确问题中也是可能的，反复的数值误差引起某些分量成为无用。这一现象称为病态状况。有用的独立量可考虑为问题的有效秩，并且它们所处的子空间称为有效行空间。

作为一个人造例子，考虑具有两个元素的(x_1,x_2)状态矢量，并且仪器可测量前向模式的两个类似的量 y_1 和 y_2：

$$\begin{pmatrix}y_1\\y_2\end{pmatrix}=\begin{pmatrix}1.01&0.99\\0.99&1.01\end{pmatrix}\begin{pmatrix}x_1\\x_2\end{pmatrix}+\begin{pmatrix}\varepsilon_1\\\varepsilon_2\end{pmatrix} \tag{4.37}$$

式中，$\boldsymbol{\varepsilon}_i$ 是具有方差 σ^2 的独立变量。这等效于测量正交组合 z_1 和 z_2：

$$z_1=y_1+y_2=2(x_1+x_2)+\varepsilon_1+\varepsilon_2$$
$$z_2=y_1-y_2=0.02(x_1-x_2)+\varepsilon_1-\varepsilon_2 \tag{4.38}$$

式中，具有方差 $2\sigma^2$ 的误差仍是独立的。但是，对于任意 x_1 和 x_2 值，z_2 是比 z_1 更小的量，因此 x_1 和 x_2 值之间的差别没有有用的信息。

为识别有效的行空间，将测量误差协方差与由先验协方差表示的测量矢量自然变率相比较。任何分量，其固有的变率较测量误差小，是不可测量的，因此，不是有效行空间的部分。不幸的是，协方差矩阵一般是以非零非对角元素表示矢量不同元素的可变性之间的相关性，故它不是直接明显表现出如何去实现。为适当地比较它们，可以变换基，消去非对角元素，最简单的方法是通过下式，把 $\boldsymbol{K}$ 变换为 $\tilde{\boldsymbol{K}}$：

$$\tilde{\boldsymbol{x}}=\boldsymbol{S}_a^{-\frac{1}{2}}(\boldsymbol{x}-\boldsymbol{x}_a),\quad \tilde{\boldsymbol{y}}=\boldsymbol{S}_\varepsilon^{-\frac{1}{2}}\boldsymbol{y} \tag{4.39}$$

因此变换的前向模式为

$$\tilde{\boldsymbol{y}}=\boldsymbol{S}_\varepsilon^{-\frac{1}{2}}\boldsymbol{K}\boldsymbol{S}_a^{\frac{1}{2}}\tilde{\boldsymbol{x}}+\boldsymbol{S}_\varepsilon^{-\frac{1}{2}}\boldsymbol{\varepsilon}=\tilde{\boldsymbol{K}}\tilde{\boldsymbol{x}}+\tilde{\boldsymbol{\varepsilon}} \tag{4.40}$$

式中，$\tilde{\boldsymbol{K}}=\boldsymbol{S}_\varepsilon^{-\frac{1}{2}}\boldsymbol{K}\boldsymbol{S}_a^{-\frac{1}{2}}$。在这变换系统中，$\tilde{\boldsymbol{x}}$ 和 $\tilde{\boldsymbol{\varepsilon}}$ 的协方差矩阵是单位矩阵，例如

$$\boldsymbol{S}_{\tilde{\varepsilon}}=\varepsilon\{\tilde{\boldsymbol{\varepsilon}}\tilde{\boldsymbol{\varepsilon}}^{\mathrm{T}}\}=\boldsymbol{S}_\varepsilon^{-\frac{1}{2}}\varepsilon\{\tilde{\boldsymbol{\varepsilon}}\tilde{\boldsymbol{\varepsilon}}^{\mathrm{T}}\}\boldsymbol{S}_\varepsilon^{-\frac{1}{2}}=\boldsymbol{S}_\varepsilon^{-\frac{1}{2}}\boldsymbol{S}_\varepsilon\boldsymbol{S}_\varepsilon^{-\frac{1}{2}}=\boldsymbol{I}_m \tag{4.41}$$

一个协方差矩阵或它的逆，具有有限的平方根数，其中两个特别有用，即由它的特征矢量分解构建的正定系统平方根：

$$\boldsymbol{S}=\boldsymbol{L}\boldsymbol{\Lambda}\boldsymbol{L}^{\mathrm{T}}\Rightarrow\boldsymbol{S}^{\frac{1}{2}}=\boldsymbol{L}\boldsymbol{\Lambda}^{\frac{1}{2}}\boldsymbol{L}^{\mathrm{T}}\quad 和\ \boldsymbol{S}^{-\frac{1}{2}}=\boldsymbol{L}\boldsymbol{\Lambda}^{-\frac{1}{2}}\boldsymbol{L}^{\mathrm{T}} \tag{4.42}$$

上面的三角 Cholesky 分解，形式 $\boldsymbol{S}=\boldsymbol{T}^{\mathrm{T}}\boldsymbol{T}$，当以 $\boldsymbol{S}^{\frac{1}{2}}$ 表示时，代数推导是显然的，但是数值上 Cholesky 分解更有效，应优先使用。用平方根，可以写为

$$\tilde{\boldsymbol{x}}=\boldsymbol{T}_a^{-\mathrm{T}}(\boldsymbol{x}-\boldsymbol{x}_a),\tilde{\boldsymbol{y}}=\boldsymbol{T}_\varepsilon^{-\mathrm{T}}\boldsymbol{y},\quad \tilde{\boldsymbol{K}}=\boldsymbol{T}_\varepsilon^{-\mathrm{T}}\boldsymbol{K}\boldsymbol{T}_a^{\mathrm{T}} \tag{4.43}$$

式中，上标$^{-\mathrm{T}}$意指逆的转置，这使用 $\boldsymbol{S}_\varepsilon^{-\frac{1}{2}}$ 和 $\boldsymbol{T}^{-\mathrm{T}}$ 的变换称为预白化的，它把噪声变换为白噪声。

测量误差协方差和先验状态协方差不能直接比较，因它们在不同空间中。而是应当将测量误差协方差与 $\tilde{\boldsymbol{y}}$ 的先验协方差比较：

$$\boldsymbol{S}_{\tilde{y}}=\varepsilon\{\tilde{\boldsymbol{y}}\tilde{\boldsymbol{y}}^{\mathrm{T}}\}=\varepsilon\{(\tilde{\boldsymbol{K}}\tilde{\boldsymbol{x}}+\tilde{\boldsymbol{\varepsilon}})(\tilde{\boldsymbol{K}}\tilde{\boldsymbol{x}}+\tilde{\boldsymbol{\varepsilon}})^{\mathrm{T}}\}=\tilde{\boldsymbol{K}}\tilde{\boldsymbol{K}}^{\mathrm{T}}+\boldsymbol{I}_m \tag{4.44}$$

在协方差组成中，由于状态的可变性，这协方差变量是 $\tilde{\boldsymbol{K}}\tilde{\boldsymbol{K}}^{\mathrm{T}}$，而由于测量噪声是 $\boldsymbol{I}_m$，$\tilde{\boldsymbol{K}}\tilde{\boldsymbol{K}}^{\mathrm{T}}$ 不是正态对角的，仍难以比较，所以进行前向模式变换，奇异值分解 $\tilde{\boldsymbol{K}}=\boldsymbol{U}\boldsymbol{\Lambda}\boldsymbol{V}^{\mathrm{T}}$，但现用预白化，给出

$$\boldsymbol{y}'=\boldsymbol{U}^{\mathrm{T}}\tilde{\boldsymbol{y}}=\boldsymbol{U}^{\mathrm{T}}\tilde{\boldsymbol{K}}\tilde{\boldsymbol{x}}+\boldsymbol{U}^{\mathrm{T}}\tilde{\boldsymbol{\varepsilon}}=\boldsymbol{\Lambda}\boldsymbol{V}^{\mathrm{T}}\tilde{\boldsymbol{x}}+\boldsymbol{\varepsilon}'=\boldsymbol{\Lambda}\boldsymbol{x}'+\boldsymbol{\varepsilon}' \tag{4.45}$$

式中，$\boldsymbol{\varepsilon}'=\boldsymbol{U}^{\mathrm{T}}\tilde{\boldsymbol{\varepsilon}}$ 和 $\boldsymbol{x}'=\boldsymbol{V}^{\mathrm{T}}\tilde{\boldsymbol{x}}$ 协方差矩阵两者仍是单位矩阵，因为 $\boldsymbol{U}^{\mathrm{T}}\boldsymbol{U}$ 和 $\boldsymbol{V}^{\mathrm{T}}\boldsymbol{V}$ 两者是单位矩阵。因此，$\boldsymbol{y}'$的可变性的协方差是 $\boldsymbol{\Lambda}^2+\boldsymbol{I}_m$，一个对角矩阵，并对于 $\lambda_i^{\,2}\gtrsim 1$，$\boldsymbol{y}'$的元素比噪声变化更多，相应零奇异值的元素不含有任何信息，仅是噪声，因此，独立测量的数比测量误差更好，问题的有效秩，是 $\boldsymbol{S}_\varepsilon^{-\frac{1}{2}}\boldsymbol{K}\boldsymbol{S}_a^{\frac{1}{2}}$ 奇异值的数，大于 1。

$\tilde{\boldsymbol{K}}$ 将取决于定标使用的平方根，但它的奇异值并非如此。在行空间相应的奇异矢量，$\boldsymbol{V}$ 的列，构成了有效行空间。在状态空间的矢量通过 $\boldsymbol{S}_a^{-\frac{1}{2}}$ 变换，回到没有变换的状态空间，用 $\boldsymbol{S}_a^{\frac{1}{2}}$ 反变换回来。

用本章第一节的典型例子说明这一点，首先定义一状态矢量，选取若干协方差矩阵。测量

矢量是一组 8 个辐射率，且 $\boldsymbol{S}_\varepsilon$ 可以取具有协方差 $\sigma_\varepsilon{}^2=0.25\ K^2$ 的对角矩阵，若选取在 $z=\ln p$ 空间间隔为 0.1 的温度的状态矢量，并作不确定的假定，取 $\boldsymbol{S}_a$ 为具有协方差 $\sigma_a^2=100\ K^2$ 的对角矩阵。在这种情况下，奇异矢量 $\widetilde{\boldsymbol{K}}$ 与 $\boldsymbol{K}$ 是相同的，在图 4.2 中，奇异值是较大的一个因子 $\sigma_a/\sigma_\varepsilon=20$，测量的信噪比为 20，但会高估，因为辐射率 $\boldsymbol{y}_i$ 的方差不是 σ_a^2，而是 $\sigma_a^2\sum_j K_{ij}^2\approx 0.25\ K^2$，此时对于单个辐射率的信噪比 3.16。由于由 $\boldsymbol{K}\boldsymbol{S}_a\boldsymbol{K}^{\mathrm{T}}$ 表示的辐射率的可变性之间的相关性，它甚至也是高估。实际的信噪比由 $\widetilde{\boldsymbol{K}}$ 的奇异值表示，最初的 5 个奇异矢量测量分别具有信噪比为 6.5，4.8，3.1，1.8 和 1.0，而后 3 个信噪比小于 1，这样 $\boldsymbol{K}$ 的有效秩约为 4 个。

（二）信号的自由度

上面讨论给出一个定量描述，在测量中作为大于单位 1 的 $\widetilde{\boldsymbol{K}}$ 的奇异数值的测量中的一组独立信息数，其是与 $\widetilde{\boldsymbol{K}}\widetilde{\boldsymbol{K}}^{\mathrm{T}}$ 特征数值同样的，或 $\widetilde{\boldsymbol{K}}^{\mathrm{T}}\widetilde{\boldsymbol{K}}$ 大于单位 1。

可以把这公式概念化，并与自由度概念相联系使之更精确。一次测量需要有多少个自由度与信号有关，有多少与噪声有关。在具有一个自由度的最简单的情况中，考虑具有噪声的单个直接测量的标量为：

$$y=x+\varepsilon \tag{4.46}$$

式中，x 具有先验方差 σ_a^2 和具有 σ_ε^2 的误差 ε。y 的先验方差是 $\sigma_y^2=\sigma_a^2+\sigma_\varepsilon^2$。由式(4.35)，$x$ 的最好估计为

$$\hat{x}=\frac{\sigma_\varepsilon^{-2}x+\sigma_a^{-2}x_a}{\sigma_\varepsilon^{-2}+\sigma_a^{-2}}=\frac{\sigma_a^2x+\sigma_\varepsilon^2x_a}{\sigma_a^2+\sigma_\varepsilon^2} \tag{4.47}$$

如果 $\sigma_a^2\gg\sigma_\varepsilon^2$，则 y 将提供关于 x 的信息，但是如果 $\sigma_a^2\ll\sigma_\varepsilon^2$，则 y 提供关于 ε 的信息。在第一种情况下，可以说测量提供了信号自由度，第二种情况是噪声自由度。

现考虑具有 m 个自由度的测量矢量的一般情况，在高斯线性情况下最可能的状态是极小的情形：

$$\chi^2=(\boldsymbol{x}-\boldsymbol{x}_a)^{\mathrm{T}}\boldsymbol{S}_a{}^{-1}(\boldsymbol{x}-\boldsymbol{x}_a)+\varepsilon^{\mathrm{T}}\boldsymbol{S}_\varepsilon^{-1}\boldsymbol{\varepsilon} \tag{4.48}$$

式中，$\varepsilon=\boldsymbol{y}-\boldsymbol{K}\boldsymbol{x}$。如从式(4.35)看到，极小是下式

$$\hat{\boldsymbol{x}}-\boldsymbol{x}_a=\boldsymbol{G}(\boldsymbol{y}-\boldsymbol{K}\boldsymbol{x}_a)=\boldsymbol{G}[\boldsymbol{K}(\boldsymbol{x}-\boldsymbol{x}_a)+\boldsymbol{\varepsilon}] \tag{4.49}$$

由下式给出等效于式(4.5)的贡献函数：

$$\boldsymbol{G}=(\boldsymbol{K}^{\mathrm{T}}\boldsymbol{S}_\varepsilon^{-1}\boldsymbol{K}+\boldsymbol{S}_a{}^{-1})^{-1}\boldsymbol{K}^{\mathrm{T}}\boldsymbol{S}_\varepsilon^{-1}=\boldsymbol{S}_a\boldsymbol{K}^{\mathrm{T}}(\boldsymbol{K}\boldsymbol{S}_a\boldsymbol{K}^{\mathrm{T}}+\boldsymbol{S}_\varepsilon)^{-1} \tag{4.50}$$

这一矩阵在不同场合有不同的名称，例如它可以描述为 $\boldsymbol{K}$ 的广义逆，或作为增益矩阵，通常将贡献函数矩阵归一化为项 $\boldsymbol{I}$，在极小值处，χ^2 的期望值等于自由度数或测量数 m，相应于式(4.48)中的两项可以导得两部分：

$$d_s=\varepsilon\{(\boldsymbol{x}-\boldsymbol{x}_a)^{\mathrm{T}}\boldsymbol{S}_a{}^{-1}(\boldsymbol{x}-\boldsymbol{x}_a)\} \tag{4.51}$$

$$d_n=\varepsilon\{\hat{\boldsymbol{\varepsilon}}^{\mathrm{T}}\boldsymbol{S}_\varepsilon^{-1}\hat{\boldsymbol{\varepsilon}}\} \tag{4.52}$$

χ^2 的部分第一项测量可归于状态矢量，而第二项归于噪声，所以它们可以分别描述信号的自由度数和噪声的自由度数。因此，描述的是在测量中有用的独立数量，由此是一个测量信息。它不需要一个整数，例如单位信噪比的分量，应当提供 0.5 给 d_s 和 d_n。

可以求得对于 d_s 和 d_n 的显式表达式如下。在推导中，使用两矩阵乘积的迹 $\mathrm{tr}(\boldsymbol{CD})=\mathrm{tr}(\boldsymbol{DC})$ 的关系，其 $\boldsymbol{D}$ 和 $\boldsymbol{C}^{\mathrm{T}}$ 有相同的形状，显然有

$$d_s=\varepsilon\{(\hat{\boldsymbol{x}}-\boldsymbol{x}_a)^{\mathrm{T}}\boldsymbol{S}_a{}^{-1}(\hat{\boldsymbol{x}}-\boldsymbol{x}_a)\} \tag{4.53}$$

$$=\varepsilon\{tr[(\hat{\boldsymbol{x}}-\boldsymbol{x}_a)(\hat{\boldsymbol{x}}-\boldsymbol{x}_a)^{\mathrm{T}}\boldsymbol{S}_a{}^{-1}]\} \tag{4.54}$$

$$=\mathrm{tr}(\boldsymbol{S}_{\hat{x}}\boldsymbol{S}_a^{-1}) \tag{4.55}$$

这里，由式(4.49)和式(4.50)得

$$\boldsymbol{S}_{\hat{x}}=\varepsilon\{(\hat{\boldsymbol{x}}-\boldsymbol{x}_a)(\hat{\boldsymbol{x}}-\boldsymbol{x}_a)^{\mathrm{T}}\} \tag{4.56}$$

$$=\boldsymbol{G}(\boldsymbol{K}\boldsymbol{S}_a\boldsymbol{K}^{\mathrm{T}}+\boldsymbol{S}_\varepsilon)\boldsymbol{G}^{\mathrm{T}} \tag{4.57}$$

因此

$$d_s=\mathrm{tr}(\boldsymbol{S}_a\boldsymbol{K}^{\mathrm{T}}[\boldsymbol{K}\boldsymbol{S}_a\boldsymbol{K}^{\mathrm{T}}+\boldsymbol{S}_\varepsilon]^{-1}\boldsymbol{K}) \tag{4.58}$$

$$=\mathrm{tr}(\boldsymbol{K}\boldsymbol{S}_a\boldsymbol{K}^{\mathrm{T}}[\boldsymbol{K}\boldsymbol{S}_a\boldsymbol{K}^{\mathrm{T}}+\boldsymbol{S}_\varepsilon]^{-1}) \tag{4.59}$$

和在这两形式的第一项中，使用式(4.50)，得到

$$d_s=\mathrm{tr}[(\boldsymbol{K}^{\mathrm{T}}\boldsymbol{S}_\varepsilon^{-1}\boldsymbol{K}+\boldsymbol{S}_a^{-1})^{-1}\boldsymbol{K}^{\mathrm{T}}\boldsymbol{S}_\varepsilon^{-1}\boldsymbol{K}] \tag{4.60}$$

根据类似的推导，可以证明

$$d_n=\mathrm{tr}[\boldsymbol{S}_\varepsilon(\boldsymbol{K}\boldsymbol{S}_a\boldsymbol{K}^{\mathrm{T}}+\boldsymbol{S}_\varepsilon)^{-1}]=\mathrm{tr}[(\boldsymbol{K}^{\mathrm{T}}\boldsymbol{S}_\varepsilon^{-1}\boldsymbol{K}+\boldsymbol{S}_a^{-1})\boldsymbol{S}_a^{-1}] \tag{4.61}$$

因此如期望的 $d_s+d_n=\mathrm{tr}(\boldsymbol{I}_m)=m$。注意到 $\boldsymbol{d}_s$的形式之一是 $\mathrm{tr}(\boldsymbol{GK})$。矩阵 $\boldsymbol{A}=\boldsymbol{GK}$ 是一个十分有用的量。这里简单注意到通过下式将期望状态与真实状态相联系：

$$\hat{\boldsymbol{x}}-\boldsymbol{x}_a=\boldsymbol{G}\boldsymbol{y}=\boldsymbol{G}[\boldsymbol{K}(\boldsymbol{x}-\boldsymbol{x}_a)+\varepsilon]=\boldsymbol{A}(\boldsymbol{x}-\boldsymbol{x}_a)+\boldsymbol{G}\varepsilon \tag{4.62}$$

这就是平均核矩阵(Backus 和 Gilbert，1970)，或模式分辨率矩阵(Menke，1989)，状态分辨率矩阵，或分辨率核。它在信息内容各种描述中起重要作用，它描述了反演一定存在于其中的状态空间的子空间。

通过线性变换，自由度不会改变。因此，也可考虑在 $\tilde{\boldsymbol{x}}$，$\tilde{\boldsymbol{y}}$ 和 $\boldsymbol{x}'$，$\boldsymbol{y}'$变换中的 d_s，前者可以证明

$$d_s=\mathrm{tr}(\tilde{\boldsymbol{K}}^{\mathrm{T}}[\tilde{\boldsymbol{K}}\tilde{\boldsymbol{K}}^{\mathrm{T}}+\boldsymbol{I}_m]^{-1}\tilde{\boldsymbol{K}}) \tag{4.63}$$

$$=\mathrm{tr}(\tilde{\boldsymbol{K}}\tilde{\boldsymbol{K}}^{\mathrm{T}}[\tilde{\boldsymbol{K}}\tilde{\boldsymbol{K}}^{\mathrm{T}}+\boldsymbol{I}_m]^{-1}) \tag{4.64}$$

$$=\mathrm{tr}([\tilde{\boldsymbol{K}}\tilde{\boldsymbol{K}}^{\mathrm{T}}+\boldsymbol{I}_m]^{-1}\tilde{\boldsymbol{K}}^{\mathrm{T}}\tilde{\boldsymbol{K}}) \tag{4.65}$$

而后者

$$d_s=\mathrm{tr}(\boldsymbol{\Lambda}^2[\boldsymbol{\Lambda}^2+\boldsymbol{I}_m]^{-1})=\sum_{i=1}^{m}\lambda_i^2/(1+\lambda_i^2) \tag{4.66}$$

相应噪声的自由度数由下式给出

$$d_n=\mathrm{tr}((\boldsymbol{\Lambda}^2+\boldsymbol{I}_m)^{-1})=\sum_{i=1}^{m}1/(1+\lambda_i^2) \tag{4.67}$$

为求取 d_n，需考虑将 $\boldsymbol{\Lambda}$ 作为 m 阶顺序矩阵，保持其可能的 0 奇异值。

五、测量的信息内容

信息是个很广泛的术语，不同的作者以不同的方式使用。如信号的自由度，可以考虑为信息的测量。不过，这一部分要讨论两种广泛应用于以“信息”命名的测量方式，即 Fisher 信息矩阵和 Shannon 信息量。

(一)Fisher 信息矩阵

Fisher 信息矩阵出现在最大似然估计理论中，由 Fisher 定义的似然是对于给定 $\boldsymbol{y}$ 值作为 $\boldsymbol{x}$ 函数的条件 $pdfP(\boldsymbol{y}|\boldsymbol{x})$。在这里使用的 Bayesian 方法中，当没有先验知识时，它与后验概率 $pdfP(\boldsymbol{y}|\boldsymbol{x})$是相同的，当所考虑的先验信息具有作为实际测量的同样特征，则它们是等效的。最大似然估计是求取当 $L(\boldsymbol{x})=P(\boldsymbol{y}|\boldsymbol{x})$最大时 $\boldsymbol{x}$ 的值。可以证明，在标量的情况下，x 估

计的方差满足

$$\mathrm{var}(x) \geqslant 1/\varepsilon\left\{\left(\frac{\partial \ln L}{\partial x}\right)^2\right\} \tag{4.68}$$

在某种条件下等式成立，包括线性高斯的情况。分母是已知的 Fisher 信息，在多维情况下并产生一个矩阵

$$F=\varepsilon\left\{\left(\frac{\partial \ln L}{\partial x}\right)\left(\frac{\partial \ln L}{\partial x}\right)^{\mathrm{T}}\right\}=\int L(x)\left(\frac{\partial \ln L(x)}{\partial x}\right)\left(\frac{\partial \ln L(x)}{\partial x}\right)^{\mathrm{T}} \mathrm{d}x \tag{4.69}$$

可以证明，两个独立似然的乘积的信息矩阵，比如 $P(\boldsymbol{y}_1|\boldsymbol{x})P(\boldsymbol{y}_2|\boldsymbol{x})$ 是单个矩阵之和，所以两个独立测量的信息是它们的和。在高斯线性情况下，信息矩阵等于协方差矩阵的逆，所以方程中的项可以解释为

$$\hat{\boldsymbol{S}}^{-1}=\boldsymbol{K}^{\mathrm{T}}\boldsymbol{S}_{\varepsilon}^{-1}\boldsymbol{K}+\boldsymbol{S}_a^{-1} \tag{4.70}$$

作为信息矩阵，表明后验信息矩阵是先验信息矩阵和测量信息矩阵之和。

（二）Shannon 信息容量

Shannon 根据信息理论定义信息量，是 1940 年发展的，最初目的是描述通信通道携带信息的容量，但它的应用很广。作为定义的信息，它取决于概率密度函数的熵，其与热力熵紧密相连。信息容量是一标量，对于最优观测系统是有用的，以及表征和比较它们。下面将用直接测量讨论熵和信息，然后说明间接测量和反演理论的概念。

信噪比的概念给出如何建立有用信息量，考虑一具有精度 σ 的简单标量 x 的直接测量，对于测量的信噪比通常取 x/σ。这对于像物理常数等具有固定值的量的测量是合适的，但对于像大气参数等变化量，有意义的不是绝对值，而是用定义 σ_x/σ，这里 σ_x 是变量 x 的标准偏差。如考虑温度为 300 K 的精度 1 K、具有的信噪比为 300 测量，但是如果是对热带海面温度，其一年的变化为 4 K，则通常的信噪比仅为 4。

测量的信息量可以定义为一个定量因子，利用它通过作测量可以改进对它的定量认识。在实际中，使用对数的底取决于应用和无量纲单位的对数因子。在信息理论中，当单位是 bit，它通常使用对数底 2。在上面例子中，由 4 的一个因子改进认识。所以测量给出关于海面温度 2bit 信息。不过对于代数运算中，用自然对数更为方便。

1. 概率密度函数的熵

在热力情况下的熵是一与具有测量宏观状态（压力、温度等）组成的热力系统的性质不同的内部状态数的对数，信息是测量系统内部可能状态的数的对数的改变，与来自测量引起系统的知识变化一致。

为建立信息的定义公式，作为与信息的信噪比不同，使用 pdf 作为系统的测量知识。除一个数值因子外，Gibbs 热力熵的定义和 Shannon 对于离散信息系统的定义是同样的；

$$S(P)=-k\sum_i p_i \ln p_i \tag{4.71}$$

这里 p_i 是状态 i 的系统的概率。在热力学中，k 是玻尔兹曼常数，而在信息理论中，$k=1$，对数底常取 2。为什么选择这一形式的理由，读者可参阅 Shannon 和 Weaver(1949)，但是作为一个简单例子，考虑具有 2^n 个状态的离散系统，如果所有的状态相同，而状态的其他未知，则 $p_i=2^{-n}$，所以使用对数底 2，先验熵 $S(P)=n$。如果所研究的系统为确定的某个状态 s，则对于 $i\neq s$，$p_s=1$ 和 $p_i=0$，在这种情况下，后验熵是 0，信息量是以比特为单位的 n。这要求相应于状态等同的二进制的计数。

对于连续 pdf，p_i 相应于 $P(x)\mathrm{d}x$，所以要考虑 $\ln p_i$ 因子。连续 pdf 熵定义为

$$S(P)=-\int P(x)\log_2[P(x)/M(x)]\mathrm{d}x \tag{4.72}$$

式中，通过测量函数 M，选择无量纲数 P/M，取 $\mathrm{d}x$ 的位置，所以 $P=M$ 相应于未知 x 的状态。M 的选取与热力学第三定理相似，热力学中，$P=M$，确定熵为零。当它略去时，它经常是常数，但它也可以作为先验概率 pdf，这时方程(4.67)为一相对熵。

如果 $P_1(x)$ 描述的是测量之前的知识，$P_2(x)$ 描述的是测量之后的知识，则测量的信息容量是熵的差

$$H=S(P_1)-S(P_2) \tag{4.73}$$

2. 熵的高斯分布

为说明定义的式(4.67)，具有对于连续 pdf 所期望的特性，将其应用于高斯标量的情形，证明测量的信息量是信噪比的对数，为代数运算的方便，使用自然对数，高斯 pdf 熵写为

$$S=\frac{1}{(2\pi)^{\frac{1}{2}}\sigma}\int \exp\left\{-\frac{(\boldsymbol{x}-\boldsymbol{x})^2}{2\sigma^2}\right\}\left(\ln 2[(2\pi)^{\frac{1}{2}}\sigma]+\frac{(\boldsymbol{x}-\boldsymbol{x})^2}{2\sigma^2}\right)\mathrm{d}x \tag{4.74}$$

测量的信息量，其先验知识是具有方差 σ_1^2 的高斯分布，后验知识是具有方差 σ_2^2 的高斯分布，因此，信息量是 $\ln(\sigma_1/\sigma_2)$，也就是为期望的信噪比的对数。

在多变量高斯分布的情况下，已经证明，pdf 等同于具有与 $\boldsymbol{S}_y$ 的特征值相等的方差的独立分布的乘积。独立期望 pdf 与熵的乘积等于单个 pdf 的熵之和。即

$$S[P(x)][P(y)]=S[P(x)]+S[P(y)] \tag{4.75}$$

因此，由式(4.19)得具有 m 个元的矢量的多变量高斯分布的熵为

$$S[P(y)]=\sum_{i=1}^{m}\ln[(2\pi e\lambda_i)^{\frac{1}{2}}=m\ln(2\pi e)^{\frac{1}{2}}+\frac{1}{2}\ln(\prod_i\lambda_i)=m\ln(2\pi e)^{\frac{1}{2}}+\frac{1}{2}\ln|S_y| \tag{4.76}$$

因为行列式等于特征值的乘积，乘积的平方根也正比于椭球的体积，描述常数概率的表面，每个特征值正比于椭球长轴的平方。因此，pdf 的熵是常数概率表面内的体积的对数，加一个取决于选取表面的常数。它是描述状态的 pdf 占有的状态空间体积的测量。

当作测量时，不确定体积减小；测量的信息量是造成减小的因子的估量，也即信噪比的标量概念的推广。

零特征值相应于奇异协方差矩阵，或精确的已知的量，它将导致对熵的负无限贡献，和零长度的主轴。当计算信息量时，如在这些量的以后知道与先前已知是同样的，这样的项应当消去。但是为避免数学上的困难，在测量中或状态空间通过不包含这些基矢，可以消去它们。如果在测量前，一个量具有有限的方差，测量后具有零方差，则测量提供无限的信息。这样的一个测量大概是非物理的。

当先验协方差是 $\boldsymbol{S}_1$，后验协方差 $\boldsymbol{S}_2$，则测量的信息量可以写为

$$H=\frac{1}{2}\ln|\boldsymbol{S}_1|-\frac{1}{2}\ln|\boldsymbol{S}_2|=-\frac{1}{2}\ln|\boldsymbol{S}_1\boldsymbol{S}_2{}^{-1}| \tag{4.77}$$

3. 线性高斯分布情况下的信息内容

无论在状态空间还是测量空间，测量的信息内容可以求取，并且应期望得到在任一种情况

下的同样的值。在状态空间中，它取决于测量前后状态的 pdf 熵：

$$H_s = S[P(\boldsymbol{x})] - S[P(\boldsymbol{x}|\boldsymbol{y})] = \frac{1}{2}\ln|\boldsymbol{S}_a| - \frac{1}{2}\ln|\hat{\boldsymbol{S}}| = \frac{1}{2}\ln|\hat{\boldsymbol{S}}^{-1}\boldsymbol{S}_a| \tag{4.78}$$

将式(4.32)表示的线性高斯情况下的 $\hat{\boldsymbol{S}}$ 代入式(4.78)，应用行列式特性，得到

$$H_s = \frac{1}{2}\ln|\boldsymbol{K}^{\mathrm{T}}\boldsymbol{S}_\varepsilon^{-1}\boldsymbol{K} + \boldsymbol{S}_a^{-1}]\boldsymbol{S}_a| = \frac{1}{2}\ln|\boldsymbol{S}_a^{\frac{1}{2}}\boldsymbol{K}^{\mathrm{T}}\boldsymbol{S}_\varepsilon^{-1}\boldsymbol{K}\boldsymbol{S}_a^{\frac{1}{2}} + \boldsymbol{I}_n| = \frac{1}{2}\ln|\tilde{\boldsymbol{K}}^{\mathrm{T}}\tilde{\boldsymbol{K}} + \boldsymbol{I}_n| \tag{4.79}$$

在测量空间中，信息量是先验估计与后验估计之差：

$$H_m = S[P(\boldsymbol{y})] - S[P(\boldsymbol{y}|\boldsymbol{x})] \tag{4.80}$$

在测量之前，对于 $P(\boldsymbol{y})$ 的协方差为

$$\boldsymbol{S}_{ya} = \varepsilon\{(\boldsymbol{y}-\boldsymbol{y}_a)(\boldsymbol{y}-\boldsymbol{y}_a)^{\mathrm{T}}\} = \varepsilon\{\boldsymbol{K}(\boldsymbol{x}-\boldsymbol{x}_a)(\boldsymbol{x}-\boldsymbol{x}_a)^{\mathrm{T}}\boldsymbol{K}^{\mathrm{T}} + \boldsymbol{\varepsilon\varepsilon}^{\mathrm{T}}\} = \boldsymbol{K}\boldsymbol{S}_a\boldsymbol{K}^{\mathrm{T}} + \boldsymbol{S}_\varepsilon \tag{4.81}$$

而式中 $\boldsymbol{S}_\varepsilon$ 是后验协方差，所以不同形式的信息量

$$H_m = \frac{1}{2}\ln|\boldsymbol{S}_\varepsilon^{-1}(\boldsymbol{K}\boldsymbol{S}_a\boldsymbol{K}^{\mathrm{T}} + \boldsymbol{S}_\varepsilon)| = \frac{1}{2}\ln|\boldsymbol{S}_\varepsilon^{\frac{1}{2}}\boldsymbol{K}\boldsymbol{S}_a\boldsymbol{K}^{\mathrm{T}} + \boldsymbol{I}_n)| = \frac{1}{2}\ln|\tilde{\boldsymbol{K}}\tilde{\boldsymbol{K}}^{\mathrm{T}} + \boldsymbol{I}_m| \tag{4.82}$$

注意到 $\tilde{\boldsymbol{K}}\tilde{\boldsymbol{K}}^{\mathrm{T}}$ 和 $\tilde{\boldsymbol{K}}^{\mathrm{T}}\tilde{\boldsymbol{K}}$ 有相同的非零特征值，因此，H_s 和 H_m 两者等于 $\sum_i \ln(1+\lambda_i^2)$，其中 λ_i 是 $\tilde{\boldsymbol{K}}$ 异特征值。

在前面信号的自由度中已简要地引入线性高斯问题平均核矩阵，它与信息容量的关系如下，由式(4.50)可以写为

$$\boldsymbol{A} = \boldsymbol{G}\boldsymbol{K} = (\boldsymbol{K}^{\mathrm{T}}\boldsymbol{S}_\varepsilon^{-1}\boldsymbol{K} + \boldsymbol{S}_a^{-1})^{-1}\boldsymbol{K}^{\mathrm{T}}\boldsymbol{S}_\varepsilon^{-1}\boldsymbol{K} \tag{4.83}$$

由此

$$\boldsymbol{I} - \boldsymbol{A} = (\boldsymbol{K}^{\mathrm{T}}\boldsymbol{S}_\varepsilon^{-1}\boldsymbol{K} + \boldsymbol{S}_a^{-1})^{-1}\boldsymbol{S}_a^{-1} = \hat{\boldsymbol{S}}\boldsymbol{S}_a^{-1} \tag{4.84}$$

其通过式(4.78)与信息量的建立关系，与式(4.58)或式(4.60)一起给出信息量、信号自由度、$\tilde{\boldsymbol{K}}$ 的奇异值和平均核矩阵间的关系如下：

$$H = \frac{1}{2}\sum_i \ln(1+\lambda_i^2) = -\frac{1}{2}\ln|(\boldsymbol{I}_n - \boldsymbol{A}| \tag{4.85}$$

$$d_s = \sum_i \lambda_i^2/(1+\lambda_i^2) = \mathrm{tr}(\boldsymbol{A}) \tag{4.86}$$

六、信息量和自由度的解释

为了用标准问题解释信息量和自由度的概念，需要一个先验协方差矩阵，下面以两种情况说明，第一种也即最简单的在每一高度具有方差 $\sigma_{\mathrm{a}}^2 = 100\ \mathrm{K}^2$ 的对角矩阵，第二是对角矩阵元有同样的值，而非对角元为非零值。第一种情况在每个高度上有合理值，在测量前相应有约±10 K 的温度，但是它含有假定相邻高度(700 m)间的温度差已知约±14 K，这个数字太大，是不现实的。

一个更为合理的先验应当与相邻高度是相关的。因此对第二种例子根据一阶自回归模式或马尔柯夫过程建立一简单的协方差矩阵，这是一个随机步变式，取在高度 $i+1$ 的与平均温度的偏差 $\delta T_{i+1} = T_{i+1} - \overline{T}_{i+1}$，其与相关高度 i 的关系为下面形式：

$$\delta T_{i+1} = \beta\,\delta T_i + \zeta_i \tag{4.87}$$

式中，回归系数 β 是 0 与 1 之间的常数，ζ_i 是高斯随机变量，与 δT_i 无关，具有协方差 σ_ξ^2。

在大 i 的范围中，容易看到 δT 的方差趋向于 $\sigma_\xi^2/(1-\beta^2)$。所以如果选取的方差是 $\sigma_\xi^2 = \sigma_a^2(1-\beta^2)$，得到协方差矩阵元为

$$S_{ij}=\sigma_a^2\beta^{2|i-j|} \tag{4.88}$$

其对角线上有 σ_a^2，非对角线上是非零元，也可以写为

$$S_{ij}=\sigma_a^2\exp\left(-|i-j|\frac{\delta z}{h}\right) \tag{4.89}$$

式中，δz 是高度间隔，而 $h=\delta z/2\ln\beta$ 是标量长度，标量高度之间相关性是 $1/e$，选取一个 β 值，给定长度标量 $h=1$，单位为 $\ln p$，大约在 7 km 高度，$\beta\simeq0.95$，$\sigma_\zeta\simeq0.3$，这给出了大气中一定存在的高度间的相关性，以及任意理想尺度上的抑制结构。大气是以 $\ln p$ 为单位间隔 $\delta z=0.1$ 的一系列网格高度表示。

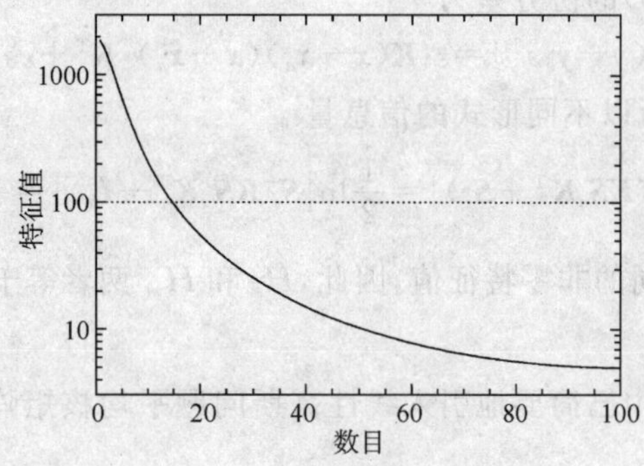

图 4.9　实线是协方差矩阵的非对角模式的特征值；虚点表示具有同总方差的一个协方差矩阵的方差

七、概率密度函数最大熵原理

常常需用很少的信息内容来估计概率密度函数。它们既不是直接测量的量，又只与有关系统不同类型的信息量稍有相关。为什么一般假定如果测量的某些量或者所作误差估计，相应的 pdf 是高斯分布？还存在其他经常引用中心极限定理的原因。

在贝叶斯理论中，概率密度是一个信息的测量，它显然应当符合 pdf 最大熵原理，即我们认为状态空间存在的区域应该最大可能地与状态可变性相一致的原理。熵是一个合适的区域大小的测量，这样一组参数表示系统可用熵最大或等效信息与可变参数最小的 pdf 解释。

使用单个随机变量 x 的三个 pdf 例子来说明这一思路。在第一个例子中假定除在已知域值(a,b)内，其他关于这量的内容未知。什么的先验的 pdf 适合描述 x？直觉告知，在域值(a,b)的所有值都是可能的，因此，在域值内，零值外侧，$P(x)=1/(a-b)$，根据最大熵原理，$P(x)$必须最大：

$$S(P)=-\int_a^b P(x)\ln P(x)\mathrm{d}x \tag{4.90}$$

满足条件 $\int_a^b P(x)\mathrm{d}x=1$，$S(P)$ 相对于 P 最大得到：

$$-P(x)-1+\mu=0 \tag{4.91}$$

式中，μ 是对于某一条件的 Lagrangian 乘数，显然 $P(x)$是一个常数，并且它的值可以由单位面积条件下求得为 $1/(a-b)$。如果对 x 一无所知，若 $b-a\rightarrow\infty$，则在任何地方 $P(x)\rightarrow0$，是一个合理的结论。

现考虑第二个例子，已知的 x 期望值为 $\bar{x}$ 的情况，但是对它一无所知。现有附加条件

$$\int_a^b xP(x)\mathrm{d}x = \bar{x} \tag{4.92}$$

和最大化给出

$$-P(x)-1+\mu+\nu x=0 \tag{4.93}$$

式中，ν 是附加条件的 Lagrangian 乘数。对于这种情形，a 和 b 是通用的，但这导致计算的复杂性。现仅考虑已知 x 是正值的情况，也就是 $a=0$ 和 $b=\infty$。将 $P(x)=\exp(-1+\mu+\nu x)$ 作为约束，直接证明 $\nu=-1/\bar{x}$，由此得：

$$P(x)=\begin{cases}(1/\bar{x})\exp(-x/\bar{x}) & x\geqslant 0\\ 0 & x<0\end{cases} \tag{4.94}$$

这是一个 pdf 的个例，在 $x=0$ 时，最可能的值不是接近平均，而是处于 x 的极值范围。没有正的约束，在任何地方 pdf 都为 0，相当于无信息的情况。

第三个例子是当期望值和方差两者已知，并无范围限制，则对于 $P(x)$ 有下面三个约束条件：

$$\begin{gathered}\int P(x)\mathrm{d}x = 1\\ \int xP(x)\mathrm{d}x = \bar{x}\\ \int (x-\bar{x})P(x)\mathrm{d}x = \sigma^2\end{gathered} \tag{4.95}$$

在这一情况下，可证明 pdf 最大熵是具有平均 $\bar{x}$ 和方差 σ^2 的正态分布。

这是为什么仅平均值和方差(或一般为协方差)已知，高斯分布是适当缺省的基本理由。在给定平均值和方差的所有可能分布中，高斯分布具有最大熵或最小信息。

在上面的例子中，已略去式(4.72)中的测量函数 $M(x)$，或设为常数，并按顺序进行了一些解释。上面第一个例子可以通过描述 $y=x^2$ 的单个变量系统去解释，这里已知的是 y 的范围为(a^2,b^2)，并使 a 和 b 都为正值。可以接着上面的讨论，我们可以确定 y 在(a^2,b^2)范围内的分布是一致的，则得到另外一个结果是 x 一致地分布在(a,b)。测量函数是一种使最大 pdf 熵独立于坐标系统的方法，因为它会随着坐标系变化。测量函数的选择等同于选择一个坐标系统，该系统中非信息的 pdf 是一致的。

第三节　误差分析和特征

当反演问题是病态时，它便没有唯一解，在某些背景下，可以挑选有限个可能解的一个为最好或最优解。虽然有很多方式可确定为最优，但在获取最优解之前，需要确定最优的意义，解是如何与真实状态有关，如上节所述，反演状态应与所有得到的信息相一致，另外可能是解的方法应用于多数情况中具有最小的方差(后面看到在一些情况下两种方法得到同样的解)。完全不同可能要求的类是反演具有最佳的空间分辨率。

因此，在设计最优的反演方法前，应考虑反演的特征，这样可以决定哪一种特性适合最优化。本节将介绍应用于任何反演方法的一般特征和误差分析，证明反演如何与真实大气状态有关，以及各误差源如何传播给最后的产品结果。这样的分析有助于分辨可以最优化的反演特征，并且在任何情况下都是反演数据集文献的一个主要部分。

本章的分析使用的是 Eyre(1987)和 Rodgers(1990)提出的方法。

一、特征

(一)前向模式

对任一遥感测量或任何类型的直接测量，测量的量 $\boldsymbol{y}$ 是未知状态矢量 $\boldsymbol{x}$ 和某些不描述状态矢量的参数 $\boldsymbol{b}$ 的矢量值函数 $\boldsymbol{f}$，还加上实验误差 $\boldsymbol{\varepsilon}$。因此一般形式为

$$\boldsymbol{y}=\boldsymbol{f}(\boldsymbol{x},\boldsymbol{b})+\boldsymbol{\varepsilon} \tag{4.96}$$

式中，前向函数 $\boldsymbol{f}$ 描述测量的全部物理过程，包括例如将状态和测量信号相联系的辐射传输理论，以及测量仪器的描述。参数 $\boldsymbol{b}$ 矢量是影响测量的量，某些精度是已知的，但不是要反演这些量。它们被称为前向模式参数，并对总的测量精度有贡献。典型的例子是可以包括光谱线强度。误差项 $\boldsymbol{\varepsilon}$ 包括来自与前向函数参数无关的探测器噪声源。在原理上可将包括的 $\boldsymbol{\varepsilon}$ 作为前向参数之一。一般它是一个纯随机项，称之为测量噪声，对于来自所有包括系统误差的源的贡献之和定为测量(总)误差。

(二)反演方法

反演 $\hat{\boldsymbol{x}}$ 是针对测量以某些逆运算或反演方法 $\boldsymbol{R}$ 的处理的结果，写为

$$\hat{\boldsymbol{x}}=\boldsymbol{R}(\boldsymbol{y},\hat{\boldsymbol{b}},\boldsymbol{x}_a,\boldsymbol{c}) \tag{4.97}$$

式中，“ˆ”表示的是估计量，而不是实际状态。$\hat{\boldsymbol{b}}$ 是前向函数参数的最佳估计，作为与实际大气和仪器已知值 $\boldsymbol{b}$ 区别。矢量 $\boldsymbol{x}_a$ 和 $\boldsymbol{c}$ 一起包含于前向模式内，但不表现出来，却影响反演，并可以受不确定因素支配；$\boldsymbol{x}_a$ 是 $\boldsymbol{x}$ 的一个的先验估计，而 $\boldsymbol{c}$ 是包含这类不确定因素的参数。有些反演方法使用一个明确的先验，有些则不这样做，还有的明确声明不使用它，但是当检验时使用它。它可以被看作任何类别的状态估计，或状态的一部分，在反演方法中使用，但其与实际测量无关。例如它可以是一个明显与测量有关的独立状态估计，如气候。构成 $\boldsymbol{c}$ 的参数作为包含任何反演方法中可能用到的量，被称做反演方法参数。之后我们将发现先验是反演方法参数的唯一例子，它在多数合理情况下应该有关系。

(三)传输函数

现在将反演与真实状态相联系，将式(4.96)代入式(4.97)，得

$$\hat{\boldsymbol{x}}=\boldsymbol{R}(\boldsymbol{f}(\boldsymbol{x},\boldsymbol{b})+\boldsymbol{\varepsilon},\hat{\boldsymbol{b}},\boldsymbol{x}_a,\boldsymbol{c}) \tag{4.98}$$

这可以认为是描述包括测量仪器和反演方法的整个观测体系运行的传输函数。理解传输函数的特性是误差分析和观测系统特点的基础。特征描述(表示)是指反演实际状态的敏感性，大多数通过导数 $\partial\hat{\boldsymbol{x}}/\partial\boldsymbol{x}$ 矩阵表示；而误差分析是在传输函数中反演对所有误差源的敏感性，包括测量噪声，非反演参数的和反演方法的误差，以及在需要时用某些前向模式模拟测量的物理的效应。

(四)传输函数的线性化

由于不同的原因，前向函数本身经常是一个困难源。对于实际问题用显式表示，因太复杂难以处理，例如在辐射传输中涉及散射和吸收两者，它的详细物理过程仍不确定，例如对云的处理，但模式可以建立到合适的精度。不管什么原因，与误差相联的前向模式 $\boldsymbol{F}$ 可写为

$$\boldsymbol{F}(\boldsymbol{x},\boldsymbol{b})\simeq \boldsymbol{f}(\boldsymbol{x},\boldsymbol{b},\boldsymbol{b}') \tag{4.99}$$

式中，$\boldsymbol{b}$ 区分成 $\boldsymbol{b}$ 和 $\boldsymbol{b}'$，$\boldsymbol{b}'$表示在建立前向模式时被忽略的前向函数参数。

为得到传输函数的基本理解，将涉及的各种参数线性化，首先用前向模式代替前向函数，并包括误码率差项，可以写为

$$\hat{\boldsymbol{x}}=\boldsymbol{R}(\boldsymbol{F}(\boldsymbol{x},\boldsymbol{b})+\Delta \boldsymbol{f}(\boldsymbol{x},\boldsymbol{b},\boldsymbol{b}')+\varepsilon,\hat{\boldsymbol{b}},\boldsymbol{x}_a,\boldsymbol{c}) \tag{4.100}$$

式中，$\Delta \boldsymbol{f}$ 是前向模式相对于实际状态的误差，写为

$$\Delta \boldsymbol{f}=\boldsymbol{f}(\boldsymbol{x},\boldsymbol{b},\boldsymbol{b}')-\boldsymbol{F}(\boldsymbol{x},\boldsymbol{b}) \tag{4.101}$$

现关于 $\boldsymbol{x}=\boldsymbol{x}_a$，$\boldsymbol{b}=\hat{\boldsymbol{b}}$ 的线性前向模式为

$$\hat{\boldsymbol{x}}=\boldsymbol{R}(\boldsymbol{F}(\boldsymbol{x}_a,\hat{\boldsymbol{b}})+\boldsymbol{K}_x(\boldsymbol{x}-\boldsymbol{x}_a)+\boldsymbol{K}_b(\boldsymbol{b}-\hat{\boldsymbol{b}})+\Delta \boldsymbol{f}(\boldsymbol{x},\boldsymbol{b},\boldsymbol{b}')+\varepsilon,\hat{\boldsymbol{b}},\boldsymbol{x}_a,\boldsymbol{c}) \tag{4.102}$$

式中，矩阵 $\boldsymbol{K}_x$ 是前向模式对状态的敏感性，$\partial \boldsymbol{F}/\partial \boldsymbol{x}$ 是权重函数或雅可比矩阵，而 $\boldsymbol{K}_b$ 是前向模式对前向模式参数的敏感性，$\partial \boldsymbol{F}/\partial \boldsymbol{b}$。其次相对于第一自变量 $\boldsymbol{y}$ 的反演方法线性化：

$$\hat{\boldsymbol{x}}=\boldsymbol{R}[\boldsymbol{F}(\boldsymbol{x}_a,\hat{\boldsymbol{b}}),\hat{\boldsymbol{b}},\boldsymbol{x}_a,\boldsymbol{c}]+\boldsymbol{G}_y[\boldsymbol{K}_x(\boldsymbol{x}-\boldsymbol{x}_a)+\boldsymbol{K}_b(\boldsymbol{b}-\hat{\boldsymbol{b}})+\Delta \boldsymbol{f}(\boldsymbol{x},\boldsymbol{b},\boldsymbol{b}')+\boldsymbol{\varepsilon}] \tag{4.103}$$

式中，$\boldsymbol{G}_y=\partial \boldsymbol{R}/\partial \boldsymbol{y}$，是反演对测量的敏感性，其与测量误差的敏感性是同样的。重新排列给出

$$\begin{aligned}\hat{\boldsymbol{x}}-\boldsymbol{x}_a=\boldsymbol{R}[\boldsymbol{F}(\boldsymbol{x}_a,\hat{\boldsymbol{b}}),\hat{\boldsymbol{b}},\boldsymbol{x}_a,\boldsymbol{c}]-\boldsymbol{x}_a+ &\quad \cdots\cdots\text{偏差}\\ \boldsymbol{A}(\boldsymbol{x}-\boldsymbol{x}_a)+ &\quad \cdots\cdots\text{光滑}\\ \boldsymbol{G}_y\varepsilon_y &\quad \cdots\cdots\text{误差}\end{aligned} \tag{4.104}$$

式中

$$\boldsymbol{A}=\boldsymbol{G}_y\boldsymbol{K}_x=\frac{\partial \hat{x}}{\partial x} \tag{4.105}$$

是反演对真实状态的敏感性，而

$$\boldsymbol{\varepsilon}_y=\boldsymbol{K}_b(\boldsymbol{b}-\hat{\boldsymbol{b}})+\Delta \boldsymbol{f}(\boldsymbol{x},\boldsymbol{b},\boldsymbol{b}')+\boldsymbol{\varepsilon} \tag{4.106}$$

是相对于前向模式的总的测量误差。

（五）解释

式(4.104)右边第一项——偏差，是用前向模式计算的先前状态无误差的测量模拟的反演结果的误差。为理解第一项，需要知道关于先验是指对测量状态的了解。如果没有测量，先验是唯一的信息。因此，如果测量与等效先验状态一致，则任何一个好的反演应当回到原先的先验。因此，第一项应当为 0，如果对于某些反演方法不为 0，则要修改方法。

对先验状态进行的线性化处理，按上面的讨论消去偏差项。因而，对上述意义上不使用先验信息的方法是不合适的。在这些情况下，对于线性点可使用任一廓线，但关于偏差的讨论应不再应用。另外，如果能求得一个不因模拟无噪声测量和反演改变的状态，则其可以作为线性点。

在式(4.104)右边的第二项表示观测系统光滑廓线的方式，反演和线性点之间的差由用矩阵 $\boldsymbol{A}$ 对真实状态与线性点之间的差的运算得到：

$$\hat{\boldsymbol{x}}=\boldsymbol{x}_a+\boldsymbol{A}(\boldsymbol{x}-\boldsymbol{x}_a)+\boldsymbol{G}_y\boldsymbol{\varepsilon}_y=(\boldsymbol{I}_n-\boldsymbol{A})\boldsymbol{x}_a+\boldsymbol{A}\boldsymbol{x}+\boldsymbol{G}_y\boldsymbol{\varepsilon}_y \tag{4.107}$$

在状态矢量表示一廓线的情形中，$\boldsymbol{A}$ 的行 a_i^{T} 可考虑为一光滑函数：平均核或模式分辨函数。在理想反演方法中，$\boldsymbol{A}$ 应为一单位矩阵。在实际中，$\boldsymbol{A}$ 的行一般是峰值函数，在某一高度上为峰值，并具有半宽度，是观测系统空间分辨率的测量，因此，给出了反演和真实状态之间关系的特征。平均核也具有一面积，在精确反演高度处，它近似为 1。而一般是可设想为来自资料的反演部分的测量，而不是先验。a_i 的面积是元素 $a_i^{\mathrm{T}}\boldsymbol{u}$ 之总和，$\boldsymbol{u}$ 是单位元矢量，所以面积矢量

是 $\boldsymbol{Au}$，它也可以认为是反演对所有状态矢量元扰动的响应。

$\boldsymbol{A}$ 的列给出对于状态矢量 δ 函数扰动的反演的响应，并可以表示为 δ 函数或点展开函数。它给出了在复杂情况下计算平均核矩阵的简便方法。当求取状态矢量的每个元素反演结果的适当小量的改变，可数值计算 δ 函数响应。扰动应是足够小，响应是对于扰动大小为线性的，但是很大的扰动，舍去的误差是不重要的。以 $\boldsymbol{A}$ 适当的列给出响应，则它的行给出平均核。

在式(4.104)右边的第三项是由于测量的总误差引起的反演误差，称之反演误差，意指由于 $\boldsymbol{\varepsilon}_y$ 在反演中的误差。而不是反演过程的误差。

(六)反演方法参数

线性化略去了反演方法参数 $\boldsymbol{x}_a$ 和 $\boldsymbol{c}$，关于先验自变量和好的反演方法导致要求

$$\boldsymbol{R}[\boldsymbol{F}(\boldsymbol{x}_a,\hat{\boldsymbol{b}}),\hat{\boldsymbol{b}},\boldsymbol{x}_a,\boldsymbol{c}]=\boldsymbol{x}_a \tag{4.108}$$

当 $\boldsymbol{x}_a$，$\hat{\boldsymbol{b}}$ 或 $\boldsymbol{c}$ 是扰动，或其本上取对于 $\boldsymbol{c}$ 的导数，对于任何好的反演方法，一定有$\partial\boldsymbol{R}/\partial\boldsymbol{c}=0$。因此，一个反演方法好的特征可以没有反演方法参数，除 $\boldsymbol{x}_a$ 情形外！显然如果 $\boldsymbol{x}=\boldsymbol{x}_a$ 时，偏差为0，如果 $\boldsymbol{c}$ 是可变的，则对于一阶，它不能改变。因此，如果反演方法参数是等同于反演的实际(影响)效果，则是修改方法的好理由。

类似地，取式(4.108)对于 $\hat{\boldsymbol{b}}$ 的导数，得到

$$\frac{\partial\boldsymbol{R}}{\partial\boldsymbol{y}}\frac{\partial\boldsymbol{F}}{\partial\boldsymbol{b}}+\frac{\partial\boldsymbol{R}}{\partial\boldsymbol{b}}=\boldsymbol{G}_y\boldsymbol{K}_b+\boldsymbol{G}_b=0 \tag{4.109}$$

简单地说，$\boldsymbol{b}$ 在反演中的作用应补偿在前向模式中 $\boldsymbol{b}$ 值的变化。

从反演状态的线性表示可以得到它对于先前的敏感性的表示式：

$$\frac{\partial\boldsymbol{R}}{\partial\boldsymbol{x}_a}=\frac{\partial\hat{\boldsymbol{x}}}{\partial\boldsymbol{x}_a}=\boldsymbol{I}_n-\boldsymbol{A} \tag{4.110}$$

二、误差分析

对于关于 $\hat{\boldsymbol{x}}$ 误差的表示可以由式(4.104)和式(4.106)重新排列得到：

$$\begin{aligned}\hat{\boldsymbol{x}}-\boldsymbol{x}=&(\boldsymbol{A}-\boldsymbol{I}_n)(\boldsymbol{x}-\boldsymbol{x}_a)+ &&\text{光滑误差}\\&\boldsymbol{G}_y\boldsymbol{K}_b(\boldsymbol{b}-\hat{\boldsymbol{b}})+ &&\text{模式参数误差}\\&\boldsymbol{G}_y\Delta\boldsymbol{f}(\boldsymbol{x},\boldsymbol{b},\boldsymbol{b}')+ &&\text{前向模式误差}\\&\boldsymbol{G}_y\boldsymbol{\varepsilon} &&\text{反演噪声}\end{aligned} \tag{4.111}$$

(一)求光滑误差

为进行误差分析，将反演看作经过平均核平滑的状态估计，而不是真实状态的估计，或作为包含由于求光滑具有误差贡献的真实状态估计。在两种情形中误差分析是不同的，因为第二种情况，求光滑误差是一个附加项。

因为一般真实状态是未知的，不能估计实际的光滑误差$(\boldsymbol{A}-\boldsymbol{I}_n)(\boldsymbol{x}-\boldsymbol{x}_a)$。真正需要的是对统计误差的描述，该统计误差必须通过若干状态群的平均和协方差计算，可以或不可以由 x_a 和 $\boldsymbol{S}_a$ 描述。平均是$(\boldsymbol{A}-\boldsymbol{I}_n)(\bar{\boldsymbol{x}}-\boldsymbol{x}_a)$，如果对于 $\bar{\boldsymbol{x}}=\boldsymbol{x}_a$ 选取群，则平均值为0。

关于 $\bar{\boldsymbol{x}}$ 光滑误差的协方差是

$$\begin{aligned}S_s&=\varepsilon\{(\boldsymbol{A}-\boldsymbol{I}_n)(\boldsymbol{x}-\bar{\boldsymbol{x}})(\boldsymbol{x}-\bar{\boldsymbol{x}})^{\mathrm{T}}(\boldsymbol{A}-\boldsymbol{I}_n)^{\mathrm{T}}\}=(\boldsymbol{A}-\boldsymbol{I}_n)\varepsilon\{(\boldsymbol{x}-\bar{\boldsymbol{x}})(\boldsymbol{x}-\bar{\boldsymbol{x}})^{\mathrm{T}}\}(\boldsymbol{A}-\boldsymbol{I}_n)^{\mathrm{T}}\\&=(\boldsymbol{A}-\boldsymbol{I}_n)\boldsymbol{S}_e(\boldsymbol{A}-\boldsymbol{I}_n)^{\mathrm{T}}\end{aligned} \tag{4.112}$$

式中，$\boldsymbol{S}_e$ 是关于平均状态的状态群的协方差。因此，估计光滑误差协方差，必须已知一真实的

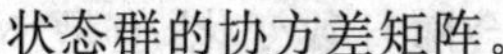

状态群的协方差矩阵。

许多遥感观测系统观测不到空间精细结构，失去光滑误差的贡献。为精确估计光滑误差，必须已知精细结构的实际统计。在反演中，简单使用某些 *ad hoc* 矩阵而构建合适的先验约束是不够的。如果真实的协方差得不到，最好放弃光滑误差的估计，将反演看作状态的平滑估计，而不是整个状态的估计。

误差收支分量在 Godgers(1990)中被称为“零—空间误差”是不正确的。零—空间误差应该被用于描述处于零—空间 $\boldsymbol{K}$ 的状态分量对误差收支的贡献，在反演中是不多见的。对一些反演方法来说，平滑误差等效于零—空间误差。一个由于先验协方差提供关系的普适方法可以用来估计零—空间组成，这样那一部分的贡献被减小，在减少幅度范围内的反演也可能存在近似零—空间的差的确定组成，这也导致了平滑误差。

（二）前向模式参数误差

由于前向模式参数中有误差，在反演中的误差是 $\boldsymbol{G}_y\boldsymbol{K}_b(\boldsymbol{b}-\hat{\boldsymbol{b}})$，而在原则上是直接求取。如果模式参数已合理地估计，并有关的模式是线性的，则它们各自的误差是无偏差的。并期望误差是 0。无论是通过数学求导还是分别由反演方法或前向模式产生的扰动，原则上 $\boldsymbol{G}_y$ 和 $\boldsymbol{K}_b$ 的敏感性的求取是直接的。注意，给定精度，如果对 $\boldsymbol{b}$ 的某些元素敏感性非常大而不可接受的，则有三种可能性：①进行该元素的进一步测量（如实验）；②考虑它是否是状态矢量的元素，还是来自测量的反演；③重新设计观测系统，使它对该元素不敏感。

注意到如果来自该参数的误差在测量误差协方差矩阵中已经修正，则②的可能性无助于个别反演，但是仍能由多次测量来改进估算。对于这种贡献的协方差是

$$\boldsymbol{S}_f=\boldsymbol{G}_y\boldsymbol{K}_b\boldsymbol{S}_b\boldsymbol{K}_b{}^{\mathrm{T}}\boldsymbol{G}_y^{\mathrm{T}} \tag{4.113}$$

式中，$\boldsymbol{S}_b=\varepsilon\{(\boldsymbol{b}-\hat{\boldsymbol{b}})(\boldsymbol{b}-\hat{\boldsymbol{b}})^{\mathrm{T}}$ 是 $\boldsymbol{b}$ 的误差协方差矩阵，但是记住，$\boldsymbol{b}$ 可以包含对于时间变化或空间尺度变化的随机分量或系统分量，分别求取它们是敏感的。

（三）前向模式误差

模拟误差由 $\boldsymbol{G}_y\Delta\boldsymbol{f}=\boldsymbol{G}_y[\boldsymbol{f}(\boldsymbol{x},\boldsymbol{b},\boldsymbol{b}')(\boldsymbol{F}(\boldsymbol{x},\boldsymbol{b})]$ 给出。注意，这是对真实状态求取，并具有真实值 $\boldsymbol{b}$，而不是 $\hat{\boldsymbol{x}}$ 和 $\hat{\boldsymbol{b}}$，但是如果问题不是全部非线性的，对这些量的的敏感性不是太大，模拟误差就难以求取，这是因为它需要包含关于 $\boldsymbol{f}$ 模式的正确物理过程。如果已知确切的过程，并可以被精确建模，则 $\boldsymbol{F}$ 仅仅是效率意义上的简单数值近似，估计模式误差是直接的。但是如果不知道 $\boldsymbol{f}$ 的详情，或者是非常复杂以至于没有可行、合适的模式，则模式误差难以估计。模式误差大多是系统的。

（四）反演噪声

反演噪声由 $\boldsymbol{G}_y\varepsilon$ 给出，并且是最容易求取的分量。测量噪声常是随机的、正态无偏差的，并且通道之间是不相关的，和有一个已知的协方差矩阵。反演噪声的协方差为

$$\boldsymbol{S}_m=\boldsymbol{G}_y\boldsymbol{S}_\varepsilon\boldsymbol{G}_y^{\mathrm{T}} \tag{4.114}$$

（五）随机误差

对于动态测量或是变化的随机测量，误差一般分为系统的或随机的两类，“精度”和“准确度”是两个广泛使用的术语，精度是指对于同一状态反复精密测量之间的可变性；而准确度是指测量与真实状态之间总的差别，其包括随机和系统误差两者。在实际中，由于误差源在尺度范围内的时间可变性，和在一个尺度范围内是随机的源，与另一个可以是系统的，区分是有点模糊的。正常状况下反演噪声是一个与时间不相关的完全的随机量，某些模式参数（如光谱资

料)是与时间无关的完全的系统误差,但是另有一些参数(如定标参数)会随日数变化,但是小时或分钟时段内不会改变。在任何情况下,即使误差源是恒定的,反演中误差源的作用,由于非线性,是随状态而发生变化的。系统误差的另一种类别是随状态而变化,光滑误差是原始例子,它可以作为增益误差描述,光滑误差是与状态相关,它在同一时间尺度上随状态变化而变化。

(六)协方差表示

对于反演数据的使用,出现的空间相关误差问题,在标量上的误差杆是明确的,但是对于矢量 $\boldsymbol{x}$,误差通过协方差矩阵 $\boldsymbol{S}$ 表示,在状态矢量中,一个误差杆等效为一表面(通常是超椭球体)。如果误差是不相关的,则以椭球的长轴作为状态空间的坐标,但是如果它们是相关的,椭球体趋向以某一角度与坐标系一致,变得更复杂和不直观。$\boldsymbol{S}$ 的对角元素是 $\boldsymbol{x}$ 元素的误差方差,但是如果非对角元素是相关的,则可以有关于 $\boldsymbol{x}$ 比略去非对角元素更多的信息,因此不忽略它们是重要的。

图 4.10 显示两元素矢量的情况,误差是边界为一个 pdf 的等值线,点 $\boldsymbol{x}_1$ 是不相关误差,因此它的误差边界用圆等值线表示,点 $\boldsymbol{x}_2$ 具有相关误差,而且具有与 $\boldsymbol{x}_1$ 相同的误差方差。它的误差边界由椭圆边界表示。显然 $\boldsymbol{x}_2$ 的不确定性包围状态空间的面积比 $\boldsymbol{x}_1$ 状态空间面积要小,因此 $\boldsymbol{x}_2$ 能提供更多的信息。模式设计的一种方式是误差协方差矩阵是对角的。在图中的这种情况,这应当进行把基底变换为椭圆主轴,在这种基底中,很明显,$\boldsymbol{x}_2$ 是比 $\boldsymbol{x}_1$ 好的测量。另一种方法是确定协方差矩阵。这对于非对角元素情况下,$|\boldsymbol{S}|=\boldsymbol{S}_{11}\boldsymbol{S}_{22}-\boldsymbol{S}_{12}^2$,与 $\boldsymbol{S}_{11}\boldsymbol{S}_{22}$ 比较总是较小,因此 Shannon 信息量应是很大的。

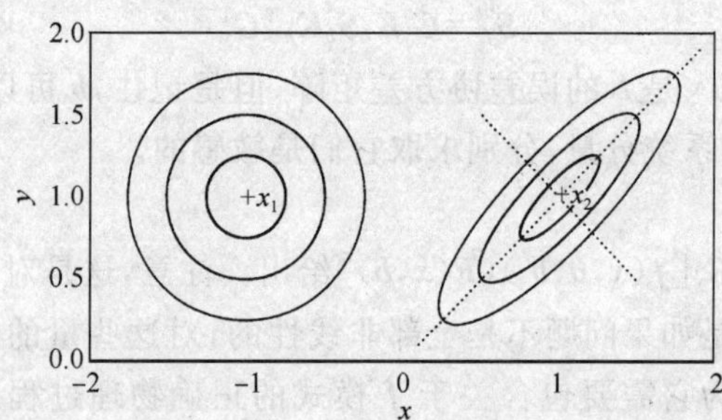

图 4.10 相关和不相关误差的说明

在一般情况下,可以找到一个基(主要成分),误差与协方差矩阵元独立的,就是找到一个特征值 λ_i 和协方差矩阵的特征矢量 $\boldsymbol{I}_i$,$\boldsymbol{S}\boldsymbol{I}_i=\lambda_i\boldsymbol{I}_i$,协方差矩阵是系统的,因此,特征矢量矩阵 $\boldsymbol{L}$ 是正交的,并可归一化:$\boldsymbol{L}^{-1}=\boldsymbol{L}^{\mathrm{T}}$,因而 $\boldsymbol{S}$ 可分解为

$$\mathrm{S}=\sum_i \lambda_i \boldsymbol{I}_i \boldsymbol{I}_i^{\mathrm{T}}=\sum_i \boldsymbol{e}_i \boldsymbol{e}_i^{\mathrm{T}} \tag{4.115}$$

这里正交矢量是和可以认为背景中的“误差型式”,在 $\boldsymbol{x}$ 中的误差 $\boldsymbol{\varepsilon}_x$,可表示为这些误差型式的总和,每一个 $\boldsymbol{e}_i$ 乘一个随机因子 a_i,具有单位方差

$$\varepsilon_x=\sum_{i=1}^{n} a_i \boldsymbol{e}_i \tag{4.116}$$

为表述这种概念,一个先验协方差一般有 10 种误差型式(图 4.11),它们都是与最大波长相联的最大振幅相关的正弦曲线。

三、分辨率

“分辨率”像“信息”一样，是一种含有多种意思的词，在不同的领域使用，表示的意义不同，在这里分辨率考虑的是测量目的，在遥感反演中，望远镜或光谱仪的分辨率是指在一维或二维空间中区分两个测量点源的能力。但不能直接应用在廓线反演的情形中，因为这是属于 δ 函数扰动的状态，更多使用的是大气中出现结构的类型的某些测量如何，可能包括平均核的特征或状态分辨率矩阵，如平均核的宽度或点扩展函数，这里的“宽度”可有许多解释，和正弦波扰动反演的响应，和由若干独立量测量导得的高度覆盖范围。

分辨率显然应当是由格点间隔的区分，用于表示一条廓线。一个实际格点间隔的选取取决于问题的变化特征，测量的分辨率是其中之一。

除非与误差相联，很少使用分辨率的测量。即使对合理大气振幅的响应是如此小，比噪声小，再产生一个正弦波的能力不是有用的，分辨率的可能特征包含的误差有：

(a)对于 $\hat{\boldsymbol{x}}$ 的矩阵每一个元素，相应平均核和相应元素误差的“宽度”，也有帮助知道先验误差，也就是作测量前期望量的变化，通过先前信息的组合，对于元素的误差能不能减小，取决于反演方法。

(b)“调整图使用”，也就是对于给定的平均函数一个廓线平均的估计误差，与函数的宽度一起，这信息可以是以噪声相对于宽度的形式，例如对于一层的平均温度误差作为层宽度的函数。

(c)在某些振幅处反演模拟中输入廓线具有正弦波，会或不会比噪声大，取决于它的振幅和波长。调整曲线应给定在反演中作为振幅和波长是可检测的输入最小正弦波振幅。这是类似于随高度变化，而输出扰动不是严格正弦波形。

(d)对于信号自由度，d_s 是平均核矩阵的迹，因而 $\boldsymbol{A}$ 的对角可以作为每高度上测量自由度数，并且可作为每个自由度的高度数互换，由此一个分辨率的测量。在最简单方式中，可看到，如果平均核多数是正的，而且有作为单位的一个面积，则它的峰值互换是它宽度的测量。

如何确定所定义的峰函数的宽度，有几种可能，但某些定义较其他更有用。在半高度处的全宽度对某些目的是满足的，而即使对宽度的数学运算也是无用的，具有重要瓣、正或负的函数确定是困难的，为数学方便，对于使用最优确定算法应当是可能的，如果函数具有负瓣，它也

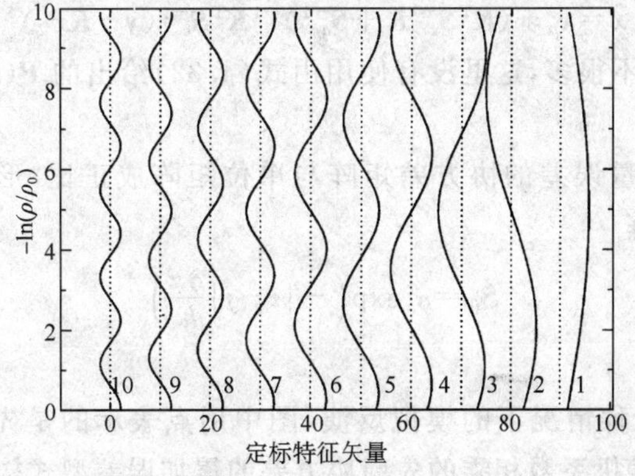

图 4.11　先验协方差矩阵最主要的十种误差型式，$S_{ij}=\sigma_a{}^2\exp(-|i-j|\delta z/h)$，$\sigma_a\approx 3\mathrm{K}$，$h=1$

应当产生敏感的结果。

关于 z' 高度函数 $A(z,z')$ 的平均二阶矩，z 处的归一化峰值

$$w(z)=\left[\frac{\int A(z,z')(z'-\bar{z})\mathrm{d}z'}{\int A(z,z')\mathrm{d}z'}\right]^{\frac{1}{2}} \tag{4.117}$$

式中，平均 $\bar{z}(z)=\int z'A(z,z')\,\mathrm{d}z'/\int A(z,z')\mathrm{d}z'$。对于正的 $A(z,z')$ 是一合理的确定，但是对于给定的负瓣是个问题，它对于得到一个负的或不确定的二阶矩是完全可能的，例如考虑一个单个缝的衍射型式的振幅 $A(z,z')=\mathrm{sinc}(z-z')=\sin(z-z')/(z-z')$。当 $|z'-z|\to\infty$！时式(4.117)的积分随振幅增长而振荡。即使同样衍射型式，$A(z,z')=\mathrm{sinc}^2(z-z')$，给出不确定的积分。

Backus-Gilbert(1970)定义称为“展开”的一个量

$$s(z)=12\int(z-z')^2A(z,z')\mathrm{d}z'/(\int(z-z')^2A(z,z')\mathrm{d}z')^2 \tag{4.118}$$

函数的初始定义为单位面积，但是式(4.118)更一般的为归一化面积积分。选取因子 12 是使简单的缝函数具有展开等于它的全宽度。一个相关概念是“解析长度”，其可定义为关于“中心”的展开，定义为 $A^2(z,z')$ 的平均

$$c(z)=12\int z'A^2(z,z')\mathrm{d}z'/\int A^2(z,z')\mathrm{d}z' \tag{4.119}$$

这些是为最优设计定义的，而不是为一般目的定义的分辨率。使展开极小的反演方法是在平均核中的旁瓣是依次重叠的，但是对于比较关于 $O\{(z-z')^{-3/2}\}$ 减退更缓慢地展开没有给出满意的一般目的分辨率定义。

四、线性高斯的情形

用一个实际例子说明上面的概念更容易理解，为此，这里对一个线性问题进行分析，用如图 4.1 表示的权重函数，与下面要更详细讨论的高斯 pdf's 最大先验解，但是比由式(4.35)给出

$$\hat{\boldsymbol{x}}=\boldsymbol{x}_a+(\boldsymbol{K}^{\mathrm{T}}\boldsymbol{S}_\varepsilon^{-1}\boldsymbol{K}+\boldsymbol{S}_a^{-1})^{-1}\boldsymbol{K}^{\mathrm{T}}\boldsymbol{S}_\varepsilon^{-1}(\boldsymbol{y}-\boldsymbol{K}x_a) \tag{4.120}$$

的贝叶斯解 $\boldsymbol{P}(\boldsymbol{x}|\boldsymbol{y})$ 峰值不很多，这里没有使用由式(4.32)给出的 $\boldsymbol{P}(\boldsymbol{x}|\boldsymbol{y})$。替代误差分析确定 $\hat{\boldsymbol{x}}$ 的精度。

为了数值表述，取测量误差的协方差矩阵与单位矩阵成正比，形如 $S_\varepsilon=\sigma_\varepsilon^2\boldsymbol{I}_m$，其中 $\sigma_\varepsilon=0.5$，引入先验协方差矩阵

$$S_{ij}=\sigma_a^2\exp\left(-|i-j|\frac{\delta z}{h}\right) \tag{4.121}$$

具有同样的参数。

图 4.12 给出了在这种情况下的模拟反演，图中用点表示的是先验为美国标准大气；由式(4.116)，由通过高斯随机系数相乘的先验协方差的累加误差型式构建的模拟真实廓线用实线表示，这较实际大气廓线有太多的精细结构，但这是否是很可靠的。由图 4.1 的权重函数矩阵乘这廓线，和附加有标准偏差 0.5 K 的高斯噪声模拟得到辐射率。没有附加有噪声的反演

用虚线显示，在反演中可以看到某些期望的特征：因权重函数的宽度，没有反演出精细结构；反演中梯度的不连续性出现是由于先验中不连续性的出现，而不是由于反演的问题；在先验方法顶和底的反演与廓线的拟合是很差的。

由方程式(4.120)，反演增益矩阵为

$$\boldsymbol{G}_y=(\boldsymbol{K}^{\mathrm{T}}\boldsymbol{S}_{\varepsilon}^{-1}\boldsymbol{K}+\boldsymbol{S}_a^{-1})^{-1}\boldsymbol{K}^{\mathrm{T}}\boldsymbol{S}_{\varepsilon}^{-1} \tag{4.122}$$

图 4.13 显示对于每一通道贡献函数或 $\boldsymbol{G}_y$ 的列，容易看到，这些反演的偏差是 0。如果对于一个先验状态 $\boldsymbol{y}_a=\boldsymbol{K}\boldsymbol{x}_a$，替代式(4.120)的 $\boldsymbol{y}$，由前向模式计算先验测量，则显然结果是 $\hat{\boldsymbol{x}}=\boldsymbol{x}_a$。

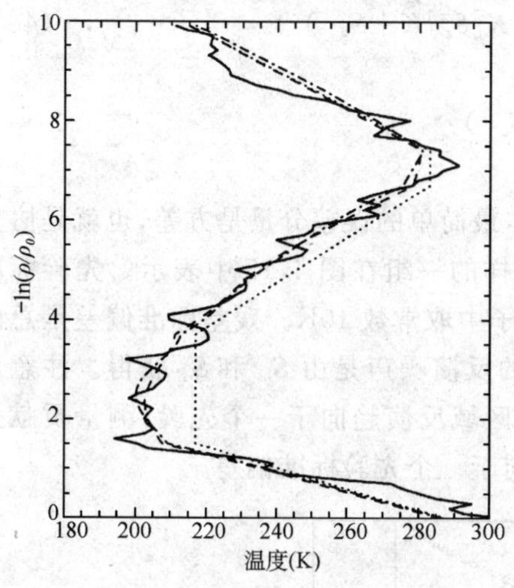

图 4.12　模拟反演：一先验(点线)，温度廓线(实线)无噪声反演(虚线)，有噪声反演(虚点线)

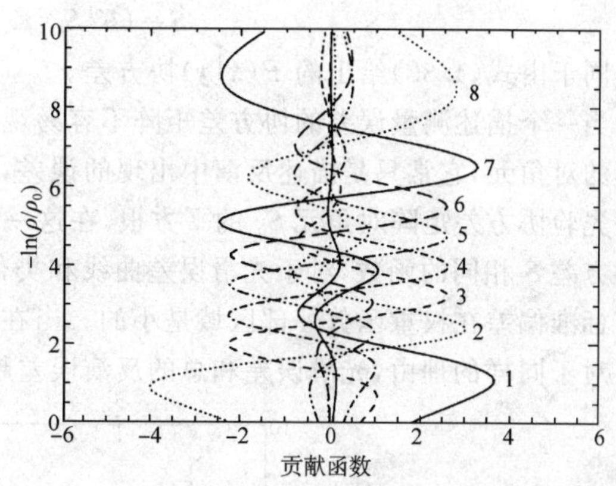

图 4.13　对于标准模拟天底温度探测的贡献函数

(一)平均核

由式(4.105)和式(4.122)，求平均核矩阵为

$$\boldsymbol{A}=\boldsymbol{G}_y\boldsymbol{K}=(\boldsymbol{K}^{\mathrm{T}}\boldsymbol{S}_{\varepsilon}^{-1}\boldsymbol{K}+\boldsymbol{S}_a^{-1})^{-1}\boldsymbol{K}^{\mathrm{T}}\boldsymbol{S}_{\varepsilon}^{-1}\boldsymbol{K} \tag{4.123}$$

图 4.14 显示了以 $-\ln(p/p_0)$ 为单位间隔的各高度的平均核函数($\boldsymbol{A}$ 的行)，右边的点线给出了平均核面积，乘以因子 0.1。面积近似由于 $-\ln(p/p_0)\approx1.5\sim8$，表明反演对于这高度范围真实廓线的敏感性。平均核的峰值高度位于约从 $-\ln(p/p_0)\approx1\sim8$ 的垂直高度，其宽度是

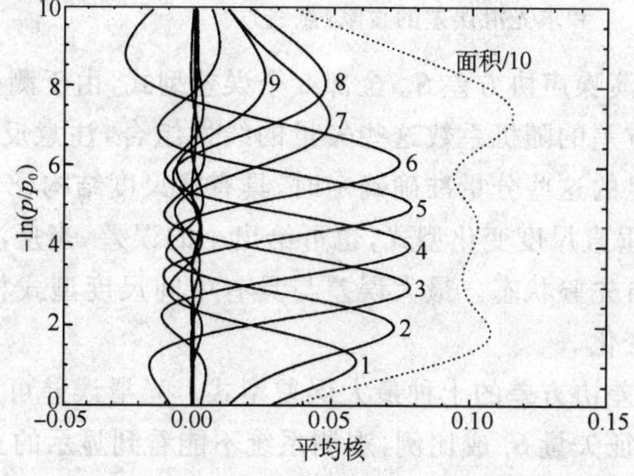

图 4.14　对于天底温度探测标准模拟的平均核(实线)和面积(点线)

大致相同和可比较的，而从 $-\ln(p/p_0)\approx 2\sim 6$ 之上开始的权重函数更窄。一般表明是在其后高度范围内，从传输函数来看反演是合理的。

（二）误差分量

由式(4.112)，对于相应于先验集合状态的光滑误差协方差是 $(\boldsymbol{A}-\boldsymbol{I}_n)\boldsymbol{S}_\varepsilon(\boldsymbol{A}-\boldsymbol{I}_n)^{\mathrm{T}}$，并代入式(4.123)，得到

$$\boldsymbol{S}_s=(\boldsymbol{K}^{\mathrm{T}}\boldsymbol{S}_\varepsilon^{-1}\boldsymbol{K}+\boldsymbol{S}_a^{-1})^{-1}\boldsymbol{S}_a^{-1}(\boldsymbol{K}^{\mathrm{T}}\boldsymbol{S}_\varepsilon^{-1}\boldsymbol{K}+\boldsymbol{S}_a^{-1})^{-1} \tag{4.124}$$

由式(4.114)，反演噪声协方差是 $\boldsymbol{G}_y\boldsymbol{S}_\varepsilon\boldsymbol{G}_y^{\mathrm{T}}$，在这情形中，代入式(4.122)得到

$$\boldsymbol{S}_m=(\boldsymbol{K}^{\mathrm{T}}\boldsymbol{S}_\varepsilon^{-1}\boldsymbol{K}+\boldsymbol{S}_a^{-1})^{-1}\boldsymbol{S}_\varepsilon^{-1}(\boldsymbol{K}^{\mathrm{T}}\boldsymbol{S}_\varepsilon^{-1}\boldsymbol{K}+\boldsymbol{S}_a^{-1})^{-1} \tag{4.125}$$

和由这两个源的误差相加得到

$$\hat{\boldsymbol{S}}=(\boldsymbol{K}^{\mathrm{T}}\boldsymbol{S}_\varepsilon^{-1}\boldsymbol{K}+\boldsymbol{S}_a^{-1})^{-1}$$

其等同于由式(4.32)给出的 $P(\boldsymbol{x}|\boldsymbol{y})$ 协方差。

当一个描述测量误差的协方差矩阵不容易观察，最简单的误差分量是方差，也就是协方差矩阵的对角元，它常只是描述反演中出现的误差，这样的一组在图 4.15 中表示。先验标准偏差是先验协方差矩阵对角元 $\boldsymbol{S}_a$ 的平方根，在这一例子中取常数 10K。残差标准偏差是总的反演协方差 $\hat{\boldsymbol{S}}$ 相同的函数，对于光滑误差曲线和类似的反演噪声是由 $\boldsymbol{S}_m$ 和 $\boldsymbol{S}_s$ 获得。注意反演噪声标准偏差在权重函数外部区域是小的。当在这区域反演趋向于一个先验，测量贡献是小的。对于同样的理由，光滑误差和总的反演误差趋向于一个先验标准偏差。

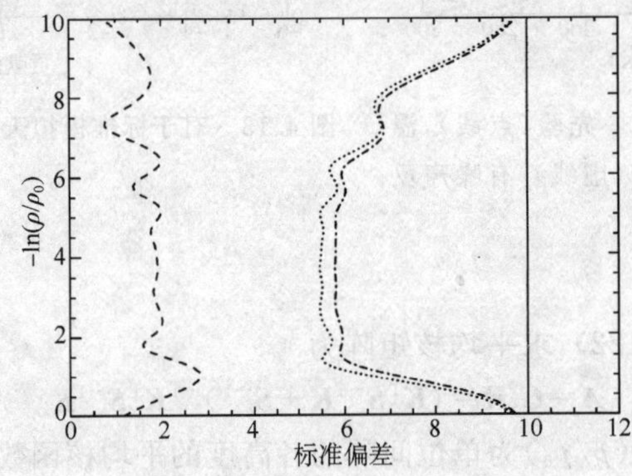

图 4.15　先验标准偏差(实线)、残差标准偏差(虚一点线)和来自测量误差(虚线)和求光滑误差的贡献(点线)

图 4.16 表示对于反演噪声协方差 $\boldsymbol{S}_m$ 全部 8 个误差型式，由于测量误差，在反演状态中的误差可考虑为具有单位方差的随机系数这些矢量的线性组合，注意反演也只包含这些形状和一先验廓线。当测量信息的这些分量准确确定时，具有宽尺度结构(8、7 和 5)通常相应较小的误差。如图中 6，有小的垂直尺度变化型式，也可给出小的误差，当反演方法不是为确定这些，这样这些尺度的信息来自先验状态。最大误差与具有中间尺度型式相联，当尺度与权重函数或平均核宽度可比较而变化。

图 4.17 显示光滑误差协方差的十种最大误差型式。光滑误差可以是全列，这样可能有 n 光滑误差型式，它们与特征矢量 $\boldsymbol{S}_s$ 成比例，观测系统不能看到显示的正交结构，或在降低振幅看到。在廓线底和顶可看到较大的值，这里在测量中很少有关于真实状态的信息。或可能完

全小的标量垂直结构，某些比平均核的宽度短。来自很小尺度的贡献很小，因为先验协方差不包含主要小的尺度的结构。

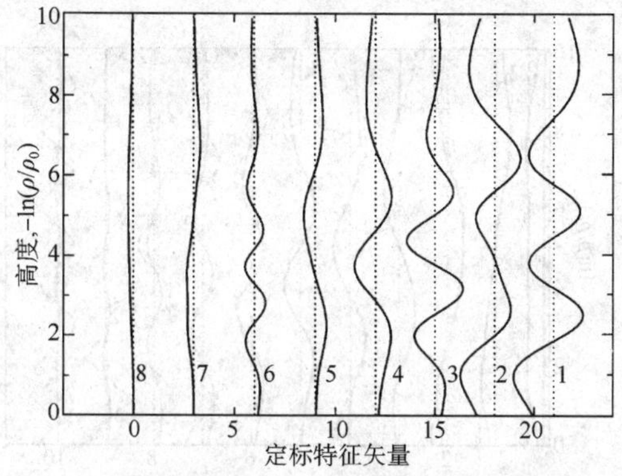

图 4.16 间隔为 3 的反演噪声误差型式，曲线标的是特征值下降的量级

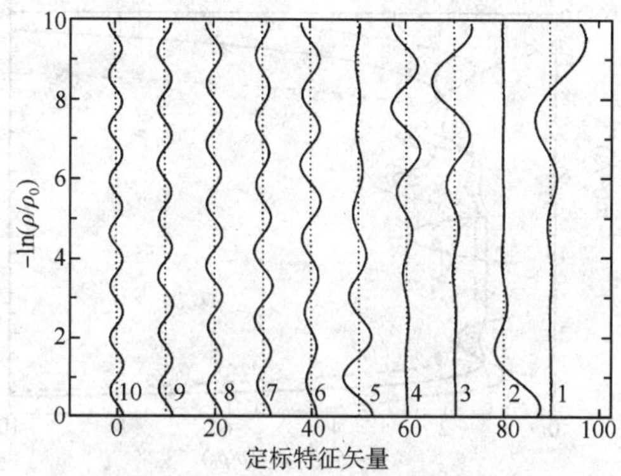

图 4.17 间隔为 10 的前 8 个光滑误差的型式，曲线标的是特征值下降的量级

（三）模式误差

这里使用的简单模拟，这对于表示全部模式误差是困难的。下面将选取几种典型的模式误差作简要说明。

定标误差：对于通道 i 可以使用形式 $y_i = g\boldsymbol{F}_i(\boldsymbol{x}) + y_z$ 的前向模式模拟，并假定在测量的零水平中有小的误差 y_z 和小的增益 g 的误差，在全部通道中的误差是相同的。

透过率模式误差：对于通道 i 可以假定真实的透过函数形式为

$$\widetilde{T}_i(p) = \exp[-\alpha(p/p_i)^{\beta}] \tag{4.126}$$

式中，α 为吸收系数的误差，β 是与压力有关的量，两者单位近似。

图 4.18 表示了当不存有这些误差源时，对于这些前向模式每一个参数模拟反演状态的敏感性，在参数中十分小的扰动，即增益的 1%，测量设置 1 K，吸收系数或吸收体含量的 1%，和吸收系数压力的指数依赖关系中的 1%下给出的敏感性。当略去误差协方差时，反演中的扰动是重要的。如果误差协方差取合适方法，无论是包括状态矢量中的参数，或将它们处理为附加的误差源，由 $\boldsymbol{S}_\varepsilon + \boldsymbol{K}_b{}^{\mathrm{T}}\boldsymbol{S}_b\boldsymbol{K}_b$ 取代误差协方差，这两个方法是等效的。

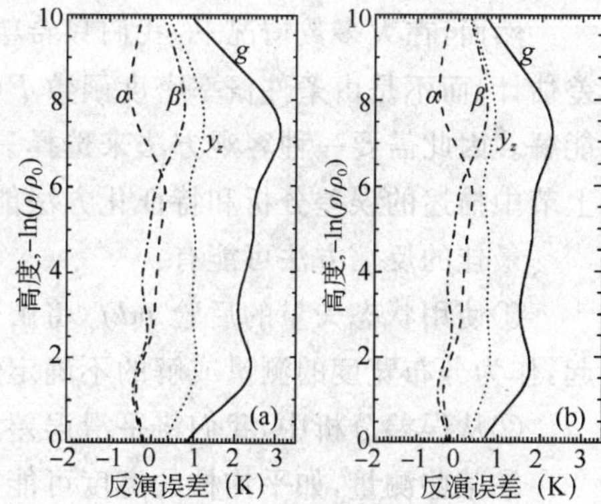

图 4.18 模式误差的敏感性

图 4.19 显示了根据上面引入的四种定义的反演分辨率，它们的特性可按图 4.14 中的平均核函数解释。

最简单的分辨率定义是在半高度处的全宽度，而不是相对的峰值或平均值。这具有合理的定量特征，但是在最高高度和最低高度处的分辨率是错的，因为相应的平均核，不处在峰值的位置处，分辨率不应为这里峰的宽度。

关于平均的二阶矩用虚点，它相对于垂直高度而不是平均。当区域积分是负的，它是不满足的，这样均方根不能取它。关于法向高度的二阶矩的另一个定义，用虚—点—点表示。

图 4.20 显示了对于类似波扰动的响应,确定的分辨率定义的量,图中虚线是初始正弦波,刻度是任意的,可以看到响应不必然是正弦的,其处的振幅响应和形状随高度而变。

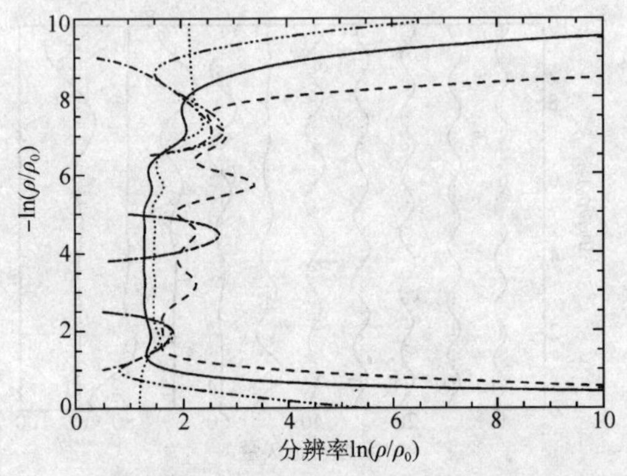

图 4.19　根据不同定义的分辨率:半高度处的全宽度(点线),关于平均的二阶矩(虚—点线),关于标称高度的二阶矩(虚—点—点),数据密度倒数(实线),Backus-Gilbert 扩展(虚线)

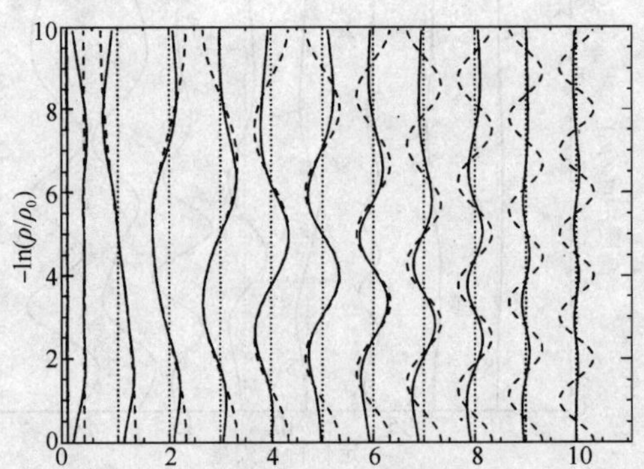

图 4.20　对于不同波长的正弦扰动模拟的反演响应

第四节　最佳线性反演法

贝叶斯的方法给出求解反演问题的框架。给定一个测量及其统计误差的描述,则可得到描述测量和未知状态关系的前向模式和任何先验信息,这使我们识别与所获得信息相一致的可能状态的类别,并赋予它们概率密度函数。

然而,在大多数情况下,我们只希望选取一个可能的状态作为反演问题的解,并给出它误差估计,而不是由条件概率密度函数 $P(\boldsymbol{x}|\boldsymbol{y})$ 给出的更为普遍的、很少能直接使用的所有的可能解。因此需要一种客观方法来选择只是一种状态的,选择一个最优化某些量的合理的方法。上节中描述的误差分析和特征化方法能考虑最优化一列可能的量,产生问题的合适解。

最佳的反演方法可能有:

①使用状态矢量的后验 pdf,将解表示为状态的期望值或者最可能的状态,与二阶矩阵一起,作为分布宽度的测量或解的不确定性;

②从误差分析中,我们将平滑误差、测量误差和模拟误差作为解中可能被最小化的量;

③某些测量,如平均核的宽度可能被最小化以使反演空间分辨率最优。

在这一章,将讨论这些可能性,并证明它们间有什么样的关系。为了集中于涉及的估计理论,将仅讨论线性问题。非线性问题将在第五章介绍,它带来另一些问题,但是估计理论与线性问题没有明显的不同。

对于基本线性问题的前向模式是 $\boldsymbol{y}=\boldsymbol{Kx}+\varepsilon$,具有一个定常 $m\times n$ 加权函数矩阵 $\boldsymbol{K}$。更一般的形式 $\boldsymbol{y}-\boldsymbol{y}_0=\boldsymbol{K}(\boldsymbol{x}-\boldsymbol{x}_0)+\boldsymbol{\varepsilon}$,式中$(\boldsymbol{x}_0,\boldsymbol{y}_0)$是某些线性点,可以通过再定义 $\boldsymbol{x}$ 和 $\boldsymbol{y}$ 简化基本形式,例如 $\boldsymbol{x}-\boldsymbol{x}_0$ 和 $\boldsymbol{y}-\boldsymbol{y}_0$。对这一章,不区分噪声 $\boldsymbol{\varepsilon}$ 和总测量误差 $\boldsymbol{\varepsilon}_y$。希望基本线性解的一般形式为

$$\hat{\boldsymbol{x}}=\boldsymbol{x}_o+\boldsymbol{Gy} \tag{4.127}$$

式中，$\boldsymbol{G}$ 是一个常定 $n\times m$ 的反演增益矩阵，$\boldsymbol{x}_0$ 是某些常定补偿。这里要对于各种最优类型，对于 $\boldsymbol{G}$ 和 $\boldsymbol{x}_0$ 等同的合适形式。

一、最大后验解

通过概率密度函数从描述的一组状态中选择一个状态，最直接的方式是选取最可能的状态，如 $P(\boldsymbol{x}|\boldsymbol{y})$ 最大的一个，或期望值的解，也对 pdf 求平均的平均状态：

$$\hat{\boldsymbol{x}}=\int \boldsymbol{x}P(\boldsymbol{x}|\boldsymbol{y})\mathrm{d}\boldsymbol{x} \tag{4.128}$$

在任何一种情况下，pdf 宽度的某些测量提供了误差估计，因为对于高斯密度分布表示的线性问题，pdf 是对称性，这两个解是等同的。这个解的推导在第二节贝叶斯方法中作了说明。

最大后验 $pdfP(\boldsymbol{x}|\boldsymbol{y})$ 的状态是称之为最大后验解(MAP)。在大气遥感探测中，广泛地并不恰当地称它为最大似然(ML)解。像前一章五节测量的信息内容中提到的，术语“似然”一词最早由 Fisher(1921)定义，用于表示条件 $pdfP(\boldsymbol{y}|\boldsymbol{x})$，作为给定 $\boldsymbol{y}$ 值的 $\boldsymbol{x}$ 的函数，因此，严格来说，在没有先验信息的情况下，ML 解只与 MAP 解是相同的。

对非高斯统计，当 pdf 是非对称的或歪曲的，一般情况中 MAP 和期望值解的结果是不同的。在这些情况下，协方差矩阵不是合适的描述，需要 pdf 的高阶矩。在多峰值 pdf 的极端情况下，不一定有可能的期望值解。

由式(4.35)给出的最大后验解可以由下面几种形式表示：

$$\hat{\boldsymbol{x}}=(\boldsymbol{K}^{\mathrm{T}}\boldsymbol{S}_{\varepsilon}^{-1}\boldsymbol{K}+\boldsymbol{S}_a^{-1})^{-1}(\boldsymbol{K}^{\mathrm{T}}\boldsymbol{S}_{\varepsilon}^{-1}\boldsymbol{y}+\boldsymbol{S}_a^{-1}\boldsymbol{x}_a) \tag{4.129a}$$

$$=(\boldsymbol{S}_a\boldsymbol{K}^{\mathrm{T}}\boldsymbol{S}_{\varepsilon}^{-1}\boldsymbol{K}+\boldsymbol{I}_n)^{-1}(\boldsymbol{S}_a\boldsymbol{K}^{\mathrm{T}}\boldsymbol{S}_{\varepsilon}^{-1}\boldsymbol{y}+\boldsymbol{x}_a) \tag{4.129b}$$

$$=\boldsymbol{x}_a+(\boldsymbol{K}^{\mathrm{T}}\boldsymbol{S}_{\varepsilon}^{-1}\boldsymbol{K}+\boldsymbol{S}_a^{-1})^{-1}\boldsymbol{K}^{\mathrm{T}}\boldsymbol{S}_{\varepsilon}^{-1}(\boldsymbol{y}-\boldsymbol{K}\boldsymbol{x}_a) \tag{4.129c}$$

$$=\boldsymbol{x}_a+\boldsymbol{S}_a\boldsymbol{K}^{\mathrm{T}}(\boldsymbol{K}\boldsymbol{S}_a\boldsymbol{K}^{\mathrm{T}}+\boldsymbol{S}_{\varepsilon})^{-1}(\boldsymbol{y}-\boldsymbol{K}\boldsymbol{x}_a) \tag{4.129d}$$

式(4.32)给出的协方差可以写为

$$\hat{\boldsymbol{S}}=(\boldsymbol{K}^{\mathrm{T}}\boldsymbol{S}_{\varepsilon}^{-1}\boldsymbol{K}+\boldsymbol{S}_a^{-1})^{-1} \tag{4.130a}$$

$$=\boldsymbol{S}_a-\boldsymbol{S}_a\boldsymbol{K}^{\mathrm{T}}(\boldsymbol{K}\boldsymbol{S}_a^{-1}\boldsymbol{K}^{\mathrm{T}}+\boldsymbol{S}_{\varepsilon})^{-1}\boldsymbol{K}\boldsymbol{S}_a \tag{4.130b}$$

而它的平均核矩阵为

$$\boldsymbol{A}=(\boldsymbol{K}^{\mathrm{T}}\boldsymbol{S}_{\varepsilon}^{-1}\boldsymbol{K}+\boldsymbol{S}_a^{-1})^{-1}\boldsymbol{K}^{\mathrm{T}}\boldsymbol{S}_{\varepsilon}^{-1}\boldsymbol{K}$$

$$=\boldsymbol{S}_a\boldsymbol{K}^{\mathrm{T}}(\boldsymbol{K}\boldsymbol{S}_a\boldsymbol{K}^{\mathrm{T}}+\boldsymbol{S}_{\varepsilon})^{-1}\boldsymbol{K} \tag{4.131}$$

这里有两个基本不同的形式，通过矩阵变换区分。在 m 形式中，是 $m\times m$ 阶矩阵，在 n 形式中，是 $n\times n$ 阶矩阵，所以公式的选择是由状态矢量和测量矢量的相对大小决定。式(4.129c)和式(4.129d)的等效可以下面证明，考虑

$$\boldsymbol{K}^{\mathrm{T}}\boldsymbol{S}_{\varepsilon}^{-1}(\boldsymbol{S}_{\varepsilon}+\boldsymbol{K}\boldsymbol{S}_a\boldsymbol{K}^{\mathrm{T}})=(\boldsymbol{S}_a^{-1}+\boldsymbol{K}^{\mathrm{T}}\boldsymbol{S}_{\varepsilon}^{-1}\boldsymbol{K})\boldsymbol{S}_a\boldsymbol{K}^{\mathrm{T}} \tag{4.132}$$

其可看成外乘是成立的。对方程式两边，左乘 $(\boldsymbol{S}_a^{-1}+\boldsymbol{K}^{\mathrm{T}}\boldsymbol{S}_{\varepsilon}^{-1}\boldsymbol{K})^{-1}$ 和右乘 $(\boldsymbol{S}_{\varepsilon}+\boldsymbol{K}\boldsymbol{S}_a\boldsymbol{K}^{\mathrm{T}})^{-1}$ 给出

$$(\boldsymbol{S}_a^{-1}+\boldsymbol{K}^{\mathrm{T}}\boldsymbol{S}_{\varepsilon}^{-1}\boldsymbol{K})^{-1}\boldsymbol{K}^{\mathrm{T}}\boldsymbol{S}_{\varepsilon}^{-1}=\boldsymbol{S}_a\boldsymbol{K}^{\mathrm{T}}(\boldsymbol{S}_{\varepsilon}+\boldsymbol{K}\boldsymbol{S}_a\boldsymbol{K}^{\mathrm{T}})^{-1} \tag{4.133}$$

其证明了两形式的确是等效的。

对于完好的或非过约束问题，也就是当精确解存在时，可以用熟悉的概念解释在式(4.130b)给出的形式。在那种情形下，精确解是可能的，因此存在一个矩阵 $\boldsymbol{G}$，这样 $\boldsymbol{K}\boldsymbol{G}=\boldsymbol{I}_m$，一个单位矩阵，如选择 $\boldsymbol{G}=\boldsymbol{K}^{\mathrm{T}}(\boldsymbol{K}\boldsymbol{K}^{\mathrm{T}})^{-1}$，在式(4.130b)中的 $\boldsymbol{y}$ 前插入 $\boldsymbol{K}\boldsymbol{G}$：

$$\hat{\boldsymbol{x}}=(\boldsymbol{K}^{\mathrm{T}}\boldsymbol{S}_{\varepsilon}^{-1}\boldsymbol{K}+\boldsymbol{S}_{a}^{-1})^{-1}(\boldsymbol{K}^{\mathrm{T}}\boldsymbol{S}_{\varepsilon}^{-1}\boldsymbol{K}(\boldsymbol{G}\boldsymbol{y})+\boldsymbol{S}_{a}^{-1}\boldsymbol{x}_{a}) \tag{4.134}$$

可以把表示式看成分别用矩阵 $\boldsymbol{K}^{\mathrm{T}}\boldsymbol{S}_{\varepsilon}^{-1}\boldsymbol{K}$ 和 $\boldsymbol{S}_{a}^{-1}$ 对 $\boldsymbol{Gy}$ 和 $\boldsymbol{x}_a$ 的一个加权平均。这如一个具有方差 $\sigma_1{}^2$ 和 $\sigma_2{}^2$ 的未知 x 标量测量 x_1 和 x^2 的组合，也就是

$$\hat{x}=(1/\sigma_1{}^2+1/\sigma_2{}^2)^{-1}(x_1/\sigma_1{}^2+x_2/\sigma_2{}^2) \tag{4.135}$$

矩阵逆可以解释为一个先验的和一个精确反演 $\boldsymbol{x}_e=\boldsymbol{Gy}$ 的加权平均，在精确情况下，代入到前向模式，则测量量可以精确再现。

(一)若干独立测量

上述问题可结为当一个特殊状态有若干独立测量 $\boldsymbol{y}_i(i=1,\cdots,l)$ 的情况时

$$\boldsymbol{y}_i=\boldsymbol{K}_i\boldsymbol{x}+\boldsymbol{\varepsilon}_i \tag{4.136}$$

每一个测量有独立误差协方差 $\boldsymbol{S}_{\varepsilon i}$。$\boldsymbol{y}_i$ 可以是一个仪器的不同通道，不同仪器，或考虑为一个具有 $\boldsymbol{K}=\boldsymbol{I}_n$ 和 $\boldsymbol{S}_{\varepsilon}=\boldsymbol{S}_a$ 的实际测量的先验。贝叶斯定理给出

$$P(\boldsymbol{x}|\boldsymbol{y}_1,\boldsymbol{y}_2,\cdots,\boldsymbol{y}_l)=\frac{P(\boldsymbol{y}_1,\boldsymbol{y}_2,\cdots,\boldsymbol{y}_l|\boldsymbol{x})P(\boldsymbol{x})}{P(\boldsymbol{y}_1,\boldsymbol{y}_2,\cdots,\boldsymbol{y}_l)} \tag{4.137}$$

如果测量是独立的，可以把它展开为

$$P(\boldsymbol{x}|\boldsymbol{y}_1,\boldsymbol{y}_2,\cdots,\boldsymbol{y}_l)=\frac{P(\boldsymbol{y}_1|\boldsymbol{x})P(\boldsymbol{y}_2|\boldsymbol{x})\cdots P(\boldsymbol{y}_l|\boldsymbol{x})P(\boldsymbol{x})}{P(\boldsymbol{y}_1)P(\boldsymbol{y}_2)\cdots P(\boldsymbol{y}_l)} \tag{4.138}$$

显然，这可以写为

$$P(\boldsymbol{x}|\boldsymbol{y}_1,\boldsymbol{y}_2,\cdots,\boldsymbol{y}_l)=\prod_i P(\boldsymbol{x}|\boldsymbol{y}_i)=P(\boldsymbol{x})\prod_i\frac{P(\boldsymbol{y}_i|\boldsymbol{x})}{P(\boldsymbol{y}_i)} \tag{4.139}$$

为求取最大概率解(如果是先验，即是 MAP；或如果没有，则 ML)，对于 $\boldsymbol{x}$ 极大，故 $P(\boldsymbol{y}_i)$ 项作为 $\boldsymbol{x}$ 的独立量可以略去。即如果 $\boldsymbol{x}$ 值未知，只有 $\boldsymbol{y}$ 值，例如只取先验实测值，$\boldsymbol{y}_i$ 的一个，则 $P(\boldsymbol{x})$ 是无限小常数。在线性高斯情形下，这相当于取相减对数的极大：

$$\frac{\partial}{\partial\boldsymbol{x}}\sum_i(\boldsymbol{y}_i-\boldsymbol{K}_i\boldsymbol{x})^{\mathrm{T}}\boldsymbol{S}_{\varepsilon i}^{-1}(\boldsymbol{y}_i-\boldsymbol{K}_i\boldsymbol{x})=0 \tag{4.140}$$

给出

$$\hat{\boldsymbol{x}}=\left(\sum_i\boldsymbol{K}_i{}^{\mathrm{T}}\boldsymbol{S}_{\varepsilon i}^{-1}\boldsymbol{K}_i\right)^{-1}\left(\sum_i\boldsymbol{K}_i{}^{\mathrm{T}}\boldsymbol{S}_{\varepsilon i}^{-1}\boldsymbol{y}_i\right) \tag{4.141}$$

解的协方差逆，Fisher 信息矩阵：

$$\hat{\boldsymbol{S}}^{-1}=\sum_i\boldsymbol{K}_i{}^{\mathrm{T}}\boldsymbol{S}_{\varepsilon i}^{-1}\boldsymbol{K}_I \tag{4.142}$$

是对于独立源 $\boldsymbol{y}_i$ 的信息矩阵之总和。如果信息矩阵是非奇异的，解是存在的(问题不是欠缺约束的)。通常为确保这种情况，我们将具有正定协方差矩阵 $\boldsymbol{S}_a$ 的先验估计 $\boldsymbol{x}_a$ 包含在内。

(二)状态矢量的独立量

当状态矢量是由若干独立分量组成，可以得到更一般的情形。将包括所有对测量有贡献的不确定性作为全状态矢量分量，包括期望的大气量、测量噪声和仪器及物理参数。考虑一般情况，即各种成分的先验互不相关，并将反演一些或者全部的组成成分。

设由 k 个独立分量 $\boldsymbol{x}_1,\cdots,\boldsymbol{x}_k$ 全部组成的状态矢量 $\boldsymbol{x}$ 具有先验概率 $pdfP(\boldsymbol{x}_i)$，则可写为

$$P(\boldsymbol{x}|\boldsymbol{y})=\frac{P(\boldsymbol{y}|\boldsymbol{x})P(\boldsymbol{x})}{P(\boldsymbol{y})}=\frac{P(\boldsymbol{y}|\boldsymbol{x}_1,\boldsymbol{x}_2,\cdots,\boldsymbol{x}_k)}{P(\boldsymbol{y})}\prod_i P(\boldsymbol{x}_i) \tag{4.143}$$

如果将所有随机变量作为 $\boldsymbol{x}$ 的分量，则前向模式的形式为

$$\boldsymbol{y}=\sum_{i}\boldsymbol{K}_i\boldsymbol{x}_i \tag{4.144}$$

由于测量噪声是具有单位权重函数状态矢量的一个元素，所以不再包含有显式随机噪声。因而当这个方程式精确满足时，不仅 $P(\boldsymbol{x}|\boldsymbol{y})$是非0的，而且相对于 $\boldsymbol{x}$ 或相对于 $\boldsymbol{x}$ 的任一分量使 $P(\boldsymbol{x}|\boldsymbol{y})$极大，为使 $P(\boldsymbol{x}|\boldsymbol{y})$最大，用式(4.144)作为约束。仅需考虑到状态矢量 $\boldsymbol{x}_j$ 部分，例如如果包括温度和臭氧廓线加上测量噪声的全部状态矢量，可以只对臭氧问题有兴趣。对于高斯 pdf，求解

$$\frac{\partial}{\partial \mathrm{x_j}}\Big(\sum_{i}\boldsymbol{x}_i{}^{\mathrm{T}}\boldsymbol{S}_{ai}^{-1}\boldsymbol{x}_i\Big)+\lambda^{\mathrm{T}}\Big(\boldsymbol{y}-\sum_{i}\boldsymbol{K}_i\boldsymbol{x}_i\Big) \tag{4.145}$$

式中，$\boldsymbol{S}_{ai}$是 $\boldsymbol{x}_i$的先验协方差矩阵，λ 是一朗格拉日乘数的矢量。取导数得

$$2\boldsymbol{x}_i{}^{\mathrm{T}}\boldsymbol{S}_{ai}^{-1}-\lambda^{\mathrm{T}}\boldsymbol{K}_j=0 \tag{4.146}$$

就是

$$\boldsymbol{x}_j=\frac{1}{2}\boldsymbol{S}_{aj}\boldsymbol{K}_j^{\mathrm{T}}\lambda \tag{4.147}$$

代入约束方程式(4.144)得

$$\lambda=2\Big(\sum_{i}\boldsymbol{K}_i\boldsymbol{S}_{ai}\boldsymbol{K}_i{}^{\mathrm{T}}\Big)^{-1}\boldsymbol{y} \tag{4.148}$$

故解为

$$\hat{\boldsymbol{x}}_j=\boldsymbol{S}_{aj}\boldsymbol{K}_{\mathrm{j}}^{\mathrm{T}}\Big(\sum_{i}\boldsymbol{K}_i\boldsymbol{S}_{ai}\boldsymbol{K}_i{}^{\mathrm{T}}\Big)^{-1}\boldsymbol{y} \tag{4.149}$$

具有协方差

$$\hat{\boldsymbol{S}}_{x_{ji}}=\boldsymbol{S}_{aj}-\boldsymbol{S}_{aj}\boldsymbol{K}_j^{\mathrm{T}}\Big(\sum_{i}\boldsymbol{K}_i\boldsymbol{S}_{ai}\boldsymbol{K}_i{}^{\mathrm{T}}\Big)^{-1}\boldsymbol{K}_j\boldsymbol{S}_{aj} \tag{4.150}$$

这显然是式(4.129d)的 m-推广。注意括号内的是测量的先验协方差：

$$\boldsymbol{S}_y=\sum_{i}\boldsymbol{K}_i\boldsymbol{S}_{ai}\boldsymbol{K}_i{}^{\mathrm{T}} \tag{4.151}$$

当反演状态矢量的分量 $\boldsymbol{x}_j$时，在测量中可以把这解释为 $\boldsymbol{K}_j\boldsymbol{S}_{aj}\boldsymbol{K}_j^{\mathrm{T}}$ 与有效总误差的协方差

$$\boldsymbol{S}_\varepsilon=\sum_{i\neq j}\boldsymbol{K}_i\boldsymbol{S}_{ai}\boldsymbol{K}_i{}^{\mathrm{T}} \tag{4.152}$$

的总和。例如如果仅对臭氧有兴趣，则可以把测量误差协方差解释为噪声协方差加上由于温度不确定性的作用之和。

如果用最初上面的状态矢量 $\boldsymbol{x}$，前向模式参数 $\boldsymbol{b}$ 和噪声 $\boldsymbol{\varepsilon}$ 写推广形式，得

$$\hat{\boldsymbol{x}}=\boldsymbol{S}_a\boldsymbol{K}^{\mathrm{T}}(\boldsymbol{K}\boldsymbol{S}_a\boldsymbol{K}^{\mathrm{T}}+\boldsymbol{K}_b\boldsymbol{S}_b\boldsymbol{K}_b{}^{\mathrm{T}}+\boldsymbol{S}_\varepsilon)^{-1}\boldsymbol{y} \tag{4.153}$$

并且可看到，把这解释为具有一个有效噪声协方差 $\boldsymbol{K}_b\boldsymbol{S}_b\boldsymbol{K}_b{}^{\mathrm{T}}+\boldsymbol{S}_\varepsilon$ 的任一 $\boldsymbol{x}$ 反演，或作为具有噪声协方差 $\boldsymbol{S}_\varepsilon$ 的 $\boldsymbol{x}$ 和 $\boldsymbol{b}$ 的扩展反演

$$\begin{pmatrix}\hat{\boldsymbol{x}}\\ \hat{\boldsymbol{b}}\end{pmatrix}=\begin{pmatrix}\boldsymbol{S}_a & \boldsymbol{O}\\ \boldsymbol{O} & \boldsymbol{S}_b\end{pmatrix}\begin{pmatrix}\boldsymbol{K}^{\mathrm{T}}\\ \boldsymbol{K}_b^{\mathrm{T}}\end{pmatrix}\left[(\boldsymbol{K}\boldsymbol{K}_b)\begin{pmatrix}\boldsymbol{S}_a & \boldsymbol{O}\\ \boldsymbol{O} & \boldsymbol{S}_b\end{pmatrix}\begin{pmatrix}\boldsymbol{K}^{\mathrm{T}}\\ \boldsymbol{K}_b^{\mathrm{T}}\end{pmatrix}+\boldsymbol{S}_\varepsilon\right]^{-1}\boldsymbol{y} \tag{4.154}$$

对于全部状态矢量的全解，将给出对于部分状态矢量的每个相同结果作为它们各自的解，这样作为臭氧的同一时间在线性反演臭氧中不能帮助反演温度。不过为估计对误差协方差的确切贡献，需要计算温度权重函数，如果雅可比计算主要是计算损失，这时温度反演是副产品。

二、最小方差解

另一个最大后验解 MAP，是在某些情况下寻找一个最小反演误差的解。对于多数情形下，由于 $\boldsymbol{x}$ 是未知的，没有一个使 $\boldsymbol{x}-\hat{\boldsymbol{x}}$ 最小的方式，但可以通过寻找在式(4.129d)中描述的 $\boldsymbol{x}_o$ 和 $\boldsymbol{G}$ 使反演误差方差的期望值最小。换言之，作若干例子集合 $\boldsymbol{x}$ 关于 $\boldsymbol{y}$ 最小方差拟合或多重回归，得到 $\boldsymbol{x}_o$ 和 $\boldsymbol{G}$ 作为回归系数。现选取一个具有协方差 $\boldsymbol{S}_a$ 的 $\boldsymbol{x}_a$ 平均表示集合，则反演表示为

$$\hat{\boldsymbol{x}}=\boldsymbol{x}_o+\boldsymbol{G}\boldsymbol{y} \tag{4.155}$$

在这种情况下，可使 $\hat{\boldsymbol{x}}$ 的每一个元素 $\hat{x}_i$ 的误差最小，通过寻找 x_{oi} 的值和矩阵 $\boldsymbol{G}$ 的行 $\boldsymbol{g}_i^{\mathrm{T}}$，使 $\varepsilon\{(\hat{x}_i-x_i)^2\}$ 最小：

$$\varepsilon\{(\hat{x}_i-x_i)^2\}=\varepsilon\{(x_{oi}-x_i+\boldsymbol{g}_i^{\mathrm{T}}\boldsymbol{y})^2\} \tag{4.156}$$

设相对于 x_{oi} 的导数为 0，给出

$$\varepsilon\{(x_{oi}-x_i+\boldsymbol{g}_i^{\mathrm{T}}\boldsymbol{y})^2\}=0 \tag{4.157}$$

由此得

$$\boldsymbol{x}_{oi}=\varepsilon\{x_i-\boldsymbol{g}_i^{\mathrm{T}}\boldsymbol{y}\}=x_{ai}-\boldsymbol{g}_i^{\mathrm{T}}\boldsymbol{y}_a \tag{4.158}$$

式中，$\boldsymbol{y}=\boldsymbol{K}\boldsymbol{x}_a$ 是 $\boldsymbol{y}$ 的整体平均。令方程式(4.156)对于 $\boldsymbol{g}_i$ 的导数为 0，给出

$$0=\varepsilon\{(x_{oi}-x_i+\boldsymbol{g}_i^{\mathrm{T}}\boldsymbol{y})\boldsymbol{y}^{\mathrm{T}}\}=\varepsilon\{[x_{oi}-x_i+\boldsymbol{g}_i^{\mathrm{T}}(\boldsymbol{y}-\boldsymbol{y}_a)](\boldsymbol{y}-\boldsymbol{y}_a)^{\mathrm{T}}\} \tag{4.159}$$

由此得

$$\boldsymbol{g}_i^{\mathrm{T}}=\varepsilon\{(x_{oi}-x_i)(\boldsymbol{y}-\boldsymbol{y}_a)^{\mathrm{T}}\}[\varepsilon\{(\boldsymbol{y}-\boldsymbol{y}_a)(\boldsymbol{y}-\boldsymbol{y}_a)^{\mathrm{T}}\}]^{-1} \tag{4.160}$$

集合 $\boldsymbol{g}_i$ 为矩阵 $\boldsymbol{G}$ 和代入 $\varepsilon\{(\boldsymbol{y}-\boldsymbol{y}_a)(\boldsymbol{y}-\boldsymbol{y}_a)^{\mathrm{T}}\}=\boldsymbol{K}\boldsymbol{S}_a\boldsymbol{K}^{\mathrm{T}}+\boldsymbol{S}_\varepsilon$ 和 $\varepsilon\{(\boldsymbol{x}-\boldsymbol{x}_a)(\boldsymbol{y}-\boldsymbol{y}_a)^{\mathrm{T}}\}=\boldsymbol{S}_a\boldsymbol{K}^{\mathrm{T}}$，得

$$\boldsymbol{G}=\boldsymbol{S}_a\boldsymbol{K}^{\mathrm{T}}(\boldsymbol{K}\boldsymbol{S}_a\boldsymbol{K}^{\mathrm{T}}+\boldsymbol{S}_\varepsilon)^{-1} \tag{4.161}$$

因此

$$\hat{\boldsymbol{x}}=\boldsymbol{x}_a+\boldsymbol{S}_a\boldsymbol{K}^{\mathrm{T}}(\boldsymbol{K}\boldsymbol{S}_a\boldsymbol{K}^{\mathrm{T}}+\boldsymbol{S}_\varepsilon)^{-1}(\boldsymbol{y}-\boldsymbol{K}\boldsymbol{x}_a) \tag{4.162}$$

这对于高斯统计，方程式(4.129)的 MAP 解是完全同样的，但是这里 pdf 的形式没有用，仅要求的 $\boldsymbol{x}_a$ 和 $\boldsymbol{S}_a$ 知识。

反演误差协方差是 $\hat{\boldsymbol{S}}=\varepsilon\{(\boldsymbol{x}-\hat{\boldsymbol{x}})(\boldsymbol{x}-\hat{\boldsymbol{x}})^{\mathrm{T}}\}$。它直接得到

$$\boldsymbol{x}-\hat{\boldsymbol{x}}=\boldsymbol{x}-\boldsymbol{x}_a-\boldsymbol{G}\boldsymbol{K}(\boldsymbol{x}-\boldsymbol{x}_a)-\boldsymbol{G}\boldsymbol{\varepsilon} \tag{4.163}$$

由此，假定测量误差与状态是无关的，得

$$\hat{\boldsymbol{S}}=(\boldsymbol{I}_n-\boldsymbol{G}\boldsymbol{K})\boldsymbol{S}_a(\boldsymbol{I}_n-\boldsymbol{G}\boldsymbol{K})^{\mathrm{T}}+\boldsymbol{G}\boldsymbol{S}_\varepsilon\boldsymbol{G}^{\mathrm{T}} \tag{4.164}$$

上式的 $\boldsymbol{G}$ 用式(4.161)代入，导得

$$\hat{\boldsymbol{S}}=\boldsymbol{S}_a-\boldsymbol{S}_a\boldsymbol{K}^{\mathrm{T}}(\boldsymbol{K}\boldsymbol{S}_a\boldsymbol{K}^{\mathrm{T}}+\boldsymbol{S}_\varepsilon)^{-1}\boldsymbol{K}\boldsymbol{S}_a \tag{4.165}$$

其也与高斯 MAP 解是完全相同的。

一个替代最小方差解的方法是用贝叶斯 pdf 解。给定 $P(\boldsymbol{x}|\boldsymbol{y})$，找状态 $\hat{\boldsymbol{x}}$，这样关于 $\hat{\boldsymbol{x}}$ 的方差最小

$$\frac{\partial}{\partial\hat{x}}\int(\boldsymbol{x}-\hat{\boldsymbol{x}})^{\mathrm{T}}(\boldsymbol{x}-\hat{\boldsymbol{x}})P(\boldsymbol{x}|\boldsymbol{y})\mathrm{d}\boldsymbol{x}=0$$

给出

$$\hat{\boldsymbol{x}}=\int\boldsymbol{x}P(\boldsymbol{x}|\boldsymbol{y})\mathrm{d}\boldsymbol{x} \tag{4.166}$$

也就是最小方差解是条件期望值。这是任意 pdf 的情况。因此,如果关于期望值的 pdf 是系统的,当期望值和最大可能解相同时,最小方差和最大可能解是等同的。

最小方差概念也可以通过测量 $\boldsymbol{y}$ 和独立测量状态 $\boldsymbol{x}$ 之间的直接多元回归来使用,避免了需要知道前向模式。这将在第六章进行讨论。

三、状态矢量函数的最佳估计

通常不能对整个状态矢量的任何部分进行测量,但它是某些函数,如总的气柱成分的含量或两气压高度间大气的厚度。描述的量不能直接在前向模式中使用,则问题出现于通过反演状态和计算合适函数求取的描述量是否是最佳估计,或某些其他方法给出更精确的估计。

通常对基本状态矢量某些线性函数 $h(\boldsymbol{x})=h_0+\boldsymbol{h}^{\mathrm{T}}(x-\boldsymbol{x}_0)$ 有兴趣,初步例子是大气成分的总含量。最优估计 $\hat{h}=h_0+\boldsymbol{h}^{\mathrm{T}}(\hat{\boldsymbol{x}}-\boldsymbol{x}_0)$ 是否是 $\hat{\boldsymbol{x}}$ 最佳的反演状态?根据反演的贝叶斯反演方法,下面简述的变量是最佳意义上的期望值。函数 $h(\boldsymbol{x})$ 的期望值为

$$\hat{h}=\int P(\boldsymbol{x}|\boldsymbol{y})[h_0+\boldsymbol{h}^{\mathrm{T}}(\boldsymbol{x}-\boldsymbol{x}_0)]\mathrm{d}\boldsymbol{x} \tag{4.167}$$

假设 $\boldsymbol{h}$ 不取决于 $\boldsymbol{x}$,则可写为

$$\hat{h}=h_0+\boldsymbol{h}^{\mathrm{T}}\int P(\boldsymbol{x}|\boldsymbol{y})(\boldsymbol{x}-\boldsymbol{x}_0)\mathrm{d}\boldsymbol{x}=h_0+\boldsymbol{h}^{\mathrm{T}}\left(\int P(\boldsymbol{x}|\boldsymbol{y})\boldsymbol{x}\mathrm{d}\boldsymbol{x}-\boldsymbol{x}_0\right)=h_0+\boldsymbol{h}^{\mathrm{T}}(\hat{\boldsymbol{x}}-\boldsymbol{x}_0) \tag{4.168}$$

很容易证明,$\hat{h}$ 的协方差矩阵是 $\boldsymbol{h}^{\mathrm{T}}\hat{\boldsymbol{S}}\boldsymbol{h}$,平均核是 $\boldsymbol{a}^{\mathrm{T}}=\boldsymbol{h}^{\mathrm{T}}\boldsymbol{A}$,而它的测量误差是 $\boldsymbol{h}^{\mathrm{T}}\boldsymbol{S}_m\boldsymbol{h}$。

反演气柱含量的一般方法是选择一个为已知气柱含量的固定廓线形状,然后求取与测量信号最佳匹配的标量因子。这不能给出气柱的最佳估计,也不能给出正确的反演的误差。

四、分离最小误差分量

采用分离的平滑误差估计可以给出测量误差和模拟误差的误差分析,所以可以考虑求取分离或组合的误差最小的解。但在上面看到,模拟误差和测量误差在概念上十分类似,不同的是在处理上它们是分别处理。事实上,完全可以合理地将测量误差处理为附加平均值为 0 模式参数,并将它作为 $\boldsymbol{b}$ 的元素。因此,根据本章第三节,将这些误差合为总的测量误差 ε_y。

首先考虑反演噪声极小。在反演中由总的测量噪声 ε 引起的误差为 $\boldsymbol{G}\boldsymbol{\varepsilon}$。使误差方差极小的反演方法是通过选取 $\boldsymbol{G}$,使协方差 $\boldsymbol{G}\boldsymbol{S}_\varepsilon\boldsymbol{G}^{\mathrm{T}}$ 极小。偏巧,给定 $\boldsymbol{G}=\boldsymbol{O}!$,这是很容易求解。在其他无约束的情况下,容易求出对测量误差的敏感性最小的解,因此,可以完全忽略测量(的误差),并且是无用的。

其次考虑光滑误差,对于单个反演,其是 $(\boldsymbol{I}_n-\boldsymbol{A})\boldsymbol{S}_a(\boldsymbol{x}-\boldsymbol{x}_a)$,并对于具有先验方差 $\boldsymbol{S}_a$ 的集合,具有协方差 $(\boldsymbol{I}_n-\boldsymbol{A})\boldsymbol{S}_a(\boldsymbol{I}_n-\boldsymbol{A})^{\mathrm{T}}$。设 $\boldsymbol{A}=\boldsymbol{G}\boldsymbol{K}$,并对 $\boldsymbol{G}$ 极小求取光滑误差

$$\boldsymbol{S}_s=(\boldsymbol{I}_n-\boldsymbol{G}\boldsymbol{K})\boldsymbol{S}_a(\boldsymbol{I}_n-\boldsymbol{G}\boldsymbol{K})^{\mathrm{T}} \tag{4.169}$$

使用同样的方法,发现在 $(\boldsymbol{I}_n-\boldsymbol{G}\boldsymbol{K})\boldsymbol{S}_a\boldsymbol{K}^{\mathrm{T}}=\boldsymbol{O}$ 极小。在过约束问题的情况下,这可以通过 $\boldsymbol{I}=\boldsymbol{G}\boldsymbol{K}$ 的任一 $\boldsymbol{G}$ 实现,如 $(\boldsymbol{K}^{\mathrm{T}}\boldsymbol{K})^{-1}\boldsymbol{K}^{\mathrm{T}}$,导得光滑误差为 0;而在低约束的条件下,求得

$$\boldsymbol{G}=\boldsymbol{S}_a\boldsymbol{K}^{\mathrm{T}}(\boldsymbol{K}\boldsymbol{S}_a\boldsymbol{K}^{\mathrm{T}})^{-1} \tag{4.170}$$

这是与忽略 $\boldsymbol{S}_\varepsilon$ 的 MAP 解式(4.129a)相同的或由 0 替代,也就是无测量误差。

要使任一分离的误差分量都极小是不可能的,但是可以使两项加权之和最小,交换噪声敏感性与光滑误差的位置:

$$\frac{\partial}{\partial \boldsymbol{G}}[(\boldsymbol{I}_n-\boldsymbol{GK})\boldsymbol{S}_a(\boldsymbol{I}_n-\boldsymbol{GK})^{\mathrm{T}}+\gamma \boldsymbol{GS}_\varepsilon \boldsymbol{G}^{\mathrm{T}}]=0 \tag{4.171}$$

如果 $\gamma=1$，这与 MAP 公式是等同的，解是

$$\boldsymbol{G}=(\boldsymbol{KS}_a\boldsymbol{K}^{\mathrm{T}}+\gamma \boldsymbol{S}_\varepsilon)^{-1}\boldsymbol{S}_a\boldsymbol{K}^{\mathrm{T}} \tag{4.172}$$

可使用在误差和分辨率之间交换位置，但是它在 MAP 或最小方差意义中是以牺牲最优为代价的。

五、最优分辨率

Backus 和 Gilbert(1970)通过利用地震波反演从地表到地核深度函数的密度来探测固体地球反演问题的研究。当获取的先验信息很少时，诸如信息内容以及自由度的概念对信号是无用的。因此想获取实际密度廓线的最佳估计，他们提出了一个不同的问题："什么样的有用的密度廓线函数可以从测量中获取?"理想的函数可能是相同的，但是具有有限宽度的权重函数和重大试验误差，这显然是不可能的。因此，他们仅能对反演廓线的平滑，并估测最优化平滑函数的方法，而不是从实际廓线中分离出反演廓线。在这种情况下，很显然反演的廓线将不是真实廓线的偏差估计。Conrath(1972)将该方法用于雷达探测大气问题，这里使用的方法也沿用他改进的方法。

为此，如在方程式(4.118)定义变换扩展，大多数扩展为连续函数，且对连续函数而不是矢量求导。测量 $y_i, i=1,\cdots,m$，是状态 $x(z)$ 的线性函数，其具有权重函数 $K(z)$：

$$y_i=\int K(z')x(z')\mathrm{d}z'+\varepsilon_I \tag{4.173}$$

反演廓线 $\hat{x}(z)$ 是由贡献函数表示的测量 y_i 的线性组合：

$$\begin{aligned}\hat{x}(z)&=\sum_{i=1}^{m}G_i(z)y_i=\sum_{i=1}^{m}G_i(z)\left[\int K(z')x(z')\mathrm{d}z'+\varepsilon_i\right]\\&=\int A(z,z')x(z')\mathrm{d}z'+\sum_{i=1}^{m}G_i(z)\varepsilon_i\end{aligned} \tag{4.174}$$

式中，平均核函数 $A(z,z')$ 相应的在 z 处反演值是 $\sum_{i=1}^{m}G_i(z)K(z')$。对于 Backus-Gilbert 解要求是平均核为单位面积：

$$\int A(z,z')\mathrm{d}z'=1 \tag{4.175}$$

并且他们扩展应当是关于 z 最小，这样反演分辨率尽可能的高。在方程式(4.118)中用平均核代入表示式用贡献函数给出扩展：

$$s(z)=12\int\left[\sum_{i=1}^{m}G_i(z)K_i(z')\right]^2(z-z')^2\mathrm{d}z' \tag{4.176}$$

重新排列上式

$$s(z)=\sum_{ij}G_i(z)Q_{ij}(z)G_j(z) \tag{4.177}$$

式中，函数矩阵 Q_{ij} 仅取决于权重函数：

$$Q_{ij}(z)=12\int(z-z')^2K_i(z')K_j(z')\mathrm{d}z' \tag{4.178}$$

由关于 A 的单位面积约束，得到

$$1=\int A(z,z')\mathrm{d}z'=\int\sum_i G_i(z)K_i(z')\mathrm{d}z'=\sum_i k_iG_i(z) \tag{4.179}$$

式中，$k_i=\int K_i(z')\mathrm{d}z'$。现需要对于单位面积约束的贡献函数的扩展极小，用拉格朗日乘子 $\lambda(z)$：

$$\frac{\partial}{\partial G_k(z)}\Big[\sum_{ij}G_i(z)Q_{ij}(z)G_j(z)+\lambda(z)\sum_i k_iG_i(z)\Big]=0 \tag{4.180}$$

对此使用矩阵符号更方便于求解：

$$\frac{\partial}{\partial \boldsymbol{g}(z)}[\boldsymbol{g}^{\mathrm{T}}(z)\boldsymbol{Q}(z)\boldsymbol{g}(z)+\lambda(z)\boldsymbol{g}^{\mathrm{T}}(z)\boldsymbol{k}]=0 \tag{4.181}$$

式中，矢量函数值 $\boldsymbol{g}(z)$ 有元素 $G_j(z)$ 和矩阵函数值 $\boldsymbol{Q}(z)$ 具有元素 $Q_{ij}(z)$。其解为

$$\boldsymbol{g}(z)=\frac{\boldsymbol{Q}^{-1}(z)\boldsymbol{k}}{\boldsymbol{k}^{\mathrm{T}}\boldsymbol{Q}^{-1}(z)\boldsymbol{k}} \tag{4.182}$$

由方程式(4.118)，扩展函数 $s(z)=\boldsymbol{g}^{\mathrm{T}}(z)\boldsymbol{Q}(z)\boldsymbol{g}(z)$。代替这解给出

$$s(z)=\frac{\boldsymbol{k}^{\mathrm{T}}\boldsymbol{Q}^{-1}(z)}{\boldsymbol{k}^{\mathrm{T}}\boldsymbol{Q}^{-1}(z)\boldsymbol{k}}\boldsymbol{Q}(z)\frac{\boldsymbol{Q}^{-1}(z)\boldsymbol{k}}{\boldsymbol{k}^{\mathrm{T}}\boldsymbol{Q}^{-1}(z)\boldsymbol{k}}=\frac{1}{\boldsymbol{k}^{\mathrm{T}}\boldsymbol{Q}^{-1}(z)\boldsymbol{k}} \tag{4.183}$$

典型例子如下。

图 4.21 给出了用标准例子的权重函数计算出的一系列高度的平均核。可以看出，它们比原先的权重函数窄得多(图 4.1)，但是覆盖了同样的高度。$z=0$ 和 $z=7,\cdots,10$ 处的核不在它们名义上的高度处，扩展明显随 z 变化。

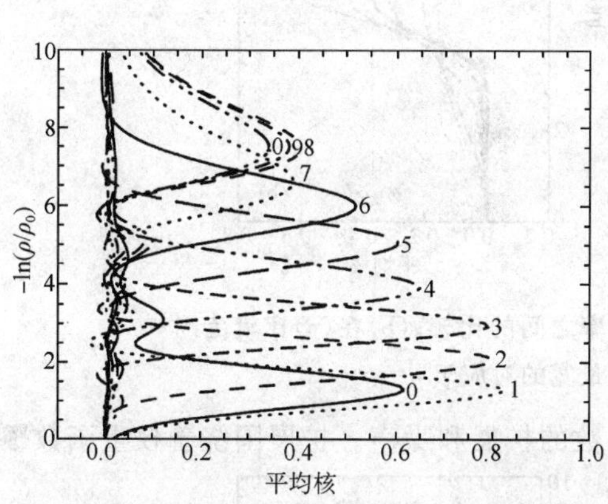

图 4.21 标准大气情况下最小扩展的 Backus-Gilbert 平均核($z=0.0,0.1,\cdots,10.0$)

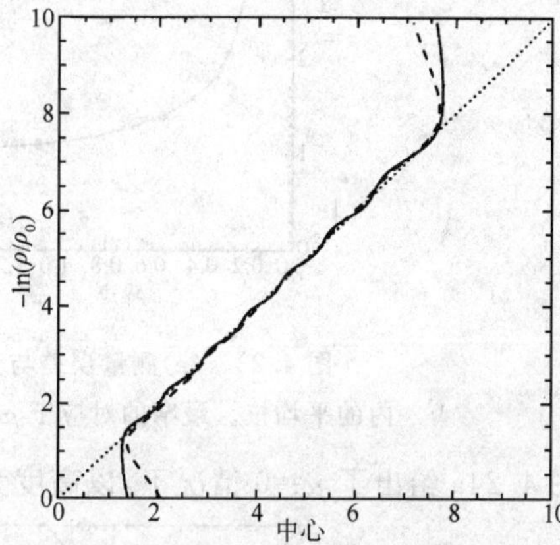

图 4.22 相对于标称高度的平均核中心和(实线)和平均高度(虚线)

仅低估扩展对平均核的峰值或重心的位置没有任何约束，原则上它们可以在任何地方。给定高度上的最小扩展的核可以不以那个高度为中心和分辨率长度，即围绕中心的展开

$$r(z)=12\int[z-c(z)]^2A^2(z,z')\mathrm{d}z'/(\int A(z,z')\mathrm{d}z')^2 \tag{4.184}$$

式中的中心 $c(z)$ 是由式(4.119)给出，可以比扩展的本身要小，图 4.22 给出了标准大气情况下的中心及平均核的重心的变化，将平均核作为高度的函数来计算。这两个很相似，都位于权重函数的峰值覆盖的高度范围确定的名义高度上，但在范围之外，扩展被中心和平均高度在错误地点的函数最小化。

由测量误差导致的噪声的 Backus-Gilbert 解是

$$\sigma^2(z)=\boldsymbol{g}^{\mathrm{T}}(z)\boldsymbol{S}_\varepsilon\boldsymbol{g}(z)=\frac{\boldsymbol{k}^{\mathrm{T}}\boldsymbol{Q}^{-1}(z)\boldsymbol{S}_\varepsilon\boldsymbol{Q}^{-1}(z)\boldsymbol{k}}{[\boldsymbol{k}^{\mathrm{T}}\boldsymbol{Q}^{-1}(z)\boldsymbol{k}]^2} \tag{4.185}$$

如所期望的，由于在解中没有任何对噪声约束的情况下，分辨率被最小化。噪声比较大，尤其是在权重函数有重大重叠时。幸运的是，很容易最小化扩展和噪声方差的权重和，这使得我们将分辨率转换为噪声表现。求最小

$$\frac{\partial}{\partial g}[g^{\mathrm{T}}Qg+\lambda g^{\mathrm{T}}k+\mu g^{\mathrm{T}}S_{\varepsilon}g]=0 \tag{4.186}$$

式中，μ 是交换因子。算法与方程(4.180)相同，除了 Q 被替换为 $Q+\mu S_{\varepsilon}$，由此，解是

$$g=\frac{(Q+\mu S_{\varepsilon})^{-1}k}{k^{\mathrm{T}}(Q+\mu S_{\varepsilon})^{-1}k} \tag{4.187}$$

由 $S(z)=g^{\mathrm{T}}(z)Q(z)g(z)$ 给出扩展，像前面一样，但是并不像方程(4.183)一样简单化。图 4.23a 给出了标准情况下 $Z=0.5$ 高度上的噪声与扩展间反比关系，表示噪声相对于扩展变化。可以看出，高噪声对应于较小的扩展，反之亦然。图 4.23b 给出了相应于交换曲线上的符号位置的平均核。最初的权重函数用实线表示，用于比较。窄核相应于高噪声级，宽核则相应于低噪声级。

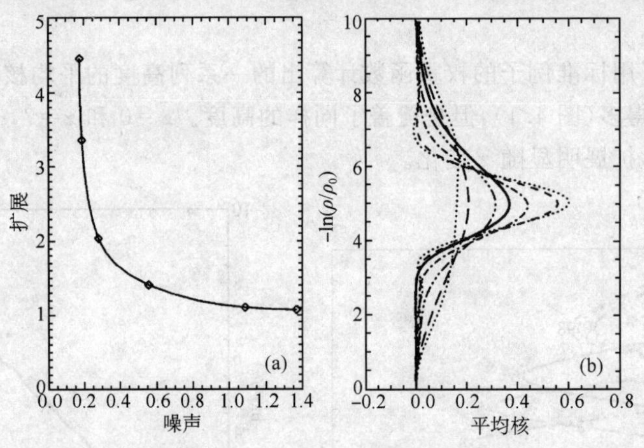

图 4.23 (a)测量误差与分辨率之间的比较；(b)在(a)比较范围内的平均核。最窄的对应于 $\mu=0$，最宽的对应于 $\mu=\infty$

图 4.24a 给出了 $\mu=0$ 情况下，以高度为函数的扩展和噪声。扩展围绕着权重函数覆盖的

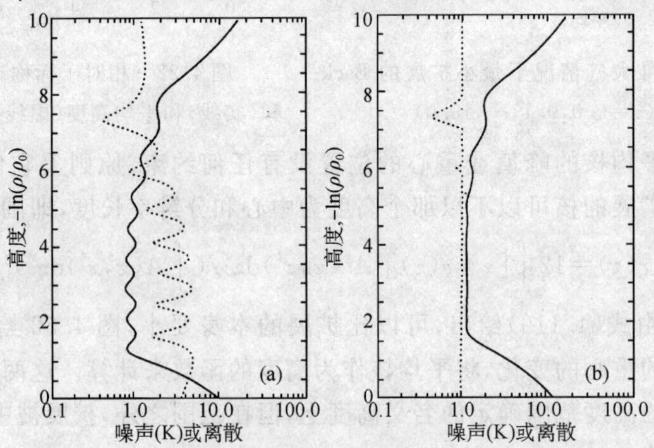

图 4.24 (a)对于最佳扩展情况下，$\mu=0$，扩展(实线)和噪声(虚线)为高度的函数；(b)在所有高度上给是 1 K 噪声水平选取的 $\mu(z)$ 下的扩展(实线)和噪声(虚线)

范围,范围之外它逐渐增大。在这个范围内,噪声在 2～5 K 范围内。在该范围之上,由于最佳可能的扩展与单独最高权重函数的噪声差别不大,因此噪声逐渐减小。我们尽力寻找每一高度上的交换参数,以给出确定的独立于高度的测量误差,但扩展较差。这在图 4.24b 中给出,表示了测量误差为 1 K 时,以高度为函数的扩展和噪声。注意很少有最差噪声已小于 1 K 的高度。

第五节 最佳非线性反演法

非线性问题可能被简单认为是前向模式非线性的问题,但实际上并非如此。如已经看到的,反演问题通常是通过损失函数的极大求取,其在前向模式中仅提供一项。不同种类的先验信息也必须考虑。一般,线性问题是这样一个问题,其损失函数是状态矢量的二次方,因此,求解的方程式是线性的。由于先验约束,非二次项导致非线性问题,即使前向模式是线性的。作为先验信息,任意一个非高斯 *pdf* 的先验将导致非线性问题。

可以对线性反演问题作下面分类。

线性:当前向模式形式可以表示为 $\boldsymbol{y}=\boldsymbol{Kx}$,任一先验是高斯型,实际上很少有实际问题是真正线性的。

近线性:其实就是非线性问题,但是对某些先验状态的线性化足以找到一个解。对于测量精度或解的理想精度是线性的问题,都在状态变化的正常范围内。

中度非线性:这类问题中,线性化对误差分析是足够的,但是不足以找到解。许多问题都是这种类型。

重度非线性:这类问题即使在误差范围内也是非线性的。如果解在边界上,具有不同等约束的问题都属这类。

至今,上面讨论的许多针对线性问题的方法,都能直接应用于适当线性化的中度非线性问题。最主要的不同是在中度非线性问题中对于局地最优解没有一般的显式表示,如线性和近线性问题,这样它们必须用数值方法或迭代方法求取。因此,这一节主要叙述对于中度非线性问题的数值求解方法。

在数值方法中的一个重要内容是非线性最优化,不必耗费很多的时间(内容)描述。这里将描述最直接的广泛应用的方法,这样读者将了解计算机子程序库中的哪一种方法是最适合的,它们的优点以及限制是什么。

一旦找到一个解,误差分析和信息内容可以通过问题解的线性组合来描述。现在前向模式是一个状态空间到测量空间的非线性变化。测量将状态投射到测量空间,具有用测量误差表示的不确定性,通常是高斯分布的。投射不是唯一的,因为仍然存在零一空间。然而测量空间中,零一空间不是由同样的偏差表示,像线性问题,这是因为权重函数矩阵 $\boldsymbol{K}$ 现在依赖于状态,因此零一空间同样依赖于状态。然而,一旦找到反演,零一空间可以用同线性情况一样的方式来表示。它仍然包括在具有零奇异值的 $\boldsymbol{K}$ 的奇异矢量内。

从测量空间到状态空间的反演图像将把测量误差的 *pdf* 投射到状态空间的 *pdf* 图像。如果问题优于中度非线性,测量误差是高斯的,则反演误差将是高斯的,将使用线性误差分析。

定性地说,由具有大特征值的 $\boldsymbol{S}_\varepsilon^{-\frac{1}{2}}\boldsymbol{K}$ 的特征向量确定的 $\boldsymbol{K}$ 的行空间的较优组成将把状态空间投射到测量空间的相当大的区域,更接近线性。相应于小特征值的分量,即近零一空间,将把大范围的状态空间投射到小范围的测量空间，因此，更多地受到非线性的影响。

一、非线性自由度的确定

对于任意一个非线性自由度问题，在任一个先验变量或解的误差协方差的范围内，可以通过前向模式与线性前向模式相比较确定。如果要使用线性反演，则由于非线性的反演误差是：

$$\delta\hat{\boldsymbol{x}}=\boldsymbol{G}[\boldsymbol{F}(\hat{\boldsymbol{x}})-\boldsymbol{F}(\boldsymbol{x}_a)-\boldsymbol{K}(\hat{\boldsymbol{x}}-\boldsymbol{x}_a)] \tag{4.188}$$

因为已经假定 $\hat{\boldsymbol{y}}-\boldsymbol{y}_a=\boldsymbol{K}(\hat{\boldsymbol{x}}-\boldsymbol{x}_a)$，实际就是 $\boldsymbol{F}(\hat{\boldsymbol{x}})-\boldsymbol{F}(\boldsymbol{x}_a)$。一旦解求得，这个量可以很容易估计，或在与 $\boldsymbol{x}_a$ 的一个等效标准偏差的 $\boldsymbol{x}$ 值的非线性自由度，可通过 $\delta\boldsymbol{y}=[\boldsymbol{F}(\boldsymbol{x})-\boldsymbol{F}(\boldsymbol{x}a)-\boldsymbol{K}(\boldsymbol{x}-\boldsymbol{x}_a)]$求取。这可以用 $\boldsymbol{x}=\boldsymbol{x}_a\pm\boldsymbol{e}_i$对称地进行，这里 $\boldsymbol{e}_i$ 是 $\boldsymbol{S}_a$的误差型式。$\delta\boldsymbol{y}$ 的大小可以通过使用 $c^2=\delta\boldsymbol{y}^{\mathrm{T}}\boldsymbol{S}_\varepsilon^{-1}\delta\boldsymbol{y}$ 与 $\boldsymbol{S}_\varepsilon$ 比较，如 χ^2 的量或确定 $\delta\boldsymbol{x}$ 是否可接受的。

如果使用非线性反演，但要检查问题是否是中度线性，可以使用线性误差分析，则类似的判据可使用。由于非线性引起的反演误差是

$$\delta\hat{\boldsymbol{x}}=\boldsymbol{G}[\boldsymbol{F}(\hat{\boldsymbol{x}})-\boldsymbol{F}(x)-\boldsymbol{K}(\hat{\boldsymbol{x}}-\boldsymbol{x})] \tag{4.189}$$

式中，$\boldsymbol{x}$ 是未知的真实状态。这不能由仅给定 $\boldsymbol{x}$ 来估计，但是可以通过估计 $\delta\boldsymbol{y}=[\boldsymbol{F}(\hat{\boldsymbol{x}})-\boldsymbol{F}(\boldsymbol{x})-\boldsymbol{K}(\hat{\boldsymbol{x}}-\boldsymbol{x})]$中用误差分布 $\hat{\boldsymbol{S}}$ 表示的 $\boldsymbol{x}$ 等效于标准偏差 $\hat{\boldsymbol{x}}$ 的值得到非线性自由度。$\delta\boldsymbol{y}$ 的大小可以通过用 $\delta\boldsymbol{y}^{\mathrm{T}}=\boldsymbol{S}_\varepsilon^{-1}\delta\boldsymbol{y}$ 与 $\boldsymbol{S}_\varepsilon$ 比较来估计，或者确定相应的 $\delta\boldsymbol{x}$ 是否可接受。

二、反演公式

线性反演的最初任务是从在实验误差范围内与测量一致的集合状态中选取一个状态满足某些最优判据。在线性情况下，状态空间中局地集合是由显式表示，但是对于非线性情况，要写出显式解是不可能的。期望值原则上可以通过对所有空间内方程式(4.166)积分来实现，但这很费事，又不可行。

在非线性情况下，最优判据也需要重新考虑。如果贝叶斯解 $P(\boldsymbol{x}|\boldsymbol{y})$由高斯 pdf 描述(或一个最小对称系统 pdf)，则最大概率和期望值判据仍导得同样的解。如果它是非对称的，则它通常会导得不同的解，但是解释是不会变的，期望值仍是最小方差解，因为方程式(4.166)应用于任何问题。但是非线性的 Backus-Gilbert 最大分辨率方法根据的是平均核概念，传输函数对于预先确定的参考状态应当是线性的。因此它仅应用于近线性问题。

对于非线性问题，将考虑最大先验方法。对于反演问题非线性的贝叶斯解，反演方程式(4.155)可以直接修改，其前向模式是一状态的推广函数，测量误差是高斯分布，具有高斯误差的先验估计：

$$-2\ln P(\boldsymbol{x}|\boldsymbol{y})=[\boldsymbol{y}-\boldsymbol{F}(\boldsymbol{x})]^{\mathrm{T}}\boldsymbol{S}_\varepsilon^{-1}[\boldsymbol{y}-\boldsymbol{F}(\boldsymbol{x})]+[\boldsymbol{x}-\boldsymbol{x}_a]^{\mathrm{T}}\boldsymbol{S}_a^{-1}[\boldsymbol{x}-\boldsymbol{x}_a]+c_3 \tag{4.190}$$

同线性情况一样，非线性情况下要求取最佳估计 $\hat{\boldsymbol{x}}$，以及为实际目的足够描述 pdf 的误差特征。

我们将讨论方程(4.190)没有描述的更复杂的非线性问题，即先验 pdf 没有被高斯分布很好描述的问题。极端的例子是包括云的任何问题，例如在雷达角度用红外设备探测大气。云量的先验和后验 pdf 更可能是 0 和 1 之间的云量的非高斯函数，具有在 0 和 1 处的类 δ 函数。这种情况下，最大概率或期望值解是否合适是完全不清楚的。

为求得最大概率状态 $\hat{\boldsymbol{x}}$，对方程式(4.190)求导且等于 0：

$$\nabla_x\{-2\ln P(\boldsymbol{x}|\boldsymbol{y})\}=-[(\nabla_x\boldsymbol{F}(\boldsymbol{x})]^{\mathrm{T}}\boldsymbol{S}_\varepsilon^{-1}[\boldsymbol{y}-\boldsymbol{F}(\boldsymbol{x})]+\boldsymbol{S}_a^{-1}[\boldsymbol{x}-\boldsymbol{x}_a]=0 \tag{4.191}$$

注意到矢量值函数的梯度∇_x是一个矩阵值函数。设 $\boldsymbol{K}(\boldsymbol{x})=\nabla_x\boldsymbol{F}(\boldsymbol{x})$，给出下面关于 $\hat{\boldsymbol{x}}$ 的方

程式

$$-\hat{\boldsymbol{K}}^{\mathrm{T}}(\hat{\boldsymbol{x}})\boldsymbol{S}_{\varepsilon}^{-1}[\boldsymbol{y}-\boldsymbol{F}(\boldsymbol{x})]+\boldsymbol{S}_{a}^{-1}(\hat{\boldsymbol{x}}-\boldsymbol{x}_{a})=0 \tag{4.192}$$

这方程式一定有数值解，其困难取决于前向模式中的非线性。

三、牛顿和高斯一牛顿迭代法

如果问题不是太非线性化，牛顿迭代法是求取损失函数 J 直接的数值计算方法，也就是在式(4.190)右边第一、二项。对于常规的矢量方程式 $\boldsymbol{g}(\boldsymbol{x})=0$，对于标量情况下迭代是与牛顿迭代方法类似的。并可以写为

$$\boldsymbol{x}_{i+1}=\boldsymbol{x}_{i}-[\nabla_{x}\boldsymbol{g}(\boldsymbol{x}_{i})]^{-1}\boldsymbol{g}(\boldsymbol{x}_{i}) \tag{4.193}$$

式中，$[\quad]^{-1}$ 是矩阵逆。对于 $\boldsymbol{g}$，使用方程式(4.192)左边，矩阵为

$$\nabla_{x}\boldsymbol{g}=\boldsymbol{S}_{a}^{-1}+\boldsymbol{K}^{\mathrm{T}}\boldsymbol{S}_{\varepsilon}^{-1}\boldsymbol{K}-(\nabla_{x}\boldsymbol{K}^{\mathrm{T}})\boldsymbol{S}_{\varepsilon}^{-1}[\boldsymbol{y}-\boldsymbol{F}(\boldsymbol{x})] \tag{4.194}$$

函数 $\boldsymbol{g}$ 是损失函数式(4.190)的导数，而$\nabla_{x}\boldsymbol{g}$ 是二次导数，称为 Hessin。因而也是知道的 Hessin 方法逆。Hessin 涉及前向模式的一次导数、雅可比 $\boldsymbol{K}$ 和前向模式的二次导数，$\nabla_{x}\boldsymbol{K}^{\mathrm{T}}$ 两者。后者是一复杂的物体，因为它一个分量为一个矩阵元的矢量，其是通过矢量 $\boldsymbol{S}_{\varepsilon}^{-1}[\boldsymbol{y}-\boldsymbol{F}(x)]$右乘，在矢量的合成矢量为一矩阵。在许多情况下求取它是很困难的。幸而在中度线性情况下得到的结果是小的，如将看到的，它包含的项随着解的推进和 $\boldsymbol{y}-\boldsymbol{F}(\boldsymbol{x})$对噪声变小而变小。注意，非线性和噪声都对该项的大小有贡献。在数值方法中，这种项可以被忽略的问题被称为“小残余”。忽略这些项给出了 Gauss-Newton 方法，通过将式(4.192)和式(4.194)代入牛顿迭代式(4.193)并忽略该项，得

$$\boldsymbol{x}_{i+1}=\boldsymbol{x}_{i}+(\boldsymbol{S}_{a}^{-1}+\boldsymbol{K}_{i}^{\mathrm{T}}\boldsymbol{S}_{\varepsilon}^{-1}\boldsymbol{K}_{i})^{-1}[\boldsymbol{K}_{i}^{\mathrm{T}}\boldsymbol{S}_{\varepsilon}^{-1}(\boldsymbol{y}-\boldsymbol{F}(\boldsymbol{x}))-\boldsymbol{S}_{a}^{-1}(\boldsymbol{x}-\boldsymbol{x}_{a})] \tag{4.195}$$

式中，$\boldsymbol{K}_{i}=\boldsymbol{K}(\boldsymbol{x}_{i})$。通过表示式 $\boldsymbol{x}_{i+1}$为与 $\boldsymbol{x}_{a}$的偏差，而不是 $\boldsymbol{x}_{i}$，在 n 形式和 m 形式两者中重新排列式(4.195)，给出其他两个有用的迭代解

$$\boldsymbol{x}_{i+1}=\boldsymbol{x}_{a}+(\boldsymbol{S}_{a}^{-1}+\boldsymbol{K}_{i}^{\mathrm{T}}\boldsymbol{S}_{\varepsilon}^{-1}\boldsymbol{K}_{i})^{-1}\boldsymbol{K}_{i}^{\mathrm{T}}\boldsymbol{S}_{\varepsilon}^{-1}[\boldsymbol{y}-\boldsymbol{F}(\boldsymbol{x}_{i})+\boldsymbol{K}_{i}(\boldsymbol{x}_{i}-\boldsymbol{x}_{a})] \tag{4.196a}$$

$$=\boldsymbol{x}_{a}+\boldsymbol{S}_{a}\boldsymbol{K}_{i}^{\mathrm{T}}(\boldsymbol{K}_{i}\boldsymbol{S}_{a}\boldsymbol{K}_{i}^{\mathrm{T}}+\boldsymbol{S}_{\varepsilon})^{-1}[\boldsymbol{y}-\boldsymbol{F}(\boldsymbol{x}_{i})+\boldsymbol{K}_{i}(\boldsymbol{x}_{i}-\boldsymbol{x}_{a})] \tag{4.196b}$$

这是方便的，除此之外，迭代从 $\boldsymbol{x}_{o}=\boldsymbol{x}_{a}$开始。

四、一个线性化的替换

中度线性定义意味着解的 pdf 是高斯型，因为前向模式在解 pdf 的范围内是线性化的，是不可忽略的。因此，通过线性化在方程式(4.192)中替换前向模式所导得解的迭代方法：

$$\boldsymbol{F}(\boldsymbol{x})=\boldsymbol{F}(\boldsymbol{x}\,i)+\nabla_{x}\boldsymbol{F}(\boldsymbol{x}_{l})(\boldsymbol{x}-\boldsymbol{x}_{l})=\boldsymbol{y}_{l}+\boldsymbol{K}_{l}(\boldsymbol{x}-\boldsymbol{x}_{l}) \tag{4.197}$$

因此，定义 $\boldsymbol{y}_{l}$ 和$\boldsymbol{K}_{l}$，其中 $\boldsymbol{x}_{l}$是任意线性点。代入式(4.192)解 $\boldsymbol{x}$ 得

$$\hat{\boldsymbol{x}}=\boldsymbol{x}_{a}+(\boldsymbol{K}_{l}^{\mathrm{T}}\boldsymbol{S}_{\varepsilon}^{-1}\boldsymbol{K}_{l}+\boldsymbol{S}_{a}^{-1})^{-1}\boldsymbol{K}_{l}^{\mathrm{T}}\boldsymbol{S}_{\varepsilon}^{-1}[\boldsymbol{y}-\boldsymbol{y}_{l}+\boldsymbol{K}_{l}(\boldsymbol{x}_{l}-\boldsymbol{x}_{a})] \tag{4.198}$$

从这方程式看出，它的形式可以为迭代解的基础。如果将下标 l 的解释从线性化改变到迭代，可得到如同方程式(4.196a)的迭代式。因此，在方程式(4.194)略去$\nabla_{x}\boldsymbol{K}^{\mathrm{T}}$ 项等同于高斯后验 pdf，或等效于在反演误差范围内线性假定，这在假定问题不是严重非线性的是隐式的。

对于线性问题，解的协方差可以同样的方式精确地求得，方程式(4.130a)给出同样的迭代形式：

$$\hat{\boldsymbol{S}}=(\hat{\boldsymbol{K}}^{\mathrm{T}}\boldsymbol{S}_{\varepsilon}^{-1}\hat{\boldsymbol{K}}+\boldsymbol{S}_{a}^{-1})^{-1} \tag{4.199a}$$

$$=\boldsymbol{S}_{a}-\boldsymbol{S}_{a}\hat{\boldsymbol{K}}^{\mathrm{T}}(\boldsymbol{S}_{\varepsilon}+\hat{\boldsymbol{K}}\boldsymbol{S}_{a}\hat{\boldsymbol{K}}^{\mathrm{T}})^{-1}\hat{\boldsymbol{K}}\boldsymbol{S}_{a} \tag{4.199b}$$

方程式(4.199a)和式(4.199b)可以不同的形式改写，主要适合取决于环境。注意在解上Hessian是与解的协方差逆或Fisher信息矩阵同样的。

五、误差分析和表示

第三节的误差分析和特征值的获取是通过假定在真实状态先验和反演状态之间，前向模式和反演方法是线性的，也即问题是好于近线性的。似乎可以用平均核概念，不用中度线性。巧的是，在优化估计中不是如此，这个概念有着更广的有效性。原因是反演方法中仅先验状态是线性的，我们将从相应于线性反演的线性问题中得到同样的解。

考虑方程式(4.195)的极限，当 $i\rightarrow\infty$ 和 $x_i\rightarrow\hat{\boldsymbol{x}}$ 时，可以证明方程式(4.195)表示为

$$\boldsymbol{x}_{i+1}=\boldsymbol{x}_a+\boldsymbol{G}_i[\boldsymbol{y}-\boldsymbol{F}(\boldsymbol{x}_i)+\boldsymbol{K}_i(\boldsymbol{x}_i-\boldsymbol{x}_a)] \tag{4.200}$$

式中，$\boldsymbol{G}_i=(\boldsymbol{S}_a^{-1}+\boldsymbol{K}_i^{\mathrm{T}}\boldsymbol{S}_\varepsilon{}^{-1}\boldsymbol{K}_i)^{-1}\boldsymbol{K}_i^{\mathrm{T}}\boldsymbol{S}_\varepsilon{}^{-1}=\boldsymbol{S}_a\boldsymbol{K}_i^{\mathrm{T}}(\boldsymbol{K}_i\boldsymbol{S}_a\boldsymbol{K}_i^{\mathrm{T}}+\boldsymbol{S}_\varepsilon)^{-1}$。现设 $i\rightarrow\infty$，有：

$$\hat{\boldsymbol{x}}=x_a+\hat{\boldsymbol{G}}[y-\boldsymbol{F}(\hat{\boldsymbol{x}})+\hat{\boldsymbol{K}}(\hat{\boldsymbol{x}}-\boldsymbol{x}_a)] \tag{4.201}$$

用 $\boldsymbol{y}=\boldsymbol{F}(\boldsymbol{x})+\varepsilon$ 代入和使用方程式(4.197)关于 $\hat{\boldsymbol{x}}$ 展开 $\boldsymbol{F}(x)$，在 ε 内成立，中度非线性情形下给出

$$\hat{\boldsymbol{x}}=\boldsymbol{x}_a+\hat{\boldsymbol{G}}[\hat{\boldsymbol{K}}(\boldsymbol{x}-\boldsymbol{x}_a)+\varepsilon] \tag{4.202}$$

所以可写成

$$\hat{\boldsymbol{x}}-\boldsymbol{x}_a=\hat{\boldsymbol{A}}(\boldsymbol{x}-\boldsymbol{x}_a)+\hat{\boldsymbol{G}}\varepsilon$$

$$\hat{\boldsymbol{x}}-\boldsymbol{x}=(\hat{\boldsymbol{A}}-\boldsymbol{I}_n)(\boldsymbol{x}-\boldsymbol{x}_a)+\hat{\boldsymbol{G}}\varepsilon \tag{4.203}$$

式中，$\hat{\boldsymbol{A}}=\hat{\boldsymbol{G}}\hat{\boldsymbol{K}}$，对应式(4.104)和式(4.111)，但是现对中度非线性推导。对于误差分析，一个包括前向模式误差的完全处理给出如同方程式(4.111)的同样的结果。

六、收敛

(一)期望收敛率

从下面的定量分析可以看到，牛顿方法的收敛是二阶的。略去 $\boldsymbol{G}_i$ 和 $\boldsymbol{K}_i$ 随 i 的变化，对于 $\boldsymbol{x}_i$ 和最终解之间不同收敛的方程式可以通过式(4.200)减去式(4.201)得到

$$\boldsymbol{x}_{i+1}-\hat{\boldsymbol{x}}=-\boldsymbol{G}\{[\boldsymbol{F}(\boldsymbol{x}_i)-\boldsymbol{F}(\hat{\boldsymbol{x}})]+\boldsymbol{K}[(\boldsymbol{x}_i-\hat{\boldsymbol{x}})]\} \tag{4.204}$$

并将 $\boldsymbol{F}(x)$ 关于 $\hat{\boldsymbol{x}}$ 展开得

$$\boldsymbol{x}_{i+1}-\hat{\boldsymbol{x}}=\boldsymbol{G}[\boldsymbol{O}(\boldsymbol{x}_i-\hat{\boldsymbol{x}})^2] \tag{4.205}$$

不管 $\boldsymbol{G}$ 是什么，方程式(4.200)的迭代形式都以二次项收敛。但是如果 $\boldsymbol{G}$ 有合适的值，它仅收敛于最优解。如果详细处理收敛分析，考虑 $\boldsymbol{G}$ 和 $\boldsymbol{K}$ 随 i 的变化，可以发现理论上牛顿方法是二阶的，高斯—牛顿法是一阶的。如果问题小于总体非线性，即包含前向模式的二次导数项 $\nabla_x\boldsymbol{K}^{\mathrm{T}}$ 很小，高斯—牛顿解将很快收敛，接近最小值时，被忽略的项变小，收敛趋于二阶的。

(二)常见错误

在进行这一类迭代的一个常见错误是混淆先验状态 $\boldsymbol{x}_a$ 和当前迭代。它可以想到，在进行迭代过程中，一个好的估计可以作为下一次迭代先验。在最佳估计中显然是不合适的，最佳估计用先验表示测量之前对状态的了解，因此，不能用测量结果的某些东西替代。那样做相当于在分析中多次使用测量。

如下三个概念经常混淆的，为此要讲清楚：

- 气候是状态集的平均和协方差；
- 先验是在测量前状态作的最佳估计，气候经常提供合适的先验，但不仅是一个源；

• 第一次猜测是迭代的起始点，先验经常是用于第一次猜测，但不仅是唯一的源。

也可以认为，用先验状态的当前迭代将加速收敛。事实上，可容易证明，其效果是收敛更慢，趋向非最佳精确解。如果在方程式(4.200)中用 $\boldsymbol{x}_i$ 代替 $\boldsymbol{x}_a$，则迭代成为

$$\begin{aligned}\boldsymbol{x}_{i+1}&=\boldsymbol{x}_i+\boldsymbol{G}_i[y-\boldsymbol{F}(\boldsymbol{x}_i)]+\boldsymbol{K}_i(\boldsymbol{x}_i-\boldsymbol{x}_i)]\\&=\boldsymbol{x}_i+\boldsymbol{G}_i[\boldsymbol{y}-\boldsymbol{F}(\boldsymbol{x}_i)]\end{aligned}\tag{4.206}$$

这将在第七部分讨论种类的线性张弛，除 $\boldsymbol{G}_i$ 可以随迭代次数变化外。如果解的收敛满足下式

$$\hat{\boldsymbol{x}}=\hat{\boldsymbol{x}}+\hat{\boldsymbol{G}}[y-\boldsymbol{F}(\hat{\boldsymbol{x}})]\tag{4.207}$$

如果 $\boldsymbol{G}$ 是行列 $m<n$，显然 $y=\boldsymbol{F}(\hat{\boldsymbol{x}})$ 成立。当 $\boldsymbol{G}_n\rightarrow\hat{\boldsymbol{G}}$，收敛趋向于下面解：

$$\boldsymbol{x}_{i+1}-\hat{\boldsymbol{x}}=\boldsymbol{x}_i-\hat{\boldsymbol{x}}+\hat{\boldsymbol{G}}[\boldsymbol{F}(\hat{\boldsymbol{x}})-\boldsymbol{F}(\boldsymbol{x}_i)]=\boldsymbol{x}_i-\hat{\boldsymbol{x}}+\hat{\boldsymbol{G}}\boldsymbol{K}(\hat{\boldsymbol{x}}-\boldsymbol{x}_i)=(\boldsymbol{I}_n-\hat{\boldsymbol{G}}\boldsymbol{K})(\boldsymbol{x}_i-\hat{\boldsymbol{x}})\tag{4.208}$$

其将是一阶的，除非 $\boldsymbol{GK}=\boldsymbol{I}_n$。对于最大后验方法，$\boldsymbol{G}$ 由方程式(4.122)给出，并 $\boldsymbol{GK}\neq\boldsymbol{I}_n$，所以在这种情况下收敛是一阶的。

(三)收敛的检验

收敛分析是要求确定停止迭代的正确的判据，显然它不需要继续到解没有变化，但是需要表示解与真实最大概率状态间的差别由一个可以忽略的小量，就是说在解中数量级的大小比误差要小。

拟合与测量之间差别的比较一般使用但不充分的检验是用期望试验误差，即是

$$\chi^2[y-\boldsymbol{F}(\boldsymbol{x}_i)]=[\boldsymbol{y}-\boldsymbol{F}(\boldsymbol{x}_i)]^{\mathrm{T}}\boldsymbol{S}_\varepsilon^{-1}[\boldsymbol{y}-\boldsymbol{F}(\boldsymbol{x}_i)]\approx m\tag{4.209}$$

像这样对于反演集的平均多少是真实的，但是在任何特殊情况下，这里的 χ^2 可以比 m 大或小。具有 m 个自由度的 χ^2 分布，即使在这里不存在有误差协方差 $\boldsymbol{S}_\varepsilon$。当然在解的 χ^2 的期望值是噪声自由度。恰当的应当是拟合和测量之差的协方差。也就是$[y-\boldsymbol{F}(\hat{\boldsymbol{x}})][y-\boldsymbol{F}(\hat{\boldsymbol{x}})]^{\mathrm{T}}$的期望值：

$$\boldsymbol{S}_{\delta\hat{y}}=\varepsilon\{[\boldsymbol{y}-\boldsymbol{F}(\hat{\boldsymbol{x}})][\boldsymbol{y}-\boldsymbol{F}(\hat{\boldsymbol{x}})]^{\mathrm{T}}\}=\varepsilon\{[\boldsymbol{F}(\boldsymbol{x})+\varepsilon-\boldsymbol{F}(\hat{\boldsymbol{x}})][\boldsymbol{F}(\boldsymbol{x})+\varepsilon-\boldsymbol{F}(\hat{\boldsymbol{x}})]^{\mathrm{T}}\}\tag{4.210}$$

可以证明对于最优估计 $\delta\hat{\boldsymbol{y}}=\boldsymbol{y}-\boldsymbol{F}(\hat{\boldsymbol{x}})$的协方差是

$$\boldsymbol{S}_{\delta\hat{y}}=\boldsymbol{S}_\varepsilon(\hat{\boldsymbol{K}}^{\mathrm{T}}\boldsymbol{S}_a\hat{\boldsymbol{K}}+\boldsymbol{S}_\varepsilon)^{-1}\boldsymbol{S}_\varepsilon\tag{4.211}$$

正确的收敛检验必须是根据收敛分析。这里可使用三种不同类型的检验。在状态空间或测量空间，每次迭代，可对于(a)减小损失函数，(b)损失函数值梯度或(c)每步的大小作小的检验。损失函数或 $\delta\hat{\boldsymbol{y}}$ 的绝对大小不表明任何关于迭代是否已收敛。不过用于在确定的得到的解是否是敏感是很有用的。

通常最直接的检验是关于损失函数成为极小。在极小的地方，它必须趋向于 $\boldsymbol{x}-\hat{\boldsymbol{x}}$ 的二次方，并且如果收敛是二阶的，$\boldsymbol{x}_i-\hat{\boldsymbol{x}}$ 和 $J_i-\hat{J}$ 两者在每次迭代中大约是平方。在最小处的期望值是 m，所以在$\ll m$，或$\ll 1$ 间的迭代变化是合适的。在 n 形式迭代方程式(4.195)中，可由仅在 $n+m$ 次运算中可得到的量计算 J_i。

在 $\boldsymbol{x}$ 或 $\boldsymbol{y}$ 中检验每一步的大小，注意到由于在每一阶段解的误差是平方，则趋向于解，阶段 n 和 $n+1$ 之间估计的差别是 n 阶段误差的合理测量，一般要比在 $n+1$ 阶段误差大很多。一个保守判据是，当差别数量级比估计误差小时停止迭代。为此，通过估计误差来度量解的变化。这可以用反演状态或测量计算的任何一个进行检验，其主要取决于所用的方程式，以及哪一个是更有效的计算。在 $n\lesssim m$，应使用 n 形式。根据状态

$$\chi^2(\hat{\boldsymbol{x}}-\boldsymbol{x})=(\hat{\boldsymbol{x}}-\boldsymbol{x})^{\mathrm{T}}\hat{\boldsymbol{S}}^{-1}(\hat{\boldsymbol{x}}-\boldsymbol{x})\simeq n\tag{4.212}$$

因此一个合理的检验应是

$$d_i^2=(\boldsymbol{x}_i-\boldsymbol{x}_{i+1})^{\mathrm{T}}\hat{\boldsymbol{S}}^{-1}(\boldsymbol{x}_i-\boldsymbol{x}_{i+1})\ll n \tag{4.213}$$

当迭代收敛时，注意到

$$(\boldsymbol{S}_a^{-1}+\boldsymbol{K}_i^{\mathrm{T}}\boldsymbol{S}_\varepsilon^{-1}\boldsymbol{K}_i)^{-1}\rightarrow\hat{\boldsymbol{S}} \tag{4.214}$$

并代入到方程式(4.195)，得

$$\hat{\boldsymbol{S}}^{-1}(\boldsymbol{x}_{i+1}-\boldsymbol{x}_i)\simeq\boldsymbol{K}_i^{\mathrm{T}}\boldsymbol{S}_\varepsilon^{-1}[\boldsymbol{y}-\boldsymbol{F}(\boldsymbol{x}_i)]-\boldsymbol{S}_a^{-1}(\boldsymbol{x}_i-\boldsymbol{x}_a) \tag{4.215}$$

在任何情况下，求取这 n 维矢量是迭代的一部分，并计算 d_i^2 仅要求由$(\boldsymbol{x}_{i+1}-\boldsymbol{x}_i)$乘，作 n 次运算。

在 $m\lesssim n$ 情况下，大多使用 m 形式，而这技巧不可用的。注意到

$$\chi^2[\boldsymbol{y}-\boldsymbol{F}(\hat{\boldsymbol{x}})]=[\boldsymbol{y}-\boldsymbol{F}(\hat{\boldsymbol{x}})]\boldsymbol{S}_{\delta\hat{y}}^{-1}[\boldsymbol{y}-\boldsymbol{F}(\hat{\boldsymbol{x}})]\simeq m \tag{4.216}$$

一个合适的检验应当是

$$d_i^2=[\boldsymbol{F}(\boldsymbol{x}_{i+1})-\boldsymbol{F}(\boldsymbol{x}_i)]^{\mathrm{T}}\boldsymbol{S}_{\delta\hat{y}}^{-1}[\boldsymbol{F}(\boldsymbol{x}_{i+1})-\boldsymbol{F}(\boldsymbol{x}_i)]\ll m \tag{4.217}$$

$\boldsymbol{S}_{\delta\hat{y}}$是比$\hat{\boldsymbol{S}}$ 小的一个数量级，很容易由作为迭代部分的项经过计算来估计。若 $\boldsymbol{S}_\varepsilon$ 是对角的，$\boldsymbol{S}_{\delta\hat{y}}^{-1}$可以用 m^2 计算，见式(4.210)，d_i^2 的估计需要大于 m^2 的计算。

(四)对于正确收敛的检验

一旦迭代收敛，必须检验是否收敛于正确的答案。对于非线性问题，找到的是个假的最小化的损失函数最小值是很可能的。可能有很多最小值，仅仅其中的一个是需要的解。

使用方程(4.216)比较反演和测量是合适的，以及进行标准 χ^2测试来确定某些适合高度上的差别在统计上是否重要。一个重要的结果是可能指出了一个虚假的收敛。应该记得，如果反演是对大量集合进行的，例如对全球卫星资料，在 N%高度上反演的高品质 N%应该是主要的，因此，N 不能被定得太高。一个 0.1%的重要检验将会以 10^3 舍弃一个反演，尽管没有任何错误。对实际找到的 χ^2 分布的估计是有用的。

进行针对在反演中将使用的先验数据的 χ^2检验也是可能的。考虑将先验作为实际测量，可以针对实际测量和虚测量联合进行检验，但是由于这两种信息源是不相关的，把它们分开处理有助于分辨可能的信息源。

(五)慢收敛的识别和处理

中度线性问题的损失函数可能是远离解的严重非二次方的，简单的高斯—牛顿可能不适合。很可能损失函数作为高斯—牛顿(或牛顿)步长的而引起增加。在这种情况下，需要一些别的数值方法，如下面部分描述那样。

也可能是收敛处理过程中发生，但是不像你需要的那样快。收敛可以通过估测步长的大小及损失函数或其他 χ^2的减少率(或其他)来追踪。式(4.213)定义的量 d_i^2 是由步长的估计，由期望误差协方差方便地度量。对二阶收敛，每一次迭代步长的大小(或损失函数的变化)大约是平方的，或者它的对数可能加倍。如果减少比这慢得多，则需要处理一个问题——迭代离解很远或者问题是非线性的，可能需要其他一些数值方法。

有时，相对简单的 ad hoc 处理有助于处理。例如：

将问题变为更线性的形式，如，由热辐射探测温度廓线，状态矢量是普朗克函数而不是温度，或者测量是亮温而不是辐射率；

以较优的首次推测开始，如，用 ad hoc 非最优反演方法寻找接近的首次推测，或者如果反演地理上一系列相近廓线，像沿着卫星测量轨道，用一个反演作为下一个的起始点。

七、Levenberg Marquardt 方法

牛顿方法和高斯－牛顿方法两者能以一步求得关于 $\boldsymbol{x}$ 严格二次方的损失函数最小，并且如果函数是近二次方的将给出最接近的值。但是如果真实解与当前的迭代点相距很远，这是很可能的，这时由二次方表示一个面很差，所以作这一步是完全没有意义的，甚至可以增加残差。对于非线性最小方差问题，Levenberg(1944)提出迭代法

$$\boldsymbol{x}_{i+1}=\boldsymbol{x}_i+(\boldsymbol{K}\boldsymbol{K}^{\mathrm{T}}+\gamma_i\boldsymbol{I})^{-1}\boldsymbol{K}^{\mathrm{T}}[\boldsymbol{y}-\boldsymbol{F}(\boldsymbol{x}_i)] \tag{4.218}$$

式中，选取 γ_i 使在每一步损失函数最小。可看到，对于 $\gamma_i\to 0$，那步迭代趋向于高斯－牛顿方法，对于 $\gamma_i\to\infty$，那步迭代方向趋于很陡地减小，但是迭代的每步大小趋于 0。当 γ_i 初始减小，损失函数出现最初的减小，因此，这里是一个最佳值(可能为 0)可最大幅度地减小损失函数。不幸地，计算对于 γ_i 的选取是很重要的，因为对每一个 γ_i 必须估计 $\boldsymbol{F}(\boldsymbol{x})$。Marquardt(1963)简化了 γ_i 的求取，对每一步迭代不是寻找最佳的 γ_i，而是一旦找到使损失函数减小的值，就开始新的迭代。在每一次迭代中，γ 最初任意值都被更新。Marquardt 的方法简化版本由 Press 等(1955)给出：

如果作为一个步长增加 γ 的结果，χ^2 增加，不更新 $\boldsymbol{x}_i$，重新试验；

如果作为一个步长的结果，χ^2 减少，在下一步中，更新 $\boldsymbol{x}_i$，减少 γ。

在特殊情况下，影响 γ 增大或减小的因子是作为实验的内容。Marquardt 认为 γ 是 10。他也指出，由于状态矢量的元素有着不同的大小和维数，它们应该被定标。一个简便的方法是用 $\gamma\boldsymbol{D}$ 代替 $\gamma\boldsymbol{I}$，这里 $\boldsymbol{D}$ 是对角测量矩阵。

Fletcher(1971)发现 Marquardt 等的方法存在不足，并提出改进 γ 的方法，其以适当计算的损失函数变化对于用前向模式计算的线性近似的比率 R 为基础。若线性近似是令人满意的，比率将是一致的，如果 χ^2 是增加而不是减少的，比率是负值。这里的目的是寻找 γ 的值，使得 $\boldsymbol{x}$ 的新值位于先前估计的线性范围内，也成为可信区间。这个方法是：

如果比率大于 0.75，减少 γ；

如果比率小于 0.25，增加 γ；

除此之外不作任何改变；

如果 γ 的值小于某些关键值，用 0。

这两个数值 0.75 和 0.25 是通过实验得到，并不是关键性的。他提出减少 γ 的两个因子，而在 2 和 10 之间的一个因子增加 γ。

将这个修改应用于高斯—牛顿方法，使用 n 形式，迭代方程变为

$$\begin{aligned}\boldsymbol{x}_{i+1}=\boldsymbol{x}_i&+(\boldsymbol{S}_a^{-1}+\boldsymbol{K}_i^{\mathrm{T}}\boldsymbol{S}_\varepsilon^{-1}\boldsymbol{K}_i+\gamma_i\boldsymbol{D}_n)^{-1}\\&\{\boldsymbol{K}_i^{\mathrm{T}}\boldsymbol{S}_\varepsilon^{-1}[\boldsymbol{y}-\boldsymbol{F}(\boldsymbol{x}_i)]-\boldsymbol{S}_a^{-1}[\boldsymbol{x}_i-\boldsymbol{x}_a]\}\end{aligned} \tag{4.219}$$

因为它不是使用 Hessian 逆的显式，在 LevenbergMarquardt 方法中不易使用 m 形式。现自由选择一比例矩阵 $\boldsymbol{D}$，且不为对角，虽然使数值计算很有效，但必须是定义正值。现在的情况下，最简单的选择矩阵元素，对比例问题有合适的大小，为 $\boldsymbol{D}=\boldsymbol{S}_a^{-1}$，则方程式(4.219)成为较为简单：

$$\begin{aligned}\boldsymbol{x}_{i+1}=\boldsymbol{x}_i&+[(1+\gamma)\boldsymbol{S}_a^{-1}+\boldsymbol{K}_i^{\mathrm{T}}\boldsymbol{S}_\varepsilon^{-1}\boldsymbol{K}_i]^{-1}\\&\{\boldsymbol{K}_i^{\mathrm{T}}\boldsymbol{S}_\varepsilon^{-1}[\boldsymbol{y}-\boldsymbol{F}(\boldsymbol{x}_i)]-\boldsymbol{S}_a^{-1}[\boldsymbol{x}_i-\boldsymbol{x}_a]\}\end{aligned} \tag{4.220}$$

在这里单步迭代的计算要求与高斯—牛顿方法略有不同，而是需要更多的迭代步，如果正因为

这样，对更困难问题就可使用此方法。

许多发展的更复杂的 Levenberg Marquardt 方法可得到，最一般的是那些使用可信区域范围而不是 γ 作为参数，这些参数在每一次迭代都经过调整。

八、数值效率

设计反演方法的重要部分是使计算有效，特别是当涉及大量资料时。它包括以下几方面：状态矢量的选择，前向模式计算效率以及雅可比的估计，还有实施反演计算的策略和使用数值方法。

（一）线性代数公式

对高斯—牛顿法，基本上存在两种不同的线性运算表达式，其中一个涉及 $n\times n$ 的矩阵方程求解，另一个是 $m\times m$ 的。具体使用哪一个，部分地取决于 n 和 m 的相对大小，尽管在某些情况下，计算线性运算的花费远小于估计前向模式和它派生矩阵的 nm 个分量的花费。

1. n 形式

n 形式是基本的非线性加权最小二乘法计算。从计算机子程序库中可得到许多种类最小二乘的例子（More 和 Wright，1993），因此不需要自己写，除了作为练习外，还应该对基本知识有足够了解以便作出正确选择。

高斯—牛顿方法的每一次迭代要作下面运算：

$$\boldsymbol{x}_{i+1}=\boldsymbol{x}_a+(\boldsymbol{K}_i^{\mathrm{T}}\boldsymbol{S}_\varepsilon^{-1}\boldsymbol{K}_i+\boldsymbol{S}_a^{-1})\boldsymbol{K}_i^{\mathrm{T}}\boldsymbol{S}_\varepsilon^{-1}[\boldsymbol{y}-\boldsymbol{F}(x_i)+\boldsymbol{K}_i(\boldsymbol{x}_i-\boldsymbol{x}_a)] \tag{4.221}$$

在最后迭代之后：

$$\hat{\boldsymbol{S}}=(\boldsymbol{S}_a^{-1}+\boldsymbol{K}_i^{\mathrm{T}}\boldsymbol{S}_\varepsilon^{-1}\boldsymbol{K}_i)^{-1} \tag{4.222}$$

Levenberg Marquardt 方法实际上与所关心的单次迭代解是等同的。在这种情况下运算的次数取决于问题的某些细节。首先考虑正态情况下，$\boldsymbol{S}_\varepsilon$是对角的，要求 $\hat{\boldsymbol{S}}$ 和 $\boldsymbol{S}_a^{-1}$ 是预先计算的。通常方法开始要有某些如下参数

$$\begin{aligned}
&\boldsymbol{W}_1=\boldsymbol{S}_\varepsilon^{-1}\boldsymbol{K} && mn\\
&\boldsymbol{W}_2=\boldsymbol{S}_a^{-1}+\boldsymbol{K}^{\mathrm{T}}\boldsymbol{W}_1 && n^2m\\
&\boldsymbol{W}_1=\boldsymbol{K}(\boldsymbol{x}_i-\boldsymbol{x}_a) && nm\\
&\boldsymbol{W}_2=\boldsymbol{W}_1^{\mathrm{T}}[\boldsymbol{y}-\boldsymbol{F}(\boldsymbol{x}_i)-\boldsymbol{W}_1] && nm\\
&\boldsymbol{W}_3=\boldsymbol{W}_2^{-1} && n^3\\
&\hat{\boldsymbol{x}}=\boldsymbol{x}_a+\boldsymbol{W}_3\boldsymbol{W}_2 && n^2
\end{aligned} \tag{4.223}$$

右边的数表示在每一阶段要求数值运算的次数，每次运算由浮点乘和加数组成。求取前向模式的数值损失和它的雅可比这里可以忽略。如果取的 m 和 n 比 1 大很多，只有两步是重要的，矩阵积 $\boldsymbol{K}^{\mathrm{T}}\boldsymbol{W}_1$ 和逆 $\boldsymbol{W}_2^{-1}$，总计 n^2m+n^3 次运算。如果 $\boldsymbol{S}_\varepsilon$不是对角的，则第一步也将是重要的，如果 $\boldsymbol{S}_\varepsilon^{-1}$是预先计算的，进一步取 m^2n 次运算，并且当 $m>n$ 时将是最大的（部分）分量。这里这种方法有两个基本问题，首先是它可以进行得很快，其次是它可能遇到运行误差的数值问题。

需要注意的主要数值方法有高斯三角法和回代，Cholesky 分解，QR 分解及奇异值分解。这些都是解决形如 $\boldsymbol{Bx}=\boldsymbol{y}$ 的线性方程的方法，在上述列表中取代最后两个阶段。矩阵逆从来不应该被用于这个目的，这是因为它通常用于联立方程求解，在其右边有一个单位矩阵，因此比其他方法需要更多时间。

高斯三角法涉及对方程两边进行运算，$\boldsymbol{B}$ 被转化为上三角 $\boldsymbol{T}$，给出方程 $\boldsymbol{Tx}=\boldsymbol{z}$。变换后方程的最后一行仅包含 $\boldsymbol{x}_n$，并且容易解出。之后，它被代入 $n-1$ 行，给出 $\boldsymbol{x}_{n-1}$，照这样向后历经整个矩阵。三角测量有 $n^3/3$ 次操作，回代右边每一行有 $n^3/2$ 次操作。因此起初的方法可以通过用高斯消除和回代代替来改进。如果 $\boldsymbol{S}_\varepsilon$ 不是对角的，则第一阶段可以做相似处理，若 $\boldsymbol{S}_\varepsilon$（$n^3/3$ 次运算）的三角测量先前计算，则需要 $m^2n/2$ 次运算。同样注意到 W_2 是对称的，仅需要计算一半元素，即 $n^2m/2$ 次运算。

高斯对角的每一步包括下面类型的过程

$$\begin{bmatrix} 1 & 0 & 0 & 0 \\ -B_{21}/B_{11} & 1 & 0 & 0 \\ -B_{31}/B_{11} & 0 & 1 & 0 \\ -B_{41}/B_{11} & 0 & 0 & 1 \end{bmatrix}\begin{bmatrix} B_{11} & B_{12} & B_{13} & B_{14} \\ B_{21} & B_{22} & B_{23} & B_{24} \\ B_{31} & B_{32} & B_{33} & B_{34} \\ B_{41} & B_{42} & B_{43} & B_{44} \end{bmatrix}=\begin{bmatrix} B_{11} & B_{12} & B_{13} & B_{14} \\ 0 & C_{22} & C_{23} & C_{24} \\ 0 & C_{32} & C_{33} & C_{34} \\ 0 & C_{42} & C_{43} & C_{44} \end{bmatrix} \tag{4.224}$$

就是，由另外行减去被第一行相乘的元素，消去除第一列第一个元素之外的元素。$\boldsymbol{Bx}=\boldsymbol{y}$ 的右边是按同样的方式运算。则消去较小的子矩阵 $\boldsymbol{C}$，依次类推。运算中需注意，被（中心点，B_{11}）除的数是不小的。在起始行中不能消去，所以中心点在每一阶段的列中选取最大的数。

Cholesky 分解是很快的。它应用于对称矩阵，并进行 $n^3/6$ 次运算，将矩阵分解为低的和高的对角矩阵，$\boldsymbol{B}=\boldsymbol{T}^{\mathrm{T}}\boldsymbol{T}$。$\boldsymbol{T}^{\mathrm{T}}\boldsymbol{T}x=y$ 的解是通过连续两次回代，回代和乘以 $\boldsymbol{T}^{-1}$ 具有同样的效果，但是比矩阵乘以 $\boldsymbol{T}^{-1}$ 更快，哪怕是预先计算过的。

Cholesky 分解是解系统方程最快的方式，但是它在求取 $\boldsymbol{K}_i^{\mathrm{T}}\boldsymbol{S}_\varepsilon^{-1}\boldsymbol{K}_i$ 中没有涉及精度可能损失，在问题的平方的条件数下，主要是因为 $\boldsymbol{K}^{\mathrm{T}}\boldsymbol{K}$ 的特征值是 $\boldsymbol{K}$ 的奇异值的平方。附加 $\boldsymbol{S}_a^{-1}$ 有助于约束，但是也需要能考虑到当没有使用 $\boldsymbol{S}_a$ 时无约束的最小二乘法。幸好，QR 分解可以在没有求取 $\boldsymbol{W}_2$ 下求解方程，节省更多时间。首先考虑对于最小二乘法的最简单的标准方程，$(\boldsymbol{K}^{\mathrm{T}}\boldsymbol{K})\boldsymbol{x}=\boldsymbol{K}^{\mathrm{T}}\boldsymbol{y}$，这里 $m>n$。QR 分解可使 $\boldsymbol{K}$ 成为形式 $\boldsymbol{K}=\boldsymbol{QT}$，这里 $\boldsymbol{Q}$ 是 $m\times n$ 正交矩阵，$\boldsymbol{Q}^{\mathrm{T}}\boldsymbol{Q}=\boldsymbol{I}_n$，$\boldsymbol{T}$ 是一个上三角矩阵，因此标准方程为

$$\boldsymbol{T}^{\mathrm{T}}\boldsymbol{Tx}=\boldsymbol{T}^{\mathrm{T}}\boldsymbol{Q}^{\mathrm{T}}\boldsymbol{y} \tag{4.225}$$

可见，$\boldsymbol{T}$ 是 $\boldsymbol{K}^{\mathrm{T}}\boldsymbol{K}$ 的 Cholesky 分解，但是计算时没有明确估计 $\boldsymbol{K}^{\mathrm{T}}\boldsymbol{K}$ 的值。如果 $\boldsymbol{K}$ 是全秩 n，$\boldsymbol{T}$ 将是非奇异的，所以可写为 $\boldsymbol{Tx}=\boldsymbol{Q}^{\mathrm{T}}\boldsymbol{y}$，和通过回代求解，如高斯对角矩阵，将矩阵 $\boldsymbol{Q}$ 作 n 序列变换，将其应用于 $\boldsymbol{K}$ 和 $\boldsymbol{y}$，且不必作为一个矩阵的显式贮存。$\boldsymbol{K}$ 的 QR 分解取 $mn^2-n^3/3$ 次运算，并且标准方程的解需要 $mn^2-2n^3/3$，而 Cholesky 取 $mn^2+n^3/3$，包括 $mn^2/2$ 次需要求取 $\boldsymbol{K}^{\mathrm{T}}\boldsymbol{K}$ 值。对于 $m<n$，QR 很快的，但是速度是可比较的，而对于最小二乘法问题，QR 更强。

因为先验的和协方差矩阵，现在的问题是需要变换为标准大气形式，把式(4.221)写为

$$(\boldsymbol{K}_i^{\mathrm{T}}\boldsymbol{S}_\varepsilon^{-1}\boldsymbol{K}_i+\boldsymbol{S}_a^{-1})(\boldsymbol{x}_{i+1}-\boldsymbol{x}_a)=\boldsymbol{K}_i^{\mathrm{T}}\boldsymbol{S}_\varepsilon^{-1}\delta y_i \tag{4.225}$$

式中，$\delta y_i=\boldsymbol{y}-\boldsymbol{F}(\boldsymbol{x}_i)+\boldsymbol{K}_i(\boldsymbol{x}_i-\boldsymbol{x}_a)$ 或当 $(m+n)\times n$ 问题

$$\begin{pmatrix} \boldsymbol{S}_\varepsilon^{-\frac{1}{2}}\boldsymbol{K}_i \\ \boldsymbol{S}_a^{-\frac{1}{2}} \end{pmatrix}(\boldsymbol{x}_{i+1}-\boldsymbol{x}_a)=\begin{pmatrix} \boldsymbol{S}_\varepsilon^{-\frac{1}{2}}\delta\boldsymbol{y}_i \\ 0 \end{pmatrix} \tag{4.226}$$

通过最小二乘法求解，注意到对于非对角的 $\boldsymbol{S}$，Cholesky 分解对于平方根 $\boldsymbol{S}^{\frac{1}{2}}=\boldsymbol{T}^{-\mathrm{T}}$（用一个转置逆标记）更有效，而不是特征矢量。通过用旋转的 QR 求解最小二乘法。

在迭代收敛后，得到 $\hat{\boldsymbol{S}}^{-1}$ 的 Cholesky 分解，其可在 n^3 运算中产生 $\hat{\boldsymbol{S}}$。

2. *m* 形式

在 m 形式中，每次迭代要求取

$$\boldsymbol{x}_{i+1}=\boldsymbol{x}_a+\boldsymbol{S}_a\boldsymbol{K}_i^{\mathrm{T}}(\boldsymbol{S}_\varepsilon+\boldsymbol{K}_i\boldsymbol{S}_a\boldsymbol{K}_i^{\mathrm{T}})^{-1}[\boldsymbol{y}-\boldsymbol{F}(x_i)+\boldsymbol{K}_i(\boldsymbol{x}_i-\boldsymbol{x}_a)] \tag{4.227}$$

并最后阶段还要求计算协方差

$$\hat{\boldsymbol{S}}=\boldsymbol{S}_a-\boldsymbol{S}_a\boldsymbol{K}_i^{\mathrm{T}}(\boldsymbol{S}_\varepsilon+\boldsymbol{K}_i\boldsymbol{S}_a\boldsymbol{K}_i{}^{\mathrm{T}})^{-1}\boldsymbol{K}_i\boldsymbol{S}_a \tag{4.228}$$

显然，最快的方法将涉及方程的 Cholesky 解

$$(\boldsymbol{S}_\varepsilon+\boldsymbol{K}_i\boldsymbol{S}_a\boldsymbol{K}_i{}^{\mathrm{T}})\boldsymbol{z}=[\boldsymbol{y}-\boldsymbol{F}(\boldsymbol{x}_i)+\boldsymbol{K}_i(\boldsymbol{x}_i-\boldsymbol{x}_a)] \tag{4.229}$$

取 $m^3/6$ 运算。首先必须要计算的 $\boldsymbol{K}_i\boldsymbol{S}_a\boldsymbol{K}_i^{\mathrm{T}}$，取 $n^2m+nm^2/2$ 更费时间。而按分解，$\boldsymbol{x}_{i+1}=\boldsymbol{x}_a+\boldsymbol{S}_a\boldsymbol{K}_i^{\mathrm{T}}\boldsymbol{z}$ 只需 nm 次运算，因为 $\boldsymbol{S}_a\boldsymbol{K}_i^{\mathrm{T}}$ 已经可得。根据迭代的收敛，如果由最后阶段$(\boldsymbol{S}_\varepsilon+\boldsymbol{K}_i\boldsymbol{S}_a\boldsymbol{K}_i{}^{\mathrm{T}})$的分解已经保存，则 $\hat{S}$ 的求取就很简单。

3. *逐次更新*

经常是这样，如果测量误差协方差是对角的，则在 m 形式中有一经济的方法可用，状态可以不断更新，在某时的一个测量，通过标量互易，取代式(4.227)中的逆，其方法如下，其第 i 列矢量是第 i 通道的权重函数，也就是 $\boldsymbol{K}$ 的第 i 行。

$$\boldsymbol{x}_0:=\boldsymbol{x}_a$$
$$\boldsymbol{S}_0:=\boldsymbol{S}_a$$

对于 $i:=1$ 到 m 作：

$$\begin{cases}\boldsymbol{x}_{i+1}:=\boldsymbol{x}_a+\boldsymbol{S}_{i-1}\boldsymbol{k}_i(y_i-F_i(\boldsymbol{x}_i)-\boldsymbol{k}_i^{\mathrm{T}}(\boldsymbol{x}_i-\boldsymbol{x}_a))/(\boldsymbol{k}_i^{\mathrm{T}}\boldsymbol{S}_{i-1}\boldsymbol{k}_i+\sigma_i^2)\\ \boldsymbol{S}_i:=\boldsymbol{S}_{i-1}-\boldsymbol{S}_{i-1}\boldsymbol{k}_i\boldsymbol{k}_i^{\mathrm{T}}\boldsymbol{S}_{i-1}/(\boldsymbol{k}_i^{\mathrm{T}}\boldsymbol{S}_{i-1}\boldsymbol{k}_i+\sigma_i^2)\end{cases} \tag{4.230}$$

$$\hat{\boldsymbol{x}}:=\boldsymbol{x}_m$$
$$\hat{\boldsymbol{S}}:=\boldsymbol{S}_m$$

用矢量测量更新资料，这具有两个潜在的优点，某些测量与相关的状态矢量比其他有更好的线性相关；如果它们首先同化，当使用更多的状态矢量，则内插状态矢量将接近最终的解，所以线性化将更精确。需要较少的迭代。线性运算可能更快，主要取决于需要的迭代次数，因为不需要解线性方程(或转置一个矩阵)。如所述的，前向模式的导出是一个通道一个通道计算的，其效率小于在 m 次循环之外同时计算它们，这是因为当同时计算可以节省时间。如果很重要，它们可以在 m 次循环之外平行计算，精确度减小，但是不差于前两节描述的平行方法。

直接顺序的更新在 n 形式的方程中不起作用，主要是因为没有消去线性方程的显解。然而对于 m 形式，连续更新操作运算不包含 m^2 或 m^3 项，因此它在任何情况下可与 $m>n$ 情况下非连续 n 形式方法相比。

二、导数的计算

在大多数情况下，前向模式和它导数的计算远比线性代数要更多的时间，对此，在这方面仔细地考虑是重要的，这里仅就大多数情况下更好地求取前向模式的代数导数程序，而不是干扰前向模式状态矢量的每个元素和重新计算前向模式 m 次。

如果导数计算特别费事，它可以通过近似或求取次数最小是可能的，如

- 在 $x_0=x_a$ 处开始，和对于 K_i 使用 K_0；
- 一旦计算，按 m 形式或 n 形式作为合适，并在每次迭代中使用；
- $F(x_i)$将近似收敛于 $\boldsymbol{y}$，但是不收敛于精确的最优解；

• 收敛是一阶的。

但是，对于某些情形非最优解就满足了。

三、最优表示

为提高计算效率，应当以较少的参数表示状态，所用参数与权重函数的列和信号的自由度数目相符，但是，特别是廓线情况下，选取的表达应当不是没有物理意义或具有误导特征，通常用多项式表达的类型不是合适的，在多项式的阶数低时，极端情形下差的约束性，在任何高度梯度呈不连续变化。

构建有效的表达式先以一个高分辨率的先验状态和协方差表达，表达式具有代表性。如考虑一廓线用多个 N 高度的矢量 x_N 值与较大的 $N\times N$ 先验协方差矩阵 $\boldsymbol{S}_N$ 表示，这里根据真实廓线与物理意义表示的值之间内插的任何偏差选取 N。考虑到由 $\boldsymbol{x}_N$ 到 $\boldsymbol{z}$ 变换是用先验状态和的特征矢量：

$$\boldsymbol{z}=\boldsymbol{L}^{\mathrm{T}}(\boldsymbol{x}_N-\boldsymbol{x}_a)\quad,\qquad \boldsymbol{x}_N=\boldsymbol{x}_a+\boldsymbol{L}\boldsymbol{z} \tag{4.231}$$

式中，$\boldsymbol{S}_N\boldsymbol{L}=\boldsymbol{L}\boldsymbol{A}$，在这一表达中，$\boldsymbol{z}$ 的先验协方差

$$\boldsymbol{S}_z=\boldsymbol{L}^{\mathrm{T}}\boldsymbol{S}_N\boldsymbol{L}=\boldsymbol{A} \tag{4.232}$$

是一个对角矩阵。它经常是特征值 λ_i 是小的情形，由于在先验中相应的特征矢量变化很小，它可以由已确定的 $\boldsymbol{x}_N$ 分量表示，因此不需要反演。这些通常指廓线的精细结构中，可以用 z 元素表示相应于较大的特征值。这就是经验正交函数(EOF)表示，特征矢量是相互正交的，由于协方差是由先验的实际测量状态确定的，而不是由理论求出。总的先验协方差为 $\mathrm{tr}(\boldsymbol{S}_N)=\mathrm{tr}(\boldsymbol{A})=\sum_1^N\lambda_i$ 和方差由第 n 个正交函数为 $\sum_1^n\lambda_i$ 说明，其可以通过选取合适的 n 接近所希望的总方差。

第六节 近似，短分割和 Ad-hoc 方法

在大多数情况下，当使用根据所有资料和合理的先验，损失函数最小的完全非线性反演时，最大信息量从一组测量提取，但是使用这些方法要耗费大量的时间。对此需要用一种近似和数值快速的方法，如：

①当测量包含的信息比反演所要求的精度和分辨率的状态所需要的信息更多；

②对于快速观测反演作为仪器正确工作的场地的检查，这里之后将进行详细的反演；

③为详细反演产生一个好的初始假设，以防损失函数陷入复杂的结构，全反演将花费较多时间，并(或者)可能得到假的最小值；

④问题很大的时候，需要的计算机时间是受限制的。

一、约束精确解

在第一章中介绍了精确解，用于警戒简单解可能导致的问题，但是那时没有讨论为什么，或者在什么情况下。将这种解称作“约束”是因为状态被限制于用 p 参数线性表示，即它被限制在状态空间的 p 维子空间，这里 p 是用高解表示的 $\boldsymbol{K}$ 的秩。

采用第一章的矢量和矩阵符号，$\boldsymbol{x}$ 表示为具有高分辨率的矢量，借助一个 $m\times n$ 表示的 $\boldsymbol{W}$ 对它约束，式(4.3)成为

$$\boldsymbol{x}=\boldsymbol{W}\boldsymbol{w} \tag{4.233}$$

因此对于前向模式，式(4.4)成为

$$y=Kx+\varepsilon=KWw+\varepsilon=Cw+\varepsilon \tag{4.234}$$

用 w 表示的解为

$$\hat{w}=C^{-1}y=w+C^{-1}\varepsilon \tag{4.235}$$

而对于等效于方程(4.4)的 x 解为

$$\hat{x}=W(KW)^{-1}y=W(KW)^{-1}Kx+W(KW)^{-1}\varepsilon \tag{4.236}$$

现在的问题是关于矩阵 $C=KW$ 的解。如果这矩阵是病态的，则 $C^{-1}\varepsilon$ 可以很大。

为确定病态发生的背景，用分解的特征矢量分解表示 C，$C=R\Lambda^{-1}L^{\mathrm{T}}$(可以用奇异矢量分析得类似的结果)：

$$\hat{x}=W(KW)^{-1}y=W(KW)^{-1}Kx+WR\Lambda^{-1}L^{\mathrm{T}}\varepsilon \tag{4.237}$$

如果 C 具有很小的特征值，则来自相应的 $\Lambda^{-1}L^{\mathrm{T}}\varepsilon$ 分量对解有很大的潜在贡献。严格地说，由于 Λ 具有维数，“小”和“大”需要合格化。描述要反演的矩阵的稳定性需要一个重要的量是条件数，它是最大特征值和最小特征值的绝对值的比率。对于第一章描述的情况，对标准例子的用多项式表达的精确解，C 的最小特征值是 1.21×10^{-7}，它的条件数是 1.29×10^{7}，因此，解是不稳定的，一点也不奇怪。

精确解只有在要反演的矩阵是满秩并且良好调整的情况下才是可行的。细节上这主要依赖于权重函数和表示法，并且只能取决于条件数的估计，但是作为一般的指导很可能出现问题，如果权重函数存在重叠，则有权重函数线性组合近似为 0。

上述分析适用于任意的 $n\times m$ 描述。可以考虑表示法的重要程度，以及是否存在最小化解的不稳定性的表示法。第一章的多向是表述法明显是不令人满意的，因为当 $z\rightarrow\infty$，z^n 趋向于无穷大。结果反演廓线的极值广泛分布于四周。可以通过最小化一些关于表示函数的反演噪声的测量选择更有效的方法。

实际上，相对于 W 极小是复杂的，因为任何非奇异非线性组合 L 表示的函数应给出同样的结果，也就是 $G=W(KW)^{-1}=WL(KWL)^{-1}$，所以这没有唯一的解。为避免这一数学困难，寻找一个代替增益矩阵 G，使反演的噪声方差最小，目的是调节，以得到一个精确解，也就是 $KG=I_m$。在电平 i 的反演噪声方差是 $\sigma_i^2=[GS_\varepsilon G^{\mathrm{T}}]_{ii}$，它根据假定可简化为 $\sigma_i^2=\sigma^2\sum k\,G_{ik}^2$，为例证，$S_\varepsilon=\sigma^2 I_m$，要使值最小必须是标量，所以用总方差，和解

$$\frac{\partial}{\partial G_{ij}}\left[\sum_{ik}G_{ik}^2+\sum_{lm}\gamma_{lm}\sum_{n}K_{ln}G_{nm}\right]=0 \tag{4.238}$$

显然使各个 σ_i^2 最小，其每一个相应于 G 的不同行。写成分量为表明需要拉格朗日乘数因子，对每一个矩阵元约束，行求导得到

$$2G_{ij}+\sum_{lm}\gamma_{lj}K_{li}=0 \tag{4.239}$$

或以矩阵表示

$$G=\frac{1}{2}K^{\mathrm{T}}\Gamma \tag{4.240}$$

代入约束 $KG=I_m$，就得

$$\frac{1}{2}KK^{\mathrm{T}}\Gamma=I_m \tag{4.241}$$

因此，使解的误差方差极小的反演得

$$\hat{x}=K^{\mathrm{T}}(KK^{\mathrm{T}})^{-1}y \tag{4.242}$$

注意，如果权重函数，或任何它们的非奇异组合，使用表示式，如 $\boldsymbol{W}=\boldsymbol{K}^{\mathrm{T}}$，则可得到此解，可以惊奇地发现得到一般测量噪声协方差矩阵同样的结果。

依据 $\boldsymbol{K}$ 确定的非零空间和外部对测量没有贡献，可得到期望解的这一形式。

图 4.25a 表示对于标准大气使用这一方法的一组贡献函数与图 4.3a 显示的多项式的比较，注意到在图中顶和底部的大值不再出现，但在中部区域的值基本相似，且略有增大；图 4.25b 显示了与图 4.3b 相应的误差振幅因子 $\sum_k G_{ik}^2$ 的比较，这在上下两端比图 4.3b 的较小，而在中部区域有点大，但是振幅的积分误差是较小的。矩对于变换阵 $\boldsymbol{KK}^{\mathrm{T}}$ 是比多项式的条件更好，条件数开始只有 2500。

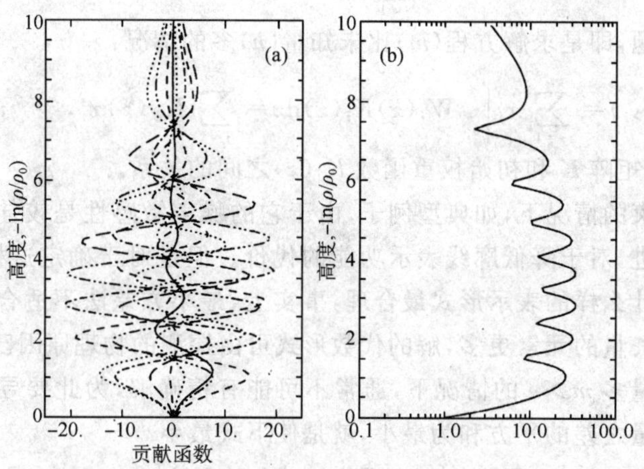

图 4.25　当廓线表示的权重函数的线性组合时标准例子的精确反演的诊断，(a)贡献函数(b)误差振幅因子

图 4.26 显示了与图 4.2 显示了无噪声和将 0.5 K 噪声加到测量上的模拟反演结果相互比较，显然在图中顶和底部，噪声敏感性得到了相当大的改进，而在中部没有，但是不如用多项式表示的美国标准大气那样成功。

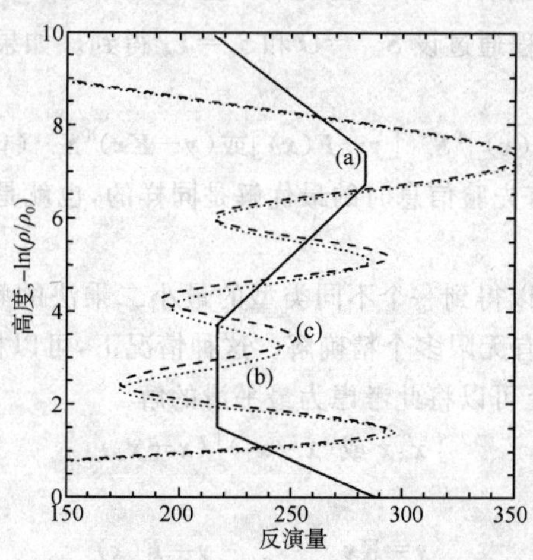

图 4.26　使用图 4.1 权重函数的模拟反演和以权重函数的线性组合表示(a)初始廓线；(b)没有模拟试验误差的反演；(c)具有 0.5 K 模拟试验误差的精确反演

噪声敏感性是反演问题的一个共同特征，特别是当权重函数显著重叠的情形下。在完全重叠的情况下，两个通道具有相同的权重函数。

二、最小方差解

(一)过约束的情形

对于病态状况问题的一般方法是尽可能减小可变量的数目，并使用最小二乘法。因此，对于标准大气情况下，大气温度廓线表示为如下形式

$$B[\nu,\theta(z)]=\sum_{j=1}^{n}x_jW_j(z) \qquad n<m \tag{4.243}$$

要求解过约束的问题，即是求解方程(m)比未知量(n)多的情况：

$$y_i=L(\nu_i)=\sum_{j=1}^{n}x_j\int_0^{\infty}W_j(z)K_i(z)\mathrm{d}z=\sum_{j=1}^{n}K_{ij}(z)x_j, \qquad i=\cdots,m \tag{4.244}$$

由此，定义权重函数矩阵 $\boldsymbol{K}$ 和初始权重函数 $K_i(z)$之间的关系。

在基本小的约束的情况下，如典型例子，由于它的噪声敏感性是较佳的，结果是对于给定表达式精确解的改进，对于降低廓线表示功能的代价。但是对于确定这样的事没有明确的判据，要使用多少项，什么样的表示形式最合理，事实上，最小方差法不适合过约束问题，就是测量矢量具有比状态矢量的元素更多，解的代数形式可由探测的物理原因已知。

在未知量比测量多 $m>n$ 的情况下，通常不可能有精确解，为此要寻求一个解，利用前向模式计算和实际测量之差的平方和为最小，就是使下式最小

$$[\boldsymbol{y}-\boldsymbol{F}(\boldsymbol{x})]^{\mathrm{T}}[\boldsymbol{y}-\boldsymbol{F}(\boldsymbol{x})]\text{或}(\boldsymbol{y}-\boldsymbol{Kx})^{\mathrm{T}}(\boldsymbol{y}-\boldsymbol{Kx}) \tag{4.245}$$

在线性情况下，对于 x 求导，得熟悉的标准方程

$$\hat{\boldsymbol{x}}=(\boldsymbol{K}^{\mathrm{T}}\boldsymbol{K})^{-1}\boldsymbol{K}^{\mathrm{T}}\boldsymbol{y} \tag{4.246}$$

在非线性的情形下，有很多种数值处理方法。简单的方法是关于某个解 $\boldsymbol{x}_i$ 的线性估计，并使用(标准)正态方程改进解，由此得迭代方程式

$$\boldsymbol{x}_{i+1}=\boldsymbol{x}_i+(\boldsymbol{K}_i{}^{\mathrm{T}}\boldsymbol{K}_i)^{-1}\boldsymbol{K}_i{}^{\mathrm{T}}[\boldsymbol{y}-\boldsymbol{F}(\boldsymbol{x}_i)] \tag{4.247}$$

注意与最优解相似，正态方程通过设 $\boldsymbol{S}_a^{-1}=\boldsymbol{O}$ 和 $\boldsymbol{S}_\varepsilon=\boldsymbol{I}_m$ 得到。如果用加权的最小二乘法，则对量求极小

$$[\boldsymbol{y}-\boldsymbol{F}(\boldsymbol{x})]^{\mathrm{T}}\boldsymbol{S}_\varepsilon^{-1}[\boldsymbol{y}-\boldsymbol{F}(\boldsymbol{x})]\text{或}(\boldsymbol{y}-\boldsymbol{Kx})^{\mathrm{T}}\boldsymbol{S}_\varepsilon^{-1}(\boldsymbol{y}-\boldsymbol{Kx}) \tag{4.248}$$

是完全相似的。它与当没有先验信息时的最优解是同样的，也就是最大似然解。

(二)非约束的情况

在非约束的情况中，可以得到一个不同类型的最小二乘法的解。如果权重函数的秩小于未知量的数目，即 $p<n$，将有无限多个精确解。这种情况下，可以根据最小二乘法选择长度最短的精确解。在以下意义上可以将此考虑为最平滑的解

$$\boldsymbol{x}^{\mathrm{T}}\boldsymbol{x}\text{ 或}(\boldsymbol{x}-\boldsymbol{x}_a)^{\mathrm{T}}(\boldsymbol{x}-\boldsymbol{x}_a) \tag{4.249}$$

是极小，并受下式约束

$$\boldsymbol{y}=\boldsymbol{Kx} \qquad \boldsymbol{y}=\boldsymbol{F}(\boldsymbol{x}) \tag{4.250}$$

因此在线性情况下，求取

$$\frac{\partial}{\partial x}[\boldsymbol{x}^{\mathrm{T}}\boldsymbol{x}+\gamma^{\mathrm{T}}(\boldsymbol{y}-\boldsymbol{Kx})]=0 \tag{4.251}$$

式中，γ 是一个没有确定的相乘矢量，给出

$$\boldsymbol{x}=\frac{1}{2}\boldsymbol{K}^{\mathrm{T}}\gamma \tag{4.252}$$

代入约束给出

$$\hat{\boldsymbol{x}}=\boldsymbol{K}^{\mathrm{T}}(\boldsymbol{K}^{\mathrm{T}}\boldsymbol{K})^{-1}\boldsymbol{y} \tag{4.253}$$

和非线性情况下给出迭代方程

$$\boldsymbol{x}_{i+1}=\boldsymbol{x}_i+\boldsymbol{K}_i{}^{\mathrm{T}}(\boldsymbol{K}_i{}^{\mathrm{T}}\boldsymbol{K}_i)^{-1}[\boldsymbol{y}-\boldsymbol{F}(\boldsymbol{x}_i)] \tag{4.254}$$

再注意到最优解相似性。在最优解中，这公式可以通过设 $\boldsymbol{S}_a=\boldsymbol{I}_n$ 和 $\boldsymbol{S}_\varepsilon=\boldsymbol{O}$ 得到。也可看到，该解等同于解的误差方差最小精确解（式(4.242)）。已找到解位于 $\boldsymbol{K}$ 空间中，它的长度是最小的，因为没有来自零空间分量对长度的贡献。

可以推广到用加权平方光滑的概念，如对 $(\boldsymbol{x}-\boldsymbol{x}_a)^{\mathrm{T}}\boldsymbol{S}_a^{-1}(\boldsymbol{x}-\boldsymbol{x}_a)$ 最小，在那种情况下相似性是严格一致的。

但是，仍没有好的理由与噪声精确拟合，甚至用最平滑的可能解来处理。应该寻找在测量误差范围内的最光滑的解，这必然因我们回到前一章中的最优解。

三、截断奇异矢量分解

在上面误差分析中导得提出特征矢量展开，通过截断特征矢量展开的近似式 $\boldsymbol{C}^{-1}$

$$\boldsymbol{C}^{-1}\simeq\boldsymbol{R}_t\boldsymbol{\Lambda}_t^{-1}\boldsymbol{L}_t^{\mathrm{T}} \tag{4.254}$$

式中，下标 t 表示仅是 t 最大的特征矢量和相应特征矢量已保留，其他的略去。因此，$\boldsymbol{R}_t$ 和 $\boldsymbol{L}_t$ 不是二次方，去除特征值会对对误差项的贡献比廓线更多。

更方便的另一个公式是采用奇异矢量，由于是奇异矢量是正交的，设

$$\boldsymbol{C}^{-1}\simeq\boldsymbol{U}'_t\boldsymbol{\Lambda}_t^{-2}\boldsymbol{V}'_t{}^{\mathrm{T}} \tag{4.255}$$

式中，$\boldsymbol{U}'_t$ 和 $\boldsymbol{V}'_t$ 是截断 t 矢量的奇异矢量的左和右的矩阵，而 $\boldsymbol{\Lambda}_t^2$ 是 $\boldsymbol{C}$ 的特征值的截断矩阵。这给出

$$\begin{aligned}\hat{\boldsymbol{x}}^*&=\boldsymbol{W}\boldsymbol{U}'_t\boldsymbol{\Lambda}_t^{-2}\boldsymbol{V}'_t{}^{\mathrm{T}}y\\&=\boldsymbol{W}\boldsymbol{U}'_t\boldsymbol{\Lambda}_t^{-2}\boldsymbol{V}'_t{}^{\mathrm{T}}\boldsymbol{K}\boldsymbol{x}+\boldsymbol{W}\boldsymbol{U}'_t\boldsymbol{\Lambda}_t^{-1}\boldsymbol{V}'_t{}^{\mathrm{T}}\boldsymbol{\varepsilon}\end{aligned} \tag{4.256}$$

如果 ε 具有协方差 $\sigma_\varepsilon^2\boldsymbol{I}$，误差项协方差为 $\sigma_\varepsilon^2\boldsymbol{W}\boldsymbol{U}'_t\boldsymbol{\Lambda}_t^{-2}\boldsymbol{U}'_t\boldsymbol{W}$，贡献于误差型的独立的每个奇异矢量等于每一列 $\boldsymbol{W}\boldsymbol{U}'_t$ 乘以由具有标准偏差的随机正态变量($\sigma_\varepsilon/\lambda_i$)。

不考虑一般的表达函数，仅考虑 $\boldsymbol{W}=\boldsymbol{K}^{\mathrm{T}}$ 简化情况。在这种情况下，$\boldsymbol{C}=\boldsymbol{K}\boldsymbol{K}^{\mathrm{T}}$ 是对称的和它的奇异矢量与特征矢量是等同的。因此，$\boldsymbol{U}'$ 和 $\boldsymbol{V}'$ 是相等的，且等于奇异矢量 $\boldsymbol{K}=\boldsymbol{U}\boldsymbol{\Lambda}\boldsymbol{V}^{\mathrm{T}}$ 的左边，$\boldsymbol{\Lambda}^2$ 的对角元是 $\boldsymbol{K}$ 的奇异值的平方，在这种情况下

$$\hat{\boldsymbol{x}}=\boldsymbol{K}^{\mathrm{T}}\boldsymbol{U}'_t\boldsymbol{\Lambda}_t^{-2}\boldsymbol{U}_t^{\mathrm{T}}\boldsymbol{y} \tag{4.257a}$$

$$=\boldsymbol{V}_t\boldsymbol{\Lambda}_t^{-1}\boldsymbol{U}_t^{\mathrm{T}}\boldsymbol{y} \tag{4.257b}$$

$$=\sum_{i=1}^{t}\lambda_i\boldsymbol{v}_i\boldsymbol{u}_i^{\mathrm{T}}\boldsymbol{y} \tag{4.257c}$$

因为 $\boldsymbol{K}^{\mathrm{T}}\boldsymbol{U}_t^{\mathrm{T}}=\boldsymbol{V}_t\boldsymbol{\Lambda}_t$。注意，根据 $\boldsymbol{K}=\boldsymbol{U}\boldsymbol{\Lambda}\boldsymbol{V}^{\mathrm{T}}$，方程式(4.257b)等效于使用一截断假(虚)逆 $\boldsymbol{K}^*=\boldsymbol{V}\boldsymbol{\Lambda}^{-1}\boldsymbol{U}^{\mathrm{T}}$。因此，反演状态矢量的关系式为

$$\hat{\boldsymbol{x}}=\boldsymbol{V}_t\boldsymbol{\Lambda}_t{}^{-1}\boldsymbol{U}_t^{\mathrm{T}}\boldsymbol{K}x^{\mathrm{T}}+\boldsymbol{V}_t\boldsymbol{\Lambda}_t^{-1}\boldsymbol{U}_t^{\mathrm{T}}\boldsymbol{\varepsilon} \tag{4.258a}$$

$$=\boldsymbol{V}_t\boldsymbol{V}_t{}^{\mathrm{T}}\boldsymbol{x}+\boldsymbol{V}_t\boldsymbol{\Lambda}_t{}^{-1}\boldsymbol{U}_t{}^{\mathrm{T}}\boldsymbol{\varepsilon} \tag{4.258b}$$

证明平均核矩阵是 $\boldsymbol{A}=\boldsymbol{V}_t\boldsymbol{V}_t^{\mathrm{T}}$。

四、Twomey-Tikhhonov 法

Twomey-Tikhhonov(1963)同时首次发表的考虑到误差的敏感性和约束的应用于反演问题的方法，两方法的本质是一样的，其包括损失函数极小，包括来自某些先验的和测量的解的偏差：

$$(\boldsymbol{x}-\boldsymbol{x}_a)^{\mathrm{T}}\boldsymbol{H}(\boldsymbol{x}-\boldsymbol{x}_a)+\gamma(\boldsymbol{y}-\boldsymbol{K}x)^{\mathrm{T}}(\boldsymbol{y}-\boldsymbol{K}x) \tag{4.259}$$

其中第一项表示来自先验 $\boldsymbol{x}_a$ 的某些加权偏差，第二项包含近似适合测量的解。因子 γ 被用来给两个约束以合适的相关权重。

在 Twomey 的方法中，矩阵 H 被用来最小化如 $\boldsymbol{x}$ 和 $\boldsymbol{x}_a$ 之间的均方偏差($\boldsymbol{H}=\boldsymbol{I}_n$)，或者平滑解的第二均方偏差。它也可以明显用于最小化先验概率密度函数的对数，使得它相似于统计最优方法。它仅需将 γ 替换为反演误差协方差矩阵。如第二均方偏差的 10 阶 $\boldsymbol{H}$ 矩阵是

$$\begin{matrix}
1 & -2 & 1 & 0 & 0 & 0 & 0 & 0 & 0 & 0\\
-2 & 5 & -4 & 1 & 0 & 0 & 0 & 0 & 0 & 0\\
1 & -4 & 6 & -4 & 1 & 0 & 0 & 0 & 0 & 0\\
0 & 1 & -4 & 6 & -4 & 1 & 0 & 0 & 0 & 0\\
0 & 0 & 1 & -4 & 6 & -4 & 1 & 0 & 0 & 0\\
0 & 0 & 0 & 1 & -4 & 6 & -4 & 1 & 0 & 0\\
0 & 0 & 0 & 0 & 1 & -4 & 6 & -4 & 1 & 0\\
0 & 0 & 0 & 0 & 0 & 1 & -4 & 6 & -4 & 1\\
0 & 0 & 0 & 0 & 0 & 0 & 1 & -4 & 5 & -2\\
0 & 0 & 0 & 0 & 0 & 0 & 0 & 1 & -2 & 1
\end{matrix}$$

这个矩阵是奇异的(列的总和等于 0)，所以它不能看作某些协方差矩阵的逆，但是它可以取信息矩阵。如果状态矩阵以多项式表示，发现这约束不能约束常数和线性系数。解为

$$\hat{\boldsymbol{x}}=\boldsymbol{x}_a+(\gamma^{-1}\boldsymbol{H}+\boldsymbol{K}^{\mathrm{T}}\boldsymbol{K})^{-1}\boldsymbol{K}^{\mathrm{T}}(\boldsymbol{y}-\boldsymbol{K}\boldsymbol{x}_a) \tag{4.260}$$

这与最大似然法十分相似而非最小二乘法，仅是在约束矩阵的解释上不同。

可通过使用奇异特征矢量分解得到这一方法如何工作的某些方面。考虑 $\boldsymbol{H}=\boldsymbol{I}_n$，并替换奇异值分解 $\boldsymbol{K}=\boldsymbol{U}\boldsymbol{\Lambda}\boldsymbol{V}^{\mathrm{T}}$，注意 $\boldsymbol{K}$ 不是平方：

$$\hat{\boldsymbol{x}}=\boldsymbol{x}_a+(\gamma^{-1}\boldsymbol{I}_n+\boldsymbol{V}\boldsymbol{\Lambda}^2\boldsymbol{V}^{\mathrm{T}})^{-1}\boldsymbol{V}\boldsymbol{\Lambda}\boldsymbol{U}^{\mathrm{T}}(\boldsymbol{y}-\boldsymbol{U}\boldsymbol{\Lambda}\boldsymbol{V}^{\mathrm{T}}\boldsymbol{x}_a) \tag{4.261}$$

现通过 $\boldsymbol{V}$ 的列确定变换状态空间的基，而测量空间的基由 $\boldsymbol{U}$ 的列确定，也就是 $\boldsymbol{x}'=\boldsymbol{V}^{\mathrm{T}}\boldsymbol{x}$ 和 $\boldsymbol{y}'=\boldsymbol{U}^{\mathrm{T}}\boldsymbol{y}$。在这种情况下，前向模式成为 $\boldsymbol{y}'=\boldsymbol{\Lambda}\boldsymbol{x}'+\boldsymbol{\varepsilon}'$，这里 $\boldsymbol{\varepsilon}'=\boldsymbol{U}^{\mathrm{T}}\boldsymbol{\varepsilon}$，并且解为

$$\hat{\boldsymbol{x}}'=\boldsymbol{x}_a'+(\gamma^{-1}\boldsymbol{I}_n+\boldsymbol{\Lambda}^2)^{-1}\boldsymbol{\Lambda}(\boldsymbol{y}'-\boldsymbol{\Lambda}\boldsymbol{x}_a') \tag{4.262}$$

这就变成分离的方程，每一个元为

$$\hat{x}'=x_{ai}'+\frac{\lambda_i}{\gamma^{-1}+\lambda_i^2}(y_i'-\lambda_i x_{ai}') \tag{4.263}$$

可以看到，对于 $\lambda_i^2\ll\gamma^{-1}$ 的 y 的元素有减少的权重的贡献，而 $\lambda_i^2\gg\gamma^{-1}$ 的元素具有全部权重的贡献。

这与截断奇异矢量分解方法相似，除了在 SVD 方法中权重无论是 1 或是 0，由标准确定的选择不像 λ_i^2 与 γ^{-1} 的比较。Twomey-Tikhonov 方法较简单，它仅需要矩阵解和非奇异矢量

计算,同样提供了分离的原理,特别是当使用矩阵的统计解释时。

五、最优方法近似

虽然在反演中通常选用最优方法的某些形式,其中有些是采用近似的方法得到的结果损失很小,近似可使计算很简单,计算机的耗费很小。

所有实际的最优方法采用近似,以避开难点,如有限维数的表示,高斯概率密度分布函数,前向数值模式方法等,下面将讨论先验状态、它的协方差、测量误差协方差和权重函数的近似影响。

(一)先验近似及其协方差

对于任何零空间的反演问题,为了估计零空间的反演分量,需要某些先验信息。如果采用最优估计算子,把先验数据标记为状态的概率密度函数,典型的是一个期望值和高斯分布的协方差。通常这样的数据很难得到,必须由各不能满足的数据源构建,包括先验状态的实验偏差数据。

在反演中对于先验信息的基本原因是提供零空间分量的估计,以合理的方式约束反演零空间分量。如果先验信息是不合适的,这些分量和它们的误差将是不正确的。对于不准确的先验状态反演敏感性很容易计算,由式(4.107)得

$$\frac{\partial \hat{x}}{\partial x}=\boldsymbol{I}_n-\boldsymbol{A} \tag{4.264}$$

对于不准确先验协方差的敏感性是很复杂的事。如果协方差分量含有太多的约束,相应的反演分量将朝向先验状态偏移,如果太多的失去,如果测量没有提供信息,分量的反演误差和它的估计误差可以太大。

(二)测量误差协方差的近似

原则上估计测量信号的误差协方差应是可能的,没有误差估计的物理实验是没有价值的,但是在实际中估计误差协方差有时是困难的,使用对角协方差矩阵更有效,而不是包括非对角矩阵的全矩阵。简单地略去非对角矩阵元会等效于丢弃某些测量信息量,因为对角矩阵的熵总是比全矩阵的大。

(三)权重函数近似

如果在线性反演中所用的权重函数不正确,则反演是不正确的,对于小的误差 $\delta\boldsymbol{K}$ 通过 $\boldsymbol{G}\delta\boldsymbol{K}\boldsymbol{x}$ 近似。对于更好的估计,简单地模拟误差。

对于非线性反演的情况更为困难,因为也涉及正确的前向模式。对于使用近似的权重函数的理由通常是节省处理时间,如在前面提出的,计算权重函数的第一次猜测,并在每一次迭代中不继更新。方程(4.196a)高斯—牛顿方法的形式

$$\boldsymbol{x}_{i+1}=\boldsymbol{x}_a+\boldsymbol{G}_i[\boldsymbol{y}-\boldsymbol{F}(\boldsymbol{x}_i)+\boldsymbol{K}_i(\boldsymbol{x}_i-\boldsymbol{x}_a)] \tag{4.265}$$

如果 $\boldsymbol{K}_i$ 和 $\boldsymbol{G}_i$ 保持为定值 $\boldsymbol{K}_0$ 和 $\boldsymbol{G}_0$,迭代成为

$$\boldsymbol{x}_{i+1}=\boldsymbol{x}_a+\boldsymbol{G}_0[\boldsymbol{y}-\boldsymbol{F}(\boldsymbol{x}_i)+\boldsymbol{K}_0(\boldsymbol{x}_i-\boldsymbol{x}_a)] \tag{4.266}$$

并且解在 $\boldsymbol{x}_\infty$ 收敛,满足方程式

$$\boldsymbol{x}_\infty=\boldsymbol{x}_a+\boldsymbol{G}_0[\boldsymbol{y}-\boldsymbol{F}(\boldsymbol{x}_\infty)+\boldsymbol{K}_0(\boldsymbol{x}_\infty-\boldsymbol{x}_a)] \tag{4.267}$$

取两方程之差,并对于 $\boldsymbol{x}_\infty$ 展开 $\boldsymbol{F}(\boldsymbol{x}_i)$ 给出收敛方程式

$$\boldsymbol{x}_{i+1}-\boldsymbol{x}_\infty=\boldsymbol{G}_0(\boldsymbol{K}_0-\boldsymbol{K}_\infty)(\boldsymbol{x}_i-\boldsymbol{x}_\infty)+O(\boldsymbol{x}_i-\boldsymbol{x}_\infty)^2 \tag{4.268}$$

因此,收敛是一阶的,但速率取决于 $\boldsymbol{K}_0-\boldsymbol{K}_\infty$。它将收敛于稍微错误的回答。为估计是怎样错的,将 $\boldsymbol{y}=\boldsymbol{F}(\boldsymbol{x})+\boldsymbol{\varepsilon}$ 和 $\boldsymbol{G}_0=(\boldsymbol{S}_a^{-1}+\boldsymbol{K}_0^{\mathrm{T}}\boldsymbol{S}_\varepsilon^{-1}\boldsymbol{K}_\infty)^{-1}\boldsymbol{K}_0^{\mathrm{T}}\boldsymbol{S}_\varepsilon^{-1}$ 代入到方程式(4.267)中去,对于 $\boldsymbol{x}_\infty$ 展开前向模式,并重新排列得到反演特征

$$\boldsymbol{x}_\infty-\boldsymbol{x}_a=(\boldsymbol{S}_a^{-1}+\boldsymbol{K}_0^{\mathrm{T}}\boldsymbol{S}_\varepsilon^{-1}\boldsymbol{K}_\infty)^{-1}\boldsymbol{K}_0^{\mathrm{T}}\boldsymbol{S}_\varepsilon^{-1}[\boldsymbol{K}_\infty(\boldsymbol{x}-\boldsymbol{x}_a)+\boldsymbol{\varepsilon}] \tag{4.269}$$

表明对于迭代的整个增益 $\boldsymbol{G}_\infty$ 和平均核矩阵 $\boldsymbol{A}_\infty$ 是

$$\boldsymbol{G}_\infty=(\boldsymbol{S}_a^{-1}+\boldsymbol{K}_0^{\mathrm{T}}\boldsymbol{S}_\varepsilon^{-1}\boldsymbol{K}_\infty)^{-1}\boldsymbol{K}_0^{\mathrm{T}}\boldsymbol{S}_\varepsilon^{-1} \tag{4.270}$$

$$\boldsymbol{A}_\infty=\boldsymbol{G}\boldsymbol{K}_\infty=(\boldsymbol{S}_a^{-1}+\boldsymbol{K}_0^{\mathrm{T}}\boldsymbol{S}_\varepsilon^{-1}\boldsymbol{K}_\infty)^{-1}\boldsymbol{K}_0^{\mathrm{T}}\boldsymbol{S}_\varepsilon^{-1}\boldsymbol{K}_\infty \tag{4.271}$$

这仅要求前向模式在 $\boldsymbol{x}$ 和 $\boldsymbol{x}_\infty$ 之间是线性的,所以是对于中度的非线性问题是有效的。对于全部迭代的 $\boldsymbol{G}$ 和 $\boldsymbol{A}$,当 $\boldsymbol{K}$ 在每一步是更新的,但是由 $\boldsymbol{K}_\infty$ 取代 $\boldsymbol{K}_0$ 是同样的形式。由于保持 $\boldsymbol{K}$ 是常数,取决于 $\boldsymbol{G}$ 和 $\boldsymbol{A}$ 的方案如何接近的误差订正值为

$$\boldsymbol{x}_\infty-\hat{\boldsymbol{x}}=(\boldsymbol{A}_\infty-\boldsymbol{A})(\boldsymbol{x}-\boldsymbol{x}_a)+(\boldsymbol{G}_\infty-\boldsymbol{G})\boldsymbol{\epsilon} \tag{4.272}$$

对于任何特殊情况,求取这误差的大小需要求取 $\boldsymbol{x}_\infty$ 处的权重函数,然后完成最后一步迭代改进解。这是否比高斯—牛顿方法快,取决于每一步 $\boldsymbol{K}$ 的求取的损失和由这一阶方法所要求迭代数增加的损失之间的平衡,并仅可由实验确定。

六、直接多元回归

如果问题是近线性的,在可得到足够多的同时刻的遥感测量和直接测量(如无线电探空)样品的情况下,则可计算一组与测量状态有关的多元回归系数。

给定大量的成对的测量 $\boldsymbol{y}$ 和相应的状态 $\boldsymbol{x}$,则希望求取矩阵 G 等于 0,在估计中使状态估计 $\hat{\boldsymbol{x}}=\bar{\boldsymbol{x}}-\boldsymbol{G}(\boldsymbol{y}-\bar{\boldsymbol{y}})$ 的均方差极小

$$\xi\{(\boldsymbol{x}-\hat{\boldsymbol{x}})^{\mathrm{T}}(\boldsymbol{x}-\hat{\boldsymbol{x}})\}=\xi\{(\boldsymbol{x}-\bar{\boldsymbol{x}}-\boldsymbol{G}[\boldsymbol{y}-\bar{\boldsymbol{y}}])^{\mathrm{T}}[(\boldsymbol{x}-\bar{\boldsymbol{x}}-\boldsymbol{G}(\boldsymbol{y}-\bar{\boldsymbol{y}})]\} \tag{4.273}$$

设对于 $\boldsymbol{G}$ 的导数为 0,直接导得另一个正态方程式,比较

$$\boldsymbol{G}=\xi\{(\boldsymbol{x}-\bar{\boldsymbol{x}})(\boldsymbol{y}-\bar{\boldsymbol{y}})^{\mathrm{T}}\}(\xi\{(\boldsymbol{x}-\bar{\boldsymbol{x}})(\boldsymbol{y}-\bar{\boldsymbol{y}})\})^{-1} \tag{4.274}$$

这期望值是一协方差矩阵,可以取数据组的平均值估计。

对于温度探测使用了这种方法,通过寻找无线电探空仪器测量和卫星测量之间的巧合,并计算回归系数。定时地进行更新,这样仪器刻度的变化被自动允许,也不需要估计权重函数。在这种情况下,特别要处理云,因为他们在方程中是非线性的。

如果仅使用一组状态,由前向模式 $\boldsymbol{y}-\bar{\boldsymbol{y}}=\boldsymbol{K}(\boldsymbol{x}-\bar{\boldsymbol{x}})+\boldsymbol{\varepsilon}$ 计算测量,则很容易证明

$$\xi\{(\boldsymbol{x}-\bar{\boldsymbol{x}})(\boldsymbol{y}-\bar{\boldsymbol{y}})^{\mathrm{T}}\}=\boldsymbol{S}_e\boldsymbol{K}^{\mathrm{T}}\text{和}\ \xi\{(\boldsymbol{x}-\bar{\boldsymbol{x}})(\boldsymbol{y}-\bar{\boldsymbol{y}})\}=\boldsymbol{K}\boldsymbol{S}_e\boldsymbol{K}^{\mathrm{T}}+\boldsymbol{S}_\varepsilon \tag{4.275}$$

式中,$\boldsymbol{S}_e=\xi\{(\boldsymbol{x}-\hat{\boldsymbol{x}})(\boldsymbol{x}-\hat{\boldsymbol{x}})^{\mathrm{T}}\}$ 是一组状态的协方差,因此

$$\boldsymbol{G}=\boldsymbol{S}_e\boldsymbol{K}^{\mathrm{T}}(\boldsymbol{K}\boldsymbol{S}_e\boldsymbol{K}^{\mathrm{T}}+\boldsymbol{S}_\varepsilon)^{-1} \tag{4.276}$$

它等同于最大后验解。因此,线性 MAP 解可认为是多元回归方法的模拟,求取的系数与测量的状态有最好的相关性。

如果前向模式是线性的,可得到在同一测量位置上好的品质,则回归方法具有的主要优点是提供一个实施 MAP 解的简便方法,这个方法不需要太关注仪器的特征,也不需要实施精确的前向模式。然而,很少有测量是真正线性的,结果将仅像独立测量那样精确。

七、线性迭代张弛

线性张弛法的形式写为

$$\boldsymbol{x}_{i+1}=\boldsymbol{x}_i+\boldsymbol{G}[\boldsymbol{y}-\boldsymbol{F}(x_i)] \tag{4.277}$$

这里选取的矩阵 $\boldsymbol{G}$,如果 $\boldsymbol{y}\neq\boldsymbol{F}(\boldsymbol{x})$,则在右边对于 $\boldsymbol{x}_i$ 加某些量减小其差。在最简单的形式中,状态是廓线和不同高度权重函数的峰值,如在典型的例子中,选取状态矢量用特殊的内插方法可以是在峰的廓线值。则 $\boldsymbol{G}$ 可以是对角矩阵,所以在一个通道的测量是不准确的,修改相应峰值高度上的廓线。必须选取 G_{ij} 元素的值,使得订正是合适的振幅。一个更复杂的选择方法是使用一个近似 $\boldsymbol{K}$ 矩阵逆,例如根据 Twomey-Tikhhonov 方法,$\boldsymbol{G}=(\boldsymbol{K}_0^{\mathrm{T}}\boldsymbol{K}_0+\boldsymbol{I}_n)^{-1}\boldsymbol{K}_0^{\mathrm{T}}$。

应注意解的形式为 $\boldsymbol{x}_0+\boldsymbol{G}\boldsymbol{a}$,其中,$\boldsymbol{a}=\sum_i\boldsymbol{y}-\boldsymbol{F}(x_i)$,也就是与第一次估猜不同的是 $\boldsymbol{G}$ 列的线性组合,用这可以提供反演廓线的约束。

线性张弛的收敛分析不难进行,如果选取的 $\boldsymbol{G}$ 有一合适的 $\boldsymbol{x}_i$ 将收敛于如迭代方法的解。当 $\hat{\boldsymbol{x}}=\boldsymbol{x}_\infty$ 的解,它必须满足

$$\hat{\boldsymbol{x}}=\hat{\boldsymbol{x}}+\boldsymbol{G}[\boldsymbol{y}-\boldsymbol{F}(\hat{\boldsymbol{x}})] \tag{4.278}$$

注意这意味着 $\boldsymbol{y}=\boldsymbol{F}(\hat{\boldsymbol{x}})$,一个精确的解,若 $\boldsymbol{G}$ 完全充满测量空间,将式(4.278)减去式(4.277),得到最终解与 $\boldsymbol{x}_{i+1}$ 的差为

$$(\boldsymbol{x}_{i+1}-\hat{\boldsymbol{x}})=(\boldsymbol{x}_i-\hat{\boldsymbol{x}})-\boldsymbol{G}[\boldsymbol{F}(x_i)-\boldsymbol{F}(\hat{\boldsymbol{x}})] \tag{4.279}$$

将 $\boldsymbol{F}(\boldsymbol{x})$ 按 $\hat{\boldsymbol{x}}$ 展开,也就是对于 $\boldsymbol{F}(x_i)$,由式(4.197)代入,给出

$$\begin{aligned}(\boldsymbol{x}_{i+1}-\hat{\boldsymbol{x}})&=(\boldsymbol{x}_i-\hat{\boldsymbol{x}})-\boldsymbol{G}\hat{\boldsymbol{K}}(\boldsymbol{x}_i-\hat{\boldsymbol{x}})+O(\boldsymbol{x}_i-\hat{\boldsymbol{x}})^2\\&=(\boldsymbol{I}_n-\boldsymbol{G}\hat{\boldsymbol{K}})(\boldsymbol{x}_i-\hat{\boldsymbol{x}})+\boldsymbol{O}(\boldsymbol{x}_i-\hat{\boldsymbol{x}})^2\end{aligned} \tag{4.280}$$

如果 $\boldsymbol{G}$ 与 $\hat{\boldsymbol{K}}$ 是严格正交的,则 $\boldsymbol{I}_n-\boldsymbol{G}\hat{\boldsymbol{K}}=\boldsymbol{O}$ 并且收敛是二阶的,也就是误差的线性分量在每一次迭代中精确的拟合,并且余下的误差与前一阶段的平方成比例。如果没有例子,收敛是一阶的,通过对 $\boldsymbol{I}_n-\boldsymbol{G}\hat{\boldsymbol{K}}$ 分解为特征矢量

$$(\boldsymbol{I}_n-\boldsymbol{G}\hat{\boldsymbol{K}})=\boldsymbol{R}\boldsymbol{\Lambda}\boldsymbol{L}^{\mathrm{T}} \tag{4.281}$$

研究它的过程,给出

$$\boldsymbol{x}_{i+1}-\hat{\boldsymbol{x}}=\boldsymbol{R}\boldsymbol{\Lambda}\boldsymbol{L}^{\mathrm{T}}(\boldsymbol{x}_i-\hat{\boldsymbol{x}})+O(\boldsymbol{x}_i-\hat{\boldsymbol{x}})^2 \tag{4.282}$$

或

$$\boldsymbol{L}^{\mathrm{T}}(x_{i+1}-\hat{\boldsymbol{x}})=\boldsymbol{\Lambda}\boldsymbol{L}^{\mathrm{T}}(\boldsymbol{x}_i-\hat{\boldsymbol{x}})+O(\boldsymbol{x}_i-\hat{\boldsymbol{x}})^2 \tag{4.283}$$

通过改变量 $z_i=\boldsymbol{L}^{\mathrm{T}}(\boldsymbol{x}_i-\hat{\boldsymbol{x}})$ 或 $\boldsymbol{x}_i-\hat{\boldsymbol{x}}=\boldsymbol{R}z_i$,求取系数独立收敛:

$$z_{i+1}=\boldsymbol{\Lambda}z_i+O(z_i{}^2)\text{ 或 }z_{j,i+1}=\lambda_j z_{j,i}+O(z_{j,i}{}^2) \tag{4.284}$$

因此,$(\boldsymbol{x}_i-\hat{\boldsymbol{x}})$ 可以用分量表示,这样每一次迭代简化为第 j 项分量的系数因子 λ_j 的迭代。

八、非线性张弛迭代

非线性张弛除迭代方程是非线性外,其余与线性张弛是同样的。最简单的形式是采用上面提出的简单的线性关系表示,其廓线用一组在权重函数的峰值处的值之间线性内插表示。在迭代 i 每一 j 高度处的值乘以相应测量与计算信号的比值

$$x_j^{i+1}=x_j^i\frac{y_j}{F_j(x^i)} \tag{4.285}$$

对于完全的峰值函数,期望收敛于廓线,产生正确的计算信号。

取下面算法分析收敛

$$\ln x_j^{i+1}=\ln x_j^i+[\ln y_j-\ln F_j(x^i)] \tag{4.286}$$

可以看到,如线性张弛,变换状态矢量,其元素是自然对数,测量矢量的类似变换和张弛矩阵 $\boldsymbol{G}$

是个单位矩阵。图 4.27 显示标准情况下线性迭代解一个例子的特征矢量，可以看到相应小的特征值的大尺度结构，因此收敛相当快，而特征值接近 1 单位，相应于小尺度结构，收敛较慢。

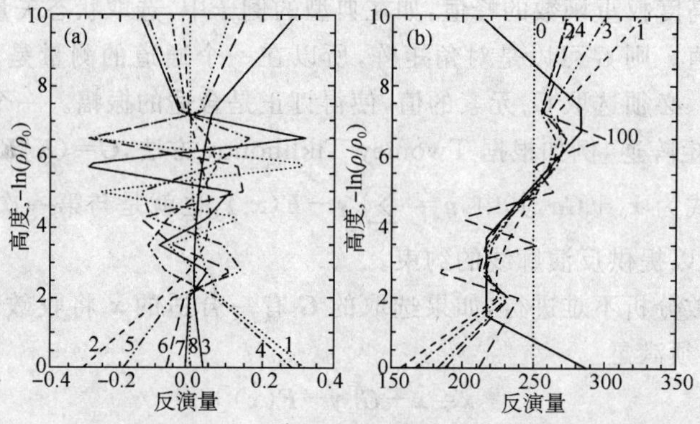

图 4.27 (a)对于线性张弛反演收敛的特征矢量分析；(b)标准情况下线性张弛反演的收敛。真实廓线是实线，数字是迭代次数

相应于变换问题的权重函数具有元素

$$K_{jk}{}'=\frac{x_k}{F_j(x)}\frac{\partial F_j(x)}{\partial x_k} \tag{4.287}$$

当在线性张弛的情况下，收敛将取决于特征值和 $\boldsymbol{I}-\boldsymbol{K}'$ 的特征矢量，过程将收敛于精确解($\boldsymbol{G}=\boldsymbol{I}$ 为状态空间间距)，除非在合适的点停止，如差的确定精细结构要比好的确定宽的结构更慢，快的停止收敛有产生合理稳定的解的作用，如在线性张弛的情况下。

非线性张弛状态矢量不被峰值权重函数约束，可使用任意的合理的垂直格点。迭代方程为

$$x_j^{i+1}=x_j^i\ \frac{y_j}{F_j(x^i)}K_{kj}+x_j^i[1-K_{kj}] \tag{4.288}$$

式中，j 指示高度，k 指示通道，i 是迭代次数，而 K_{kj} 是正态(归一)的权重函数，峰值为 1。对所有通道逐次应用迭代，重复直至收敛。一个循环周期可再排列为

$$x_j^{i+m}=x_j^i\prod_{k=1}^{m}\left\{1+[y_k-F_k(x^i)]\frac{K_{kj}}{F_k(x^i)}\right\} \tag{4.289}$$

作用是修改所有高度上的廓线，响应于测量和前向模式之差，用权重函数作为一个权。这与线性张弛中使用 $\boldsymbol{G}=\alpha\boldsymbol{K}^{\mathrm{T}}$ 很相似。式中是一个标量常数，以得到合适的敏感性。

取对数分析收敛

$$\ln x_j^{i+m}=\ln x_j^i+\sum_k\ln\left\{1+[y_k-F_k(x^i)]\frac{K_{kj}}{F_k(x^i)}\right\} \tag{4.290}$$

在求和项展开，得接近解

$$\ln x_j^{i+m}=\ln x_j^i+\sum_k[y_k-F_k(x^i)]\frac{K_{kj}}{F_k(x^i)} \tag{4.291}$$

其线性张弛具有

$$G_{jk}=\frac{K_{kj}}{F_k(x^i)} \tag{4.292}$$

表明这等效于矩阵使用对于具有 $1/F_k(x^i)$ 的 α 对角矩阵，由特征值和矢量 $\boldsymbol{I}-\boldsymbol{GK}$ 线性关系确定收敛。

九、最大熵

在第二节讨论了使用最大熵作为估算给定范围内概率密度函数，本身是一个反演问题，最大熵原理广泛地应用于不同的反演问题中，未必仅涉及 pdfs。严格地说，当反演量是一个概率密度分布函数时或合理地解释为一个概率密度分布函数，它仅是一个合理的约束，这在大气反演中很少。即使如果知道状态是一个正的量，则最大熵原理提供一个 ad hoc 正的约束，这样做具有最优估计器的状态对数的最简单的反演过程。特别是进行 MaxEnt 或 MEM 的一面积能很好改进图像的噪声。

可以用最大熵约束公式作精确反演，现使用状态矢量 $\boldsymbol{x}$，使其归一化，这样元素求和为 1，并且对构建的熵 $S=\sum_i x_i \ln x_i$ 求极小，满足约束 $y=\boldsymbol{F}(\boldsymbol{x})$ 和 $\sum_i x_i=1$，得

$$\frac{\partial}{\partial x_k}\left(\sum_i x_i \ln x_i+\sum_j \lambda_j\left[F_j(x)-y_j\right]+\mu \sum_i x_i\right)=0 \tag{4.293}$$

式中，λ_j 和 μ 是拉格朗日乘子。这给出

$$\ln x_k+1+\sum_j \lambda_j K_{jk}+\mu=0 \tag{4.294}$$

式中，K_{jk} 是 $\partial F_j / \partial x_k$。因此最大熵精确解是

$$x_k=\exp\left[-1-\mu-\sum_j \lambda_j K_{jk}\right] \tag{4.295}$$

式中，选取 μ 和 λ_j 满足约束。单位面积约束可以直接设

$$x_k=\exp\left[-\sum_j \lambda_j K_{jk}\right] / \sum_k \exp\left[-\sum_j \lambda_j K_{jk}\right] \tag{4.296}$$

但是要求反演满足精确测量给出

$$y_l=F_l \exp\left[-\sum_j \lambda_j K_{jk}\right] / \sum_k \exp\left[-\sum_j \lambda_j K_{jk}\right] \tag{4.297}$$

其中 λ_j 通过如牛顿迭代法求解。

这解与其他解具有某些相似之处，它涉及权重函数的线性组合，$\sum_j \lambda_j K_{jk}$ 是 $\boldsymbol{K}$ 空间的行矢量，但是作为指数是一非线性函数，最大熵解将在零空间中的分量。

对于 y 存在的测量误差，就不可能求得一个精确解，取而代之的是试图使包括熵和测量误差在内的损失函数极小，即是

$$\frac{\partial}{\partial x_k}\left(\sum_i x_i \ln x_i+\lambda \sum_{jl}\left[F_j(x)-y_j\right] S_{jl}^{-1}\left[F_l(x)-y_l\right]+\mu \sum_i x_i\right)=0 \tag{4.298}$$

式中，λ 不是拉格朗日不定乘子，而是一个调整参数，把损失的部分配给 χ^2 项，χ^2 项不能作为拉格朗日约束，因为它不具有精确值，只有 p 的期望值，最大给出对于 $\boldsymbol{x}$ 隐式方程式

$$\ln x_k+1+\mu+\lambda K_{jk} S_{jl}^{-1} F_l(x)-y_l)=0 \tag{4.299}$$

当为精确求解，式中 μ 可以用同样的方法消去。对于 λ 值的范围，给定挑选给出 $\chi^2 \approx p$ 的值，将方程式对于 $\boldsymbol{x}$ 的迭代求解。

十、去皮法(洋葱剥皮)

为简化反演方法，有时可以使用问题的某些特征进行，这一类问题出现在临边扫描探测的情形中，这种方法称之为洋葱剥皮，这是从大气顶顺序反演，假定对每一步的某高度之上反演是准确的，且不需要作更新。对这作出的状态矢量具有的高度必须直接相应于每个测量高度，

因此，权重函数矩阵是方阵，在每一高度处，测量几何确保信号仅来自于这一高度及其以上的状态矢量，所以，权重函数矩阵是上三角的（对状态矢量最后一个元素相应为顶的）。每一步仅是反演的标量参数。在线性情况下，这等效于三角矩阵，通过后向置换求解。

$$y_i = K_{ii}x_i + \sum_{j=i+1}^{n} K_{ij}x_j + \boldsymbol{\varepsilon}_i \tag{4.300}$$

$$\hat{x}_i = \left(y_i - \sum_{j=i+1}^{n} K_{ij}x_j\right)/K_{ii}{}^2 \tag{4.301}$$

$$\sigma_{xi}^2 = \left(\sigma_{\varepsilon_{1i}}{}^2 + \sum_{j=i+1}^{n} K_{ij}\sigma_{xj}^2\right)/\mathrm{K}_{ii}{}^2 \tag{4.302}$$

第七节　卡尔曼滤波器反演

通常卫星进行测量是序列测定，以这样的方式，逐次测量之间的状态测量光滑地变化，或在测量之间的某种方式有最小的相关性。如当卫星沿天底或临边轨迹以某固定（即使是变化的）间隔或一定时间间隔进行测量，在顺序测量中大气状态只有小的差别。另一个例子是当每日大尺度全球测量，根据运动方程，包围地球的低层大气是稳定的。

在这样的情况中，先前的测量可以提供关于目前时间大气状态先验信息，就可模拟给出大气状态的时间（或位置）演变。这就是卡尔曼滤波器的基础，它可用于估计离散时间系列或由线性微分方程控制的连续状态。这里将研讨离散的情形。卡尔曼滤波器广泛地应用于卫星轨道的预测等各个领域。

对于离散时间的求取或预报方程和测量方程的一般形式为

预报方程
$$\boldsymbol{x}_t = \boldsymbol{M}_t(\boldsymbol{x}_{t-1}) + \boldsymbol{\zeta}_t \tag{4.303}$$

测量方程
$$\boldsymbol{y}_t = \boldsymbol{F}_t(\boldsymbol{x}_t) + \boldsymbol{\varepsilon}_t \tag{4.304}$$

式中，$\boldsymbol{x}_t$是在时刻 t 的状态，$\boldsymbol{M}_t$是已知模式的求取算子，动力模式，或系统模式，将 $\boldsymbol{x}_{t-1}$ 变换为 $\boldsymbol{x}_t$，$\boldsymbol{\zeta}_t$是随机矢量，过程噪声，可以表示为随机项，或状态的无模变量。这随机预测方程式可简单地表示为 $\boldsymbol{M}=1$，或复合为一大气环流模式，或为一大气环流模式。第二个方程式是通常的方式，具有状态的实验误差 $\boldsymbol{\varepsilon}_t$、已知的前向模式 $\boldsymbol{F}$ 与测量 $\boldsymbol{y}_t$有关的测量模式。假定 ζ 和 ε 统计已知，解的问题是：给定一个序列值 $\boldsymbol{y}_t$，作 $\boldsymbol{x}_t$的最佳估计。

一、卡尔曼线性滤波

对于线性问题的卡尔曼滤波器算子

$$\boldsymbol{x}_t = \boldsymbol{M}_t x_{t-1} + \zeta_t \tag{4.305}$$

$$\boldsymbol{y}_t = \boldsymbol{K}_t x_t + \boldsymbol{\varepsilon}_t \tag{4.306}$$

式中，$\boldsymbol{M}$ 和 $\boldsymbol{K}$ 是已知矩阵，它是时间变量。

在时间 t 的过滤顺序运算，在时刻 $t-1$ 已作了 $\boldsymbol{x}_{t-1}$ 的估计，即具有误差协方差 $\hat{\boldsymbol{S}}_{t-1}$ 的 $\hat{\boldsymbol{x}}_{t-1}$。使用预测方程(4.305)，构建在时刻 t 先验估计 $\boldsymbol{x}_{at}$ 和它的协方差 $\boldsymbol{S}_{at}$：

$$\boldsymbol{x}_{at} = \boldsymbol{M}_t \hat{\boldsymbol{x}}_{t-1} \tag{4.307}$$

$$\boldsymbol{S}_{at} = \boldsymbol{M}_t \hat{\boldsymbol{S}}_{t-1} \boldsymbol{M}_t{}^{\mathrm{T}} + \boldsymbol{S}_{\zeta t} \tag{4.308}$$

式中，$\boldsymbol{S}_{\zeta t}$是预测误差的协方差，则与在时刻 t 的测量组合一起，使用最优估计方程式，如式

(4.129)和式(4.130a),得到一个更新的状态估计:

$$\boldsymbol{G}_t=\boldsymbol{S}_{at}\boldsymbol{K}_t^{\mathrm{T}}(\boldsymbol{K}_t\boldsymbol{S}_{at}\boldsymbol{K}_t^{\mathrm{T}}+\boldsymbol{S}_\varepsilon)^{-1} \tag{4.309}$$

$$\hat{\boldsymbol{x}}_{i+1}=\boldsymbol{x}_{at}+\boldsymbol{G}_t(\boldsymbol{y}_t-\boldsymbol{K}_t\boldsymbol{x}_{at}) \tag{4.310}$$

$$\hat{\boldsymbol{S}}_t=\boldsymbol{S}_{at}-\boldsymbol{G}_t\boldsymbol{K}_t\boldsymbol{S}_{at} \tag{4.311}$$

式中,$\boldsymbol{G}_t$是卡尔曼增益矩阵,功能等同于时间在后的估计器。要求在 $t=0$ 时的某些先验估计,但这常可以使用不确定的具有足够大的元素协方差矩阵。资料的数量的间隔不是均匀的。这公式提供 t 时刻状态的最好的估计,给出了包括 t 时刻的测量。

标量随机步:一个简单可以是卡尔曼滤波的时间系列是具有一个参数的随机步。预测模式是

$$x_t=x_{t-1}+\zeta_t \tag{4.312}$$

式中,ζ_t的协方差是σ_ξ^2,相应于直接观测 x_t 的测量模式是

$$y_t=x_t+\varepsilon_t \tag{4.313}$$

其测量噪声方差是σ_ε^2。假定在时间 $t=0,1,\cdots$作测量和没有丢失的或很差的资料。对于在 t 时刻新数据过程中,根据式(4.307)和式(4.308),先验估计 x_t^a和它的协方差σ_{at}^2为

$$x_t^a=\hat{x}_{t-1} \tag{4.314}$$

$$\sigma_{at}^2=\hat{\sigma}_{t-1}^2+\sigma_\xi^2 \tag{4.315}$$

从式(4.309),卡尔曼增益为

$$G_t=\frac{\hat{\sigma}_{t-1}^2+\sigma_\xi^2}{\hat{\sigma}_{t-1}^2+\sigma_\xi^2+\sigma_\varepsilon^2} \tag{4.316}$$

从方程式(4.310),新数据的状态估计为

$$\hat{x}_t=x_t^a+G_t(y_t-x_t^a)=(1-G_t)x_t^a+G_t y_t \tag{4.317}$$

从方程式(4.311),协方差为

$$\hat{\sigma}_t^2=\sigma_{at}^2-G_t\sigma_{at}^2=(1-G_t)(\hat{\sigma}_{t-1}^2+\sigma_\xi^2)=\frac{\sigma_\varepsilon^2(\hat{\sigma}_{t-1}^2+\sigma_\xi^2)}{\hat{\sigma}_{t-1}^2+\sigma_\xi^2+\sigma_\varepsilon^2} \tag{4.318}$$

图 4.28 显示了一个模拟的例子,实线表示真实的时间系列,它随机步具有 $\sigma_\xi^2=1$。

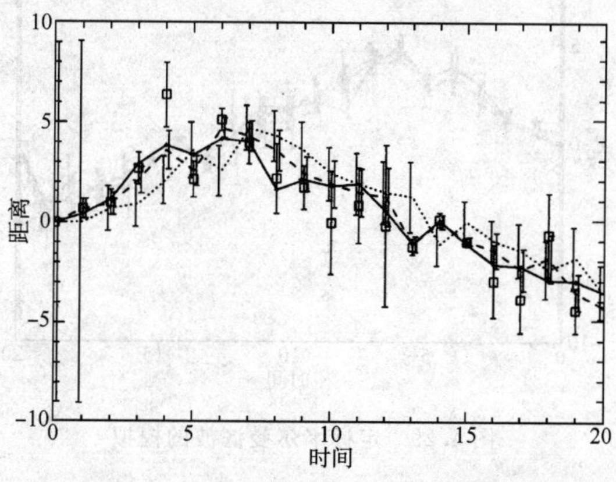

图 4.28　随机步的卡尔曼滤波的模拟(实践:实际步;带正方形线:测量点;点线:先验估计;虚线:滤波估计)

二、卡尔曼光滑器

卡尔曼滤波对于某些当前量的最佳估算实时处理特别合适，如直接需要的星载星历，给出所有测量的日期。它另一个应用是在返回处理中，在参考时间前后的时间给定资料需要某些量的最佳估计。在这种情况下，可以使用作为卡尔曼光滑器的扩展知识。向后的滤波器要求有一个修正的运算算子求取算子，并提供根据未来测量的最佳估计，用合适的加权组合两个估计，根据全部数据给出一个估计，在参考时间，作任何测量的为条件只使用一次，也就是前向估计与后向先验估计结合，反过来也一样。

根据前述叙述的滤波的原理，在每一时间存贮的 $\boldsymbol{x}_{at}{}'$ 和 $\boldsymbol{S}_{at}{}'$，要求的滤波状态，上撇号“′”表明是前向滤波。当所作的各次测量时间相同时不需要要求次数，但是对此，应求取式(4.307)和式(4.308)。向后进行滤波在时刻 T 以某些不确定的先验估算开始，时间系列的结束，进行下面步骤

$$\begin{aligned}
\boldsymbol{x}''_{a,t} &= \boldsymbol{M}''_t \hat{\boldsymbol{x}}''_{t+1} \\
\boldsymbol{S}''_{at} &= \boldsymbol{M}''_t \hat{\boldsymbol{S}}''_{t+1} \boldsymbol{M}''^{\mathrm{T}}_t + \boldsymbol{S}''_{\zeta t} \\
\boldsymbol{G}''_t &= \boldsymbol{S}''_{at} \boldsymbol{K}_t^{\mathrm{T}} (\boldsymbol{K}_t \boldsymbol{S}''_{at} \boldsymbol{K}_t^{\mathrm{T}} + \boldsymbol{S}_{\varepsilon})^{-1} \\
\hat{\boldsymbol{x}}''_t &= \boldsymbol{x}''_{at} + \boldsymbol{G}''_t (\boldsymbol{y}_t - \boldsymbol{K}_t \boldsymbol{x}''_{at}) \\
\hat{\boldsymbol{S}}''_t &= \boldsymbol{S}''_{at} - \boldsymbol{G}''_t \boldsymbol{K}_t \boldsymbol{S}''_{at}
\end{aligned} \tag{4.319}$$

式中，双撇“″”表示后向估计。当要求滤波估算时，按下式把贮存的 $\boldsymbol{x}_{at}{}'$ 与后向滤波 $\boldsymbol{x}_t{}''$ 结合，

$$\begin{aligned}
\hat{\boldsymbol{S}}_t &= (\boldsymbol{S}'^{-1}_{at} + \boldsymbol{S}''^{-1}_t)^{-1} \\
\hat{\boldsymbol{x}}_t &= \hat{\boldsymbol{S}}_t (\boldsymbol{S}'^{-1}_{at} \boldsymbol{x}'_{at} + \boldsymbol{S}''^{-1}_t \boldsymbol{x}_t{}'')^{-1}
\end{aligned} \tag{4.320}$$

图 4.29 给出了定标卡尔曼滤波的模拟，所用的例子与图 4.28 相同，但曲线显示，前向估计(虚线)，后向估计(点线)，组合或光滑估计(虚点线)；可看出组合估计误差线条比其他前向和后向要小。

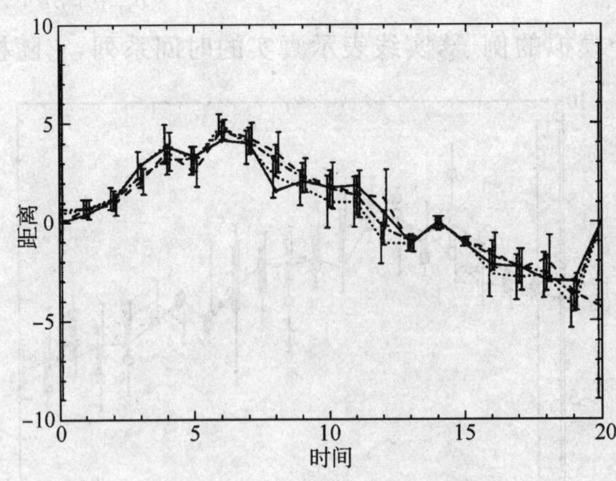

图 4.29 定标卡尔曼滤波的模拟

三、扩展卡尔曼滤波器

当预测方程或前向模式是非线性时，需用扩展的卡尔曼滤波器。它用完全非线性预测方

程式(4.303)计算先验状态 $\hat{\boldsymbol{x}}_{t-1}$ 估计

$$\boldsymbol{x}_{at}=\boldsymbol{M}_t(\hat{\boldsymbol{x}}_{t-1}) \tag{4.321}$$

但,它关于 $\hat{\boldsymbol{x}}_{t-1}$ 是线性得到一个先验状态协方差 $\boldsymbol{S}_{at}$ 估计

$$\boldsymbol{M}_t=\frac{\partial M_t(\hat{\boldsymbol{x}}_{t-1})}{\partial x} \tag{4.322}$$

$$\boldsymbol{S}_{at}=\boldsymbol{M}_t\hat{\boldsymbol{S}}_{t-1}\boldsymbol{M}_t{}^{\mathrm{T}}+\boldsymbol{S}_{\eta} \tag{4.323}$$

对于先验估算的测量时间处的前向模式是线性为得到增益矩阵 $\boldsymbol{G}_t$ 得到 $\boldsymbol{K}_t$

$$\boldsymbol{K}_t=\frac{\partial \boldsymbol{F}(x_{at})}{\partial x} \tag{4.324}$$

$$\boldsymbol{G}_t=\boldsymbol{S}_{at}\boldsymbol{K}_t^{\mathrm{T}}(\boldsymbol{K}_t\boldsymbol{S}_{at}\boldsymbol{K}_t^{\mathrm{T}}+\boldsymbol{S}_{\varepsilon})^{-1} \tag{4.325}$$

但是用全非线性前向模式更新 $\boldsymbol{x}_{at}$

$$\hat{\boldsymbol{x}}_t=\boldsymbol{x}_{at}+\boldsymbol{G}_t[\boldsymbol{y}_t-\boldsymbol{F}(\boldsymbol{x}_{at})] \tag{4.326}$$

$$\hat{\boldsymbol{S}}_t=\hat{\boldsymbol{S}}_{at}-\boldsymbol{G}_t\boldsymbol{K}_t\boldsymbol{S}_{at} \tag{4.327}$$

如果前向模式在 $\boldsymbol{x}_{at}$ 处线性,而在 $\hat{\boldsymbol{x}}_t$ 处不是足够线性,需要对后四个方程式可以进行某迭代处理。如果这是可能的,则为与 $\boldsymbol{y}_t$ 比较求取 $\boldsymbol{F}(\hat{\boldsymbol{x}}_t)$。

四、特征和误差分析

将第三章的反演分析应用于卡尔曼滤波,使用基本的线性滤波方程式,把式(4.306)和式(4.307)代入式(4.310),用 $\boldsymbol{x}_t$ 和 $\hat{\boldsymbol{x}}_{t-1}$ 表示的 $\hat{\boldsymbol{x}}_t$ 中:

$$\hat{\boldsymbol{x}}_t=\boldsymbol{G}_t\boldsymbol{K}_t\boldsymbol{x}_t+\boldsymbol{G}_t\varepsilon_t+(\boldsymbol{I}-\boldsymbol{G}_t\boldsymbol{K}_t)\boldsymbol{M}_t\hat{\boldsymbol{x}}_{t-1}=\boldsymbol{A}_t\boldsymbol{x}_t+\boldsymbol{B}_t\hat{\boldsymbol{x}}_{t-1}+\boldsymbol{G}_t\boldsymbol{\varepsilon}_t \tag{4.328}$$

式中,$\boldsymbol{A}_t=\boldsymbol{G}_t\boldsymbol{K}_t$ 和 $\boldsymbol{B}_t=(\boldsymbol{I}-\boldsymbol{A}_t)\boldsymbol{M}_t$。$\boldsymbol{A}_t$ 是在时间 t 状态的平均核,并且应与单位矩阵相似,所以 $\boldsymbol{B}_t$ 在同一背景下应是小的,取决于问题的状况。把式(4.328)循环代入该式,表明相对于 $\boldsymbol{x}_t$ 的时间系列加测量误差的时间光滑是一个光滑解:

$$\hat{\boldsymbol{x}}_t=\boldsymbol{A}_t\boldsymbol{x}_t+\boldsymbol{G}_t\boldsymbol{\varepsilon}_t+\boldsymbol{B}_t(\boldsymbol{A}_{t-1}x_{t-1}+\boldsymbol{G}_{t-1}\boldsymbol{\varepsilon}_{t-1})+\boldsymbol{B}_t\boldsymbol{B}_{t-1}(\boldsymbol{A}_{t-2}\boldsymbol{x}_{t-2}+\boldsymbol{G}_{t-2}\boldsymbol{\varepsilon}_{t-2})+\cdots \tag{4.329}$$

时间光滑取决于项的数量级。一组矩阵 $\boldsymbol{A}_t,\boldsymbol{B}_t\boldsymbol{A}_{t-1},\boldsymbol{B}_t\boldsymbol{B}_{t-1}\boldsymbol{A}_{t-2},\cdots$ 构成二维平均核,表明估计状态是怎样与时刻 t 和所有先前时间的真实状态有关。在卡尔曼求光滑的情况下,这两维平均核扩展到未来和过去两个时间。方程式(4.329)可以再排列表明求光滑和反演误差的噪声分量分离为

$$\begin{aligned}\hat{\boldsymbol{x}}_t-\boldsymbol{x}_t=&(\boldsymbol{A}_t-\boldsymbol{I})x_t+\boldsymbol{B}_t\boldsymbol{A}_{t-1}\boldsymbol{x}_{t-1}+\boldsymbol{B}_t\boldsymbol{B}_{t-1}\boldsymbol{A}_{t-2}\boldsymbol{x}_{t-2}+\cdots\cdots+\\&\boldsymbol{G}_t\boldsymbol{\varepsilon}_t+\boldsymbol{B}_t\boldsymbol{G}_{t-1}\boldsymbol{\varepsilon}_{t-1}+\boldsymbol{B}_t\boldsymbol{B}_{t-1}\boldsymbol{G}_{t-2}\boldsymbol{\varepsilon}_{t-2}+\cdots\cdots\end{aligned} \tag{4.330}$$

但是这没有导得对于求取光滑误差和反演噪声协方差的,有用的简单的表示式。

五、真实性有效性

对于卡尔曼滤波正确运算,矩阵必须都是正确的,为确定滤波是否得到合理的结果,研究下面任一或所有下面各量的统计特征

$$\begin{aligned}\boldsymbol{y}_t-\boldsymbol{y}_{at}&=\boldsymbol{y}_t-\boldsymbol{K}_t\boldsymbol{x}_{at}\\\hat{\boldsymbol{x}}_t-\boldsymbol{x}_{at}&=\boldsymbol{G}_t(\boldsymbol{y}_t-\boldsymbol{y}_{at})\\\hat{y}_t-\boldsymbol{y}_{at}&=\boldsymbol{K}_t(\hat{\boldsymbol{x}}_t-\boldsymbol{x}_{at})\\\boldsymbol{y}_t-\hat{y}_t&=\boldsymbol{y}_t-\boldsymbol{K}_t\hat{\boldsymbol{x}}_t\end{aligned} \tag{4.331}$$

不能使用涉及 $\boldsymbol{x}_{at}$ 本身的差，除非可得到独立的直接测量，这些量与另一个量全部线性化，所以仅需使用一个。如果测量方程式或前向模式是正确的，则

$$\boldsymbol{y}_t-\boldsymbol{y}_{at}=\boldsymbol{K}_t(\boldsymbol{x}_t-\boldsymbol{x}_{at})+\boldsymbol{\varepsilon}_t \tag{4.332}$$

和它的协方差为

$$\boldsymbol{S}_{ay}=\boldsymbol{K}_t\boldsymbol{S}_{at}\boldsymbol{K}_t^{\mathrm{T}}+\boldsymbol{S}_{\varepsilon}=\boldsymbol{K}_t(\boldsymbol{M}_t\hat{\boldsymbol{S}}_{t-1}\boldsymbol{M}_t^{\mathrm{T}}+\boldsymbol{S}_{\zeta})\boldsymbol{K}_t^{\mathrm{T}}+\boldsymbol{S}_{\varepsilon} \tag{4.333}$$

因此，可以由实际数据组求取，并且与它的理论表示比较。另一个诊断特征是

$$\chi^2=(\boldsymbol{y}_t-\boldsymbol{y}_{at})^{\mathrm{T}}\boldsymbol{S}_{ay}^{-1}(\boldsymbol{y}_t-\boldsymbol{y}_{at}) \tag{4.334}$$

其产生一个具有 m 自由度的 χ^2 分布。这些诊断将不直接确定问题的源，但可以指示什么时间、是否好。

如果可得到状态群，可以由求取方程式构建另一个检验，由方程式(4.307)可以导得对于群协方差的表达式

$$\boldsymbol{S}_e=\boldsymbol{M}\boldsymbol{S}_e\boldsymbol{M}^{\mathrm{T}}+\boldsymbol{S}_{\zeta} \tag{4.335}$$

如果 $\boldsymbol{M}$ 与 t 无关，这可以用于确定 $\boldsymbol{S}_e$、$\boldsymbol{M}$ 和 $\boldsymbol{S}_{\zeta}$ 是否是内部固有的，或至少由其他两个估计 $\boldsymbol{S}_{\zeta}$。如果得到时间序列的测量，则 $\boldsymbol{M}$ 和 $\boldsymbol{S}_{\zeta}$ 可以用多元回归估计。

第五章 水汽及其卫星遥感

第一节　大气中水汽的参数

水汽对大气系统中的气压和温度有明显的作用，水汽凝结或冻结释放的潜热是大气中重要的能源之一，水汽是水的三种相态中之一的气态，其阻挡地面和大气低层长波辐射向空间发射，是大气中的最重要温室气体之一，它分布于地球大气中的每一个角落，但主要集中于大气低层和热带地区，它在地球大气中分布极不均匀，时空变化极大，随季节和地理位置而变化，因此，它对太阳和大气辐射吸收很不均匀，对大气加热也极不均匀。水汽是云的原料，是形成云的必要条件，没有水汽，也就没有云的存在，也就没有降水，大气中的暴雨、冰雹等许多重要天气现象也不可能发生。水汽是地球水循环过程中的重要一环，它通过大气环流输送，从海洋到陆地，从低纬到中高纬度，从大气低层到大气上层。水汽转换成其他相态时要吸收或释放热量，从而改变大气中的热量分布，影响大气环流，对水汽的监测研究有重要的价值和意义。

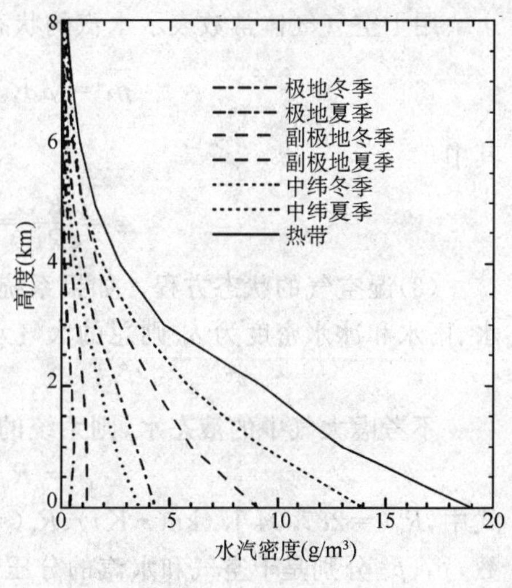

图 5.1　水汽垂直分布

图 5.1 是美国标准大气水汽密度的分布，可以看到：(1)水汽密度随高度迅速下降，水汽主要集中在 4 km以下的大气中；(2)水汽在热带最多，夏季中纬度地区次之，极地冬季水汽最小，其随纬度增加而减小。

一、大气中水汽的表示

水汽是大气中组成之一，它与其他成分相互混合构成大气，为定量描述水汽，下面将引入各种参量表示水汽分布和变化。

1. 状态方程

(1)干空气的状态方程。根据热力学定理，干空气的状态方程式可以写为

$$p_d = \frac{n_d R^* T}{V} = \frac{n_d m_d}{V}\left(\frac{R^*}{m_d}\right)T = \rho_d R' T = \frac{n_d A}{V}\left(\frac{R^*}{A}\right)T = N_d k_B T \tag{5.1}$$

式中，V 是体积，R^* 是通用气体常数，$R^*=0.083145\ \mathrm{m^3 \cdot hPa/(md \cdot K)}$，$T$ 是温度，$A=6.02252\times$

10^{23}分子/mol,是阿伏伽罗德常数,k_B 是玻尔兹曼常数,$k_B=1.3807\times10^{-25}\ \mathrm{m^3\cdot hPa/K}$;$p_d$ 是干空气块的气压,n_d 是干空气摩尔数,m_d 是干空气的分子重量,ρ_d 是干空气质量密度,干空气分子重量是 N_2、O_2、Ar 和 CO_2 分子重量的体积加权平均,m_d 的标准值是28.966 g/mol。干空气的质量密度、数浓度和气体常数分别为

$$\rho_d=\frac{n_d m_d}{V} \qquad N_d=\frac{n_d A}{V} \qquad R_d=\frac{R^*}{m_d} \tag{5.2}$$

式(5.2)中 R_d 的值为 2.8704 m³ · hPa/(kg · K)或 2870.3 cm³ · hPa/(g · K)。

(2)水汽的状态方程。水汽的状态方程可以写为

$$p_v=\frac{n_v R^* T}{V}=\frac{n_v m_v}{V}\left(\frac{R^*}{m_v}\right)T=\rho_v R_v T=\frac{n_v A}{V}\left(\frac{R^*}{A}\right)T=N_v k_B T \tag{5.3}$$

式中,p_v 是水汽分压,n_v 是水汽 mole 数,m_v 是水汽的分子重量,ρ_v 是水汽质量密度(kg/m³ 或 g/cm³),R_v 是水汽的比气体常数(4.6140 cm³ · hPa/(kg · K)或 4614.0 cm³ · hPa/(g · K))。水汽的质量密度、数浓度和气体常数分别为

$$\rho_v=\frac{n_v m_v}{V} \qquad N_v=\frac{n_v A}{V} \qquad R_v=\frac{R^*}{m_v} \tag{5.4}$$

当 $p_v=10$ hPa 和 $T=298K$,$\rho_v=7.27\times10^{-3}\mathrm{kg/m^3}$。

用干空气气体常数表示水汽的状态方程又可写为

$$p_v=\rho_v R_v T=\rho_v\left(\frac{R_v}{R'}\right)R'T=\frac{\rho_v R'T}{\varepsilon} \tag{5.5}$$

其中

$$\varepsilon=\frac{R'}{R_v}=\frac{R^*}{m_d}\left(\frac{m_v}{R^*}\right)=\frac{m_v}{m_d}=0.622 \tag{5.6}$$

(3)湿空气的状态方程。如果系统空气的密度为 ρ_a,水汽密度为 ρ_v,以及大气中存有的云水、雨水和冰水密度为 ρ_w 则总的大气水密度 ρ_t 为

$$\rho_t=\rho_v+\rho_w \tag{5.7}$$

不考虑大气中的液态水,则系统的状态和特性可作为理想气体,此时状态方程可写为

$$p=R_d\rho_d T+R_v\rho_v T=p_d+p_v \tag{5.8}$$

式中,R_d(=287.04 J/(km · K))、R_v(=461.50 J/(km · K))分别为干空气和水汽的比气体常数,p_d、p_v 分别是干空气和水汽的分压(称水汽压)则式(5.8)写为

$$p=\rho_d R_d T(1+R_v\rho_v/R_d\rho_d) \tag{5.9}$$

(4)水汽的饱和状态。在一定温度下,空气中的水汽达到空气所能容纳的最大水汽量,则水汽达到饱和状态,称之饱和湿空气,这时的水汽压称之饱和水汽压;否则称之为未饱和水汽或未饱和湿空气及未饱和水汽压。

2. 水汽质量混合比

定义水汽混合比为

$$q_v=\rho_v/\rho_d \tag{5.10}$$

由于 $R_v/R_a\cong1.61$,则式(5.9)写为

$$p=\rho_d R_d T(1+1.61q_v) \tag{5.11}$$

如果 $\varepsilon=R_d/R_v$,$\rho_a=\rho_d+\rho_v$,$q_v=\rho_v/\rho_d$,则状态方程的另一种形式为

$$p=\rho_m\frac{m_d R_d+m_v R_v}{m_d+m_v}T \tag{5.12}$$

式中，m_d、m_v 分别是某气块内干空气和水汽的质量，ρ_m 是混合气体密度，表示为

$$\rho_m = \frac{m_d + m_v}{V} = \rho_d + \rho_v \tag{5.13}$$

式中，V 是体积，式(5.12)可改写为

$$p = \rho_m R_d \frac{1 + (m_v/m_d)(R_v/R_d)}{1 + m_v/m_d} T \tag{5.14}$$

水汽的混合比写为

$$q_v = m_v/m_d \tag{5.15}$$

则式(5.14)可以写为

$$p = \rho_m R_d \frac{1 + 1.61 q_v}{1 + q_v} T \tag{5.16}$$

上式也可写为

$$p = \rho_m R_d \left(\frac{1 + 0.61 q_v}{1 + q_v}\right) T \tag{5.17}$$

对于空气处于饱和湿空气状态下的混合比称为饱和混合比 q_{sv}。

3. 比湿

定义比湿：某气块内水汽的质量与该气块内干空气加水汽的质量之比，写为

$$r_v = \frac{m_v}{m_d + m_v} = \frac{q_v}{1 + q_v} \tag{5.18}$$

某气块内的气压用比湿替代混合比表示，则式(5.17)为

$$p = \rho_m R_a (1 + 0.61 r_v) T \tag{5.19}$$

由于在热带地区的水汽混合比很少超过 22 g/kg，所以 $r_v \leqslant 1$，因此有 $q_v \approx r_v$，式(5.19)近似为

$$p \approx \rho_m R_a (1 + 0.61 q_v) T \tag{5.20}$$

4. 相对湿度和绝对湿度

(1)相对湿度 RH：定义为实际湿空气的混合比 q_v 与同温度下饱和湿空气混合比 q_{sv} 的百分比，写为

$$RH = \frac{q_v}{q_{sv}} \times 100\% \tag{5.21}$$

也可以用水汽压表示为：实际水汽压 p_v 与饱和水汽压 p_{sv} 之百分比，写为

$$RH = \frac{p_v}{p_{sv}} \times 100\% \tag{5.22}$$

(2)绝对湿度 a：定义为湿空气中水汽质量 m_v 与该湿空气体积 V 的比值，即是单位湿空气体积中含有的水汽质量，也称之为水汽密度 ρ_v。

$$a = \frac{m_v}{V} = \rho_v \tag{5.23}$$

定义虚温

$$T_v = (1 + 0.61 r_v) T \approx (1 + 0.61 q_v) T \tag{5.24}$$

则式(5.20)为

$$p = \rho_m R_a T_v \tag{5.25}$$

空气块的总密度为

$$\rho = \rho_m + \rho_w = \rho_a + \rho_t \tag{5.26}$$

二、大气水汽计算

大气柱内水汽由下式计算

$$W = \frac{1}{g} \times \sum_{i=1}^{9} q_i \delta p_i \tag{5.27}$$

式中,W 是可降水,每一层的大气压为:P_1:200 hPa;P_2:300 hPa;P_3:400 hPa;P_4:500 hPa;P_5:600 hPa;P_6:700 hPa;P_7:850 hPa;P_8:925 hPa;P_9:海平面。

式(5.27)中厚度层 δp 由下式计算:

$$\begin{aligned} \delta p_i &= (P_{i-1} - P_i)/2 \quad (i = 1) \\ \delta p_i &= (P_{i-1} - P_i)/2 \quad (i = 2 \sim 8) \\ \delta p_i &= (P_i - P_{i-1})/2 \quad (i = 9) \end{aligned} \tag{5.28}$$

相对湿度 RH 转换为比湿的关系式如下

$$r_v = \frac{\varepsilon \cdot RH \cdot es(T)/100}{p - (1-\varepsilon) \cdot RH \cdot es(T)/100} \tag{5.29}$$

式中,p 是大气层气压,ε 是干空气对水汽的分子权重比,等于 0.6222。饱和水汽压 $es(T)$(hPa)由下式计算:

$$\log_{10} es(T) = 10.7956 \times (1 - T_1/T) - 5.02800 \log_{10}(T_1/T) + 1.50475 \times 10^{-4} \times \{1 - 10^{-8.2969(T/T_1 - 1)}\} + 0.42873 \times 10^{-3} \times \{1 - 10^{4.76955(1 - T/T_1)} - 1\} + 0.78614 \tag{5.30}$$

式中,T_1 是水的三态温度,等于 273.16 K。

第二节 大气水汽光谱

水汽是大气中最重要的温室气体之一,水汽光谱覆盖的波长(频率)范围很广,从可见光到红外直到微波,都存在有水汽谱线,究其原因是与它特殊的分子结构有关,这是所有其他分子没有的。它是由三个原子组成一个不对称的三角形陀螺分子,钝顶角为 104.45°,氧与氢原子之间的距离为 0.0958 nm,振动模式如图 5.2 所示,水汽有 $H^{16}OH$、$H^{18}OH$、$H^{17}OH$、$H^{16}OD$ 四种同位素,它们在大气中的百分比分别为 99.73%、0.2039%、0.0373%、0.0298%。这些同位素具有强的永久电偶极矩,对于 H_2O 的电偶极矩为:$M_B = 1.94$ deb;对于 D_2O:$M_B = 1.87$ deb;对于 HDO:$M_A = 0.64$ deb,$M_B = 1.70$ deb。

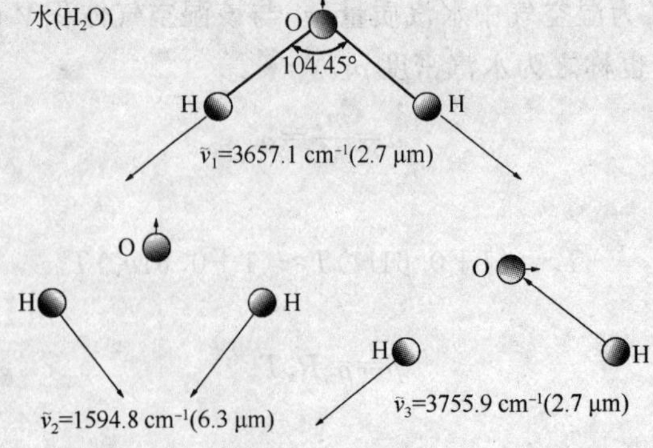

图 5.2　水分子结构与振动方式

一、水汽 H_2O 的吸收光谱

由于水汽在大气中的含量很大，加上水汽分子的复杂结构，从电磁波谱的远紫外区到微波谱区，都存在有水汽吸收。其主要特点有：

1. 水汽的电子谱带

水汽的电子吸收光谱位于波长小于 186 nm，在 186～145 nm 水汽的连续吸收区，最大吸收在 165 nm 附近；在 145～98 nm 存在明显的吸收带，低于 93.6 nm 出现连续吸收区。

2. 水汽的振—转光谱带

水汽的振动转动光谱带是十分复杂的，用高分辨率观测仪可观测到每个光谱带内包含有几百条甚至数千条谱线。在这一谱段内，水汽有三个基频带，其位置见表 5.1，从表中看出，表中 v_2(6.3 μm)是水汽最强和最宽的一条振转谱带，范围为 900～2400 cm^{-1}，它吸收了 5.5～7.5 cm^{-1} 光谱段。

地球辐射：v_1(2.66 μm)、v_3(2.74 μm)较弱，v_1 又比 v_3 弱。由于 v_1、v_3 和 $2v_3$ 相互重叠，构成了 2.7 μm 谱带群，范围从 2800 cm^{-1} 到 4400 cm^{-1}；在近红外谱带（4500～11000 cm^{-1}），存在六个可区分的谱线群，其位置见表 5.2（$v_1 v_2^l v_3$），这些带对于水汽含量高的低层大气有重要意义。在可见光区有一些弱吸收带。

表 5.1　水汽三个基带的位置

频段	跃迁	带中心(cm^{-1})	
		$H^{16}OH$	$H^{16}OD$
v_1	000→100	3657.05	2723.66
v_2	000→010	1594.78	1404.3
v_3	000→001	3755.92	3707.47

表 5.2　水汽谱带

谱段	带中心(cm^{-1})	同位素	高能态($v_1 v_2^l v_3$)	线强(296 K)S_n($\times 10^{20}$ cm)	线数
转动	0.00	$H^{16}OH$	000	52,700.0	1728
	0.00	$H^{17}OH$	000	19.4	622
	0.00	$H^{18}OH$	000	107.0	766
6.3 μm	1588.28	$H^{18}OH$	010	21.0	852
	1591.31	$H^{17}OH$	010	3.84	668
	1594.75	$H^{16}OH$	010	10,400.0	1807
2.7 μm	3151.63	$H^{16}OH$	020	75.4	1146
	3657.05	$H^{16}OH$	100	486.0	1381
	3707.47	$H^{16}OH$	001	1.42	1651
	3741.57	$H^{18}OH$	001	13.9	711
	3748.52	$H^{17}OH$	001	2.52	529
	3755.93	$H^{16}OH$	001	6930.0	1750

续表

谱段	带中心(cm^{-1})	同位素	高能态($v_1 v_2 v_3$)	线强(296K)S_n(×10^{20} cm)	线数
Ω	5234.98 5331.27	$H^{16}OH$	110 011	37.2 804.0	991 1306
ψ	6871.51 7201.48 7249.93	$H^{16}OH$ $H^{16}OH$ $H^{16}OH$	021 200 101	56.4 52.9 747.0	— — —
ϕ	8807		111	49.8	—
ρ^c	10,239	$H^{16}OH$	121	2.0	—
σ^c	10,613	$H^{16}OH$	201	10.0	—
τ^c	11,032	$H^{16}OH$	003	2.0	—
可见光	13,653 13,828 13,831 17,459 17,496	$H^{16}OH$ $H^{16}OH$ $H^{16}OH$ $H^{16}OH$ $H^{16}OH$	221 202 301 500 203	 — — — 	216 169 330 108 182

图 5.3 显示了整个水汽谱带的吸收截面，水汽吸收带从可见光到远红外直至微波谱带。图 5.4 显示了 15 μm 谱带高分辨率水汽转动吸收谱线。

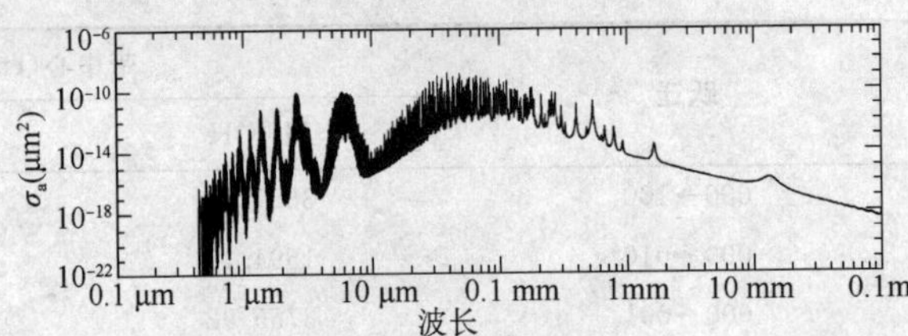

图 5.3 水汽谱带的吸收截面

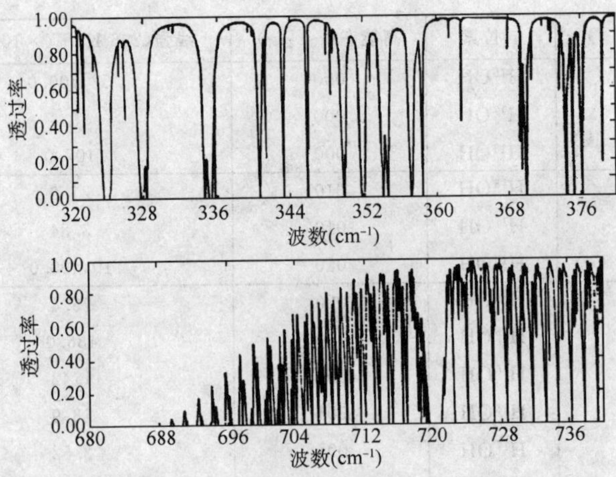

图 5.4 高分辨率 CO_2 15 μm 谱带中的水汽转动谱带

二、水汽吸收的计算

(1)晴天大气水汽的吸收

Roach(1961)及 Yamamoto(1961)根据 Howard 等(1956)的观测资料推导了总吸收与水汽总程长的关系，其中 Yamamoto 提出的最有权威，其关系可以近似地表示为

$$A_{WV}=2.9y/[(1+141,5y)^{0.635}+5.925y] \tag{5.31}$$

其中水汽的吸收率是对整个太阳光谱而言的。对于单色吸收率或透过率是温度和气压的函数，其吸收形式取决于个别吸收线是弱线或强线。例如，在均匀介质中，在弱线情况下与气压的关系为零；而在强线情况下，则为平方根关系。温度影响线强和线宽，通常它与有效光程呈平方根关系。

由实际的一条大气廓线计算所有波长的积分吸收率是困难的，考虑到大气的不均匀性，常采用有效程长 y_e 代替实际水汽的程长 y，即

$$y_e=y_{(}p/p_s)^n(T_s/T)^{1/2} \tag{5.32}$$

式中，p_s、T_s 分别是标准状况下的气压和温度，n 是 0.5～1 的常数。

在晴空条件下，第 i 层对太阳辐射的吸收率为

$$A_{wvj}=\mu_0\{A_{wv}(y_{i+1})-A_{wv}(y_i)+r_g[A_{wv}(y_i^*)-A_{wv}(y_{i+1}{}^*)]\} \tag{5.33}$$

式中，y_i 和 y_i^* 分别用水汽垂直程长 u、气压 p、温度 T 和比湿 q 表示为

$$y_i=m_r u_i=\frac{m_r}{g}\int_0^{p_i}q\left(\frac{p}{p_g}\right)^n\left(\frac{T_g}{T}\right)^{1/2}\mathrm{d}p \tag{5.34}$$

和

$$y_i{}^*=\frac{m_r}{g}\int_0^{p_i}q\left(\frac{p}{p_g}\right)^n\left(\frac{T_g}{T}\right)^{\frac{1}{2}}\mathrm{d}p+\frac{\overline{m}_r}{g}\int_0^{p_i}q\left(\frac{p}{p_g}\right)^n\left(\frac{T_g}{T}\right)^{1/2}\mathrm{d}p \tag{5.35}$$

式中，p_i 是第 i 层顶的气压，p_{i+1} 是第 i 层底的气压，p_g 是地面气压。

$$\widetilde{T}_{wv}(y)=\int_0^\infty f(k)\mathrm{e}^{-ky}\mathrm{d}k \tag{5.36}$$

$$A_{wv}(y)=1-\int_0^\infty f(k)\mathrm{e}^{-ky}\mathrm{d}k \tag{5.37}$$

$$A_{wv}(y)=1-\sum_{n=1}^{5}f(k_n)\mathrm{e}^{-ky*} \tag{5.38}$$

$$A_{wv}(y^*)=1-\sum_{n=1}f(k_n)\mathrm{e}^{-kny*} \tag{5.39}$$

Leckner(1978)采用 Mc Clatchey 等的成果，提出一个简单又十分精确的计算太阳直接光谱辐射的方法，其中对于水汽与波长有关的水汽光学厚度为

$$\tau_w(\lambda)=\frac{0.2385k(\lambda)y}{[1+20.07k_w(\lambda)]^{0.45}} \tag{5.40}$$

式中，y 为可降水量，与露点温度 T_d 的关系为

$$y=\exp(0.29+0.061T_d) \tag{5.41}$$

而各个高度上水汽的光学厚度为

$$\tau_w(\lambda,z)=H_w(z)\tau_w(\lambda) \tag{5.42}$$

式中

$$H_w(z)=\exp(-0.639z) \tag{5.43}$$

(2)有云情况下水汽吸收的计算

水汽在波长 0.7～0.40 μm 谱段区间存在着不同的吸收带，Lacis 和 Hansen(1974)提出以水汽的吸收系数的几率分布考虑多次散射，把水汽吸收系数的几率分布分为 8 个间距，若某一气层的可降水量为 y(cm)，则水汽的吸收系数为

$$A(y) \cong 1-\sum_{n=1}^{8} p(k_n)\exp(-k_n y') \tag{5.44}$$

式中，k_n 为离散吸收系数，$p(k_n)$为离散吸收系数几率分布，y'为有效水汽光程，由气层的可降水量 y 确定，即

$$y' = y\left(\frac{P}{P_0}\right)\left(\frac{T_0}{T}\right)^{0.5} \tag{5.45}$$

式中，P_0、T_0 和 P、T 分别为标准状况下和地面的气压、温度。表 5.3 为当 $n=8$ 时的水汽吸收系数的离散几率分布。

表 5.3　当 $n=8$ 时的水汽吸收系数的离散几率分布

n	1	2	3	4	5	6	7	8
k_n	410	0.002	0.035	0.377	1.95	9.40	44.6	190
$p(k_n)$	0.6470	0.0698	0.1443	0.0584	0.0335	0.0225	0.0158	0.0087

第三节　卫星探测水汽的光谱通道特征分析

一、不同通道间亮温差与可降水 TPW 间的关系

1. 夜间

图 5.5 显示夜间不同通道间亮温差与水汽间的敏感性，从图中可看到：

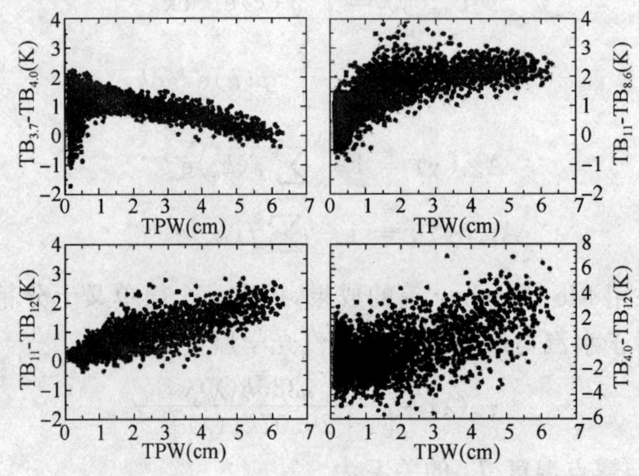

图 5.5　夜间不同通道间亮温差与水汽间的敏感性

①$TB_{3.7}-TB_{4.0}$，在短波红外通道显示亮度温度差 $TB_{3.7}-TB_{4.0}$与水汽 TPW 间存在非线性关系，当水汽 TPW 线性增加，亮温差 $TB_{3.7}-TB_{4.0}$并非线性增加，特别是在 TPW 低值和高值区表现为相反的改变；

②$TB_{11}-TB_{8.6}$，8.6 μm 与 11 μm 之间的亮度温度差与 TPW 也显示出非线性关系；

③$TB_{11}-TB_{12}$，长波红外通道之间的亮度温度差与 TPW 间表现为更明显的线性关系；

④$TB_{4.0}-TB_{12}$，短波和红外通道之间的亮度温度差与 TPW 间关系明显离散度。

2. 白天

图 5.6 显示白天不同通道间亮温差与水汽间的敏感性，从图中可看到：显示出现类似于夜间的特点，不同的是由于白天红外与短波红外通道之间地面发射率的差异，导致较宽的离散度和较高的非线关系，特别是短波通道之间，在 TPW 小时，亮度温度的差异加大，而 TPW 大时，敏感性差；对于 $TB_{11}-TB_{8.6}$ 和 $TB_{11}-TB_{12}$ 之间则没有明显的差别。

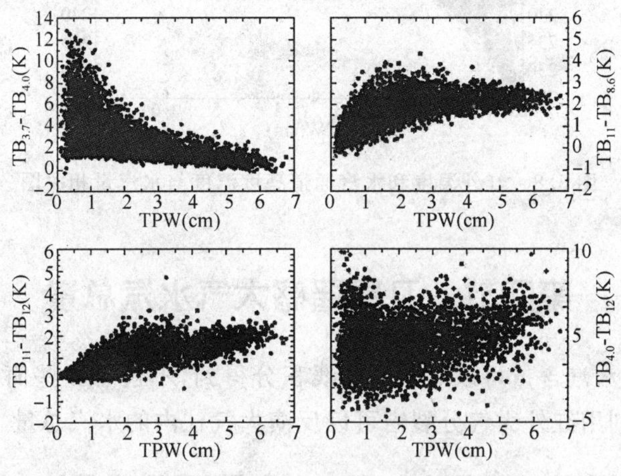

图 5.6　白天期间亮度温度对 TPW 的敏感性

3. 卫星各通道包含的 TPW 信息分析

图 5.7 显示了红外通道亮度温度与水汽信息间的关系，可以看出：(1)13.3 μm CO_2 通道与大气不同高度上的水汽有较好的相关性，相关系数达 0.921 μm；(2)通常 6.7 μm 通道只与某一层的水汽有好的敏感性，与其他高度的水汽没有相关性，只有 0.388，而虽然 0.714 μm 水汽通道的亮度温度与 TPW 的相关系数达 0.861；(3)虽然 0.714 μm 和 5.56 μm，的亮度温度对不同高度的水汽敏感，但是当水汽含量较大时，很快就趋向于饱的状态，无法反映大气中水汽信息量。

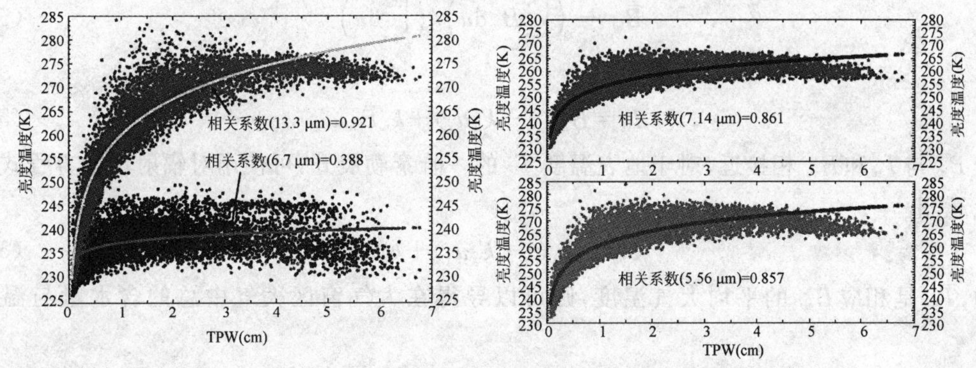

图 5.7　红外水汽通道亮温与水汽关系图

图 5.8 显示了两个短波 CO_2 通道 4.52 μm 和 4.47 μm 的亮度温度对大气中水汽含量的敏感性，相关系数达到 0.932 和 0.938。由此可见，如果水汽通道结合对温度敏感的通道反演

TPW，TPW 的反演会有明显改进。

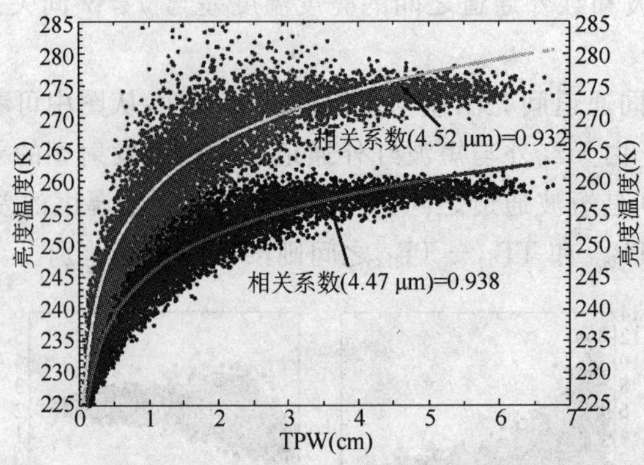

图 5.8 红外温度和水汽通道亮度温度与水汽量相关图

第四节 卫星遥感大气水汽总量

总的大气柱内的水汽含量可以对湿度廓线积分得到，不过有一些简便的方法求取大气柱内总的水汽含量，如利用红外大气分裂窗可以反演大气柱内的水汽总量。下面介绍这类方法。

一、由红外分裂窗估计总的大气中水汽含量(可降水量)

在红外大气窗区，吸收是相当弱的，因此，有以下近似式

$$\tau_w = e^{-k_w u} \approx 1 - k_w u \tag{5.46}$$

式中，w 表示大气窗谱带，k_w 是吸收系数，u 是大气路径水汽总量。如果地表是黑体，由于在大气窗区水汽有小的吸收，u 是测量的可降水汽，在大气窗测量的辐射写为

$$I_w = B_{sw}(1 - k_w u_s) + k_w \int_0^{u_s} B_w \mathrm{d}u \tag{5.47}$$

定义大气平均普朗克辐射为

$$\bar{B}_w = \left(\int_0^{u_s} B_w \mathrm{d}u\right) \Big/ \left(\int_0^{u_s} \mathrm{d}u\right) \tag{5.48}$$

则有

$$I_w = B_{sw}(1 - k_w u_s) + k_w \bar{B}_w u \tag{5.49}$$

由于 B_{sw} 与 I_w 和 $\bar{B}_w$ 相接近，对于地表温度 T_s 的一阶泰勒展开，可使用对辐射传输方程式的线性化，给出

$$T_{bw} = T_s(1 - k_w u_s) + k_w u \bar{T}_w \tag{5.50}$$

式中，$\bar{T}_w$ 是相应 $\bar{B}_w$ 的平均大气温度，则可以导得在大气窗区大气中总的含水量与温度的关系

$$U_s = IWV_s = \frac{T_{bw} - T_s}{k_w(\bar{T}_w - T_s)} \tag{5.51}$$

式中，T_s 是地面温度，T_{bw} 是大气窗区的亮温，$\bar{T}_w$ 是大气的有效温度，k_w 是大气窗区中水汽的吸收系数。地面温度表示为

$$T_s=\frac{k_{w2}T_{bw1}-k_{w1}T_{bw2}}{k_{w2}-k_{w1}} \tag{5.52}$$

显然总的水汽浓度取决于地表面温度 T_s 与大气有效温度 $\overline{T}_w$ 之间的差，在等温的情况下，大气中的水汽浓度是无法确定的。

如果 $\overline{T}_w$ 与地面温度 T_s 成正比，即

$$\overline{T}_w=\alpha_w T_s \tag{5.53}$$

式中，α_w 是比例系数，将式(5.52)和式(5.53)代入式(5.51)中，则有水汽含量 U_s 的解为

$$U_s=\frac{T_{bw2}-T_{bw1}}{(\alpha_{w1}-1)(k_{w2}T_{bw1}-k_{w1}T_{bw2})}=\frac{T_{bw2}-T_{bw1}}{\beta_1 T_{bw1}-\beta_2 T_{bw2}} \tag{5.54}$$

式中，系数 β_1 和 β_2 可以同一位置观测的水汽总量 U_s 与给定的温度和水汽廓线条件下通过线性回归方法求取。

二、双视场分裂窗方差比值法

Chesters(1983)、Kleespies 和 McMillin(1984)、Jedlovec(1987)提出分裂窗双视场方法，如在大气窗内水汽吸收极小的情况下，利用分裂窗方差比方法估算视场内大气柱的水汽含量的方程式(5.49)：

$$I_w=B_{sw}(1-k_w U_s)+k_w U_s \overline{B}_w \tag{5.55}$$

假定相邻视场内气温是不变的，则窗区的辐射变化 ΔI_w 可以写为

$$\Delta I_w=\Delta B_{sw}(1-k_w u_s) \tag{5.56}$$

如果对于两相邻视场，取 $\Delta I_w=[I_w(\text{fov1})-I_w(\text{fov2})]$，$\Delta B_{sw}=[B_{sw}(\text{fov1})-B_{sw}(\text{fov2})]$代入式(5.56)，就有

$$[I_w(\text{fov1})-I_w(\text{fov2})]=[B_{sw}(\text{fov1})-B_{sw}(\text{fov2})](1-k_w u_s) \tag{5.57}$$

如果取亮度温度表示为

$$[T_w(\text{fov1})-T_w(\text{fov2})]=[T_s(\text{fov1})-T_s(\text{fov2})](1-k_w u_s) \tag{5.58}$$

使用分裂窗区通道，以比值表示为

$$\frac{1-k_{w1}U_s}{1-k_{w2}U_s}=\frac{\mathrm{d}I_{w1}\cdot \mathrm{d}B_{sw2}}{\mathrm{d}I_{w2}\cdot \mathrm{d}B_{sw1}} \tag{5.59}$$

根据式(5.56)和式(5.57)，有

$$\frac{1-k_{w1}U_s}{1-k_{w2}U_s}=\frac{[I_{w1}(\text{fov1})-I_{w1}(\text{fov2})][B_{w2}(\text{fov1})-B_{w2}(\text{fov2})]}{[I_{w2}(\text{fov1})-I_{w2}(\text{fov2})][B_{w1}(\text{fov1})-B_{w1}(\text{fov2})]} \tag{5.60}$$

以亮温表示为

$$\frac{1-k_{w1}U_s}{1-k_{w2}U_s}=\frac{[T_{w1}(\text{fov1})-T_{w1}(\text{fov2})][T_s(\text{fov1})-T_s(\text{fov2})]}{[T_{w2}(\text{fov1})-T_{w2}(\text{fov2})][T_s(\text{fov1})-T_s(\text{fov2})]} \tag{5.61}$$

即得

$$\frac{1-k_{w1}U_s}{1-k_{w2}U_s}=\frac{[T_{w1}(\text{fov1})-T_{w1}(\text{fov2})]}{[T_{w2}(\text{fov1})-T_{w2}(\text{fov2})]} \tag{5.62}$$

若令 $\Delta T_{w1}=T_{w1}(\text{fov1})-T_{w1}(\text{fov2})$，$\Delta T_{w2}=T_{w2}(\text{fov1})-T_{w2}(\text{fov2})$，则式(5.62)又为

$$\frac{1-k_{w1}U_s}{1-k_{w2}U_s}=\frac{\Delta T_{w1}}{\Delta T_{w2}} \tag{5.63}$$

或为

$$U_s=(1-\Delta_{12})/(k_{w1}-k_{w2}\Delta_{12}) \tag{5.64}$$

其中，$\Delta_{12}=\dfrac{\Delta T_{w1}}{\Delta T_{w2}}$，表示分裂窗两通道的亮温偏差的比值。偏差可以由均方根误差确定。这一方法假定仅为不同表面从一 FOV 与另一个 FOV 的亮度温度差，它在应用于卫星探测分辨率高的情形下最佳，因此，为确定亮度温度的精确变化，应在小的大气变化和可测量的表面变化的小面积内。

三、MODIS 分裂窗反演水汽

利用 MODIS 分裂窗 11 μm 和 12 μm 的晴空亮度温度确定 TPW，在大气分裂窗通道内，吸收光是很弱的，因此，光学厚度写为

$$\tau_i=\exp(-k_i w\sec\theta)\approx 1-k_i w\sec\theta \tag{5.65}$$

式中，i 表示通道序数，w 是总的 PW；由此在大气窗通道内

$$\mathrm{d}\tau_i=-k_i\sec\theta\mathrm{d}w \tag{5.66}$$

由于水汽的吸收是很小的，红外辐射传输方程可写为

$$\begin{aligned}I_i&=\varepsilon_i B_i(T_s)\tau_i+\int_0^{\tau}B_i[T(p)]\mathrm{d}\tau\\&=\varepsilon_i B_i(T_s)(1-k_i w\sec\theta)+k_i\sec\theta\int_0^{w}B_i[T(p)]\mathrm{d}w\end{aligned} \tag{5.67}$$

式中，w 表示总的气柱水汽或 PW，定义大气平均普朗克辐射

$$B_i(T_a)=\int_0^{w}B_i[T(p)]\mathrm{d}w\Big/\int_0^{w}\mathrm{d}w \tag{5.68}$$

则

$$I_i=\varepsilon_i B_i(T_s)(1-k_i w\sec\theta)+k_i\sec\theta W B_i(T_a) \tag{5.69}$$

普朗克函数可以按 T_i 进行泰勒级数展开，为

$$I_i=\varepsilon_i B_i(T_i)\frac{\mathrm{D}B}{\mathrm{D}T}\bigg|_{T_i}\quad \frac{B_i(T_i)}{\frac{\mathrm{D}B}{\mathrm{D}T}\Big|_{T_i}}=\frac{\mathrm{D}B}{\mathrm{D}T}\bigg|_{Ti}L(T_i) \tag{5.70}$$

及

$$B_i(T_s)=B_i(T_i)+\frac{\mathrm{D}B}{\mathrm{D}T}\bigg|_{Ti}(T_s-T_i)=\frac{\mathrm{D}B}{\mathrm{D}T}\bigg|_{Ti}[T_s-T_i+L(T_i)] \tag{5.71a}$$

$$B_i(T_a)=B_i(T_i)+\frac{\mathrm{D}B}{\mathrm{D}T}\bigg|_{Ti}(T_a-T_i)=\frac{\mathrm{D}B}{\mathrm{D}T}\bigg|_{Ti}[T_a-T_i+L(T_i)] \tag{5.71b}$$

则可将辐射传输方程式线性化，为

$$L(T_i)=\varepsilon_i(1-k_i w\sec\theta)[T_s-T_i+L(T_i)]+(1-k_i w\sec\theta)[T_a-T_i+L(T_i)] \tag{5.72}$$

已有几个关于近似的表示，其中一个为

$$L(T_i)=T_i/n_i \tag{5.73}$$

由可降水表示为

$$W=\frac{(C_{i1}T_i-\varepsilon_i T_s)\cos\theta}{k_i(T_a-\varepsilon_i T_s-C_{i2}T_i)} \tag{5.74}$$

其中，$C_{i1}=\dfrac{1+(n_i-1)\varepsilon_i}{n_i}$；$C_{i2}=\dfrac{(n_i-1)(1-\varepsilon_i)}{n_i}$；$\varepsilon_i=1.0$。

对于海洋，11μm 和 12μm 处的发射率为 1，所以

$$W=\frac{T_i-T_s}{k_i\sec\theta(T_a-T_s)} \tag{5.75}$$

海面和某一表面类型的温度可为

$$T_s=T_i-(T_2-T_1)k_1/(k_2-k_1)=\frac{k_2T_1-k_1T_2}{k_2-k_1} \tag{5.76}$$

假定 T_a 与 T_s 成正比

$$T_a=a_wT_s \tag{5.77}$$

则 W 可表示为

$$W=\frac{(T_2-T_1)\cos\theta}{(a_w-1)(k_2T_1-k_1T_2)}=\frac{(T_2-T_1)\cos\theta}{(b_1T_1-b_2T_2)} \tag{5.78}$$

从方法的推导过程可看到，该方法假定 T_a 与 T_s 成正比，这一方法仅适用于海洋，在陆地会有很大的误差。

从上面可以看到各个方法各有优点，也有不足之处。根据 PW 的光谱特征，除采用红外分裂窗通道外，还可以选取用其他红外通道以非线性方式与 PW 相关。如果取各种方法的优点，应用于水汽的反演中，无论是单视场或视场平均，方法综合所有谱带，这时 PW 可以表示为

$$PW=a_0+\sum_{i=1}^{NB}a_iTb_i+\sum_{i=1}^{NB}\sum_{j=1}^{NB}c_{ij}Tb_iTb_j+d_1\sec\theta+d_2p_s+d_3\cos(\phi)+d_4Emis \tag{5.79}$$

式中，Tb_i 是谱段 i 的亮度温度，p_s 是地面气压，ϕ 是卫星方位角，θ 是卫星天顶角，$Emis$ 是考虑不同地表地面发射率，如对于水云发射率设置为 1；a、b、c 是回归系数；NB 是通道数。

四、算法的敏感性分析

PW 反演的准确度和精度来自于以下几种不确定性：测量误差、前向模式误差、温度和水汽廓线的不确定性、薄可见卷云的污染、气溶胶污染等。因此，须要进行改进由于附加的温度敏感性和 CO_2 谱带的研究。

为确定式(5.79)回归系数，可根据不同季节由无线电气候探空曲线资料选取包括温度、湿度和臭氧的廓线，使用在大气透过率模式、0.1～1050 hPa 计算 42 个大气层光学厚度进行辐射计算 PW 的回归系数。然后应用于模拟光谱测量，得到 PW 反演。总的气柱 PW 误差精度定义为

$$Precision=100\%\sqrt{\frac{1}{NS}\sum_{j=1}^{NS}\left(\frac{PW_j^{\text{true}}-PW_j^{\text{rtv}}}{PW_j^{\text{true}}}\right)^2} \tag{5.80}$$

式中，PW^{true} 和 PW^{rtv} 分别是真实和回归反演导得的 PW，NS 是独立个例数。

1. 测量噪声的敏感性

图 5.9 显示了对于测量噪声反演敏感性，噪声因子 1 意味对于确定的卫星感应器噪声导得的 PW，噪声因子 0.2 表示很高的卫星感应器测量，噪声因子 2 表示噪声增加了 2 倍。PW 反演精度用出现的误差表示，与噪声因子近似为线性函数，但关系不是很强。使用全球系数集反演的 PW 和分类的 PW 反演，对测量噪声有类似的敏感性。

2. CO_2 敏感性

CO_2 通道与 PW 有很高的相关性，给出增加 PW 反演信息。图 5.10 表示利用 VIIRS 基本谱段与其他谱段组合进行，CO_2 谱带可以提供附加 PW 信息，当与基本谱带比较，4.52μm

谱带可给出最佳的反演精度。

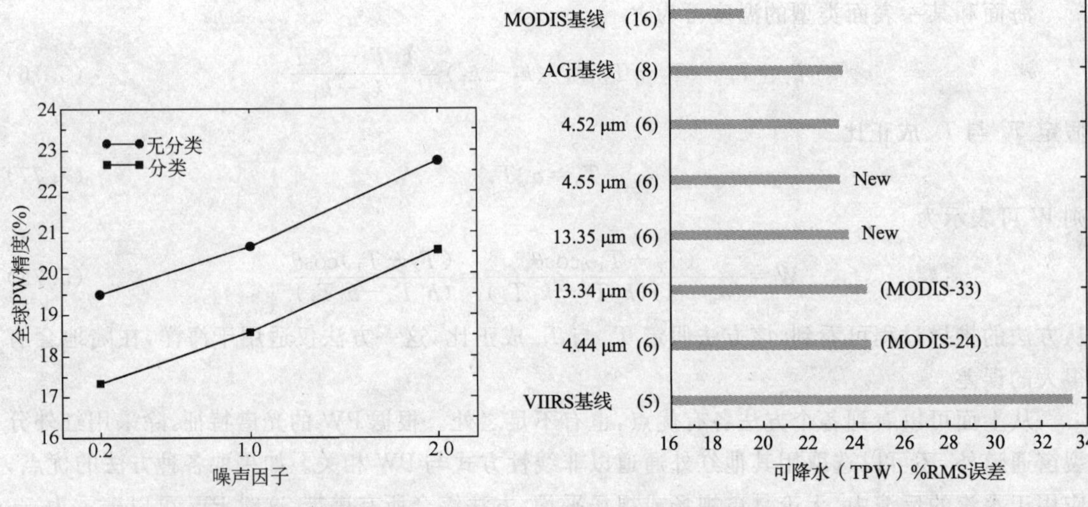

图 5.9　对于感应器噪声的可降水反演敏感性　　图 5.10　对于反演可降水的最优谱带的组合的交叉研究

图 5.11 显示对由于四个不同区域背景到全球背景附加二氧化碳 4.3μm 反演可降水精度。四个背景是使用 CAMEX-3 NAST 反演探测资料(1998 年 9 月 13－14 日)模拟。图中看到增加 CO_2 谱带后精度下降。

3. 陆地和海洋表面发射率敏感性

图 5.12 显示了通过可降水计算得出地面发射率对五个基线谱带的亮度温度影响。在海洋，通常有 0.5%的发射率变化，而在陆地发射率的变化有百分之几，这说明发射率项在回归方程中需考虑其变化。

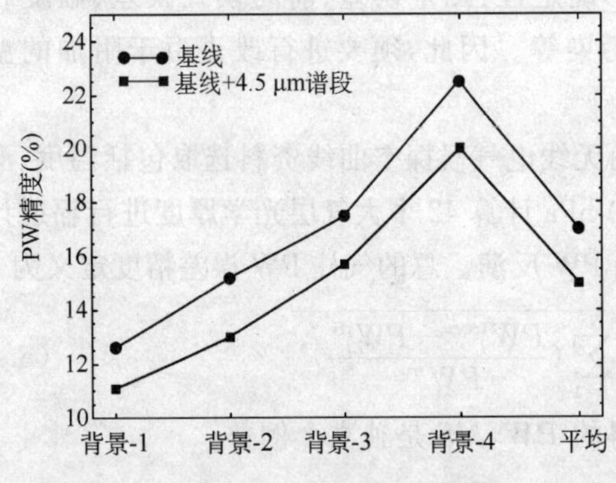

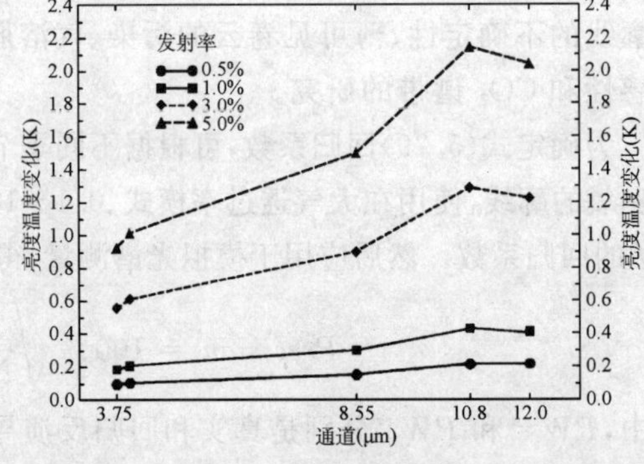

图 5.11　增加 4.5 μm 对可降水反演的利用　　图 5.12　地面发射率对亮度温度的影响

如果不考虑地面发射率的影响，地面发射率不确定性减小 PW 反演精度。图 5.13 显示使用不同谱带组合反演 PW 在陆地和海洋反演的不确定性。陆地假定表面发射率不确定性 3%，海洋为 0.5%；显然已知发射率或小的地面发射率变化，反演 PW 会更精确。

4. 气溶胶敏感性

在 PW 模拟反演敏感性研究中，气溶胶有海洋和陆地两种类型，图 5.14 表示由于少量气溶胶吸收导致的亮度温度的降低。从图中看到海洋和陆地两类气溶胶对亮度温度降低随波长的变化，气溶胶对分类和不分类的影响几乎是相同的。对气溶胶检测和对 PW 反演订正，可改进 PW 的精度。

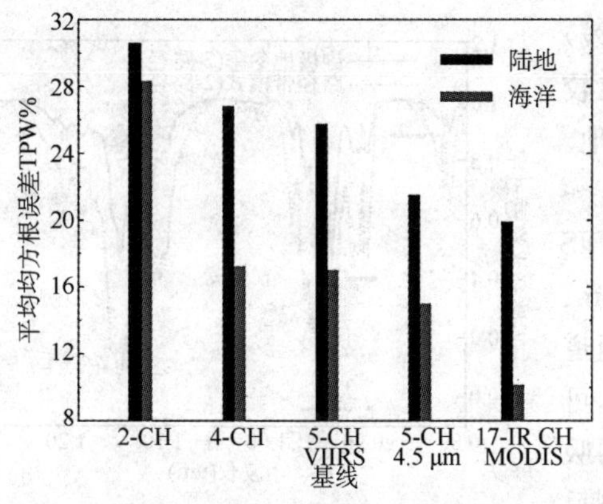

图 5.13　不同谱带组合反演 PW 在陆地和海洋反演的不确定性

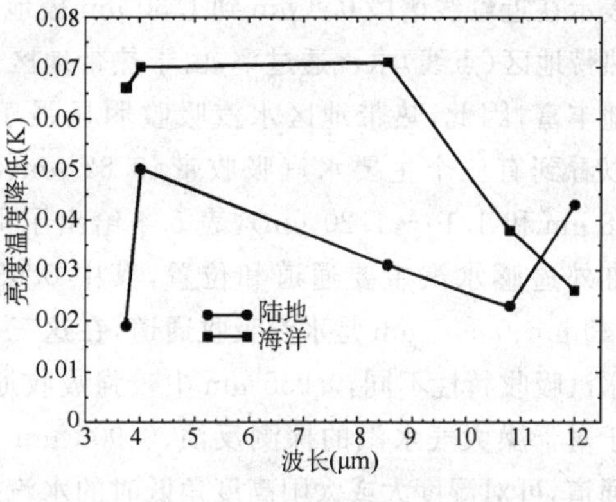

图 5.14　陆地和海洋气溶胶对亮温的影响

5. 卷云污染敏感性

用小于 0.05 的光学厚度确定薄可见光卷云，取三种光学厚度 0.01、0.02、0.05，具有光学厚度为 0.01 很薄的卷云，对 IR 测量的温度约为 0.5K，但是对于 0.05 光学厚度，在同一谱带，亮度温度有可能减小到 2.5K，图 5.15 显示了薄卷云出现引起的均方根差，卷云引起的衰减是系统的，如果薄卷云能检测到或如果作订正，其偏差是可消除的。如果有薄卷云检测和有对 PW 反演订正知识，就能改进 PW 估算。

图 5.16 显示了对薄卷云污染，没有订正和经过订正的结果，当卷云很薄时，反演的 PW 有很小的差别，可不考虑到云的存在。当卷云逐步增加时，需考虑到云的污染，对 PW 反演的误差达到3%～4%。

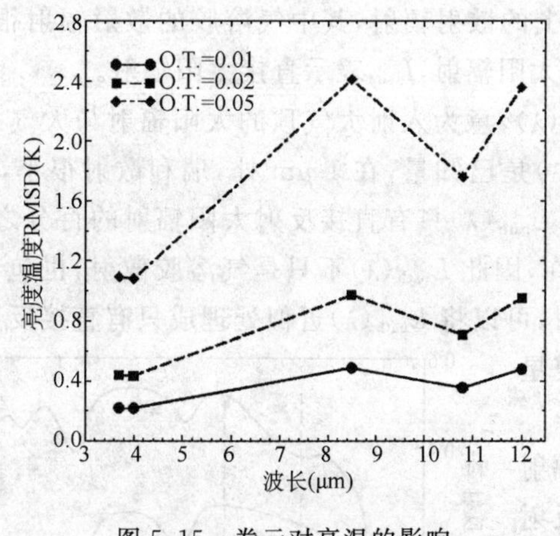

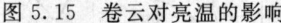

图 5.15　卷云对亮温的影响

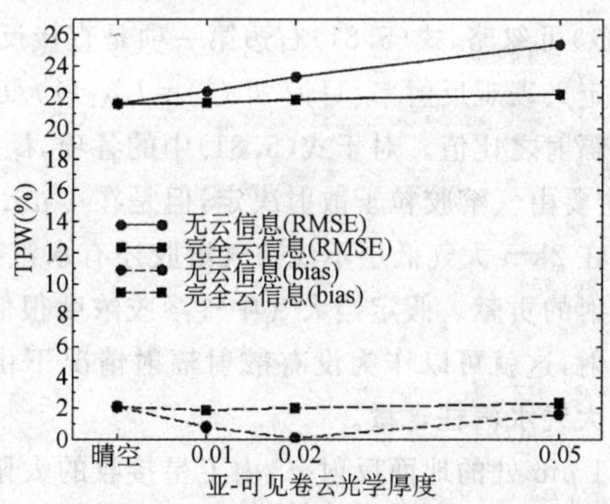

图 5.16　卷云对 TPW 的影响

四、MODIS 近红外反演水汽

上面介绍海洋上空大气水汽的反演方法，但是对于陆地由于受地面反射率和云等的影响，用红外分裂窗通道反演陆地上空水汽就会产生很大的误差。为反演陆面上空和有云状况下大气中的水汽含量，MODIS 推出利用近红外方法反演大气水汽的方法。下面作一介绍。

1. 近红外谱段水汽的光谱和 MODIS 通道

图 5.17 是在太阳天顶角为 45°时利用 LOWTRAN-7 计算得到的近红外水汽透过率，图

中表示在近红线谱段 0.8 μm 到 1.30 μm 极地(实线)和热带地区(点线)水汽透过率,由于热带地区水汽较极地丰富,因此,热带地区水汽吸收明显强于极地。可以看到有三个主要水汽吸收带(0.82 μm、0.91～0.98 μm 和 1.10～1.20 μm),表 5.4 给出了 MODIS 近红外遥感水汽主要通道和位置,其中 0.936 μm、0.940 μm、0.905 μm 是水汽吸收通道,在这三个通道的水汽吸收特性不同,0.935 μm 中较强吸收通道,可用于对干燥大气水汽的探测反演、0.905 μm 是弱吸收通道,可对湿度大或太阳高度角低时的水汽探测反演;通道 0.865 μm 和 1.24 μm 是两个非水汽吸收通道,可用于探测地表和云特性。

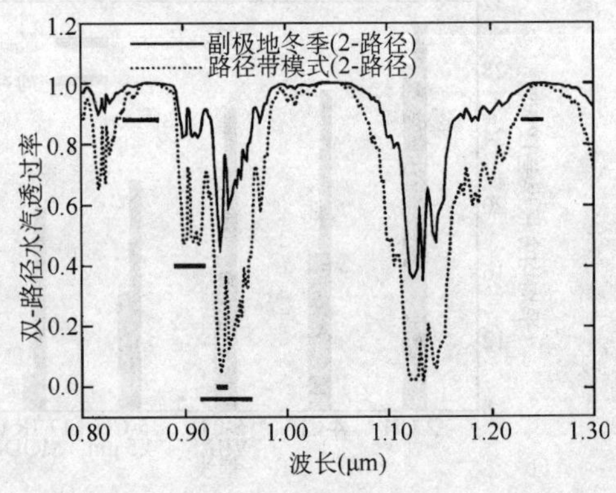

图 5.17　5 个 MODIS 近红外光谱通道的水汽透过率

表 5.4　MODIS 反演水汽的近红外通道

MODIS 通道 #	2	5	17	18	19
位置(μm)	0.865	1.240	0.905	0.936	0.940
宽度(μm)	0.040	0.020	0.030	0.010	0.050

2. *反演方法*

卫星接收到的辐射写为直接太阳反射辐射和路径散射辐射之和:

$$L_{\mathrm{SAT}}(\lambda)=L_{\mathrm{sun}}(\lambda)\widetilde{T}(\lambda)\rho(\lambda)+L_{\mathrm{path}}(\lambda) \tag{5.81}$$

式中,$L_{\mathrm{SAT}}(\lambda)$是卫星感应到的辐射,$L_{\mathrm{sun}}(\lambda)$是大气顶的太阳辐射,$\widetilde{T}(\lambda)$是双路径大气透过率,$\rho(\lambda)$是地表反射率,$L_{\mathrm{path}}(\lambda)$是辐射通过大气路径上的散射辐射,其中气溶胶的散射辐射很小,$L_{\mathrm{path}}(\lambda)$可忽略,式(5.81)右边第一项是直接反射太阳辐射,L_{sun}表示直接太阳辐射。

定义表观反射率:写为 $\rho^*(\lambda)=L_{\mathrm{SAT}}(\lambda)/L_{\mathrm{sun}}(\lambda)$,意为入射大气顶的太阳辐射与大气顶的反射辐射之比值。对于式(5.81)中的各项,$L_{\mathrm{sun}}(\lambda)$是已知量,在 1 μm 处,瑞利散射很小,$L_{\mathrm{path}}(\lambda)$主要由气溶胶粒子散射决定,但是在 1 μm 处 $L_{\mathrm{path}}(\lambda)$只有直接反射太阳辐射的百分之几。由于在 2km 大气低层不仅有气溶胶还有水汽存在,因此 $L_{\mathrm{path}}(\lambda)$不只是气溶胶散射,也包含水汽散射的贡献。假定当大气中气溶胶浓度很低时,可以将 $L_{\mathrm{path}}(\lambda)$近似处理成只有直接反射太阳辐射,这就可以作为没有散射辐射情况下由卫星估算大气水汽柱含量。

1 μm 处的地面反射率:由卫星接收的太阳辐射中包含地表的反射太阳辐射,这种辐射与地表反射特性有关,多数地表或是由植被、岩石、土壤和雪,或者由冰所覆盖。图 5.18 表示了 5 种土壤的反射随波长变化特性,其中 0.85～1.25 μm 波长,土壤的反射率随波长近似呈现线性关系;在岩石和矿物的反射光谱中观测到类似的线性关系,在反射光谱中最大线性偏差出于富铁矿土壤和矿物中,这些物质具有与 Fe^+ 跃迁的宽的电子谱带,其中心波长处于

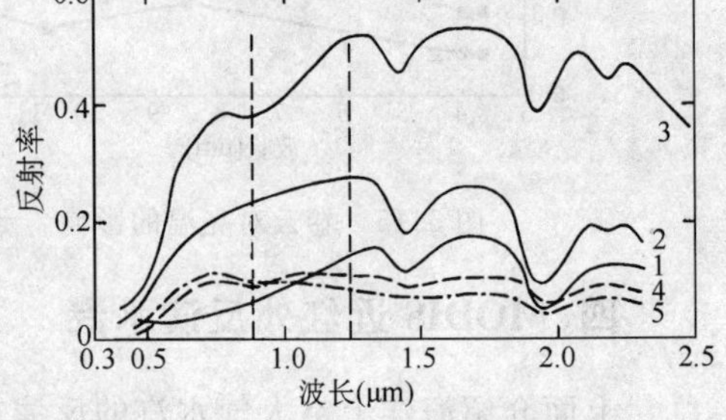

图 5.18　五种土壤反射率曲线,曲线 1:有机物为主、中度细纹理;2:有机物影响,中度纹理;3:铁为主红土类土壤;4、5:铁和富含有机物土壤

0.86 μm，图中曲线3显示了近0.8 μm和1.25 μm之间光谱区的宽带特征。

图5.19给出近红外谱段植被和雪的光谱，植被光谱具有中心在约0.98 μm和1.20 μm处液态水的光谱；雪的光谱具有中心波长位于1.04～1.24 μm冰的吸收带光谱；为比较起见，图中也给出了水汽透过率光谱，水汽、液态水和冰的吸收带的位置彼此间有相对位移，由于在液态和固体水分子的分子间力的增大，分子振动谱带的偏移变得更有规律。

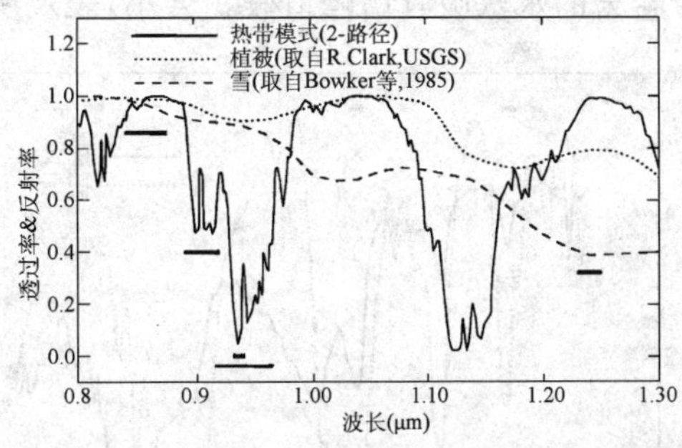

图5.19　2方向路径大气水汽透射率以及植被和雪的反射率光谱，水汽、液态水和冰的带中心相对位移约50nm

3. 比值法求取透过率

从图5.18和图5.19可见，不同地表类型在给定谱段的反射率完全不同，它不可能由单个谱段得到水汽的透过率，获取大气的水汽含量。但是如果选取地面反射率随波长不变的波段，反射率是一个常数，则取水汽吸收通道与大气窗通道表观反射率的比值，可给出水汽吸收通道的透过率，如对于0.94 μm通道，如果地面反射率是常数，路径辐射只是相对于直接反射太阳辐射的一个小部分，其观测的透过率 $\widetilde{T}_{obs}(0.94\ \mu m)$ 可写为

$$\widetilde{T}_{obs}(0.94\ \mu m)=\rho*(0.94\ \mu m)/\rho*(0.865\ \mu m) \tag{5.82}$$

式中，$\rho*(0.94\ \mu m)$ 和 $\rho*(0.865\ \mu m)$ 分别是0.94 μm和0.865 μm的表观反射率。如果地面反射率随波长线性变化，则可使用三通道，取水汽吸收通道与另外两个大气窗通道的比值，给出吸收通道观测的透过率 $\widetilde{T}_{obs}(0.94\ \mu m)$ 可写为

$$\widetilde{T}_{obs}(0.94\ \mu m)=\rho*(0.94\ \mu m)/[C_1\rho*(0.865\ \mu m)+C_2\rho*(0.1.24\ \mu m)] \tag{5.83}$$

式中，$C_1=0.8$，$C_2=0.2$。

4. 陆面上空和洋面太阳耀斑区上空水汽的反演

上面研讨了利用双通道和三通道反演洋面水汽通道的透射率，现考虑陆地上空和洋面太阳耀斑区水汽含量反演，由MODIS的0.865 μm、0.905 μm、0.935 μm、0.940 μm、1.240 μm五个通道的辐射率计算两通道和三通道的比值，求取的比值近似等于太阳—地表—卫星路径上水汽的透过率。为求取水汽含量通常采用MODTRAN辐射计算软件或其他方法，得到两通道和三通道的比值与水汽含量的列表，从该表就可以得到路径上的水汽含量。图5.20表示了 $\rho^*_{0.905}/\rho^*_{0.865}$、$\rho^*_{0.935}/\rho^*_{0.865}$、$\rho^*_{0.940}/\rho^*_{0.865}$ 通道比值

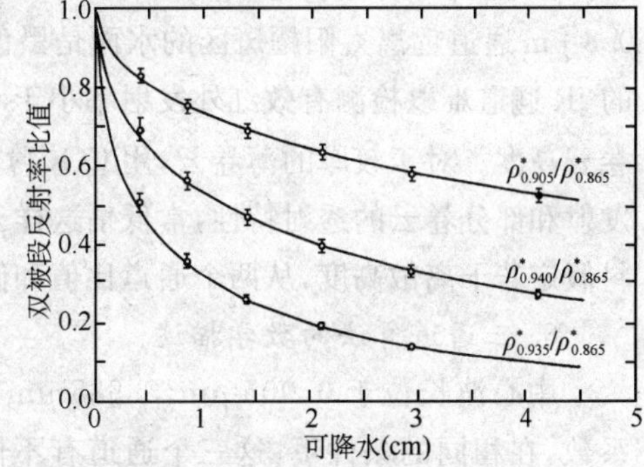

图5.20　对于垂直水汽柱中的不同水汽吸收通道表观反射率与非水汽吸收通道(0.865(m)的辐射率的比值之间的依赖关系(Kaufman和Gao，1992)

作为水汽含量函数的关系曲线。这三条曲线与垂直水汽含量关系略有不同，研究表明如果导得透过率的误差为0.1%，则由此反演水汽含量的误差为2.5%。

5. 有云时水汽的反演

当有云时，卫星在0.8～2.5 μm谱段范围内，测量到的辐射包含有云上和云内水汽的吸收，图5.21表示了存在有卷云和积云时NASA/JPL的AVIRIS观测到的表观反射率，由于卷云较积云高，在0.94 μm带卷云的水汽吸收谱峰值较积云小，表观反射率大。

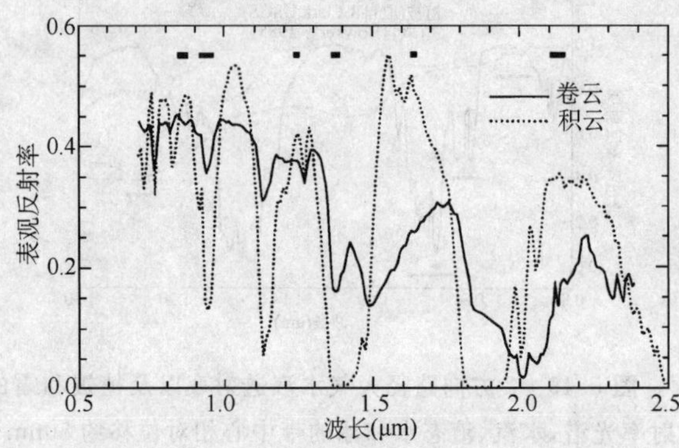

图5.21　存在卷云和积云时NASA/JPL的AVIRIS观测到的表观反射率

在有厚云的情况下，两通道比值给出关于在太阳—云—卫星感应器路径上由于水汽吸收的信息，由于云内粒子对太阳辐射的多次散射加强了吸收效应。为了推断实际水汽分子与太阳辐射的相互作用，必须已知云顶高度，因为分子吸收取决于大气气压高度。对于低的水云高度由被动遥感资料精确决定云顶高度是困难的。因此，为了由厚水云像点的二通道比值反演有效水汽含量，假定云顶高度是以海平面高度起计算。在原理上，有效水汽含量可使用波长短于4 μm的MODIS通道估计水汽吸收作用，用同样的海平面处的云顶高度计算不同MODIS通道水汽透过率。对于高空厚卷云的云顶高度可以由MODIS的IR红外发射通道反演得到。由两个通道的比值加上红外云高的估计，可以反演厚卷云像点的气柱水汽量。

在有薄卷云(冰云)出现时，可以建立一个云内和云上的指数，在水面上的AVIRIS数据表明，由0.94 μm通道对于0.865 μm通道辐射比值给出关于卷云上和卷云内的水汽信息。由于在0.8 μm通道远离太阳耀斑区的水面是黑色，它对两个通道的比值没有贡献。靠近14 μm MODIS的IR通道难以检测有效红外发射率小于0.04的薄卷云，用CO_2薄层法也不可能估计这样的薄卷云高度。对于较厚的薄卷云，用CO_2薄层法有时能确定这样云的高度，但是由于云内的吸收、发射和部分卷云的透射特性，常低估这样云的高度。基于这些考虑，薄卷云的高度可根据气候资料假定若干离散高度，从两个通道比值和假定的卷云的高度，建立高空水汽指数。

6. 三通道算法的数学描述

中心波长位于0.905 μm、0.935 μm、0.940 μm的MODIS通道的大气水汽具有不同吸收系数，在相同的条件下，这三个通道有不同的水汽敏感性。0.935 μm强吸收通道对在干燥条件下的大气水汽最敏感，而0.905 μm弱吸收通道对潮湿条件下的水汽最敏感。在一定的大气条件下，分别由三个通道导得的水汽是不同的，因此，可采用以下加权平均方程式得到平均水汽值

$$W=f_1W_1+f_2W_2+f_3W_3 \tag{5.84}$$

式中，W_1、W_2、W_3 分别是 0.905 μm、0.935 μm、0.940 μm 三个通道导得的水汽值，f_1、f_2、f_3 分别是相应的加权函数值。现所取的加权函数是依据每一个通道的透过率对于总水汽量(W)的敏感性：$\eta_i = |\Delta T_i/\Delta W|$。权重函数 f_i 定义为 η_i 的归一化值，即是

$$f_i = \eta_i/(\eta_1 + \eta_2 + \eta_3) \tag{5.85}$$

式中，$\eta_i = |\Delta T_i/\Delta W|$。

这些权重函数由透过率相对于水汽量的模拟曲线计算得到。图 5.22 表示对于三个通道的权重函数 f_i 与总的水汽量的依赖关系。

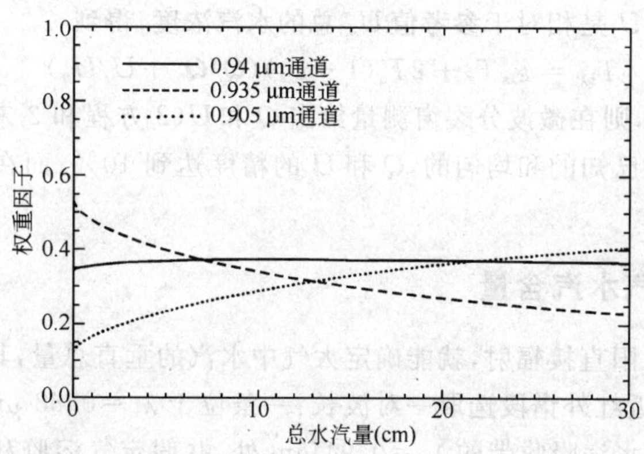

图 5.22 三个通道权重函数与总的水汽量的依赖关系

五、分裂窗变分法求取大气柱水汽含量

由分裂窗观测同一背景可以确定总的大气水汽含量和表面温度。对于给定视场内的大气温度廓线是已知的，则辐射传输变分方程式可以写为

$$\delta T_b = \delta T_s \left[\frac{\partial B_s}{\partial T_s}\Big/\frac{\partial B}{\partial T_b}\right]\widetilde{T}_s + \delta u_s \int_0^{p_s} \frac{\partial \widetilde{T}}{\partial U}\left[\frac{\partial B}{\partial p}\Big/\frac{\partial B}{\partial T_b}\right]\mathrm{d}p \tag{5.86}$$

其简化形式可以写为

$$\delta T_b = a\delta T_s + b\delta u_s \tag{5.87}$$

式中，a 和 b 可以由初始估猜 T 确定。分裂窗给出两个方程式 T_s 和 u_s 两个未知数，并很容易求取。

六、微波分裂窗估算大气水汽和液态水(22.2 GHz 和 31.4 GHz)

在微波谱段，频率小于 40 GHz 的通道可以获得大气水汽信息。22.2 GHz 通道具有水汽最大的敏感性，而 31.4 GHz 通道是微波窗区，把这两个通道一起可以作为微波分裂窗区(与红外窗区的 11 和 12 相类似)，微波的辐射传输方程形式可以写为

$$T_{b\lambda} = \varepsilon_{\lambda s} T_s(p_s)\widetilde{T}_\lambda(p_s) + \int_{p_s}^0 T(p)F_\lambda(p)\frac{\partial T_\lambda(p)}{\partial \ln p}\mathrm{d}\ln p \tag{5.88}$$

式中

$$F_\lambda(p) = \left\{1 + (1-\varepsilon_\lambda)\left[\frac{\widetilde{T}_\lambda(p_s)}{T_\lambda(p)}\right]^2\right\} \tag{5.89}$$

对于微波区可以写为

$$T_{b\lambda} = \varepsilon_{\lambda s} T_s \tau_{\lambda s} + T_A[1 - \widetilde{T}_{\lambda s} - (1-\varepsilon_{\lambda s})\widetilde{T}_{\lambda s}^2 + (1-\varepsilon_{\lambda s})\widetilde{T}_{\lambda s}] \tag{5.90}$$

式中，T_A 是大气平均温度，在窗区(水汽吸收是很小的)使用 $\widetilde{T}_{\lambda s} \sim 1 - a_\lambda$ 和 $\widetilde{T}_{\lambda s}^2 \sim 1 - 2a_\lambda$，这就得到

$$b_{\lambda} = \varepsilon_{\lambda s} T_s \widetilde{T}_{\lambda s} + T_A[1 - \varepsilon_{\lambda s} \widetilde{T}_{\lambda s} - \widetilde{T}_{\lambda s}^2 + \varepsilon_{\lambda s} \widetilde{T}_{\lambda s}^2] \tag{5.91}$$

或写为

$$b_{\lambda} = \varepsilon_{\lambda s} T_s(1 - a_{\lambda}) + T_A[1 - \varepsilon_{\lambda s}(1 - a_{\lambda}) - (1 - 2a_{\lambda}) + \varepsilon_{\lambda s}(1 - 2a_{\lambda})] \tag{5.92a}$$

$$T_{b\lambda} = \varepsilon_{\lambda s} T_s(1 - a_{\lambda}) + a_{\lambda} T_A[2 - \varepsilon_{\lambda s}] \tag{5.92b}$$

但在分裂窗区对于检测低层水汽 $T_s \sim T_A$，因此

$$T_{b\lambda} = \varepsilon_{\lambda s} T_s + 2a_{\lambda} T_s[1 - \varepsilon_{\lambda s}] \tag{5.93}$$

透过率写成 $\widetilde{T}_{\lambda s} = \widetilde{T}_{\lambda s}$(液态水)$\widetilde{T}_{\lambda s}$(水汽)$\sim [1 - Q/Q_o][1 - U/U_o]$，式中 Q 是相对于参考值 Q_o 总的液态水浓度，U 是相对于参考值 U_o 总的水汽浓度，得到

$$T_{b\lambda} = \varepsilon_{\lambda s} T_s + 2T_s(1 - \varepsilon_{\lambda s})(Q/Q_o + U/U_o) \tag{5.94}$$

如果 $\varepsilon_{\lambda s}$ 和 $T_{b\lambda}$ 是已知的，则在微波分裂窗测量给出 Q 和 U(2 方程和 2 未知)的解。在海洋，海面温度和发射率能作为已知的和均匀的，Q 和 U 的精度达到 10%；而在陆地的解仍然是留下的难题。

七、地面遥感大气水汽含量

如果由地面观测太阳直接辐射，就能确定大气中水汽的垂直总量，其方法是采用一个多光谱太阳分光光度计，在近红外谱段选取一对波长：一条位于 $\lambda_1 = 0.88\ \mu m$ 的水汽吸收带，另一条位于太阳光谱的 $\rho\delta\tau$ 水汽吸收带的 $\lambda_2 = 0.94\ \mu m$ 处，并假定气溶胶和空气分子在这两个波长上的消光大致相等。同时水汽的透过率使用随机模式的平方根近似

$$\widetilde{T}_{\nu} = \exp\left[\frac{\bar{S}u}{d}\left(1 + \frac{Su}{\pi\alpha}\right)^{1/2}\right] \tag{5.95}$$

式中，$\bar{S}$ 是谱线的平均线强，d 是谱线间隔，α 是谱线半宽度，u 是路径长度(g·cm)。

可以推得，对于 υ_1、υ_2 在地面整个大气层的透过率为

$$F_{\upsilon 1}(0)/F_{\upsilon 1}(\infty) = \exp\{-[\tau_M(\upsilon_1) + \tau_R(\upsilon_1)]m\}$$

$$F_{\upsilon 2}(0)/F_{\upsilon 2}(\infty) = \exp\{-[\tau_M(\upsilon_2) + \tau_R(\upsilon_2)]m - K\sqrt{um}\} \tag{5.96}$$

式中，$K = \sqrt{\pi S\alpha}/d$，将上面两式相除，则得

$$u(PW) \approx (K/m)[\ln(q_0/q)]^2 \tag{5.97}$$

式中，$q_0 = F_{\upsilon 1}(0)/F_{\upsilon 2}(0)$，$q = F_{\upsilon 2}(\infty)/F_{\upsilon 1}(\infty)$，常数 $K = \sqrt{\pi S\alpha}/d$，可以与探测资料比较确定。

八、GPS 测量大气中水汽

1. 天顶对流层延迟(ZTD)的反演

在大气中，由于大气对电磁波的传播的折射作用，使得电磁波的传播发生弯曲，导致相对于无大气折射时的路径的延迟，为方便起见，首先考虑天顶方向的延迟。对于天顶路径的对流层延迟是对折射率的路径积分，即为大气折射引起距离的改变

$$\Delta L = \int_{S_{ATM}} n(s)\mathrm{d}s - \int_{S_{VAC}} \mathrm{d}s \tag{5.98}$$

式中，$\int_{SVAC} \mathrm{d}s$ 是电磁波射线直线传播时的路径，$\int_{SATM} \mathrm{d}s$ 是由于大气折射引起电磁波射线曲路径，$n(s)$是沿射线路径的地面折射率。ΔL 的计算通常使用通过映射函数模拟，写为

$$\Delta L = m(\varepsilon, \boldsymbol{P})\int_{Z}^{\infty} (\mathrm{n}(z) - 1)dz \tag{5.99}$$

式中，$m(\varepsilon,\boldsymbol{P})$是取决于高度角 ε 和参数矢量 $\boldsymbol{P}$ 的映射函数，是来自地面 Z 点到天顶路径的积分，地面折射率 $n(s)$写为$(n-1)=10^{-6}N$，如果记 ZTD 为电磁波路径的天顶延迟，则

$$ZTD = 10^{-6}\int_{z_{\text{ant}}}^{\text{toa}} N\mathrm{d}z \tag{5.100}$$

式中，N 是地面折射率，toa 是大气顶，Z_{ant} 是 GPS 接收天线的高度。大气的折射率是大气温度、干空气分压、水汽分压的函数，写为

$$N=N_S\left(\frac{P}{T}\right)\frac{273.15}{1013.25}-11.27\left(\frac{P_{\text{w}}}{\text{T}}\right) \tag{5.101}$$

$$N_S=267.6155+\frac{4.88660}{\lambda^2}+\frac{0.06800}{\lambda^4} \tag{5.102}$$

式中，N 是地面折射率，T 是温度，P 是总气压，P_w 是水汽压，Ns 是标准大气($T=273.15$ K、$P=1013.25$ hPa、$P_{\text{w}}=0$ hPa)空气折射率，λ 是波长。但是仅考虑到湿度项不是很精确的，

$$N = k_1(\lambda)\ \frac{P_{\text{d}}}{TZ_{\text{d}}}+k_2(\lambda)\ \frac{e}{TZ_{\text{w}}} \tag{5.103}$$

式中，k_1、k_2 是取决于波长的经验系数，写为

$$k_1(\lambda)=164.63860\ \frac{(238.0185+\lambda^{-2})}{(238.0185-\lambda^{-2})^2}+4.77299\ \frac{(57.362+\lambda^{-2})}{(57.362-\lambda^{-2})^2} \tag{5.104}$$

$$k_2(\lambda)=0.648731+0.174174\lambda^{-2}+3.55750\times10^{-4}\lambda^{-4}+6.1957\times10^{-5}\lambda^{-6} \tag{5.105}$$

统计拟合(Bevis 等，1994)为：$k_1=0.7760$ K/Pa，$k_2=0.704$ K/Pa，P_{d}，e 分别是干空气和水汽的分压，Z_{d}，Z_{w} 分别是干空气和水汽的压缩性系数，与温度和气压有关，有经验关系为

$$Z_{\text{W}}^{-1}=1+1650[1-0.01317(T-273.15)+1.75\times10^{-4}(T-273.15)^2+1.4410^{-6}(T-273.15)^3] \tag{5.106}$$

$$Z_{\text{d}}^{-1}=1+(P-P_{\text{w}})[57.90\times10^{-8}(1+0.52/T)-0.9461\times10^{-4}(T-273.15)/T^2]$$

式(5.103)代入式(5.100)得

$$ZTD=10^{-6}\int_{z_{\text{ant}}}^{\text{toa}}\left(k_1\ \frac{P_{\text{d}}}{TZ_{\text{d}}}+k_2\ \frac{P_{\text{w}}}{TZ_{\text{w}}}\right)\mathrm{d}z$$

若第 i 种气体的状态方程表示为 $P_i=\rho_i R_i Z_i T$，则上式又可为

$$ZTD=10^{-6}k_1R_{\text{d}}\int_{z_{\text{ant}}}^{\text{toa}}\rho\mathrm{d}z+10^{-6}R_v(k_2-\varepsilon k_1)\int_{z_{\text{ant}}}^{\text{toa}}\rho_v\mathrm{d}z+10^{-6}R_vk_3\int_{z_{\text{ant}}}^{\text{toa}}\frac{\rho_v}{T}\mathrm{d}z$$

式中，ρ 是密度，ρ_v 是水汽对空气密度的贡献，R_{d} 是干空气的比气体常数，R_v 是水汽的比气体常数，$\varepsilon=R_{\text{d}}/R_v$ 是干空气对水汽的比气体常数之比。$k_3=0.03739\times10^5$ K^2/Pa。

ZTD 可以分为天顶方向的静力延迟 ZHD 和湿延迟 ZWD 之和，即为

$$ZTD=ZHD+ZWD \tag{5.107}$$

其中天顶方向的静力延迟 ZHD 表示为

$$ZHD = 10^{-6}k_1R_{\text{d}}\int_{z_{\text{ant}}}^{\text{toa}}\rho\mathrm{d}z \tag{5.108}$$

天顶方向的静力延迟 ZHD 的范围一般在海平面处 2.0～2.3m；而天顶方向湿延迟 ZWD 表示为

$$ZWD = 10^{-6}R_v(k_2-\varepsilon k_1)\int_{z_{\text{ant}}}^{\text{toa}}\rho_v\mathrm{d}z+10^{-6}R_vk_3\int_{z_{\text{ant}}}^{\text{toa}}\frac{\rho_v}{T}\mathrm{d}z \tag{5.109}$$

天顶方向湿延迟的变化范围在极区大约为 0.05～0.06 m，在热带地区大约为0.30～0.35 m。

实际中，地面到卫星的 GPS 测量很少在天顶方向进行，因此，必须考虑其与卫星仰角间的关系，对此使用 Neill 作图函数，其对于静力延迟 ZHD 和湿延迟 ZWD 是不同的，对此，总的对流层延迟模式为

$$ZTD(\Theta) = ZHD \times M^{h}(\Theta) + ZWD(M^{w}(\Theta) \tag{5.110}$$

式中，$M(\Theta)$是对于仰角和通过对流层的路径长度的第一次折射，上标 h 和 w 分别是指静力和湿的 M，Θ 是卫星的仰角，

Davis(1985)在静力假定的条件下，采用标准大气温度廓线，导得 ZHD 和仅是纬度 θ 和大地高度 H 的函数的大气柱质量中心的重力加速度，即是

$$ZHD=[(0.0026768 \pm 0.0000005)\mathrm{mh/Pa}] \times \frac{P_0}{f(\theta,H)} \tag{5.111}$$

$$g_m = 0.784\mathrm{m/s^2}[f(\theta,H) \pm 0.0001]$$

其中，$f(\theta,H)=1-0.00266\cos 2\theta - 0.00028\mathrm{km}^{-1} \times H$。

2. 大气可降水(水汽)与湿延迟间关系

大气柱含有的总水汽量为水汽密度对高度的积分，写为

$$IWV = \int_{z_{\mathrm{ant}}}^{z_{\mathrm{toa}}} \rho_v \mathrm{d}z \tag{5.112}$$

则代入式(5.109)得

$$ZWD = 10^{-6}\frac{R_d}{\varepsilon}(-k_1 + \varepsilon k_2) IWV + 10^{-6}\frac{R_d k_3}{\varepsilon}\frac{IWV}{T_m} \tag{5.113}$$

式中，T_m 为大气柱水汽的平均温度，表示为

$$T_m = \frac{\int_{z_{\mathrm{ant}}}^{z_{\mathrm{toa}}} \rho_v \mathrm{d}z}{\int_{z_{\mathrm{ant}}}^{z_{\mathrm{toa}}} \frac{\rho_v \mathrm{d}z}{T}} \tag{5.114}$$

则由式(5.113)和式(5.114)得大气可降水与湿延迟间关系为

$$IWV = \frac{10^6}{R_v\left(-k_1\varepsilon + k_2 + \frac{k_3}{T_m}\right)} ZWD \tag{5.115}$$

式中，T_m 的值可以由经验关系确定，Bevis(1992)由 9000 个无线电探空资料导得地面温度 T_s 与 T_m 的线性关系，表示为

$$T_m = 70.2 + 0.721 T_s \tag{5.116}$$

3. 大气可降水与湿延迟的统计表示

用统计方法直接由 ZWD 求取可降水 IWV，由大量资料 EMARDSON 和 DERKS 用统计方法建立大气可降水与湿延迟的关系为

$$ZWD = (a_0 + a_1 \Delta T + a_2 \Delta T^2) IWV \tag{5.117}$$

式中

$$\Delta T = T_s - T_{av}$$

$$T_{av} = 283.49\mathrm{K}$$

a_0、a_1、a_2是回归系数，分别为

$$a_0 = 6.458\mathrm{m^3/kg}$$

$$a_1 = -1.78 \times 10^{-2}\mathrm{m^3/(kg \cdot K)}$$

$$a_2 = -2.2 \times 10^{-5}\mathrm{m^3/(kg \cdot K^2)}$$

第五节　大气水汽廓线的反演

第一个想从卫星得到大气水汽分布的是 Conrath(1969)，他得到的结果差，这是由于大气中的水汽含量和分布变化太大。

根据红外辐射传输方程分析，由卫星可以遥感大气中的水汽分布，但是与大气温度遥感相比较，两者在以下方面是不同的：

(1)在红外测温中，假定大气吸收气体的成分(含量)是已知的，且随时间和空间的变化很小，是常定的，所要求取的是大气垂直温度分布；而在红外测湿中，大气温度是已知的，大气中水汽是未知的。

(2)在红外测湿中，权重函数的峰值高度随水汽廓线的变化而明显地上下移动。如果大气中的湿度增加，权重函数的峰值高度增加，这在红外测温中是不存在的。

(3)红外温湿比红外测温更为困难，原因是卫星测量的辐射与湿度间存在非线性关系，很难将红外测温的线性反演方法用于测湿度中去。

(4)大气中水汽的时空变化很大，其变化值可以远大于气候平均值。因此红外测湿的精度远低于红外测温。

一、红外卫星遥感水汽方程式

红外辐射传输方程式可以写为

$$L_{\upsilon}(\theta)=\varepsilon_{\upsilon s}B_{\upsilon}(T_{s})\widetilde{T}_{\upsilon}(p_{s},\theta)+\int_{p_{s}}^{0}B_{\upsilon}[T(p')]\frac{\mathrm{d}\widetilde{T}_{\upsilon}(p',\theta)}{\mathrm{d}p'}\mathrm{d}p' \tag{5.118}$$

由于 $B_{\upsilon}[T(p)]$和 $T_{\upsilon}(p,\theta)$都是变量，所以采用分部积分法有

$$\frac{\mathrm{d}\{B_{\upsilon}[T(p')]\widetilde{T}_{\upsilon}(p',\theta)\}}{\mathrm{d}p'}=B_{\upsilon}[T(p')]\frac{\mathrm{d}\widetilde{T}_{\upsilon}(p',\theta)}{\mathrm{d}p'}+\widetilde{T}_{\upsilon}(p',\theta)\frac{\mathrm{d}B_{\upsilon}[T(p')]}{\mathrm{d}p'} \tag{5.119}$$

则对上式积分有

$$\int_{p_{s}}^{0}\widetilde{T}_{\upsilon}(p',\theta)\frac{\mathrm{d}B_{\upsilon}[T(p')]}{\mathrm{d}p'}\mathrm{d}p'=B_{\upsilon}[T(p')]\widetilde{T}_{\upsilon}(p',\theta)\big|_{p_{s}}^{p}-\int_{p_{s}}^{p}\widetilde{T}_{\upsilon}(p',\theta)\frac{\mathrm{d}B_{\upsilon}[T(p')]}{\mathrm{d}p'}\mathrm{d}p'$$

$$=B_{\upsilon}[T(p)]\widetilde{T}_{\upsilon}(p,\theta)-B_{\upsilon}[T(p_{s})]\widetilde{T}_{\upsilon}(p_{s},\theta)-\int_{p_{s}}^{p}\widetilde{T}_{\upsilon}(p',\theta)\frac{\mathrm{d}B_{\upsilon}[T(p')]}{\mathrm{d}p'}\mathrm{d}p' \tag{5.120}$$

当 $p\to0,\widetilde{T}_{\upsilon}(p,\theta)\to1$ 时，将式(5.120)代入式(5.118)有

$$L_{\upsilon}(\theta)=B_{\upsilon}[T(0)]-\int_{p_{s}}^{0}\widetilde{T}_{\upsilon}(p',\theta)\frac{\mathrm{d}B_{\upsilon}[T(p')]}{\mathrm{d}p'}\mathrm{d}p' \tag{5.121}$$

式中，$B_{\upsilon}[T(0)]$是大气顶的辐射，也就是宇宙空间的辐射；$B_{\upsilon}[T(p)]$是大气温度廓线的普朗克辐射。$\widetilde{T}_{\upsilon}(p,\theta)$是大气透过率。

卫星遥感大气水汽分布，选取水汽吸收通道测量水汽发射的辐射，这时大气透过率是湿度的函数，写为

$$\widetilde{T}_{\upsilon}(p)=\exp[k_{\lambda}u(p)] \tag{5.122}$$

式中，$u(p)$是水汽含量，写为

$$u(p)=\frac{1}{g}\int_{0}^{p}q(p)\mathrm{d}p \tag{5.123}$$

式中，$q(p)$是大气水汽混合比廓线，是要求取的量。

从式(5.121)可以看出如下几点：

①温度廓线随高度的变化率$\frac{\mathrm{d}B_v[T(p)]}{\mathrm{d}p}$越大处，在水汽吸收通道内，对卫星测量辐射的贡献越大，测湿灵敏度越高；

②如果$\frac{\mathrm{d}B_v[T(p)]}{\mathrm{d}p}=0$，即在等温的情况下，无法由式(5.121)得到大气湿度分布；

③对于近地面水汽，由于地面的温度与水汽的温度差很小，探测低层水汽十分困难。

二、反演方法

目前由卫星资料反演大气中的水汽分布主要有以下两种方法。

(1)红外回归法：这个方法先由气候资料求取满足回归方程的一个$N\times M$维的系数矩阵$\boldsymbol{C}$，回归方程写为

$$\boldsymbol{U}=\boldsymbol{CR} \tag{5.124}$$

其中，$\boldsymbol{U}$是待求的水汽矩阵，$\boldsymbol{R}$是卫星在水汽吸收带的测量值组成的矩阵。与温度反演相类似，系数矩阵$\boldsymbol{C}$为

$$\boldsymbol{C}=\boldsymbol{UR}^*(\boldsymbol{RR}^*)^{-1} \tag{5.125}$$

如果卫星在水汽通道的测量值为r，则反演的回归式为

$$\boldsymbol{U}=\boldsymbol{C}\boldsymbol{r} \tag{5.126}$$

由于问题的非线性因素，其精度决定于$\boldsymbol{R}$中包含的其他成分的吸收状况。由式(5.126)求出$\boldsymbol{U}$后，就可以由式(5.123)求出水汽混合比的差分格式为

$$q_{i+1}=q_i+g[(u_{i+1}-u_i)/(p_{i+1}-p_i)] \tag{5.127}$$

(2)微波回归法：水汽廓线的微波辐射传输模式的线性形式可以写为

$$(\Delta T_{\mathrm{b}})_\lambda=\int_0^{u_{\mathrm{s}}}(\Delta T_{\mathrm{b}})V_\lambda\mathrm{d}u \tag{5.128}$$

式中

$$V_\lambda=\left[\frac{\partial B_\lambda(T)}{\partial T}\bigg|_{T=T_{\mathrm{av}}}\bigg/\frac{\partial B_\lambda(T)}{\partial T}\bigg|_{T=T_{\mathrm{b}\lambda}}\right]\frac{\partial\widetilde{T}_\lambda}{\partial u} \tag{5.129}$$

$T_{\mathrm{av}}(p)$是平均或初始廓线。

由一组彼此独立的水汽辐射观测求解水汽廓线的方法之一是采用直接温度廓线性解的一个。不过在这种情况下，求解的函数是$T(u)$，而不是$T(p)$。由事先CO_2或O_2通道的辐射观测的反演给出的$T(p)$，通过$T(p)$和$T(u)$的关系求取$u(p)$。混合比廓线$q(p)$可以由$u(p)$求导获取，即$q(p)=g\partial u/\partial p$，$g$是重力加速度。

利用水汽的微波发射，采用回归方法可以给出温度相对于气压和温度相对于水汽浓度廓线的回归方程式为

$$T(p_j)=t_0(p_j)+\sum_{i=1}^{N}t_i(p_j)T_{\mathrm{b}i} \tag{5.130}$$

和

$$T(u_k)=t_0(u_k)+\sum_{m=1}^{N}t_m(u_k)T_{\mathrm{b}m} \tag{5.131}$$

式中，T_{bi}是 N 个氧分子微波发射的亮度温度观测，T_{bm}是 M 个水汽分子微波发射的亮度温度观测，$t_i(p_j)$和 $t_m(u_k)$分别是相对于每一气压高度和水汽浓度高度的回归系数，$u(p)$是由通过回归解给出的离散值内插得到的 $T(p)$和 $T(u)$廓线相交求取的值。

1. 红外迭代法求取水汽廓线

如果把式(5.121)写成迭代形式

$$L(\upsilon_i)(L^j(\upsilon_i) = \int_{B(\upsilon_i,p_t)}^{B(\upsilon_i,p_s)} [\widetilde{T}_\upsilon{}^{j+1}(\upsilon_i,p) - \widetilde{T}_\upsilon{}^j(\upsilon_i,p)]\mathrm{d}B(\upsilon_i,p) \tag{5.132}$$

应用泰勒近似，透过率的偏差用气体路径上的水汽含量的偏差表示，则有

$$\widetilde{T}_\upsilon{}^{j+1}(\upsilon_i,p) - \widetilde{T}_\upsilon{}^j(\upsilon_i,p) = [u^{j+1}(\upsilon_i,p) - u^j(\upsilon_i,p)]\left[\frac{\partial T(\upsilon_i,p)}{\partial u(p)}\right]^j \mathrm{d}B(\upsilon_i,p) \tag{5.133}$$

将式(5.133)代入式(5.132)则有

$$L(\upsilon_i) - L^j(\upsilon_i) = \int_{B(\upsilon_i,p_t)}^{B(\upsilon_i,p_s)} [u^{j+1}(\upsilon_i,p) - u^j(\upsilon_i,p)]\left[\frac{\partial T(\upsilon_i,p)}{\partial u(p)}\right]^j \mathrm{d}B(\upsilon_i,p) \tag{5.134}$$

假如$\frac{u^{j+1}(p)}{u^j(p)}$之比值与普朗克辐射 $B(\upsilon_i,T)$无关，则可从积分号内提出，即有

$$L(\upsilon_i) - L^j(\upsilon_i) = \frac{u^{j+1}(p) - u^j(p)}{u^j(p)}\int_{B(\upsilon_i,p_t)}^{B(\upsilon_i,p_s)} u^j(p)\left[\frac{\partial T(\upsilon_i,p)}{\partial u(p)}\right]^j \mathrm{d}B(\upsilon_i,p) \tag{5.135}$$

由式(5.135)可以得

$$u^{j+1}(p) = u^j(p)\left[1 + \frac{L(\upsilon_i) - L^j(\upsilon_i)}{S^j}\right] \tag{5.136}$$

其中

$$S^j = \int_{B(\upsilon_i,p_t)}^{B(\upsilon_i,p_s)} u^j(p)\left[\frac{\partial \widetilde{T}(\upsilon_i,p)}{\partial u(p)}\right]^j \mathrm{d}B(\upsilon_i,p)$$

$$u^j(p) = \frac{1}{g}\int_0^p q^j(p)\mathrm{d}p \tag{5.137}$$

$$q(p) = g\frac{\partial u^j(p)}{\partial p}$$

又因为

$$u^{j+1}(p) - u^j(p) = \frac{1}{g}\int_0^p [q^{j+1}(p) - q^j(p)]\mathrm{d}p = \frac{1}{g}\int_0^p \frac{q^{j+1}(p) - q^j(p)}{q^j(p)} q^j(p)\mathrm{d}p$$

$$= \frac{q^{j+1}(p) - q^j(p)}{q^j(p)} u^j(p) \tag{5.138}$$

所以有

$$\frac{u^{j+1}(p) - u^j(p)}{u^j(p)} = \frac{q^{j+1}(p) - q^j(p)}{q^j(p)} = \frac{L^{j+1}(\upsilon_i) - L^j(\upsilon_i)}{S^j} q^{j+1}(p)$$

$$= q^j(p)\left[1 + \frac{L(\upsilon_i) - L^j(\upsilon_i)}{S^j}\right] \tag{5.139}$$

最后对各独立估计值进行加权平均，可得真实分布的最好近似

$$q^{j+1}(p) = \sum_{i=1}^{M} q^{j+1}(p) W^{j+1}(\upsilon_i,p) \Big/ \sum_{i=1}^{M} W^{j+1}(\upsilon_i,p) \tag{5.140}$$

式中的加权因子为

$$W^{j+1}(\upsilon_i,p) = \left[\frac{\partial T(\upsilon_i,p)}{\partial u^j(p)}\right]\mathrm{d}B(\upsilon_i,p) \tag{5.141}$$

具体求取水汽分布的迭代步骤如下：

①估测水汽的混合比分布廓线 $q^j(p)$，$j=1$；

②将 $q^j(p)$ 代入式(5.137)，计算出 $u^j(p)$，由式(5.136)计算水汽的透过率 $T^j_{\upsilon i}(p)$，最后由式(5.136)算出 $L^j(\upsilon_i)$；

③对每一高度 p，由式(5.141)计算出权重 $W^{j+1}(\upsilon_i, p)$，并由式(5.139)计算出 $q^j(\upsilon_i, p)$；

④由式(5.140)算出 $q(p)$ 的新估计值 $q^{j+1}(p)$；

⑤重复以上步骤，直至收敛为止。

2. *微波迭代法*

对于微波辐射传输方程的线性积分形式写为

$$T_{b\lambda} - T^{(n)}_{b\lambda} = \int_0^{p_s} [\widetilde{T}_\lambda(p) - \widetilde{T}_\lambda(p)^{(n)}] X_\lambda(p) \frac{dp}{p} \tag{5.142}$$

式中

$$X_\lambda(p) = \left[\frac{\partial B_\lambda(T)}{\partial T}\bigg|_{T=T_{av}} \bigg/ \frac{\partial B_\lambda(T)}{\partial T}\bigg|_{T=T_{b\lambda}}\right] \frac{\partial T(p)}{\partial \ln p} \tag{5.143}$$

而若上标(n)表示廓线的第 n 次估计，将 $\widetilde{T}_\lambda(p)$ 展开为水汽浓度 $u(p)$ 的对数函数，得到

$$\widetilde{T}_\lambda(p) - \widetilde{T}_\lambda{}^{(n)}(p) = \frac{\partial \widetilde{T}_\lambda(p)}{\partial \ln u^{(n)} p} \ln \frac{u(p)}{u^{(n)}(p)} \tag{5.144}$$

使用指数透过率函数近似

$$\frac{\partial \widetilde{T}_\lambda(p)}{\partial \ln u^{(n)} p} = \widetilde{T}_\lambda{}^{(n)}(p) \ln \widetilde{T}_\lambda{}^{(n)}(p) \tag{5.145}$$

则

$$T_{b\lambda} - T^{(n)}_{b\lambda} = \int_0^{p_s} \ln \frac{u(p)}{u^{(n)}(p)} Y^{(n)}_\lambda(p) \frac{dp}{p} \tag{5.146}$$

且有

$$Y^{(n)}_\lambda(p) = \widetilde{T}_\lambda{}^{(n)}(p) \ln \widetilde{T}_\lambda{}^{(n)}(p) X_\lambda(p) \tag{5.147}$$

按 Smith 求解温度迭代的同样的方法，由每一个水汽通道的亮度温度估算水汽廓线相对于第 n 次估算的水汽廓线的比值由下式计算

$$\left[\frac{u(p)}{u^{(n)}(p)}\right]_\lambda = \exp\left[\frac{T_{b\lambda} - T^{(n)}_{b\lambda}}{\int_0^{p_s} Y^{(n)}_\lambda(p) \frac{dp}{p}}\right] \tag{5.148}$$

如同温度廓线的估计一样，水汽廓线的最优平均估计是使用权重函数 $Y^{(n)}_\lambda(p)$ 按所有水汽通道估计的加权平均。

混合比廓线 $q^{(n+1)}(p)$ 可以由 $u^{(n+1)}(p_j)/u^{(n)}(p_j)$ 和 $q^{(n)}(p_j)$ 估计得到。

$$q^{(n+1)}(p) = q^{(n)}(p) \frac{[u^{(n+1)}(p)]}{[u^{(n)}(p)]} + g u^{(n)}(p) \frac{\partial}{\partial p} \frac{[u^{(n+1)}(p)]}{[u^{(n)}(p)]} \tag{5.149}$$

3. *反演结果和精度*

与测温一样，卫星测湿也难以作合理的评价。一般认为，按目前的技术，测量精度达20%～30%。但是卫星探测结果是不能与无线电探测相比的，无线电探测得的结果是局地廓线，而卫星探测是一个区域上的平均值，两者意义不同，难以互相代表。而且湿度比温度有更大的水平局地变化，使卫星结果更难与无线电探空结果相比较。另一方面，当卫星视场内有云时，如不作订正，卫星探测就偏离晴空辐射，这又是一个误差的来源。此外，还要考虑湿度反演

时所用温度廓线的误差。在一般情况下，如果采用的温度廓线偏暖，反演出的绝对湿度就偏高。

第六节 大气温度和大气成分的联立(同步)反演

所谓卫星的联立反演是指卫星同时反演出温度和大气成分，而不是上面所做是只是反演一温度或成分一个参数。

一、辐射传输方程的变分(扰动)处理

如果卫星接收到的单色光谱辐射为

$$R(\upsilon) = B_\nu(p_s)\widetilde{T}_\nu(p_s) - \int_1^{\widetilde{T}_{\nu s}} B_\nu(p) d\widetilde{T}_\nu(p) \tag{5.150}$$

和相应于假定初始温度及气体成分的光谱辐射为

$$R_0(\upsilon) = B_{\nu 0}(p_s)\widetilde{T}_{\nu_0}(p_s) - \int_1^{\widetilde{T}_{\nu s}} B_{\nu 0}(p) \mathrm{d}\widetilde{T}_{\nu_0}(p) \tag{5.151}$$

则实际卫星接收的光谱辐射与初始光谱辐射的差为

$$\delta R(\upsilon) = R(\upsilon) - R_0(\upsilon) = B_\nu(p_s)\widetilde{T}_\nu(p_s) - B_{\nu 0}(p_s)\widetilde{T}_{\nu_0}(p_s) - \int_1^{\widetilde{T}_{\nu s}} B_\nu(p)\mathrm{d}\widetilde{T}_\nu(p) + \int_1^{\widetilde{T}_{\nu s}} B_{\nu 0}(p)\mathrm{d}\widetilde{T}_{\nu_0}(p) \tag{5.152}$$

采用线性变分定义，引入

$$\delta B_\nu(p) = B_\nu(p) - B_{\nu 0}(p) \tag{5.153}$$
$$\delta\widetilde{T}_\nu(p) = \widetilde{T}_\nu(p) - \widetilde{T}_{\nu 0}(p)$$

将式(5.153)代入式(5.152)中得

$$\delta R_\nu = B_{\nu 0}(p_s)\delta\widetilde{T}_\nu(p_s) + \delta B_\nu(p_s)\widetilde{T}_\nu(p_s) - \int_1^{\widetilde{T}_{\nu s}} B_\nu(p)\mathrm{d}[\delta\widetilde{T}_\nu(p)] - \int_1^{\widetilde{T}_{\nu s}} \delta B_\nu(p)\mathrm{d}\widetilde{T}_\nu(p) \tag{5.154}$$

对上式中右边第三项，根据分部积分有

$$\int_1^{\widetilde{T}_{\nu s}} B_\nu(p)\mathrm{d}[\delta\widetilde{T}_\nu(p)] = B_{\nu 0}(p_s)\delta\widetilde{T}_\nu(p_s) - \int_1^{\widetilde{T}_{\nu s}} \delta\widetilde{T}_\nu(p)\mathrm{d}B_{\nu 0}(p) \tag{5.155}$$

代入式(5.154)中得

$$\delta R_\nu = \delta B_\nu(p_s)\mathrm{d}\widetilde{T}_\nu(p_s) - \int_1^{\widetilde{T}_{\nu s}} \delta B_\nu(p)\mathrm{d}\widetilde{T}_\nu(p) + \int_1^{\widetilde{T}_{\nu s}} \delta\widetilde{T}_\nu(p)\mathrm{d}B_{\nu 0}(p) \tag{5.156}$$

同时，对于透过率可以表示为

$$\widetilde{T}_\nu = \widetilde{T}_{\nu 0} + \delta\widetilde{T}_\nu \tag{5.157}$$

则式(5.156)又可以写成

$$\delta R_\nu = \delta B_\nu(p_s)\mathrm{d}\widetilde{T}_\nu(p_s) - \int_1^{\widetilde{T}_{\nu s}} \delta B_\nu(p)\mathrm{d}\widetilde{T}_{\nu 0}(p) - \int_1^{\widetilde{T}_{\nu s}} B_\nu(p)\mathrm{d}[\delta\widetilde{T}_\nu(p)] + \int_1^{\widetilde{T}_{\nu s}} \delta\widetilde{T}_\nu(p)\mathrm{d}B_{\nu 0}(p) \tag{5.158}$$

对上式右边第三项采用分部积分有

$$\int_1^{\widetilde{T}_{\nu s}} B_\nu(p)\mathrm{d}[\delta\widetilde{T}_\nu(p)] = \delta B_\nu(p_s)\delta\widetilde{T}_\nu(p_s) - \int_1^{\widetilde{T}_{\nu s}} \delta\widetilde{T}_\nu(p)\mathrm{d}[\delta B_\nu(p)] \tag{5.159}$$

则式(5.159)代入式(5.158),便有

$$\delta R_\nu = \widetilde{T}_{\nu 0}(p_s)\delta B_\nu(p_s) - \int_1^{\widetilde{T}_{\nu s}} \delta B_\nu(p)\mathrm{d}\widetilde{T}_{\nu 0}(p) + \int_1^{\widetilde{T}_{\nu s}} \delta\widetilde{T}_\nu(p)\mathrm{d}B_{\nu 0}(p) \tag{5.160}$$

使用约束规则 $\mathrm{d}B_\nu(p)=\beta_{\nu 0}(p)\mathrm{d}T(p)$,以及泰勒近似式 $\delta B_\nu(p)=\beta_{\nu 0}(p)\delta T(p)$,其中 $\beta_{\nu 0}=\partial B_\nu(T_0)/\partial T$,则

$$\delta R_\nu = \beta_{\nu 0}(p)\widetilde{T}_{\nu 0}(p_s)\delta T - \int_1^{\widetilde{T}_{\nu s}} \beta_{\nu 0}(p)\delta T(p)\mathrm{d}\widetilde{T}_{\nu 0}(p) + \int_1^{\widetilde{T}_{\nu s}} \beta_{\nu 0}(p)\delta\widetilde{T}_\nu(p)\mathrm{d}T(p) \tag{5.161}$$

对于单色辐射,总的大气透过率等于个别吸收气体透过率的乘积,因此有

$$\widetilde{T}_0 = \prod_i \widetilde{T}_{0i} \tag{5.162}$$

及

$$\mathrm{d}\widetilde{T}_0 = \widetilde{T}_0 \sum_{i=1}^{N} \mathrm{d}\ln\widetilde{T}_{0i} \tag{5.163}$$

式中,N 是吸收气体成分的个数。对于式(5.163)的变分近似为

$$\delta\widetilde{T}_0 = \widetilde{T}_0 \sum_{i=1}^{N} \delta\ln\widetilde{T}_{0i} \tag{5.164}$$

同时在一定的温度条件下,对于单色辐射可以证明有

$$\ln\widetilde{T}_{0i} \sim U_i \tag{5.165}$$

因此,对于泰勒展开

$$\delta\ln\widetilde{T}_{\nu i} = \frac{\mathrm{d}\ln\widetilde{T}_{0i}(\nu)}{\mathrm{d}U_{0i}}\delta U_i = \frac{\mathrm{d}\ln\widetilde{T}_{0i}(\nu)}{\mathrm{d}T}\frac{\mathrm{d}T}{\mathrm{d}U_{0i}}\delta U_i \tag{5.166}$$

是一个理想的线性近似,也看到在式(5.166)中略去了透过函数与温度的依赖关系。

为将辐射传输方程线性化,定义

$$T_i(p) \equiv T(p) - \frac{\mathrm{d}T(p)}{\mathrm{d}U_{0i}(p)}\delta U_i(p) \tag{5.167}$$

和

$$\delta U_i(p) \equiv \frac{\mathrm{d}U_{0i}(p)}{\mathrm{d}T(p)}[T(p) - T_i(p)] \tag{5.168}$$

式中,$T_i(p)$是以初始气体成分廓线 $U_i(p)$为函数的实际温度。注意到如果初始气体成分廓线是正确的,则 $T_i(p)\equiv T(p)$。将式(5.169)代入式(5.161),其结果再代入式(5.166)中,得

$$\delta\widetilde{T}_\nu(p) = \widetilde{T}_{0\nu}(p) \sum_{i=1}^{N} \frac{\mathrm{d}\widetilde{T}_{0i}(p)}{\mathrm{d}T(p)}[T(p) - T_i(p)] \tag{5.169}$$

最后将式(5.169)代入式(5.161),得

$$\delta R_\nu = \beta_{\nu 0}(p_s)\widetilde{T}_{\nu 0}(p_s)\delta T_s - \sum_{i=1}^{N}\int_1^{\widetilde{T}_{\nu s}} \beta_{\nu 0}(p)\{[T(p) - T_0(p)] - [T(p) - T_i(p)]\}\widetilde{T}_{0\nu}\mathrm{d}\ln\widetilde{T}_{0i\nu} \tag{5.170}$$

或者为

$$\delta R_\nu = \beta_{\nu 0}(p_s)\widetilde{T}_{\nu 0}(p_s)\delta T_s - \sum_{i=1}^{N}\int_1^{\widetilde{T}_{\nu s}} \beta_{\nu 0}(p)\delta T_i(p)\widetilde{T}_{0\nu}(p)\mathrm{d}\ln\widetilde{T}_{0i\nu}(p) \tag{5.171}$$

这是一个普遍的和完全线性化的辐射传输方程的变分形式。其中

$$\beta_{\nu 0}(p)=\partial B_{\nu}(T_0)/\partial T \tag{5.172}$$

和

$$\delta T_i(p)=T_i(p)-T_0(p) \tag{5.173}$$

二、联立(同步)反演方法

1. *反演步骤*

联立反演可以采用以下步骤：

①为了由卫星测值通过解式(5.170)，获取大气温度和成分廓线；

②为了对所有成分求解 $\delta T_i(p)$，使用式(5.170)的直接线性联合矩阵反演解，给出光谱辐射 $R(\nu)$；

③设 $T(p)=T_0(p)+\delta T_k(p)$，其中 k 表示一浓度成分，因此大气透过率廓线 $T_i(p)$ 是预先已知的；

④使用式(5.158)求解其他成分浓度，即

$$U_i(p)=U_{0i}(p)+\frac{\mathrm{d}U_{0i}}{\mathrm{d}T(p)}[T(p)-T_i(p)] \tag{5.174}$$

2. *统计矩阵反演解*

通过下式变换：

$$\delta R_{\nu}=\frac{\partial B(\nu,T_{b0})}{\partial T}\delta T_b(\nu) \tag{5.175}$$

将式(5.175)用亮度温度表示为

$$\delta T_b(\nu)=\bar{\beta}_0(\nu,p_s)T_0(\nu,p_s)\delta T_s-\sum_{i=1}^{N}\int_0^{T_S}\bar{\beta}_0(\nu,p)\delta T_i(p)T_0(\nu,p)\mathrm{d}\ln T_{0i}(\nu,p) \tag{5.176}$$

式中

$$\bar{\beta}_0(\nu,p_s)=\frac{\partial B(\nu,T_0)/\partial T}{\partial B(\nu,T_{b0})/\partial T} \tag{5.177}$$

将式(5.176)以矩阵形式表示，即

$$\boldsymbol{t}_{\mathrm{b}}=\boldsymbol{A}\boldsymbol{t} \tag{5.178}$$

其中矩阵元为

$$A_0(\nu)=\bar{\beta}_0(\nu,p_s)\tilde{T}_0(\nu,p_s) \tag{5.179}$$

和

$$A_j(\nu)=-\bar{\beta}_0(\nu,p_{ij})T_0(\nu,p_{ij})\mathrm{d}\ln T_{0j}(p_{ij})\qquad j=1,2,\cdots,N\cdot M_i \tag{5.180}$$

式中，N 是成分数，M_i是对于每一气压高度的求积数目。

三、统计/物理解

如果将式(5.178)由最大似然给出的统计/物理的反演解为

$$\boldsymbol{t}=\boldsymbol{S}_{\mathrm{d}}\boldsymbol{A}^{*}(\boldsymbol{A}\boldsymbol{S}_{\mathrm{d}}\boldsymbol{A}^{*}+\boldsymbol{E}_{\mathrm{b}})^{-1}\boldsymbol{t}_{\mathrm{b}} \tag{5.181}$$

式中，$\boldsymbol{S}_{\mathrm{d}}$ 是一个取决于样品的统计协方差矩阵，$\boldsymbol{E}_{\mathrm{b}}$是亮度温度协方差误差矩阵。矩阵元表示为

$$S_{i,j}=\frac{1}{N}\sum_{n=1}^{N_s}[T_i(p_j)-T_{0,j}(p_j)][T_j(p_i)-T_{0,j}(p_i)] \tag{5.182}$$

式中，$T_i(p_j)$ 和 $T_j(p_i)$ 是一组气压高度上给定的温度。N_s 是统计样品中大气廓线数目。这里

$$T_i(p_j)=T(p_j)-\frac{\mathrm{d}T(p_j)}{\mathrm{d}U_{0,j}(p_j)}[U_i(p_j)-U_{0,i}(p_j)] \tag{5.183}$$

利用矩阵等式

$$\boldsymbol{S}_{\mathrm{d}}\boldsymbol{A}^*(\boldsymbol{A}\boldsymbol{S}_{\mathrm{d}}\boldsymbol{A}^*+\boldsymbol{E}_{\mathrm{b}})^{-1}=(\boldsymbol{A}^*\boldsymbol{E}_{\mathrm{b}}^{-1}\boldsymbol{A}+\boldsymbol{S}_{\mathrm{d}}^{-1})^{-1}\boldsymbol{A}^*\boldsymbol{E}_{\mathrm{b}}^{-1} \tag{5.184}$$

则解式(5.181)可以写为

$$\boldsymbol{t}=(\boldsymbol{A}^*\boldsymbol{E}_{\mathrm{b}}^{-1}+\boldsymbol{S}_{\mathrm{d}}^{-1})^{-1}\boldsymbol{A}^*\boldsymbol{E}_{\mathrm{b}}^{-1}\boldsymbol{t}_{\mathrm{b}}=\boldsymbol{C}\boldsymbol{t} \tag{5.185}$$

现在一维矩阵变为$(N\cdot M_i+1)$。在式(5.183)中，N 矩阵元为

$$E_{\mathrm{b}}(i,j)=\sigma_{\varepsilon}{}^2(\nu,T_{\mathrm{b}}) \qquad i=j \tag{5.186}$$

$$E_{\mathrm{b}}(i,j)=0 \qquad i\neq j$$

式中，σ_ε 是对于给定波数的期望亮度温度噪声，并假定误差是随机的。

四、误差分析

1. 温度误差

对于式(5.185)的使用中误差，考察一独立的探测样本，并求取关于 $\boldsymbol{T}_i$ 和 $\boldsymbol{U}_i$ 的反演误差。如果设 $\boldsymbol{D}$ 表示实际观测和卫星反演之间的差($\boldsymbol{D}=\boldsymbol{T}-\boldsymbol{T}_{\mathrm{r}}$)，则由式(5.185)和式(5.178)得

$$\boldsymbol{D}=\tilde{\boldsymbol{T}}-(\boldsymbol{A}^{\mathrm{T}}\boldsymbol{E}_{\mathrm{b}}^{-1}+\boldsymbol{S}_{\mathrm{d}}^{-1})^{-1}\boldsymbol{A}^{\mathrm{T}}\boldsymbol{E}_{\mathrm{b}}^{-1}\boldsymbol{A}\tilde{\boldsymbol{T}}-(\boldsymbol{A}^{\mathrm{T}}\boldsymbol{E}_{\mathrm{b}}^{-1}+\boldsymbol{S}_{\mathrm{d}}^{-1})^{-1}\boldsymbol{A}^{\mathrm{T}}\boldsymbol{E}_{\mathrm{b}}^{-1}\tilde{\boldsymbol{E}}_{\mathrm{b}} \tag{5.187}$$

这里，$\tilde{\boldsymbol{T}}$ 是由温度构成矩阵，$\tilde{\boldsymbol{E}}_{\mathrm{b}}$ 是对于独立统计样本的辐射亮温的误差矩阵。并写为

$$\boldsymbol{D}=(\boldsymbol{I}-\boldsymbol{C}\boldsymbol{A})\tilde{\boldsymbol{T}}-\boldsymbol{C}\tilde{\boldsymbol{E}}_{\mathrm{b}} \tag{5.188}$$

式中，$\boldsymbol{I}$ 是单位矩阵，$\boldsymbol{C}=(\boldsymbol{A}^{\mathrm{T}}\boldsymbol{E}_{\mathrm{b}}^{-1}+\boldsymbol{S}_{\mathrm{d}}^{-1})^{-1}\boldsymbol{A}^{\mathrm{T}}\boldsymbol{E}_{\mathrm{b}}^{-1}$。因此，反演的误差协方差矩阵为

$$\boldsymbol{D}^*=\boldsymbol{D}\boldsymbol{D}^{\mathrm{T}}=(\boldsymbol{I}-\boldsymbol{C}\boldsymbol{A})\tilde{\boldsymbol{T}}\tilde{\boldsymbol{T}}^{\mathrm{T}}(\boldsymbol{I}-\boldsymbol{A}^{\mathrm{T}}\boldsymbol{C}^{\mathrm{T}})+\boldsymbol{C}\boldsymbol{E}_{\mathrm{b}}\boldsymbol{C}^{\mathrm{T}}=(\boldsymbol{I}-\boldsymbol{C}\boldsymbol{A})\boldsymbol{S}_{\boldsymbol{I}}^{\mathrm{T}}(\boldsymbol{I}-\boldsymbol{A}^{\mathrm{T}}\boldsymbol{C}^{\mathrm{T}})+\boldsymbol{C}\boldsymbol{E}_{\mathrm{b}}\boldsymbol{C}^{\mathrm{T}} \tag{5.189}$$

其中，$\boldsymbol{S}_{\boldsymbol{I}}=\boldsymbol{T}\boldsymbol{T}^{\mathrm{T}}$ 是一组独立样品，温度与随机测量误差之间的协方差假定为 0。因此有

$$\boldsymbol{D}^*=[\boldsymbol{I}-(\boldsymbol{A}^{\mathrm{T}}\boldsymbol{E}_{\mathrm{b}}^{-1}\boldsymbol{A}+\boldsymbol{S}_{\mathrm{d}}^{-1})^{-1}\boldsymbol{A}^{\mathrm{T}}\boldsymbol{E}_{\mathrm{b}}^{-1}\boldsymbol{A}]\boldsymbol{S}_{\boldsymbol{I}}[\boldsymbol{I}-\boldsymbol{A}^{\mathrm{T}}\boldsymbol{E}_{\mathrm{b}}^{-1}\boldsymbol{A}(\boldsymbol{A}^{\mathrm{T}}\boldsymbol{E}_{\mathrm{b}}^{-1}\boldsymbol{A}+\boldsymbol{S}_{\mathrm{b}}^{-1})^{-1}]+\boldsymbol{C}\boldsymbol{E}_{\mathrm{b}}\boldsymbol{C}^{\mathrm{T}} \tag{5.190}$$

使用矩阵等式

$$[\boldsymbol{I}-(\boldsymbol{X}+\boldsymbol{Y})^{-1}\boldsymbol{X}]=(\boldsymbol{X}+\boldsymbol{Y})^{-1}\boldsymbol{Y}$$

并且假定对于独立与非独立的同一组假定同样的辐射误差协方差，则

$$\boldsymbol{D}^*=(\boldsymbol{A}^{\mathrm{T}}\boldsymbol{E}_{\mathrm{b}}^{-1}\boldsymbol{A}+S_{\mathrm{d}}^{-1})^{-1}(\boldsymbol{A}^{\mathrm{T}}\boldsymbol{E}_{\mathrm{b}}^{-1}\boldsymbol{A}+\boldsymbol{S}_{\mathrm{b}}^{-1}\boldsymbol{S}_{\boldsymbol{I}}\boldsymbol{S}_{\mathrm{d}}^{-1})(\boldsymbol{A}^{\mathrm{T}}\boldsymbol{E}_{\mathrm{b}}^{-1}\boldsymbol{A}+\boldsymbol{S}_{\mathrm{b}}^{-1})^{-1} \tag{5.191}$$

注意到如果 $S_{\mathrm{I}}=\boldsymbol{S}_{\mathrm{d}}$，则误差的协方差矩阵为 $\boldsymbol{D}^*=(\boldsymbol{A}^{\mathrm{T}}\boldsymbol{E}_{\mathrm{b}}^{-1}\boldsymbol{A}+\boldsymbol{S}_{\mathrm{d}}^{-1})^{-1}$。

2. 大气成分浓度误差

由式(5.174)可以得

$$\boldsymbol{U}=\alpha[\boldsymbol{T}_{\mathrm{a}}-\boldsymbol{T}] \tag{5.192}$$

式中，U 是对于大气某高度上各气体成分浓度矢量，α 是大气平均气体浓度对于温度垂直偏差比值。大气成分浓度与平均成分浓度差表示为

$$E_{\mathrm{u}}=U-\bar{U}=\alpha[E(T_{\mathrm{a}})-E(T_j)] \tag{5.193}$$

或是

$$\boldsymbol{E}^*=\boldsymbol{E}_{\mathrm{u}}^{\mathrm{T}}\boldsymbol{E}_{\mathrm{u}}=\alpha^2[\boldsymbol{D}^*(T_{\mathrm{a}})-2\boldsymbol{D}^*(T_{\mathrm{a}},T_{\mathrm{u}})+\boldsymbol{D}^*(T_j,T_{\mathrm{u}})] \tag{5.194}$$

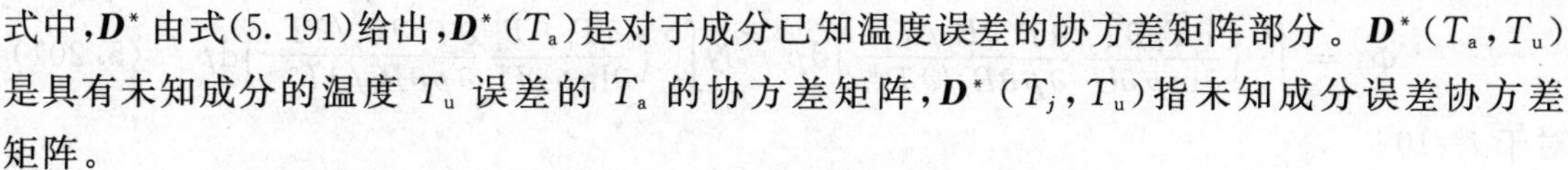

式中，$\boldsymbol{D}^*$ 由式(5.191)给出，$\boldsymbol{D}^*(T_a)$是对于成分已知温度误差的协方差矩阵部分。$\boldsymbol{D}^*(T_a, T_u)$是具有未知成分的温度 T_u 误差的 T_a 的协方差矩阵，$\boldsymbol{D}^*(T_j, T_u)$指未知成分误差协方差矩阵。

五、有云情况下的联立(同步)反演大气温度和成分

当卫星视场内部分有云的情况下，红外辐射传输方程写为

$$L=(1-N)\left[B_s\widetilde{T}_s-\int_0^{p_s}B\frac{\mathrm{d}\widetilde{T}}{\mathrm{d}p}\mathrm{d}p\right]+N\left[B_c\widetilde{T}_c-\int_0^{p_c}B\frac{\mathrm{d}\widetilde{T}}{\mathrm{d}p}\mathrm{d}p\right] \tag{5.195}$$

式中，p_c 是云顶气压，N 是有效云量，T_c 是云顶温度，$\widetilde{T}_c$ 是云的透过率，T_s 是地表面温度，$\widetilde{T}_s$ 是整层大气的透过率。在上式中略去了各个变量与波长和气压的依赖关系。如果将式(5.195)以变分形式表示为

$$\begin{aligned}\delta T_j^{\mathrm{obs}}=&\left[(1-N)\widetilde{T}_s\frac{\partial B_s/\partial T_s}{\partial B/\partial T^{\mathrm{obs}}}\delta T_s\right]+\left[N\widetilde{T}_c\frac{\partial B_c/\partial T_c}{\partial B/\partial T^{\mathrm{obs}}}\delta Tc\right]+\\&\left[N\int_{p_c}^{p_s}\delta T\frac{\partial\widetilde{T}}{\partial p}\frac{\partial B/\partial T}{\partial B/\partial T^{\mathrm{obs}}}\mathrm{d}p-\int_0^{p_s}\delta T\frac{\partial\widetilde{T}}{\partial p}\frac{\partial B/\partial T}{\partial B/\partial T^{\mathrm{obs}}}\right]+\\&\left[\int_0^{p_s}\delta U\frac{\partial\widetilde{T}}{\partial U}\frac{\partial T}{\partial p}\frac{\partial B/\partial T}{\partial B/\partial T^{\mathrm{obs}}}\mathrm{d}p-N\int_{p_c}^{p_s}\delta U\frac{\partial\widetilde{T}}{\partial U}\frac{\partial T}{\partial p}\frac{\partial B/\partial T}{\partial B/\partial T^{\mathrm{obs}}}\mathrm{d}p\right]+\\&\left[B_c\widetilde{T}_c\frac{1}{\partial B/\partial T^{\mathrm{obs}}}-B_s\widetilde{T}_s\frac{1}{\partial B/\partial T^{\mathrm{obs}}}+\int_{p_c}^{p_s}B\frac{\partial\widetilde{T}}{\partial p}\frac{1}{\partial B/\partial T^{\mathrm{obs}}}\mathrm{d}p\right]\delta N\end{aligned} \tag{5.196}$$

在式(5.196)中的未知量有 δT_s、δT_c、δT、δU 和 δN。由于直接求解 δT、δU 的数据量大，所以假定一组基本函数表示其廓线，即表示为

$$\delta U(p)=\sum_{i=1}^{3}\alpha_i\int_0^p q_0(p)\frac{\partial\widetilde{T}}{\partial\ln p}\mathrm{d}p \tag{5.197}$$

$$\delta T(p)=-\sum_{i=4}^{9}\alpha_i\frac{\partial\widetilde{T}}{\partial\ln p}\mathrm{d}p \tag{5.198}$$

$$\begin{aligned}\delta T_s&=\alpha_i, & i&=10\\ \delta N&=\alpha_i, & i&=11\\ \delta T_c&=\alpha_i, & i&=13\end{aligned}$$

式中，下标“0”表示预先已知条件。将式(5.197)和式(5.198)代入式(5.196)，得到一组 K 个通道、$K+1$ 地面温度和 $K+2$ 混合比资料的关于每一个通道的 δT^{obs}，即

$$\delta T_j^{\mathrm{obs}}=\sum_{i=1}^{12}\alpha_i\Phi_{ij},\qquad j=1,2,\cdots,K,K+1,K+2 \tag{5.199}$$

式中，α_i 是等求系数，K 是光谱通道数，$K+1$、$K+2$ 是为了改进反演结果引入的辅助地面温度和水汽资料。在式(5.199)中的 Φ_{ij} 随不同的 i 表达式不同，分别为：

对于 $1\leqslant i\leqslant 3$

$$\begin{aligned}\Phi_{ij}=&\int_0^{p_s}\left(\int_0^p q_0(p)\frac{\partial\widetilde{T}_i}{\partial\ln p}\mathrm{d}p\right)\frac{\partial\widetilde{T}_j}{\partial U}\frac{\partial T}{\partial p}\frac{\partial B_j/\partial T}{\partial B_j/\partial T_j^{\mathrm{obs}}}\mathrm{d}p-\\&N\int_0^{p_s}\left(\int_0^p q_0(p)\frac{\partial\widetilde{T}_i}{\partial\ln p}\mathrm{d}p\right)\frac{\partial\widetilde{T}_j}{\partial U}\frac{\partial T}{\partial p}\frac{\partial B_j/\partial T}{\partial B_j/\partial T_j^{\mathrm{obs}}}\mathrm{d}p\end{aligned} \tag{5.200}$$

对于 $4\leqslant i\leqslant 9$

$$\Phi_{ij} = \int_0^{p_s} \left(\frac{\partial \widetilde{T}_i}{\partial \ln p} \frac{\partial \widetilde{T}_j}{\partial U} \frac{\partial T}{\partial p} \frac{\partial B_j / \partial T}{\partial B_j / \partial T^{\text{obs}}} \right) \mathrm{d}p - N \int_0^{p_s} \left(\frac{\partial \widetilde{T}_i}{\partial \ln p} \frac{\partial \widetilde{T}_j}{\partial U} \frac{\partial T}{\partial p} \frac{\partial B_j / \partial T}{\partial B_j / \partial T_j^{\text{obs}}} \right) \mathrm{d}p \tag{5.201}$$

对于 $i=10$

$$\Phi_{ij} = (1-N) \widetilde{T}_{sj} \frac{\partial B_{sj} / \partial T_s}{\partial B_{sj} / \partial T_j^{\text{obs}}} \tag{5.202}$$

对于 $i=11$

$$\Phi_{ij} = B_{cj} \widetilde{T}_{cj} \frac{1}{\partial B_j / \partial T_j^{\text{obs}}} - B_{sj} \widetilde{T}_{sj} \frac{1}{\partial B_j / \partial T_j^{\text{obs}}} + \int_0^{p_s} B_j \frac{\partial \widetilde{T}_j}{\partial p} \frac{1}{\partial B_j / \partial T_j^{\text{obs}}} \mathrm{d}p \tag{5.203}$$

对于 $i=12$

$$\Phi_{ij} = N \widetilde{T}_{cj} \frac{\partial B_{cj} / \partial T_c}{\partial B_{cj} / \partial T_j^{\text{obs}}} \tag{5.204}$$

以上各 Φ_{ij} 可以由预先的估计值或平均廓线计算得出。

第六章
卫星遥感大气中的悬浮物

第一节　大气中的气溶胶

气溶胶是指悬浮在大气中的各种固态和液态微粒，如尘埃、海盐、云雾和降水粒子等。但是习惯上认为大气气溶胶不包括云雾、降水粒子。气溶胶对太阳光的散射有重要作用，它的出现改变了大气中的辐射分布，从而影响大气中的能量分布；同时它作为云的凝结核和冻结核，促使云雾的形成，带来降水、大风、闪电等天气现象，由此影响大气环流的变化，气溶胶对地气系统的辐射平衡和云雾物理起重要作用。气溶胶污染大气，影响人类的生存环境，特别是近年来一些地方由于人类活动导致气溶胶含量增大，更严重影响大气质量，因此对气溶胶的监测成为迫切的重要的观测项目。

气溶胶又是重要的研究对象，迄今为止对气溶胶的浓度、尺度谱分布进行了大量观测，对气溶胶的输送规律、时空变化等作了大量的研究。但是由于对气溶胶的观测还没有建立系统定点网站，对于人烟稀少的高原和沙漠、海洋地区，气溶胶的时空变化很不清楚。为此近年来，一方面利用现有的气象卫星资料对气溶胶进行观测研究；另一方面专门发射了平流层试验卫星，探测气溶胶对大气增暖和冷却的作用。

一、气溶胶的类型

由于气溶胶的复杂性，为研究的方便，按它的尺度、表现形式、地理和空间分布等各种特性对它进行分类。

1. 气溶胶的尺度分类

气溶胶的尺度从 0.001 μm 到 100 μm，按其大小(Junge，1963)分为：

Aitken 核(0.001～0.1 μm)，它一般是由大气中气态物质经过燃烧或化学转化生成的气溶胶粒子；

大粒气溶胶(0.1～1 μm)，又称为大核气溶胶，它可以由小于 0.1 μm 的气溶胶粒子凝聚和累积形成；

巨型气溶胶(>1 μm)，又称巨核气溶胶，它大多是大块物质经风吹破碎和悬浮而形成或地表面的粗粒子发射到大气中。

2. 气溶胶的地理和空间分类

按气溶胶出现的地理位置分为以下几类。

(1)**海洋气溶胶**：在远离陆地的洋面上，气溶胶由硫酸盐和海盐粒子组成，其中硫酸盐是由海洋释放的有机硫气体经氧化后转化生成，占粒子数浓度的95%和质量的5%；而海盐粒子是由经浪溅沫粒子产生，它的浓度取决于海风风速。在临近陆地的港口或重污染的陆地附近，气溶胶包含有人类活动产生的煤烟等成分，以及沙漠产生的沙尘粒子。除此之外，海洋气溶胶还分为晴空气溶胶、矿物粒子气溶胶、污染粒子气溶胶等。

(2)**大陆气溶胶**：在荒无人烟的陆地上，气溶胶粒子主要由包括大气运动等机械过程引起的地面粒子的垂直输送和植被燃烧产生的小粒子组成。

(3)**城市气溶胶**：城市气溶胶主要由工业、交通运输及各种燃烧过程释放的气体经转换而生成的小粒子，如硫酸盐和含碳粒子等，它与人类的活动有关。

(4)**乡村气溶胶**：除气溶胶粒子主要由包括大气运动等机械过程引起的地面粒子的垂直输送和植被燃烧产生的小粒子组成外，还由于人类的小范围活动，特别是收割季节作物秸秆燃烧释放的烟雾。

(5)**沙漠型气溶胶**：沙漠和半沙漠地区占地球陆地面积约三分之一，是大气中大(粗)粒子的主要来源，如北非的撒哈拉沙漠、亚洲中东地区阿拉伯沙漠、我国西北地区的塔克拉玛干沙漠，主要是由沙尘暴暴发产生的粒子通过大气运动输送形成的。

(6)**极地气溶胶**：由于南北两极的位置不同，气溶胶的分布也有差异：①在北极夏季粒子浓度较低，主要由光化反应产生的粒子、海盐和矿物沙粒组成，粒子平均浓度300 cm^{-3}；而冬春季节，则很高，因人类活动产生的硫酸盐粒子、有机及含碳粒子，由大气经向环流输送到北极，形成北极雾；②由于中纬度地区的各类粒子因南半球风暴带的阻隔，不能输送到南极地区，其粒子是由本地的海盐粒子、冰雪及裸露的矿物粒子、夏季光化反应及气粒转化形成的硫酸粒子组成，浓度很低，平均230 cm^{-3}。

(7)**对流层气溶胶**：对流层气溶胶粒子主要是在大气中滞留时间较长的大陆粒子和经气粒转化生成的二次粒子组成，其随高度增加而减小，据Heitzenberg等的观测资料表明，在6 km以下，半径为0.006～3.0 μm的粒子平均浓度为200 cm^{-3}，到11 km高度，粒子浓度降低为20 cm^{-3}。

(8)**平流层气溶胶**：20世纪50年代后期，发现平流层存在粒子浓度和大小基本不变的气溶胶层，观测表明地球上火山爆发是平流层气溶胶增加的原因，当一次火山喷发，将火山灰和SO_2气体带到平流层大气中，火山喷发是平流层气溶胶粒子的主要源。平流层气溶胶粒子主要是由气粒转化生成的H_2SO_4/H_2O，平均浓度为2～3 cm^{-3}，质量含量0.02～0.06 $\mu g/cm^3$。其中H_2SO_4占有量75%，H_2O占有量25%。

(9)**背景气溶胶**：指云层之上的气溶胶，这种气溶胶称本底气溶胶，也称背景气溶胶。

3. 气溶胶的形式

(1)生物气溶胶：也称有机物气溶胶，生物有机气溶胶包括病菌、病毒、有机生物体，如细菌和真菌，有机物果实，如真菌孢子，花粉。

(2)云粒：具有确定边界的可见气溶胶。

(3)尘埃：常称为无机气溶胶，它是由于固态物质破碎形成的固体粒子气溶胶粒子。

(4)汽、气、烟：由水汽凝结或气体燃烧结果产生的固体气溶胶，这些次微米粒子经常聚合或构成粒子链，后者小于0.05 μm。

(5)霾、薄雾：霾是固态悬浮粒子，薄雾是水滴构成的粒子。

(6)水雾、雾霭和雾：凝结或破碎形成的液态粒子气溶胶，尺度范围是次微米粒子到大约

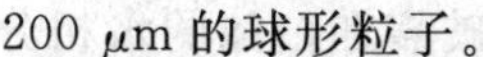

200 μm 的球形粒子。

(7)雾和烟的混合物、烟雾:①一般指某一区域的可见光大气污染;②光化反应烟。

(8)烟:森林火灾,有机物燃烧发出的烟。

(9)水花、浪花:海水风浪或水面受外界力作用,产生水花和浪花的飞沫进入大气。

二、气溶胶的源地

气溶胶来源于自然和人工两个方面。自然界产生的气溶胶有火山爆发、森林火灾、由风刮起的土壤微粒和砂粒、植物的花粉和种子、海水浪沫留下的海盐、宇宙的流星雨等。人工引起的有人类生产活动排放的烟粒、粉尘等污染物,以及核试验残骸。

1. 地面源

(1)生物源:起源于生物和有机化合物质明显不同。生物是初级产品(也就是粒子直接喷发进入大气,或是从生物层或是从其他表面悬浮);有机化合物粒子是二(次级)级产品(也就是粒子来自大气)。

花粉、种子、动物和植物碎片通常是微米尺度量级,而细菌、藻类、原生物和病毒是很小的,至今对这些气溶胶的活动和再生已进行了许多研究,而对死亡的生物研究则很少。

某些生物粒子可以对云中的凝结核起作用,如细菌、花粉和腐败的叶子等。微有机化合物和其他生物粒子,来源于自然和人类活动,它们存在于大气中是暂时的,大气仅是传播这些粒子的工具,不是供给地和再生地。海洋是生成微有机生物的主要源地,微生物集中在空气泡沫周围向上离海水表面,当气泡破裂时进入大气,藻类和花粉也可随海洋泡沫进入大气。

在陆地上,区分自然和工业形成的生物气溶胶源是困难的,在污水处理厂细菌的浓度为 $10^4 \sim 10^5\ cm^{-3}$,微生有机物生成于污水表面进入空气,这些细菌的尺度范围是半径 0.5～2.5 μm,一旦进入大气中,微生有机物输送和改变其他气溶胶粒子,微生有机物的浓度取决于地理位置、气象条件和每年的时间,在城市周围的细菌浓度比乡村和海洋高,长时间观测表明,在自然条件下,年最大浓度出现于 9 月,而最小值出现于 3 月。对于日变化,最大值出现于午夜前的3 h,最小值出现于早晨。强的太阳辐射减小了细菌的浓度。在空气中死亡的生物粒子是相当大的,热带雨林是主要源地。

(2)火山喷发:大的火山喷发对平流层气溶胶有重要作用,而多数火山喷发时的放电基本在对流层,火山喷发常形成两种气溶胶:对于气粒转化(GPC)的最初的气体和不溶于水的尘和灰(硅和二氧化硫,如 SiO_2、Al_2O_2 和 Fe_2O_3),由火山喷发进入大气的大多数粒子,输送距离不会太远,并很快下落,虽然这不排除陆地间的输送。由于年际变化很大,估算来自火山喷发的气溶胶是困难的。图 6.1 示意由火山喷发进入大气的气溶胶粒子。

(3)海洋和淡水:海洋占整个地球表面的 70%,过去,海洋作为大气气溶胶的最大的源地,达到 10,000 Tg/a,主要在海盐的形成中。但是,包括最大粒子不会输送太远,不清楚海盐产生的气溶胶是否随季节变化。

盐粒通过气泡破裂喷发和胶滴由海洋进入空气,Blanchard 和 Woodcock(1980)提出由空气进入水中的四个不同的机制:雨滴、雪片、由于温度升高产生的过饱和、白泡。海洋盐粒源的强度取决于风速,Fairall 等研究表明,对于相对湿度 80%的情况下,海盐粒子的垂直体积通量是风速的函数,粒子的尺度范围由半径 0.7～15 μm,风速是 6～18 m/s,这些表明对于同样风速下,海洋粒子的浓度比荒漠要小 10 倍。这可能是由于某一风速可得到的能量,在荒漠地区粒子仅需从风场中得到上升的能量。在海洋上粒子首先是与通过气泡破裂和白沫的水相分离，然后上升进入空气，Jaenic(1988)给出了在海面上的盐浓度 $c(\mu g/m^3)$ 与风速的经验关系为

$$c=4.26\exp(0.16u) \tag{6.1}$$

式中，u 是风速(1～21 m/s)。

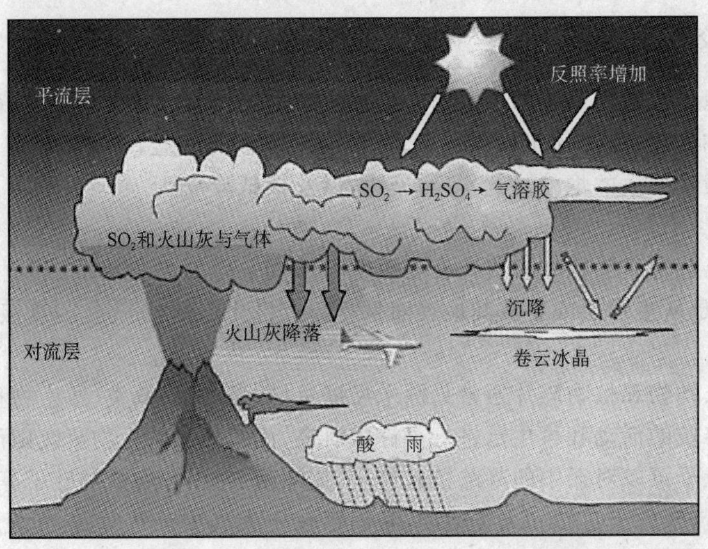

图 6.1　火山喷发 SO_2 和火山灰等气溶胶

海水的成分基本是常定的，特别是主要成分 Cl^{-1} 离子的比值，但是次要成分随海水深度和位置而变化，这些离子主要形成 NaCl，KCl，$CaSO_4$ 和 $(NH_4)_2SO_4$，吸湿性盐取决于对于给定相对湿度平衡所要求的单个液滴的水量，和当液滴蒸发时释放出某一尺度的气溶胶粒子。由海洋释放的气体，可作为气粒转换的原始气体。图 6.2 为海洋边界层硫酸气溶胶的化学和物理过程。

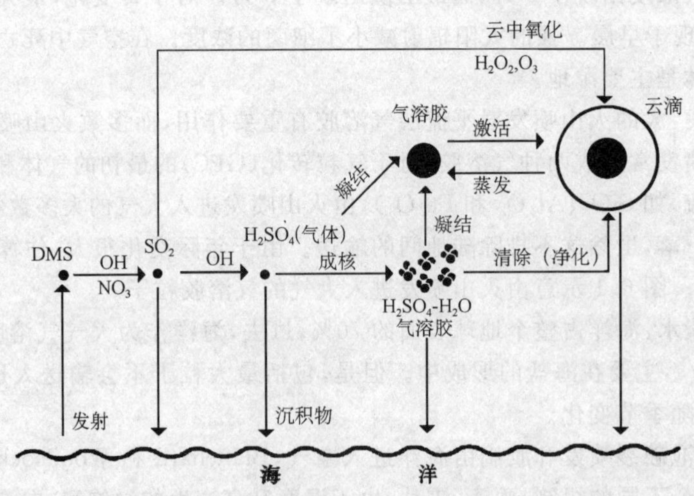

图 6.2　海洋边界层硫酸气溶胶的化学和物理过程

(4)来自地壳和冰层的气溶胶：在全球尺度上，来自地壳的气溶胶是荒漠地区最重要的气溶胶源，陆地表面的 1/3 由荒漠覆盖，荒漠地区遭遇极端的化学和物理(温度和力学)天气过

程，与海洋不同，荒漠表面存在丰富的粒子，但是荒漠地区气溶胶源地是各不相同的，沙丘是一个不活动的表面，由于长距离输送，空气只包含每一粒子质量的4%，在干谷地约有大于57%适当尺度范围的粒子长距离输送。

土壤粒子通常认为大于几十微米，因此，多数测量荒漠和土壤表面的粒子>0.6 μm，由地壳进入空气中的粒子是通过大气湍流和地表的滑动、沙暴和大粒子移动过程触发发生的，对于裸地，半径小于10 μm的粒子在摩擦垂直速度为6 m/s和20 m/s气流中，垂直质量通量分别为2×10^{-9} g/(cm^3·s)和10^{-6} g/(cm^3·s)。对于来自地壳的气溶胶，浓度与风速的关系为

$$c=52.77\exp(0.30u) \tag{6.2}$$

式中，u是风速(0.5～18 m/s)，现在世界产生的矿物气溶胶约2000 Tg/a，较20年前估算的要多。现在还不清楚源强度是如何随时间变化的，但是它与荒漠化和风速的变化引起的输送相关。

停留在雪表面的粒子抬升进入大气，吹雪与地面的滑动、沙暴产生的气溶胶可比较，冰川和冰盖区域的质量平衡估计是复杂的，锋面天气系统相当有效地阻挡北极和南极地区的冰雪气溶胶，锋面系统与降水相联，屏蔽来自极地区域的可能穿透的粒子，因此，冰层产生的气溶胶仅影响极地附近区域。

(5)生物燃烧：生物燃烧产生的粒子(和气体)是最近注意到的，煤烟粒子(初始碳)和在燃烧时粉煤灰烟直接进入大气，根据Seiler和Crutzen(1980)的研究表明，以这种方式的有200～250 Tg/a，其中碳元素有90～180 Tg/a，确定是由于自然还是人为的影响凶猛的烈火、定点火、秸秆燃烧是困难的。初始碳粒子由石墨碳和初始有机物两部分组成，由于碳烟强的吸收特性，它在大气辐射平衡中起重要作用，生物燃烧释放大量气体，以气粒转换方式形成粒子，这些称为次级有机物(次级碳)。

2. 大气中的源

这是指在大气中由气体转换产生的气溶胶粒子，由于是由已经处于分布状态的气体形成的，所以它的源分布在大气中。

(1)气粒转化(GPC)：由气粒转化生成的气溶胶可以是由不同类别气体核化或同一类别的气体核化发生的，不同类别的气体核化是指可凝结的气体在已经存在核的增长沉淀，异类核化仅可出现于一些次要的过饱和气体中，异类凝结优先在表面积大的粒子上发生。对于多数气溶胶(除荒漠)粒子的半径为0.1～1 μm。同类核化形成新粒子(小于0.1 μm)，它也是凝结过程形成的，不过产生新粒子要求高的过饱和度。如水凝结通过异类核化于存在的云凝结核不要求很高的饱和。而水滴的同类核化要求超过300%的过饱和度。如果出现两个或更多的可凝结核类(均匀的异类核)，核化的阻挡更低。图6.3显示了大气中各种气粒转化过程。

GPC的转换主要有下面三类化合物。

①含硫化合物：包含硫酸气体的化合物主要来自于生物圈，而来自于火山的占10%～20%，这样的气体有二氧化硫(SO_2)、硫化氢(H_2O)、二硫化碳(CS_2)、硫化碳(COS)、硫酸甲酯(CH_3SCH_3)、二硫酸二甲酯(CH_3SSCH_3)。无SO_2气体中气化为SO_2取决于光化反应的稳定性，对于区分同类和非同类的核化产品是困难的，对于半径小于0.1 μm的粒子主要由硫酸成分组成，在晴天海洋上和荒芜的陆地区域，这些粒子表现有明显的日变化，这表示光氧化发生，有可能使SO_2转换为SO_4^{2-}，不过SO_2的光氧化反应过程十分缓慢，光氧化速率的增加对于波长接近0.240 μm处SO_2离解是重要的。这样短波仅发生在平流层。在平流层，氧化可以发生具有像OH和OH_2化学基，SO_2也与有机类物相联。

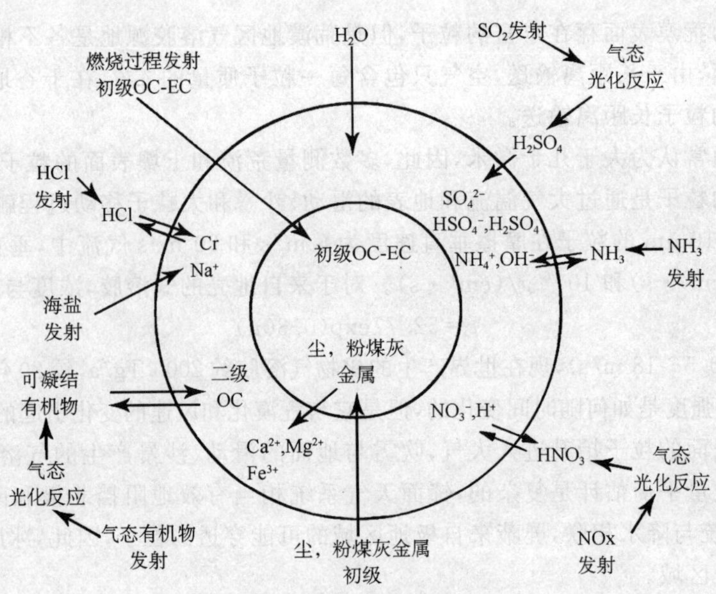

图 6.3　大气中的气粒转化过程

硫酸粒子的半径集中于 0.1～1 μm 范围内，大粒子不可能直接起始于同类 GPC，硫酸甲酯(DMS)通过云过程产生无海盐的 SO_4^{2-} 是 135Tg，占到总自然产生硫酸粒子的 50%。图 6.2显示海洋边界层硫酸气溶胶的化学和物理过程。

②含氮化合物：在陆地气溶胶中，氮化合物粒子半径远大于 1 μm，气粒转化产生的粒子半径仅在 0.1 μm 以下，根据浓度，凝聚变换的小粒子在 0.1～1 μm 范围，因此大多数较大的粒子仅是水滴蒸发的结果，因此在对流层中多数含氮粒子是云物理过程的结果。

氧化氮(N_2O)主要是由土壤和自然水中的微生物过程产生的，在对流层中是相当稳定的，但是在平流层中化学分解氮(N_2)和氧化氮(NO)，氧化氮通过臭氧(O_3)迅速氧化为二氧化氮(NO_2)，虽然有许多竞争性反应，NO_2 和 OH 在硝酸(HNO_3)气体形成中起主要作用，在低于 191 K 下，H_2SO_4/H_2O 平流层气溶胶基本成为固态，$HNO_3 \cdot 3H_2O$ 分子凝固形成极地平流层云气溶胶。在平流层 $HNO_3 \cdot 3H_2O$ 分子减少，与卤素类气体反应，减小平流层臭氧浓度，平流层云形成是一个异类核化的空间源的最好例子。

③有机物和碳化物粒子：无论是植物的新陈代谢或是生物燃烧，自然有机物和碳化合物是来自生物圈由先前存在的可凝结气体形成的。但有些是石油挥发合成物渗漏到地球表面引起的。粒子的有机物质影响它的光学特性，也阻止粒子与周围环境水汽的交换。气体和挥发性碳氢气体可以同时存在，这种共存不需要气态和液态处于平衡状态。如 Klippel 等(1980)发现粒子上的甲醛比由平衡所期望的多1000 倍以上。另一方面，在气溶胶粒子上的高阶 n-链烷浓度比期望的要低得多。仅高阶碳氢出现在气溶胶粒子上。碳 $C_{10}-C_{28}$ *n*-链烷很容易从海水中得到，从陆地生物圈释放的 *n*-链烷碳氢的奇碳数多于偶数碳，因而海洋是有机粒子的主要源，而不是陆地上的植被，由于海水中有相当多的奇数偶分布和偶数 *n*-链烷。

如果只注意到自然气溶胶，含碳粒子似乎主要由猛火产生，因此，为确定气溶胶源地强度和煤烟灰释放，对猛火的研究是很重要的，大多数煤烟粒子的半径小于 0.25 μm，这些粒子直接由气粒转达换生成的。

(2)云作为气溶胶的源：近年来的研究表明，云可以是大气中气溶胶的源，对于气溶胶源的

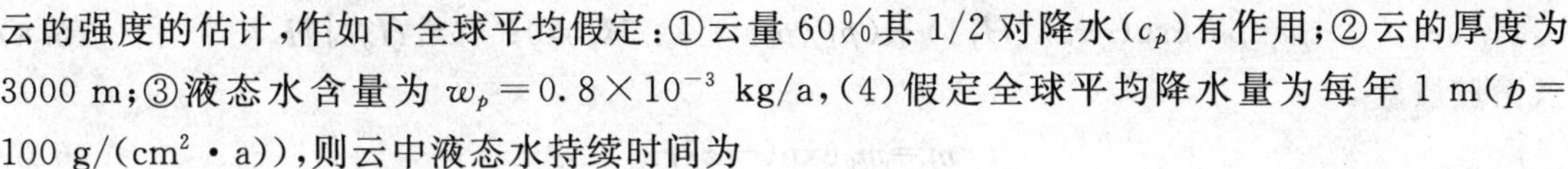

云的强度的估计，作如下全球平均假定：①云量60%其1/2对降水(c_p)有作用；②云的厚度为3000 m；③液态水含量为 $w_p=0.8\times10^{-3}$ kg/a，(4)假定全球平均降水量为每年1 m($p=$100 g/(cm^2·a))，则云中液态水持续时间为

$$\tau_p=\frac{c_p h_p w_p}{p}=2.3\times10^4\ \text{s}=6.3\ \text{h} \tag{6.3}$$

这意味约6 h后云中没有降水。

图6.4表示大气中气溶胶的变换和形成过程，即大气中的气粒转换过程。表6.1给出来自自然源的全球气溶胶粒子估算。

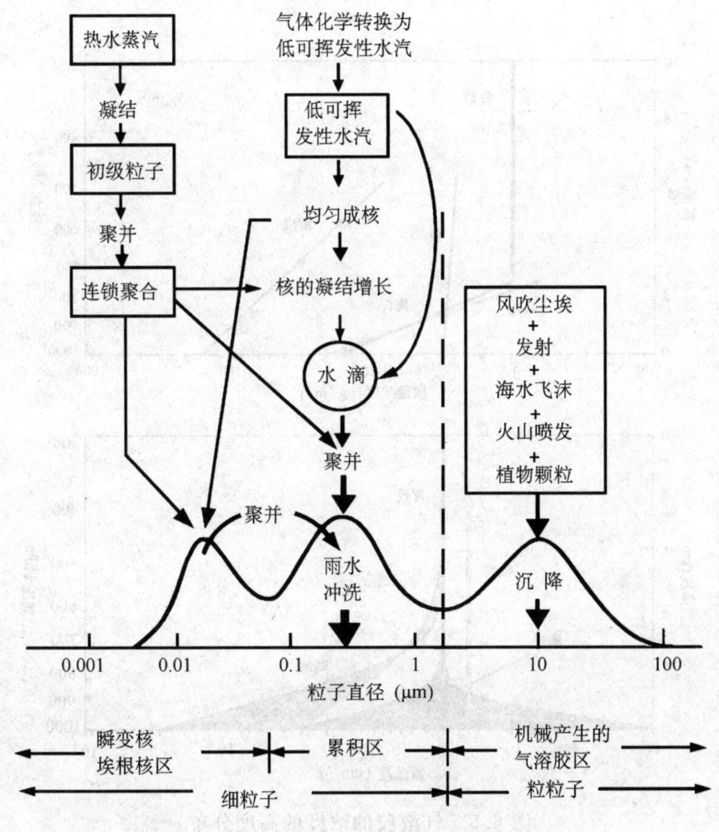

图6.4　大气中气溶胶粒子的转换

表6.1　来自自然源的全球气溶胶粒子估算(Jaenick,1978,1988)

源	强度(Tg/a)	源	强度(Tg/a)
(a)广阔的地面源		(b)空间源	
海洋和淡水	～1000—2000	气体到粒子间的转换	～1300
地壳和下地面球	～2000—	云	～3000
生物球和生物燃烧	～450—	地外(宇宙)	～10
火山喷发	～15—90		

三、气溶胶的分布

气溶胶主要集中于大气低层，随高度而减小，但是在平流层，又出现一个极大值。

$$p=p_0\{\exp(-z/|H_p|)+(p_B/p_0)^{\nu}\}^{\nu};\quad H_p\neq 0;\quad \nu=H_p/|H_p| \tag{6.4}$$

气溶胶质量

$$m=m_0\exp(-z/H_m) \tag{6.5}$$

气溶胶粒子浓度

$$n=n_0\{\exp(-z/|H_n|)+(n_B/n_0)^{\nu}\}^{\nu};\quad H_n\neq 0;\quad \nu=\frac{H_n}{|H_n|} \tag{6.6}$$

图 6.5 表示大气主要种类气溶胶的质量高度分布，可以看到，海洋、陆地和荒漠气溶胶随高度而减小，背景气溶胶随高度变化很小。表 6.2 给出各大气高度上的不同类别气溶胶浓度值。

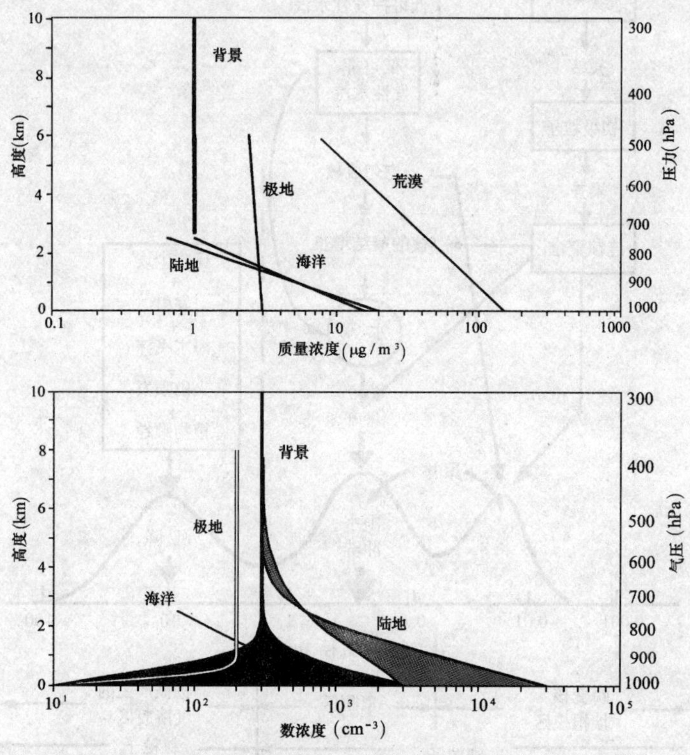

图 6.5　气溶胶的浓度的高度分布

表 6.2　各大气高度上的不同类别气溶胶浓度值

气溶胶类型	高度(m)	标高 H_p(m)	地面值 p_0	背景值 p_B	
		气溶胶质量浓度($p=m$,μg/m³)			
海洋	→2400	900	16	0	
乡村陆地	→2400	730	20	0	
荒漠	→6000	2000	150	0	
极地	→6000	30000	3	0	
背景	→对流层	∞	1	0	

续表

气溶胶类型	高度(m)	标高 H_p(m)	地面值 p_0	背景值 p_B
	气溶胶质量浓度($p=n$,cm^{-1})			
海洋	→1000	−290～440	10～3000	300
乡村陆地	→2500	1100～550	3000～30000	300
荒漠	→500		10	
极地	500→对流层	∞	200	200
背景	→对流层	∞	300～200	300

表 6.3　各类气溶胶的折射指数和尺度参数

类别和参数	沙尘模式	海洋模式	强吸收烟雾	弱吸收烟雾	城市强吸收	城市弱吸收
折射指数						
折射指数实部	1.48	1.36	1.51	1.47	1.47	1.41 $-0.03\tau_{440\ nm}$
折射指数虚部		0.0015	0.021	0.0093	0.014	0.003
400 nm	0.0025					
448 nm	0.0023					
515 nm	0.00116					
550 nm	0.00085					
633 nm	0.0007					
>694 nm	0.0006					
尺度参数(小粒模式)	0.12(μm)	0.16(μm)	0.12(μm)+ $0.025\tau_{440\ nm}$	0.13(μm)+ $0.04\tau_{440\ nm}$	0.12(μm)+ $0.04\tau_{440\ nm}$	0.12(μm)+ $0.11\tau_{440\ nm}$
体积平均半径标准偏差	0.49 $+0.10\tau_{1020\ nm}$	0.48	0.40	0.40	0.43	0.38
体积浓度($\mu m^3/\mu m^2$)	0.02+ $0.02\tau_{1020\ nm}$	$0.40\tau_{1020\ nm}$	$0.12\tau_{440\ nm}$	$0.12\tau_{440\ nm}$	$0.12\tau_{440\ nm}$	$0.15\tau_{440\ nm}$
尺度参数(大粒模式)	1.90(μm)	2.70(μm)	3.22+ $0.71\tau_{440\ nm}$	3.27+ $0.58\tau_{440\ nm}$	2.72+ $0.60\tau_{440\ nm}$	3.03+ $0.49\tau_{440\ nm}$
体积平均半径标准偏差	0.63+ $0.10\tau_{1020\ nm}$	0.68	0.73	0.79	0.63	0.75
体积浓度($\mu m^3/\mu m^2$)	$0.9\tau_{1020\ nm}$	$0.8\tau_{1020\ nm}$	$0.09\tau_{440\ nm}$	$0.05\tau_{440\ nm}$	$0.11\tau_{440\ nm}$	0.01+ $0.04\tau_{440\ nm}$

第二节　气溶胶粒子谱分布

由于大气气溶胶由不同尺度粒子组成，气溶胶的类型不同，地理位置等因素不同，气溶胶各粒子尺度组成也不同，所以在为描述一定数量气溶胶粒子内某一尺度粒子所含的比重，应引入气溶胶的谱分布，它表征粒子数 N 与半径 r 间的关系，写为 $N(r)$，表示粒子半径为 $r \to r+dr$ 间隔内的粒子数 N。由于实际大气中的气溶胶是以不同尺度的粒子群出现的，在对单个气溶胶研究之外，重要的是要对气溶胶粒子群的特性进行研究。因此，气溶胶谱分布对于研讨气溶胶粒子群特性十分重要。

一、气溶胶粒子半径

对于气溶胶粒子集群的半径有以下表示方式：

(1) 平均半径：
$$\langle r\rangle=\int_{r_1}^{r_2} r\cdot n(r)\,\mathrm{d}r\Big/\int_{r_1}^{r_2} n(r)\,\mathrm{d}r \tag{6.7}$$

(2) 有效半径：
$$r_{\mathrm{eff}}=\int_{r_1}^{r_2}\pi r^2 r\cdot n(r)\,\mathrm{d}r\Big/\int_{r_1}^{r_2}\pi r^2 n(r)\,\mathrm{d}r \tag{6.8}$$

有效方差：
$$v_{\mathrm{eff}}=\int_{r_1}^{r_2}\pi r^2\cdot(r-r_{\mathrm{eff}})^2\cdot n(r)\,\mathrm{d}r\Big/\pi r_{\mathrm{eff}}{}^2\int_1^{r}\pi r^2\cdot n(r)\,\mathrm{d}r \tag{6.9}$$

(3)体积加权半径
$$r_{vw}=\int_{r_1}^{r^2}\frac{4}{3}\pi r^3\cdot r\cdot n(r)\,\mathrm{d}r\Big/\int_{r_1}^{r_2}\frac{4}{3}\pi r^3\cdot n(r)\,\mathrm{d}r \tag{6.10}$$

定义参数
$$G=\int_{r_1}^{r_2}\pi r^2\cdot n(r)\,\mathrm{d}r\Big/\int_{r_1}^{r_2} n(r)\,\mathrm{d}r$$
$$V=\int_{r_1}^{r_2}\frac{4}{3}\pi r^3\cdot n(r)\,\mathrm{d}r\Big/\int_{r_1}^{r_2} n(r)\,\mathrm{d}r$$

有效半径写为
$$r_{\mathrm{eff}}=\frac{3V}{4G} \tag{6.11}$$

二、气溶胶粒子半径与相对湿度

相对湿度对气溶胶粒子的谱分布和折射指数有重要的影响，气溶胶粒子水解特性随粒子成分有很大的变化，对于吸湿性气溶胶粒子，当空气相对湿度达到70%，其粒子半径出现增大，而当相对湿度达到99%，粒子半径增大，乘因子5。由于相对湿度(RH)的变化，粒子的增长常用分别处于相对湿度85%和35%时的半径比值表示，对于全球平均状况下，海洋气溶胶的这一比值一般为1.7±0.3。对流层陆地气溶胶有较小的吸湿性，典型的比值为1.55，并趋向于多模，其中某些分量更加吸湿。假定是最一般的状况，对于周围环境不是很清楚的是硫酸铵分量，累积模式谱分布，其相对湿度为80%或85%。

RH对于光学特性的净效应取决于初始粒子的大小分布，以及水解的数量。如果尺度谱是小粒子尺度谱，在进入波长较长的粒子散射效率区域，粒子散射截面是小的。水解将明显不同，如果粒子已处在散射状态，水解的影响作用甚小。

表面拉伸与粒子水汽压的溶解效应间关系以半经验表示，由简单位的几何关系可得基本方程为
$$r_{\mathrm{hyd}}=r_{\mathrm{dry}}\left[1+(\xi_{\mathrm{dry}}/\xi_{\mathrm{water}})\cdot M(a_{\mathrm{w}})\right]^{1/3} \tag{6.12}$$
式中，r_{dry}、ξ_{dry}是干粒子的半径和密度，M是m(水)/m(干)的比值，m(水)是凝结水的质量，m(干)是干粒子质量，ξ_{water}是水的密度，r_{dry}是净干物质粒子半径，M比值由实验数据获取，是水的活动性的函数，这模式最大的不确定性是$M(a_{\mathrm{w}})$随粒子特性变化。水活动性a_{w}与粒子水汽压RH的关系，对于典型大气气溶胶用RH表示为

$$a_w = RH \cdot \exp(-0.001056/r) \tag{6.13}$$

由于式(6.12)和式(6.13)对于 r 和 a_w 的非线性关系，通过迭代求解，通过体积加权得到粒子密度和折射指数 $n_{r,i,\mathrm{hyd}}$ 分别为

$$\xi_{\mathrm{hyd}} = \xi_{\mathrm{water}} + [\xi_{\mathrm{dry}} - \xi_{\mathrm{water}}] \cdot [r_{\mathrm{dry}}/r_{\mathrm{hyd}}]^3 \tag{6.14a}$$

$$n_{r,i,\mathrm{hyd}} = n_{r,i\mathrm{water}} + [n_{r,i,\mathrm{dry}} - n_{r,i,\mathrm{water}}] \cdot [r_{\mathrm{dry}}/r_{\mathrm{hyd}}]^3 \tag{6.14b}$$

式中，下标 r,i 分别表示折射指数的实部和虚部。

三、气溶胶的谱分布

1. *气溶胶谱分布的基本量：初始和中心矩*

一个弥散的气溶有胶体系是由不同大小粒子的分布曲线 $f(a)$ 所确定，在描述气溶胶的谱分布时常以粒子的尺度半径 x 作为独立变量。

若单位体积(1 cm^3)内的粒子数为 N，于粒子尺度从 x 到 $x+\mathrm{d}x$ 间隔的粒子数为 $\mathrm{d}N$，引入 $f(x)$：

$$\mathrm{d}N = Nf(x)\mathrm{d}x \tag{6.15}$$

显然有：

$$f(x) \geqslant 0$$

$$\int_0^\infty f(x)\mathrm{d}x = 1$$

称函数 $f(x)$ 为分布密度函数，它是弥散气溶胶粒子的主要特征，通常函数 $f(x)$ 的确定是十分复杂的。由于这一原因，问题常限于初始和中心矩的确定，初始 k 阶矩为

$$x_k = \int_0^\infty x^k f(x)\mathrm{d}x \tag{6.16}$$

由 $f(x)$ 定义，$x_0=1$；量 x_1 是指粒子的分布中心(它是平均粒子半径 $\bar{x}$)，量 $4\pi x^2$ 是粒子的平均面积，而量 $\frac{4}{3}\pi x^3$ 是粒子的体积。

引入量 $x_n/x_m = x_{n,m}$，称它为第 $n-m$ 阶系统半径，对粒子半径 x 的单弥散系统，$x_{n,m} = x^{n-m}$。在描述气溶胶光特性时，常采用量 $x^{2,3}$。称之为一系统的立方—平方半径，或 *Sauter's* 粒子半径。

k 阶中心矩为

$$x_{(k)} = \int_0^\infty (x-x_1)^k f(x)\mathrm{d}x \tag{6.17}$$

显然，$x_{(0)}=1$，$x_1=0$。量 $x_{(2)}$ 称为分布的方差，$\sqrt{x_{(2)}}$ 是其均方根或称标准偏差，经常用于估算分布宽度。

按照 $f(x)$，也可使用称之积分分布函数 $F(x)$，定义为

$$F(x) = \int_{-\infty}^{x} f(t)\mathrm{d}t \tag{6.18}$$

其 $F(x)$ 是对于 t 到小于 x 的几率，很明显，$F(-\infty)=0$，$F(\infty)=1$，$F'(x)=f(x)$。分布模是曲线 $f(x)$ 具有最大值处的 x_m 值。分布可能有一个、二个、三个、…模，并且称之一模、二模、三

模…。气溶胶的多重模通常是若干成分混合的结果。

2. 气溶胶的谱分布函数

(1)正态和对数正态分布:正态分布(微分)曲线表示为

$$f(x,a,\sigma)=\frac{1}{\sqrt{2\pi}\sigma}\exp\left[-\frac{(x-a)^2}{2\sigma^2}\right] \tag{6.19}$$

这是具有中心点在 $x=a$ 处的对称曲线,分布宽度 Δx 是相对于 $f(x)$ 最大值小 e 倍的横坐标上两点 x_1,x_2 的差,在使用中也用无量纲特征量 $\Delta\varepsilon=\frac{\Delta x}{a}$,量 $\Delta\varepsilon$ 称之相对宽度。

在式(6.19)中的 x 用 $u=\frac{x-a}{\sigma}$ 代替,在这种情况下,式(6.17)简化形式

$$f(u)=\frac{1}{\sqrt{2\pi}}\mathrm{e}^{-\frac{u^2}{2}} \tag{6.20}$$

对于正态分布的模和第一初始矩,有

$$x_m=a_m,x=x_1=a_1 \quad x_2=a_2=a^2+\sigma^2 \quad x_3=a_3=a^3+3a\sigma^2 \tag{6.21}$$

下面将证明初始矩与相应分布参数间关系。

正态分布的积分函数表示为

$$F(x)=\frac{1}{\sqrt{2\pi}}\int_{-\infty}^{\frac{x-a}{\sigma}}\mathrm{e}^{-\frac{t^2}{2}}\mathrm{d}t \tag{6.22}$$

这里引入拉普拉斯函数 $\Phi_0(z)$,写为

$$\Phi_0(z)=\frac{1}{\sqrt{2\pi}}\int_0^z\mathrm{e}^{-\frac{t^2}{2}}\mathrm{d}t$$

显然有

$$F(x)=\frac{1}{\sqrt{2\pi}}\int_{-\infty}^{0}\mathrm{e}^{-\frac{t^2}{2}}\mathrm{d}t+\Phi_0(z)=0.5+\Phi_0(x) \tag{6.23}$$

则根据式(6.23),可由 $\Phi_0(x)$ 计算 $F(x)$。

对于正态分布量,粒子落入间隔 (x_1,x_2) 的概率由下式表示

$$P=\Phi_0\left(\frac{x_2-a}{\sigma}\right)-\Phi_0\left(\frac{x_1-a}{\sigma}\right) \tag{6.24}$$

对于正态分布量的概率通过离分布中心的偏差由 σ、2σ 或 3σ 确定,对于拉普拉斯函数使用拉普拉斯表可求出,$P_\sigma=68.3\%$;$P_{2\sigma}=95.4\%$;$P_{3\sigma}=99.7\%$。一般在统计中使用这些值,作 σ、2σ 或 3σ 为判据。

如果 $\log x$ 是正态分布,则称 x 量的对数正态分布,为

$$f(x,a^*,\sigma)=\frac{1}{\sqrt{2\pi\sigma x\ln 10}}\exp\left[-\frac{\left(\log\frac{x}{a}\right)^2}{2\sigma^2}\right] \tag{6.25}$$

这一分布不再是对称的,仅对 $x>0$ 是确定的,分布模等于 a,方差为 σ,在分布中心 $x=a$ 处

$$f_m=\frac{M}{\sqrt{2\pi\sigma a}},M=\log e \tag{6.26}$$

为约束正态分布,对于对数正态的一种分布,模 σ 是无量纲数,与正态分布相类似,相对分布宽

度 $\Delta\varepsilon$ 也引入到对数正态分布。

对于对数正态分布的模和第一初始矩，有

$$x_m=a,\quad \bar{x}=x_1=\frac{a}{M}e^{-\frac{\sigma^2}{2}},\quad x_2=\frac{a^2}{M}e^{-2\sigma^2},\quad x_3=\frac{a^3}{M}e^{\frac{-9\sigma^2}{2}} \tag{6.27}$$

(2)Γ(伽马)和推广的 Γ(伽马)分布：两参数分布的一种类型为

$$f(x)=\begin{cases}0, & x<0\\ \dfrac{\beta^{\mu+1}x^{\mu}e^{-\beta x}}{\Gamma(\mu+1)}, & x\geqslant 0;\quad \mu>1;\quad \beta>0\end{cases} \tag{6.28}$$

式中，$\Gamma(\mu+1)$是统计学(参数 μ 和 β)中($\mu+1$)的伽马分布函数，在弥散的光学系统中，为计算有时更一般的表示式为

$$f(x)=\begin{cases}0, & x<0\\ \dfrac{\gamma\beta^{(\mu+1)/\gamma}x^{\mu}e^{-\beta x^{\gamma}}}{[\Gamma(\mu+1)/\gamma]}, & x\geqslant 0;\quad \mu>1;\quad \beta>0\end{cases} \tag{6.29}$$

这里在 $\gamma\neq 1$ 时将式(6.29)称为推广的 γ 分布，它包含有三个参数(μ,β,γ)，三个参数有助于广泛地推广使用，并由此可能描述实际中需求精度的任一种分布曲线，为使式(6.29)有很大的灵活应用，简单地通过一更重要的特征。使用下式

$$\int_0^{\infty}x^{\nu}e^{-\beta^{\gamma}}dx=\frac{\Gamma[(\nu+1)/\gamma]}{\gamma\beta^{(\nu+1)/\gamma}} \tag{6.30}$$

它很容易获得分布式(6.28)和式(6.29)，任何分布矩，以及其他气溶胶特征。

式(6.28)和式(6.29)分布是不对称的，如图 6.6 中的一种模式，在模式的左边，其特征表现为 x^{μ} 型的抛物线；在右边，它具有长的缓慢减小的"尾"，实际数据表明这比对称的高斯分布更好。相对分布宽度 $\Delta\varepsilon$ 仅取决于参数 μ，写为

$$\Delta\varepsilon=3.48/\sqrt{\mu} \tag{6.31}$$

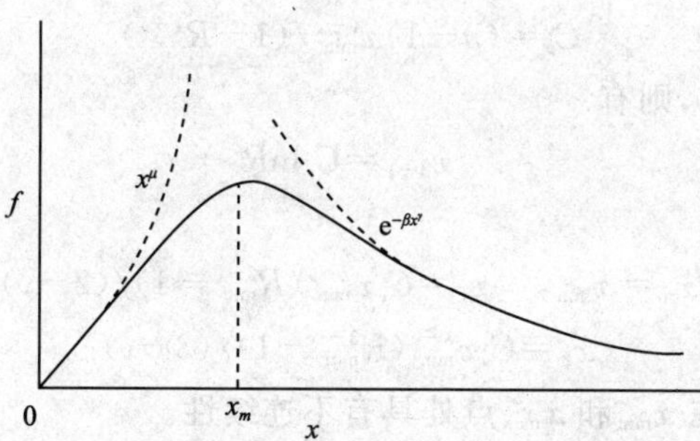

图 6.6　推广的 Γ 分布

当 μ 增加，分布宽度 $\Delta\varepsilon$ 趋向于 0，其分布函数于 $\varepsilon=1$ 处达最大，成为 δ 函数。它描述单离散系统。积分 Γ 函数可以用一不完全的 Γ 函数表示。

对于 Γ 分布的模和第一初始矩，可求得

$$x_m=\frac{\mu}{\beta};\quad x_1=\frac{\Gamma(\mu+2)}{\Gamma(\mu+1)}\frac{1}{\beta};\quad x_2=\frac{\Gamma(\mu+3)}{\Gamma(\mu+1)}\frac{1}{\beta^2};$$

$$x_3=\frac{\Gamma(\mu+4)}{\Gamma(\mu+1)}\frac{1}{\beta^3} \tag{6.32}$$

此外，当 μ 增加，不对称的 Γ 分布趋向于对数正态分布。在整个 x 的区间，两分布具有良好的一致性发生在 $\mu=6\sim8$ 处。而 Γ 分布函数较对数正态分布更容易分析处理，更有用。

(3)幂指数和 β 分布：幂指数分布具有下面形式

$$f(x)=\begin{cases}0, & x<x_{\min}\text{和 } x>x_{\max}, \quad R=x_{\max}/x_{\min}\\ \dfrac{(\nu-1)x_{\min}^{\nu-1}}{1-R^{1-\nu}}x^{-\nu}=C_\nu x^{-\nu}, & x_{\min}\leqslant x\leqslant x_{\max}\end{cases} \tag{6.33}$$

此幂指数分布是在给定 $x_{\min}$ 和 $x_{\max}$ 范围内。如图 6.7 所示，它是三参数曲线（ν、$x_{\min}$ 和 $x_{\max}$）。当处理实验资料时，为方便计可采用对数坐标轴，在这种情况下谱分布曲线为直线，直线的斜率取决于参数 ν。$R=x_{\max}/x_{\min}$ 值是大的，和 $\nu>2$。由于此，函数 $f(x)$ 表示为

$$f(x)=(\nu-1)x_{\min}^{\nu-1}x^{-\nu} \tag{6.34}$$

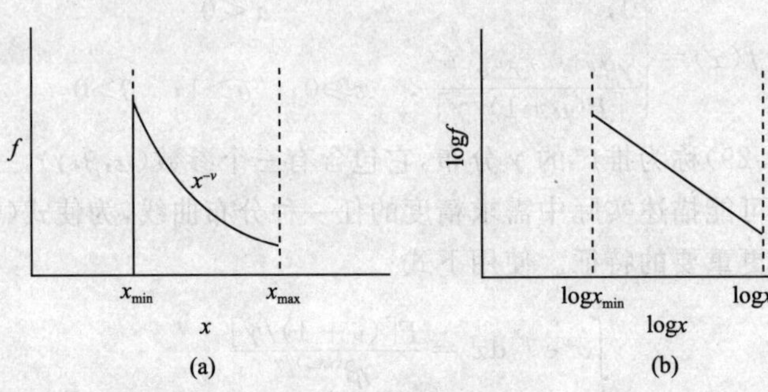

图 6.7 幂指数分布(a)直线刻度，(b)对数刻度

在 $\nu=4$，关系式(6.34)通常称之为 Junge 分布，在 $\nu\neq4$，为 Junge 型的一种。Junge 指出，可用式(6.34)描述在陆地上粒子的谱分布。

谱分布矩由下面公式表示

$$x_{n-1}=C_\nu[x_{\min}^{n-1}/(n-\nu)](R^{n-\nu}-1) \tag{6.35}$$

$$C_\nu=(n-1)x_{\min}^{\nu-1}/(1-R^{1-\nu})$$

这里假定 $n\neq\nu$。如果 $n=\nu$，则有

$$x_{n-1}=C_\nu\ln R \tag{6.36}$$

对于模和第一初始矩

$$x_{\mathrm{m}}=x_{\min},\quad x_1=C_\nu x_{\min}^{2-\nu}(R_{\min}^{2-\nu}-1)/(2-\nu)$$

$$x_2=C_\nu x_{\min}^{3-\nu}(R_{\min}^{3-\nu}-1)/(3-\nu) \tag{6.37}$$

分布式(6.33)、式(6.34)在 $x_{\min}$ 和 $x_{\max}$ 点处具有不连续性。

但是实验资料光滑表明采用 Beta 分布最为合适，特别对于小粒子：

$$f(x)=[\gamma^n/B(l,n)][x^{l-1}/(\alpha)+\gamma^{l+n}](l>0,n>0,\gamma>0) \tag{6.38}$$

利用式(6.38)，为估计 Beta 函数，计算密度和矩量。密度式(6.38)是连续的，而对于密度式(6.33)于 $x=x_{\min}$ 处出现突变(如果 $R<\infty$，在点 $x=x_{\max}$ 处有更多的不连续)。

在某些情况下，为方便将 Beta 分布以另一种形式写为

$$f(y)=\frac{\Gamma(\gamma+\eta)}{\Gamma(\gamma)\Gamma(\eta)}y^{\gamma-1}(1-y)^{\eta-1} \tag{6.39}$$

在这一形式中，$y=(x-\mu_0)/(\mu_1-\mu_0)$，$\mu_0$ 和 μ_1 是分布的上下限(对应 $x_{\min}$ 和 $x_{\max}$)。

图 6.8 给出了对于不同 γ 和 η 的式(6.39)谱分布的曲线。用 $y=x/(1+x)$ 代替，将

式(6.39)变换为式(6.38)。

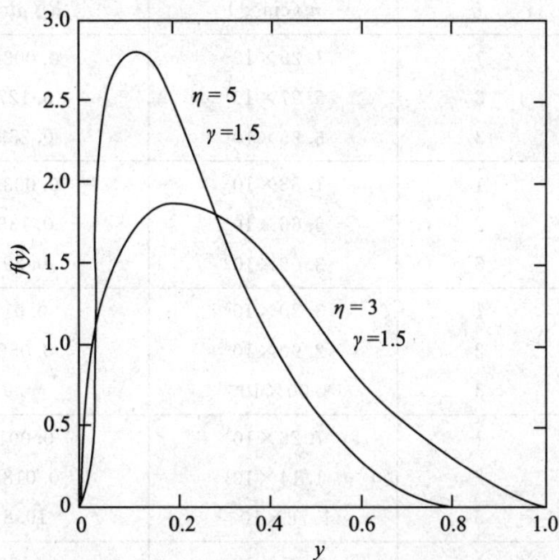

图 6.8　对于 $\gamma=1.5$、$\eta=3$ 和 $\eta=5$ 的 β 分布

通常由下面关系式,用 Γ 函数计算 Beta 函数的值。

$$B(z,w)=\frac{\Gamma(z)\Gamma(w)}{\Gamma(z+w)} \tag{6.40}$$

Beta 分布的积分函数是用一个不完全的 β 函数表示。总之,这里有一个简单的方法使得决定是否式(6.34)分布与具有 $\nu=4$ 的数据拟合,在 1 cm^3 中粒子尺度间隔$(a,a+da)$所占有的体积为

$$dV=\frac{4N\pi a^3}{3}f(a)da \tag{6.41}$$

由式(6.34),对于 $\nu=4$,则

$$dV/d(\ln a)=\text{const} \tag{6.42}$$

这样,当作关于以$\frac{dV}{d(\ln a)}$和"a"为轴的分布图时,观测数据沿水平线排列。式(6.42)中的常数等于$\frac{4\pi}{3}C_4N$。

(4)多类粒子正态对数谱分布(表 6.4)。在许多使用中,Kramm(1991)按气溶胶粒子尺度分成三段,Ⅰ)$0.001<R_i<0.1$ μm;Ⅱ)$0.1<R_i<1$ μm;Ⅲ)$R_i>1$ μm。谱分布写为

$$\frac{dN(r)}{d(\log r)}=\sum_{i=1}^{3}\frac{n_i}{\sqrt{2\pi}\log\sigma_i}\exp\left\{-\frac{(\log r/R_i)^2}{2(\log\sigma_i)^2}\right\} \tag{6.43}$$

式中,r 是粒子半径,$N(r)$是对于粒子半径大于的累计粒子数分布,是平均粒子半径,i 是多个离散粒子的测量,

表 6.4　多类粒子正态对数谱分布中的参数

气溶胶	半径范围	i	n_i(cm^{-3})	R_i(μm)	$\log\sigma_i$
极地	Ⅰ	1	2.17×10^{1}	0.0689	0.245
	Ⅱ	2	1.86×10^{-1}	0.375	0.300
	Ⅲ	3	3.04×10^{-4}	4.29	0.291

续表

气溶胶	半径范围	i	n_i(cm^{-3})	R_i(μm)	$\log \sigma_i$
背景	Ⅰ	1	1.29×10^2	0.0036	0.645
	Ⅱ	2	5.97×10^1	0.127	0.253
	Ⅱ	3	6.35×10^1	0.259	0.425
海洋	Ⅰ	1	1.33×10^2	0.0039	0.657
	Ⅱ	2	6.66×10^1	0.133	0.210
	Ⅱ	3	3.06×10^0	0.29	0.396
人烟稀少的陆地	Ⅰ	1	3.20×10^3	0.01	0.161
	Ⅰ	2	2.90×10^3	0.058	0.217
	Ⅲ	3	3.00×10^{-1}	—.9	0.380
沙尘暴	Ⅰ	1	7.26×10^1	0.001	0.247
	Ⅰ	2	1.14×10^1	0.0188	0.770
	Ⅲ	3	1.78×10^{-1}	10.8	0.438
乡村	Ⅰ	1	6.65×10^3	0.00739	0.225
	Ⅰ	2	1.47×10^2	0.0269	0.557
	Ⅰ	3	1.99×10^3	0.0419	0.266
城市	Ⅰ	1	9.93×10^4	0.00651	0.245
	Ⅰ	2	1.11×10^3	0.00714	0.666
	Ⅰ	3	3.64×10^4	0.0248	0.337

图 6.9 给出了大气中各类气溶胶粒子的谱分布，图中显示城市、乡村、海洋地区的埃根核、大核和巨核谱分布，当粒子直径增大时，不同地区的粒子谱十分相近，粒子直径较小时，它们间有明显差异。

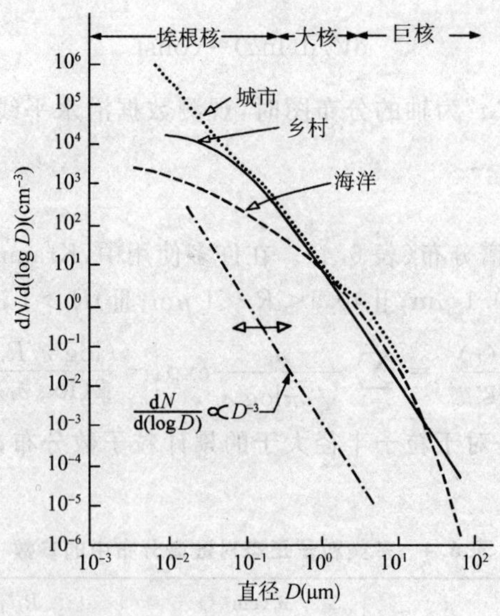

图 6.9 气溶胶粒子的谱分布

第三节　气溶胶的光学特性

一、气溶胶对阳光的衰减

太阳光度计测量到的被大气衰减后的直接太阳辐射为

$$F_{\mathrm{dir}}^{\downarrow}(\lambda)=F_0(\lambda)\exp[-\tau^*(\lambda)/\mu_0] \tag{6.44}$$

式中，$\tau^*(\lambda)$是由于气溶胶衰减后的光学厚度。

$$\tau^*(\lambda)=-\tau_\lambda(z_{\mathrm{top}},0)=\int_0^{z_{\mathrm{top}}}k_{e,\lambda}(z)\mathrm{d}z \tag{6.45}$$

对于无云大气条件下，$\tau^*(\lambda)$是由于气溶胶$\tau_{M,a}(\lambda)$、瑞利散射$\tau_{M,s}(\lambda)$和气体吸收$\tau(O_2,NO_2)$引起的衰减，因此，

$$\tau^*(\lambda)=\tau_{M,a}(\lambda)+\tau_{M,s}(\lambda)+\tau_{A,a}(\lambda)+\tau_{A,s}(\lambda) \tag{6.46}$$

从式(6.44)得

$$\ln F_{\mathrm{dir}}^{\downarrow}(\lambda)=\ln F_0(\lambda)-\tau^*(\lambda)/\mu_0 \tag{6.47}$$

$$\tau^*(\lambda)=\mu_0\{\ln F_0(\lambda)-\ln F_{\mathrm{dir}}^{\downarrow}(\lambda)\} \tag{6.48}$$

因此

$$\tau_A(\lambda)=\mu_0\{\ln F_0(\lambda)-\ln F_{\mathrm{dir}}^{\downarrow}(\lambda)\}-\{\tau_{M,a}(\lambda)+\tau_{M,s}(\lambda)\} \tag{6.49}$$

有效的总光学厚度

$$\tau(\lambda)=\tau_{M,a}(\lambda)+\tau_{M,s}(\lambda)+\tau_{A,a}(\lambda)+\tau_{A,s}(\lambda) \tag{6.50}$$

式中，$\tau_{M,a}(\lambda)$、$\tau_{M,s}(\lambda)$分别是分子的吸收和散射光学厚度；$\tau_{A,a}(\lambda)$、$\tau_{A,s}(\lambda)$分别是气溶胶的吸收和散射光学厚度。

二、气溶胶光学特性参数化

1. 光学厚度

气溶胶光学厚度写为

$$\tau_A(\lambda)=\int_0^{z_{\mathrm{top}}}k_A(\lambda,z)\mathrm{d}z \tag{6.51}$$

气溶胶对太阳光的散射起重要作用，据 Angstrom(1964)，气溶胶的光学厚度为

$$\tau_A(\lambda)=\beta\lambda^{-\alpha} \tag{6.52}$$

式中，α和β决定于粒子谱分布和浓度。据 Angstrom，如果选取波长λ_1、λ_2测量气溶胶的光学厚度τ_1和τ_2，则

$$\tau_1=\beta\lambda_1{}^{-\alpha} \tag{6.53}$$

$$\tau_2=\beta\lambda_2{}^{-\alpha} \tag{6.54}$$

取上两式的比值就得到

$$\alpha(\lambda_1,\lambda_2)=-\frac{\ln[\tau(\lambda_1)/\tau(\lambda_2)]}{\ln(\lambda_1/\lambda_2)} \tag{6.55}$$

使用散射系数，可有

$$\alpha(\lambda_1,\lambda_2)=-\frac{\ln[k_s(\lambda_1)/k_s(\lambda_2)]}{\ln(\lambda_1/\lambda_2)} \tag{6.56}$$

对于 $r \ll \lambda, \alpha=4$(如瑞利散射), $r \gg \lambda, \alpha=0$(如可见光谱段的云滴、大粒气溶胶(尘)),气溶胶的类型不同,α 的值也不同,表 6.5 给出了不同类别气溶胶的 α 值。

表 6.5 式(6.52)中的气溶胶的 α 值

气溶胶类型	α	气溶胶类型	α
荒漠(d'Alrneida)	−0.063	陆地(WMO-112)	1.082
荒漠背景(d'Almeida)	0.058	乡村(LOWTRAN)	1.073
荒漠(6S code;WMO-112)	0.337	城市(d'Almeida)	1.152
Clean 海洋(d'Almeida)	0.114	城市工业(WMO-112)	1.233
海洋(WMO-112)	0.252	城市的(LOWTRAN)	0.941
海洋(LOWTRAN)	0.499	生物烟(6Scode;WMO-112)	1.503
海洋/污染(d'Almeida)	0.713	Smoke(Canadian forest fires)	1.700
晴天陆地(d'Almeida)	1.048	火山 1(WCP-55)	−0.029
陆地平均(d'Almeida)	1.142	火山 2(WMO-112)	0.495

总的气溶胶光学厚度 $\tau_A(\lambda)$ 为散射光学厚度 $\tau_{As}(\lambda)$ 与吸收光学厚度 $\tau_{Aa}(\lambda)$ 之和,即

$$\tau_A(\lambda)=\tau_{As}(\lambda)+\tau_{Aa}(\lambda) \tag{6.57}$$

对大气高度 z 处的光学厚度为

$$\tau_A(\lambda,z)=H_A(z)\beta\lambda^{-\alpha} \tag{6.58}$$

其中

$$H_A(z)=1-\exp\left(\frac{-z}{H_P}\right) \tag{6.59}$$

上式中 H_P 为标高,取由 Penndorf(1954)给出的地面到 5 km 高度为 0.97/1.4。

2. 气溶胶的折射指数

如果粒子是均匀的,对于给定波长的折射指数

$$m=m_r+i\,m_I \tag{6.60}$$

折射指数 m_λ 定义为真空光速与介质光速之比,可写为

$$m_\lambda=\frac{c_0}{c}\approx\sqrt{\varepsilon}=\sqrt{1+\frac{4\pi \boldsymbol{P}\cdot\boldsymbol{E}}{E^2}} \tag{6.61}$$

令 $m_{r\lambda}$ 和 $m_{i\lambda}$ 分别为球粒的实部和虚部,则

$$m_\lambda=m_{r\lambda}+im_{i\lambda} \tag{6.62}$$

由电磁场理论可以求得

$$m_{r\lambda}-m_{i\lambda}=1+\frac{4\pi Ne^2}{m_e}\frac{\nu_0^2-\nu^2}{4\pi^2(\nu-\nu_0^2)+\gamma^2\nu^2} \tag{6.63}$$

$$2m_{r\lambda}m_{i\lambda}=\frac{2Ne^2}{m_e}\frac{\gamma\nu^2}{4\pi^2(\nu-\nu_0^2)+\gamma^2\nu^2} \tag{6.64}$$

式中,m_r 表示气溶胶折射指数实部,m_i 为虚部。

图 6.10 给出各种气溶胶粒子折射指数虚部随波长的分布。

有使用单个粒子的折射指数计算内部混合粒子的有效折射指数 m_e 的方法:

(1)体积(或质量)加权折射指数

$$m_e=\sum_{j=1}^{n}m_j\,f_j \tag{6.65}$$

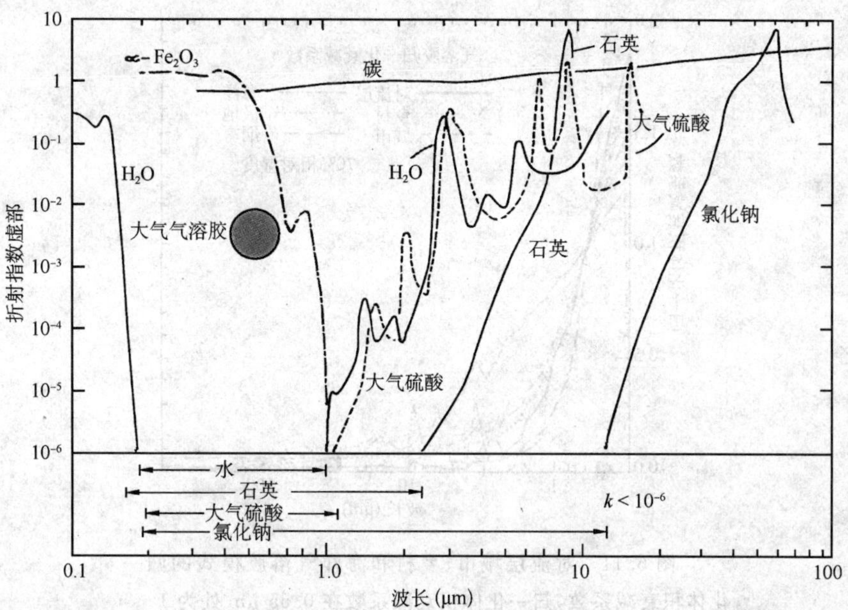

图 6.10　各种粒子的折射指数虚部

(2)对于两随机混合粒子的 Bruggeman 近似：

$$f_1\frac{\varepsilon_1-\varepsilon_e}{\varepsilon_1+2\varepsilon_e}+f_2\frac{\varepsilon_2-\varepsilon_e}{\varepsilon_2+2\varepsilon_e}=0 \tag{6.66}$$

式中，ε_i 是两种物质的介电常数，f_i 是它们的体积部分，$m=\sqrt{\varepsilon}$。

(3)麦克斯韦 Garenett 近似：当一个是具有介电常数为 ε_2 基本的(大量的)和另一个是介电常数为 ε_1 包含在内的，则有

$$f_1\frac{\varepsilon_1-\varepsilon_e}{\varepsilon_1+2\varepsilon_e}=\frac{\varepsilon_e-\varepsilon_2}{\varepsilon_e+2\varepsilon_2} \tag{6.67}$$

$$f_2\frac{\varepsilon_2-\varepsilon_e}{\varepsilon_2+2\varepsilon_e}=\frac{\varepsilon_e-\varepsilon_1}{\varepsilon_e+2\varepsilon_1} \tag{6.68}$$

3. 气溶胶的衰减系数

在高度 z 处气溶胶的体积衰减系数写为

$$k(z)=\int_{r_1}^{r_2}\sigma_e(r)N(z,r)\mathrm{d}r=\int_{r_1}^{r_2}\pi r^2 Q_e(m,x)N(z,r)\mathrm{d}r \tag{6.69}$$

式中，$x=2\pi r/\lambda$。

图 6.11 给出气溶胶归一化体积衰减系数，由图可见，当波长小于 1 μm，气溶胶的衰减系数较大，当波长增大，其明显减小，大于 10 μm，归一化体积衰减系数已经很小。引入气柱气溶胶谱分布：

$$N_c(r)=\int_0^{z_{\mathrm{top}}}N(z,r)\mathrm{d}z \tag{6.70}$$

因此有

$$\tau_A(\lambda)=\int_{r_1}^{r_2}\pi r^2 Q_e(m,x)N_c(r)\mathrm{d}r \tag{6.71}$$

为求 $N_c(r)$ 需要解上式。

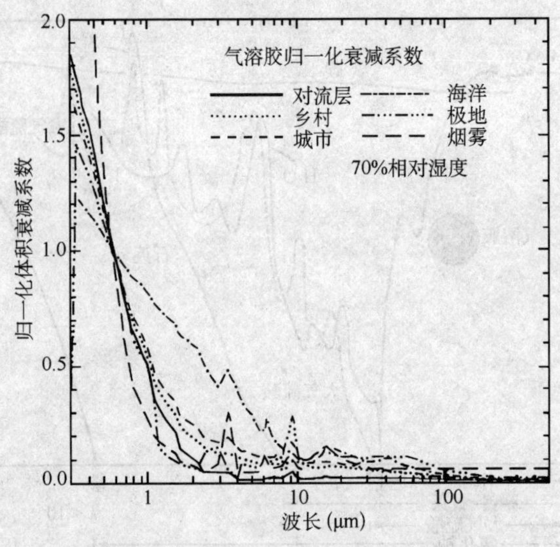

图 6.11　对流层城市、乡村和海洋气溶胶模式的归一化体积衰减系数，归一化体积衰减系数在 0.55 μm 处为 1

4. 气溶胶的不对称因子

不对称因子定义为

$$g=\frac{1}{2}\int_{-1}^{1}P(\cos\Theta)\cos\Theta\mathrm{d}(\cos\Theta) \tag{6.72}$$

$g=0$ 时，各向同性散射；

$g>0$ 时，散射辐射在辐射向前的方向上，前向散射，散射角 $\Theta<\pi/2$；

$g<0$ 时，散射辐射在辐射向后的方向上，后向散射，散射角 $\Theta>\pi/2$。

有效不对称因子

$$g_{\lambda}=\frac{\tau_{A,s}(\lambda)g_{A,s}(\lambda)}{\tau_{M,s}(\lambda)+\tau_{A,s}(\lambda)} \tag{6.73}$$

图 6.12 显示了城市、乡村、海洋地区的不对称因子随波长的改变，随波长增大，不对称性减小。

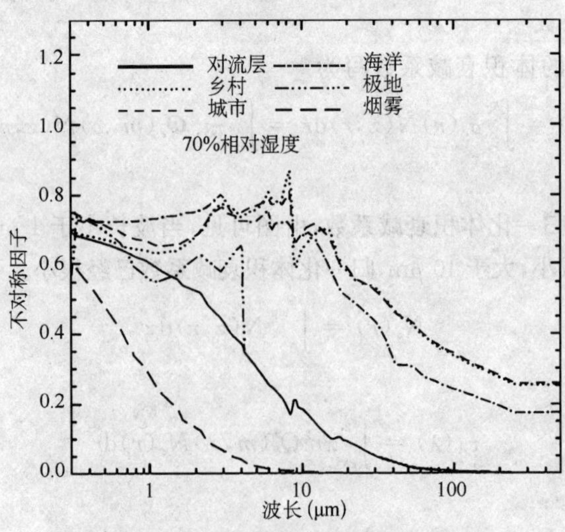

图 6.12　不同类型气溶胶的不对称因子

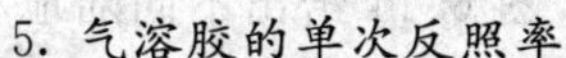

5. 气溶胶的单次反照率

气溶胶总的有效单次反照率

$$\omega_0(\lambda)=\frac{\tau_{M,s}(\lambda)+\tau_{A,s}(\lambda)}{\tau(\lambda)} \tag{6.74}$$

气溶胶的有效单次反照率

$$\omega_{A,0}(\lambda)=\frac{\tau_{A,s}(\lambda)}{\tau(\lambda)} \tag{6.75}$$

而气溶胶的单次反照率为

$$\omega_A(\lambda)=\tau_{A,s}(\lambda)/\tau_A(\lambda) \tag{6.76}$$

故有

$$\tau_{A,s}(\lambda)=\omega_A(\lambda)\tau_A(\lambda) \tag{6.77}$$

$$\tau_{A,a}(\lambda)=[1-\omega_A(\lambda)]\tau_A(\lambda) \tag{6.78}$$

式中，单次反照率 $\omega_A(\lambda)$ 随波长的变化较小，从可见光到近红外谱段，其值由 0.6 到 1.0。图 6.13各类气溶胶模式的单次反照率，可以看到对于波长小于 3 μm 的粒子的单次反照率较大，在 3～10 μm，单次反照率上下振荡，而大于 10 μm 长的粒子，反照率就很小。

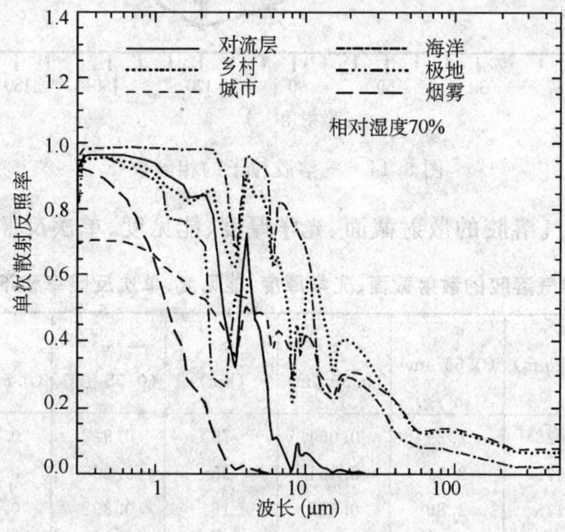

图 6.13　各类气溶胶模式的单次反照率

6. 气溶胶指数

TOMS 气溶胶产品用气溶胶指数（AI）表示，定义为

$$AI=100\left[\log_{10}\left(\frac{I_{333}}{I_{360}}\right)_{\text{mean}}-\log_{10}\left(\frac{I_{333}}{I_{360}}\right)_{\text{cal}}\right] \tag{6.79}$$

式中，AI 取正值相应于气溶胶吸收，而小的正值和负值为非吸收气溶胶和云，AI 是一个在 UV 测量出现气溶胶（尘和酸）吸收的一个量，I_{333} 和 I_{360} 分别是 TOMS 在波长 333 nm 和 360 nm测量的辐射。

7. 气溶胶的有效散射相函数

总的有效散射相函数

$$P_\lambda(\Theta)=\frac{\tau_{M,s}(\lambda)P_{M,s}(\lambda)+\tau_{A,s}(\lambda)P_{A,s}(\lambda)}{\tau_{M,s}(\lambda)+\tau_{A,s}(\lambda)} \tag{6.80}$$

式中，$P_{M,s}(\lambda)$和$P_{A,s}(\lambda)$分别是分子散射和气溶胶粒子的相函数，图 6.14 给出不同陆地和海洋大气中一些气溶胶的相函数，前向散射明显大于后向。

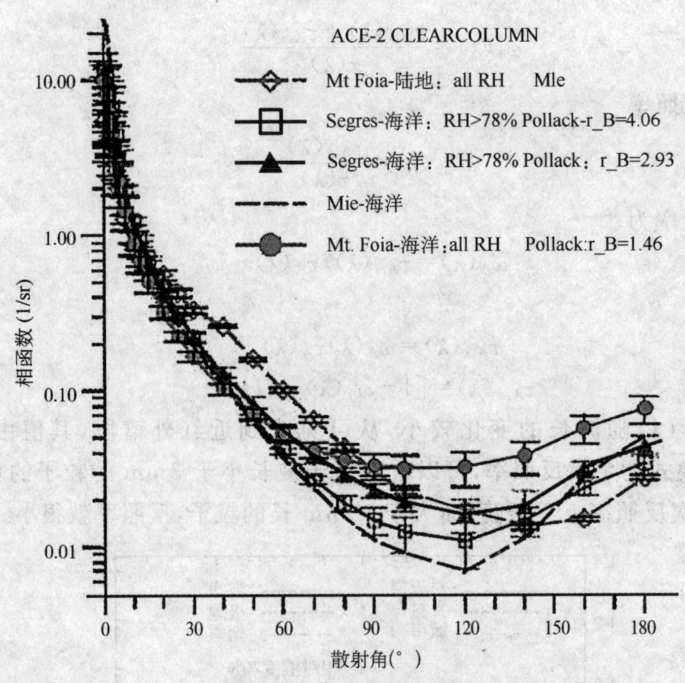

图 6.14 气溶胶粒子的相函数

表 6.6 给出了不同气溶胶的散射截面、光学厚度、能见度、单次反照率和不对称因子等。

表 6.6 不同气溶胶的散射截面、光学厚度、能见度、单次反照率和不对称因子等

气溶胶类型	σ_e (0.55 μm) (km^{-1})	σ_e^* (0.55 μm) (m^2/g)	τ (0.55 μm)	*vis* (km)	ω (0.55 μm)	g (0.55 μm)	α (0.35～0.5)	α (0.5～0.8)
陆地晴空	0.026	2.39	0.064	79	0.972	0.709	1.10	1.42
平均	0.075	2.51	0.151	35	0.925	0.703	1.11	1.42
污染陆地	0.175	2.86	0.327	16	0.892	0.698	1.13	1.45
城市	0.353	2.87	0.643	8	0.817	0.689	1.14	1.43
荒漠	0.145	0.64	0.286	19	0.888	0.729	0.20	0.17
晴天海洋	0.090	1.29	0.096	30	0.997	0.772	0.12	0.08
污染海洋	0.115	1.50	0.117	24	0.975	0.756	0.41	0.35
海洋热带	0.043	1.26	0.056	55	0.998	0.774	0.07	0.04
北极	0.023	2.17	0.063	88	0.887	0.721	0.85	0.89
南极	0.011	3.33	0.072	130	1.000	0.784	0.34	0.73
无机矿物输运 (2～3.5 km)	0.064	0.37	0.097	—	0.837	0.775	−0.10	−0.13
自由对流层 (2～12 km)	—	—	0.013	—	0.934	—	1.21	1.58
平流层 (12～35 km)	—	—	0.005	—	1.000	—	0.74	1.14

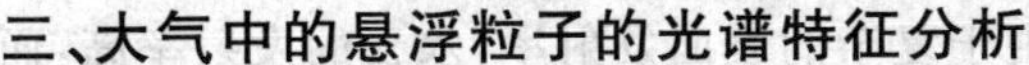

三、大气中的悬浮粒子的光谱特征分析

无论是粒子尺度或是化学成分，大气中的悬浮物的每一种类型具有唯一的光谱特征，根据光谱特征，检测每一个像点出现的是尘/沙、火山灰、烟或是海盐。对于烟检测主要使用：0.412 μm、0.445 μm、0.488 μm、0.555 μm 和 0.672 μm；对于平流层气溶胶检测可用 1.378 μm；对火山灰检测使用 4.05 μm、10.8 μm、和 12.0 μm；对于尘检测或与沙区分使用 3.7 μm、10.8 μm、12.0 μm 和 8.55 μm。

1. 火山灰

(1)火山灰粒子：可以认为火山灰是包含有硫酸(H_2SO_4)的悬浮物粒子，在火山灰云中硫酸形成和附着在小的灰粒子。当云内的冰/水滴组合为较小灰粒子，如整个时间云弥散时，由于重力较大的火山灰粒子下落。

火山喷发形成的云元素由短生命和高的可变垂直分布变化的大灰粒子(0.1～100 μm)组成。弥漫的火山云由生命长和相对分布均匀的大量小的硫酸粒子(≤0.1 μm)组成，由于这些粒子特征不同，对此有两种不同检测方法。

在 8～12 μm 窗区火山灰的吸收特性，使用双通道方法导得火山灰检测，这一方法已用于静止气象卫星和 AVHRR 数据，使用双通道的亮度温度差区分气象云(水滴/冰晶)和火山灰云，当由 AVHRR 的 5 通道(11.5～12.5 μm)减去 4 通道(10.5～11.3 μm)火山灰云一般具有负的亮度温度差值，而气象上的云具有正的亮度温度差。火山灰云负的差值取决于光学厚度和云的成分。

(2)火山灰与亮度温度：图 6.15 表示在 MODIS 31 通道(11 μm)和 MODIS 32 通道(12 μm)观测到在通过火山灰羽的亮度温度的分布，如云一样，在通过火山灰羽的亮度温度显著减小，但是对于水云，MODIS 31 通道与 32 通道明显不同，出现 1～2 K 的负值。

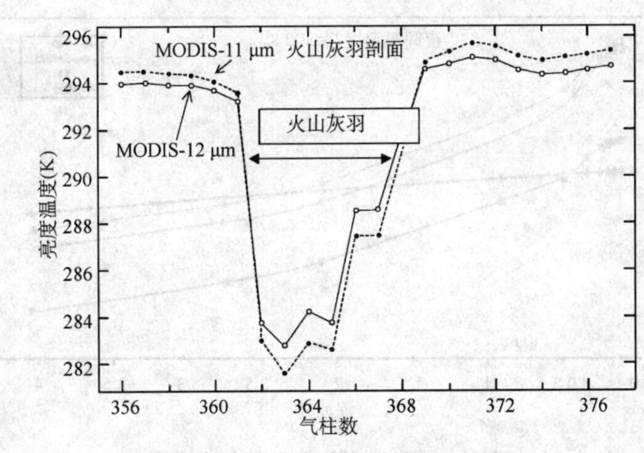

图 6.15 火山灰羽的亮度温度

2. 尘/沙粒子

(1)尘/沙粒子：尘/沙粒子具有的 Angstrom 指数小于 0.5，并且与主要气溶胶类似，光学厚度大于 0.5，如果 Angstrom 指数在 0.0～0.5，光学厚度在 0.15～0.25，气溶胶是如海洋和荒漠混合气溶胶，它对气候的强迫作用已引起科学家的注意，卫星图像揭示全球的尘分布，对

尘检测可以跟踪尘风暴。

由卫星观测到的 $BT_{11}-BT_{12}$ 的负值是由于复杂的表面发射率，水云的发射率高，而火山灰的发射率低。

(2)检测沙尘粒子的通道选取：对于白天的沙粒子，采用可见光谱区蓝光(0.488 μm)和红光(0.672 μm)，夜间沙粒子，采用 3.70 μm、8.55 μm、10.76 μm 和 12.01 μm 四个热红外谱带，沙尘轨迹可用 3.70 μm 与 10.76 μm 间的亮度温度差，Ackerman(1997)提出利用 3.70 μm 和 10.76 μm 的亮度温度差 $BT_{3.7}-BT_{10.76}$，检测沙尘粒子。利用 3.70 μm、8.55 μm、12.01 μm 三个通道的 $BT_{3.7}-BT_{8.55}$、$BT_{3.7}-BT_{10.8}$、$BT_{3.7}-BT_{12.0}$ 亮度温度差建立沙尘指数，表示沙尘粒子的输送。Wald(1998)提出用红外反差法区分白天和夜间近地表面尘粒和沙粒的上升，小的尘粒(直径 2～5 μm)和大的沙粒子(直径＞70 μm)，在两个热红外通道(8.55 μm 和 10.76 μm)上显著地不同。

夜间检测方法是利用短波红外 3.70 μm 和三个远红外 8.55 μm、10.76 μm 和 12.01 μm 谱段的尘的折射指数差异进行，在有尘层时，3.70 μm 谱带的这一特性引起这些通道等效黑体温度的观测差异，由此可提供尘暴的位置和路径。

(3)浑浊度与亮度温度的关系：图 6.16 是利用 MODTRAN 程序得到的浑浊度与亮度温度的关系曲线分布，计算尘暴的辐射采用具有风速效应的荒漠气溶胶模式，荒漠气溶胶模式是一个由石英和含有浓度 10％的赤铁矿的石英组成的砂，对 3.70 μm、8.55 μm、10.76 μm 和 12.01 μm四个热红外谱带，地面反照率分别为 0.4、0.1、0.05、0.02，给出了地面温度 $T_S=300$ K，夜间模拟的亮度温度相对于浑浊度的曲线，计算是对撒哈拉沙漠纬度、经度，使用中纬度夏季大气，可以看到，当大气中气溶胶增加时，$BT_{3.7}-BT_{8.55}$、$BT_{3.7}-BT_{10.8}$ 和 $BT_{3.7}-BT_{12.0}$ 的符号从负向正改变，如果对大多数大气的地面条件下，这些特征是确定的，则可以根据这些亮度温度差的符号相应于大气气溶胶含量，建立尘暴指数。

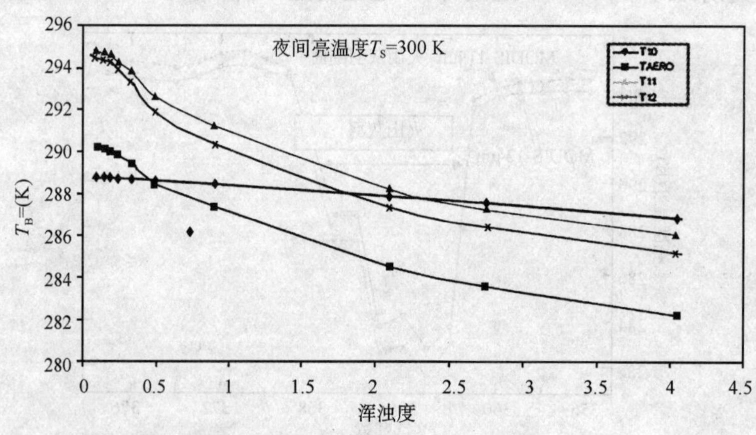

图 6.16　浑浊度与亮度温度的关系

(4)沙粒的光谱反射率：图 6.17 给出沙粒的光谱反射率，从图中看到，从 3.75 μm 到 12.01 μm，在波长小于 1.9 μm 的近红外到可见光谱段沙的反射率随波长增加而增大，在近红外的 1.9 μm 出现一个峰值，在大于 1.9 μm 的短波红外谱段，从 3.7 μm 到 12.0 μm，随波长的增加，在亮的表面(荒漠)上的地面反射率减小，特别是在短波红外谱段减小特别明显。因此，对于薄的气溶胶，卫星在 3.70 μm、8.55 μm、10.76 μm 和 12.01 μm 四个通道测量的辐射主要是来自于地表面发射的，而不是由大气发射的（这对暗表面，如海洋是不成立的），这时亮度温度差 $BT_{3.7}-BT_{8.55}$、$BT_{3.7}-BT_{10.8}$、$BT_{3.7}-BT_{12.0}$ 是正值。当气溶胶浓度增加，随着大气来自大气气溶胶的发射的贡献增加，地面发射贡献迅速减小。

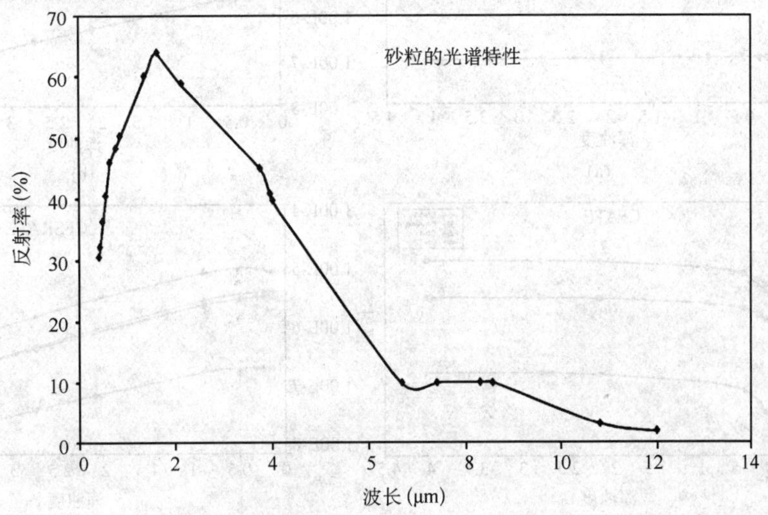

图 6.17　沙粒的光谱反射率(%)(取自 MOSART 数据库)

普朗克公式表明，温度的变化与波长有关，为研究非线性响应，在图 6.18a 中选取四个通道的六个辐射率（相应浑浊度约 0.9），对于每个加上 10%的变化。然后按照对于四通道的每一个亮度温度差计算了四个通道的相应初始辐射和增加 10%的辐射率。所取亮度温度差是 $\Delta BT_{3.75}=-2.073$ K，$\Delta BT_{8.55}=-4.512$ K，$\Delta BT_{10.5}=-5.992$ K，$\Delta BT_{12.0}=-6.593$ K。在 8.55 μm、10.76 μm 和 12.01 μm 通道的亮度温度差的减小比 3.70 μm 通道要快得多。

(5)辐射与浑浊度关系：大气顶的辐射由三部分组成：①地面发射辐射（CFSE）；②大气热发射（CFATE）；③地表面反射大气辐射（CFSRATE）。大气顶的辐射 TOAR＝CFSE＋CFATE＋CFSRATE。

图 6.18 给出了四个通道的浑浊度与大气顶辐射、地面辐射、大气辐射和地面反射大气辐射间的关系。可以看到当浑浊度增加时，地面辐射减小，大气顶的辐射增加；在浑浊度开始增加时，在图 6.18a 中，浑浊度开始增加处，CFSRATE 增加，而当浑浊度增大时，CFSRATE 单调地减小，由于它与其他两个量比较太小，这一特征不是重要的，当浑浊度增加时，CFSE 比 CFATE 增加得更快。由于 CFSRATE 的补偿作用，TOAR 的净效应是随浑浊的增加而缓慢地减小；同时也看到随浑浊度增加，TOAR、CFSE、CFATE、CFSRATE 在四个通道中的变化特征相似，这就意味着由气溶胶引起辐射的相对变化在四个通道是类似的。

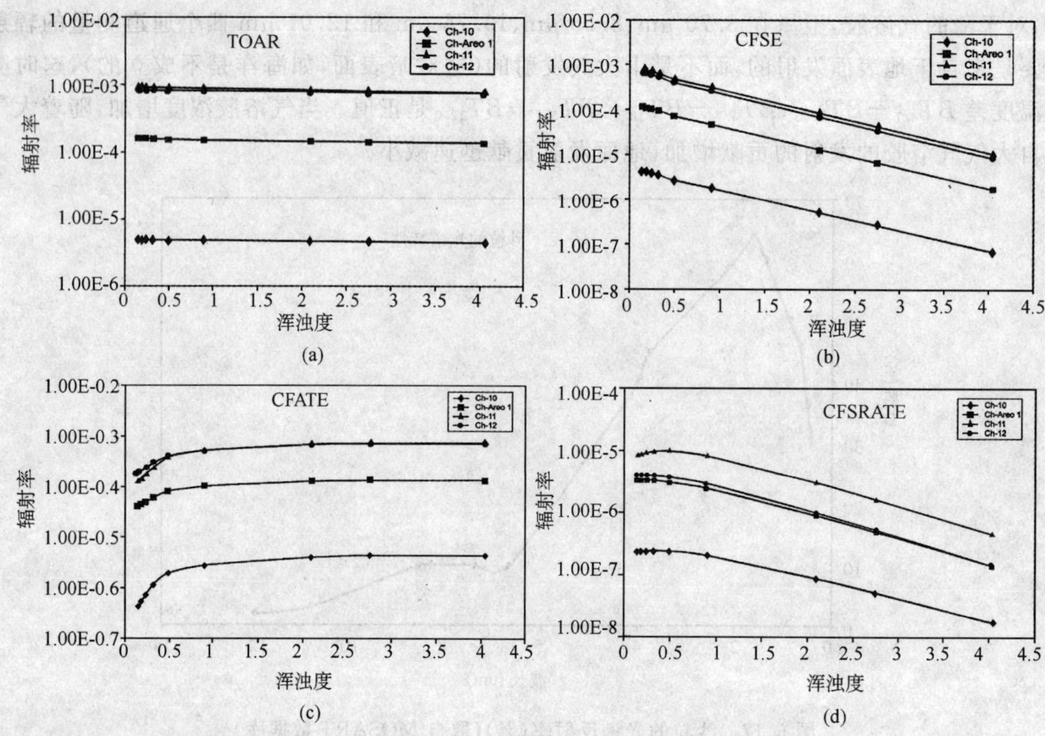

图 6.18　四个通道的浑浊度与大气顶辐射、地面辐射、大气辐射和地面反射大气辐射间的关系

1）能见度与气溶胶的浓度间关系

研究表明(dAlmeida 等,1991),气溶胶的浓度 C 与能见度 V 有关,通常能见度与气溶胶浓度成反比,根据观测数据有下面关系

$$C=1000/V \tag{6.81}$$

式中,V 是能见度(km),C 是烟浓度($\mu g/m^3$),式(6.81)精度约为 50%,这需要更精确些,一般能见度是指水平能见度,卫星测量相应的是垂直能见度,由于烟羽的复杂结构,这样,合适的表达式不是唯一的。

2）能见度与 Anstrom 系数、气溶胶光学厚度

能见度也与气溶胶光学厚度有关,根据 Iqbal(1983)得到结果,能见度低时的关系为

$$V=3.9449/(\beta/0.55^{\alpha}-0.08498) \tag{6.82}$$

式中,α 和 β 是 Anstrom 系数,V 是能见度(km),0.55 是测量能见度的波长,即为 0.55nm。

用波长 0.55 nm 处光学厚度表示上式为

$$V=3.9449/(\tau_{550}-0.08498) \tag{6.83}$$

由于 τ_{550} 是直接在 0.55 nm 谱段测量的,因此,这形式的优点是不需要多谱段测量给出 α 和 β。只需求单个谱段就可以,进行测量很简单。

在白天,检测尘的方法是气溶胶模式的反演,但是无论在云内还是在云外,强的尘/沙(或尘暴)容易当作云识别,因此应当事先有一个强的尘/沙检测事件,然后用 MODIS 进行强沙尘试验,再从 SWIR/MWIR 区域找出光谱特征。

3. 海盐

海洋气溶胶通过散射和吸收直接地和通过海洋边界层云的反照率和滴谱的涨落间接影响

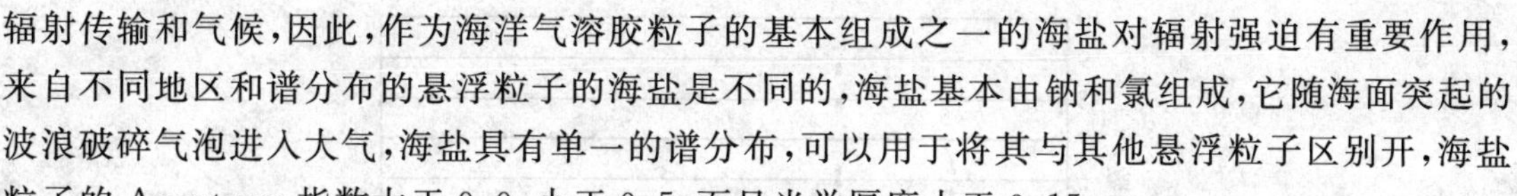

辐射传输和气候，因此，作为海洋气溶胶粒子的基本组成之一的海盐对辐射强迫有重要作用，来自不同地区和谱分布的悬浮粒子的海盐是不同的，海盐基本由钠和氯组成，它随海面突起的波浪破碎气泡进入大气，海盐具有单一的谱分布，可以用于将其与其他悬浮粒子区别开，海盐粒子的 Angstrom 指数大于 0.0，小于 0.5，而且光学厚度小于 0.15。

4. 烟

(1)烟检测对于识别生物燃烧面积是一个重要产品，在烟检测中的主要部分是它在监视森林火灾中的潜在作用。但是由于生物燃烧发射痕量气体和有机吸湿粒子对全球环境也是重要的。发射痕量气体的部分是温室气体（如 CO_2、CH_4 和 CH_3Cl），另一些是在对流层化学上的重要物质（如 NO_X、CH_4），由化学反应引起臭氧含量和酸雨增加，有机粒子通过云的微物理过程间接地影响对流层辐射收支。

烟粒子是具有 Angstrom 指数大于 1.4、光学厚度大于 0.5 的小粒子，烟粒子在可见光谱段显示有吸收特性。

由式(6.81)和式(6.83)得烟浓度 C 为

$$C=253.5\tau_{550}-21.5 \tag{6.84}$$

图 6.19 表示了这一关系，可以看到烟浓度与光学厚度呈现线性关系。

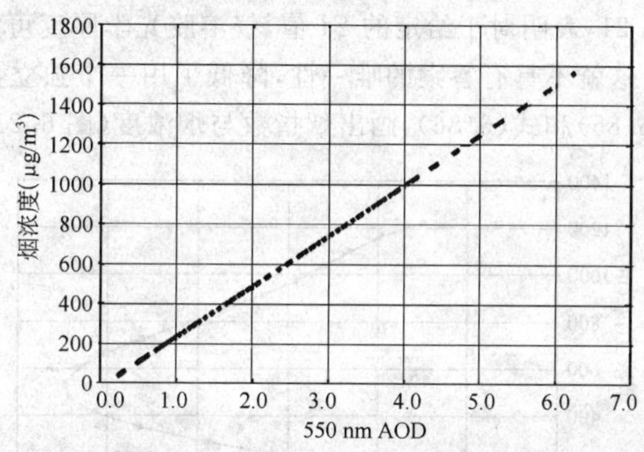

图 6.19　550 nm 光学厚度与烟浓度的关系

(2)烟指数：引入烟指数的物理依据是波长 413 nm 的反射率 ρ_{413}（或辐射率）对云和烟两者都敏感，而 443 nm、510 nm、550 nm、670 nm 的反射率对云是同样的（$\rho_{443}-\rho_{510}\approx0$；$\rho_{550}-\rho_{670}\approx0$），而对烟是不同的。因此，组合 $\rho_{413}\times(\rho_{443}-\rho_{510})\times(\rho_{550}-\rho_{670})\times10000$ 对于云趋向于零，但是对于烟远大于零。利用烟指数检测烟的存在，定义为

$$SI=10000\rho_{413}(\rho_{413}-\rho_{488})(\rho_{556}-\rho_{670}) \tag{6.85}$$

式中，ρ 是对于不同谱段的反射率。在有云时烟指数接近于 0，但当有烟出现时，其远大于 0。设计 SI 的依据是烟与波长强烈的依赖关系，这是由于烟是由大量小粒子组成的。

Vemote(1977)利用 6S 辐射模拟烟指数与烟浓度的关系，图 6.20 显示了波长 550 nm 处，光学厚度 1，2，3，4 和 5 的烟指数值模拟结果，从图中可见，烟指数增加直至光学厚度为 2，然后减小。在大的光学厚度处烟指数的低值是由于烟的吸收特性的作用。在小的光学厚度处，烟呈白色；当烟增厚时，它变灰和直至黑色；因而如图中显示，高的光学厚度，给出低的烟指数值。

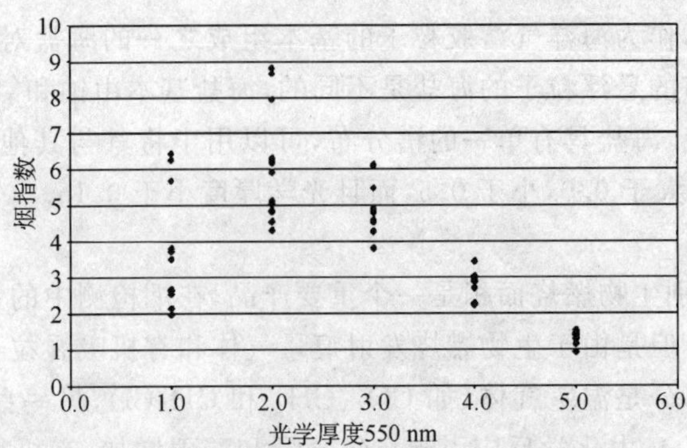

图 6.20 使用 6S 模拟 550 nm 的烟指数与光学厚度的关系

烟指数值的离散分布是由于不同观测和几何的作用，略去第二种变化，可得到烟指数与波长 550 nm 处的光学厚度间的关系为

$$SI=-0.00108\tau+5.867\tau^2-3.605\tau^3+0.767\tau^4-0.0558\tau^5 \tag{6.86}$$

这方程说明 SI 有 75％的变化，并又产生约 25％的精度，上式是通过用 21124 组观测和照度和气溶胶光学厚度数据拟合得到的。

从式(6.86)和图 6.21，表明对于给定的 SI 值，气溶胶光学厚度可能存在两个值，因此，可以得到两个烟浓度值。这就不具有答案的唯一性，降低了用一个独立参数由烟指数导得烟浓度的有效性。使用式(6.85)和式(6.86)，画出烟指数与烟浓度(图 6.21)。

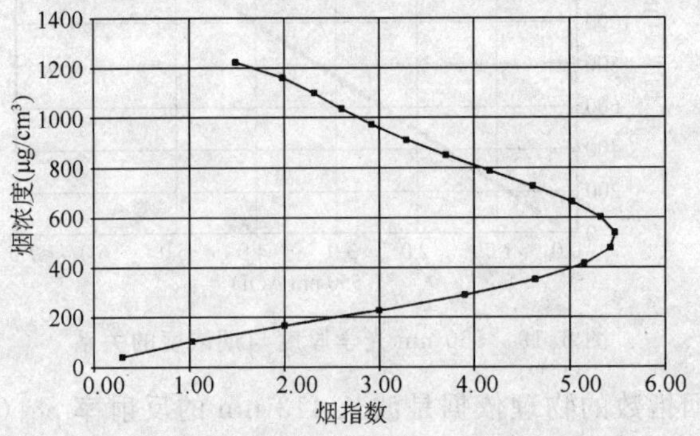

图 6.21 烟浓度与烟指数间的关系

在大多数情况下，烟呈白色，因此，多数观测到的烟是图 6.21 中的下面部分，根据此假定，烟浓度与烟指数的关系可以用下式表示：

$$C=2.14+72.96\,SI \tag{6.87}$$

式中，对于烟浓度小于 350 $\mu g/m^3$，占 99.7％的方差。上式适合于当 ρ_{670} 谱段的反射率 $\rho_{670}<0.2$ 的情况，对于 $\rho_{670}>0.2$，下面的由公式给出烟浓度

$$C=-1258.6+8383.3\rho_{670} \tag{6.88}$$

式中，对于烟浓度大于 350 $\mu g/m^3$，占 98％的方差。当 $\rho_{670}<0.2$ 时，使用式(6.87)和当 $\rho_{670}>0.2$ 时，使用式(6.88)，烟指数指示烟的存在，多数情况下，所求取的烟浓度的精度在 10％之内，虽然仍然要作更为详细的误差分析。已经有获取烟浓度的两种方法分别称之为光学厚度(AOT)和烟指数(SI)方法。AOT 方法是简单的，只要求一谱带的测量，不过精度只有 50％，

对于高烟浓度，由于 AOT 值的不确定性，这时 AOT 方法不能使用。烟指数法可确定烟是否存在，AOT 方法可以求取烟的浓度。*SI* 方法要求使用 5 个谱带的资料。由于烟的吸收，烟指数先对低浓度上升，对浓烟则以吸收为主。其结果是对每一指数值有两个光学厚度值，对此按反射率将五个谱带分为大于 0.2 和小于 0.2 两部分，使用两个方法获取烟浓度。

另外，烟浓度算法归纳如下：

如果烟指数 *SI* 远大于 1，则 $C=253.5\tau_{550}-21.5$；

如果 *SI* 大于 1，而 ρ_{670} 小于 0.2，则 $C=21.4+72.96\ SI$；

如果 *SI* 大于 1，而 ρ_{670} 大于 0.2，则 $C=-1258.6+8383.96\rho_{670}$。

第四节　遥感反演气溶胶

一、对流层气溶胶的卫星遥感

1. 单波长反演气溶胶

卫星在可见光和近红外谱段观测的辐射可以写为

$$L=L_s T_s+L_{\text{Rayleigh}}+L_{\text{aerosol}} \tag{6.89}$$

式中，L_s 是地表处的向上辐射，T_s 是地面到卫星间大气的透过率，L_{Rayleigh} 是由于空气分子的瑞利散射辐射，L_{aerosol} 是由于气溶胶引起的散射辐射。假定卫星观测的辐射没有来自海洋的辐射，对瑞利散射也已做了订正，且仅考虑单次散射，这时辐射传输方程写为

$$\mu\frac{\mathrm{d}L_{\text{aerosol}}}{\mathrm{d}\tau_\lambda}=-L_{\text{aerosol}}+\frac{\tilde{\omega}_0}{4\pi}E_{\text{sun}}P(\Psi_{\text{sun}})\exp\left(-\frac{\tau_{\text{aerosol}}-\tau_\lambda}{\mu_{\text{sun}}}\right) \tag{6.90}$$

式中，τ_{aerosol} 是气溶胶的光学厚度，τ_λ 是其他因素引起的光学厚度，μ 是卫星观测天顶角的余弦，则方程式的解为

$$L_{\text{aerosol}}=\frac{\tilde{\omega}_0}{4\pi}E_{\text{sun}}P(\Psi_{\text{sun}})\left(\frac{\mu_{\text{sun}}}{\mu_{\text{sun}}+\mu}\right)\left\{1-\exp\left[-\tau_{\text{aerosol}}\left(\frac{\mu_{\text{sun}}+\mu}{\mu_{\text{sun}}\mu}\right)\right]\right\} \tag{6.91}$$

由于气溶胶的光学厚度远小于 1，所以上式进一步简化为

$$L_{\text{aerosol}}=\frac{\omega_0}{4\pi}E_{\text{sun}}P(\Psi_{\text{sun}})\frac{\tau_{\text{aerosol}}}{\mu} \tag{6.92}$$

由上式就可以求出气溶胶的光学厚度。

2. 多光谱反演气溶胶

这种方法是利用气溶胶的光谱特性获取气溶胶光学厚度，如果卫星观测到的辐射写为

$$L_A(\lambda)=\omega_A(\lambda)\tau_A(\lambda)F'_S(\lambda)P_A(\lambda,\theta,\theta_S)/4\pi\cos\theta \tag{6.93}$$

上式取气溶胶光谱特性不同的波长 λ_1，λ_2 表示，就得两个表达式，适当对它运算后取它们之比值，得下式

$$\varepsilon(\lambda_1,\lambda_2)=\frac{L_A(\lambda)F'_S(\lambda_1)}{L_A(\lambda_0)F'_S(\lambda_2)}=\frac{\omega_A(\lambda_1)\tau_A(\lambda_1)P_A(\lambda_1,\theta,\theta_S)}{\omega_A(\lambda_2)\tau_A(\lambda_2)P_A(\lambda_2,\theta,\theta_S)} \tag{6.94}$$

如果光学厚度由根据关系式 $\tau=\beta\lambda^{-\alpha}$ 表示，就得 $\varepsilon(\lambda_1,\lambda_2)$

$$\varepsilon(\lambda_1,\lambda_2)=\left(\frac{\lambda_1}{\lambda_2}\right)^{\alpha}\frac{\omega_A(\lambda_1)P_A(\lambda_1,\theta,\theta_S)}{\omega_A(\lambda_2)P_A(\lambda_2,\theta,\theta_S)} \tag{6.157}$$

如果取 $\lambda_1=443$，$\lambda_2=865$，则有

$$L_A(443)=\varepsilon(443,865)L_A(870)[F'_S(443)/F'_S(865)]$$

比值写为

$$\varepsilon(\lambda,865)=\exp[K_A(\lambda-865)]$$

如果取 $\lambda_1=765$，光学厚度比值为

$$\tau_A(765)/\tau_A(865)=(765/865)^{-\alpha} \tag{6.95}$$

二、地面观测不同谱段的太阳辐射确定气溶胶的光学厚度

在地面观测不同谱段的直接太阳辐射通量密度，就可以推算气溶胶总的光学厚度，在可见光谱段，没有水汽吸收，臭氧吸收也十分小，故可以使用布尔定理，得

$$F_\lambda(0)/F_\lambda(\infty)=\exp\{-[\tau_\lambda(R)+\tau_\lambda(A)+\tau_\lambda(O_3)+\tau_\lambda(NO_2)]m(\theta_0)\} \tag{6.96}$$

式中

$$F_\lambda(\infty)=\left(\frac{r_0}{r}\right)^2 F_\lambda(\odot)$$

式中，$m(\theta_0)=1/\cos\theta_0$ 为垂直于大气方向的大气质量。

$$\tau_\lambda(A)=[1/m(\theta_0)][\ln I_\lambda^*-\ln I_\lambda]([\tau_\lambda(R)+\tau_\lambda(O_3)+\tau_\lambda(NO_2)] \tag{6.97}$$

其中

$$\tau_\lambda(R)=(a+bH)\lambda^{-(c+d\lambda+e/\lambda)}\frac{p}{p_s}$$

$$\tau_\lambda(O_3)=k_\lambda(O_3)C(O_3) \tag{6.98}$$

$$\tau_\lambda(NO_2)=k_\lambda(NO_2)C(NO_2)$$

由于消光造成总的气溶胶光学厚度可以写为

$$\tau_\lambda(A)=\int_0^\infty \beta_e(\lambda,z)\mathrm{d}z \tag{6.99}$$

$$\beta_e(\lambda,z)=\int_{a_1}^{a_2}\sigma_e(\lambda,a)\frac{\mathrm{d}n(a)}{\mathrm{d}a}\mathrm{d}a \tag{6.100}$$

式中，$\frac{\mathrm{d}n(a)}{\mathrm{d}a}$ 是气溶胶的尺度分布，如果采用 Junge 分布（适用于粒子尺度范围 0.01～10 μm），即

$$\frac{\mathrm{d}n(a)}{\mathrm{d}a}=C(z)a^{-(\nu^*+1)} \tag{6.101}$$

式中，$C(z)$ 是以大气高度 z 为函数正比于气溶胶浓度的标量因子，ν^* 表征谱形常数，其范围常为 $2\leqslant\nu^*<4$。这样气溶胶光学厚度为

$$\tau_\lambda(A)=k\lambda^{-(\nu^*+2)} \tag{6.102}$$

式中，k 是一常数，写为

$$k=\pi(2\pi)^{\nu^*-2}\int_0^\infty C(h)\mathrm{d}h\int_{x_1}^{x_2}\frac{Q_e(x)\mathrm{d}x}{x^{\nu^*-1}} \tag{6.103}$$

如果采用两个波长测定光学厚度，由于 k 是常数，则谱形常数也就可以确定。

四、气溶胶光学厚度和粒子谱的反演

由 Linke 和 Angstrom(1920s)提出了确定大气尘埃的观测方法。实际中，气溶胶光学厚度（有时也称为浑浊度）可以通过测量到达地面的太阳辐射获得。通常在可见光谱段由于水汽吸收可以忽略，而臭氧的吸收是很小的。气溶胶光学厚度由下式给出

$$\tau_A(\lambda)=\frac{1}{m(\theta_0)}[\ln I^*(\lambda)-\ln\hat{I}(\lambda)]-[\tau_R(\lambda)+\tau_3(\lambda)+\tau_2(\lambda)] \tag{6.104}$$

式中，$I^*=I_{\odot}(r_o/r)^2$，这一项可以由已知的太阳光谱资料或可以直接由 Langley 图求取。在求取气溶胶光学厚度中，与此相联的 NO_2 和 O_3 分子的光学厚度通常由下列参数计算：

$$\begin{aligned}\tau_R(\lambda)&=(a+bH)\lambda^{-(c+d\lambda+e/\lambda)}p/p_s\\ \tau_2(\lambda)&=k_2(\lambda)C(NO_2)\\ \tau_3(\lambda)&=k_3(\lambda)C(O_3)\end{aligned} \tag{6.105}$$

式中对于瑞利散射的经验系数为 $a=0.00864$，$b=6.5\times10^{-6}$，$c=3.916$，$d=0.074$，$e=0.050$；H 是辐射计的高度，单位是 km；p 是辐射计高度处的大气压；$P_s=1013.25$ hPa；k_2 和 k_3 分别是 NO_2 和 O_3 吸收系数，而 C 表示浓度符号，其中 $C(NO_2)\cong4\times10^{15}$ cm^{-2}。表 6.7 列出了对于气溶胶测量的 6 个波长的散射或吸收系的值(Russell 等，1993)。臭氧浓度由其他方法确定，而且，进入辐射计的漫射光可通过经验调整的方法计算。因此一旦这些光学厚度求出，及太阳高度和位置是可知的，就可以由测量太阳的直接辐射推算气溶胶的光学厚度。下面，将说明气溶胶的谱分布也可以反演，首先说明利用两波长求取谱分布的原理。整个大气柱的气溶胶光学厚度可以由衰减系数表示

$$\tau_A(\lambda)=\int_0^{z\infty}\beta_e(\lambda,z)\mathrm{d}z \tag{6.106}$$

表 6.7　若干太阳波段分子 O_3 和 NO_2 的散射或吸收系数

$\lambda(\mu m)$	0.382	0.451	0.526	0.778	0.861	1.060
k_R	0.4407	0.2198	0.1175	0.0240	0.0159	0.00069
k_3(atm/cm)	—	0.004	0.061	0.009	—	—
$k_2(cm^2)$	5.39×10^{-19}	4.66×10^{-19}	1.74×10^{-19}	—		—

设高度 z 与谱分布的关系由 $n(z,a)(cm^{-3}\cdot\mu m^{-1})$ 表示，则衰减系数(cm^{-1})为

$$\beta_e(\lambda,z)=\int_{a_1}^{a_2}\sigma_e(a,\lambda)n(z,a)\mathrm{d}a \tag{6.107}$$

式中，σ_e 表示单个粒子的衰减截面(cm^2)。大气中气溶胶谱分布在近 40 年间已进行很多研究。对于反演研究，这里采用由 Junge 提出的大气中气溶胶谱分布形式

$$n(z,a)=Cn(z,a)a^{-(\nu^*+1)} \tag{6.108}$$

式中，C 是一定标因子，直接正比于气溶胶浓度，因此是大气高度 z 的函数，ν^* 表示一形状常数，其值的范围通常为 $2\leqslant\nu^*<4$。如图 6.9 所示，气溶胶粒子尺度的一般覆盖范围大约在 0.01～10 μm。

使用 Junge 谱分布，气溶有胶光学厚度为

$$\tau_A(\lambda)=k\lambda^{(-\nu^*+2)} \tag{6.109}$$

式中，k 是一确定的常数。当 $\nu^*=3.3$ 时，k 称为 Angstrom 浑浊度系数，如果两波长处的气溶胶光学厚度已知，则有

$$\hat{z}=\frac{\tau_A(\lambda_1)}{\tau_A(\lambda_2)}=\left(\frac{\lambda_1}{\lambda_2}\right)^{(-\nu^*+2)}=y^{(-\nu^*+2)} \tag{6.110}$$

因此，可以推得形状因子为

$$\nu^*=2-\ln\hat{z}/\ln y \tag{6.111}$$

如果采用太阳光度计的多光谱测量到若干个波长上的气溶胶光学厚度，也可以反演气溶胶的谱分布。太阳光度计跟踪太阳在几个谱段测量太阳辐射强度。为反演气溶胶的谱分布，应用方程式(6.106)～(6.108)，并定义气柱内气溶胶谱分布的形式写为

$$n_c(a) = \int_0^{z_\infty} n(z,a)\mathrm{d}z = f(a)h(a) \tag{6.112}$$

式中，$n_c(a)$分为慢变化 $f(a)$和快变化函数 $h(a)=a^{-(\nu^*+1)}$。因此，有

$$\tau_A(\lambda) = \int_{a_1}^{a_2} \hat{f}(a)[h(a)\pi a^2 Q_e(m,a/\lambda)]\mathrm{d}a \tag{6.113}$$

在上式中，根据 Lorenz-Mie 理论，衰减截面以衰减效率 Q_e 表示，它是半径、波长和复折射指数的函数。在反演中，气溶胶的复折射指数必须首先给定。现在反演归结为确定函数 $f(a)$。

为简化起见，设 $g=\tau_A(\lambda)$和 $K_\lambda(a)=\pi a^2 Q_e(m,a/\lambda)h(a)$。因此，有

$$g_\lambda = \int_{a_1}^{a_2} f(a)K_\lambda(a)\mathrm{d}a \tag{6.114}$$

这就是众所周知的第一类弗雷德霍姆积分方程，其中 $K_\lambda(a)$是权重函数，也就是核，而 $f(a)$是一组 g_λ 的函数，由于可得到的 g_λ 是有限的值，所以对于 $f(a)$在数学上是病态的，即使测量和的权重函数没有误差。

根据 Lorenz-Mie 理论计算的对于 Junge 气溶胶粒子谱分布，折射率为 1.45，由包括七个太阳光度计的波长权重函数显示在图 6.22 中，从图中看到，随波长增加，气溶胶粒子半径权重函数峰值从较大半径向较小的半径移动。权重函数覆盖粒子半径从 0.01 μm 到 1 μm，对每一个权重函数最大的第二个峰值与米散射理论球形粒子的消光效率有关。有关气溶胶粒子反演方法见第四章。

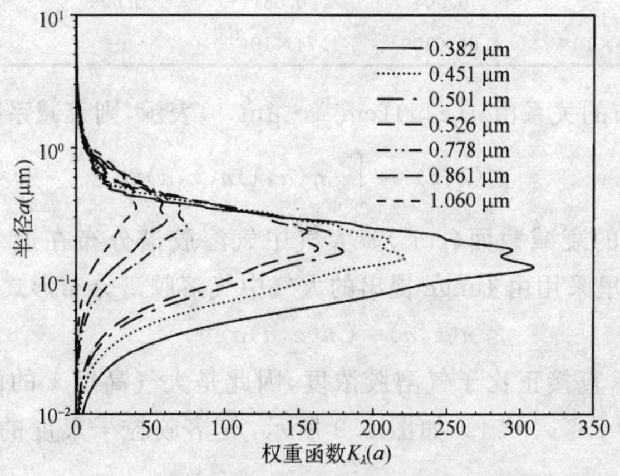

图 6.22 气溶胶半径的权重函数(Liou,2004)

第五节 MODIS 反演气溶胶

考虑到大气吸收，大气顶的反射率写为

$$\rho_{\mathrm{TOA}}(\theta_s,\theta_v,\varphi_s,-\varphi_v)=T(\mathrm{O}_3,M)[\rho_R+(\rho_0-\rho_R)T_g{}^{\mathrm{H_2O}}(M,U_{\mathrm{H_2O}}/2)+$$
$$T^{\downarrow}(\theta_s)T^{\uparrow}(\theta_v)\frac{\rho_s}{1-S\rho_s}T_g{}^{\mathrm{H_2O}}(M,U_{\mathrm{H_2O}})] \tag{6.115}$$

式中，ρ_0 是路径辐射（以反射率为单位），ρ_R 是瑞利散射反射率，ρ_s 是地面反射率（不考虑大气），S 是对于各向同性散射大气光的反射率，M 是空气质量（$=1/\mu_s+1/\mu_v$），μ_s、μ_v 分别是太阳天顶角和观测角的余弦，$T(O_3,M)$是光通过臭氧吸收后的透过率[$=1/(1+a(M[O_3])^b)$]，$[O_3]$是臭氧含量（cm/atm），a 和 b 是取决于臭氧光谱带的响应系数，U_{H_2O} 是总的可降水（g/cm^2）。假定路径辐射 ρ_0 是边界层中部之上产生的。因此，附加衰减是由可降水的一半引起的，透过率由下式表示

$$T_g^{H_2O}(M,U_{H_2O})=\exp\{-\exp[a+b\ln(M,U_{H_2O})+c\ln(M,U_{H_2O})^2]\} \tag{6.116}$$

式中，a、b 和 c 是取决于水汽光谱带内的响应系数。

对于陆地区域上空气溶胶光学厚度的遥感反演由下式（Kaufman 等，1997）给出

$$\rho^*(\theta_v,\theta_s,\varphi_s,-\varphi_v)=\rho_a(\theta_v,\theta_s,\varphi_s,-\varphi_v)+\frac{F_d(\theta_s)T(\theta_v)\rho(\theta_v,\theta_s,\varphi_s,-\varphi_v)}{(1-s\rho')} \tag{6.117}$$

式中，$\rho^*(\theta_v,\theta_s,\varphi_s,-\varphi_v)$是大气反射率，$\rho(\theta_v,\theta_s,\varphi_s,-\varphi_v)$是地面双向反射率，$F_d(\theta_s)$是地面零反射率的归一化向下辐射通量，$T(\theta_v)$是向上到卫星观测方向的总的透过率，$\rho(\theta_v,\theta_s,\varphi_s,-\varphi_v)$是地面的双向反射率，$s$ 是后向散射率比，ρ' 是观测和入射照度角的地表面平均反射率，$\rho_a(\theta_v,\theta_s,\varphi_s,-\theta_v)$是大气路径辐射。

假定路径辐射 ρ_a 与气溶胶光学厚度（τ_a）、气溶胶散射相函数（P_a）和单次散射率（ω_s）成正比，写为

$$\rho_a(\theta_v,\theta_s,\varphi_s,-\varphi_v)=\rho_{\text{molec}}(\theta_v,\theta_s,\varphi_s,-\varphi_v)+\frac{\omega_s\tau_a P_a(\theta_v,\theta_s,\varphi_s,-\varphi_v)}{(4\mu_v\mu_s)} \tag{6.118}$$

给定大气顶的辐射、分子散射和地面反射率，由气溶胶模式能给出 ω_s、P_a，由此可确定光学厚度。由于对于短波和低的地面反射率，气溶胶路径辐射是较大的，在这种条件下导得的气溶胶光学厚度的误差是较小的，因此，暗区（清水体）、植被区用于反演陆地气溶胶光学厚度；在陆地上，检测到像点必须是暗的，是否是暗像点是关键，如果像点是暗的，在没有气溶胶影响下，则可以用近红外的反射率计算可见光谱带的反射率，由此可建立近 *IR* 与 *VIS* 之间反射率的关系。

一、方法说明

为确定暗像点，可采用 2.25 μm 通道的反射率，反射率落入一定区间值之间就可认为是暗像点，如果像点是暗的，就对这像点进行光学厚度的反演；如果像点不落在区间值内，则不能进行反演，进入下一个像点。当水平单体尺度（9.6 km）比像点尺度（1.6 km）大，如果单体范围内至少包含有一个暗像点，则报告像点的值。一般 2.25 μm 通道暗像点反射率的区间在 0.0～0.09；0.865 μm 通道暗像点反射率的区间在 0.1～0.3，而 10.7 μm 通道暗像点亮度温度大于 289 K，图 6.23 显示不同类别的地物反射率间的关系。图中显示了不同地面物体于 0.49 μm（实心圆点、三角、方体）和 0.66 μm（空心体）反射率相对于 2.2 μm 的反射率分布图，平均关系用直线表示为 $\rho_{0.49}/\rho_{2.2}=0.25$，$\rho_{0.66}/\rho_{2.2}=0.5$。

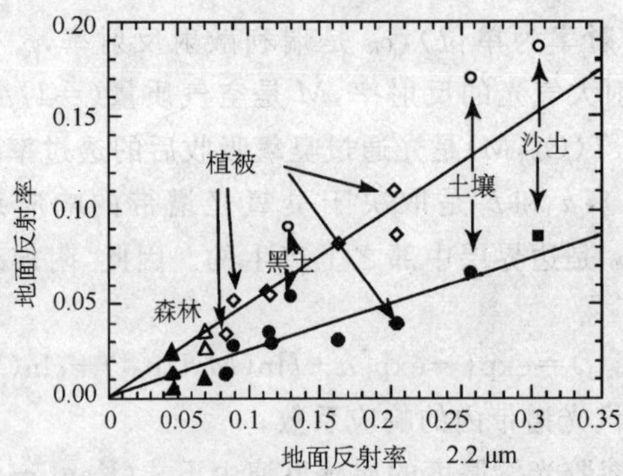

图 6.23 不同类别的地物反射率间的关系(Kaufmantanre,1996)

二、算法基础

假定陆面是有限的朗伯面(实际是变化和有方向性的),反演陆面气溶胶的光学厚度的公式近似地表示为

$$\rho_{\text{toa}}=\rho_{R+A}+\frac{T_{R+A}\rho_s}{1-S_{R+A}\rho_s} \tag{6.119}$$

大气辐射与地面不均匀和方向特性之间的模式由 6S 得到,由式(6.119)反演陆地上的气溶胶光学厚度,需假定陆面是无限大的朗伯面,这是一个近似,实际上的陆地是不是均匀的和有辐射方向性效应,大气辐射和地面不均匀和方向特性之间的耦合模式由 6S 得到。气溶胶反演必须考虑到地面的不均匀和辐射方向特性。

1. 地面的不均匀性

考虑到地面的不均匀性,可将式(6.119)写成

$$\rho_{\text{toa}}=\rho_{R+A}+\frac{T_{R+A}(\theta_s)}{1-S_{R+A}\rho_s}(\mathrm{e}^{-\tau/\mu_v}\rho_s+t_{R+A}^{d}(\theta_v)\rho_e) \tag{6.120}$$

式中

$$\rho_e=\frac{1}{2\pi}\int_0^{2\pi}\int_0^{\infty}\rho(r,\Psi)\,\frac{\mathrm{d}F(r)}{\mathrm{d}r}\mathrm{d}r\mathrm{d}\Psi$$

式(6.120)中透射率分为向上透射率和向下透过率 $T_{R+A}(\theta_s)$ 和直接向上透过率 $\mathrm{e}^{-\tau/\mu_v}$ 和向上漫透射率 $t_{R+A}^{\mathrm{d}}(\theta_v)$;“背境贡献”,$\rho_e$ 是目标周围地面反射率,它是离目标距离的函数,由大气点扩展函数 $\mathrm{d}F(r)/\mathrm{d}r$ 加权。

对于分子和气溶胶的大气点扩展函数,可使用蒙特卡洛法计算和使用经验函数和 6S 程序得到的进行拟合,图 6.24 显示了分子和气溶胶的环境函数是以目标中心为距离的函数,在气溶胶的情况下,环境的作用随距离迅速减小;对于分子散射,环境的作用更缓慢地变化,环境的作用在较远距离处也可看到,还要指出,环境的作用是观测角和在大气中感应器高度的函数,某种程度上也取决于气溶胶类型(垂直廓线)。在实际中大气环境函数 $F(r)$ 通过使用它们相对于向上透过率的分子和气溶胶环境函数的加权平均。

在实际中,可以由遥感离散测量的数据得到,即

$$\rho_e=\sum_{j=-n}^{n}\sum_{i=-n}^{n}\rho(r,\Psi)\,\frac{\mathrm{d}F(r(i,j))}{\mathrm{d}r}\rho_i(i,j) \tag{6.121}$$

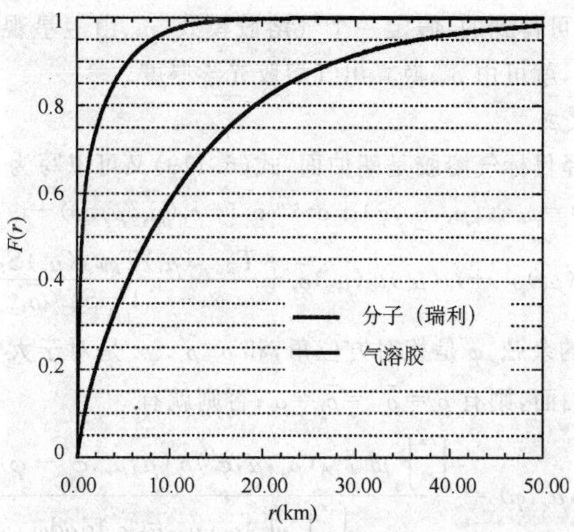

图 6.24 分子和气溶胶的环境函数是以目标中心为距离的函数 $F(r)$

这样对于瑞利和气溶胶，为简化，如果再设 $\mathrm{d}F(r(i,j))/\mathrm{d}r=f_{ij}$，式(6.120)成为

$$\rho_{\text{toa}}=\rho_{R+A}+\frac{T_{R+A}(\theta_s)}{1-S_{R+A}\rho_s}(\mathrm{e}^{-\tau/\mu_v}\rho_s+t_R^d(\theta_v)\sum_i\sum_j f_{i,j}^R\rho_s{}^{i,j}+t_A^d\sum_i\sum_j f_{i,j}^A\rho_s{}^{i,j}) \tag{6.122}$$

对于暗目标，在式(6.120)中的所有项仅取决于较浓的气溶胶和模式，ρ_s 可以由较长波长(2.13 μm)估计，因此与气溶胶模式和光学厚度相关的查算表对于数个 τ_A 和模拟的 ρ_{toa}，和对某个 τ_a 与测量值匹配，给出 ρ_{R+A}、T_{R+A} 和 S_{R+A}。在式(6.182)中，附加目标 $\rho_s{}^{i,j}$ 环境的贡献，和作数个其他大气漫透射率和直接透射率项。也可把附加的大气透过率贮存到查算表内，由背景本身反演地面环境。如果假定在某高度气溶胶是均匀的，进行相邻订正(一般 20 km×20 km)，在背景计算中略去自身邻接效应。则可写成

$$\sum_i\sum_j f_{i,j}^R\rho_{\text{toa}}^{i,j}=\sum_i\sum_j f_{i,j}^R\left(\frac{T_{R+A}\rho_s^{i,j}}{1-S_{R+A}\rho_s^{i,j}}+\rho_{R+A}\right)\sim\rho_{R+A}+T_{R+A}\frac{\sum_i\sum_j f_{i,j}^R\rho_s^{i,j}}{1-S_{R+A}\sum_i\sum_j f_{i,j}^R\rho_s^{i,j}} \tag{6.123}$$

应注意到 $f_{i,j}$ 是归一化的，因此有

$$\sum_i\sum_j f_{i,j}=1 \tag{6.124}$$

对于气溶胶和分子，两者使用式(6.123)，由大气顶反射率或卫星高度的反射率计算量 $\rho_R{}^{e*}=\sum_i\sum_j f_{i,j}^R\rho_{\text{toa}}^{i,j}$ 和 $\rho_A{}^{e*}=\sum_i\sum_j f_{i,j}^A\rho_{\text{toa}}^{i,j}$，可得到求解式(6.122)所要的量。式(6.122)可以重新写为

$$\rho_{\text{toa}}=\rho_{R+A}+\frac{T_{R+A}(\theta_s)}{1-S_{R+A}\rho_s}\Big[\mathrm{e}^{-\tau/\mu_v}\rho_s+t_R^d(\theta_v)\frac{\rho_R^{e*}-\rho_{R+A}}{T_{R+A}+S_{R+A}(\rho_A^{e*}-\rho_{R+A})}+ t_A^d(\theta_v)\frac{\rho_R^{e*}-\rho_{R+A}}{T_{R+A}+S_{R+A}(\rho_A^{e*}-\rho_{R+A})}\Big] \tag{6.125}$$

和

$$\rho_e=\frac{t_R^d(\theta_v)\dfrac{\rho_R^{e*}-\rho_{R+A}}{T_{R+A}+S_{R+A}(\rho_A^{e*}-\rho_{R+A})}+t_A^d(\theta_v)\dfrac{\rho_R^{e*}-\rho_{R+A}}{T_{R+A}+S_{R+A}(\rho_A^{e*}-\rho_{R+A})}}{t_d^{R+A}(\theta_v)} \tag{6.126}$$

在式(6.125)中,所有项可得到的,假定一个气溶胶模式、ρ_{toa}由卫星观测辐射值算出,由于ρ_{toa}为气溶胶光学厚度函数,就可由ρ_{toa}换算出气溶胶光学厚度。

2. 地表面的方向效应

假定式(6.120)选择目标气溶胶是朗伯面,式(6.119)又可以写为

$$\rho_{toa}(\mu_s,\mu_v,\varphi)=\rho_{R+A}(\mu_s,\mu_v,\varphi)+e^{-\tau/\mu_s}e^{-\tau/\mu_v}\rho_s(\mu_s,\mu_v,\varphi)+e^{-\tau/\mu_v}t_d(\mu_s)\bar{\rho}_s+ e^{-\tau/\mu_s}t_d(\mu_v)\bar{\rho}'_s+t_d(\mu_v)t_d(\mu_s)\bar{\bar{\rho}}_s+\frac{T_{R+A}(\mu_s)T_{R+A}(\mu_v)S_{R+A}(\bar{\bar{\rho}}_s)^2}{1-S_{R+A}\bar{\bar{\rho}}_s} \tag{6.127}$$

式中,μ_s是太阳天顶角的余弦,φ是相对方位角,和$\bar{\rho}_s$、$\bar{\rho}'_s$、$\bar{\bar{\rho}}_s$是对于大气和地面$BRDF$之间相关的项,如果目标是朗伯面,则有$\bar{\rho}_s=\bar{\rho}'_s=\bar{\bar{\rho}}_s=\rho_s$;否则就有

$$\bar{\rho}_s(\mu_s,\mu_v,\varphi)=\frac{\int_0^{2\pi}\int_0^1\mu L^{\downarrow}_{R+A}(\mu_s,\mu,\varphi')\rho_s(\mu,\mu_v,\varphi'-\varphi)\mathrm{d}\mu\mathrm{d}\varphi'}{\int_0^{2\pi}\int_0^1\mu L^{\downarrow}_{R+A}(\mu_s,\mu,\varphi')\mathrm{d}\mu\mathrm{d}\varphi'} \tag{6.128a}$$

$$\bar{\rho}'_s(\mu_s,\mu_v,\varphi)=\rho_s(\mu_s,\mu_v,\varphi) \tag{6.128b}$$

$$\bar{\bar{\rho}}_s(\mu_s,\mu_v,\varphi)=\bar{\rho}_s(\mu_s,\mu_v,\varphi) \tag{6.128c}$$

如前,对于特定的气溶胶模式,作为光学厚度的函数,与大气透过率或反射率有关的所有项可以贮存在查算表内,对于估计需要的相关项,可以用中红外谱段的经验关系估算$\rho_s(\mu_s,\mu_v,\varphi)$项,为此目的,可以使用如下线性核 BRDF 模式

$$\rho_s(\mu_s,\mu_v,\varphi)=\sum_k f_k K_k(\mu_s,\mu_v,\varphi) \tag{6.129}$$

这方法具有几个优点,特别是相关项可以预先计算,由它容易证明

$$\bar{\rho}_s(\mu_s,\mu_v,\varphi)=\sum_k f_k \bar{K}_k(\mu_s,\mu_v,\varphi) \tag{6.130}$$

式中系数f_k还需待确定,其可事先确定 BRDF 形状,根据 1.6 μm 和 2.13 μm 谱段数据参数化为植被指数的函数。MODIS 实际应用结果的分析,通过气溶胶光学厚度的误差确定参数化和包含意义。

三、MODIS 仪器数据反演气溶胶的特征

如表 6.8 中,反演气溶胶的 MODIS 仪器数据采用七个通道,另加若干个通道处理云和其他背景。表中列出了每一个通道路的中心波长,通道 1、2、3、4、5、6、7 的中心波长分别为 0.66 μm、0.86 μm、0.47 μm、0.55 μm、1.24 μm、1.64 μm 和 2.12 μm;MODIS 反演气溶胶算法采用光谱反射率ρ_λ表示为

$$\rho_\lambda=\pi L_\lambda/(F_{0\lambda}\cos\theta_0) \tag{6.131}$$

式中,θ_0是太阳天顶角,L_λ是卫星测量到的光谱辐射率,$F_{0\lambda}$是太阳的光谱照度。为反演气溶胶,仪器必须有高的稳定性和灵敏度,仪器的光谱稳定性要优于 2 nm(0.002 μm),等效差分光谱辐射率($Ne\Delta L$)是仪器的性能,信噪比 SNR 定义为典型的景象辐射与$Ne\Delta L$的比值,$Ne\Delta L$和 SNR 在表 6.8 中给出。为了解遥感气溶胶框架,需根据所期望的气溶胶信号,确定SNR,因此,定义等效差分光谱辐射率($Ne\Delta L$)为

$$Ne\Delta\tau=\pi Ne\Delta\rho\times[4\cos\theta_0\cos\theta_v/(\omega_0 P(\Theta))] \tag{6.132}$$

式中,θ_0、θ_v是太阳和卫星观测天顶角,ω_0是气溶胶的单次反照率(SSA),$P(\Theta)$是气溶胶的相

函数，$Ne\Delta\rho$ 是相应于等效差分光谱辐射率（$Ne\Delta L$）的等效差分光谱反射率。当太阳天顶角和卫星的天底角 $\theta_0=\theta_v=0$，期望对气溶胶光学厚度（最大噪声）最小敏感性；相函数 $P(\Theta)$ 在 $\Theta\sim 120°$ 处极小，和所用的 2.12 μm 通道有最小敏感性。在 120°处相函数的代表值为 0.08，代表性的气溶胶具有 $Ne\Delta L\sim 1.5\times 10^{-2}$。2.12 μm 通道也有典型的背景 AOD（τ^{ts}）是 0.01 或更小。因此，用 $\tau^{ts}/Ne\Delta L$ 定义信噪声比 SNR，约为 0.66。这意味用 500 m 的像点表示气溶胶的敏感性是不足够的。但是如果多个像点合成一个较大的区域，就是格点 10×10 km^2（20×20 个 500 m 像点），则乘 20 因子降低噪声，替代 0.66，信噪比成为 13。由于 $SNR>10$，确定 10×10 km^2 方格为默认反演尺度。

表 6.8　气溶胶反演的 MODIS 通道特征

谱带	带宽（μm）	中心波长（μm）	分辨率（m）	$Ne\Delta\rho$（$\times 10^{-4}$）	Maxρ	SNR	瑞利光学厚度
1	0.620～0.670	0.646	250	3.39	1.38	128	0.0520
2	0.841～0.876	0.855	250	3.99	0.92	201	0.0165
3	0.459～0.479	0.466	500	2.35	0.96	243	0.1948
4	0.545～0.565	0.553	500	2.11	0.86	228	0.0963
5	1.230～1.250	1.243	500	3.12	0.47	74	0.0037
6	1.628～1.652	1.632	500	3.63	0.94	275	0.0012
7	2.105～2.155	2.119	500	3.06	0.75	110	0.0004

四、MODIS 反演气溶胶的数据输入

在轨 MODIS 仪器将每隔 5 分钟观测数据为一块，称为数据块，每一数据块沿轨道方向约 2030 km（203 扫描线×10 km），在星下点的分辨率 1 km，而垂直轨道的每条扫描线覆盖有 1354 个像点，由于地球是球形的，每个像点的尺度从星下点 1 km 到边缘的 2 km。每一数据块有分辨率 1 km 的 1354 个像点×2030 像点。气溶胶反演算法需将 MODIS 预处理的 L1B，L2 数据（定标和定位的反射率数据——由 MCST 提供）和辅助数据输入内部贮存器。一般每次读入一条扫描线数据，在轨道方向每次扫描由 10 个 1 km 像点组成，每一条扫描线 1354 个像点集合为 10 个像点数据块，因此在一条扫描线有 135 个 10 km 的数据块，为反演气溶胶，这些数据块相互独立。注意，每一 10 km 的数据块包含有 10×10＝100 个 1 km 像点，和 20×20＝400 个 500 m 的像点，还要注意的是这些仅是对天底观测是这样。在扫描线的边界处，每一数据块的像点数保持相同，但是在每一数据块的面积压缩，是天底处的两倍面积压缩。

在所有七个 MODIS 气溶胶通道，加上 138 μm 通道中的反射率已对水汽、臭氧和二氧化碳订正。另外，对于云，由 MOD35 产品识别是否是“陆地”还是“水体”像点。如果在 10 km 数据块的全部像点是水体，则采用海洋反演算法，但是如果是陆地，则采用陆地处理方法。

五、海上气溶胶的反演

1. 反演流程方法概述

海上气溶胶求取方法如图 6.25 所示，算法按查找表的方法进行，就是对于一组气溶胶和陆面参数预先进行辐射传输计算，并与辐射观测数据比较，得到查找表 LUT。方法设定细粒

和粗粒对数分布的气溶胶两种气溶胶模式，并以合适的加权表示目标物上的气溶胶特性。由查找表上的光谱反照率与 MODIS 测量的光谱反照率进行比较，求得一个最佳的拟合，或一组最佳拟合的平均作为反演的解。C005 方法对海面上的云、沉降物、在太阳耀斑区的强沙尘情况进行了更新，是对 1996MODIS04 版本进行修改。

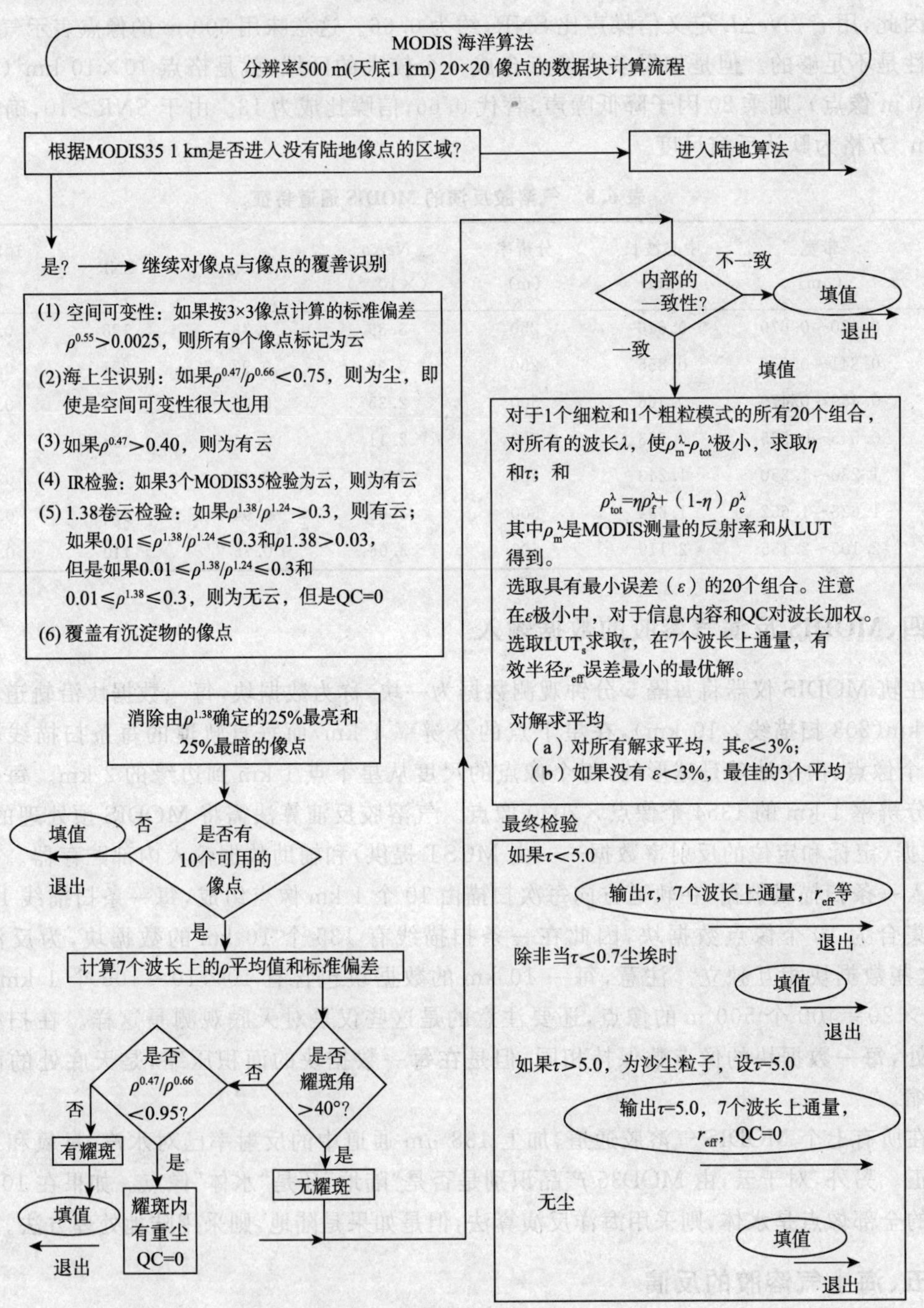

图 6.25　海洋气溶胶反演步骤

2. 海洋气溶胶模式和查找表

MODIS方法由太阳和天空光度计的观测气候资料(全球气溶胶监测网 AERONET)建立C005-O 气溶胶气候模式,并与以前的 MODIS 算法的版本得到的产品进行误差分析。在MODIS反演气溶胶的方法中,将气溶胶按其尺度分成细粒和粗粒两类,而细粒又按粒子大小分成 4 种,粗粒分成 5 种。因此,C005 海洋算法有 4 种细粒模式和 5 种粗粒模式。粗粒模式 7、8、9 折射指数与 C004 版本不同。这些模式的参数见表 6.9。图 6.26 表示当出现有沙尘时,细粒气溶胶的可靠性明显下降,但是当出现烟雾或污染为主的情况下,还是很可靠的。

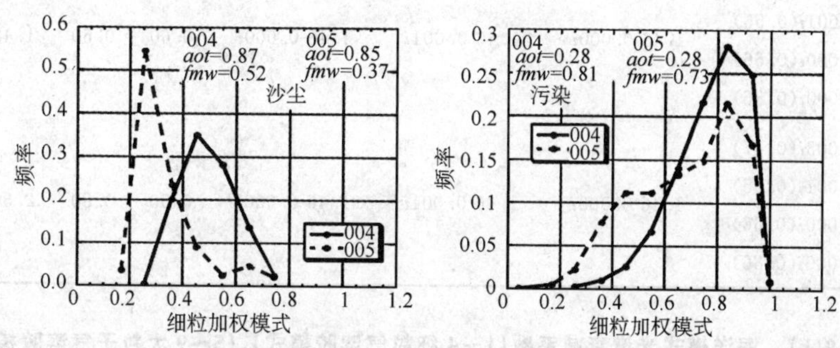

图 6.26　在沙尘情况下,004 太高细模式平均具有 $fmw \sim 0.5$;在烟的情况下,约为 $fmw \sim 0.8$。在 005 版本三种粒子模式用新折射指数,$fmw \sim 0.3$,但对以细粒子模式为主的仍然太高

与 C004 版本一样,C005 查找表由 Ahmad 和 Fraser(1981)得到的辐射传输程序建立的。卫星测量的辐射是来自地面和大气两种辐射的总和。海面的辐射计算还要包括无风海面的太阳耀斑区的反射辐射、来自海面泡沫的反射、无散射的朗伯水面反射辐射。假定海风面风速为 0.6 m/s,除 0.55 μm 之外,假定对所有的波长零风速海面的反射率取 0.005。大气的作用包括:由气体和气溶胶的多次散射,及由海面的大气反射。因此,对于计算 9 种模式的光谱反射率,每一种模式的参数如表 6.9 所示,AOD 的 6 种值,对于每一模式的 τ^a 归一化到 0.55 μm,范围从的纯分子散射大气($\tau^a=0$)到浑浊度很高的大气($\tau^a=3.0$)。中间值为:0.2,0.5.1.0 和 2.0。对每一模式和 0.55 μm 的光学厚度,及对其余 6 个波长的光学厚度,包括蓝色(0.47 μm)进行保存。计算 9 个太阳天顶角(6°、12°、24°、36°、48°、54°、60°、66°、72°)和 16 个卫星观测角(0°～72°,间隔 6°),16 个太阳/卫星相对方位角(0°～180°,间隔 12°)。总计有 2034 个角度的组合。

表 6.9 给出海洋算法气溶胶模式参数。

表 6.9(a)　对于不同波长 1～4 细粒气溶胶模式的折射指数、数平均、标准偏差和有效粒子半径

F	λ=0.47→ 0.861 μm	λ=1.24 μm	λ=1.641 μm	λ=2.121 μm	r_g	σ	r_{eff}	注
1	1.45-0.0035*i*	1.45-0.0035*i*	1.43-0.01*i*	1.40-0.005*i*	0.07	0.40	0.10	可溶水
2	1.45-0.0035*i*	1.45-0.0035*i*	1.43-0.01*i*	1.40-0.005*i*	0.06	0.60	0.15	可溶水
3	1.40-0.0020*i*	1.40-0.0020*i*	1.39-0.005*i*	1.36-0.003*i*	0.08	0.60	0.20	随湿度可溶水
4	1.40-0.0020*i*	1.40-0.0020*i*	1.39-0.005*i*	1.36-0.003*i*	0.10	0.60	0.25	随湿度可溶水

不同波长 5～9 大粒子气溶胶模式的折射指数、数平均、标准偏差和有效粒子半径

F	λ=0.47→0.861 μm	λ=1.24 μm	λ=1.641 μm	λ=2.12 μm	r_g	σ	r_{eff}	注
5	1.35-0.001i	1.35-0.001i	1.35-0.001i	1.35-0.001i	0.40	0.60	0.98	湿海盐类型
6	1.35-0.001i	1.35-0.001i	1.35-0.001i	1.35-0.001i	0.60	0.60	1.48	湿海盐类型
7	1.35-0.001i	1.35-0.001i	1.35-0.001i	1.35-0.001i	0.80	0.60	1.98	湿海盐类型
8	1.53-0.003i(0.47) 1.53-0.001i(0.55) 1.53-0.000i(0.66) 1.53-0.000i(0.86)	1.46-0.000i	1.46-0.001i	1.46-0.000i	0.60	0.60	1.48	尘埃类
	1.53-0.003i(0.47) 1.53-0.001i(0.55) 1.53-0.000i(0.66) 1.53-0.000i(0.86)	1.46-0.000i	1.46-0.001i	1.46-0.000i	0.50	0.80	2.50	尘埃类

表 6.9(b) 海洋模式光谱衰减系数(1～4 细粒气溶胶模式)、(5～9 大粒子气溶胶模式)

λ(μm)模式	0.466	0.553	0.645	0.855	1.24	1.64	2.12
1	1.43E-10	9.33E-11	6.15E-11	2.66E-11	7.91E-12	4.30E-12	1.48E-12
2	3.03E-10	2.33E-10	1.78E-10	9.95E-11	3.93E-11	1.88E-11	6.99E-12
3	6.78E-10	5.45E-10	4.34E-10	2.63E-10	1.15E-10	5.67E-11	2.28E-11
4	1.33E-09	1.12E-09	9.36E-10	6.15E-10	3.01E-10	1.57E-10	6.68E-11
5	2.69E-08	2.78E-08	2.84E-08	2.85E-08	2.55E-08	2.12E-08	1.63E-08
6	5.57E-08	5.76E-08	5.95E-08	6.29E-08	6.44E-08	6.09E-08	5.33E-08
7	9.50E-08	9.72E-08	9.97E-08	1.06E-07	1.13E-07	1.15E-07	1.09E-07
8	5.57E-08	9.72E-08	5.70E-08	6.05E-08	6.60E-08	6.63E-08	6.26E-08
9	6.42E-08	6.54E-08	6.66E-08	6.92E-08	7.31E-08	7.43E-08	7.36E-08

表 6.9(c) 光谱单次反照率(1～4 细粒气溶胶模式)、(5～9 大粒子气溶胶模式)

λ(μm)模式	0.466	0.553	0.645	0.855	1.24	1.64	2.12
1	0.9735	0.9683	0.9616	0.9406	0.8786	0.539	0.4968
2	0.9782	0.9772	0.9757	0.9704	0.9554	0.8158	0.8209
3	0.9865	0.9864	0.9859	0.9838	0.9775	0.9211	0.9156
4	0.9861	0.9865	0.9865	0.9855	0.9819	0.9401	0.9404
5	0.9781	0.982	0.9847	0.9886	0.9914	0.9923	0.9925
6	0.9661	0.9716	0.976	0.9825	0.9882	0.9906	0.9919
7	0.955	0.9619	0.9673	0.9759	0.9842	0.988	0.9904
8	0.9013	0.9674	1	1	1	0.9901	1
9	0.8669	0.953	1	1	1	0.9835	1

表 6.9(d)　光谱不对称因子(1～4 细粒气溶胶模式)、(5～9 大粒子气溶胶模式)

λ(μm)模式	0.466	0.553	0.645	0.855	1.24	1.64	2.12
1	0.5755	0.5117	0.4478	0.3221	0.1773	0.1048	0.0622
2	0.6832	0.6606	0.6357	0.5756	0.4677	0.3685	0.2635
3	0.7354	0.7183	0.6991	0.651	0.559	0.4715	0.3711
4	0.7513	0.7398	0.726	0.6903	0.6179	0.5451	0.4566
5	0.7852	0.7865	0.7891	0.7945	0.7951	0.7865	0.769
6	0.7947	0.7885	0.7857	0.7868	0.794	0.7963	0.7922
7	0.8102	0.8005	0.7931	0.7858	0.7884	0.7937	0.7963
8	0.7534	0.72	0.6979	0.6795	0.7129	0.72	0.719
9	0.7801	0.7462	0.7352	0.7065	0.722	0.7222	0.7151

3. 反演气溶胶像点的选取

(1)云污染像素的消除。由卫星数据获取气溶胶信息，首要的是将“好”的像素与有“云”的像素区别开来，通常可以使用可见光通道的亮度识别云，这一方法常会把含量大的气溶胶的像素误判为云，而丢失气溶胶信息。另外，仅用红外资料检测云，会错误地将低而暖的云作为晴空，由此在气溶胶产品中引入云污染，因此，海洋上的云根据红外与可见光的亮度检测与空间变化检测结合。

按像素的 $\rho_{0.86}$ 值，算法应避免全部有云和悬浮物覆盖的像素，抛弃最暗和最亮的 25% 像素，由此留下中等 50% 的数据。在数据块中使用过滤法消除余下的云污染、云暗影或其他极端情况的像素。

(2)太阳耀斑消除。卫星反演海洋面气溶胶仅是对于暗黑的海洋面(不包括太阳耀斑区)。但当反演到太阳耀斑区时，需要计算耀斑角，它表示为反射角，与镜面反射角比较，耀斑角定义为

$$\Theta_{\text{glint}} = \cos^{-1}(\cos\theta_s \cos\theta_v + \sin\theta_s \sin\theta_v \cos\varphi)$$

式中，θ_s、θ_v 分别是太阳和卫星天顶角，注意到 Freflection 反射相应于 $\Theta_{\text{glint}}=0$。如果 $\Theta_{\text{glint}} \geqslant 40°$，可以避免太阳耀斑污染，实行反演，算法要进行几个光谱反射率的一致性检查。

4. 反演算法

MODIS 测量 0.55～2.13 μm 的光谱辐射率，它包括关于气溶胶及谱特性的三类气溶胶的独立信息。按某些假定可导得以下参数，某一波长处的 AOD($\tau_{0.55}^{\text{tot}}$)，一波长处反射权重参数(细粒权重——FW)$\eta_{0.55}$，和粒子有效半径 r_e，其是粒子谱分布的 3 阶矩与 2 阶矩之比。有效半径通过与 FW 相结合，选取细“f”和粗“c”气溶胶模式表示，然后根据 4 个细模式和 5 个粗模式的查找表反演。注意虽然 LUT 是由单波长的光学厚度确定的，每个单模式参数确定为唯一的参数，应用反演的 $\tau_{0.55}^{\text{tot}}$ 值确定其他波长的光学厚度。

反演算法是将气溶胶细粒反射率 ρ_λ^f 和粗粒反射率 ρ_λ^c 进行加权组合得到加权平均反射率 $\rho_\lambda^{\text{LUT}}$，写为

$$\rho_\lambda^{\text{LUT}} = \eta\rho_\lambda^f(\tau_{0.55}^{\text{tot}}) + (1-\eta)\rho_\lambda{}^c(\tau_{0.55}^{\text{tot}}) \tag{6.133}$$

式中，η 是加权因子。将粗粒和细粒进行组合，得到 20 种组合，反演得到成对的 $\tau_{0.55}^{\text{tot}}$ 和 $\eta_{0.55}$，其是通过使“拟合误差 ε”极小求取的，ε 为

$$\varepsilon = \sqrt{\sum_{\lambda=1}^{6} N_\lambda \left(\frac{\rho_\lambda^m - \rho_\lambda^{\mathrm{LUT}}}{\rho_\lambda^m - \rho_\lambda^{\mathrm{ray}} + 0.01} \right)^2 \Big/ \sum_{\lambda=1}^{6} N_\lambda} \tag{6.134}$$

式中，N_λ 是总的波长为 λ 的"好"像素，ρ_λ^m 是 MODIS 在波长为 λ 处测量的反射率，$\rho_\lambda^{\mathrm{ray}}$ 是由瑞利散射贡献的反射，$\rho_\lambda^{\mathrm{LUT}}$ 是由查找表模式与式(6.134)结合计算的。式中 0.01 是防止对于晴空条件下较长波长被 0 除。反演要求在波长 MODIS 观测精确拟合，然后通过式(6.196)求得与其他五个波长的最佳拟合。选取 0.87 μm 通道作为基本波长是因为它比较短波长的离水辐射率变化的影响，而仍然表现有很强的气溶胶信号，即使是细粒气溶胶为主的情况下。在这一通道叶绿素浓度的变化对反演光学厚度的影响可以忽略不计，对 $\eta_\lambda \to 0.55$ 的影响极小。

根据 ε 的值储存有 20 个解。最优解是模式与使 ε 极小的 $\tau_{0.55}^{\mathrm{tot}}$ 和 $\eta_{0.55}$ 的组合，其解可能不是唯一的，这时取平均解，它是具有 $\varepsilon < 3\%$ 的所有解的平均，或如果没有具有 $\varepsilon < 3\%$ 的解，则取 3 个最优解的平均。一旦求得解，则模式组合的选取是导得气溶胶的模式，模式参数的变化或以根据包括分谱光学厚度、有效粒子半径、光谱通量和质量浓度等。

(1)最后检测：在最终结果输出之前，采用增加一致性检验。一般来说，如果在 0.55 μm 处反演的 AOD，大于−0.01，小于 5，则输出结果；负的光学厚度值给出低的质量值(QC)。除此之外，对于太阳耀斑区有重度尘埃时，要进一步检验。在最终检验方面，最终的 QC 置信检验可以调整。

(2)特殊情况：太阳耀斑区处有严重尘埃。如果 $\Theta \leqslant 40°$，则对耀斑区内的重度尘埃检验，由于重度尘埃在蓝波段具有光吸收的光谱特征，在进行覆盖遮蔽的运行时，利用与上面类似的方法，在太阳耀斑区识别严重尘埃的情况下，对严重尘埃赋予全部值 $\rho_{0.47}/\rho_{0.66} < 0.95$。如果严重尘埃出现在太阳耀斑区内，虽然其设 QAC=0，继续进行反演。如果在太阳耀斑区没有出现严重尘埃，则计算值填入气溶胶产品，并退出程序。

5. 敏感性研究

(1)"定标误差"：$\rho_j^m => \rho_j^m(1-Rnd_j)$，式中 Rnd_j 是在 ±0.01 之间的随机定标误差，它表示最大随机光谱定标误差的 1%。

(2)"耀斑区误差"：$\rho_j^m => \rho_j^m + 0.01$。这是考虑到耀斑区效应不是完全可以避免或预测的，所以对全部通道的反射率加上一个常数。

(3)"类型 1 表面误差"：$\rho_j^m => \rho_j^m + Rnd_j$，式中 Rnd_j 是在 ±0.02 之间的随机定标误差，例如，它在离水辐射率中可能误差表示。

(4)"类型 2 表面误差"：$\rho_j^m => \rho_j^m + 0.005/\lambda_j$，式中 λ_j 是通道中心波长，这样在 0.55 μm 处大约增加反射率 0.01，在 2.12 μm 处大约增加反射率 0.0025，表示因反射率的光谱特性的系统误差，如来自海洋泡沫反射率光谱特性引起的不确定性。

6. 气溶胶质量浓度的计算

对于体积 V、面积 A 气柱内的气溶胶粒子数的分布写为

$$\frac{\mathrm{d}N}{\mathrm{d}\ln r} = \frac{3}{4}\pi r^{-3}\frac{\mathrm{d}V}{\mathrm{d}\ln r} = \pi r^{-2}\frac{\mathrm{d}A}{\mathrm{d}\ln r} \tag{6.135}$$

所对应分布的振幅 V_0、N_0、A_0 表示为

$$V_0 = \int_0^\infty \frac{\mathrm{d}V}{\mathrm{d}\ln r}\mathrm{d}\ln r \qquad N_0 = \int_0^\infty \frac{\mathrm{d}N}{\mathrm{d}\ln r}\mathrm{d}\ln r \qquad A_0 = \int_0^\infty \frac{\mathrm{d}A}{\mathrm{d}\ln r}\mathrm{d}\ln r$$

以对数模式可写为

$$\frac{\mathrm{d}N}{\mathrm{dln}r}=\frac{1}{r}\frac{N_0}{\sigma\sqrt{2\pi}}\exp\left(-\frac{\ln(r/r_g)^2}{2\sigma^2}\right) \tag{6.136}$$

$$N_0=V_0\frac{3}{4}\pi r_g{}^{-3}\exp\left(-\frac{9}{2}\sigma^2\right)$$

M^k 的 k 阶矩为

$$M^k=\int_0^\infty r^k\frac{\mathrm{d}N}{\mathrm{dln}r}\mathrm{dln}r=(r_g)^k\exp(0.5k^2\sigma^2) \tag{6.137}$$

由矩表示的有效半径为

$$r_{\text{eff}}=\frac{M^3}{M^2}=\frac{\int_0^\infty r^3\frac{\mathrm{d}N}{\mathrm{dln}r}\mathrm{dln}r}{\int_0^\infty r^2\frac{\mathrm{d}N}{\mathrm{dln}r}\mathrm{dln}r}=\frac{3}{4}\frac{V_0}{A_0}=r_g\exp(5\sigma^2/2) \tag{6.138}$$

衰减效率 Q_{ext} 与衰减系数 β_{ext} 的关系通过面积分布确定为

$$Q_{\text{ext}}=\frac{\beta_{\text{ext}}}{\int_0^\infty r^2\frac{\mathrm{d}N}{\mathrm{dln}r}\mathrm{dln}r} \tag{6.139}$$

这些参数可以由米散射理论求取。

六、陆面上空气溶胶的反演

到达大气顶的太阳辐射是在大气内辐射相互作用的多阶函数，波长为 λ 的角度为 (θ,φ) 的光谱反射率 $\rho_\lambda^*(\theta_0,\theta,\varphi)$ 来自于：大气的散射辐射、地面的反射辐射的直接透射和卫星观测视场外的反射辐射。如果略去最后一部分，大气顶的辐射近似为

$$\rho_\lambda^*(\theta_0,\theta,\varphi)=\rho_\lambda^a(\theta_0,\theta,\lambda)+\frac{F_\lambda(\theta_0)T_\lambda(\theta)\rho_\lambda^s(\theta_0,\theta,\varphi)}{1-s_\lambda\rho_\lambda^s(\theta_0,\theta,\varphi)} \tag{6.140}$$

式中，F_λ 是地面反射率为 0 时的向下归一化辐射通量，T_λ 表示辐射到达卫星视场时总的透过率，s_λ 是大气后向散射比，ρ_λ^s 是角地面光谱反射率。除地面反射率之外，式中各项都是气溶胶种类和 AOD 的函数。假定有一小的气溶胶类型集和光学路径可以描述全球气溶胶变动范围，就可导得预先计算好的包括这些气溶胶模拟条件的查找表。计算的目的使用查找表确定 MODIS 观测光谱反射率 ρ_λ^m 和气溶胶反演特性（AOD 和 FW）的最佳模拟条件。困难是作关于地面和大气贡献的最合适的假定。

1. 算法的概述

MODIS 反演气溶胶有 C004-L 算法和 C005-L 等版本，对于 C004-L 中在两个可见光通道（0.47 μm 和 0.66 μm）反演气溶胶中反演的气溶胶特性是独立的，在 C005-L 中以三个通道反演气溶胶（两个可见光加上一个 2.12 μm），C004-L 算法作最苛刻的假定：气溶胶在 2.12 μm 是透明的，在可见光通道与在 2.12 μm 通道陆面反射率比是常数。C005-L 中假定 2.12 μm 通道包含有粗（大）粒气溶胶和地面反射率的信息，而且可见光通道反射率是 2.12 μm 通道反射率的函数，但也是散射角和中红外光谱地面“绿度”（NDVI 是依据 1.24 μm 和 2.12 μm 确定的参数）的函数。

陆面算法 C005-L 与海洋算法（C005-O）一样，但是它取三个独立的通道光谱反射率（0.47 μm、0.66 μm、2.12 μm），反演三个（近）独立观测数据信息。这包括总的 0.55 μm 光学

厚度(AOD),细粒模式 0.55 μm 的加权(FW 或 $\eta_{0.55}$)和在 2.12 μm 地面反射率($\rho^s_{2.12}$)。如海洋算法,C005-L 也是查找表方法。也就是预先对一气溶胶集和地面参数由辐射传输计算与 MODIS 观测数据比较。算法假定一细粒气溶胶和粗粒气溶胶模式(每个约定多重对数模式),可以通过合适的加权表示目标上环境气溶胶特性。从 LUT 的光谱反射率与 MODIS 测量的光谱反射率是可比较的,求得最佳匹配,这最佳拟合作为反演解。

2. 资料来源和陆面模式建立

对于陆面 V5.2 版本,通过收集大量太阳光度计数据和同一位置和同一时刻的 MODIS 资料,建立计算公式。由全球气溶胶监测网(AERONET)数据库,使用在四个波段(0.44 μm,0.67 μm,0.87 μm 和 1.02 μm)直接太阳测量 AOD 和间接的天空测量地平纬圈辐射率,变换为气溶胶光学特性和谱分布。太阳测量每隔 15 分钟一次,地平纬圈天空每 1 小时 1 次。通过对全球 200 个观测位置的同一时刻同一地点 15,000 个的 AERONET 太阳数据和 MODIS 数据,建立细粒气溶胶重量的估算模式。使用 136,000 个 AERONET 天空反演的发展得到 C005-L 全球的季节气溶胶。

3. 气溶胶光学模式和查找表

(1)气溶胶光学模式:许多工作表明对陆地进行 MODIS/AERONET 光学路径 AOD 回归分析,结果斜率比实际的要低,就是对于大的光学路径 MODIS 反演的光学路径低。C004-L 不能真实地表示由 MODIS 观测的光学状态。Omar 等(2005)对全球气溶胶监测 AERONET 数据的聚类分析,得出 6 种气溶胶模式(荒漠尘埃、生物燃烧、背景/乡村污染的大陆、海洋和脏的污染)足以代表 AERONET 数据集。模式的改变主要是由于气溶胶粒子的单次反照率(SSA)和粒子的谱分布,有两个模式表示晴空状况(海洋和乡村),一个模式(尘)是以粗粒为主,与 MODIS 粗粒尘埃模式类似,和与类似 C004-L 细粒模式集的三个具有不同的 SSA(生物燃烧、陆地污染和严重污染)细粒模式,由于陆地 MODIS 反演只采用三个通道(包含量有来自地面和污染的影响),它不能选择用细粒气溶胶模式,因此,气溶胶反演算法必须赋予细粒模式一个先验反演。下面描述如何使用聚类分析确定全球气溶胶模式集,和如何确定它们的位置和季节。

首先,使用 AERONET-L2A 含有球形和椭球形粒子的处理数据,通过品质参数极小辨别反演,包括:在 0.44 μm 处大于 0.4 的 AOD、大于 45°的太阳天顶角,21 个系统性左/右方位角和小于 4%的辐射反演误差。得到的数据集包含有 100 个位置的 13,496 球反演和 5,128 椭球反演;为了区分气溶胶类型,将 AERONET 数据集分成离散的 10 组 AOD,然后每一组分成不同的气溶胶类型。可预测这有助于确定每种类型的动态特性。与 Omar 等(2005)不同,这里所希望的不是统计意义上的聚类,而是对于 MODIS 确定三个的有区别的细粒模式,考虑到细模式识别这一目标,仅用 0.67 μm 处的 SSA 和 0.44 μm 处的不对称参数两个光学参数。假定对于没有吸收的气溶胶粒子(如城市工业区的污染)、有明显吸收的气溶胶粒子(如热带草原燃烧产生的烟)和 0.44 μm 处不对称因子(ASYM)有助于区别气溶胶相函数的差别。假定已有若干聚类,因此,在每个 AOD 的组内,一个集群表示最高 SSA 和最高 ASYM 的组合(无吸收气溶胶模式),另一集群表示最小 SSA 和最小 ASYM 的组合(吸收气溶胶模式),第三个集群表示中间组合值(中性气溶胶),对于粗粒气溶胶,求得单个集群描述椭球底的纬圈反演,由于在尘埃区域对于椭球数据的测量网点贡献是已知的,假定椭球模式表示粗粒(尘)气溶胶。

吸收性和非吸收性气溶胶的全球分布有较大差异，对于每个全球气溶胶监测网点和每个季节，需确定每一集群反演贡献的百分数。

表 6.10 给出陆地气溶胶模式的光学特性和粒子谱分布，其中包括三种球形（中性、吸收、非吸收）细粒模式和一个椭球粗粒气溶胶模式。图 6.27 给出全球气溶胶监测网数据导得的四个粒子谱分布，可看到细粒模式粒子尺度特性的动态特征，特别是非吸收模式。图 6.27 给出了每个模式的相函数。

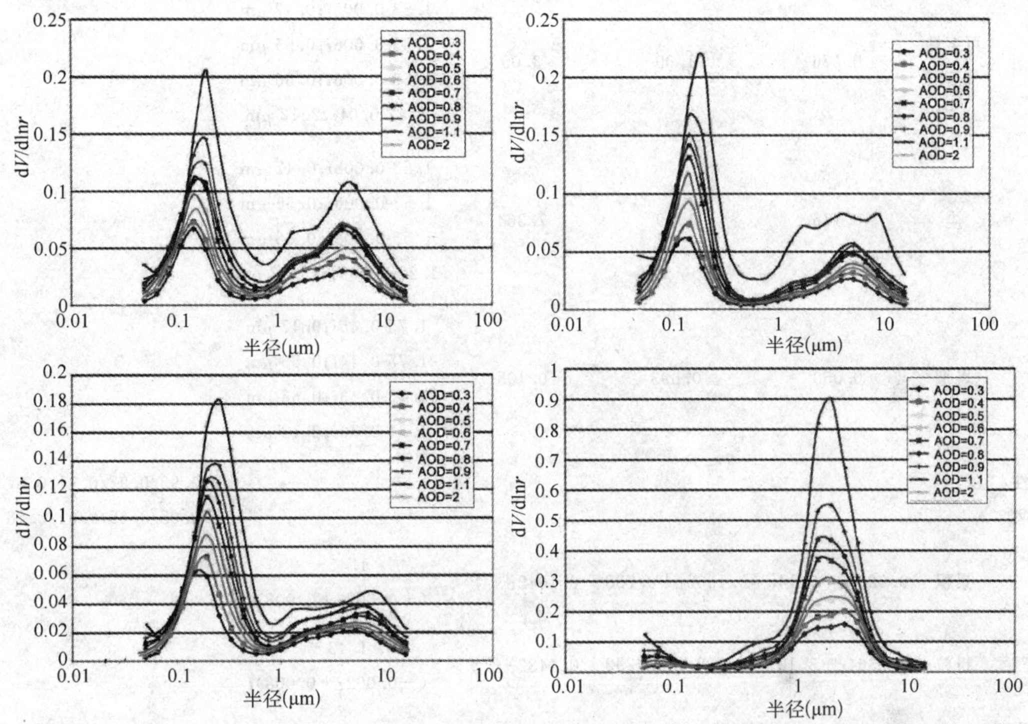

图 6.27 对于三种球形粒子（中性、吸收和无吸收）和椭球形（尘）气溶胶谱分布是光学厚度的函数

(2) MODIS 反演气溶胶查找表：MODIS C004-L 气溶胶查找表（LUT）含有使用非极化的 SPD 辐射传输（RT）程序计算的两个通道（蓝波段 0.47 μm 和红波段 0.66 μm）模拟气溶胶反射率，Levy(2004)证明，在一定几何条件下，不考虑极化会导致大气顶反射率的误差，进而导致 AOD 的反演误差，如大气顶反射率误差 0.01，导致对于 0.5 的 AOD 对于每一模式的 AOD 的误差为 0.1。

对此使用矢量 RT，使用 MIEVMie 程序计算得到 MODIS。假定细粒气溶胶为球形，使用 MIEV 和 RT3 的组合计算；对于椭球形粗粒气溶胶，Mie 理论不满足，对此用 T 矢阵码替代计算散射特性。查找表 V5.2 包含有预先计算的四个离散波长（相应于 MODIS 的 3、4、1、7 通道 0.466 μm、0.553 μm、0.644 μm、2.119 μm）的气溶胶光学特性。由 MIEV 或 T 矩阵码计算对于每个球粒气溶胶模式（陆地，?? 世界，吸收和非吸收）的光学深度（AOD 或 0.55 μm 的 τ）和非球粒模式、气溶胶粒子谱分布的散射/衰减特性。假定一瑞利散射大气和实际气溶胶层，计算对每一 US 标准大气的瑞利/气溶胶组合 Legendre 矩，然后将这些矩代入 RT3 模拟大气顶的反射率和总通量。

表 6.10 陆面反演气溶胶查找表使用的参数

模式	粒子形成	$r_v(\mu m)$	σ	$V_0(\mu m^3/\mu m^2)$	折射指数:k	SSA/g (0.47/055/0.66/2.1 μm) $\tau_{0.55}=0.5$
大陆						0.90/0.89/0.88/0.67 0.64/0.63/0.63/0.79
	可溶性气溶胶	0.176	1.09	3.05	1.53-0.005i;0.47 μm 1.53-0.006i;0.55 μm 1.53-0.006i;0.66 μm 1.42-0.01i;2.12 μm	
	尘	0.176	1.09	7.364	1.53-0.008i;0.47 μm 1.53-0.008i;0.55 μm 1.53-0.008i;0.66 μm 1.22-0.0091i;2.12 μm	
	煤烟	0.050	0.693	0.105	1.75-0.45i;0.47 μm 1.75-0.44i;0.55 μm 1.75-0.43i;0.66 μm 1.81-0.50i;2.12 μm	
中性/类型						0.93/0.92/0.91/0.87 0.68/0.65/0.61/0.68
	累积	$0.0203\tau+0.145$	$0.1365\tau+0.738$	$0.1642\tau^{0.7747}$	$1.43-(-0.002\tau+0.008)i$	
	粗粒	$0.3364\tau+3.101$	$0.098\tau+0.7292$	$0.1482\tau^{0.6846}$	$1.43-(-0.002\tau+0.008)i$	
无吸收/城市						0.95/0.95/0.94/0.90 0.71/0.68/0.65/0.64
	累积	$0.0434\tau+0.1604$	$0.1529\tau+0.3642$	$0.1718\tau^{0.8231}$	$1.42-(-0.0015\tau+0.007)i$	
	粗粒	$0.1411\tau+3.3252$	$0.1638\tau+0.7595$	$0.0934\tau^{0.6394}$	$1.42-(-0.0015\tau+0.007)i$	
吸收/重烟						0.88/0.87/0.85/0.70 0.64/0.60/0.56/0.64
	累积	$0.0096\tau+0.1335$	$0.0794\tau+0.3834$	$0.1748\tau^{0.8914}$	$1.51-0.02i$	
	粗粒	$0.9489\tau+3.4479$	$0.0409\tau+0.7433$	$0.1043\tau^{0.6824}$	$1.51-0.02i$	
球形/尘						0.94/0.95/0.96/0.98 0.71/0.70/0.69/0.71

续表

模式	粒子形成	$r_v(\mu m)$	σ	$V_0(\mu m^3/\mu m^2)$	折射指数：k	SSA/g (0.47/055/0.66/2.1 μm) $\tau_{0.55}=0.5$
	累积	$0.1416\tau^{-0.0519}$	$0.7561\tau^{0.148}$	$0.0871\tau^{1.026}$	$1.48\tau^{-0.021}-(0.0025\tau^{0.132})i$；0.47 μm $1.48\tau^{-0.021}-0.002i$；0.55 μm $1.48\tau^{-0.021}-(0.0018\tau^{0.08})i$；0.66 μm $1.46\tau^{-0.040}-(0.0018\tau^{0.30})i$；2.12 μm	
	粗粒	2.2	$0.554\tau^{0.0519}$	$0.6786\tau^{1.0569}$	$1.48\tau^{-0.021}-(0.0025\tau^{0.132})i$；0.47 μm $1.48\tau^{-0.021}-0.002i$；0.55 μm $1.48\tau^{-0.021}-(0.0018\tau^{0.08})i$；0.66 μm $1.46\tau^{-0.040}-(0.0018\tau^{0.30})i$；2.12 μm	

不考虑地面反射率情况下，计算对于七个气溶胶含量（$\tau_{0.55}=0.0, 0.25, 0.5, 1.0, 2.0, 3.0$ 和 5.0）的表 6.10 的参数，计算对于太阳天顶角（$\theta_0=0.0.,6.0,12.0,24.0,35.2,48.0,54.0,$ 60.0 和 66.0）16 个观测天顶角（$\theta=0.0\sim66.0$，间隔 6.0）和 16 个相对方位角（$\varphi=0.0\sim$ 180.0，间隔 12.0）的大气顶（TOA）反射率。

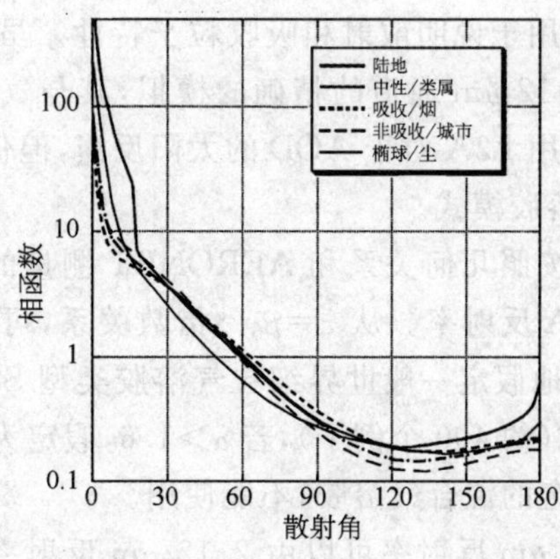

图 6.28　对于光学厚度 $\tau=0.5$ 时 5 种气溶胶模式 0.55 μm 的相函数

当考虑到地面反射率，式(6.140)的第二项不为 0，通量不仅是大气的函数，而且大气背景项 s、透过率项 T 是大气和地面的函数。因此，RT3 增加两次具有正的地面值，

$$s=(1/\rho_1^s)[1-(F_d T\rho_1^s/(\rho^*-\rho^a))] \tag{6.141}$$

和

$$s=(1/\rho_2^s)[1-(F_dT\rho_2^s/(\rho^*-\rho^a))] \tag{6.142}$$

式中，地面反射率 ρ_1^s、ρ_2^s 选取 0.1 和 0.25，由这两个方程可求解 s 和 T。对每一 AOD 指数、波长和气溶胶模式，将 F_d、s 和 T 存到 LUT 中。在 LUT 中还包括散射和衰减系数 Q 和描述气溶胶模式的物理特性的（对数粒子参数 r_g、σ 和复折射指数 n_r+m_i）参数。也计算了气溶胶的质量浓度 Mc（光学厚度 l 和 Q 的函数）。

4. VIS/SWIR 表面反射率假定

对于 MODIS 或其他任何卫星反演大气气溶胶，关键是将卫星观测到的总的反射率分为大气和地面两部分贡献，然后确定气溶胶的贡献。在海洋上，由于红的和更长的波长的通道的海面呈黑色，因此，在这些通道可以忽略这些表面反射，是一个很好的近似。但在陆地上，可见光和 SWIR 波段的表面反射率远大于 0，并随陆地的类型而变化，当地面和大气的信号可比较时，假定地面的反射率的误差为 0.01 时，导致 AOD 反演的误差为 0.1 量级。多波段的误差可导致 AOD 的光谱反演结果误差太大，无法估算气溶胶的尺度参数。

Kaufman(1997)观测指出：植被和暗的土壤表面的可见光波段的反射率与 SWIR 波段的反射率有很高的相关性，通过植被冠模式的模拟表明，其物理原因是叶绿素的可见光吸收与在健康植被内的液态水红外辐射的组合。此关系表现为在可见光的地面反射率与在 SWIR 有近固定的比值。如在蓝波段 0.47 μm 和红波段 0.66 μm，分别假定为 1/4 和 1/2。

不过 MODIS 导得的 AOD 对 AERONET 太阳光度计数据间具有约正的 0.1 偏差，这意味地表反射率被低估；从 CLAMS 试验观测数据表明较高的 VIS/SWIR 表面比值（例如对蓝和红波段分别是 0.33 和 0.65）改进沿海岸区陆海连接区的气溶胶产品，也改进 MODIS/AERONET-AOD 近海岸处的回归过程。但是远离海岸的地区，VIS/SWIR 比值趋向于高于地面反射率的订正，反演的 AOD 小于 0。这也就表明地面不是朗伯面，某些表面具有很强的双向反射函数，VIS/SWIR 比值是角度的函数。

卫星测量的反射率是地面反射率、大气散射效应、气溶胶吸收的复杂函数，模拟常用假定大陆气溶胶模式的某些形式，用于说明散射和吸收粒子特性。虽然模式可提供在蓝和红波段的合理模拟，但它不能给出 2.12 μm 通道的精确的模拟，其与气溶胶尺度的不一致导致反射率数量级的误差。然而，可使用 L2A 对于 AOD 的太阳反演，但仍不知道 SSA 和散射相函数，也就是不知道使用哪一个气溶胶模式。

因此，为了保证一致性，按照几何关系和 AERONET 测量的 AOD 内插查找表的光谱反射率，这样估计暗表面上 TOA 反射率。从 $\tau=\beta\lambda^{-\alpha}$ 指数关系，可决定假定用细粒模式还是粗粒模式，由于 SSA 未知，安全地假定一般世界细粒气溶胶类型 SSA～0.9。进行大气订正时，当 $\alpha<0.6$，可假定粗粒子模式（约 400 个例子），若 $\alpha>1.6$，假定为细粒模式（约 4200 个例子），当 $0.6<\alpha<1.6$，由于为不确定的混合气溶胶，不能使用。

观测资料分析表明，0.66 μm 反射率可以由 2.12 μm 反射率计算，而 0.47 μm 反射率由 0.66 μm 反射率计算：

$$\rho_{0.66}{}^s=f(\rho_{2.12}{}^s)$$

$$\rho_{0.47}{}^s=g(\rho_{0.66}{}^s) \tag{6.143}$$

除城市地区之外，多数表面的 VIS/SWIR 间的反射率关系是绿度的函数，是否有一个与表面反射率有关的植被指数（VI）？归一化植被指数（*NDVI*）是红和绿波段的函数，强烈地受气溶胶的影响，为此定义另一个植被指数，写为

$$NDVI_{\mathrm{SWIR}}=(\rho_{1.24}^{m}-\rho_{2.12}^{m})/(\rho_{1.24}^{m}+\rho_{2.12}^{m}) \tag{6.144}$$

式中，$\rho_{1.24}$和$\rho_{2.12}$是MODIS在1.24 μm和2.12 μm测量的反射率，它很少受气溶胶的影响，这一指数称为$NDVI_{\mathrm{SWIR}}$。在没有气溶胶的情况下，$NDVI_{\mathrm{SWIR}}$与正常的$NDVI$有高的相关性。当$NDVI_{\mathrm{SWIR}}>0.6$时，是稠密的植被区，而当$NDVI_{\mathrm{SWIR}}<0.2$时，为稀疏的植被区。图6.29表示了0.66 μm通道和2.12 μm通道反射率的关系，对于非城市区，为低、中、高$NDVI_{\mathrm{SWIR}}$的函数。显然当$NDVI_{\mathrm{SWIR}}$的值增加，0.66 μm通道和2.12 μm通道反射率的比值增大。这一关系用于VIS/SWIR表面反射率参数中。由于0.47 μm通道和0.66 μm关系不是随$NDVI_{\mathrm{SWIR}}$而变，假定这一关系是常数。

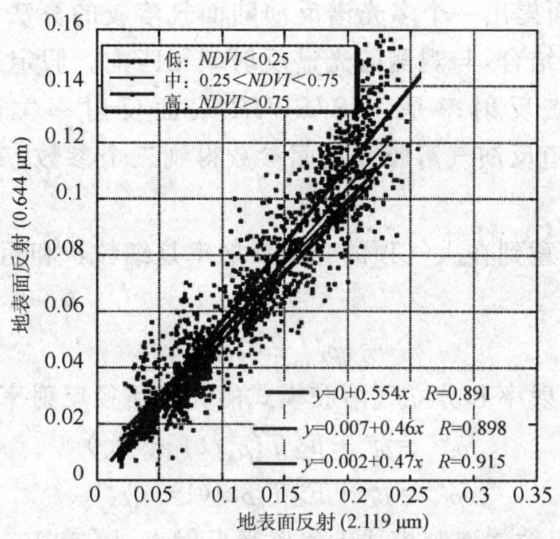

图6.29　0.66 μm相对于2.12 μm地面反射率是$NDVI$(高、中、低)的函数和通过原点的回归曲线

研究结果表明，大气订正不仅与暗表面关系有关，而且与几何参数和地表的类型有关。这样方程式(6.143)，可以参数化为$NDVI_{\mathrm{SWIR}}$和散射角Θ两者的函数，表示为

$$\rho_{0.66}^{s}=f(\rho_{2.12}^{s})=\rho_{2.12}^{*}slope_{0.66/2.12}+yint_{0.66/2.12}$$

和

$$\rho_{0.47}^{s}=g(\rho_{0.66}^{s})=\rho_{0.66}^{*}slope_{0.47/0.66}+yint_{0.47/0.66} \tag{6.145}$$

式中

$$slope_{0.66/2.12}=slope_{0.66/2.12}^{NDVI_{\mathrm{SWIR}}}+0.002\Theta-0.27$$

$$yint_{0.66/2.12}=0.00025\Theta+0.033 \tag{6.146}$$

$$slope_{0.47/0.66}=0.49$$

$$yint_{0.47/0.66}=0.005$$

其中

$$slope_{0.66/2.12}^{NDVI_{\mathrm{SWIR}}}=0.48;\qquad NDVI_{\mathrm{SWIR}}<0.25$$

$$slope_{0.66/2.12}^{NDVI_{\mathrm{SWIR}}}=0.58;\qquad NDVI_{\mathrm{SWIR}}>0.75 \tag{6.147}$$

$$slope_{0.66/2.12}^{NDVI_{\mathrm{SWIR}}}=0.48+0.2(NDVI_{\mathrm{SWIR}}-0.25);\quad 0.25\leqslant NDVI_{\mathrm{SWIR}}\leqslant 0.75$$

注意到上面的参数是根据图6.29的结果，式中系数与图上的不是等同的。

5. 反演算法

在 MODIS 反演气溶胶 C004 算法中假定 2.12 μm SWIR 是透明的通道，且假定 2.12 μm 的地面反射率精确地等于在大气顶观测到的值。在尘气溶胶的条件下，气溶胶的透过率是很差的，即使在细粒气溶胶的状态下，AOD 不等于 0，例如，一般气溶胶，$\tau_{0.55}=1.0$ 相应于 $\tau_{2.12}=0.114$。对于给定角($\theta_0=36,\theta=36,\varphi=72$)，假定在 2.12 μm 的 $\tau_{2.12}=0.0$，导致 2.12 μm 反射率的误差约为 0.012。通过反射率关系，在 0.66 μm 反射率误差为 0.006，导致反演的 AOD 误差～0.06。如上面实际 AOD 的百分比，误差不是很大的，但是结合 0.47 μm 处的误差，与不正确 Angstrom 指数一起导致估算 FW 的误差。

考虑到 2.12 μm，下面提出一个多光谱反演陆面气溶胶的算法，与海洋算法类似，将细粒气溶胶和粗粒气溶胶模式结合，与观测的光谱反射率相匹配。假定 2.12 μm 通道包含地表和气溶胶信息，可见光地表反射率是 *VIS/SWIR* 表面反射率关系的函数。由 0.47 μm、0.66 μm、2.1 μm 三个通道反演气溶胶和地面参数得到三个参数：AOD($\tau_{0.55}$)和 FW($\eta_{0.55}$)和地面反射率($\rho^s_{2.12}$)。

现改写式(6.140)，注意到在大气顶的光谱反射率是细粒子和粗粒子气溶胶模式光谱反射率加权(η)之和，写为

$$\rho_\lambda^* = \eta\rho_\lambda^{*f} + (1-\eta)\rho_\lambda^{*c} \tag{6.148}$$

式中，ρ_λ^{*f} 和 ρ_λ^{*c} 是地面反射率和分立气溶胶模式的大气路径反射率的每个组成，就是

$$\rho_\lambda^{*f} = \rho_\lambda^{af} + F_{d\lambda}^f T_\lambda^f \rho_\lambda^s/(1-s_\lambda^f\rho_\lambda^s)$$
$$\rho_\lambda^{*c} = \rho_\lambda^{ac} + F_{d\lambda}^c T_\lambda^c \rho_\lambda^s/(1-s_\lambda^c\rho_\lambda^s) \tag{6.149}$$

式中，ρ_λ^{af} 和 ρ_λ^{ac} 是细粒和粗粒气溶胶模式大气路径反射率，$F_{d\lambda}^f$ 和 $F_{d\lambda}^c$ 是无表面反射的归一化向下通量，T_λ^f 和 T_λ^c 表示向上进入卫星视场的总的透射率，而得大气后向散射比，注意到角和 AOD 的依赖关系项：$\rho^a=\rho^a(\tau,\theta_0,\theta,\varphi)$，$F=(\tau,\theta_0)$，$T=(\tau,\theta)$，$s=s(\tau)$ 和 $\rho^s=\rho^s(\theta_0,\theta,\varphi)$。其他项是气溶胶的函数和包含在查算表，表面反射率是独立的，不过 VIS/SWIR 表面反射率之间的关系是已知的。

由于在查找表中受到气溶胶光学特性集的限制，方程式可能不具有精确解，并且解不是唯一的，因此，在求解气溶胶时，需要有十分相近的一组 MODIS 反射率测量值，为了减小非唯一性的可能性，只许可有 η 个离散的值。在反演中，对于一致性和真实反演性，算法检验是否确定的步骤如下。

(1)暗像素的选择。图 6.30 表示了陆地算法的主要步骤，一级(L1B)资料的反演包括8 个光谱带不同空间分辨率的反射率的定标及地理定位信息。光谱资料包括 0.66 μm、0.86 μm 通道(MODIS 分辨率 250 m)，0.47 μm、0.55 μm、1.2 μm、1.6 μm、2.1 μm 通道(MODIS 分辨率 500 m)，1.38 μm(分辨率 1 km)，地理定位数据包括角度、纬度、经度、仰角和资料。LIB 数据进行水汽、臭氧、二氧化碳订正。

将测量的反射率数据编排为正常(天底)10 km×10 km 方格(相应为 20 像素×20 像素或 40 像素×40 像素)。对含有 400 像素的每一方格逐个像素求算，确定哪些像素可以用于气溶胶的反演。云、冰/雪和陆地水体不能用于气溶胶反演。根据像素的亮度检验非覆物像素，将 2.12 μm 测量的反射率在 0.01 和 0.25 之间的像素归类和贮存。删除最亮 50%和最暗 20%的像素，为减少云和地面污染和朝向暗目标，如果至少留有 12 个像素，则对每一通道的反射率求平均，得出 MODIS 测量的光谱反射率：这些反射率用于步骤 A，如果小于 12 像点，则步

骤 B。

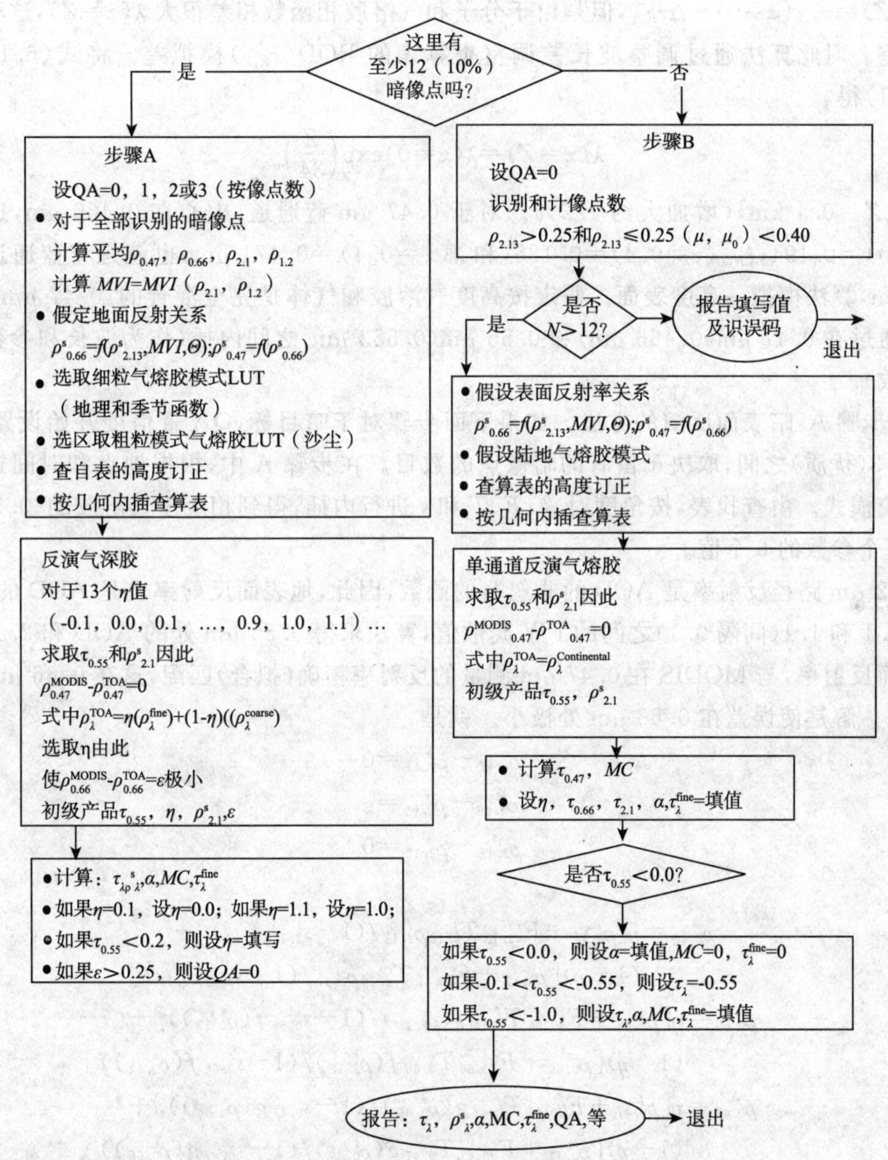

图 6.30　对于 V5.2 气溶胶查找表计算流程图解

(2)高度的订正。对地面目标高度的订正，整个可见光区波长 λ 处海平面瑞利散射光学厚

度(ROD)近似为

$$\tau_{R,\lambda}=0.0087\lambda^{-4.05} \tag{6.150}$$

在任一高度上,ROD是气压的函数,因此可以近似为

$$\tau_{R,\lambda}(z=Z)=\tau_{R,\lambda}(z=0)\exp\left(\frac{-Z}{8.5}\right) \tag{6.151}$$

式中,Z是地表面目标的高度,而8.5是大气的指数标高。在$z=0$和$z=Z$之间ROD差是$\Delta\tau_{R\lambda}$。

在高度z处的光学厚度订正使用海平面的光学厚度加上大气瑞利散射光学厚度,即是$\tau_{R,\lambda}(z=Z)=\tau_{R,\lambda}(z=0)+\Delta\tau_{R,\lambda}$,但是由于分子和气溶胶相函数相差很大$\lambda(z=Z)$,这种订正的结果较差。对此算法通过调整波长差调整查算表的ROD($\tau_{R,\lambda}$)模拟差。将式(6.150)代入式(6.151)得

$$\lambda(z=Z)=\lambda(z=0)\exp\left(\frac{Z}{34}\right) \tag{6.152}$$

例如,在$Z=0.4$ km,(增加大约1.2%。对于0.47 μm蓝通道,中心在0.466 μm,这意味着$\tau_{R,\lambda}(z=0)=0.194$,$\tau_{R,\lambda}(z=0.4)=0.185$,和$\lambda(z=0.4)=0.471$ μm,也就是将蓝通道调整到0.471 μm,算法模拟一高度表面。假定按高度气溶胶和气体是完全混合的,0.47 μm LUT的参数值通过在0.47 μm(0.466 μm)和0.55 μm(0.553 μm)之间内插(作为波长和参数对数的线性函数)。

(3)步骤A:暗表面反演的方法。如果下面步骤对于暗目标,QA置信度开始设置为0(差质量)到3(优质)之间,取决于留有的暗像点的数目。在步骤A中,根据地点和时间选取算法的气溶胶模式。由查找表,按角度对ρ^a、F、T和s进行内插,得到相应于气溶胶的(0.55 μm的AOD)每个参数的6个值。

2.12 μm路径反射率是AOD的非忽略的函数,因此,地表面反射率也是AOD的函数,对于在−0.1和1.1(间隔0.1)之间的FW离散值,算法求得0.55 μm处的AOD和2.12 μm处的地表面反射率,与MODIS在0.47 μm测量的反射率精确(拟合)匹配,这在0.66 μm会产生的误差ε。解是使误差在0.66 μm处极小。就是

$$\begin{aligned}
\rho^m_{0.47}-\rho^*_{0.47}&=0\\
\rho^m_{0.66}-\rho^*_{0.66}&=\varepsilon\\
\rho^m_{2.12}-\rho^*_{2.12}&=0
\end{aligned} \tag{6.153}$$

式中

$$\begin{aligned}
\rho^*_{2.12}=&\eta[\rho^{fa}_{2.12}+F^f_{d2.12}T^f_{2.12}\rho^f_{2.12}/(1-s^s_{2.12}\rho^s_{2.12})]+\\
&(1-\eta)[\rho^{ca}_{2.12}+F^c_{d2.12}T^c_{2.12}\rho^s_{2.12}/(1-s^c_{2.12}\rho^s_{2.12})]\\
\rho^*_{0.66}=&\eta[\rho^{fa}_{0.66}+F^f_{d0.66}T^f_{0.66}f(\rho^s_{2.12})/(1-s^s_{0.66}f(\rho^s_{2.12}))]+\\
&(1-\eta)[\rho^{ca}_{0.66}+F^c_{d0.66}T^c_{0.66}f(\rho^s_{2.12})/(1-s^c_{0.66}f(\rho^s_{2.12}))]\\
\rho^*_{0.47}=&\eta[\rho^{fa}_{0.47}+F^f_{d0.47}T^f_{0.47}g(\rho^s_{0.66})/(1-s^s_{0.47}g(\rho^s_{0.66}))]+\\
&(1-\eta)[\rho^{ca}_{0.47}+F^c_{d0.47}T^c_{0.47}g(\rho^s_{0.66})/(1-s^c_{0.47}g(\rho^s_{0.66}))]
\end{aligned} \tag{6.154}$$

另外这里有:$\rho^a=\rho^a(\tau)$,$F=F(\tau)$,$T=T(\tau)$,$s=s(\tau)$是查算表中τ指数的函数,而$f(\rho^s_{2.12})$,$g(\rho^s_{0.66})$由方程式(6.145)~式(6.147)表示。注意FW的非物理值,试验值是(1.1和−0.1),在气溶胶模式或地面反射率中可能是不合适的假定。

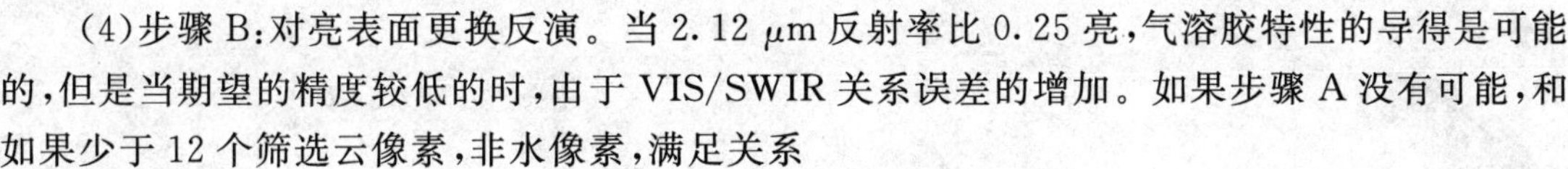

(4)步骤 B:对亮表面更换反演。当 2.12 μm 反射率比 0.25 亮,气溶胶特性的导得是可能的,但是当期望的精度较低的时,由于 VIS/SWIR 关系误差的增加。如果步骤 A 没有可能,和如果少于 12 个筛选云像素,非水像素,满足关系

$$0.25<\rho_{2.12}^{m}<0.25G<0.40 \tag{6.155}$$

其中

$$G=0.5[(1/\mu)+(1/\sqrt{\mu_0})] \tag{6.156}$$

则进行步骤 B。在这种情况下,QAC 自动设置为 0(质量差)。

(5)细粒子模式 AOD 的导得和其他参数。根据步骤 A($\tau_{0.55}$,$\eta_{0.55}$和 $\rho_{2.12}^{s}$),可以计算若干二级产品,其主要有细粒和粗粒的光学厚度

$$\tau_{0.55}^{f}=\tau_{0.55}\eta_{0.55} \qquad \tau_{0.55}^{c}=\tau_{0.55}(1-\eta_{0.55}) \tag{6.157}$$

气溶胶质量浓度:

$$M=M_c^f\tau_{0.55}^f+M_c^c\tau_{0.55}^c \tag{6.158}$$

总的细粒和粗粒光谱光学厚度

$$\tau_\lambda=\tau_\lambda^f+\tau_\lambda^c \tag{6.159}$$

其中

$$\tau_\lambda^f=\tau_{0.55}^f(Q_\lambda^f/Q_{0.55}^f) \qquad \tau_\lambda^c=\tau_{0.55}^c(Q_\lambda^c/Q_{0.55}^c)$$

Angstrom 指数 α 为

$$\alpha=\ln(\tau_{0.47}/\tau_{0.66})/\ln(0.466/0.644) \tag{6.160}$$

和地面光谱反射率 ρ_λ^s 由方程式(6.145)~式(6.147)计算。M_c^f 和 M_c^c 是对于细粒和粗粒的模式的浓度系数,Q_λ^f 和 Q_λ^c 表示细料和粗粒模式衰减系数。

第七章 高层大气遥感探测臭氧和微量气体

第一节 大气臭氧的时空特点、形成和破坏

臭氧是大气中的一种微量气体，它由三个氧原子组成，化学分子式为 O_3。在实验室发现臭氧是在18世纪中叶，大气中的臭氧是使用化学和光学测量方法发现的。按照体积比，它的平均浓度仅为整个大气层的2%左右，但是它可以屏蔽掉大约99%的对所有生物有害的、高强度的低于3200 Å的太阳紫外辐射，臭氧层的存在保护着地球上的生命。可是由于人类活动，排放出某种气体，使臭氧日趋减少，特别是南极上空臭氧洞的出现，使大气层中紫外辐射的增加，减小海洋初级生产力，降低大气与海洋间的碳交换，造成温室气体增加，影响全球气候，破坏地球上人类的生存环境，从而成为一个政治、经济和科学的一个综合问题，引起了世界范围内各国政府和科学家们的关注和重视。

一、大气臭氧的时空分布

臭氧可以用浓度，也用垂直大气柱中的臭氧压缩到标准状况下的等效厚度表示，单位为cm；还用DU(Dobson)表示，1 DU相当于等效厚度 10^{-3} cm厚度的臭氧。

1. 臭氧对紫外线的吸收

臭氧对紫外辐射有强的吸收，紫外辐射从100 nm到400 nm，分为紫外线A(315～400 nm)、紫外线B(280～315 nm)和紫外线C(100～280 nm)。如图7.1所示，臭氧对紫外线B有强烈的吸收，而对紫外线A的吸收很小。不到2%的太阳辐射能处于紫外线B谱段，仅有很小部分紫外线B的太阳辐射能到达地面，平流层臭氧对紫外线B的吸收是平流层加热的主要源头，它也防止了紫外线B辐射到达地表面。如果平流层臭氧减小，到达面的紫外线B增大，将伤害到地面人类、动植物等生命，温室效应和一些大气化学成分的产生，对气候的变迁有重要作用，过量的紫外线B导致皮肤癌的发生，因此，对紫外线B的研究具有重要意义。

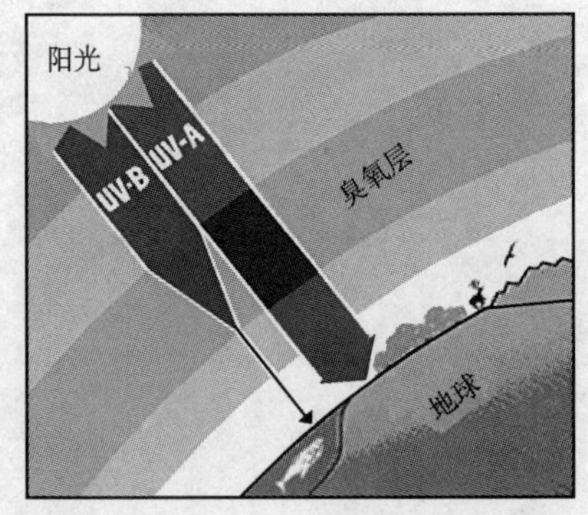

图7.1 紫外线A和B的特点

2. 大气臭氧的高度分布

大气中的臭氧主要集中在平流层，约占整个臭氧的90%，如图7.2中，大多数臭氧分布于离地面10～16 km到50 km的垂直高度范围的平流层下部，称之为“臭氧层”。其余10%的臭

氧存在于对流层大气中。大气中的臭氧含量相当小，在接近臭氧的平流层峰值区，每 10 亿个空气分子包含有 12,000 个臭氧分子，而在对流层下部，每 10 亿个分子只有 20～100 个臭氧分子，由于人类的活动引起的空气污染形成地表面有很高的臭氧浓度值。如果把平流层和对流层中的全部臭氧分子向下到地面并均匀分布在地表面，其纯的臭氧分子厚度不到 1/2 cm。图 7.3给出臭氧分子混合比的廓线分布，图中臭氧混合比在平流层达极大，而在对流层下部几乎为 0。

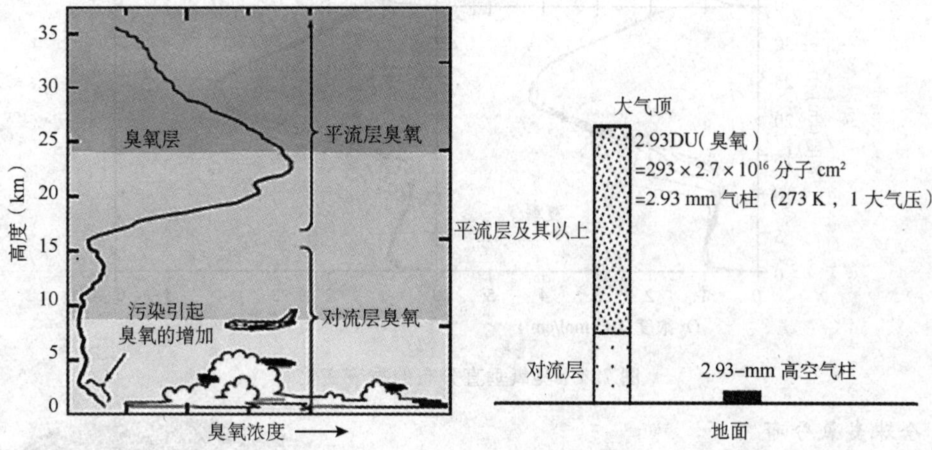

图 7.2　大气臭氧的垂直分布

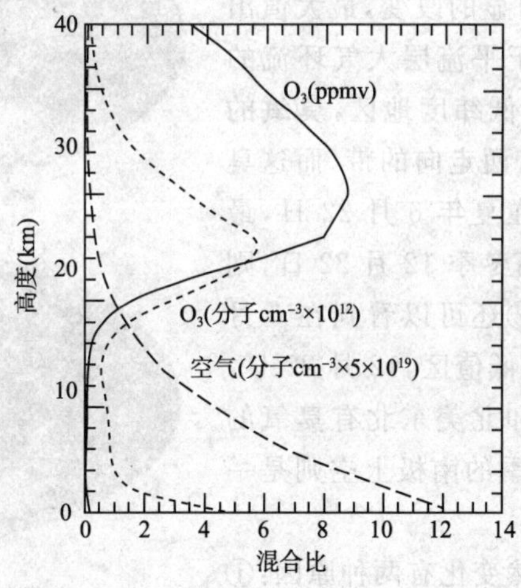

图 7.3　臭氧氧分子与空气分子

3. 大气臭氧的季节变化

臭氧全年的总含量平均为 17 DU/km。图 7.4 给出了的臭氧廓线随季节和高度的变化，图中各条线对应的是不同对流层的高度的臭氧廓线分布，与对流层高度依赖最大的是春季(21 DU/km)，最小是夏季(13 DU/km)。另外：①臭氧浓度达到最大值的时间在春季的后期；②臭氧浓度最大值的高度在夏季和秋季比冬季和春季要高。

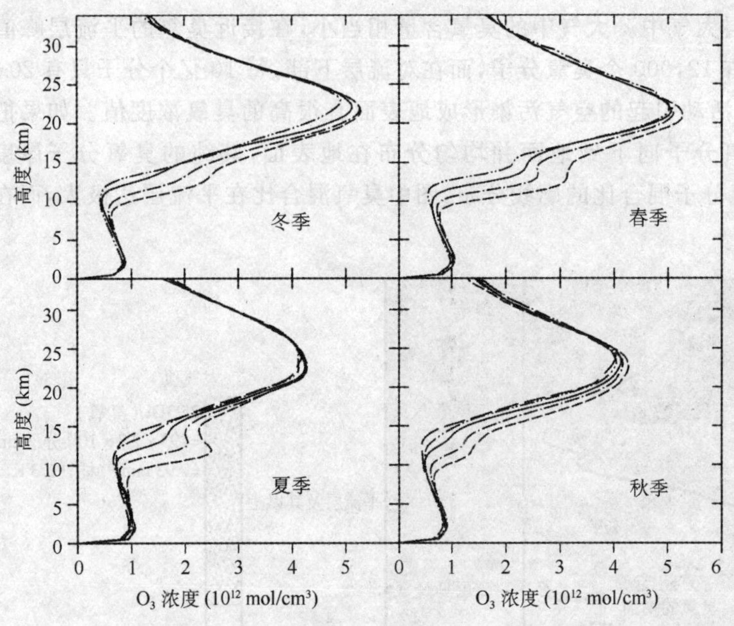

图 7.4 臭氧垂直分布的季节变化

4. 全球臭氧分布

图 7.5 给出由卫星探测到的全球臭氧分布，可以看到：①臭氧随纬度有明显的改变，最大值出现在中高纬度地区，这是由于平流层大气环流的运动结果，不管什么季节，在低纬度地区，臭氧的含量最低，表现为一条宽的东西走向的带，而这臭氧低值带随季节发生位移，在夏年 6 月 22 日，最低值处在赤道偏南的地方，而冬季 12 月 22 日，则位于赤道偏北一点的地方；②还可以看到在 6 月 22 日的青藏高原上是臭氧的低值区，12 月 22 日，则更明显；③在西北太平洋和北美东北有臭氧的高值区，冬季更明显；④在冬季的南极上空则是一个称为臭氧洞的低值区。

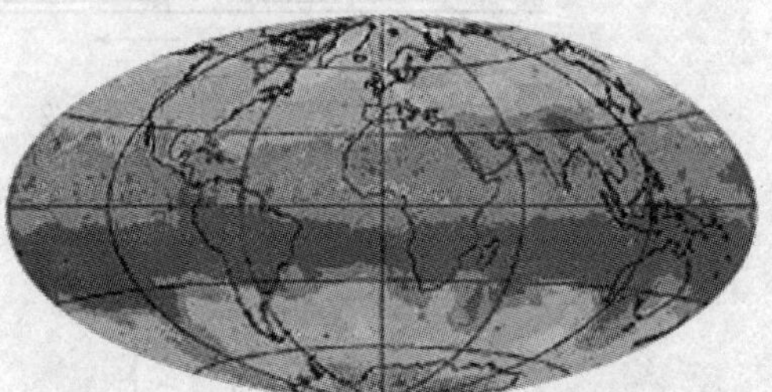

1999 年 6 月 22 日

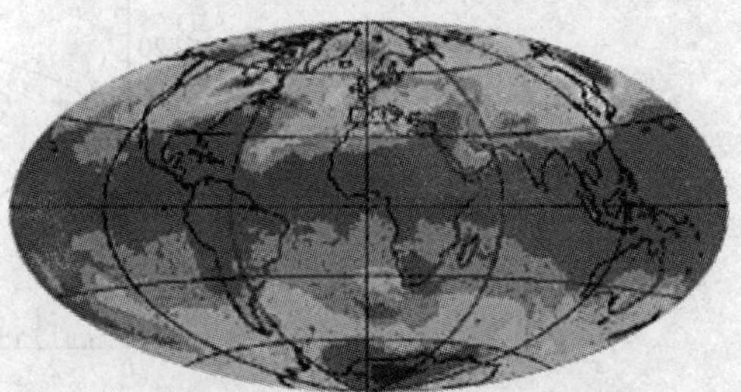

1999 年 12 月 22 日

图 7.5 臭氧的全球分布

臭氧的纬度和经度的自然变化有两种原因：①首先是由于空气的运动，使平流层臭氧含量高值区与低值区之间发生混合，空气的运动也增加了近极地的臭氧的厚度，在这些区域臭氧总的含量增加，对流层的天气系统也可以暂时减小平流层臭氧层的厚度，在此时降低的总的臭氧量；②臭氧的变化是由于化学生成与作为不同地区空气运动引起的臭氧消失之间的平衡变化的结果，以 11 年为周期的紫外辐射的减小，降低了臭氧的生成。

5. 臭氧的年变化

图 7.6 给出全球臭氧的年变化，自 1980 年起，臭氧逐年减小，在 20 世纪 90 年代初达最小，以后逐年振荡小幅上升。而在经向臭氧变化图上可以看到，1980—2004 年期间，赤道地区

臭氧变化较小，而随纬度的增大，臭氧含量显著地减小，纬度越高，减少幅度越大。

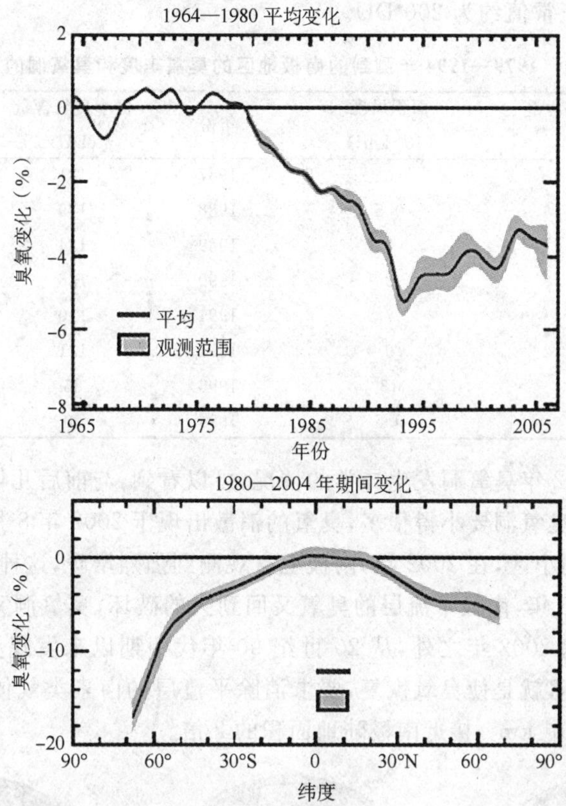

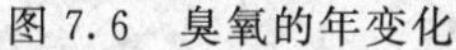

图 7.6　臭氧的年变化

6. 极地区域的臭氧洞

从 1980 年起，每年的 9—11 月南极上空的臭氧丰度极小，并且逐年稳定地减小。表 7.1 给出了 1979—1994 年期间南极上空臭氧的极小值。在 1994 年测量到的最小臭氧值为 90 DU，比全球的平均值小 70%。

在南极地区的臭氧层遭遇到强烈的破坏，称之为“臭氧洞”，它是 1980 年首先观测到的，这种破坏可能是由于通过与卤素气体的化学反应破坏。在 20 世纪的后半叶，平流层中的卤素气体增加，冬季南极上空有使臭氧破坏的十分合适的条件：①长时期的极端低温，有利南极平流层云(PSC)的形成；②有使臭氧破坏的卤素类气体；③在冬季平流层日射有利于破坏臭氧层的化学反应发生。从由冬季到春季的卫星观测看到，在南极的中心区域臭氧遭遇到严重的破坏。

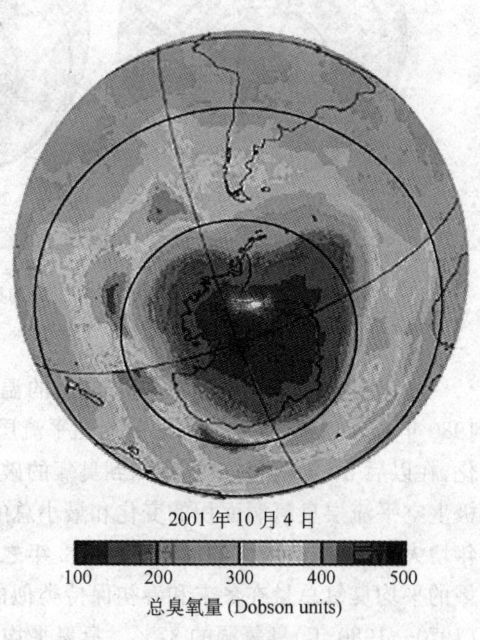

图 7.7　南极臭氧洞

图 7.7 显示了卫星观测到的臭氧洞，图中暗蓝

色和紫色区域是南极大陆上空的臭氧洞，每年的春季都可以看到。臭氧极小值在臭氧洞内侧，近似为 100 DU，春季正常值约为 200 DU。

表 7.1　1979—1994 年测到的南极地区的臭氧丰度和臭氧洞的面积

年份	极小臭氧含量 (DU)	面积尺度 (10^6 km^2)	年份	极小臭氧含量 (DU)	面积尺度 (10^6 km^2)
1979	210	0	1987	121	19
1980	195	0.5	1988	179	8
1981	206	0	1989	124	18.5
1982	182	3	1990	126	17.5
1983	170	7	1991	110	18
1984	154	9	1992	121	21
1985	143	13	1993	86	22
1986	159	9.5	1994	90	23

图 7.8 给出了 2002 年臭氧洞发生异常的情况，可以看到，与前后几年的比较发现，这一年无论是强度还是面积，臭氧洞要小得很多，臭氧的消散出现于 2002 年 8 月到 9 月初，消散的臭氧区表现为两个分离的小区，在 2002 年，南极上空观测到强烈增暖，这种复杂的形成条件是很难预测的。2003—2005 年，南极平流层的臭氧又回到大的破坏，臭氧洞又与 1990—2001 年观测到的形状相类似。除 2002 年之外，从 20 世纪 90 年代中期以来发现臭氧层遭到严重的破坏。为减小臭氧的破坏，就是使臭氧恢复，要求消除平流层的卤素类气体源。最近几年，臭氧洞的最大面积达 25×10^6 km^2，接近南极陆地面积的 2 倍。

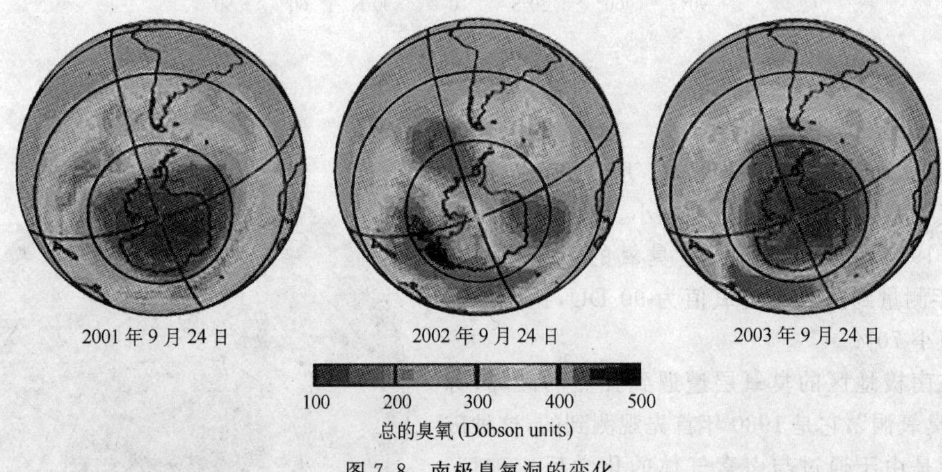

图 7.8　南极臭氧洞的变化

在南极上空平流层的冬季出现低的温度和日射条件每年都发生，但是臭氧破坏仅发生在 1980 年春季以来，在这以前的时期在平流层的卤素类反应气体的含量不足以引起臭氧的重要变化，在以后 30 年期间，卫星观测到臭氧的破坏随时间有变化。图 7.9 给出 1980—2005 年期间南极上空平流层臭氧洞面积的变化和最小总的臭氧含量的变化。1981—1994 年臭氧破坏的面积逐年增大，之后维持较大的面积，除 2002 年之外，1990 年至 2000 年代初，表现十分稳定。在南极区域的平均臭氧总量在冬末和春初保持类似的特征。1980—1990 年平均值达到最小值，小于以前 (1970—1980 年) 臭氧洞的 37%。臭氧平均值的逐年变化反映了气象条件的变化，影响极地低温的程度，冬季平流层空气的输入和输出。但是重要的是来自卤素类反应气体对化学损失的贡献。

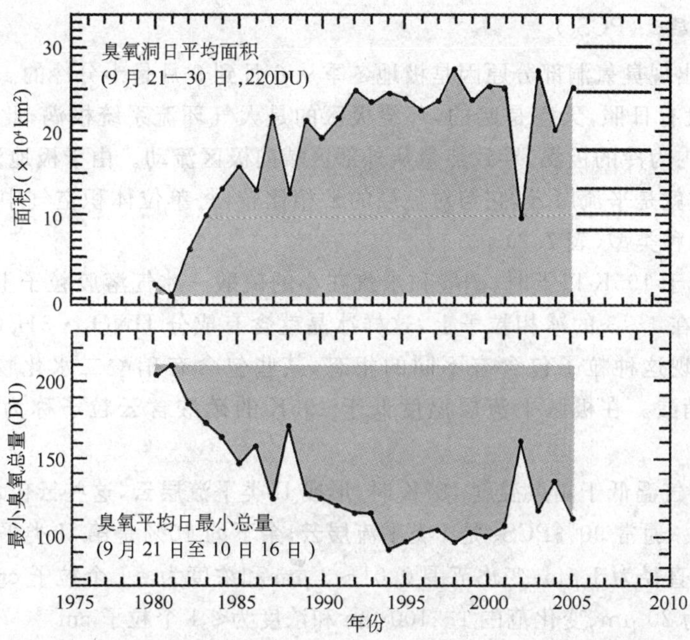

图 7.9　在 1980—2005 年期间南极上空平流层臭氧洞面积的变化和最小总的臭氧含量的变化

图 7.10 表示南北极区的臭氧分布，左图为南极不同年份臭氧的垂直分布，红线表示的是 2001 年 10 月 2 日的臭氧垂直分布，绿色线是 1992—2001 年 10 月的平均垂直分布，可以看到，臭氧破坏出现在 14～20 km 高度范围，蓝色线是 1962—1971 年 10 月的臭氧平均垂直分布，这一时期在 14～20 km 高度臭氧是一极大值。1980 年以后臭氧的减小是先前的 90%。

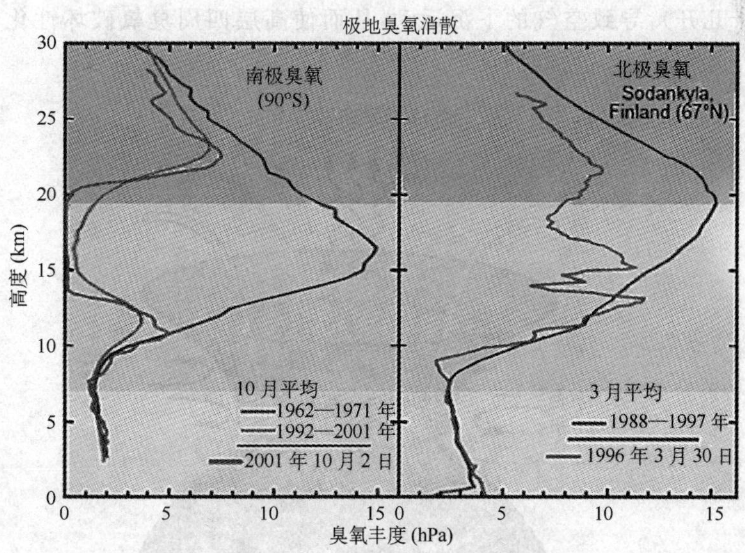

图 7.10　南极和北极上空的臭氧廓线

7. 极地平流层云(PCS_S)

南极平流层出现臭氧洞部分原因是极地冬季从6月到9月是十分冷的。这一期间南极地区上空24小时没有日照，天空是暗的，环绕极区的是大气环流系统极涡，此时的温度是很低的。由于在极区内为冷的极涡，导致热量从外部区域向极区流动。由于极地温度极低，引起透明的薄云出现，这就是平流层云，它与对流层的云相比较，每单位体积空气中的粒子数是很少的，平流层云有两种类型(表7.2)。

(1)当温度低于195K以下时，硝酸和水汽在小的硫酸—冰气溶胶粒子上增大，最初是硝酸和水分子沉着在1～3的冰相粒子上，这样冰晶就含有成分 $HNO_3 \cdot 3H_2O$，并称为硝酸三水化物冰晶。发现这种粒子包含有不同的相态，某些包含有硝酸二水化物，另一些包含有过冷水、硫酸和硝酸。在极区平流层温度低于195K的硝酸含云粒子称为极区第I类平流层云。

(2)当平流层气温低于霜点温度187K时，形成II类平流层云，这些云包含有纯的水冰，是第II类平流层云。通常90%PCS_S是I类平流层云，余下的10%是第II类平流层云。对于第I类PCS_S的粒子直径为1 μm、变化范围0.01～3 μm和浓度为≤1个粒子 cm^{-3}；对于第II类PCS_S，粒子直径为20 μm、变化范围1～100 μm和浓度为≤1个粒子 cm^{-3}。

表7.2 极地平流层云的PCS_S等级

类型	成分	结构	平流层云形成的温度阈值
Type Ia	$HNO_3 \cdot 3H_2O \cdot$(NAT)	非球形，冰晶	190～195 K
Type lb	$HNO_3/H_2SO_4/H_2O$	球形，液态	190～195 K
Type II	H_2O ice	非球形，冰晶	低于190 K

平流层云的生成与极涡有关，极涡是一个强的环流系统，图7.11显示了南极上空极涡的结构，秋冬季节，极地没有阳光，极涡中地球向空间发射长波辐射，使极涡处温度极低(南极的温度较北极低十几开)，导致空气的下沉运动，从而使高层四周臭氧破坏性化学气体辐合至极区。

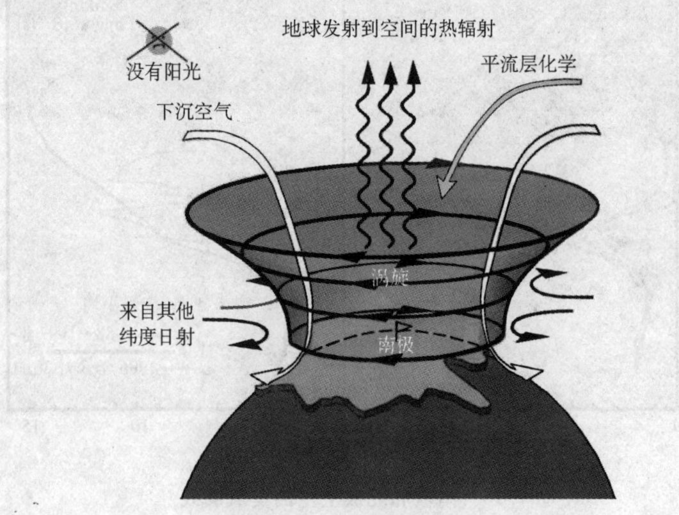

图7.11 极涡垂直热动力结构

极地平流层云引起反应氯气体的相对丰度的变化，反应出现在 PCS 粒子表面，对于粒子持有的反应氯气体、$ClONO_2$ 和 HCl 的形式转换为大多数反应形式 ClO。由反应氯气体小部分的 ClO 增加到接近可得到的全部。随 ClO 的增加，在太阳光作用下，包括 ClO 和 BrO 的催化过程使臭氧的化学破坏的加强。

当平流层的温度降到低于－78℃，PCS_S 形成。它常大范围出现在冬季极区和某一高度之上。处于低的极区温度，硝酸和水凝结在先前存在的硫酸粒子形成固态或液态的 PCS 粒子。在低温下也形成冰粒子。在一定条件下，PCS 粒子增加到足够大和足够多的数量，特别是当太阳出现在地平线附近时，地面观测到像云一样的特征。由于山脉地区地形抬升引起局地平流层气温的温度降低，PCS_S 常出现在极区山脉地区。当早春温度升高，PCS_S 不再生成和 ClO 的生成终止，在没有 ClO 连续生成，当 $ClONO_2$ 和 HCl 化学反应重新进行，ClO 减小，由此臭氧破坏结束。

一旦 PCS_S 生成，PCS 粒子由于重力向下运动，最大的粒子向下移动几千米，或在冬季和春季期间更多。由于大多数 PCS 粒子含有硝酸，它们向下运动使臭氧层中的硝酸粒子减少，这一过程称脱硝。在较少硝酸时，在一个长时期，保持有强的氯气 ClO 的化学反应，由此增大臭氧的破坏。在南极和某些地区的每年冬季发生脱硝，但不是所有的都是这样。因为 PCS 的形成温度需要一个较长的时间。

图 7.12 表示氯活动性和春季从 HCl 和 $ClONO_2$ 的保守形式变换为 Cl 和 ClO 活性形式的光化氯反应的活动形式，在催化过程中活性氯破坏臭氧。

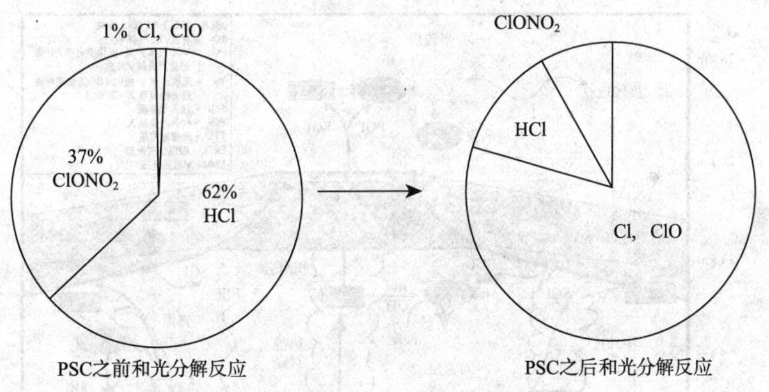

图 7.12　PCS 生成前后氯气的变化

图 7.13 显示了极地臭氧破坏时的光化反应和动力过程，上图显示从秋季到冬季，在平流层下部不活动氯保守形式到活动性氯的形式，在春季不活动性重建过程；下图表示极涡的形成阶段，在秋季温度下降冷却，下沉运动，冬季形成极地冷涡。

图 7.14 显示了在对流层和平流层内甚短生命的有机和无机气体物质的输送、沉降和消失过程的化学和动力路径，影响甚短生命物质的化学过程，其是中间媒介产品和无机多相卤素类化学物。图中大多数有效的输送路径是在热带地区，从地面通过深对流从地面向上快速输送到对流层，小部分到达平流层。在中纬度地区，由对流层准水平输送到平流层最下部或空气由地面直接通过锋面过程或深对流输送到平流层最低部。

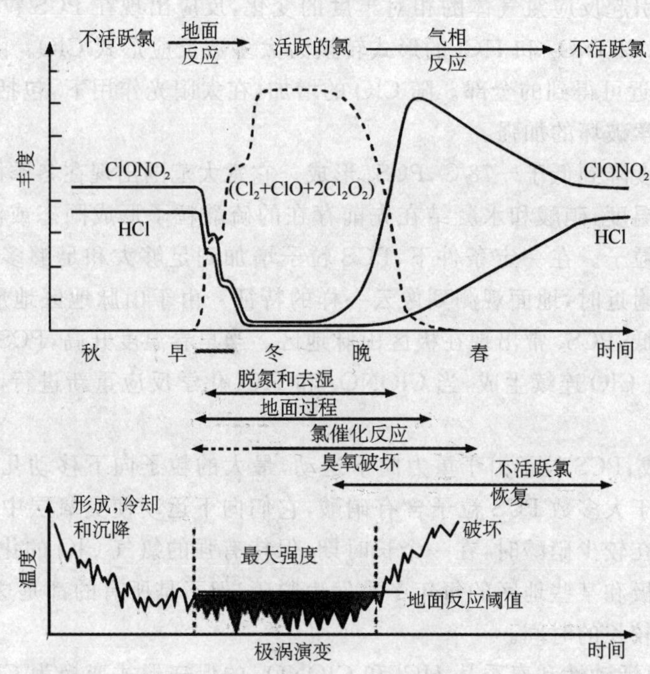

图 7.13 光化反应与极涡的形成

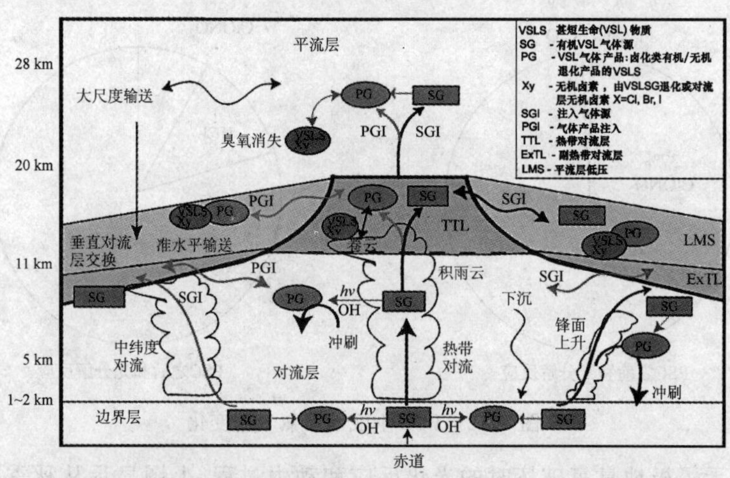

图 7.14 对流层和平流层内甚短生命的有机和无机气体物质的化学和动力输送路径

二、平流层臭氧的形成和破坏

1. 平流层中的光化反应——臭氧的生成

平流层臭氧的形成与入射的太阳紫外辐射对氧分子的光电离有关。当氧分子被太阳发射到达地球上层的高能光子离解时就产生氧原子

$$O_2 + h\nu(\lambda < 2423\text{Å}) \xrightarrow{J_2} O + O \quad (7.1)$$

式中，J_2 是由于 O_2 吸收辐射而造成的每个分子的离解量。

如图 7.15 中，臭氧基本上是由三体碰撞形成的，即

$$O+O_2+M \xrightarrow{K_{12}} O_3+M$$

其中，M 为任何第三种原子或分子，K_{12} 是涉及 O 和 O_2 的速率系数。

2. 平流层臭氧的破坏

臭氧的破坏有两种过程，一是光离解，写成

$$O_3+h\nu(\lambda<11000\text{Å}) \xrightarrow{J_3} O+O_2 \tag{7.2}$$

二是与氧原子碰撞，写成

$$O_3+O \xrightarrow{K_{13}} 2O_2 \tag{7.3}$$

式中，J_3 是由于 O_3 吸收而造成的每个分子的离解量，K_{13} 是涉及 O_3 和 O 的速率系数。与此同时由式(7.2)、式(7.3)产生的氧原子可能遭受三体碰撞：

$$O+O+M \xrightarrow{K_{11}} O_2+M \tag{7.4}$$

式中，K_{11} 是涉及 O 和 O 的速率系数。在 50～60 km 高度以下，反应式(7.4)可以略去。

3. 平流层臭氧的平衡量

以上五个反应是同时发生的，并达到平衡态，即在单位体积和时间内生成的臭氧分子数严格地等于破坏的臭氧分子数。为了求出平衡量，令 $n[O]$、$n[O_2]$、$n[O_3]$ 和 $n[M]$ 分别是 O、O_2、O_3 和大气的分子数密度，则光化过程中 O、O_2、O_3 数密度的变化率表示为

$$\frac{\partial n[O]}{\partial t}=-K_{12}n[O]n[O_2]n[M]+2_n[O_2]J_2- K_{13}n[O]n[O_3]+n[O_3]J_3-2K_{11}n[O]n[O]n[M] \tag{7.5}$$

$$\frac{\partial n[O_2]}{\partial t}=-K_{12}n[O]n[O_2]n[M]-n[O_2]J_2+K_{13}n[O]n[O_3]+ n[O_3]J_3+K_{11}n[O]n[O]n[M] \tag{7.6}$$

$$\frac{\partial n[O_3]}{\partial t}=-K_{12}n[O]n[O_2]n[M]-n[O_2]J_2+K_{13}n[O]n[O_3]+ n[O_3]J_3+K_{11}n[O]n[O]n[M] \tag{7.7}$$

其中

$$J_2=\int_0^{0.2423\ \mu\text{m}} k_\lambda(O_2)F_\lambda(\infty)\widetilde{T}_\lambda(O_2)\mathrm{d}\lambda \tag{7.8}$$

$$J_3=\int_0^{1.1\ \mu\text{m}} k_\lambda(O_3)F_\lambda(\infty)\widetilde{T}_\lambda(O_3)\mathrm{d}\lambda \tag{7.9}$$

式中，$F_\lambda(\infty)$ 表示大气外界的单色太阳辐射通量，以量子数计($cm^{-2}\cdot s^{-1}\cdot cm^{-1}$)，$k_\lambda$ 是每个分子的吸收截面(cm^{-2})，$\widetilde{T}_\lambda$ 是所考虑的体积之上、向着太阳方向至大气顶的透过率。在光化学平衡的假定下，$\frac{\partial n[O]}{\partial t}=\frac{\partial n[O_2]}{\partial t}=\frac{\partial n[O_3]}{\partial t}=0$，因而由上可得三个齐次方程，同时，对于式(7.5)～式(7.7)中的$[O_2]$和$[M]$值作为已知的常数值，这样由式(7.5)～式(7.7)就可以求出平均情况下的$[O]$和$[O_3]$值。在计算$[O]$和$[O_3]$中，需要给定大气密度和温度随高度的分布、太阳的天顶角、大气上界的太阳通量、氧和臭氧的吸收系数以及速率系数。但是由以上的计算结果比实际的要高出三四倍之多，对此有另外使臭氧破坏的机制。研究表明，除以上所述

的光离解和碰撞之外，还使臭氧破坏(减少)的催化反应有：

$$O_3 + h\nu \rightarrow O + O_2 \tag{7.10}$$

$$O + XO \rightarrow X + O_2 \tag{7.11}$$

$$X + O_3 \rightarrow XO + O_2 \tag{7.12}$$

式中，X 可能是一氧化氮(NO)、氯(Cl)、氢氧根(OH)或氢原子(H)。这些反应的净结果是 $2O_3 + h\nu = 3O_2$。

NO 和 OH 的可能来源是由下面反应产生

$$O_3 + h\nu(\lambda < 3100\text{Å}) \rightarrow O[^1D] + O_2 \tag{7.13}$$

$$O[^1D] + M \rightarrow O + M \tag{7.14}$$

$$O[^1D] + N_2O \rightarrow 2NO \tag{7.15}$$

$$O[^1D] + H_2O \rightarrow 2OH \tag{7.16}$$

式中，$O[^1D]$表示在$[^1D]$态受激氧原子。

三、平流层极地区臭氧的破坏

平流层臭氧破坏是由卤化物气体反应引起的，这些气体主要是一氧化氯、一氧化溴和氯、溴原子。

1. 平流层臭氧破坏循环过程 1

图 7.15 表示臭氧破坏的循环过程 1，它由两个基本过程组成：$ClO + O$ 和 $Cl + O_3$，循环过程的净结果是将一个臭氧分子和一个氧原子转换为两个氧分子。在循环过程可以是由 ClO 或 Cl 开始。当以 ClO 开始，与 O 反应产生 Cl，然后 Cl 与臭氧反应，形成 ClO，其中氯起着催化剂的作用，因为 ClO 与 Cl 反应并进行代替。在这种方式中，一个 Cl 原子加入到很多循环过程中，破坏许多臭氧分子。在平流层的中、低纬度地区，一个氯原子可以破坏数百个臭氧分子，由于它与其他分子反应，破坏了循环过程。

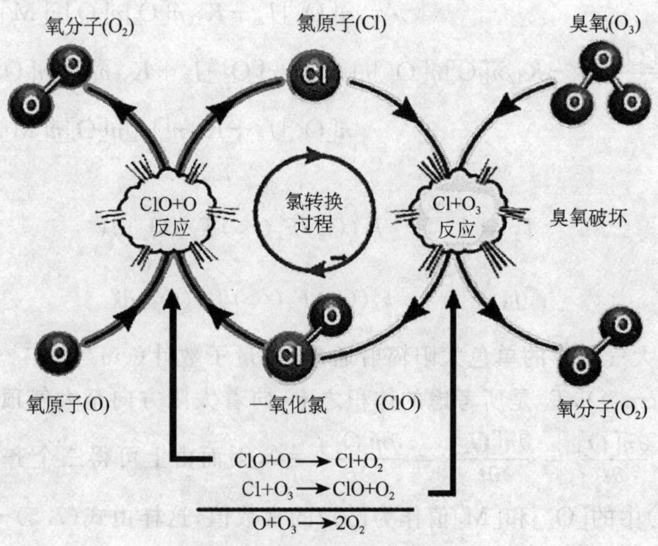

图 7.15　臭氧破坏循环过程 1

2. 极地臭氧破坏循环过程 2 和 3

(1)臭氧破坏循环过程 2 的反应式如下面表示，在冬季平流层云(PCS_S)粒子表面反应的结果在极地区域的 ClO 的丰度大大的增加，由于 ClO 高的丰度和 O 原子相对低的丰度，ClO 成为臭氧的破坏的主要机制。它开始时是以 ClO 的自反应，形成$(ClO)_2$，后与阳光反应，产生 Cl 和 ClOO。ClOO 破坏分解为氯 Cl 和氧分子 O_2，2 个氯与 2 个臭氧反应生成氯 Cl 和氧分子 O_2，净的结果是得到 3 个氧分子。

$$\begin{array}{c} ClO+ClO \rightarrow (ClO)_2 \\ (ClO)_2+\text{阳光} \rightarrow ClOO+Cl \\ ClOO \rightarrow Cl+O_2 \\ \underline{2(Cl+O_3 \rightarrow Cl+O_2)} \\ \text{净}: 2O_3 \rightarrow 3O_2 \end{array} \tag{7.17}$$

(2)臭氧破坏循环过程 3 的反应式如下面表示，它是由 ClO 与 BrO 反应开始的，它以两种方式产生 Cl 和 Br。然后与 O_3 反应。

$$\begin{array}{c} ClO+Br_O \rightarrow Cl+Br_+O_2 \\ \left\{ \begin{array}{c} ClO+Br_O \rightarrow Br_Cl+O_2 \\ Br_Cl+\text{阳光} \rightarrow Cl+Br \end{array} \right\} \\ Cl+O_3 \rightarrow ClO+O_2 \\ \underline{Br_+O_3 \rightarrow BrO+O_2} \\ \text{净}: 2O_3 \rightarrow 3O_2 \end{array} \tag{7.18}$$

3. 平流层反应卤素类气体

从上面看到平流层反应卤素类气体是臭氧破坏的主要气体，这种卤素类气体是来自于卤素类气体源，如图 7.16 表示卤素类源气体的变化为平流层的反应类卤素气体(也称为臭氧破坏物质)，卤素类气体源有 CF-11、CFC-12、CFC-113、生命甚短的溴类气体、甲烷、四氯化碳等，这些气体在太阳紫外线作用下和其他化学反应转换为反应卤素类气体，反应类卤素气体包含全部氯和溴，反应气体分成没有破坏臭氧的贮存气体和参与臭氧破坏的反应气体。表 7.3 是进入到平流层与氯相关的化合物，其中 CF_2Cl_2、$CFCl_3$ 的贡献最大，CCl_4、CH_3Cl_3 和 CH_3Cl 次之。

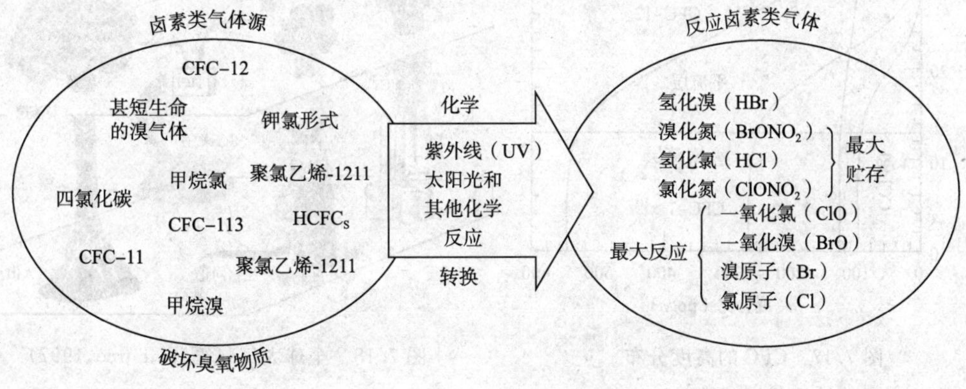

图 7.16 臭氧破坏气体的生成

表 7.3　与氯相关的化合物发射进入平流层

化学公式	习惯名称	化学名称	平流层发射的贡献(%)
		人为源	
CF_2Cl_2	CFC-12	二氯氟甲烷	28
$CFCl_3$	CFC-11	三氯氟甲烷	23
CCl_4		四氯化碳	12
CH_3Cl_3		甲基三氯仿	10
$CFCl_2CF_2Cl$	CFC-113	1-氟氯 2-双氟氯	6
CF_2ClH	HCFC-22	氯双氟甲烷	3
		自然源	
CH_3Cl		甲基氯	15
HCl		氯化氢(氢氯酸)	3

CFC_S 在对流层中是稳定的，化学分解的速率是很低的，仅是当 CF_2Cl_2 和 $CFCl_3$ 扩散到 15～20 km 高度后，在短的太阳紫外波长的光子作用下光电离，产生氯原子，反应式为

$$CFCl_3 + h\nu \rightarrow CFCl_2 + Cl \qquad \lambda < 250\ nm \tag{7.19a}$$

$$CF_2Cl_2 + h\nu \rightarrow CF_2Cl + Cl \qquad \lambda < 230\ nm \tag{7.19b}$$

图 7.17 表示 CFC_S 在 12 km 以下的对流层中随高度变化很小，说明 CFC_S 在对流层是很稳定的，但到达平流层后，由于受到紫外线照射，CFC_S 分解产生氯气体，混合比迅速减小。

氯和溴对破坏平流层臭氧起关键作用，它来自于人类和自然两个源地。图 7.18 表示全球大气氯化合物的循环过程，包括火山喷发 HCl、云降水、生物燃烧排放的 CH_3Cl 和工业、消费者排放的 CFC_s，向上输送到对流层上部和平流层下部，CFC_S 光电离形成 Cl，作用于 O_3，使 O_3 分解减小。

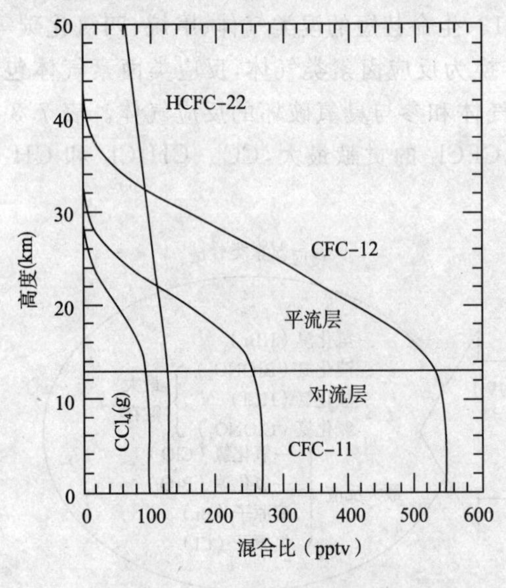

图 7.17　CFC 的高度分布

(Jacobson，1999)

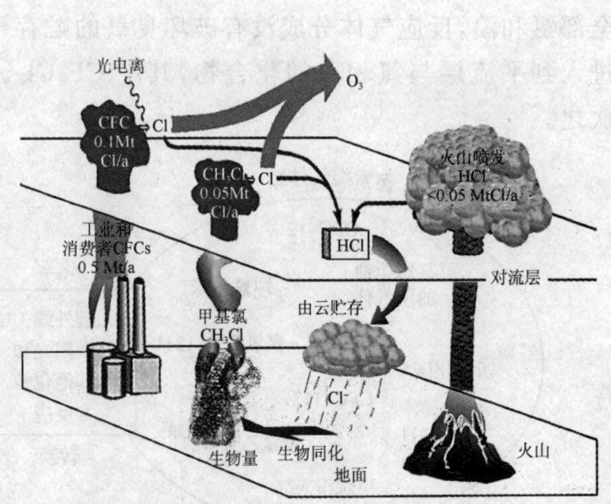

图 7.18　全球大气氯循环(Turco，1997)

$$CCl_4 + h\nu \rightarrow CCl_3 + Cl，\lambda < 250\ nm \tag{7.20}$$

$$H_3CCl + h\nu \rightarrow H_3C + Cl，\lambda < 230\ nm$$

4. 人类的活动导致臭氧的破坏

(1)人类产生的氯和溴类气体。人类活动引起包含氯和溴类气体的卤素类气体的发射，这些发射的气体进入大气最终导致平流层臭氧的破坏。只包含碳、氯和氟的气体源称为氯氟碳，通常与四氯化物(CCl_4)和甲基氯化物(CH_3CCl_3)一起，用缩写符写成 CFC_S、CFC_S，是由人类活动发射的并破坏平流层臭氧的包含有氯的重要气体。这些和其他含氯气体在各方有很多应用，如冰箱、空调、海风吹起的泡沫、金属清洗和电子器件等，引起卤素类气体的发射，进入大气。

卤素类气体的另一种是含有溴的气体，最重要的有含溴氟烷(halons)和甲基类溴(CH_3Br)。含溴氟烷是卤素类氢碳气体，它来源于灭火器。含溴氟烷广泛地应用于计算机的防护，军事兵器和民用飞机的引擎。由于这些的使用，含溴氟烷直接释放到大气中，含溴氟烷(halons－1211 和 halons－130)是由人类活动发射的最丰富的含溴氟烷。使用甲烷溴化物为农业熏蒸消毒剂也是溴进入大气的重要源。20 世纪中期以来，人类发射含氯－溴气体已经有大量增加。

(2)人类活动引起平流层臭氧破坏的主要步骤。图 7.19 给出了由于人类活动引起的平流层臭氧破坏的 6 个主要步骤，1～3 步骤是卤素类气体的发射、累积和输送；过程首先是从地球表面发射，气体源包括卤素溴和氯气体，在地面积累，后向上输送到平流层，在太阳紫外辐射作用下发生光化反应，气体转化为能产生化学反应的卤素类气体，接着是化学反应，臭氧层破坏。

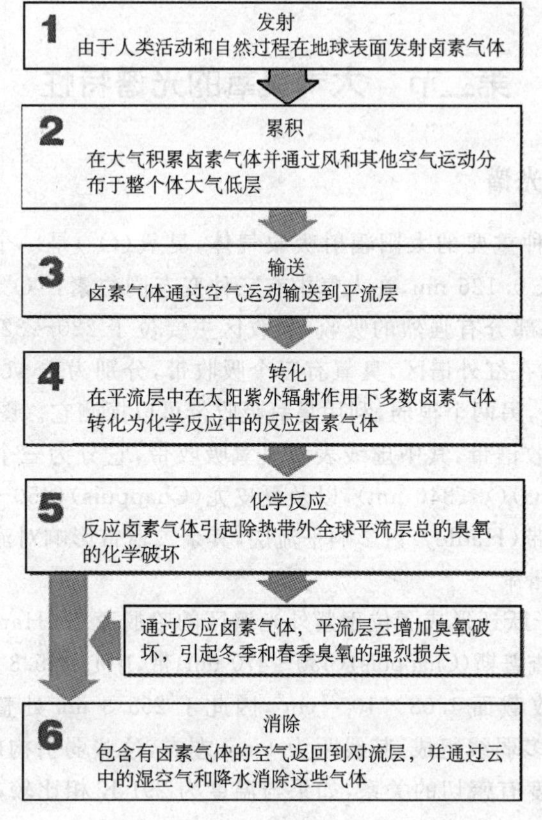

图 7.19　人类引起平流层 O_3 破坏的 6 个步骤(Fahey,2006)

5. 全球平流层臭氧的恢复

平流层臭氧的减小危及人类的生存环境，为此联合国倡导世界各国共同努力，减少破坏臭氧的气体排放，图 7.20 表示全球臭氧恢复阶段的时间进程，主要臭氧的破坏来自于人类活动释放的臭氧破坏气体，蒙特利尔防护协议期望在未来十年进一步减少和消除大气中的这些气体，由此导致臭氧恢复到 1980 年前的水平，图中表示了全球臭氧复原的三个主要阶段时间过程，最大不确定性范围是过去臭氧自然可变性和全球臭氧模式预测未来臭氧量的潜在不确定性。当臭氧达到全部恢复阶段，全球臭氧值可以在 1980 年之前上下，取决于大气的其他变化。

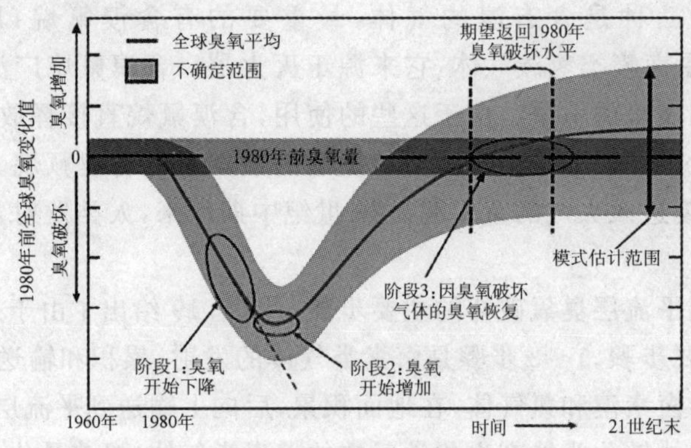

图 7.20　全球臭氧复原到 1980 年前的水平的时间进程(Fahey,2006)

第二节　大气臭氧的光谱特性

一、臭氧 O_3 吸收光谱

臭氧是大气中第三种重要的太阳辐射吸收气体，臭氧(O_3)是一个三原子非对称陀螺分子，顶角为 116.45°，键长 0.126 nm，在大气中有三种变态同位素：$^{16}O^{16}O^{16}O$、$^{16}O^{18}O^{16}O$、$^{16}O^{16}O^{18}O$。它对太阳的紫外部分有强烈的吸收，吸收区主要位于 220～320 nm，而在可见光区的 440～750 nm 吸收较弱；在红外谱区，臭氧有三个吸收带，分别为 1.41 μm、9.1μm 和 9.6μm，其中 9.6μm 吸收带最强，另两个很弱，利用臭氧吸收带可以探测它。图 7.21 显示了紫外到可见光谱段臭氧和氧的吸收谱带，其中虚线表示臭氧吸收带，它分为三个谱带：哈得来带(Hadley)和霍根斯带(Huggins)($\lambda<340$ nm)，以及夏皮尤(Chappuis)(450～470 nm)带，影响不同高度的大气层。哈得来带(Hadley)只影响平流层，其余二谱带影响对流层。

1. 臭氧 O_3 的电子谱带

臭氧 O_3 分子的电子跃迁形成了位于紫外光谱区的哈脱莱带(Hartley)和霍金斯带(Huggins)($\lambda<340$ nm)，以及查普斯(Chappuis)(450～470 nm)带，中心 255.3 nm 在的哈脱来带是 O_3 的主要吸收光谱带，吸收截面 1.08×10^{-17} cm^2，因此于 255.3 nm 处整层大气的透过率仅为 10^{-66}。哈脱来带是由许多弱线组成，其线距为 1 nm 左右，这些弱引构成了一个强的连续吸收带。哈脱来的吸收与温度有密切的关系，如果与温度为 291 K 相比较，对于波长为 310 nm 和 250 nm，温度为 227～201 K 时，吸收系数比率 $k(T)/k(291\ \text{K})$ 分别为 0.88 和 0.97；而温度为243 K 时，其吸收系数比率为 0.92 和 0.98。在哈脱来的长波翼区 310～340 nm，具有明显的带结构。

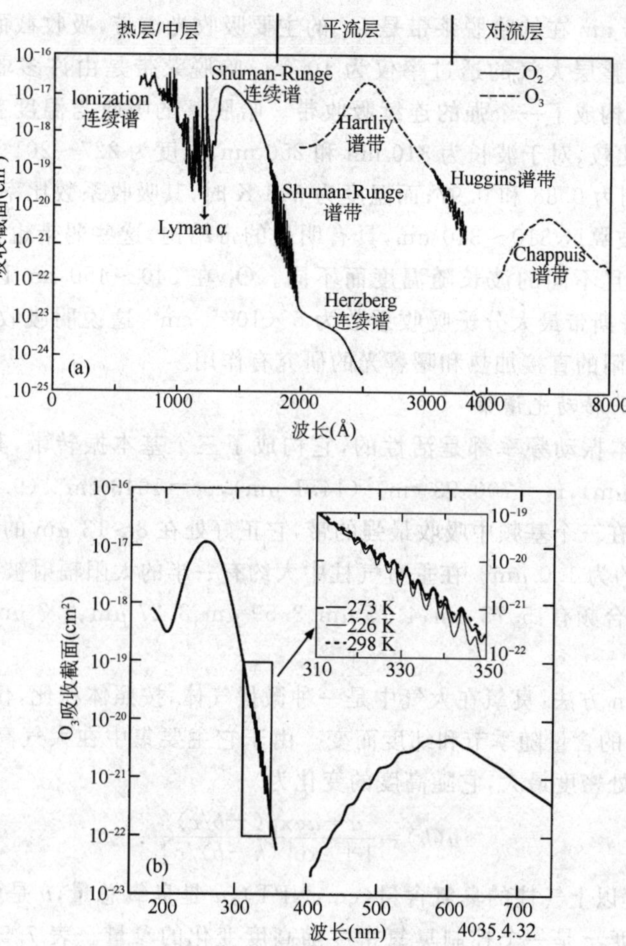

图 7.21　(a)O_2 和 O_3 的光谱吸收截面；(b)紫外到可见光谱段臭氧和氧的吸收谱带

臭氧 O_3 分子的电子跃迁形成了位于紫外光谱区的哈脱莱带(Hadley)和霍金斯带(Huggins)($\lambda<340$ nm)，以及查普斯(Chappuis)(450～470 nm)带。表 7.4 给出三个带的吸收系数。

表 7.4　臭氧的主要吸收谱带

谱段	带中心 (cm^{-1})	电子跃迁 ($v_1 v_2^l v_3$)	振动跃迁 ($v_1 v_2^l v_3$)	带强(296K) S_n(cm×10^{20})
转动	0.00	000	000	41.3
14 μm	700.93	010	000	62.8
9.6 μm	1015.81	002	001	17.4
	1025.60	011	010	45.0
	1042.08	001	000	1394.0
	1103.14	100	000	67.1
泛频和复合频	2057.89	002	000	11.1
	2110.79	101	000	113.4
	3041.20	003	000	11.0

对于中心 255.3 nm 在的哈脱莱带是 O_3 的主要吸收光谱带，吸收截面 1.08×10^{-17} cm^2，因此于 255.3 nm 处整层大气的透过率仅为 10^{-66}。哈脱莱带是由许多弱线组成，其线距为 1 nm左右，这些弱线构成了一个强的连续吸收带。哈脱莱的吸收与温度有密切的关系，如果与温度为 291 K 相比较，对于波长为 310 nm 和 250 nm，温度为 227～201 K 时，吸收系数比率 $k(T)/k(291\ K)$分别为 0.88 和 0.97；而温度为 243 K 时，其吸收系数比率为 0.92 和 0.98。

在哈脱莱的长波翼区 310～340 nm，具有明显的带结构，这些弱带也称为霍金斯带，这个带对温度很敏感，并且不同的波长随温度而不同。O_3 在 340～450 nm 区域较为透明；位于 450～740 nm 的查普斯带最大分子吸收系数为 5×10^{-21} cm^2，这说明吸收很小。它的温度效应可以忽略，但对太阳的直接加热和曙暮光的研究有作用。

2. 臭氧的振动—转动光谱带

臭氧的三个基本振动频率都是活性的，它构成了三个基本振转带，其中心频率为：v_1＝1103.14 cm^{-1}(9.0 μm)，v_2＝700.93 cm^{-1}(14.1 μm)，v_3＝1043 cm^{-1}(9.6 μm)。其中 v_1、v_2 相对 v_3 是很弱。v_3 在三个基频中吸收最强的带，它正好处在 8～13 μm 的红外大气窗区，这个带的中心部分宽度约为 1.0 μm。在垂直气柱中大约有一半的太阳辐射被子吸收。

O_3 的谐频和复合频有：5.75 μm、4.75 μm、3.59 μm、3.27 μm、2.7 μm 吸收带。

(1)臭氧吸收

Lacis 和 Hansen 方法：臭氧在大气中是一种微量气体，按照体积比，仅为大气平均浓度的百万分之三左右，它的含量随季节和纬度而变。由于它主要集中在大气高层，密度低，臭氧的密度在 20～25 km 处密度最大，它随高度的变化为

$$u(h)=\frac{a+a\exp(-b/c)}{1+\exp[(h-b)/c]} \tag{7.21}$$

式中，$u(h)$是在高度以上气柱的臭氧含量(cm，NPT)，a 是臭氧总量，b 是$(-\mathrm{d}u/\mathrm{d}h)$为极大值所处的臭氧浓度高度，$c$ 是一个控制臭氧密度随高度变化的参量。表 7.5 为大气中臭氧含量变化情况。

表 7.5　大气中臭氧(cm)的季节变化

纬度	月份											
	1月	2月	3月	4月	5月	6月	7月	8月	9月	10月	11月	12月
90°N	0.33	0.39	0.46	0.42	0.39	0.34	0.32	0.30	0.27	0.26	0.28	0.30
80°N	0.34	0.40	0.46	0.43	0.40	0.36	0.33	0.30	0.28	0.27	0.29	0.31
70°N	0.34	0.40	0.45	0.42	0.40	0.36	0.34	0.31	0.29	0.28	0.29	0.31
60°N	0.33	0.39	0.42	0.40	0.39	0.36	0.34	0.32	0.30	0.38	0.30	0.31
50°N	0.32	0.36	0.38	0.38	0.37	0.35	0.33	0.31	0.30	0.28	0.29	0.30
40°N	0.30	0.32	0.33	0.34	0.34	0.33	0.31	0.30	0.28	0.27	0.28	0.29
30°N	0.27	0.28	0.29	0.30	0.30	0.30	0.29	0.28	0.27	0.26	0.26	0.27
20°N	0.24	0.26	0.26	0.27	0.28	0.27	0.26	0.26	0.26	0.25	0.25	0.25
10°N	0.23	0.24	0.24	0.25	0.26	0.25	0.25	0.24	0.24	0.23	0.23	0.23
0°	0.22	0.22	0.23	0.23	0.24	0.24	0.24	0.23	0.23	0.22	0.22	0.22
10°S	0.23	0.24	0.24	0.24	0.24	0.24	0.24	0.24	0.24	0.24	0.24	0.23
20°S	0.24	0.25	0.24	0.25	0.25	0.25	0.25	0.26	0.26	0.26	0.26	0.25

续表

纬度	月份											
	1月	2月	3月	4月	5月	6月	7月	8月	9月	10月	11月	12月
30°S	0.27	0.28	0.26	0.27	0.28	0.28	0.29	0.31	0.32	0.32	0.29	0.29
40°S	0.30	0.29	0.28	0.29	0.31	0.33	0.35	0.37	0.38	0.37	0.34	0.32
50°S	0.31	0.30	0.29	0.30	0.32	0.36	0.39	0.40	0.40	0.39	0.37	0.35
60°S	0.32	0.31	0.30	0.30	0.33	0.38	0.41	0.42	0.42	0.40	0.39	0.35
70°S	0.32	0.31	0.31	0.29	0.34	0.39	0.43	0.45	0.43	0.40	0.38	0.34
80°S	0.31	0.31	0.31	0.28	0.35	0.40	0.44	0.46	0.42	0.38	0.36	0.32
90°S	0.31	0.30	0.30	0.27	0.34	0.38	0.43	0.45	0.41	0.37	0.34	0.31

臭氧对太阳辐射主要是吸收，散射通常不考虑。在不同的谱段，臭氧的吸收不同，在可见光 Chappuis 谱带，是弱吸收带，吸收随臭氧含量成正比地增加；而在紫外吸收带，是强吸收带，吸收很快趋向饱和。据 Lacis 和 Hansen(1974)的工作，将吸收率与臭氧程长进行拟合，分别得到可见光和紫外谱段的吸收率的拟合公式，为

$$A_{O_3}^{vis}=0.02188x/(1-0.042x+0.000323x^2) \tag{7.21a}$$

和

$$A_{O_3}^{uv}=\frac{1.028x}{(1+138.6x)^{0.805}}+\frac{0.0658}{1+(103.6x)^3} \tag{7.21b}$$

上两式的误差主要发生在第二项中，当 x 取值为 $10^{-4}\sim1$ cm 范围内，误差不超过 0.5%。从紫外到可见光谱段总的臭氧吸收为

$$A_{O_3}=A_{O_3}^{vis}+A_{O_3}^{uv} \tag{7.22}$$

如果在太阳直接辐射路径上第 i 层臭氧的含量为

$$x_i=u_i m_r \tag{7.23}$$

式中，u_i是第层之上垂直气柱内臭氧的含量，m_r是相对大气质量放大因子。

根据式(7.48)，对于 8 km 高度上，m_r为

$$m_r=\frac{35\mu_0}{(1224\mu_0^2+1)^{1/2}} \tag{7.24}$$

而其光学厚度为

$$\tau_\lambda(O_3)=k_\lambda(O_3)O_3M_0$$

式中，$k_\lambda(O_3)$为臭氧吸收系数，O_3 是垂直气柱内总的臭氧含量(以厘米为单位)，M_0 是臭氧质量，表示为

$$M_0=\frac{1+h_0/6370}{\sqrt{\mu_0^2+2h_0/6370}} \tag{7.25}$$

其中，h_0 为臭氧最大浓度高度。对不同高度臭氧的光学厚度写为

$$\tau_\lambda(O_3,z)=H(O_3)\times0.03\exp[-277(\lambda-0.6)^2] \tag{7.26}$$

式中，z 为高度，$H(O_3)$写为

$$H(O_3)=1-\frac{1.0183}{1+0.0813\exp(z/5)}$$

如若向上的漫辐射到达第 i 层的臭氧光程为

$$x_i^*=u_i m_r+\bar{m}_r(u_t-u_i) \tag{7.27}$$

式中，u_t是反射层以上垂直气柱内的臭氧含量，$\bar{m}_r$ 是向上漫辐射的一个适当的和近似的平均放大因子。据 Lacis 和 Hansen(1974)计算，$\bar{m}_r$ 等于 1.9。

第 i 层臭氧吸收表达式为

$$A_{O_3,i}=\mu_0\{A_{O_3}(x_{i+1})-A_{O_3}(x_i)+\bar{r}(\mu_0)[A_{O_3}(x_{i+1}{}^*)-A_{O_3}(x_i{}^*)]\} \tag{7.28}$$

则由上式逐层向下计算，就得臭氧对辐射吸收的垂直廓线。

在考虑臭氧层以下大气和下垫面的贡献后，反照率写为

$$\bar{r}(\mu_0)=r_R(\mu_0)+[1-r_R(\mu_0)](1-r_R{}^*)r_g/(1-r_R{}^*r_g) \tag{7.29}$$

式中，$r_R(\mu_0)$是臭氧层以下大气分子散射所产生的反照率，它与天顶角无关。$r_R{}^*$ 是分子散射受地面反射所对应的反照率。为方便见，可认为 $r_R{}^*$ 与天顶角无关，且令它等于 $r_R(\mu_0)$的平均值

$$r_R{}^* = 2\int_0^1 r_R(\mu_0)\mu_0\,\mathrm{d}\mu_0 \tag{7.30}$$

对于晴空大气，据 Lacis 和 Hansen(1974)的工作，$r_R(\mu_0)$表示为 μ_0 的函数，写为

$$r_R(\mu_0)=0.219/(1+0.816\mu_0) \tag{7.31}$$

(2)臭氧对高层大气的加热率。紫外辐射在 Huggins 带和 Hartley 带被臭氧吸收构成了平流层和中间层的主要热源。如图 7.22 在平流层附近加热率高达 12 K/d，而在极地夏季最大值大约为 18 K/d。可见光区的 Huggins 带在平流层下部变得重要，其加热率差不多是1 K/d。臭氧密度的增加会导致平流层和中间层温度的增加以及平流层和中间层顶位置的明显变化。

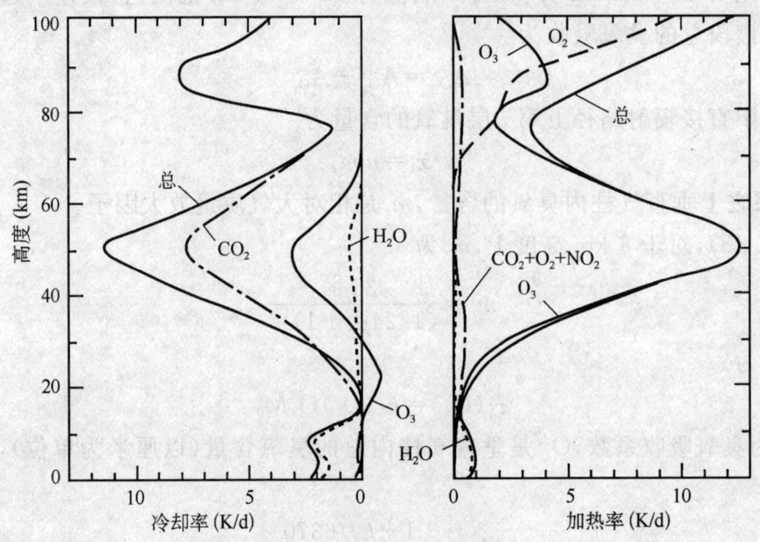

图 7.22　平流层加热率

考虑到水汽吸收的为

$$A_{wv}(w)=\frac{2.9u}{[(1+141.5u)^{0.635}+5.925u]} \tag{7.32}$$

式中，$u=wm_r$，w 是水汽含量(可降水，g/cm^2)，则总的太阳光谱的宽带吸收是

$$A=A_{wv}(w)+A_{oz}^{\mathrm{vis}}(\Omega)+A_{oz}^{\mathrm{uv}}(\Omega) \tag{7.33}$$

在太阳光谱的三个不同部分发生的三种吸收的简单相加。图 7.23a 给出两公式与实际累

积臭氧吸收光谱的比较,图 7.23b 给出了由不同研究者于不同的吸收数据和光谱太阳通量给出的宽带水汽吸收截面。

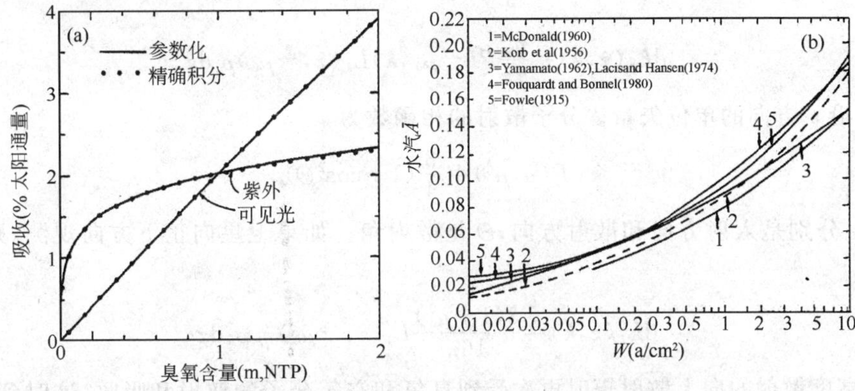

图 7.23 (a)臭氧的紫外和可见光吸收;(b)水汽宽带吸收

第三节 大气臭氧总量的反演

一、卫星遥感大气臭氧的谱段和仪器

从 20 世纪 80 年代初开始,卫星遥感大气臭氧的仪器主要有:

①平流层探测器(SBUS);②高分辨率红外探测器(HIRS);③总的臭氧监测仪(TOMS);④平流层探测器(SAGE);⑤高分辨率动态探测器(HIRGLS);⑥全球臭氧监测试验(GOME);⑦臭氧监测仪(OMI);⑧微波临边扫描探测器(MLS);⑨太阳后向紫外散射辐射计(SBUV)。表 7.6 给出某些卫星遥感仪器测量臭氧含量主要选择臭氧的吸收带。

臭氧主要集中在高度为 10～20 km 的平流层,对卫星遥感极为有利,但是仍然存在有以下问题:

①臭氧的混合比垂直分布气候曲引较为简单,在某个高度上有极大值,并向上、向下迅速减小,这使得权重函数几乎重复其密度曲线,即权重函数相互重叠,有强的相关性,从而可测参数十分少;

②在臭氧层高度上,气温的垂直变化很小,使得权重函数的数值很小;

③尽管在 9.6 μm 臭氧吸收带内有大量谱线,但这些谱线太密集,其平均吸收率很小,不能够提供足够多的臭氧垂直分布信息。

目前卫星遥感臭氧有效的方法是利用太阳光紫外后向散射法进行探测。

1. 卫星接收到大气对太阳光的散射辐射

如果入射大气顶的太阳辐射强度为 $L_{\lambda 0}$,在通过大气时,它一方面被臭氧所吸收,另一方面要被空气分子所散射,则到达 z 高度处的太阳辐射强度为

$$L_\lambda(z,-\mu_0)=L_{\lambda 0}\exp(-\tau_\lambda/\mu_0) \tag{7.34}$$

式中,τ_λ是包括空气分子散射和臭氧吸收的光学厚度,写为

$$\tau_\lambda=\int_x^\infty (k_\lambda\rho+\eta_{\lambda a}\rho_a)\mathrm{d}z \tag{7.35}$$

式中，k_λ 和 ρ 分别是臭氧的吸收系数和密度；$\eta_{\lambda a}$ 和 ρ_a 分别是空气分子的散射系数和密度。到达 z 高度的入射太阳辐射要被该高度处的空气分子散射，这时在 z 高度处的向上太阳散射辐射为

$$\mathrm{d}L_\lambda(z,\boldsymbol{k})=\frac{\eta_{\lambda a}}{4\pi}P(-\mu_0,\boldsymbol{k})L_\lambda(z,-\mu_0)\rho_a\mathrm{d}z \tag{7.36}$$

式中，$\boldsymbol{k}$ 是沿 z 方向的单位矢量。分子散射的相函数为

$$P(\mu,\mu')=\frac{3}{4}(1+\cos^2\Theta) \tag{7.37}$$

式中，μ'、μ 分别是入射方向和散射方向；Θ 是散射角。如果卫星向正下方向观测，则 $\Theta=\pi-\theta_0$，故有

$$\mathrm{d}L_\lambda(z,\boldsymbol{k})=\frac{3(1+\mu_0^2)}{16\pi}L_\lambda(z,-\mu_0)\eta_{\lambda a}\rho_a\mathrm{d}z \tag{7.38}$$

如果在 z 高度散射的向上散射辐射再次受到臭氧和空气分子的散射和吸收，这时到达卫星上的辐射可以写为

$$\mathrm{d}L_\lambda^1(z,\boldsymbol{k})=\mathrm{d}L_\lambda(z,\boldsymbol{k})\widetilde{T}_\lambda(\tau)=\frac{3(1+\mu_0^2)}{16\pi}L_{\lambda 0}\mathrm{e}^{-\tau/\mu_0}\mathrm{e}^{-\tau}\eta_{\lambda a}\rho_a\mathrm{d}z \tag{7.39}$$

对整层大气积分得到整个大气的散射贡献为

$$\mathrm{d}L_\lambda^1(z,\boldsymbol{k})=\frac{3(1+\mu_0^2)}{16\pi}L_{\lambda 0}\int_0^{-1}\exp[-\tau(1+\sec\theta_0)]\tilde{\omega}_{0\lambda}\mathrm{d}\tau \tag{7.40}$$

式中，$\tilde{\omega}_{0\lambda}=\eta_{\lambda a}\rho_a/(k_\lambda\rho+\eta_{\lambda a}\rho_a)$是单次反照率。

2. 卫星观测到的地表对太阳辐射的反射辐射

地表对太阳辐射的反射辐射为

$$R_\lambda(-\mu_0,\boldsymbol{k})(\mu_0,L_{\lambda 0}/\pi)\mathrm{e}^{-\tau_1/\mu_0} \tag{7.41}$$

式中，$R_\lambda(-\mu_0,\boldsymbol{k})$是地表的双向反射率，则由地表反射而到达卫星的太阳辐射为

$$\mathrm{d}L_\lambda^2(0,\boldsymbol{k})=R_\lambda(-\mu_0,\boldsymbol{k})(\mu_0,L_{\lambda 0}/\pi)\mathrm{e}^{-\tau_1/\mu_0}\mathrm{e}^{-\tau} \tag{7.42}$$

卫星接收到地球大气反射的太阳辐射为大气向上的散射辐射和地表反射太阳辐射两部分之和，即

$$L_\lambda=L_\lambda^1(z,\boldsymbol{k})+L_\lambda^2(0,\boldsymbol{k}) \tag{7.43}$$

表 7.6　某些卫星遥感仪器测量臭氧含量主要选择臭氧的吸收带

仪器名称	通道光谱区	光谱分辨率
GOME	248～693 nm 750～776 nm 915～956 nm 466～705 nm 466～582 nm 644～705 nm	0.89 nm 0.12 nm 0.12 nm
HIRS	9.71 μm 1030 cm^{-1} 25 cm^{-1}	

续表

OMI	270～314 nm 306～380 nm 350～500 nm	0.42 nm 0.45 nm 0.63 nm
OMPS	300～380 nm(臭氧垂直轨道作图) 250～310 nm(天底观测) 290～1000 nm(临边扫描)	1 nm 1 nm 1.5～40 nm
SBUV/2	252～340 nm 160～340 nm	1 nm
SAGE	UV-SWIR:0.29～1.55 μm 1.02 μm,0.94 μm,0.6 μm,0.525 μm,0.453 μm,0.448 μm,0.385 μm	
TOMS	UV 0.3086 μm,0.3125 μm,0.3175 μm,0.3223 μm,0.3312 μm,0.36 μm	

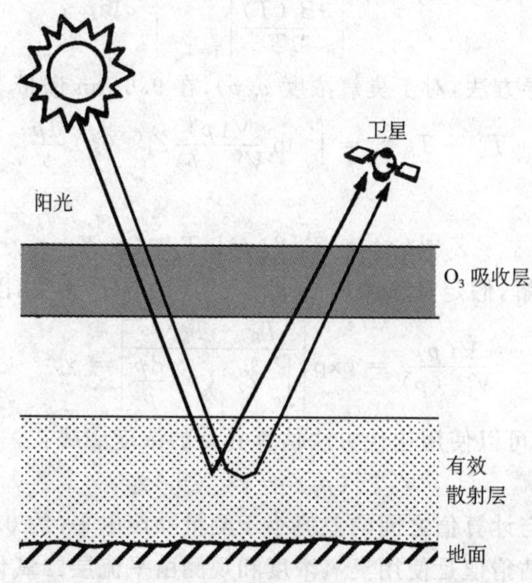

图 7.24 由臭氧层吸收太阳紫外辐射和大气对紫外辐射的散射

3. 由紫外散射辐射遥感臭氧

大气中臭氧吸收主要集中于太阳辐射的紫外谱段，利用卫星接收到的紫外散射辐射可以估算大气上层的臭氧含量。对于强的臭氧吸收带，平流层以下大气的向上散射辐射可以忽略不计。可以认为臭氧在紫外区的吸收系数 k_λ 和空气分子的散射系数 $\eta_{\lambda a}$ 与高度无关，则由式(7.35)表示的光学厚度可以简化为

$$\tau = k_\lambda(u_1 - u) + \eta_{\lambda a} p/g \tag{7.44}$$

如果令 $X(p)=(u_1-u)$ 为高度 p 以上大气中臭氧含量，则式(7.40)可以写为

$$Q(\lambda,\theta_0) = \frac{16\pi g L_\lambda^1}{3\eta_{\lambda a}(1+\mu_0^2)L_{\lambda 0}} = \int_0^{\tau_1} \exp\{-(1+\sec\theta_0)[kX(p)+\eta_{\lambda a}p/g]\}\mathrm{d}\tau \tag{7.45}$$

式中，$Q=16\pi g I_{\lambda 1}/3\eta_{\lambda a}(1+\mu_0{}^2)I_{\lambda 0}$。式(7.45)是关于 $X(p)$ 的积分方程。由卫星观测求解式(7.45)可求出 $X(p)$。

二、迭代法求取臭氧

Ma 等(1983)提出了一个利用高分辨率 TIROS－N/NOAA 系列卫星获取总的臭氧含量的方法。用高分辨率红外辐射探测器 9.6 μm 观测臭氧辐射制作臭氧浓度分布。气象推断的有 75 km 的分辨率。为得到可靠的臭氧浓度,必须滤去云的作用。

与臭氧浓度有关的辐射通过透过率 $\widetilde{T}_\lambda(p)$ 到达空间。如在水汽廓线反演中,使用一阶普朗克函数对温度的 Taylor 一阶展开并分部积分得到表示式

$$T_{b\lambda}(T_{b\lambda}{}^{(n)} = \int_0^{p_s}[\widetilde{T}_\lambda(p)^{(n)}(\widetilde{T}_\lambda(p)]X_\lambda(p)\frac{\mathrm{d}p}{p} \tag{7.46}$$

式中,$T_{b\lambda}$ 是测量到的亮度温度,$T_{b\lambda}{}^{(n)}$ 是对于臭氧廓线的第 n 次估计所计算的亮度温度,$\widetilde{T}_\lambda(p)^{(n)}$ 是相应的透过率廓线,而 $X_\lambda(p)$ 为

$$X_\lambda(p) = \left[\frac{\left.\dfrac{\partial B_\lambda(T)}{\partial T}\right|_{T=T_{av}}}{\left.\dfrac{\partial B_\lambda(T)}{\partial T}\right|_{T=T_{b\lambda}}}\right]\frac{\partial T(p)}{\partial \ln p} \tag{7.47}$$

使用对于水汽反演的推导方法,对于臭氧浓度 $v(p)$,在 9.6 μm 谱带 HIRS 测量的亮度温度:

$$T_{b\lambda} - T_{b\lambda}{}^{(n)} = \int_0^{p_s}\ln\frac{V(p)}{V^{(n)}(p)}Z_\lambda{}^{(n)}(p)\frac{\mathrm{d}p}{p} \tag{7.48}$$

式中

$$Z_\lambda{}^{(n)}(p) = \widetilde{T}_\lambda{}^{(n)}(p)\ln\widetilde{T}_\lambda{}^{(n)}(p)X_\lambda \tag{7.49}$$

Smith's 提出推广的迭代解,假定臭氧浓度 $v(p)-v^{(n)}(p)$ 与 P 无关,因此有

$$\frac{V(p)}{V^{(n)}(p)} = \exp\left[\frac{T_{b\lambda} - T_{b\lambda}{}^{(n)}}{\int_0^{p_s}Z_\lambda^{(n)}(p)\dfrac{\mathrm{d}p}{p}}\right] = \gamma_\lambda{}^n \tag{7.50}$$

因此对于每个气压高度,可以使用迭代方法估算臭氧的浓度廓线:

$$V^{(n+1)}(p_j) = V^{(n)}(p_j)\gamma_\lambda{}^n \tag{7.51}$$

当测量的臭氧亮度温度与计算值之间的差值小于测量噪声电平(约 0.2 C)时,达到收敛。

臭氧廓线的第一个估猜值是使用臭氧浓度和观测由平流层二氧化碳发射到空间的红外亮度温度和由观测平流层、对流层氧分子发射到空间的微波亮度温度之间的关系建立的。由于臭氧是平流层低部和对流层上部的基本热源,由 HIRS 的二氧化碳通道和由 MSU 的氧分子通道观测到的亮度温度与臭氧浓度间有很高的相关。由于臭氧浓度和温度间的存有好的统计关系向上只到 10 hPa(约 30 km),在 10 hPa 以上的臭氧浓度和温度间的关系使用 10 hPa 和 0.1 hPa(向上约到 50 km)之间美国标准大气臭氧和温度廓线外推得出,在以上臭氧对射出辐射的作用可以忽略。

由于仅使用 9.6 μm 谱带臭氧通道的辐射率,要获得满意的反演,臭氧混合比廓线相应于臭氧估猜廓线的形状和峰值的垂直位置是很重要的。这是因为假定真实的臭氧廓线与第一次估猜测的廓线是同样的,因此,所作的臭氧廓线和形状和峰值位置足够的精度,根据观测亮度温度和使用估猜臭氧廓线计算亮度温度之间的差,调整估算臭氧峰值的垂直位置和振幅。

三、变分物理法

另一个反演臭氧浓度的方法是辐射传输方程式的变分法,对于给定的视场内,假定温度廓

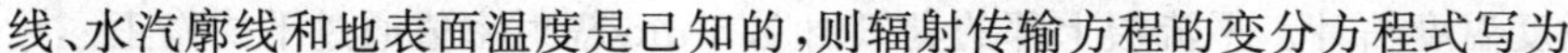

线、水汽廓线和地表面温度是已知的，则辐射传输方程的变分方程式写为

$$\delta T_{oz}=\int_0^{p_s}\delta\widetilde{T}\frac{\partial T}{\partial p}\left[\frac{\frac{\partial B}{\partial T}}{\frac{\partial B}{\partial T_{oz}}}\right]\mathrm{d}p \tag{7.52}$$

式中，T_{oz}是 9.6 μm 亮度温度。最后，假定透过率变分仅取决于臭氧密度的加权路径 v，写为

$$\delta\widetilde{T}=\frac{\partial T}{\partial V}\delta v \tag{7.53}$$

因此

$$\delta T_{oz}=\int_0^{p_s}\delta v\frac{\partial T}{\partial p}\frac{\partial\widetilde{T}}{\partial V}\left[\frac{\frac{\partial B}{\partial T}}{\frac{\partial B}{\partial T_{oz}}}\right]\mathrm{d}p=f[\delta v] \tag{7.54}$$

式中，f 表示某种函数。

如在温度廓线反演中，变分是相对于由气候数据、回归或更一般的是由分析或数值模式提供的某些已知条件的。为了由 9.6 μm 的辐射观测 δT_{oz}解得 δv，变分廓线是用 9.6 μm 的权重函数表示的(基函数 $\varphi(p)$)；这样

$$\delta v=\alpha\varphi \tag{7.55}$$

式中，α 由初始估猜值计算。

使用臭氧估猜廓线，根据计算的和观测的亮度温度之间的差调整估猜峰值混合比的振幅和垂直位置。由下式调整垂直位置：

$$\Delta p=a+b(T_{oz}^{cal}-T_{oz}^{obs}) \tag{7.56}$$

式中，a、b 是取决于纬度的系数，并由一组独立的无线电探空数据通过线性回归得到。

Li 等(2000)对 GOES 探测数据应用物理算法，提出用 GOES 探测的辐射相对于臭氧混合比廓线的统计回归为第一估猜作为初始值。统计算法由下式表示：

$$\ln(O_3(p))=A_0+\sum_{j=1}^{15}A'_jTb_j^2+\sum_{j=1}^{15}A'_jTb_j^2+C_1p_s+C_2\sec\theta+C_3\cos(\frac{M-6}{12}\pi)+C_4\cos(LAT) \tag{7.57}$$

式中，A、A'和 C 是回归系数，θ 是卫星视场 FOV 的局地天顶角，M 是从 1 月到 12 月，LAT 是 GOES FOV 的纬度，j 是谱带序数。由于水汽或臭氧的对数混合比，比在辐射传输方程中用的混合比更加线性化。回归方程用 $\ln(O_3(p))$作为估算。研究表明使用 15 个谱带估算臭氧的精度比用较少的谱带要好。由于中平流层的臭氧是纬线度、季节和温度的复杂函数，所以使用月和纬线度作为增加的预测因子。此外大气臭氧变化与平流层的动力过程密切相关。

四、HIRS 法

另一个估算大气臭氧总量的 NOAA 业务 HIRS 算法，总的臭氧分为平流层上部和下部两部分的贡献，平流层上部暖的臭氧直接从模式的第一估猜估计，平流层下部冷的臭氧从 9.6μm 通道的辐射直接估算。平流层低部臭氧的估计要求表面温度和背景温度的估计。

总的臭氧分为平流层上部和下部两部分，在平流层上部的暖的臭氧直接由模式第一估猜估计，在平流层下部冷的臭氧直接由 9.6 μm 通道的辐射率估计。为确定平流层下部的臭氧需要估计前景温度 T_f 和背景温度 T_b，是由 50 hPa 温度模式的第一估猜估计，T_b 是无任何臭

氧情况下红外窗区亮度温度估计。平流层上部的臭氧由 9.6 μm 辐射率值通过下式修正

$$R_{oz}'=[R_{oz}-A_u R(30\ \text{hPa})]/[1-A_u] \tag{7.58}$$

这里第一估猜值由下面计算

$$A_u=0.18\sqrt{ESU(lat)} \tag{7.59}$$

其中

$$\begin{aligned} &ESU=EQ(lat)+SW \\ &EQ=0.9+1.1\cos(lat) \\ &SW=DT[1+DT(2+DT)]*[270+lat]/9000 \\ &DT=LR*WA/40 \\ &LR=T(60\ \text{hPa})-T(100\ \text{hPa})-1 \end{aligned} \tag{7.60}$$

LR 是对流层温度递减率，而

$$WA=2T(60\ \text{hPa})-T(30\ \text{hPa})-205 \tag{7.61}$$

WA 是平流层下部温度异常。则

$$R'_{oz}=\widetilde{T}_{ls}R_b-(1-\widetilde{T}_{ls})R_f \tag{7.62}$$

$\widetilde{T}_{ls}$是平流层下部的透过率，R_b 是背景辐射率，R_f 来自凸出部分的辐射率。求解 $\widetilde{T}_{ls}$通过 Beer's 定理变换，得到总的臭氧含量。

五、临边扫描探测臭氧

如果卫星上的辐射计指向地球的地平线方向观测，就称为卫星的临边扫描观测(图 7.25)。这时卫星的观测仪器指向地球的边缘，以很小的视场接收一狭窄气层发射的辐射。卫星接收的辐射光线在离地面最近的那个点与地球气层相切，这个点称为切点，其高度为 h。临边扫描的特点表现为：

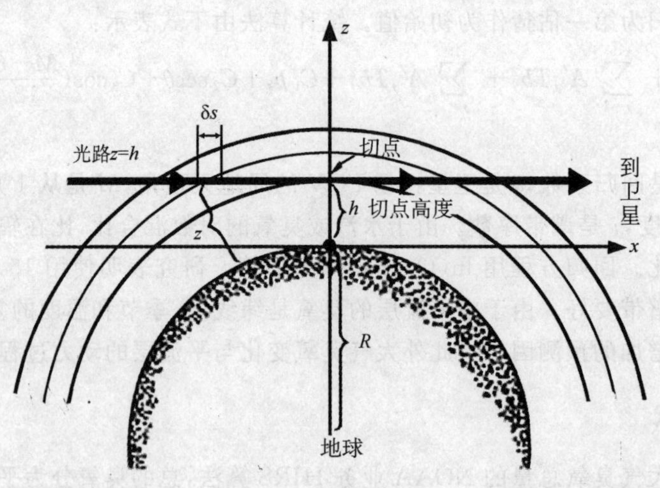

图 7.25　临边扫描

①由于大气密度和压力随高度迅速减小，所以卫星只能接收切点高度以上几千米高度范围内大气发射辐射信息；在切点以下气层大气密度越来越大，透过率越来越小，这时透过率随高度变化很大，权重函数宽度很窄，也就是很尖，具有很高的垂直分辨率；

②卫星接收到的辐射都来自大气，不受下垫面的影响；

③由于大气中低层的透过率很小，该方法适用于探测大气上层的微量气体和温度分布。

如在图 7.26 中，当大气处在局地热力平衡的情况下，卫星作临边扫描观测所接收到大气发射的辐射写为

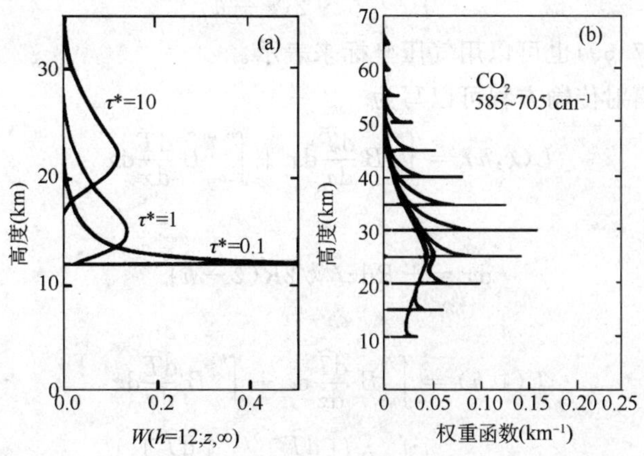

图 7.26　临边扫描权重函数

$$L(\lambda,h)=\int_{-\infty}^{+\infty}B[\lambda,T(x)]\frac{\partial\widetilde{T}(\lambda;h,x)}{\partial x}\mathrm{d}x \tag{7.63}$$

式中，x 是以切点为原点沿辐射路径的距离坐标，朝卫星方向为正，离卫星方向为负。若式(7.63)已对辐射计的光谱响应进行积分，则 $\widetilde{T}(\lambda,h,x)$ 是从点 x 沿通过 h 到卫星射线路径的平均透过率。虽然卫星的视场很窄，但总是有一定宽度，若 $f(h)$ 是视场廓线，则卫星测量的辐射为 $L(\lambda,h)$ 对视场 $f(h)$ 积分，即

$$\widetilde{L}(\lambda,h)=\int_{h}^{h+\Delta h}L(\lambda,h)f(h'-h)\mathrm{d}h' \tag{7.64}$$

如果卫星垂直向下观测，进入视场的辐射均匀，可以略去视场效应。但是对于临边扫描观测，在切点高度处的辐射迅速改变，必须考虑视场效应。如果辐射仅来自于切点高度，则式(7.64)可以写为

$$\begin{aligned}L(\lambda,h)&\cong(B[\lambda,T(h)]\int_{0}^{\infty}\frac{\partial\widetilde{T}(\lambda,h,x)}{\partial x}\mathrm{d}x\\&=B[\lambda,T(h)][1-\widetilde{T}(\lambda,\infty)]\\&=B[\lambda,T(h)]\varepsilon(\lambda,h)\end{aligned} \tag{7.65}$$

式中，$T(h)$ 是切点高度处的温度，$\varepsilon(\lambda,h)$ 是路径发射率。可以看出，如果已知吸收气体成分，就可以算出 $\varepsilon(\lambda,h)$，由此可以求出温度廓线 $B[\lambda,T(h)]$；反之，如果已知温度廓线 $T(h)$，就可以求出 $\varepsilon(\lambda,h)$，从而求出吸收气体成分。

由于在水平射线路径上吸收气体的含量远比地球垂直方向上要大，对于均匀混合气体的含量为

$$u=\int_{-\infty}^{+\infty}C\rho(x)\mathrm{d}x \tag{7.66}$$

式中，C 是质量混合比，$\rho(x)$ 是吸收气体密度。若 x 用 h 和 z 来表示，则有下式

$$(R_e+h)^2+x^2=(R_e+z)^2 \tag{7.67}$$

式中，R_e 是地球半径。在平流层高度，$2R_e\gg(z+h)$，上式可以写为

$$x^2 \cong 2R_e(z-h) \tag{7.68}$$

将上式求导后代入式(7.66)中就得

$$u=\int C\rho(z)\sqrt{\frac{R_e}{2(z-h)}}\mathrm{d}z \tag{7.69}$$

利用静力方程式,式(7.69)也可以用气压坐标来表示。

在一般情况下,辐射传输方程可以写为

$$L(\lambda,h)=\int_0^{\infty}B\frac{\mathrm{d}\widetilde{T}}{\mathrm{d}x}\mathrm{d}x+\int_{-\infty}^{0}B\frac{\mathrm{d}\widetilde{T}}{\mathrm{d}x}\mathrm{d}x \tag{7.70}$$

因

$$\mathrm{d}x=\pm R\mathrm{d}z/\sqrt{2R(z-h)} \tag{7.71}$$

代入式(7.70)有

$$\begin{aligned}L(\lambda,h)&=\int_h^{\infty}B\frac{\mathrm{d}\widetilde{T}}{\mathrm{d}z}\mathrm{d}z+\int_{\infty}^{h}B\frac{\mathrm{d}\widetilde{T}}{\mathrm{d}z}\mathrm{d}z\\&=\int_h^{\infty}B\left\{\left[\frac{\mathrm{d}\widetilde{T}}{\mathrm{d}z}\right]_A+\left[\frac{\mathrm{d}\widetilde{T}}{\mathrm{d}z}\right]_P\right\}\mathrm{d}z\end{aligned} \tag{7.72}$$

式中,下标 A、P 表示切点前和切点后射线路径上的点。若式中大括号内的项用 W 表示,则上式为

$$L(\lambda,h)=\int_h^{h_e}B[\lambda,T(z)]W(h,z)\mathrm{d}z \tag{7.73}$$

式中,W 是权重函数,h_e 是大气层顶的有效高度。式(7.73)的积分下限 h 是可变的。式(7.73)是第一类弗雷德霍姆积分方程。通过求解该方程就可以得到大气臭氧分布。

定义临边扫描垂直权重函数

$$W(h;z,\infty)=\frac{\mathrm{d}\widetilde{T}}{\mathrm{d}s}(z,\infty)[R/2(z-h)]^{-1/2},z>h$$

$$W(h;z,\infty)=0,z<h$$

为计算临边扫描的权重函数,需测量位于 z 处厚度 Δz 发射辐射,如图 7.26 中,来自高度 z 层发射的辐射为

$$\Delta I(z)=\frac{\mathrm{d}\widetilde{T}}{\mathrm{d}s}(z,\infty)[R/2(z-h)]^{-1/2}[\mathrm{e}^{-\tau_1}+\mathrm{e}^{-\tau_2}]B(z)\Delta z$$

式中

$$\tau_1=r\int_z^{\infty}k_m(z')\rho_{\mathrm{air}}(z')[R/2(z'-h)]^{-1/2}\mathrm{d}z'$$

和

$$\tau_2=\tau_1+2r\int_h^{z}k_m(z')\rho_{\mathrm{air}}(z')[R/2(z'-h)]^{-1/2}\mathrm{d}z'$$

式中,大气分成 $h\to z$ 和 $z\to\infty$ 两层,τ_1、τ_2 分别是这两层相应的光学厚度。根据路径对称性和使用静力假定及罗仑兹谱型,可得

$$\tau_1=\frac{\tau^*}{2}(\pi HR)^{-1/2}\cdot\{1-erf[2(z(h)/H]\}^{-1/2}\cdot\exp(-2h/H),$$

$$\tau_2=\tau_1+\tau^*(\pi HR)^{-1/2}\cdot\{1(erf[2(z-h)/H]\}^{-1/2}\cdot\exp(-2h/H)$$

式中,erf 是误差函数,由权重函数成为

$$W(h;z,\infty)=\tau^*[R/2(z-h)]^{-1/2}\cdot\exp(-2z/H)[e_1^{-\tau}+e_2^{-\tau}]$$

图 7.26 给出了临边扫描的权重函数。由图可见，权重函数具有很尖的峰值。对于 25 km 以上的切点高度，辐射主要平自于切点高度 5 km 范围内的大气辐射。在 25 km 以下，权重函数很像垂直探测较宽的权重函数。从图中还可看出，地面的贡献都为零。每条曲线的切点高度下的值是突变的，因而有较高的垂直分辨率。同时由于临边扫描看不到地面，所以方程中不存在边界项，不需要考虑地面状况的变化对方程解的影响。

因此，临边扫描具有以下优点：①可以探测高层大气，有高的垂直分辨率；②不需要考虑地面项；③具有较大的水平覆盖；④对探测气体有较高的灵敏度。

但是临边扫描也有局限性，主要有：①在有云时，限制了探测大气的可靠性；②在各个切点高度上的测量值是与水平范围为 200 km 或更长一点的射线路径有关，在这个范围内，大气状态发生很大的变化，则出现解的解释问题；③在临边扫描中，大气的折射因子不能忽略。由于辐射传输方程包含了折射因子，增加了反演的复杂性；④如果不能给出卫星的切点高度，则辐射计的观测方向无法确定。

六、SAGEII 掩星法求臭氧含量

获取平流层大气垂直廓线的方法之一是测量来自水平方向发射的辐射，如果测量的是由大气气体发射的辐射，称为临边扫描法；如果测量的是由太阳或其他星体发射的辐射称为掩星法。

图 7.27 表示太阳、地球和卫星掩星观测的几何示意图，当太阳升起和降落时，与卫星运动相关的卫星观测仪器扫描太阳圆面。对最高度的扫描的衰减为 0，这扫描中心处观测到的强度 I_0 与相对较低高度 h_i 处的强度 $I(h_i)$ 比值，给出测量透过率

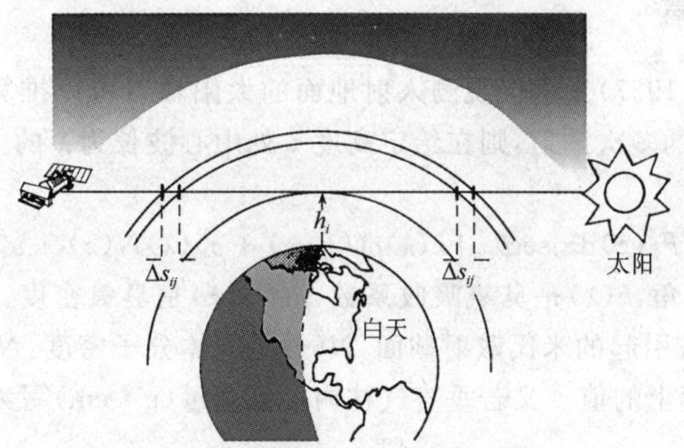

图 7.27　临边扫描测量的几何图形

$$\widetilde{T}_\lambda=I(h_i)/I_0=\exp(-\tau_\lambda^i) \tag{7.74}$$

式中，τ_λ^i 是仪器波长沿切点高度 h_i 路径的光学厚度，表示为

$$\tau_\lambda^i=\int_0^\infty\sigma_{\mathrm{ext},\lambda}(s)\mathrm{d}s \tag{7.75}$$

在任一点 s 的沿路径的衰减，由下面几部分组成

$$\sigma_{\mathrm{ext},\lambda}(s)=\sigma_\lambda^{\mathrm{Ray}}(s)+\sigma_\lambda^{\mathrm{O_3}}(s)+\sigma_\lambda^{\mathrm{NO_2}}(s)+\sigma_\lambda^{a}(s) \tag{7.76}$$

式中，$\sigma_\lambda^{\mathrm{Ray}}(s)$、$\sigma_\lambda^{\mathrm{O_3}}(s)$、$\sigma_\lambda^{\mathrm{NO_2}}(s)$和 $\sigma_\lambda^{a}(s)$分别是瑞利散射、臭氧、NO_2 和气溶胶的体积衰减系数。图 7.28 给出了 SAGEII 于 18 km 高度处瑞利散射、臭氧、NO_2 和气溶胶对于总的衰减的相对

贡献。

SAGEII 在多个高度以几个波段测量获取衰减廓线，如将大气划分 80 层，则 k 个通道的光学厚度为

$$\tau_k^i = 2\sum_{j=i}^{n=80}\sigma_{\text{ext},k,j}\Delta s_{ij} \tag{7.77}$$

式中，$\sigma_{\text{ext},k,j}$ 是第 j 层的平均衰减系数，Δs_{ij} 是第 j 层太阳通过切点高度第 i 层底处路径长度，由测量强度按式(7.75)反演确定 τ_k^i 方法，则根据式(7.77)反演对于每层衰减系数，并且由另一个已知特性(如瑞利散射等)推断每一成分的衰减系数。

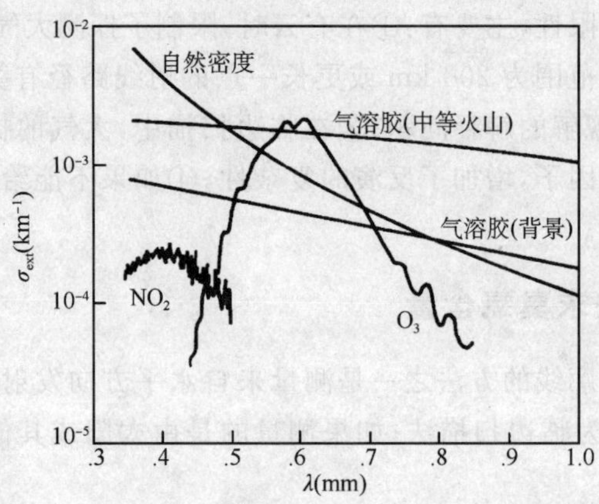

图 7.28　18 km 高度处的体积衰减是波长的函数(Chu 和 McCormick，1979)

七、地面遥感臭氧

在地表由 Dobson(1957)光谱仪观测入射地面的太阳辐射可以推算大气臭氧含量。在紫外波段，如果略去大气的多次散射，则在给定高度 z 处中心波长为 λ 的太阳入射通量密度的改变为

$$dF_\lambda(z) = -F_\lambda(z)dz\ \sec\theta_{\text{sun}}[k(\lambda)\rho(O_3,z) + \sigma_s^R(\lambda)N(z) + \sigma_e^A(\lambda)N_a(z)] \tag{7.78}$$

式中，θ_{sun} 表示太阳天顶角，$k(\lambda)$ 是臭氧吸收系数，$\rho(O_3,z)$ 是臭氧密度，$\sigma_s^R(\lambda)$ 是瑞利散射截面(cm)，$\sigma_e^A(\lambda)$ 是由气溶胶引起的米氏散射截面，$N(z)$ 是气体分子密度，$N_a(z)$ 是气溶胶数密度，以上各量都是在 z 高度上的值。又若垂直气柱内臭氧总量(g・cm)写为

$$u = \int_0^\infty \rho(O_3,z)dz \tag{7.79}$$

由于臭氧最大浓度高度为 22 km，相对于这一高度的太阳天顶角 $\theta_{\text{sun}} = Z$ 表示臭氧斜程。对于瑞利散射，以 τ_R 表示其光学厚度，$m = \sec\theta_{\text{sun}}$ 表示大气斜程。对整层大气，则式(7.78)又可以写为

$$\ln[F_\lambda(0)/F_\lambda(\infty)] = -k_\lambda u\ \sec Z - \tau_R(\lambda)m - \tau_A(\lambda)m \tag{7.80}$$

式中，$F_\lambda(\infty)$ 和 $F_\lambda(0)$ 分别为大气顶和地面的入射太阳辐射通量密度。

臭氧在高层大气中最强的吸收带是哈脱莱带，其次是霍金斯吸收带。若从这两吸收带选取一对波长 λ_1、λ_2，并且假定在 λ_1、λ_2 这两波长上的气溶胶的光学厚度大致相同，则由式(7.80)的 λ_1 波长的方程减 λ_2 波长方程，得 u 的解为

$$u=\{\ln[F_{\lambda1}(\infty)/F_{\lambda2}(\infty)]-\ln[F_{\lambda1}(0)/F_{\lambda2}(0)]-m[\tau_R(\lambda_1)-\tau_R(\lambda_2)]\}/\sec Z[k(\lambda_1)-k(\lambda_2)] \tag{7.81}$$

式中，$[\tau_R(\lambda_1)-\tau_R(\lambda_2)]$可以由瑞利散射理论确定，而$[k(\lambda_1)-k(\lambda_2)]$可以由实验室测定，而对于$[F_{\lambda_1}(\infty)/F_{\lambda_2}(\infty)]$可以由程确定，该法由下式

$$\ln F_\lambda(\infty)=\ln F_\lambda(z_1)-m\ln\widetilde{T}_\lambda \tag{7.82}$$

一天作数次测量，其中 z_1 是地面高度。对于 $\ln[F_{\lambda_1}(0)/F_{\lambda_2}(0)]$由地面观测仪器确定。这样臭氧总量就可以求出。

八、由 UV 的双波长衰减测量求总臭氧含量

由紫外波段的两相邻波长 λ_1、λ_2 测量得到辐射为 I_1、I_2，则可以导得

$$\Delta=\log_{10}(I/I')-\log_{10}(I_0/I_0{}')=-[\Delta\tau_{d,\mathrm{ray}}+\Delta\tau_{d,\mathrm{O_3}}+\Delta\tau_{d,a}]m_r \tag{7.83}$$

式中，$\Delta\tau_{d,\mathrm{ray}}$是空气分子光学厚度差，$\Delta\tau_{d,a}$是气溶胶光学厚度差，$\Delta\tau_{d,\mathrm{O_3}}$是臭氧分子光学厚度差。由于实际气溶胶的很大不确定性，为克服这不确定性，对于这两波长用上标 A 和 D 表示上式，写为

$$\Delta^{AD}=\Delta^A-\Delta^D \tag{7.84}$$

由于气溶胶光学厚度随波长的改变很小，即有近似关系

$$\Delta^{AD}\approx-[\Delta\tau^A_{d,\mathrm{O_3}}-\Delta\tau^D_{d,\mathrm{O_3}}]m_r-[\Delta^A_{d,\mathrm{Ray}}-\Delta^D_{d,\mathrm{Ray}}]m_r \tag{7.85}$$

其对于气溶胶差项可考虑为对每一组对波长是相同的，在式(7.85)中可以略去，各种组对的波长的组合在方法中使用，但是 WMO 提出下面对波长：A——0.3055 μm，0.3254 μm；D——0.3176 μm，0.3398 μm。如果取臭氧的十进位光学厚度表示为十进位臭氧吸收系数 k_d 与臭氧总含量 X_0的乘积，则由式(7.85)得到

$$X_0=\left[\frac{\Delta^{AD}}{m_r}-(\Delta\tau^D_{d,\mathrm{Ray}}-\Delta\tau^A_{d,\mathrm{Ray}})\right]/[\Delta k_d{}^A-\Delta k_d{}^D] \tag{7.86}$$

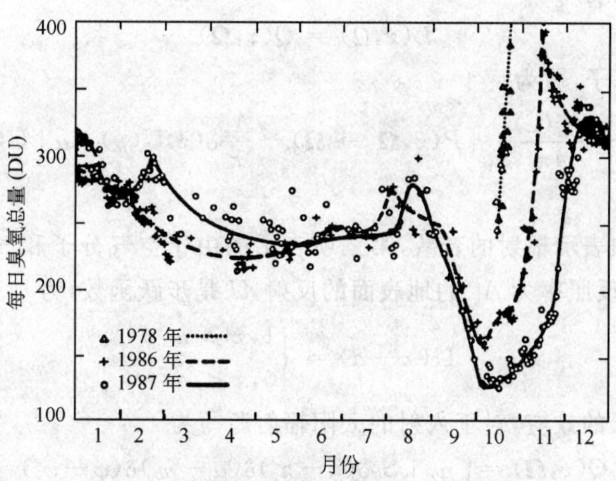

图 7.29　1986 年和 1987 年及 1978 年部分南极上空每日总臭氧含量(Komhyr 等，1989)

对于一对波长 A 和 D 的吸收系数和瑞利散射光学厚度的已知值代入式(7.86)可得

$$X_0=\frac{\Delta^{AD}}{1.388m_r}-0.009p_o \tag{7.87}$$

这里 X_0 取决于地面气压 p_0(以大气压 atm 为单位)，它的出现是因瑞利散射光学厚度与气压有关。因子 1.388 是以 atm/cm 对于成对波长 A 和 D 的十进位臭氧吸收系数差。由式(7.87)确定总的臭氧含量以 mm · atm/cm 为单位，或以 Dobson 为单位(DU)。图 7.29 给出 1986 年和 1987 年南极上空每日由 Dobson 光谱仪获取的臭氧总含量，图中看到 9 月臭氧总量极小，至春季逐步增加。

第四节 大气中臭氧廓线的估算

对于给定大气的状态矢量 $\boldsymbol{x}$ 和要求在仪器观测方向，考虑卫星处的反射率为 $r(\boldsymbol{x})$，这一状态矢量表示臭氧密度垂直廓线，加上朗伯地表面反照率 A_g，也就是 $\boldsymbol{x}=(\rho_{O_3},A_g)$，因此，可以用前向辐射传输模式对 $r(\boldsymbol{x})$ 进行模拟。若仪器本身测量的反射率 $\tilde{r}$，取决于未知大气状态，另外观测误差为 ε，因此有

$$\tilde{r} = r(\boldsymbol{x}) + \varepsilon \tag{7.88}$$

显然辐射传输模式是以非线性方式取决于大气状态矢量 $\boldsymbol{x}$。但对于任一反演方法要求一个关于估猜的大气状态矢量 $\boldsymbol{x}_0$ 的线性化反射率，使用泰勒级数展开，略去非线性项，可以写为

$$r(\boldsymbol{x}) \approx r(\boldsymbol{x}_0) + \sum_{k=1}^{K} \left.\frac{\partial r}{\partial x_k}\right|_{x_0} \Delta x_k \qquad \text{且有 } \Delta x_k = (x_k - x_{0,k}) \tag{7.89}$$

式中，k 是状态矢量 $\boldsymbol{x}$ 的维数，x_k 是第 k 个分量。对于臭氧反演，等同于第 k 均匀大气子层臭氧密度的第 k 个分量。

对于前向辐射传输模式的反演，必须求取反射率以及相对于大气状态矢量的个别分量的线性化。线性化表示常为臭氧廓线反演的计算的瓶颈。因此基于臭氧业务的快速反演，发展一个有效的线性化的辐射模式。对于线性化过程，根据包含有朗伯反射地面的线性辐射扰动理论，前向辐射模式写为

$$L(z,\Omega) = Q(z,\boldsymbol{\Omega}) \tag{7.90}$$

式中，L 是线性微分算子，写为

$$L = \mu\tfrac{\partial}{\partial z} + k_{\text{ext}}(z) - \frac{k_{\text{sca}}(z)}{4\pi}\int_{4\pi}\left[P(z,\boldsymbol{\Omega}' \rightarrow \boldsymbol{\Omega}) - \frac{A_g}{\pi}\delta(z)U(\mu) \mid \mu \mid U(-\mu') \mid \mu' \mid\right]\mathrm{d}\boldsymbol{\Omega}' \tag{7.91}$$

其中右边的第一、二项表示辐射的衰减，第三项表示的由于空气分子和气溶胶粒子的散射，最后一项表示的是由于反照率为 A_g 的地表面的反射，U 是步跃函数，为

$$U(x-a) = \begin{cases} 1, x > a \\ 0, x < a \end{cases} \tag{7.92}$$

为简化，这里不考虑云的效应，对于入射的太阳辐射源写为

$$Q(z,\boldsymbol{\Omega}) = \mid \mu_0 \mid S_0\delta(z-z_t)\delta(\mu-\mu_0)\delta(\varphi-\varphi_0) \tag{7.93}$$

大气顶和地表面的边界条件，写为

$$\begin{aligned} I(z_1,\mu,\varphi) &= 0, 0 \leqslant \varphi \leqslant 2\pi, \quad -1 \leqslant \mu \leqslant 0 \\ I(0,\mu,\varphi) &= 0, 0 \leqslant \varphi \leqslant 2\pi, \quad 0 < \mu \leqslant 1 \end{aligned} \tag{7.94}$$

与响应函数 R 相关的辐射效率 ε 表示为

$$\varepsilon = \langle R,I \rangle \tag{7.95}$$

在式(7.95)中角括号⟨⟩表示对整个立体角 4π 积分和整个模式大气垂直扩展确定的内积。在这里指的是反射率 $r(\boldsymbol{x})$。

如果是卫星观测的立体角 $\boldsymbol{\Omega}_v=\boldsymbol{\Omega}(\mu_v,\varphi_v)$，则响应函数表示为

$$R_v=\frac{1}{S_0}\delta(z-z_t)\delta(\boldsymbol{\Omega}-\boldsymbol{\Omega}_v) \tag{7.96}$$

从式(7.95)取得的是对于理想仪器辐射场。

其次要考虑伴随辐射场 I^+，它是伴随辐射传输方程

$$L^+\ I^+(z,\Omega)=Q^+(z,\boldsymbol{\Omega}) \tag{7.97}$$

的解，其中 Q^+ 是伴随光子源，伴随算子由下式确定

$$L^+=-\mu\frac{\partial}{\partial z}+k_{\text{ext}}(z)-\frac{k_{\text{sca}}(z)}{4\pi}\int_{4\pi}[P(z,\boldsymbol{\Omega}'\rightarrow\boldsymbol{\Omega})-\frac{A_g}{\pi}\delta(z)U(-\mu)\mid\mu\mid U(\mu')\mid\mu'\mid]\mathrm{d}\Omega' \tag{7.98}$$

与式(7.91)比较，方向 μ 反转，类似的对于这反转的天顶角，伴随辐射传输方程的边界条件的测量，由前向辐射场改变为射出辐射场。其边界条件为

$$\begin{aligned}&\text{大气顶}\quad I^+(z_1,\mu,\varphi)=0,0\leqslant\varphi\leqslant2\pi,-1\leqslant\mu<0\\&\text{地表面}\quad I^+(0,\mu,\varphi)=0,0\leqslant\varphi\leqslant2\pi,0<\mu\leqslant1\end{aligned} \tag{7.99}$$

通过对于常用的前向辐射传输的解处理为特殊源，

$$L\Psi(z,\boldsymbol{\Omega})=Q^+(z,\boldsymbol{\Omega}) \tag{7.100}$$

则虚拟辐射的测量为

$$\Psi(z,\boldsymbol{\Omega})=I^+(z,-\Omega) \tag{7.101}$$

又注意到对于虚拟辐射场 Ψ，伴随光子的传播方向有在相对于 2π 上和下半球的伴随源 Q^+ 转换，因此变换式(7.101)，可用相同的标准方法求取伴随辐射场的解，应用于前向辐射场的解。

其次希望如何表述相对于与扰动积分有关的状态矢量的反射率的一阶导数，假定已求到对于大气基本状态解 I_0 和 I_0^+，下标 0 表示状态矢量 $\boldsymbol{x}_0$，根据扰动理论，一阶精度大气扰动的反射率线性近似表示为

$$r(\boldsymbol{x})\approx r(\boldsymbol{x}_0)+\sum_{k=1}^{K}\langle I_0^+,\Delta L_k\,I_0\rangle \tag{7.102}$$

式中，ΔL_k 是仅当状态矢量 $\boldsymbol{x}_0$ 的第 k 个分量的 Δx_k 扰动引起微分算子的改变。将上式与式(7.89)比较，可求得反射率 r 对于参数 x_k 的一阶导数，即

$$\frac{\partial r}{\partial x_k}=-\frac{1}{\Delta x_k}\langle I_0^+,\Delta L_k\,I_0\rangle \tag{7.103}$$

现在是对于均匀大气子层的第 k 个分量的扰动臭氧分子浓度 $\rho_{O_3,k}$，还是对于朗伯地面的反照率 A_g。对此首先导得反射率对于臭氧浓度廓线和地面反照率的一阶导数。

如果 $\rho_{O_3,k}$ 是第 k 个分量的平均臭氧分子的浓度，而 $\rho_{O_3,k,0}$ 是相应于无扰动值，则扰动由下式给出

$$\Delta x_k=\Delta\rho_{O_3,k}=\rho_{O_3,k}-\rho_{O_3,0} \tag{7.104}$$

由于第 k 子层吸收光学厚度的改变仅是扰动 $\rho_{O_3,k}$ 的改变，可写为

$$\Delta\tau_{O_3,k}=\int_{x_k}^{x_{k-1}}(\rho_{O_3,k}-\rho_{O_3,0})\sigma_{O_3,k}\mathrm{d}z=-\sigma_{O_3,k}\Delta\rho_{O_3,k}(z_k-z_{k-1}) \tag{7.105}$$

式中，$\sigma_{O_3,k}$ 是臭氧分子的吸收截面，(z_k,z_{k-1}) 是指模式大气第 k 个均匀层上下边界。进一步，

很容易看到,在式(7.102)扰动积分中,这个特殊化、扰动积分 ΔL_k 可以写为

$$\Delta L_k = \begin{cases} \sigma_{O_3,k}\Delta\rho_{O_3,k}, z_k < z < z_{k-1} \\ 0,\text{否则} \end{cases} \tag{7.106}$$

因此,可以直接求得第 k 子层 r 相对于平均臭氧分子浓度,为

$$\frac{\partial r}{\partial \rho_{O_3,k}} = -\frac{1}{\Delta\rho_{O_3,k}}\langle I_0^+, \Delta L_k I_0\rangle = -\sigma_{O_3,k}\int_{z_{k-1}}^{z_k}\int_{4\pi}\Psi_0(z,-\boldsymbol{\Omega})I_0(z,\Omega)\mathrm{d}\Omega\,\mathrm{d}z \tag{7.107}$$

式中用式(7.101)替代 I_0^+。

对于地表面反照率扰动,$\Delta A_g = A_g(A_{g,0}$,这里是无扰动的朗伯反照度。类似地,由式(7.91)求得

$$\Delta L = -\int_{4\pi}\frac{A_g}{\pi}\delta(z)U(\mu)\mid\mu\mid U(-\mu')\mid\mu'\mid\mathrm{d}\Omega' \tag{7.108}$$

由于 $\delta(z)$ 函数的特点,对 z 的积分简化为在 $z=0$ 处辐射率 Ψ_0 和 I_0 的求取。因此反射率 r 对于地面反照率 A_g 的一次微分由下式给出

$$\frac{\partial r}{\partial A_g} = -\frac{1}{\Delta A_g}\langle I_0^+, \Delta L I_0\rangle = \frac{1}{\pi}E_-(\Psi_0)E_-(I_0) \tag{7.109}$$

式中量 $E_-(\Psi_0)$ 和 $E_-(I_0)$ 表示在大气的地面高度处虚拟辐射率 Ψ_0 和前向辐射率 I_0 的向下通量密度,也就是

$$\begin{aligned} E_-(\Psi_0) &= \int_{4\pi}U(-\mu)\mid\mu\mid\Psi_0(0,\boldsymbol{\Omega})\mathrm{d}\Omega \\ E_-(I_0) &= \int_{4\pi}U(-\mu)\mid\mu\mid I_0(0,\boldsymbol{\Omega})\mathrm{d}\Omega \end{aligned} \tag{7.110}$$

注意到这些表达式中,Heaviside 步跃函数刚好选在所有辐射来自 2π 上半球内。

将式(7.107)和式(7.109)代入到式(7.89)得到以基本大气反射率 $r(\boldsymbol{x}_0)$ 为函数的实际大气反射率 $r(\boldsymbol{x})$。

利用前向伴随扰动理论(Landgarf 等,2001),计算反射率对于臭氧浓度和地面反照率的导数。也与 DISORT 软件计算比较,但由于 DISORT 计算 r 对于 $\rho_{O_3,k}$ 和 A_g 的偏导数表示式不能用式(7.107)和式(7.109),因此在基准计算中使用如下离散形式:

$$\frac{\partial r}{\partial \rho_{O_3,k}} \approx \frac{r(\rho_{O_3,k}+\Delta\rho_{O_3,k})-r(\rho_{O_3,k})}{\Delta\rho_{O_3,k}}, \frac{\partial r}{\partial A_g} \approx \frac{r(A_g+\Delta A_g)-r(A_g)}{\Delta A_g} \tag{7.111}$$

第五节　高层大气成分的遥感探测

从 20 世纪 70 年代中期,人们担忧地球臭氧层稳定性的研究的注意力放在平流层和中间层,那时开始集中在超音速飞机的作用,但很快就转移到由人为的含氯氟烃光分解释放的氯的效应,许多新的测量意外发现在极地区域春季臭氧含量迅速减小,包括发生在粒子上的化学过程理论和模式,涉及大量的化学过程。先前大气动力学的发展很少考虑到这些重要的过程。近年来理论的发展和观测研究对行星尺度环流描述有根本的改变。这些发展对于理解中间层大气环流和相关联痕量成分的混合的输送具有重要意义。

更新的研究是开始回答全球变化和人类活动对气候系统可能引起的效应,作为研究工作的一部分,对流层和平流层过程对气候的作用,成为关键性的研究。平流层下部和对流层上部

的结构已很清晰，但是这些区域发生的交换仍是没有解决的问题。另外，微粒分布和辐射重要的痕量气体成分，如臭氧和特别是水汽不是完全已知，没有足够的关于水的长期趋势的信息。

HIRDLS是一个21通道的红外临边扫描辐射计，它测量对流层上部到中间层发射的辐射，确定温度廓线、痕气体浓度、气溶胶和极地平流层云和云顶的位置，目标是提供具有超过先前的水平和垂直分辨率的观测数据，改进灵敏度和精度的平流层下部观测，通过数据分析、诊断、使用二维和三维模式改进对大气过程的理解。

一、HIRDLS

对于星载红外临边观测辐射计是，首次成功的计划是安置于雨云6号卫星上的临边辐射率逆向辐射计(LRIR)，临边测量可以获取垂直温度廓线和臭氧。类似地雨云7号卫星携带的临边红外监视光谱仪(LIMS)，它增加了测量水汽、二氧化氮和硝酸的功能。另一个临边探测仪是雨云7号卫星上的平流层和中间层探测器(SAMS)，测量温度、甲烷和一氧化氮，来自这些仪器的结果极大地增加的平流层动力和化学的知识。在高层大气研究卫星上两个红外临边观测，改进的平流层和中层探测仪(ISAMS)一个临边扫描仪和低温临边阵列标准光谱仪(CLAES)，一个临边凝视仪，这些仪器一起，测量温度和臭氧、水汽、甲烷、一氧化氮和硝酸、二氧化氮、氯化碳11和12、一氧化碳、氧化氮分布，这些测量极大地增加了平流层和中间层痕量气体成分、气溶胶分布的知识和维持它们的过程知识。

HIRDLS建立在继承早期的先驱者和它们的工作，所有这些仪器限于在任一时间观测单方位，和因此通过卫星轨道间隔约25°反演经度间隔廓线。

HIRDLS的七个科学研究目标是：

①研究影响对流层、平流层、中间层和热层以及与这些区域相联的动力学和成分质量通量和化学成分(包括温室气体和气溶胶)；

②研发化学过程、输送、中间大气小尺度痕量气体的不可逆混合，包括化学和动力过程对极地臭氧洞建立的响应；

③通过从扩大全球尺度观测到较小的水平和垂直尺度，研究中间大气动量、能量和位势涡度的平衡，相信小尺度过程对确定某些大尺度特征和认为引起不可逆化学混合；

④获取对流层上部、平流层和中间层的气候量，特别是温度、臭氧廓线、某些辐射的活性气体、气溶胶、重力波和云顶高度。由现有的加上先前的和未来的地球观测系统(EOS)仪器通过五年系列测量获取季节、年际和长期气候趋势；

⑤为验证和改进大气数值模式、为增大预测气候变化的能力和可信度提供数据，数值模拟关键取决于比目前观测的更细的水平和垂直尺度的处理；

⑥通过使用在有利条件下，扩大到对流层上部的温度和成分的反演改进对流层化学的研究，这些观测与EOS观测相结合，与化学模式，得到关于大气中关于大气氧化能力；

⑦由获取的长期限的高分辨率观测资料，改进平流层和对流层气溶胶、云的研究，气溶胶和平流层云对在平流层下部极地臭氧起决定性作用，对流层上部的次可见光卷云对大气的辐射冷却和加有重要作用。

HIRDLS的测量要求在50 km以下温度的精度0.4K和准确度1K，在50 km以上温度的精度1K和准确度2K；对成分的测量，期望1%～5%精度和5%～10%准确度，取决于成分的类别。由于人为产生的碳氟化合物CFC11($CFCl_2$)和CFC12(CF_2Cl_2)它在平流层臭氧O_3破坏过程中，它的光解释放氯的作用且作为温室气体，对它的测量是重要的。HIRDLS临边探测能获取关于中间平流层气体成分的减小的信息，用于痕量气体的动力学研究。HIRDLS反演HNO_3、N_2O_5、N_2O和NO_2四种气体的廓线，提供为化学和输送的研究的全球氮类化合物的分布和时间变化。

平流层下部气溶胶量有高的可变性和由于火山爆发，约有几个数量级的可能的突发性变化，则它需要2年或更长时间重新返回到大气背景，来自痕量气体的源引起大气中吸收和发射的增加到成为约25 km下的污染。

气溶胶衰减光谱变化测量可用于包括痕量气体在内的反演。根据Mie理论，红外谱段光谱变化取决于气溶胶类别和谱分布。硫酸气溶胶主要涉及冬季极地平流层云。通过测量几个通道的气溶胶衰减，假定气溶胶光谱变化已知，就可以用于痕量气体成分通道的气溶胶效应的订正。因此HIRDLS有四个气溶胶通道分布于17个气体探测通道中。

HIRDLS可获取包括极地在内的整个地球白天和夜间的廓线，在12 h内获得包括极地夜间完全的地球覆盖。使用一个快速高度扫描的连接的可控方位的位置获取高水平分辨率，给出垂直于星下点轨迹的2000～3000 km宽的廓线，经纬度间隔5°的垂直廓线，垂直分辨率1～1.5 km。HIRDLS测量21个通道红外临边发射。表7.7显示了HIRDLS通道的光谱范围575～1608cm^{-1}(17.4～6.22 μm)各通道波数范围和探测气体和反演的可能的高度距离。

表7.7 HIRDLS光谱通道、探测距离和辐射计噪声

通道	大气成分	50%响应(cm^{-1})		探测距离(km)	辐射计噪声
		下界	距离(km)		($10^4 W/(m^2 \cdot sr)$)
1	N_2O,A	563.50±2.0	587.25±1.0	8～70	12.0
2	CO_2-L	600.50±2.0	614.75±1.0	8～40	6.3
3	CO_2-M	610.00±3.0	639.50±2.0	8～60	5.9
4	CO_2-M	626.00±3.0	660.00±3.0	15～60	6.0
5	CO_2-H	655.00±3.0	680.00±2.0	30～105	4.3
6	A	821.50±2.3	835.00±2.4	8～55	1.9
7	CFC11	835.00±2.4	852.00±2.4	8～50	2.0
8	HNO_3	861.50±2.5	903.50±2.5	8～70	4.2
9	CFCI2	916.00±2.6	931.50±2.6	8～50	2.0
10	O_3-M	991.00±2.8	1009.00±2.8	8～55	1.5
11	O_3-H	101100±2.9	1046.50±2.9	30～85	2.4
12	Os-L	1120.00±2	1138.50±3.2	8～55	0.96
13	A	1202.00±14	1259.75±3.4	8～55	1.1
14	N_2O_5	122950±90	1259.75±1.0	8～60	1.1
15	N_2O	1256.25±1.0	1281.75±1.0	8～70	1.1
16	$CIONO_2$	1278.25±1.0	1298.75±1.0	8～70	1.1
17	CH_4	1325.50～±3.8	1367.50±3.8	8～80	1.2
18	H_2O-L	1387.00±4.0	1435.00±4.0	8～40	1.2
19	A	1402.25±1.0	1415.75±1.0	8～55	1.3
20	H_2O-H	1422.00±4.1	1542.00±4.3	15～85	1.6
21	NO_2	1585.50±4.5	1630.50±4.6	8～70	1.1

二、HIRDLS 各探测通道的特点分析

1. 通道 2～5:探测对流层上部温度

通道 2:测量低高度的切点高度 CO_2 发射的辐射,获取向下到 8 km 的温度,为此通道取在光学厚度低的 CO_2 主要谱带的边侧(翼区)。这样来自于大气低层穿过较高层的到达卫星的辐射没有再吸收,其主要污染气体是 N_2O 的信号。这通道位于强 CO_2 的 Q 支 597 cm^{-1} 和 618 cm^{-1}之间,避免临边探测光学厚度太小。

通道 3 和通道 4:测量中高度的切点高度 CO_2 发射的辐射,两通道一起增加反演的敏感性,通道 4 位于 15 $\mu m CO_2$ 低频翼侧,较通道 3 光谱不透明,因而这通道的最大权重函数的峰值高度在 30 km,较通道 3 的 23 km 要高。

通道 5:测量高高度的切点高度 CO_2 发射的辐射,最大权重函数的峰值高度在 36 km,这一通道位于强$^{12}C^{16}O_2$Q 支 667 m^{-1}。由于在这光谱区域大气的光学厚度大,27 km 以下的大气辐射不能到达卫星。

由于 CO_2 谱带高的不透明性,通道 3、4 和 5 具有很强的信号,这就允许可以对高高度进行测量。对于某一测量,假定使用的辐射测量值是可以向上切点高度,临边辐射率等于等效噪声辐射率(NER)。在通道 2、3、4 和 5 的高度分别为 80 km、90 km、110 km 和 125 km,虽然对这些高度的反演没有一定的操作规程。对于大于 70 km 的切点高度高高度处,在 CO_2 谱带 15 μm中临边辐射计观测的非局地热平衡效应必须考虑,对于特定的切点高度临边观测与给定谱段的辐射 LTE 值偏差和白天—夜间来自动能温度的激发态的振动温度廓线差,通道 2～5 给出 70 km 之上与 LTE 的偏差。由于 CO_2 的 2.7 μm 和 4.3 μm 对太阳吸收影响它们的状态分布,任何时间变化取决于 15 μm v_2 热谱带对该通道辐射的相对贡献,对于包括中心位于 617 cm^{-1}的第一热谱段的低波数通道是较大的。对于确定切点高度的模拟中非局地效应是重要的,由于这对于空间观测定标是重要的,确定为 1/10NER 辐射电平,对于通道 2、3、4 和 5 的相应这些高度分别为 95 km、125 km、140 km 和 150 km。由于非局地热力平衡临边发射不服从在热层温度动力温度显著上升,比在局地热力温度条件下低(图 7.30)。

2. 通道 7 探测 CFC11、通道 8 探测 HNO_3、通道 9 探测 CFC12

由于 CFC11 发出的信号相对弱,使用临边扫描测量 CFC11 是很困难的,但是由于谱带中心 848cm^{-1},这谱带与其他谱带相比较,来自气体污染信号相对很小,可提供最佳的信号。因此作测量要求来自于 HNO_3 的光谱特性的知识,图 7.31 显示了这些低频翼区热谱带的线参数,不是十分清楚,在平流层低部,气溶胶的发射有加宽谱带的特性。

通道 7:用临边扫描测量 CFC11,测量谱带中心 848 cm^{-1},相对于其他谱段,是受其他气体污染最小的谱带,在平流层下部、低频端有 HNO_3 的污染。因此,需要有关 HNO_3 的光谱特性,在实验室,CFC11 本身的谱带不能再分解成单条谱线,通带选择整个谱段,可以得到 30 km 高度之上 CFC11 最大信号,在这光谱区的污染气体还有 H_2O、CO_2 和 O_3;如上所述,主要关注来自 HNO_3 的污染,这大大地约束通带的上边界。该通带的下边界,与通道 6 的下边界重叠,但它不是十分关键。

通道 8:用于测量 HNO_3,它具有宽的通带,覆盖强 v_5 和 $2v_9$ 谱带,这是一个相对干洁的通道,在通道谱带低频和高频一侧的主要气体污染分别是 CFC11、CFC12,HNO_3 反演可能高度约在 40 km。

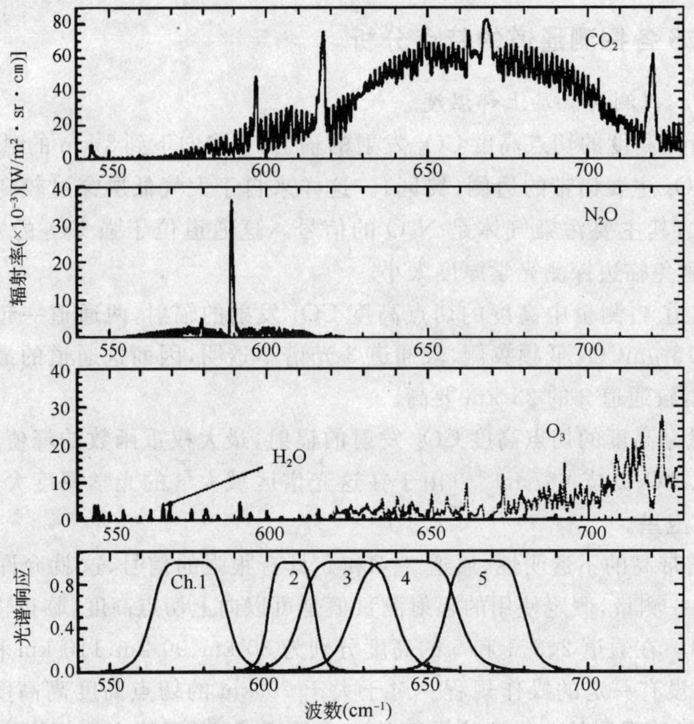

图 7.30 测量 CO_2 发射辐射反演温度和气压的 HIRDLS 2～5 通道的位置和 CO_2、H_2O、N_2O 和 O_3 吸收谱线

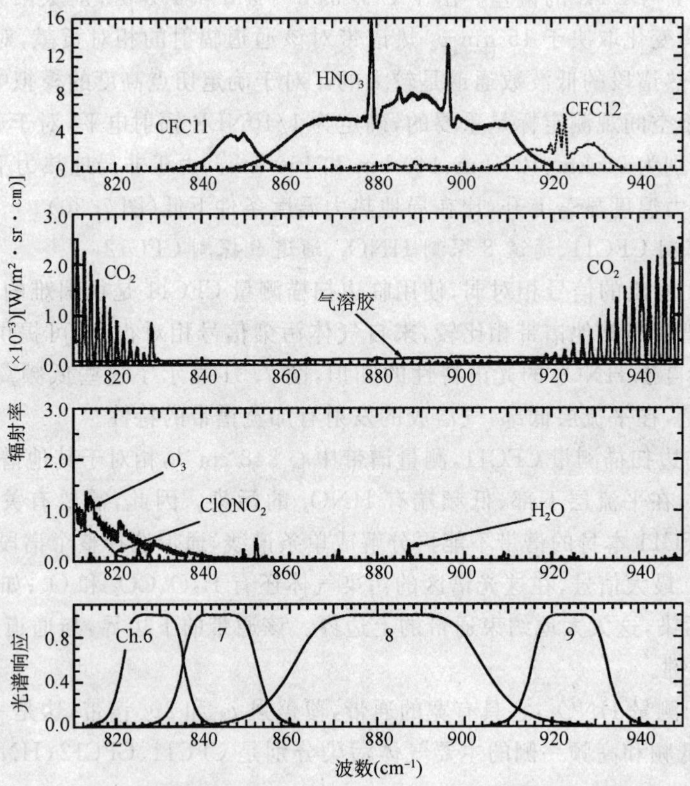

图 7.31 对于 HIRDLS 通道 6～9 的临边辐射光谱，光谱分辨率 0.5 cm^{-1}

通道 9：用于测量 CFC12，这一气体发射的通道 NER 值处在高度约 35 km，在这高度以下，主要气体污染来自于 HNO_3，低通频带边界处捕捉来自 CFC12 Q 支 922cm^{-1}，同时避免 HNO_3 的主要部分，如果通道的高频端加宽，CO_2 气体污染增大。在 35 km 之上几乎所有通道的信号来自 CO_2 激光辐射带。在 55 km 之上，由于受 4.3 μm CO_2 和长的白天期间加强吸收太阳辐射，非局地热力平衡影响这谱带的发射，使用这一通道高纬度地区的测量可间接研究这种过程。

3. 通道 10～12 探测 O_3

在 9～11 μm 光谱区有三个 O_3 通道，通道 10 和 12 光谱区分别是 O_3 的 v_3 和 v_1 基带，有相对低的光学厚度，如图 7.32 中，它测量 10～30 km 高度范围内臭氧的丰度，由于通道 12 的权重函数峰值在 5 km，通道 10 在这高度之下，因此，这些通道一起使用能提供高敏感的测量，由低高度的 O_3 的两通道反演有一定的冗余度，在 10 通道的污染主要来自 CO_2（00011～10002）荧光带，在通道波数的高端和低端分别主要污染气体是 N_2O 和 CFC12；在低高度必须考虑到 H_2O 和气溶胶。在 11 通道覆盖 v_3 基带的强中心，由于在这谱段有较大的光学厚度，在 30 km 高度之上大气 O_3 的权重函数的峰值高度较高，可测量较高的高度，在 70 km 高度之下主要来自 CO_2（00011～10001）荧光带。

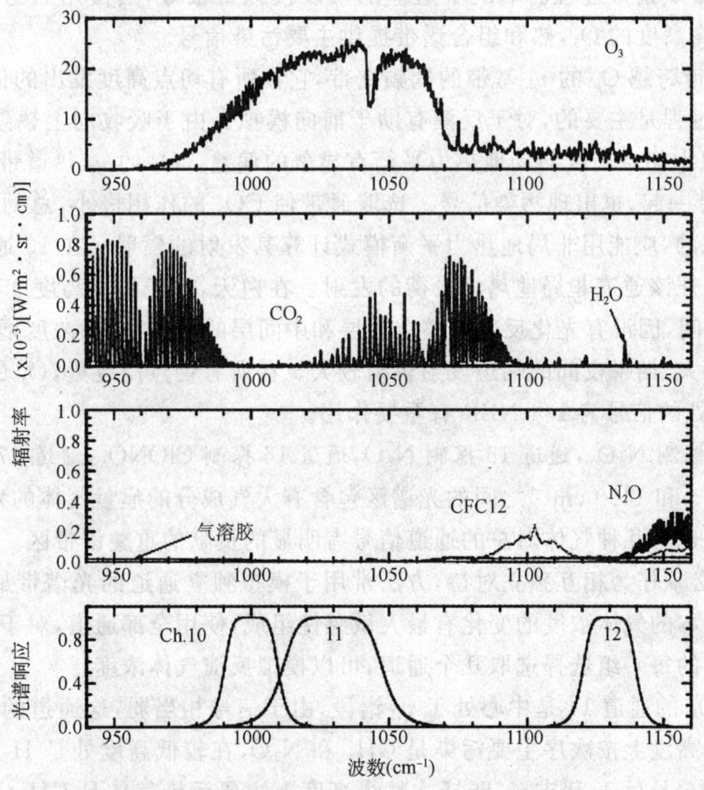

图 7.32　HIRDLS 通道 10～12 的临边光谱辐射率

三个 O_3 通道的基本目标是反演对流层上部到中间层的 O_3 廓线，在这高度范围内，不会由于带通或宽度小的改变影响 10 和 11 通道权重函数的切点高度的敏感性，但是如果作 70 km 高度之上的 O_3 反演，这个位置是很重要的。因此，对于高高度，通道 10 和 11 谱带的选择优化，平流层特性没有相互连带约束。给定非局地热力平衡的谱带的依赖性，如果辐射只来自于一个通道，或与非局地热力平衡状态为主的类似的谱带，则某通道高高度的信号模拟获得相当大的简化。在这些谱带范围内，O_3 的 v_3 基带的、热谱和组合谱带都加强 70 km 高度之上非局地热力平衡，在夜间没有光化反应，O_3 的浓度增加，非局地热力平衡过程也不同。由于 4.3 μm CO_2 对太阳光谱的吸收，来自白天 CO_2 两荧光带的辐射表明，在 65 km 高度之上与局地热力平衡有很大的不同。

白天临边辐射率计算使用非 LET 模式，对于切点高度 90 km 以下，使用选取通带具有条件总信号大于 1/4 NER 的通道 10，假定对多条廓线平均，在这辐射电平可以作有用的测量。选取这通带保持 CO_2 辐射极小，而且 O_3 v_3 谱带相对于其他 O_3 谱带的贡献极小。来自于 O_3 v_3 带和组合带的多数信号，由于 v_3 激发态化学泵，非 LTE 白天辐射增强，来自约 60 km 之上的切点高度非 LTE 与 LTE 总辐射之间有很大的差别。在夜间，当 O_3(001)态的辐射泵成为更重要，O_3 v_3 基带的相对贡献增加。相对于白天总的信号电平增加，总的辐射在 95 km 处最后落在 1/4 NER。在 85 km 之上，由于在这些高度处白天原子氧浓度不变性和 O_3 的再复合率，来自 O_3 谱带的辐射率与白天期间本来是相同的。对于低的切点高度，在 70 km 和 85 km 之间，夜间小的复合和化学泵和来自这些带低的临边辐射率，原子氧浓度降低。通道 10 可以用于研究非 LTE 热谱带过程。取决于这些的可以模拟得很好，当使用通道 11 的 v_3 基带信号，有助于反演高高度的 O_3，热和组合谱带提供主要污染信号。

通道 11：通带跨越 O_3 的 v_3 基带的低频支带，它在所有切点高度发出的信号，由于非局地平衡(001)态的过程是主要的，对于反演有助于前向模拟。由于吸收向上辐射(001)态的辐射脉动在 70 km 以上切点高度与局地热力平衡有显著的偏差。O_3 的 v_3 热谱带和组合 v_1 基带，与 CO_2 激光谱带一起，也出现污染信号。选取通带使 CO_2 的作用极小，总的信号极大。由于 CO_2 含量是已知的，应能用非局地热力平衡模式计算其发射的辐射。在 10 通道中的弱 O_3 谱带的测量可以表征该通道非局地热力平衡的发射。在白天，对于切点高度 95 km 处的信号为 1/4 NER。在夜间，因没有光化反应在整个热层和中间层的基态 O_3 的浓度增加，(001)态辐射泵比白天期限间大，结果夜间的临边发射辐射较大。在所有切点高度处，O_3 的 v_3 基带只在切点高度 100 km 处的信号为 1/4 NER 有重要作用。

4. 通道 14 探测 N_2O_5，通道 15 探测 N_2O，通道 16 探测 $ClONO_2$，通道 17 探测 CH_4

在 1200 cm^{-1} 和 1400 cm^{-1} 之间的光谱区包含有大气成分的痕量气体的发射光谱特征，如图 7.33 显示的，也有几种气体对总的通道信号有明显的贡献的重叠谱带区。这使通道选择更为复杂，通道间必须作为相互独立对待，方法常用于模拟独立通道的光谱带最优，尤其是通道测量的信号对基本的气体浓度的变化有最大敏感性组成，使用全部通道，对于与它相邻比较某种气体重要贡献的每一组选择选取几个通道，可以模拟反演气体浓度。

为测量 N_2O_5 的通道 14 是中心处于 v_{12} 谱段，由于信号相当弱，这通道的宽度足以覆盖整个谱带。在全部高度上按次序主要污染是 CH_4 和 N_2O，在较低高度处是 H_2O 和 CO_2。对于测量 N_2O 通道 15 是处于 P 支 v_1 跃迁。整个高度上主要污染气体是 CH_4，在较高高度上是 HNO_3 和 $ClONO_2$，在较低高度处是 H_2O 和 CO_2。测量 $ClONO_2$ 通道 16 是处于 v_2 谱带，主要污染气体是 N_2O、CH_4 和 HNO_3。测量 CH_4 通道 17 位于 v_2 谱带的短波处，主要污染气体在较高高度上是 N_2O、HNO_3 和 H_2O。

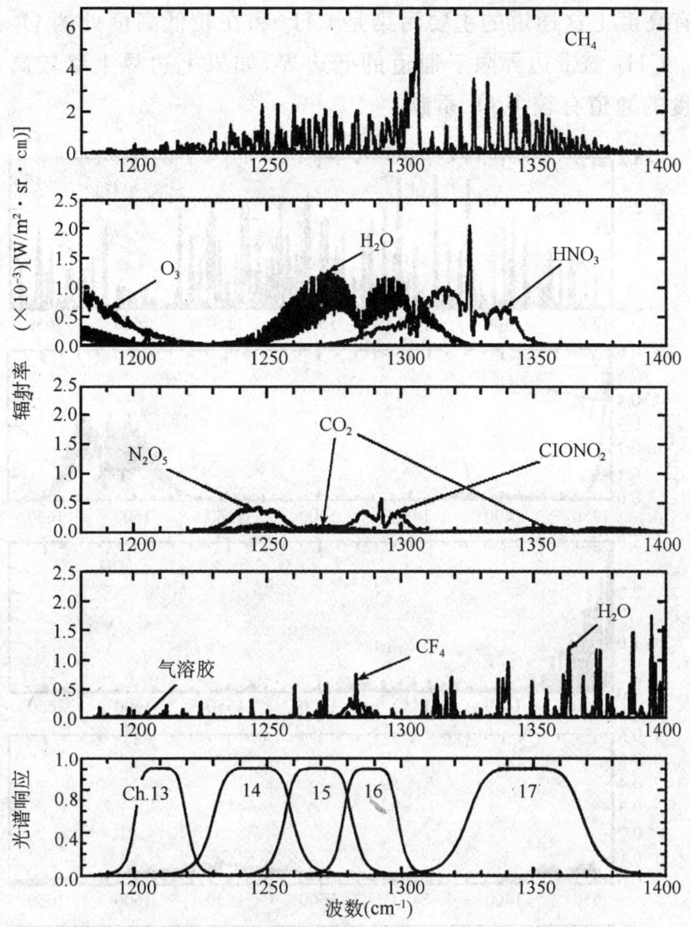

图 7.33 HIRDLS 通道 13～17 的临边辐射光谱

测量 N_2O 的通道 15 和 CH_4 的通道 17 波数边界是获取对目标气体最大敏感性的最优模拟。对于 N_2O、CH_4 的 15 和 17 两通道具有的信号污染来自其他气体。对于 N_2O 的通道 15 情况下，除 CH_4 外，污染的主要是 HNO_3 和 $ClONO_2$。对于 CH_4 的 17 通道，污染信号的是 HNO_3 和 H_2O。

具有固定波数的 N_2O 的通道 15 和 CH_4 的通道 17 波数边界，获得 N_2O_5 和 $ClONO_2$ 通道波数边界。对于切点高度 30 km 和太阳天顶角 30°实行这些通道的最优化。这些气体成分的高度范围具有最大混合比和测量具有最重要的值。对于 N_2O_5 的通道 14，污染成分是 N_2O 和 CH_4。对于 $ClONO_2$ 的通道 16 按照类似的方法，这通道污染成分是 N_2O、CH_4 和 HNO_3。在两种情况中，选取通道波数边界使各成分气体含量的不确定极小。通道 14 的选取避免在下边界处不需要的 CH_4 污染和在上边界处的 N_2O 污染，而是 N_2O_5 信号分量最大。通道 16 的下边界避免 N_2O 的低频支谱带，上边界避免 CH_4 谱带峰值。这些气体成分的反演应当达到 40 km或更高高度。

5. 通道 18 和通道 20 探测 H_2O

如图 7.34 所示，HIRDLS 使用 6.3 μm v_2 谱带两通道测量水汽，低高度 H_2O 通道18 处于相对低的光学厚度的光谱区，权重函数峰值位于约 12 km 最大，虽然使用获得的廓线信息向下约 8 km,在所有高度上这通道的主要污染是 CH_4 和在较低高度处的 O_2 压力连续感应带,次要污染是 CO_2。CH_4 谱带边界限于通道的低边界,如果上边界上移较高,不希望在低的高度处对这个低高度的通道有较多 O_2 贡献。

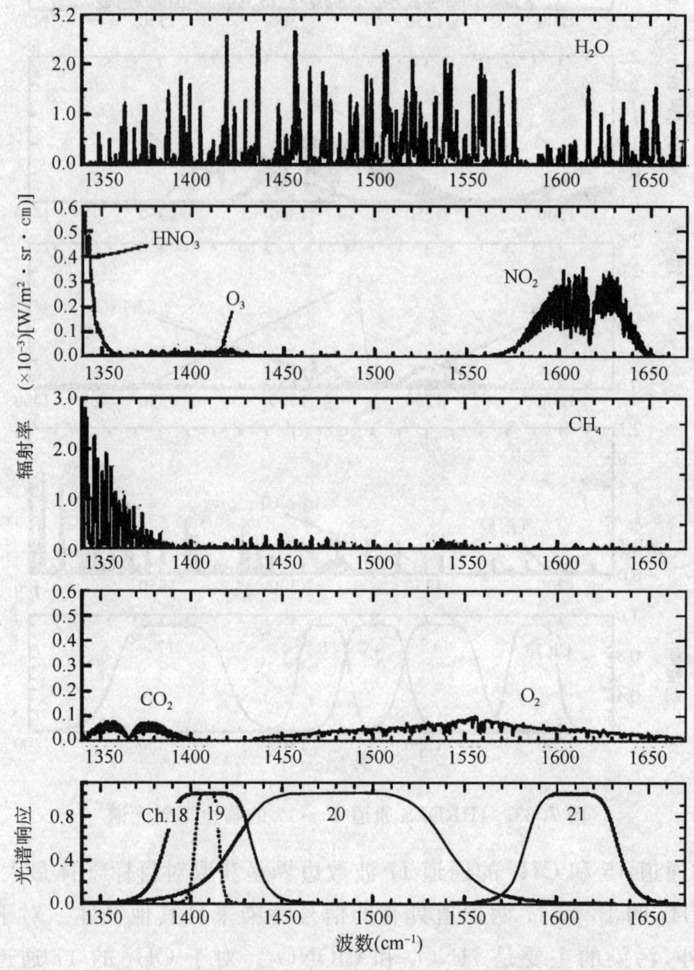

图 7.34　HIRDLS 通道 18～21 的临边光谱辐射率

高高度 H_2O 通道 20 是一个覆盖谱带大部分的宽通道,这样在 15 km 处的高的光学深度和权重函数峰值,在切点高度到较低的平流层表现出大的响应,对切点高度临边观测到约 20 km主要污染是压强感应 O_2 连续带,和较高高度的 CH_4。通道边界没有紧密压缩在很小的波数内,而且使用上面方法通带按照 N_2O 通道 21 最优化。

HIRDLS 最短波长通道在 6.2 μm 处覆盖 NO_2 v_3 谱带。使用通道 20 信号,使相对于 H_2O 连续谱带的 NO_2 信号极大最优化的通道,也考虑到来自 CH_4 和 O_2 压强连续感应带的信号污染。这通道足够宽,包括 NO_2 信号的大部分,而另一方面避免强 H_2O 谱线。对于 65 km之上切点高度通道 20 和 21 考虑到非 LTE 白天 H_2O 和 NO_2 可能发射增强。

6. 通道 1、6、13 和 19 探测气溶胶

对于测量气溶胶衰减要求分子吸收低的光学厚度通道,由于在气溶胶通道要求分子高的透明,为避免分子的发射,取窄的光谱带,通道 1 将用于气溶胶反演,也用于反演 N_2O 的二次

反演，基本污染是 H_2O 和 CO_2，低通边界位于某些强的 H_2O 强谱线之上，图 7.34 显示污染必须避开，即使是低高度气溶胶反演没有受影响。如果顶边界越(移动更高)高，强的 N_2O 谱线随 CO_2 污染一起增强。这会影响到高高度气溶胶的反演。

通道 6 正好位于 CF11 通道观之下(图 7.34)，基本污染是 CO_2、O_3 和 H_2O。设置底边界避免高高度 O_3 和 CO_2 的污染增加。

通道 13 的污染是 CH_4、CO_2、N_2O、H_2O 和 HNO_3。设置低边界在 N_2O 带之上，如果包括 N_2O，会成为低高度的重要污染。设置顶边界避免高频率处强 CH_4 谱线，这通道的重污染是在低高度，但相对 20 km 之上相对清洁。通道 19 是个窄通道，位于低高度 H_2O 通道 18 内，设置通带边界在 H_2O 相对清洁的窗区，通道是在 15 km 之下有 H_2O 的重污染。

三、临边扫描辐射率和权重函数计算

1. 辐射率计算

如图 7.35 中的路径，观测方向的指针 j，从 $j=0$ 开始向空间方向增加，至空间仪器处 $j=n$，通过 j 单元的大气透过率为 $\Delta\widetilde{T}_j$ 和来自单元 j 的局地热力平衡发射辐射为 $B_j(1-\Delta\widetilde{T}_j)$；$\widetilde{T}_j{}^*$ 是来自 j 高度到 s 高度的透过率，$\widetilde{T}_j=\widetilde{T}_j{}^0$ 是来自 j 高度到 $j=0$ 卫星高度的透过率，τ_j 是来自 j 高度到 $j=0$ 卫星高度的光学厚度，$\Delta\widetilde{T}_j$ 是单元 j 的透过率，$\Delta\tau_j$ 是单元 j 的光学厚度，$\Delta\widetilde{T}_j=\widetilde{T}_j/\Delta\widetilde{T}_{j-1}$；$D\widetilde{T}_j=\Delta\widetilde{T}_{j-1}-\widetilde{T}_j=\widetilde{T}_{j-1}(1-\Delta\widetilde{T}_j)$；$\kappa_{kj}$ 是单元 j 的吸收系数(m^2/mol)；u_{kj} 是单元 j 的吸收体含量(mol/m^2)，$u_{ks}=\int v_{ks}\dfrac{\rho_s}{M_r}ds=\int v_{ks}\dfrac{p_s}{RT_s}ds$，$T_j$ 是 j 高度处温度(K)；$\overline{T}_{kj}=\dfrac{1}{u_{kj}}\int\dfrac{\partial u(s)}{\partial s}T(s)ds$ 是对于吸收体 k，单元 j 中的 Curtis-Godson 平均温度，在 j 单元的光学厚度加权平均层温度 $\overline{T}_j=\dfrac{\sum_k\Delta\tau_{kj}T_{kj}}{\sum_k\Delta\tau_{kj}}$，$B_j=B(\overline{T}_j)$ 对于单元的普朗克函数，p_j 是单元 j 气压，$\overline{p}_{kj}=\dfrac{1}{u_{kj}}\int\dfrac{\partial u(s)}{\partial s}p(s)ds$ 是对于吸收体 k，单元 j 的 Curtis-Godson 平均气压，$\overline{p}_j$ 是单元 j 平均气压。

来自接近仪器一侧单元$(j-1)$边界的发射的辐射 L_{j-1} 是来自入射到单元 j 的辐射 L_j，后透过的单元 j 的辐射和单元 j 内发射的再发射辐射之和，表示为

$$L_{j-1}=L_j\Delta\widetilde{T}_j+B_j(1-\Delta\widetilde{T}_j) \tag{7.112}$$

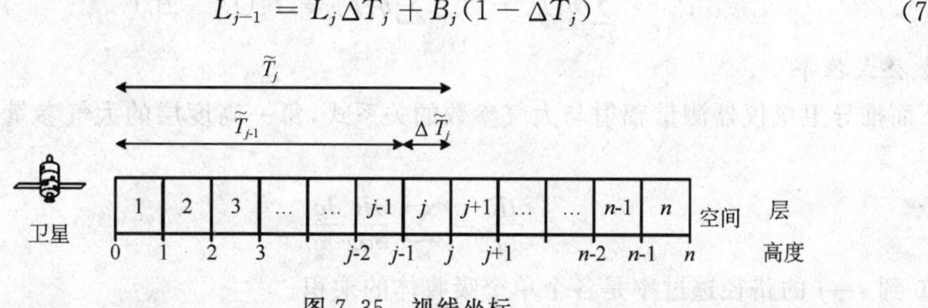

图 7.35　视线坐标

要计算任一高度 s 处的 L_s(仪器的辐射 $R=L_0$)

$B_0=B_{n+1}=0$，　就是路径开始和终端处冷空间

$\Delta\tau_0=\Delta\widetilde{T}_{n+1}=1$，　就是路径开始和终端处透过率

$$L_n = 0, \qquad 冷空间辐射$$

$$\begin{aligned} L_{n-1} &= L_n \Delta\tilde{T}_n + B_n(1-\Delta\tilde{T}_n) \\ L_{n-2} &= L_{n-1}\Delta\tilde{T}_{n-1} + B_{n-1}(1-\Delta\tilde{T}_{n-1}) \\ &= B_n(1-\Delta\tilde{T}_n)\Delta\tilde{T}_{n-1} + B_{n-1}(1-\Delta\tilde{T}_{n-1}) \end{aligned} \tag{7.113}$$

$$\begin{aligned} L_{n-3} &= L_{n-2}\Delta\tilde{T}_{n-2} + B_{n-2}(1-\Delta\tilde{T}_{n-2}) \\ &= [B_n(1-\Delta\tilde{T}_n)\Delta\tilde{T}_{n-1} + B_{n-1}(1-\Delta\tilde{T}_{n-1})]\Delta\tilde{T}_{n-2} + B_{n-2}(1-\Delta\tilde{T}_{n-2}) \\ &= B_n(1-\Delta\tilde{T}_n)\Delta\tilde{T}_{n-1}\Delta\tilde{T}_{n-2} + B_{n-1}(1-\Delta\tilde{T}_{n-1})\Delta\tilde{T}_{n-2} + B_{n-2}(1-\Delta\tilde{T}_{n-2}) \end{aligned}$$

$$\begin{aligned} L_s &= B_n(1-\Delta\tilde{T}_n)\Delta\tilde{T}_{n-1}\Delta\tilde{T}_{n-2}\cdots\Delta\tilde{T}_{s+1} + B_n(1-\Delta\tilde{T}_n)\Delta\tilde{T}_{n-1}\Delta\tilde{T}_{n-2}\cdots\Delta\tilde{T}_{s+1} + \cdots + B_{s+1}(1-\Delta\tilde{T}_{s+1}) \\ &= B_n\left(\prod_{i=s+1}^{n-1}\Delta\tilde{T}_i - \prod_{i=s+1}^{n}\Delta\tilde{T}_i\right) + B_{n-1}\left(\prod_{i=s+1}^{n-2}\Delta\tilde{T}_i - \left(\prod_{i=s+1}^{n-1}\Delta\tilde{T}_i\right)\right) + \cdots + B_{s+1}(1-\Delta\tilde{T}_{s+1}) \\ &= \sum_{j=s+2}^{n} B_j\left(\prod_{i=s+1}^{j}\Delta\tilde{T}_{s-1} - \prod_{i=s+1}^{j}\Delta\tilde{T}_s\right) + B_{s+1}(1-\Delta\tilde{T}_{s+1}) \\ &= \sum_{j=s+2}^{n} B_j(\tilde{T}_{j-1}^s - \tilde{T}_j^s) + B_{s+1}(\tilde{T}_s^s - \tilde{T}_{s+1}^s) \\ &= \sum_{j=s+1}^{n} B_j(\tilde{T}_{j-1}^s - \tilde{T}_j^s) = \sum_{j=s+1}^{n} B_j D\tilde{T}_j \end{aligned}$$

$$\tilde{T}_j^s = \prod_{i=s+1}^{j}\Delta\tilde{T}_i \qquad \tilde{T}_s^s = 1$$

因此，到达仪器处($s=0$)的辐射率可以写为(去掉上标，因此 $\tilde{T}_j = \tilde{T}_j^0$)

$$R = L_0 = \sum_{j=1}^{n} B_j(\tilde{T}_{j-1} - \tilde{T}_j) = \sum_{j=1}^{n} B_j D\tilde{T}_j \qquad 这里 \qquad \tilde{T}_j = \prod_{i=1}^{j}\Delta\tilde{T}_i \tag{7.114}$$

为方便，上式写成

$$R = \sum_{j=0}^{n} b_j\tilde{T}_j \qquad 其中\ \tilde{T}_0 = 1, B_0 = B_{n+1} = 0$$

$$b_j = \begin{cases} B_1, & j = 0 \\ (B_{j+1} - B_j), & 1 \leqslant j \leqslant n-1 \\ -B_n, & j = n \end{cases} \tag{7.115}$$

也用 L_n，沿观测方向各部分之和

$$P_s = \sum_{j=s}^{n} b_j\tilde{T}_j = \tilde{T}_s{}^0\sum_{j=s}^{n} b_j\tilde{T}_j^s = \tilde{T}_s(L_s - B_s) \tag{7.116}$$

2. 公式推导

下面推导卫星仪器测量辐射与大气参数的关系式，每一高度层的大气参量为 $\bar{q}$，转换关系写为

$$\frac{\partial R}{\partial q_t} = \sum_i \frac{\partial R}{\partial \bar{q}_i}\frac{\partial \bar{q}_i}{\partial q_t} \tag{7.117}$$

从 $s=0$ 到 $s=j$ 的路径透过率是各个单个吸收体的乘积

$$\tilde{T}_j = \prod_k \tilde{T}_{kj} \tag{7.118}$$

定义如下系数

$$a_{kj} = \frac{\partial \tilde{T}_j}{\partial \tilde{T}_{kj}} = \prod_{k' \neq k} \tilde{T}_{k'j} \tag{7.119}$$

$$t_{kj} = b_j a_{kj}$$

这样在仪器的辐射率写为

$$R = \sum_{j=0}^{n} b_j \widetilde{T}_j = \sum_{j=0}^{n} t_{kj} \widetilde{T}_{kj} \tag{7.120}$$

从式(7.120)可得到从 $s=0$ 到 $s=j$ 的辐射对于透过率的变化的导数

$$\frac{\partial R}{\partial \widetilde{T}_j} = b_j \tag{7.121}$$

和由于吸收体 k，从 $s=0$ 到 $s=j$ 的辐射对于透过率的变化的导数

$$\frac{\partial R}{\partial \widetilde{T}_{kj}} = t_{kj} \tag{7.122}$$

由于单个吸收体 k，从 $j'=0, j'=j$，总的光学厚度 τ_j 是各部分光学厚度 τ_{kj} 之和，

$$\tau_j = \sum_k \tau_{kj}$$

$$\tau_{kj} = \sum_k \Delta\tau_{kj} \tag{7.123}$$

$$\Delta\tau_{ks} = \kappa_{ks} u_{ks}$$

式中，$\Delta\tau_{ks}$ 是单元光学厚度，吸收系数是 κ_{ks}，体柱吸收体 k 含量是 u_{ks}，从 $s=0$ 到 $s=j$ 的总的透过率 $\widetilde{T}_j$ 为

$$\widetilde{T}_j = \exp(-\tau_j); \quad \frac{\partial \widetilde{T}_j}{\partial \tau_j} = -\widetilde{T}_j \tag{7.124}$$

类似地，吸收体 k 路径透过率 $\widetilde{T}_{kj}$ 为

$$\widetilde{T}_{kj} = \exp(-\tau_{kj}); \quad \frac{\partial \widetilde{T}_{kj}}{\partial \tau_{kj}} = -\widetilde{T}_{kj} \tag{7.125}$$

考虑一个气层的量 $\bar{q}_s$ 或 $\bar{q}_{ks}$，在一个观测方向内单元 s，则从式(7.120)，求得由于在一个观测方向内单元量的对于引起的辐射率变化，表示为：

$$\frac{\partial R}{\partial \bar{q}_s} = \sum_{j=0}^{n} \left(\frac{\partial R}{\partial b_j} \frac{\partial b_j}{\partial \bar{q}_s} + \frac{\partial R}{\partial \widetilde{T}_j} \frac{\partial \widetilde{T}_j}{\partial \bar{q}_s} \right) \tag{7.126}$$

$$\frac{\partial R}{\partial \bar{q}_{ks}} = \sum_{j=0}^{n} \left(\frac{\partial R}{\partial t_{kj}} \frac{\partial t_{kj}}{\partial \bar{q}_s} + \frac{\partial R}{\partial \widetilde{T}_j} \frac{\partial \widetilde{T}_j}{\partial \bar{q}_s} \right)$$

在式(7.125)中，相对于气层吸收体含量 $\bar{q}_{ks} = u_{ks}$，气层温度 $\bar{q}_s = \overline{T}_s$ 导数为

$$\frac{\partial \widetilde{T}_{kj}}{\partial u_{ks}} = \frac{\partial \widetilde{T}_{kj}}{\partial \tau_{ks}} \frac{\partial \tau_{kj}}{\partial u_{ks}}$$

$$\frac{\partial \tau_{kj}}{\partial u_{ks}} = \begin{cases} \kappa_{ks}, j \geqslant s \\ 0, j < s \end{cases} \tag{7.127}$$

和

$$\frac{\partial \widetilde{T}_j}{\partial \overline{T}_s} = \frac{\partial \widetilde{T}_j}{\partial \tau_j} \left(\frac{\partial \tau_j}{\partial \overline{T}_s} + \frac{\partial \tau_j}{\partial \bar{p}_j} \frac{\partial \bar{p}_j}{\partial \overline{T}_s} \right)$$

$$\frac{\partial \tau_j}{\partial \overline{T}_s} = \begin{cases} \sum_k \left(u_{ks} \dfrac{\partial \kappa_{ks}}{\partial \overline{T}_s} + \kappa_{ks} \dfrac{\partial u_{ks}}{\partial \overline{T}_s} \right), j \geqslant s \\ \sum_k \left(\kappa_{kj} \dfrac{\partial u_{kj}}{\partial \overline{T}_s} \right), j < s \end{cases} \tag{7.128}$$

$$\frac{\partial \tau_j}{\partial \bar{p}_s} = \sum_k \left(u_{kj} \frac{\partial \kappa_{kj}}{\partial \bar{p}_j} + \kappa_{kj} \frac{\partial u_{kj}}{\partial \bar{p}_j} \right)$$

3. 体积混合比导数

在观测方向元 s，对于吸收气层含量的对数 $\ln u_{ks}$ 变化辐射导数

$$\frac{\partial R}{\partial \ln u_{ks}} = u_{ks}\frac{\partial R}{\partial u_{ks}} \tag{7.129}$$

在式(7.126)中乘以 u_{ks} 和由式(7.119)，$\partial t_{kj}/\partial u_{ks}=0$，得到

$$u_{ks}\frac{\partial R}{\partial u_{ks}} = u_{ks}\sum_{j=0}^{n}\frac{\partial R}{\partial \widetilde{T}_j}\frac{\partial \widetilde{T}_{kj}}{\partial u_{ks}} \tag{7.130}$$

因此由式(7.122)、式(7.125)、式(7.127)代入，有

$$\begin{aligned} u_{ks}\frac{\partial R}{\partial u_{ks}} &= u_{ks}\sum_{j=0}^{n}\frac{\partial R}{\partial \widetilde{T}_{kj}}\frac{\partial \widetilde{T}_{kj}}{\partial \tau_{kj}}\frac{\partial \tau_{kj}}{\partial u_{ks}} = u_{ks}\sum_{j=s}^{n}t_{kj}\cdot(-\widetilde{T}_{kj})\kappa_{ks} = -\kappa_{ks}u_{ks}\sum_{j=s}^{n}t_{kj}\cdot\widetilde{T}_{kj} \\ &= \Delta\tau_{ks}\sum_{j=s}^{n}b_j\widetilde{T}_{kj} = -\Delta\tau_{ks}P_s \end{aligned} \tag{7.131}$$

因此

$$\frac{\partial R}{\partial \ln u_{ks}} = -\Delta\tau_{ks}P_s = -\Delta\tau_{ks}\widetilde{T}_s(B_s - L_s) \tag{7.132}$$

相应体积合比定义，由式(7.117)得导数

$$\frac{\partial R}{\partial \ln v_{ks}} = \sum_i \frac{\partial R}{\partial \ln u_{ki}}\frac{\partial \ln u_{ki}}{\partial \ln v_{ks}} \tag{7.133}$$

4. 温度的导数

在观测方向单元 s，计算相对气层温度 $\overline{T}_s$ 变化的辐射导数，由式(7.126)得到

$$\frac{\partial R}{\partial \ln \overline{T}_s} = \sum_{j=0}^{n}\frac{\partial R}{\partial b_j}\frac{\partial b_j}{\partial \overline{T}_s} + \sum_{j=0}^{n}\frac{\partial R}{\partial \widetilde{T}_j}\frac{\partial \widetilde{T}_j}{\partial \overline{T}_s} \tag{7.134}$$

由式(7.121)代入，使用式(7.115)的定义，附加 $B_0=B_{n+1}=0$，将式(7.134)的第一项可以写为

$$\begin{aligned} \sum_{j=0}^{n}\frac{\partial R}{\partial b_j}\frac{\partial b_j}{\partial \overline{T}_s} &= \sum_{j=0}^{n}\widetilde{T}_j\frac{\partial b_j}{\partial \overline{T}_s} = \sum_{j=0}^{n}\widetilde{T}_j\left(\frac{\partial B_{j+1}}{\partial \overline{T}_s} - \frac{\partial B_j}{\partial \overline{T}_s}\right) \\ &= (\widetilde{T}_{s-1} - \widetilde{T}_s)\frac{\partial B_s}{\partial \overline{T}_s} = D\widetilde{T}_s\frac{\partial B_s}{\partial \overline{T}_s} = \widetilde{T}_{s-1}(1-\Delta\widetilde{T}_s)\frac{\partial B_s}{\partial \overline{T}_s} \end{aligned} \tag{7.135}$$

式(7.135)代入式(7.134)，使用式(7.121)、式(7.124)和式(7.128)有

$$\begin{aligned} \frac{\partial R}{\partial \overline{T}_s} &= D\widetilde{T}_s\frac{\partial B_s}{\partial \overline{T}_s} + \sum_{j=0}^{n}\frac{\partial R}{\partial \widetilde{T}_j}\frac{\partial \widetilde{T}_j}{\partial \tau_j}\left(\frac{\partial \tau_j}{\partial \overline{T}_s} + \frac{\partial \tau_j}{\partial \overline{p}_j}\frac{\partial \overline{p}_j}{\partial \overline{T}_s}\right) \\ &= D\widetilde{T}_s\frac{\partial B_s}{\partial \overline{T}_s} - \sum_{j=0}^{n}b_j\widetilde{T}_j\frac{\partial \tau_j}{\partial \overline{T}_s} - \sum_{j=0}^{n}b_j\widetilde{T}_j\frac{\partial \tau_j}{\partial \overline{p}_j}\frac{\partial \overline{p}_j}{\partial \overline{T}_s} \\ &= D\widetilde{T}_s\frac{\partial B_s}{\partial \overline{T}_s} - \sum_{j=s}^{n}b_j\widetilde{T}_j\sum_k\left(u_{ks}\frac{\partial \kappa_{ks}}{\partial \overline{T}_s}\right) - \sum_{j=s}^{n}b_j\widetilde{T}_j\sum_k\left(\kappa_{kj}\frac{\partial u_{kj}}{\partial \overline{T}_s}\right) - \\ &\quad \sum_{j=s}^{n}b_j\widetilde{T}_j\sum_k\left(u_{ks}\frac{\partial \kappa_{ks}}{\partial \overline{T}_s}\right)\frac{\partial \overline{p}_j}{\partial \overline{T}_s} - \sum_{j=s}^{n}b_j\widetilde{T}_j\sum_k\left(\kappa_{kj}\frac{\partial u_{kj}}{\partial \overline{T}_s}\right)\frac{\partial \overline{p}_j}{\partial \overline{T}_s} \\ &= D\widetilde{T}_s\frac{\partial B_s}{\partial \overline{T}_s} - P_s\sum_k\left(u_{ks}\frac{\partial \kappa_{ks}}{\partial \overline{T}_s}\right) - P_s\sum_k\left(\kappa_{ks}\frac{\partial u_{ks}}{\partial \overline{T}_s}\right) - \\ &\quad \sum_{j=s}^{n}b_j\widetilde{T}_j\sum_k\left(u_{ks}\frac{\partial \kappa_{ks}}{\partial \overline{T}_s}\right)\frac{\partial \overline{p}_j}{\partial \overline{T}_s} - \sum_{j=s}^{n}b_j\widetilde{T}_j\sum_k\left(\kappa_{kj}\frac{\partial u_{kj}}{\partial \overline{T}_s}\right)\frac{\partial \overline{p}_j}{\partial \overline{T}_s} \end{aligned} \tag{7.136}$$

则由式(7.117)，相应于某高度温度的导数

$$\frac{\partial R}{\partial T_s}=\sum_i \frac{\partial R}{\partial \overline{T}_i}\frac{\partial \overline{T}_i}{\partial T_s} \tag{7.137}$$

5. 气溶胶导数

对于给定成分的 η、有效粒子半径 r_e、与某通道波长 λ^c 的衰减相关有气溶胶光谱形状因子写为

$$F^c(\lambda^c,\eta,r_e) \tag{7.138}$$

在观测方向单元 s 内的吸收体含量 u_{ks} 为

$$u_{ks}=\int v_{ks}\frac{\rho}{M_r}\mathrm{d}s \tag{7.139}$$

式中，v_{ks} 是体积混合比，ρ 是空气分子密度（$\mathrm{mol/m^3}$），光学厚度为

$$\Delta\tau=\kappa_{ks}u_{ks} \tag{7.140}$$

式中，κ_{ks} 是吸收系数（$\mathrm{m^2/mol}$）。

如果气溶胶的衰减系数 $\beta(\mathrm{m^{-1}})$ 为

$$\beta_{\lambda 0s}=v'_{\lambda 0s}\frac{\rho}{M_r} \tag{7.141}$$

式中，$v'_{\lambda 0}(\mathrm{m^2/mol})$ 是参考波长处气溶胶衰减截面，参考波长处的光学厚度

$$\tau_{u'\lambda 0s}=\int\beta_{\lambda 0s}\mathrm{d}s=\int v'_{\lambda 0s}\frac{\rho}{M_r}\mathrm{d}s \tag{7.142}$$

对于 λ^c 分通道的光学厚度

$$\Delta\tau_{\lambda 0s}=\kappa'_{\lambda 0s}u'_{\lambda 0s} \tag{7.143}$$

式中，$\kappa'_{\lambda 0s}$ 是由参考波长到通道波长的气溶胶光谱因子的无量纲数

$$\kappa'_{\lambda 0s}=F^c(\lambda^c,\eta_s,r_e) \tag{7.144}$$

由式(7.123)和式(7.143)可得到计算权重函数所要求的导数

$$\begin{gathered}\frac{\partial\tau_{\lambda^c s}}{\partial u'_{\lambda^0 s}}=\kappa'_{\lambda cs}\\ \frac{\partial\tau_j}{\partial\overline{T}_s}=\left[u'_{\lambda^0 s}\frac{\partial\kappa'_{\lambda^c s}}{\partial\overline{T}_s}+\kappa'_{\lambda^c j}\frac{\partial u'_{\lambda^0 j}}{\partial\overline{T}_s}\right]\\ \frac{\partial\tau_j}{\partial\overline{r}_{es}}=\left[u'_{\lambda^0 s}\frac{\partial\kappa'_{\lambda^c s}}{\partial\overline{r}_{es}}+\kappa'_{\lambda^c j}\frac{\partial u'_{\lambda^0 j}}{\partial\overline{r}_{es}}\right]\end{gathered} \tag{7.145}$$

这些方程式与式(7.127)、式(7.128)类似，根据前面分析可得

$$\begin{aligned}\frac{\partial R}{\partial\ln u'_{\lambda^c s}}&=-\Delta\tau_{\lambda cs}P_s\\ \frac{\partial R}{\partial T_s}&=D\widetilde{T}_s\frac{\partial B_s}{\partial T_s}-P_s\sum_k\left(u_{ks}\frac{\partial\kappa_{ks}}{\partial T_s}\right)-\sum_{j=0}^{n}b_j\widetilde{T}_j\sum_k\left(\kappa_{kj}\frac{\partial u_{kj}}{\partial T_s}\right)-\\ &\quad\sum_{j=0}^{n}b_j\widetilde{T}_j\sum_k\left(u_{ks}\frac{\partial\kappa_{ks}}{\partial\overline{p}_j}\right)\frac{\partial\overline{p}_j}{\partial T_s}-\sum_{j=s}^{n}b_j\widetilde{T}_j\sum_k\left(\kappa_{kj}\frac{\partial u_{kj}}{\partial\overline{p}_j}\right)\frac{\partial\overline{p}_j}{\partial T_s}-\\ &\quad P_s\left(u'_{\lambda^0 j}\frac{\partial\kappa'_{\lambda^0 j}}{\partial T_s}\right)-\sum_{j=0}^{n}b_j\widetilde{T}_j\left(\kappa'_{\lambda^0 j}\frac{\partial u'_{\lambda^0 j}}{\partial T_s}\right)-\\ &\quad\sum_{j=0}^{n}b_j\widetilde{T}_j\left(u'_{\lambda^0 j}\frac{\partial\kappa'_{\lambda^0 j}}{\partial\overline{p}_j}\right)\frac{\partial\overline{p}_j}{\partial T_s}-\sum_{j=s}^{n}b_j\widetilde{T}_j\left(\kappa'_{\lambda^0 j}\frac{\partial u'_{\lambda^0 j}}{\partial\overline{p}_j}\right)\frac{\partial\overline{p}_j}{\partial T_s}\\ \frac{\partial R}{\partial r_{es}}&=-P_s\left(u'_{\lambda^0 s}\frac{\partial\kappa'_{\lambda^c s}}{\partial\overline{r}_{es}}+\kappa'_{\lambda^c j}\frac{\partial u'_{\lambda^0 j}}{\partial\overline{r}_{es}}\right)\end{aligned} \tag{7.146}$$

使用式(7.117)进行某高度的导数变换。

至此得到了对于单一视线元的变化的辐射率导数，现计算临边观测垂直层 l 变化的权重函数，切点高度两侧两视线元方向 $\vec{s}$ 和 $\overleftarrow{s}$(图 7.36)，对于某高度权重函数的矩阵 $\overline{K}_{hl}$ 写为

$$\overline{K}_{hl}=\frac{\partial R_h}{\partial \overline{q}_l}=\frac{\partial R_h}{\partial \overline{q}_{\overleftarrow{s}}}+\frac{\partial R_h}{\partial \overline{q}_{\vec{s}}} \tag{7.147}$$

式中，R_h 是切点高度 h 的辐射率。

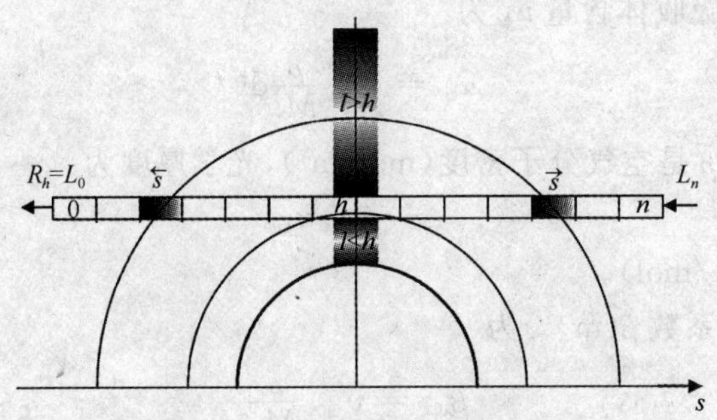

图 7.36 视线权重函数计算

对于某高度上状态矢量 $\boldsymbol{q}$，切点高度辐射率为 R_h，l 是垂直扰动高度的权重函数，矩阵 K_{hl} 表示为

$$K_{hl}=\frac{\partial R_h}{\partial q_l} \tag{7.148}$$

这些由下式与确定层量 $\overline{q}$ 有关

$$K_{hl}=\sum_i \frac{\partial R_h}{\partial \overline{q}_i}\frac{\partial \overline{q}_i}{\partial q_l}=\sum_i \overline{K}_{hi}\frac{\partial \overline{q}_i}{\partial q_l} \tag{7.149}$$

体积混合比层权重函数：如果 $l<h$

$$\overline{K}_{hl}=\frac{\partial R_h}{\partial \ln u_{kl}}=-\left[\Delta\tau_{k\overleftarrow{s}}P_{\overleftarrow{s}}+\Delta\tau_{k\vec{s}}P_{\vec{s}}\right] \tag{7.150}$$

$$=0$$

气溶胶截面层权重函数：如果 $l<h$

$$\overline{K}_{hl}=\frac{\partial R_h}{\partial \ln u'_{kl}}=-\left[\Delta\tau_{k\overleftarrow{s}}P_{\overleftarrow{s}}+\Delta\tau_{k\vec{s}}P_{\vec{s}}\right] \tag{7.151}$$

$$=0$$

气溶胶有效半径层权重函数：如果 $l<h$

$$\overline{K}_{hl}=\frac{\partial R_h}{\partial \overline{r}_{es}}=-\left[P_{\overleftarrow{s}}\left(u'_{\lambda^0\overleftarrow{s}}\frac{\partial \kappa'_{\lambda^c\overleftarrow{s}}}{\partial \overline{r}_{e\overleftarrow{s}}}+\kappa'_{\lambda^c j}\frac{\partial u'_{\lambda^0\overleftarrow{s}}}{\partial \overline{r}_{e\overleftarrow{s}}}\right)+P_{\vec{s}}\left(u'_{\lambda^0\vec{s}}\frac{\partial \kappa'_{\lambda^c\vec{s}}}{\partial \overline{r}_{e\vec{s}}}+\kappa'_{\lambda^c j}\frac{\partial u'_{\lambda^0\vec{s}}}{\partial \overline{r}_{e\vec{s}}}\right)\right] \tag{7.152}$$

温度层权重函数

$$\overline{K}_{hl}=\frac{\partial R_h}{\partial \overline{T}_l}=\left[D\tau_{\overleftarrow{s}}\frac{\partial B_{\overleftarrow{s}}}{\partial \overline{T}_{\overleftarrow{s}}}+D\tau_{\vec{s}}\frac{\partial B_{\vec{s}}}{\partial \overline{T}_{\vec{s}}}\right]$$

$$=-\left[P_{\overleftarrow{s}}\sum_k\left(u_{k\overleftarrow{s}}\frac{\partial \kappa_{k\overleftarrow{s}}}{\partial \overline{T}_{\overleftarrow{s}}}\right)+P_{\vec{s}}\sum_k\left(u_{k\vec{s}}\frac{\partial \kappa_{k\vec{s}}}{\partial \overline{T}_{\vec{s}}}\right)+\sum_{j-0}^{n}b_j\tau_j\sum_k\left(u_{k\overleftarrow{s}}\frac{\partial \kappa_{k\overleftarrow{s}}}{\partial \overline{p}_{\overleftarrow{s}}}\right)\frac{\partial \overline{p}_{\overleftarrow{s}}}{\partial \overline{T}_{\overleftarrow{s}}}+\right.$$

$$\sum_{j-0}^{n}b_j\tau_j\sum_k\left(\kappa_{kj}\frac{\partial u_{kj}}{\partial \overline{p}_j}\right)\frac{\partial \overline{p}_j}{\partial \overline{T}_{\overleftarrow{s}}}+\sum_{j-0}^{n}b_j\tau_j\sum_k\left(u_{k\vec{s}}\frac{\partial \kappa_{k\vec{s}}}{\partial \overline{p}_{\vec{s}}}\right)\frac{\partial \overline{p}_{\vec{s}}}{\partial \overline{T}_{\vec{s}}}+$$

$$\sum_{j=0}^{n} b_j\tau_j \sum_k \left(\kappa_{kj}\frac{\partial u_{kj}}{\partial \bar{p}_j}\right)\frac{\partial \bar{p}_j}{\partial \bar{T}_s} + \sum_{j=0}^{n} b_j\tau_j \sum_k \kappa_{kj}\frac{\partial u_{kj}}{\partial \bar{T}_l}\Bigg] -$$

$$\Bigg[P_s^{\cdot}\sum_k \left(u'_{\lambda^o s}\frac{\partial \kappa'_{\lambda^c s}}{\partial T_s^{\cdot}}\right) + P_s^{\cdot}\sum_k \left(u'_{\lambda^o s}\frac{\partial \kappa'_{\lambda^c s}}{\partial \bar{T}_s}\right) + \sum_{j=0}^{n} b_j\tau_j\left(u'_{\lambda^o s}\frac{\partial \kappa'_{\lambda^c s}}{\partial T_s^{\cdot}}\right)\frac{\partial \bar{p}_s^{\cdot}}{\partial \bar{T}_s} +$$

$$\sum_{j=0}^{n} b_j\tau_j\left(\kappa'_{\lambda^o j}\frac{\partial u'_{kj}}{\partial \bar{p}_j}\right)\frac{\partial \bar{p}_j}{\partial \bar{T}_s} + \sum_{j=0}^{n} b_j\tau_j\left(u'_{\lambda^o s}\frac{\partial \kappa'_{\lambda^c s}}{\partial T_s^{\cdot}}\right)\frac{\partial \bar{p}_s^{\cdot}}{\partial \bar{T}_s} +$$

$$\sum_{j=0}^{n} b_j\tau_j\left(\kappa'_{\lambda^o j}\frac{\partial u'_{\lambda^o j}}{\partial \bar{p}_j}\right)\frac{\partial \bar{p}_j}{\partial \bar{T}_s} + \sum_{j=0}^{n} b_j\tau_j\kappa'_{\lambda^c j}\frac{\partial u'_{\lambda^o j}}{\partial \bar{T}_l}\Bigg] \tag{7.153}$$

$$\bar{K}_{hl} = \frac{\partial R_h}{\partial \bar{T}_l} \qquad l < h$$

$$= -\left[\sum_{j=0}^{n} b_j\tau_j \sum_k k_{kj}\frac{\partial u_{kj}}{\partial \bar{T}_l} + \sum_{j=0}^{n} b_j\tau_j\kappa'_{\lambda^c j}\frac{\partial u'_{\lambda^o j}}{\partial \bar{T}_l}\right]$$

参考气压高度：对于成分混合比和温度的获取，需加上权重函数，也就是必须计算权重函数 $\partial R/\partial \zeta$，相对于参考气压 $\zeta = \ln p$，使用状态矢量求导，给出辐射光的垂直梯度为

$$\frac{\mathrm{d}R}{\mathrm{d}z} = \sum_l\left(\frac{\partial R}{\partial q_l}\frac{\partial q_l}{\partial z}\right) + \sum_l\sum_k\left(\frac{\partial R}{\partial q_M}\frac{\partial q_M}{\partial z}\right) \tag{7.154}$$

展开得到

$$\frac{\mathrm{d}R}{\mathrm{d}z} = \frac{\partial R}{\partial \zeta}\frac{\partial \zeta}{\partial z} + \sum_l\left(\frac{\partial R}{\partial T_l}\frac{\partial T_l}{\partial z}\right) + \sum_l\sum_k\left(\frac{\partial R}{\partial \ln\nu_M}\frac{\partial \ln\nu_M}{\partial z}\right) + \sum_l\left(\frac{\partial R}{\partial \ln\nu'_{\lambda^o l}}\frac{\partial \ln\nu'_{\lambda^o l}}{\partial z}\right) \tag{7.155}$$

重新排列给出预先计算的权重函数和状态矢量的垂直梯度

$$\frac{\partial R}{\partial \zeta} = \left(\frac{\partial \zeta}{\partial z}\right)^{-1}\left[\frac{\mathrm{d}R}{\mathrm{d}z} - \sum_l\left(\frac{\partial R}{\partial T_l}\frac{\partial T_l}{\partial z}\right) - \sum_l\sum_k\left(\frac{\partial R}{\partial \ln\nu_M}\frac{\partial \ln\nu_M}{\partial z}\right) - \sum_l\left(\frac{\partial R}{\partial \ln\nu'_{\lambda^o l}}\frac{\partial \ln\nu_{\lambda^o l}}{\partial z}\right)\right. \tag{7.156}$$

6. *有光谱带通积分*

最后对辐射率和权重函数的通道谱带 $\Delta\nu$ 积分，若光谱函数为 $f(\nu)$，则

$$R_h^{\Delta\nu} = \int_{\Delta\nu} f(\nu)R_h(\nu)\mathrm{d}\nu$$

$$K_h^{\Delta\nu} = \int_{\Delta\nu} f(\nu)K_h(\nu)\mathrm{d}\nu \tag{7.157}$$

第六节　高层大气掩星扫描观测的射线轨迹

大气是一个折射介质，所以当接收卫星仪器的信号时，实际卫星观测信号由于受大气折射，并非直线传播。在卫星遥感中必须考虑所处理的问题是直线近似，所以必须要考虑到折射问题。在无线电掩星探测中，大气折射本身就是一个探测内容。但是在其他掩星探测或临边发射探测中，大气折射是必须考虑的一个重要问题。在大气很高高度处，空气稀薄，折射很小，可以忽略。根据 Kaye 和 Laby(1973)，折射指数与温度 T、气压 p 和水汽 q 有关，写为

$$n \cong 1 + 7.7624\times10^{-5}\,\frac{p}{T}\left[1 + 0.8335\left(1 + \frac{5748}{T}\right)q\right] \tag{7.158}$$

更精确地，n 也随波长和其他气体成分而变化。

一、射线轨迹

如图 7.37 显示射线传播路径,射线的弯曲与射线成直角的折射指数的梯度成正比,写为

$$\frac{\mathrm{d}\varepsilon}{\mathrm{d}s} = \frac{1}{n}\left(\frac{\partial n}{\partial t}\right)_s \tag{7.159}$$

式中,ε 是传播方向,s、t 分别是平行于和垂直于射线的坐标。

在直角坐标中,式(7.159)写为

$$\frac{\mathrm{d}\varepsilon}{\mathrm{d}s} = -\frac{\sin\varepsilon}{n}\left(\frac{\partial n}{\partial y}\right)_x + \frac{\cos\varepsilon}{n}\left(\frac{\partial n}{\partial x}\right)_y \tag{7.160}$$

式中,ε 是来自 x 射线方向,因此 $\mathrm{d}y/\mathrm{d}x = \tan\varepsilon$。

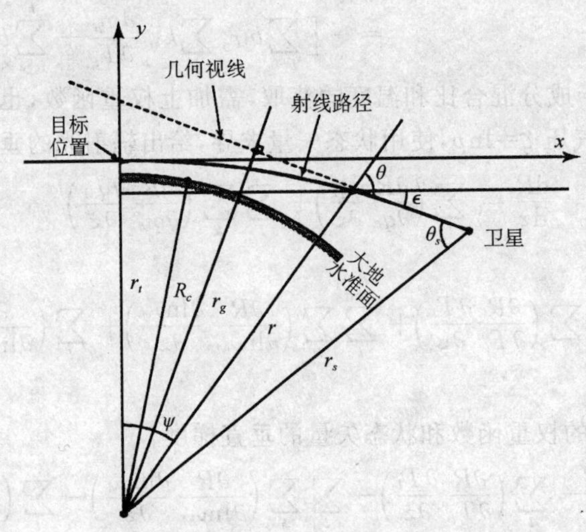

图 7.37　通过大气射线传播分析坐标系

二、坐标系的选取

由于地球不是圆球体,因此,必须采用复杂的坐标系或进行近似处理。为方便计,使用一个参考椭球表示海平面水准面,和选择一个坐标系与其相关。略去与传播垂直方向上的折射指数的水平梯度的影响,这样折射只发生在通过视线的垂直平面内。通过具有曲率相同的圆的局地形状的水准面近似为椭圆与曲率半径 R_c 的平面相交,这与地球的局地半径 R_e 不同。在极地,是一较大的平面,而在赤道地区,它等于东西视线的 R_e,$\phi=\pm 90°$,而在所有其他方向小于 R_e。

在地理纬度 ϕ 处,相对于径向平面的方位角 α 的椭圆曲率半径 R_c 由下式给出

$$R_c = (R_{NS}^{-1}\cos^2\alpha + R_{EW}^{-1}\sin^2\alpha)^{-1} \tag{7.161}$$

式中,R_{NS}、R_{EW}分别是 N－S、E－W 方向的曲率半径,写为

$$R_{NS} = R_q^2 R_p^2 (R_q^2\cos^2\phi + R_p^2\sin^2\phi)^{-3/2} \tag{7.162}$$
$$R_{EW} = R_q^2 (R_q^2\cos^2\phi + R_p^2\sin^2\phi)^{-1/2}$$

其中,$R_q = 6378.138$ km 是赤道处的曲率半径;$R_p = 6356.752$ km 是极地曲率半径。

三、极坐标内的射线轨迹

对于大气中的射线路径,极坐标更合适,特别是对于大气是水平均匀的情况下。在极坐标

系统中一个平面内传播的射线如图 7.37 所示，从原点半径为 r 和相对于参考方向角 ψ 的路径元，相对矢径的传播角度为 θ 的射线，射线的距离元为 $\mathrm{d}s$，则可以用等效于式(7.160)的极坐标和两个相关的坐标方程描述折射：

$$\frac{\mathrm{d}(\theta+\psi)}{\mathrm{d}s}=-\frac{\sin\theta}{n}\left(\frac{\partial n}{\partial r}\right)_{\psi}+\frac{\cos\theta}{nr}\left(\frac{\partial n}{\partial\psi}\right)_{r} \tag{7.163}$$

$$\frac{\mathrm{d}r}{\mathrm{d}s}=\cos\theta \tag{7.164}$$

$$\frac{\mathrm{d}\psi}{\mathrm{d}s}=\frac{\sin\theta}{r} \tag{7.165}$$

式中，n 是 r 和 ψ 的函数。使用式(7.163)和式(7.165)得到

$$\frac{\mathrm{d}\theta}{\mathrm{d}s}=-\sin\theta\left[\frac{1}{r}+\frac{1}{n}\left(\frac{\partial n}{\partial r}\right)_{\psi}\right]+\frac{\cos\theta}{nr}\left(\frac{\partial n}{\partial\psi}\right)_{r} \tag{7.166}$$

通常可以使用任一数值方法对式(7.164)、式(7.165)、式(7.166)积分，给出 $n(s)$、$\psi(s)$和 $\theta(s)$。当然也可以使用任一 s、r、ψ 或 θ，或它们的不同组合作为独立变量。

四、水平均匀的大气情况

在一般情况下，上面的微分方程直接求解，但对一些简单的情况可以求解，当大气是水平均匀时，或者在射线平面圆对称，ψ 的导数为 0，且 n 仅是 r 的函数，$\partial n/\partial r=\mathrm{d}n/\mathrm{d}r$，这时式(7.166)可以写为

$$\frac{\mathrm{d}\theta}{\mathrm{d}s}=-\sin\theta\left[\frac{1}{r}+\frac{1}{n}\frac{\mathrm{d}n}{\mathrm{d}r}\right] \tag{7.167}$$

使用方程式(7.164)，就成为

$$\frac{\cos\theta}{\sin\theta}\frac{\mathrm{d}\theta}{\mathrm{d}r}=-\left[\frac{1}{r}+\frac{1}{n}\frac{\mathrm{d}n}{\mathrm{d}r}\right] \tag{7.168}$$

在圆对称情况下积分就得的 Snell's 定理：

$$nr\sin\theta=r_g \tag{7.169}$$

式中，r_g 是常数，几何切点或作用参数，在切点或卫星处可以用 $nr\sin\theta$ 表示为

$$r_g=n(r_t)r_t=r_s\sin\theta_s \tag{7.170}$$

式中，r_t 是 $\theta=0$ 的切点处的半径，而 r_s是仪器处的半径，$\theta=\theta_s$，$n=1$。作用参数是由仪器对于观测天顶角 θ_s、无折射、切点处的半径。在式(7.164)中，利用 r 与 θ 的关系消去θ，并进行积分得到沿射线的距离

$$\int\mathrm{d}s=\int\frac{n(r)r}{(nr-r_g)^{1/2}}\mathrm{d}r \tag{7.171}$$

而对于水平位置的路径元，使用方程式(7.165)，得到

$$\int\mathrm{d}\psi=\int\frac{r_g}{r(n^2r^2-r_g^2)^{1/2}}\mathrm{d}r \tag{7.172}$$

传播方向 ε 是 $\theta+\psi-\frac{\pi}{2}$，使用式(7.163)给出 $\mathrm{d}\varepsilon/\mathrm{d}s$，与式(7.171)一起得到

$$\begin{aligned}\int\mathrm{d}\varepsilon&=-\int\frac{1}{n}\frac{\mathrm{d}n}{\mathrm{d}r}\frac{r_g}{r(n^2r^2-r_g^2)^{1/2}}\mathrm{d}r\\&=-\int\frac{\mathrm{d}\ln n}{\mathrm{d}(nr)}\frac{r_g}{r(n^2r^2-r_g^2)^{1/2}}\mathrm{d}(nr)\end{aligned} \tag{7.173}$$

对于无线电掩星模式的前向模式是总的弯曲角，对整个路径积分，上两式的第二个显示 Abel 变换，它可以直接变换为对于无线电掩星问题提供直接的精确的反演方法。

原则上这些积分可以使用数值求积方法实现，问题需要由卫星、切点高度或掩星源的积分。但是在切点处积分是异常的，当不给出无限值时，如要处理不当，就会引起数值方法的问题。

一个简单的方法是改变积分变量，$x=r\cos\theta=n^{-1}(n^2r^2-r_g^2)^{1/2}$，仅是 r 的函数，这给出

$$\frac{\mathrm{d}x}{\mathrm{d}s}=\cos\theta\frac{\mathrm{d}r}{\mathrm{d}s}-r\sin\theta\frac{\mathrm{d}\theta}{\mathrm{d}s} \tag{7.174}$$

使用式(7.164)和式(7.167)得到

$$\frac{\mathrm{d}x}{\mathrm{d}s}=1+\frac{r}{n}\frac{\mathrm{d}n}{\mathrm{d}r}\sin^2\theta \tag{7.175}$$

通过数值积分得到 s

$$\int\mathrm{d}s=\int\frac{\mathrm{d}x}{1-\gamma(r)\sin^2\theta}=\int\frac{n^2r^2\mathrm{d}x}{n^2r^2-\gamma(r)r_g^2} \tag{7.176}$$

式中，$\gamma(r)=-(r/n)\mathrm{d}n/\mathrm{d}r$ 是 r 对于在半径 r 处水平射线弯曲半径的比值，这公式在切点高度不具有奇异，给出 $\gamma<1$，进行数值积分，导得 ψ 和 ε 的关系

$$\int\mathrm{d}\psi=\int\frac{nr_g\mathrm{d}x}{n^2r^2-\gamma(r)r_g^2} \tag{7.177}$$

$$\int\mathrm{d}\varepsilon=\int\frac{nr_g\gamma(r)\mathrm{d}x}{n^2r^2-\gamma(r)r_g^2}$$

五、普遍情况

通常，折射率在水平和垂直方向都有梯度，必须对微分方程实行数值积分。这可以取极坐标实现，但是对式(7.160)的最佳的数值积分，当在极坐标其变化较 $\theta(s)$、$r(s)$ 和 $\psi(s)$ 相当小，应当与对 $\mathrm{d}\varepsilon/\mathrm{d}x$ 和 $\mathrm{d}\varepsilon/\mathrm{d}y$ 的几何方程一起得到在直角坐标系中的 $\varepsilon(s)$、$x(s)$ 和 $y(s)$。由于空气密度或水汽的水平变化出现的水平梯度，相应气压水平梯度。由此，在切点的确定中复杂，它取决无论用几何或气压坐标，沿射线的最大气压的射线的最低高度不是在同一位置。对射线轨迹几何坐标是较简单的。下面将作使用。

下面分析给出用切点高度的变化作用尺度的指示。在对称情况下，$nr\sin\theta$ 是常数；在普适情况下，它的变化为

$$\frac{\mathrm{d}(nr\sin\theta)}{\mathrm{d}s}=nr\cos\theta\frac{\mathrm{d}\theta}{\mathrm{d}s}+n\sin\theta\frac{\mathrm{d}r}{\mathrm{d}s}+r\sin\theta\frac{\mathrm{d}n}{\mathrm{d}s} \tag{7.178}$$

对于 $\mathrm{d}\theta/\mathrm{d}s$、$\mathrm{d}r/\mathrm{d}s$ 的式(7.164)和式(7.166)和使用

$$\frac{\mathrm{d}n}{\mathrm{d}s}=\frac{\partial n}{\partial r}\frac{\mathrm{d}r}{\mathrm{d}s}+\frac{\partial n}{\partial\psi}\frac{\mathrm{d}\psi}{\mathrm{d}s}=\left(\frac{\partial n}{\partial r}\right)_\psi\cos\theta+\left(\frac{\partial n}{\partial\psi}\right)_r\frac{\sin\theta}{r} \tag{7.179}$$

消去几乎所有的项，求得

$$\frac{\mathrm{d}(nr\sin\theta)}{\mathrm{d}s}=\left(\frac{\partial n}{\partial\psi}\right)_r \tag{7.180}$$

因此，积分给出

$$n_r\sin\theta=n(r_t)r_t+\int_{s_t}^{s}\left(\frac{\partial n}{\partial\psi}\right)_r\mathrm{d}s=n(r_t)r_t+N(s) \tag{7.181}$$

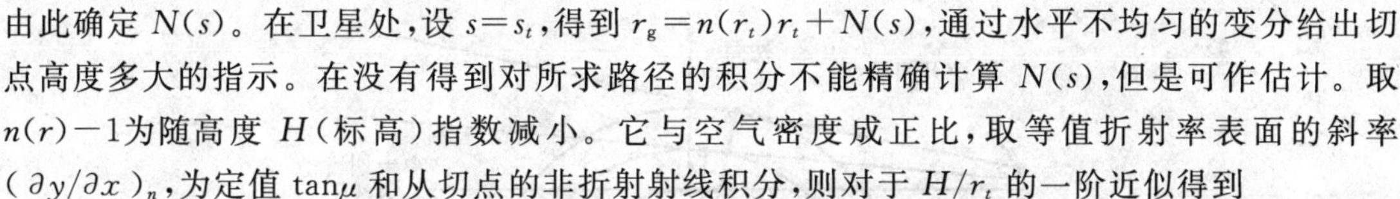

由此确定 $N(s)$。在卫星处，设 $s=s_t$，得到 $r_g=n(r_t)r_t+N(s)$，通过水平不均匀的变分给出切点高度多大的指示。在没有得到对所求路径的积分不能精确计算 $N(s)$，但是可作估计。取 $n(r)-1$为随高度 H（标高）指数减小。它与空气密度成正比，取等值折射率表面的斜率 $(\partial y/\partial x)_n$，为定值 $\tan\mu$ 和从切点的非折射射线积分，则对于 H/r_t 的一阶近似得到

$$N(s_s)\cong[n(r_t)-1]r_t(\pi r_t/2H)^{1/2}\tan\mu \tag{7.182}$$

如果表面的标高为 7 km，$n-1\cong3\times10^{-4}$，地面气压为 p_0，求得切点气压为 p_t 时的射线

$$N(s_s)\cong70(p_t/p_0)^{1/2}\tan\mu \tag{7.183}$$

气压或密度表面的斜率正比于地转风的速度。最差的情况下，对流层中部的地转风量级 100 m/s，如在大西洋低压区，相应的斜率量级 10^{-3}，这样由于略去水平变化，切点高度的最大误差为 35 m 大小或约为气压或密度和路径吸收量的 0.5%。

六、实际大气分层和射线轨迹

1. 大气分层

在沿辐射路径上大气不均匀特性一般处理方法是将大气划分为一系列子气层，在这种情况下，对 z 的积分为对构成的各个子气层求和。选择的层的边界是使气层内的气体可认为是均匀的，并且可以由温度和气压的 Curtis-Godson 加权平均参数很好地表示，对于给定的切点高度，大气划分为一系列接近切点高度 0.1 km 气层，朝向大气顶逐渐增厚。这样的结构反映了多数临边辐射起始于接近切点高度，在每一个气层内，一系列单个气体路径确定为在不同气体每一层内实际的射线轨迹。由于在每一层内的气体是均匀的，一路径构成光学厚度计算的基本单位。计算每一气层内的单一气体的路径的光学厚度，由组合单色光谱间隔获得每一气层多气体光学厚度。

2. 射线路径

选择大层边界必须保证使用足够多的层精确计算辐射，一旦气层结构确定，在气层内所要求的每一气体确定一路径。图 7.38 显示了在沿视线的 2D 垂直剖面(h,ψ)，当临边向上或向下扫描探测大气，确定一几何切点高度轨迹，其不是位于垂直通过地球中心，选择一参考切点高度，用于确定法向垂直廓线位置 ψ_0，沿视线和它的地球上的位置（经度、纬度）。在参考位置的状态矢量作为大气反演廓线使用。图 7.39 显示大气折射引起使来自较低高度的实际切点高度的几何路径偏离，并进一步来自卫星，而不是几何切点位置。

按图 7.39，沿线的垂直平面内用于计算空气层折射指数和射线偏离的温度、气压和 H_2O 表示为

$$\begin{matrix}T(h,\psi)\\P(h,\psi)\\H_2O(h,\psi)\end{matrix}\;\rightarrow n(h,\psi),\left.\frac{\partial n}{\mathrm{d}h}\right|_{\psi},\left.\frac{\partial n}{\mathrm{d}\psi}\right|_{h} \tag{7.184}$$

射线轨迹算法计算折射射线路径：

$$h(s),\theta(s),\psi(s) \tag{7.185}$$

3. 水平均匀大气

对于水平均匀大气（射线平面中圆对称），折射指数仅是高度的函数，也就是 $n(r)$，参数要求确定路径上的射线轨迹是气层边界高度和气层下边界局地天顶角。对于临边观测几何，大气最下层边界的初始射线的天顶角为 90°，则对于每一气层下边界的天顶角可根据 Snell 定理计算

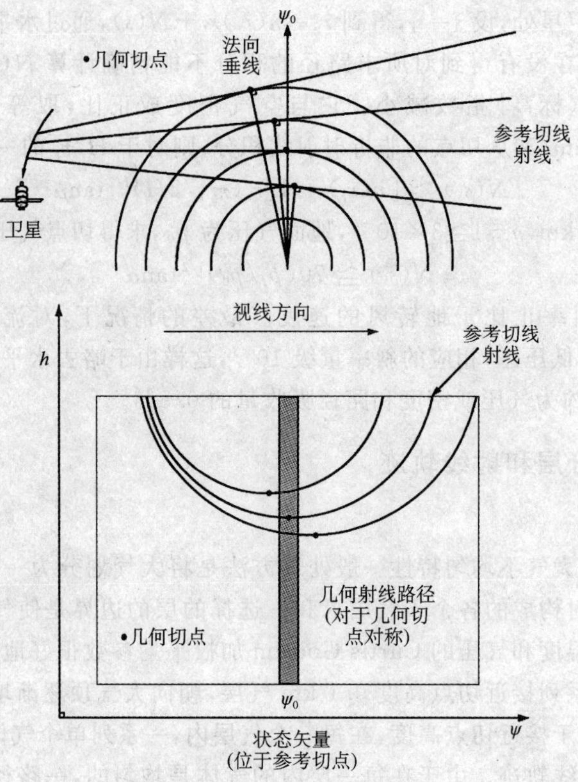

图 7.38　临边扫描探测几何图

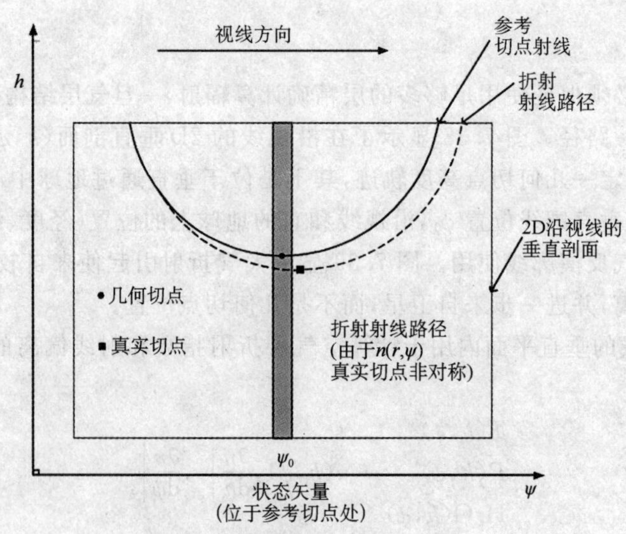

图 7.39　射线轨迹的大气折射效应

$$C=n(r)r\sin\theta$$

式中，C 是沿射线路径的一个常数，$n(r)$ 是地球弯曲半径 r 处的折射指数，对于空气折射数由大气温度、气压和水汽廓线的射线轨迹算法计算。

4. 水平不均匀大气

一般地说，在沿视线的大气是变化的，加上折射指数是高度角和视线的函数，也就是 $n(r,\psi)$。可证明光线传播的矢量方程(Born 和 Wolf，1975)

$$\frac{\mathrm{d}}{\mathrm{d}s}\left(n(\boldsymbol{r})\frac{\mathrm{d}\boldsymbol{r}}{\mathrm{d}s}\right)=\nabla n(\boldsymbol{r}) \tag{7.186}$$

式中，$\nabla n(\boldsymbol{r})$是折射指数梯度场，可获得以视线位置为函数的射线角偏离 ε 的变化表示式

$$\frac{\mathrm{d}\varepsilon}{\mathrm{d}s}=\frac{1}{n(\boldsymbol{r})}\nabla n(\boldsymbol{r})\cdot\hat{\boldsymbol{e}}_{\Updownarrow} \tag{7.187}$$

式中，$\hat{\boldsymbol{e}}_{\Updownarrow}$ 是垂直于传播方向的单位矢量，$\varepsilon=\psi+\theta$，如已知半径距离 $r(s)$、天顶角 $\theta(s)$ 和视线角 $\psi(s)$，

$$n=n(r)$$

$$n=n(r,\psi)$$

$$\frac{\mathrm{d}}{\mathrm{d}s}\left(n(r)\frac{\mathrm{d}r}{\mathrm{d}s}\right)=\nabla n(r)$$

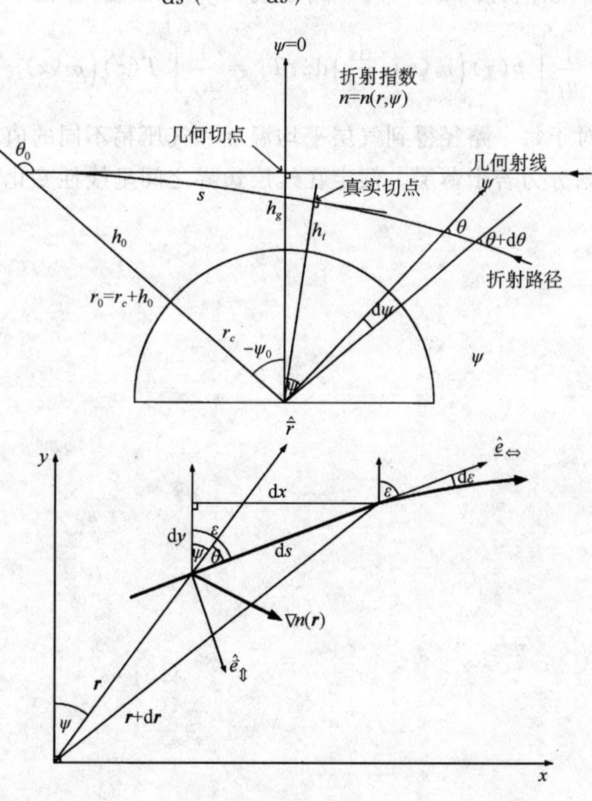

图 7.40　射线轨迹几何

由式(7.187)可得折射路径。在图 7.40 中各几何量的关系为

$$r=\sqrt{x^2+y^2},\ \psi=\tan^{-1}\frac{x}{y},\ \frac{\mathrm{d}r}{\mathrm{d}x}=\frac{y}{r},\ \frac{\mathrm{d}r}{\mathrm{d}y}=\frac{x}{r},\ \frac{\mathrm{d}\psi}{\mathrm{d}x}=\frac{y}{r^2},\ \frac{\mathrm{d}\psi}{\mathrm{d}y}=\frac{x}{r^2}$$

$$\frac{\mathrm{d}\varepsilon}{\mathrm{d}s}=\frac{1}{n(\boldsymbol{r})}\nabla n(\boldsymbol{r})\cdot\hat{\boldsymbol{e}}_{\Updownarrow},\ \theta=\cos-1(\hat{r}\cdot\hat{\boldsymbol{e}}_{\Leftrightarrow}),\ \varepsilon=\psi+\theta,\ \hat{\boldsymbol{e}}_{\Updownarrow}\cdot\hat{\boldsymbol{e}}_{\Leftrightarrow}=0$$

$$\hat{e}_{\Leftrightarrow} = \frac{\mathrm{d}r}{\mathrm{d}s} = \left[\frac{\mathrm{d}x}{\mathrm{d}s}, \frac{\mathrm{d}y}{\mathrm{d}s}\right] = [\sin\varepsilon, \cos\varepsilon]$$

$$\hat{e}_{\Updownarrow} = [\cos\varepsilon, -\sin\varepsilon]$$

5. 参考大地水准面

参考大地水准面是重力位势常数的表面，对于某些应用可以近似为一个椭球，但是椭球与精确的大地水准面的偏离达 110 m。大地水准面之上的高度称正交高度 H，$H=h-N$，N 是相对于椭圆的大地水准面高度，h 是 WGS 坐标系高度。

6. 路径量

当射线路径完全确定时，计算对于每一路径 Curtis-Godson 吸收加权平均值，对于垂直边界高度 z_{1-} 和 z_{1+} 之间射线路径吸收气体含量积分为

$$u_j = \int_{z_1-}^{z_1+} \left(\rho_a(z)_j \frac{\mathrm{d}s}{\mathrm{d}z}\right)\mathrm{d}z \tag{7.188}$$

式中，$\rho_a(z)_j$ 是位置 j 气体密度(mol)，对于路径气压 p_j 和温度 T_j 的平均值为

$$p_j = \frac{1}{u_j}\int_{z_1-}^{z_1+} p(z)\left(\rho_a(z)_j \frac{\mathrm{d}s}{\mathrm{d}z}\right)\mathrm{d}z; T_j = \frac{1}{u_j}\int_{z_1-}^{z_1+} T(z)\left(\rho_a(z)_j \frac{\mathrm{d}s}{\mathrm{d}z}\right)\mathrm{d}z \tag{7.189}$$

在这种情况下，对于每一路径得到气层平均温度和气压稍不同的值，为进行气层射线轨迹跟踪和积分，将气层划分为若干薄层。假定在气层边界之间呈线性变化，而气压呈指数变化。

第八章 云特性及卫星遥感云参数

地球大气中发生的各种大气现象（雷电、冰雹、台风、暴雨和龙卷等）都是由云造成的。同时，云的形成和发展对降水和大气的凝结增热和辐射能量的控制起决定性的作用，这些作用的实现与云的特性密切相关。在自然界，云的时间变化最快、空间变化最大，为实现云的全方位的立体观测，只有采用高空间、时间分辨率的多通道静止卫星观测才能完成。表征云的参量主要有：①云的时间尺度；②云滴的尺度和谱分布；③云滴的浓度；④云的辐射特性。有两种云对地球大气辐射收支有重要作用，一是层积云，层积云的反照率大，云顶温度高，向宇宙空间反射和发射的辐射大；另一种是卷云，其反照率小，云顶温度低，向宇宙空间反射和发射的辐射小；积雨云释放的潜热是大气的加热主要能量来源，利用卫星云图可以分析推动大气运动的这种能量来源；云检测对卫星遥感地球表面特征是首要的任务，对地观测先要将云和地表区别开来。

第一节　云的微物理参数和几何特征

云的微物理参数包括：云粒子有效半径、云滴数密度、云滴谱、云中含水量、云的相态等。

一、水云滴尺度谱

1. 云滴谱：水云是由悬浮在空气中的小液态水滴组成，大多数情况下，云滴为球形，由于受外部的作用，云滴也可以表现为其他形状，例如对于半径为 1 mm 或更大的降水云滴由于受重力的作用而发生形变。在非降水云中，云滴的平均半径大约为 0.01 mm，并近似为球形粒子。

在自然界，由于空气的物理特性的不断变化，云中的粒子的半径 a 是一个随机变化的量，它可以用概率密度函数 $f(a)$ 表示，称之云滴谱分布。这一函数满足归一化条件

$$\int_0^{\infty} f(a)\mathrm{d}a = 1 \tag{8.1}$$

对于单位体积云中，给定半径 a_1 到 a_2，粒子所占有的部分 F 表示为

$$F = \int_{a_1}^{a_2} f(a)\mathrm{d}a \tag{8.2}$$

式中的概率密度函数 $f(a)$ 可以表示为直方图或列表形式。但是在大多数情况下用包括一个、两个或三个参数的解析形式表示这一函数。当然，最简单情况也存在于自然的云中，但是云的主要的光学特征与粒子谱分布（$\mathrm{PSD_S}$）$f(a)$ 的精细结构间的依赖性较小，研究表明，多个弥散粒子的局地光学特性可以由 PSD 的最初的 6 个矩精确地表示。使用矩的组合可以进一步减

小参数的数目。

2. Γ 函数—云滴谱分布：大多数观测表明，函数 $f(a)$ 可以用 Γ 函数很好地表示为

$$f(a)=Na^{\mu}\mathrm{e}^{-\mu(a/a_0)} \tag{8.3}$$

式中

$$N=\frac{\mu^{\mu+1}}{\Gamma(\mu+1)a_0^{\mu+1}} \tag{8.4}$$

是归一化常数，而 $\Gamma=(\mu+1)$ 是珈玛函数，式(8.3)的一阶导数 $f'(a_0)=0$，$f''(a_0)<0$，这意味着函数在 $a=a_0$ 处具有极大。由式(8.1)和式(8.3)，得到方程式(8.4)。珈玛函数定义为

$$\Gamma(\mu)=\int_0^{\infty}x^{\mu-1}\mathrm{e}^{-x}\mathrm{d}x \tag{8.5}$$

3. 矩：在实际中，在 $\mu\geqslant1$，可以得：$\Gamma(\mu)=(\mu-1)$。参数 μ 表征 PSD $f(a)$ 的宽度，对于较宽的分布是小的。式(8.3)的矩表示为

$$\langle a^n\rangle=\int_0^{\infty}a^n f(a)\mathrm{d}a \tag{8.6}$$

可以求得

$$\langle a^n\rangle=\left(\frac{a_0}{\mu}\right)^n\frac{\Gamma(\mu+n+1)}{\Gamma(\mu+1)} \tag{8.7}$$

4. 云滴体积、面积、质量：由方程式(8.7)可以求得球滴的平均体积

$$\langle V\rangle=\frac{4\pi}{3}\int_0^{\infty}a^3 f(a)\mathrm{d}a$$

$$=\int_0^{\infty}\pi a^3 f(a)\mathrm{d}r=\frac{4}{3}\pi N_0 a_n^3 F(3) \tag{8.8}$$

平均表面积为

$$\left\langle\sum\right\rangle=4\pi\int_0^{\infty}a^2 f(a)\mathrm{d}a=N_0\pi r_n^2 F(2) \tag{8.9}$$

云滴的平均质量

$$\langle W\rangle=\rho\langle V\rangle \tag{8.10}$$

式中，$\rho=1\ \mathrm{g/cm^3}$ 是水的密度，由此求得

$$\langle V\rangle=\frac{\Gamma(\mu+4)}{\mu^3\Gamma(\mu+1)}v_0 \tag{8.11}$$

$$\left\langle\sum\right\rangle=\frac{\Gamma(\mu+3)}{\mu^2\Gamma(\mu+1)}v_0 \tag{8.12}$$

$$\langle W\rangle=\frac{\Gamma(\mu+4)}{\mu^3\Gamma(\mu+1)}w_0 \tag{8.13}$$

式中

$$v_0=\frac{4\pi a_0^3}{3},s_0=4\pi a_0^2,w_0=\rho v_0 \tag{8.14}$$

是相应云滴半径为 a_0 的参数。在一般情况下采用式(8.3)给出的 PSD，当 $a_0=4\mu m$ 和 $\mu=6$，可得到

$$\langle V\rangle=\frac{7}{3}v_0,\left\langle\sum\right\rangle=\frac{14}{9}s_0,\langle W\rangle=\frac{7}{3}w_0 \tag{8.15}$$

式中，$v_0\approx2.7\times10^{-16}\ \mathrm{m^3}$，$s_0\approx2\times10^{-12}\ \mathrm{m^2}$，$w_0\approx2.7\times10-10$ g。虽然参数式(8.14)是小的，

然而云滴数是很大的(1000 cm^{-3}),对于大气过程是重要因子。

方程式(8.3)可表示通过两参数 a_0 和 μ 表示云的谱分布,不过应注意的无论常数 a_0 还是 μ,在云内则是变化的。因此,a_0 和 μ 取决于平均尺度,具有大的尺度得到更宽的 *PDS*(具有较小的 μ 值)。发现 $\mu=2$ 的值有更好的代表性,并考虑这一数用于低分辨率云的卫星反演算法。在这一情况下:$f(a)=8a_0^2a^2\exp(-2a/a_0)$ 或在 $a_0=2$ μm 处,$f(a)=a^2\exp(-a)$(若 a 以 μm 测量),这函数在达最大,然后当 $a\to\infty$,指数减小。

参数 a_0 和 μ 用单一的云滴分布式(8.3)确定,更多的是用它的矩表征云的 PSD_S。矩可以由测量反演得到。

二、水云滴的有效半径

云滴的有效半径定义为

$$a_{ef}=\frac{\langle a^3\rangle}{\langle a^2\rangle}=\int_0^\infty a^3 f(a)\mathrm{d}a\Big/\int_0^\infty a^2 f(a)\mathrm{d}a \tag{8.16}$$

它是所有 *PSD* 重要的参数之一。它正比于云滴平均体积与表面积的比值。对于非球形粒子,也可以由式(8.16)定义。*PSD* 的方差系数(*CL*)

$$CL=\frac{\Delta}{\langle a\rangle} \tag{8.17}$$

式中

$$\Delta=\sqrt{\int_0^\infty (a-\langle a\rangle)^2 f(a)\mathrm{d}a} \tag{8.18}$$

也是重要的,特别是窄的云滴谱分布。Δ 的值称为标准偏差。*CL* 等于标准偏差与平均半径 $\langle a\rangle$ 的比。

对于 *PSD* 式(8.3)有

$$a_{ef}=a_0\left(1+\frac{3}{\mu}\right),C=\frac{1}{\sqrt{1+\mu}} \tag{8.19}$$

并由此有

$$\mu=\frac{1}{C^2}-1,a_0=\frac{1-C^2}{1+2C^2}a_{ef} \tag{8.20}$$

有效半径 a_{ef} 总是比模式半径 a_0 要大,例如 $\mu=3$:$a_{ef}=2a_0$,$C=0.5$,$\Delta=\langle a\rangle/2$。因此,标准偏差等于在 $\mu=3$ 处平均半径的一半。

由方程式(8.20)可见,如当 $C\to0$,$\mu\to\infty$。实际测量表明,在大多数情况下,a_0 的值从 4 到 20 之间变化和 $\mu\in[2,8]$。它指出,由于凝聚和碰并,由小云滴组成的云是不稳定的;大粒子由于长期受重力的作用不能存在于地球大气中。因此各种物理过程导致粒子谱出现。从式(8.19)和不等式 $2\leqslant\mu\leqslant8$,$C\in[0.3,0.6]$。因此,水云粒子的标准偏差通常是平均粒子半径的 30%~60%,C 的较小和较大值发生,但是从没有观测到 C 的值小于 0.1,C 的较大值可表示在大粒子范围中二阶模的出现。

由式(8.19)和观测的 a_0 和 μ,导得水云粒子的有效半径 a_{ef} 为 5~50 μm,它取决于云的类型,卫星观测表明,全球水云粒子有效半径在 5 μm$\leqslant a_{ef}\leqslant$15 μm。可以看到 $a_{ef}>15$ μm 的粒子是很少的。由于冰粒的有效半径比水云粒子更大,这可以用于判别卫星像点上水云和冰云吸收系数相同波长的冰粒。在近红外谱段与水滴相比较,大粒冰晶粒子降低了反射函数。云

粒 $a_{ef}>15\ \mu$m 出现降水，云滴开始出现强烈碰撞。

有些研究者用下式表示 PSD：

$$f(a)=\frac{1}{\sqrt{2\pi}\sigma a}\exp\left(-\frac{\ln^2(a/a_m)}{2\sigma^2}\right) \tag{8.21}$$

称为对数分布。a_{ef}、$\langle a\rangle$、Δ 和珈玛、正态对数 PSD 参数之间的关系如表 8.1 所示，表中 Δ_{ef} 的值表示有效方差为

$$\Delta_{ef}=\frac{\int_0^\infty (a-a_{ef})^2 a^2 f(a)\mathrm{d}a}{a_{ef}^2\int_0^\infty a^2 f(a)\mathrm{d}a} \tag{8.22}$$

表 8.1　云粒子谱分布及其特征

$f(a)$	B	$\langle a\rangle$	a_{ef}	C
珈玛分布 $Ba^{\mu}\mathrm{e}^{-\mu(a/a_0)}$	$\frac{\mu^{\mu+1}}{\Gamma(\mu+1)a_0^{\mu+1}}$	$a_0\left(1+\frac{1}{\mu}\right)$	$a_0\left(1+\frac{3}{\mu}\right)$	$\sqrt{\frac{1}{1+\mu}}$
正态对数分布 $\frac{B}{a}\exp\left(-\frac{\ln^2(a/a_m)}{2\sigma^2}\right)$	$\frac{1}{\sqrt{2\pi}\sigma}$	$a_m\mathrm{e}^{0.5\sigma^2}$	$a_m\mathrm{e}^{2.5\sigma^2}$	$\sqrt{\mathrm{e}^{\sigma^2}-1}$

这参数常用于替换方差系数 C，因为对于云的光学厚度，云滴的有效半径 a_{ef} 与几何半径 $\langle a\rangle$ 相比较特别重要，例如在云中光的衰减主要由 $PSD\ f(a)$ 的类型的独立的 a_{ef} 的值和液态水含量(LWC)决定。对于 $a_{ef}=6\ \mu$m 和 $C=0.38$，PSD_S 式(8.3)和式(8.21)的分布如图 8.1 所示，则由此：$a_0=4\ \mu$m，$\mu=6$，$a_m=5.6\ \mu$m，$\sigma=0.3673$。

图 8.2 表示 $\mu=2$、6、8 和 $a_{ef}=6\ \mu$m，μ 对 PSD 式(8.3)的影响。介质中的 PSD 虽有很大的不同，但不同云滴谱的光的衰减几乎是相同的。

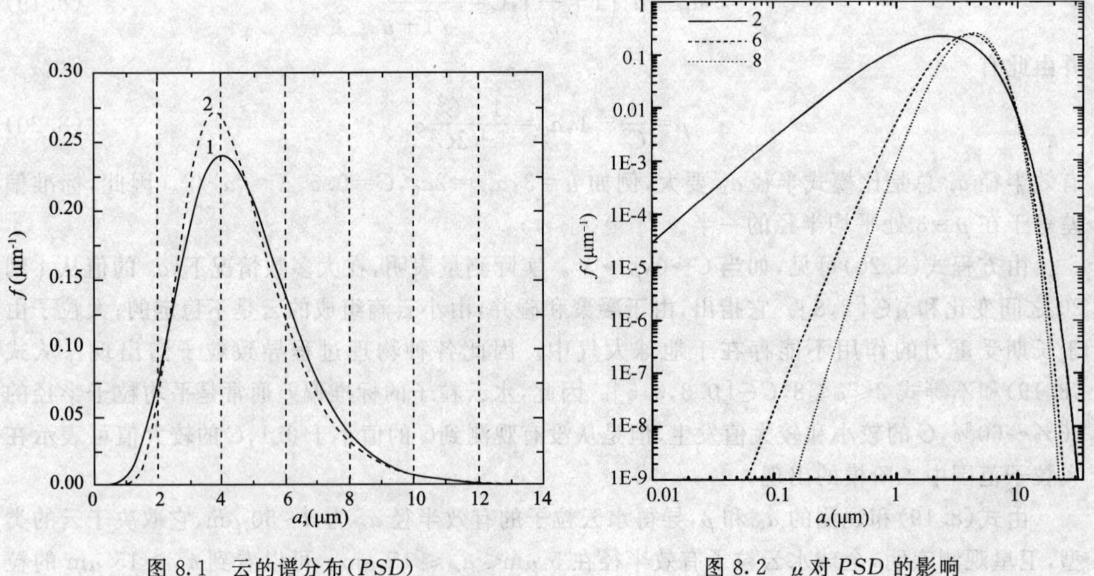

图 8.1　云的谱分布(PSD)
(1——Γ 分布，2——正态对数分布)

图 8.2　μ 对 PSD 的影响

在云介质中粒子的数浓度 N，加上粒子的尺度、形状对于光的传播、散射和衰减是重要的。云中单位体积中粒子数 N 的值，以 cm^{-3} 单位，通常在 $50 \sim 1000\ cm^{-3}$，显然大气中云滴的浓度决定于大气中凝结核的浓度 C_N，在海洋的 C_N 值较大陆上的小，所以海洋云滴的浓度较陆地上小。通常海洋上较小的云滴浓度意味着云滴可以增长得更大，产生大云滴的云。这可以由卫星云图上看出。

在云的研究中常用云滴的无量纲体积浓度 C_v 和 LWC，$C_w=\rho C_v$，或 $C_w=N\langle W\rangle$。C_w 的代表值是 $0.1\ g/m^3$，变化范围为 $0.01 \sim 1.0\ m^{-3}$。因此，C_v 的值多数处在范围 $[10^{-7},10^{-5}]$。这意味着，在云内只有很小部分的体积是被云滴占有。

三、水云的液态水含量

液态水路径（LWP）w 定义为液态水量的高度积分，写为

$$w=\int_{z_1}^{z_2} C_w(z)\,\mathrm{d}z \tag{8.23}$$

式中，z_1 是云底高度，z_2 是云顶高度。$l=z_2-z_1$ 是云的几何厚度值。如果 C_w = 常数，则

$$w=C_w l \tag{8.24}$$

由于云的几何厚度变化取决于云的类型，在多数情况下，对于层积云的厚度为 $500 \sim 1000$ m，卫星观测显示，LWP 的 w 的范围是 $50 \sim 150\ g/m^2$，年平均为 $86\ g/m^2$。则云的几何厚度为 $l=860$ m。$C_w=0.1\ g/m^3$。表 8.2 给出了水云的微物理参数。

表 8.2　云参数的平均值

云参数	陆地云	洋面云	平均
a_{ef}(μm)	6.0	9.0	7.5
C(%)	44.0	43.0	43.5
N(cm^{-3})	254.0	91.0	172.5
LWC(g/m^3)	0.20	0.17	0.185
a_0(μm)	0.40	6.0	5.0
μ	7.0	8.0	7.5
a_m(μm)	4.0	6.0	5.5
σ	0.4	0.4	0.4

四、冰晶的尺度和形状

（一）不同形状粒子混合下的谱表示

由于冰云中的冰粒形状极其复杂，冰云的微物理特性不能用单一的粒子谱分布表示。冰云的形状主要有平板、柱状、针状、枝状、叶鞘形和星状等，冰晶的浓度随高度而变化，通常浓度的范围为 50～50 000 个/cm^3，冰水量写为

$$C_i=N\langle W\rangle \tag{8.25}$$

式中，$\langle W\rangle$ 是冰晶的平均质量，其范围为：$10^{-4} \sim 10^{-1}\ g/cm^3$，因此 $\langle W\rangle$ 的范围为 $2\times10^{-9} \sim 10^{-3}$ g，冰晶的体积密度为 ρ，由于冰粒内有气泡和杂质，它较实体冰（$0.3 \sim 0.9\ g/cm^3$）要小。

对于云介质中体积元冰晶的谱特征由下面的函数表示

$$f(\boldsymbol{a},\boldsymbol{b}) = \sum_{r=1}^{N} c_r f_r(\boldsymbol{a}) + \sum_{i=1}^{M} c_i f_i(\boldsymbol{b}) \tag{8.26}$$

式中，$f_r(\boldsymbol{a})$是规则形状冰晶粒子（如六角形、柱状）的谱分布，$f_i(\boldsymbol{b})$是随机表面冰粒的统计分布，c_r 和 c_i 给定不同冰粒的占有的浓度，替代单变量（如粒子半径 a）需引入矢量参数 $\boldsymbol{a}$ 和 $\boldsymbol{b}$，实际中，对于理想情况下具有 a_1、a_2 坐标和的两维矢量参数 $\boldsymbol{a}$：$a_1=D$、$a_2=L$，函数 $f_i(\boldsymbol{b})$是粒子的统计特征（如平均半径、相关长度）分布。显然最简单的函数 $f(\boldsymbol{a},\boldsymbol{b})$情形是两函数之和：

$$f(\boldsymbol{a},\boldsymbol{b})=c_1 f_1(\boldsymbol{a})+c_2 f_2(\boldsymbol{b}) \tag{8.27}$$

式中，函数 $f_1(\boldsymbol{a})$表示规则形状冰晶粒子，而函数 $f_2(\boldsymbol{b})$表示不规则形状单粒子的统计参数。

（二）冰晶粒子的有效大小和冰水含量

1. 冰晶粒子的有效大小

冰晶是非球形粒子，基于冰晶的光散射正比于非球形粒子的截面积，类似非球形水滴平均有效半径的定义，定义冰晶的有效大小 D_e 为

$$D_e = \int_{L_{\min}}^{L_{\max}} D^2 Ln(L)\mathrm{d}L \Big/ \int_{L_{\min}}^{L_{\max}} DLn(L)\mathrm{d}L \tag{8.28}$$

式中，D 是冰晶的宽度，$n(L)$是冰晶尺度的谱分布，$L_{\max}$、$L_{\min}$分别是冰晶最大和最小长度。

2. 冰晶粒子的含水量

冰晶的含水量可以写为

$$IWC = \frac{3\sqrt{3}}{8}\rho_{\text{ice}}\int_{L_{\min}}^{L_{\max}} D^2 Ln(L)\mathrm{d}L \tag{8.29}$$

式中，ρ_i 是冰晶的密度，$3\sqrt{3}D^2L/8$ 是六角形冰晶的体积。冰晶的尺度也可用相当于球形粒子的半径表示

$$r=(A/4\pi)0.5 \tag{8.30}$$

式中，A 是冰晶的表面积。

五、云粒的折射指数

图 8.3 给出水滴云和冰云的折射指数实部和虚部随波长的变化，根据水滴和冰晶云的折射指数的差异可用于区分这两类云的相态，从图 8.3 中看到，不同波长处，它们是不一样的。如前所述，折射指数的实部表示粒子对辐射的散射，虚部表示粒子对辐射的吸收，因此不同波段折射指数实部和虚部的差异确定云粒的相态。表 8.3 给出 AVHRR 各通道水滴的冰云粒子折射指数的实部和虚部。

表 8.3　AVHRR 各波段及 *K*、*S* 带雷达的折射指数的实部和虚部

波长	仪器	折射指数(n,k')	
		水	冰
0.7 μm	AVHRR	(1.33,0)	(1.31,0)
1.6 μm	AVHRR	(1.317,8×10^{-5})	(1.31,0.0003)
3.7 μm	AVHRR	(1.374,0.0036)	(1.40,0.0092)
10.8 μm	AVHRR	(1.17,0.086)	(1.087,0.182)
0.8 cm	k-bandradar	(8.18,1.96)	(1.789,0.0094)
10 cm	S-bandradar	(5.55,2.85)	(1.788,0.00038)

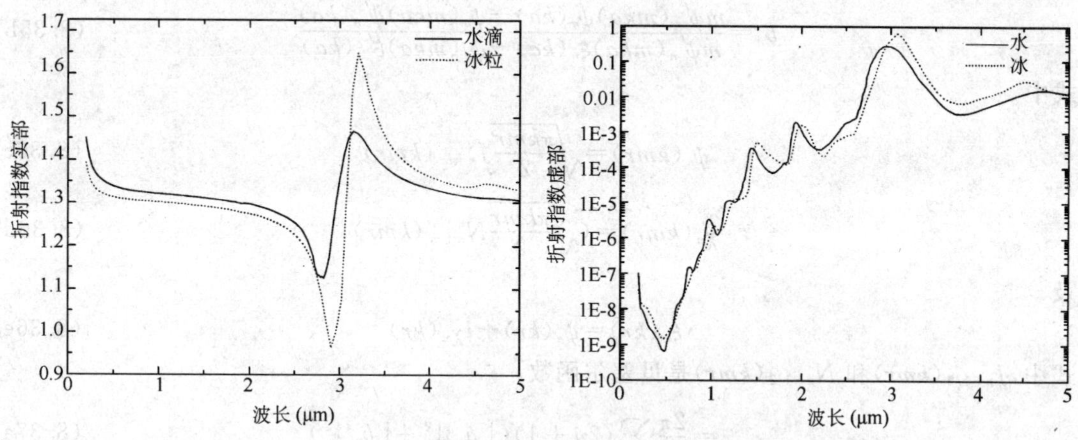

图 8.3　水滴和冰晶的折射指数的实部和虚部

第二节　云的光特性及辐射传输

一、水云的光学特性

1. 单个水滴的吸收、散射和衰减

(1)粒子的吸收、散射和消光有效截面。根据球形粒子对电磁辐射的散射和吸收的米氏理论,若定义粒子的吸收、散射和消光有效截面分别为 σ_{ab}、σ_{sc} 和 σ_{ex},它是粒子对入射辐射的吸收、散射或衰减功率 P_{ab}、P_{sc}、P_{ex} 与入射辐射通量密度 S_{in} 的比值,表示为

$$\sigma_{ab}=P_{ab}/S_{in}, \sigma_{sc}=P_{sc}/S_{in}, \sigma_{ex}=P_{ex}/S_{in} \tag{8.31}$$

以及

$$\sigma_{ex}=\sigma_{ab}+\sigma_{sc}$$

(2)粒子的米氏吸收、散射和消光效率因子。如将有效截面除以几何截面,就得单个粒子的米氏效率因子,表示为

$$Q_{ab}=\sigma_{ab}/\pi a^2, Q_{sc}=\sigma_{sc}/\pi a^2, Q_{ex}=\sigma_{ex}/\pi a^2 \tag{8.32}$$

以及

$$Q_{ex}=Q_{ab}+Q_{sc} \tag{8.33}$$

对于粒子半径为 a、折射指数 m 与电磁辐射相互作用的麦克斯韦方程可以求得

$$Q_{sc}(m,x)=\frac{2}{x^2}\sum_{n=1}^{\infty}(2n+1)(|a_n|^2+|b_n|^2) \tag{8.34a}$$

$$Q_{ex}(m,x)=\frac{2}{x^2}\sum_{n=1}^{\infty}(2n+1)\mathrm{Re}(a_n+b_n) \tag{8.34b}$$

式中,$x=\frac{2\pi a}{\lambda}=ka$ 为粒子的尺度参数,$k=2\pi/\lambda$,Re 表示取实部,a_n、b_n 是米氏系数,它可以通过迭代方法求取。如果 a_n、b_n 表示为

$$a_n=\frac{\psi'_n(mka)\psi_n(ka)-m\psi'_n(ka)\psi_n(mka)}{\psi'_n(mka)\xi_n(ka)-m\xi'_n(ka)\psi_n(mka)} \tag{8.35a}$$

$$b_n=\frac{m\psi'_n(mka)\psi_n(ka)-\psi_n(mka)\psi'_n(ka)}{m\psi'_n(mka)\xi_n(ka)-\psi_n(mka)\xi'_n(ka)} \tag{8.35b}$$

式中

$$\psi_n(kmr)=\sqrt{\frac{\pi kmr}{2}}J_{n+\frac{1}{2}}(kmr) \tag{8.36c}$$

$$\chi_n(kmr)=(\sqrt{\frac{\pi kmr}{2}}N_{n+\frac{1}{2}}(kmr) \tag{8.36d}$$

及

$$\xi_n(kr)=\psi_n(kr)+i\chi_n(kr) \tag{8.36e}$$

式中，$J_{n+1/2}(kmr)$和 $N_{n+1/2}(kmr)$是贝塞尔函数，

$$\sigma_{\text{sca}}=\frac{2\pi}{k^2}\sum_{n=1}^{\infty}(2n+1)(|a_n|^2+|b_n|^2) \tag{8.37a}$$

$$\sigma_{\text{ext}}=\frac{2\pi}{k^2}\text{Re}\sum_{n=1}^{\infty}(2n+1)(a_n+b_n) \tag{8.37b}$$

$$\sigma_{\text{abs}}=\sigma_{\text{ext}}-\sigma_{\text{sca}}=\frac{2\pi}{k^2}\sum_{n=1}^{\infty}(2n+1)(a_n-|a_n|^2+b_n-|b_n|^2) \tag{8.37c}$$

2. 云内水滴群的吸收、散射和衰减

对于任何云都是由大量的不同大小的云滴所组成的，因此，为表述云的辐射特性，需要引入云滴谱。通常对于由球形水滴组成的云衰减截面可以写为

$$\sigma_{\text{ext}}=\int_0^{\infty}n(a)Q_{\text{ext}}(x,m)\pi a^2\,\text{d}a \tag{8.38}$$

式中，$n(a)$是云滴谱，$Q_{\text{ext}}(x,m)$是单个云滴的消光效率。

云的光学厚度 τ_c 表示为

$$\tau_c=\int_{\Delta z}\int_0^{\infty}n(a)Q_{\text{ext}}(x,m_c)\pi a^2\,\text{d}a\text{d}z \tag{8.39}$$

式中，m_c 是云粒子的折射指数，Δz 是云的厚度。

(1)小粒子的吸收和散射特性—瑞利近似。如果 $x=\frac{2\pi a}{\lambda}<0.1$ 或$\ll 1$ 时，就是粒子很小，波长较粒子尺度大很多，这时米氏散射可用简单的瑞利近似表示为

$$Q_{\text{ext}}=-4x\text{Im}|K|+\frac{8}{3}x^4|-K|^2+\cdots\cdots \tag{8.40a}$$

$$Q_{\text{sca}}=\frac{8}{3}x^4|K|^2 \tag{8.40b}$$

$$Q_{\text{abs}}=-4x\text{Im}|K|=-\frac{8\pi a}{\lambda}\text{Im}|K| \tag{8.40c}$$

其中，$K=\left[\frac{m_c^2-1}{m_c^2+2}\right]$。从上面表示式看到 Q_{abs} 直接正比于粒子的半径 a，而与粒子半径 a 的四次方成正比，因此在瑞利散射范围内，$x\ll 1$，通常有 $Q_{\text{abs}}>Q_{\text{sca}}$。

由微波辐射反演云水含量可以利用这一特性。对于小云滴半径与波长可比较的情况下，散射与吸收相比较可以忽略的情况下，可以得到

$$\sigma_{\text{ext}}\approx\sigma_{\text{abs}}\approx\frac{8\pi}{\lambda}\text{Im}\left[\frac{m_c^2-1}{m_c^2+2}\right]\int_0^{\infty}n(a)a^3\,\text{d}a \tag{8.41}$$

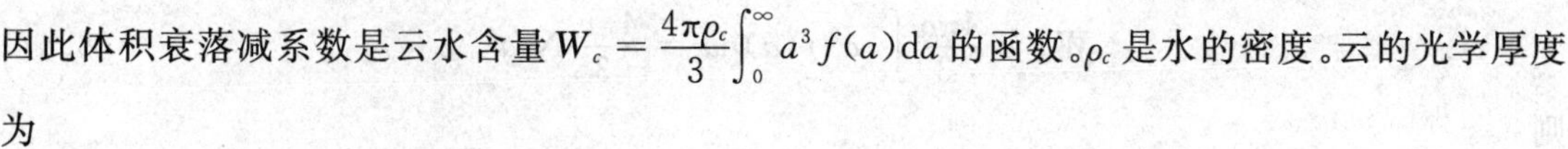

因此体积衰落减系数是云水含量 $W_c=\frac{4\pi\rho_c}{3}\int_0^\infty a^3 f(a)\mathrm{d}a$ 的函数。ρ_c 是水的密度。云的光学厚度为

$$\tau_c=\int_{\Delta z}\sigma_{\text{abs}}\mathrm{d}z=-\frac{6\pi}{\lambda\rho_c}\mathrm{Im}\left[\frac{m_c^2-1}{m_c^2+2}\right]\int_{\Delta z}W_c\mathrm{d}z \tag{8.42}$$

式中对云的液态水含量积分，所以当给定云粒的成分、云的密度和折射指数，以及辐射与光学厚度的关系，在没有云滴谱情况下，可以确定垂直液态水路径。

(2)大粒子的吸收、散射和衰减特性。如图 8.4中，$Q_{\text{ext}}\sim x$ 谱的重要特征是：当 $x\to\infty$ 时 $Q_{\text{ext}}\to 2$，并且围绕 $Q_{\text{ext}}=2$ 振荡，这种现象称之衰减的振荡趋一性。这可认为是所考虑的粒子对辐射衰减正好为粒子阻挡的辐射，则衰减截面正好是大粒子的投影面积。从这观点出发，Q_{ext} 的极限值应等于 1，而不是 2。但是不管粒子有多大，它总是有一个边界，在边界附近处的射线不是按简单的几何角度特征，前向辐射能量的改变可表示为粒子截面积阻挡和围绕粒子边界的衍射两部分组成。

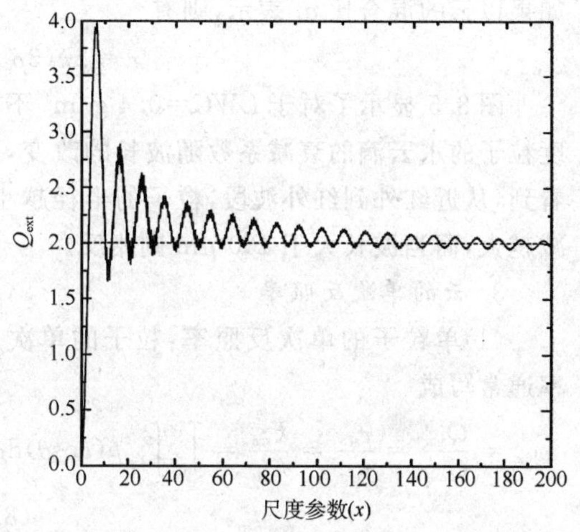

图 8.4　$Q_{\text{ext}}\sim x$ 谱分布

当离粒子足够远观测，衍射量实际充满暗影区，因此，由衍射对入射辐射总量的改变也可以由粒子的截面积表示。对入射散射的净结果是粒子截面积的两倍。

大粒子衰减的重要结果是在太阳短波部分云粒子群的光学厚度与微波辐射一样，直接与垂直累积液态水路径有关。云的光学厚度为

$$\tau_c=\int_{\Delta z}\sigma_{\text{ext}}\mathrm{d}z \tag{8.43}$$

对于相应于 $x\gg 1$ 的波长(由几毫米尺度的云粒对太阳辐射的亚微米波长散射)，则可得渐近极限 $Q_{\text{ext}}=2$，这样

$$\tau_c=2\int_{\Delta z}\left[\int_0^\infty n(a)\pi a^2\mathrm{d}a\right]\mathrm{d}z \tag{8.44}$$

使用粒子有效半径 a_{ef}，云液态水含量 W_c，云的光学厚度可以写为

$$\tau_c\approx\frac{3}{2\rho_c}\int_{\Delta z}\frac{W_c}{a_{ef}}\mathrm{d}z \tag{8.45}$$

假定 a_{ef} 不随云的深度变化，则云的光学厚度 τ_c 可以进一步简化为

$$\tau_c\approx\frac{3W_c}{2\rho_c a_{ef}}\approx\frac{3}{2}\frac{LWC}{a_{ef}} \tag{8.46}$$

式中，LWC 是液态水含量，可以看到，吸收系数由云中的含水量和云的有效粒子半径决定。这一关系式可以应用于可见光和近红外辐射入射到云。与微波辐射类似，云的光学厚度取决于云粒的大小。根据已知的光学厚度与反射率的关系，利用卫星测量到的云对太阳光谱辐射反射率确定云的液态水含量 W_C 和云滴的有效半径 a_{ef}。

如果以云的粒子数为 $N_0=\int_0^\infty f(a)\mathrm{d}a$ 和平均半径为 $\bar{a}=\int_0^\infty f(a)a\mathrm{d}a/N_0$，则云水含量为

$$W_c = \frac{4\pi\rho_c}{3}\int_0^\infty a^3 f(a)\mathrm{d}a = \frac{4\pi\rho_c}{3}N_0\bar{a}^3 \tag{8.47}$$

则

$$\bar{a} \approx \left[\frac{3W_c}{4\pi N_0\rho_c}\right]^{1/3} \tag{8.48}$$

如果云的厚度为 h，则光学厚度可以近似为

$$\tau_{ac} = 2\pi N_0 r_m^2 h \tag{8.49}$$

如果以云的混合比 q_c 表示，则有

$$\tau_c = 2\pi(3\rho_0/\pi\rho_w)^{2/3} h N_c^{1/3} q_c^{2/3} \tag{8.50}$$

图 8.5 显示了对于 $LWC=0.4\ \mathrm{g/m^3}$ 不同尺度粒子的水云滴的衰减系数随波长的改变，可以看到，从近红外到红外波段，粒子的半径越小，衰减越大，而当波长大于 100 μm 则相反。

3. 云的单次反照率

(1)单粒子的单次反照率：粒子的单次反照率通常写成

$$\tilde{\omega}_{0c} = \frac{Q_{\mathrm{sca}}}{Q_{\mathrm{ext}}} = \frac{\tau_{\mathrm{sca}}}{\tau_{\mathrm{ext}}} = \frac{k_{\mathrm{sca}}}{k_{\mathrm{ext}}} = \int_0^{2\pi}\int_{-1}^{1} p(\cos\theta)\mathrm{d}\mu\mathrm{d}\varphi \tag{8.51}$$

式中，Q_{ext}、τ_c 和 σ_{sca} 分别是云的有效散射因子、云滴的散射光学厚度和散射系数。

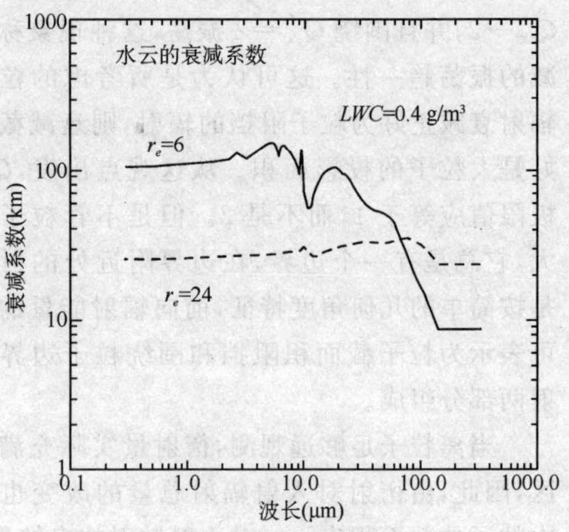

图 8.5　对于给定的有效粒子半径和液态水含量的水云的吸收系数

(2)粒子群的单次反照率：对于粒子群的单次反照率，需考虑云粒子的谱分布，写成

$$\tilde{\omega}_{0c} = \int_0^\infty a^2 Q_{\mathrm{sca}}\left(\frac{2\pi a_{ef}}{\lambda}\right)n(a)\mathrm{d}a \Big/ \int_0^\infty a^2 Q_{\mathrm{ext}}\left(\frac{2\pi a_{ef}}{\lambda}\right)n(a)\mathrm{d}a \tag{8.52}$$

式中，$n(a)$是云粒的谱分布。为实际计算，Twomey(1980)导得了用云粒子有效半径 r_e 参数化的单次反照率，写为

$$\tilde{\omega}_{0c}(\tau) \cong 1 - 1.7 m_i r_e \tag{8.53}$$

式中，m_i 是折射指数($m_c = m_r + i m_i$)的虚部。另一个由 Fouqart 和 Bonnel 关于云单次反照率 $\tilde{\omega}_{0c}$的表示式为

$$\tilde{\omega}_{0c} \cong \frac{1}{2}[1 + \exp(-2m_i r_e)] \tag{8.54}$$

该式仅对于 $Q_e=2$ 和 $4xm_{ii}$ 小值时适用，由 Van de Hulst 导出更一般的 $\tilde{\omega}_0$ 表达式为

$$\tilde{\omega}_{0c} = 1 - \frac{1}{2}\left(\frac{4}{3}\rho\tan\Gamma - \rho^2\tan^2\Gamma\right) \tag{8.55}$$

式中，$\rho = 2\times(m_r - 1)$ 和 $\Gamma = \arctan(m_i/m_r - 1)$。

云的单次反照率与云光学厚度的关系为

$$\tilde{\omega}_{0c} = 0.9989 - 0.0004\exp(-0.15\tau) \tag{8.56}$$

图 8.6 显示了对于 $LWC=0.4\ \mathrm{g/m^3}$ 不同尺度粒子的水云滴的单次散射反照率，显然在近红外波段的单次反照率近似为 1。

图 8.7 显示了考虑到水汽后云滴散射的单次反照率，从图中看到在有水汽的情况下，存在有若干水汽吸收带，在这些水汽吸收带处单次反照率较小。

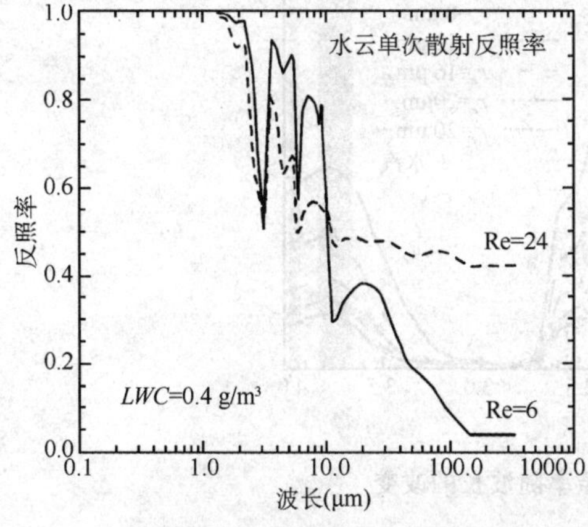

图 8.6　对于给定的有效粒子半径和液态水含量的水云的单次反照率

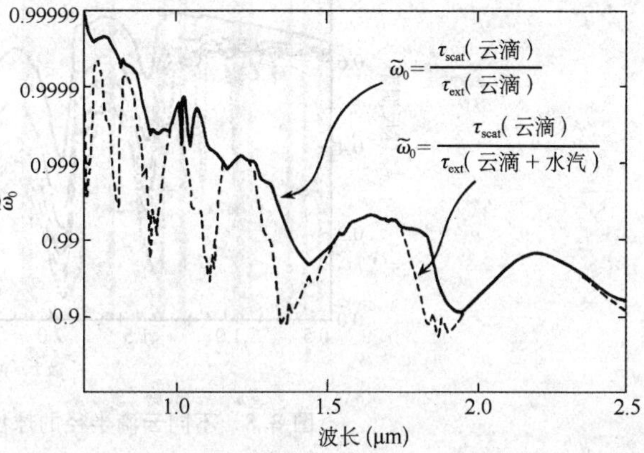

图 8.7　考虑到水汽对水滴的单次反照率的影响

云粒的单次反照率 $\tilde{\omega}_{0c}$ 有以下特点。

①对于小于波长大约 1.5 μm 的典型 $\tilde{\omega}_{0c} \geqslant 0.99$。在近红外谱段，$\tilde{\omega}_{0c}$ 的谱分布是复杂的，包含有几个液态水和固态水的弱的吸收带。

②$\tilde{\omega}_{0c}$ 的最小表示冰和水云的吸收特征，与复折射指数的虚部 m_i 的最大值相一致。

③云粒的单次反照率 $\tilde{\omega}_{0c}$ 对云粒的尺度敏感，对于长波长区域，当 $\lambda \to \infty$ 时，$\tilde{\omega}_{0c} \to 0$，尺度参数 $x \to 0$，这就是与短波较小粒子(100 μm 到 2 mm)出现的瑞利散射的情形相近。球形冰和水云粒子在长波处不同，冰粒主要是以散射辐射为主($\tilde{\omega}_{0c} \to 1$)，而水滴云则以强烈吸收辐射为主($\tilde{\omega}_{0c} < 0.5$)。这一特征对于被动微波遥感降水是很重要的。

④球形冰和水云粒子在其他若干谱段有明显的不同，这种差异主要发生在近红外谱段(1.6 μm)，另外在波长 10 μm 处球形小冰粒的 $\tilde{\omega}_{0c}$ 随波长 λ 的增加要比随球形水滴更急剧地减小。

单次反照率是一个体积的辐射特性量，定义为体积的散射特性与总的衰减特性比值，对于多数有遥感意义的波段，衰减是云粒子吸收和散射两者和其他次要气体(特别是水汽)的结果，水汽对 $\tilde{\omega}_{0c}$ 的作用发生在 0.5～2.5 μm 波长区间。图 8.8 表示了水滴的单次反照率随波长的改变。

(3)不同云滴半径的球反照率随波长的改变。如果水滴是球形，则取整个水滴反射的能量 $f^{\uparrow}(a)$ 与入射水滴的能量 $\pi a^2 F_{\text{in}}$ 之比的球反照率 $\bar{r}_c$ 表示为

$$\bar{r}_c = f^{\uparrow}(a)/\pi a^2 F_{\text{in}} = 2\int_0^1 r(\mu_0)\mathrm{d}\mu_0 \tag{8.58}$$

式中，$r(\mu_0)$ 是局地反照率，指反射通量密度与入射通量密度之比。

图 8.8 表示当云滴谱取修正 Γ 分布函数，饱和水汽为 0.45 g/cm²，云的光学厚度 τ_c(0.75 μm)不同有效粒子半径 a_{ef} 的球面反照率 $\bar{r}_c$ 随波长的变化。从图中看到粒子的有效半径越小，球反照率越大。在 1.64 μm、2.13 μm、3.75 μm 处由于球反照率峰的水汽吸收很小，而对粒子的尺度的反应十分敏感。

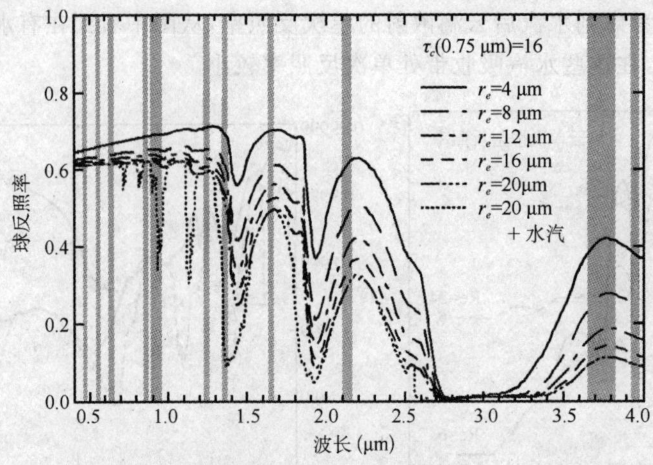

图 8.8 不同云滴半径的球反照率随波长的改变

4. 云中不同粒子半径下的亮温随波长的改变

云的亮度温度不仅取决于云顶温度，而且与云面的发射率、大气吸收有关，因此云的亮度温度随波长而变，图 8.9 表示当海面温度、云顶温度为不同粒子半径、不同波长的反射函数。

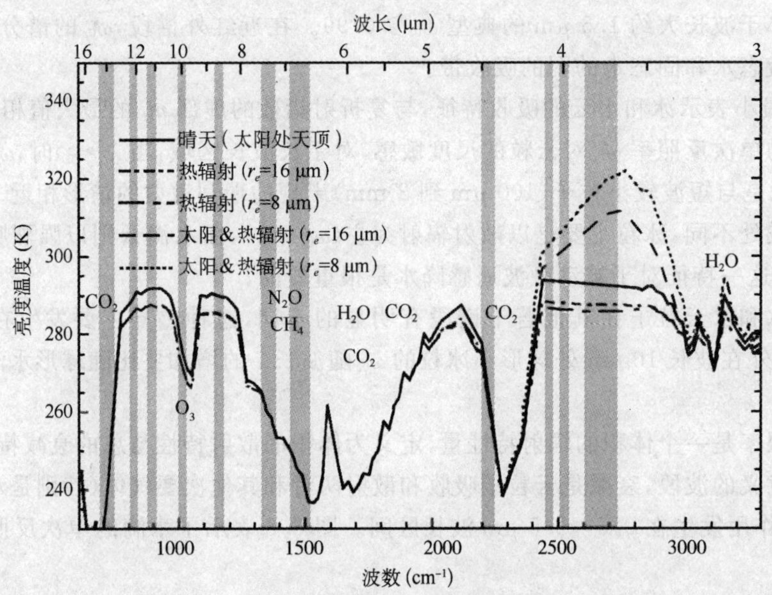

图 8.9 亮度温度随波长的改变

图 8.10 给出了对于 MODIS 机载模拟谱段为 0.66 μm、1.62 μm、2.14 μm、3.72 μm 四个波段云的有效光学厚度与反射函数间的关系，所进行的计算是使用由 Irvine 和 Pollack(1968)所确定的液态水的光学常数，并假定下垫地面的反射率 $A_g=0.0$。如前所述，云的光学厚度决定于波长以及云滴谱，是对于与波长有关的 τ_c、s、g、τ_c'的有效粒子半径的反射。为了比较图中不同谱段的曲线，光学厚度 τ_c 被 $2/Q_{ext}(r_e/\lambda)$除得到共同的横坐标[等效为 $\tau_c(\lambda_{vis})$]。

从图 8.10 看到：①对于可见光波段(0.65 μm)，散射是守恒散射，因此，由于不对称因子随云滴尺度($r_e \geqslant 4\ \mu m$)增加；②对于近红外谱段(1.62 μm)，相似参数(和由此的云吸收)随粒子尺度近似线性增加，由此云的渐近反射随粒子尺度增加而减小。

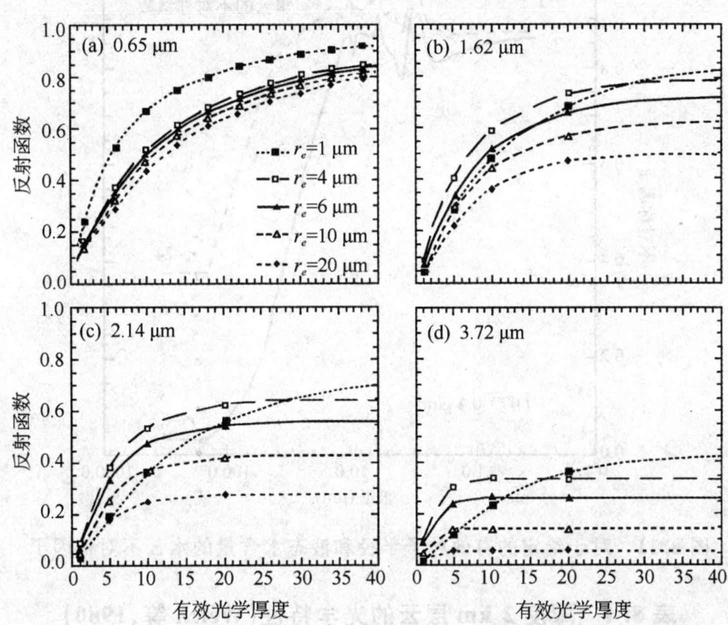

图 8.10 不同波长的反射函数随有效光学厚度的变化

图 8.10 显示可见光谱带包含有云光学厚度的信息，鉴于吸收带主要取决于粒子尺度的光学厚度。因此，可见光和近红外吸收带相结合提供光学厚度和有效粒子半径的信息。图 8.10 也揭示单个吸收波长的反射函数，一般不是唯一的。在所有近红外谱带中，在某些光学厚度和粒子半径处，1 μm 有效粒子半径可看成同样的反射函数。

5. 水云的不对称因子

对于粒子群的不对称因子表示为

$$g=\int_0^\infty rQ_{sc}(r)g(r)n(r)\mathrm{d}r\Big/\int_0^\infty r^2Q_{ec}(r)n(r)\mathrm{d}r \tag{8.59}$$

当尺度参数 $x=2\pi r_e/\lambda$ 较大，即大云滴的情况下，不对称因子趋向一恒定值，约为 0.87。对于单个粒子的不对称因子，由米理论得

$$g=\frac{4}{x^2Q_{sc}}\sum_{n=1}^{\infty}\left\{\frac{n(n+1)}{n+1}R_e(a_na*_n+b_nb*_{n+1})+\frac{2n+1}{n(n+1)}R_e(a_nb*_n)\right\} \tag{8.60}$$

图 8.11 对于给定的有效粒子半径和液态水含量的水云不对称因子，图中显示随波长增大，有效粒子半径尺度不同，不对称因子的差异加大。

6. 水云的相函数

云滴的散射相函数不随云的谱分布而变，但随尺度参数 $x=2\pi r_e/\lambda$ 而变，当粒子的有效粒子半径增大，越来越朝前向集中，相函数的前向半宽度与 x^{-1} 成正比，且对折射指数 m_r、m_i 相对不敏感，对于大多数应用来说，云的散射相函数采用 Henyey-Greenstein 给出的相函数表示式

$$P(\tau,\cos\Theta)=\frac{1-g^2}{(1+g^2-2g\cos\Theta)^{3/2}} \tag{8.61}$$

式中，Θ 是散射角，g 是不对称因子。表 8.4 为厚度 2 km 层云的光学特性。

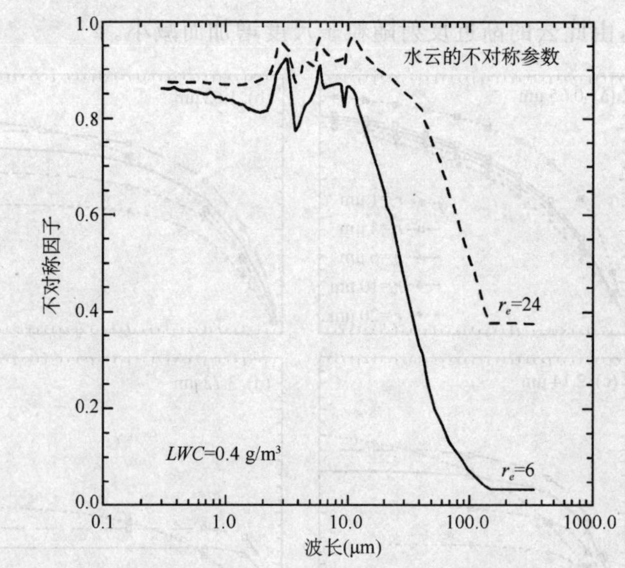

图 8.11　对于给定的有效粒子半径和液态水含量的水云不对称因子

表 8.4　厚度 2 km 层云的光学特性(Welch 等,1980)

波长(μm)	吸收(%)	散射(%)	
		大气顶	大气底
0.55	0.2	79.8	20.0
0.765	0.5	80.6	18.9
0.95	8.1	76.3	15.5
1.15	17.9	70.4	11.7
1.4	47.4	49.9	2.7
1.8	61.9	37.6	0.5
2.8	99.6	0.4	0.0
3.35	99.4	0.6	0.0
6.6	99.05	0.95	0.0
总	10.0	73.8	16.6

(1)云滴半径与反射阳光的关系。云滴有效半径、相似参数与波长的关系由图 8.12 给出,相似参数 s 的变化范围由守恒散射时的 0 到全吸收时的 1;图 8.13 给出了云层反射率、粒子有效半径与波长的关系。由图中可以看出,由于 r_e 的改变而引起 s 的最大变化,及 r_e 与反射率的最敏感性的波长出现在 1.6 μm 和 2.1 μm 的大气窗区处。在这些波长处,反射率同时随光学厚度和相似参数而变,这就提供一个在假定不对称因子 g 值由在可见光波段测量估计对于守恒散射云层的光学厚度反演有效粒子半径 r_e 的方法。

(2)云的光学厚度与粒子的有效半径。由双光谱反射函数决定云的光学厚度和云粒的有效半径确定云的光学厚度与粒子的有效半径的基本原理是在可见光区弱吸收通道云的反射函数是云的光学厚度的函数,其在近红外区水滴(或冰粒)吸收通道的反射函数是云粒子大小的函数。从图 8.13 可以看到,当观测角为 $\theta_0=45.7°$,$\theta=28.0°$,$\varphi=63.9°$,波长 0.75 μm 和 2.16 μm对于不同的粒子半径 r_e、光学厚度 τ_c 与反射函数间的关系,图上叠加的圆点是 NASA

ER-2飞机利用多光谱辐射计(MCR)在海洋上对层积云的观测结果。

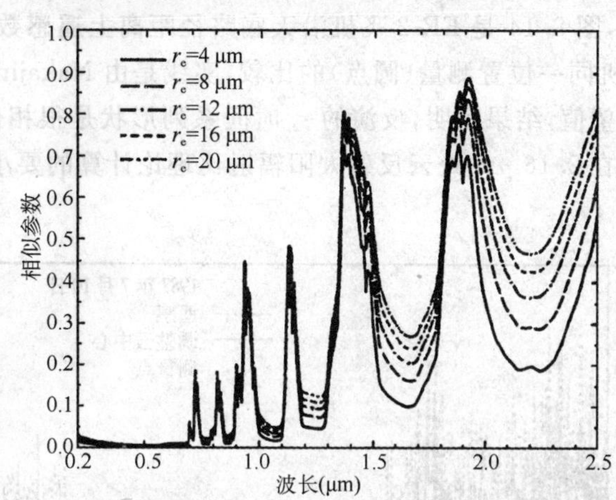

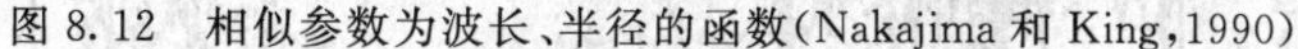

图 8.12 相似参数为波长、半径的函数(Nakajima 和 King,1990)

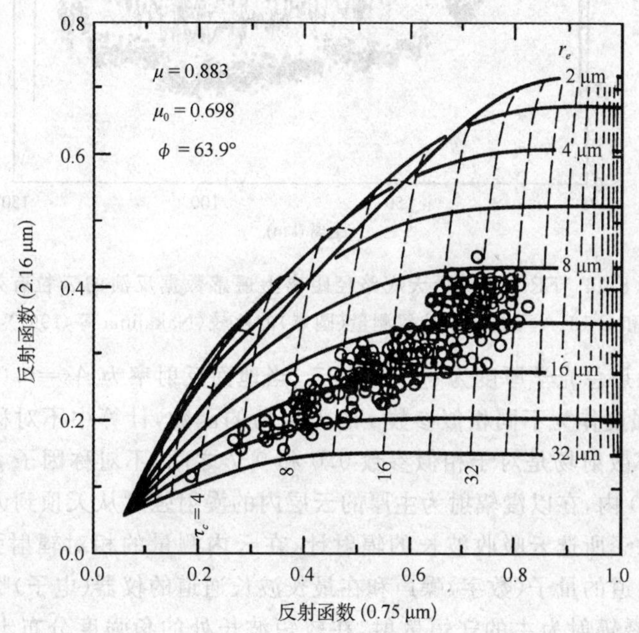

图 8.13 波长 0.75 μm 和 2.16 μm 的反射函数与有效粒子半径的关系(Nakajima 和 King,1990)

无论是采用双光谱反射函数之比还是由绝对反射函数反演云的粒子的有效半径 r_e,其原理是相同的,对于所有 $r_e \geqslant 1$,当有效粒子半径增加,粒子的吸收单调增加。因而,一般在近红外(如 2.16 μm)的反射率减小。另一方面,在可见光弱吸收通道的反射函数取决于总的光学厚度,反射函数增加,光学厚度增加。

7. 洋面层积云的辐射特性

云吸收太阳辐射主要由其光学厚度、单次反照率、云的相函数和下垫面反射率及云周围水汽的分布所决定。理论计算表明,水云吸收入射太阳辐射的 15%~20%以上,具有最大值出现在太阳位于天顶、云上方水汽较少的大水滴组成的厚云情况下。附加到总吸收,计算也表明近云顶的加热率可以达到 2 K/h，由此当太阳天顶角减小，变化明显。

在洋面层积云 IFO，图 8.14 是 ER-2 飞机沿天底路径距离上遥感数据反演的云粒有效半径（虚线）和 C-131A 飞机同一位置测量（圆点）的比较，实线是由 Nakajima 和 King(1990) 的方法对于云几何中心的期望值，结果表明，反演的 r_e 时间系列形状是很相似的，但是比直接测量的有效粒子半径要大。在 2.16 μm 处云反射太阳辐射比理论计算的要小，这与下面图 8.17 表示的相一致。

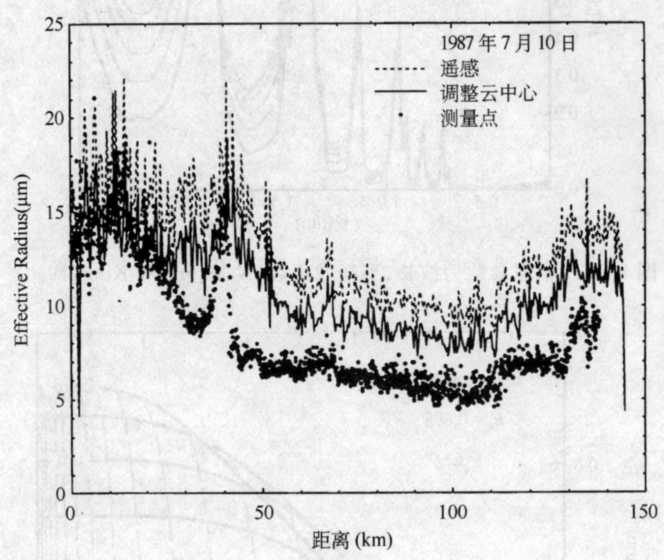

图 8.14　ER-2 飞机沿天底路径距离上遥感数据反演的云粒有效半径（虚线）和 C-131A 飞机同一位置测量（圆点）的比较（Nakajima 等，1991）

图 8.15 表示的是总光学厚度为 $\tau_c=64$ 的云、当地面反射率为 $As=0.07$ 时，对光学厚度 $\tau=32$ 时，相对辐射强度作为不同相似参数 s 的天顶角的函数，计算中不对称因子 $g=0.84$，图中表明，对于云内部散射场是对于相似参数 0.0 和 0.7 之间，不对称因子 $g=0.84$，单次反射率在 $0.87\leqslant\omega_0\leqslant1.0$ 内，在以漫辐射为主厚的云层内的漫射强度从天顶到天底单调递减。

图 8.16 表示对于所选云吸收波长的辐射计，在云内测量的相对辐射强度为天顶角的函数，除了最短波长通道的量子（数字）噪声和在最长波长通道的仪器（电子）噪声，从图中看到两个主要特征：(1) 对漫辐射为主的守恒散射，在较短波长处的角强度分布十分接近余弦函数；(2) 随云的吸收增加，辐射场的角分布的各向异性增加。特别是在 2.0 μm 处，仪器通道，水滴具有最大的吸收。

8. *云的超常吸收*

King 等(1990) 使用以漫辐射为主的云内吸收的解析公式计算云吸收与辐射计测量云吸收一起，对于 50 km 海洋层积云剖面得到光谱相似参数，结果如图 8.17 所示，对于 1987 年 7 月 10 日得到 CAR 的 13 个通道的光谱相似参数，由于 g 的中光谱变化，由 S 变换为 ω_0 不是唯一的，但是在图中给出的单次散射反照率标度很方便，在 0.754 μm 处可以使用，根据从这些测量的廓线上升和下降，确定层积云的厚度 440 m，云底高度 490 m。

用 CAR 的试验结果，图 8.17 表示了仅对于由水滴组成（实线）和水滴加上 10.3℃ 饱和水汽（虚线）的作为波长的函数的相似参数计算结果，水滴计算是根据实测的云滴谱分布，另一方面，水汽计算是根据假定是由水汽含量 0.45 g/cm²，饱和水汽组成的云。对这云层的水汽透过率函数是使用分辨率为 20 cm^{-1} 的 LOWTRAN-5 得出的，因此，用与相应于云滴的光学特性相结合获得吸收光学厚度，在波长 0.754 μm 处云总光学厚度是 16。这 50 km 海洋层积云剖面总光学厚度约是 32.3±4.2，影响云滴和水汽之间的相对权重。图中又使用 LOWTRAN-7 计算了理论值，和 $\tau_c=16$ 和 32，但是对这图这些是次要的作用。

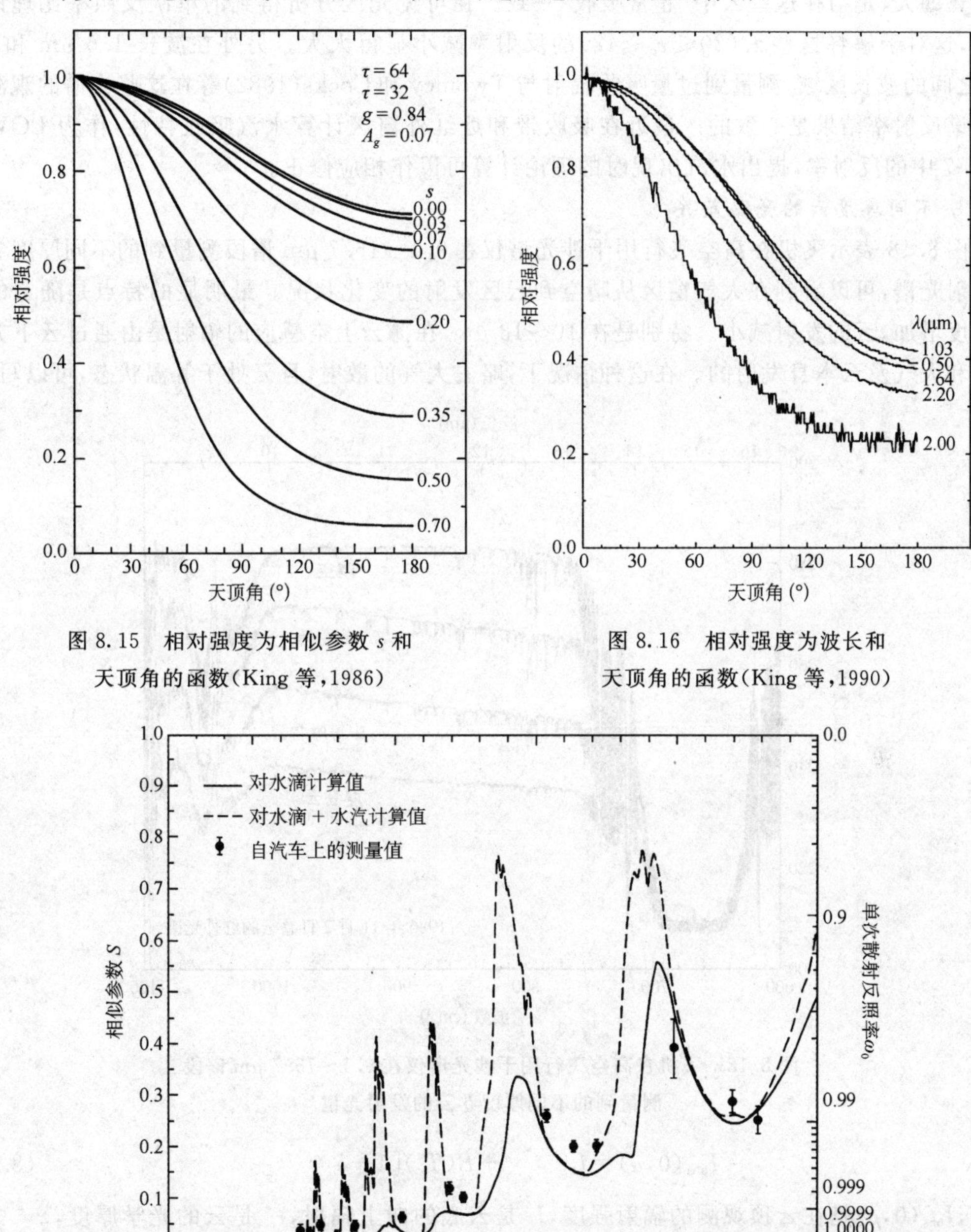

图 8.15　相对强度为相似参数 s 和天顶角的函数（King 等，1986）

图 8.16　相对强度为波长和天顶角的函数（King 等，1990）

图 8.17　由水滴组成（实线）和水滴加上 10.3℃饱和水汽（虚线）的作为波长的函数的相似参数计算结果（King 等，1990）

图 8.17 的结果表明，由云对太阳辐射的吸收测量，测量结果总是比理论计算的大，进一步证明了，云吸收太阳辐射多和反射太阳辐射比理论预测的小。简单假定在有效半径的测量中存在误差，要使理论与测量的完全一致是不可能的，这应当改进光谱的某些部分一致性和光谱其他部分差的一致性。在这种情况下，测量与理论的接近一致性，这明确表明测量的吸收比理论计算的大，是与在这些云中“超常吸收”一致。在可见光区分析得到的单次反照率比理论的要小，这对于解释这些云($20\leqslant\tau_c\leqslant42$)的反射率减小显得太大。另外在波长 1.6 μm 和 2.2 μm 之间的波长区域，测量到过量吸收辐射与 Twomey 和 Cocks(1982)等在这些光谱的观测的低光谱反射率结果是一致的。最近在吸收带和近红外窗区计算水汽吸收特性，作为 LOWTRAN-7 中的反射率，提出水汽出现时的理论计算可以作相应修正。

9. 不同厚度云的亮温差异

图 8.18 表示飞机在高空飞行用干涉光谱仪在 9.1～16.7 μm 谱段测量到的不同厚度卷云的发射光谱，可以看到在大气窗区从晴空到云区发射的变化状况。最明显的特点是随云的光学厚度增加，云的发射减小。特别是在 10～13 μm，在薄云上空感应的辐射是由通过云下方的地表和大气及云本身发射的。在这种情况下，略去大气的散射，且云处于等温状态，可以写为

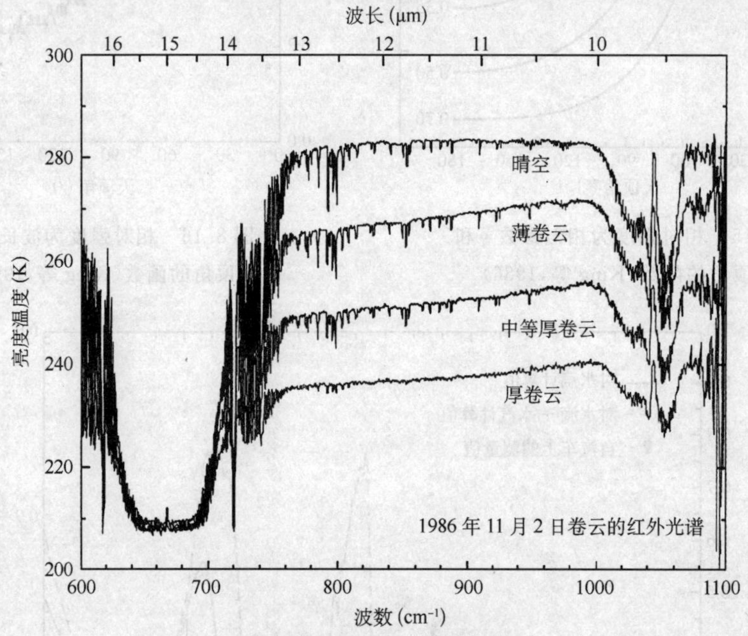

图 8.18　飞机在高空飞行用干涉光谱仪在 9.1～16.7 μm 谱段测量到的不同厚度卷云的发射光谱

$$I_{\text{obs}}(0,\mu)=I_s \mathrm{e}^{-\tau^*/\mu}+B(T_c)[1-\mathrm{e}^{-\varepsilon\tau^*/\mu}] \tag{8.62}$$

式中，$I_{\text{obs}}(0,\mu)$是在云顶观测的辐射强度，I_s 是云底的向上辐射，τ^* 是云的光学厚度，$\mathrm{e}^{-\tau^*/\mu}=\widetilde{T}(\tau^*,0,\mu)$是通过云的透过率。由于略去散射，有关系

$$[1-\mathrm{e}^{-\tau^*/\mu}]=A(\tau^*,0,\mu)=\varepsilon(\tau^*,\mu) \tag{8.63}$$

式中，A 是云的吸收率。对较强的吸收，有很大的 τ^*，此时 ε 接近为 1。地面对观测到的辐射贡献是很小的。

另外从图 8.18 中看到 10～12 μm 发射辐射差的变化光谱特征的和由晴空到云的这些差的相对变化。分析这些变化的简单方法是考虑从某一波长到另一波长的发射光谱的斜率，如在 10.8 μm 到另一个较长波长 12 μm 的亮度温度差 $\Delta T=T_{10.8}-T_{12}$，是这一斜率的测量，且其晴空和密蔽厚云时两者的斜率接近为 0。将这温度差作为测量的亮度温度的其中一个的函数，如 $T_{10.8}$，类似为图 8.19 中显示的一个拱形，拱形的一个脚（暖侧）确定为晴空，另一个脚是与稠密云相关联的温度。每一个脚点之间亮温差 ΔT 变化取决于包括冰晶粒子的形状和尺度、云的光学厚度。图中显示了对于球形冰粒子和不同有效粒子半径 r_e、不同光学厚度 τ^* 值的亮度温度差作为 $T_{10.8}$ 为函数的计算结果。

10. 云发射与云特性

对于云粒子尺度的发射谱的强光的敏感性，由式(8.61)导得光学厚度表示为

$$\tau^*=-\mu\ln\left[\frac{I_{\mathrm{obs}}-B(T_c)}{I_{\mathrm{clr}}-B(T_c)}\right] \tag{8.64}$$

式中，I_{clr} 是晴天辐射强度，可用 I_s 代替，方程式(8.64)右侧可以由卫星观测求取，其中 T_c 可以由卫星数据估算，它相应为在图 8.19 中 $T_{10.8}$ 轴上与 ΔT 曲线相交的温度。晴天辐射强度可以由与云相邻近的无云像点估算，在图中相应为右侧的拱脚。

由上式估算得到的 τ^*，取 12.6 μm 和 10.8 μm 两波长 τ^* 的比 γ：

$$\gamma=\frac{\tau_{12.6}^*}{\tau_{10.8}^*} \tag{8.65}$$

可以发现波长比 γ 取决于粒子的尺度。在无散射情况（且无分子吸收），对于均匀分布的球形粒子组成的、厚度 Δz 云的光学厚度写为

$$\tau^*=\pi\int Q_{\mathrm{abs}}n(r)r^2\,\mathrm{d}r\Delta z \tag{8.66}$$

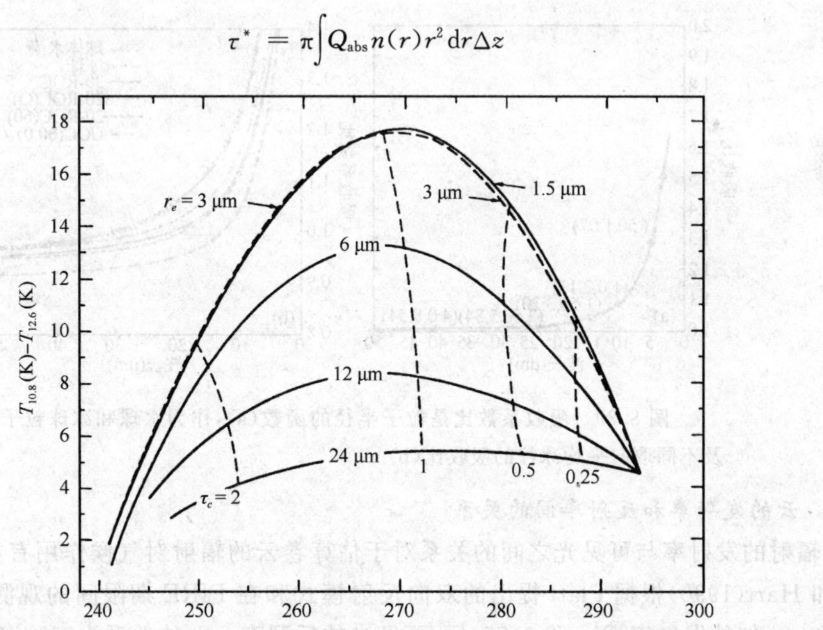

图 8.19　10.8 μm 与 12.6 μm 亮温差是 10.8 μm 亮度温度的函数

对云由半径 a、粒子数 N_0 构成的特殊情况下，光学厚度为

$$\tau^*=\pi N_0a^2Q_{\mathrm{abs}}\Delta z \tag{8.67}$$

由此光学厚度比为

$$\gamma=\frac{Q_{\text{abs},1}}{Q_{\text{abs},2}} \tag{8.68}$$

式中

$$Q_{\text{abs}}=c[2K(4v)-h^2K(4av)] \tag{8.69}$$

$$v=2x\kappa \quad x=2\pi a/\lambda$$

$$h=\frac{(n^2-1)^{\frac{1}{2}}}{n},c=n^2$$

即得

$$\gamma=\frac{K(n_1^2(1-c_1^3)v_1)}{K(n_2^2(1-c_2^3)v_2)} \tag{8.70}$$

其中

$$c_{1,2}=\frac{(n_{1,2}^2-1)^{\frac{1}{2}}}{n_{1,2}} \tag{8.71}$$

这里 $n_{1,2}$ 是折射指数的实部，下标 1,2 是指两波长。例如：1 表示波长 12 μm，2 表示波长 10.8 μm。图 8.20a 给出了式(8.70)表示的关系，它是粒子半径的函数，图 8.20b 表示由 Mie 理论和柱形粒子获得的以粒子半径 a 为函数的 γ。在图 8.20a 中 γ 表示为单个粒子半径和如图 8.20b 分布的有效粒子半径的函数。在每个图中，当粒子半径接近 15 μm 时，γ 迅速减小，并趋向于单位 1，或当半径增大到 20 μm 时，在粒子半径进一步增大，γ 保持相对不灵敏。γ 一般依赖于 Q_{abs}，作为粒子尺度为函数而变化。

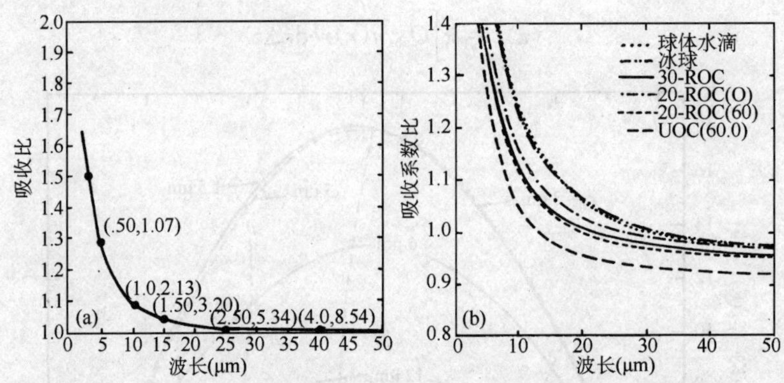

图 8.20　吸收系数比是粒子半径的函数(a)，作为水球和冰球粒子及不同取向平均冰柱的吸收比(b)

11. *云的发射率和反射率间的关系*

热辐射的发射率与可见光之间的关系对于估算卷云的辐射对气候作用有重要意义，Spinhirne 和 Hart(1990)根据 Platt 提出的双向反射模式和在 FIRE 期限间的观测资料确定天底的 10.8 μm 红外发射率 $C_{10.8}^{\uparrow}$ 和 0.75 μm 可见光的反照率 $a_{0.75}$ 的关系为三阶多项式：

$$C_{10.8}^{\uparrow}=0.1456a_{0.75}^3-2.677a_{0.75}^2+3.185a_{0.75}^3 \tag{8.72}$$

上式适用范围：$0\leqslant a_{0.75}\leqslant 0.45$。图 8.21 表示云的反照率与发射率间的关系，可以看到，云的反照率增大，其发射率增大。当反照率达到 0.5 时，发射率趋向于 1。也就是接近黑体。

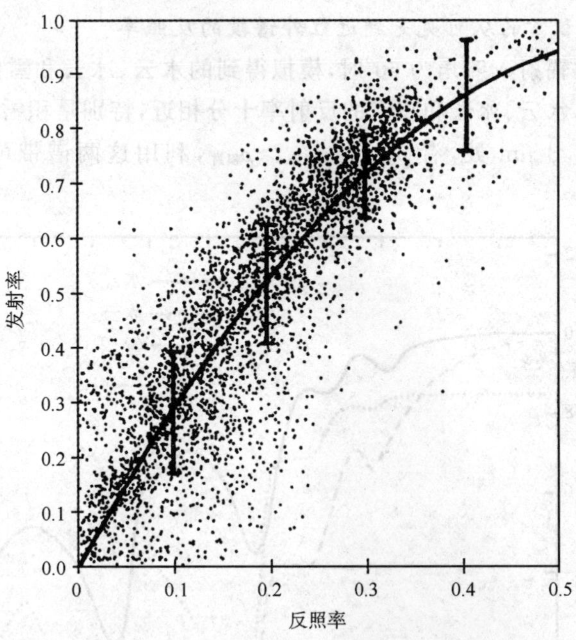

图 8.21　发射率和反射率间的关系

12. 卷云和积云的反射波谱特性

在近红外波段，卷云和积云的表观反射率随波长而变，在某些波长，它们间有显著差异。图 8.22 是 NASA/JPL 机载可见光红外图像光谱仪在 20 km 高空在 ER-2 飞机测量在水面上空积云和卷云光谱，可以看到，由于卷云比积云高很多，在波长 0.94 μm 处的水汽吸收峰值，卷云比积云大很多。卷云的表观反射率比积云要大。积云在 1.05 μm、1.60 μm、2.20 μm 出现几个反射峰值。

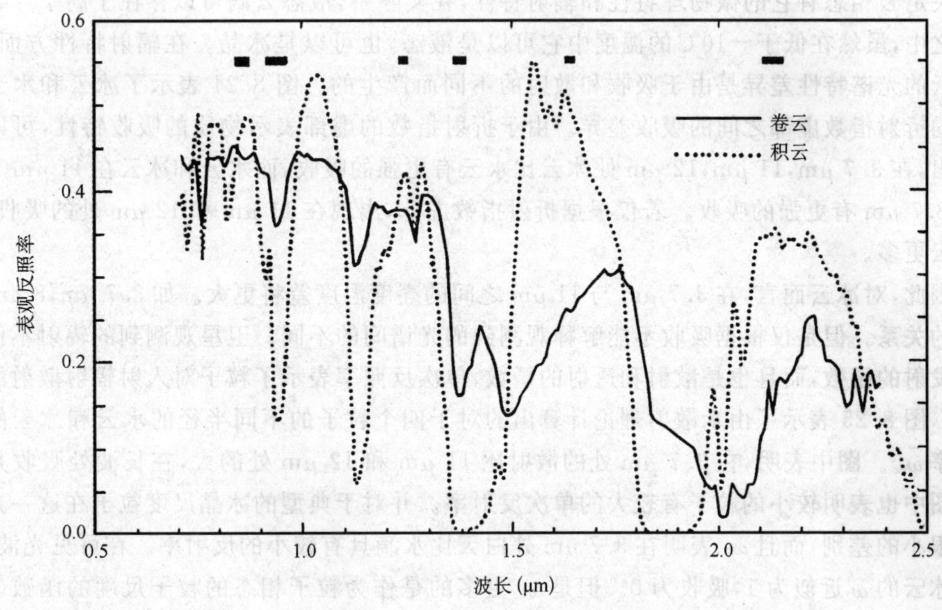

图 8.22　卷云和积云的反射波谱

13. 水云、冰云和积雪的从可见光到近红外谱段的反照率

图 8.23 是当照射辐射入射角为 60°时，模拟得到的水云、冰云和雪的方向半球反射率，图中显示在可见光谱段，水云、冰云和积雪的反射率十分相近，特别是积雪与水云；在近红外谱段 1.5～1.8 μm、2.0～2.3 μm 处，有 $\rho_{水云} > \rho_{冰云} > \rho_{积雪}$，利用这两谱带可以区分水云、冰云和积雪。

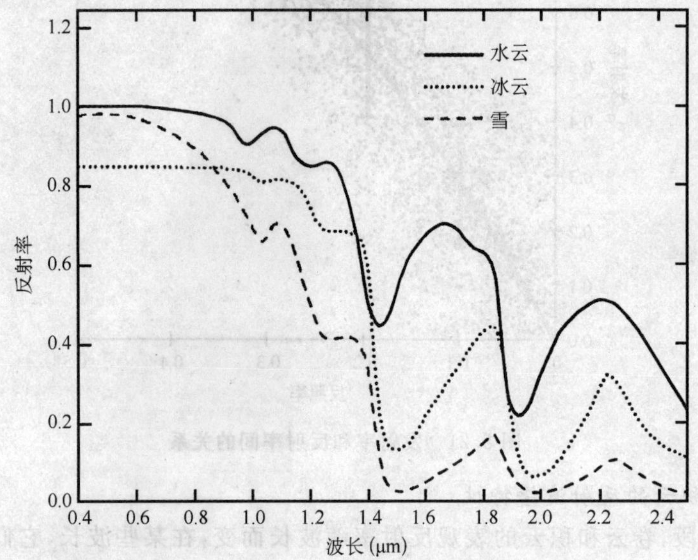

图 8.23　对于波长 0.4～2.5 μm 入射角 60°模拟水云、冰云和雪面的方向半球反射率(Dozier,1989)

14. 云的红外谱段的折射指数与云相态

决定云相态有它的微物理特性和辐射特性，在实际中，液态云滴可以存在于高于－40℃的温度之中，虽然在低于－10℃的温度中它可以是液态，也可以是冰晶。在辐射特性方面，水云和冰云的光谱特性差异是由于吸收和散射的不同而产生的。图 8.24 表示了冰云和水云红外谱段的折射指数虚部之间的吸收差异。由于折射指数的虚部表示物质的吸收特性，可以清楚地看出，在 3.7 μm，11 μm，12 μm 处冰云比水云有更强的吸收，而水云和冰云在 11 μm，12 μm 处比 3.7 μm 有更强的吸收。若仅根据折射指数虚部，出现在 11 μm 和 12 μm 处的吸收，冰云比水云更多。

因此，对冰云而言，在 3.7 μm 与 11 μm 之间的亮度温度差将更大。如 3.7 μm，8 μm 处有同样的关系。但是仅根据吸收不能解释观测到的光谱间的不同。卫星观测到的辐射不仅是吸收—发射的函数，而且也是散射和透射的函数，单次反照率表示了粒子对入射辐射散射的有效程度。图 8.25 表示了由米散射理论计算出的对于四个粒子的不同半径的水云和冰云的单次反照率 $\tilde{\omega}_{0c}$。图中表明，在 3.7 μm 处的散射比 11 μm 和 12 μm 处的大，在长波处吸收是主要的。图中也表明较小的粒子有较大的单次反射率。并对于典型的冰晶尺度粒子在这一光谱部分有很小的差别，而且 $\tilde{\omega}_{0c}$表明在 3.7 μm 处白天比水滴具有较小的反射率。在可见光波段，水云和冰云的 ω 近似为 1，吸收为 0。但是 $\tilde{\omega}_{0c}$ 更多的是作为粒子相态的粒子尺度的函数。根据水滴的 $\tilde{\omega}_{0c}$ 较冰晶小的这一事实反演算法。

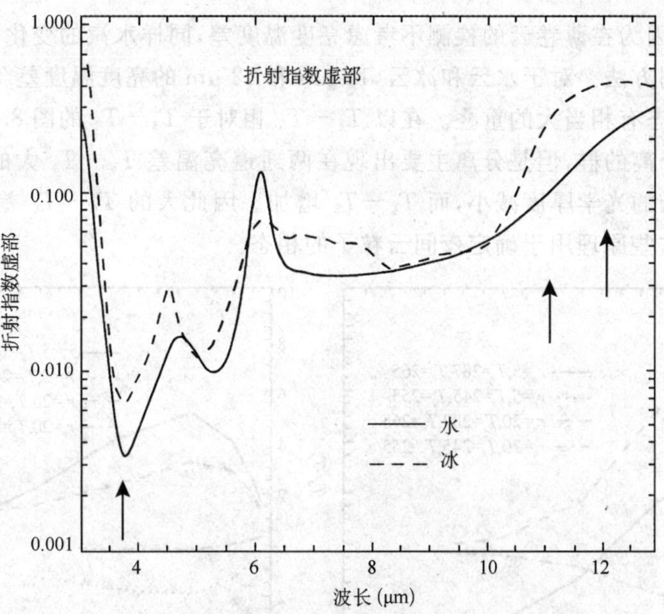

图 8.24　冰云和水云的红外谱段的折射指数虚部

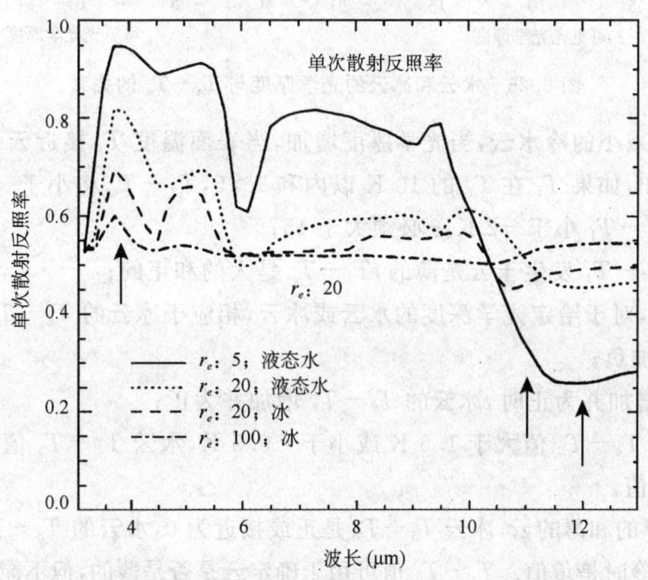

图 8.25　冰云和水云的红外谱段的单次反照率

(1)夜间。对于厚的云，透过率是低的，地面对大气顶的辐射贡献很小，吸收和散射随波长而变。根据上面表示的原理，在 3 和 4 通道夜间亮度温度之差 T_3-T_4，对于小 r_e 组成的厚的水云是负的。而对厚的冰云，$\tilde{\omega}_{0c}$ 指示应当比厚的水云小。事实上对于这种情况，由离散纵标法模式计算在图 8.26 中表示，夜间计算采用云滴为球形粒子的八流近似，对于所有通道采用发射率为 0.99 的雪面，对于透明的薄云，透过率不能忽略，因此，云的表面和下部影响卫星测量辐射，特别是 3.7 μm，当光学厚度较小时，对于冷(地面温度比云高)的云的 T_3-T_4 增加，相反对于暖的云，T_3-T_4 可以是负的。除雪之外。不同地表发射率的光谱变化影响卷云的亮度温度差，如沙土壤会使卷云的亮度温度差降低。但是在下面的方法中，地表发射率不会影响云的相态的检测，因为在薄卷云的检测不考虑亮度温度差，同样水汽的变化会影响 T_3-T_4，但是没有相态的检测方法。对于水云和冰云，11 μm 和 12 μm 的亮度温度差 T_4-T_5，较 T_3-T_4 小得多，对于两相态有相当大的重叠。在以 T_4-T_5 相对于 T_3-T_4 的图 8.27 中，水云和冰云形成稍微有相互分离的群，但是分离主要出现在两通道亮温差 T_3-T_4 大的地方。在图 8.27 中并没有出现当云的光学厚度减小，而 T_4-T_5 增加。因此大的 T_4-T_5 差（正或负），表示薄的水云或冰云。这些原理用于确定夜间云粒子的相态。

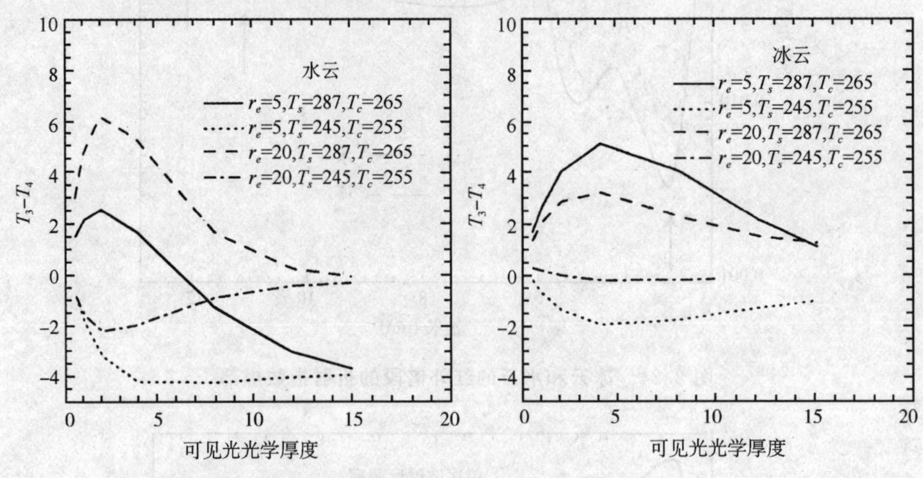

图 8.26 水云和冰云的光学厚度与 T_3-T_4 的关系

①对云粒尺度减小的冷水云，当光学厚度增加，当表面温度 T_s 接近云顶温度 T_c，T_3-T_4 成为更负的值，例如，如果 T_s 在 T_c 的 10 K 以内和 $\tau>5$，T_3-T_4 将小于 −2 K；如果 T_s-T_c 在 15～40 K，则 T_3-T_4 小于 −2 K，τ 必须大于 15；

②正的水云 T_3-T_4 发生于云是薄的，T_s-T_c 是大的和正的；

③无论正或负，对于给定光学深度的水云或冰云，相应于冰云的 T_3-T_4 值接近 0，对于水云的 T_3-T_4 值更加负；

④当 T_s-T_c 增加并为正时，冰云的 T_3-T_4 增加并为正；

⑤薄云具有的 T_4-T_5 值大于 1.5 K 或小于 −0.5 K，水云 T_4-T_5 值趋于比冰云有较大的正值或较小的负值。

这样，当对于厚的和薄的云，冰云 T_3-T_4 是正或接近为 0，水云的 T_3-T_4 仅当云是厚的或如果地面云明显地冷时是负值。T_4-T_5 值可用于确定云是否是薄的，但不能确定云的相态。

(2)白天。在有太阳辐射时，3.7 μm 的 ω 光谱特征是区分冰云和水云的重要特征，由于构成冰云的粒子较水云大，在这波长上冰粒的折射指数实部比水滴要小，因此，冰粒的散射没有水滴大。在 3.7 μm 的反射率不仅取决于粒子的相态，也取决于观测角度和地表面反射率，图 8.27显示模拟的反射率是散射角的函数，图中白天模拟结果采用六角形冰晶。对于 AVHRR 数据，3.7 μm 的反射率近似可以由通道 4 温度 T_s 的发射辐射估计：

$$\rho_3=\frac{L_3-B_3(T_4)}{L_0\mu-B_3(T_4)} \tag{8.73}$$

式中，ρ_3 是通道 3 的反射率，L_3 是通道 3 的辐射率，$B_3(T_4)$是按通道 4 的温度对于通道 3 的普朗克辐射，L_0 是太阳常数，$\mu=\cos\theta_{sun}$ 是太阳天顶角 θ_{sun} 的余弦，图 8.28 中的散射角 ψ 是卫星观测方向与太阳光方向之间的夹角：

$$\psi = 180° - \cos^{-1}(\cos\theta_{sun}\cos\theta_{sat} + \sin\theta_{sun}\sin\theta_{sat}\cos\varphi) \tag{8.74}$$

式中，θ_{sun}，θ_{sat}，φ 是方位角，图 8.28 中云的可见光光学厚度为 2 和 5，植被地面和雪的反照率，显示 3.7(m 两种地表面类型的晴天反射率差异，雪的反射率低（暗），植被反射率较大（亮），光滑曲线表示每种表面类型上冰云反射率的上限，对于 0°和 150°之间 ψ 值的有效性。在强的后向散射情况下（ψ>150°），雪面之上的薄云，水云与冰云不能清楚区分。

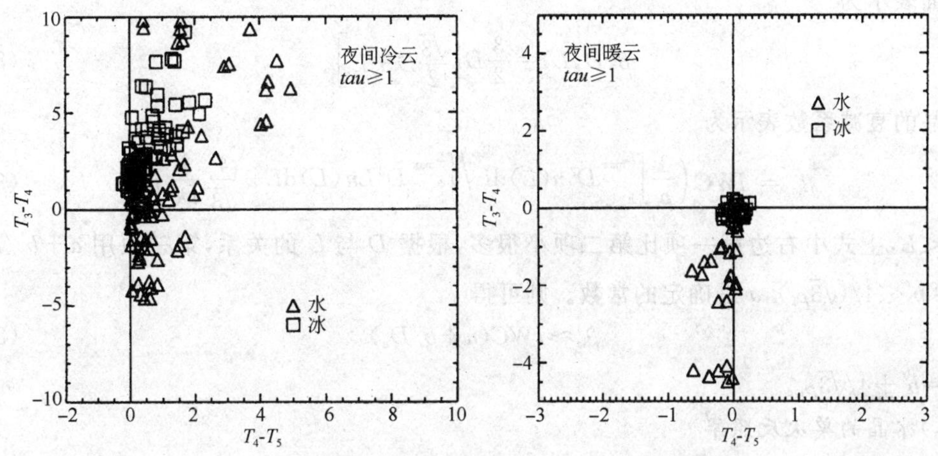

图 8.27　对于 AVHRR ch3(3.7μm)和 ch4(11μm)亮温差模拟区分水云和冰云

由于可见光反射率中大的差别原因，由 3.7 μm 对 0.6 μm 反射率之比值，可给出两种地表上云反射率光谱分离。另外，反射比和散射角间的关系近似为线性，但它没有给出定量信息，这样用简单的反射率替代（图 8.28）。

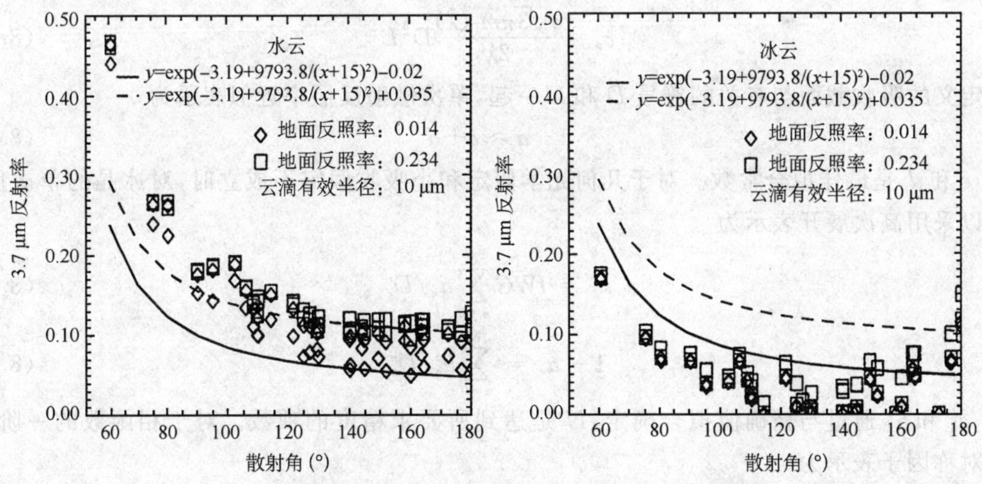

图 8.28　对于水云和冰云的 AVHRR 通道 3.7 μm 的反射率模拟，为散射角的函数

二、冰云的光学参数

卫星仪器自空间观测大气，当有云时首先观测到的是卷云。大气中的卷云由冰晶组成，因此辐射在卷云的传输决定于组成卷云冰晶粒子的形状、浓度和尺度等。冰晶的形状十分复杂，

有六角形、圆柱形和针状等，这对太阳和地球大气的辐射传输有重要影响。

(一)冰晶的衰减系数

冰晶的衰减系数定义为

$$\beta_{ic} = \int_{L_{min}}^{L_{max}} \sigma(D,L)n(L)\mathrm{d}L \tag{8.75}$$

式中，σ 是单个冰晶的衰减截面。在几何光学范围内，六角形冰晶在空间是随机取向的，这时衰减截面表示为

$$\beta(D,L) = \frac{3}{2}D\left[\frac{\sqrt{3}}{2}D + L\right] \tag{8.76}$$

这时冰晶的衰减系数表示为

$$\beta_{ic} = IWC\left(\frac{1}{\rho_i}\int_{L_{min}}^{L_{max}} D^2 n(L)\mathrm{d}L \Big/ \int_{L_{min}}^{L_{max}} D^2 Ln(L)\mathrm{d}L + \frac{4}{\sqrt{3}}\frac{1}{De}\right) \tag{8.77}$$

由于 $D<L$，上式中右边第一项比第二项小很多，根据 D 与 L 的关系，第一项用 $a+b'/D_e$ 近似，其中 $b' \ll 4/(\sqrt{3}\rho_i)$，$a$ 是确定的常数。则可得

$$\beta_{ic} \approx IWC(a+b/D_e) \tag{8.78}$$

式中，$b=b'+4/\sqrt{3}\rho_i$。

(二)冰晶的单次反照率

对于一定的冰晶谱分布，单次反照率可以写为

$$\tilde{\omega}_0(\tau) = 1(\int_{L_{min}}^{L_{max}} \sigma_a n(L)\mathrm{d}L \Big/ \int_{L_{min}}^{L_{max}} \sigma_e n(L)\mathrm{d}L \tag{8.79}$$

式中，σ_a 是单个冰晶的吸收截面。当吸收很小时，吸收截面 σ_a 是折射指数虚部 m_i 和粒子体积 D^2L 的乘积，即是

$$\sigma_a = \frac{3\sqrt{3}\pi m_i(\lambda)}{2\lambda}D^2 L \tag{8.80}$$

上面定义的吸收截面与有关的符号 D 和 L 一起，单次散射反照率近似表示为

$$1-a_c \approx c+d \tag{8.81}$$

式中，c 和 d 是最佳拟合常数。对于几何光学假定和小吸收假定不成立时，对冰晶的单次反照率可以采用高次展开表示为

$$k_c = IWC\sum_{n=0}^{N} a_n/D_e^n \tag{8.82}$$

$$1-a_c = \sum_{n=0}^{N} b_n/D_e^n \tag{8.83}$$

式中，a_n 和 b_n 通过与精确值拟合确定，N 是达到所要求精度的项数。对于相函数的一阶矩，即不对称因子表示为

$$g_c = \sum_{n=0}^{N} c_n/D_e^n \tag{8.84}$$

另外由异常衍射理论，Stephens(1990)可以导得云的衰减系数为

$$k_{ext} = 2A + \frac{4A}{f(2)}R_e\left\{\frac{\alpha}{u_m(u_m+1)^{\alpha+1}} + \frac{1}{u_m^2(u_m+1)\alpha} - \frac{1}{u_m^2}\right\} \tag{8.85}$$

式中，$u_m=2x_m(n-1)$，n 是复折射指数；

$$x_m = 2r_m/\lambda,$$

$$f(m) = \frac{\Gamma(\alpha+m)}{\Gamma(\alpha)};$$

$$A = \pi\int_0^\infty n(r)r^2\,\mathrm{d}r = \pi N_0 r_m^2 f(2) = \frac{3}{4}\frac{w}{\rho_{\mathrm{ice}}}\frac{f(2)}{r_m f(3)}$$

冰云的吸收系数

$$k_{\mathrm{abs}} = A + \frac{2A}{f(2)}\left\{\frac{\alpha}{v_m(v_m+1)^{\alpha+1}} + \frac{1}{v_m^2(v_m+1)^{\alpha}} - \frac{1}{v_m^2}\right\} \tag{8.86}$$

式中，$v_m = 4x_m n''$。单次反照率为

$$\tilde{\omega}_0 = \frac{1}{2} - \frac{1}{(\alpha+1)\alpha}\left\{\frac{\alpha}{v_m(v_m+1)^{\alpha+1}} + \frac{1}{v_m^2(v_m+1)^{\alpha}} - \frac{1}{v_m^2}\right\} \tag{8.87}$$

图 8.29～图 8.31 给出了不同类型冰云的衰减系数、单次反照率和不对称因子随波长的变化。图 8.32 给出了冰粒的相函数。

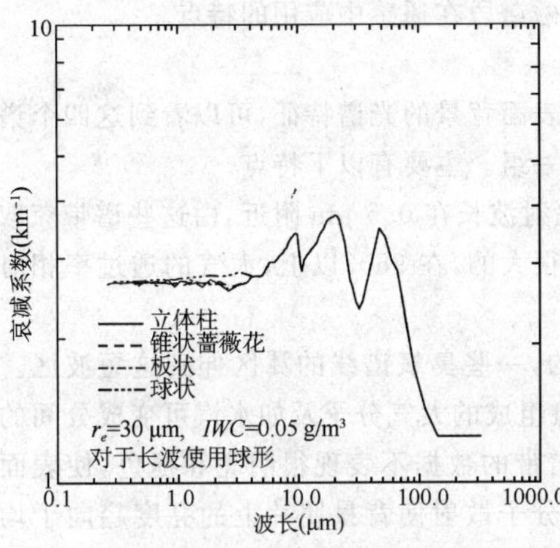

图 8.29　对给定的有效半径和冰水浓度的冰云的衰减系数

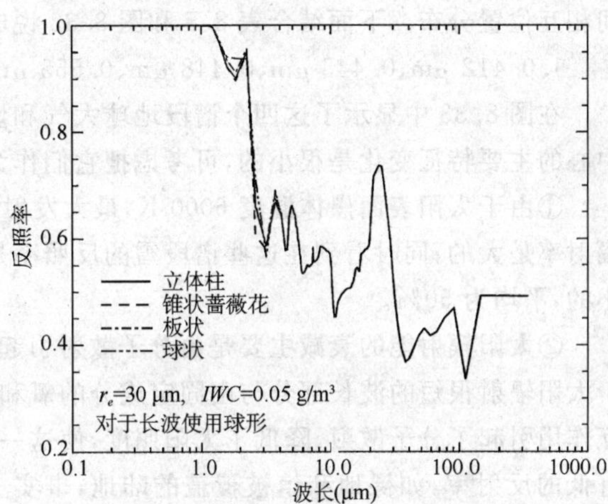

图 8.30　对给定的有效半径和冰水浓度的冰云的单次反照率

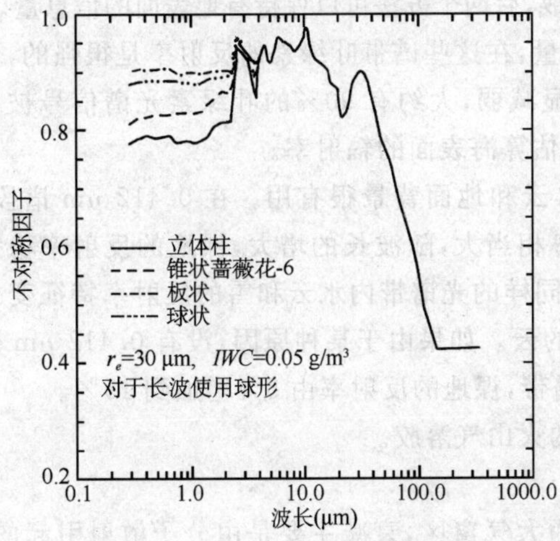

图 8.31　对给定的有效半径和冰水浓度的冰云的不对称因子

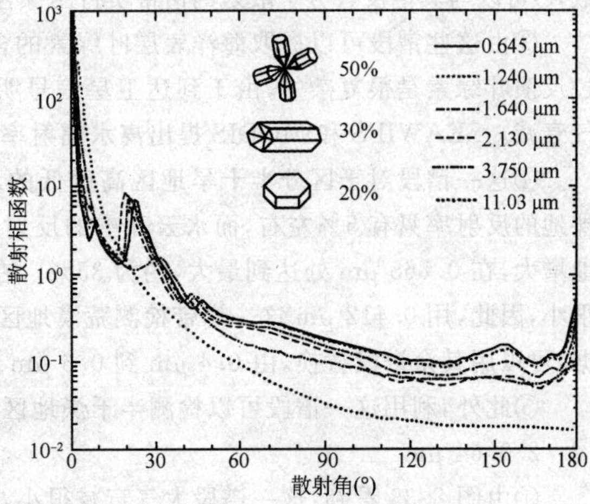

图 8.32　冰晶粒子的散射相函数

第三节　电磁谱段和卫星遥感云特性的波段

卫星云检测是卫星资料定量使用的重要内容之一，特别是在获取地面目标特性时，首要的是将地表与云区别开。一般情况下，当云与地面的差异大时，云检测很容易实现。但当云与地面的差别不大时，检测云就十分困难。在这种情形下，需要利用云和其他目标的多谱段反射特性区分它们。通常的困难有：(1)云与雪的区分；(2)薄云的检测；(4)夜间低云的检测。卫星观测地球大气从最初的可见光发展为可见光—红外双通道，新一代极轨卫星 NPOESS 业务观测的通道越来越多，仅卫星图像观测已增加到 22 个。

一、电磁波谱段和卫星观测通道

图 8.33 和表 8.5 给出了一些重要卫星观测仪器采用的谱带，大气吸收光谱地物反射光谱间相互位置分布。下面结合表 8.5 和图 8.33 说电磁谱段在遥感中应用的特点。

1. 0.412 μm、0.445 μm、0.448 μm、0.555 μm

在图 8.33 中显示了这四个谱段地球大气和地表面背景的光谱特征，可以看到这四个谱带中心的主要特征变化是很小的，可考虑把它们作为一组。主要有以下特点。

①由于太阳表面黑体温度 6000 K，最大发射辐射波长在 0.5 μm 附近，由这些谱带获取的辐射率是大的；同时看到在这些谱段雪的反照率是很大的，在 95%以上，大气的透过率相对是小的，平均为 50%。

②太阳辐射能的衰减主要是由分子散射引起的，一些臭氧谱线的翼区伸到这短波区。由于太阳辐射很短的波长部分与由固定成分的氧和氮组成的大气分子及如水汽可变成分间的相互作用引起了分子散射，降低了太阳照度，使这一谱带的数据不表现很明亮和褪色，使表面具有低的反射率，如裸地和植被覆盖的陆地，事实上分子散射使背景照片上的亮度趋向于均匀化。这个亮度可进行以下方式订正：a)由睛所有特征均匀变暗，在失去背景内容的地方，可以降低整个背景的反差；b)对于分子散射可以对每个像点的辐射率订正，它是感应器扫描角的函数；c)可以与其他没有分子散射的谱带实行图像合成，后两个方法可以保持有地表面的信息量。

③由这些谱段可以提取海洋表层叶绿素的含量，在这些谱带叶绿素的反射率是很强的，不过反演叶绿素是很复杂的，由于到达卫星信号明显减弱，大约有 90%的叶绿素光谱信号被大气衰减。SEAWIFS 和 MODIS 提出离水辐射率，估算海表面的辐射率。

④这一谱段对于区分半干旱地区高度低的水云和地面背景很有用。在 0.412 μm 谱段，裸地的反射率只有 5%左右，而水云和雪的反射率相当大，随波长的增大，裸地的反射率稳定地增大，在 0.865 μm 处达到最大，约为 35%。在同样的光谱带内水云和雪的反射率特征变化很小，因此，用 0.412 μm 这一谱带检测荒漠地区的云。如果由于某种原因，没有 0.412 μm 数据，可以用其余谱段替换，由 0.4 μm 到 0.6 μm 谱带，裸地的反射率由 5%增加到 15%。

⑤此外，利用这一谱段可以检测半干燥地区的火山气溶胶。

2. 0.64 μm

①由图 8.33 看到：这一谱段大气衰减很小，为大气窗区，衰减主要是由分子散射引起的，而氧、臭氧和水汽的吸收是很小的。在冬季中纬度地区有水汽的状况下，大约有 70%大气顶的太阳辐射能到达地面。这相对短波区的能量是被分子散射，其意味向前和向后散射的能量

几乎相等，分子散射的对这波段图像的净效应是像点的反照率或反射率从天底到扫描边缘缓慢地增加，因此，在晴空状况下，如反照率的低海面，整个相对均匀，从天底到扫描边缘的反照率从 2(3)%增加到 7%。虽然对于由人分析云图不是重要的，但是对于其他方面是重要的。

②这一谱段雪的反射率很高，在云图上表现很亮；植被、裸地、海面的反射率很小，表现很暗的色调；裸地反照率约为 20%，具有中等大小的值，其亮度要比雪小，而比植被、水面要亮得多。

③水云，如层积云、积云，粒子的数浓度很大，在图上表现很明亮。由于云的反射强度是由散射系数、云滴谱、数浓度确定，这些使云具有很高的反射率。用散射效率，意味水云有相对大的光学厚度，即使云的几何厚度很小。一般对于水云的数密度在 100～500 cm^{-3}，另外，卷云在这谱段具有较低的反照率，由于卷云较大的粒子尺度和小的数密度，它的光学厚度很小，即使是它的几何厚度很大。一般卷云的数密度在 0.01～0.1 cm^{-3}。因而水云在这谱段上很亮，而冰云不容易可见。

表 8.5　卫星成像仪采用的观测谱段(μm)

谱带序号	VIIRS(NPOESS)	MODIS(TERR)	CMODIS(FY-3)	CVIIRS(FY-3)	GOES
1	0.7	0.659	0.470	0.58～0.68	0.55～0.75
2	0.412	0.865	0.550	0.84～0.89	3.80～4.00
3	0.445	0.470	0.650	3.55～3.93	5.8～7.3
4	0.488	0.555	0.865	10.3～11.3	6.50～7.00
5	0.555	1.240	11.25	11.5～12.5	10.20～11.20
6	0.640	1.640	0.412	1.55～1.64	11.50～12.50
7	0.672	2.10	0.443	0.43～0.48	13.0～13.7
8	0.746	0.415	0.490	0.48～0.53	
9	0.865	0.443	0.520	0.53～0.58	
10	0.865	0.490	0.565	1.325～1.395	
11	1.240	0.531	0.650		
12	1.378	0.565	0.685		
13	1.610	0.653	0.765		
14	1.610	0.681	0.865		
15	2.250	0.750	0.905		
16	3.740	0.865	0.940		
17	3.700	0.905	0.980		
18	4.050	0.936	1.030		
19	8.550	0.940	1.640		
20	10.763	3.750	2.130		
21	11.450	3.750			
22	12.013	3.959			
		4.050			
		4.465			
		4.515			
		1.375			
		6.715			
		7.325			
		8.550			
		9.730			
		11.030			
		12.020			
		13.335			
		13.635			
		13.935			
		14.235			

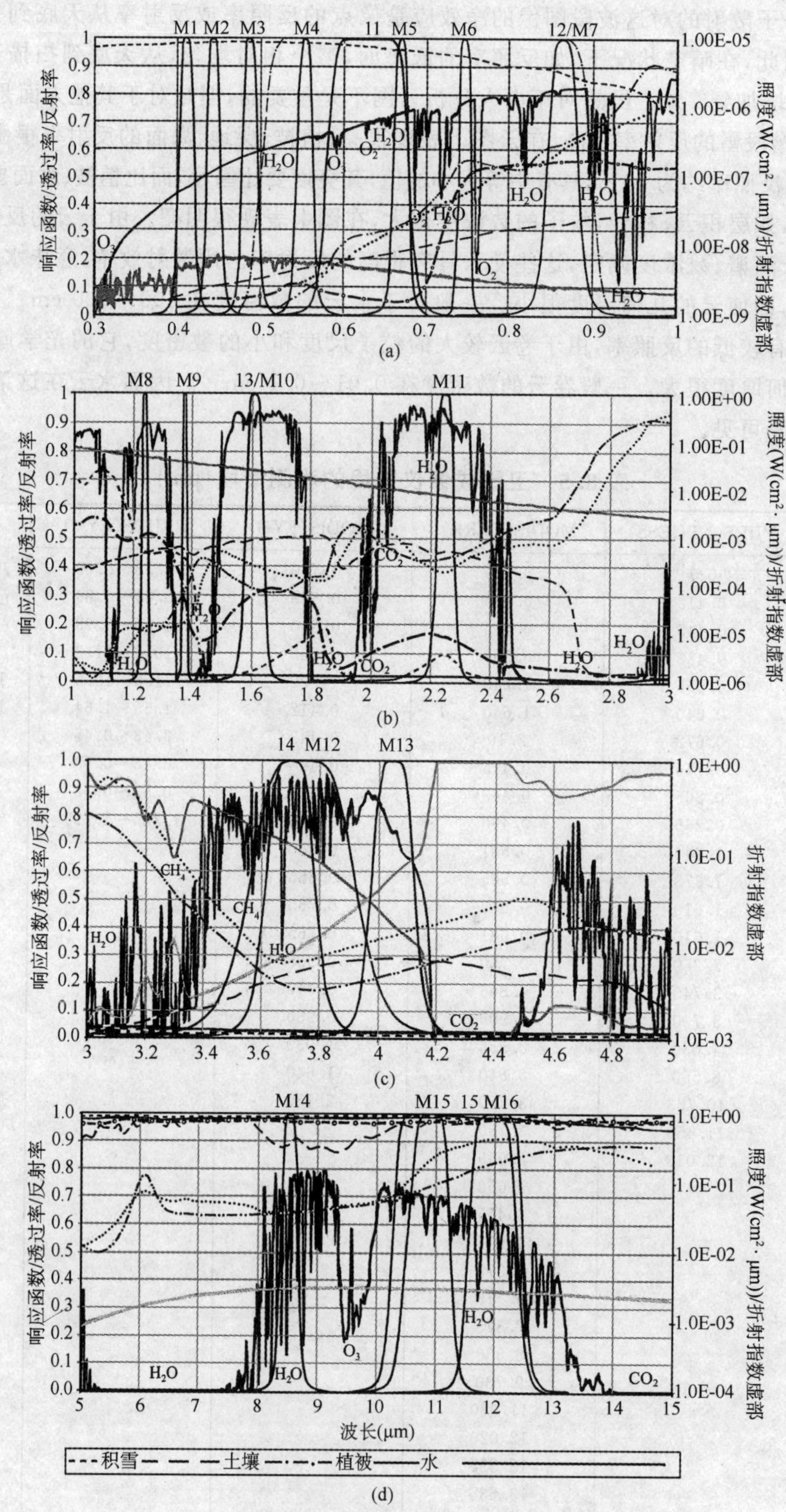

图 8.33 大气、地物光谱和 VIIRS 仪器遥感通道

3. 0.7 μm

在美国新一代 NPOESS 极轨业务卫星的 VIIRS 仪器上增加了白天—夜间可见光图像谱带新功能，具有 DMPS/OLS 的观测通道的特性。这谱带也称为白天—夜间谱带或 DNB，其目的是提供明暗界线处和月光照射下的弱光情况下的可见光图像。它的特征如下。

①图 8.34 给出了 DNB 的光谱响应，设计为在 0.5 μm 处迅速减小，以避开短波大气路径辐射。DNB 测量范围在四分之一月光照射下提供云图像。在夜间具有的信噪比随月相、月亮的高度角和扫描角而变化。图 8.34 给出四分之一月光照射下的例子，图上顶部和下部的两条曲线分别表示月亮天顶角为 0°、20°、40°、60°。中间条曲线相对于 4×10^{-9} W/(cm² · sr)最小的测量范围。对于整个扫描的最小辐射的信噪比大于 10。在天底观测时，最小辐射的信噪比达到 30。DNB 图像特征与 0.640 μm 相类似。

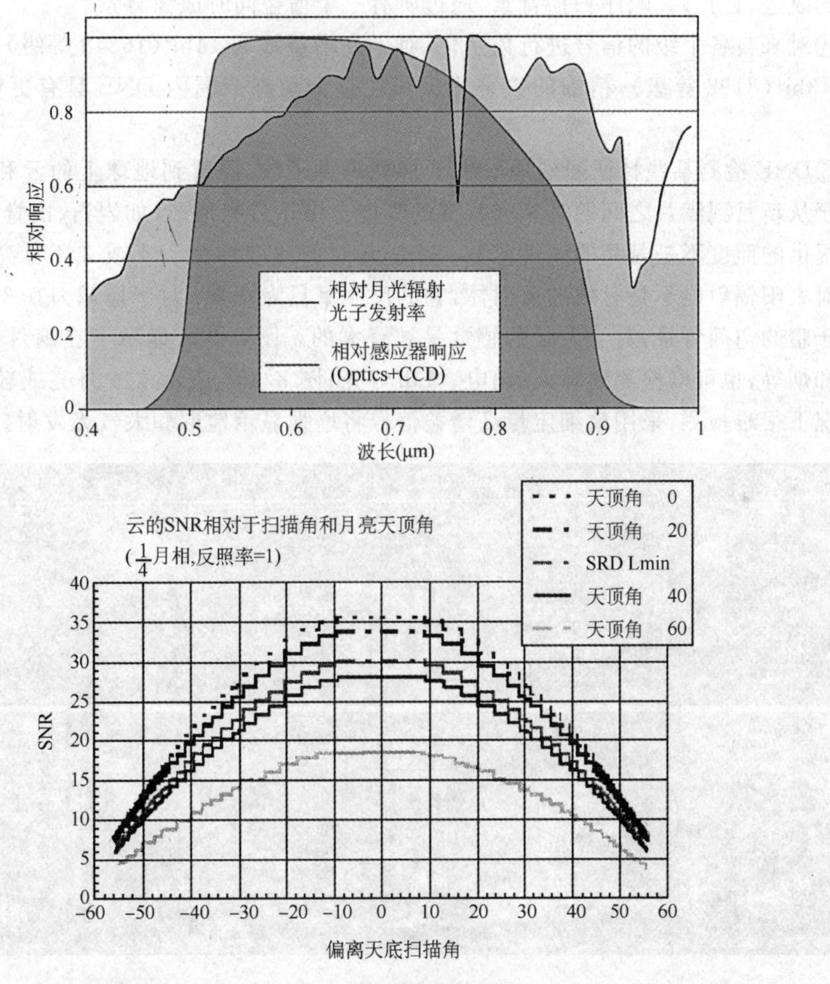

图 8.34　DNB 的光谱响应

②夜间 VIS 云图的光谱范围覆盖可见光 VIS 和近红外 NIR 两谱段，它对大的云照明范围敏感，在照明高的一侧，探测器接收白天/夜间边界的反射太阳辐射，在低电平处，能检测夜间满月条件下的云，有时可检测夜间部分月光或月亮很低条件下的云。在具有足够月光照射下，也可检测雪盖、烟尘、海冰和陆面特征。DNB 在轨道上白天和夜间，测量地球和大气(反射

太阳/月亮光、自然和夜间人造发出的光)。在新一代极轨卫星上的DNB相对于OLD有以下改进:(a)降低瞬时像点饱和度;(b)较小的瞬时视场,减小空间模糊度;(c)精确定标和高的辐射计分辨率;(d)VIIRS多光谱测量与其他感应器测量间的配准;(e)提高空间分辨率和消除垂直轨道像点的尺度的变化。

③DNB实行专一的聚焦平面组件,与VIIRS其他谱带共用一个光学和扫描组件(FPA)。为达到在一条卫星轨道上白天/夜间辐射大的动态区间(7个数量级)有满意的辐射计分辨率,DNB由低、中、高三个同时收集级(在同一FPA安置探测器组)动态地选取它的放大增益,三个级探测低、中、高辐射,相对辐射计增益(高、中、低)分别为119000∶447∶1。三个级的每一个覆盖辐射范围大于500∶1,因此,三个级组合一起覆盖整个所需很大的辐射范围。提供两个等同的高增益级电信号,改进在很低信号时的信噪声比(SNR),并许可高能次原子粒子作用像点的改进(订正)。顺序扫描背景,通过所有三个增益同时成像背景。

④对来自各个级的信号进行数字化,对于高增益级为14bit(16348等级),对于中、低增益级为13bit(8192等级),精细的数字化保障在整个动态范围内DNB具有更精细的辐射计分辨率。

⑤DNB检测某些特征强烈地取决于月亮照射函数,照射到地球上的云和地表的月光量,取决于从新月到满月之间的月相和月亮的高度。由于月亮地形(如岩石、山脊等)产生的暗影,月亮提供的照度不是月相的线性函数。在满月时的照度约为1/4或3/4月亮的9倍那么大。月亮对太阳辐射能不是有效的反射体,它的反照率只为0.07,对于地球为0.39,但是由于月亮相对于暗的空间背景,对于人眼的感觉是被夸大的。图8.35a显示了在满月检测云、雾、陆面雪盖和烟等,也可以检测到林火、闪电、城市灯光;图8.35b表示1/4月亮或较少照度,在低增益情况下很难检测,采用精细定量高增益信号将增强显示地形和大气光发射。

图8.35 夜间云和林火、闪电、城市灯光的观测

4. 0.865 μm

①这一谱段在衰减很小的大气窗区内,由于在可见光—近红外较长波长的区域,分子散射的减小,有很高的透过率,也可看到没有水汽吸收。由于米散射减小在这谱段能量,但是这些粒子相对于大气分子只是很小的一部分。因此,大气顶的超过80%太阳辐射能到达地面。

②这一谱段与 0.64 μm 谱段比较，相对于裸地而言，植被的反射率明显加大；在 0.64 μm 谱段裸地的反射率比植被陆地的反射率大，而 0.865 μm 谱段则相反；水云的反射率也明显加大。潮湿的陆面的反射率则很小。

③这一谱带比早期 AVHRR 的 2 通道要窄，由 AVHRR 的 0.3 μm 变窄为 0.039 μm，这样就避开了由水汽吸收带通道的影响，例如 AVHRR 的 2 通道包含有 0.83 μm 强水汽吸收带，而 VIIRS 不包括有这水汽吸收带，减小水汽对云特性的影响。

④由于 0.865 μm 没有水汽的影响，这样也减小了由于水汽的可变性引起对低反射率地表的特征的变化，将提供更精确的植被指数的分析。

5. 1.378 μm

这是一很窄的水汽吸收谱带，有以下特点。

①从图 8.36 可看出，这一谱带主要可用于检测卷云，特别是陆地表面的卷云，这一谱带的太阳照度是很大的，虽然随波长增大而减小。在这一谱带之外，大气的衰减迅速减小。

②由于大气中的水汽在大气低层达最大值，随高度显著递减，在晴空条件下，在太阳辐射入射到达地面和二次反射回空间之前就被强烈地衰减，图 8.36 是由 LOWTRAN 用副极地夏季廓线模式的模拟结果，如果是理想反射器(反照率 100%)位于 6 km 高度，只有 20%的太阳能到达卫星。只有很小的能量被云反射到达感应器。当这反射器向下下降，反射太阳能显著减小，到地面已经没有反射能量到达卫星。

③大多数地面物体的反射率不是 100%，一般小于 50%，例如这一谱带的雪、裸地、植被都在 50%以下，因此，这些物体在这谱带是不可见的，这些表面特征是“理想黑体”。

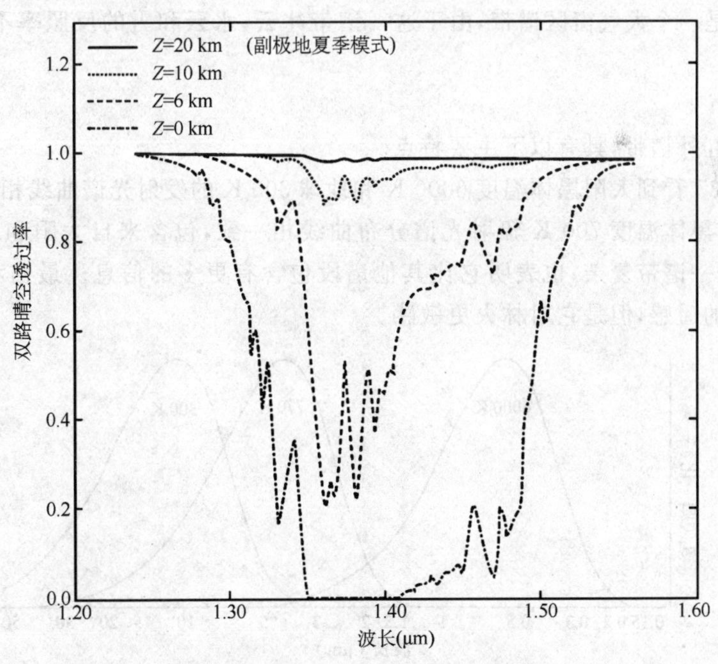

图 8.36　1.378 μm 谱段大气透过率

④卷云出现的高度处的水汽浓度比地面小好几个数量级，因此，太阳辐射到达大气湿度层高度之前，对太阳能的散射主要来自于卷云；同样，由于水滴构成的中云周围水汽比地面少很多，但是它们有很高的反射率，也可在 1.378 μm 谱带见到中云；低高度的水云不一定能在

1.378 μm 谱带见到，这决定于云顶与卫星仪器之间的水汽浓度，因此，由 1.378 μm 谱带可以检测到两高度上由冰粒组成的卷云和由水滴组成的中云。此外，由 1.378 μm 谱带可以确定中云和水云的差别。

⑤在 1.378 μm 谱带，由于一般地面特征被遮盖，能检测很薄的卷云，即使是有高反射率的低云出现。但是地面海拔高度很高时，可能会出现来自雪对太阳辐射的反射能。

6. 1.61 μm

这是一近红外谱带，这一谱带的遥感大气有以下价值。

①这一谱段处于较干洁的大气窗区内，透过率大于 90%，水汽吸收谱线的翼区伸展到该谱带，但是即使相对潮湿的大气，吸收不到 10%。从图 8.33 看到，在 1.4 μm 大气透过率接近为 0 到大约 1.58 μm 处迅速增加到最大，保持直到 1.75 μm。因此所用的光谱区间是 1.58～1.75 μm。

②1.61 μm 最大的价值是地表面积雪的识别，在这一谱段积雪与其他物像间有很大的差别。从图 8.33 可以看到在 1.5 μm 处雪的反照率极小，直到 1.58 μm 保持很小的值，然后随波长增加而缓慢地增加，至 1.64 μm 约为 5%。

③裸地、植被地区及水云的反射率明显地大，约为 30%～50%，因此，在 1.61 μm 谱带，雪与这些目标物有反差，因此用这谱带可以确定积雪的存在。

④利用这谱段可以区别水云和冰云及积雪，另外，由图 8.33 可见，由这一谱带能区分积云和卷云。

7. 2.25 μm

2.25 μm 是一个大气窗区谱带，由于这一谱带冰云、水云和雪的反照率不同，可以检测冰云、水云和雪。

8. 3.74 μm

这是短波红外谱带，具有以下主要特点。

①从图 8.37 看到太阳黑体温度 6000 K 和地球 300 K 的发射光谱曲线相交于 3～5 μm 谱段，这一谱带与黑体温度 700 K 辐射光谱分布曲线相一致，包含来自太阳和地球两个源的能量，因此它较任一谱带复杂，也表明它比其他谱段包含有更多的信息。最初利用 3.74 μm 是改进海面温度的遥感，但是它对林火更敏感。

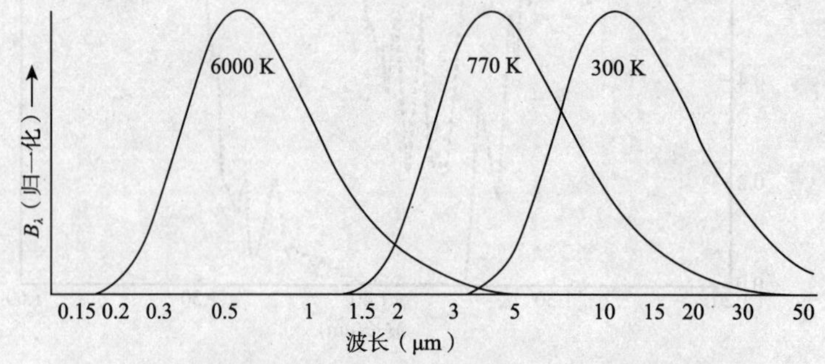

图 8.37　温度分别为 6000 K，770 K 和 300 K 黑体辐射光谱曲线

②在 3.74 μm 谱段，大气对辐射的衰减相对于其他谱段要小，图 8.38 给出 AVHRR 的 ch3(3.74 μm)、ch4(11 μm)、ch5(12 μm)三个通道的透过率随水汽含量的改变，随大气中的水汽增大，透过率减小，但是可以看到 ch3(3.74 μm)减小得最少。利用谱段间亮度温度差可以

用于估计大气中水汽的含量，海面温度的反演作水汽订正。

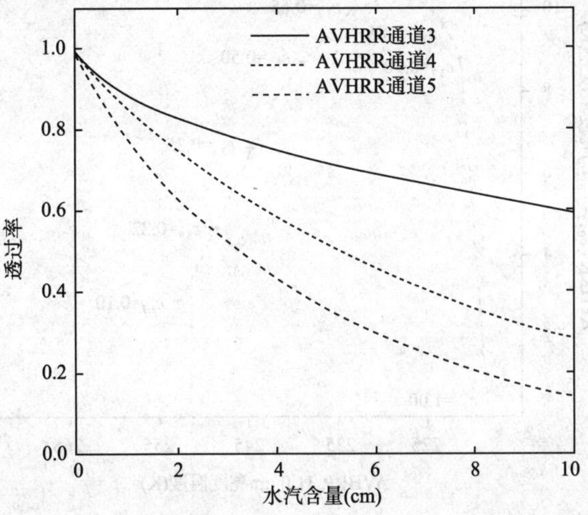

图 8.38　水汽吸收对 AVHRR 通道的影响

③利用 3.74 μm 谱段，可以检测夜间的层状云和薄卷云，在长波 IR 图上，由于层状云和薄卷云与地表小的温度差，很难检测。利用多谱段亮度温度差 $T_{B11.0}-T_{B3.7}$ 可自动检测夜间层云和雾，在这两波长上层云发射率的不同，层云在 3.74 μm 谱段的发射率为 0.8，而在 11.0 μm通道的发射率接近为 1。在两谱段的发射率差可引起 20% 的能量差。因此，在 3.74 μm通道层云的亮度温度差较 11.0 μm 要低 4 K 那么多。图 8.39 是对于温度为236 K 3.74 μm 与 12.0 μm 卷云的亮度温度之差相对于不同尺度冰粒光学厚度模拟结果，表明对于光学厚度约为 1 时的亮度温度差最大(20 K)，而且温差随光学厚度增大或减小而变小，卷云的光学厚度范围一般为 0.05～10。图 8.40 显示北极区 3.74 μm 与 12.0 μm 卷云的亮度温度之差相对于通道 4 亮度温度和通道 3 发射率(厚度)之间的关系，图中看到在相对冷的干燥大气中亮度温度差相当大。3.74 μm 与 12.0 μm 卷云的亮度温度之差最初是小的，当薄卷云的光学厚度或发射率增加时，亮温差增加；而卷云厚度增大，亮温差迅速减小，辐射特征表现为黑体。

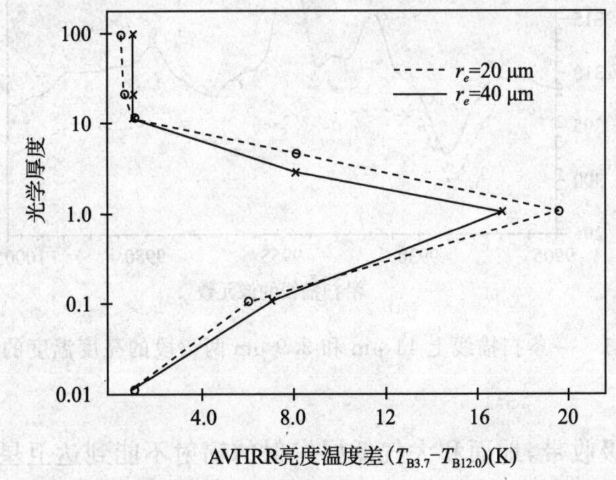

图 8.39　温度为 236 K 3.74 μm 与 12.0 μm 卷云的亮度温度之差相对于不同尺度冰粒光学厚度模拟

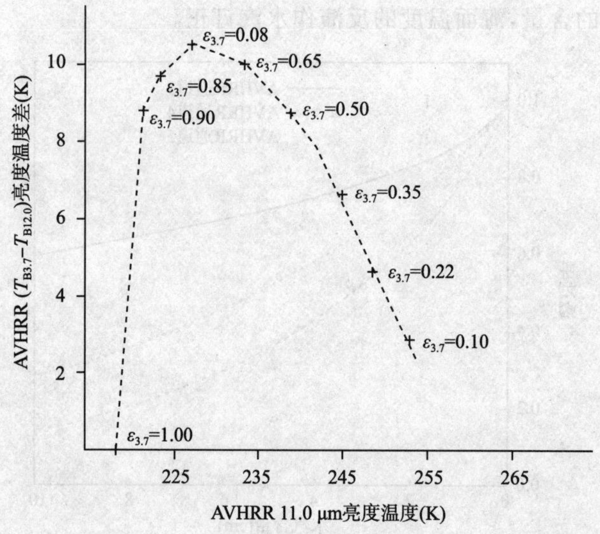

图 8.40　3.74 μm 与 12.0 μm 卷云的亮温差对于通道 4 亮温和通道 3 发射率(厚度)间关系

④利用 3.74 μm 谱段,消除云污染。

⑤利用 3.74 μm 谱段,可区分云和积雪。

⑥3.74 μm 谱段,确定光学厚度与粒子半径。

⑦利用 3.74 μm 谱段,检测地球表面状况,如森林火点,图 8.41 表示在一条扫描线上 11 μm和 3.9 μm 两谱段的亮度温度的变化,a、b、c 三个点是地面火点,在 3.9 μm 谱带显示为三个峰值,相应在 11 μm 谱段上相对平坦,在 3.9 μm 谱带最大峰值是在 b 点,该处的亮度温度为 321.4 K,而在 11 μm 谱段上亮度温度为 306.2 K,因此,由两谱带亮度温度差可以检测火点。

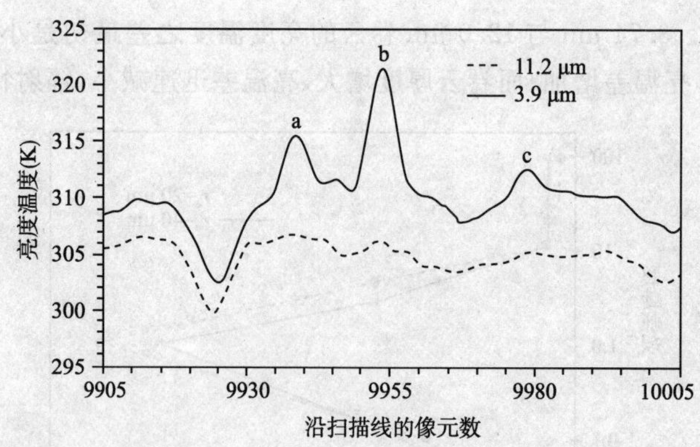

图 8.41　一条扫描线上 11 μm 和 3.9 μm 两谱段的亮度温度的变化

9. 6.7 μm

6.7 μm 是水汽强吸收带,地面和大气低层发射的辐射不能到达卫星,因此,利用该谱带只能检测高层大气水汽分布和大气环流,目前卫星利用这通道得到大气水汽分布的水汽图像。

10. 8.6 μm

这是一个大气窗通道,影响这通道特性的是有较明显的水汽吸收,因此,这通道不如

11 μm通道透明，实际是一个弱的水汽吸收区，由这通道可获取大气较低层水汽信息。

11. 11.45 μm

①由于云比地面的温度低很多，因此，用这谱带可检测云，特别是卷云。对于云类的判别，这一谱带确定云顶高度，在地面观测中是根据云底高度实行云分类，因此，由卫星观测到的云顶高度确定云类的不足之处。

②由于水云、裸地、植被的发射率比任何其他谱带更接近于1，因此，由这一谱带确定云顶高度，亮度温度与通过对光路上由水汽引起的大气衰减订正后的表面温度相关，但卷云除外，它的发射率在这一谱带有很高的变化。由于水汽吸收，该谱段的大气透过率降低，云顶上的水汽吸收由云发射的辐射能量，由于大气温度是向上递减的，水汽再以更低的温度发射辐射，因此，卫星接收在潮湿大气中云的辐射比在干燥大气中同样的云更小。如果没有订正，这种作用会高估云顶高度。

③在干燥大气中，大气中的水汽对辐射的衰减是相对小的，这样卫星估算的亮度温度比实际云顶温度低1～2℃，而潮湿大气中，卫星估算的亮度温度比实际的低3～6℃。如果没有作大气水汽订正，假定湿绝热大气温度的垂直递减率约为6 ℃/km，这样估算的云顶高度的误差为500～1000 m。对于水云，采用订正后的资料，则这种误差不会超过几百米。根据由卫星估算的云顶温度和邻近的大气温度廓线，就可对中、低高度的水云分类。

④由各个云顶之间的云顶亮度温度差区分云顶高度是可能的，例如两块云的亮度温度差是18℃，假定大气为湿绝热垂直递减率，则这些云间的云顶高度差约为3 km。使用同样的方法，可以由云顶温度和地面发射率接近为1的周围晴空地表的温度估算云顶高度。

⑤虽然由该谱带很容易检测卷云，但是要确定卷云的高度不是很容易的事，卷云随高度变化，一般取决于地理位置，由于它出现于接近对流层顶，在高纬度地区的卷云出现的高度很低，而在中纬度和热带可出现在较高的高度。由于大多数卷云很薄，卫星测量的不仅是卷云发出的辐射，而且有下面低云或地表发出的辐射，不像水云近似为黑体，卷云的发射率变化很大，由于有低云发射透过卷云，使卫星观测的亮度温度比实际卷云顶的大约高30℃，由此引起卷云顶高度的误差达到5 km，对于薄卷云更高。因此，要获取卷云顶高度必须用多谱段方法。

12. 12.0 μm

该谱带是长波红外，它与11 μm谱带基本相同，都是显示目标物的亮度温度，不同的是该

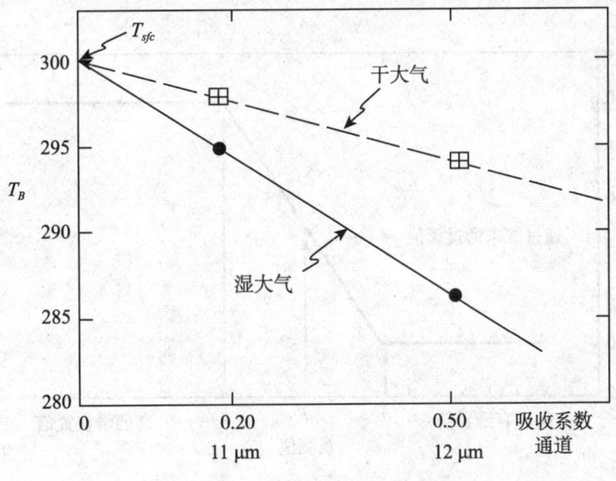

图8.42　11 μm和12 μm谱带

谱带受水汽的吸收的影响比 11 μm 更大，图 8.42 表示两谱带在干燥大气和潮湿大气中受水汽吸收的影响，对于吸收率数为 0 时的地表面温度为 300 K，比较 11 μm 和 12 μm 谱带对干燥大气和潮湿大气中测量地表面的亮度温度差，清楚看到在 12 μm 的亮度温度差显著地大于 11 μm的亮度温度差。表明 12 μm 谱带受水汽的影响远大于 11 μm 谱带。

13. 13.9 μm

这谱带是 CO_2 强吸收带，晴天时卫星测量的是大气中 CO_2 发出的红外辐射，但在有云时，特别是高云出现时，卫星测量的是由高云和 CO_2 发出的辐射，利用这谱带可检测不同高度上的云，特别是高度高的卷云，由于吸收带较强，低云不易检测到。

第四节 云检测

云检测的目的是定量地将云与地表区别开来，由于云的时空变化大，云本身十分复杂，加上作为云背景的地表时间变化较小，但陆地地表分布十分复杂，增大了云检测的难度；云检测是卫星遥感的重要内容之一，这是由于卫星测量的是云、大气和地表面等混合一起的信息，要获取某目标特性，必须排除该目标之外的其他信息，这些目标之外的信息称之为干扰或污染。

一、云检测的基本依据

1. 置信的设置

一般对于单个像素点的云检测可以由设置阈值确定，对不同地区因地理条件的差异，所取的阈值是不同的。如使用 0.86 μm 和 0.66 μm 两通道的比值检测云，若像素点满足条件 $0.9 < R_{0.86}/R_{0.66} < 1.1$，确定有云；但是，如果相邻像素点的 $R_{0.86}/R_{0.66} = 1.11$，是否就是晴空，这就不一定，也就是在偏离阈值一定范围内，还可能是云，偏离阈值越大，确定为云的可能性越小，这里就有一个置信问题。如图 8.43 中，纵坐标是置信水平 s，横坐标是观测值 x，当观测值 $x \leqslant \alpha$，为云区，晴空像点的可信度设为 0，而观测值 $x \geqslant \gamma$，为晴空区，晴空像点的可信度 s 设为 1。而观测值在 $\alpha \leqslant \beta \leqslant \gamma$，可能是云，也可能是晴空，置信区间 s 为[0,1]。对于云检测的置信水平 s 一般分四个等级：99%，95%、66%和小于 66%。对于晴空检测分为晴空、基本晴空、不确定、云四种类型。

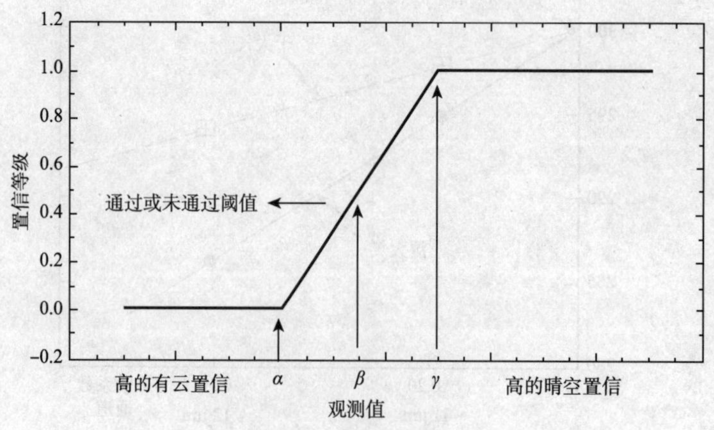

图 8.43 置信值的设置

2. 红外亮度温度阈值和差检测方法

对与方位无关的红外辐射传输方程形式写为

$$\mu\frac{\mathrm{d}I(\tau,\mu)}{\mathrm{d}\tau}=I(\tau,\mu)-(1-\omega_0)B(T)-\frac{\omega_0}{2}\int_{-1}^{1}P(\mu,\mu')I(\tau,\mu')\mathrm{d}\mu' \tag{8.88}$$

式中，ω_0 是单次反照率，它等于 $\sigma_{\mathrm{sca}}/\sigma_{\mathrm{ext}}$，$\sigma_{\mathrm{sca}}$ 是散射截面，σ_{ext} 是衰减截面。$P(\mu,\mu')$ 是相函数。

对于方程式(8.85)，采用二流近似，应用离散纵标法解得均匀云层顶的向上辐射为

$$I_{\mathrm{obs}}=M_-L_-\exp(-k\tau)+M_+L_++B(T_c) \tag{8.89}$$

式中

$$L_+=\frac{1}{2}\left[\frac{I^{\downarrow}+I^{\uparrow}-2B(T_c)}{M_+\mathrm{e}^{-k\tau}+M_-}+\frac{I^{\downarrow}+I^{\uparrow}}{M_+\mathrm{e}^{-k\tau}+M_-}\right] \tag{8.90}$$

$$L_-=\frac{1}{2}\left[\frac{I^{\downarrow}+I^{\uparrow}-2B(T_c)}{M_+\mathrm{e}^{-k\tau}+M_-}+\frac{I^{\downarrow}-I^{\uparrow}}{M_+\mathrm{e}^{-k\tau}-M_-}\right] \tag{8.91}$$

$$M\pm=\frac{1}{1\pm k}\left((\omega_0\pm\omega_0 g(1-\omega_0)\frac{1}{k}\right) \tag{8.92}$$

$$k=[(1-\omega_0)(1-\omega_0 g)]^{\frac{1}{2}} \tag{8.93}$$

这里 $I^{\downarrow}$ 是假定各向同性情况下入射到云顶的向下辐射，$I^{\uparrow}$ 是云底的向上辐射，g 是不对称因子，T_c 表示云层的温度。

二、云检测的阈值法

1. 薄卷云的检测

在卫星观测很多谱段上，由于薄卷云的透过率较大，薄卷云是难以检测的一种云，假定有一薄卷云，通过指数展开，由方程式(8.91a)导得有效透过率，有效透过率是 $I^{\downarrow}/I^{\uparrow}$ 和 $B(T_c)/I^{\uparrow}$ 比值的函数，利用大气窗区，对 $I^{\downarrow}/I^{\uparrow}$ 极小和 $B(T_c)/I^{\uparrow}$ 极大。图 8.44 给出了假定不考虑大气情况下卷云与晴天状况下亮温差，其取地表温度为 290 K，云的有效半径为 10 μm，球形粒子，谱分布为 Γ 分布，云光学厚度 0.1，根据式(8.90)～(8.93)模拟计算结果。

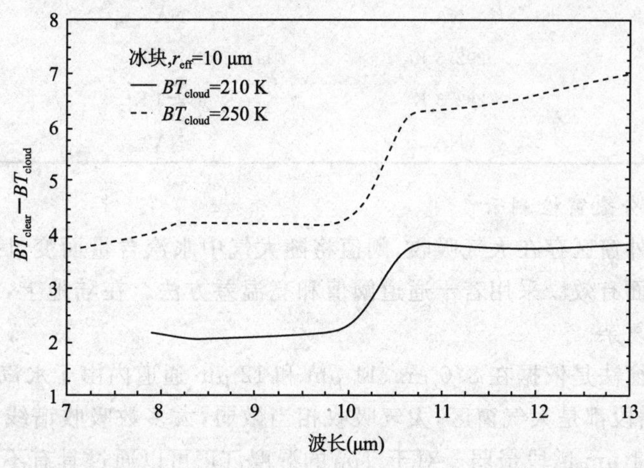

图 8.44　晴天与有卷云时的亮度温度差为波长的函数

2. 单个红外通道云检测

利用红外通道阈值法检测云是最简单和有效的方法，特别是对于水面上的冷云区。在晴

天洋面上，当 T_{b11} 的亮度温度小于 270 K 时，可假定云图上的像素点不是晴天区。如图 8.45 中给出洋面上三个阈值分别是 267 K、270 K 和 273 K 的置信水平。可以看到，当像点温度＜267 K时，置信水平为 0，为云区或没有晴空；而像点温度＞273 K 时，为晴天或无云。

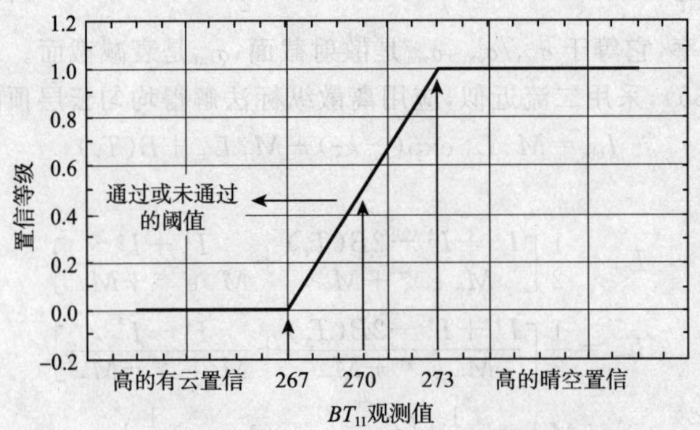

图 8.45　简单的红外冷云的阈值检测

由于陆面发射率的改变，云检测比海上更为困难，但是这种方法对于确定的地表面是有用的。如果结果不确定，像点超过阈值，可设为晴天，阈值是高度和生态的函数，如海洋，植被陆地的阈值是 297.5 K。表 8.6 给出阈值的参考值。

表 8.6　MODISBT$_{11}$ 阈值

阈值	阈值	高置信晴空阈值	低置信晴空阈值
白天海洋	270 K	273 K	267 K
夜间海洋	270 K	273 K	267 K
白天陆地	297.5 K	302.5 K	NA
夜间陆地	292.5 K	297.5 K	NA
白天雪/冰	NA	NA	NA
夜间雪/冰	NA	NA	NA
夜间荒漠	292.5 K	297.5 K	NA
白天荒漠	292.5 K	302.5 K	NA
海岸区	NA	NA	NA

3. 双通道红外分裂窗检测云

由于在长波红外窗区存在大气吸收，阈值将随大气中水汽含量而变，因此，单通道阈值检测云法只在夜间水面有效。采用若干通道阈值和亮温差方法。在陆地上，由于地面发射率的变化阈值法就十分复杂。

云检测的分裂窗法是依据在 8.6 μm、11 μm 和 12 μm 通道内由于水汽吸收引起的辐射差异实现的，这几个谱段都是大气窗区，大气吸收相当微弱，大多数吸收谱线是由于水汽分子吸收的结果，其中在 11 μm 谱段最弱。对于 Tb_{11} 的湿度订正可以通过具有不同吸收系数的相邻两个光谱通道的亮度温度差进行，定标系数是两通道之间吸收系数差的函数。对于海面温度的反演，为

$$T_S = Tb_{\lambda 1} + a_{PW}(Tb_{\lambda 1} - Tb_{\lambda 2}) \tag{8.94}$$

式中，a_{PW}是两窗区通道波长和大气水汽的函数。

对于 11 μm 和 12 μm 通道，亮温 Tb_{11} 和 Tb_{12} 之差值用于云检测，Saunders 和 Kriebel (1988)用 $Tb_{11}-Tb_{12}$ 检测卷云，其亮温差较晴空或密蔽云区时的亮温差要大，所取阈值是卫星天顶角和亮温 Tb_{11} 的函数。Inoue(1987)也用 $Tb_{11}-Tb_{12}$ 区分云和晴空。

4. 三通道红外检测云

两谱段的亮温差相对于亮温 Tb_{11} 是光学厚度、粒子半径的函数，以及普朗克函数的非线性特性，如图 8.46 是对于热带大气的理论模拟结果，图中亮度温度 Tb_{11} 与亮度温度差 $Tb_{11}-Tb_{12}$ 之间的关系，它还与云的光学厚度和云中粒子的有效半径相关，因此，仅由 Tb_{11} 与 $Tb_{11}-Tb_{12}$ 进行云检测难以进行。为了检测云，下面增加 $Tb_{8.6}$，用三个通道检测云。

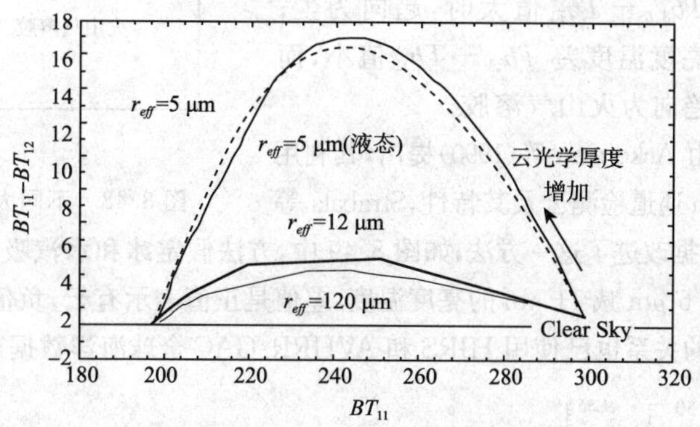

图 8.46　双通道亮温差 $Tb_{11}-Tb_{12}$ 对于亮温度 Tb_{11} 的函数

给定的表面温度和总的水汽含量，可以得到云检测的阈值如下：

$$
\begin{aligned}
&Tb_{11}<270\ \mathrm{K}\\
&Tb_{11}+a_{PW}(Tb_{11}-Tb_{12})<T_S\\
&Tb_{11}+b_{PW}(Tb_{11}-Tb_{8.6})<T_S
\end{aligned}
\tag{8.95}
$$

式中，$a_{PW}=k_{\lambda1}/(k_{\lambda2}-k_{\lambda1})$；$b_{PW}$是以水汽(PW)为函数的由查算表确定。该项方法在 NOAA-10、12 卫星上使用。图 8.47 表示亮度温度差 $Tb_{11}-Tb_{12}$ 和 $Tb_{8.6}-Tb_{11}$ 与大气可降水(PW)间的关系，从图 8.47a 可以看到，对于 $Tb_{11}-Tb_{12}$ 的值随 PW 的增加而增加，表明水汽增多，12 μm通道可降水吸收增大，到达卫星的辐射减小；而 11 μm 通道受可降水的影响卫星接收的辐射小，由此此两通道的亮度温度差值加大。在图 8.47b 中，$Tb_{8.6}-Tb_{11}$ 的值随 PW 的增加而

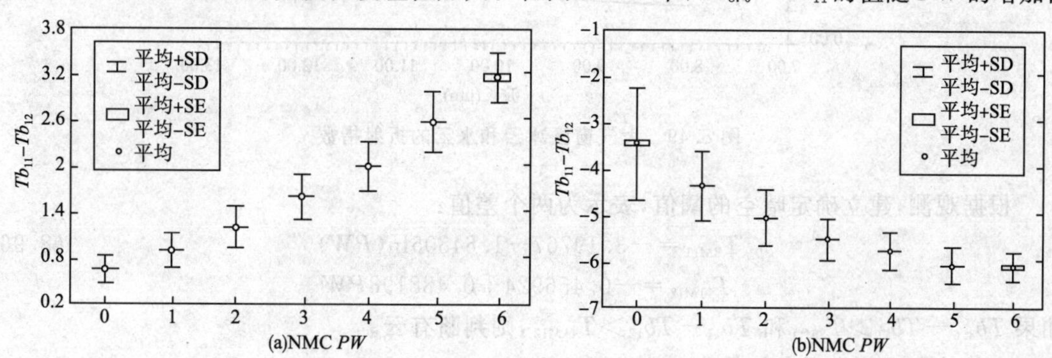

图 8.47　(a) $Tb_{11}-Tb_{12}$ 亮温差与 PW 的关系；(b) $Tb_{8.6}-Tb_{11}$ 亮温差与 PW 的关系

减小，这是由于在 8.6 μm 受水汽吸收的作用大，当可降水增大时，$Tb_{8.6}$ 值减小，由此使得 $Tb_{8.6}-Tb_{11}$ 的值随 PW 的增加而减小。据上述理由可以用于进行云检测。由于亮温差与 PW 间的关系不是线性关系，在使用中常要取二次方的关系。

图 8.48 表示不同大气条件下的三个通道间的亮度温度差与云、尘、水汽和火山气溶胶间的趋向关系特点：①在图的右上方，当 $Tb_{11}-Tb_{12}$ 和 $Tb_{8.6}-Tb_{11}$ 的亮度温度差值大时，趋向为云；②在图的右下方，当亮度温度差 $Tb_{11}-Tb_{12}$ 值大，而 $Tb_{8.6}-Tb_{11}$ 值小时，趋向为水汽；③在图的左上方，当亮度温度差 $Tb_{11}-Tb_{12}$ 值小，而 $Tb_{8.6}-Tb_{11}$ 值大时，趋向为尘；④在图的左上方，当亮度温度差 $Tb_{11}-Tb_{12}$ 值小，而 $Tb_{8.6}-Tb_{11}$ 值小时，趋向为火山气溶胶。

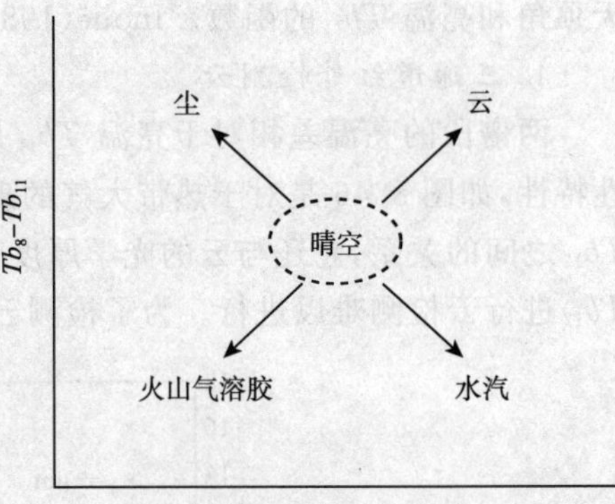

图 8.48　不同大气条件下亮温差

三通道法最先是由 Ackerman 等(1990)提出，其利用 8.6 μm、11 μm和 12 μm 通道检测云及其特性，Strabala 等(1994)应用高分辨率数据改进了这一方法，如图 8.49 中，方法假定冰和水汽吸收在大于10.5 μm是大的，这样在海洋上将 8.6 μm 减 11 μm 的亮度温度，差值是正值表示有云，负值表示无云。两个亮度温度的差值与晴空间的关系也已使用 HIRS 和 AVHRR GAC 全球海洋数据进行试验。

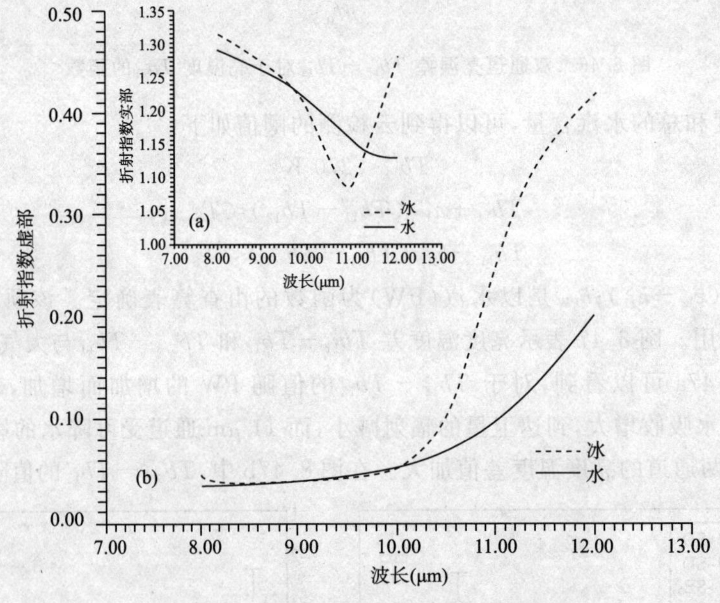

图 8.49　大气窗区冰云和水云的折射指数

根据观测，建立确定晴空的阈值，表示为两个差值：

$$T_{8M11}=-3.19767-1.64805\ln(PW) \tag{8.96}$$

$$T_{11M12}=-0.456924+0.488198PW$$

如果 $Tb_{8.6}-Tb_{11}>T_{8M11}$ 和 $Tb_{11}-Tb_{12}>T_{11M12}$，则判断有云。

高的晴空置信水平条件是

$$Tb_{8.6}-Tb_{11}<T_{8M11}-0.5 \text{ 和 } Tb_{11}-Tb_{12}>T_{11M12}-0.5 \tag{8.97}$$

而低的晴空置信水平条件是

$$Tb_{8.6}-Tb_{11}<T_{8M11}+0.5 \text{ 和 } Tb_{11}-Tb_{12}>T_{11M12}+0.5 \tag{8.98}$$

上面假定条件是可降水估计是可得到的。这一方程式证明，由于 T_{8M11} 和 T_{11M12} 之间的关系成立，因此 PW 值不是必须的，而是给定 T_{8M11}，晴空像点要求 T_{11M12} 落入某一范围内。这从图 8.50 也可说明，图中当大气中的湿度增加时，$Tb_{11}-Tb_{8.6}$ 随 $Tb_{11}-Tb_{12}$ 增加而减小。

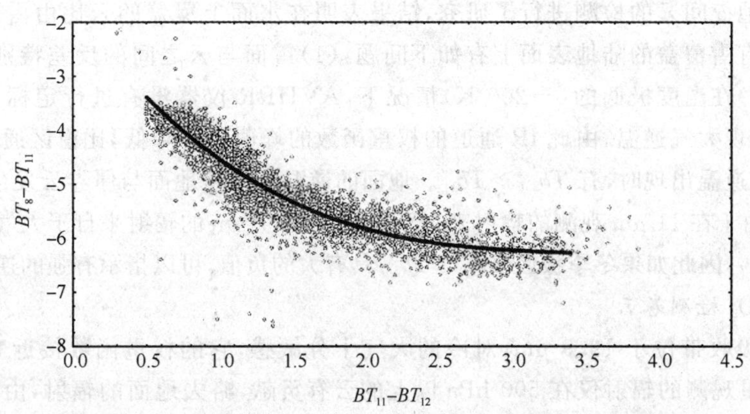

图 8.50　三通道晴天海洋背景检测

5. 利用短波红外窗通道检测云

利用短波红外 3.5～4.0 μm 谱段中的 3.9 μm 测量到的亮温差与 11 μm 的亮度温度差也可用于检测云。在夜间，利用 3.9 μm 与 11 μm 之间的亮度温度差 $Tb_{3.9}-Tb_{11}$，可以检测视场部分有云或薄的云，小或负的差值仅是对于不透明的云或地面充满视场的情形。由于在夜间 3.9 μm 云的低发射率，亮度温度差 $Tb_{3.9}-Tb_{11}$ 出现负值。当非均匀的背景（如破碎的裂云）中，出现中到大的亮度温度差值，对于非均匀温度的不同的光谱响应是普朗克定理引起的，亮度温度依赖于较暖部分的背景，随波长的减小而增加，在短波红外窗区辐射率正比于温度的 13 次方，而在长波窗区的辐射率正比于温度的 4 次方。表 8.7 给出了对于部分冷云背景下不同云量的辐射和温度，可以看到对于晴空或完全为云覆盖时，长波与短波通道间的亮温差是小的，但是在中间部分的亮温差是大的。可以看出，当云量较少时，短波红外通道的亮温相对于长波通道不是很敏感，因此用它确定地面温度是理想的通道。

由于在热红外谱带陆地表面发射率存在很大的光谱变化，云的检测比海洋更困难。即使如此，有一些简单的阈值确定某些陆面的云，例如在荒漠地区可以取 $Tb_{11}<273$ K。这样的阈值随生态环境、季节和每日时间而变化。

表 8.7　长波和短波红外辐射($mW/(m^2\cdot ster\cdot cm)$)和亮度温度(K)是云量的函数
(云 220 K，表面 300 K)，利用 $B(T)=(1-N)\times B(T_{sfc})+N\times B(T_{cld})$ 计算

云量 N	长波红外窗区辐射和亮温		短波红外窗区辐射和亮温		T_s-T_1
1.0	23.5	220	005	220	0
0.8	42.0	244	0.114	267	23
0.6	60.5	261	0.223	280	19
0.4	79.0	276	0.332	289	13
0.2	97.5	289	0.441	295	6
0.0	116.0	300	0.550	300	0

在陆地上也可以使用亮度温度差值法检测云，但要考虑到地面的发射率的变化。例如在白天荒漠地区 $Tb_{11}-Tb_{8.6}$ 具有很大的负值，而出现卷云时表现为正值。在陆地由于有大量的如气温、湿度和温度廓线、表面观测数据，比海洋有优势。

在高纬度地区利用红外窗区进行对于冷表面上云，由于云与地表面的温差很小，对这类云常不容易检测出来。Yamanouchi 等(1987)根据 3.9 μm 与 11 μm 和 11 μm 与 12 μm 云的亮度温度差对极地夜间云的检测进行了研究，结果表明在水面上覆盖的云比由雪面上覆盖的云更加有效。在有雪覆盖的陆地表面上有如下问题：(1)雪面与云之间的反差特别小，导致亮度温度差很小；(2)在温度极低的(－200 K)情况下，AVHRR 仪器没有进行定标。在晴天条件下，近地面常出现大气逆温，由此 IR 通道的权重函数的峰值高度降低，比窗区通道有高的亮度温度，例如在有逆温出现时，有 $Tb_{8.6}>Tb_{11}$。地面的逆温也会使地面与厚卷云发生混淆，不能对云进行检测。由于在 11 μm 观测的辐射来自于地面，而 6.7 μm 的辐射来自于大气上层400 hPa，所以 $Tb_{11}>Tb_{6.7}$，因此如果冬季极区 $Tb_{11}-Tb_{6.7}$ 具有大的负值，可以指示有强的逆温和晴空。

6. 利用 CO_2 检测卷云

CO_2 通道吸收带位于 13.9 μm，对冷的大气十分敏感，它的权重函数接近 300 hPa，所以 13.9 μm 处卫星观测的辐射仅在 500 hPa 以上的云有贡献，略去地面的辐射，由此在 13.9 μm 的亮度温度阈值可以检测 500 hPa 以上的云或高云。与近红外通道一起可以检测薄卷云。

7. 近红外薄卷云检测

在近红外 1.38 μm 通道对水汽 H_2O 很敏感，因此，用它可以检测白天对流层上部的卷云，1.38 μm 通道处于水汽的强吸收区，当在射线的光路上存在一定的水汽(0.4 cm 可降水)，由地面发出的辐射就到达不了卫星，此时的透过率写为

$$\widetilde{T}(p_{sfc})=\exp(-\tau_{H_2O}\sec\theta_0-\tau_{H_2O}\sec\theta)$$

$$\tau_{H_2O}=k_{H_2O}\mathrm{d}u$$

当 $\widetilde{T}(p_{sfc})\rightarrow 0$，$r(p_{sfc})\rightarrow 0$，$\widetilde{T}$ 是由大气顶向下到地面并返回大气顶的透过率，τ_{H_2O} 是水汽的光学厚度，p_{sfc} 是地面返回大气的辐射，卫星在此通道无法观测到真实的地表面。在这一通道，对流层上部大气湿度相对小时不能检测，来自中低云的反射率因水汽的吸收而减小，高云表现为亮的色调。使用低的和高的反射率阈值可以将卷云与晴空和厚的云(红外光学厚度＞～0.2)区分开来。这些阈值的初始设定是根据多次散射模式作出的。

8. 短波红外窗反射率阈值云检测

使用短波红外 3.9 μm 通道的反射率阈值，当阈值取＞6%，可考虑没有云；而当反射率＜3%时，为有云像点；与雪/冰相当。注意的是这种方法不能应用于荒原地区，在亮的荒漠地区，具有高的可变的发射率，常会错误地把它当成云。需要对 3.9 μm 通道反射率热对比进行研究分析，另外由于不同下垫面发射率的，需要对不同生态类型对阈值进行调整。

9. 可见光反射率阈值云检测

可见光阈值检测最佳的方式是与红外通道结合使用，低的反射率发生于薄卷云或无云的情况下，在红外通道，高而冷的卷云和暖的下垫面的发射温度有很大的不同，很容易将它们区别开。在所有高度上的厚云有高的反射率，而从红外云图上的亮度温度指示云的高度。对于中间的反射率数据是来自于云和地面作用混合的结果。

可见光数据在确定云覆盖面时要排除太阳耀斑区，在算法中所用的可见数据限于太阳天顶角＜85°的范围内，当太阳耀斑区发生在反射角在 0°到 36°之间。

10. 反射率比值云检测

反射率比值云检测是在波长大于或小于 0.75 μm 的范围内，根据云对于地表面的反射率之间差异进行的，大多数地表在低于 0.75 μm 波长的反射率要比大于这波长的小。图 8.51 显示了 0.5～3.5 μm 冰、雪和植被的反照率变化。在大于 0.75 μm 植被的反照率陡然增加，在大于 1.4 μm 冰雪的反照率陡然减小。由这些反照率的阶跃的变化可以使用大于或小于 0.75 μm(1.4 μm)的成对光谱带检测冰雪或植被，与云区别开。反射率比检测之一的组合是使用 0.87 μm 反射率被 0.66 μm 反射率除($R_{0.87}/R_{0.66}$)。对于 AVHRR 数据，当比值 $R_{0.87}/R_{0.66}$ 处于 0.9～1.1，表明为云区。但在某些情况下比值最小可能会下降到 0.8。对于晴天海洋，比值 $R_{0.87}/R_{0.66}$ 小于 0.75。

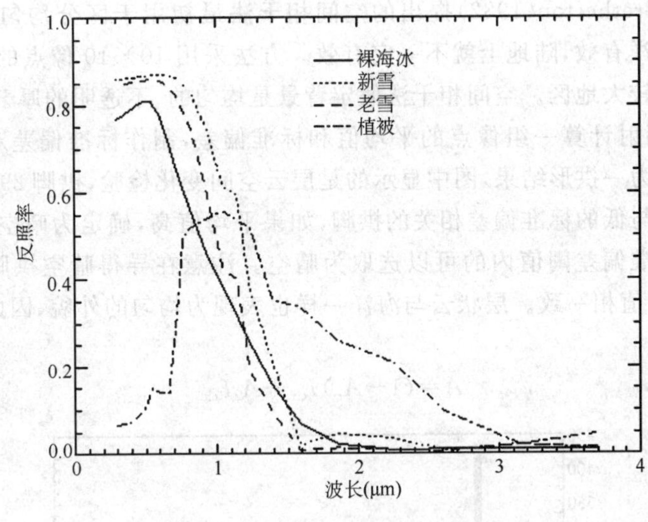

图 8.51　冰、雪、植被反照率

11. 低云检测

在红外图上由于低云与地表的温度差十分小，低云的检测是困难的，时常无法检测。在白天可以用反射率比值法进行，使用 0.936 μm 通道可检测白天的低云，这一通道受低层水汽的强烈影响，当有低云出现时，阻挡低层湿度，使反射率增加。0.936 μm 对 0.865 μm 的反射率比值，表现出与大气窗类似的特征。

12. 微波云检测

在晴空条件下，将对流低层微波探测的亮度温度与若干红外探测通道进行回归拟合，因此微波亮度温度可以由观测到的红外通道计算得到，由此得到的关系仅在晴空条件下成立。如果观测的微波亮度温度比计算的要大，表示被云污染。因为在有云时，红外观测值减小，由此计算的微波亮度温度较小，而观测的微波亮温受云的影响小，温度较大。

三、空间均匀性的云检验

1. 红外窗区一维直方图检测

由一维红外直方图检测云已有很长时间了，用这个方法对于检测水面上的云最有效，但在其他情况就要小心了。方法的物理依据是假定在一个均匀的背景上，如海洋的一个小区域，观测到的辐射是正态分布的，正态曲线的宽度由仪器的噪声决定。这种云检测不是对单个视场进行，而是要求对给定区域地表辐射特性一致的观测到若干像点进行，为改进云(晴空)检测的效果，可以先利用前述方法对单个像点进行阈值检测，然后再对通过单个像点阈值检测的更多数量的像点(可取包含 1 km 像点直径的 10 km×10 km 区域)进行直方图检测。高斯函数有与直方图的最暖峰相一致，确定温度(T_{peak})和噪声(σ)。晴空亮温阈值是相应于高斯函数峰的朝向冷一侧的 σ 处

$$T_{thres}=T_{peak}-\sigma \tag{8.99}$$

如图 8.52 给出这种红外直方图的实例，图中是 2.5°×2.5°海洋区域，得到晴空温度阈值为 284.6 K，其使用 AVHRRGAC 数据。

2. 红外窗区辐射率空间均匀性——空间相干法

由 Cokely 和 Bretherton(1982)提出的空间相干法最初用于区分均匀表面的晴空和云。这种方法也只对海洋有效，陆地上就不一定有效。方法采用 10×10 像点的区域，可以应用于沿海岸或温度梯度较大地区。空间相干法假定背景是均匀的、不透明的厚云层，其发射的辐射方法使用 11 μm 辐射计算一组像点的平均值和标准偏差，制作标准偏差对于平均值的关系图，如图 8.53 表现为一拱形结果，图中显示的是层云空间变化检验，拱脚 290 K、280 K 分别对应地表和层云。对与低的标准偏差相关的拱脚，如果平均值高，确定为晴空，而平均值低则确定为云。暖拱脚标准偏差阈值内的可以选取为晴空。注意在导得晴空拱脚温度应与用单个 FOV 检测导得的阈值相一致。层状云与海洋一样也表现为均匀的外貌，因此空间检测必须经常附加阈值检测。

$$A=(1-A_c)I_{clr}+A_cI_{cld} \tag{8.100}$$

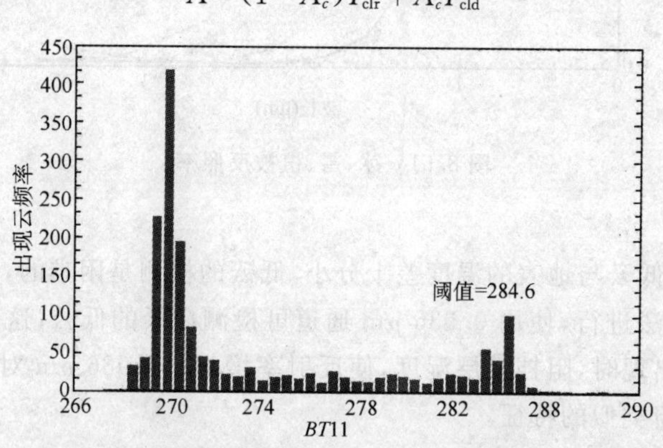

图 8.52　晴空阈值海洋红外直方图

地面温度的空间和时间变化陆地比海洋大，因此作陆地的均匀性检验是困难的。如果对陆地进行均匀性检验是约束在相似的系统中，则能得到较好的结果。

3. 可见光反射率均匀检测

通过计算 10×10 像点阵列的 0.66 μm 通道和 0.87 μm 通道的最大和最小值，进行反射率均匀性检验，对于陆地的 0.66 μm 通道像点阵列反射率差大于阈值 1(约 9%)，或对海洋的 0.87 μm 通道像点阵列反射率差大于阈值 2(可能 0.3%)，标记为混合的。由于海洋在无云时几乎是均匀地反射，假定不均匀是由于云引起的。而且反射率阈值是卫星天顶角的函数。

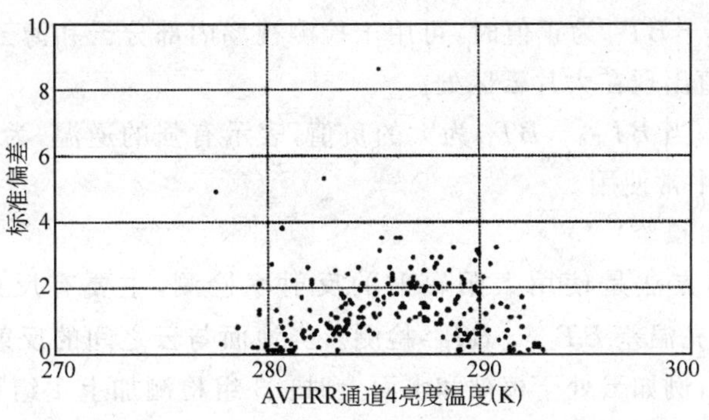

图 8.53　南美层云的空间变化检测

4. 二维可见光—红外数据的直方图分析

如一维直方图方法，二维直方图可使用卫星测量的 IR 发射的辐射和反射的太阳可见光辐射制作。一个二维高斯表面的峰与最暖温度和/或最小的反射率。高斯方程为

$$G(IR,VIS)=GP_{\text{Peak}}\exp[-P(IR,VIS)] \tag{8.101}$$

且有

$$P(IR,VIS)=(Tb-Tb_{\text{peak}})^2/\sigma_{\text{IR}}^2-2(Tb-Tb_{\text{peak}})(r-r_{\text{peak}})/\sigma_{\text{IR}}\sigma_{\text{VIS}}+(r-r_{\text{peak}})^2/\sigma_{\text{VIS}}^2 \tag{8.102}$$

其中，σ_{IR} 和 σ_{VIS} 分别是 IR 和 VIS 标准偏差，IR 和 VIS 是红外和太阳谱段测量值，当需要时 VIS 由 NIR 代替。

四、云量算法

1. 厚卷云(1 组检验)

由阈值检测厚卷云，依据的是 BT_{11}、$BT_{13.9}$、$BT_{6.7}$ 三个红外通道的亮度温度，红外窗区 BT_{11} 阈值是在一定的条件下实行，但是随大气中的湿度变化。在陆地，地面的发射率随土地的类型和植被变化。因此，BT_{11} 基本能检测高的厚卷云，例如在热带海洋上，当 $BT_{11}<270$ K 时，出现这种厚卷云。由于 CO_2 吸收，对相对大气的冷的区域很敏感。同样 $BT_{6.7}$ 通道由于 H_2O 的吸收，也只对大气的冷的区域很敏感。这些光谱带主要接收近 300 hPa 和仅是500 hPa 高度上云的辐射，产生强的辐射贡献，略去地面的贡献。因此由 $BT_{13.9}$ 和 $BT_{6.7}$ 的阈值可以分离 500 hPa 高度上的云。

2. 薄卷云(2 组检验)

薄云是根据亮度温度差 $BT_{11}-BT_{12}$、$BT_{8.6}-BT_{11}$、$BT_{11}-BT_{3.9}$ 和 $BT_{11}-BT_{6.7}$ 实现检验的。其是由于厚卷云检测而丢失的云。由 BT_{11} 和 BT_{12} 间的差值已广泛地用于 AVHRR 测量，这一方法称之为分裂窗法。

由 NOAA-10 和 NOAA-12 卫星使用 8.6 μm 和 11 μm 带宽及 NOAA-11 卫星使用 11 μm 和 12 μm 带宽的业务分裂窗方法有 6 年多，具有独立的可降水系数。利用三谱段 8.6 μm、11 μm和 12 μm 组合观测数据云检测，若海洋上 $BT_{8.6}-BT_{11}>0$，表示有云，若为负的值，表示为晴空。当大气中的湿度增加时，$BT_{8.6}-BT_{11}$ 减小，而 $BT_{11}-BT_{12}$ 增加。

对于噪声温度低于 0.5 K 较新的感应器，大多数红外谱带亮度温度差方法可以很好地应用于云检测。

在夜间，当 $BT_{3.9}-BT_{11}$ 为正值时，可用于检测视场内部分云和薄云。由于在 3.9 μm 较低的云发射率，负的值出现在大片云区处。

在冬季极地区域，当 $BT_{8.6}-BT_{11}$ 为大的负值，表示有强的逆温，为晴天区。这一检验方法在 MODIS 云检测中常使用。

3. 低云检测(3 组检验)

低云检测最好的方法是使用太阳辐射的反射率检测，主要有反射率阈值($r_{0.87}$，$r_{0.65}$，$r_{0.936}$)，反射比检测和亮温差 $BT_{3.9}-BT_{3.7}$ 检测。当地面与云之间的反射率有高的反差时，由以上方法可做得很好，例如云处于植被和水面上时。3 组检测加上 1 组检测，3 组对厚的低云敏感，而 1 组由于背景表面与低云间的温差小不易检测。光谱反射率阈值用于许多云检测算法中。一般由于光谱反射率阈值的变化范围很大，它取决于地表面类型，太阳观测角。如发射前定的阈值在发射后要作调整。

反射率比值($r_{0.87}/r_{0.65}$)在有云区为 0.9～1.1，而之外是无云区。对于无云的海面调整为较低的值为 0.75。

在 3.7 μm 和 3.9 μm 处的短波红外窗区也用于云检测，在陆地由于长波红外窗地面的发射率随波长的变化，亮度温度的差值检测只能用于均一地表，对于不同类别地表不能应用。短波红外窗的某些地表发射率随波长的变化很小，而云的发射率的光谱变化保持不变，因此使用 $BT_{3.9}-BT_{3.7}$ 亮度温度差在晴天区是小的，但在有云区亮度温度差是大的。在白天时间，由于太阳能增加，亮度温度差加大。

4. 高层薄云检测(4 组检测)

首先对薄高云检测可以使用 1.38 μm 的阈值，当在 FOV 中出现足够的水汽(0.4 cm)，来自地面反射的太阳辐射不能到达卫星感应器，这时使用简单的低值阈值和高值阈值可以将薄卷云与地表和厚云(近红外光学厚度>0.2)背景区别开来。

进一步的对薄卷云的检测可以用 $BT_{11}-BT_{12}$、$BT_{12}-BT_{4}$ 和 $BT_{13.7}-BT_{13.9}$ 亮度温度差检验。4 组与 2 组相似，但是它调节检测卷云的存在。由于在红外窗区长波部分冰云大的吸收，$BT_{11}-BT_{12}>0$。当短波红外窗的星下点像点为暖特征，在 *FOV* 内的半透明卷云中，便有 $BT_{12}-BT_{4}<0$。在晴天，$BT_{13.7}-BT_{13.9}$ 的值通常为正，当观测到卷云，其值为 0。

当地面与云的温度有较大差时，对于卷云常作以上这些检验。表 8.8 给出了进行云检测所作的各种组合。

表 8.8　卫星检测云的各种多谱段组合(Ackerman1 等，2002)

		反射太阳辐射	红外辐射	备注
低云	水体上	$R_{0.87}$，$R_{0.67}/R_{0.87}$，$BT_{11}-BT_{3.7}$	比较夜间的 BT_{11} 与白天的平均 BT_{11} 值；BT_{11} 与亮温差组合；在洋面，考虑到水汽对 SST 的订正，在期望 $BT_{11}-BT_{8.6}$ 与 $BT_{11}-BT_{12}$ 之间的关系	有时用于水体上
	雪面	$(R_{0.55}-R_{1.6})/(R_{0.55}+R_{1.6})$ $BT_{11}-BT_{3.7}$	$BT_{11}-BT_{6.7}$；$BT_{13}-BT_{11}$，逆温下难以检测	
	植被	$R_{0.87}$，$R_{0.67}/R_{0.87}$，$BT_{11}-BT_{3.7}$，$(R_{0.87}-R_{0.65})/(R_{0.87}+R_{0.65})$	BT_{11} 与其他亮度温度差的组合检测，较难检测	
	裸地	$R_{0.87}$，$R_{0.67}/R_{0.87}$，$BT_{11}-BT_{3.7}BT_{3.7}-BT_{3.9}$	BT_{11} 与其他亮度温度差的组合检测，$BT_{3.7}-BT_{3.9}$；$BT_{11}-BT_{3.7}$	

续表

		反射太阳辐射	红外辐射	备注
薄高云	水体上	$R_{1.38}$	$BT_{6.7}$；$BT_{13.9}$；$BT_{11}-BT_{8.6}$；$BT_{3.7}-BT_{12}$；	
	雪面上	$R_{1.38}$，$(R_{0.55}-R_{1.6})/(R_{0.55}+R_{1.6})$	$BT_{13.6}$；$BT_{11}-BT_{6.7}$；$BT_{13}-BT_{11}$，	
	植被	$R_{1.38}$，$R_{0.87}$，$R_{0.67}/R_{0.87}$，$(R_{0.87}-R_{0.65})/(R_{0.87}+R_{0.65})$	$BT_{13.9}$；$BT_{6.7}$；$BT_{11}-BT_{8.6}$，$BT_{11}-BT_{12}$，	
	裸地	$R_{1.38}$，$R_{0.87}$，$R_{0.67}/R_{0.87}$	$BT_{13.9}$；$BT_{6.7}$；BT_{11}与其他亮度温度差的组合检测，如$BT_{3.7}-BT_{3.9}$	
厚卷云	水体	$R_{1.38}$，$R_{0.87}$，$R_{0.67}/R_{0.87}$	BT_{11}；$BT_{13.9}$；$BT_{6.7}$；$BT_{11}-BT_{8.6}$，$BT_{11}-BT_{12}$，	
	雪面	$R_{1.38}$，$(R_{0.55}-R_{1.6})/(R_{0.55}+R_{1.6})$	$BT_{13.6}$；$BT_{11}-BT_{6.7}$，$BT_{13}-BT_{11}$，逆温下确定为无云	
	植被	$R_{1.38}$，$R_{0.87}$，$R_{0.67}/R_{0.87}$，$(R_{0.87}-R_{0.65})/(R_{0.87}+R_{0.65})$	BT_{11}；$BT_{13.9}$；$BT_{6.7}$；$BT_{11}-BT_{8.6}$，$BT_{11}-BT_{12}$，	
	裸地	$R_{1.38}$，$R_{0.87}$，$R_{0.67}/R_{0.87}$	$BT_{13.9}$；$BT_{6.7}$；BT_{11}与其他亮度温度差的组合检测	

五、云检测要求的辅助数据

1．地表面类别数据

在进行云检测之前要对卫星资料进行预处理，首先是确定每个像点是陆地还是海洋；第二是确定每个陆地像点是处在平地、山谷地还是山脉地区，低的山地还是丘陵地，一般的山脉还是崎岖不平的山脉；也必须确定每个像点为雪还是无雪覆盖；同时必须对每个陆地像点实行生态分类：城市、森林地、草地、灌木地、冻土地、荒芜植被、高原植被；海洋区域必须分成水、海岸（包括岛屿）、孤立冰山、海洋冰区和近固定的海冰，为此还要求从数据库得到辅助资料参数，确定下面特征。

根据不同地面生态估算不同地面的发射率；海冰覆盖区；雪覆盖区，地面温度和海面状态。

2．制作短期和长期晴空辐射合成图

建立晴空辐射合成图是很有用的。方法必须根据合成图确定云覆盖，高的空间分辨率和多谱段减小了这种依赖性。使用晴空反射率和温度的合成图通过用若干附加的阈值将像点的辐射与晴天合成值的比较，实现云检测（Rossow 和 Garder，1993）。这些合成图是根据观测的晴空 VIS 反射率随时间变化比空间变化小，特别是在陆地。VIS 地表面反的射率变化一般要比云的反射率变化小。因此，它假定 VIS 辐射分布的暗部分的特征形状较少与地表类型有关。用最小反射率值估算晴天辐射值。由与不同地表类型有关的可见光反射率的形状推导对最小值的订正值。

Rossow 和 Garder(1993)将取决于时间尺度和反射率变化的量级的地表分成九种类型，对于晴天和海洋区域的晴天反射率值，估计地表特征的迅速变化。稀疏植被的地表一般比稠密植被地表变化更大，但一般小于云。植被区域表现出较小尺度的空间可变性，在每一纬度区域内的从一个地理位置到另一个单个像点反射率与同样的生态系统比较更趋向于均匀性，要求它们在分布模式值的同样范围内。用类似的假定确定晴空温度场分布。

六、云检测的专题算法

现已有几个云研究的专题算法。

(1)ISCCP:ISCCP 算法是由 Rossow(1989,1993)提出的。当时仅用 0.6 μm 可见光和 11 μm红外两个通道,每次观测值与相应的晴天值比较,假定只有当观测到的替代辐射值比晴天辐射值的不确定更大时为检测到云的。在这种方式中,云检测的阈值是晴天辐射估算不确定的大小。

ISCCP 算法是依据观测到的 VIS 和 IR 辐射值仅是由于有云和晴空两种情况引起的,并且在这两种情况下辐射值的范围和它的可变性是不重叠的。不确定性是由于测量误差和自然可变性引起的。这算法构建"云保守",使检测到的假云最小,是真实的晴空区,而不是云。

ISCCP 云检测算法由五步组成:①对于单张红外图进行空间对比检验;②在相同的白天时间的三张序列图像进行时间对比检测;③对于 IR/VIS 图像进行时间和空间的累积统计;④每隔 5 天构建 1 次白天时间和位置的 IR 和 VIS 的晴空合成图;⑤确定每个像点的 IR 和 VIS 辐射阈值。

(2)CLAVR-AVHRR 云检测:这是由 NOAA 卫星的 AVHRR 仪器 5 个通道(0.63 μm、0.86 μm、3.7 μm、11.0 μm 和 12.0 μm)数据,通过对多光谱的分析、通道间差别和空间差,然后采用一系列树判别法,获取全球云的检测方法,对于全球区域覆盖(GAC)2×2 像点(4 km 分辨率)阵列,识别无云、晴空与云混合(可变云)和全部为云区域,如果 4 个像点失去全部云检测,则像点阵列标记为无云(0%云);如果 4 个像点满足云检测之中的一个,则像点阵列记为云(100%云);如果 1~3 个像点满足云检测,则像点阵列记为晴空与云混合(50%云);如果全部像点中的一个是晴空与云混合或云阵列中一个满足晴空复原检测(要求对于雪/冰、海洋镜面反射和亮的荒漠表面),则像点阵列重新分类为"复原为晴空"(0%云);云检测设置为白天海洋背景、白天陆地背景、夜间海洋和陆地背景。

CLAVR 不断改进,后来发展为对于制作 1 度等面积格点单元,使用按先前的 NOAA 卫星 9 天一个周期的晴空辐射率统计观测的角分布型式预测动态晴空/云阈值,作为进一步修改,CLAVR 包括根据不同阈值云检测,将晴空与云污染像点分离,并将云污染像点分为部分和全部(密蔽)云覆盖。云污染像点将辐射记为层状云、薄卷云和深对流云系统;四种类别指示包括混合高度的全部其他的云。

(3)CO_2 薄层法:这是利用 HIRS 多谱段观测将透明云与厚云和晴空区分开。

根据 CO_2 分子吸收带中的各个光谱区具有大气吸收的不同,在这些通道的图像上所显示的云取决于某个通道和云的高度。如图 8.54是 VAS 的三个 CO_2 通道的权重函数,可以看出,对于通道 3,只有处于 300 hPa 高度以上的云发射的辐射到达卫星,而通道 4 有区分云与向下到 700 hPa 的大气分子的发射辐射。

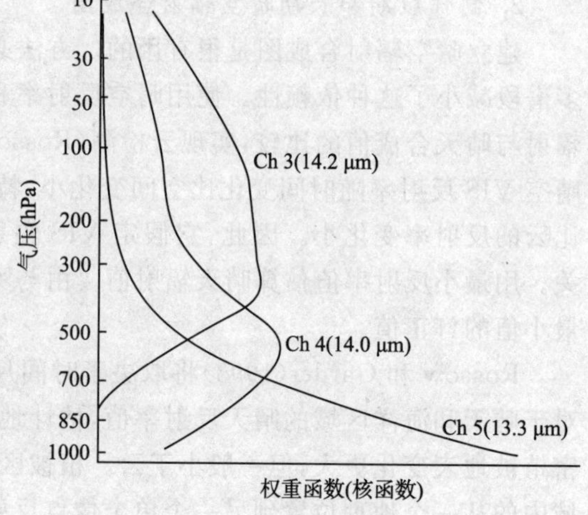

图 8.54　三个 CO_2 通道的权重函数

对于 CO_2 薄层法，高度 P 处向上的辐射传输方程式写为

$$I(p,\mu)=I(p_s,\mu)\widetilde{T}(p_s,p,\mu)+\int_p^{p_s}B(p')K(p,p')\mathrm{d}p' \tag{8.103}$$

在 $p=0$，卫星接收的辐射为

$$I(0,\mu)=I(p_s,\mu)\widetilde{T}(p_s,0,\mu)+\int_0^p B(p')K(0,p')\mathrm{d}p' \tag{8.104}$$

或者写为

$$\begin{aligned}I(0,\mu)=&I(p_s,\mu)\widetilde{T}(p_s,p,\mu)\widetilde{T}(p,0,\mu)+\\&\widetilde{T}(p,0,\mu)\int_p^{p_s}B(p')K(p,p')\mathrm{d}p'+\int_0^p B(p')K(0,p')\mathrm{d}p'\end{aligned} \tag{8.105}$$

由此晴空与有云时的辐射强度差为

$$\Delta I=I_{\text{clear}}-I_{\text{cldy}}=\varepsilon_c\int_{p_s}^{p_c}\widetilde{T}(0,p')\frac{\mathrm{d}B(p')}{\mathrm{d}p'}\mathrm{d}p' \tag{8.106}$$

及

$$\widetilde{T}(p_s,p,\mu)=\widetilde{T}(p_s,p,\mu)\widetilde{T}(p,0,\mu) \tag{8.107}$$

式中，ε_c 是云的发射率，将两波长的强度差的比值定义为函数

$$G(p_c)=\frac{\Delta I_1}{\Delta I_2}=\frac{\varepsilon_1\int_{p_s}^{p_c}\widetilde{T}\dfrac{\mathrm{d}B_1}{\mathrm{d}p'}\mathrm{d}p'}{\varepsilon_2\int_{p_s}^{p_c}\widetilde{T}\dfrac{\mathrm{d}B_2}{\mathrm{d}p'}\mathrm{d}p'} \tag{8.108}$$

G 函数仅与云顶气压 p_c 有关，并称之为云顶气压函数。它有如下特性，假定大气的光学厚度具有形式：

$$t(\bar{p})=\tau^*\bar{p}^2 \tag{8.109}$$

式中，$\bar{p}=p/p_s$，并且普朗克函数与气压具有下面关系

$$B=B+B^*\bar{p} \tag{8.110}$$

将式(8.109)代入 $\widetilde{T}(0,p)=\exp[-t(\bar{p})/\mu]$，及与普朗克函数的差分一起得到当 $\mu=1$ 时的云顶气压函数为

$$G(p_c)=\frac{B_1^*\int_{\bar{P}_s}^{\bar{p}_c}\bar{p}'\exp[-\tau_1^*\bar{p}'^2]\mathrm{d}\bar{p}'}{B_2^*\int_{\bar{P}_s}^{\bar{p}_c}\bar{p}'\exp[-\tau_2^*\bar{p}'^2]\mathrm{d}\bar{p}'} \tag{8.111}$$

也可以假定 $B_1^*/B_2^*=1$，$\bar{p}_s=p_s/p_\sigma=1$，逐步形成两波长足够地接近，使得 $\varepsilon_1=\varepsilon_2$，则对式(8.111)积分得到

$$G(p_c)=\left(\frac{\tau_1^*}{\tau_2^*}\right)\frac{\exp[-\tau_1^*\bar{p}'^2_c]-\exp[-\tau_1^*]}{\exp[-\tau_2^*\bar{p}'^2_c]-\exp[-\tau_2^*]} \tag{8.112}$$

由上公式导得对于不同的光学厚度 τ_1^* 和 τ_2^* 的 $G(p_c)$ 例子如图 8.55 中所示，图中曲线表示云顶气压函数取决于光学厚度之比，以及光学厚度的大小。曲线 1 是光学厚度小时，由于云对两通道的影响等同于整个大气，函数 $G(p_c)$ 只是有一点与云顶气压有关。另一种情形是不透明的稠密大气，云顶气压函数对低云顶的气压非常敏感，在这种情况下，稠密大气的权重函数的峰值发生在较高的高度，且与较高层的云发射对晴空强度发射重要影响。

图 8.52b 表示了假定在更实际的大气温湿廓线和 HIRS 的通道 6 和通道 7，由式(8.106)

计算的云顶气压函数，图中说明了在极地低层出现逆温情况下使用薄层法中的一些问题，在这种条件下，这 $G(p_c)$ 函数随气压的变化是很复杂的。在廓线的 700 hPa 下发生逆温的情况下，引起云天的强度超过晴天的强度，因此 G 超过单位 1。在大气低层，云顶温度与地面温度彼此十分接近的，由此 $\Delta I_2 \to 0$ 和 $G \to \pm\infty$，在图中这个点一般出现在 800～850 hPa。

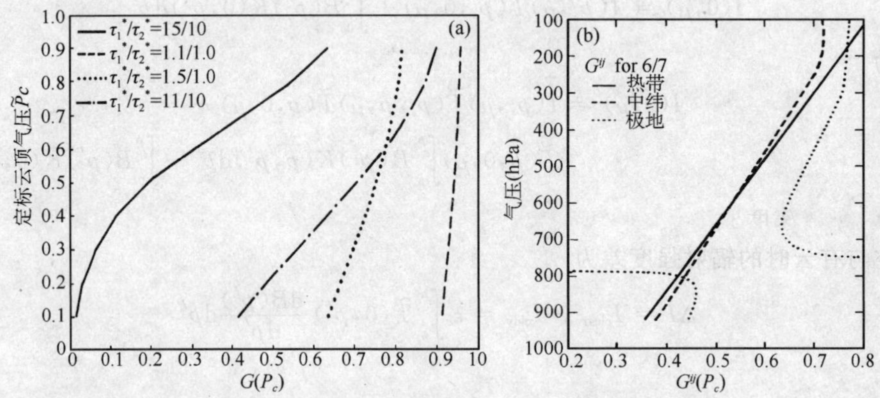

图 8.55　不同的 τ_1^* / τ_2^* 比值云顶气压对于 $G(p_c)$ 的函数(a)，对于 HIRS 通道 6和通道 7 的比值是云顶气压的函数(b)

第五节　云顶(底)高度和有效发射率的确定

卫星资料反演云顶高度有三种方法：①根据大气窗区云顶发射的红外辐射，②根据可见光资料云出现的暗影的宽度确定云顶高度；③根据 CO_2 发射的辐射确定云顶高度。

一、云顶高度

(1)CO_2 发射的辐射确定云顶高度：CO_2 吸收方法是利用 CO_2 谱段的辐射率可以确定给定云体的云顶气压。对于部分有云的辐射率写为

$$I_\lambda = \eta I_\lambda^{\mathrm{cd}} + (1-\eta) I_\lambda^{\mathrm{clr}} \tag{8.113}$$

式中，η 是云量，I_λ^{cd} 是观测视场内有云部分发射的辐射率，而 I_λ^{clr} 是给定谱段 λ 晴空视场的辐射率。云的辐射为

$$I_\lambda^{\mathrm{cd}} = \varepsilon_\lambda I_\lambda^{\mathrm{bcd}} + (1-\varepsilon_\lambda) I_\lambda^{\mathrm{clr}} \tag{8.114}$$

式中，ε_λ 是云的发射率，而 I_λ^{bcd} 是来自完全不透明的云(黑云)发辐射率，在局地热力平衡下，可以有

$$I_\lambda^{\mathrm{clr}} = B_\lambda[T(p_s)]\widetilde{T}_\lambda(p_s) + \int_{p_s}^{0} B_\lambda[T(p)]\mathrm{d}\widetilde{T} \tag{8.115}$$

$$I_\lambda^{\mathrm{bcd}} = B_\lambda[T(p_c)]\widetilde{T}_\lambda(p_c) + \int_{p_c}^{0} B_\lambda[T(p)]\mathrm{d}\widetilde{T}_\lambda \tag{8.115}$$

式中，p_c 是云顶气压。将上两式分部积分然后相减得到

$$I_\lambda^{\mathrm{cl}} - I_\lambda^{\mathrm{bcd}} = \int_{p_s}^{p_c} \widetilde{T}_\lambda(p)\mathrm{d}B_\lambda \tag{8.116}$$

因此

$$I_{\lambda}^{\mathrm{cl}} - I_{\lambda} = \eta \varepsilon_{\lambda} \int_{p_s}^{p_c} \widetilde{T}_{\lambda}(p) \mathrm{d}B_{\lambda} \tag{8.117}$$

式中，$\eta\varepsilon_{\lambda}$ 称为有效云量，对于两谱段 λ_1 和 λ_2，云产生的辐射和相应的晴空辐射，观测同一视场导得的比值，可以写为

$$\frac{I_{\lambda1}^{\mathrm{clr}} - I_{\lambda1}}{I_{\lambda2}^{\mathrm{clr}} - I_{\lambda2}} = \frac{\varepsilon_{\lambda1} \int_{p_s}^{p_c} \widetilde{T}_{\lambda1}(p) \mathrm{d}B_{\lambda1}}{\varepsilon_{\lambda2} \int_{p_c\ p_s} \widetilde{T}_{\lambda2}(p) \mathrm{d}B_{\lambda2}} \tag{8.118}$$

(2)由 O_2 吸收带确定云顶气压(高度)：这是利用在反射云顶之上氧分子 O_2 A 带的吸收特性估计云顶高度的方法，方法的困难在于反射面不是一刚体表面，入射的阳光可进入到云内各个高度，穿透深度取决于云滴的谱分布和云的光学厚度等多个因子，由于穿透深度是未知的，造成氧反射太阳光不确定性，因而为反演云顶高度需要增加其他信息。穿透深度取决于云顶的多次散射和对阳光的吸收，图 8.56 显示使用辐射传输模式处于氧吸收带 A 波长为 0.7609 μm 和 0.7634 μm 在云顶处影响光的吸收和多次散射因子的穿透深度，图 8.56a 给出了氧吸收带 A 的吸收光谱分布和通道 2 和通道 3 的位置；图 8.56b 给出光学厚度确定为 10，对于不同体积衰减系数 $\bar{\sigma}_{\mathrm{ext}}$ 模式计算结果和云高度变化；也给出对于太阳天顶角为 $\theta_0=30°$ 和观测角的双向反射函数计算结果；反射函数数是云顶气压的函数，由于云顶上氧的吸收随云顶气压减小而减小，计算的反射率随高度而增加；由于云内氧的吸收和云滴的前向散射降低进入云的光反射。光穿透云的反射效应随定标衰减变化，如图 8.53b 中，$\bar{\tau}^* = 10$，$\bar{\sigma}_{\mathrm{ext}} = 1\ \mathrm{km}^{-1}$，如果云的反射在 0.7609 μm 处为 0.4，则没有订正的云顶气压是 480 hPa，相比较穿透光的订正的气压约为 280 hPa。

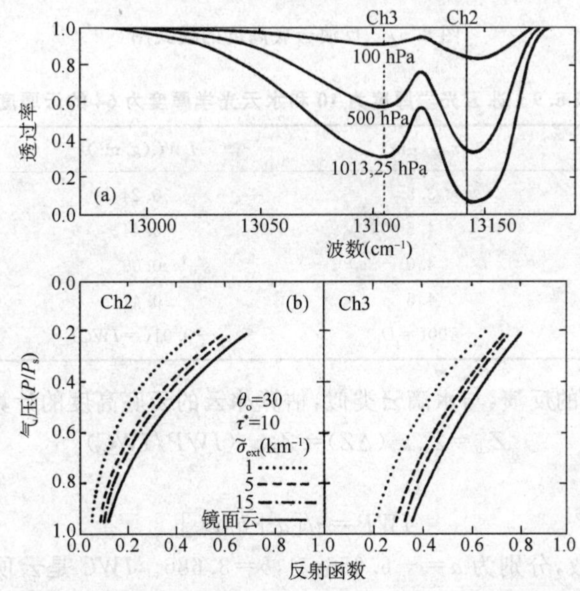

图 8.56 (a)对于不同云顶气压和空气质量，在氧吸收带 A 中双向透过率(由大气顶到云顶并返回)为波长的函数；(b)按(a)显示处于氧吸收带内模拟的两通道双向反射函数

二、云底高度的确定

(1)水云云底高度的反演:如图 8.57 中,云底高度是云顶高度与云厚间的差

$$Z_{cb}=Z_{ct}-(\Delta Z)=Z_{ct}-(LWP/LWC) \tag{8.119}$$

对于水云,云厚 ΔZ 由 LWP(g/cm^2)和 LWC(g/cm^3)的关系确定。而 LWP 取决于云的光学厚度 τ_c 和粒子有效半径 r_{eff},为

$$LWP=[2\tau_c r_{eff}]/3 \tag{8.120}$$

而 LWC 是云中液态水含量,它的值一般为 0.20～0.45,表 8.9 给出了由 MODIS 反演到的云有效粒子半径,LWC 和云厚度。可以看到 LWC 是云类别的函数。在计算假定 LWC 在云的垂直范围内是均匀的。因此方法只适用于对于简单的云。

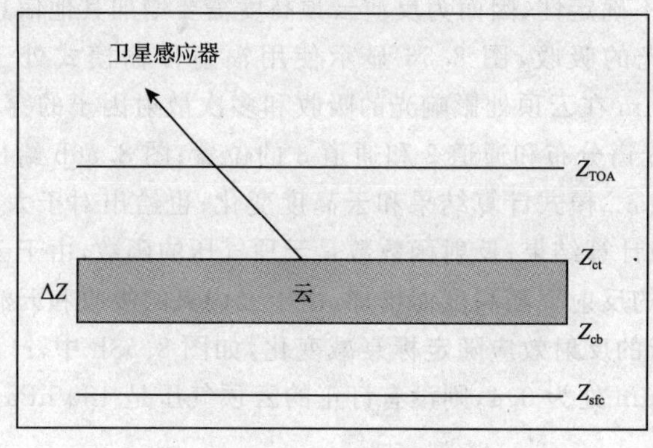

图 8.57　反演云底高度的模式图

表 8.9　冰云光学厚度为 10 和水云光学厚度为 64 的云厚度

云类	r_{eff}(μm)	LWC(g/m^3)	ΔZ_{max}(m)
层云Ⅰ(海洋)	3.5	0.24	622
层云Ⅱ(陆地)	4.5	0.44	436
层积云	4.0	0.09	1896
高层云	4.5	0.41	468
卷云	−100(=D_c)	−0.01(=IWC)	3333

(2)冰云云底高度的反演:与水滴云类似,估算冰云的云底高度的计算公式写为

$$Z_{cb}=Z_{ct}-(\Delta Z)=Z_{ct}-(IWP/IWC) \tag{8.121}$$

式中

$$IWP=\tau/[a+b/D_e] \tag{8.122}$$

其中 a 和 b 是回归系数,分别为 $a=-6.656e^{-3}$,$b=3.686$。IWC 是云顶温度的函数,由下式给出:

$$\ln(IWC)=-7.6+4\exp[-0.2443e^{-3}(|T|-20)^{2.455}] \tag{8.123}$$

另外,D_e 是云顶温度的函数,由 Ou 等(1993)给出

$$D_e=c_0+c_1T+c_2T^2+c_3T^3 \tag{8.124}$$

其中

$$c_0=326.3, c_1=12.42, c_2=0.197, c_3=0.0012$$

(3)由氧吸收带求取云底高度

第一步:如果大气顶的反射率按云底高度 H_0 用泰勒级数展开,表示为

$$R(H)=R(H_0)+\sum_{i=1}^{\infty}a_i(H(H_0)^i \tag{8.125}$$

式中,$a_i=R^{(i)}(H_0)/i!$,这里是在点 H_0 处的 i 阶 R 的导数。

第二步:对 R 线性化处理,可以发现,在一个自变量宽的范围内接近线性变化,略去式(8.125)非线性项,可以得到

$$R(H)=R(H_0)+R'(H_0)(H-H_0) \tag{8.126}$$

式中,$R'(H_0)=\mathrm{d}R/\mathrm{d}H$。假定 R 是在氧吸收带若干波长 $\lambda_1,\lambda_2,\lambda_3,\cdots$,测量的辐射值。引入矢量 $\boldsymbol{R}_{\mathrm{mes}}$ 代替 R,其分量为$[R(\lambda_1),R(\lambda_2),R(\lambda_3),\cdots,R(\lambda_n)]$。应用于式(8.126)

$$\boldsymbol{y}=\boldsymbol{a}x \tag{8.127}$$

式中,$\boldsymbol{y}=\boldsymbol{R}_{\mathrm{mes}}-\boldsymbol{R}(H_0)$,$\boldsymbol{a}=\boldsymbol{R}'(H_0)$和 $x=H-H_0$。注意在式(8.127)中包含测量和模式误差,通过下面损失函数极小:

$$\Phi=/\!/\,\boldsymbol{y}-\boldsymbol{a}x\,/\!/ \tag{8.128}$$

式中,$/\!/\ /\!/$是指相应欧勒空间中维(度)数的模。

函数 Φ 极小,求得 x 的值表示为

$$\hat{x}=\frac{(\boldsymbol{y},\boldsymbol{a})}{(\boldsymbol{a},\boldsymbol{a})}=\frac{\sum_{i=1}^{n}a_i y_i}{\sum_{i=1}^{n}a_i^2} \tag{8.129}$$

式中,$(\boldsymbol{y},\boldsymbol{a})$表示欧勒空间中的一个标量积,$n$ 是波数,这里的反射函数由测量决定。

在方程式(8.126)中的 $\boldsymbol{R}(H_0)$和 $R'(H_0)$必须用在给定大气状态下的参数由辐射传输理论计算求出。利用近似解析理论计算结果表明,这与在 O_2A 带对于典型的云厚度 $\tau\geqslant 5$ 逐线计算相比较,精度好于 5%。

因此,已知测量光谱反射函数 $\boldsymbol{R}_{\mathrm{mes}}$和计算的 R 和它在 H_0 处和几个波长上的导数 R',可以由式(8.129)求取云底高度和等式:$H=\hat{x}+H_0$,其中 H_0 可取低云的典型值为 0.5 km。在上面的工作中假定在间隔为 x 的 R 对于 H 是线性函数关系。

第六节　云的光学厚度和云粒子有效半径的反演

一、基本依据

如果入射太阳通量密度为 F_o,反射太阳辐射强度为 $I_\lambda(0,-\mu,\varphi)$,则云的反射函数 $R_\lambda(\tau_c,r_e;\mu,\mu_0,\varphi)$写为

$$R_\lambda(\tau_c,r_e;\mu,\mu_0,\varphi)=\frac{\pi I_\lambda(0,-\mu,\varphi)}{\mu_0 F_0(\lambda)} \tag{8.130}$$

式中,τ_c 是云的光学厚度,当云的光学厚度很大时,为使云的反射函数与已知的厚云光学厚度的渐近表示式的一致,引入定标光学厚度 τ'_c 和相似参数 s,分别写为

$$\tau'_c=(1-\omega_0 g)\tau_c \tag{8.131}$$

和

$$s=\left(\frac{1-\omega_0}{1-\omega_0 g}\right)^{1/2} \tag{8.132}$$

式中，g 是不对称因子，ω_0 是小体积云元的单次反照率。另外，地球大气系统的反射率取决于下垫面的反射率 A_g。相似参数主要取决于有效粒子半径。

对于有限带宽的一个谱带，式(8.130)必须对波长和谱带光谱响应函数加权及乘以入射太阳辐射通量积分：

$$R(\tau_c,r_e;\mu,\mu_0,\varphi)=\frac{\int_\lambda R_\lambda(\tau_c,r_e;\mu,\mu_0,\varphi)f(\lambda)F_0(\lambda)\mathrm{d}\lambda}{\int_\lambda f(\lambda)F_0(\lambda)\mathrm{d}\lambda} \tag{8.133}$$

反射函数的值按三个几何角度，M 光学厚度，N 有效粒子半径和 K 地面反照率保存，组成一个数据库查算表。

二、算法描述

1. 算法

在云厚度很大的云层内，略去直接辐射，辐射以漫射辐射为主，漫射辐射与方位无关，守恒散射大气的反射函数可以写为(King,1987)

$$R(\tau_c;\mu,\mu_0,\varphi)=R_\infty(\mu,\mu_0,\varphi)(\frac{4(1-A_g)K(\mu)K(\mu_0)}{[3(1-A_g)(1-g)(\tau_c+2q_0)+4A_g]} \tag{8.134}$$

式中，$R(\tau_c;\mu,\mu_0,\varphi)$是无吸收波长测量的反射函数，$R_\infty(\mu,\mu_0,\varphi)$是半无限大气的反射函数，$K(\mu)$是逸出函数，$q_0$ 是外推长度，对于守恒散射，其一阶矩和二阶矩表示为

$$2\int_0^1 K(\mu)\mu\mathrm{d}\mu=1$$

$$2\int_0^1 K(\mu)\mu^2\mathrm{d}\mu=(1-g)q_0=q' \tag{8.135}$$

$K(\mu)$可以写为

$$K(\mu)=(1-q_0k)K(1;\mu)+O(k^2)$$

或

$$K(\mu)=K_0(\mu)(1-3q's)+K^2(\mu)s^2 \tag{8.136}$$

其中

$$K_0(\mu)=0.5+0.75\mu$$

A_g 是地面反照度，g 是不对称因子，q' 一般在 0.709～0.715，因此可取 0.714。$O(k^2)$表示关于 k^2 或更高阶项。

由方程式(8.134)得定标光学厚度为

$$\tau'_c=(1-g)\tau_c=\frac{4K(\mu)K(\mu_0)}{3[R_\infty(\mu,\mu_0;\varphi)-R(\mu,\mu_0,\varphi)]}-2q'-\frac{4A_g}{3(1-A_g)} \tag{8.137}$$

可以看到定标光学厚度取决于 A_g、q'、g 和 $R_\infty(\mu,\mu_0,\varphi)$与测量的反射函数之差。对于存在有水吸收的谱段(1.64 μm、2.13 μm 和 3.75 μm)，云的反射函数写为

$$R(\tau_c;\mu,\mu_0,\varphi)=R_\infty(\mu,\mu_0,\varphi)-\frac{m[4(1-A_gA_g^*)l-A_gmn^2]K(\mu)K(\mu_0)\mathrm{e}^{-2k\tau_c}}{[3(1-A_gA_g^*)(1-l^2\mathrm{e}^{-2k\tau_c})+A_gmn^2l\mathrm{e}^{-2k\tau_c}]} \tag{8.138}$$

式中，m、n、l 是决定云光特性的常数。其中 n 表示为逸出函数 $K(\mu)$的 μ 加权平均，即

$$n=2\int_0^1 K(\mu)\mu\mathrm{d}\mu \tag{8.139}$$

而 m 与辐射的漫射形式 $P(u)$ 有关，表示为

$$m = 2\int_{-1}^{1}[P(\mu)]^2 u\mathrm{d}u = 1 \tag{8.140}$$

在大气 τ, u 处的辐射强度表示为 $I(\tau,u)=s_1P(\mu)\mathrm{e}^{-k\tau}+s_2P(-u)\mathrm{e}^{k\tau}$。$k$ 是漫射指数，s_1、s_2 是正和负方向的漫辐射流强度。这些参数也可以为

$$\begin{aligned}
m&=\frac{8}{3(1-g)}k+O(k^3)\\
l&=1-2q_0^2k^2+O(k^3)\\
n&=1-2q_0k+O(k^2)\\
A^*&=1-\frac{4(1-q_0k)}{3(1-g)}k+O(k^3)
\end{aligned} \tag{8.141}$$

或者

$$\begin{aligned}
m&=s\\
l&=1-6q's+18q'^2s^2\\
k&=(1-3g)s\left[1+s\left(1.5g-\frac{1.2}{1-g}\right)\right]\\
n&=2\int_0^1 K(\mu)\mu\mathrm{d}\mu = 1-3q's+n_2s^2\\
n_2&=9q'^2-(1-3g)-\frac{2}{1+g}
\end{aligned} \tag{8.145}$$

2. 大气水汽订正

为获取云顶表面的反射率和发射辐射，必须消除云顶以上大气吸收所造成的对发射辐射的影响，如果忽略分子散射和气溶胶的散射，到达卫星的辐射写为

$$\begin{aligned}
I(\mu,\mu_0,\varphi)=&I_{\text{cloud-top}}^{\text{sun}}(\tau_c,r_e,A_g;\mu,\mu_0,\varphi)t_{\text{atm}}(\mu)t_{\text{atm}}(\mu_0)+\\
&I_{\text{atm}}^{\text{sun}}(\mu,\mu_0,\varphi)+I_{\text{cloud-top}}^{\text{emiss}}(\tau_c,r_e,A_g;\mu)t_{\text{atm}}(\mu)+\\
&I_{\text{atm}}^{\text{emiss}}(\mu,\mu_0,\varphi)
\end{aligned} \tag{8.146}$$

式中第一、二项分别是云顶表面和云顶以上的大气对入射太阳辐射的反射辐射，第三、四项分别是云顶和云上大气的发射辐射。对于 MODIS 的水汽订正采用 k 分布计算法，输入参数为大气温度、湿度廓线。

三、多光谱反演算法

图 8.58 给出了反演云的反射函数、透射函数和球面反照率的程序图，它包括以下几步。

①将水的折射指数、云滴谱分布函数输入米散射理论（或非球形冰粒散射）计算程序确定云的光学参数：ω、Q_{ext}、g 和/或相函数。

②将光谱响函数、太阳光谱通量、云特性参数等输入辐射计算程序，确定反射函数、球反照率、不对称函数和以 r_e，τ_c 和几何的函数的常数。

为计算液态水的光学常数，在 MODIS 中使用 Hale 和 Querry(1973)对波长范围 $0.25\leqslant\lambda\leqslant0.69\ \mu\text{m}$，Paslmer 和 Williams(1975)对波长范围：$0.69<\lambda\leqslant2.0\ \mu\text{m}$，以及 Dowing 和 Williams(1975)$2.0\ \mu\text{m}<\lambda$ 列出的复折射指数。对于水滴使用有效方差为 $v_e=0.13$ 的自然对数正态分布谱分布计算。另为计算地表面的影响，假定地表面反射是各向同性，反射率为 A_g，地表上的云层是垂直均匀的。

对于冰云，表 8.10 给出 MODIS 6 个通道采用的冰云光学参数。根据辐射传输的累加法，考虑到地面反射后卫星接收的辐射(略去大气的作用)，写为

$$R(\tau_c,r_e;\mu,\mu_0,\varphi)=R_{\text{cloud}}(\tau_c,r_e;\mu,\mu_0,\varphi)+\frac{A_g}{1-A_g\bar{r}_{\text{cloud}}(\tau_c,r_e)}t_{\text{cloud}}(\tau_c,r_e;\mu)t_{\text{cloud}}(\tau_c,r_e;\mu_0) \tag{8.147}$$

式中，$R_{\text{cloud}}(\tau_c,r_e;\mu,\mu_0,\varphi)$、$t_{\text{cloud}}(\tau_c,r_e;\mu)$、$t_{\text{cloud}}(\tau_c,r_e;\mu_0)$、$\bar{r}_{\text{cloud}}(\tau_c,r_e)$分别是云的反射、透射率和云的球面反射率。为简化 $R(\tau_c,r_e;\mu,\mu_0,\varphi)$计算，可以建立对于不同云类的微物理特性和光学特性、不同太阳观测角的 $R_{\text{cloud}}(\tau_c,r_e;\mu,\mu_0,\varphi)$、$t_{\text{cloud}}(\tau_c,r_e;\mu_0)$、$\bar{r}_{\text{cloud}}(\tau_c,r_e)$查找表数据库。

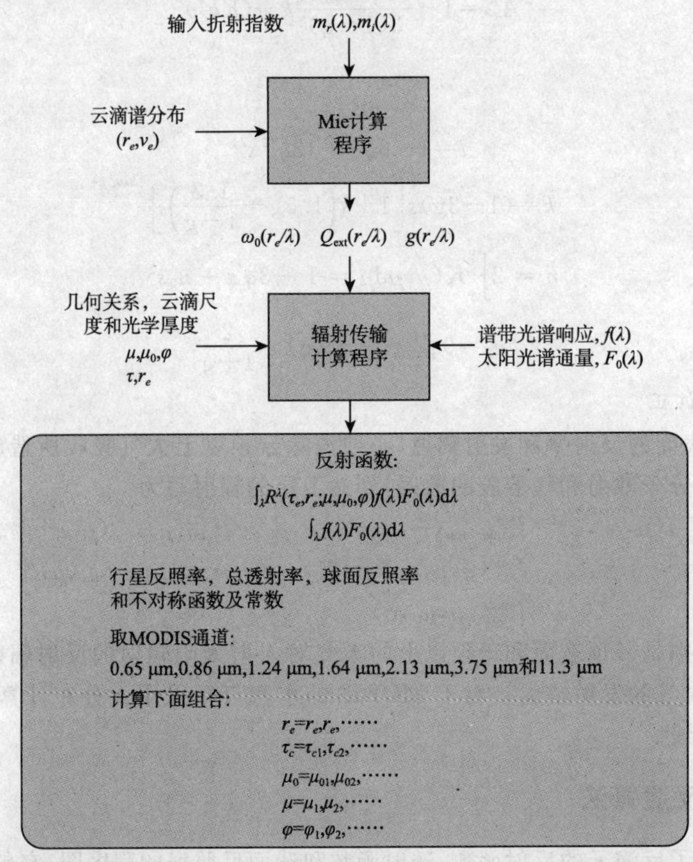

图 8.58　产生反射函数、透射函数平面反照率、球反照率和不对称函数参数数据库方案

表 8.10　MODIS 的 6 个通道采用的冰云光学参数

通道	λ(μm)	mr	mi	β_e	ω_0	g
1	0.645	1.3082	1.325×10^{-8}	0.32827	0.99990	0.84580
5	1.240	1.2972	1.22×10^{-5}	0.33141	0.99574	0.85224
6	1.640	1.2881	2.67×10^{-4}	0.32462	0.93823	0.87424
7	2.130	1.2674	5.65×10^{-4}	0.32934	0.91056	0.89044
20	3.750	1.3913	6.745×10^{-3}	0.32971	0.68713	0.90030
31	11.030	1.1963	2.567×10^{-1}	0.32812	0.54167	0.95739

在式(8.134)和式(8.138)中出现的渐近函数和常数，可以用渐近拟合方法或使用相函数的勒让德多项式展开系数直接由米散射理论得到。

图 8.59 给出了计算 τ_c、r_e 的方法，方法是分两方面进行，左边是根据(τ_c, r_e)查找表数据库得到 $R^{\lambda}_{计算}(\tau_c, r_e; \mu, \mu_0, \varphi)$，右边是由实时的卫星数据经大气订正后得到的 $R^{\lambda}_{平均}(\tau, \mu_0, \varphi)$，然后将这两个反射函数进行比较，当它们的差最小，确定 τ_c, r_e。

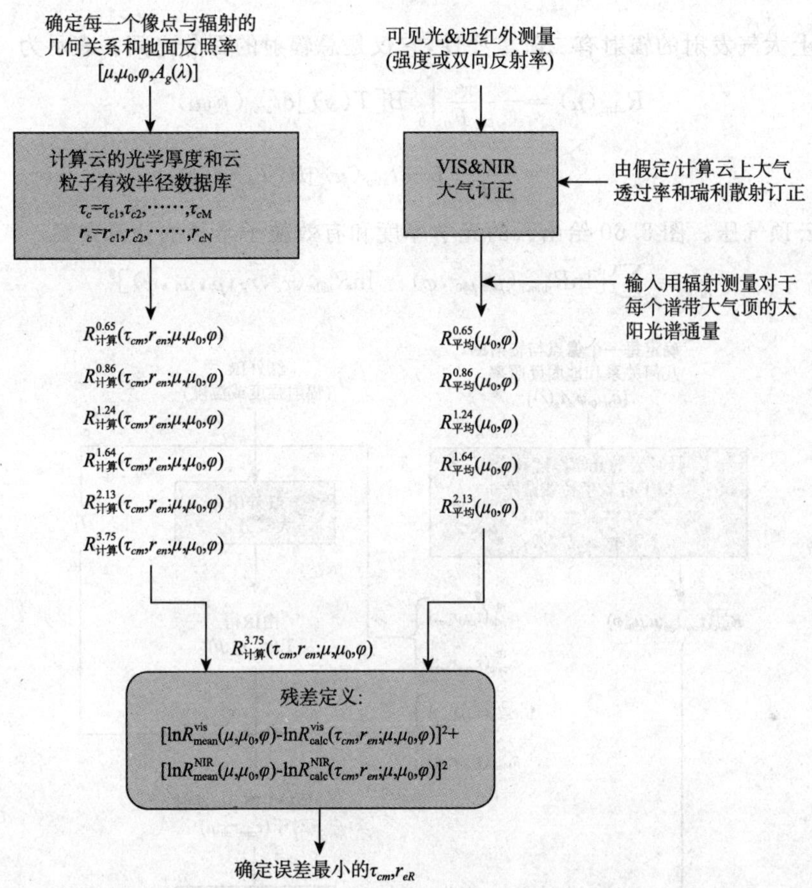

图 8.59　根据 0.65 μm，1.64 μm 和 2.13 μm 谱带确定和最佳拟合的云反演算法

利用 3.7 μm 反演云粒子的光学厚度和有效半径，由于在 3.7 μm 谱段云发射的辐射与太阳反射辐射是可比较的，因此使用该通道是很复杂的，3.7 μm 谱段云的发射与半径的关系不大，不像反射太阳辐射。对于卷云($\tau_c \leqslant 5$)地面的发射是重要的。如对于温度 290 K 的云和地面，对于 $r_e = 10$ μm 发射和反射辐射大致是相当的。假定云是等温的，略去云上大气的水汽和瑞利散射作用，卫星测量的辐射写为两部分，即

$$R_{meas}(\tau_c, r_e; \mu, \mu_0, \varphi) = R_{cloud}(\tau_c, r_e; \mu, \mu_0, \varphi) + \frac{A_g}{1 - A_g \bar{r}_{cloud}(\tau_c, r_e)} t_{cloud}(\tau_c, r_e; \mu) t_{cloud}(\tau_c, r_e; \mu) + \varepsilon^*_{cloud}(\tau_c, r_e; \mu) B(T_c) \frac{\pi}{\mu_0 F_0} + \varepsilon^*_{surface}(\tau_c, r_e; \mu) B(T_g) \frac{\pi}{\mu_0 F_0} \tag{8.148}$$

式中第一、二项表示太阳反射辐射项，第三、四项是云面和地面(无云)的热发射项。$\varepsilon^*_{cloud}(\tau_c,$

$r_e;\mu$)是云的有效发射率，$\varepsilon^*_{\text{surface}}(\tau_c,r_e;\mu)$是考虑到云的作用后的地面的有效发射率，分别写为

$$\varepsilon^*_{\text{cloud}}(\tau_c,r_e;\mu)=[1-t_{\text{cloud}}(\tau_c,r_e;\mu)-r_{\text{cloud}}(\tau_c,r_e;\mu)]+\text{地面相互作用项}$$

$$\varepsilon^*_{\text{surface}}(\tau_c,r_e;\mu)=\frac{1-A_g}{1-A_g\bar{r}_{\text{cloud}}(\tau_c,r_e)}t_{\text{cloud}}(\tau_c,r_e;\mu) \tag{8.149}$$

式中，$r_{\text{cloud}}(\tau_c,r_e;\mu)$是云的局地反照率，$B(T_c)$和$B(T_g)$分别是云顶温$T_c$和地面温度$T_g$的普朗克辐射。

云顶以上大气发射的辐射有二阶重要性，它仅是总辐射的百分之间。表示为

$$\begin{aligned}R_{\text{atm}}(\mu)&=-\frac{\pi}{\mu_0F_0}\int_0^{p_c}B[T(p)]\mathrm{d}t_{\text{atm}}(p;\mu)\\&=\frac{\pi}{\mu_0F_0}[1-t_{\text{atm}}(\mu)]B(T_a)\end{aligned} \tag{8.150}$$

式中，P_c是云顶气压。图8.60给出云的光学厚度和有效粒子半径的计算方案。

$$\chi^2=\sum_i[\ln R^i_{\text{meas}}(\mu,\mu_0,\varphi)-\ln R^i_{\text{calc}}(\tau_c,r_e;\mu,\mu_0,\varphi)]^2 \tag{8.151}$$

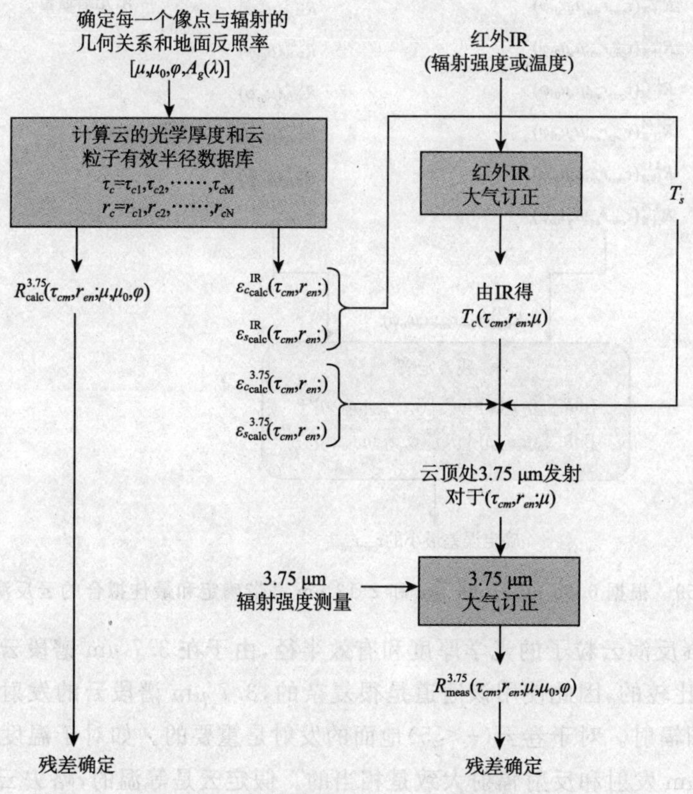

图8.60　由3.75 μm谱带确定τ_c和r_c最佳拟合的云反演算法

第七节　卷云特性的反演

根据云粒的相态，在全球大气中有水(中、低)云和卷(冰)云两类云，卷云主要出现在大气对流层上部和平流层底部，几乎全部是不规则的非球形的冰晶组成，覆盖全球30%以上；水云只出现在对流层中下部，主要由球形粒子组成，覆盖全球的40%以上。获取卷云和水云的特

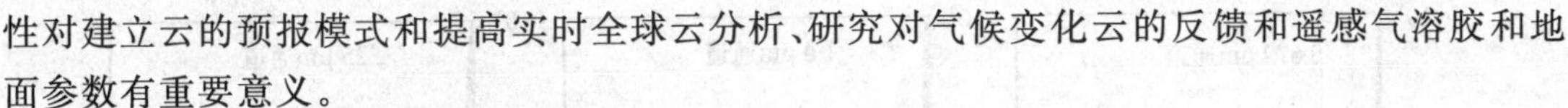

性对建立云的预报模式和提高实时全球云分析、研究对气候变化云的反馈和遥感气溶胶和地面参数有重要意义。

一、反演卷云使用的卷云的特性

1. 卷云的尺度谱分布

图 8.61 是由 Heymsfield 和 Platt(1984)，Takano 和 Liou(1989)根据飞机观测和 FIRE-IFO 微物理数据得到六种冰晶的尺度谱分布，冰晶的尺度 5～2000 μm，冰晶的形状为子弹花瓣状、实心和空心柱体、平板状到聚合物。

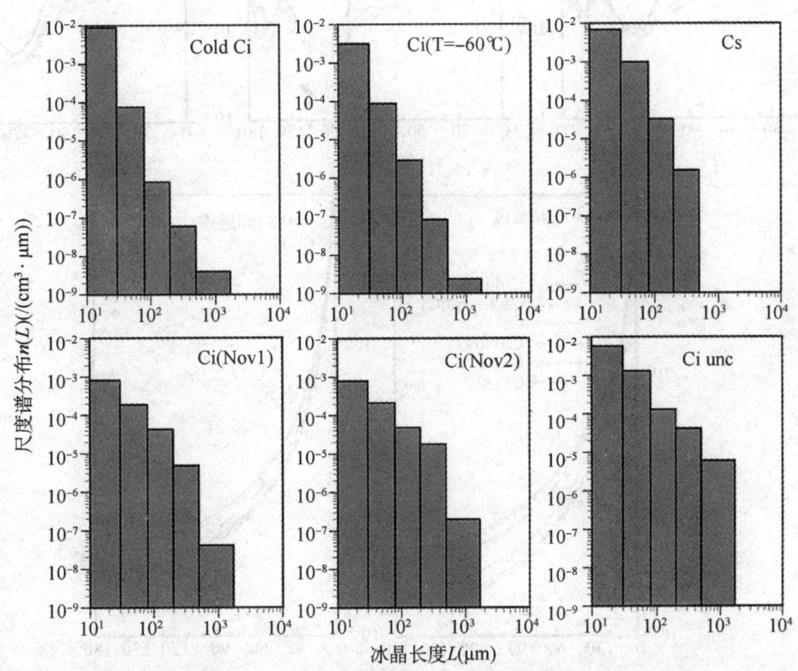

图 8.61　反演算法中使用的六种冰晶谱分布

2. 卷云的相函数

图 8.62 显示由 Monte-Carlo/几何射线法获取的谱段为 0.672 μm、1.6 μm、2.25 μm、3.7 μm、10.8 μm，上面六种冰晶谱分布的相函数，对于太阳通道，由于忽略云吸收，相函数对粒子尺度谱分布不敏感，图中表示了对于 0.672 μm、1.6 μm、2.13 μm 通道的相函数，两种射线折射形成的 22°和 46°晕，以及对于前向折射峰，由于强的吸收，随尺度谱分布和随折射变化相关的前向散射相函数的大小。对于散射角在 150°和 160°之间，对于全部粒子，由于射线的二次内部反射产生另一个峰值。对于小粒子冰晶，侧向散射是较强的。对于热通道，由于强吸收，没有出现晕和后向散射峰。

3. 卷云单次散射反照率和对称因子

图 8.63 和图 8.64 显示与六种粒子谱分布的和五个谱段相关的单次反照率和不对称因子。通常单次反照率随波长增大而减小，而不对称因子则随波长增大而增加。对于太阳光通道，单次反照率增大 D_e 减小，而且大于 0.5。对于 10.5 μm 通道，由于粒子的吸收作用，单次反照率在 0.4 到 0.5 之间变化，且随 D_e 增大而增大，散射在前向占有更大部分。

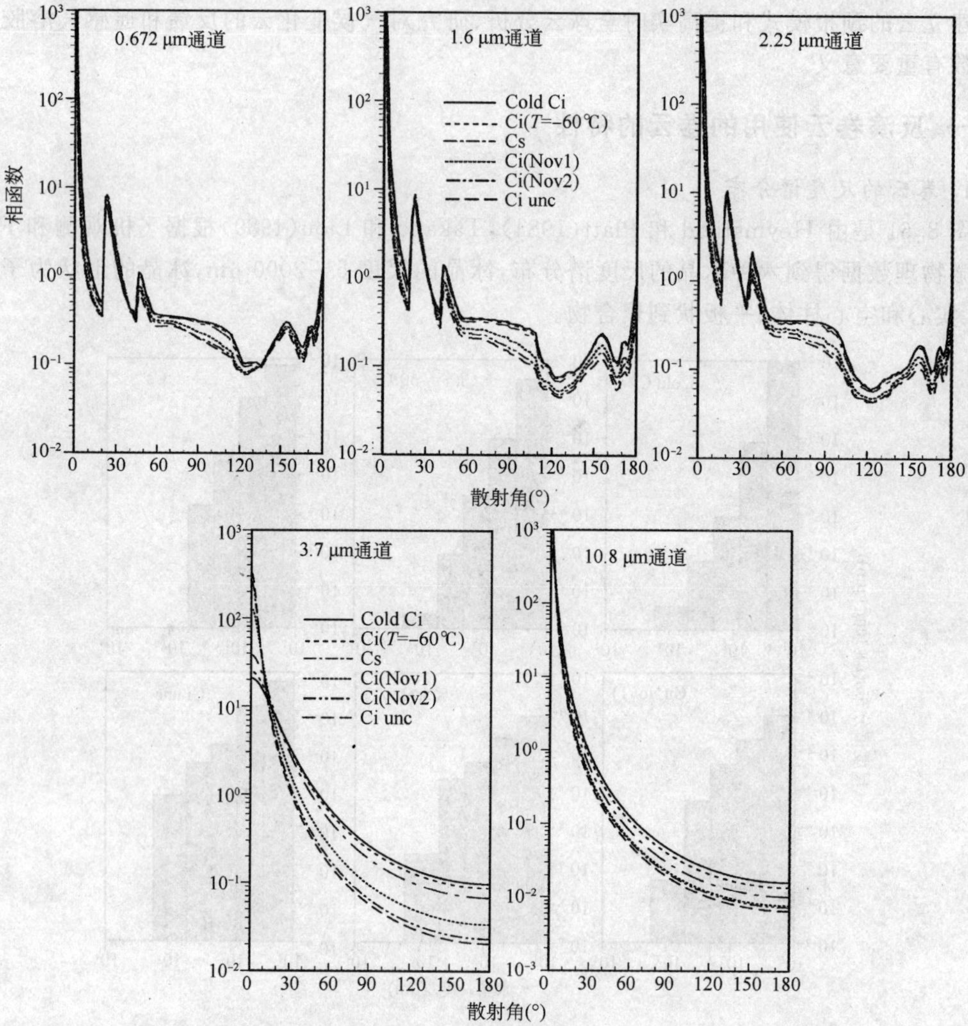

图 8.62　六种冰晶粒子的相函数

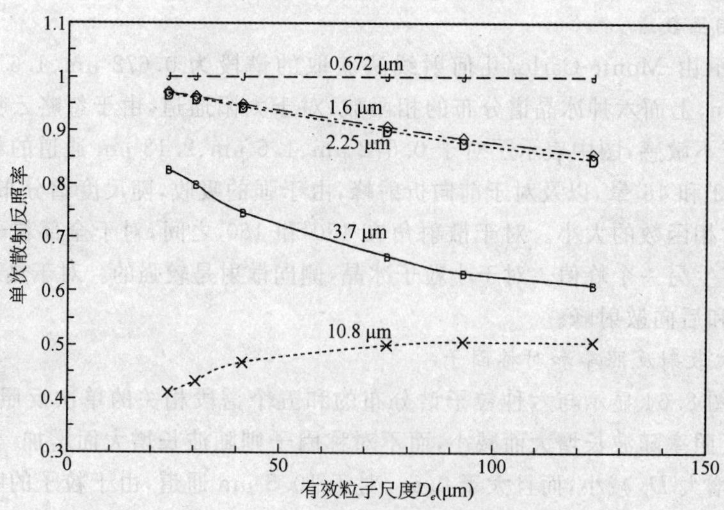

图 8.63　六种冰晶粒子的单次反照率

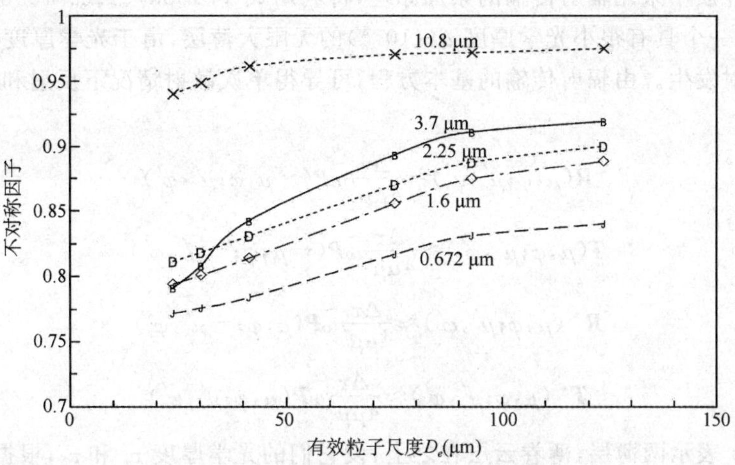

图 8.64　六种冰晶粒子的不对称因子

二、辐射传输模式

对于垂直不均大气，辐射传输方案采用由 Takano 和 Liou(1989)提出的包括有整个斯托克斯参数的累加法。在各向异性、单次散射特性取决于入射光方向介质中，设入射和射出方向分别用(μ,φ)和(μ',φ')表示，μ 和 φ 分别是天顶角余弦和方位角。散射相矩阵 P 是$(\mu,\varphi;\mu',\varphi')$的函数，不用散射角 Θ 确定。而且衰减和散射截面随入射光方向(μ',φ')变化。

设斯托克斯矢量强度为 $I=(I,Q,U,V)$，漫太阳辐射传输方程式为

$$\mu\frac{\mathrm{d}I(\tau;\mu,\varphi)}{\mathrm{d}\tau}=I(\tau;\mu,\varphi)-J(\tau;\mu,\varphi) \tag{8.152}$$

和源函数为

$$J(\tau;\mu,\varphi)=\frac{1}{4\pi}\int_0^{2\pi}\int_0^1 P(\mu,\varphi;\mu',\varphi')I(\mu',\varphi')\mathrm{d}\mu'\mathrm{d}\varphi'+\frac{1}{4\pi}P(\mu,\varphi;-\mu_0,\varphi_0)\times F_0\exp[-k(-\mu_0)\tau/\mu_0]$$

式中，μ_0 是太阳天顶角余弦，$-\mu_0$ 表示向下入射太阳辐射。右边第一项和第二项分别表示来自直接太阳单次和多次散射辐射。

采用辐射传输的累加法求解多次散射问题，定义反射矩阵 $\boldsymbol{R}(\mu,\varphi;\mu'',\varphi'')$和透射矩阵 $\boldsymbol{T}(\mu,\varphi;\mu'',\varphi'')$为

$$\boldsymbol{I}_{\mathrm{out,top}}(\mu,\varphi)=\frac{1}{\pi}\int_0^{2\pi}\int_0^1 \boldsymbol{R}(\mu,\varphi;\mu'',\varphi'')\boldsymbol{I}_{\mathrm{in,top}}(\mu'',\varphi'')\mu''\mathrm{d}\mu''\mathrm{d}\varphi'' \tag{8.153a}$$

$$\boldsymbol{I}_{\mathrm{out,top}}(\mu,\varphi)=\frac{1}{\pi}\int_0^{2\pi}\int_0^1 \boldsymbol{T}(\mu,\varphi;\mu'',\varphi'')\boldsymbol{I}_{\mathrm{in,top}}(\mu'',\varphi'')\mu''\mathrm{d}\mu''\mathrm{d}\varphi'' \tag{8.153b}$$

而对于来自云下的辐射，反射和透射矩阵定义为

$$\boldsymbol{I}_{\mathrm{out,bottom}}(\mu,\varphi)=\frac{1}{\pi}\int_0^{2\pi}\int_0^1 \boldsymbol{R}^*(\mu,\varphi;\mu'',\varphi'')\boldsymbol{I}_{\mathrm{in,bottom}}(\mu'',\varphi'')\mu''\mathrm{d}\mu''\mathrm{d}\varphi'' \tag{8.154a}$$

$$\boldsymbol{I}_{\mathrm{out,top}}(\mu,\varphi)=\frac{1}{\pi}\int_0^{2\pi}\int_0^1 \boldsymbol{T}^*(\mu,\varphi;\mu'',\varphi'')\boldsymbol{I}_{\mathrm{in,bottom}}(\mu'',\varphi'')\mu''\mathrm{d}\mu''\mathrm{d}\varphi'' \tag{8.154b}$$

为在各向异性介质中采用辐射传输的累加原理，将利用式(8.153a)、式(8.153b)定义的反射和透射矩阵，考虑一个具有很小光学厚度 $\Delta\tau(10^{-8})$ 的无限大薄层，由于光学厚度如此小，在薄层内只有单次散射发生。由辐射传输的基本方程，可导得单次散射情况下反射和透射的解析解。当 $\Delta\tau\to 0$，求得

$$\boldsymbol{R}(\mu,\varphi;\mu',\varphi')\approx\frac{\Delta\tau}{4\mu\mu'}\tilde{\omega}\boldsymbol{P}(-\mu,\varphi;\mu',\varphi') \tag{8.155a}$$

$$\boldsymbol{T}(\mu,\varphi;\mu',\varphi')\approx\frac{\Delta\tau}{4\mu\mu'}\tilde{\omega}\boldsymbol{P}(-\mu,\varphi;-\mu',\varphi') \tag{8.155b}$$

$$\boldsymbol{R}^*(\mu,\varphi;\mu',\varphi')\approx\frac{\Delta\tau}{4\mu\mu'}\tilde{\omega}\boldsymbol{P}(\mu,\varphi;-\mu',\varphi') \tag{8.155c}$$

$$\boldsymbol{T}^*(\mu,\varphi;\mu',\varphi')\approx\frac{\Delta\tau}{4\mu\mu'}\tilde{\omega}\boldsymbol{P}(\mu,\varphi;\mu',\varphi') \tag{8.155d}$$

现用下标 a 和 b 表示两薄层，薄卷云层在之上，设它们的光学厚度 τ_a 和 τ_b，根据在各向异性大气中辐射传输的累加原理，但改为考虑入射方向光学特性的依赖性，由下面方程式计算合成层的反射和透射矩阵

$$\boldsymbol{Q}_1=\boldsymbol{R}_a^*\boldsymbol{R}_b \tag{8.156a}$$

$$\boldsymbol{Q}_n=\boldsymbol{Q}_1\boldsymbol{Q}_{n-1} \tag{8.156b}$$

$$\boldsymbol{S}=\sum_{n=1}^{M}\boldsymbol{Q}_n \tag{8.156c}$$

$$\boldsymbol{D}=\boldsymbol{T}_a+\boldsymbol{S}\exp[-\tau_a/\mu_0]+\boldsymbol{S}\boldsymbol{T}_a \tag{8.156d}$$

$$\boldsymbol{U}=\boldsymbol{R}_b\exp[-\tau_a/\mu_a]+\boldsymbol{R}_b\boldsymbol{D} \tag{8.156e}$$

$$\boldsymbol{R}_{a,b}=\boldsymbol{R}_a+\exp[-\tau_a/\mu_0]\boldsymbol{U}+\boldsymbol{T}_a^*\boldsymbol{U} \tag{8.156f}$$

$$\boldsymbol{T}_{a,b}=\exp[-\tau_b/\mu]\boldsymbol{D}+\boldsymbol{T}_b\exp[-\tau_a/\mu_0]+\boldsymbol{T}_b\boldsymbol{D} \tag{8.156g}$$

在这些方程中，两函数的乘积意味着对合适的立体角的积分，由此考虑可能的多次散射。例如

$$\boldsymbol{R}_a^*\boldsymbol{R}_b=\frac{1}{\pi}\int_0^{2\pi}\int_0^1\boldsymbol{R}_a^*(\mu,\varphi;\mu'',\varphi'')\boldsymbol{R}_b(\mu'',\varphi'';\mu',\varphi')\mu''\mathrm{d}\mu''\mathrm{d}\varphi'' \tag{8.157}$$

式(8.156c)中数 M 的选取考虑级数的收敛，在计算中取值在 5 到 12 之间变化。在累加方程中的指数项是无散射时 a 和 b 云层直接透过率。在太阳天顶角 θ_0 方向，对于合成层的总透过率是漫透射率 $\boldsymbol{T}_{a,b}$ 与直接透过率 $\exp[-(\tau_a+\tau_b)/\mu_0]$ 之和。

为方便，在数值计算中，设 $\tau_a=\tau_b$，这种方法称之为倍加法，对于 2τ 光学厚度层，由式(8.155a)到式(8.155d)计算反射和透射矩阵从光学厚度 $\tau=10^{-8}$，重复使用这些方程计算直到所希望的光学厚度。

将模式垂直分为 51 层(除底层($\Delta p=13$ hPa)外，每一层为 $\Delta p=20$ hPa)，倍加法应用到每一层得到每一层的反射和透射函数。然后累加法应用到 51 层得到大气顶的辐射率。对于 3.5 μm 和 5 μm 之间波长，需考虑热辐射的作用，在太阳辐射通量传输加上热发射部分 $(1-\tilde{\omega})\pi B(\tau)$。图 8.65 给出了累加法计算大气顶反射辐射流程。

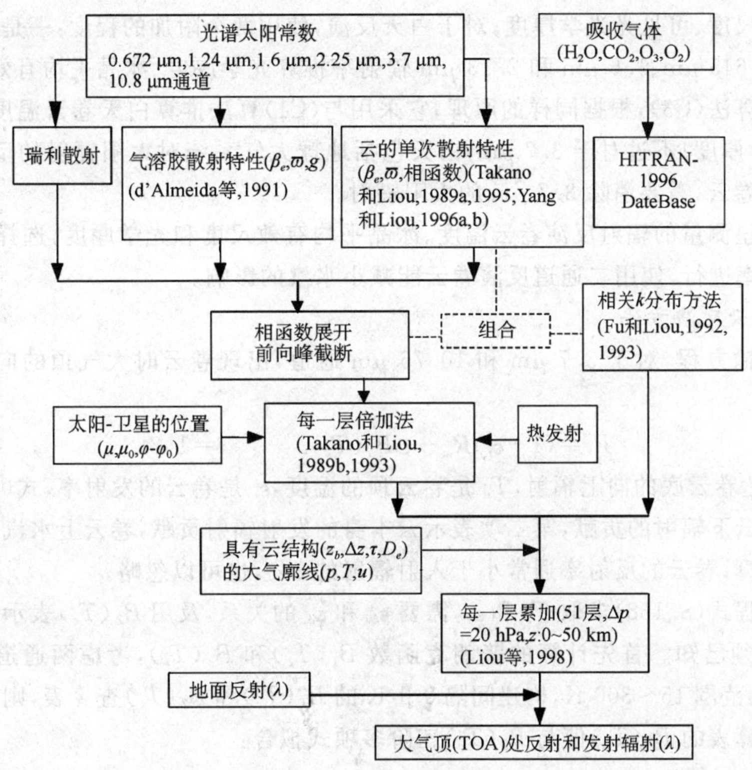

图 8.65 累加法计算大气顶反射辐射流程

三、卷云参数的反演

1. 卷云参数反演概述

图 8.66 显示了反演卷云算法流程，一旦识别到卷云像点，有三种方法应用于夜间和白天的数据。对于夜间反演，IR 云反演方法(C1)采用 3.7 μm 和 10.8 μm 辐射率推算卷云温度、

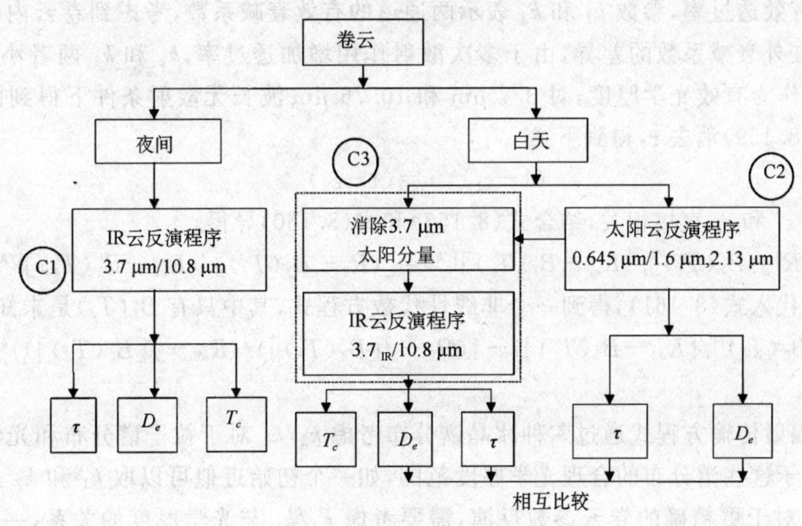

图 8.66 卷云反演流程

冰晶平均有效尺度、可见光光学厚度；对于白天反演，使用两个附加的程度：一是太阳云反演算法(C2)采用 0.645 μm、1.6 μm 和 2.13 μm 辐射率推算光学厚度、冰晶平均有效尺度；二是白天红外云反演算法(C3)，根据同样的原理，它采用与(C1)算法推算白天卷云温度、平均有效尺度、可见光光学厚度；不过对于 3.7 μm，白天包括地球大气系统对太阳辐射的反射，因此为了白天红外反演卷云，需要消除 3.7 μm 的太阳辐射。

为了由卫星测量的辐射反演卷云温度、冰晶平均有效尺度和光学厚度，选择用 3.7 μm 和 10.8 μm 辐射率进行，使用二通道反演卷云能减小水汽的影响。

2. 夜间卷云反演方法

由辐射传输方程，对于 3.7 μm 和 10.76 μm 通道，出现卷云时大气顶的向上辐射 R_i 表示为

$$R_i=(1-\varepsilon_i)R_{ai}+\varepsilon_i B_i(T_c) \qquad i=1,2 \tag{8.158}$$

式中，R_{ai} 是到达卷云底的向上辐射，T_c 是卷云顶的温度，ε_i 是卷云的发射率，式(8.158)右边第一项表示来自云下辐射的贡献，第二项表示云本身的发射辐射贡献，卷云上水汽辐射忽略。由精确的辐射计算，卷云的反射率通常小于入射辐射的 3%，也可以忽略。

为了由方程式(8.158)求取 T_c 和 ε_i，需要 ε_1 和 ε_2 的关系，及用 $B_2(T_c)$ 表示 $B_1(T_c)$；晴空辐射 $R_{a1,2}$ 也必须已知。首先计算的普朗克函数 $B_1(T_c)$ 和 $B_2(T_c)$，考虑两通道的滤光函数。通过使用 T_c 的范围 15～300 K，构建间隔 0.1 K 的 $B_1(T_c)$ 和 $B_2(T_c)$ 查算表，则要根据最小二乘回归法将查算表的 $B_1(T_c)$ 值与 $B_2(T_c)$ 三阶多项式拟合：

$$B_1(T_c)=\sum_{n=0}^{3}a_n[B_2(T_c)]^n=f[B_2(T_c)] \tag{8.159}$$

式中，系数 $a_0=2.6327\times10^{-4}$，$a_1=-1.063\times10^{-4}$，$a_2=8.2976\times10^{-6}$，$a_3=3.731110^{-7}$。多项式拟合误差小于 1%。

第二，研究两通道发射率的关系，由辐射传输计算，按 Liou 等(1990)提出的方法，可以将 3.7 μm 和 10.76 μm 波长通过可见光光学厚度以下面形式参数化

$$\varepsilon_i=1-\exp(-k_i\tau) \qquad i=1,2 \tag{8.160}$$

指数项表示有效透过率，参数 k_1 和 k_2 表示两通道的有效衰减系数，考虑到卷云内的多次散射和可见光与红外衰减系数的差异，由于多次散射作用增加透过率，k_1 和 k_2 两者小于 1。因此 $k_i\tau$ 的乘积可作为有效光学厚度，对 3.7 μm 和 10.76 μm 波长无散射条件下得到同样的发射率值。由式(8.159)消去 τ，得到下式

$$(1-\varepsilon_1)^{1/k_1}=(1-\varepsilon_2)^{1/k_2} \tag{8.161}$$

式(8.161)将 ε_1 和 ε_2 直接相关，结合式(8.157)和式(8.160)导得

$$[(R_1-B_1(T_c)]/(R_{a1}-B_1(T_c)]^{1/k_1}=[(R_2-B_2(T_c)]/(R_{a2}-B_2(T_c)]^{1/k_2} \tag{8.162}$$

将式(8.158)代入式(8.161)，得到一个非线性代数方程式，其中只有 $B_1(T_c)$ 是未知数。

$$\{[R_2-B_2(T_c)]/[R_{a2}-B_2(T_c)]\}-\{(R_2-f[B_2(T_c)])/(R_{a2}-f[B_2(T_c)])\}^{k_2/k_1}=0 \tag{8.163}$$

现根据辐射传输方程式通过六种冰晶谱分布考虑 k_2/k_1 对于粒子谱分布和光学厚度间的关系，使用对于这些谱分布的合理光学厚度范围，如一个初始近似可以取 k_1 和 k_2 是与光学厚度独立的，但对于更精确的卷云参数反演，需要考虑 k_2/k_1 与光学厚度的关系，一般 k_2/k_1 随 D_e 增加而减小，对于小的 D_e(～20 μm)，k_2/k_1 接近于 2，这基本因为对于 3.7 μm 波长

(～0.8)比10.8 μm波长(～0.4)单次反照率要大。这意味较强的散射是与前者3.7 μm波长相联的。对于$D_e>100$ μm,由于以下原因,k_2/k_1接近于1,首先衰减系数对于这两波长近似是相同的,大粒子参数的几何光学极限是成立的;其次是单次反照率对这些波长也近似是相同的,因为物质吸收出现于大的冰晶内。这意味着只有衍射和外部反射光对散射有贡献,为得到初始估猜值,k_2/k_1可以表示为用$1/D_e$的展开式

$$k_2/k_1=\sum_{n=0}^{2}b_nD_e^{-n} \tag{8.164}$$

式中,系数b_n使用辐射列表由二阶最小二乘法拟合确定。但是,在反演方法中,b_n进一步表示为τ的三阶多项式函数

$$b_n(\tau)=\sum_{n=0}^{3}d_n\tau^n \tag{8.165}$$

式中,系数d_n由三阶最小二乘法得到。

目前直接由卫星热红外辐射数据确定D_e是很困难的,但不是不可能的。如果通过合适的观测使D_e与云温度相关。Heymsfield和Platt(1984)根据通过中纬度飞机光学探测收集大量的卷云的微物理数据提出下面幂次方形式表示的冰晶谱分布

$$n(L)=\begin{cases}A_1L^{b_1}(IWC) & L\leqslant L_0\\ A_2L^{b_2}(IWC) & L>L_0\end{cases} \tag{8.166}$$

式中,$L_0=(A_2/A_1)^{1/b_1-b_2}$,$IWC$是冰水含量,$A_1$,$A_2$和$b_1$,$b_2$是由测量资料确定的与温度有关的经验系数。研究表明,对于给定温度、A_1,A_2和b_1,b_2值和IWC,在$-20\sim-60$℃可以用温度参数化。根据这参数化,平均$n(L)$也是温度的函数,而且飞机和实验室测量表明,对于六角形冰晶的长度L和宽度D是相关的。因此可以得到温度—平均有效尺度$\langle D_e\rangle$,确定的$n(L)$函数形式。括号表示给定温度的平均值。接着进行$\langle D_e\rangle$与T_c之间的多项式最小二乘法拟合:

$$\langle D_e\rangle=\sum_{n=0}^{3}c_n(T_c-273)^n \tag{8.167}$$

式中,$c_0=326.3$,$c_1=12.42$,$c_2=0.197$和$c_3=0.0012$。式(8.166)曾用$AVHHR$数据反演。

在由式(8.166)反演D_e时,由于A_1,A_2、b_1,b_2和IWC的不确定性可能有误差。为改进反演平均有效尺度,可根据下面方法对D_e值修改。若D_e的修改值是$\langle D_e\rangle$,根据量纲分析,假定D_e和IWC具有下面关系

$$D_e\propto(IWC)^{1/3} \tag{8.168}$$

观测表明(Heymsfied和Platt,1984),有关系式

$$\langle D_e\rangle\propto\langle(IWC)\rangle^{1/3} \tag{8.169}$$

式中,$\langle IWC\rangle$是与温度有关的IWC平均值,按Liou(1992)由观测资料,导得以温度T_c为参数的表示式

$$\langle IWC\rangle=\exp\{-7.6+4\exp[-0.2443\times10^{-3}(253-T_c)]^{-2.445}\} \tag{8.170}$$

对于$T_c<253$ K,IWC可以表示为

$$IWC=\tau/[\Delta z(\alpha+\beta/D_e)] \tag{8.171}$$

式中,τ是可见光光学厚度,Δz是云的厚度,α和β是经验常数。由式(8.170)和式(8.171)得到

$$D_e=c\{\tau/[\Delta z(\alpha+\beta/D_e)\langle IWC\rangle]\}^{1/3}\langle D_e\rangle \tag{8.172}$$

式中，c 是比例因子，式(8.172)是对于 D_e 的代数方程式，代替式(8.167)，作为反演问题的闭合方程组。

最后，对于 $B_2(T_c)$，为了求解式(8.163)，必须给出到达云底的向上辐射 $R_{a1,2}$，可在晴天条件下，这些辐射值通过卫星观测到的辐射值近似，因为卷云以上大气出现水汽是很小的。由于极轨卫星扫描线约达 3000 km，由于卫星扫描的大范围，某些点相应于晴空条件，据此，如果识别这些晴空区，$R_{a1,2}$ 可以由统计方法确定。可以选取一背景和使用这背景的资料，构建 R_1、R_2 二维直方图，背景区应足够大，以包含大量统计的像点，但同时，这一区域应足够地小，以保证在背景区内的温度和水汽分布均匀性。通常对于分析取 1°×1°背景场就足够了。将相应于频率分布的峰值赋予平均晴空辐射率。在算法敏感性研究中，由 *LBEL* 程序晴空辐射是要预先确定的。

因此，式(8.158)、式(8.159)、式(8.160)、式(8.164)和式(8.172)组成一个求解未知量 $\varepsilon_{1,2}$、$B_{1,2}(T_c)$、T_c、τ、D_e 的完整方程组，图 8.64 表示了求解方法的过程。

使用 3.7 μm 和 10.76 μm 通道数据，可以首先获得卷云平均温度的估计，然后得到 ε_i、τ、k_2/k_1、D_e 的初始估计，比例因子由下面方程计算：

$$\hat{\varepsilon}_2 = \frac{R_{ai} - R_2}{R_{ai} - B_2(T_c)} \tag{8.173a}$$

$$\hat{\tau} = -\ln(1 - \hat{\varepsilon}_2)/\hat{k}_1 \tag{8.173b}$$

$$\hat{k}_2/k_1 = \frac{\ln[R_2 - B_2(\hat{T}_c)]/\ln[R_{a2} - B_2(\hat{T}_c)]}{\ln[R_1 - B_1(\hat{T}_c)]/\ln[R_{a1} - B_1(\hat{T}_c)} \tag{8.173c}$$

$$\hat{D}_e = \frac{2b_2}{-b_1 + \sqrt{b_1^2 - 4b_1(b_0 - \hat{k}_2/\hat{k}_1)}} \tag{8.173d}$$

$$c = \frac{\hat{D}_e}{\{\hat{\tau}/[\Delta z(\alpha + \beta/\hat{D}_e)\langle IWC\rangle]\}^{1/3}\langle D_e\rangle} \tag{8.173e}$$

式(8.173a)～(8.173e)是式(8.158)、式(8.160)、式(8.163)、式(8.164)和式(8.172)的逆形式。对于上面估猜，令 k_2 为常数，虽然它是平均有效粒子尺度的函数。利用 k_2/k_1 的估计值，通过修正的牛顿迭代方法，对于求解非线性代数方程解式(8.172)是有效的。接着使用式(8.158)、式(8.160)、式(8.164)、式(8.165)和式(8.172)求得新的 $\varepsilon_{1,2}$、k_2/k_1、τ、D_e 估计值。对于求解式(8.172)，首先使用反演的云温度，分别由式(8.170)、式(8.167)确定 $\langle IWC\rangle$ 和 $\langle D_e\rangle$；接着，根据反演的 τ 值和设定的 Δz 值，数值求解 D_e，然后将新估计的 T_c、τ 和 D_e 进行收敛检验。另外又回到使用新估计的 k_2/k_1 求解方程式(8.163)，重复后面过程。图 8.67 显示夜间反演卷云算法流程。

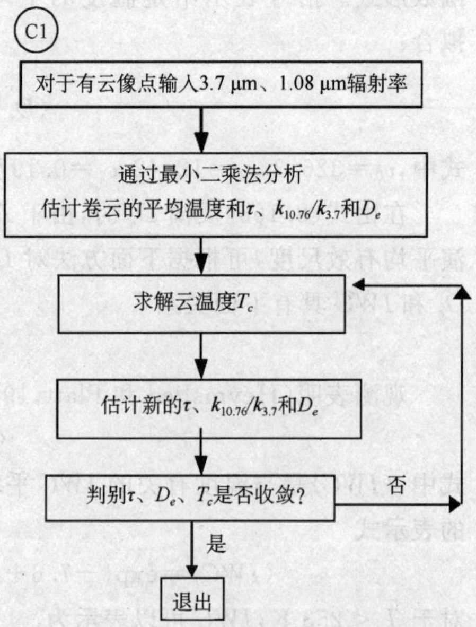

图 8.67 夜间红外卷云反演流程

3. 太阳卷云反演方法

白天太阳反演算法(C3)是使用 0.645 μm、1.6 μm和 2.13 μm 通道的辐射率推断卷云的光学厚度和平均粒子的尺度，反演是利用双太阳通道方法，图 8.68 表示由测量的反射太阳辐射确定卷云的光学厚度、平均有效粒子半径，使用机载 0.681 μm、1.617 μm 和 2.139 μm 通道进行的观测数据计算，计算是对于六个冰晶尺度谱分布进行逐线模式辐射传输计算。对于光学厚度为 0.5～64 以二维反射率图(0.681～1.617 μm 和 0.681～2.139 μm)显示，也显示平均有效半径为 4 μm 和 8 μm 水云的结果，图 8.68a 和图 8.68b 分别是水面和陆地上的情形。计算中，晴空地表像点的有效反射率取自 MAS(MODIS 机载模拟)。图中对角斜线或近水平线是对于六种冰晶粒子尺度谱分布 D_e 等值线，而近垂直的点线是对于选择定光学厚度 τ 的等值线，假定下垫面是朗伯面，每一波长反射函数的极小值相应于没有大气时该波长处的下地面反射函数，显示 0.681 μm 和 1.617 μm 反射率的相关性显示如果水云的有效平均半径(层云和积云)小于约 10 μm和如果冰云的有效平均半径大于于约 20 μm，在相关阈范围内两者之间可以清楚地区分。也注意到，0.681 μm 反射率主要取决于光学厚度，与粒子半径关系不大。但是，1.617 μm 和 2.139 μm 反射率是粒子尺度的基本函数，而不是光学厚度。从图中，当光学厚度增加，等值线 D_e 越来越垂直于光学厚度 τ 等值线，因而，利用这三个通道可以确定云的光学厚度和粒子半径。

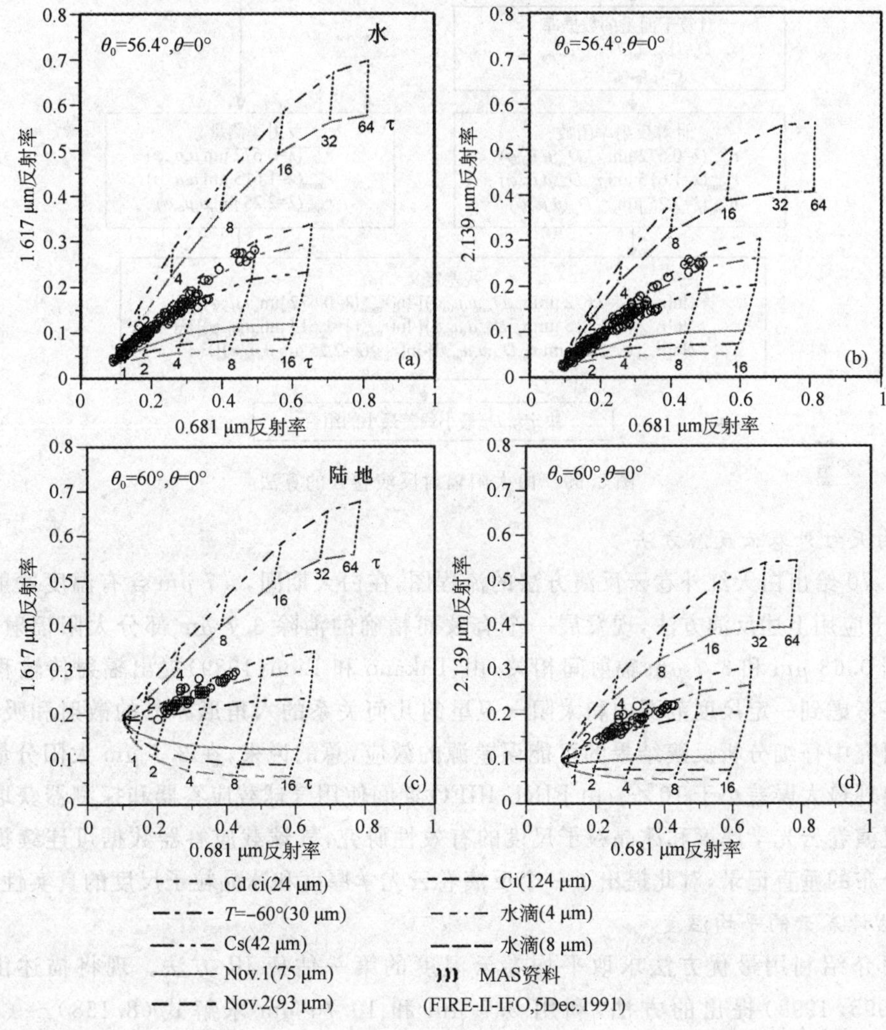

图 8.68　是水面和陆地上由机载 0.681 μm、1.617 μm 和 2.139 μm 通道进行测量的反射太阳辐射确定卷云的光学厚度、平均有效粒子半径

图 8.69 显示了由测量的反射函数与数据库比较得到的反演卷云光学厚度和平均有效粒子半径的流程，首先确定太阳与卫星仪器的几何位置，包括对于每一个像点的太阳天顶角、卫星仪器的观测角和方位角。对于实时卫星数据，地面反照率可从晴空反射率直方图得到。在算法敏感性研究中，地面反照率可由气候数据集确定，则选取平均有效冰晶尺度和光学厚度值，然后构建对于冰晶平均有效尺度和光学厚度的每个组合，计算辐射表的反射函数，数值迭代法建立模拟反射率，与测量反射率匹配。测量反射率预先使用逐线等效辐射传输模式(LBLE)计算。对每个通道，计算方法根据“残差”平方极小订正。“残差”定义为模拟反射率与测量反射率之差。

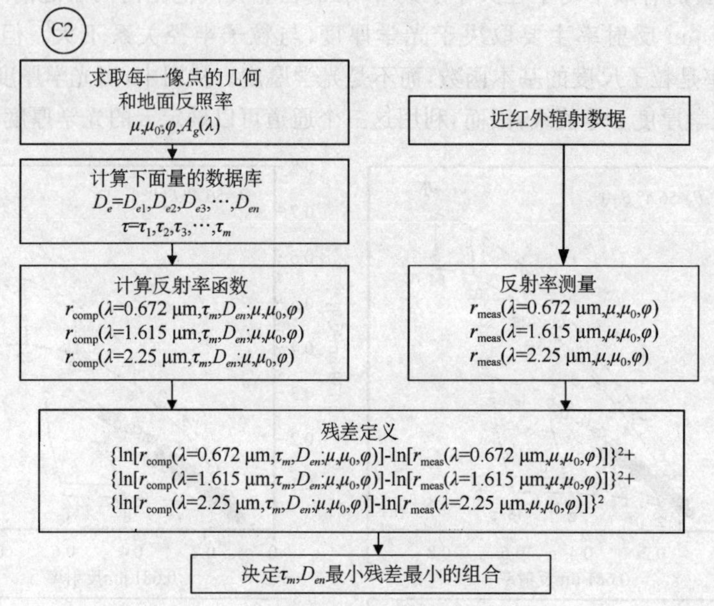

图 8.69　由太阳辐射反演卷云的算法

4. *白天红外卷云反演方法*

图 8.70 给出白天红外卷云反演方法的流程图，在白天期间，3.7 μm 含有温度发射和太阳辐射，对于应用上述反演方法，现发展一个有效而精确的消除 3.7 μm 部分太阳辐射的方法，方法依据 0.63 μm 和 3.7 μm 辐射间相关，由 Takano 和 Liou(1989)提出辐射传输程序得出的。程序考虑到一定尺度范围内和太阳—卫星的几何关系的六角形冰晶的散射和吸收特性，在综合研究中仔细分析反演结果的可能误差源的效应，总的说来，在 3.7 μm 太阳分量的订正方法中出现最大误差小于10%。由 FIRE-IIIFO 期间使用气球载应答器和探测器获取的数据进行了反演卷云光学厚度和冰晶粒子尺度的有效性研究，气球载应答器数据可连续提供冰晶尺度谱分布的垂直记录，对此提出了一个反演卷云光学厚度和冰晶粒子尺度的真实性方法。

5. *估计卷云的平均温度*

下面介绍利用最优方法求取平均卷云温度的第一估猜 IR 方法。现将描述由 Ou 等(1993，1995，1998)提出的方法，利用 3.7 μm 和 10.76 μm 求解式(8.158)～(8.160)、式(8.164)、式(8.172)。图 8.70 给出方法的流程图，先给出 τ、k_2/k_1 估猜值，对此使用最优化方法得到最佳拟合平均卷云温度，然后，可以由式(8.174)～(8.176)得到 τ、k_2/k_1、D_e 第一估猜值。最优化方法分成两部分：第一部分是求取一个最优值 k_2/k_1，给出温度 T_c。第二部分是求取一个最优值 T_c。

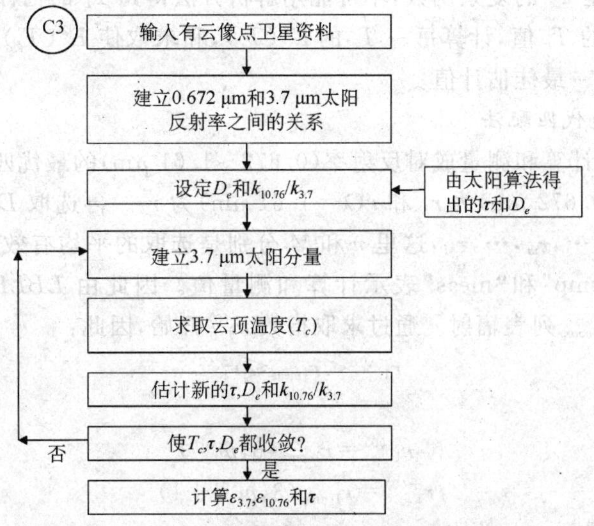

图 8.70　白天红外卷云反演方法

第一部分可以将式(8.163)写成

$$y=k'x \tag{8.173}$$

式中

$$y=\ln\left[\frac{R_2-B_2(T_c)}{R_{a2}-B_2(T_c)}\right]$$

$$x=\ln\left[\frac{R_1-f[B_2(T_c)]}{R_{a1}-f[B_2(T_c)]}\right]$$

$$k'=k_2/k_1$$

对于给定的云温度，寻找一个最优的，使残差（剩余误差）最小：

$$E^2(k')=\sum_i(y_i-k'x)y_i \tag{8.174}$$

式中，i 表示像素指数。

由于当 $R_{2i}\rightarrow B_2(T_c)$，$y_i\rightarrow-\infty$，和对于 $R_{2i}\rightarrow R_{a2}$，$y_i\rightarrow 0$，更多的权重放到这像点上，辐射趋向于 T_c 的普朗克函数；对于线性方程式按一般的最优化方法，使

$$\frac{\partial E^2(k')}{\partial k'}=0 \tag{8.174}$$

k'的最优值可以表示为

$$k'_{\text{opt}}(T_c)=\frac{\sum\limits_i y_i^2x_i}{\sum\limits_i y_ix_i^2} \tag{8.175}$$

第二部分再将式(8.162)写成

$$R_1=f[B_2(T_c)]+\left[\frac{R_2-B_2(T_c)}{R_{a2}-B_2(T_c)}\right]^{1/k'_{\text{opt}}(T_c)}\{R_{a1}-f[B_2(T_c)]\} \tag{8.176}$$

得到卷云顶温度 T_c 的最优估计，使如下的加权误差极小

$$E^2(T_c)=\{R_1-f[B_2(T_c)]-\left[\frac{R_2-B_2(T_c)}{R_{a2}-B_2(T_c)}\right]^{1/k'_{\mathrm{opt}}(T_c)}\{R_{a1}-f[B_2(T_c)]\}\}y_i \quad (8.177)$$

由于式(8.177)是 T_c 的复杂函数，不可能用解析方法得到 T_c 的估计值。因而选取一系列范围在 210～250 K 的 T_c 值，计算每一 T_c 的 $E^2(T_c)$，和求取使 $E^2(T_c)$ 极小相关的 T_c 值，这是平均卷云温度的第一最佳估计值。

6. 成对反射率迭代匹配法

这部分提出一个计算和测量成对反射率(0.672～1.61 μm)的最优匹配的迭代数值方法。

设反射率 $r(\lambda=0.672\ \mu\mathrm{m})$ 为 r_1 和 $r(\lambda=1.61\ \mu\mathrm{m})$ 为 r_2。再选取 D_e 和 τ 的级数值：D_{e1}，D_{e2}，…，D_{en}，和 $\tau_1,\tau_2,\cdots,\tau_m,\cdots,\tau_M$，这里 n 和 M 分别是选取的平均有效尺度和光学厚度总的数目，分别用下标“comp”和“meas”表示计算和测量值。因此由 $LBLE$ 得到的对所有组合 (D_{en},τ_m) 的 $r_{1\mathrm{comp}}$ 和 $r_{2\mathrm{comp}}$ 列表辐射。通过求取指数 $m^{(0)}$ 开始，因此：

$$r_1^{-(0)}<r_{1\mathrm{meas}}\leqslant r_1^{+(0)} \quad (8.178)$$

式中

$$r_1^{-(0)}=r_{1\mathrm{comp}}(3,m^{(0)})$$
$$r_1^{+(0)}=r_{1\mathrm{comp}}(3,m^{(0)}+1) \quad (8.178)$$

一旦 $m^{(0)}$ 确定，就可得到 $\tau^{(0)}$，为

$$\tau^{(0)}=\tau_m^{(0)}+\frac{\tau_{m(00+1}-\tau_{m(00}}{r_1^{+(0)}-r_1^{-(0)}}(r_{1\mathrm{meas},i}-r_1^{-(0)}) \quad (8.179)$$

则使用指数 $m^{(0)}$，则可求得指数 $n^{(0)}$，由此

$$r_2^{-(0)}<r_{2\mathrm{meas}}\leqslant r_2^{+(0)} \quad (8.180)$$

式中

$$r_2^{-(0)}=r_{2\mathrm{comp}}(n^{(0)}+1,m^{(0)})$$
$$r_2^{+(0)}=r_{2\mathrm{comp}}(n^{(0)},m^{(0)}+1)$$

用确定的 $n^{(0)}$，得到 $D_e^{(0)}$

$$D_e^{(0)}=D_{e,n}^{(0)}+\frac{D_{e,n(00+1}-D_{e,n(00}}{r_2^{-(0)}-r_2^{+(0)}}(r_{2\mathrm{meas},i}(r_2^{+(0)}) \quad (8.181)$$

则回到和求取指数 $m^{(1)}$，因此

$$r_1^{-(1)}<r_{1\mathrm{meas}}\leqslant r_1^{+(1)} \quad (8.182)$$

式中

$$r_1^{-(1)}=r_{1\mathrm{comp}}(n^{(0)},m^{(1)})+\frac{r_{1\mathrm{comp}}(n^{(0)}+1,m^{(1)})-r_{1\mathrm{comp}}(n^{(0)},m^{(1)})}{D_{e,n(0)+1}-D_{e,n(0)}}(D_e^{(0)}-D_{e,n}^{(0)})$$

$$r_1^{+(1)}=r_{1\mathrm{comp}}(n^{(0)},m^{(1)}+1)+\frac{r_{1\mathrm{comp}}(n^{(0)}+1,m^{(1)}+1)-r_{1\mathrm{comp}}(n^{(0)},m^{(1)}+1)}{D_{e,n(0)+1}-D_{e,n(0)}}(D_e^{(0)}-D_{e,n}^{(0)})$$

一旦确定 $m^{(1)}$，得到 $\tau^{(1)}$，为

$$\tau^{(1)}=\tau_{m^{(1)}}+\frac{\tau_{m^{(1)}+1}-\tau_{m^{(1)}}}{r_1^{+(1)}-r_1^{-(1)}}(r_{1\mathrm{meas},i}(r_1^{-(1)}) \quad (8.183)$$

则通过使用指数 $m^{(1)}$，求得 $n^{(1)}$，由此

$$r_2^{-(1)}<r_{1\mathrm{meas}}\leqslant r_2^{+(1)} \quad (8.184)$$

式中

$$r_2^{-(1)}=r_{2\mathrm{comp}}(n^{(1)}+1,m^{(1)})+\frac{r_{2\mathrm{comp}}(n^{(1)}+1,m^{(1)})-r_{2\mathrm{comp}}(n^{(1)},m^{(1)})}{\tau_{m^{(1)}+1}-\tau_{m^{(1)}}}(\tau^{(1)}-\tau_m^{(1)})$$

$$r_2^{+(1)}=r_{2\text{comp}}(n^{(0)},m^{(1)}+1)+\frac{r_{2\text{comp}}(n^{(0)}+1,m^{(1)}+1)-r_{2\text{comp}}(n^{(0)},m^{(1)}+1)}{\tau_{m^{(1)}+1}-\tau_{m^{(1)}}}(\tau^{(1)}-\tau_m^{(1)})$$

用确定的 $n^{(1)}$，得到 $D_e^{(1)}$ 为

$$D_e^{(1)}=D_{e,n}^{(1)}+\frac{D_{e,n^{(1)}+1}-D_{e,n^{(1)}}}{r_2^{-(1)}-r_2^{+(1)}}(r_{2\text{meas},i}-r_2^{+(1)}) \tag{8.185}$$

迭代过程直至对于下面误差达到最小，即

$$E^2(r_1,r_2)=\{\ln[r_{1\text{comp}}(\tau^{(j)},D_e^{((j)})]-\ln[r_{1\text{means},j}]\}^2+\{\ln[r_{2\text{comp}}(\tau^{(j)},D_e^{(j)})]-\ln[r_{2\text{means},j}]\}^2 \tag{8.186}$$

式中，$r_{1\text{comp}}(\tau^{((j)},D_e^{(j)})$ 和 $r_{2\text{comp}}(\tau^{(j)},D_e^{(j)})$ 分别是对于 τ,D_e 的第 j 次迭代的 $r_{1\text{comp}}$ 和 $r_{2\text{comp}}$ 的内插值。

第八节　MODIS 确定云的相态

一、MODIS 云相态算法基本考虑

由于卫星对地观测到的信息不仅包含有云的辐射，还有地面、冰雪和大气反射的辐射，由卫星数据反演云相态，必须消除除云之外的其他信息，只保留云信息。因此考虑到以下问题。

(1)利用较短谱带 SWIR(近似为无吸收)确定与下垫面有关的短红外反射率比阈值，用一个关于雪和冰面以及厚云光特性阈值分类集，SWIR 比值检测只有当云足够厚引起液态水和冰 SWIR 吸收差。对于不能确定的云相态，为编制 IR 云相态反演结果，使用 1.38 μm 云检测。由于对于薄卷云可能偏差，对于冷云的合适检测，云顶温度 $Tct<233$ K，而对于暖云的合适检测，云顶温度 $Tct>273$ K，仅当使用 SWIR 比值检测，则为液态水集。

冰粒数据库：使用冰粒的尺度和形状分布模式生成一个冰粒反射率数据库存，粒子有效半径间隔 $r_e=5$ μm，10 μm，15 μm，20 μm，25 μm，30 μm，35 μm，40 μm，45 μm，50 μm，55 μm，60 μm，90 μm，影响云反演有下面几种方式：一是云的散射特性，二是粒子尺度。

(2)新的晴空备份(CSR)算法：目的是识别(附加)的差的反演像点，也就是这些识别成云或部分有云的像点，这样识别的像点修复指定为晴空像点和指定为反演"满值"，算法包括双阈值空间可变性检验(由 1.38 μm 反射率、云相态、光谱检验约束)，海洋上一个 250 m 部分云检验和云边界检测。空间可变性检验修正尘、烟、雪/冰，和太阳耀斑，当 250 m 和边界检测检验设法修改部分有云像点，CSRQA 的比特值是作为下面的集：如果 CSR 检验为 0，这时或是不运行或是全部 CSR 是负值。如果空间检验是 1 m 和 250 m 检验是负值，和边界检测是正值；如果空间检验是 21 m 和 250 m 检验是负值(边界检测不运行)；如果空间检验是 3 m 和 250 m 检验是正值，这时空间检测结果如何(边界检测不运行)。

(3)粒子有效半径反演：有效粒子半径仍设置为填写值，对于液态水和冰粒云的有效半径分别为 10 μm 和 30 μm，应谨慎使用这部分反演(仅光学厚度)确定部分有云的像点、晴空像点和不适当的相态。

(4)反照率数据集：改进无雪地面反照率图：利用空间高分辨率无雪地表反照率数据集，图集采用生态依赖的时间内插方法填充缺少的陆面数据或用业务 MODIS-Terra 陆面产品的(MOD43B3)季节雪盖数据。因而现更精确表示地面反照率的季节、光谱和空间变化。

①雪、冰反照率:覆盖于海冰和陆面上与地面条件或位置无关的积雪的光谱反照率确定的值,雪/冰反照率由 MOD43B3 光谱反照率产品(～1 km,16 天产品)和 MOD12Q1 生态分类图导得。生态图取决于位置。

②陆面非永久性积雪反照率:对于陆面非永久性积雪反照率取自 MOD43B3 反照率查找表与按 MOD12Q1 生态分类图的组合,查找表给出半球季节多年平均,这样用于表示对于给定详细的半球生态系统平均雪状况。

③持久性陆面积雪反照率:对于持久性陆面积雪反照率由 MOD12Q1 生态分类图、直接用 MOD43B3 产品给出,因此,与对于其他陆面积雪季节五年平均查找表使用不同,持久性陆面积雪反照率可表明重要的时空变化。

④海冰反照率:近实时冰雪范围(NISE)数据集给出海冰覆盖量,对于单位海冰部分的光谱反照率取自对于固定雪的雪统计查找表,对于非单位部分是一个固定雪值与海面反照率之间的线性平均。使用时间内插估计雪融解季节跃变,最低融解的季节反照率设为固定积雪的80%,具有在两个应用于超过 10 天期间对于融解季节之间的线性内插。

⑤海岸区雪冰的反照率:由于微波遥感反演的局限性,NISE 不能区分海岸区的雪和海冰,这可能是环绕海岸区的无雪/冰的不正确的结果,特别是在不正确的大的云光学厚度反演。

⑥IGBP 生态图:国际地圈生物圈计划生态图,地表类型及地表反照率匹配。

(5)基本云光学特性算法:基本云光学特性反演,合理的有效粒子半径解;大的云光学厚度反演失败;0.0 云光学厚度的订正:如果计算云所光学厚度小于 0.005,则把它作为 0 贮存到文件,这将产生这样的问题,在 Level-3 算法中由于云的光学厚度对数的计算(log0 是不确定的)。对于小于 0.01 的计算,Level-2 云光学厚度反演定为 0.01,这样就影响到对于较小云光学厚度的反演。

太阳天顶角阈值:太阳天顶角必须小于 81.4°($\mu_0>0.15$)时才进行反演计算,也就是云的光学厚度计算是在白天时间。

云水含量公式:

云液态水路径 $$CLWP=4/(3Q_e(r_e))\tau_c r_e \tag{8.130}$$

云冰水路径 $$CIWP=0.93\times4/(3Q_e(r_e))\tau_c r_e$$

增加 1.6 μm/2.1 μm 云光学特性:使用 1.6 μm 和 2.1 μm 谱带的反演云光学特性补充收到 005,此反演仅对海上云和雪/冰表面上云,在光学特性反演中计算云的光学厚度、云的有效半径和云的含量水量三个参数。由于 1.6 μm 和 2.1 μm 谱带的反演仅对海上云和雪/冰表面上云,无雪陆地将包含的全部填充值。

大气透过率:为反演云相态,由 MODTRAN 和 HITRAN 计算吸收分子的大气透过率。由 6 标准大气产生,数据库包含有 13495 条廓线,空间和时间分辨率分别为 1°和 15 天,在 60 个高度的每一个的云背景的相对湿度必须小于 98%,云量小于 0.85。

臭氧透过率订正:使用 TOAST 数据计算 Chappuis 谱带臭氧路径透过率,这仅影响无雪表面的云反演。0.66 μm 用于反演云光学厚度。

瑞利散射订正:对于陆面云反演,瑞利散射订正发生在 0.66 μm 谱带,需要 0.66 μm 地面反照率,云光学厚度 $\tau_c\geq1$ 忽略瑞利散射订正。

二、MODIS-005 版本确定云相态的程序图

1. 确定云的初始相态(五个模块)

(1)地表面类别的检测:利用中分辨率 MODIS 白天可见光波段检测地表类型,根据地表反照率确定生态类型:海洋、陆地、雪/冰、海岸、荒漠;图 8.71 给出白天地表面类别的检测方框图。

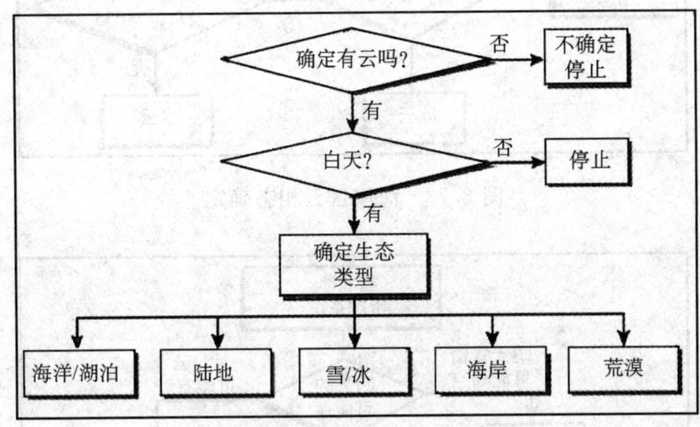

图 8.71　地表面类别的检测

(2)海洋和湖泊上空云相态的检测(图 8.72):如果确定云出现于海洋或湖泊之上,则利用 11 μm 和 3.9 μm 亮度温度差和 1.38 μm 反射率判别云的相态,如果亮度温度差 $T_{11}-T_{3.9}<-8$ K,$R_{1.38}<0.035$,定为水云;否则当 $T_{6.7}<220$ K,定为冰云。

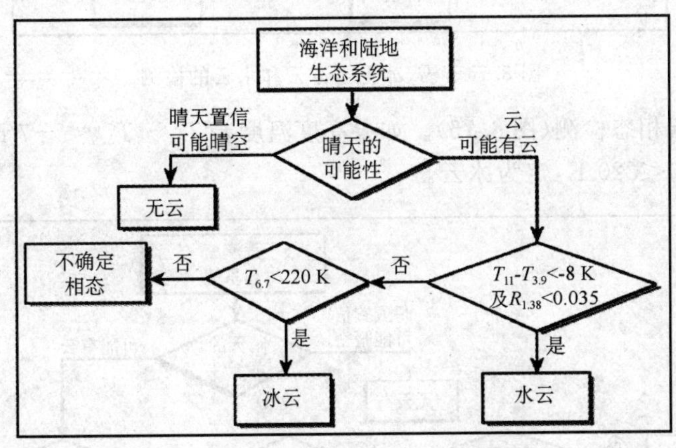

图 8.72　海洋和湖泊上空云相态的检测

(3)海岸区云相态确定(图 8.73):在海岸区,如果亮度温度差 $T_{11}-T_{3.9}<-12$ K,$R_{1.38}<0.035$,定为水云;否则当 $T_{6.7}<220$ K,定为冰云。

(4)雪、冰上空冰云和水云的检测(图 8.74)如果亮度温度差 $T_{11}-T_{3.9}<-7$ K,$R_{1.38}<0.035$,定为水云;否则当 $T_{6.7}<220$ K,定为冰云。

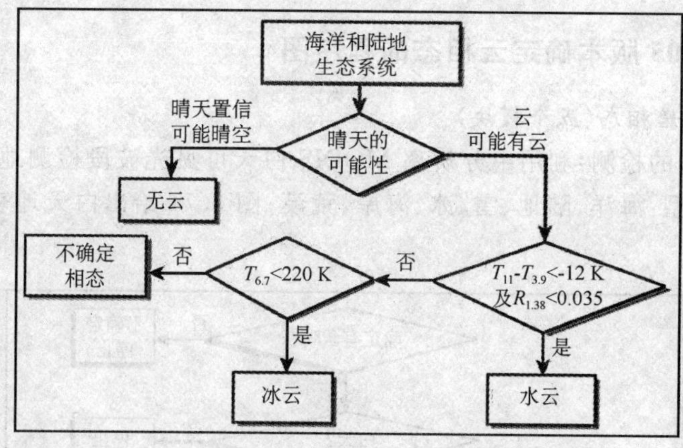

图 8.73　海岸区云相态确定

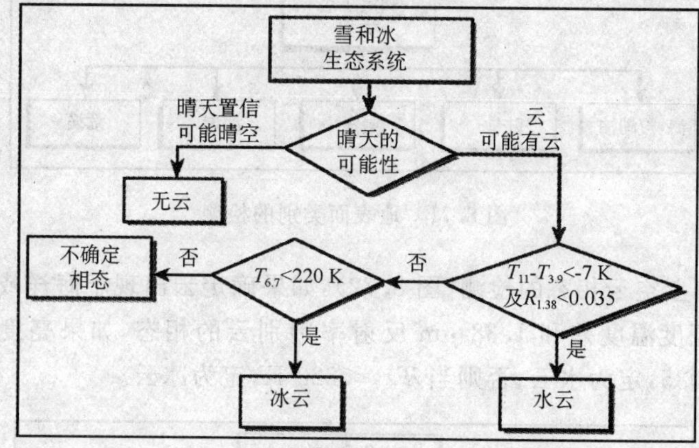

图 8.74　雪、冰上空冰云和水云的检测

(5)荒漠上空云相态检测(图 8.75)。如果亮度温度差 $T_{11}-T_{3.9}<-7$ K,$R_{1.38}<0.035$,定为水云;否则当 $T_{6.7}<220$ K,定为冰云。

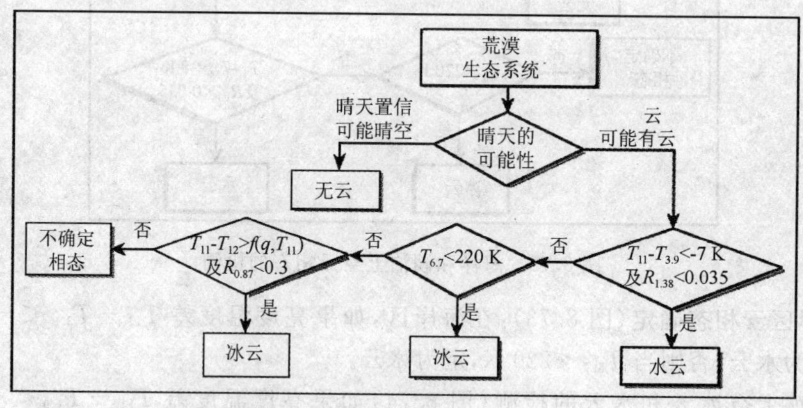

图 8.75　荒漠上空云相态检测

2. 由 MODIR 反演云相态的基本程序见图 8.76。

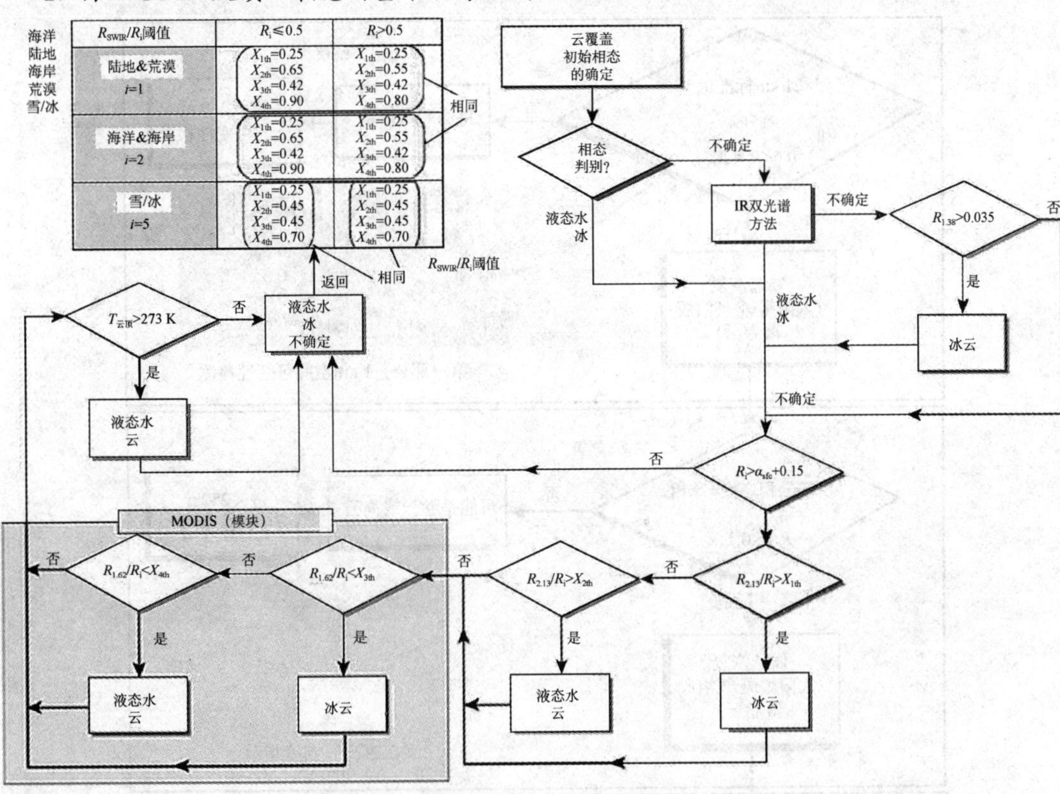

图 8.76　MODIR 反演云相态的基本程序图

3. 红外双光谱云相态算法流程(见图 8.77)。

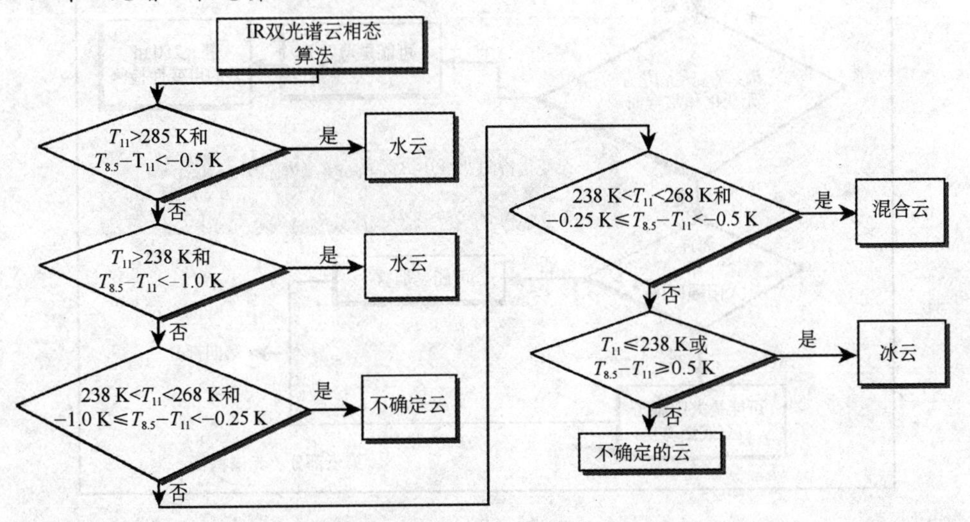

图 8.77　红外双光谱云相态算法流程

4. 晴空存写(备份)(见图 8.78)。

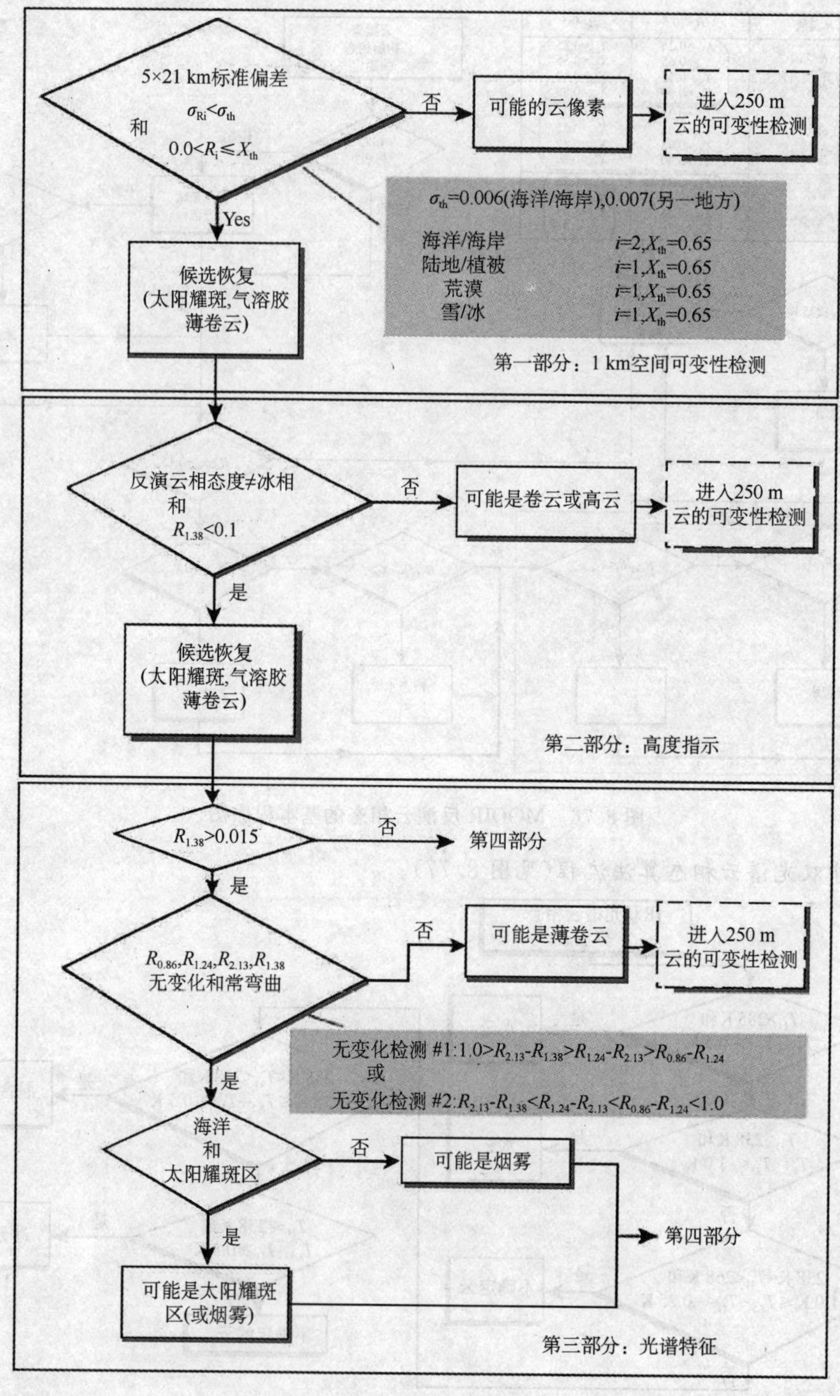

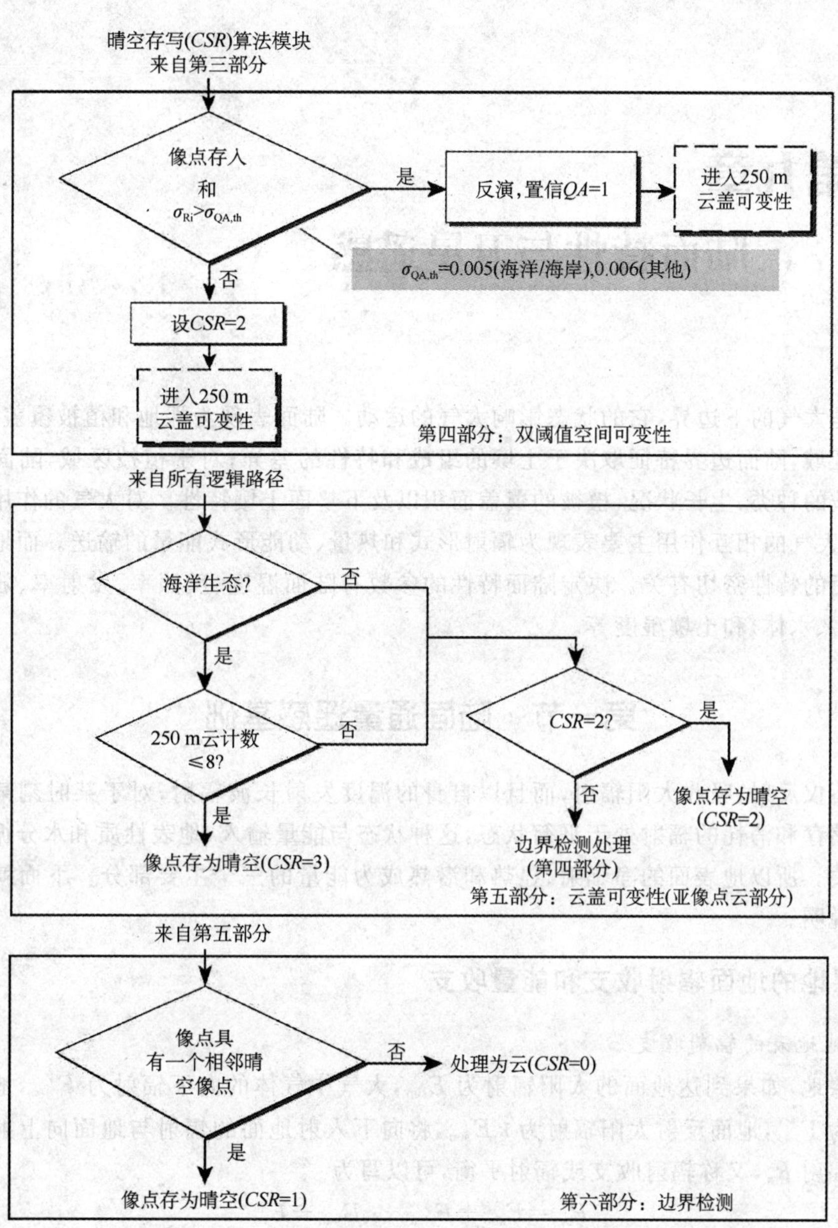
晴空存写(CSR)算法模块
来自第三部分
像点存入
和
$\sigma_{Ri}>\sigma_{QA,th}$
是
反演，置信QA=1
进入250 m
云盖可变性
$\sigma_{QA,th}$=0.005(海洋/海岸),0.006(其他)
否
设CSR=2
进入250 m
云盖可变性
第四部分：双阈值空间可变性
来自所有逻辑路径
海洋生态?
否
是
250 m云计数
≤8?
否
CSR=2?
是
像点存为晴空
(CSR=2)
否
是
边界检测处理
(第四部分)
像点存为晴空(CSR=3)
第五部分：云盖可变性(亚像点云部分)
来自第五部分
像点具
有一个相邻晴
空像点
否
处理为云(CSR=0)
是
像点存为晴空(CSR=1)
第六部分：边界检测

图 8.78　晴空存写(备份)

第九章 陆面特性与卫星遥感

陆面是大气的下边界，它的状态影响大气的运动。陆面表现为裸地和植被覆盖两种状况，对于裸地区域，陆面边界特征取决于土壤的组成和特性的差异；对于植被区域，陆面边界特征取决于植被的种类、生长状况、植被的覆盖面积以及下垫面土壤特性。对大气的作用也不很相同；陆面与大气的相互作用主要表现为辐射形式和热量、动能形式能量的输送。而地面能量的输送与地面的特性密切有关。决定陆面特性的参数有陆面温度、反照率、发射率、陆面覆盖物（植被、冰雪、水体）和土壤湿度等。

第一节 陆面通量遥感基础

地表不仅反射、吸收太阳辐射，而且以自身的温度发射长波辐射，对于某时刻某区域吸收的辐射与储存和消耗的辐射处于平衡状态，这种状态与能量输入、地表性质和水分循环等引起的影响有关。所以地表面的净辐射、显热和潜热成为能量的三个主要部分。下面就这三个主要部分作说明。

一、裸地的地面辐射收支和能量收支

1. 裸地地表的辐射收支

对于裸地，如果到达地面的太阳辐射为 E_{sun}，大气中气体的向下辐射为 $F^{\downarrow}{}_{a}$，地面发射的长波辐射为 $F^{\uparrow}{}_{s}$，地面反射太阳辐射为 $r_s E_{sun}$，将向下入射地面的辐射与地面向上射出的辐射差称为净辐射 R_n，又称辐射收支或辐射平衡，可以写为

$$\begin{aligned} R_n &= E_{sun} + F^{\downarrow}{}_{a} - r_s E_{sun} - F_s^{\uparrow} \\ &= (1-r_s)E_{sun} + F_a^{\downarrow} - F_s^{\uparrow} \end{aligned} \tag{9.1}$$

式中，净辐射 R_n 的单位为 cal/(cm^2 · s)或 W/m^2；到达地面的太阳辐射 $E_{sun}=E_{dir}$（直接）$+$ E_{dif}（漫辐射）；大气向下辐射 $F_a^{\downarrow}=1.24(e_a/T_a)^{1/7}\sigma T_a^4$，其中 T_a 是空气温度，e_a 是水汽压；r_s 是地面反射率；地面发射的长波辐射 $F_s^{\uparrow}=\sigma T_s^4$，其中 T_s 是地面温度。

2. 地表的能量平衡

如果 $R_n>0$，地面得到辐射能，否则失去辐射能。地面获得的辐射能转换为热能，其中一部分进入土壤，另一部分又以感热形式进入大气，还有部分则加热地面水汽，转换为潜热，对于地表面体积元的辐射收支—能量平衡方程写为

$$R_n + G_{soil} + H_{air} + LE = 0 \tag{9.2}$$

式中，G_{soil} 是土壤热通量，H_{air} 是由地面进入空气的感热，L 是蒸发潜热，E 是蒸散。

对于感热 H_{air}，它正比于气温与表面温度差 (T_s-T_a) 和表面风速 u，写为

$$H_{air}=k_1u(T_s-T_a)=\rho c_p(T_s-T_a)/r_a \tag{9.3}$$

式中，k_1 是比例系数，它与地表附近的温度分布，地面粗糙度有关，写为 $k_1=(T(z)$，粗糙度，…)。因此感热是由于地面与空气间存在有温度差引起的热能。

对于潜热 LE，它与水汽压差 (e_s-e_a) 和风速 u 成正比，写为

$$LE=Lk_2u(e_s-e_a)=\rho c_p(e_s-e_a)/r_v \tag{9.4}$$

式中，$k_2=(T(z)$，粗糙度，…)。潜热是由于表面与空气间存在水汽压差异而引起的能量。

二、感热、潜热和水的扩散

1. 地面感热通量

热通量是指在单位时间通过某一截面的热流量，它是位势能差与阻尼之比，就如电学中的电流等于电势与电阻之比一样。其通用表达式可以写为

$$\text{通量}=\frac{\text{位势能差}}{\text{阻尼}} \tag{9.5}$$

因此，对于地面感热通量的位势差定义为位势能 $T_g\rho c_p$ 与位势能 $T_a\rho c_p$ 之差值，即为 $(T_g-T_a)\rho c_p$，地面与植树冠空气间的气动阻尼为 r_d，则地面的感热为

$$H_g=(T_g-T_a)\rho c_p/r_d \tag{9.6}$$

式中，T_g 是地表温度，ρ 是空气密度，c_p 是定压比热容。可以看出，H_g 与温度差 (T_g-T_a)、ρ 和 c_p 成正比，其值越大，感热就越大；而与气动阻尼 r_d 成反比。

2. 土壤的潜热通量和蒸散

(1)土壤的潜热通量。对于土壤的潜热通量的位势差为 $(h_{soil}e^*(T_g)-e_a)\rho c_p/\gamma$，阻尼为 $(r_{soil}+r_d)/(1-W_g)$，土壤的潜热通量为

$$\lambda E_{gs}=\left[\frac{h_{soil}e^*(T_g)-e_a}{r_{soil}+r_d}\right]\frac{\rho c_p}{\gamma}(1-W_g) \tag{9.7}$$

式中，r_{soil} 是土壤表面阻尼，h_{soil} 是土壤气孔的相对湿度，当 $e^*(T_g)\geqslant e_a$ 时，$h_{soil}=\exp(\Psi_1 g/RT_g)$，当 $e^*(T_g)<e_a$ 时，$h_{soil}=1$。Ψ_1 是土壤最上层的土壤湿度势，g 是重力加速度，R 是气体常数，W_g 是土壤湿度。

r_{soil} 是一经验项，由大量地面通量观测导得土壤最上层与土壤表面空气间的表面阻尼为

$$r_{soil}=\exp(8.206-4.255W_1) \tag{9.8}$$

式中，W_1 是土壤最上层的湿度。

(2)土壤截留失去的水汽的潜热通量。土壤截留失去的水汽的潜热通量的位势差为 $(e^*(T_g)-e_a)\rho c_p/\gamma$，阻尼 r_d/W_c，则有

$$\lambda E_{gi}=\left[\frac{e^*(T_x)-e_a}{r_d}\right]\frac{\rho c_p}{\gamma}W_g\varepsilon_{Tg} \tag{9.9}$$

式中，$W_g=M_{gw}/0.0002$ 或 A_s，$T_x=T_{snow}$ $(M_{gs}>0)$ 或 $=T_g$ $(M_{gw}>0)$，$\varepsilon_{Tc,g}=1$ $(M_{c,gw}>0)$ 或 $\varepsilon_{Tc,g}\lambda/\lambda+\lambda_s(M_{c,gs}>0)$，是升华潜热(J/kg)。

(3)大气边界层通量输送。对于大气层各高度通量输送是与各高度风速的脉动分布的有关，也就是风的湍流输送实现的，各通量与湍流间关系为：

①动量通量 τ：　$\tau=-\rho\overline{u'w'}=\rho u_*^2$

②感热通量 H： $$H=\rho c_p \overline{w'T'}=-\rho c_p u_* T_* \tag{9.10}$$

③潜热通量 λE： $$\lambda E=\lambda\rho\overline{w'q'}=-\lambda\rho u_* q_*$$

式中主要特征量为：

①$u'=u-u_0$，$w'=w-w_0$，u_0 是平均风速，u 是风速，u' 是风脉动（扰动）；

$$T'=T-T_0, q'=q-q_0$$

②摩擦速度： $$u_*=\sqrt{|-\overline{u'w'}|}$$

③特征温度： $$T_*=\frac{\overline{w'T'}}{u*} \tag{9.11}$$

④特征比湿： $$q_*=\frac{\overline{w'q'}}{u*}$$

⑤稳定参数： $$\zeta=z/L=-\frac{zTu_*^3}{kgw'T'}=-\frac{zTu_*^3\rho c_p}{kgH}$$

这时各通量又可写成

①动量通量： $$\tau=\rho C_{DN}(u_z-u_s)^2$$

②感热通量： $$H=\rho c_p C_{HN}(u_z-u_s)(T_{sfc}-T_z)$$

③潜热通量： $$\lambda E=\rho\lambda C_{EN}(u_z-u_s)(q_{sfc}-q_z)=H\cdot B^{-1} \tag{9.12}$$

④鲍恩比： $$B=\frac{c_p(T_{z1}-T_{z2})}{\lambda(q_{z1}-q_{z2})}=\frac{H}{\lambda E}$$

这里 q 是比湿，u_z 和 T_z 分别是在高度处的风速和气温；u_s 和 T_{sfc} 分别是在地面处的风速和气温；C_{HN}、C_{DN} 和 C_{EN} 分别是中性大气气块输送系数，且

$$C_{HN}=\frac{k^2}{[\ln(z/z_0)]^2}$$

(4)显热和潜热的水平平流。辐射还可通过显热和潜热的水平平流传输到地表面的某一体积元中，即为

$$\text{平流}=\int_0^z c_a\nabla(\rho_a uT)\mathrm{d}z+\int_0^z\frac{L_v E_W}{R}\frac{\nabla(ue)}{T}\mathrm{d}z \tag{9.13}$$

式中，c_a 是空气比热容，ρ_a 是空气密度，u 为风速，T 为温度，L_v 是汽化潜热，E_W 是水汽辐射，R 是通用气体常数，e 是空气水汽压。

(5)土壤的呼吸率。土壤的呼吸通量位势差为$(c_{soil}-c_a)/p$，阻尼 $1.4r_d$，土壤的呼吸率为

$$R_{soil}=(c_{soil}-c_a)/(1.4r_d p) \tag{9.14}$$

式中，c_{soil}是土壤表面 CO_2 的分压(Pa)，r_d 是地面与植冠气孔间的空气动力阻尼。

(6)地面土壤热通量。根据 Cjoudhury(1988)给出的地面土壤热通量的表示式为

$$G_0=\rho_s c_s[(T_{sfc}-T_z)]/r_{sh}$$

式中，ρ_s 是干土壤气块的密度，c_s 是土壤比热容，T_z 是确定高度上土壤的温度。地面土壤热通量不能直接由卫星数据确定，因为土壤热输送阻尼 r_{sh} 和土壤温度 T_z 的获取是很困难的，但是 Menenti(1991)研究发现，$G_0/R_n=\Gamma(r_0, T_{sfc}, NDVI)$，提出地面土壤热通量的关系式为

$$G_0=R_n\cdot(T_{sfc}/r_0)\cdot(0.0032\bar{r}_0+0.0062\bar{r}_0^2)\cdot[1-0.978NDVI^4]$$

式中，$\bar{r}_0$ 是地面反射率。

3. 土壤湿度的贮存量

土壤湿度的贮存量可以表示为

$$\frac{\partial W_1}{\partial t}=\frac{1}{\theta_s D_1}\left[P_{w1}-Q_{1,2}-\frac{1}{\rho_w}E_{gs}\right] \tag{9.15a}$$

$$\frac{\partial W_2}{\partial t}=\frac{1}{\theta_s D_2}\left[Q_{1,2}-Q_{2,3}-\frac{1}{\rho_w}E_c l\right] \tag{9.15b}$$

$$\frac{\partial W_3}{\partial t}=\frac{1}{\theta_s D_3}\left[Q_{2,3}-Q_3\right] \tag{9.15c}$$

式中，W_1、W_2、W_3 是三个土壤层的湿度（$=\theta_i/\theta_s$），θ_i 是 i 层土壤的体积含水量，θ_s 是土壤的饱和含水量，D_i 是土壤层的厚度（m），$Q_{i,i+1}$是 i 层与 $i+1$ 层之间的土壤的含水量的交换，Q_3 是来自重新注入土壤贮存含水量的重力排放；P_{w1}为降水渗入上层土壤的水量，它等于 $D_d-D_c-R_{O1}$，R_{O1}是地面径流。

4. 土壤中热和水的扩散

土壤层间水的垂直交换方程式为

$$Q=K\left[\frac{\partial\psi}{\partial z}+1\right] \tag{9.16a}$$

式中，Q 为水的垂直流量（m/s）；K 是水压传导率（m/s），它等于 $K_s W^{(2B+3)}$；ψ 是土壤湿度势（m），等于 $\psi_s W^{-B}$；K_s、ψ_s 是饱和时的 K、ψ；B 是经验常数。在式（9.16a）中的“+1”项是考虑重力排水。对于土壤柱底排出的水量（基底流）为

$$Q_3=f_{\mathrm{ice}}\left(\sin\varphi_s K_s W_3{}^{(2B+3)}+0.001\frac{\theta_s D_3 W_3}{\tau_d}\right) \tag{9.16b}$$

其中 φ_s 是局在倾斜角。式（9.16b）中圆括号中的第一项是重力排水，第二项是异处大河流盆地土壤湿度对流的贡献。f_{ice}是当土壤冻结时土壤水压传导率顺序降低的因子。利用改进的后向隐含方法可求解式（9.15）和式（9.16）得两土壤层 Q 值，即$(Q+\Delta Q)_{i,j+1}$。

对于同一期间两层时间平均土壤的传导率 $\overline{K}_{i,j+1}$可以由下式估算

$$\overline{K}_{i,j+1}=f_{\mathrm{ice}}\left[\frac{K_i\psi_i-K_{i+1}\psi_{i+1}}{\psi_{i+1}-\psi_i}\right]\left[\frac{B}{B+3}\right] \tag{9.17}$$

式中，$f_{\mathrm{ice}}=[T_x-(T_f-10)]/10$；$0.05<f_{\mathrm{ice}}\leqslant 10$，对于 $\overline{K}_{1,2}$ $T_x=T_g$，对于 $\overline{K}_{2,3}$ 或 Q_3，$T_x=T_d$。

5. 雪对土壤反射和气体动力特性的作用

雪对于植冠层的反射和透射率为

$$\bar{\rho}_\Lambda=(1-W_{cs})\rho_\Lambda+W_{cs}\rho_{\mathrm{snow}\Lambda} \tag{9.18a}$$

$$\bar{\delta}_\Lambda=(1-W_{cs})\delta_\Lambda+W_{cs}\delta_{\mathrm{snow}\Lambda} \tag{9.18b}$$

式中，$\bar{\rho}_\Lambda$ 是波长间隔 Λ 植冠的交变反射率，ρ_Λ 是无雪波长间隔 Λ 波长间隔植冠的反射率，W_{cs} 是植冠的雪盖量$=0.5M_{cs}/S_c$（$0\leqslant M_{cs}\leqslant 0.5$），$\bar{\delta}_\Lambda$、$\delta_\Lambda$ 是与 $\bar{\rho}_\Lambda$、ρ_Λ 同样的透射率，$\rho_{\mathrm{snow}\Lambda}$和 $\delta_{\mathrm{snow}\Lambda}$分别是冠层雪盖部分的反射率和透射率。

当雪融化和雪的透射率 δ 增加时，雪的反射率 ρ_{snow}减小 60%，如果 f_{melt}是融雪部分，因此，雪盖与无雪盖的反射率使用

$$\rho_{\mathrm{snow}\nu}=0.8f_{\mathrm{melt}} \qquad \rho_{\mathrm{snow}N}=0.4f_{\mathrm{melt}} \tag{9.19a}$$

$$\delta_{\mathrm{snow}\nu}=1-0.8f_{\mathrm{melt}} \qquad \delta_{\mathrm{snow}N}=1-0.4f_{\mathrm{melt}} \tag{9.19b}$$

$$f_{\mathrm{melt}}=1-0.04(T_g-T_f); \qquad 0.6\leqslant f_{\mathrm{melt}}\leqslant 1$$

类似地，地面反射率为

$$\bar{\rho}_{\mathrm{soil},\Lambda}=\rho_{\mathrm{soil},\Lambda}(1-A_s)+A_s\rho_{\mathrm{snow}\Lambda} \tag{9.20}$$

式中，A_s 是雪盖面积，无论的有雪还是没有雪，假定在热红外谱段整个地表面的发射率和吸收率等于1。

三、土壤温度的时间改变

1. 土壤表面温度的时间改变

土壤表面温度的时间改变与土壤表面的净辐射、可感热和蒸发潜热、相变潜热和地表与土壤表面之下的温度差有关，可写为

$$C_g \frac{\partial T_g}{\partial t} = R_{ng} - H_g - \lambda E_g - \frac{2\pi C_d}{\tau_d}(T_g - T_d) - \xi_{gs} \tag{9.21}$$

式中，C_g 是地表的热容，T_g 是地面温度，T_d 是土壤深层的温度，C_d 是土壤深层的热容，R_{ng} 是地表面的净辐射，H_g 是地表面感热，λE_g 是地表面蒸发潜热，$\frac{2\pi C_d}{\tau_d}$是土壤热通量，τ_d 白天时间长度，$T_g - T_d$ 是地表温度与土壤深处的温度之差。

在平衡的状况下，$\frac{\partial T_g}{\partial t}=0$，则有

$$R_{ng} = H_g + \lambda E_g + G \tag{9.22}$$

式中，$G=\frac{2\pi C_d}{\tau_d}(T_g - T_d)$为土壤热通量。

2. 土壤深处温度的时间变化

如果假定土壤介质是均匀的，垂直入射至土壤表面的辐射通量是

$$Q = Q_0 \cos\omega t \tag{9.23}$$

假定两个最大 Q 值的时间间隔为 $2\pi/\omega$，土壤的热传导率为 λ，体积热容为 ρC_p，则对于土壤深度为 z，时间 t 的温度为

$$T(z,t) = T_0 + \frac{Q_0}{\sqrt{\omega}P}\exp\left(-\sqrt{\frac{\omega}{2k}}z\right)\cos\left(\omega t - \sqrt{\frac{\omega}{2k}}z - \pi/4\right) \tag{9.24}$$

式中，$P=\sqrt{\lambda\rho C_P}$是热惯量，$k=\frac{\lambda}{\rho C_P}$是土壤扩散系数。

3. 地面热量收支

采用热量收支方法，当传导（Q_G）、对流（Q_C）和辐射（Q_R）热量处于平衡状态时，可写为

$$-Q_G + Q_C + Q_R = 0 \tag{9.25}$$

在土壤中，传导（Q_G）远大于对流（Q_C）和辐射（Q_R）热量，因此有

$$|Q_G| \gg |Q_C| \text{和} |Q_G| \gg |Q_R|,$$

但是当有降水或积雪融化时，因热量的传输，上述不等式不能满足。

在大气中，与土壤的不等式相反，即

$$|Q_C| \gg |Q_G| \text{和} |Q_R| \gg |Q_G|,$$

由于在湍流大气中，分子的热传输与辐射和对流相比较很小，也就是 $e_{ui}^2/S^2 \gg \upsilon/LS$。

设地面的热传导由 Q_G 表示，而大气中对流和辐射的热量输送，写为

$$Q_C = -H_g - \lambda E_g = \bar{\rho} C_p \overline{w''\theta''} - \bar{\rho} L_v \overline{w''q''}_3 \tag{9.26}$$

和

$$Q_R = R_{ng} = (1-A)(\bar{L}\downarrow_{SWG} + \bar{L}^D_{SWG}) + \bar{L}\downarrow_{LWG} - \bar{L}\uparrow_{LWG} \tag{9.27}$$

式中箭头表示通量的方向。

其中对于湍流可感热和潜热通量 Q_C 中的温度垂直通量 $w''\theta''$ 和湿度垂直通量 $\overline{w''q''_n}$，表示为

$$\overline{w''\theta''}=-K_\theta\frac{\partial\bar{\theta}}{\partial z}=-u_*\theta_*,\overline{w''q''_n}=-K_q\frac{\partial\bar{q}n}{\partial z}=-u_*q_{n*}$$

式中，θ_* 称为通量温度，K_θ、K_q 是交换系数。Q_R 是由直接、漫短波辐射和向上和向下的长波辐射组成，Q_N 是净辐射。

热通量平衡的情况下，有

$$Q_G+\bar{\rho}C_p w''\theta''+\bar{\rho}L_v w''q''_{\bar{3}}-R_{ng}=0 \tag{9.28}$$

由于界面假定为无限薄，没有热贮存，其矢量之和为 0。

如果有人类的或自然源存在，在式(9.28)中还要加上这些附加项。当这些附加的项起重要作用，地面的热量收支方程写为

$$Q_G+\bar{\rho}C_p w''\theta''+\bar{\rho}L_v w''q''_{\bar{3}}-R_{ng}+Q_m=0, \tag{9.29}$$

式中，$Q_m>0$ 可能是由于城市中废热或空调排出的热量，或是由于森林火或火山的热量等，例如在日本东京市中心，Q_m 冬季白天超过 400 W/m^2，最大值达 1590 W/m^2。

第二节　陆面温度和发射率的遥感

陆面温度是陆面状况的一个重要物理参数，它直接与陆面和大气的相互作用和陆气之间的能量交换有关。但是由于陆地表的复杂性，受地面发射率的影响，卫星遥感陆面温度明显滞后于海面温度的研究。利用卫星观测估测陆地表面环境状况有很多优点，尤其是使用红外遥感数据。对地表温度、水汽对于研究陆地水文学、生物学过程和其他地球系统科学过程是十分重要的。传统上，地面气象观测已经用在了水文学、生物学的模型制作方法上。卫星为整个地球，尤其是那些气象观测稀少的偏僻地区提供了高空间分辨率的观测数据，Goetz 等将地表温度、空气温度和大气水汽的红外遥感加入 Glo-PEM(全球生产效率模型)中来估算全球净的初级生产力(NPP)。他们从 1982 年到 1990 年利用先进的甚高分辨率辐射计(AVHRR)对植物生长的年际变化和野外碳(C)的吸收进行监测，结果表明全球 NPP 伴随着北半球高纬度地区 NPP 的增加而减少。

一、卫星观测陆面温度基本原理

1. *反演陆面温度方程式*

在晴空条件下到达大气顶的红外辐射写为

$$L=\tilde{T}(\lambda,\mu)\varepsilon(\lambda,\mu)B(\lambda,T_s)+L_a(\lambda,\mu)+L_s(\lambda,\mu,\mu_0,\varphi_0)+ \\ L_d(\lambda,\mu,\mu_0,\varphi_0)+L_r(\lambda,\mu,\mu_0,\varphi_0) \tag{9.30}$$

式中，$\tilde{T}$ 是透过率，$\varepsilon(\lambda,\mu)$ 是地表发射率，$B(\lambda,T_s)$ 是普朗克函数，$L_a(\lambda,\mu)$ 是大气路径辐射，$L_s(\lambda,\mu,\mu_0,\varphi_0)$ 是太阳散射路径辐射，$L_d(\lambda,\mu,\mu_0,\varphi_0)$ 是太阳辐射，$L_r(\lambda,\mu,\mu_0,\varphi_0)$ 是太阳漫辐射和地表的反射辐射，λ 是波长，$\mu=\cos\theta$，$\mu_0=\cos\psi$，ψ 是太阳天顶角，θ 是卫星天顶角，φ_0 是太阳方位角。卫星测量的是一窄波段的辐射，而不是某一波长的单色辐射，上式可应用于 8～13 μm范围。要求计算辐射传输确定式中的各项，方程可应用 LOWTRAN、MODTRAN、MOSART 等软件包进行求算。

对于红外波段，略去 L_d、L_s、L_r，因此，方程式(9.30)右侧只剩下前面两项，第一项是地面辐射项，第二项是大气辐射项，写为

$$L(\lambda,\mu)=\varepsilon_0(\lambda,\mu)B(\lambda,T_s)\widetilde{T}_0(\lambda,\mu)+\int^{1\widetilde{T}_0}B(\lambda,T_p)\mathrm{d}\widetilde{T}_0(\lambda,\mu,\rho) \tag{9.31}$$

式中，$\widetilde{T}_0$ 是整层大气透过率。

2. 大气吸收对卫星遥感陆面温度影响的分析

为得到地面温度信息，应选取大气窗通道，使大气的贡献最小，获取的地面热辐射信息最大。红外区主要大气窗通道有 3.5～4.2 μm、8～9 μm、10～13 μm，理想的大气窗通道的透过率近似为 1。但是实际大气由于水汽吸收的作用，透过率不可能为 1。水汽是影响卫星获取地面温度的主要因素。

为说明水汽的作用，通过 MODTRAN 由无线电探空曲线(2415 条)计算晴天陆地上空对以下五个谱段 3.75 μm、10.8 μm、12 μm、4.005 μm、8.55 μm 模拟，结果如图 9.1 中(Sun 等，2002)。

(1)大气水汽与陆面温度的关系分析。在大气中温度越高，PW 也越高，较大的 LST 误差出现在 280 K 以上暖的温度范围(图 9.1)，分析 280 K 到 305 K 温度范围内反演陆面温度误差关系表明，对于岩石、沙地、荒漠或海冰区域，当 PW 为 0.5～1.0 g/cm^2，LST 的精度很差。Harris 和 Mason(1992)发现，对于给定表面温度 ΔT_0，两波段红外亮度温度的变化关系为

$$\frac{\Delta T_2}{\Delta T_1}=\frac{\varepsilon_1}{\varepsilon_2}\frac{\widetilde{T}_2(0,p_0)}{\widetilde{T}_1(0,p_0)} \tag{9.32}$$

$$\widetilde{T}_\lambda(0,p_0)=\exp[-k_{w\lambda}U_w(0,p_0)]\exp[-k_{o\lambda}U_o(0,p_0)]$$

地面发射率的变化，以及大气透过率的变化，引起亮度温度的变化。如果将吸收气体分成水汽与其他气体：

$$\frac{\Delta T_2}{\Delta T_1}=\frac{\varepsilon_1}{\varepsilon_2}\exp[(k_{w1}-k_{w2})U_w(0,p_0)]\exp[(k_{o1}-k_{o2})U_o(0,p_0)] \tag{9.33}$$

式中，k_w、k_o 分别是水汽和其他吸收气体的吸收系数，$U_w(0,p_0)$、$U_o(0,p_0)$分别是总的大气柱内水汽和其他吸收气体的含量，由于$(k_{w1}-k_{w2})U_w(0,p_0)$是很小的，可进行一阶展开，则有

$$\frac{\Delta T_2}{\Delta T_1}\approx\frac{\varepsilon_1}{\varepsilon_2}(1+k_w+\mathrm{const}) \tag{9.34}$$

地面发射率和大气可降水引起亮度温度改变，由此导致 LST 反演的误差。对于 PW 为 0.5～1.0 g/cm^2，谱段 3.75 μm 和 4.005 μm 处，岩石、沙地、荒漠地区 LST 的反演误差主要是由于发射率的改变引越的。

图 9.1a 显示地表面温度相对于水汽含量间的关系，可以看到在 285～310 K，大气水汽含量陡增，也即大气透过率显著减小。温度低时，水汽含量很小，这说明热带地区温度高，水汽含量大，中高纬度地区地表面温度低，大气水汽含量小。

(2)不同通道的透过率与陆面温度的关系。图 9.1b 显示相应于图 9.1a 的透过率特征，图中表明在表面温度暖的(285～310 K)部分，对于 10.8 μm、12 μm 和 8.55 μm 谱段，透过率明显减小，多数小于 0.8，这就是为什么用 11 μm 和 12 μm 通道反演陆面温度在 285～310 K 有较大的误差，对于短波红外通道 SWIR3.75 μm 和 4.005 μm 的透过率更稳定，它随地表面温度变化较小，多数在 0.8 以上。因此，SWIR3.75 μm 和 4.005 μm 通道是较 10.8 μm、12 μm 和 8.55 μm 通道更好的窗区。

(3)不同通道的大气透过率与水汽含量。图 9.1c 显示了 3.75 μm、10.8 μm、12 μm、4.005 μm、8.55 μm 通道透过率与水汽含量间的关系，图中显示，4.005 μm 的点呈水平走向，表明透过率随水汽含量变化最小，说明受水汽影响最小；3.75 μm 透过率也较大，只有水汽含量很大时表现出受水汽影响；10.8 μm、12 μm、8.55 μm 通道透过率随水汽含量增大而减小，其中 12 μm 最显著。

(4)陆面温度与不同通道亮度温度差与总的水汽含量。图 9.1d 显示了地面温度与不同通道亮温差(T_s-T_b)与水汽含量间差别，地表面温度与亮度温度差与水汽量在 11 μm、12 μm 和 8.55 μm 谱段的 T_s-T_b 很小，而 SWIR3.75 μm 和 4.005 μm 的地表面温度比亮度温度低很多，有时达 10℃以上，其原因是在白天，SWIR 通道包含有反射太阳辐射和地面及大气发出的辐射，这样卫星测量的亮温比地面温度高，因此，反演地表面温度需将 IR 和 SWIR 结合一起进行。

(5)不同地表发射率的波长变化。反演陆面温度的主要困难是不同陆面类型的地面发射率随波长而变，观测表明，发射率高的目标物的发射率光谱变化较小，而低的发射率目标物，随波长变化较大。图 9.1e 表示地面发射率的光谱变化，如草地的发射率低，但随波长变化很大。

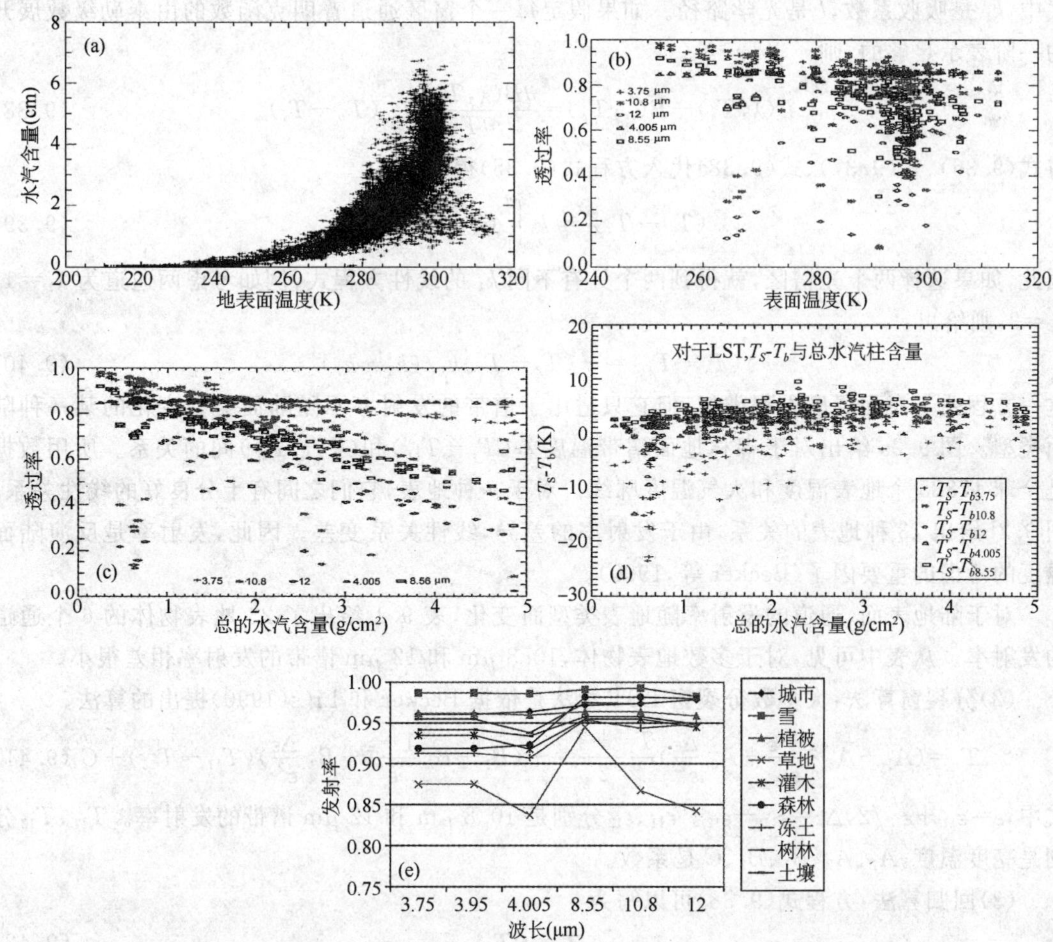

图 9.1　(a)地表面温度与总的水汽含量间的关系；(b)大气透过率相对于陆面温度的关系图；(c)大气透过率相对于水汽含量间的关系；(d)陆面温度与亮度温度差与总的水汽含量的关系；(e)不同地类别发射率随波长的变化

3. 分裂窗区陆面温度反演原理

(1)分裂窗基本关系推导。如果略去某一陆面类型发射率的改变,因大气辐射 $L(\lambda,\mu)$ 引起的辐射率误差 ΔL 表示为

$$\begin{aligned}\Delta L &= B(\lambda,T_s)-L(\lambda,\mu)=B(\lambda,T_s)-\widetilde{T}(\lambda,\mu)B(\lambda,T_s-(L_a(\lambda,\mu) \\ &=-\int_1^{\widetilde{T}(\lambda,\mu)}B(\lambda,T_s)\mathrm{d}\widetilde{T}(\lambda,\mu,p)+\int_1^{\widetilde{T}(\lambda,\mu)}B(\lambda,T_p)\mathrm{d}\widetilde{T}(\lambda,\mu,p) \\ &=-\int_1^{\widetilde{T}(\lambda,\mu)}[B(\lambda,T_s)-B(\lambda,T_p)]\mathrm{d}\widetilde{T}(\lambda,\mu,p)\end{aligned} \tag{9.35}$$

将普朗克函数对 T 求偏导数得;

$$\Delta L==\frac{\partial B}{\partial T}\Delta T=\frac{\partial B}{\partial T}(T_s-T_\lambda) \tag{9.36}$$

对于稀薄气体,可得近似关系式

$$\mathrm{d}\widetilde{T}=\mathrm{d}\{\exp(-\int k_\lambda \mathrm{d}l)\}=-k_\lambda \mathrm{d}l \tag{9.37}$$

式中,k_λ 是吸收系数,l 是光学路径。如果假定每一个窗区通道普朗克函数的由泰勒级数展开的一阶表示足够的,则

$$B(\lambda,T_s)-B(\lambda,T_p)=\left.\frac{\partial B(\lambda,T_p)}{\partial T}\right|_{T_s}(T_p-T_s) \tag{9.38}$$

将式(9.36)、式(9.37)、式(9.38)代入方程式(9.35)得到

$$(T_s-T_\lambda)=k_\lambda\int_1^{\widetilde{T}}(T_s-T_p)\mathrm{d}l \tag{9.39}$$

因此,如果选择两个光谱区,就得到两个具有不同 k_λ 的线性方程式,例如考虑两通道为 $\lambda_1=1$,$\lambda_2=2$,则给出:

$$(T_s-T_1)=-(T_2-T_1)k_1/(k_2-k_1) \tag{9.40}$$

这一方程式与海面温度方程类似,但它只适用于谱带的发射率不随陆面类型变化的某一种陆面类型。图 9.2a 给出对于森林地面谱带温度差(T_s-T_{11})和(T_s-T_{12})间的关系。所用数据是全球 17885 个地表温度和大气温度廓线。对于一种地表,它们之间有十分良好的线性关系,图 9.2b给出 23 种地表的关系,由于发射率的差异,线性关系变差。因此,发射率是反演陆面温度的考虑的重要因子(Becker 等,1990)。

对于陆地表面,通道的发射率随地表类型而变化,表 9.1 给出了 23 地表物体的 6 个通道的发射率。从表中可见,对于多数地表物体,10.8 μm 和 12 μm 谱带的发射率相差很小。

(2)分裂窗算法:大多数分裂窗 LST 算法是依据 Becker 和 Li(s(1990)提出的算法,

$$T_s=(A_1+A_2\frac{1-\varepsilon}{\varepsilon}+A_3\frac{\Delta\varepsilon}{\varepsilon^2})\frac{T_{11}+T_{12}}{2}+(B_1+B_2\frac{1-\varepsilon}{\varepsilon}+B_3\frac{\Delta\varepsilon}{\varepsilon^2})(T_{11}-T_{12})+C \tag{9.41}$$

式中,$\varepsilon=\varepsilon_{11}+\varepsilon_{12}/2$,$\Delta\varepsilon=\varepsilon_{11}-\varepsilon_{12}$。$\varepsilon_{11}$、$\varepsilon_{12}$分别是 10.8 μm 和 12 μm 谱带的发射率。T_{11}、T_{12}分别是亮度温度,A_1、A_2、B_1、B_2、C 是系数。

(3)回归算法:方程式(9.38)可以写为

$$\boldsymbol{T}_s=\boldsymbol{C}\boldsymbol{T}_b \tag{9.42}$$

式中,$\boldsymbol{C}$ 是回归系数,由观测的亮度温度与地面温度通过最小二乘法决定,得到

$$\boldsymbol{C}=\boldsymbol{Y}\boldsymbol{X}^T(\boldsymbol{X}\boldsymbol{X}^T)^{-1} \tag{9.43}$$

式中,$\boldsymbol{Y}$ 矩阵含有大量陆地温度 LST 训练样品,$\boldsymbol{X}$ 矩阵含有远红外和中红外通道亮度温度,通

常 **X** 含有非线性项。目前 LST 的回归算法的精度约为 1～3 K。

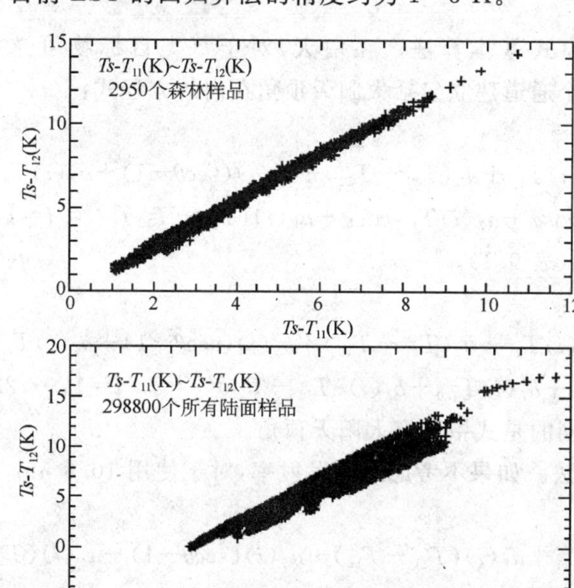

图 9.2　(a)森林地面谱带温度差(T_s-T_{11})和(T_s-T_{12})间的关系;(b)不同地表类别谱带温度差(T_s-T_{11})和(T_s-T_{12})间的关系

表 9.1　各类地物在卫星观测通道的比辐射率(Sun 等,2000)

表面类别数	物体类别	$\varepsilon_{3.75}$	$\varepsilon_{10.8}$	ε_{12}	$\varepsilon_{3.99}$	$\varepsilon_{4.00}$	$\varepsilon_{8.55}$
1	水	0.980	0.990	0.990	0.980	0.980	0.985
2	旧雪	0.987	0.993	0.983	0.987	0.986	0.991
3	海冰	0.987	0.995	0.983	0.987	0.982	0.992
4	密实土壤	0.930	0.957	0.967	0.930	0.895	0.965
5	耕地土壤	0.951	0.970	0.977	0.951	0.926	0.975
6	砂地	0.500	0.950	0.980	0.500	0.550	0.900
7	岩石	0.800	0.915	0.960	0.800	0.840	0.895
8	庄稼地	0.962	0.964	0.959	0.962	0.960	0.964
9	草地草	0.875	0.867	0.842	0.875	0.837	0.945
10	灌木丛	0.935	0.955	0.945	0.935	0.918	0.955
11	宽叶林	0.952	0.962	0.956	0.952	0.957	0.962
12	松树林	0.905	0.990	0.990	0.905	0.907	0.990
13	冻原地带	0.913	0.944	0.949	0.913	0.907	0.954
14	草地土壤	0.908	0.921	0.918	0.908	0.872	0.957
15	宽叶松林	0.919	0.982	0.980	0.919	0.923	0.982
16	草地—灌木丛	0.905	0.911	0.893	0.905	0.877	0.950
17	土壤—草地—灌木丛	0.915	0.929	0.923	0.915	0.885	0.956
18	城市	0.961	0.974	0.979	0.961	0.964	0.972
19	松树—矮丛林	0.920	0.973	0.967	0.920	0.913	0.973
20	宽叶—矮丛林	0.942	0.958	0.949	0.942	0.934	0.958
21	湿土壤	0.955	0.974	0.979	0.955	0.938	0.975
22	灌木丛—土壤	0.932	0.956	0.959	0.932	0.904	0.961
23	宽叶(70%)针叶(30%)	0.938	0.970	0.966	0.938	0.942	0.970

4. 计算 LST 模式

(1)多谱段 LST 模式基本算法。在白天,对于每类目标物可选取 10.8 μm、12 μm、3.75 μm、4.005 μm 四个通道建立包括太阳天顶角在内的方程式:

白天:

$$LTS_i=a_0(i)+a_1(i)T_{11}+a_2(T_{11}-T_{12})+a_3(i)(\sec\theta-1)+a_4(i)T_{3.75}+a_5(i)T_{4.0}+a_6(i)T_{3.75}\cos\varphi+a_7(i)T_{4.0}\cos\varphi+a_9(i)(T_{11}-T_{12})^2 \quad i=1,\cdots,23 \tag{9.44}$$

式中,i 表示目标物类别(表 9.1)。

夜间或白天和夜间:

$$LTS_i=b_0(i)+b_1(i)T_{11}+b_2(T_{11}-T_{12})+b_3(i)(\sec\theta-1)+b_4(i)T_{3.75}+b_5(i)T_{4.0}+b_6(i)T_{23.75}+b_7(i)T_{4.0}^2+b_9(i)(T_{11}-T_{12})^2 \quad i=1,\cdots,23 \tag{9.45}$$

式中,i 同上,与前面不同的是式中没有太阳天顶角。

(2)*LST* 双谱段算法。如果不考虑地面发射率,对于使用 10.8 μm、12 μm 分裂窗的陆面温度反演方程式为

$$LTS_i=a_0(i)+a_1(i)T_{11}+a_2(i)(T_{11}-T_{12})+a_3(i)(\sec\theta-1)+a_4(i)(T_{11}-T_{12})^2 \quad i=1,2,3 \tag{9.46}$$

(3)回归法

在红外谱段,不同地表面的发射率不同,考虑到地面发射率反演采用的方法有以下几种。

①考虑表面发射率分裂窗的一般算法(发射率方法)。考虑到发射率的分裂窗(10.8 μm、12 μm)写为(Becker 和 Lis,1990)

$$T_s=a_0+(a_1+a_2\varepsilon_1+a_3\varepsilon_2)T_1+(a_4+a_5\varepsilon_1+a_6\varepsilon_2)T_2 \tag{9.47}$$

式中,$\varepsilon_1=\dfrac{1-(\varepsilon_{11}+\varepsilon_{12})/2}{(\varepsilon_{11}+\varepsilon_{12})/2}$,$\varepsilon_2=\dfrac{\varepsilon_{11}-\varepsilon_{12}}{[(\varepsilon_{11}+\varepsilon_{12})/2]^2}$,$\varepsilon_{11}$ 和 ε_{12} 分别是 10.8 μm 和 12 μm 谱带的发射率。而 $T_1=(T_{11}+T_{12})/2$,$T_2=T_{11}-T_{12}$,T_{11}、T_{12} 分别是 10.8 μm 和 12 μm 谱带的亮度温度。

②三通道算法(10.8 μm、12 μm 和 8.55 μm 谱带)算法写为

$$T_s=a_0+a_1\frac{(1-\varepsilon_{10.8})}{\varepsilon_{10.8}}T_{10.8}+a_2\frac{(1-\varepsilon_{12})}{\varepsilon_{12}}T_{12}+a_3\frac{(1-\varepsilon_{8.55})}{\varepsilon_{8.55}}T_{8.55}+a_4(sec\theta-1) \tag{9.48}$$

③五通道算法(10.8 μm、12 μm、8.55 μm 和 3.75 μm、4.005 μm 谱带)算法写为

$$T_s=a_0+a_1\frac{(1-\varepsilon_{10.8})}{\varepsilon_{10.8}}T_{10.8}+a_2\frac{(1-\varepsilon_{12})}{\varepsilon_{12}}T_{12}+a_3\frac{(1-\varepsilon_{8.55})}{\varepsilon_{8.55}}T_{8.55}+a_4(sec\theta-1)+a_5T_{3.75}+a_6T_{3.75} \tag{9.49}$$

(4)具有覆盖物的陆面温度回归算法

①二通道算法。对于表 9.1 列出的 23 种物体,利用 11 μm、12 μm 分裂窗有

$$LTS_i=a_0(i)+a_1(i)T_{11}+a_2(i)(T_{11}-T_{12})+a_3(i)(\sec\theta-1)+a_4(i)(T_{11}-T_{12})^2 \tag{9.50}$$

式中,i 是地面目标物类别。

②四通道算法(10.8 μm、12 μm 和 3.75 μm、4.005 μm)

白天,考虑到太阳天顶角订正的每种类型陆面的算法写为

$$LTS_i=a_0(i)+a_1(i)T_{11}+a_2(T_{11}-T_{12})+a_3(i)(\sec\theta-1)+a_4(i)T_{3.75}+$$

$$a_5(i)T_{4.0}+a_6(i)T_{3.75}\cos\varphi+a_7(i)T_{4.0}\cos\varphi+a_9(i)(T_{11}-T_{12})^2 \tag{9.51}$$

夜间或白天，写为

$$LTS_i=b_0(i)+b_1(i)T_{11}+b_2(T_{11}-T_{12})+b_3(i)(\sec\theta-1)+b_4(i)T_{3.7}+$$
$$b_5(i)T_{4.0}+b_6(i)T_{23.75}+b_7(i)T_{24.0}+b_9(i)(T_{11}-T_{12})^2 \qquad i=1,2,3 \tag{9.52}$$

式中，i 是地面目标物类别。

5. *物理反演法*

(1)辐射传输方程的线性化。通过核函数对辐射传输方程非线性项处理为线性化辐射传输方程式，通过最优数值处理线性化辐射传输方程，求取表面温度和大气廓线（温度、湿度、臭氧）和表面发射率。选取大气窗通道和对表面更敏感的通道。

假定通道序数表示为

$$k_1,k_2,k_3,\cdots,k_7$$

对于单通道视场(FOV)，于通道 j 的 RTE 线性化表示为

$$\delta T_B=K_{Ts}\delta T_s+\int_0^{p_s}K_T\delta T\mathrm{d}P+\int_0^{p_s}K_q\delta\ln q\mathrm{d}p+K_{\varepsilon_1}^{\cdot}\delta\varepsilon_1+K_{\varepsilon_2}^{\cdot}\delta\varepsilon_2+\cdots+KK_{\varepsilon_7}^{\cdot}\delta\varepsilon_7+$$
$$K_{\rho_1}^{\cdot}\delta\rho_1+K^{*}\delta\rho+K_{\rho_7}^{\cdot}\delta\rho_7+K_N\delta N+\cdots+K_{P_c}\delta P_c \tag{9.53}$$

式中，T_B 是亮度温度，T_s 是表面温度，T 是温度廓线，q 是水汽廓线，$\varepsilon_1,\varepsilon_2,\cdots,\varepsilon_7$ 是对于 7 个窗区通道的地面发射率，$\rho_1,\rho_2,\cdots,\rho_7$ 是 7 个窗区通道的表面反射率，N 是云量，P_c 是云顶气压，K 是相应项普朗克的核函数，为

$$K_{\varepsilon_i}=\partial T_{B_{ki}}/\partial\varepsilon$$
$$K_{\rho_i}^{*}=\xi(k_i,j)K_{\rho_i} \tag{9.54}$$
$$K_{\varepsilon_i}=\xi(k_i,j)K_{\varepsilon_i}$$

$$\xi(k_i,j)=\begin{cases}1, & k=j\\ 0 & k\neq j\end{cases} \tag{9.55}$$
$$k_i=1,2,\cdots,7$$

则辐射传输方程式(9.53)可以写为

$$\delta y=K\delta x \tag{9.56}$$

式中，$\delta y=\delta T_B$。在式(9.53)中雅可比 K 是含有雅可比项一个矩阵，为

$$K=[K_{T_s}K_TK_qK_{\varepsilon_1}\cdots K_{\varepsilon_7}K_{\rho_1}\cdots K_{\varepsilon_7}K_NK_{P_c}] \tag{9.57}$$

而 δx 是反演变量的矢量，为

$$\delta x=[\delta T_s\delta T\delta\varepsilon_1\cdots\delta\varepsilon_7\delta\rho_1\cdots\delta\varepsilon_7\delta N\delta P_c]^{\mathrm{T}} \tag{9.58}$$

(2)Marquardt-Levenberg 反演算法。反演算法用 hybrid 非线性牛顿迭代法，称为 Marquardt-Levenberg 法，求取一个最大似然解。Marquardt-Levenberg 公式写为

$$x_{n+1}=x_n-[\nabla^2J(x_n)+\gamma I]^{-1}\nabla J(x_n) \tag{9.59}$$

式中，γ 是一个控制收敛速率的参数，$J(x)$是概率密度函数，定义为

$$J(\boldsymbol{x})=(\boldsymbol{x}-\boldsymbol{x}_b)^{\mathrm{T}}\boldsymbol{S}_b^{-1}(\boldsymbol{x}-\boldsymbol{x}_b)+[(\boldsymbol{y}-F(\boldsymbol{x})]^{\mathrm{T}}[(\boldsymbol{y}-F(\boldsymbol{x})] \tag{9.60}$$

式中，$\boldsymbol{x}$ 是一个矢量，$\boldsymbol{x}_b$ 是初始状态，和 $\boldsymbol{S}_b$ 是期望误差协方差矩阵，S 是组合测量和前向模式误差的期望协方差，y 是亮度温度测量矢量，$F(x)$是前向模式。因此使用迭代的最大似然解为

$$X_{n+1}=X_b(K_n^{\mathrm{T}}S^{-1}K_n+S_b^{-1}+\gamma I^{-1}[K_n^{\mathrm{T}}S^{-1}((y-F(X))+K_n(X_n-X_b)+\gamma I(X_n-X_b)] \tag{9.61}$$

(3)收敛判据。方程每一次迭代需要使用收敛判据，确定解是否收敛，根据收敛检验结果，调整 γI 矩阵。收敛检验应用于 Marquardt-Levenberg 迭代，确定在两个序列解之间的距离和测量之间的拟合

$$d_{n+1}=(x_{n+1}-x_n)^{\mathrm{T}}(K_n^{\mathrm{T}}S^{-1}K_n+S_b^{-1}+\gamma I)^{-1}(x_{n+1}-x_n) \tag{9.62}$$

式中，d_{n+1}是解 x_{n+1}和 x_n 之间的距离，如果 $\mathrm{d}_{n+1}<\mathrm{d}_n$，表示解是收敛的，$\gamma I$ 元是减小和更新状态矢量解。但是对于辐散解 $\mathrm{d}_{n+1}\geqslant\mathrm{d}_n$，$\gamma I$ 增加，继续重复对同一状态矢量 $\boldsymbol{x}$ 迭代。

(4)与统计结合的物理反演法。卫星在 i 通道测量到的辐射写为

$$B_i(T_i)=\widetilde{T}_i[\varepsilon_i B_i(T_s)+\rho_i R^{\downarrow}{}_i]+R_i^{\uparrow} \tag{9.63}$$

式中，B_i 是 i 通道的加权普朗克函数，T_i 是卫星 i 通道测量的亮度温度，$\widetilde{T}_i$ 是 i 通道的透过率，$R_i^{\downarrow}$ 是 i 通道大气向下半球辐射率，$R_i^{\uparrow}$ 是 i 通道大气向上半球辐射率，ρ_i 是 i 通道地面双向反射率。为简化，假定地表是朗伯面，就是 $\rho_i=(1-\varepsilon_i)$。

定义地表处的亮度温度 T_i^* 为

$$B_i(T_i^*)=\varepsilon_i B_i(T_s)+(1-\varepsilon_i)R_i^{\downarrow} \tag{9.64}$$

定义大气向上方向平均辐射温度 $T_a^{\uparrow}$ 和向下方向平均辐射温度 $T_a^{\downarrow}$ 为：

$$B_i(T_a^{\uparrow})=\frac{R_i^{\uparrow}}{(1-\widetilde{T}_i)},B_i(T_a^{\downarrow})=\frac{R_i^{\downarrow}}{(1-\widetilde{T}_i)} \tag{9.65}$$

式(9.61)代入式(9.60)得

$$B_i(T_i)=\widetilde{T}_i B_i(T_i^*)+(1-\widetilde{T}_i)B_i(T_a^{\uparrow}) \tag{9.66}$$

普朗克方程对于 T_i 线性化

$$\left.\frac{\partial B}{\partial T}\right|_{T_i}L(T_i)=\widetilde{T}_i\left.\frac{\partial B}{\partial T}\right|_{T_i}L(T_i)(T_i^*-T_i+L(T_i))+(1-\widetilde{T}_i)\left.\frac{\partial B}{\partial T}\right|_{T_i}(T_a^{\uparrow}-T_i+L(T_i)) \tag{9.67}$$

$$L(T_i=B_i(T_i)\Big/\left.\frac{\partial B}{\partial T}\right|_{T_i} \tag{9.68}$$

普朗克函数用指数幂近似

$$B_i(T_i)=\alpha_i T^{n_i} \tag{9.69}$$

参数 α_i 和 n_i 是通过最小二乘法回归拟合得到的常数，为得到最佳普朗克函数的近似表示式，将温度范围分为小于 285 K 和大于 285 K 两部分，参数如表 9.2 中给出。

表 9.2　普朗克函数近似参数 n_i

通道(μm)	$n_i(T_i<285\ \mathrm{K})$	$n_i(T_i>285\ \mathrm{K})$
3.75	13.87795	12.89512
10.8	4.99027	4.57420
12	4.51020	4.15224
4.005	13.32985	12.19271
8.55	6.27005	5.76009

由普朗克函数的幂次方有关的 $L(T_i)$近似为

$$L(T_i)=\frac{T_i}{n_i} \tag{9.70}$$

因此亮度温度大气的订正可以写为

$$T_i^* = T_i + \frac{1-\widetilde{T}_i}{\widetilde{T}_i}(T_i - T_a^{\uparrow}) = \frac{1}{\widetilde{T}_i}T_i - \frac{1-\widetilde{T}_i}{\widetilde{T}_i}T_a^{\uparrow} \tag{9.71}$$

由于地面发射率的光谱依赖性，T_i^* 仅取决于光谱，可以对于 T_i^* 的普朗克函数线性化得发射率订正，就是

$$T_s = T_i^* + \frac{(1-\varepsilon_i)}{\varepsilon_i}\left[\frac{T_i^*}{n_i} + \frac{(n_i-1)}{n_i}(1-\widetilde{T}_i)T_i^* - (1-\widetilde{T}_i)T_a^{\downarrow}\right] \tag{9.72}$$

将式(9.62)代入式(9.63)，得到

$$T_s = C_{1i}T_i - C_{2i}T_a^{\uparrow} - C_{3i}T_a^{\downarrow} \tag{9.73}$$

式中

$$C_{1i} = \frac{1}{\widetilde{T}_i}\left[1 + \frac{(1-\varepsilon_i)}{n_i\varepsilon_i} + \frac{(1-\varepsilon_i)(1-T_i)(n_i-1)}{n_i\varepsilon_i}\right]$$

$$C_{2i} = \frac{(1-\widetilde{T}_i)}{\widetilde{T}_i}\left[1 + \frac{(1-\varepsilon_i)}{n_i\varepsilon_i} + \frac{(1-\varepsilon_i)(1-T_i)(n_i-1)}{n_i\varepsilon_i}\right]$$

$$C_{3i} = \frac{(1-\varepsilon_i)}{\varepsilon_i}(1-\widetilde{T}_i)$$

假定地面发射率和大气透过率是已知的，n_i 是取决于谱带的常数，这样有三个未知数 T_s、$T_a^{\uparrow}$ 和 $T_a^{\downarrow}$，因而只要使用三个通道的信息求解方程式获得地面温度，假定通道数为 k_1,k_2,k_3，则有

$$T_s = C_{1k_1}T_{k_1} - C_{2k_1}T_a^{\uparrow} - C_{3k_1}T_a^{\downarrow} \tag{9.74a}$$

$$T_s = C_{1k_2}T_{k_2} - C_{2k_2}T_a^{\uparrow} - C_{3k_2}T_a^{\downarrow} \tag{9.74b}$$

$$T_s = C_{1k_3}T_{k_3} - C_{2k_3}T_a^{\uparrow} - C_{3k_3}T_a^{\downarrow} \tag{9.74c}$$

$$T_a^{\uparrow} = \frac{(C_{3k_3}-C_{3k_2})(C_{1k_3}T_{k_3}-C_{1k_2}T_{k_2}) - (C_{3k_2}-C_{3k_1})(C_{1k_2}T_{k_2}-C_{1k_1}T_{k_1})}{(C_{2k_3}-C_{2k_2})(C_{3k_3}-C_{3k_2}) - (C_{3k_2}-C_{3k_1})(C_{2k_2}-C_{2k_1})} \tag{9.75a}$$

$$T_a^{\downarrow} = \frac{(C_{1k_1}T_{k_1}-C_{1k_2}T_{k_2})}{(C_{3k_1}-C_{3k_2})} - \frac{(C_{2k_1}-C_{2k_2})}{(C_{3k_1}-C_{3k_2})}T_a^{\uparrow} \tag{9.75b}$$

$$T_s = C_{1k_1}T_7 - C_{2k_1}T_a^{\uparrow} - C_{3k_1}T_a^{\downarrow} \tag{9.76}$$

如果已知三个通道的发射率和大气透过率，根据方程式(9.61)，就可以求取陆面温度 T_S，因此这是个物理反演方法。大气透过率可以由实际大气廓线计算。

表 9.3 给出了标准大气的透过率，当实际大气透过率不能获取时，可以使用标准大气透过率。然后与回归方法结合求取上面方程式每一项的合适系数：

$$C_{ji} = a_0(j) + a_1(j)\frac{(1-\varepsilon_i)}{\varepsilon_i}, j = k_1, k_3 \tag{9.77}$$

然后 T_s 写为

$$T_s = a_0 + a_{k1}T_{k1} + a_2T_{k2} + a_3T_{k3} + a_4\frac{(1-\varepsilon_{k1})}{\varepsilon_{k1}}T_{k1} + a_5\frac{(1-\varepsilon_{k2})}{\varepsilon_{k2}}T_{k2} + a_6\frac{(1-\varepsilon_{k3})}{\varepsilon_{k3}}T_{k3} \tag{9.78}$$

如果加上临边昏暗订正(天顶角观测)，则

$$T_s = a_0 + a_{k1}T_{k1} + a_2T_{k2} + a_3T_{k3} + a_4\frac{(1-\varepsilon_{k1})}{\varepsilon_{k1}}T_{k1} + a_5\frac{(1-\varepsilon_{k2})}{\varepsilon_{k2}}T_{k2} + a_6\frac{(1-\varepsilon_{k3})}{\varepsilon_{k3}}T_{k3} + a_7(\sec\theta - 1) \tag{9.79}$$

表 9.3 标准大气廓线的透过率(利用 MODTRAN 程序)

大气	可降水(g/cm²)	$\tilde{T}_{10.8}$	$\tilde{T}_{12}$
U.S. 标准大气	1.13	0.8552	0.8014
热带	3.32	0.5574	0.4159
中纬度夏季	2.36	0.6915	0.5786
中纬度冬季	0.69	0.8993	0.8646
极地夏季	1.65	0.7847	0.7011
极地冬季 r	0.33	0.9336	0.9147

6. 其他陆面温度算法

至今有许多利用分裂窗反演 *LST* 的物理算法,并不断进行改进。下面举例介绍。

(1)Prices

①Prices(1984)提出 T_{Prices}算法,它考虑到水汽(T_4-T_5)和发射率变化 $\Delta\varepsilon$ 的影响,提出如下表示式

$$T_{\text{Prices}}=[T_4+a_1(T_4-T_5)]\left(\frac{5.5-\varepsilon_4}{4.5}\right)+a_3T_5\Delta\varepsilon \tag{9.80}$$

式中,$\Delta\varepsilon=\varepsilon_4-\varepsilon_5$,$a_1=3.33$,$a_3=0.75$。

②Sobrino 等(1984)算法对 Prices 的模式系数进行了修改,写为

$$T_{PS}=[T_4+2.79(T_4-T_5)]\left(\frac{7.6-\varepsilon_4}{6.6}\right)+0.26T_5\Delta\varepsilon$$

(2)Ulivieri 等(1985)算法

$$T_{\text{Uliv}}=[T_4+3(T_4-T_5)+51.57-52.45\varepsilon] \tag{9.81}$$

Ulivieri 等(1992)算法

$$T_{\text{Uliv}}=[T_4+1.8(T_4-T_5)+48(1-\varepsilon)-75\Delta\varepsilon]$$

Sobrino 等(1994)对 Ulivieri 的模式进行了修改算法

$$T_{\text{Uliv}}=[T_4+2.76(T_4-T_5)+38.6(1-\varepsilon)(96.0\Delta\varepsilon]$$

(3)Vidals(1991)提出算法

$$T_{\text{Vidals}}=T_4+2.78(T_4-T_5)+50\,\frac{1-\varepsilon}{\varepsilon}+300\,\frac{\Delta\varepsilon}{\varepsilon} \tag{9.82}$$

$$\varepsilon=\frac{\varepsilon_4+\varepsilon_5}{2},\Delta\varepsilon=\varepsilon_4-\varepsilon_5$$

(4)Pratas 等(1991)算法

$$T_{pp}=\left(3.45\,\frac{T_4-T_0}{\varepsilon_4}-2.45\,\frac{T_5-T_0}{\varepsilon_5}+40\,\frac{1-\varepsilon_4}{\varepsilon_4}+T_0\right) \tag{9.83}$$

Caselles 等(1997)对 Pratas 等算法的修改

$$T_{ppc}=\left(\frac{3.46}{\varepsilon}T_4-\frac{2.46}{\varepsilon}T_5+40\,\frac{1-\varepsilon}{\varepsilon}\right)$$

Sobrino 等(1994)对 Pratas 等算法修改

$$T_{pps}=\left(3.56\,\frac{T_4-T_0}{\varepsilon 4}-2.61\,\frac{T_5-T_0}{\varepsilon_5}+30.7\,\frac{1-\varepsilon_4}{\varepsilon_4}+T_0\right)$$

(5)Becker 和 Li 算法(1990):根辐射传输方程的线性化和实际发射率的测量,导得经验拟合系数,由于发射率的局地空间变化很大,这方法只适用于局地。对于 NOAA 卫星 AVHRR

得到下面表示式

$$T_{bl}=\left\{1.274+\left[\frac{T_4+T_5}{2}\left(1+0.15616\frac{1-\varepsilon}{\varepsilon}-0.482\frac{\Delta\varepsilon}{(\varepsilon)^2}\right)+\frac{T_4-T_5}{2}\left(6.62+3.98\frac{1-\varepsilon}{\varepsilon}+38.33\frac{\Delta\varepsilon}{(\varepsilon)^2}\right)\right]\right\} \tag{9.84}$$

式中，$\varepsilon=\varepsilon_{10.8}+\varepsilon_{11.9}$，$\Delta\varepsilon=\varepsilon_{10.8}-\varepsilon_{11.9}$。

Sobrino 等(1994)对 Becker 和 Li 算法修改

$$T_{bl}=\left\{1.737+\left[\frac{T_4+T_5}{2}\left(1+0.00305\frac{1-\varepsilon}{\varepsilon}-0.376\frac{\Delta\varepsilon}{(\varepsilon)^2}\right)+\frac{T_4-T_5}{2}\left(5.17+21.44\frac{1-\varepsilon}{\varepsilon}+30.67\frac{\Delta\varepsilon}{(\varepsilon)^2}\right)\right]\right\}$$

Becker 和 Li(1995)

$$T_{BL}=A_0+PT^{+}+MT^{-}$$

$$T^{+}=\frac{T_4+T_5}{2};T^{-}=\frac{T_4-T_5}{2}$$

$$A_0=a_0+a_1W$$

$$P=a_2+(a_3+a_4w\cos\theta)(1-\varepsilon_4)-(a_5+a_6W)\Delta\varepsilon$$

$$M=a_7+a_8W+(a_9+a_{10}W)(1-\varepsilon_4)-(a_{11}+a_{12}W)\Delta\varepsilon$$

(6)Coll 和 Caselles(1997)

$$T_{cc}=a_0+a_1T_4+[a_2+a_3(T_4-T_5)](T_4-T_5)]+\alpha(1-\varepsilon_4)-\beta\Delta\varepsilon \tag{9.85}$$

式中

$$\varepsilon=\frac{\varepsilon_4+\varepsilon_5}{2},\alpha=(b_4-b_5)\gamma\widetilde{T}_5+b_4,\beta=\gamma\widetilde{T}_5b_5+\frac{\alpha}{2};$$

$$\gamma=\frac{1-\widetilde{T}_4}{\widetilde{T}_4-\widetilde{T}_5},b_4=(c_0+c_1W)T_4+(c_2W+c_3),$$

$$b_5=(c_4+c_5W)T_5+(c_6W+c_7)$$

式中，T 是亮度温度，ε 是表面发射率，$\widetilde{T}_5$ 是透过率，W 是总的水汽含量。在上面的某些回归方程中涉及卫星的天顶角、太阳天顶角和气柱水汽含量，在夜间，使用 3.75 μm 发射率和亮度温度减小由于大气订正的不确定性。

二、地面发射率的卫星遥感

1. 地面发射率

定义为物体发出辐射与物体作为黑体发射辐射之比，写为

$$\varepsilon_s(\lambda)=L_s(\lambda,T)/B(\lambda,T) \tag{9.86}$$

考虑到大气向下辐射，向上辐射写为

$$L_s(\lambda,T)-L_{atm}^{\downarrow}(\lambda,T)=\varepsilon(\lambda)[B(\lambda,T)-L_{atm}^{\downarrow}(\lambda,T)]$$

发射率为

$$\varepsilon s(\lambda)=[L(\lambda,T)-L_{atm}^{\downarrow}(\lambda,T)]/[B(\lambda,T)-L_{atm}^{\downarrow}(\lambda,T)] \tag{9.87}$$

由卫星估计地面发射率有两种方法，第一种方法是建立 0.58～0.68 μm 和 0.725～1.10 μm通道的测量值与发射率之间的关系；第二种方法是求解红外辐射传输方程导得地面发射率。

2. 地面发射率的反演方法

(1)方法一——统计法。多数陆地表面覆盖有植被,因此地面的发射率主要取决于植被指数 $NDVI$,通过地面观测资料建立发射率与 $NDVI$ 的经验关系,写为

$$\varepsilon = a + b\log(NDVI) \tag{9.88}$$

方法的缺点是系数 a 和 b 仅是对于 8~12 μm 确定,并且与表面有关。

(2)方法二——"植被覆盖"法。发射率是裸露土壤和加上植被发射率的函数,写为

$$\varepsilon = \varepsilon_v P_v + \varepsilon_s(1-P_v) + \mathrm{d}\varepsilon \tag{9.89}$$

且有

$$\mathrm{d}\varepsilon = (1-\varepsilon_s)\varepsilon_v F(1-P_v) + [(1-\varepsilon_s)\varepsilon_s G + (1-\varepsilon_s)\varepsilon_v F']P_s \tag{9.90}$$

或简单地写为

$$\mathrm{d}\varepsilon = 4 < \mathrm{d}\varepsilon > P_v(1-P_v)$$

式中,P_v 是植被覆盖部分,P_s 是土壤覆盖部分,ε_v 是植冠的发射率,ε_s 是裸露土壤的发射率,而 F、G、P 是形状因子。通过 $NDVI$ 估算有植被部分时像点的 $NDVI$:

$$NDVI = NDVI_v P_v + NDVI_s(1-P_v) + \mathrm{d}I \tag{9.91}$$

式中,$NDVI$ 是像点的 $NDVI$,$NDVI_v$ 是植被的 $NDVI$,$NDVI_s$ 是土壤的 $NDVI$,di 是与近似相关的误差。则发射率 ε 写为

$$\varepsilon = \frac{\varepsilon_v - \varepsilon_s}{NDVI_v - NDVI_s} NDVI + \frac{\varepsilon_s(NDVI_v + \mathrm{d}i) - \varepsilon_v(NDVI_v + \mathrm{d}i)}{NDVI_v - NDVI_s} + \mathrm{d}\varepsilon \tag{9.92}$$

此方法要求已知下面参数:(a)植被和裸露土壤的 $NDVI$;(b)植被和裸露土壤的发射率;(c)形状因子。

(3)方法三——α 剩余法。在可见光谱段,利用近似关系 $\exp(c_2/\lambda T)-1 \approx \exp(c_2/\lambda T)$,普朗克函数近似为

$$R_j = \varepsilon_i B_j(T) = \varepsilon_i \frac{c_1}{\lambda_j^5[\exp(c_2/\lambda_j T)]} \tag{9.93}$$

对式(9.90)取对数

$$\ln R_j = \ln\varepsilon_i + \ln c_1 - 5\ln\lambda_j - c_2/\lambda_j T \tag{9.94}$$

式(9.91)两边乘 λ_j 得

$$\lambda_j \ln R_j = \lambda_j \ln\varepsilon_i + \lambda_j \ln c_1 - 5\lambda_j \ln\lambda_j - c_2/T \tag{9.95}$$

对式(9.92)N 个通道的数据进行平均,

$$\frac{1}{N}\sum_{i=1}^{N}\lambda_j \ln R_j = \frac{1}{N}\sum_{i=1}^{N}\lambda_j \ln\varepsilon_i + \frac{1}{N}\sum_{i=1}^{N}\lambda_j \ln c_1 (\frac{5}{N}\sum_{i=1}^{N}\lambda_j \ln\lambda_j - c_2/T \tag{9.96}$$

式(9.92)和式(9.93)相减,整理得到

$$\lambda_j \ln\varepsilon_i - \frac{1}{N}\sum_{i=1}^{N}\lambda_j \ln\varepsilon_i = \lambda_j \ln R_j - \frac{1}{N}\sum_{i=1}^{N}\lambda_j \ln R_j + \lambda_j \ln c_1 -$$

$$\frac{1}{N}\sum_{i=1}^{N}\lambda_j \ln c_1 + 4\lambda_j \ln\lambda_j - \frac{4}{N}\sum_{i=1}^{N}\lambda_j \ln\lambda_j$$

则 j 通道的发射率写为

$$\varepsilon_j = \exp\frac{\alpha_j + (1/N)\sum_{i=1}^{N}\lambda_i \ln\varepsilon_i}{\lambda_j} = \exp\frac{\alpha_j + X}{\lambda_j} \tag{9.97}$$

及剩余 α_j

$$\alpha_j = \lambda_j \ln R_j - \frac{1}{N}\sum_{i=1}^{N} \lambda_i \ln R_i + K_j \tag{9.98}$$

其中 K_j 是常数，参数 X 由 α 方差 $X=c(\sigma_\alpha^2)^{1/M}$，系数 c 和 M 由实验室测量确定。这种方法可用于地面辐射率，因此在实行过程中首先要进行大气订正，参数 X 取决于地面的光谱响应，更主要的是此方法取决于所用的光谱通道数和它的中心波长，实际上此方法是多光谱的，而不是用两个通道。

(4)方法四——TISI。对于 AVHRR 通道 3 白天测量的辐射是地表面反射的太阳辐射和地表发射辐射两者之和，因此，由白天的图像估算辐射发射率需要确定反射辐射的贡献。

$$\varepsilon_3 = 1 - \pi \frac{R_3^d - R_3^n[(R_4^d/R_4^n)]^{n3}}{R_{\text{sun}}} \tag{9.99}$$

$$\varepsilon_4 = \varepsilon_3^{n4/n3}\left[\frac{T_4^n}{T_3^4}\right]^{n4}, \varepsilon_5 = \varepsilon_3^{n5/n3}\left[\frac{T_5^n}{T_3^4}\right]^{n5}$$

式中，R_i^d 和 R_i^n 分别是通道的白天和夜间的辐射率，R_{sun} 是通道 3 的太阳辐照度，$R_i=\alpha_i T_i^{n_i}$。这方法只能由地面辐射率决定，因此对卫星遥感，首先要进行大气订正。同时还需要地面条件(湿度和植被)变化很小的白天和夜间相近的时间，在 3.7 μm 通道，还要考虑到地面朗伯面。

在实际应用中，究竟采取以上何种方法，方法一的系数是对某一地事先确定的，只能局地应用；方法三适用于具有多谱段资料情况下；方法四没有 3.7 μm 通道的数据便不能使用，方法二要求有发射率和植被指数 *NDVI* 的数据，这是一种最简单而有效的方法，下面对它的误差作分析，方法的误差与事先植被覆盖区发射率 $\Delta\varepsilon_V \Delta\varepsilon_S$、植被覆盖估计 ΔP_V 精度有关和形状因子，发射率的误差由下式给出：

$$\Delta\varepsilon = P_V \Delta\varepsilon_V + (1-P_V)\Delta\varepsilon_S + [(\varepsilon_V - \varepsilon_g) + 4\langle d\varepsilon\rangle - 8\langle d\varepsilon\rangle P_V]\Delta P_V + 4P_V(1-P_V)\Delta\langle d\varepsilon\rangle \tag{9.100}$$

在确定发射率在有如下几点要注意。

①$\Delta\varepsilon_V$：红外波段的植被发射率可以近似假定为平的光谱响应和高的值，$\varepsilon_V=0.985\pm0.005$。

②$\Delta\varepsilon_S$：裸露土壤的发射率随波长变化较大，变化程度与波长有关，发射率数据库给出发射率的值的范围，可以得到 $\varepsilon_S^4=0.95\pm0.02$ 和 $\varepsilon_S^5=0.97\pm0.01$。

③ΔP_V：植被覆盖度由 *NDVI* 确定，其精度取决于 *NDVI* 的精度、大气条件及土壤的类型等。发射率误码率差的估算值 $\Delta P_V/P_V$ 由 0%到 20%。

④$\Delta\langle d\varepsilon\rangle$：$\langle d\varepsilon\rangle$取决于植被的结构，这不能由卫星测量，由地面确定局地植被结构，它的范围由 0～0.025，一般假定$\langle d\varepsilon\rangle=0.01\pm0.005$。

第三节 卫星反演地面方向反射参数

在地球大气系统中，地面反照率起着极为重要的作用，它控制着海洋与陆地吸收的太阳能量，冰雪区厚度和面积的变化导致反照率的改变，由此对地气辐射收支产生作用，影响气候变迁。卫星观测提供了绘制和监测全球地面反照率分布和变化的可能性。由卫星反演地面反照率的问题是来自地面的反射太阳辐射要受到瑞利散射和气溶胶散射的影响，对这一部分作用可以通过辐射传输模式解决。另外，云的存在污染了由地面反射到达卫星的辐射，对此需将晴空辐射像点从有云区域中分离出来。最后要将卫星测量的辐射转换成地面反照率。因此，卫星获取地面反照率的工作有：(1)由卫星测量的太阳辐射获取大气顶的双向反射率；(2)对大气的散射和吸收作订正；(3)对大气和地面各向异性作订正；(4)如果采用窄带观测，作窄带到宽带的转换。有关用卫星获取地面反照率的方法有多种，现只能介绍其中的两种。

一、地面反照率和方向反射率模式

1. 水平表面的光谱反照率。定义为向上辐射率 $L^{\uparrow}(\lambda,\theta,\theta)$ 与被表面法线方向与入射方向之间夹角余弦加权向下辐射率 $L^{\downarrow}(\lambda,\theta',\varphi')$ 的半球积分之比

$$a(\lambda)=\frac{\int_{2\pi}L^{\uparrow}(\lambda,\theta,\theta)\cos\theta\mathrm{d}\Omega}{\int_{2\pi}L^{\downarrow}(\lambda,\theta',\theta')\cos\theta'\mathrm{d}\Omega'} \tag{9.101}$$

式中，$\mathrm{d}\Omega=\sin\theta\mathrm{d}\theta\mathrm{d}\varphi$ 和 $\mathrm{d}\Omega'=\sin\theta'\mathrm{d}\theta'\mathrm{d}\varphi'$。分母表示为照度 $E^{\downarrow}(\lambda)$，通过引入双向反射率，向上辐射表示为

$$L^{\uparrow}(\lambda,\theta,\theta)=\frac{1}{\pi}\int_{2\pi}R(\lambda,\theta,\varphi;\theta',\varphi')L^{\downarrow}(\lambda,\theta',\varphi')\cos\theta'\mathrm{d}\Omega' \tag{9.102}$$

式(9.101)成为

$$a(\lambda)=\left[\frac{1}{\pi}\int_{2\pi}R(\lambda,\theta,\varphi;\theta',\varphi')L^{\downarrow}(\lambda,\theta',\varphi')\cos\theta'\mathrm{d}\Omega'\right]/E^{\downarrow}(\lambda) \tag{9.103}$$

对于入射角为(θ_0,φ_0)直接照射的情况下，向下的辐射率给出

$$L^{\downarrow}(\lambda,\theta',\varphi')=\sin^{-1}\theta_0\delta(\theta'-\theta_0,\varphi'-\varphi_0)E_0(\lambda) \tag{9.104}$$

向下的照度为 $E^{\downarrow}(\lambda)=E_0(\lambda)\cos\theta_0$，向上辐射率为 $L^{\uparrow}(\lambda,\theta,\varphi;\theta_0,\varphi_0)=\frac{1}{\pi}R(\lambda,\theta,\varphi;\theta_0,\varphi_0)$ $E_0(\lambda)\cos\theta_0$，将这些表示式代入式(9.101)或式(9.103)得到光谱方向半球（“黑天空”意指天空无散射光，只有直接光）反照率

$$a^{dr}(\lambda,\theta_{dr},\varphi_{dr})=\frac{1}{\pi}\int_{2\pi}R(\lambda,\theta,\varphi;\theta_{dr},\varphi_{dr})\cos\theta\mathrm{d}\Omega \tag{9.105}$$

另一方面，对于纯散射辐射照射的情况下，向下辐射率 $L^{\downarrow}(\lambda,\theta',\varphi')$ 是一常数，此时照度为 $E^{\downarrow}(\lambda)=\pi L_0(\lambda)$，将这式代入式(9.103)和使用式(9.104)，则光谱双向半球（“白天空”意指天空的散射光）反照率 $a^{\mathrm{bh}}(\lambda)$ 写为

$$a^{\mathrm{bh}}(\lambda)=\frac{1}{\pi}\int_{2\pi}a^{dr}(\lambda,\theta',\varphi')\cos\theta'\mathrm{d}\Omega' \tag{9.106}$$

这样有两个量表示地面实际特性，一是直射光的$[a^{dr}(\lambda,\theta_{dr},\varphi_{dr})]$，和只考虑到纯散射光照射的$[a^{\mathrm{bh}}(\lambda)]$。对于在部分散射光照射的情况下，光谱反照率表示为上面两反照率的线性组合，为

$$a(\lambda)=[1-f_{\mathrm{diff}}(\lambda)]a^{dr}(\lambda,\theta_s,\varphi_s)+f_{\mathrm{diff}}(\lambda)a^{\mathrm{bh}}(\lambda) \tag{9.107}$$

对于实际应用，不是使用光谱量，而是采用宽带反照率，定义为在给定的波长间隔$[\lambda_1,\lambda_2]$向上辐射通量密度与向下辐射通量密度之比，为

$$a(\lambda_1,\lambda_2)=\frac{F^{\uparrow}(\lambda_1,\lambda_2)}{F^{\downarrow}(\lambda_1,\lambda_2)}=\frac{\int_{\lambda_1}^{\lambda_2}\int_{2\pi}L^{\uparrow}(\lambda,\theta,\varphi)\cos\theta\mathrm{d}\Omega\mathrm{d}\lambda}{\int_{\lambda_1}^{\lambda_2}\int_{2\pi}L^{\downarrow}(\lambda,\theta',\varphi')\cos\theta'\mathrm{d}\Omega'\mathrm{d}\lambda} \tag{9.108}$$

类似式(9.103)，用双向反射函数表示为

$$a(\lambda)=\frac{\frac{1}{\pi}\int_{\lambda 1}^{\lambda_2}\int_{2\pi}\int_{2\pi}^{R}(\lambda,\theta,\varphi;\theta',\varphi')L(\pi,\theta',\varphi')\cos\theta'\cos\theta \mathrm{d}\Omega'\mathrm{d}\Omega\mathrm{d}\lambda}{F^{\downarrow}(\lambda_1,\lambda_2)} \tag{9.109}$$

方向半球宽带反照率写为

$$a^{dr}(\lambda_1,\lambda_2,\theta_{dr},\varphi_{dr})=\frac{\int_{\lambda_1}^{\lambda_2}a^{dr}(\lambda,\theta_{dr},\varphi_{dr})E^{\downarrow}(\lambda)\mathrm{d}\lambda}{\int_{\lambda_1}^{\lambda_2}E^{\downarrow}(\lambda)\mathrm{d}\lambda} \tag{9.110}$$

和双向半球宽带反照率写为各个光谱照度加权的光谱量的积分：

$$a^{bh}(\lambda_1,\lambda_2)=\frac{\int_{\lambda_1}^{\lambda_2}a^{bh}(\lambda)E^{\downarrow}(\lambda)\mathrm{d}\lambda}{\int_{\lambda_1}^{\lambda_2}E^{\downarrow}(\lambda)\mathrm{d}\lambda} \tag{9.111}$$

相反对于在式(9.110)和式(9.111)定义的光谱反照率，宽带反照率不仅是地面特性，因为它还与光谱照度 $E(\lambda)$ 有关，表现为一个加权因子，它可以作为大气成分的函数而变化。类似式(9.106)，对于部分散射的情况下，宽带反照率表示为 $a^{dr}(\lambda_1,\lambda_2,\theta_{dr},\varphi_{dr})$ 和 $a^{bh}(\lambda_1,\lambda_2)$ 的加权平均。

卫星观测得到不同观测角度和照射下的大气顶反射率测量，根据上面的方程式求取反照率需要有已知地面的双向反射分布的数据。为得到这些量，从原理上是求解辐射传输方程，第一步是进行大气订正，得到地面植被顶的反射率；第二步是用一个半经验的核基反射率模式调整测量，就导得测量仪器光谱通道 j 的总的双向反射率因子 R_j 的角分布的估计

$$R_j(\theta,\theta',\varphi)=\boldsymbol{k}_j\boldsymbol{f}(\theta,\theta',\varphi) \tag{9.112}$$

式中，$\boldsymbol{k}_j=(k_{0j},k_{1j},k_{2j}\cdots)^{\mathrm{T}}$ 和 $\boldsymbol{f}=(f_0,f_1,f_2\cdots)^{\mathrm{T}}$ 分别是表示反演模式参数 k_{ij} 和核函数 f_j 组成的矢量。各方位角由入射方向和反射方向之间的相对方位角 φ 代替。

2. 算法概述。当前用于反演地面反照率的卫星观测仪器有 SPOT/VEGETATION，NOAA/AVHRR，ADEOS/POLDER，ENVISAT/MERIS 和 MSG/SEVIRI。这些仪器使用三个谱段：①总的短波(0.3～4.0 μm)；②可见光(0.3～0.7 μm)；③近红外(0.7～4.0 μm)计算地面宽带反照率。

根据上面反照率的描述，需要获取每一通道的：①光谱方向半球反照率；②光谱双向半球反照率；③宽带方向半球反照率；④宽带双向半球反照率。

角度积分：对于光谱反照率量，将反射模式式(9.111)代入式(9.104)和式(9.105)，给出

$$a_j^{dr}(\theta')=\boldsymbol{k}_j\boldsymbol{I}^{dr}(\theta')\text{和 }a_j^{bh}=\boldsymbol{k}_j\boldsymbol{I}^{bh} \tag{9.113}$$

式中

$$I_i^{dr}(\theta')=\frac{1}{\pi}\int_0^{2\pi}\int_0^{\pi/2}f_i(\theta,\theta',\varphi)\cos\theta\sin\theta'\mathrm{d}\theta\mathrm{d}\varphi \tag{9.114}$$

$$I_i^{bh}=2\int_0^{\pi/2}I_i^{dr}(\theta')\cos\theta'\sin\theta'\mathrm{d}\theta' \tag{9.115}$$

分别是各个核函数的角积分，它可以事先计算好，且制成查算表。图 9.3 给出 Roujean 等(1992)和 Maignan(2004)模式的三个核函数模式的方向半球积分与照射角间的依赖关系。

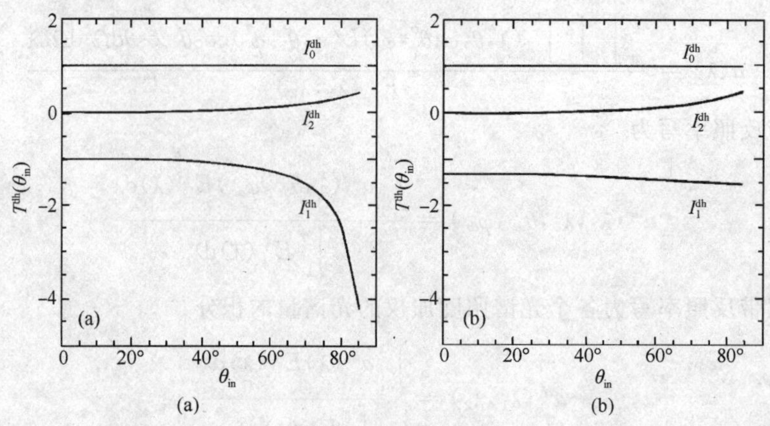

图 9.3 Roujean 等(1992)和 Maignan(2004)模式

对于 Roujean 等模式，当照射天顶角很大时，几何核的方向半球反照率核的 $I_i^{dr}(\theta)$ 积分，导致在参考天顶角大于 70°，方向反照率潜在的问题，

光谱积分：核函数提供反射因子的角分布，对于卫星仪器的每一个通道，不能得到通道谱带外的信息。宽带反照率是对于一定波长间隔光谱照度的光谱反照率的积分，积分可以近似为积分变量离散值的累积加权的和，因此宽带反照率可以表示为卫星仪器的各个光谱通道的值的线性组合。

对于 AVHRR 和 SEVIRI 仪器，可以由土壤—植被—大气辐射模式产生对于不同地表和植物类型的合成光谱反照率的扩展的数据，对于植被，叶子的光谱特性由 ASTER 光谱数据库获取，按仪器的光谱带计算窄带反照率值和所考虑的光谱区间的宽带反照率，采用线性回归分析，确定相应的回归系数。

3. 算法单元的描述

①算法说明。反照率是依据逐个像点进行计算的，对于方向半球反照率变量参照角需确定以像点的地理位置和一年中每一天的函数。相应方向半球核 $\hat{\boldsymbol{I}}^{dr}(\theta_{dr})$ 积分是由事先的查算表进行线性内插得到。则对于每一个光谱通道的光谱半球方向反照率可以表示为核积分的线性组合，为

$$a_j^{dr}(\theta_{dr}) = \boldsymbol{k}_j \hat{\boldsymbol{I}}^{dr} \tag{9.116}$$

光谱双向反照率确定为

$$a_j^{bh} = \boldsymbol{k}_j \boldsymbol{I} \tag{9.117}$$

应用线性变换，从光谱量导得宽带反照率为

$$a_\gamma^{xh} = c_{0\gamma}^{xh} + \sum_j c_{j\gamma}^{xh} a_j^{xh} \tag{9.118}$$

式中，系数 $c_{0\gamma}^{xh}$ 和 $c_{j\gamma}^{xh}$ 由回归分析方法得到。查算表给出了不同降星观测仪器的这些系数值。

②输入和输出参数。输入参数有：反照率算法的所要求的参数，k_{0j}，k_{1j}，k_2 和 c_j，输出参数有：θ_{dh}，a_j^{dh}，$\sigma[a_j^{dh}]$等。

③质量评价。在 BRDF 模式参数与光谱反照率量之间的线性关系的标准误差估计可以由模式参数的误差协方差矩阵 $\boldsymbol{C}_k$ 表示为

$$\sigma[a_j] = \sqrt{\boldsymbol{I}^T \boldsymbol{C}_k \boldsymbol{I}} \tag{9.119}$$

(4)计算步骤

第一步:确定以纬度和数据为函数的方向半球反照率的参考照射天顶角 θ_{dh}。

第二步:由线性内插求取 θ_{dh} 处的方向半球积分 $\hat{\mathbf{I}}^{dh}(\hat{I}_0^{dh},\hat{I}_1^{dh},\cdots,\hat{I}_n^{dh})$。

第三步:对谱带 j:

①读模式参数 $\boldsymbol{k}_j=(k_{0j},k_{1j},\cdots,k_{nj})$和协方差矩阵 $\boldsymbol{C}_k$;

②计算光谱半球方向反照率:

$$a_j^{dh}=SUM_i(k_{ij}\hat{I}_i^{dh}) \tag{9.120}$$

③计算光谱双向一半球方向反照率:

$$a_j^{bh}=SUM_i(k_{ij}\hat{I}_i^{bh}) \tag{9.121}$$

④估算光谱半球方向反照率的误差:

$$\sigma[a_j^{dh}]=SQPOT(DOT\_PRODUCT(\hat{\mathbf{I}}^{dh},MATMUL(\boldsymbol{C}_k,\hat{\mathbf{I}}^{dh})) \tag{9.122}$$

⑤估算光谱双向一半球方向反照率的误差:

$$\sigma[a^{bh}]=SQPOT(DOT\_PRODUCT(\mathbf{I}^{bh},MATMUL(\boldsymbol{C}_k,\mathbf{I}^{bh})) \tag{9.123}$$

⑥检验参数值的范围,如不合适作调节器整。

第四步:计算

$$NDVI=[k_{0\ NIR}-k_{0\ RED}]/[k_{0\ NIR}+k_{0\ RED}] \tag{9.124}$$

第五步:根据计算得到的 $NDVI$ 和积雪标记选取变换系数 $c_{j\gamma}^{xh}$。

第六步:对宽带 γ:

①计算宽带方向半球反照率:

$$a_\gamma^{dh}=c_{0\gamma}^{dh}+SUM_j(\alpha_{j\gamma}^{dh}c_{j\gamma}^{dh}) \tag{9.125}$$

②计算宽带双向一半球反照率:

$$a_\gamma^{bh}=c_{0\gamma}^{bh}+SUM_j(\alpha_{j\gamma}^{dh}c_{j\gamma}^{dh}) \tag{9.126}$$

③估算宽带方向半球反照率误差:

$$\sigma[a_\gamma^{dh}]=SQPOT(SUM_j(\sigma^2[a_j^{dh}](c_{j\gamma}^{dh})^2)+\sigma^2[\text{regression}] \tag{9.128}$$

④估算宽带双向一半球反照率误差:

$$\sigma[a_\gamma^{bh}]=SQPOT(SUM_j(\sigma^2[a_j^{bh}](c_{j\gamma}^{bh})^2)+\sigma^2[\text{regression}] \tag{9.129}$$

⑤检验参数值的范围,如不合适作调节器整。保存参考角、反照率、反照率误差估计。查算表如表 9.4 至表 9.9。

表 9.4　方向半球和双向半球核积分为太阳天顶角的函数(Roujean 等,1992)

θ_{in}	I_0^{dh}	I_1^{dh}(Roujean)	I_2^{dh}(Roujean)	I_1^{dh}(Li-Sparse)	I_2^{dh}(Ross-Hot)
0°	1.0	−0.997910	−0.00894619	−1.2872	0.0052371
5°	1.0	−0.998980	−0.00837790	−1.2883	0.00581059
10°	1.0	−1.00197	−0.00665391	−1.29142	0.00754731
15°	1.0	−1.00702	−0.00371872	−1.2966	0.0105049
20°	1.0	−.01438	0.000524714	−1.30384	0.0147809
25°	1.0	−1.02443	0.00621877	−1.31307	0.0205190
30°	1.0	−1.03773	0.0135606	−1.3243	0.0279187
35°	1.0	−1.05501	0.0228129	−1.33744	0.0372467
40°	1.0	−1.07742	0.0343240	−1.35237	0.0488525

续表

θ_{in}	I_0^{ph}	I_1^{ph} (Roujean)	I_2^{ph} (Roujean)	I_1^{ph} (Li-Sparse)	I_2^{ph} (Ross-Hot)
45°	1.0	−1.10665	0.0485505	−1.3689	0.0632023
50°	1.0	−−1.14526	0.0661051	−1.38686	0.0809112
55°	1.0	−1.19740	0.0878086	−1.40582	0.102814
60°	1.0	−1.27008	0.114795	−1.4253	0.130061
65°	1.0	−1.37595	0.148698	−1.44471	0.164302
70°	1.0	−1.54059	0.191944	−1.46328	0.208015
75°	1.0	−1.82419	0.248471	−1.48025	0.265199
80°	1.0	−2.40820	0.325351	−1.49538	0.343066
85°	1.0	−4.20369	0.438371	−1.51218	0.457749
0°～90°	1.0	−1.28159	0.0802838	−1.37760	0.0952950

表 9.5　对于 VEGETATION 通道由窄带到宽带的变换系数

宽带	NDVI	$c_{0\gamma}^{nb}$	$c_{1\gamma}^{nb}$ (蓝)	$c_{2\gamma}^{nb}$ (红)	$c_{3\gamma}^{nb}$ (NIR)	$c_{4\gamma}^{nb}$ (SWIR)	σ(mg)
可见光	<0.2& 雪	0.0284	0,5784	0,3869	—	—	0.0199
	[−1.,1.]	0.001	0,5083	0,4957	—	—	0.0067
近红外	<0.2& 雪	0.0212	—	0.0463	0.55	0.3607	0.0128
红外	[−1.,1.]	0.014	—	0.0092	0.5667	0.3457	0.0135
总	<0.2& 雪	0.0248	0.1218	0.2794	0.356	0.0808	0.0154
	[−1.,1.]	0.0097	0.1889	0.2241	0.3429	0.1814	0.0089

表 9.6　对于 AVHRR 通道由窄带到宽带的变换系数

宽带	NDVI	$c_{0\gamma}^{nb}$	$c_{1\gamma}^{nb}$ (红)	$c_{2\gamma}^{nb}$ (NIR)	$c_{3\gamma}^{nb}$ (SWIR)	σ(reg)
可见光	<0.2& 雪	0.0068	0.9996	−0.0006	—	0.0231
	[−1,0.2]	−0.035	1.1454	−0.198	—	0.0241
	[0.2,0.7]	−0.031	0.7877	0.0812	—	0.0167
	[0.7,1.]	0.0002	0.9056	0.0104	—	0.002
近红外	<0.2& 雪	0.0423	−0.063	0.6638	—	0.0158
	[−1,0.2]	0.0707	−0.316	1.0376	—	0.0309
	[0.2,0.7]	0.1079	0.2067	0.553	—	0.0287
	[0.7,1.]	0.0036	−0.174	0.7904	—	0.0227
近红外	<0.2& 雪	0.0222	0.0265	0.5808	0.3475	0.0126
	[(1.,1.]	0.0128	−0.015	0.6122	0.3343	0.0125
总	<0.2& 雪	0.0268	0.3742	0.3904	—	0.0155
	[−1,0.2[	0.0259	0.2846	0.5237	—	0.014
	[0.2,0.7[	0.0496	0.4345	0.3619	—	0.014
	[0.7,1.]	0.0023	0.2569	0.4704	—	0.0136
总	<0.2& 雪	0.0254	0.3807	0.3844	0.0251	0.0155
	[−1.,1.]	0.01	0.3495	0.4003	0.1171	0.0102

表 9.7　对于 POLDER 通道的窄带到宽带的变换系数

宽带	NDVI	$c_{0\gamma}^{nb}$	$c_{1\gamma}^{nb}$ (蓝)	$c_{2\gamma}^{nb}$ (红)	$c_{3\gamma}^{nb}$ (NIR1)	$c_{4\gamma}^{nb}$ (NIR2)	σ(reg)
可见光	<0.2& 雪	0.0204	0.561	0.4019	0.0183	—	0.0211
	[−1.,1.]	−0.002	0.489	0.4938	0.027	—	0.0066
近红外	<0.2& 雪	0.033	−0.159	0.1536	0.1938	0.5069	0.0133
	[−1.,1.]	0.06	−0.429	0.419	0.219	0.4123	0.0211
总	<0.2& 雪	0.024	0.1429	0.2466	0.1379	0.2591	0.0156
	[−1.,1.]	0.0242	−0.03	0.4124	0.2028	0.2067	0.0139

表 9.8　对于 SEVIRI 窄带到宽带变换系数

宽带	NDVI	$c_{0\gamma}^{nb}$	$c_{1\gamma}^{nb}$ (红)	$c_{2\gamma}^{nb}$ (NIR)	$c_{3\gamma}^{nb}$ (SWIR)	σ(reg)
可见光	<0.2& 雪	0.0048	0.9949	0.0096	—	0.0231
	[−1,0.2]	−0.043	1.0659	−0.122	—	0.0249
	[0.2,0.7]	−0.037	0.7941	0.0925	—	0.019
	[0.7,1.]	0.0002	0.931	0.0107	—	0.0022
近红外	<0.2& 雪	0.0228	0.059	0.5231	0.4026	0.0131
	[−1.,1.]	0.0172	0.0107	0.5636	0.346	0.0144
总	<0.2& 雪	0.0233	0.3862	0.3689	0.039	0.0156
	[−1.,1.]	0.0111	0.3643	0.3769	0.1219	0.0115

表 9.9　对于 MERIS 窄带到宽带变换系数

宽带	NDVI	$c_{0\gamma}^{nb}$	$c_{1\gamma}^{nb}$ (445 nm)	$c_{2\gamma}^{nb}$ (560 nm)	$c_{3\gamma}^{nb}$ (665 nm)	$c_{4\gamma}^{nb}$ (855 nm)	$c_{5\gamma}^{nb}$ (900 nm)	σ(reg)
可见光	<0.2& 雪	0.0231	0.3706	0.3151	0.2833	—	—	0.0197
	[−1.,1.]	0.0002	0.3305	0.3244	0.3378	—	—	0.0052
近红外	<0.2& 雪	0.0326	−0.158	—	0.1506	0.2073	0.4924	0.0136
	[−1.,1.]	0.0631	−0.321	—	0.3221	0.2179	0.4165	0.0231
总	<0.2& 雪	0.0219	0.0566	0.1982	0.1476	0.1418	0.2368	0.0155
	[−1.,1.]	0.0255	−0.097	0.1535	0.3377	0.1332	0.2615	0.0139

二、卫星反演地表面方向反射率

1. 表面方向反射率模式

对于地表面方向反射率提出许多数学模式表示地表面方向反射特性，这里介绍下面几个。

(1)RPV 模式。这一模式取决于三个参数，把它写为这三个参数的函数 $M(k)$、$F(g)$、$H(\rho_0)$ 的乘积，在 $(-\mu,\varphi)$ 方向的反射率写为

$$\rho(\mu_0;-\mu,\varphi)=\rho_0 M(k)F(g)H(\rho_0) \tag{9.130}$$

式中

$$M(k)=[\mu\mu_0(\mu+\mu_0)]^{k-1}$$

$$F(g)=\frac{1-g^2}{[1-2g\cos\Theta+g^2]^{3/2}}$$

$$H(\rho_0)=\left\{1+\frac{1-\rho_0}{1+G}\right\}$$

其中,Θ 是散射角,它与入射、反射和方位角间的关系为

$$\cos\Theta=-\mu\mu_0+\sqrt{1-\mu_0^2}\cos(\varphi-\varphi_0) \tag{9.131}$$

而 G 为

$$G=\sqrt{\tan^2\theta_0+\tan^2\theta+2\tan\theta_0\tan\theta\cos(\varphi-\varphi_0)} \tag{9.132}$$

表 9.10 给出了在可见光、近红外计算各种表面反射率的参数。

表 9.10 不同陆面覆盖 RPV 模式的最佳拟合参数 ρ,α,k

地表类别	r	ρ	α	k	r	ρ	α	k
	可见光				近红外			
1 云杉	0.971	0.008	−0.308	0.554	0.952	0.030	−0.201	0.581
2 稀少直立植物	0.967	0.064	−0.001	1.207	0.971	0.278	−0.006	0.725
3 热带林	0.977	0.012	−0.169	0.651	0.986	0.303	−0.034	0.729
4 耕地	0.975	0.072	−0.257	0.668	0.976	0.077	−0.252	0.678
5 草地	0.958	0.014	−0.169	0.810	0.981	0.242	−0.032	0.637
6 宽叶植物	0.954	0.012	−0.281	0.742	0.975	0.204	−0.089	0.658
7 大草原	0.960	0.010	−0.287	0.463	0.953	0.219	−0.050	0.673
8 常绿林	0.980	0.022	−0.228	0.633	0.981	0.285	−0.060	0.745
9 针叶树	0.978	0.018	−0.282	0.364	0.964	0.235	−0.095	0.758
10 阔叶树林(冬季)	0.974	0.028	−0.175	0.768	0.950	0.066	−0.141	0.735
11 黏土	0.958	0.147	−0.096	0.839	0.952	0.195	−0.097	0.850
12 灌溉小麦	0.965	0.027	−0.078	0.382	0.951	0.306	−0.008	0.606

注:r 是 BRF 数据与 RPV 模式相关系数。

(2)MRPV 模式。这是模式改进,模式将 $F(g)$ 改成 $F(g)=\exp(\alpha\times\cos\gamma)$,这就得到在对数变换后的对于模式参数一个近线性的模式表示。

(3)陆面:线性 LSRT 模式。这一模式表示为朗伯面、几何光学和体积散射三项之和,写为

$$\rho(\mu_0;-\mu,\varphi)=k_L+k_{g0}f_{g0}(\mu_0;\mu,\varphi)+k_vf_v(\mu_0;\mu,\varphi) \tag{9.133}$$

核函数由下面表示式表示

$$f_v=\frac{(\pi/2-\Theta)\cos\Theta+\sin\Theta}{\mu_0+\mu}-\frac{\pi}{4} \tag{9.134a}$$

$$f_{g0}=O(\mu_0;\mu,\varphi)-\mu'^{-1}-\mu_0'^{-1}+\frac{1}{2}(1+\cos\Theta')\mu'^{-1}-\mu_0'^{-1} \tag{9.134b}$$

式中

$$O(\mu_0;\mu,\varphi)=\frac{1}{\pi}(t-\sin t\cos t)(|\mu'^{-1}|+\mu_0'^{-1})$$

$$\cos t=\frac{h}{b}\frac{\sqrt{(G')^2+[\tan\theta'_0\tan\theta'\sin(\varphi-\varphi_0)]^2}}{|\mu'|^{-1}+\mu_0'^{-1}} \tag{9.135}$$

互换角(θ_0',θ')可以由关系式 $\tan\theta'=(b/r)\tan\theta$ 获取。另外,式(9.134b)中 Θ' 和式(9.135)中 G' 中的互换角分别可以由方程式(9.131)和式(9.132)求取。结构参数比是一定值,取 $h/b=$

$2, b/r=1$。因此 f_v、f_{g0} 仅与角度有关。且由 k_L、k_{g0}、k_v 三个系数确定方向反射函数。

(4)海洋反射模式。对于水只考虑 Fresnel 反射,由水面的反射辐射为

$$I^{\uparrow}(\mu,\varphi) = F_0 e^{-\tau/\mu} R(\mu_0;\mu,\varphi-\varphi_0) + \int_{\Omega'} I^{\downarrow}(\mu',\varphi') R(\mu';\mu,\varphi-\varphi') d\mu' d\varphi' \tag{9.136}$$

①与方位无关的反射模式,根据 Nakajima 等,反射函数写为

$$R(\mu';\mu,\varphi-\varphi') = \frac{1}{4\mu\mu_n} R^{Fr}(\chi) P(\mu_n) S(\mu';\mu) \tag{9.137}$$

式中对于非极化辐射率的 Fresnel 反射率为

$$R^{Fr} = \frac{1}{2}\{r_{\parallel}^2 + r_{\perp}^2\} \tag{9.138}$$

$$r_{\parallel}^2 = \frac{\sqrt{m^2-\sin^2\theta_i} - m\cos\theta_i}{\sqrt{m^2-\sin^2\theta_i} + \cos\theta_i} \tag{9.139}$$

$$r_{\perp}^2 = \frac{\cos\theta_i - \sqrt{m^2-\sin^2\theta_i}}{\cos\theta_i + \sqrt{m^2-\sin^2\theta_i}} \tag{9.140}$$

这里 $m=n+ik$ 是复折射指数,θ_i 是入射角。

②海面坡度的几率密度分布函数为

$$P(\mu_n) = \frac{1}{\pi\sigma^2\mu_n^2} \exp\left(-\frac{1-\mu_n^2}{\sigma^2\mu_n^2}\right) \tag{9.141}$$

式中,$\sigma^2=0.00534u$,u 是风速,在水面为 10 m。

引入参数 $a=\dfrac{1+\cos 2\chi}{(\mu+\mu')^2}$,式中,$2\chi$ 是反射角,$\cos 2\chi = \mu\mu' \sqrt{1-\mu^2}\sqrt{1-\mu'^2}\cos(\varphi-\varphi')$

就能求得

$$\frac{1}{4\mu\mu_n} P(\mu_n) = \frac{1}{4\pi\sigma^2\mu_n^4} \exp\left(-\frac{1-\mu_n^2}{\sigma^2\mu_n^2}\right) = \frac{a^2}{\mu\pi\sigma^2} \exp\left(-\frac{1-2a}{\sigma^2}\right) \tag{9.142}$$

最后

$$S(\mu';\mu) = \frac{1}{1+F(g)+F(g')} \tag{9.143}$$

式中
$$g = \frac{\mu}{\sigma\sqrt{1-\mu^2}}$$

和

$$F(g) = \frac{1}{2}\left[\frac{\exp(-g^2)}{g\sqrt{\pi}} - \frac{2}{\sqrt{\pi}}\int_g^{\infty} \exp(-t^2) dt\right] = \frac{\exp(-g^2)}{2g\sqrt{\pi}} - \frac{1}{2} + \Phi(\sqrt{2}g) \tag{9.144}$$

其中,$\Phi(\sqrt{2}g) = \dfrac{1}{\sqrt{2\pi}}\int_0^{\sqrt{2}g} \exp\left(-\dfrac{z}{2}\right) dz$ 是正态分布的概率积分(列表函数)。

③方向反射率反演模式:方向反射率的三参数形式表示为

$$R(\theta_{out},\theta_{in},\varphi) = k_0 + k_1 f_1(\theta_{out},\theta_{in},\varphi) + k_2 f_2(\theta_{out},\theta_{in},\varphi) \tag{9.145}$$

式中,k_0 是对于反射因子($f_0=1$)的各向同性的量,函数 f_1 和 f_2 分别是表示对于几何和体积表面散射过程的角分布。根据 Roujean(1992)提出如下解析表示式

$$f_1(\theta_{out},\theta_{in},\varphi) = \frac{1}{2\pi}[(\pi-\varphi)\cos\varphi + \sin\varphi]\tan\theta_{out}\tan\theta_{in} -$$

$$\frac{1}{\pi}(\tan\theta_{out}+\tan\theta_{in}+\sqrt{\tan^2\theta_{out}+\tan^2\theta_{in}-2\tan\theta_{out}\tan\theta_{in}\cos\varphi}) \tag{9.146}$$

和

$$f_2(\theta_{out},\theta_{in},\varphi)=\frac{4}{3\pi}\frac{1}{\cos\theta_{out}+\cos\theta_{in}}\left[\left(\frac{\pi}{2}-\Theta\right)\cos\Theta+\sin\Theta\right]-\frac{1}{3} \tag{9.147}$$

式中，Θ 是散射角。

图 9.4 给出核函数与天顶角的依赖关系。

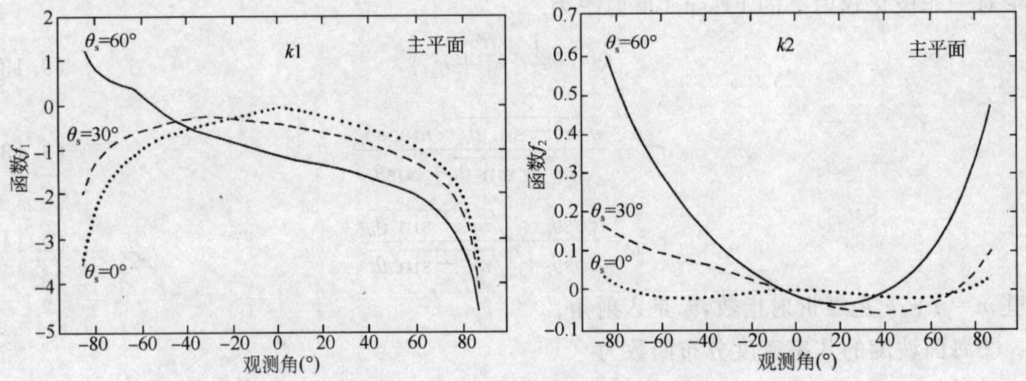

图 9.4 核函数与天顶角的依赖关系

Maignan(2004)提出另一个对于 POLDER2 核函数的组合：

$$f_1(\theta_{out},\theta_{in},\varphi)=\frac{1}{2\pi}(t-\sin t\cos t-\pi)+\frac{1+\cos\Theta}{\cos\theta_{out}+2\cos\theta_{in}} \tag{9.148}$$

$$\cos t=\frac{1}{m}\sqrt{\tan^2\theta_{out}+\tan^2\theta_{in}-2\tan\theta_{out}\tan\theta_{in}\cos\varphi+(\tan\theta_{out}\tan\theta_{in}\cos\varphi)^2}$$

$$m=\frac{1}{\cos\theta_{vj}}+\frac{1}{\cos\theta_{sj}} \tag{9.149}$$

和

$$f_2(\theta_{out},\theta_{in},\varphi)=\frac{4}{3\pi}\frac{1}{\cos\theta_{out}+\cos\theta_{in}}\left[\left(\frac{\pi}{2}-\Theta\right)\cos\Theta+\sin\Theta\right]\left[1+\left(1+\frac{\Theta}{\Theta_0}\right)^{-1}\right]-\frac{1}{3} \tag{9.150}$$

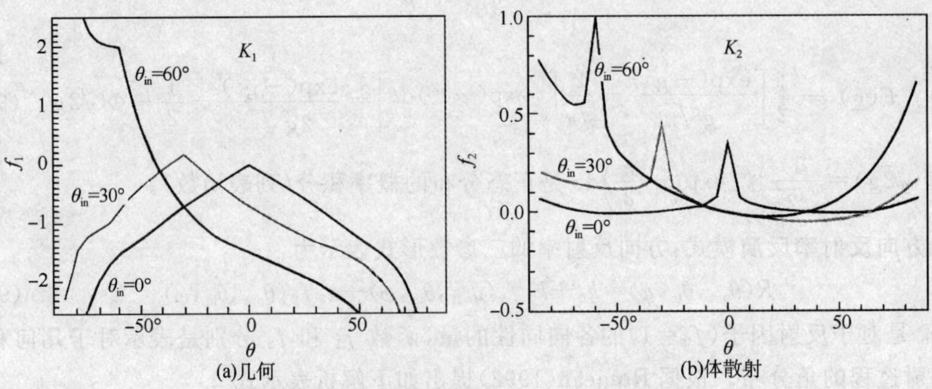

图 9.5 Li-Sparse/Ross-Hotsport 模式核函数与天顶角的依赖关系(Maignan 等，2004)

2. 方向反射率求算概述

对于不同通道 β，给出不规则的时间间隔不同离散观测角 θ_{vj} 和太阳天顶角 θ_{sj} 观测的个反射测量值 $R_j^{\beta}(j=1,2,\cdots,n)$，为方便起见省去上标 β，观测给出 n 个线性方程组

$$R_j(\theta_{vj},\theta_{sj},\varphi_j)=\sum_{i=0}^{m}k_i f_i(\theta_{vj},\theta_{sj},\varphi_j)\qquad(j=1,2,\cdots,n)\tag{9.151}$$

而 $k_i(i=0,\cdots,m)$ 是 $m+1$ 个约束参数。引入矢量 $\boldsymbol{k}=(k_0,k_1,\cdots,k_m)^{\mathrm{T}}$，$\boldsymbol{R}=(R_0,R_1,\cdots,R_n)^{\mathrm{T}}$ 和矩阵元为 $F_{ji}=f_i(\theta_{vj},\theta_{sj},\varphi_j)$ 的 $(n,m+1)$ 矩阵 $\boldsymbol{F}$，则以矩阵形式表示为

$$\boldsymbol{R}=\boldsymbol{F}\boldsymbol{k}\tag{9.152}$$

通常可得到的观测数比参数多，对于 $\boldsymbol{k}$ 的存在没有精确解，不过观测的反射率受测量误差的影响，因此在统计意义上求取最优解是方便的，反演参数估计的定量不确定性。

测量 R_j 的单个反射率因子的不确定性通过权重因子 w_j 定量化，其是与标准误差估计 $\sigma[R_j]$ 的逆有关。现引入一个定标反射率矢量 $\boldsymbol{b}$，其元素为 $b_j=R_jw_j$ 和具有元素 $A_{ji}=F_{ji}w_j$ 的设计矩阵 $\boldsymbol{A}$，对于参数，通过求解“正交方程”求解方程式的逆得到线性最小二乘法的解

$$(\boldsymbol{A}^{\mathrm{T}}\boldsymbol{A})\boldsymbol{k}=\boldsymbol{A}^{\mathrm{T}}\boldsymbol{b}\tag{9.153}$$

反演模式参数误差的协方差矩阵由下式给出

$$\boldsymbol{C}_k=(\boldsymbol{A}^{\mathrm{T}}\boldsymbol{A})^{-1}\tag{9.154}$$

这矩阵的对角元素 C_{ii} 表示各个参数 k_i 的方差 $\sigma^2[k_i]$。k_i 和 k_j 的协方差由非对角矩阵元 C_{ij} 给出。

如果矩阵 $\boldsymbol{A}$ 的条件（状态）数不是很高，也就是矩阵是远离奇异，解可以由用 $\boldsymbol{C}_k=(\boldsymbol{A}^{\mathrm{T}}\boldsymbol{A})^{-1}$ 左乘式(9.153)求取得到。在多数情况下，这具有足够的精度和可行的。但是只是得到很少的测量数据或角分布不合理时，

为改进估计参数结果，在线性反演模式中可以用增加约束参数本身。下面考虑，用已知的概率分布函数的一阶和二阶矩表示独立和不相关的已知的参数，也就是估计形式为

$$k_i=k_{i\mathrm{ap}}\pm\sigma_{\mathrm{ap}}[k_i]\tag{9.155}$$

为简化符号，考虑具有 $m=2$ 和对于参数 k_1 和 k_2 的附加约束，在这种情况下，将式(9.155)约束加于式(9.152)，相应为将 $(n,m+1)$ 阶矩阵 $\boldsymbol{A}$ 扩展为 $(n+2,m+1)$ 阶矩阵

$$\boldsymbol{A}^*=\begin{pmatrix} & \boldsymbol{A} & \\ 0 & \sigma_{\mathrm{ap}}^{-1}[k_1] & 0\\ 0 & 0 & \sigma_{\mathrm{ap}}^{-1}[k_1]\end{pmatrix}\tag{9.156}$$

且将矢量 $\boldsymbol{b}$ 扩展为 $\boldsymbol{b}^*=(b_1,b_2,\cdots,b_n,k_{1\mathrm{ap}}\sigma_{\mathrm{ap}}^{-1}[k_1],k_{2\mathrm{ap}}\sigma_{\mathrm{ap}}^{-1}[k_2])^{\mathrm{T}}$。则由已知的数据采用线性最小二乘法得到解为

$$(\boldsymbol{A}^{\mathrm{T}}\boldsymbol{A}+\boldsymbol{C}_{\mathrm{ap}}^{-1})\boldsymbol{k}=\boldsymbol{A}^{\mathrm{T}}\boldsymbol{b}+\boldsymbol{C}_{\mathrm{ap}}^{-1}\boldsymbol{k}_{\mathrm{ap}}\tag{9.157}$$

和

$$\boldsymbol{C}_{\mathrm{k}}=(\boldsymbol{A}^{\mathrm{T}}\boldsymbol{A}+\boldsymbol{C}_{\mathrm{ap}}^{-1})^{-1}\tag{9.158}$$

且有

$$\boldsymbol{k}_{\mathrm{ap}}=(k_{0\mathrm{ap}},k_{1\mathrm{ap}},\cdots,k_{m\mathrm{ap}})^{\mathrm{T}}\tag{9.159}$$

及 $\boldsymbol{C}_{\mathrm{ap}}^{-1}=\mathrm{diag}(\sigma_{\mathrm{ap}}^2[k_0],\cdots,\sigma_{\mathrm{ap}}^2[k_m])$。矩阵 $\boldsymbol{C}_{\mathrm{ap}}^{-1}=\mathrm{diag}(\sigma_{\mathrm{ap}}^2[k_0],\cdots,\sigma_{\mathrm{ap}}^2[k_m])$ 是已知 $\boldsymbol{k}$ 的概率密度的函数的一个协方差矩阵，它是一个对角矩阵，因为假定已知有关参的数据是不相关的，在没有给定参数的已知数据，如相应于 $\sigma_{\mathrm{ap}}[k_i]\to\infty$，$\sigma_{\mathrm{ap}}^{-2}[k_i]\to 0$，得到式(9.156)。

3. 反射率观测的加权

由已知点 t_j 的每一个测量的角分布可以计算矩阵 $F_{ji}=f_i(\theta_{vj},\theta_{sj},\varphi_j)$。为了确定定标反射率矢量 $\boldsymbol{b}$ 和矩阵 $\boldsymbol{A}$,要确定加权因子 w_j。选取下面表示形式为

$$w_j=w_\theta(\theta_{vj},\theta_{sj})w_i(t_j) \tag{9.160}$$

其同时表示角特征,以及对每一个测量的时间权重关系。

角加权函数表示如下:

对于植被顶的反射率的加权函数的角分量可以写为

$$w_\theta(\theta_{vj},\theta_{sj})=\frac{1}{\sigma[R_j(\theta_{vj},\theta_{sj})]} \tag{9.161}$$

式中,假定大气订正误差与植冠顶反射率误差无关,因此 $\sigma[R_j(\theta_{vj},\theta_{sj})]$ 与空气质量 η 成比例

$$\sigma[R_j(\theta_{vj},\theta_{sj})]=\sigma[R_j(\theta_{vj}=0°,\theta_{sj}=0°)]\eta(\theta_{vj},\theta_{sj}) \tag{9.162}$$

且

$$\eta(\theta_{vj},\theta_{sj})=\frac{1}{2}\left(\frac{1}{\cos\theta_{vj}}+\frac{1}{\cos\theta_{sj}}\right) \tag{9.163}$$

对于天底 $\sigma[R_j(\theta_{vj}=0°,\theta_{sj}=0°)]=\sigma[R_0]$,可以近似为 R 的线性近似

$$\sigma[R_0]=c_1+c_2R \tag{9.164}$$

系数 $c_1=0.009$(蓝)、0.005(红)、0.003(近红外)、0.005(短波红外);$c_2=0.14$(蓝)、0.05(红)、0.03(近红外)、0.03(短波红外)。

第四节　土壤湿度的卫星遥感

土壤湿度是较难观测一个参数,在地面常只能作单点观测,很难了解大范围土壤湿度的分布状况,卫星观测为大范围土壤湿度观测提供了一个观测平台。

一、遥感土壤湿度的意义

①土壤湿度在陆地表面与大气之间质量和能量交换起十分重要的作用,它也是数值天气预报中的一个重要分量,是决定有多少有效能量转为感热和潜热的主要因子,直接影响到近地面温度和湿度的及大气湿度。土壤湿度的估计精度对于天气和气候及水模式的改进是重要的。

②在江河的流域地区的土壤湿度的时空变化影响表面和表面的径流,调节蒸发和蒸腾,决定地面水补充范围和初始或地表与大气之间反馈。

③根据 IPCC 报告(1995),全球平均温度将每 10 年上升 0.1～0.3℃,全球温度的增加控制每一地区的热量和水的收支,并对农业产生作用。Makra 等(2005)指出土壤湿度的变化的累积作用显著地对气候变化发生和用。Barbson 等(2005)研究表明土湿度强烈地影响极端温度的频率和长度。

④如果土壤太湿或太干,土壤湿度状况也对洪水和干旱作为预警作用,如在 UK,由于气候变化遭受暖湿的冬季和干热的夏季。如风暴、洪水和干旱等极端天气发生的频率增大。与这些相关预警,在植物生长期通常趋向干旱。

⑤在农业区,土壤湿度决定更好灌溉时间的效率和作物产量预报,特别是对于荒漠和半荒

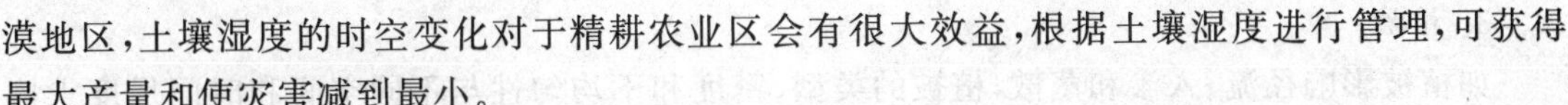

漠地区，土壤湿度的时空变化对于精耕农业区会有很大效益，根据土壤湿度进行管理，可获得最大产量和使灾害减到最小。

⑥土壤湿度在生态和生化研究中是重要的，例如土壤湿度的估计可以帮助预测半荒漠地区土壤的侵蚀或树林的砍伐。

因此，土壤湿度对全球和局地尺度气候有重要作用。对此，一个预测土壤湿度时间变化和空间分布的业务系统已建立。但是对大尺度的时空的土壤湿度测量仍是困难的。

二、决定土壤湿度的时空变化的因子

土壤湿度是指土壤粒子之间的间隙占有的水，当土壤中的水达饱和时湿度达最大，而作物凋萎点时最小。通过重力和毛细作用，土壤中的水向上、向下运动，土壤中的水通过植物根系向上，表面或到达表面的水蒸发，在某一点处，由下面因素影响土壤含水量的时间变化：①降水是最重要的作用；②决定土壤持有水容量的土壤纹理；③影响径流的和入渗土壤的陆地表面的坡度；④影响蒸腾和渗入深度的植被和土壤覆盖物。

在一个区域，土壤湿度有不均匀性，由此在很小的尺度和地形处土壤持有的含水量功能有很大的变化。影响土壤湿度主要有如下因子。

1. 土壤的纹理

决定土壤含水功能的土壤的纹理取决于黏土、沙土和淤泥所占有的百分比，纹理、有机物的含量、孔隙、结构和大孔径率等影响土壤湿度分布。由于土壤粒子和气孔大小的变化，在很小距离上土壤湿度有明显的变化。精细结构的黏土具有很小的气孔，但是却有很高的气孔率；沙土有很大的气孔，会释放更多的水。因此，黏土和黏土沙泥一般比沙土有较高的含水量，有高的含水功能。不过在整个区域土壤特性是变化的，由测量数据并推断局地土壤湿度应考虑到土壤的类型。

2. 地形

在不同尺度上地形对土壤湿度的空间组织起重要作用，坡度、坡向、曲率、上坡的分布面积和相对高度，都影响近地面的土壤湿度。因此，在坡度上简单的平均土壤湿度值可导至不同时间尺度上的误差，表 9.11 给出在山顶和上坡湿区部分土壤湿度比干区山脚的要小。面向南和西的坡比面向北和东的坡由于相对高的太阳辐射趋向更干。土壤湿度和水分的时空变化随尺度而变化，在生态系统内，土壤湿度的空间变化受大尺度流域特征影响，如坡度、走向和小尺度的地形变化，因此，若不考虑土壤的空间变化，空间尺度增加导致不适当的取样和不一致的土壤湿度场。表 9.11 给出不同形状的坡地内的湿度相对含量。

表 9.11 夏季期间上部土壤层的含水量相对值与坡的形状、位置和朝向(Svetlitchnyi 等，2003)

地表类别	凸坡(面向)				直或凹坡(面向)			
	北	东	南	西	北	东	南	西
平面	1.00	1.00	1.00	1.00	1.00	1.00	1.00	1.00
坡的上部	1.10	1.10	0.95	0.95	1.00	0.83	0.56	0.61
坡的中部	1.00	1.00	0.79	0.79	1.00	1.00	0.80	0.80
坡的下部	1.00	1.00	0.63	0.66	1.17	1.17	1.00	1.00
坡的足部	1.50	1.50	1.24	1.24	1.61	1.61	1.30	1.309

3. 植被

如植被影响径流、入渗和蒸散，植被的类型、密度和不均匀性与不同空间和时间尺度土壤湿度的变化的作用相联系，土壤湿度随土地的使用而变化，牧区是最干的地方，一定走向的牧草生的长与最湿区相一致。

4. 气候

降水、太阳辐射、风和湿度对土壤湿度的时空动态作用，是重要的气候因子。降水对土壤含水量和它的分布是最重要的强近因子，土壤和干湿的变化趋势与降水和蒸发的动力相关。另一方面，降水与先前的土壤湿度条件有显著的相关，土壤湿度与随后的降水存在反馈机制。

三、土壤特性

1. 地面粗糙度和地面相关长度

垂直土壤表面的粗糙度 s 定义为均方差高度 RMS_{hight}，即

$$\sigma = RMS_{\text{hight}} = s = \sqrt{\frac{\sum_{i=1}^{n}(z_i - \bar{z})^2}{n-1}} \tag{9.165}$$

式中

$$\bar{z} = \frac{1}{N}\sum_{i=1}^{N} z_i \tag{9.166}$$

另一方面为描述土壤的表面粗糙度水平分布，用相关长度 l 有关的表面相关函数 $p(x)$ 进行参数化，在离散的情况下，对于空间位移 $x' = (j-1)\Delta x$ 的归一化表面相关函数为

$$p(x') = \frac{\sum_{i=1}^{N+!-j} z_i z_{j+i-1}}{\sum_{i=1}^{N} z_i^2} \tag{9.167}$$

式中，由点的空间位移的点，表面相关长度定义为对于两个点之间的 $\rho(x')$ 的位移 x' 限于小于 $1/e$ 的值，即

$$p(l) = 1/e \tag{9.168}$$

因此，表面相关表示一表面上两个点的统计独立性，并随两相邻点之间的相关性而增加。如对于一光滑表面 $l=\infty$。

对于用两个参数 $RMS\text{-}s$ 和相关长度 l 表示的一个表面，仅为二维静止随机粗糙表面的自然表面。

2. 土壤的热特性

(1) 土壤的热容：单位土壤体积升温 1℃ 度需要的热量，称为容积热容。单位为J/(cm³·℃)。

土壤的热容与土壤的含水量 W_1 的关系为

$$C_{\text{soil}} = [0.5(1-\theta_s) + \theta_s W_1]0.418 \times 10^7 \tag{9.169}$$

式中，θ_s 是地面温度。

(2) 土壤的热通量 G：定义为通过单位土壤横截面的热量，它与导热率 λ 和温度梯度 $\partial T/\partial z$ 成正比，写为

$$G = -\lambda \partial T / \partial z \tag{9.170}$$

式中，λ 称为土壤的导热率，"—"表示热量流的方向与温度梯度 $\partial T / \partial z$ 相反，也就是热量从高温流向低温。

土壤的热传导率取决于土壤的含水量，写为

$$\lambda_s = \left[\frac{1.5(1-\theta_s) + 1.3\theta_s W_1}{0.75 + 0.65\theta_s - 0.4\theta_s W_1} \right] 0.4186 \tag{9.171}$$

考虑到土壤中的水汽和液态水引起的热量输送，其中，由水汽输送热量是以潜热形式出现的，所以写为

$$G_v = L_v q_v \tag{9.172}$$

而由液态水输送的热量写为

$$G_w = C_w T q_w \tag{9.173}$$

(3)土壤热惯量：定义为

$$P = (\lambda \rho c)^{1/2} \tag{9.174}$$

式中，λ 表示土壤的热传导率，ρ 是土壤的密度，c 是比热容。热惯量表示的是土壤温度的阻抗，热惯量小的土壤的温度变化较大，反之，热惯量大的物体的温度变化较小。也就是说，导热率、密度和比热较大的土壤，温度变化较小。因此，地球表面的温度变化是由热惯量决定的。

3. 土壤的水分

(1)土壤含水量：这是指在单位体积内或对于单位重量土壤中水的含量，用土壤容积含水量表示

$$\theta = V_w / V \tag{9.175}$$

或土壤重量含水量表示

$$W = M_w / M \tag{9.176}$$

式中，$V = V_a + V_w + V_s$，分别表示体积为 V 的土壤中气相、液相和固相的体积，M_w 和 M 分别表示液相和固相的重量。

(2)土壤水势：这是指土壤中的水受重力、压强等作用下的势能总和，写为

$$\Phi = \Phi_g + \Phi_p + \Phi_m + \Phi_s + \Phi_T + \cdots \tag{9.177}$$

式中，Φ_g、Φ_p、Φ_m、Φ_s、Φ_T 分别是重力势、压强势、基质势、渗透势和温度势。

(3)土壤中的水运动：土壤是一个多孔介质，水在这种介质内的运动是按水势的梯度方向运动，对于单位时间通过单位面积的水流量写为

$$Q = -K \nabla \Phi \tag{9.178}$$

式中，Q 为土壤中的水流量，K 是导水率，Φ 是土壤水势。

(4)土壤导水率 K：在单位位势梯度($\nabla\Phi = 1$)下的水流通量；饱和土壤导水率 K_s：土壤内水量饱和时的土壤导水率，所有的土壤水孔充满水；不饱和土壤导水率：土壤内水量未达饱和时的土壤导水率；入渗：这是指来自降水划灌溉的水分从地表进入土壤的过程。

(5)入渗率 $i(t)$：在单位时间内通过单位面积由地表进入土壤的水量，单位 $m^3/(s \cdot m^2)$。

累积入渗率 $I(t)$：某一时段内通过单位面积由地表进入土壤的总水量，表示为

$$I(t) = \int_0^t i(t) \mathrm{d}t \tag{9.179}$$

入渗能力 $f(t)$：在一定大气压下，土壤表面与水接触时，在单位时间内通过单位地表面积并吸

进的水量，它与土壤结构、土壤本身的含水量有关。

(6)地表径流 R：指没有入渗到土壤内和在某一地表累积的降水，而在地表流动的水量，因此只有当降水大于土壤的入渗率时才会出现地表径流，它是水循环过程中的一个分量。

(7)地表的蒸散：蒸散(ET)是地球水分循环的一个重要组成部分；陆地表面所获得的降水中有 60%是通过蒸散消失的。在有植被情况下，蒸散由蒸腾和蒸发两部分组成，所谓蒸腾是指水分由植物体到达大气的过程，而蒸发是指水从土壤表面进入大气的过程。

4. 土壤的复介电特性

土壤是一个非导电物质，描述非导电物质的参数是复介电常数，它与频率、温度、盐度和铁磁性物质等有关，在外部电场作用下，荷电粒子处于非平衡状态，物体的介电特性通常用德拜(Debye)公式表示

$$\varepsilon_r=\varepsilon_\infty+\frac{\varepsilon_s\varepsilon_\infty}{1+(i\omega\tau)^{1-\alpha}}-i\frac{\sigma}{\omega\varepsilon_0} \tag{9.180}$$

式中，$\omega=2\pi f$，f 是频率，ε_∞ 是频率趋于无穷大时的介电常数，ε_s 是静介电常数，ε_0(8.854×10^{-12} F/m)是自由空间介电率，σ 是离子电导率，τ 是张弛时间。

(1)土—水混合介电常数为

$$\varepsilon_m^\alpha=1+\frac{\rho_b}{\rho_s}(\varepsilon_{ss}^\alpha-1)+m_v^\beta\varepsilon_{fw}^\alpha-m_v \tag{9.181}$$

其中，$\alpha=0.65$，是一个相对于边界和无土壤水体积部分经验形状因子，β 是对于土壤纹理的复合因子，ρ_b 是土壤体密度，ρ_s 是土壤中固体物的比密度，m_v 是体积含水量。土壤粒子的相对电导率为

$$\varepsilon_{ss}=(1.01+0.44\rho_s)^2-0.062 \tag{9.182}$$

(2)无水土壤的介电常数为

$$\varepsilon_{fw}=\varepsilon_{w\infty}+\frac{\varepsilon_{w0}-\varepsilon_{w\infty}}{1+j2\pi f\tau_w}-j\frac{\sigma_{\text{eff}}}{2\pi f\varepsilon_0}\frac{\rho_s-\rho_b}{\rho_s m_v} \tag{9.183}$$

式中，$\varepsilon_{w\infty}$ 是频率高端处的 ε_w，ε_{w0} 是水的静态介电常数，τ_w 是水的张弛时间，ε_0 是真空静态介电常数($=8.854\times 10^{-12}$ F/m)，$f=2\pi\omega$ 是频率，σ_{eff}是有效传导率，它是土壤纹理的函数，表示为

$$\sigma_{\text{eff}}=-1.645+1.939\rho_b-0.02013S+0.01594C \tag{9.184}$$

式中，S 和 C 是沙和黏土占的百分数。

对于干土壤，介电常数的实部 ε'变化范围在 2～4，虚部的代表值小于 0.005。

(3)土壤介电常数与土壤湿度的关系。土壤的微波介电常数由很大程度由它的含水量决定，与土壤成分的关系不是很大，图 9.6 表示对于 1.4 GHz 频率下测得的两种类型的土壤(流砂和黏土)的相对介电常数变化范围，图中曲线表示介电常数实部、虚部与容积含水量间的关系，其中介电常数的实部与容积含水量有明显的敏感性。

根据电磁传输线理论，导得在较长传输线中的电磁波传播速度为

$$V=c[1/2\varepsilon'\{1+(1+\tan^2\delta)^{1/2}]\}^{-1/2} \tag{9.185}$$

式中，c 是光速，$\tan\delta=\{\varepsilon''+(\sigma_{dc}/\omega\varepsilon_0)\}/\varepsilon'$，是频率为 0 时介质的电导率，$\omega$ 是角频率，ε_0 是自由空间的介电常数，在高频处测量使 $\tan\delta$ 趋向于 0。因此

$$V=c/(\varepsilon')^{1/2} \tag{9.186}$$

这就导得

$$t=2L\varepsilon^{1/2}/c \tag{9.187}$$

和

$$\varepsilon=(ct/2L) \tag{9.188}$$

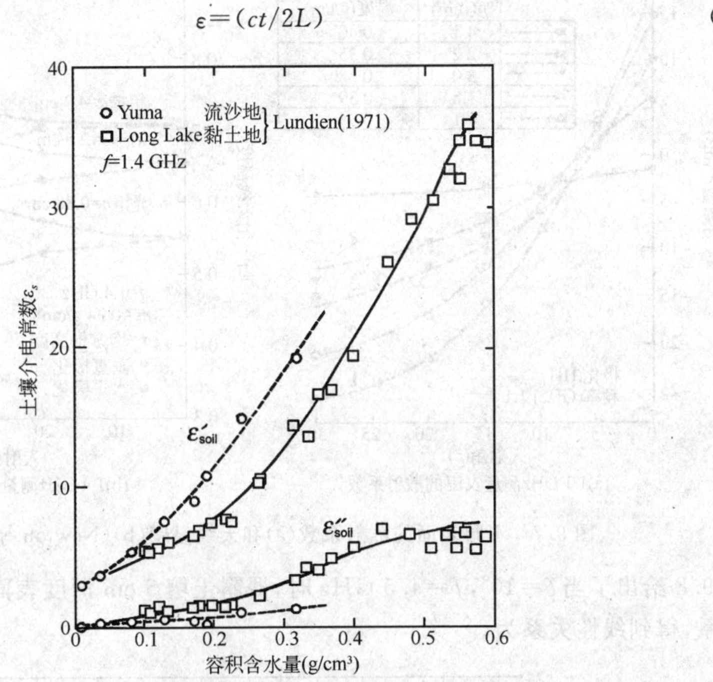

图 9.6　1.4 GHz 频率下测量的流砂和黏土的相对介电常数与含水量的关系(Wang,1980)

这里 t 是对于沿长度为 L 的传输线发射电磁脉冲的传播并返回原点的时间,土壤介电常数的变化随含水量 R 而变化,它可以把 R_ε(水),φ_ε(空气)和$[1-(R+\varphi)]\varepsilon$(土壤)的三种作用相加估计得到,其中 R 是水的体积部分,φ 是充满空气的气孔的体积部分,而$[1-(R+\varphi)]$是土壤体积部分。一般地 R 与 ε 有函数关系,Topp 等(1980)提出水含量与介电常数的关系为

$$R=-a+b\varepsilon-c\varepsilon^2+d\varepsilon^3 \tag{9.189}$$

土壤的体积湿度含量 m_v 为

$$m_v=-5.310^{-2}+2.9210^{-2}\varepsilon'-5.510^{-4}\varepsilon'^2+4.310^{-6}\varepsilon'^3 \tag{9.190}$$

复介电常数的实部与土壤的体积湿度含量 m_v 的关系为

$$\varepsilon'=3.03+9.3m_v+146m_v^2-76.6m_v^3 \tag{9.191}$$

对于 ε 的实验值由脉冲的穿越时间确定,对于 R 采用重力测量和使用干土壤块密度确定。这是一个与土壤类别、密度、纹理、盐度和温度无关的三阶多项式,并由多个研究所确认。

5. 土地表的散射特性

(1)土壤表面的后向散射系数取决于表面的粗糙度、土壤的含水量和土壤的性质及土壤介质中的散射有关,但是土壤粗糙度对散射系数的作用最大,图 9.7 表示了对于 1.1 GHz 和 1.4 GHz不同土壤粗糙度下散射系数和天线温度随入射角的变化。图中表示了五种土壤,最光滑的均方根高度为 1.1 cm,最粗糙的为 4.1 cm,对散射系数的影响是很明显的,最光滑的变化最大。为由空间遥感土壤含水量应该使:①表面粗糙度对散射系数的影响减至最小;②使对土壤含水量灵敏度最高;③使植被对散射系数的作用减至最小。研究表明,当频率为 5 GHz,入射角为 7°～17°范围内 HH 或 VV 极化都可以,而 HH 极化更佳。

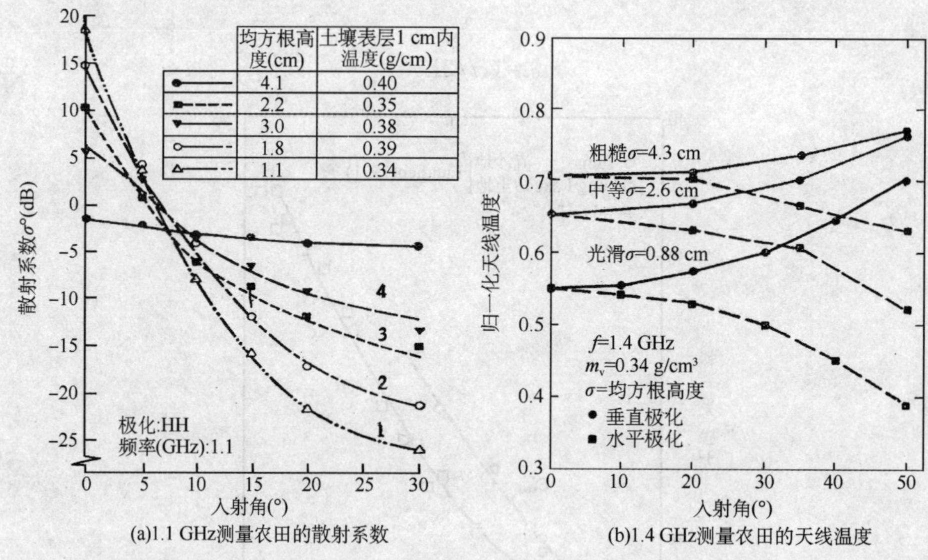

图 9.7 不同表面的散射系数(a)和天线温度(b)(Newton 等,1980)

图 9.8 给出了当$\theta=10°$,$f=4.5$ GHz 时,裸露土壤 5 cm 深度表面顶层含水量 m_f 与σ_0^s 的拟合关系,得到线性关系为

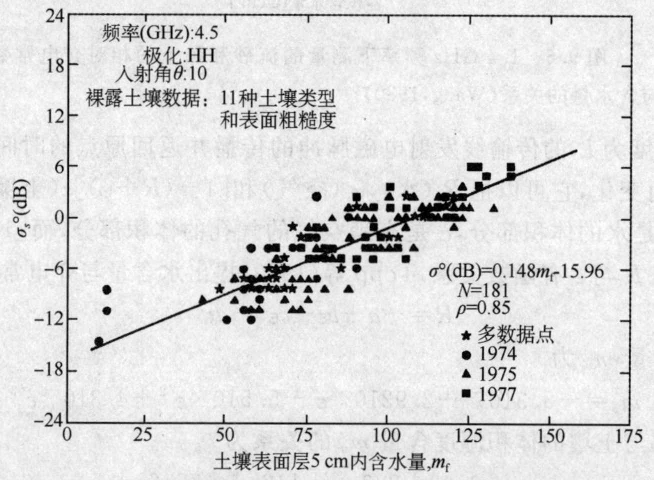

图 9.8 裸地土壤散射系数与 m_f 关系(Ulaby 等,1982)

$$\sigma_0^s(\text{dB})=0.148m_f-15.96 \tag{9.192}$$

其相关系数为$\rho=0.85$,如果σ_0^s 取自然对数有

$$\sigma_0^s=0.25\exp(0.034m_f) \tag{9.193}$$

(2)植被覆盖土壤时的散射系数。图 9.9 给出不同作物时的后向散射系数,它们是不同土壤湿度,植物含水量和植物高度下的结果,包含植被和土壤两者的结果,由最小二乘法得到植被覆盖的土壤的后向散系数

$$\sigma_{\text{can}}^0(\text{dB})=0.133m_f-13.84 \tag{9.194}$$

其相关系数为$\rho=0.92$,如果σ_{can}^0 取自然对数有

$$\sigma_{\text{can}}^0=0.041\exp(0.031m_f) \tag{9.195}$$

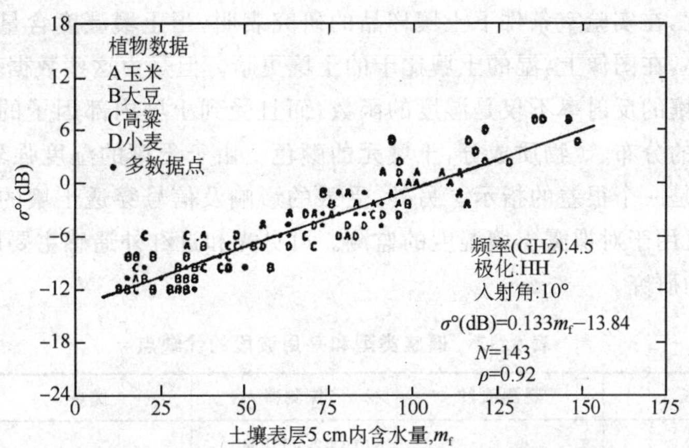

图 9.9 有植被下后向散射系数与土壤水分 m_f 关系(Ulaby 等,1981)

由式(9.193)和式(9.195)看出,植被覆盖下的土壤水分 m_f 对 σ^0_{can} 贡献较小,就是植被的后向散射系数与干土壤的后向散射系数处于同一数量级,因此植被覆盖土壤的后向散射系数 $\sigma^0_{\text{can}}(m_f)$ 与裸地的散射系数 $\sigma^0_s(m_f)$ 之间可以简单地表示为

$$\sigma^0_{\text{can}}(m_f)=\sigma^0_v+\frac{\sigma^0_s(m_f)}{L^2} \tag{9.196}$$

式中,σ^0_v 是植被后向散射的贡献,L^2 是植被双程损耗因子,式(9.193)代入式(9.196)得到

$$\sigma^0_{\text{can}}(m_f)=\sigma^0_v+\frac{0.025}{L^2}\exp(0.034m_f)$$

由上式将 σ^0_{can} 与 $\exp(0.034m_f)$ 作最小拟合,$\sigma^0_v=0.066$,$L^2=1.34$,可得到

$$\sigma^0_{\text{can}}(m_f)=0.066+0.75\sigma^0_s(m_f) \qquad (\text{m}^2/\text{m}^2)$$

式中,$f=4.5$ GHz 和 $\theta=10°$。

(3)植被覆盖的散射模式。植被覆盖层是由许多散射单元的单个植物所构成,顶部是空气、底部是散射土壤为表面的界面,后向散射系数一方面取决于植被的各植物和土壤表面的散射特性,另一方面与植被与土壤间的多次散射作用有关,如果植株间不是连续的,则后向散射系数可以由下式表示为

$$\sigma^0(\theta,\varphi)=[1-C(\theta,\varphi)]\sigma^0_{\text{bare}}+C(\theta,\varphi)\sigma^0_{\text{can}}+[1-C(\theta,\varphi)]\sigma^0_{\text{int}}(\theta,\varphi) \tag{9.197}$$

式中,$C(\theta,\varphi)$ 表示在观测方向 (θ,φ) 植被覆盖的部分面积,σ^0_{bare} 是裸地表面的散射系数,σ^0_{can} 是植被覆部分(包括土壤)的散射系数,σ^0_{int} 是裸地与植被多次散射相互作用对散射系数的贡献。

四、土壤湿度的测量方法

由于土壤湿度的时空变化很大,日常获得土壤湿度参数的估计是很困难的,目前对土壤湿度估计主要有下面几种方法:(1)单点测量;(2)动力学模拟;(3)遥感测量;(4)以上三种方法综合。

遥感进展表明,测量土壤湿度可以有多种方法,通常有以下几种方法:(1)可见光近红外遥感;(2)热力红外遥感方法;(3)微波遥感,它又分成主动遥感和被动遥感。

1. 可见光和红外遥感土壤湿度

(1)可见光近红外遥感土壤湿度。根据测量裸地的可见光和近红外光谱的反射率数据可

以反演土壤的湿度，在实验室条件下土壤样品的研究表明，当土壤湿度含量增加时，可见光和红外的反射率减小，在图像上，湿的土壤比干的土壤更暗。但是由这些数据获取土壤的湿度是很困难的，因为土壤的反射率不仅是湿度的函数，而且受到土壤内部因子的影响：有机物的含量、土壤粒子大小的分布、矿物质成分，土壤元的颜色。由于土壤的湿度强烈地受土壤的纹理和颜色影响，这只是一个很差的指示。另外，受云的影响及信号穿透土壤的能力很差，所以可见光近红外谱段仅用于对裸露土壤湿度的监测。可见光和近红外遥感主要用于研究当出现植被和陆面覆盖物的研究。

表 9.12　遥感类型和采用波段的优缺点

感应器类型	波长	观测项目	探测器	优点	局限性
可见光/近红外	0.4～0.8 μm	土壤反照率(如湿土壤暗色)；折射指数	NOAAAVHRR LandsatTM TerraMODIS EnvisatMERIS AATSR SPOT	反射为主(可见光和近红外)是星基遥感的最一般的业务系统，可提供相对高和中等的分辨率图像	只有云的影响和裸土壤；受各种其他因子影响如土壤纹理、结构，照射的几何、大气条件，没有直接测量土壤含水量的方法
热红外	3 μm	表面温度	GOESTIR NOAAAVHRR TerraMODIS LandsatTM EnvisatAATSR	高空间分辨率；大幅宽；好的物理理解	云覆盖的影响； Limits frequency of coverage； 植被的影响，地形的气象条件
被动微波	L-带：15～30 cm S-带：8～15 cm C-带：4～6 cm X-带：2.5～4 cm K-带：1.7～2.5，0.75～1.2 cm	亮度温度； 介电特性； 土壤温度	AMSR-E AMSR SMOS	测量直接与地表土壤湿度变化敏感；植被的半透明度；高的时间分辨率；低的大气噪声	空间分辨率低； 粗糙度，植被和土壤温度的影响
主动微波	L-带：15～30 cm S-带：8～15 cm C-带：4～6 cm X-带：2.5～4 cm K-带：1.7～2.5，0.75～1.2 cm	后向散射系数，介电特性	ERS1/ERS2 SAR Radarsat EnvisatASAR	透云特性好； 植被的半透明度； 与太阳辐射无关； 高空间分辨率 低的大气噪声	比被动微波低的时间分辨率； 更加粗糙度，植被和地形影响

(2)热力红外遥感方法。由 3～14 μm 热红外光谱主要用于测量温度，土壤湿度影响土壤的热力特性，据此可以推断近表面的土壤湿度含量，如对于具有较高湿度的土壤在白天较冷而夜间则较暖。研究表明地表面温度的昼夜变化振幅与土壤表层几厘米内的湿度具有很好的相关性，但是，由于受云、植被和气象因子的影响，有明显的局限性。

(3)*NDVI* 和土地壤温度遥感土壤湿度。土壤湿度是与陆面间的相互作用的重要量，*NDVI* 和土地壤温度表征植被和陆面的热力状态，但是植被和土壤温度与土壤湿度间是一个复杂的关系，Carlson 等(1994)通过分析发现对某一确定区域植被和土壤温度与土壤湿度之间有明确的关系，这一关系也由土壤—植被—大气模式理论所确认。Nemani 等(1993)用类似的方法由卫星资料确定地面湿度。

图 9.10 表示土壤湿度从右（低值）到左（高值）的变化，$NDVI_s$ 最大、T_0 最小时湿度最大，而 $NDVI$ 越小，T 越大，湿度越小，这方法称之普适三角法，这里横坐标和纵坐标分别是温度 T 和 $NDVI$，其中 T^* 和 $NDVI^*$ 为下面定义：

$$T^* = \frac{T - T_0}{T_s - T_0}$$

和　　(9.198)

$$NDVI^* = \frac{NDVI - NDVI_0}{NDVI_s - NDVI_0}$$

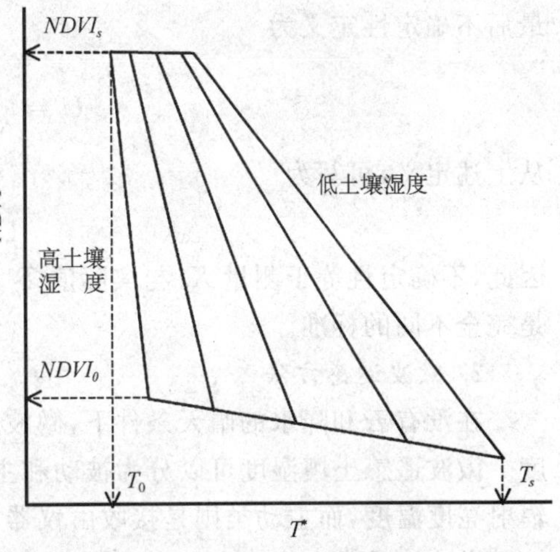

图 9.10　普适三角法—土壤湿度、温度和NDVI间的关系（Zhan 等，2002）

式中，T 和 $NDVI$ 是观测的土壤温度和 $NDVI$，下标"0"和"s"表示最小和最大值。Calson(1994)求得土壤湿度 M、$NDVI^*$ 和 T^* 间的回归关系，表示为

$$M = a_{00} + a_{10}NDVI^* + a_{20}NDVI^{*2} + a_{01}T^* + a_{02}T^{*2} + a_{11}NDVI^*T^* + a_{22}NDVI^{*2}T^{*2} + a_{12}NDVI^*T^{*2} + a_{21}NDVI^{*2}T^* \tag{9.199}$$

式中，$a_{00}, a_{10}, \cdots, a_{12}, a_{21}$ 是回归系数。或用回归系数 a_{ij} 表示，式(9.199)写为

$$M = \sum_{i=0}^{i=2}\sum_{j=0}^{j=2} a_{ij} NDVI^{*(i)} T^{*(j)} \tag{9.200}$$

Calson(1998)研究表明，上面单多项式回归表示地面气候条件和陆地类型宽范围。二阶或三阶多项式给出合理的数据表示。

在式(9.200)中左边可以由微波导得的土壤湿度代替，而右边的 $NDVI$ 和 LST 增加地表反照率 A，以增强土壤湿度与测量间的关系，使用 $NDVI$ 和 A 表示高土壤的湿度，因此式(9.200)修改为

$$M = \sum_{i=0}^{i=2}\sum_{j=0}^{j=2}\sum_{k=0}^{k=2} a_{ijk} NDVI^{*(i)} T^{*(j)} A^{*(k)} \tag{9.201}$$

式中，$A^* = \dfrac{A - A_0}{A_s - A_0}$。

(4)误差分析和敏感性检验。在低分辨率微波和高分辨率的红外数据的算法中，总的误差可分成各个误差，进一步划分来自各部分的误差，为了解土壤湿度估计中的各个误差，下面定义精度和不确定性。

测量精度定义为

$$A = |\mu - T| \tag{9.202}$$

式中，$\mu = \frac{1}{N}\sum_{i=1}^{N} X_i$，而 μ 是所有测量值的平均，X_i 是相应真值 T 的测量值，在 SRD 中，定义精度 P 为测量与它的平均值的标准偏差，即是

$$P = \sqrt{\frac{1}{N}\sum_{i=1}^{N}(X_i - \mu)^2} \tag{9.203}$$

最后不确定性定义为

$$U = \sqrt{\frac{1}{N}\sum_{i=1}^{N}(X_i - T)^2} \tag{9.204}$$

从上述定义,可写为

$$U = \sqrt{A^2 + P^2}$$

因此,不确定性等于测量 X_i 与实际值 T 之间的 RMS 误差,对于表示数据量的精度和准确度是完全不同的标准。

2. *微波遥感方法*

在没有云和降水的晴天条件下,微波遥感所用的波长可以穿透土壤从 1 cm 到几厘米的深度。微波遥感土壤湿度可以分为被动和主动两类。被动类主要测量微波区域土壤发出的微波辐射亮度温度,而主动类则是接收由仪器本身发射,然后由土壤的后向微波辐射。

微波遥感的土壤湿度是土壤湿度强地与它的介电特性有关,湿的与干的土壤之间的介电常数有很大的差异,较大的土壤介电常数是由于土壤中水分子电偶极矩的排列对电磁场有响应。例如对于 L 带频率,水的介电常数约为 80,与干土壤比较其是 3～5 数量级。因此土壤湿度的增加,介电常数可以增加 20 或更大;通常,亮度温度或雷达的后向散射随土壤湿度的增加而增加。对于给定的表面,当土壤是湿的,土壤或植被覆盖区在微波图像上较干土壤显示出更亮的色调。

由卫星上微波测量土壤湿度具有很大的潜力,研究表明,被动和主动微波方法能测量各种地形和植被覆盖的条件下的土壤湿度。比较这两种微波仪器方法,主动遥感可以提供更高的空间分辨率,但是它对土壤湿度的灵敏度较被动遥感更容易受粗糙度、地形特征、植被等的干扰。另一方面,虽然被动遥感对目标物有低的灵敏度,它只能提供空间分辨率为数十千米的量级的数据。对于大尺度气象、水分和气候模式,当前计算单元为 10～100 km,被动遥感是十分合适的。但是主动遥感具有高的空间分辨率,对于中尺度模式和水分研究更有用,合成孔径雷达以更高的分辨率,获取近地面的的土壤湿度。

业务微波系统使用 K-,X-,C-,S-和 L 带,微波系统发射无论是水平(H)还是垂直(V)极化电磁(EM)辐射能量,然后接收这些极化的任一个。发射或接收的雷达图像状态一般由三个字母表示,第一个字母表示谱带,后二个字母表示极化状态,有四种极化组合状态:HH、HV、VH、VV。例如 L-VH 表示 L 谱段发射垂直极化能量,接收水平极化能量。通过测量一个或多个频率,或极化,可以减少不需要的变量(地面粗糙度、植被),获取有意义的变量(土壤湿度)。

(1)被动微波遥感土壤湿度。被动微波遥感方法用很高灵敏度的的探测器测量测量地表的自然热力发射率,发射的强度一般表示为亮度温度 T_B,它来自大气、天空和陆面的反射辐射,也就是对于低于 60 GHz(λ>5 cm)略去大气发射和向上辐射,地表的亮温与发射率和实际温度和大气的作用有关,写成

$$T_B = \varepsilon_M T_M + (1 - \varepsilon_M) T_{SKY} \tag{9.205}$$

式中,ε_M 和 T_M 表示土壤表层有效深度内的发射率和温度,一般为 0～0.5 cm 深度、λ=21 cm 的发射率,而特别是对于干土壤热辐射,较大的深度。式(9.205)第二项约为 2 K,通常略去,因此得到

$$\varepsilon_M = T_B / T_M \tag{9.206}$$

如果 T_M 是独立的，发射率可以确定。根据式(9.206)，就可计算土壤湿度。

(2)主动遥感土壤湿度。主动法测量土壤湿度是根据卫星上的散射计测量地表面的散射截面的数据，考虑到粗糙度和不均匀的测量的入射角的归一化 σ^0 获取干土壤条件下植被的后向散射作为参考值 σ^0_{dry}，进一步考虑到植被生长和衰落多重入射的情况，由此得到时间序列顶层(<5 cm)土壤湿度，测出的是0(干)与1(饱和)相对量，为了反演植物根部(1 m区域)的土壤湿度，采用两层水平衡模式，遥感测量的最上层和其下层的贮存水间交换，建立土壤湿度与土壤含水量廓线之间的关系。结果用一个土壤湿度指数(SWI)表示。

(3)入射角归一化计算。考虑到ERS散射计入射角的变化(18°～59°)，σ^0 测量是取入射角40°的 $\sigma^0(40)$ 为参考值推算。σ^0 的平均年周期入射角特征是取ERS散射计的多个入射角瞬时测量。最后平均 $\sigma^0(40)$ 是依据后向散射三次计算。

随入射角变化的 $\sigma^0(\theta,t)$ 表示为

$$\sigma^0(\theta,t)=\sigma^0(40,t)+\sigma'(40,t)(\theta-40)+\frac{1}{2}\sigma''(40,t)(\theta-40) \tag{9.207}$$

式中，σ' 是 $\sigma^0(\theta)$ 的一阶导数，σ'' 是 $\sigma^0(\theta)$ 的二阶导数，分别表示为

$$\sigma'(40,t)=C'+D'\psi'(t) \tag{9.208a}$$

$$\sigma''(40,t)=C''+D''\psi''(t) \tag{9.208b}$$

在方程式(9.208a)中，C' 是年最小斜率值，D' 是 σ' 的年动态范围，$\psi'(t)$ 是描述 σ' 年变化的经验周期函数，在方程式(9.208b)中，C'' 是年最小曲率值，D'' 是 σ'' 的年动态范围，$\psi''(t)$ 是 σ'' 年变化的经验周期函数。根据式(9.207)、式(9.208a)和式(9.208b)，可应用式(9.207)对参考角40°外推 $\sigma^0(\theta)$。C'、D'、$\psi'(t)$、C''、D''、$\psi''(t)$ 是由多年后向散射系列每一格点反演的参数。根据这些参数，应用方程式(9.207)，$\sigma^0(\theta)$ 可以由下式以参考角40°表示的 $\sigma^0(40)$ 推算

$$\sigma^0(40)=\frac{1}{3}\sum_{I=1}^{3}\sigma_i^0(\theta,t)-\sigma'(40,t)(\theta-40)+\frac{1}{2}\sigma''(40,t)(\theta-40)^2 \tag{9.209}$$

(4)考虑到植被散射的作用干/湿后向散射确定。在辐射传输模式中，植被相对于体积和地表散射对总散射的作用很大程式度上由光学厚度控制，在植被生长季节，光学厚度增加，体积散射越来越重要，但这并不意味着植被散射的增加、减小来自下垫面的作用比体积散射增加更重要，σ^0 减小。第一种情况，入射辐射角很大和土壤很干的条件，第二种情况是低入射角和湿土壤条件下，这意味着依赖于土壤湿度及入射角，植被生长的影响是小的，因此假定在干和湿条件不同的“转换”角度为 θ_{dry} 和 θ_{wet} 时植被的影响可忽略，ERS散射计观测到由于植物生长散射曲线变平，在小入射角比“转换(crossover)”角 σ^0 减小和高入射角 σ^0 增加。在第一步中，对于“转换(crossover)”角 θ_{dry} 和 θ_{wet}，假定植被生长，σ^0 减小，通过经验选择减小。第二步是通过曲线与 $\sigma^0(40)$ 拟合的时间级数，表示为

$$\sigma''(40,t)=C''+D''\psi''(t)$$

$$\sigma^0_{dry}(40,t)=C^0_{dry}-D'\psi'(t)(\theta_{dry}-40)-\frac{1}{2}D''\psi'''(t)(\theta_{dry}-40)^2 \tag{9.210}$$

$$\sigma^0_{wet}(40,t)=C^0_{wet}-D'\psi'(t)(\theta_{wet}-40)-\frac{1}{2}D''\psi'''(t)(\theta_{wet}-40)^2$$

式中，C^0_{dry} 和 C^0_{wet} 是来自于干和饱和植冠的后向散射；θ_{dry} 和 θ_{wet} 是对于干和湿土壤条件下的“转换(crossover)”角；C^0_{dry} 和 C^0_{wet} 是年最小和最大后向散射值 $D'\psi'(t)$，它描述由于植被影响 σ^0 年变化。

(5)地面土壤湿度的计算。根据式(9.210),通过比较相对于 $\sigma^0_{dry}(t)$ 和 $\sigma^0_{wet}(t)$ 的 $\sigma^0(40)$ 参考曲线计算地面(<5 cm)土壤湿度 $m_s(t)$,得到的量是0(干)和1(饱和)之间的相对测量值。

$$m_s=\frac{\sigma^0(40,t)-\sigma^0_{dry}(40,t)}{\sigma^0_{wet}(40,t)-\sigma^0_{dry}(40,t)} \tag{9.211}$$

(6)土壤湿度廓线的计算。为反演作物根部区域(约1 m)的土壤湿度,使用只考虑遥感最顶层和下面保存土壤水交换的一个二层水平衡模式,建立级数 m_s 与土壤含水量廓线间的关系,求解微分水平衡方程表明,在时刻贮存的土壤水量与在时刻 $t_i<t$ 的测量 m_s 有关,但是 $m_s(t_i)$ 的涨落随时间的增长而减小。在假定有效大尺度土壤传导率是常数条件下,通过 m_s 时间系列与指数函数的褶积得到贮存层含水量的指示器,据此引入土壤水指数(SWT),范围在0与1之间为

$$SWT(t)=\frac{\sum_i m_s(t_i)\mathrm{e}^{-(t-t_s)/T}}{\sum_i \mathrm{e}^{-(t-t_s)/T}} \qquad t_i\leqslant t \tag{9.212}$$

如果在最新的测量周期 T 内至少有4个测量值和地面无雪和冻结情况下,土壤水指数(SWT)的计算在 $3T$ 周期内的全部测量。

第五节 卫星遥感表面净热通量

在洋面,净热通量是控制大气—海洋相互作用的关键参数之一,它与全球能量和水循环过程的天气预测和气候研究相关,由合适的模式,使用净热通量制作和预测全球水状况的变化和它对大气和地面动力过程,以及水文过程状况和水资源的变化和对如温室气体强迫增加的环境变化响应。净热通量取决于云、海面温度、海面风,它是EI Nino/南半球振荡(ENSO)现象的海气相互作用的重要分量。

海气相互作用限于海面上部温度。在海面上部区的温度,当大气比湿增加,温室气体效应随海面温度惊人地增加。在这种超温室效应中,产生高反射率的卷云,这些云像温度自动调节器,屏蔽海上的太阳辐射。卷云减小太阳辐射,但由于它低的温度对射出长波辐射有小的作用,这引起表面辐射的亏损。这效应可以使海面温度低于305 K。

净热通量是由潜热和可感热、与在表面处向上和向下的短波和长波辐射通量所组成,每一个分量对于天气预测和环境研究都很重要,长波辐射与如 CO_2 温室气体的强迫有关,净短波辐射与由地面反照率和气溶胶变化强迫有关,可感热能量直接取决于表面温度的变化,而潜热通量是蒸发的测量。来自海面的蒸发是对于海面温度变化的响应机制。由于饱和水汽压是温度一个指数函数,大气在高温较低温持有更多水汽容量。海洋蒸发需要潜热,并提供负反馈。

净热通量的实质是辐射过程和湍流通量之间的交换,它与卫星测量的辐射和向下长波辐射和短波辐射直接相关,由于卫星测量的是大气顶的方向窄带辐射率,反演的表面辐射由三部分组成:(1)对于短波辐射通过大气订正或对长波辐射通过统计关系计算表面处的向下辐射;(2)将窄带辐射变换为宽带辐射(对短波0.2~4 μm,对长波4~400 μm);(3)将方向宽带辐射率转换为角积分照度。由于能量守恒,在表面处的太阳短波辐射可以由入射大气顶的太阳辐射减去大气顶反射部分和由大气吸收部分得到;海面长波净辐射取决于大气的温度和湿度廓线的垂直结构和海面温度。如果大气状态已知,净辐射通量可以由辐射传输模式(MODT-

RAN、LOWTRAN、6S)计算。如果只有卫星数据，则常采用统计模式。对于短波辐射，建立大气顶的反射辐射与地面辐射间的统计关系式，统计关系因子包括太阳天顶角、气体和气溶胶吸收和散射、地表面反射率。因为大气成分的吸收和散射，在太阳辐射波长谱段没有发射辐射，其是大气顶和地面辐射间的耦合，取决于大气的吸收。

潜热和感热通量是湍流能量，它与辐射能不同。但由于它们与大气状态有关，这两种通量与卫星测量的辐射率或亮度温度有关。对于感热和潜热测量有四种方法：(1)涡动相关法；(2)惯性子区域耗消法；(3)平均廓线法；(4)气块气动法。其只有涡动相关法是直接测量通量。惯性子区域耗消法是依据湍流动能、温度和湿度变化的收支方程和耗消估计通量。通量—廓线关系描述大气边界层地面通量和风、温度和湿度平均廓线之间的关系，由这些关系确定通量。

一、长波净辐射通量的计算

如果已知大气状态，就能由辐射传输模式计算长波净辐射通量 L_{net}，不过对于业务气象卫星计算是很费时的。为业务方便应用，根据 Gupta 等(1992)导得一经验公式，在海面的净辐射 L_{net}可以表示为

$$L_{\mathrm{net}}=\varepsilon_{\mathrm{IR}}(F_d-\sigma T_s^4) \tag{9.213}$$

式中，σ 是 Stefan-Boltzman 常数，T_s 是海面温度，$\varepsilon_{\mathrm{IR}}$是海面的长波发射率，通常假定为 0.98。对于晴空向下的晴空长波辐射通量为

$$F_d=(A_0+A_1V+A_2V^2+A_3V^3) \tag{9.214}$$

式中，$V=\ln W$，W 是总的可降水，而 T_e 是大气的有效温度，由下式计算：

$$T_e=k_sT_s+k_1T_1+k_2T_2 \tag{9.215}$$

在式(9.214)和式(9.215)中系数由下式给出：

$$A_0=1.791\times10^{-7},A_1=2.093\times10^{-8},A_2=-2.748\times10^{-9},A_3=1.184\times10^{-9}$$

$$k_s=0.60,k_1=0.35,k_2=0.05$$

式中，T_1 和 T_2 分别是地面－800 hPa(第一层)和 800—680 hPa(第二层)的平均大气温度。

二、由微波亮度温度计算长波净辐射通量

在红外谱段，散射作用可以忽略，在微波区，非降水和小到中等降水的散射作用也可以忽略。在热红外光谱区大气顶的辐射可以写为

$$I_{\mathrm{IR}}=\widetilde{T}_{\mathrm{IR}}\varepsilon_{\mathrm{IR}}B(T_s)+I_{\mathrm{IR}}^u+\widetilde{T}_{\mathrm{IR}}(1-\varepsilon_{\mathrm{IR}})I_{\mathrm{IR}}^d \tag{9.216}$$

式中，$\widetilde{T}_{\mathrm{IR}}$是大气总的红外透射率，$I_{\mathrm{IR}}^u$、$I_{\mathrm{IR}}^d$分别是向上和向下辐射率。

在微波光谱区

$$T_{\mathrm{B}v}=T_{\mathrm{B}}^u+\widetilde{T}_{\mathrm{MW}}[\varepsilon_VT_s+(1-\varepsilon_V)T_{\mathrm{B}}^d] \tag{9.217a}$$

$$T_{\mathrm{B}h}=T_{\mathrm{B}}^u+\widetilde{T}_{\mathrm{MW}}[\varepsilon_hT_s+(1-\varepsilon_h)T_{\mathrm{B}}^d] \tag{9.217b}$$

式中，根据瑞利—琴斯近似，辐射率 I 由亮度温度 T_{B} 代替，$\widetilde{T}_{\mathrm{MW}}$是大气总的微波透射率，下标 v 和 h 分别是水平和垂直极化。ε_v、ε_h 分别是海面垂直和水平发射率。

向下长波辐射 F_{IR}^d由下式计算

$$F_{\mathrm{IR}}^d=2\pi\int_0^1\mu I_{\mathrm{IR}}^d\mathrm{d}\mu \tag{9.218}$$

由于在海面热红外发射率近似为 1，向下辐射率对卫星测量的辐射贡献很小，大气顶的射出辐

射通量与地面净长波通量间相关很小。由于海面的微波发射率很小(约 0.5),卫星测量的微波辐射包含有来自于海面向上亮度温度 T_B^u 和向下的亮度温度 T_B^d,由式(9.217a)和式(9.217b),T_B^d 可以表示为

$$T_B^d = T_s - \frac{T_{\beta v} - T_{\beta h}}{\widetilde{T}_{MW}(\varepsilon_v - \varepsilon_h)} \tag{9.219}$$

式中,ε_v、ε_h 是由风引起和海面温度的函数,总的大气透过率 $\widetilde{T}_{MW}$ 是大气可降水、云液态水路径的函数。海面风、海面温度、总水汽含量、云液态水含量和降水可以从星载微波辐射计确定。因此用极化 $Q(Q=T_{Bv}(T_{Bh})$ 直接可观测和所有式(9.219)中的参数影响微波辐射,通常,有关 T_B^d 信息也包含在卫星高度的微波信号中。表 9.13 显示了对于 SSM/I 四个频率的 F_{IR}^d 和 T_B^d 间的相关系数。由无线电探空数据,用辐射传输模式计算海洋上空的向下长波辐射和向下亮度温度。通常,在晴空条件下相关系数比较有云情况下大,特别是 37 GHz。在晴空下,相关最大出现于 85 GHz,因为这通道与边界层湿度有最佳关系。

表 9.13 海表面处向下长波辐射与向下亮度温度间的相关系数

	19.35 GHz	22.235 GHz	37 GHz	85.5 GHz
全部例子	0.81	0.90	0.59	0.82
晴天例子	0.95	0/95	0.95	0/97

三、短波辐射通量

如果大气状态已知(如地面的反射率、气溶胶、温度和湿度廓线),则就可以计算大气顶和地面的向下短波辐射通量 SW,利用卫星仪器具有多个短波通道辐射 R_k,可以直接用回归方法计算短波太阳辐射通量,对于给定的入射太阳和卫星观测角,回归方程写为

$$SW = a_0 + \sum_{k=1}^{10} a_k R_k \tag{9.220}$$

式中,a_k 是由最小二乘法决定的回归系数,即通过对固定太阳入射和卫星观测角的辐射通量密度均方根误差极小确定。

$$NetSW = (1-\alpha)SW \tag{9.221}$$

海面反照率为

$$\alpha = 0.021 + 0.0421x^2 + 0.128x^3 - 0.04x^4 - [3.12/(5.68+W_S) + (0.074x)/(1+3W_S)]x^5 \tag{9.222}$$

式中,$x=1-\mu_0$,μ_0 是太阳天顶角余弦,W_S 是海面风速。

四、感热和潜热通量

根据涡动相关方法,感热和潜热可表示为

$$H = \rho c_p \langle w'\theta' \rangle \tag{9.223}$$

或

$$H = \rho c p \langle w'T' \rangle$$

由于在近地面 $T'=\theta'$,因此垂直通量可以由直接测量的垂直速度 w' 和温度求取,但是这方法的因难是如何确定 w'。可感热可以根据 Prandtl 假定写为

$$H = \rho c_p \langle w'\theta' \rangle = -K_H \rho c_p \langle \frac{\partial \theta}{\partial z} \rangle \tag{9.224}$$

式中，K_H 是热的涡动扩散系数，这方程式表示热的垂直通量由平均垂直位温梯度确定，它也相应于热从热流向冷处正比于平均位温梯度，在海洋，式(9.224)可以近似地表示为

$$H=\rho c_p C_H (V-V_s)(T_s-T_A) \tag{9.225}$$

式中，C_H 是容积系数，V 是参考高度 10 m 处海面风速，T_s 是海面温度，T_A 是气温，V_s 是表面风速，c_p 是定压比热容。

根据 Ficks 定理，通过表面的净垂直水汽通量正比于湿度梯度，写为

$$E=-\rho\alpha_w\langle\frac{\partial q}{\partial z}\rangle \tag{9.226}$$

式中，α_w 是水汽分子的扩散系数，这表示式仅对于薄相邻子层成立，其分子交换是流行的传输机制，表面边界层较低区域总是有湍流，因此，这层中水通过湍流离开分子子层。则垂直通量由下式给出

$$H=\rho c\langle w'q'\rangle \tag{9.227}$$

在混合层中的输送取决于表面粗糙度、风切变和热力状况。因此，水汽(蒸发)的输送速率取决于这些因子及比湿的梯度。则梯度通量关系可以容积形式表示为

$$E=\rho LC_w(V-V_s)(q_s-q_A) \tag{9.228}$$

式中，L 是蒸发潜热，它的值近似为 $L=2.456\times10^6$ J/kg，假定温度 T_s 的饱和比湿值为 q_s，空气密度为 $\rho=1.15$ kg/m³。对于简单情况(也就是中性条件)，容积系数为 $C_p=1.005$ J/(kg·K)，$C_w=1.14\times10^{-3}$，$C_h=C_w/1.2$。

中性和不稳定条件下的容积系数是不同的，冷空气进入暖的水面加热，空气成为不稳定，且热量的输送不仅取决于由风切变产生的湍流，而且与由温度不稳定产生的湍流有关。湍流动量通量为

$$\tau=\rho C_D(V-V_s)^2 \tag{9.229}$$

式中，τ 是与风胁迫相关。根据表面层相似理论，Liu 等(1979)得出稳定性和输送系数的容积方法。按这个理论，含有稳定参数 $\xi=Z/L$ 的 V、θ 和 q 非绝热廓线可以表示为

$$\begin{aligned}(V-V_s)/u_*&=[\ln(Z/Z_M)-\varphi_M(\xi)]/k_M\\(\theta-\theta_s)/\theta_*&=[\ln(Z/Z_H)-\varphi_H(\xi)]/k_H\\(q-q_s)/q_*&=[\ln(Z/Z_E)-\varphi_E(\xi)]/k_E\end{aligned} \tag{9.230}$$

式中，下标 M、H、E 分别表示与动量、感热和湿度有关的量。k_M、k_H、k_E 分别为 0.4、0.45、0.45；Z_M、Z_H 和 Z_E 是粗糙度长度的变量。廓线定标参数表示为

$$\begin{aligned}u_*&=(\tau/\rho)^{1/2}\\\theta_*&=-H/(\rho c_p u_*)\\q_*&=-E/(\rho L_V u_*)\end{aligned} \tag{9.231}$$

三个稳定函数 ϕ_M、ϕ_H、ϕ_E 与三个无量纲梯度 φ_M、φ_H、φ_E 有关，由下式表示

$$\phi(\xi)=\int(1-\varphi)\mathrm{d}\ln\xi$$

对于不稳定，ϕ 表示为

$$\begin{aligned}\phi_M&=2\ln[1+(1-16\xi)^{1/4}/2]+\ln[1+(1-16\xi)^{1/2}/2]-2\tan^{-1}(1-16\xi)^{1/4}+\pi/2\\\phi_H&=2\ln[1+(1-16\xi)^{1/4}/2]\\\phi_E&=2\ln[1+(1-16\xi)^{1/4}/2]\end{aligned} \tag{9.232}$$

对于稳定状况，可写成

$$\phi_M=-7\xi$$

$$\phi_H = \phi_E = -7\xi \tag{9.233}$$

包括湿度的浮力效应，ξ可定义为

$$\xi = Zgk_M\theta_{v*}/(\theta_v u_*^2) \tag{9.234}$$

式中，g是重力加速度，θ_v是虚位温，

$$\theta_{v*} = \theta_*((1+0.61q)+0.61\theta q$$

下边界参数(Z_M，Z_H和Z_K)是τ和流体特性的函数，为了有一个从光滑到粗糙气流梯度变化，假定Z_M是

$$Z_M = 0.0144u_*^2/g + 0.11\nu/u_* \tag{9.235}$$

式中，ν是空气的动黏滞率，Z_H和Z_g由界面的子层模式确定，它为粗糙度雷诺数$Rr=Z_M u_*/\nu$的函数，关系为

$$Z_H u_*/\nu = a_1(Z_M u_*/\nu)b_1; Z_g u_*/\nu = a_2(Z_M u_*/\nu)^{b2}$$

式中不同范围Rr的a_1，a_2，b_1，b_2系数值由表9.14(Liu等，1979)给出。

适当选取卡尔曼常数k_M、k_H、k_E和不稳定无量纲梯度(φ_M、φ_H、φ_E)，迭代求解三个方程式(9.230)～(9.232)，就能确定τ、H、E，这个模式的使用与取决于大气稳定度和地面粗糙度、具有不同传输系数的体气动方法相类似。体积传输系数表示为

$$\begin{aligned} C_D &= k_M^2/[\ln(Z/Z_M)-\varphi_M(\xi)]^2 \\ C_H &= C_D^{1/2}k_H^2/[\ln(Z/Z_H)-\varphi_H(\xi)]^2 \\ C_E &= C_D^{1/2}k_E^2/[\ln(Z/Z_E)-\varphi_E(\xi)]^2 \end{aligned} \tag{9.236}$$

表9.14 对数廓线下边界值

Rr	a_1	a_2	b_1	b_2
0～0.11	0.177	0.292	0	0
0.11～0.825	1.376	1.808	0.929	0.826
0.825～3.0	1.026	1.393	−0.599	−0.528
3.0～10.0	1.625	1.956	−1.018	−0.870
10.0～30.0	4.661	4.994	−1.475	−1.297
30.0～100.0	34.904	30.790	−2.067	−1.845

第十章
植被的光学特征和遥感

卫星对地面目标物的监测主要取决于其分辨率，陆地卫星有高的空间分辨率，地面分辨率可达 30(10)m，但由于陆地卫星时间分辨率低(对全球覆盖观测，一颗卫星需 16 天，两颗卫星需 8 天)，不能对像森林火灾、作物动态和其他一些突发性灾害性事件实行连续监视，它只能对时间变化小的固定的地面目标作细致观测；虽然气象卫星的空间分辨率较低，但其时间分辨率较高，两颗极轨气象卫星只需 6 h 就能对全球覆盖观测一次，而且新一代卫星取陆地卫星和气象卫星之优点、舍其不足，具有更强的观测功能。大量研究表明，气象卫星不仅为气象提供大量资料，而且可以为农业和生态环境提供如日照、降水、气温、陆面温度、植被分布、蒸散、土壤湿度、地面反照率、地面辐射和地面热通量等陆面参数，利用这些资料可以进行农业区划，分辨作物类型，监视作物面积和长势，监测干旱、虫灾，估算作物产量以及进行植被生态环境监测研究。

在陆地表面的绝大部分地区为植被覆盖，它是大气层的下边界，极大地影响大气环流。近十多年来，国内外为深入研究地面能量与大气间的相互交换、水循环和植物生态间的关系，选定某一区域，利用卫星遥感资料和地面观测资料进行连续监视观测，从而达到较长期有效了解地面的生态状况和环境状态。

伴随地球上植被的增加(或减小)使大气成分发生改变，从而改变全球气候。图 1.13 显示植物的增加，使氧增大，二氧化碳减小。

第一节　植物叶子的光学特性

遥感植被是建立在电磁辐射与植被和下垫面土壤相互作用的基础上的，这种作用取决于植被的光学特性，而其不仅决定于植被本身的状况，且与太阳高度角、观测方向、大气条件等外部状况及土壤颜色、作物行向、植被形等内部条件有关。由于植物主要由水和叶绿素构成，所以决定植物的光学特性主要取决于叶子内含有的叶绿素和水分。

一、植物叶子的结构

光与植物的相互作用是通过叶子进行的，这种作用除与光的特性有关外，还与叶子的结构有关系，如图 10.1 所示。

蜡层(外表层)：这是指叶子表面有一层很薄的蜡，所以称为蜡层，它对太阳辐射基本是透明的，只有 1%～3%的辐射被反射，蜡层的反射是单向反射，也就是镜面反射。由于这一层覆盖有蜡状物质，可防止水分由植物叶内直接蒸发到大气中。

表皮层：一般叶子具有两个表面，即上表皮层和下表皮层，在表皮层内布满许多气孔，它是水分蒸腾和呼吸的主要器官，与外界的光、水汽、CO_2 和能量交换的重要通道，气孔以一定间隔分布于表皮，或对平行脉的叶子呈纵向排列，气孔的总面积不到叶面积的 1%。气孔的大小与温度、水汽等因素有关，一般当温度升高时，气孔增大；否则气孔缩小。气孔的大小主要还与植物的状态有关，在正常状况下，叶内部的水汽压大于外部的大气压，因此，水汽通过叶孔从植物叶子内部向外输送；而对于 CO_2 而言，外部大气的 CO_2 分压大于叶子内部，通过叶子气孔从外部向叶内输送。这两种过程是同时进行的，如果叶子缺水，植物叶孔就要缩小，以减小水汽的外流，而气孔的缩小，使 CO_2 进入叶内受阻，导致光合作用减缓或停止。叶面表层的气孔数目约为每平方厘米达几千到几万个。

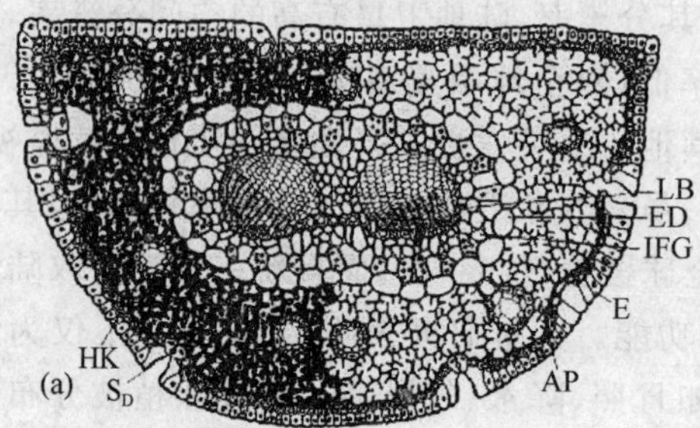

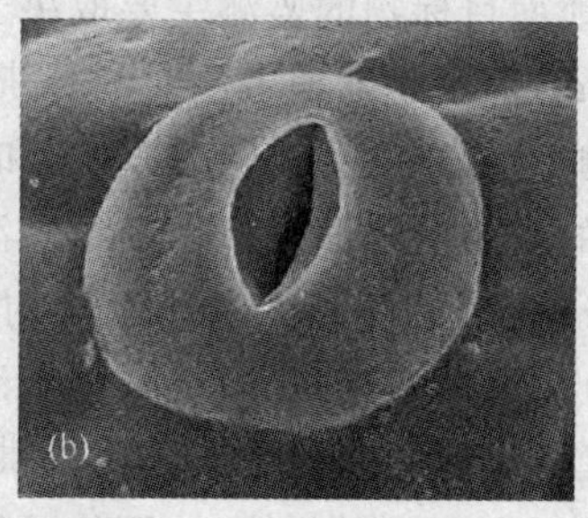

图 10.1 叶子细胞结构(a)细胞，(b)气孔

叶肉组织：呈现栅栏组织和海绵组织，基本上是由彼此稍为紧密相连的柱状或球状细胞组成，通常为一层细胞，也有 2～3 层细胞；栅栏组织内细胞间隙较狭小，海绵组织内的细胞间隙较大，外与气孔相通，实行呼吸时的气体交换。在叶中的水分、叶绿素、胡萝卜素、叶黄素、叶红素、蛋白质等都在这里；叶绿素表现为长度约 4～6 μm、直径约 1～2 μm 的管状叶绿体，它选择性地吸收光进行光合作用，叶绿体在栅栏组织内约含八成，在海绵组织内只含二成左右。

叶脉：叶片的维管束系统为叶脉，叶脉为叶肉提供养分、水分及光学作用的原料，同时将光合作用的产物送至其他部位；也起着骨架的作用，构建叶子的结构，支撑叶子的形状。

绿色植物叶子的叶绿素吸收光，进行光合作用。图 10.2 给出叶绿素和 β-胡萝卜素等的吸收特性，它具有叶绿素 A 和叶绿素 B 两个吸收带，吸收中心分别处于 0.45 μm 和 0.67 μm 两个强的吸收中心，大部分植物有 0.67 μm 吸收带。

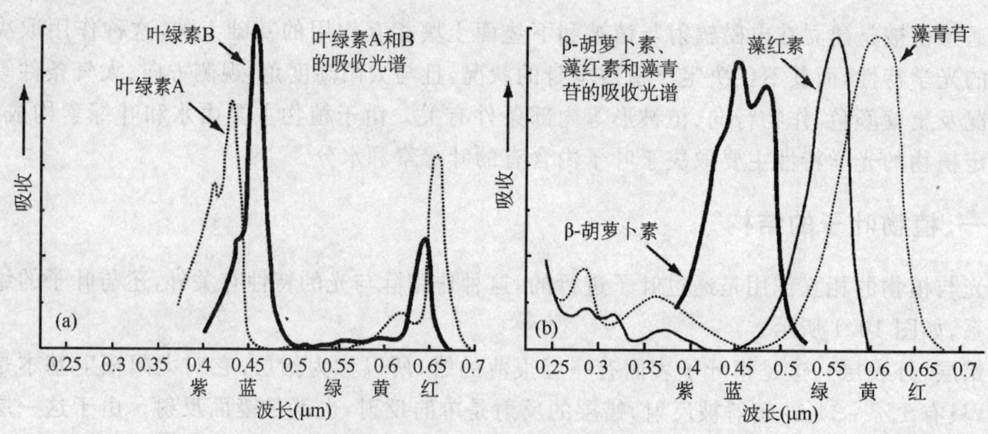

图 10.2 叶绿素 A、B 吸收带

二、叶子的光学特性

作物或森林植被的光学特性主要取决于叶子和下垫面土地的光学特性。图 10.3 显示了作物单片叶子的光学特性。所有植物叶子的反射光谱都是类似的，不同的只是不同谱的反射率的大小，植物反射光谱分为三个谱段，下面分别加以说明。

1. 可见光谱段(400～700 nm)

在这一谱段，叶子的反射率很低，小于 15%，而叶子透过率也很低，入射到叶子的太阳辐射的主要部分被叶子的色素(如叶绿素、叶黄素、类胡萝卜素、花青苷)吸收、对叶子吸收起主要作用的是叶绿素(对较高的色素吸收为 65%)。在可见光谱段，叶子两个吸收带中心位于蓝色(450 nm)和红色(670 nm)谱段，由于这个原因在绿色谱段(550 nm)附近处(黄—绿区域)有一个最大的反射峰，由于叶子色素在绿波段的反射，叶子表现为绿色。

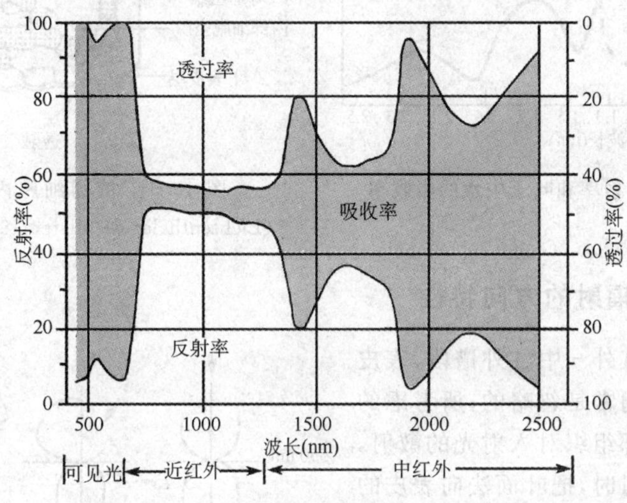

图 10.3 单片叶子的光学特性(Guyot,1984)

2. 近红外谱段(700～1300 nm)

在这个谱段，叶子的色素和细胞壁的纤维素是透明的，故叶子吸收小于 10%，入射到叶子的辐射不是被反射就是被透过。反射率达到红外区的约 50%，主要决定于叶子结构的剖面；反射率随细胞的大小，细胞壁的取向，它内部的不均匀性而增大。

3. 中红外区(1300～2500 nm)

如图 10.4 所示，在 1300～2500 nm 谱段，叶子光的吸收主要是由叶子中水的含量引起的，叶子中的水量越多，其吸收越强，主要吸收带位于 1450 nm、1950 nm 和 2500 nm。在这些谱带中，叶子的反射率最小，除此之外，叶子中水的吸收对叶子光学特性起重要作用。叶子反射率随叶子含水量而变。

三、叶子中光漫射机制和光合作用

如图 10.5 所示，植物叶子是由细胞组成的。按 Willstatter 和 Stoll 理论，叶子的光漫射是由于当光的入射角等于或大于反射角时，在空气与细胞界面上出现。细胞的折射指数大约为 1.5，总的反射角为 41.8°，在这种情况下，光的漫射是由于细胞壁随机分布和大量的空气和细胞界面的多孔叶质造成的。栅栏组织的栅所起的作用是小的。事实上,光的漫射机制是复杂的,当光的入射角小于总的反射角时,在细胞壁处也是有反射的,但这是次要的。而且也受通过细胞含水量的不均匀的散射。折射指数的任何改变引起光的折射(细胞壁一原生质,叶绿体细胞壁),这些不同的现象在光漫射中起重要作用。

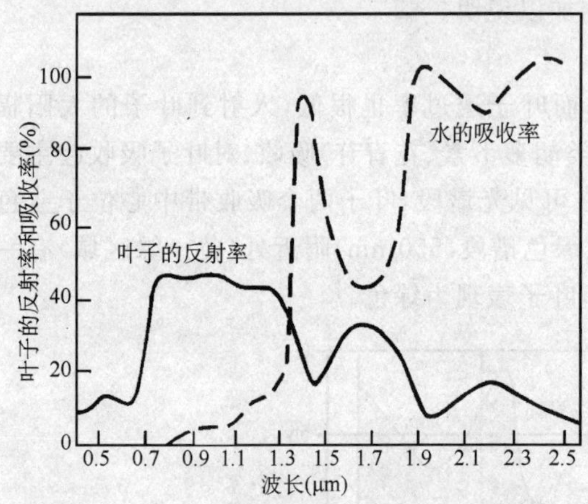

图 10.4　叶子的反射率和叶子中水的吸收率

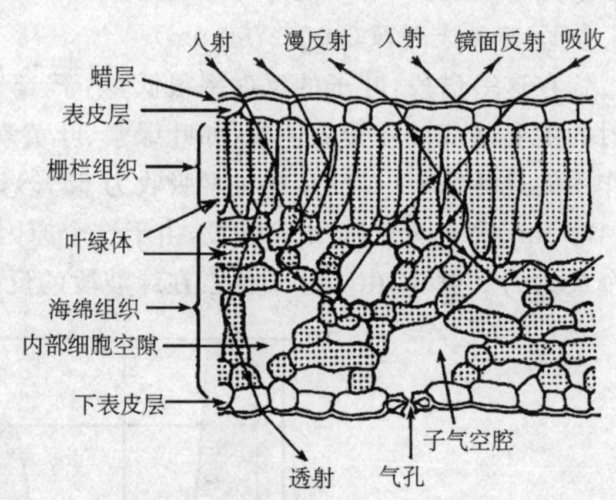

图 10.5　植物细胞内光的反射和透射(Lichtenthaler 和 pfister,1978)

四、叶子反射辐射的方向特性

在可见光一近红外一中红外谱段,表皮对叶子反射的贡献通常是忽略的,所考虑的主要因子是叶子内部组织对入射光的散射,时常在考虑入射通量时,把叶面法向表皮的镜面反射忽略,作为朗伯面处理。但是对于大的入射角,镜面反射是不能忽略的,因而叶子的反射决定于入射辐射的入射角和由于漫反射与镜面反射结合的角变化;另外,漫反射是随光谱变化的,且取决于叶子内部结构、它的色素和含水量。同时由表皮引起的镜面反射不仅与光谱有关,并且是部分极化的。图 10.6 给出了在可见光 550 nm、650 nm 和近红外波段 850 nm 反射入射辐射的极化分布。在可见光和近红外谱段,镜面反射辐射部分是相同的,而在可见光反射辐射的漫辐射分量是低的,近红外是高的。图上反射辐射的极化分布形式是随波长和入射光方向而变,显然:①在近红外波段,叶子的反射可以看作朗伯漫射;②而在可见光波段,入射角倾斜越大,叶子反射的方向性越强;③波长大于 850 nm、叶子反射的方向性已不明显。

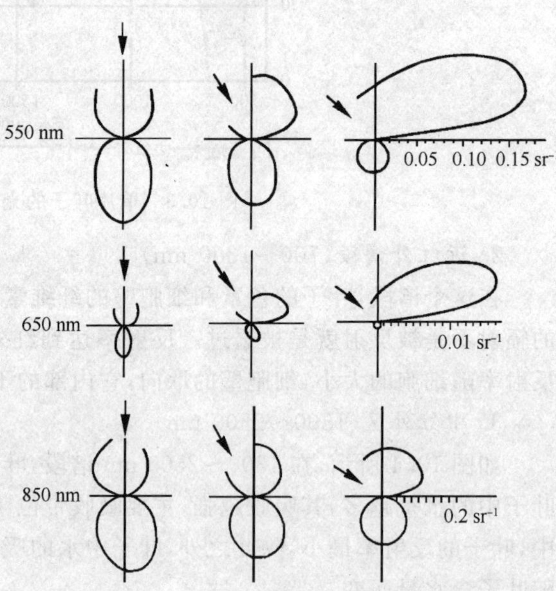

图 10.6　植物表皮与可见光、近红外反射辐射的极化(Breece 和 Holmes,1971)

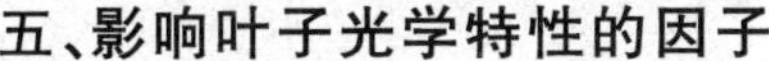

五、影响叶子光学特性的因子

1. 叶子的内部结构与其反射光谱

叶子的内部结构强烈地影响着近红外反射光谱，它取决于细胞层的数目，细胞大小，多孔叶质的相对厚度。因此，双子叶植物比同样厚度的单叶植物有更高的反射率，因为双子叶植物有更多的多孔叶质。同样，旱作植物的叶子有很高的近红外反射率（随细胞大小而减小，随细胞的层数而增加），在叶子的光学特性方面还表现为叶子的不对称，较低一侧的反射率一般要比较高一侧的反射率高。栅的薄壁组织有较大的叶绿体密度，而且存有毛的叶，某些叶子较低一侧或毛绒叶子的两侧，在可见光和中红外波段反射率增加，但对近红外反射率有较少的影响。对纤维素组成干的短毛，在可见光是白的，近红外是透明的，中红外有较高的反射率。

2. 叶龄对反射率的影响

叶子光学特性的改变主要发生在植物幼小期和成熟衰老期，周年生植物或落叶树叶的大部分时间保持常定的光学特性，它是以叶绿体含量为时间的函数。如图 10.7 中在小麦成熟期叶子反射率的演变为叶绿素消失并由棕色素代替使黄绿和红反射率增加。在近红外波段，当叶子枯萎和内部结构变化时，仅反射率发生改变：在中红外波段，随叶子枯死，叶子反射率增加。但应注意到，当叶子呈黄色时，含水量的减小相对滞后。

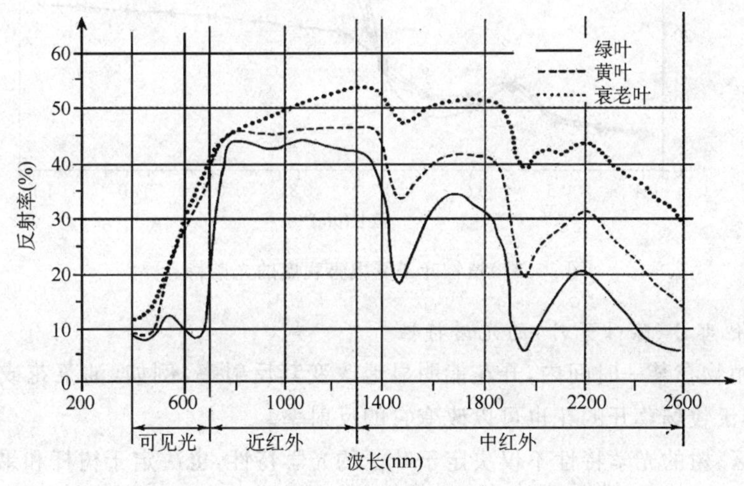

图 10.7　小麦成熟时的反射光谱（Guyot，1984）

3. 叶子中含水量对反射率的影响

叶子中水的含量不仅直接影响中红外波段的反射率，而且也直接影响可见光和近红外波段的反射率，这是因为叶水含量影响到细胞的肿胀，因而叶子含水量的减小使整个波段叶子的反射率增加，不过中红外波段比其他波段增加要大得多，这是由实验室件得出的结果。

4. 肥料（养分）亏损对反射率的影响

养分的缺乏主要影响叶绿素含量和叶子的剖面结构，故反射率与作物的养分明显有关。缺绿病和氮缺乏是普遍现象。缺绿病主要影响可见光谱区叶子反射率，氮的缺乏改变了整个反射光谱，可见光反射率增加（由于叶绿素含量减小）和近、中红外反射率减小（由于细胞层数减少）。

5. 病害对反射率的影响

病害的发生使叶子发生如下变化：

①改变叶子色素含量(黄色素)，在这种情况下仅影响可见光谱段叶子的光学特性；

②引起叶子坏死，叶子坏死部分的反射率可与衰老叶子的反射率相比较；

③产生另外色素，使叶子在光谱不同部分的反射率增加或减小；

④由于叶子的蒸腾率不会改变叶子的光学特性，但会改变叶子的辐射温度，故在红外波段可以检测作物的病害。

图 10.8 表示植物叶子受到损害后反射率变化特点，图中显示叶子的变化在近红外谱段很明显，叶子损害越大，反射率减小越大；而在可见光谱段也有变化，但不如近红外明显，根据近红外谱段叶子反射率的变化，可以监视植物叶子损害的情况。

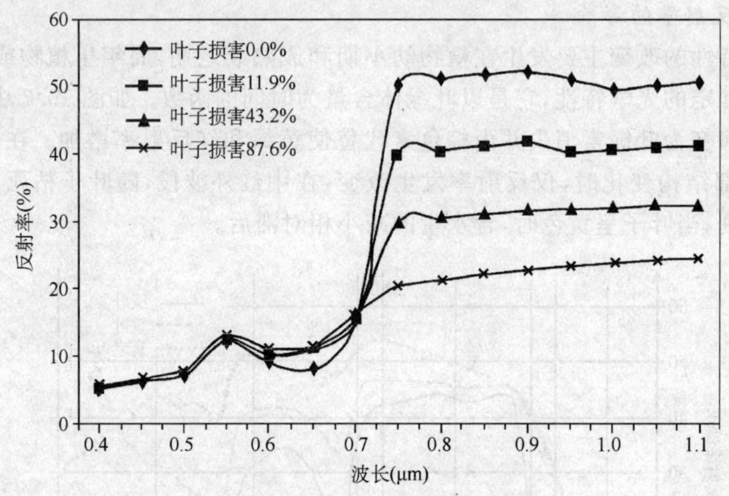

图 10.8　植物叶子受损害程度的光谱特点

6. 植物其他部分(除叶子外)的光谱特性

对一年生植物在某一时间内，开花能明显地改变其反射率，例如，油菜花或太阳花显现强的黄色反射；春天牧场草开的花也可以改变它的反射率。

在森林地区，树的光学特性不仅决定于叶子的光学特性，也决定于树杆和果实。树的反射率与叶子的反射率是很不同的，从可见光到中红外逐渐增加，树枝不显示有叶绿素吸收，其可见光反射率比叶子的要高；在近红外，树皮的反射率比叶子的低，但在中红外是高的。

7. 土壤的光学特性

图 10.9 显示了不同湿度裸地土壤的反射光谱的例子。可以看到从可见光到中红外谱段，反射率逐渐增大，水的吸收带也表现为如叶子一样的反射光谱，可以看到土壤湿度影响整个反射光谱。对任何波长，土壤度增加，反射率减小。

土壤反射率也决定于土壤无机物的成分，但是由于它的复杂性，识别给定矿物质的特征光谱带是困难的，它们一般是重迭的，实际上仅土壤铁含量可以由光谱测量确定，这是因为其在可见光和近红外显示有强和宽的吸收带。当土壤的有机物质含量高于 2% 时，在可见光和近红外波段将明显降低土壤的反照率，它也能掩盖不同无机物的光谱带。在整个光谱带中，土壤的反照率还取决于土壤粒子的大小，对给定的土壤类型，较小的土壤粒子有较高的反照率，这是由于大量细小粒子趋向于一个平面，起一个阻挡光的作用。宏观尺度的土块或表面的不规则影响暗和亮的土壤表面分布，当土壤粗糙度增加时，入射光可以透过土壤表面进入其内部而很少返回，且对所有波长具有同样的效应，使整个光谱区的土壤反射率减小，由于土壤粗糙度引起土壤反照率的改变是很大的，在某些情况下其引起反射率的变化比植物生长引起的还大。表面不规则也导致以土壤表面倾斜和走向为函数的反射率的变化。

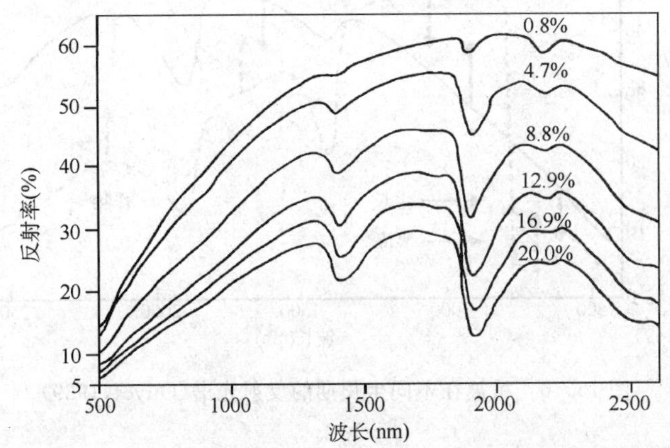

图 10.9　不同土壤湿度下的反射光谱（Bowers 和 Hanks，1965）

第二节　植冠层的反射光谱

植被的反射光谱是植被和下垫面土壤反射率的组合，在植物生长期间，土壤作用逐渐减小，裸露土壤光谱被植物的反射光谱代替，植被的反射光谱与作物的类别有关，作物的类别不同其反射光谱不同，而且与作物的生长阶段有关。

一、植被的反射光谱

(一)不同生长阶段植被的反射光谱

如图 10.10 所示，图中实箭头表示是作物生长期间其反射率的变化方向，虚箭头表示作物衰老时反射率变化的方向，可以看到：①在作物处于生长期间，由于叶绿素吸收增加，可见光和中红外反射率减小；②在作物生长期，叶子吸收减小，近红外谱段反射率增加；③作物衰老期间，便出现相反现象。

图 10.11 显示了水稻不同生育阶段不同光谱段反射率的变化曲线，在 7 月 1 日，水稻处于秧苗阶段，水体的作用很大，此时反射率较低；7 月 25 日，水稻处于快速生长阶段，水稻叶子增多，红波段的叶绿素吸收增大，近红外的反射率增大；8 月 26 日至 9 月 13 日，显示出典型的植物叶子的光特性；至 10 月 16 日，水稻成熟阶段，叶绿素吸收减小，红波段的反射率略有增大。

当作物生长季节绿色生物量增加时，植被的反射率可能达到饱和状态。图 10.12 显示了红波段和近红外波段反射率作为叶面积指数（LAI）为函数的变化。在可见光和中红外波段，当叶面积指数约为 3 时，反射率趋向一饱和值。在近红外波段，叶面积指数约为 5 或 6 时，反射率趋向一个饱和值。但要注意，相应反射率饱和值的叶面积指数还取决于植被的几何特征，直立的植物比水平植物达到这个饱和值要较高的 LAI 值。

森林的反射率决定于林木和下面覆盖的草地、土壤。若树群密度小，则土壤和草地也可能起主要作用，并掩盖树木的效应。

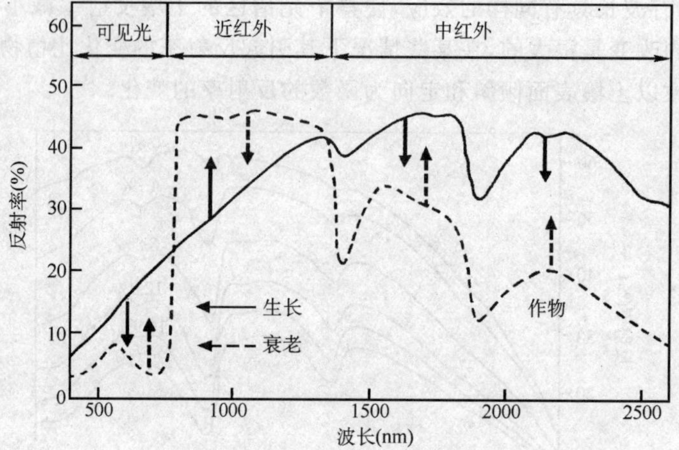

图 10.10　植被在不同生长期的反射光谱(Guyot,1989)

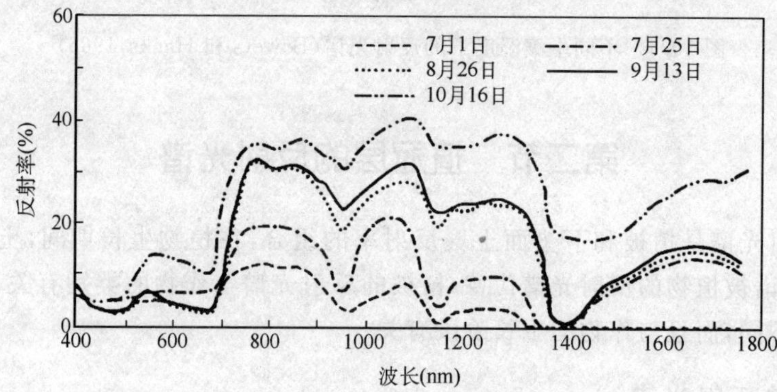

图 10.11　水稻的反射光谱特征

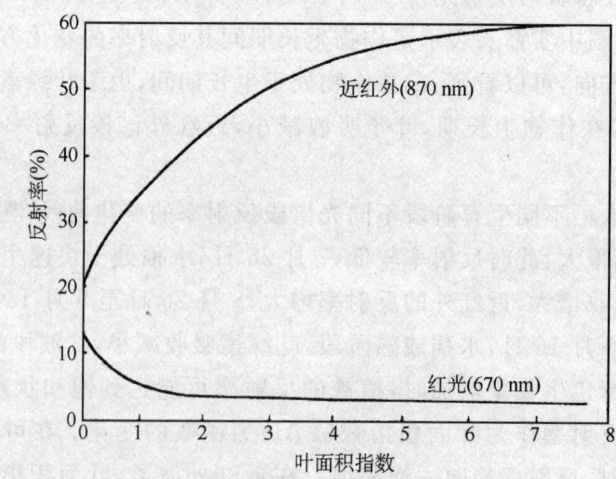

图 10.12　植物叶面积指数与其反射光谱的关系(Guyot,1984)

二、影响植被反照率的外部因子

1. 观察面积的尺度

植被光谱响应的变化(森林或其下草地)与观测面积大小有关,故必须观测同一研究区域,使局地不均匀性的作用最小。图 10.13 显示了观测面积大小对冬小麦反射率变化系数影响,测量是在同一地面上不同高度进行的,变化系数随观测样品增大而减小,相应整个植被的特征变化的不对称性达到恒定常数。像点大小增加伴随局地可变性的减小。

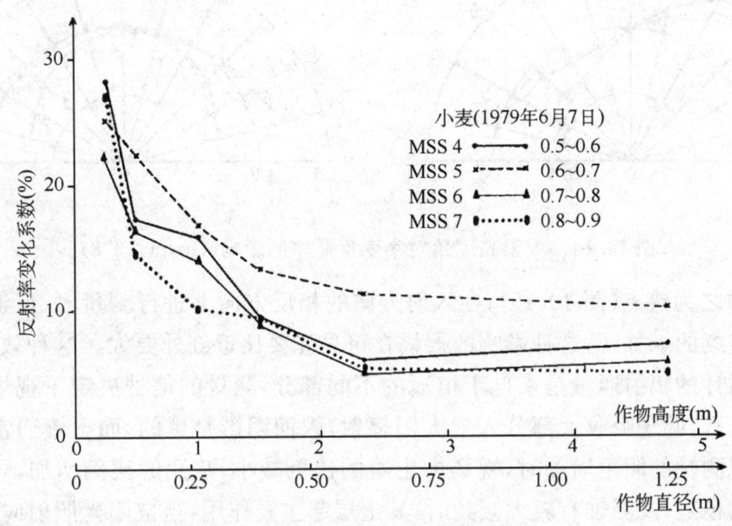

图 10.13　对于陆地卫星 MSS 通道小麦面积与反射系数的间改变(Guyot,1980)

2. 太阳高度角

太阳辐射以各个角度透射到植被中,观测面积中亮和暗的比例随太阳高度角而变,决定太阳高度角的因素是季或月、日和纬度。

(1)太阳高度角的年效应:当一年中自然表面的特征没有明显的改变,则它们光谱响应的年过程主要是由于太阳高度角改变引起的这种改变可以用模式进行订正。对一年生草地,双向反射率的求取不仅受一年内太阳高度角的影响,也受植被几何因子的影响,把这两种效应分开是困难的。

(2)太阳高度角的日变化效应:在一天之中,野外测量监视太阳高度角的作用是可能的,随太阳高度角增加,可见光波段双向反射率增加,近红外区则减小。如上述,叶子在可见光波段的透过率是很低的。当太阳接近水平时,在植被内暗影是主要的,反射率达最低值;相反在近红外波段,叶子的散射约占入射辐射的 50%,透射约为相同的量,当太阳接近水平时,植冠的上层是亮区植冠的反射率达到最大值。

上面仅解释了对连续覆盖地面的植冠,而针叶森林(如云杉、冷杉等)与此存有某些差别,如树冠有锥形和冠顶经常不连接。稠密的冠顶足以阻挡入射太阳辐射。

(3)观测角(天顶角)的影响:植被不是一个理想的朗伯面。它的光谱辐射是随着以倾角和观测轴的取向为函数而变。对于低的作物和连续覆盖的森林区,反射率的角变化与光谱范围有关。图 10.14 显示了与太阳光方向平行和垂直时小麦植被的反射率,对各个谱段测量反射率是以天底观测为基准,图上表示的是以偏离天底的测量与天底测量的比值。显然,相应于朗伯面的反射率是以半径等于1的半圆；在垂直于太阳光方向的剖面内，反射率的分布是对称的，对于可见光和近红外的曲线明显地分开的；在可见光区，对偏离天底角较小时，反射率减小；而偏离天底角大时，反射率增加。在近红外区，反射率随观测轴的倾角而增大。在平行于太阳方向观测的剖面内，可以明显地看到不对称性，当在与入射方向同一方向上观测，反射率大大地增加。

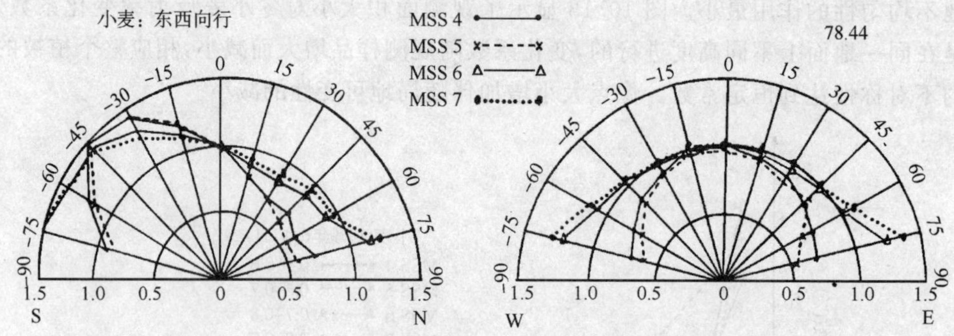

图 10.14　太阳高度角对小麦反照率的影响(Guyot,1978)

这种现象称之为热点(图 10.15)；在入射方向的相反方向上进行测量时，反射率则减小。对于低的作物或连续的森林区，这种影响的振幅在可见光要比近红外要大。这种效应很易解释，其原因是到达辐射计的辐射通量是来自于植冠的不同部分，测量的信号决定于视场亮元和暗元的比例。在可见光区，叶子吸收大部分入射太阳辐射，因而阴影是黑的；而土壤通常有比植被更高的反射率。当观测轴的倾角增加时，视场内土壤的比例减小，暗元的比例增加，导致反射率的减小。对于连续的植冠，观测轴有较大倾角时，其上层起主要作用，当被阳光照射时，植冠的反射率重新增加；在近红外波段，叶子反射了入射太阳辐射的约 50%，而透过约 45%。因此，相对可见光区而言，暗元不是太暗，土壤比植被有较低的反射率，而植冠的反射率随观测轴的倾斜而增加。

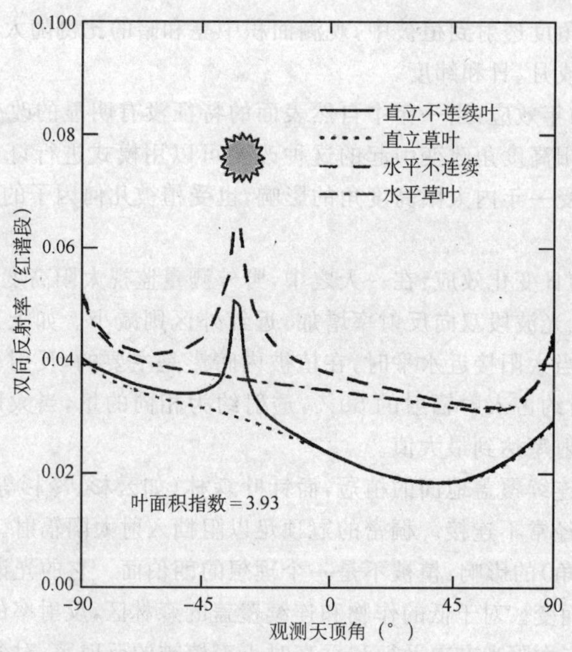

图 10.15　热点的反射(实、虚线分别表示不同类植物反射率)

3. 云和气溶胶的作用

(1)云对植被反射率的作用　在一定的太阳高度角下，云量不仅改变太阳辐照度的大小，而且也改变到达地面太阳直接辐射与漫射辐射之间的比例。当地面以漫射辐射为主时，作物的各个侧面都被以相同的辐射照射，不会出现深色阴影，因此在天底观测时，植冠的辐射随辐照度而减小，但反射率却增加。这种现象已被 Lord 等(1985)所证明。在阴天条件下反射率要比晴天时增加 10%。

(2)气溶胶对植被反射率的作用　大气中的气溶胶改变了地面与卫星之间光路上的辐射率，辐射波长越短，这种作用越明显，通过模式计算可以确定由于大气气溶胶对辐射改变的光谱范围。气溶胶的这种作用反映的斜视(偏离观测天底角)的情形中，如图 10.16 所示，植冠反射率是观测天底角的函数，其可以通过地面和大气外侧的辐射测量确定，图中表示了对于大气中不同气溶胶含量和 NOAA-7 卫星 AVHRR 的视线及不同照明状况下反射率有很大的变化。使用归一化植被指数可以使视线效应最小，这说明卫星资料的解释需要了解观测表面反射率的角的依赖关系。图 10.16a 是红通道羊茅草的反射率随观测角的变化；图 10.16b 是近红外通道反射率与观测角的关系。

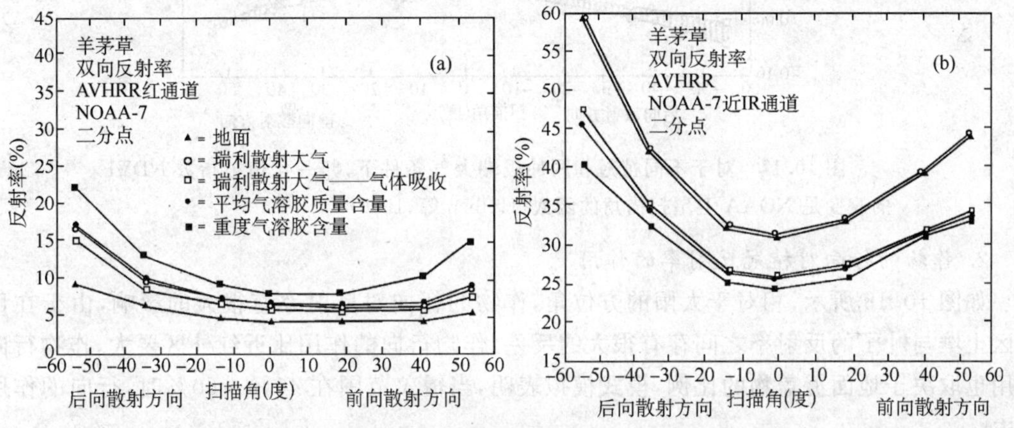

图 10.16　对于地面和大气顶和不同大气条件下 NOAA 卫星 AVHRR 红波段和近红外波段 fescue 植冠的反射率为观测天底角的函数(Holben 等，1986)

4. 风的影响

风改变了植被的几何结构，其摇动叶子，改变叶子的取向，也可能使植物堆积，这些作用使更多的茎和下垫面的土壤暴露而被观察，从而导致增加反射率的可变性。例如对于大麦反射率的变化系数从平静天气条件下红谱段的 12%和近红外谱段的 8%到在有风的天气条件下分别增加到 60%和 40%。也影响反射率的平均值。无论是其随风速增加还是减小，它还取决于作物的类型。

三、影响植被反射率的内部因子

1. 土壤覆盖度对植冠反射率的影响

植冠的光学特性取决于其地面覆盖的百分比和土壤背景的光学特性。图 10.17 表示了大豆冠层为 60%的土壤覆盖与植被反射率的关系，它是在下垫面分别为自然土壤，黑色和白色道路三种不同的背景情况下的测量结果；更多的研究是进行了将土壤对植被反射率的作用区分开来的研究，发现土壤的作用直到叶面积指数大约为 3 时还有作用，此时叶子几乎把土壤全部覆盖，可以观测到当叶面积指数大于 3 时，趋向饱和。在近红外波段，叶面积指数大于 5 时，趋向饱和；在中红外，相当大的叶面积指数也能看到背景作用，在这一区域，植冠的双向反射率强烈地受地面土壤湿度的影响。

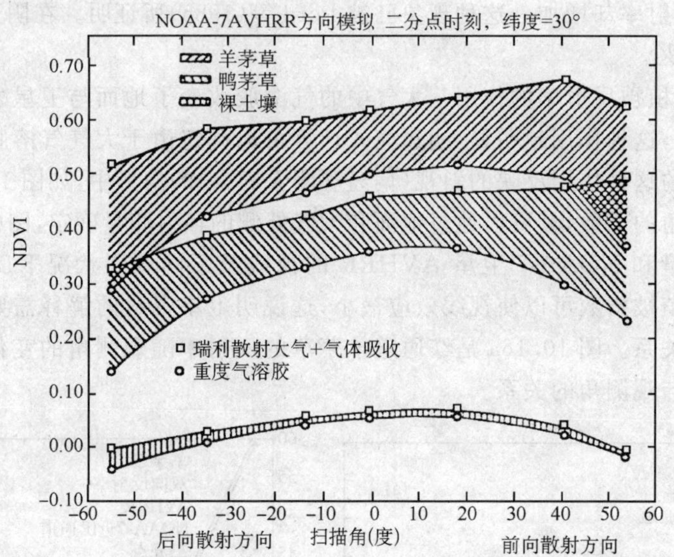

图 10.17 对于不同植冠和两种极端大气条件下，归一化植被指数 NDVI 的改变是 NOAA 卫星扫描角的函数(Holben 等，1986)

2. 作物的行向对植冠反射率的作用

如图 10.18 所示，相对于太阳的方位角，作物的行向对反射率有很大的影响，由于在可见光区土壤与叶子的反射率之间存有很大的反差，作物行向的作用比近红外区要大，作物行向的作用也取决于地面覆盖物的比例，模式模拟表明，当覆盖范围在 40%～60%时，行向的作用达最大。

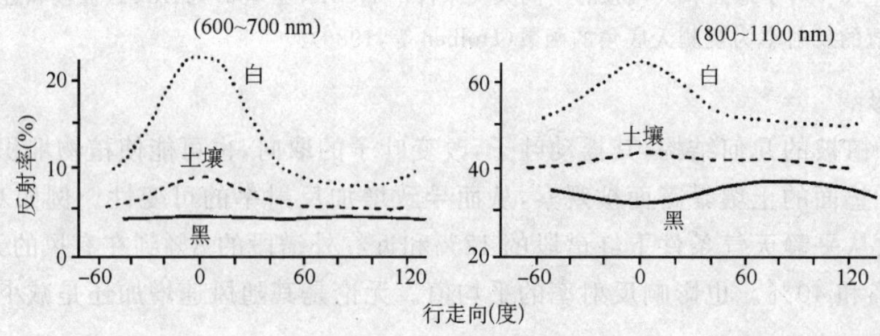

图 10.18 庄稼的走向和土壤的颜色对于大豆植冠反射率的影响(Vanderbilt 等，1981)

3. 植冠几何形状的作用

影响植冠光学特性最重要的因子是它的几何结构，植冠的几何结构和它的光学特性之间的关系，已从理论上和实验进行研究。数值试验可以独立地检测每个几何因子的作用。表征植冠几何特性的主要因子是叶子的倾角。在植冠中，由于所有的叶子不会都有相同的倾角，所以不仅需要考虑叶子的平均倾角，也要考虑倾角的分布，以一个叶子倾角函数 LIDF 表示。

图 10.19a和 10.19b 显示了一个在天底方向观测的特征空间数值模拟结果，对植冠的每一几何形式，在图 10.19a 中表示的是绿波段反射率相对于红波段反射率的空间；在图 10.19b 表示的是红波段相对于近红外波段的反射率空间。在两图中，将叶面积指数相等的点用直线连接起来，围出一叶子倾角分布的可能面积，从这两张图上可得出以下几点。

①特征空间中一个点的位置主要由叶面积指数 LAI 和平均叶子倾角所确定。

②由于植冠几何形式不同，在红－近红外子空间中点的离散要比在红－绿子空间要大。

③由于叶角分布函数 LIDF 的不同，点的离散度随叶面积指数 LAI 而增加。在森林中，必须考虑一些附加因子，特别是树群的形状和大小。反射率的统计分布将随这些因子而变。

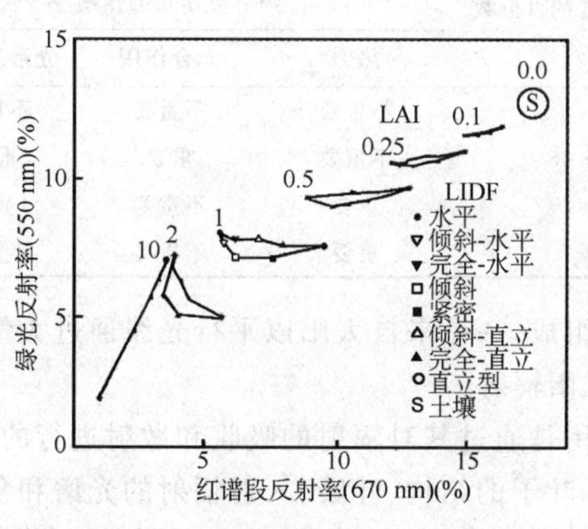

图 10.19a　在垂直观测时对不同植冠红—绿波段的特征空间

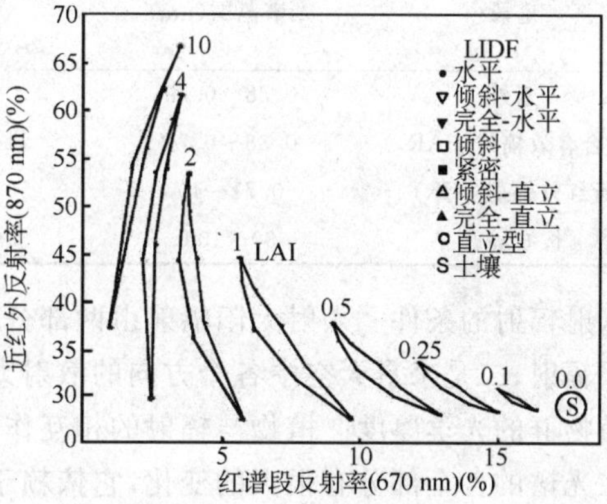

图 10.19b　在垂直观测时对不同植冠红—近红外的特征空间

4. 植被生理活动性的作用

若作物的生理活动性改变叶角分布函数，则其就会影响植冠的反射率。而若干胁迫并不影响叶子的光学特性（如水的胁迫和某些病害或害虫侵袭根系），对某些植冠层的叶角分布函数随每天的太阳方位角而变。

第三节　辐射在植被中的传输

一、植被与辐射的相互作用

植被与辐射的相互作用主要表现为下面三种效应。

(1)辐射的热力效应：由植物吸收太阳辐射的 70％以上转换为热，并以此作为蒸腾和与周围空气进行对流热交换的能量。这种交换决定于植物叶子及其他部分的温度。

(2)辐射的光合作用效应：太阳辐射的一部分，大约为能量的 28％用于光合作用，并且以具有很高能量的有机物质的形式贮存下来。太阳辐射中用于光合作用的那部分能量称为光合有效辐射，以 PAR 表示，它直接影响作物的生长、发育、产量和产品的质量。

(3)辐射的光形态发生效应：太阳辐射在植物的生长和发育过程起重要作用，这些作用的某些方面至今仍不很清楚。光形态发生在有效辐射的范围从紫外谱段开始，整个可见光区域，直至近红外区的 750 nm。除对光谱特性和能量的满足外，光形态辐射还取决于亮和暗的时间变更周期的辐射的周期变化，以及持续时间等。

在大气与植被的相互作用中太阳或短波辐射(0.3～3 μm)的吸收是植物的主要能源，但是辐射的热力效应需着重考虑(3～10 μm)的长波辐射；而在净辐射研究中需将短波辐射和长波辐射结合考虑。表10.1给出了不同谱段的辐射在植物的生长中的意义。

在当前生物物理中，植物群落中的辐射传输是一个复杂的问题，还没有找到一个普遍的解。其复杂性在于植物群落和单个植物分布的不均匀性和很大的可变性。入射太阳辐射方向和强度的改变增加了复杂性。在植物群落中的辐射传输取决于以下因子。

表 10.1　不同谱段的辐射在植物的生长中的意义

谱段	光谱范围(μm)	太阳辐射能的百分数(%)	辐射对作物的作用		
			热力	光合作用	光形态发生
紫外	0.28～0.39	0～4	不重要	不重要	不重要
光合有效辐射(PAR)	0.38～0.71	24～46	不重要	重要	重要
近红外辐射(NIR)	0.71～40	50～79	重要	不重要	重要
长波辐射	30～100	—	重要	不重要	不重要

入射辐射的条件　入射太阳辐射由两部分组成，一是来自太阳以平行光线通过大气的直接太阳辐射；二是来自天空中各个方向的散射太阳辐射。

植物群的光学厚度　植物与辐射的相互作用是通过其对辐射的吸收和散射进行的，这个过程在光谱的各个部分有很大的变化，它依赖于叶子的结构、叶龄、入射辐射的光谱和角度等散射辐射可以分为反射辐射和透射辐射，对于厚叶子、茎、枝的透过率为零，散射的角分布取决于叶面和内部组织的结构。紧密的叶子有较大的镜面反射分量；如果对光合有效辐射和长波红外辐射的吸收是大的，则散射辐射可以忽略，对此进行数学处理就可以简化。

地面的光学特性　植物群下面的光学特性可以通过反射系数(反照率)或反射函数来确定。在大多数情况下，来自地面的反射辐射可以忽略，特别是对于稠密的植物群，但是当植物群是稀疏或地面被雪覆盖的情况下，地面的反射是重要的。

植物群的结构　这是决定植物群辐射特性的一个重要因子。在晴天辐射的改变是植物群内出现忽亮忽暗的结果，它由植冠的结构、地面植物的分布、植物叶子的分布、叶子的大小和取向等因素所决定。在当前植物辐射测定的重要问题之一是如何由植群的结构确定其内部的辐射状况，即遥感反演问题是由辐射测量决定如叶子、生物量、森林等的生物统计特征的可能性。

在辐射传输理论中，将植物群中的辐射分为三种成分：①直接太阳辐射，这是没有轮流交替暗区，穿过叶簇间隙的表现为亮区的射线；②穿过树丛间隙，与叶子没有相互作用的漫射太阳辐射，它是植物和叶子之间天空光的一部分；③由于叶子和地面上对太阳直接和漫射辐射的散射的附加辐射，其向上部分称为反射辐射，而向下部分称为向下附加辐射。

二、决定植物辐射传输的几种光学参数

1. 叶子的反射系数、透射系数和吸收系数

叶子是一个复杂的光学系统，投射到叶面的辐射，一部分被表皮层与空气界面所反射，这种现象称外反射；没有被反射的进入叶子内部的辐射，直到最后一部分未被吸收，于是辐射便从被投射一侧的叶面返回于叶外，这种进入叶内后又从投射一侧返回的太阳光就称为内反射；从叶子的一侧入射而从另一侧反射、透射的光学特性可以用反射系数 ρ、透射系数 t 和吸收系

数 a 表示，它们之间的关系为

$$a=1-\rho-t \tag{10.1}$$

有时还用单次反照率 ω，表示为

$$\omega=\rho+t \tag{10.2}$$

表 10.2 给出了绿色叶子的平均反射、透射和吸收系数。

表 10.2　在 PAR、NIR 和短波辐射绿色叶子的平均反射、透射和吸收系数

类型	PAR	NIR	短波辐射
反射率 ρ	0.09	0.51	0.30
透过率 t	0.06	0.34	0.20
单次反照率 ω	0.15	0.75	0.50
吸收系数 a	0.85	0.15	0.50

2. 基元叶面积指数 u_L、累积叶面积指数 LAI、叶面积密度函数 $u(z,y,z)$

如果将植冠层分为 $k=1,2,\cdots,K$，每一层位于高度 z_{k-1} 与 z_k 之间，z_0 为植冠层顶，z_K 为植冠层底，n_k^l 每单位面积内出 k 层包含有 l 类型叶子的数目，$l=1,2,\cdots,L$ 表示叶子的类型，a_k^l 是 k 层 l 类叶子的一侧面面积。

植冠 k 层基元叶面积指数定义为

$$u_k=\sum_{l=1}^{L} n_k^l a_k^l \tag{10.3}$$

它表示 k 层所有类型叶子的面积。定义累积叶面积指数 LAI，为

$$LAI=\sum_{k=1}^{K}\sum_{l=1}^{L} n_k^l a_k^l \tag{10.4}$$

表示单位地表面积之上叶片面积的总和。如果植冠很均匀，则有平均叶面积和平均叶数密度为

$$a_l=\sum_{k=1}^{K}\sum_{l=1}^{L} n_k^l a_k^l \Big/ \sum_{k=1}^{K}\sum_{l=1}^{L} n_k^l \tag{10.5}$$

$$n_v=\sum_{k=1}^{K}\sum_{l=1}^{L} n_k^l a_k^l \Big/ H \tag{10.6}$$

式中，H 是植冠高度。

如果植冠是连续分布的，定义叶面积密度函数 $u(x,y,z)$：它是指单位体积内叶面积数量在空间的分布。

累积叶面积指数 LAI 是叶面积在空间的分布用叶面积密度函数 $u_L(x,y,z)$ 来表示，叶面积指数与叶面积密度函数的关系为

$$LAI=\iiint_V u_L(x,y,z)\mathrm{d}V \tag{10.7}$$

对于密蔽的植物群丛，可以认为是水平分布均匀的，这时有

$$LAI=\int_0^h u_L(z)\mathrm{d}z \tag{10.8}$$

式中，$u_L(z)$ 是叶面积密度的垂直分布函数。在自然植物群中，h、LAI、$u_L(z)$ 的变化是很大的，故引入归一化叶面积密度函数 $\tilde{u}(\bar{z})$，写为

$$\tilde{u}_L(\bar{z}) = u_L(z) \cdot \frac{h}{LAI} \tag{10.9}$$

式中，$\bar{z}=z/h$ 是叶子簇的相对高度，$\frac{LAI}{h}$是植冠层的平均叶面积密度，显见归一化叶面积密度函数为叶面积密度函数被平均叶面积密度除，由式(10.8)和式(10.9)，$\tilde{u}_L(\bar{z})$的归一化条件为

$$\int_0^1 \tilde{u}_L(\bar{z})\mathrm{d}z \equiv 1 \tag{10.10}$$

图 10.20 显示不同植物相对叶簇面积 $\tilde{u}(\bar{z})$是相对高度的函数，图中 1 和 2 分别是第 8 玉米叶子生成和开花阶段，3 和 4 是第 5 叶子和圆锥开花阶段，5 是高粱圆锥开花阶段，6 是太阳花小花形成阶段，7 是马铃薯，8 是棉花，9、10 和 11 分别是牛草、红车轴草和苜蓿，12、13 和 14 分别是羊茅草、鸭茅草相对叶簇面积 $\tilde{u}(\bar{z})$是相对高度的函数。

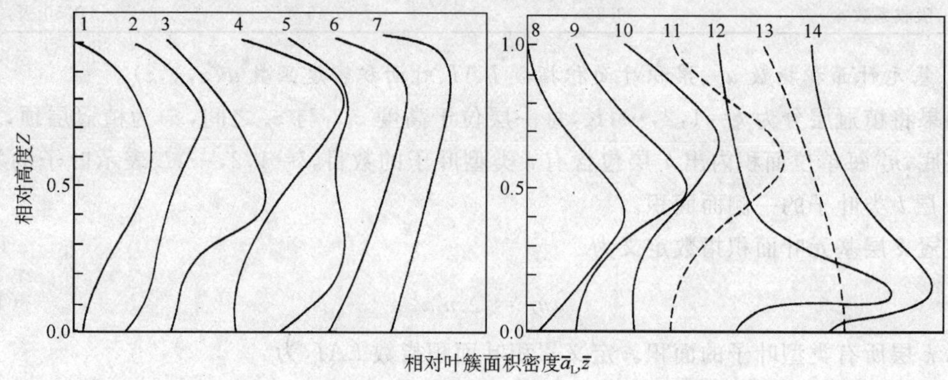

图 10.20 不同植物相对叶簇面积 $\tilde{u}(\bar{z})$是相对高度的函数

3. 叶角分布函数 $g(\theta_L, \varphi_L)$

为了表示叶面在空间的取向，常以垂线与叶面法线间的夹角 θ_L、方位角 φ_L 表示；由于各个叶子在空间有不同的取向，用叶角分布函数表示叶群，即植冠的叶角分布，引入叶角分布函数 $g(\theta_L, \varphi_L)$，它表示的是叶面具有方向(θ_L、φ_L)叶面积占有全部叶面积的比例，它满足归一化条件

$$\frac{1}{2\pi}\int_0^{2\pi}\mathrm{d}\varphi_L\int_0^{\pi/2} g(\theta_L, \varphi_L)\sin\theta_L \mathrm{d}\theta_L \equiv 1 \tag{10.11}$$

在一般情况下，叶面的取向与方位 φ_L 无关，则 $g(\theta_L, \varphi_L) \equiv g(\theta_L)$，归一化条件简化为

$$\int_0^{\pi/2} g(\theta_L)\sin\theta_L \mathrm{d}\theta_L \equiv 1 \tag{10.12}$$

在许多植物群落中，叶子的取向是均匀的，这时有 $g(\theta_L, \varphi_L) \equiv 1$。表 10.3 给出了几种叶面积密度分布。

表 10.3 给出了几种叶面积密度分布的模式

喜直型	$g(\theta_L)=\exp(0.583\theta_L)-1$	大部分叶片为直立或接近直立
喜极型	$g(\theta_L)=\frac{2}{\pi}(1+\cos 4\theta_L)$	大部分叶片为水平和直立的
喜斜型	$g(\theta_L)=\frac{2}{\pi}(1+\cos 4\theta_L)$	大部分叶片为倾斜的
喜平型	$g(\theta_L)=\exp\left[0.583\left(\frac{\pi}{2}-\theta_L\right)\right]-1$	大部分叶片为水平或接近水平
球面型	$g(\theta_L)=\sin\theta_L$	叶片在某一倾角的面积密度等于球面上相同倾角下环带的密度

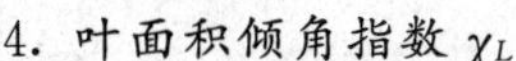

4. 叶面积倾角指数 χ_L

为便于对叶面积分布进行分类和比较，引入叶面积倾角指数 χ_L，由于球面型是最简单的一种，$\int_g(\theta_L)\mathrm{d}\theta_L\equiv 1$，将其作为基准，定义叶面积倾角指数为

$$\chi_L=\pm\frac{1}{2}\int_0^{\pi/2}|1-g(\theta_L)|\sin\theta_L\mathrm{d}\theta_L \tag{10.13}$$

从式(10.13)中可见，对于均匀球型叶角分布，$\chi_L=0$；与均匀球型叶角分布不同，如果叶簇趋向有更多水平分布，倾角指数是正的，相反是负的；若叶子完全是水平的，$\chi_L=+1$；若叶子完全是垂直的，$\chi_L=-1$。

5. G 函数

为表征投影到某一方向上叶面积的数量，引入特征量 G 函数，它表示的是植冠中单位叶面积在某 Ω_p 方向上的投影面积，定义为

$$G(z,\Omega_p)=\frac{1}{2\pi}\int_0^{2\pi}\mathrm{d}\varphi_L\int_0^1\mathrm{d}\mu_L\cdot g_L(z,\Omega_L)|\Omega_L\cdot\Omega_p| \tag{10.14}$$

式中，Ω_p 是投影面的方向，Ω_L 是叶子表面的法线方向，$g_L(z,\Omega_L)$是叶角分布函数；如果叶子的取向是

$$\begin{aligned}&\text{水平的}\quad G=\mu_L\\&\text{垂直的}\quad G=\frac{2}{\pi}\sqrt{1-\mu_L^2}\\&\text{随机的}\quad G=0.5\end{aligned} \tag{10.15}$$

如果所有叶子的倾角是相同的 θ_L，方位是随机的，则

$$G(\mu_p)=\psi(\mu,\mu_L) \tag{10.16}$$

其中，若$|\mathrm{ctn}\theta_p\mathrm{ctn}\theta_L|\geqslant 1$，则 $\psi(\mu_p,\mu_L)=|\mu_p\mu_L|$；否则有

$$\psi(\mu_p,\mu_L)=\mu_p\mu_L[2\varphi_t/\pi-1]+2/\pi\sqrt{1-\mu_p^2}\sqrt{1-\mu_L^2}\sin\varphi_t \tag{10.17}$$

而

$$\varphi_t=\cos^{-1}[-\mathrm{ctn}\theta_p\mathrm{ctn}\theta_L] \tag{10.18}$$

如果叶子的方位取向是随机分布的 $g_L(z,\varphi_L,\mu_L)=g_L(z,\mu_L)$，则对任一叶角分布函数有

$$G(z,\mu_p)=\int_0^1\mathrm{d}\mu_L\cdot g_L(z,\mu_L)\psi(\mu_p,\mu_L) \tag{10.19}$$

式中，$\psi(\mu_p,\mu_L)$称为核函数，它由式(10.17)确定，故只需知道 $g_L(z,\mu_L)$就可以求出 $G(z,\mu_p)$。$G(z,\mu_p)$与 χ_L 之间的关系为

$$G(\mu)=\varphi_1+\varphi_2\mu \tag{10.20}$$

其中，$\varphi_1=0.5-0.633\chi_L-0.33\chi_L^2$；$\varphi_2=0.877(1-2\varphi_t)$。衰减系数 K 与 G 函数的关系为

$$K(z,\Omega_p)=-G(z,\Omega_p)/\mu_p \tag{10.21}$$

6. 叶子的散射相函数 $f(\Omega'\to\Omega,\Omega_L)$

若有方向为 $\Omega'(\mu',\varphi')$的太阳辐射强度 $I(\Omega')$，入射至其法线方向为 $\Omega_L(\mu_L,\varphi_L)$的叶面元 $\mathrm{d}\sigma$ 上，则在 $\mathrm{d}t$ 时间内立体角 $\mathrm{d}\Omega'$内通过叶面元的辐射能为

$$\mathrm{d}E'_L=I(\Omega')|\Omega_L\cdot\Omega'|\mathrm{d}\sigma_L\mathrm{d}\Omega'\mathrm{d}t \tag{10.22}$$

其 $\mathrm{d}E'_L$ 的一部分被叶子所散射，一部分被叶子所吸收。假定散射到方向为 Ω、立体角 $\mathrm{d}\Omega$ 内的辐射能为 $\mathrm{d}E_{L\Omega}$，则定义叶面元的散射相函数为

$$f(\Omega'\to\Omega,\Omega_L)\mathrm{d}\Omega=\frac{\mathrm{d}E_{L\Omega}}{\mathrm{d}E'_L} \tag{10.23}$$

若以"−","+"分别表示辐射入射至叶子的上表面和下表面，则将叶子散射相函数对给定的立体角积分，得到叶面元的反射率和透射率分别为：

叶子上表面

$$r_L^-(\Omega',\Omega_L)=\int_0^{2\pi}\mathrm{d}\varphi\int_{-1}^0\mathrm{d}\mu f(\Omega'\to\Omega,\Omega_L);\mu'<0 \tag{10.24a}$$

$$t_L^-(\Omega',\Omega_L)=\int_0^{2\pi}\mathrm{d}\varphi\int_{-1}^0\mathrm{d}\mu f(\Omega'\to\Omega,\Omega_L);\mu'<0 \tag{10.24b}$$

叶子下表面

$$r_L^+(\Omega',\Omega_L)=\int_0^{2\pi}\mathrm{d}\varphi\int_{-1}^0\mathrm{d}\mu f(\Omega'\to\Omega,\Omega_L);\mu'>0 \tag{10.25a}$$

$$t_L^-(\Omega',\Omega_L)=\int_0^{2\pi}\mathrm{d}\varphi\int_{-1}^0\mathrm{d}\mu f(\Omega'\to\Omega,\Omega_L);\mu'>0 \tag{10.25b}$$

叶面元的单次反照率 ω_L 决定于入射辐射的方向 Ω'、叶面元的方向 Ω_L 和叶面的照度，为

$$\omega_L^-(\Omega',\Omega_L)=r_L^-(\Omega',\Omega_L)+t_L^-(\Omega',\Omega_L) \tag{10.26a}$$

$$\omega_L^+(\Omega',\Omega_L)=r_L^+(\Omega',\Omega_L)+t_L^+(\Omega',\Omega_L) \tag{10.26b}$$

表 10.4 为大豆叶子在四个波长上不同的入射角的单次反照率 ω。

表 10.4 大豆叶子在四个波长上不同的入射角的单次反照率 ω

$\lambda(\mu\mathrm{m})$	ω	θ_0				
		0	15	30	45	60
0.4	ω^-	0.045	0.054	0.077	0.115	0.177
	ω^+	0.047	0.055	0.084	0.136	0.253
0.55	ω^-	0.188	0.177	0.234	0.337	0.454
	ω^+	0.234	0.318	0.365	0.458	0.534
0.60	ω^-	0.021	0.025	0.032	0.044	0.072
	ω^+	0.034	0.040	0.052	0.068	0.099
0.80	ω^-	0.539	0.541	0.560	0.623	0.626
	ω^+	0.540	0.593	0.591	0.653	0.711

7. 植冠层的体积散射相函数

上面是对单张叶子而言的，对于植冠层是由许多叶片组成的，用体积散射相函数表示其散射特性。若叶角分布函数为 $g_L(z,\Omega_L)$，在深度 z 处每单位体积内取向为 Ω_L 的叶子截获方向为 Ω'后反射至 Ω 方向的能量速率为

$$u_L(z)|\Omega_L\cdot\Omega'|f(\Omega'\to\Omega,\Omega_L)I(z,\Omega') \tag{10.27}$$

将上式对叶子的所有取向积分，用 $g_L(z,\Omega_L)$加权，给出体积散射相函数（又称微分散射系数）

$$\sigma_s(z,\Omega'\to\Omega)=\frac{u_L(z)}{2\pi}\int_{2\pi}\mathrm{d}\Omega_L g_L(z,\Omega_L)\mid\Omega_L\cdot\Omega'\mid f(\Omega'\to\Omega;\Omega_L) \tag{10.28}$$

故体积散射相函数 $\sigma_s(z,\Omega'\to\Omega)$定义为深度 z 处的单位体积植冠将 Ω'方向的入射辐射散射到单位立体角 Ω 方向的辐射与入射辐射的比值。

8. 植冠的面散射相函数

若 $g_L(z,\Omega_L)$与深度 z 无关，则可以类似地定义面积散射相函数为

$$\frac{1}{\pi}\Gamma(\Omega' \to \Omega) = \frac{1}{2\pi}\int_{2\pi} \mathrm{d}\Omega_L g_L(\Omega_L) \mid \Omega_L \cdot \Omega' \mid f(\Omega' \to \Omega;\Omega_L) \tag{10.29}$$

对于双—朗伯叶面相函数，容易将面散射相函数写为

$$\Gamma(\Omega' \to \Omega) = r_L\Gamma^-(\Omega' \to \Omega) + t\Gamma^+(\Omega' \to \Omega) \tag{10.30}$$

式中

$$\Gamma^{\pm}(\Omega' \to \Omega) = \pm\frac{1}{2\pi}\int_0^1 \mathrm{d}\mu_L \int_0^{2\pi} \mathrm{d}\varphi_L g_L(\Omega_L)(\Omega_L \cdot \Omega)(\Omega_L \cdot \Omega') \tag{10.31}$$

其中±表示对 φ_L 积分在[0，2π]范围部分或是“＋”或是“－”。

对各向同性的植冠，即具有均匀叶角分布 $g_L(\Omega_L)$ 的情形下，由式(10.30)可以解析地得到各向异性的、旋转不变的散射相函数为

$$\Gamma(\Omega' \to \Omega) = \frac{\omega}{3\pi}[\sin\beta - \beta\cos\beta] + \frac{t_L}{\pi}\cos\beta \tag{10.32}$$

其中 $\beta \equiv \cos^{-1}(\Omega,\Omega')$ 是 Ω 与 Ω' 之间的夹角，但是在一般情况下，$\Gamma(\Omega' \to \Omega)$ 不是一个旋转不变量，故式(10.30)只能用数值方法求解。由 $\Gamma(\Omega' \to \Omega)$ 的定义，双—朗伯散射相函数可以导得十分有用的面散射相函数的对称特性

$$\Gamma(\Omega' \to \Omega) = \Gamma(\Omega \to \Omega') = \Gamma(-\Omega' \to -\Omega) \tag{10.33}$$

对反射率等于透过率 $r_L = t_L$，式(10.30)还有如下对称特性

$$\Gamma(\Omega' \to \Omega) = \Gamma(-\Omega' \to -\Omega) \tag{10.34}$$

对于叶面法向和双—朗伯散射相函数随机分布的情况下，可以得方位平均相函数

$$\Gamma(\mu' \to \mu) = \int_0^1 \mathrm{d}\mu_L g_L(\mu_L)[t_L\psi^+(\mu,\mu',\mu_L) + r_L\psi^-(\mu,\mu',\mu_L)] \tag{10.35}$$

其中

$$\psi^{\pm}(\mu,\mu',\mu_L) = \pm\frac{1}{4\pi^2}\int_0^{2\pi} \mathrm{d}\varphi \int_0^{2\pi} \mathrm{d}\varphi_L(\Omega_L \cdot \Omega)(\Omega_L \cdot \Omega') \tag{10.36}$$

可以证明，

$$\psi^{\pm}(\mu,\mu',\mu_L) = H(\mu,\mu_L)H(\pm\mu',\mu_L) + H(-\mu,\mu_L)H(\mp\mu',\mu_L) \tag{10.37}$$

其中 H 函数可以写为

$$H(\mu,\mu_L) = \mu\mu_L \qquad [\mathrm{ctn}\theta\,\mathrm{ctn}\theta_L] > 1 \tag{10.38a}$$

$$= 0 \qquad [\mathrm{ctn}\theta\,\mathrm{ctn}\theta_L] < -1 \tag{10.38b}$$

$$= \frac{1}{\pi}[\mu\mu_L\varphi t(\mu) + \sqrt{1-\mu^2}\sqrt{1-\mu_L^2}\sin\varphi_t(\mu)] \tag{10.38c}$$

式中

$$\varphi_t(\mu) = \cos^{-1}[\mathrm{ctn}\theta\,\mathrm{ctn}\theta_L] = \pi - \varphi_t(-\mu) \tag{10.39a}$$

$$\Gamma(\mu' \to \mu) = \Gamma(\mu \to \mu') = \Gamma(-\mu' \to -\mu) \tag{10.39b}$$

$$\Gamma(\mu' \to \mu) = \frac{\omega}{2}\int_0^1 \mathrm{d}\mu_L g_L(\mu_L) \times [H(\mu,\mu_L) + H(-\mu,\mu_L)][H(\mu',\mu_L) + H(-\mu',\mu_L)] \tag{10.39c}$$

简化为

$$\Gamma(\mu' \to \mu) = \frac{\omega}{2}\int_0^1 \mathrm{d}\mu_L g_L(\mu_L)\psi(\mu,\mu_L)\psi(\mu,\mu') \tag{10.40}$$

对于水平叶层 $\theta_L = 0$，由式(10.30)得

$$\Gamma(\Omega' \to \Omega) = \begin{cases} t_L \mu \cdot \mu' & \mu\mu' > 0 \\ r_L |\mu \cdot \mu'| & \mu\mu' < 0 \end{cases} \qquad \theta_L = 90° \tag{10.41}$$

对于垂直叶层 $\theta_L = 90°$，则有

$$\Gamma(\Omega' \to \Omega) = \Gamma_1(\beta)\sqrt{1-\mu^2}\sqrt{1-\mu'^2} \qquad \theta_L = 90° \tag{10.42}$$

式中，$\beta = \varphi = \varphi_0$，$0 \leqslant \beta \leqslant \pi$，且有

$$\Gamma_1(\beta) = \frac{\omega}{2\pi}[\sin\beta - \beta\cos\beta] + \frac{t_L}{2}\cos\beta \tag{10.43}$$

对相函数取方位平均，则得水平叶层和垂直叶层的方位平均的散射相函数分别为

$$\Gamma(\mu' \to \mu) = \begin{cases} \gamma_L |\mu\mu'|, & \mu\mu' < 0 \\ \dfrac{t_L \mu\mu'}{2}, & \mu\mu' > 0 \end{cases} \tag{10.44a}$$

$$\Gamma(\mu' \to \mu) = \frac{2\omega}{\pi^2}\sqrt{1-\mu^2}\sqrt{1-\mu'^2} \tag{10.44b}$$

9. 地面有植物覆盖时有效地面反射率 $\rho_{q,\mathrm{eff}}$

对辐射状态下植物冠层下的土壤或下层植被的作用进行参数化，引入有效地面反射率，为

$$\rho_{q,\mathrm{eff}}(\lambda) = \frac{1}{\pi} \frac{\displaystyle\int_{2\pi-}\int_{2\pi+} R_{b,\lambda}(\Omega', \Omega) \mid \mu\mu' \mid I_\lambda(r_b, \Omega') \mathrm{d}\Omega \mathrm{d}\Omega'}{\displaystyle\pi \int_{2\pi-} q(\Omega') \mid \mu' \mid I_\lambda(r_b, \Omega') \mathrm{d}\Omega'} \tag{10.45}$$

式中，L_λ 是植物冠层底的一个点 r_b 的辐射率，$R_{b,\lambda}$ 是植冠底的双向反射率因子，函数 q 是与波长无关、表示不同类型植物的形态函数，且满足下式

$$\int_{2\pi-} q(\Omega') \mathrm{d}\Omega' = 1 \tag{10.46}$$

注意到有效地面反射率取决于植冠的辐射状态，从定义应满足下在关系

$$\min_{\Omega' \in 2\pi-} \frac{1}{\pi} \frac{\displaystyle\int_{2\pi+} R_{b,\lambda}(\Omega', \Omega) \mid \mu \mid \mathrm{d}\Omega}{q(\Omega')} \leqslant \rho_{q,\mathrm{eff}}(\lambda) \leqslant \max_{\Omega' \in 2\pi-} \frac{1}{\pi} \frac{\displaystyle\int_{2\pi+} R_{b,\lambda}(\Omega', \Omega) \mid \mu \mid \mathrm{d}\Omega}{q(\Omega')} \tag{10.47}$$

就是变化范围取决于地面双向反射因子的积分，假定地面的双向反射因子 $R_{b,\lambda}$ 和地面有效反射率 $\rho_{q,\mathrm{eff}}$ 是水平均匀的，就是与空间位置 r_b 无关。有效地面反射率（$\rho_1, \rho_2, \cdots, \rho_{11}$），$\rho_i = \rho_{q,\mathrm{eff}}(\lambda_i)$ 的形式，这种情况植冠地面反射率的半球积分，可以在式(10.47)间隔内十分连续完整。式(10.47)的上下边界取决于作物的类别。

10. 地面有效各向异性 S_q

实际地面大多是各向异性，对此引入有效地面各向异性 S_q，为

$$S_q(r_b, \Omega) = \frac{1}{\rho_{q,\mathrm{eff}}(\lambda)} \frac{1}{\pi} \frac{\displaystyle\int_{2\pi-}\int_{2\pi+} R_{b,\lambda}(\Omega', \Omega) \mid \mu\mu' \mid I_\lambda(r_b, \Omega') \mathrm{d}\Omega \mathrm{d}\Omega'}{\displaystyle\pi \int_{2\pi-} q(\Omega') \mid \mu' \mid I_\lambda(r_b, \Omega') \mathrm{d}\Omega'}, r_b \in \delta V_b, \Omega \cdot n_b < 0 \tag{10.48}$$

式中，n_b 是点 r_b 向外的法向，有效地面各向异性 S_q 取决于植冠结构和入射辐射场，它具有归一化特性

$$\int_{2\pi+} S_q(r_b,\Omega)\mid\mu\mid d\Omega = 1 \tag{10.49}$$

11. 六类植被的地面有效反射率 $\rho_{q,\mathrm{eff}}$ 和各向异性 S_q

(1)草地和谷类生物群系：当植被显示垂直和横向均匀，地面覆盖约 1.0($g_{\min}=g_{\max}=1$)，植物高度约 1 m 或小于 1 m，直立叶子，没有木质，最小叶子丛叠和土壤中等亮度时采用一维辐射传输模式，对于丛叠小于 1 时，通过修改投影面积使用叶子丛叠，假定土壤是朗伯反射，就是 $R_{b,\lambda}=R_{\mathrm{lam},\lambda}$，又设 $q=1$，则有效土壤反射率和务向异性简化为

$$\rho_{q,\mathrm{eff}}(\lambda)=R_{\mathrm{lam},\lambda};S_q(r_b,\Omega)=1/\pi \tag{10.50}$$

(2)灌木生物群系：植冠的横向表现为不均匀，低($g_{\min}=0.2$)到中度($g_{\min}=0.6$)植被覆盖、小叶子、木质、亮背景，采用全部三维模式。热点，也就是通过地面暗影投影模拟没有暗影太阳方向重新分布的亮度加强，极端热或冷的半干旱地区温度状态和贫瘠土壤的陆面覆盖，对这种生物群系，双向土壤反射率因子 $R_{b,\lambda}$ 表示为

$$R_{b,\lambda}(\Omega',\Omega)=R_{1,\lambda}(\Omega')\cdot R_{2,\lambda}(\Omega,\Omega_0) \tag{10.51}$$

式中，Ω_0 是直接太阳辐射率方向，设

$$q(\Omega')=R_{1,\lambda}(\Omega')/\rho_{1,\lambda^*} \tag{10.52}$$

则有效土壤反射率和土壤各向异性具有形式

$$\rho_{q,\mathrm{eff}}(\lambda)=\rho_{1,\lambda^*}\,\rho_{2,\lambda^*}(\Omega_0),S_q(\Omega)=\frac{1}{\pi}\frac{R_{2,\lambda}(\Omega,\Omega_0)}{\rho_{2,\lambda}^*(\Omega_0)} \tag{10.53}$$

式中

$$\rho_{1,\lambda^*}=\frac{1}{\pi}\int_{2\pi-}R_{1,\lambda}(\Omega')\mid\mu'\mid d\Omega',\rho_{2,\lambda}(\Omega_0)=\frac{1}{\pi}\int_{2\pi+}R_{2,\lambda}(\Omega,\Omega_0)\mid\mu\mid d\Omega$$

假定 q 和 S_q 函数与波长无关，可作为这种生物群的参数，这种生物群可以由中等植被覆盖表示。

(3)阔叶作物生物群系：植被表现为横向不均匀，作物从种植到成熟，地面覆盖有很大的变化($g_{\min}=0.1,g_{\max}=1.0$)，叶子空间分布有规则，光合作用活跃，也就是暗土壤背景，叶子的规则分布导致聚丛因子通常大于 1，绿色树茎模拟为具有零透射率的直立的反射。这种情况下采用三维辐射传输模式，假定土壤是朗伯反射，就是 $R_{b,\lambda}=R_{\mathrm{lam},\lambda}$，又设 $q=1$，有效土壤反射率和各向不均匀性由式(10.50)表示。

(4)热带稀树草原生物群系：植被具有两个明确的垂直层：为下层草地植被和上层的树冠($g_{\min}=0.2,g_{\max}=0.4$)，因此，植冠的光特性、结构是垂直不均匀的。需用三维方法，相互作用系数具有强的垂直依赖性。在热带的副热带区域表示为暖草地和宽叶树的混合，在高纬较冷的区域，表示为冷草与针叶树的混合，有效土壤反射率和务向异性由式(10.53)表示。

(5)阔叶森林生物群系：垂直和横向不均匀，高的地面覆盖($g_{\min}=0.8,g_{\max}=1.0$)，包括下层绿色和叶交叉植冠、叶子丛群、树干和树枝，这样在空间上，植冠的结构和光学特性不同，叶子交叉植冠表现为热点形式，因此，确定标准密度和植群尺度作为间隔参数，树枝是随机取向的，但树干模拟为直立结构。树枝和树干的反射率由测量确定，对于这种生物群系，利用三维传输方程求取作为 LAI 和太阳位置的有效土壤反射率和各向异性，这些是中间计算并将预先的计算贮存于查算表中。

(6)针叶林生物群系：这是针叶、林植冠层。

12. 植冠半球方向反射因子(HDRF)

各向异性入射辐射的半球方向反射率(HDRF)是离开植冠顶的平均辐射率($\langle I_\lambda(r_t,\Omega)\rangle_{\text{bio}}$，$\Omega\cdot n_t>0$)与来自于理想朗伯面反射到同样射束几何(面积)和大气条件下照度与辐射率的比值，即

$$r_\lambda(\Omega,\Omega_0)=\frac{\langle I_\lambda(r_t,\Omega)\rangle_{\text{bio}}}{\dfrac{1}{\pi}\displaystyle\int_{2\pi-} I_\lambda(r_b,\Omega',\Omega_0)\,|\Omega'\cdot n_t|\,\mathrm{d}\Omega'} \tag{10.54}$$

式中，n_t 是点 $r_t\in\delta V_t$ 处向外法线方向；$\langle\cdot\rangle_{\text{bio}}$ 表示实际生物群的平均；Ω_0 是入射植冠顶单色太阳辐射的方向。

13. 植冠双向半球反射率(BHR)

对于各向异性入射辐射的双向半球反射率是出射辐射与入射辐射之比，即是

$$A_\lambda^{\text{hem}}(\Omega_0)=\frac{\displaystyle\int_{2\pi+}\langle I_\lambda(r_t,\Omega)\rangle_{\text{bio}}\,|\Omega'\cdot n_t|\,\mathrm{d}\Omega}{\displaystyle\int_{2\pi-} I_\lambda(r_b,\Omega',\Omega_0)\,|\Omega'\cdot n_t|\,\mathrm{d}\Omega'} \tag{10.55}$$

为了确定入射辐射的直接辐射和漫射辐射之间的比例，用 $f_{\text{dir}}(\Omega_0)$ 表示入射到植冠层顶的直接辐射与入射到植冠层顶的总辐照度比值；如果 $f_{\text{dir}}=1$，HDRF 和 BHR 成为双向反射率因子(BRF)和方向半球反射率因子(DHR)。

二、植被中的辐射传输

1. 植冠层中的太阳辐射(短波辐射)传输方程

(1)植冠层的辐射衰减。来自 Ω 方向的辐射强度为 $I(z,\Omega)$ 入射至广阔、水平均匀的植冠层，由于植物叶子和枝秆对辐射的吸收和散射，辐射通过 $\mathrm{d}s$ 路程的改变为

$$\mathrm{d}I(z,\Omega)=-\sigma_e(z,\Omega)I(z,\Omega)\mathrm{d}s \tag{10.56}$$

式中，$\sigma_e(z,\Omega)$ 是植冠层 z 处 Ω 方向上的消光(衰减)系数，它表示光在 Ω 方向传播时遇到叶子的概率，如果 z 处的叶面积密度函数为 $f_L(z)$，叶角分布函数为 $g_L(z,\Omega_L)$，则 $\sigma_e(z,\Omega)$ 可表示为

$$\sigma_e(z,\Omega)=u_L(z)G_e(z,\Omega) \tag{10.57}$$

式中，$G_e(z,\Omega)$ 是 G 函数，它表示的是面积消光系数，$u_L(z)$ 是叶面积密度分布函数。

(2)植冠层中的一次散射部分。来自 Ω_0 方向的太阳辐射强度为 $I(z,\Omega_0)$ 穿过植冠层，只考虑一次散射，到达的太阳直接辐射为

$$I_0\exp[G(\Omega_0)LAI/\mu_0] \tag{10.58}$$

式中，$LAI=\displaystyle\int_0^z u_L(z)\mathrm{d}z$ 是向下的累积叶面积指数，Ω 方向的辐射通过 $\mathrm{d}s$ 路程的改变为

$$\mathrm{d}I(z,\Omega)=\sigma_s(z,\Omega_0\to\Omega)I_0\exp[G(\Omega_0)LAI/\mu_0]\mathrm{d}s \tag{10.59}$$

式中 $\sigma_s(z,\Omega_0\to\Omega)$ 是体积散射系数，表示由 Ω_0 方向散射到 Ω 方向单位立体角的辐射能与入射辐射能的比。表示为

$$\sigma_s(z,\Omega_0\to\Omega)=u_L(z)\Gamma(\Omega'\to\Omega) \tag{10.60}$$

(3)多次散射部分。由于来自各方向的散射辐射 $I(z,\Omega')$ 被植冠散射到 Ω 方向使辐射的

增强,表示为

$$dI(z,\Omega)=\int_{4\pi}\sigma_s(z,\Omega'\to\Omega)I(z,\Omega')d\Omega'ds \tag{10.61}$$

由于植冠层的作用,总的 Ω 方向辐射 $I(z,\Omega)$ 改变为

$$dI(z,\Omega)=-\sigma_e(z,\Omega)I(z,\Omega)ds+\int_{4\pi}\sigma_s(z,\Omega'\to\Omega)I(z,\Omega')d\Omega'ds+\sigma_s(z,\Omega_0\to\Omega)L_0\exp[G(\Omega_0)LAI/\mu_0]ds \tag{10.62}$$

上式两边除以 ds,并由 $ds=-dz/\mu$,则

$$-\mu\frac{dI(z,\Omega)}{dz}+\sigma_e(z,\Omega)I(z,\Omega)=\int_{4\pi}\sigma_s(z,\Omega'\to\Omega)I(z,\Omega')d\Omega'+\sigma_s(z,\Omega_0\to\Omega)I_0\exp[G(\mu_0)LAI/\mu_0] \tag{10.63}$$

若(z,Ω)用(r,Ω)代替,则成为

$$-\mu\frac{\partial I(r,\Omega)}{\partial L}+G(r,\Omega)u_L(r)I(r,\Omega)=\frac{u_L(r)}{\pi}\int_{4\pi}\Gamma(r,\Omega'\to\Omega)I(r,\Omega)d\Omega'+u_L(r)\Gamma(\Omega_0\to\Omega)I_0\exp[G(\mu_0)LAI/\mu_0] \tag{10.64}$$

或写成

$$\Omega\cdot\nabla I(r,\Omega)+G(r,\Omega)u_L(r)I(r,\Omega)=\frac{u_L(r)}{\pi}\int_{4\pi}\Gamma(r,\Omega'\to\Omega)I(r,\Omega)d\Omega'+F(r,\Omega) \tag{10.65}$$

式中,$F(r,\Omega)$是考虑到热点效应的一个函数。

2. 植被层的边界条件

仅由式(10.65),不能给出实际的随机辐射场,它需要给出植冠顶边界 δV 处的入射辐射,也就是确定的边界条件,由于植冠顶与具有不同反射特性的大气及植被、土壤或下层植被相接,对此用如下公式描述边界条件:

植被顶: $$I_\lambda(r_1,\Omega)=I_{d,\lambda}^{top}(r_1,\Omega,\Omega_0)+I_{m,\lambda}^{top}(r_1)\delta(\Omega-\Omega_0)\quad r_b\in\delta V_b,\Omega\cdot n_b<0 \tag{10.66a}$$

植被侧向边界: $$I_\lambda(r_1,\Omega)=\frac{1}{\pi}\int_{\Omega'\cdot n_1>0}R_{1,\lambda}(\Omega',\Omega)I_\lambda(r_1,\Omega')\mid\Omega'\cdot n_1\mid d\Omega'+I_{d,\lambda}^{lat}(r_1,\Omega')+I_{m,\lambda}^{lat}(r_1)\delta(\Omega-\Omega_0)\quad r_b\in\delta V_b,\Omega\cdot n_b<0 \tag{10.66b}$$

植被底: $$I_\lambda(r_b,\Omega)=\frac{1}{\pi}\int_{\Omega'\cdot n_1>0}R_{b,\lambda}(\Omega',\Omega)I_\lambda(r_b,\Omega')\mid\Omega'\cdot n_b\mid d\Omega'\quad r_b\in\delta V_b,\Omega\cdot n_b<0 \tag{10.66c}$$

式中,$I_{d,\lambda}^{top}$和 $I_{m,\lambda}^{top}$是入射到植冠顶的太阳辐射的漫辐射分量和单向辐射分量,$I_{m,\lambda}^{lat}$是植被侧向单向直接辐射,$I_{d,\lambda}^{lat}$是植被侧向漫辐射。

3. 传输方程式的解

根据线性方程式(10.65),它的解表示如下之和

$$I_\lambda(r,\Omega)=I_{bs,\lambda}(r,\Omega)+I_{rest,\lambda}(r,\Omega) \tag{10.67}$$

式中，$I_{\mathrm{bs},\lambda}$是黑土壤问题的解，它满足具有边界条件式(10.66a)和式(10.66b)和

$$I_{\mathrm{bs},\lambda}(r_b,\Omega)=0 \qquad r_{\mathrm{b}}\in\delta V_b, \qquad \Omega\cdot n_{\mathrm{b}}<0 \tag{10.68}$$

式(10.65)的解。函数 $I_{\mathrm{rest},\lambda}$也是具有 $F_\lambda=0$ 和满足如下边界条件

$$I_{\mathrm{rest},\lambda}(r_b,\Omega)=0 \qquad r_t\in\delta V_t, \qquad \Omega\cdot n_t<0 \tag{10.69}$$

$$I_{\mathrm{rest},\lambda}(r_1,\Omega)=\frac{1}{\pi}\int_{\Omega'\cdot n_1>0} R_{\mathrm{b},\lambda}(\Omega',\Omega)I_{\mathrm{rest},\lambda}(r_1,\Omega')\mid\Omega'\cdot n_1\mid \mathrm{d}\Omega', r_1\in\delta V_1, \Omega\cdot n_1<0 \tag{10.70}$$

$$I_{\mathrm{rest},\lambda}(r_b,\Omega)=\frac{1}{\pi}\int_{\Omega'\cdot n_1>0} R_{\mathrm{b},\lambda}(\Omega',\Omega)I_\lambda(r_{\mathrm{b}},\Omega')\mid\Omega'\cdot n_{\mathrm{b}}\mid \mathrm{d}\Omega', r_b\in\delta V_b, \Omega\cdot n_b<0 \tag{10.71}$$

的式(10.65)的解。$I_{\mathrm{rest},\lambda}$取决于“完全传输问题”的解。式(10.71)的边界条件可以写为

$$I_{\mathrm{rest},\lambda}(r_{\mathrm{b}},\Omega)=\rho_{q,\mathrm{eff}}(\lambda)S_q(r_{\mathrm{b}},\Omega)T_{q,\lambda} \tag{10.72}$$

式中，$\rho_{q,\mathrm{eff}}$和 S_q 分别由式(10.45)和式(10.48)确定，

$$T_{\mathrm{q},\lambda}(r_{\mathrm{b}})=\int_{2\pi-} q(\Omega')I_{q,\lambda}(r_{\mathrm{b}},\Omega')\mid\mu'\mid \mathrm{d}\Omega' \tag{10.73}$$

函数 q 由式(10.46)确定，假定系数 $\rho_{q,\mathrm{eff}}$与点 r_b 无关，把它作为描述植冠下地面反射率的参数和在生物群系依赖的连续变化。假定生物群系的依赖函数与波长无关和已知，这意味着变量 $T_{\mathrm{q},\lambda}$与空间点 r_{b} 无关，考虑到方程式(10.72)，可以将辐射传输方程式的解式(10.67)写为

$$I_\lambda(r,\Omega)=I_{\mathrm{bs},\lambda}(r,\Omega)+\rho_{q,eff}(\lambda)I_{q,\lambda}(r_{\mathrm{b}},\Omega')T_{\mathrm{q},\lambda} \tag{10.74}$$

式中，$I_{q,\lambda}(r_{\mathrm{b}},\Omega)$是具有式(10.65)方程式的解，边界条件由式(10.70)和

$$I_{q,\lambda}(r_1,\Omega)=0, \qquad r_t\in\delta V_t, \Omega\cdot n_t<0 \tag{10.75}$$

$$I_{q,\lambda}(r_{\mathrm{b}},\Omega')=S_q(r_{\mathrm{b}},\Omega) \qquad r_b\in\delta V_b, \Omega\cdot n_b<0 \tag{10.76}$$

因此，$I_{q,\lambda}(r_{\mathrm{b}},\Omega)$是描述在植冠底处各向异性和不均匀源平面植冠生成的辐射状态，现要求取关于 $I_{q,\lambda}(r,\Omega)$的“S 问题”，将式(10.74)代入式(10.73)，得到

$$T_{\mathrm{q},\lambda}(r_{\mathrm{b}})=T^{\mathrm{q}}_{\mathrm{bs},\lambda}(r_{\mathrm{b}})+\rho_{q,eff}(\lambda)T_{\mathrm{q},\lambda}r_{q,\lambda}(r_{\mathrm{b}}) \tag{10.77}$$

式中

$$T^{\mathrm{q}}_{\mathrm{bs},\lambda}(r_{\mathrm{b}})=\int_{2\pi-} q(\Omega' I_{\mathrm{bs},\lambda}(r_{\mathrm{b}},\Omega')\mid\mu'\mid \mathrm{d}\Omega' \tag{10.78}$$

$$r_{q,\lambda}(r_{\mathrm{b}})=\int_{2\pi-} q(\Omega')I_{q,\lambda}(r_{\mathrm{b}},\Omega')\mid\mu'\mid \mathrm{d}\Omega'$$

则将式(10.77)对地面求平均，用 $T^{\mathrm{q}}_{\mathrm{bs},\lambda}$、$r_{q,\lambda}$和$\rho_{q,\mathrm{eff}}$表示 $T_{\mathrm{q},\lambda}$，对 $T_{\mathrm{q},\lambda}$平均后代入式(10.74)得到

$$I_\lambda(r,\Omega)=I_{\mathrm{bs},\lambda}(r,\Omega)+\frac{\rho_{q,\mathrm{eff}}(\lambda)}{1-\rho_{q,\mathrm{eff}}(\lambda)r_{q,\lambda}}T^{\mathrm{q}}_{\mathrm{bs},\lambda}I_{q,\lambda}(r_{\mathrm{b}},\Omega') \tag{10.79}$$

式中，$T^{\mathrm{q}}_{\mathrm{bs},\lambda}$和 $r_{q,\lambda}$是对植冠底部的平均，如果采用一维辐射传输模式求取辐射状态，通过一精确等式取代式(10.79)中的近似等式，根据式(10.79)，在波长 λ 处，BHR、A^{hem}_λ、$HDRF$、r_λ、植被吸收的辐射 a^{hem}_λ 表示为

$$A^{\mathrm{hem}}_\lambda(\Omega_0)=r^{\mathrm{hem}}_{\mathrm{bs},\lambda}(\Omega_0)+t_{q,\lambda}\frac{\rho_{q,\mathrm{eff}}(\lambda)}{1-\rho_{q,\mathrm{eff}}(\lambda)r_{q,\lambda}}t^{\mathrm{hem},\mathrm{q}}_{\mathrm{bs},\lambda}(\Omega_0) \tag{10.80}$$

$$r_\lambda(\Omega,\Omega_0)=r_{\mathrm{bs},\lambda}(\Omega,\Omega_0)+\tau_{q\lambda}(\Omega)\frac{\pi\cdot\rho_{q,\mathrm{eff}}(\lambda)}{1-\rho_{q,\mathrm{eff}}(\lambda)r_{q,\lambda}}t^{\mathrm{hem},\mathrm{q}}_{bs,\lambda}(\Omega_0) \tag{10.81}$$

$$a_{\lambda}^{\text{hem}}(\Omega_0)=a_{\text{bs},\lambda}^{\text{hem}}(\Omega_0)+a_{q\lambda}\frac{\rho_{q,\text{eff}}(\lambda)}{1-\rho_{q,\text{eff}}(\lambda)r_{q,\lambda}}t_{\text{bs},\lambda}^{\text{hem},q}(\Omega_0) \tag{10.82}$$

式中，当植冠地面反射率为零，$r_{\text{bs},\lambda}^{\text{hem}}(\Omega_0)$、$a_{\text{bs},\lambda}^{\text{hem}}(\Omega_0)$和 $r_{\text{bs},\lambda}$ 分别是 BHR、HDRF 和植被吸收的辐射。其中

$$t_{\text{bs},\lambda}^{\text{hem},q}(\Omega_0)=\frac{T_{bs,\lambda}^{q}(\lambda)}{\int_{2\pi-}|\mu'|I_{q,\lambda}(r_1,\Omega')\text{d}\Omega'} \tag{10.83}$$

是加权植冠透过率，而

$$t_{q\lambda}=\int_{2\pi-}|\mu'|I_{q,\lambda}(r_{\text{b}},\Omega)\text{d}\Omega' \tag{10.84}$$

是由处于植冠底的各向异性源 S_q 引起的透过率

$$\tau_{q\lambda}(\Omega)=I_{q,\lambda}(r_{\text{b}},\Omega) \tag{10.85}$$

是由于离开植冠顶 S_q 产生的辐射和由 S_q 和植被吸收产生的辐射。植被对辐射的反射、透射和吸收符合能量守恒定理，为

$$r_{\text{bs},\lambda}^{\text{hem}}+k_{q,\lambda}(\Omega_0)t_{bs,\lambda}^{\text{hem},q}+a_{\lambda}^{\text{hem}}=1,k_{q,\lambda}(\Omega_0)=\frac{t_{bs,\lambda}^{hem,qm1}(\Omega_0)}{t_{bs,\lambda}^{hem,q}(\Omega_0)} \tag{10.86}$$

$$r_{q,\lambda}+t_{q,\lambda}+a_{q,\lambda}=1 \tag{10.87}$$

注意到式(10.80)和式(10.81)中的所有变量，对植冠顶求平均值，根据式(10.80)有

$$A_{\lambda}^{\text{hem}}(\Omega_0)-r_{\text{bs},\lambda}^{\text{hem}}(\Omega_0)=t_{q,\lambda}\frac{\rho_{q,\text{eff}}(\lambda)}{1-\rho_{q,\text{eff}}(\lambda)r_{q,\lambda}}t_{\text{bs},\lambda}^{\text{hem},q}(\Omega_0) \tag{10.88}$$

因此，地面对离开植冠顶辐射的贡献与植冠顶透过率的平方成正比，因子正比于 $\rho_{\text{q,eff}}$，如果方程式右侧足够小，则可以略去对于有效土壤反射率作为零时的贡献。

4. 传输方程式的守恒模式

对于不考虑 $F(r,\Omega)$的方程式(10.65)具有边界条件式(10.66a-c)，其边界条件可以当作“黑土壤”问题处理。

$$\Omega\cdot\nabla\varphi_{\lambda}(r,\Omega)+\sigma_{e\lambda}(r,\Omega)\varphi_{\lambda}(r,\Omega)=\int_{4\pi}\sigma_{s\lambda}(r,\Omega'\to\Omega)\varphi_{\lambda}(r,\Omega')\text{d}\Omega' \tag{10.89}$$

$$\varphi_{\lambda}(r,\Omega)=B(r,\Omega),\qquad r\in\delta V,n_r\cdot\Omega<0 \tag{10.90}$$

式中，B 是植冠边界 δV 之上与波长无关的函数，n_r 是点的向外法向，式(10.89)和式(10.90)对于波长的导数得到

$$\Omega\cdot\nabla u_{\lambda}(r,\Omega)+\sigma_{e\lambda}(r,\Omega)u_{\lambda}(r,\Omega)=\frac{\text{d}}{\text{d}\lambda}\int_{4\pi}\sigma_{s\lambda}(r,\Omega'\to\Omega)\varphi_{\lambda}(r,\Omega')\text{d}\Omega' \tag{10.91}$$

$$u_{\lambda}(r,\Omega)=0,\qquad r\in\delta V,\qquad n_r\cdot\Omega<0 \tag{10.92}$$

式中

$$u_{\lambda}(r,\Omega)=\frac{\text{d}\varphi(r,\Omega)}{\text{d}\lambda}$$

由特征矢量理论导得叶子分谱反照率、植冠分谱吸收率、透射率和反射率。传输方程式的特征值是 γ，则存在一个函数 φ 满足如下方程式

$$\gamma[\Omega\cdot\nabla\varphi(r,\Omega)+\sigma(r,\Omega)\varphi(r,\Omega)]=\int_{4\pi}\sigma_{s\lambda}(r,\Omega'\to\Omega)\varphi(r,\Omega')\text{d}\Omega' \tag{10.93}$$

具有边界条件

$$\varphi(r,\Omega)=0,\qquad r\in\delta V=\delta V_t+\delta V_b+\delta V_l,\qquad n_r\cdot\Omega<0$$

函数是一个相应于给定特征值 γ 的特征函数 $\varphi(r,\Omega)$。

传输方程式的一组特征值 $\gamma_k, k=1,2,\cdots$ 和特征矢量 $\varphi_k(r,\Omega), k=1,2,\cdots$，是离散形式，特征矢量彼此正交，就是

$$\iint\limits_{V\,4\pi}\sigma(r,\Omega'\to\Omega)\varphi_k(r,\Omega)\varphi_l(r,\Omega)\mathrm{d}\Omega\mathrm{d}r=\delta_{k,j}\tag{10.94}$$

式中，$\delta_{k,j}$ 是 Kroneker 符号，传输方程式具有唯一的相应一个特征矢量的特征值，这特征值比其他特征值的绝对值大，这意味着只有一个特征矢量，就是说 φ_0，对于任何的 $r\in V$ 和 Ω，取正值，这正的一对特征矢量和特征值在传输理论中有重要作用，

在函数空间中具有边界条件式(10.92)，式(10.91)是对于 λ 的线性常微分方程式，它的解 φ 可以按特征矢量展开为

$$\varphi_\lambda(r,\Omega)=a_0(\lambda)\varphi_0(\lambda,r,\Omega)+\sum_{k=1}^{\infty}a_k\varphi_k(\lambda,r,\Omega)\tag{10.95}$$

式中，系数 a_k 不取决于空间或角度变量，这里将正的特征矢量 φ_0 分离为和的第一项，如上所述，这求和，对于任何的 $r\in V$ 和 Ω，$a_0\varphi_0$ 取正值，将式(10.95)代入式(10.91)得到

$$\sum_{k=1}^{\infty}[\Omega\cdot\nabla u_k(\lambda,r,\Omega)+\sigma_{e\lambda}(r,\Omega)u_k(\lambda,r,\Omega)]=\sum_{k=1}^{\infty}\frac{\mathrm{d}}{\mathrm{d}\lambda}\int_{4\pi}\sigma_{s\lambda}(r,\Omega'\to\Omega)a_k(\lambda)\varphi_k(\lambda,r,\Omega')\mathrm{d}\Omega'\tag{10.96}$$

式中，$u_k=\mathrm{d}(a_k\varphi_k)/\mathrm{d}\lambda$。式(10.93)代入式(10.96)，进一步得到

$$\sum_{k=1}^{\infty}[\Omega\cdot\nabla+\sigma_{e\lambda}(r,\Omega)]\left\{[1-\gamma_k(\lambda)]u_k(r,\Omega)-a_k(\lambda)\varphi_k(\lambda,r,\Omega)\frac{\mathrm{d}\gamma_k(\lambda)}{\mathrm{d}\lambda}\right\}=0$$

式中，γ_k 是相应于特征矢量 φ_k 的特征值，根据这一方程式和特征矢量的正交性，有

$$\frac{\mathrm{d}[a_k(\lambda)\varphi_k(\lambda,r,\Omega)]}{\mathrm{d}\lambda}=\frac{\dfrac{\mathrm{d}\gamma_k(\lambda)}{\mathrm{d}\lambda}}{1-\gamma_k(\lambda)}[a_k(\lambda)\varphi_k(\lambda,r,\Omega)]$$

解这正交微分方程式，得

$$a_k(\lambda)\varphi_k(\lambda,r,\Omega)=\frac{1-\gamma_k(\lambda_0)}{1-\gamma_k(\lambda)}[a_k(\lambda_0)\varphi_k(\lambda_0,r,\Omega)]\tag{10.97}$$

因此，如果在 λ_0 波长处已知式(10.95)展开项的中第 k 项之和，就可很容易求取其他波长的和。

在波长 λ 处由植冠截获的单色辐射为

$$e(\lambda)=\int\limits_V\mathrm{d}r\int\limits_{4\pi}\mathrm{d}\Omega\sigma(r,\Omega)\varphi_\lambda(\lambda,r,\Omega)\tag{10.98}$$

和

$$e_0(\lambda)=\iint\limits_{V\,4\pi}\sigma(r,\Omega)\varphi_\lambda(\lambda,r,\Omega)\cdot\varphi_0(\lambda,r,\Omega)\mathrm{d}r\mathrm{d}\Omega\tag{10.99}$$

如给定 e，就可求取植被在波长 λ 处吸收的辐射部分，为

$$a(\lambda)=[1-\omega(\lambda)]e(\lambda)\tag{10.100}$$

式中

$$\omega(\lambda)=\frac{1}{\pi}\frac{\int_{4\pi}\Gamma(r,\Omega\rightarrow\Omega')\mathrm{d}\Omega}{G(r,\Omega')} \tag{10.101}$$

是叶子的反照率。下面进行 e_0 的估计，这一值接近 e。这里跳过精确的数学证明，由如下的直观说明：将式(10.95)代入式(10.98)并对包含 $a_0\varphi_0$ 的正项级数积分，结果为 $e(\lambda)/e(\lambda_o)\approx e(\lambda_o)/e_o(\lambda)$。导得 e 对波长的依赖关系。将式(10.95)代式(10.99)和考虑到式(10.97)，以及方程式(10.94)特征矢量的正交性，得到

$$e(\lambda)=\frac{1-\gamma_0(\lambda_0)}{1-\gamma_0(\lambda)}e_o(\lambda)$$

式中，γ_0 是相应于正的特征矢量 φ_0 的正的特征值，考虑到方程式(10.100)，可导得下面 a 的估计式：

$$a(\lambda)=\frac{1-\gamma_0(\lambda_0)}{1-\gamma_0(\lambda)}\frac{1-\omega(\lambda)}{1-\omega(\lambda_0)}a(\lambda_0) \tag{10.102}$$

因此，给定波长 λ_0 处植被的吸收率，就可以求取任一波长上的这一变量。

通过稍复杂的方法，可得到植冠层的透过率近似表达式：

$$t\left(\lambda,\frac{1-r_{D,\lambda}}{\omega(\lambda)}\right)=\frac{1-\gamma_0(\lambda_0)}{1-\gamma_0(\lambda)}t\left(\lambda_0,\frac{1-r_{D,\lambda}}{\omega(\lambda)}\right) \tag{10.103}$$

式中，$r_{D,\lambda}$ 是叶面元的光谱反射率，假定比值 $r_{D,\lambda}/\omega(\lambda)$，对于每一生物群的波长是常数。因此给出在波长 λ_0 处的植冠透过率，可以求取波长 λ 处的变化。

通过能量守恒原理，可得植被的反射率与透过率和吸收率的关系为

$$r(\lambda)=1-t(\lambda)-a(\lambda) \tag{10.104}$$

因此给定某一波长上的植被透过率和吸收率，就可以求取植冠层的反射率。

相应唯一正的特征量的特征值 γ_0 估计得到为

$$\gamma_0(\lambda)=\omega(\lambda)[1-\exp(-K)] \tag{10.105}$$

式中，K 是由植冠层结构(植物类别、LAI、地面覆盖度等)和太阳位置确定的系数，但与波长或土壤类型无关。

第四节　植被指数和植被监测

卫星从空间遥感地面植被是利用作物的光学特性，采用不同的谱段作物反射特性的差异，将卫星的测量值进行各种组合，达到卫星监测地面植被分布。这种用于测量植被的不同谱段卫星测量值的组合称为植被指数。植被指数可以用于监测作物的长势、植被的覆盖度、种类和作物的产量；此外还能估算一系列农作物参数：叶面积指数、生物量、光合有效辐射、初级生产力、蒸散、土壤湿度等。因此植被指数时常又称为绿度指数。植被指数在大气研究中也能发挥重要作用，使用植被指数可以研究大气与陆面的相互作用，研究气候的变化等。

一、植物的反射率与叶子中叶绿素含量

如前面已提到，植物叶子的反射率随波长的关系与叶子中叶绿素含量有关。图 10.21 给出了不同叶绿素含量的反射光谱，从图中可看到，土壤的反射率随波长的增加而平稳地增大，而对于植被的反射率则依赖于叶绿素含量。当叶绿素含量较低时，从可见光到近红外波段，反

射率较大，并没有明显的峰和谷出现，当叶绿素含量增大到 8.2 mmol/cm^2，形成明显的谷和峰，在红波段处由于叶绿素吸收，反射率显著下降，出现一个谷值，在绿波段处，虽然反射率有所下降，但较红波段要小得多，该处形成一个明显的反射峰值。但是随叶绿素含量进一步增大，峰谷的差有所下降。

二、植被指数

1. 比植被指数 RVI

根据绿色植物的光学特性，红波段是叶绿素吸收带，近红外波段是叶绿素反射带，叶绿素含量越多，红波段吸收越大，而近红外波段的反射越大，对此取红波段与近红外波段的卫星测值的比，即

$$RVI = R/NIR \tag{10.106}$$

或以绿度写成

$$G_1 = R/NIR \tag{10.107}$$

也有写成

$$G_2 = [R/NIR]^{1/2}$$

式中，R 是卫星在红波段的测量值，NIR 是卫星在近红外波段的测量值。RVI 指数对大气影响敏感，同时当植被覆盖度小于 50%时，其分辨能力很弱，只有当植被覆盖稠密时效果较好。

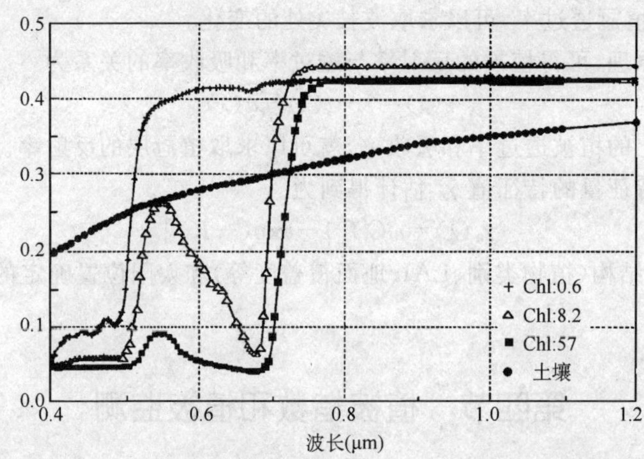

图 10.21　不同叶绿素含量(mmol/cm^2)的反射光谱

2. 归一化植被指数 NDVI

为了改进卫星探测低密度植被覆盖时的能力，Rouse 等(1974)提出归一化植被指 $NDVI$，写为

$$NDVI = \frac{\rho(\mathrm{ch}_2) - \rho(\mathrm{ch}_1)}{\rho(\mathrm{ch}_2) + \rho(\mathrm{ch}_1)} = \frac{D_2 - D_1}{D_2 + D_1} = \frac{NIR - R}{NIR + R} \tag{10.108}$$

或用绿度记为

$$G_3 = \frac{\rho(\mathrm{ch}_2) - \rho(\mathrm{ch}_1)}{\rho(\mathrm{ch}_2) + \rho(\mathrm{ch}_1)} = \frac{NIR - R}{NIR + R}$$

式中，D_1、D_2 分别是 NOAA 卫星 AVHRR 通道 1 和通道 2 的计数值。比值植被指数与归一化植被指数的关系为

$$RVI=(1+NDVI)(1-NDVI)$$

图 10.22 显示了玉米、小麦、棉花和土壤等在红—近红外二维空间的反射率分布和植被指数。图 10.23 表示不同植被下归一化植被指数值，图中所有植被指数(虚线)等值线通过原点，实线为土壤线。表 10.5 给出了不同植被密度下通道 1(0.58～0.68 μm)和通道 2(0.725～1.10 μm)的反射率，和由此计算出的 NDVI 值，将地表分成四个等级，其中将植被分成稀疏、中等植被和高密度植被三个等级。

表 10.5　为对于不同植被状态下的 NDVI

等级	反射率		NDVI	植被状况
	通道 1	通道 2		
Ⅰ	0.03	0.04	0.86	高稠密绿色植被
Ⅱ	0.05	0.25	0.67	中等绿色植被
Ⅲ	0.10	0.20	0.33	稀疏绿色植被
Ⅳ	0.20	0.25	0.11	裸地

归一化植被指数 NDVI 对绿色植被敏感，它可以用来监测区域和全球尺度的植被状态，同时也可对农作物和半干旱地区降水量进行预测。当低密度植被覆盖时，NDVI 对观测和照明的几何很敏感。在作物生长初期，其将过高地估计植被覆盖的百分比；而在作物成熟期，则过低地估计。

为了进行植被分类和探测植被的覆盖率的变化，定义多时相植被指数(MTVI)，将两个不同日期的 NDVI 相减，即

$$MTVI=NDVI(\text{日期 }2)-NDVI(\text{日期 }1) \tag{10.109}$$

多时相植被指数用于比较不同时间植被的生长状况。如果 MTVI 越来越大，说明作物长势较好。

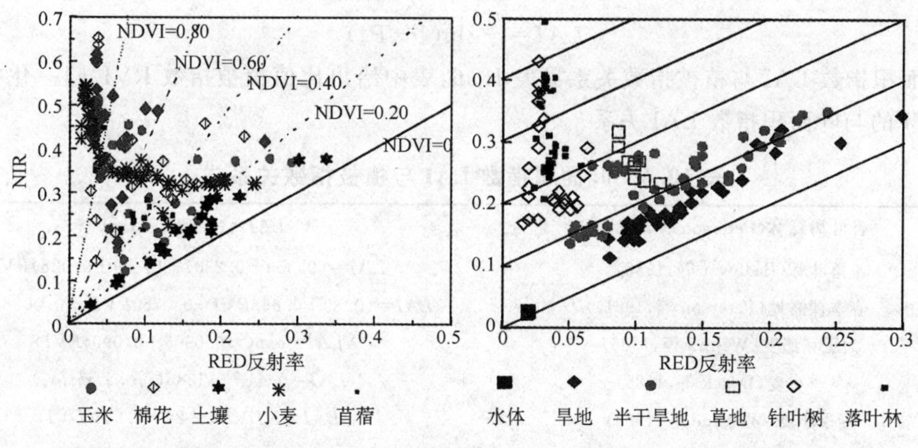

图 10.22　某些作物和地表在红波段和近红外的反射率和植被指数

太阳天顶角对植被指数 NDVI 有一定影响，图 10.24 表示了植被指数 NDVI 随太阳天顶角的改变，可以看到，当天顶角小于 30°时，NDVI 随太阳天顶的变化很小，当太阳天顶角增大到 60°以上，NDVI 就显著地下降。

(1)植被覆盖 P_v 与植被指数 NDVI 关系，即

$$P_v=\left[\frac{NDVI-NDVI_{min}}{NDVI_{max}-NDVI_{min}}\right]^2 \tag{10.110}$$

或写成

$$P_v=\frac{1-(NDVI/NDVI_s)}{[1-(NDVI/NDVI_s)]-K[1-(NDVI/NDVI_V)]}$$

式中，$K=(r_{2v}-r_{1v})/(r_{2g}-r_{1g})$，$r_{2v}$、$r_{1v}$ 和 r_{2g}、r_{1g} 分别是 AVHRR 通道 1 和 2 的最小和最大反射率，$NDVI_s$ 和 $NDVI_v$ 分别是裸露土壤和植被全覆盖的归一化的植被指数 NDVI。

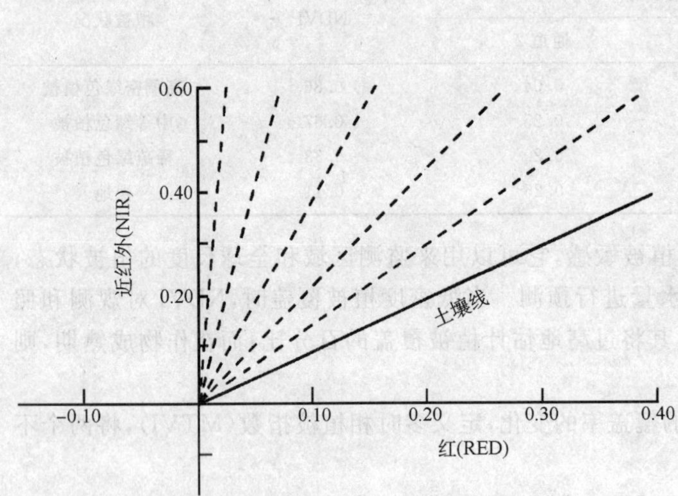

图 10.23　归一化植被指数等值线分布图

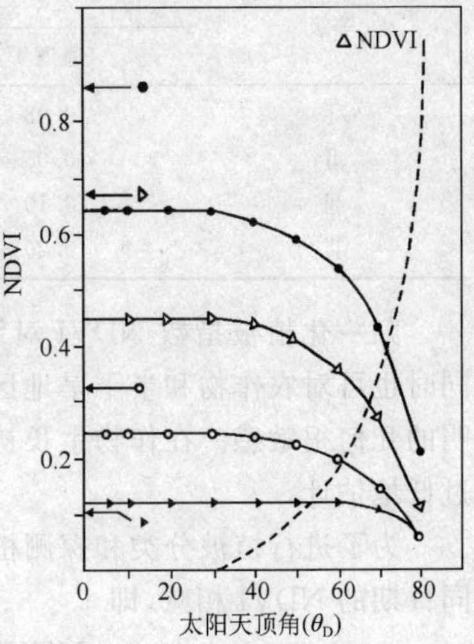

图 10.24　*NDVI* 与太阳天顶角

(2)由植被覆盖量与 *LAI* 间的关系，表示为

$$P_v=1-\exp(-0.5LAI)$$

$$LAI=-2\ln(1-P_v)$$

叶面积指数 LAI 与植被指数关系见表 10.6，表中给出比值植被指数 RVI、归一化植被指数 NDVI 的与叶面积指数 LAI 关系。

表 10.6　叶面积指数 LAI 与植被指数关系式

针叶树森林(Peterson 等，1987)	$LAI=(0.52RVI)^{1.715}$
落叶林(Badhwar 等，1986)	$LAI=(0.353\pm0.230)+(1.79\pm0.028)RVI$
春季裸露地(Peterson 等，1991)	$LAI=(0.89+0.663RVI-0.0750RVI^2+0.00384RVI^3$
大豆和燕麦(Wajura 等，1986)	$LAI=\exp(-0.0906+0.0904RVI)$
冬季小麦(Dusek 等，1985)	$LAI=0.44+0.1385(r_{TM-4}/r_{TM-3})$
春季小麦(Weigand 等，1986)	$LAI=NDVI/(3.26-2.94NDVI)$
绿地(Curran 等，1988)	$LAI=-1.913+4.831NDVI$

3. *差值植被指数* DVI *和加权差值植被指数* WDVI

将卫星于可见光近红外谱段测量的辐射减去红波段测量的辐射所得植被指数称之为差值植被指数 DVI，即为

$$DVI=NIR-R \tag{10.111}$$

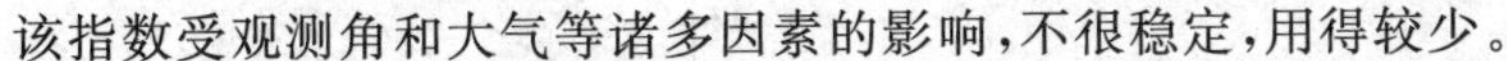

该指数受观测角和大气等诸多因素的影响，不很稳定，用得较少。

4. 加权差值植被指数 WDVI

$$WDVI = NIR - \alpha R \quad (10.112)$$

5. 垂直植被指数 PVI

为了消除土壤对植被的影响，Richardson 等(1977)，Jackson 等(1991)提出了垂直植被指数。如图 10.25 为了建立该指数，首先根据资料分析，以 R 为横坐标，NIR 为纵坐标，则土壤在 R 和 NIR 谱段的反射率之间存有下面关系

$$NIR_{soil} = aR + b \quad (10.113)$$

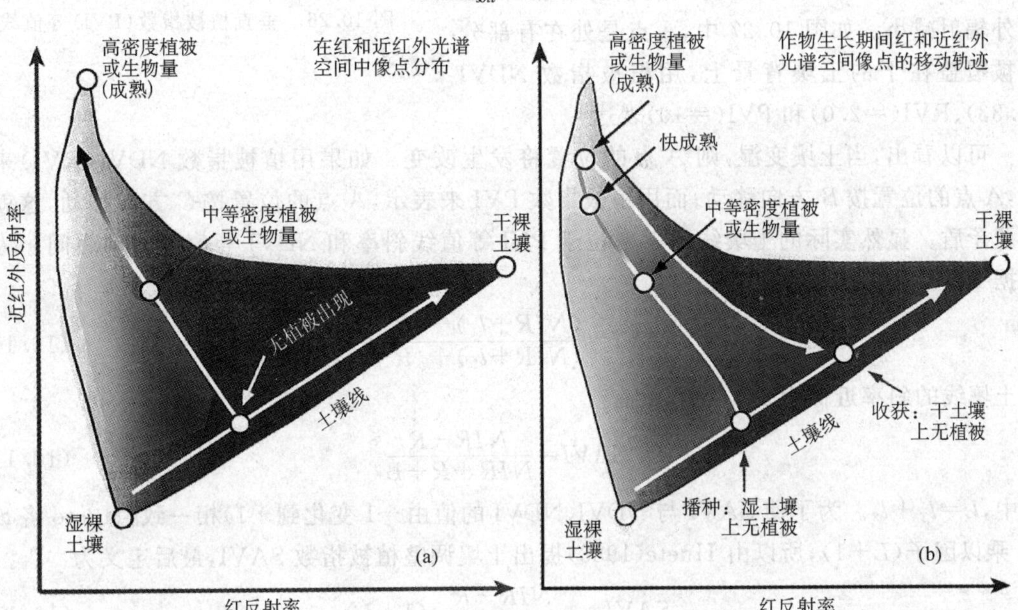

图 10.25 近红外与红波段的二维图上土壤线与植被密度

式(10.113)表示了当无植被时，土壤在 R 和 NIR 谱段的反射率的关系为一直线，这一直线称之“土壤线”，其中 a 为土壤线的斜率，b 为土壤线的截距。如果土壤线与以 R 为横坐标之间的夹角为 θ，则可定义垂直植被指数为

$$PVI = NIR\cos\theta - R\sin\theta = \alpha NIR - \beta R \quad (10.114)$$

或者写为

$$PVI = \frac{1}{\sqrt{a^2+1}}(NIR - aR - b) \quad (10.115)$$

由式(10.112)得

$$PVI = \frac{1}{\sqrt{a^2+1}}(WDVI - b) \quad (10.116)$$

当像点内的土壤表面有植被覆盖，则像点在 $R \sim NIR$ 坐标内就要偏离土壤线，其偏离越大，表示植被越稠密。用 PVI 表示植被受土壤的影响比用 NDVI 要小。

图 10.26 为垂直植被指数在红和近红外波段构成的两维空间中的分布，可以看到垂直植被指数等值线(虚线)呈一条条平行于土壤线的直线，而且也不通过原点 O，离土壤线越远，

PVI 值越大。

6. 土壤调整植被指数 SAVI

上面采用 PVI 表示植被分布，仅对于土壤的反射率随时空变化较小时效果较好。但是由于土壤背景随时空有一定的变化，当土壤中的湿度发生改变时，其颜色、结构等也会发生改变，导致土壤的反射率发生改变，尤其是当植被稀疏时，土壤对植被指数的影响明显，其红波段的反射辐射增加，而近红外辐射减小。如图 10.27 中，A 点是处在有部分植被覆盖在干的土壤背景上，用植被指数 NDVI (0.33)、RVI(=2.0)和 PVI(=10)表达。

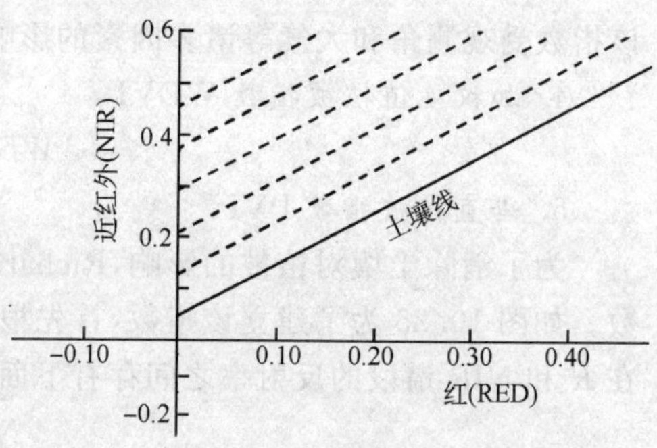

图 10.26　垂直植被指数(PVI)等值线概念模式

可以看出，当土壤变湿，则 A 点的位置将发生改变。如果用植被指数 NDVI(RVI)来表示，A 点的位置按 B 方向移动；而用植被指数 PVI 来表示，A 点的位置按 C 方向移动，这就出现了矛盾。显然实际的土壤线的斜率位于 PVI 等值线斜率和 NDVI 等值线斜率之间。为此根据 NDVI 指数修正为

$$SAVI=\frac{(NIR+l_1)-(R+l_2)}{(NIR+l_1)+(R+l_2)} \tag{10.117}$$

又土壤线的斜率近似为 1，$l_1=l_2$，故有

$$SAVI=\frac{NIR-R}{NIR+R+L} \tag{10.118}$$

其中，$L=l_1+l_2$。为了使 SAVI 与 NDVI(NDVI 的值由 −1 变化到 +1)相一致，Huete 将 SAVI 乘以因子$(L+1)$，所以由 Huete(1988)提出土壤调整植被指数 SAVI，最后定义为

$$SAVI=\frac{NIR-R}{NIR+R+L}(1+L) \tag{10.119}$$

式中，L 是土壤调整因子。从式(15.62)可见，消除土壤影响的因子决定于 L 的取值，通常对于稀疏植被取 $L=1$，中等密度植被取值为 $L=0.5$，对于稠密植被取 $L=1$。

$$L=1-2*NDVI*WDVI \tag{10.120}$$

图 10.28 表示了土壤调整植被指数在红和近红外波段构成的两维空间中的分布，SAVI 等值线会聚于点$(-l_1、-l_2)$。

7. 最优土壤调整植被指数 OSAVT

选取 $L=0.16$

$$OSAVT=\frac{NIR-R}{NIR+R+0.16} \tag{10.121}$$

9. 变换的土壤调整植被指数 *TSAVI*

根据棉花的资料，*SAVI* 等值线并非收敛于一共同点，为进一步减小土壤的影响，Baret 等(1989，1991)考虑土壤线的斜率和截距提出了变换的土壤调整植被指数 *TSAVI*，并表示为

$$TSAVI=\frac{a(NIR-aR-b)}{aNIR+R-ab+X(1+a^2)} \tag{10.122}$$

式中，X 是使土壤背景的影响极小的调整因子，取 $X=0.08$，*TSAVI* 图形如图 10.29 所示。

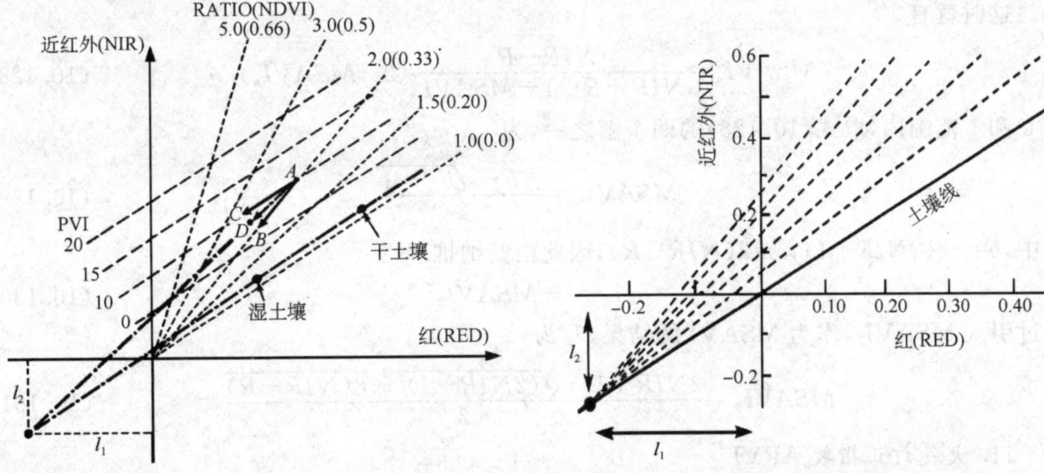

图 10.27 土壤湿度对植被指数的影响

图 10.28 土壤调整植被指数(SAVI)

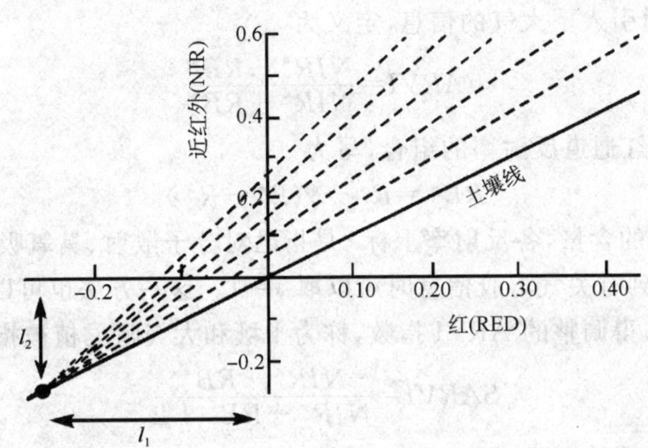

图 10.29 TSAVI 植被指数

9. 修正的土壤调整植被指数 MSAVI

为使土壤的影响最小,首先取一任意的值 L_0,则有

$$MSAVI_0=\frac{NIR-R}{NIR+R+L_0}(1+L_0) \tag{10.123}$$

在式中由于使用了 L_0,得出 MSAVI_0,使土壤的影响最小,为寻求一个使土壤的影响进一步最小的 L,由已得到一个使土壤的影响最小 MSAVI_0,可以得到另一个 L 函数 L_1,写成

$$L_1=1-MSAVI_0 \tag{10.124}$$

由式(10.124)得出的 L_1 后,由可求出的 MSAVI_1 应使土壤的效应最小,MSAVI_1 写成

$$MSAVI_1=\frac{NIR-R}{NIR+R+1-MSAVI_0}(2-MSAVI_0) \tag{10.125}$$

对以上过程重复 n 次后,即得到

$$L_n=1-MSAVI_{n-1} \tag{10.126}$$

以及得到

$$MSAVI_n=\frac{NIR-R}{NIR+R+1-MSAVI_{n-1}}(2-MSAVI_{n-1}) \tag{10.127}$$

用这一方法,通过迭代 n,这样有 $MSAVI_n=MSAVI_{n-1}$,至此使土壤的影响已不能进一步再

小。这时就有

$$MSAVI_n=\frac{NIR-R}{NIR+R+1-MSAVI_n}(2-MSAVI_n) \tag{10.128}$$

在0和1范围内，取式(10.128)的两个解之一，为

$$MSAVI_n=\frac{-b-\sqrt{b^2-4c}}{2} \tag{10.129}$$

式中，$b=-(2NIR+1)$，$c=2(NIR-R)$，因此由归纳推理得

$$L=1-MSAVI_2 \tag{10.130}$$

通过引入 $MSAVI_2$，作为 MSAVI 的结果，写为

$$MSAVI_2=\frac{2NIR+1-\sqrt{(2NIR+1)^2-8(NIR-R)}}{2} \tag{10.131}$$

11. 大气订正指数 ARVI

为了降低大气对 NDVI 的影响，Kaufman 等(1992)提出了一个 NDVI 的修正公式，在修正后的公式中，蓝通道引入了大气的信息，定义为

$$ARVI=\frac{NIR^*-RB^*}{NIR^*+RB^*} \tag{10.132}$$

式中，RB 是蓝通道和红通道反射率的组合，写为

$$RB^*=R^*-\gamma(B^*-R^*) \tag{10.133}$$

其中，γ 依赖于气溶胶的含量，各反射率上标 * 是指已对分子散射、臭氧吸收进行了订正。当气溶胶含量很小或得不到有关气溶胶信息时可以取 $\gamma=1$。这一方法也可以用于其他指数。

考虑土壤的作用，得调整的 ARVI 指数，称为土壤和大气阻尼植被指数，表示为

$$SARVI=\frac{NIR^*-RB^*}{NIR^*+RB^*+L} \tag{10.134}$$

12. 全球环境监视指数 GEMI

为了降低土壤和大气对卫星资料的影响，Pinty 和 Verstraete(1992)提出了一个新的指数，称为全球环境监视指数 GEMI，定义为

$$GEMI=\eta(1-0.25\eta)-(R-0.125)/(1-R) \tag{10.135}$$

式中，$\eta=2(NIR^2-R^2+1.5NIR+0.5R)/(NIR+R+0.5)$。

三、由陆地卫星表示的地物指数

1. Kauth-Thomas 穗帽变换

Kauth 和 Thomas(1976)由陆地卫星 MSS 资料通过正交变换得到一个新的四维的征空间，称之为 Kauth-Thomas 变换(图 10.30)。四个新的轴为：土壤亮度指数 B、植被绿度指数 G、植被黄度指数 Y 和 N，分别写为

土壤亮度指数 $B=0.332MSS1+0.603MSS2+0.675MSS3+0.262MSS4$ (10.136)

植被绿度指数 $G=-0.283MSS1-0.660MSS2+0.577MSS3+0.388MSS4$ (10.137)

植被黄度指数 $Y=-0.899MSS1+0.428MSS2+0.076MSS3-0.041MSS4$ (10.138)

$N=-0.016MSS1+0.131MSS2-0.452MSS3+0.882MSS4$。

2. 陆地卫星 TM 仪器

Crist 等(1986)导得对于陆地卫星 TM 可见光、近红外和中红外谱段的亮度、绿度和湿度

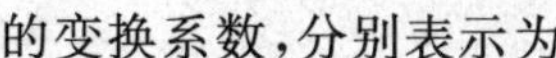

的变换系数，分别表示为

$$土壤亮度指数\quad B=0.2909TM1+0.2493TM2+0.4806TM3+0.5568TM4+0.4438TM5+0.1706TM7 \tag{10.139}$$

$$植被绿度指数\quad G=-0.2728TM1-0.2174TM2-0.5508TM3+0.7221TM4+0.0733TM5(0.1648TM7 \tag{10.140}$$

$$土壤湿度指数\quad W=0.1446TM1+0.1761TM2+0.3322TM3+0.3396TM4-0.6210TM5-0.4186TM7 \tag{10.141}$$

如图 10.30 所示，这种变换如帽子形状，因此称之为 Kauth-Thomas 穗帽变换，图 10.30a 显示了亮度—绿度穗帽变换中作物发展状态；图 10.30b 显示了在亮度—绿度光谱空间中陆地和植物的类型；图 10.30c 显示了对于一农业区的亮度和绿度；图 10.30d 显示了 Crist 等提出与土壤湿度有关的第三分量，图中箭头所指方向是土壤湿度减小的方向。

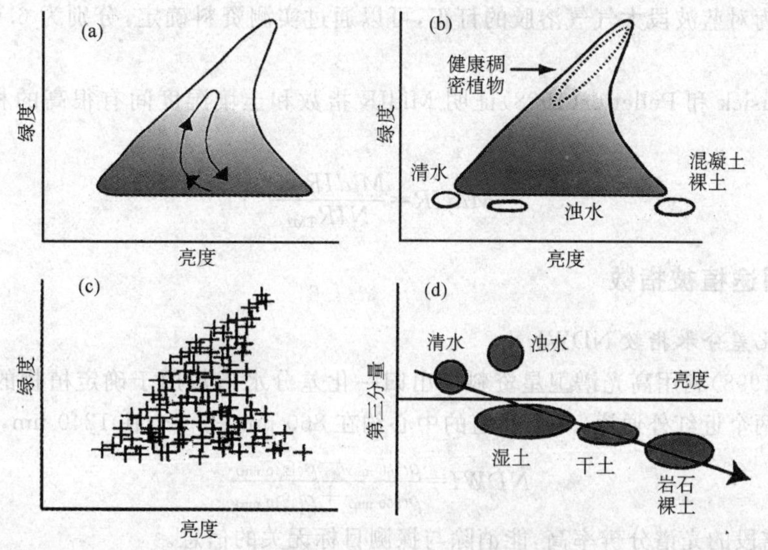

图 10.30　Kauth-Thomas 穗帽变换特征

3. 红外指数

它是利用 TM 波段 4 和 5，定义为Ⅱ：

$$\text{Ⅱ}=\frac{NIR_{\text{TM4}}-MidIR_{\text{TM5}}}{NIR_{\text{TM4}}+MidIR_{\text{TM5}}} \tag{10.144}$$

该指数对于湿陆地，在作物生物量和水胁迫的改变比 NDVI 更敏感。

4. 裸地之上的绿度(GRABS)

Hay 等(1979)提出一个裸地之上的绿度指数，表示为

$$GRABS=G-0.09178B+5.58959 \tag{10.145}$$

其中，G 和 B 是使用 Kauth-Thomas 变换绿度(G)和土壤湿度指数(B)。所得结果与 Kauth-Thomas 变换绿度指数相似，这是由于土壤亮度指数 B 的贡献小于绿度指数 GVI。

5. 湿度胁迫指数(MSI)

Rock 等(1986)根据陆地卫星 TM4 和 5 谱段资料定义湿度强迫指数为

$$MSI=\frac{MidIR_{\text{TM5}}}{NIR_{\text{TM4}}} \tag{10.146}$$

式中 $MidIR$、NIR 分别表示中红外和近红外谱段。

6. 叶水含量指数(LWCI)

Hunt 等(1987)提出叶水含量指数,用于评估水对叶子的强迫作用。定义为

$$LWCI=\frac{-\log[1-(NIR_{\mathrm{TM4}}-MidIR_{\mathrm{TM5ft}})]}{-\log[1-NIR_{\mathrm{TM4}}-MidIR_{\mathrm{TM5ft}}]} \tag{10.147}$$

式中,ft 是当叶子为最大相对含水量时确定谱带上的反射率。最大相对含水量定义为

$$RWC=\frac{作物产量-烘干后重量}{浸胖的重量-烘干后重量}\times 100 \tag{10.148}$$

7. 增强植被指数(MODIS)

应用观测资料提出增强植被指数,用土壤调整因子 L,修正 NDVI,定义为

$$EVI=\frac{NIR^{*}-R^{*}}{NIR^{*}+C_1R^{*}-C_2B^{*}+L}(1+L) \tag{10.149}$$

式中,C_1、C_2 为对蓝波段大气气溶胶的订正,可以通过实测资料确定,分别为 6.0 和 7.5;而 L 取为 1.0。

另外,Musick 和 Pelletier(1988)证明 MidIR 指数和土壤湿度间有很高的相关性,MidIR 指数定义为

$$MidIR=\frac{MidIR_{\mathrm{TM5}}}{NIR_{\mathrm{TM7}}} \tag{10.150}$$

四、多用途植被指数

1. 归一化差分水指数 NDWI

Gao 等(1998)利用高光谱卫星资料提出归一化差分水指数用于确定植物的液态水含量,$NDWI$ 采用两个近红外通道,一个通道的中心约在 860 nm,另一个在 1240 nm,写为

$$NDWI=\frac{\rho_{(860\ \mathrm{nm})}-\rho_{(1240\ \mathrm{nm})}}{\rho_{(860\ \mathrm{nm})}+\rho_{(1240\ \mathrm{nm})}} \tag{10.151}$$

由于高光谱谱段的光谱分辨率高,能消除与探测目标无关的信息。

2. 红边界位置 REP 确定

Dawson 和 Curra(1998)提出红边界的位置 REP,定义为红波段和近红外波段之间光谱反射率最大斜率的一个点,由于它与叶簇的叶绿素含量有关,也可以敏感地指示作物的胁迫,Clevers(1994)提出采用 4 个窄波段的线性组合方法,写为

$$REP=700+40\left[\frac{\rho_{(\mathrm{red\ edge})}-\rho_{(700\ \mathrm{nm})}}{\rho_{(740\ \mathrm{nm})}-\rho_{(700\ \mathrm{nm})}}\right] \tag{10.152}$$

式中

$$\rho_{(\mathrm{red\ edge})}=\frac{\rho_{(670\ \mathrm{nm})}-\rho_{(780\ \mathrm{nm})}}{2}$$

该指数适于小的计算量和适于植冠层的研究。

3. 生理反射指数 PRI

生理反射指数是一个窄带指数,其与叶黄素的环氧化状态、植冠层的无胁迫和氮胁迫的光合作用相关,但是与因水胁迫的白天植物萎蔫没有很大关系。为使太阳天顶角的影响对 PRI 最小,采用 531 nm 和参考通道的反射率,利用 PRI 可监视白天光合作用的效率,另外,PRI 可用于同一点、不同时间获取的光谱数据或光的几何状态。PRI 一般写为

$$PRI=\frac{\rho_{(\mathrm{ref})}-\rho_{(531\ \mathrm{nm})}}{\rho_{(\mathrm{ref})}+\rho_{(531\ \mathrm{nm})}} \tag{10.153}$$

式中，ρ_{ref}是参考波长的反射率，ρ_{531}是 531 nm 处的反射率。Gamon(1992)把 PRI 写为

$$PRI=\frac{\rho_{(550\ \mathrm{nm})}-\rho_{(531\ \mathrm{nm})}}{\rho_{(550\ \mathrm{nm})}+\rho_{(531\ \mathrm{nm})}} \tag{10.154}$$

式中，参考波长取为 550 nm 对于植冠最为合适。对于叶子尺度的光谱，取参考波长 570 nm，对叶黄色素的信号最佳。

4. 作物叶绿素含量预测$\frac{\mathrm{TCARI}}{\mathrm{OSAVI}}$

在许多研究工作中侧重考虑植被中总的叶绿素量，Daughtry 等(2000)对 Kim 等(1994)提出叶绿素吸收反射指数 CARI 进行修改，为变换吸收反射指数

$$TCARI=3\left[(\rho_{700}-\rho_{670})-0.2(\rho_{700}-\rho_{550})\left(\frac{\rho_{700}}{\rho_{670}}\right)\right] \tag{10.155}$$

最优土壤调整植被指数写为

$$OSAVI=\frac{(1+0.16)(\rho_{800}-\rho_{670})}{(\rho_{800}+\rho_{670}+0.16)} \tag{10.156}$$

两者的比值$\frac{\mathrm{TCARI}}{\mathrm{OSAVI}}$对叶绿素含量的变化敏感。

5. 黄指数 YI

该指数表示因植物胁迫而呈现的叶子萎黄病，它测量 0.555 μm 的最大反射光谱与 0.645 μm的最小反射光谱之间的形状变化。YI 是通过绿色光谱形状的三点粗测量，因此它仅用可见光谱波长，依据的理由是对于一定可见光谱区叶子含量水量和结构相对灵敏度的趋势，表示为

$$YI\propto\frac{\rho(\lambda_{-1})-2\rho(\lambda_0)+\rho(\lambda_{+1})}{\Delta\lambda^2}\approx\frac{\mathrm{d}^2\rho}{\mathrm{d}\lambda^2} \tag{10.157}$$

式中，$\rho(\lambda_0)$是谱带中心的反射率，$\rho(\lambda_{-1})$和 $\rho(\lambda_{+1})$是表示谱段高端和低端的反射率，$\Delta\lambda=\lambda_0-\lambda_{-1}=\lambda_{+1}-\lambda_0$ 是谱带宽度。目标是在 0.555 μm 到 0.68 μm 光谱范围内，选取约束三个通道的间隔 $\Delta\lambda$ 最大成为可能。*YI* 的计算可以通过二阶导数的有限近似的负值乘以 0.1 为减小输出值范围，因此，导得的关系作为黄度增加，这样 YI 为正值。YI 以相对反射率为单位，它对 λ_0 和 $\Delta\lambda$ 敏感。

6. 晴天无气溶胶指数 AFRI

在晴天条件下，谱带中心在 1.6 μm 和 2.1 μm 与可见光谱带蓝(0.469 μm)、绿(0.555 μm)和红(0.645 μm)有很高的相关性，Karnieli 等(2001)根据统计经验线性关系 $\rho_{0.469\ \mu\mathrm{m}}=0.25\rho_{2.1\ \mu\mathrm{m}}$，$\rho_{0.555\ \mu\mathrm{m}}=0.33\rho_{2.1\ \mu\mathrm{m}}$，$\rho_{0.645\ \mu\mathrm{m}}=0.66\rho_{1.6\ \mu\mathrm{m}}$，提出晴天无气溶胶指数 AFRI：

$$AFRI_{1.6\ \mu\mathrm{m}}=\frac{\rho_{\mathrm{nir}}-0.66\rho_{1.6\ \mu\mathrm{m}}}{\rho_{\mathrm{nir}}+0.66\rho_{1.6\ \mu\mathrm{m}}} \tag{10.158}$$

$$AFRI_{2.1\ \mu\mathrm{m}}=\frac{\rho_{\mathrm{nir}}-0.66\rho_{2.1\ \mu\mathrm{m}}}{\rho_{\mathrm{nir}}+0.66\rho_{2.1\ \mu\mathrm{m}}} \tag{10.159}$$

在晴天条件下，晴天无气溶胶指数 $\mathrm{AFRI_s}$(特别是 $\mathrm{AFRI_{2.1\ \mu m}}$)的结果，与 NDVI 十分类似。但是如果大气柱含有烟或硫酸粒子，则 $\mathrm{AFRI_{2.1\ \mu m}}$ 高于 NDVI，这是由于中心在 1.6 μm 和 2.1 μm电磁场能量穿透大气的能力比在 NDVI 使用红波段要大，因此 $\mathrm{AFRI_s}$ 主要应用于出现

烟雾、人为污染和火山灰；但由于尘粒较大，在 2.1 μm 处的不很透明，限制其成功应用。

7. 三变量植被指数 TVI

Broge 等(2000)提出三变量植被指数，叶子色素吸收的辐射能为红和近红外波段与相邻的绿波段反射率之差的相对函数，在绿波段叶绿素 a 和 b 的吸收是很微小的，计算的指数是光谱空间中绿色峰、叶绿素吸收极小和近红外凸起所确定的三角形面积，其根据叶绿素吸收引起红波段反射率减小、近红外反射率增大这两个事实，其将增加三角形总面积，TVI 指数是由光谱空间坐标三角形 ABC 所包围的面积：

$$TVI=0.5[120(\rho_{nir}-\rho_{green})]-200(\rho_{red}-\rho_{green}) \tag{10.160}$$

式中，ρ_{green}、ρ_{red}、ρ_{nir} 分别是中心波长位于 0.55 μm、0.67 μm、0.75 μm 的反射率。

8. 可见光大气阻尼植被指数 VARI

卫星测量的多数(60%)信息来自于植被，利用可见光波段的绿色和红色构建可见光大气阻尼植被指数可使大气的影响极小，写为

$$VARI_{green}=\frac{\rho_{green}-\rho_{red}}{\rho_{green}+\rho_{red}-\rho_{blue}} \tag{10.161}$$

9. 归一化差分建筑指数 NDBI

为监视城市及郊区建筑面积的增长，Zha 等(2003)使用如下组合得归一化差分建筑指数 TM_4(0.76～0.90 μm)和 TM_5(1.55～1.75 μm)

$$NDBI=\frac{MidIR_{TM5}-NIR_{TM4}}{MidIR_{TM5}+NIR_{TM4}} \tag{10.162}$$

计算建筑面积为

$$Built-up_{area}=NDBI-NDVI \tag{10.163}$$

精度达 92%。

10. 新植被指数 NVI

通常使用谱段计算植被指数：770～860 nm、760～900 nm、725～1100 nm，但是在这些谱段存在有水汽吸收，为改进利用 $NDVI$ 监测生物的能力，为消除水汽的影响，Gupta 等(2001)提出新植被指数

$$NVI=\frac{\rho_{777}-\rho_{747}}{\rho_{673}} \tag{10.164}$$

式中，ρ_{777}、ρ_{747}、ρ_{673} 分别是中心波长在 777 nm、747 nm、673 nm、带宽为 3～10 nm 的高分辨率光谱反射率。

第五节　叶面积指数、光合有效辐射和地面热通量

一、叶面积指数

前面讨论了各种植冠层模式，但是这些模式并不能有效地应用于反演，如在森林的情况下，辐射与树干、树叶相互交叉以及与地面之间的相互作用引起的方向反射率分布变化，很难体现在植物辐射模式中，结果这些模式对植冠层的辐射状态不敏感。这就要求植冠层的辐射模式包括非物理内部源项 F_λ，由此植冠层的反射、吸收、和透射辐射之和不等于入射到植冠层顶的辐射，由模式模拟反射辐射场选取的 F_λ，也就是模式考虑到在相当小的植冠层的区域内

的光子相互作用。另一方面，在植冠层的辐射状态对植物结构，也就是LAI很敏感，植冠层的辐射状态取决于植冠层吸收的太阳辐射能。当植冠层辐射模式逆运算时，在植冠辐射模式中略去这种现象，会导致大量非物理源解。因此，在反演算法之前，必须对式(10.81)进行变换。

为此引入权重

$$w_{\mathrm{bs},\lambda}(\Omega,\Omega_0)=\frac{\pi^{-1}r_{\mathrm{bs},\lambda}(\Omega,\Omega_0)}{r_{\mathrm{bs},\lambda}^{\mathrm{hem}}(\Omega_0)},\int_{2\pi+}w_{\mathrm{bs},\lambda}(\Omega,\Omega_0)\mid\mu\mid \mathrm{d}\Omega=1 \tag{10.165}$$

$$w_{\lambda}^{q}(\Omega,\Omega_0)=\frac{\tau_{\mathrm{q},\lambda}(\Omega,\Omega_0)}{t_{q,\lambda}},\int_{2\pi+}w_{\lambda}(\Omega)\mid\mu\mid \mathrm{d}\Omega=1 \tag{10.166}$$

由此式(10.81)写为

$$r_{\lambda}(\Omega,\Omega_0)=\pi w_{\mathrm{bs},\lambda}r_{\mathrm{bs},\lambda}(\Omega_0)+\pi w_{\lambda}^{q}t_{q\lambda}\frac{\rho_{q,\mathrm{eff}}(\lambda)}{1-\rho_{q,\mathrm{eff}}(\lambda)r_{q,\lambda}}t_{\mathrm{bs},\lambda}^{\mathrm{hem},\mathrm{q}}(\Omega_0) \tag{10.167}$$

和式(10.83)、式(10.84)，植冠层反射率可以写成

$$r_{\mathrm{bs},\lambda}^{\mathrm{hem}}=1-t_{\mathrm{bs},\lambda}^{\mathrm{hem},\mathrm{q}\equiv 1}-a_{\mathrm{bs},\lambda}^{\mathrm{hem}} \tag{10.168}$$

$$r_{\mathrm{q},\lambda}=1-t_{\mathrm{q},\lambda}-a_{\mathrm{q},\lambda} \tag{10.169}$$

因此式(10.167)对植冠的方向反射分布(权重 $w_{\mathrm{bs},\lambda}$)和植冠层内的辐射状态[$t_{\mathrm{bs},\lambda}^{\mathrm{hem},\mathrm{q}\equiv 1}$、$a_{\mathrm{bs},\lambda}^{\mathrm{hem}}$、$t_{\mathrm{q},\lambda}$、$a_{\mathrm{q},\lambda}$]两因子敏感。方程式(10.167)～(10.169)也可以用于对植冠辐射模式产生查算表*LUT*是否合理的检验。首先权重 $w_{\mathrm{bs},\lambda}$ 是作为太阳天顶角—观测角、波长和LAI的函数，可通场试验植冠模式求取，然后用同样的模式，将式(10.168)和式(10.169)代入式(10.167)求取 $r_{\mathrm{bs},\lambda}^{\mathrm{hem}}$ 和 $r_{\mathrm{q},\lambda}$。如果给定的太阳天顶角—观测角、波长和LAI的函数满足式(10.165)和式(10.166)，植完辐射模式就产生查算表。

根据式(10.88)和式(10.167)，HDRF可以表示为

$$r_{\lambda}(\Omega,\Omega_0)=\pi w_{\mathrm{bs},\lambda}r_{\mathrm{bs},\lambda}^{\mathrm{hem}}(\Omega_0)+w_{\lambda}^{q}[A_{\lambda}^{\mathrm{hem}}(\Omega_0)-r_{\mathrm{bs},\lambda}^{\mathrm{hem}}(\Omega_0)] \tag{10.170}$$

对于一像素点，如由MISR可以提供BHR、DHR，因此，这表达式可以用于求取HDRF和BRF。

二、MODIS反演叶面积指数(*LAI*)

MODIS仪器对于每个像点每天可以提供在一个观测方向上的太阳光谱带的七个波段的经大气订正的BRF，因此，每8天就有相应于16个不同太阳位置、15个观测方向、11个谱段的一组像点反射率，将这些输入到算法。但是由于出现有云和预处理，实际能得到的反射率要比这少。如设 $r_{0,\lambda}(\Omega',\Omega'_0)$ 是由MODIS反演得到的BRF，$r_{\lambda}(\Omega,\Omega_0)$ 和 $A_{\lambda}^{\mathrm{hem}}(\Omega_0)$ 分别是由MISR数据反演得到的BRF和BHR，其中 Ω' 和 Ω 分别是MODIS和MISR仪器观测方向，Ω'_0 和 Ω' 分别是MODIS和MISR仪器观测期间直接太阳辐射方向，β 和 λ 分别是MODIS和MISR仪器谱带中心波长，输入到算法的反演反射率用矩阵形式表示为

$$\bar{r}_0=\begin{pmatrix} r_0,\beta_1(\Omega'_1,\Omega'_0,1) & r_{0,\beta_1}(\Omega'_2,\Omega'_{0,2}) & r_{0,\beta_1}(\Omega'_8,\Omega'_{0,8}) \\ r_{0,\beta_2}(\Omega'_1,\Omega'_{0,1}) & r_{0,\beta_2}(\Omega'_2,\Omega'_{0,2}) & r_{0,\beta_2}(\Omega'_8,\Omega'_{0,8}) \\ r_{0,\beta_7}(\Omega'_1,\Omega'_{0,1}) & r_{0,\beta_7}(\Omega'_2,\Omega'_{0,2}) & r_{0,\beta_7}(\Omega'_8,\Omega'_{0,8}) \end{pmatrix} \tag{10.171}$$

$$\bar{r}(\Omega_0)=\begin{pmatrix} r_{\lambda_1}(\Omega_1,\Omega_0) & r_{\lambda_2}(\Omega_1,\Omega_0) & r_{\lambda_3}(\Omega_1,\Omega_0) & r_{\lambda_4}(\Omega_1,\Omega_0) \\ r_{\lambda_1}(\Omega_2,\Omega_0) & r_{\lambda_2}(\Omega_2,\Omega_0) & r_{\lambda_3}(\Omega_2,\Omega_0) & r_{\lambda_4}(\Omega_2,\Omega_0) \\ \vdots & \vdots & \vdots & \vdots \\ r_{\lambda_1}(\Omega_9,\Omega_0) & r_{\lambda_2}(\Omega_9,\Omega_0) & r_{\lambda_3}(\Omega_9,\Omega_0) & r_{\lambda_4}(\Omega_9,\Omega_0) \end{pmatrix} \tag{10.172}$$

$$A_{\lambda}^{\mathrm{hem}}(\Omega_0)=[A_{\lambda 1}^{\mathrm{hem}}(\Omega_0) \quad A_{\lambda 2}^{\mathrm{hem}}(\Omega_0) \quad A_{\lambda 3}^{\mathrm{hem}}(\Omega_0) \quad A_{\lambda 4}^{\mathrm{hem}}(\Omega_0)] \tag{10.173}$$

式中，$\beta_k,k=1,2,\cdots,7$ 和 $\lambda_m,m=1,2,3,4$ 是 MODIS 和 MISR 仪器谱带中心波长，现可使用

$$r_{0,\lambda}(\Omega',\Omega'_0)、r_{\lambda}(\Omega,\Omega_0)、A_{\lambda}^{\mathrm{hem}}(\Omega_0)、\bar{r}_0、\bar{r}(\Omega_0)\text{和}\boldsymbol{A}^{\mathrm{hem}}(\Omega_0) \tag{10.174}$$

表示植冠反射率模式，用

$$\tilde{r}_{0,\lambda}(\Omega',\Omega'_0)、\tilde{r}_{\lambda}(\Omega,\Omega_0)、\tilde{A}_{\lambda}^{\mathrm{hem}}(\Omega_0)、\bar{r}、\bar{r}(\Omega_0)\text{和}\boldsymbol{A}^{\mathrm{hem}}(\Omega_0) \tag{10.175}$$

表示观测变量，模拟植冠反射率取决于模式参数，在光传输理论中，通过使用陆面植被分类参数，区分六类生物群，每一类表示单个树的结构（叶子趋向、茎—树干—树枝面积、叶和树冠大小）和整个冠层（树干分布、地形），以及植被单元的光谱反射率和透射率的形式。也表示生物群土壤和/或下层植被的类别，在生物群相关区域内的连续变化。叶子分布由三维叶面积密度分布函数表示，它取决于几个连续参数。因此 LAI 不能直接列在模式参数的 p 表中。但是 LAI 可以在当列在 p 表中的模式参数已知时获得，就是 LAI 是一个 p 的函数：$LAI=l(p)$。假定函数 l 已知，因此列在模式参数的 p 表中包含六个值离散变量（生物群类），连续变量（土壤/或下面植物类型）和某些确定叶面积密度分布函数的连续参数，更详细的参考有关文献。如果列表参数的模式变量值确定，就是说模式参数是现实的植冠，设 P 表示六个子集合的和：$P=\bigcup_{bio=1}^{6}P_{bio}$，每一个表示一集合具体植冠确定的生物群。设 $D_r\subset R^{4\times 9}$，和 $D_A\subset R^4$ 是通过对一集合 P 运行 p 获得的所有可能的植冠反射率的空间，就是

$$D_A=\{\boldsymbol{A}^{\mathrm{hem}}(\Omega_0,p):p\in P\};D_r=\{\bar{r}(\Omega_0,p):p\in P\} \tag{10.176}$$

这里先提出一集合 D_A 和 D_r，表示所有可能植冠反射率的观测值，也就是任何 $\tilde{\boldsymbol{A}}^{\mathrm{hem}}(\Omega_0)$ 和 $\tilde{\bar{r}}(\Omega_0)$ 分别是 D_A 和 D_r 的元素。但是应注意的是这里提出的与实际情况不一定符合。

在实际中任何模式可以模拟一定精度范围内的过程，也就是测量值不可能是理想化的，这意味着模式是围绕真实值 $\boldsymbol{A}^{\mathrm{hem}}(\Omega_0)$ 和 $\bar{r}(\Omega_0)$ 的预测区域 $O_A\subset D_A$ 和 $O_r\subset D_r$，对于测量量同样是有效的，就是只可作出围绕真实值 $\tilde{\boldsymbol{A}}^{\mathrm{hem}}(\Omega_0)$ 和 $\tilde{\bar{r}}(\Omega_0)$ 的相邻 O_A 和 O_r。在 O_A 和 O_r 区域内测量和模拟中是不确定的，由这些区域内的任一元素可以是真实值，确定在 O_A 和 O_r 区域内测量的反射率 $\tilde{\boldsymbol{A}}^{\mathrm{hem}}(\Omega_0)$ 和 $\tilde{\bar{r}}(\Omega_0)$ 为

$$Q_A=\{\boldsymbol{A}^{\mathrm{hem}}\in D_A;\Delta_A[\boldsymbol{A}^{\mathrm{hem}}(\Omega_0),\tilde{\boldsymbol{A}}_{\lambda}^{\mathrm{hem}}(\Omega_0)]\leqslant h_A\} \tag{10.177}$$

$$Q_r=\{r(\Omega_0)\in D_r;\Delta_r[\bar{r}(\Omega_0),\tilde{\bar{r}}(\Omega_0)]\leqslant h_r\} \tag{10.178}$$

式中

$$\Delta_A[\boldsymbol{A}^{\mathrm{hem}}(\Omega_0),\tilde{\boldsymbol{A}}^{\mathrm{hem}}\lambda(\Omega_0)]=\frac{\sum_{l=1}^{4}\nu_A(l)\left[\dfrac{A_{\lambda_l}^{\mathrm{hem}}(\Omega_0)-\tilde{A}_{\lambda_l}^{\mathrm{hem}}(\Omega_0)}{\sigma_A(l)}\right]}{\sum_{l=1}^{4}\nu_A(l)} \tag{10.179}$$

$$\Delta_r[\bar{r}(\Omega_0),\tilde{\bar{r}}(\Omega_0)]=\frac{\sum_{l=1}^{4}\sum_{j=1}^{9}\nu_r(l)\left[\dfrac{r_{\lambda_l}(\Omega_j,\Omega_0)-\tilde{r}_{\lambda_l}(\Omega_j,\Omega_0)}{\sigma_r(l)}\right]}{\sum_{l=1}^{4}\sum_{j=1}^{9}\nu_r(l)} \tag{10.180}$$

这里如果在波长 λ_l 处存在 BHR（或 DHR），有 $\nu_A(l)=1$，否则为 0；如果在波长 Ω_l 处和散射方向 Ω_j，HDRF（或 BRF）存在，有 $\nu_r(l,j)=1$，否则为 0；σ_A 和 σ_r 是 BHR（或 DHR）和 HDRF（或 BRF）反演的不确定性，h_A 和 h_r 是若干结构阈值，因此模拟量确定为环绕测量值附近的值，这样通过一等效量或小于反演不确定性单位量级 Δ_A 和 Δ_r 的 BHR（或 DHR）和 HDRF（或

BRF)值的不同。

对于 $\bar{r}(\Omega_0)\in O_r$ 和 $\mathbf{A}^{\text{hem}}(\Omega_0)\in O_A$ 任何植冠具有 $p\in P$，必须考虑到真实 p 的选择，为求解引入一集合的选择如下：

$$Q_A(L,O_A;P_{\text{bio}})=\{p\in P_{\text{bio}}:l(p)<L \text{ 和 } \mathbf{A}^{\text{hem}}(\Omega_0)\in O_A\}; \tag{10.181}$$

$$Q_r(L,O_r;P_{\text{bio}})=\{p\in P_{\text{bio}}:l(p)<L \text{ 和 } \bar{r}(\Omega_0)\in O_r\}; \tag{10.181}$$

这些集合是子集 P_{bio}，并且含有来自叶面积指数 $LAI=l(p)$ 子集 P_{bio} 的 p，$LAI=l(p)$ 是小于处于间隔$[LAI_{\min}(\text{bio}),LAI_{\max}(\text{bio})]$和 $\bar{r}(\Omega_0)\in O_r$、$\mathbf{A}^{\text{hem}}(\Omega_0)\in O_A$ 所给定值 L。

$$LAI_{\min}(\text{bio})=inf\{l(p):p\in P_{\text{bio}}\} \tag{10.182}$$

$$LAI_{\max}(\text{bio})=sup\{l(p):p\in P_{\text{bio}}\} \tag{10.183}$$

集合 $Q_A(LAI_{\max},O_A;P_{\text{bio}})$ 和 $Q_r(LAI_{\max},O_r;P_{\text{bio}})$ 包含有全部 $p\in P_{\text{bio}}$，对于一植冠模式产生与测量资料可比较的输出，使用这些表示建立反演问题如下：首先给定大气订正植冠层的反射率 $\tilde{\mathbf{A}}_\lambda^{\text{hem}}(\Omega_0)$、$\tilde{\bar{r}}(\Omega_0)$ 和对于

$$\mathbf{A}^{\text{hem}}(\Omega_0)\in O_A \tag{10.184}$$

$$\bar{r}(\Omega_0)\in O_r \tag{10.185}$$

的全部于 $p\in P_{\text{bio}}$ 求到的它们的不确定 O_A、O_r。

通过两步过程利用全部观测数据设计算法：第一步是将反演光谱半球积分反射率与用模式求取的比较；也就是式(10.184)的解。第二步是对 p 检验，其是 MISR 角方向反射率与反演的光谱反射率比较，也就是式(10.185)的解。

为求取式(10.184)和式(10.185)的定量解，引入测量(分布函数)，子集合 P_{bio} 定义如下：子集合 P_{bio} 表示为非相交集的子集：

$$P_{\text{bio}}=\bigcup_{k=1}^{N}P_{\text{bio},k},\qquad P_{\text{bio},k}\cap P_{\text{bio},j}=\varphi,k\neq j \tag{10.186}$$

设 $N_A(L;P_{\text{bio}})$ 和 $N_{r,A}(L;P_{\text{bio}})$ 是至少有一个元素的子集合 $P_{\text{bio},A}$ 的数目，它分别来自集合 $Q_A(L,O_A;P_{\text{bio}})$ 和 $Q_{A,r}(L,O_A;P_{\text{bio}})=Q_A(L,O_A;P_{\text{bio}})\cap Q_r(L,O_r;P_{\text{bio}})$。当测量 $Q_A(L,O_A;P_{\text{bio}})$ 和 $Q_{r,A}(L)$ 时，引入生物群比值函数 $F_{A,\text{bio}}(L)$ 和 $F_{r,A,\text{bio}}(L)$ 为

$$F_{A,\text{bio}}(L)=\lim_{N\to\infty}\frac{N_A(L;P_{\text{bio}})}{N_A(LAI_{\max};P_{\text{bio}})} \tag{10.187a}$$

$$F_{r,A,\text{bio}}(L)=\lim_{N\to\infty}\frac{N_{r,A}(L;P_{\text{bio}})}{N_{r,A}(LAI_{\max};P_{\text{bio}})} \tag{10.187b}$$

显然，子集合 $P_{\text{bio},k}$ 确定为一组具有变化范围足够小的植冠，$N_A(LAI_{\max};P_{\text{bio}})$ 和 $N_{r,A}(LAI_{\max};P_{\text{bio}})$ 是式(10.184)和式(10.185)解的总数；当 $LAI=l(p)$ 小时，$N_A(L;P_{\text{bio}})$ 和 $N_{r,A}(L;P_{\text{bio}})$ 是这些式解的数目，则在$[LAI_{\min},LAI_{\max}]$间隔内给出 L 值；倘若 $p\in P_{\text{bio}}$，式(10.179)和式(10.180)是 LAI 条件分布函数，而式(10.184)和式(10.185)分别成立，注意到函数式(10.179)和式(10.180)取决于 L 和邻域 O_A 和 O_r。取值

$$L_{A,\text{bio}}=\int_{LAI_{\min}}^{LAI_{\max}}l\mathrm{d}F_{A,\text{bio}}(l) \tag{10.188a}$$

$$L_{r,A,\text{bio}}=\int_{LAI_{\min}}^{LAI_{\max}}l\mathrm{d}F_{r,A,\text{bio}}(l) \tag{10.188b}$$

是式(10.184)和式(10.185)的解，而值

$$d_{A,\text{bio}}^2 = \int_{LAI_{\min}}^{LAI_{\max}} (L_{A,\text{bio}} - l)^2 \,\mathrm{d}F_{A,\text{bio}}(l) \tag{10.189}$$

$$d_{r,A,\text{bio}}^2 = \int_{LAI_{\min}}^{LAI_{\max}} (L_{r,A,\text{bio}}(l))^2 \,\mathrm{d}F_{r,A,\text{bio}}(l) \tag{10.190}$$

作为解的精度。如果式(10.184)和式(10.185)没有解,则对式(10.189a)、式(10.189b)赋予缺省值。

注意到函数 $F_{A,\text{bio}}$ 和 $F_{r,A,\text{bio}}$ 的某些特性,其有助于解释确定的解。直接由式(10.187a)和式(10.187b),如果函数 $l(p)$ 是常数,就是 $l(p)=L^*$,当 $p\in Q_A(LAI_{\max},O_A;P_{\text{bio}})$ 和 $p\in Q_r(LAI_{\max},O_r;P_{\text{bio}})$,则 $L_{A,\text{bio}}$ 和 $L_{r,A,\text{bio}}$ 与 L^* 相符合。这对于 LAI 使用三维植冠辐射传输模式,在这种情况下,植冠可以有相当大的变化,而 LAI 保持不变。这特性表明,式(10.188a)和式(10.188b)对 LAI 很敏感,但没有得到有 LAI 的值。如果反演问题给定一组测量,有唯一的解,则式(10.188a)和式(10.188b)与解一致。如果由模式参数 $Q_A(LAI_{\max},O_A;P_{\text{bio}})$ 和 $Q_r(LAI_{\max},O_r;P_{\text{bio}})$ 产生几个 LAI,由给出的 LAI,式(10.188a)和式(10.188b)给出加权平均。如果没有附加信息,就无法改进解的精度。

对于草地和谷类生物群系,算法可用有效地面反射率 $\rho_{q,\text{eff}}(\lambda_i)$、$LAI$ 参数表示,就是 $p=(\rho_1,\rho_2,\rho_3,\rho_4,\rho_5;LAI)$,有效反射率是波长的线性函数,就是 $\rho_{q,eff}(\lambda_i)=s(\lambda_1-\lambda)+\rho_1$,如在 MISR 仪器中,斜率 s、有效地面反射率 ρ_1 和 LAI 在给定的 $[\rho_{\min},\rho_{\max}]$ $[s_{\min},s_{\max}]$ 和 $[LAI_{\min},LAI_{\max}]$ 间隔内是连续变化的。因此,设集 P_{bio},bio=1,定义集 P_{bio} 为

$$P_{\text{bio}}=\{(\rho,s,LAI):\rho_{\min}\leqslant\rho\leqslant\rho_{\max},s_{\min}\leqslant s\leqslant s_{\max},LAI_{\min}\leqslant LAI\leqslant LAI_{\max}\} \tag{10.191}$$

在这种情况下,l 取形式 $l(p)=LAI$,由集 P_{bio} 选择 40 个叶子元,有

$$p_k=(0.025,1.184\times10^{-4}LAI_k),LAI_k=0.1+(k-1)1\times0.25,k=1,2,\cdots,40 \tag{10.192}$$

对于每一种土壤/LAI 的 p_k,取 $\widetilde{\mathbf{A}}(\Omega_0)$,可以估计 DHR。

三、FPAR 反演

根据式(10.82)和式(10.88),由植冠吸收入射光合有效辐射(PAR)的部分辐射量($FPAR$)可以写为

$$FPAR(bio,p)=\int_{400\ \text{nm}}^{700\ \text{nm}} \boldsymbol{a}_\lambda^{\text{hem}}(\Omega_0)e(\lambda)\,\mathrm{d}\lambda = Q_{bs}(bio,LAI,\Omega_0)+Q^q(bio,p,\Omega_0) \tag{10.193}$$

式中

$$Q_{\text{bs}}(bio,LAI,\Omega_0)=\int_{400\ \text{nm}}^{700\ \text{nm}} \boldsymbol{a}_{\text{bs},\lambda}^{\text{hem}}(\Omega_0)e(\lambda)\,\mathrm{d}\lambda \tag{10.194}$$

$$\begin{aligned} Q^q(bio,p,\Omega_0) &= \int_{400\ \text{nm}}^{700\ \text{nm}} \boldsymbol{a}_{q,\lambda}(\Omega_0)\,\frac{\rho_{q,\text{eff}}(\lambda)}{1-\rho_{q,\text{eff}}(\lambda)\boldsymbol{r}_{q,\lambda}}\boldsymbol{t}_{\text{bs},\lambda}^{\text{hem},q}e(\lambda)\,\mathrm{d}\lambda \\ &= \int_{400\ \text{nm}}^{700\ \text{nm}} \frac{\boldsymbol{a}_{q,\lambda}(\Omega_0)}{\boldsymbol{t}_{q,\lambda}(\Omega_0)}[\widetilde{A}_\lambda^{\text{hem}}(\Omega_0)-\boldsymbol{r}_{\text{bs},\lambda}^{\text{hem}}(\Omega_0)]e(\lambda)\,\mathrm{d}\lambda \end{aligned} \tag{10.195}$$

式中,Q_{bs} 项是"黑土壤"条件下植冠的吸收,Q_q 项是由于植冠与下垫面(土壤或下垫面植物)之间的相互作用附加的吸收,这里 $p\in P_{\text{bio}}$;e 是入射到植冠顶表面的单色辐射通量与总的向下

PAR 通量的比值，写为

$$e(\lambda)=\frac{E_{0,\lambda}(\Omega_0)}{\int_{400\ \mathrm{nm}}^{700\ \mathrm{nm}}E_{0,\lambda}e_{\lambda}^{\mathrm{hem}}(\Omega_0)\mathrm{d}\lambda} \tag{10.196}$$

式中，$E_{0,\lambda}$是太阳辐照度光谱，对整个波长是已的，是归一化入射辐射照度，定义为入射到植冠表面的辐射与$E_{0,\lambda}$的比值。对通过$\Delta(p)\leqslant h$检验的$p\in P_{\mathrm{bio}}$平均作为 FPAR 的估计，就是

$$FPAR_{\mathrm{bio}}=\frac{1}{N}\sum_{k=1}^{NP}FPAR(bio,p) \tag{10.197}$$

式中，N_p是通过检验的出现在$p\in P_{\mathrm{bio}}$的植冠数，当无法求解时，则通过 $NDVI$ 和 $FPAR$ 之间的回归分析求取 $FPAR$。

归一化入射辐照度和 BHR 由 PAR 区域的三个谱段（如 $MISR$ 仪器）给出，假定这两个参数在谱段[446～558 nm]，[558～672 nm]分段线性变化，在谱段[400～446 nm]，[672～700 nm]保持常数，将这些分段函数代入式(10.193)和式(10.195)，就可以用$e_{\lambda}^{\mathrm{hem}}$和$\widetilde{A}_{\lambda}^{\mathrm{hem}}$表示 FPAR。

四、NDVI-FPAR 的基本关系

若 NDVI 定义为

$$NDVI=\frac{A_{\alpha}^{\mathrm{hem}}-A_{\beta}^{\mathrm{hem}}}{A_{\alpha}^{\mathrm{hem}}+A_{\beta}^{\mathrm{hem}}} \tag{10.198}$$

式中，$A_{\lambda}^{\mathrm{hem}}$是 BHR 或 DHR 和$\alpha$与$\beta$分别表示近-$IR$ 和红光谱段；这些变量是太阳位置Ω_0的函数，但是在这里的符号都隐藏的，为简化，考虑“黑土壤”问题和“S 问题”的 NDVI，由式(10.169)、式(10.168)和式(10.167)，则式(10.198)可以写为

$$NDVI=\frac{k(\alpha,\beta)\boldsymbol{a}(\beta)-m(\alpha,\beta)\boldsymbol{t}(\beta)}{2\boldsymbol{r}(\beta)k(\alpha,\beta)\boldsymbol{a}(\beta)-m(\alpha,\beta)\boldsymbol{t}(\beta)} \tag{10.199}$$

式中

$$k(\alpha,\beta)=1-\frac{1-\gamma_{0,a}(\beta)}{1-\gamma_{0,a}(\alpha)}\frac{1-\omega(\alpha)}{1-\omega(\beta)} \tag{10.200}$$

$$m(\alpha,\beta)=\frac{1-\gamma_{0,t}(\beta)}{1-\gamma_{0,t}(\alpha)}-1 \tag{10.201}$$

其中，$\gamma_{0,a}$和$\gamma_{0,t}$由式(10.170)确定，且分别具有$K=K_a$(植冠吸收率)，$K=K_t$(植冠透过率)，假定叶子光谱反射率和叶子反照率之间的比值相对于波长是常数，这样它在变量列表中排除。经简单变换，可得到

$$NDVI=\boldsymbol{a}(\beta)\cdot\theta(s_{t,\beta},s_{r,\beta}) \tag{10.202}$$

这里函数θ具有如下形式

$$S(x,y)=\frac{k(\alpha,\beta)-m(\alpha,\beta)\cdot x}{2y+k(\alpha,\beta)-m(\alpha,\beta)\cdot x} \tag{10.203}$$

$$s_{t,\beta}=\frac{\boldsymbol{t}(\beta)}{\boldsymbol{a}(\beta)},s_{r,\beta}=\frac{\boldsymbol{r}(\beta)}{\boldsymbol{a}(\beta)} \tag{10.204}$$

因此在红谱段，NDVI 正比于植冠的吸收率，由式(10.168)和式(10.199)得到

$$\boldsymbol{a}(\lambda)=\frac{1-\gamma_{0,a}(\beta)}{1-\gamma_{0,a}(\alpha)}\frac{1-\omega(\lambda)}{1-\omega(\beta)}\boldsymbol{a}(\beta)=\frac{1-\gamma_{0,a}(\beta)}{1-\gamma_{0,a}(\alpha)}\frac{1-\omega(\lambda)}{1-\omega(\beta)}\frac{NDVI}{\theta(s_{t,\beta},s_{r,\beta})} \tag{10.205}$$

设 $e(\lambda)$是入射到冠层的单色辐射能与总的 PAR 通量之比，对太阳光谱的 PAR 区积分 $e \cdot a$，给出

$$FPAR=k \cdot NDVI \tag{10.206}$$

其中

$$k=\frac{1}{\theta(s_{t,\beta},s_{r,\beta})}\frac{1-\gamma_{0,a}(\beta)}{1-\omega(\alpha)}\left[\int_{400\ \mathrm{nm}}^{700\ \mathrm{nm}}\frac{1-\omega(\lambda)}{1-\gamma_{0,a}(\lambda)}e(\lambda)\mathrm{d}\lambda\right] \tag{10.207}$$

因此，如果地面植被是理想的黑体，FPAR 正比于 NDVI，比例因子 k 取决于比值 $s_{t,\beta}$和 $s_{r,\beta}$、系数 K_a 和 K_t 及在红波段和近红外波段的叶子反照率。考虑到土壤的作用，可以以同样的方式，由式(10.80)导得 NDVI 与 FPAR 之间的关系。其他类别的植被指数也以类似的方式导得。

第六节　覆盖有植被的陆面过程

当地面为植被覆盖，它表示的边界条件比裸地更为困难，因为它涉及进入和流出植被的热量、湿度、动量和其他气体和气溶胶物质的观测和理论信息的局限性。由于世界大部分地区均被植被所覆盖，而植被随时间而变。地表和植冠的温度、水汽压、风速、CO_2 和 O_2 等气体浓度，以及入射地面的辐射、射出辐射、净辐射等是建立大气环流模式时大气下边界条件的重要参数，这些参数可以由卫星遥感获取。为反演这些参数，下面先介绍控制这些参数基本方程。

一、地面植被的辐射收支平衡方程

地表不仅反射、吸收太阳辐射，而且以自身的温度发射长波辐射，对于某时刻某区域吸收的辐射与储存和消耗的辐射处于平衡状态，这种状态与能量输入、地表性质和水分循环等引起的影响有关。所以地表面的净辐射、显热和潜热成为能量的三个主要部分(图 10.35)。

对于地球表面的净辐射，又称辐射收支或辐射平衡可以写为

$$R_n=E_{\mathrm{sun}}+F\downarrow_a-r_sE_{\mathrm{sun}}-F\uparrow_c=(1-r_s)E_{\mathrm{sun}}+F\downarrow_a-F\uparrow_c \tag{10.208}$$

式中，R_n 为净辐射(kal/(cm^2 · s)或 W/m^2)，E_{sun}是到达地面的太阳辐射[$E_{\mathrm{sun}}=E_{\mathrm{dir}}$(直接)+$E_{\mathrm{dif}}$(漫辐射)]，$F_a^{\downarrow}$ 是大气向下辐射($F_a^{\downarrow}=1.24(e_a/T_a)^{1/7}(T_a^4)$)，$r_s E_{\mathrm{sun}}$是地面反射太阳辐射，$F_c^{\uparrow}$ 是地面发射的长波辐射($F_c^{\uparrow}=\sigma T_c^4$)。到达地面的净辐射转变为若干不同辐射项之和，为

$$R_n=S_{\mathrm{soil}}+F_{\mathrm{air}}+L_E+P+M \tag{10.209}$$

式中，S_{soil}是进入土壤的热辐射，F_{air}是进入空气的热辐射，L_E 是水蒸散或汽化所需潜热，P 是光合作用所需的辐射，M 是各种转换所需的辐射。

辐射还可通过显热和潜热的水平平流传输到地表面的某一体积元中，即为

$$\text{平流}=\int_0^z C_a\nabla(\rho_a uT)\mathrm{d}z+\int_0^z\frac{L_vE_W}{R}\frac{\nabla(ue)}{T}\mathrm{d}z \tag{10.210}$$

式中，C_a 是空气比热容，ρ_a 是空气密度，u 为风速，T 为温度，L_v 是汽化潜热，E_W 是水汽辐射，R 是通用气体常数，e 是空气水汽压。

在地球表面某一体积元中储存的能量为作物的热容、空气的感(显)热和潜热，即

$$\text{储存}=\int_0^z C\rho_c\frac{\partial T}{\partial t}\mathrm{d}z+\int_0^z C_a\rho_a\frac{\partial T}{\partial t}\mathrm{d}z+\int_0^z\frac{L_vW}{RT}\frac{\partial e}{\partial t}\mathrm{d}z \tag{10.211}$$

式中，C 为热容，ρ_c 为作物密度，W 是水分子量与空气分子量之比。

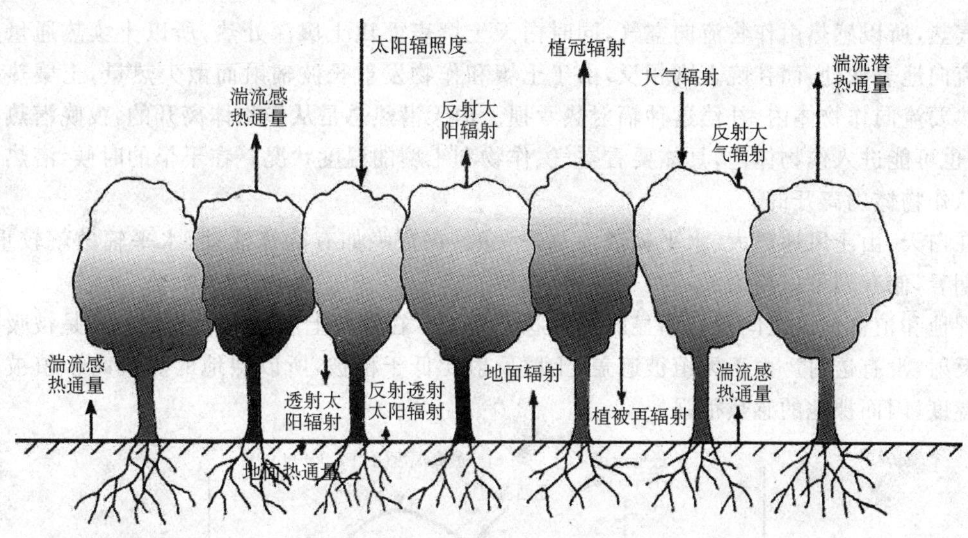

图 10.35　地表面的净辐射、显热和潜热

二、地面的能量平衡方程

如图 10.36 中，对于地表面体积元的辐射收支一能量平衡方程写为

$$R_n + G_{soil} + H_{air} + LE = 0 \tag{10.212}$$

在有植被情况下，则要考虑到

$$R_n + G_{soil} + H_{air} + LE + P + M + \text{平流} + \text{储存} = 0 \tag{10.213}$$

式中，P 是作物光合用消耗的能量，由方程可见，在白天能量储存可以忽略，但在日出之前较短时间内，R_n、F_{air}、LE 很小，而$\partial T/\partial t$ 很大，所以储存项很重要，从午夜到上午 6 时，储存项约占土壤热通量的 6%或净辐射的 2%。

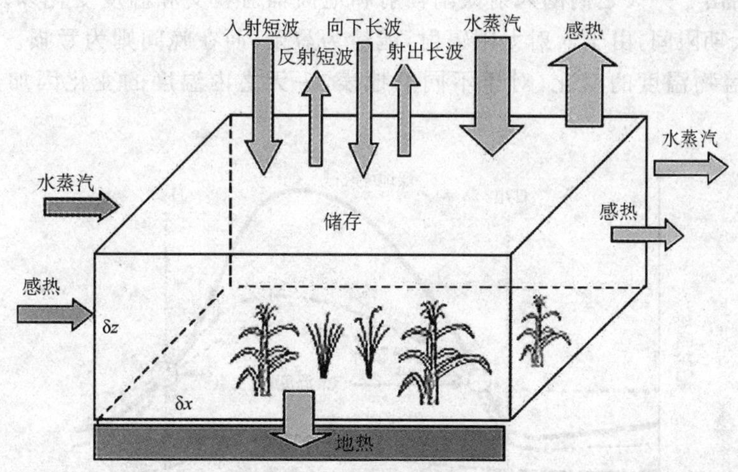

图 10.36　地球表面体元的能量收支

假如农田作物面积很小，空气易通过或灌溉区被干燥土地包围时，辐散项较大，仅在农田边界之内，靠近作物表面的地方辐射项才是可以忽略的。

能量平衡各项的符号还决定于时辰和气候条件，如白天土壤和植被吸收太阳辐射，其表面比空气热，所以感热由作物流向空气，同时白天土壤表面比土壤深处热，所以土壤热通量是从作物流向地表深处，而在晚上则相反，由于土壤和作物发射长波辐射而散失热量，土壤热通量和感热要流向作物体内，补偿这种辐射热亏损。白天潜热总是从作物体离开的，夜晚潜热可以离开，也可能进入作物体内，具体要看空气、作物和土壤的温度状况。在干旱的时候，潜热日夜都是从作物体内离开的。

在白天，由于风速较大，水平辐散项总是大的，在夜晚如有冷锋活动，水平辐散就较重要。从长期看，储存项可以略去。

裸地和植被地区之间就有明显的能量状态差别。在裸地上所有入射的辐射不是被吸收就是被反射，没有透射。由于无植被遮盖，土壤反射比低于植被，所以裸地的温度高于植被覆盖区的温度，因而裸地的感热很强。

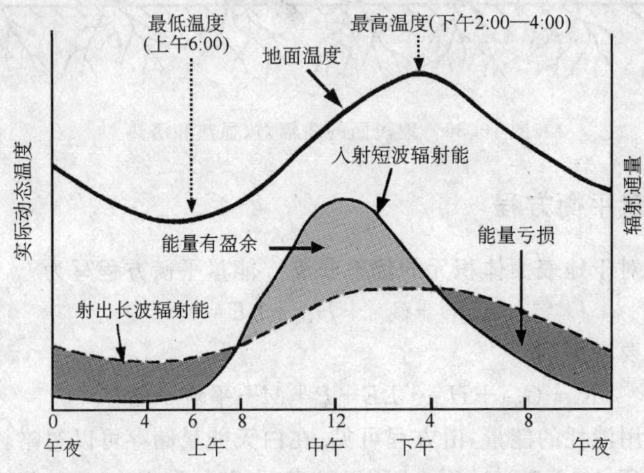

图 10.37　一天中入射和射出辐射、净辐射以及温度变化

图 10.37 给出了一天之内的入射太阳辐射和地面辐射收支和温度变化以及能量的盈亏，可以看到在白天期限间，由于入射太阳辐射，能量为盈余；而在晚间则为亏损。图 10.38 给出了不同地面覆盖物温度的变化，对于不同的地表，一天之内温度的变化因加热或冷却是不同的。

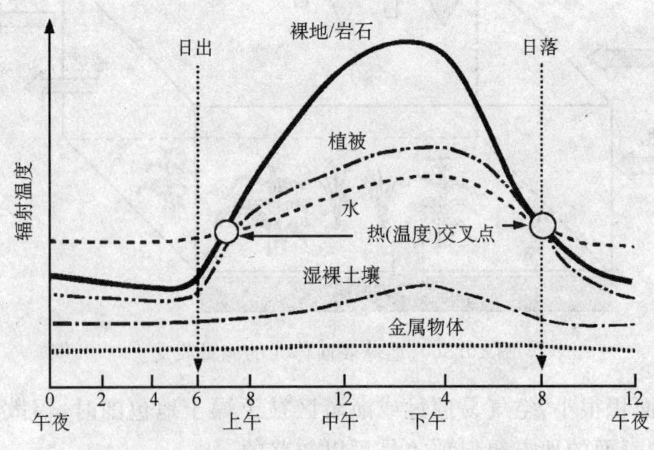

图 10.38　地面主要目标物的辐射温度

三、生态模式中热通量

通量的通用表达式可以写为

$$通量=\frac{位势能差}{阻尼} \tag{10.214}$$

1. 植冠层内感热通量

植冠层内感热通量的位势差为$(T_c-T_a)\rho c_p$，体植冠层阻尼为r_b，因此，根据式(10.10)，感热通量为

$$H_c=(T_c-T_a)\rho c_p/r_b \tag{10.215}$$

式中，T_a是空气温度，ρ是密度，c_p是定压比热容。

2. 地面上的感热通量

地面感热通量的位势差$(T_g-T_a)\rho c_p$，地面与植树冠空气间的气动阻尼为r_d，则地面的感受热通量为

$$H_g=(T_g-T_a)\rho c_p/r_d \tag{10.216}$$

式中，T_g是地表温度，ρ是密度，c_p是定压比热容。

3. 植冠加地表面感热

植冠加地表面感热通量位热差为$(T_c-T_m)\rho c_p$，阻尼为r_a，则感热通量为

$$H_c+H_g=(T_c-T_m)\rho c_p/r_a \tag{10.217}$$

式中，T_m是参考高度处的温度，r_a是空气动力阻尼。图10.39表示植冠层感热、水汽、CO_2的输送。

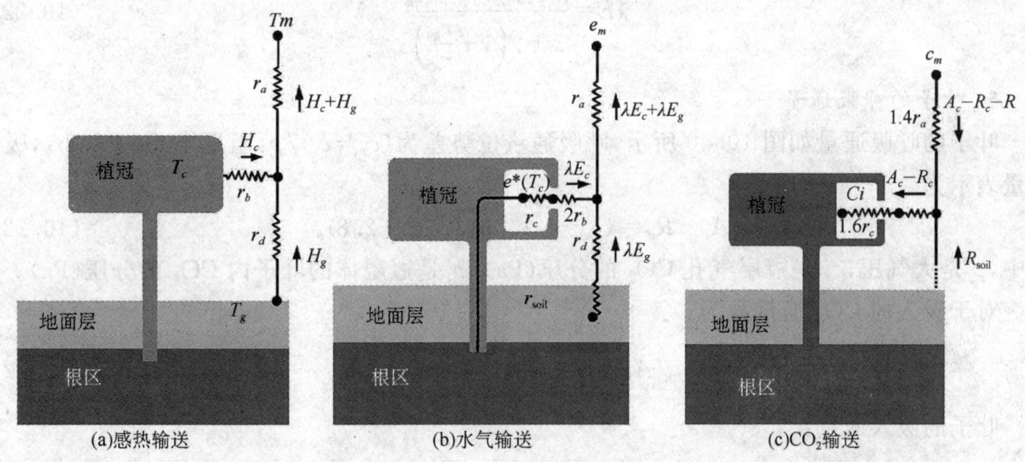

图10.39 近地面各项通量输送

4. 植冠层的潜热通量

对于植冠层潜热通量的位势差为：$(e^*(T_c)-e_a)\rho c_p/\gamma$，阻尼为$(r_c+2r_b)/(1-W_c)$，因此，植冠层的潜热通量为

$$\lambda E_d=[(e^*(T_c)-e)(1-W_c)\rho c_p]/[\gamma(r_c+2r_b)]=\left[\frac{e^*(T_c)-e_a}{1/g_c+2r_b}\right]\frac{\rho c_p}{\gamma}(1-W_c) \tag{10.218}$$

式中，$r_c=1/g_c$，γ为*psychrometric*常数，W_c是植被潮湿区域占的部分。

植冠截留失去的水汽潜热通量的位势差为$(e^*(T_c)-e_a)\rho c_p/\gamma$，阻尼为$2r_b/W_c$，截留失去的水汽潜热通量为

$$\lambda E_{ci}=\left[\frac{e^*(T_c)-e_a}{r_b}\right]\frac{\rho c_p}{\gamma}W_c\varepsilon_{Tc} \tag{10.219}$$

式中，$W_c=(M_{cw}+M_{cs})/S_c$。

5. 植冠的水汽潜热通量

植冠截留失去的水汽潜热通量的位势差为$e^*(T_c)-e)\rho c_p/\gamma$，$(e_a-e_m)\rho c_p/\gamma$，阻尼为$r_a$，潜热通量为

$$\lambda E_c+\lambda E_g=\lambda E_{cl}+\lambda E_{ci}+\lambda E_{gs}+\lambda E_{gi}=(e_a-e_m)\rho c_p/\gamma r_a \tag{10.220}$$

式中，e_m是参考高度处的水汽压。

如果叶子的饱和水汽压线性近似为

$$e_{\text{sat}}(T_c)\approx e_{\text{sat}}(T_a)+s(T_a)(T_c-T_a) \tag{10.221}$$

则有

$$\begin{aligned}\gamma(r_a+r_g)\lambda E&=\rho c_p\left(e_{\text{sat}}(T_a)+\frac{sr_aH}{\rho c_p}-e_a\right)=\rho c_p\left(e_{\text{sat}}(T_a)+sr_a\frac{R_n+\lambda E}{\rho c_p}-e_a\right)\\&=\rho c_p\Delta e-sr_aR_n-sr_a\lambda E\end{aligned} \tag{10.222}$$

可得

$$\left[\gamma\left(1+\frac{r_g}{r_a}\right)+s\right]\lambda E=\rho c_p\Delta e/r_a-sR_n \tag{10.223}$$

植冠的水汽潜热通量

$$\lambda E=\frac{\rho c_p\Delta e/r_a-sR_n}{s+\gamma\left(1+\frac{r_g}{r_a}\right)} \tag{10.224}$$

6. 叶子的呼吸通量

叶子的呼吸通量如图10.40所示，呼吸通量位势差为$(c_a-c_l)/p$，阻尼$1.6r_c+2.8r_b$，吸入通量表示为

$$A_c-R_d=(c_a-c_l)/[p(1.6r_c+2.8r_b) \tag{10.225}$$

式中，p是大气压，c_a是冠层气孔CO_2的分压(Pa)，c_l是冠层体的叶子内CO_2的分压(Pa)。

对于吸入的CO_2通量写为：

$$A_n=\frac{C_a-C_i}{1.6R_s},C_i=0.7C_a \tag{10.226}$$

叶子的吸入通量：

$$A_n=\min\begin{cases}Vm\dfrac{C_i-\Gamma_*}{C_i+K_C(1+O/K)}\\\dfrac{\alpha_qIJ_m}{\sqrt{J_m^2+\alpha_q^2I^2}}\dfrac{C_i-\Gamma_*}{4(C_i+\Gamma_*)}\end{cases}-R_{\text{d}} \tag{10.227}$$

式中，Γ_*为C_a60 ppm；O为氧浓度；K_C，K_O为常数；α_q为光子使用效率；V_m，J_m与叶子N相关；R_d为叶子失去的通量。

$$I=\frac{fAPAR\cdot PAR}{E_q};E_q\text{：平均光子能量} \tag{10.228}$$

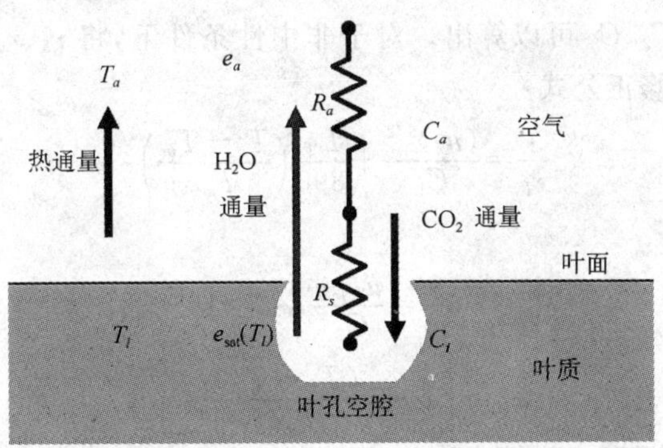

图 10.40 叶子与周围环境的交换

7. 土壤的呼吸率

土壤的呼吸通量位势差为$(c_{soil}-c_a)/p$，阻尼为$1.4r_d$，土壤的呼吸率为

$$R_{soil}=(c_{soil}-c_a)/(1.4r_d p) \tag{10.229}$$

式中，c_{soil}是土壤表面CO_2的分压(Pa)，r_d是地面与植冠气孔间的空气动力阻尼。

四、气体动力阻尼和传导率

1. 体积植冠边界层(中性条件)的阻尼

在中性条件下，体积植冠边界层阻尼写为

$$r_b=\frac{C_1}{(u)^{1/2}}=\left[\int_{z_1}^{z_2}\frac{L_d(u)^{1/2}}{p_s C_s}dz\right]^{-1} \tag{10.230}$$

式中，C_1是体积植冠边界层阻尼系数$(m/s)^{-1/2}$，u_2是z_2高度处风速(m/s)，C_s是质量热交换系数$=90(l_w)^{1/2}$，l_d是叶面宽度，p_s是叶子遮挡因子。

根据 Stanghellini(1987)叶片感热的阻尼为

$$r_{ah,e}=\rho_a c_p l/(\lambda_a Nu)$$

$$Nu=0.37(Gr+6.92R_e^2)^{0.25} \tag{10.231}$$

$$Gr=g\beta l^3$$

2. 地面植冠气孔阻尼

植冠气孔阻尼写成

$$r_d=\frac{C_2}{u_2}=\int_{z_s}^{h_a}\frac{1}{K_s}dz \tag{10.232}$$

式中，C_2是地面到植冠气孔的阻尼系数，K_s是热—水汽交换系数，假定等于$K_m(m^2/s)$，h_a是植冠高度(m)。

3. 空气动力阻尼

空气动力阻尼写成

$$r_a=\frac{C_3}{u_m}=\int_{h_a}^{z_m}\frac{1}{K_s}dz \tag{10.233}$$

上式表示了植冠气孔与参考高度z_m间的交换，它为从h_a到z_m对$K_s(=K_m)$的倒数的积分，其中C_3是气动尼系数，它的中性值近似地写为

$$C_3\cong\left[\frac{1}{k}\log\left(\frac{z_m-d}{z_0}\right)\right] \tag{10.234}$$

对于给定的植被的 C_3、C_3、C_3 可以算出。对于非中性条件下，将 r_b、r_d 作调整，在 GCM 中，对 r_b、r_d 作简单的改变，得修正公式

$$\frac{1}{r_b}=\frac{(u_2)^{1/2}}{C_1}+\frac{L_T}{890}\left(\frac{T_c-T_m}{l_w}\right)^{1/4} \tag{10.235}$$

和

$$\frac{1}{r_d}=\frac{u_2\varphi_H}{C_2},\varphi_H\geqslant 1 \tag{10.236}$$

$$\varphi_H=\left[1+9\frac{(T_g-T_m)}{T_g u_2^2}z_2\right]^{1/2} \tag{10.237}$$

传导率为阻尼的倒数，写成

$$g_b=\frac{1}{r_b} \tag{10.238}$$

和

$$g_c=\frac{1}{r_c}=m\frac{A_c}{c_s}h_s p+bL_T \tag{10.239}$$

式中，下标大写 S 参指植冠体 c_s 和 h_s 的值，A_c 是叶子光合作用率，式(10.239)用于式(10.218)的计算。

五、植冠、地表和土壤深处的温度的时间变化的控制方程

植冠层温度的时间改变：在植冠层内温度与冠层内的净辐射、可感热和蒸发潜热、相变潜热有关，它的时间变化方程可写为

$$C_c\frac{\partial T_c}{\partial t}=R_{nc}-H_c-\lambda E_c-\xi_{cs} \tag{10.240}$$

式中，C_c 是植冠的有效热容(J/(m^2·K))，T_c 是植冠温度(K)，t 是时间，R_{nc} 是冠层内的净辐射能(W·m^2)，H_c 是冠层内的可感热能量(W·m^2)，λ 是蒸发潜热(J/kg)，E_c 是蒸散(kg/(m^2·s))，ξ_{cs}是由于植冠层内贮存的水或冰—水相变引起能量的转换(W·m^2)。

六、植冠层和地面贮存水量的时间变化

1. 植冠层贮存水量的时间变化

植冠层贮存水量的变化与降水速率、通过植冠层的速率、植冠层的排水速率和截留贮存的蒸发速率，写成

$$\frac{\partial M_{cw,s}}{\partial t}=P-D_d-D_c-E_d/\rho_w \tag{10.241}$$

式中，M_{cws} 为贮存植冠层内的水或冰雪，P 是降水速率[$=P_c$(对流降水)$+P_l$(大尺度降水)]，D_d 是通过植冠层的速率，D_c 是植冠层的排水速率，E_d 是截留贮存植冠的水分蒸发速率，ρ_w 是水密度。

2. 地面贮存水量的时间变化

地面贮存水量取决于降水通过植冠层的速率和植冠层的排水速率，地面的蒸发速率，写为

$$\frac{\partial M_{gw,s}}{\partial t}=D_d+D_c-E_{gl}/\rho_w \tag{10.242}$$

式中，E_{gl} 是截留贮存土壤水分的蒸发速率。

3. 对于水汽的植冠传导率的时间变率

$$\frac{\partial g_c}{\partial t}=-k(g_c-g_{cinf}) \tag{10.243}$$

式中 g_c 是植冠的传导率，k_g 是时间常数，g_{cinf} 是当 $t\to\infty$，g_c 的估计值。

第七节 卫星资料监视作物长势

一、在卫星图像上显示的不同作物生长状态

卫星图像监视作物的生长状况，在伪彩色陆地卫星图上，红色表示长势旺盛，其色调变暗，表示作物初生或生长较差，根据卫星图片上色调的变化可以，如图 10.41 中显示了甜菜、棉花和苜蓿三种庄稼不同发育阶段的卫星图像的表现，其中甜菜是秋季播种、经过冬季到春季生长的作物，棉花是夏季作物，苜蓿是常用年生作物。

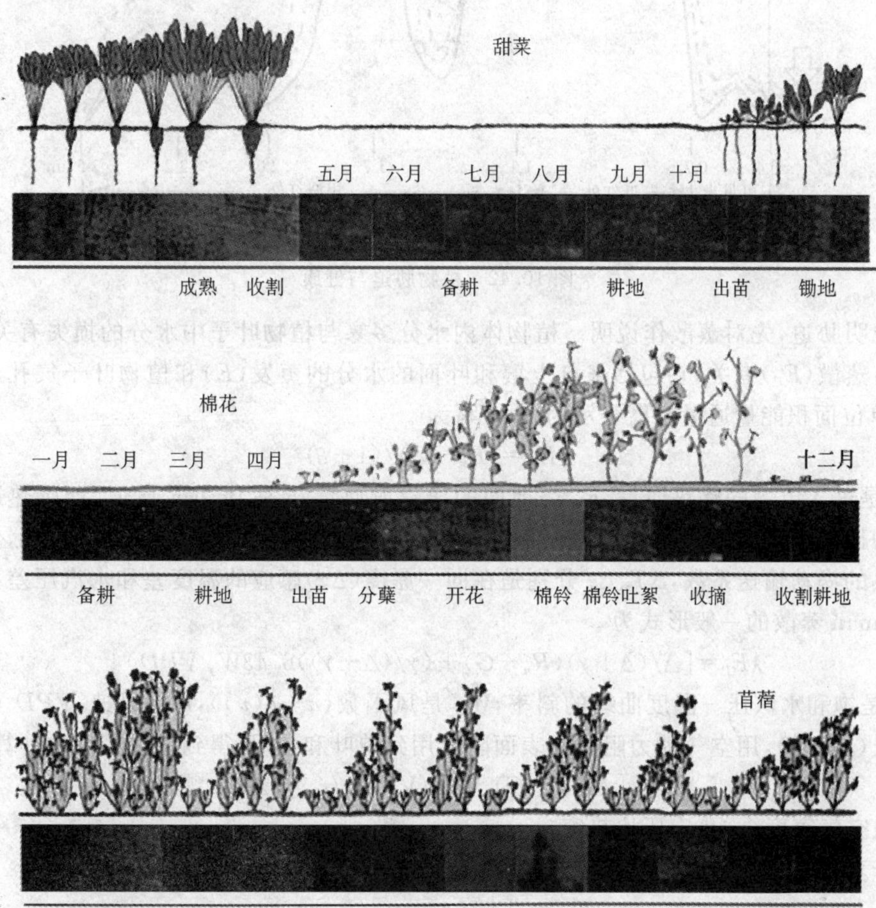

图 10.41 不同发育阶段的农作物的卫星图像

二、作物健康的表示

植物的生态状况显示了植物健康程度，表示植物健康通常用胁迫表示，植物的胁迫在于植物对水的满足程度，在干旱的时间里，植物缺水状况加大，胁迫加强。如图 10.42 表示植物受胁迫的光谱变化，健康植物没有胁迫，其光谱特点与正常的一样，如果植物受到胁迫，反射光谱就发生改变，近红外的反射率减小，短波红外增大，当植物受到重度胁迫时，植物内体水分减小，在近红外的反射率显著减小，在短波红外显著增大。

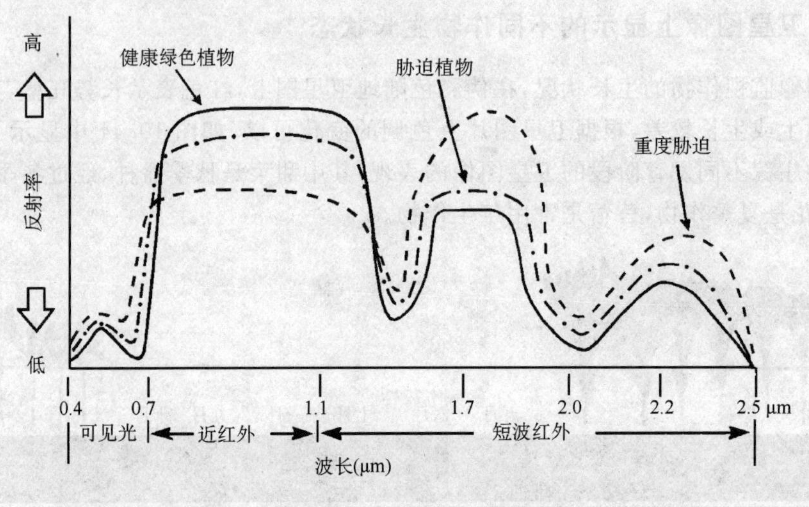

图 10.42　植物胁迫与健康

为说明胁迫，先对蒸散作说明。植物体内水分多寡与植物叶子中水分的损失有关，而水分的损失与蒸散(E_Γ)有关，它包括来自土壤和叶面的水分的蒸发(E)和植物叶子气孔水分的蒸腾(Γ)，单位面积能量通量密度表示为 λE_Γ，写为

$$\lambda E_\Gamma=(R_n-G)/(1+\beta) \tag{10.244}$$

式中，G 是进入土壤的感热通量，R_n 是地面的净辐射通量，β 是 *Bowen* 比值，即感热通量与潜热通量的比值，$\beta=\gamma(K_h/K_v)(\Delta T/\Delta e)$，$\gamma$ 是湿球常数(2.453 MJ/kg，20℃)，K_h、K_v 分别是感热和潜热的涡动输送系数，ΔT、Δe 分别是在同一厚度(Δz)感应的温度差和水汽压差。

Penman 蒸散的一般形式为

$$\lambda E_\Gamma=[\Delta/(\Delta+\gamma)(R_n-G)+(\gamma/(\Delta+\gamma))6.43W_f\,VPD)] \tag{10.245}$$

式中，Δ 是饱和水汽压—温度曲线的斜率，W_f 是风函数($a+b(u)$)，u 是风速；VPD 是空气水汽压缺乏(e^*-e)，用空气动力阻尼和表面阻尼用到单叶和植冠，得到潜在蒸发的计算公式：

$$\lambda E_\Gamma=[\Delta(R_n-G)+\rho c_p(VPD)/r_a]/[\Delta+\gamma^*] \tag{10.246}$$

式中 ρ 是空气密度，c_p 是定压比热容。

对于蒸发阻尼极小时，计算潜在蒸发热通量简化为

$$\lambda E_{\Gamma p}=\alpha[\Delta/(\Delta+\gamma)](R_n-G) \tag{10.247}$$

式中当无空气平流情况下，取 $\alpha=1.26$。

1. 胁迫度指数(SDI)

胁迫定义为植物的潜在光合作用、蒸腾率减小，最终使作物产量的减小。植物的胁迫表示作物健康的指标，用胁迫度指数(SDI)，它依据植物的水保持和量测量，由此胁迫度指数为光

合作用胁迫和植物对水胁迫的敏感性，为

$$SDI = \sum_{i=1}^{n}(SD_i \cdot CS_i) \tag{10.248}$$

式中，SD 是每日胁迫因子，CS 是作物的敏感性因子，i 表示作物生长期天数。SD 由植物蒸腾速率(Γ)和潜在蒸腾速率(Γ_p)所确定，表示为

$$SD = 1 - (\Gamma/\Gamma_p) \tag{10.249}$$

CS 表示对给定的 SD 数值的作物的敏感性，它是作物种类和作物生长阶段的函数。

2. 叶面和植冠温度

监视植被对大气和土壤环境的响应，直接测量植被参数要比测量土壤的水状态更有利，其植冠层和叶子的温度与植物的胁迫状态有关，研究表明，叶子温度比晴天暖空气温度低；由能量收支理论证明植物叶子的蒸腾在能量收支中是重要的，对决定叶面温度起主要作用；观测表明棉花叶子温度随日射的增加线性增加，而随叶子水饱和度增大而减小；根据能量平衡原理，可导得植冠层与空气温度差对净辐射、水汽压梯度、空气动力阻尼和植冠层阻尼之间的关系为

$$(T_c - T_a) = [r_a(R_n - G)/\rho c_p][\gamma(1 + r_c/r_a)]/[\Delta + \gamma(1 + r_c/r_a)] - VDP/[\Delta + \gamma(1 + r_c/r_a)] \tag{10.250}$$

3. 每日胁迫度 SDD

每日的胁迫度定义(Idso 等,1977)为

$$SDD = \sum_{i=1}^{n}(T_c - T_a) \tag{10.251}$$

式中，T_c 是中午后 1～1.5 h 测量的植冠温度，T_a 是离地面 1.5 m 高度的处空气温度，对($T_c - T_a$)求和是由第 i 天开始到 n 天。如果在干旱气象条件下，SDD 是正值，作物减产；对于作物灌溉期间和草地胁迫监视期间给出产量的估计，SDD 直接与水的使用有关。

4. 植冠温度变化 CTV

在某些测量中，感应的最高温度与最低植冠温度范围内，植冠温度的可变性 CTV 定义为在水胁迫和增加到水充分之间温度差，这样的 CTV 值直达到稳定的胁迫等级。

5. 每日温度胁迫 TSD

考虑到 SDD 和 CTV 的理论缺点，通过取植物胁迫和健康时的温度差，称之每日温度胁迫(TSD)。

6. 作物水胁迫指数

使用作物的温度对评估作物的生态健康有重要的作用，如果取潜热通量密度 λE_Γ(r_c 为植冠对水汽输送的阻尼)对潜在蒸腾的潜热通量密度 $\lambda E_{\Gamma p}$($r_c = r_{cp}$)的比值为

$$\lambda E_\Gamma/\lambda E_{\Gamma p} = [\Delta + \gamma^*]/[\Delta + \gamma(1 + r_c/r_a)] \tag{10.252}$$

其中，r_{cp} 是植冠对潜在蒸腾的阻尼，则定义作物水胁迫指数为

$$CWSI_t = 1 - \lambda E_\Gamma/\lambda E_{\Gamma p} = [\gamma(1 + r_c/r_a) - \gamma^*]/[\Delta + \gamma(1 + r_c/r_a)] \tag{10.253}$$

其值范围从 0(丰水)到 1(最大胁迫)。为求解式(10.253)，重新排列式(10.250)得到 r_c/r_a 值，对于全覆盖植冠层，略去 G，可得到

$$r_c/r_a = [\gamma r_a R_n/\rho c_p - (T_c - T_a)(\Delta + \gamma) - VPD]/\gamma[(T_c - T_a) - r_a R_n/\rho c_p] \tag{10.254}$$

将 r_c/r_a 代入到式(10.253)中，就可以求取得到 CWSI。

另一个求取 CWSI 的有效方法是，使用式(10.253)计算($T_c - T_a$)的上下限，并与($T_c -$

T_a)的测量值相结合求取 CWSI,计算式为

$$CWSI_t = 1 - \lambda E_\Gamma / \lambda E_{\Gamma p} = [(T_c - T_a)_m - (T_c - T_a)_r] / [(T_c - T_a)_m - (T_c - T_a)_x] \tag{10.255}$$

式中,下标 m、x、r 分别是指最小、最大和测量值。对于全覆盖植被,水充足的植被,有

$$(T_c - T_a)_m = (r_a R_n / \rho c_p)\gamma(1 + r_{cm}/r_a) / [\Delta + \gamma(1 + r_{cm}/r_a)] - VPD / [\Delta + \gamma(1 + r_{cm}/r_a)] \tag{10.256}$$

式中,$r_{cm} = r_{cp}$;对于全覆盖植被,没有水供给情况下,有

$$(T_c - T_a)_x = [r_a R_n / \rho c_p][\gamma(1 + r_{cx}/r_a) / \{\Delta + \gamma(1 + r_{cx}/r_a)\}] - VPD / [\Delta + \gamma(1 + r_{cx}/r_a)] \tag{10.257}$$

式中,r_{cx} 是与气孔接近关闭时的阻尼($r_{cx} \to \infty$)。Monteith(1973)由孔径阻尼(r_s)和叶面积指数(LAI)测量值提出下面取值

$$r_{cm} = r_{sm}/LAI \text{ 和 } r_{cx} = r_{sx}/LAI \tag{10.258}$$

当 $LAI > 0$,在不同的大气条件下对很多农业区发布有叶子孔径的最大和最小阻尼值(分为 r_{sx}、r_{sm})。但是如果没有这方面的值,可以取值 $r_{sm} = 25 \sim 100$ s/m,$r_{sx} = 1000 \sim 1500$ s/m 是一合理值。就是当 r_c 很大或很小时,它对式(10.256)和式(10.257)中($T_c - T_a$)的影响是小的。

一个更通用的方法是根据“无水胁迫基线”采用半经验的变量(分)方法,在没有土壤湿度限制的条件下,通过($T_c - T_a$)和 VPD 间的关系确定基线,如图 10.43 所示,当以潜在速率蒸发的植物时,对于先前生长和后生长速率,对包括水生和谷类的许多不同庄稼确定无水胁迫的基线。

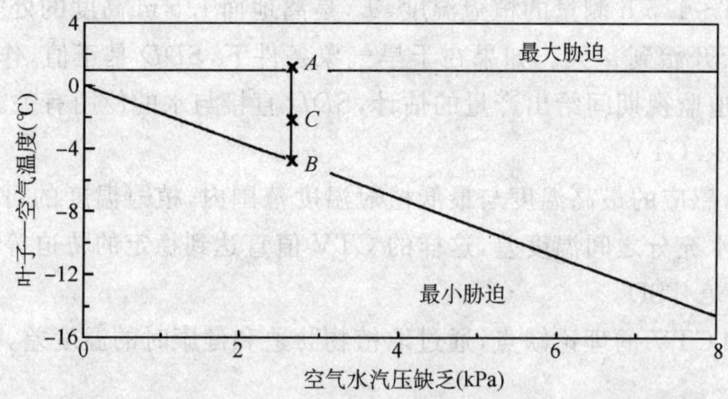

图 10.43 确定无水胁迫的基线

对于确定的庄稼,使用基线斜率 f_1(℃/kPa)和截距 f_1(℃),式(10.255)可以写为

$$CWSI_b = \{(f_0 + f_1 VPD) - (T_c - T_a)_r\} / \{(f_0 + f_1 VPD) - (f_0 + f_1 VPD_x)\} \tag{10.259}$$

式中,$(T_c - T_a)_r$ 是指同一地点的植冠和空气温度测量值,$VPD_x = e_b^* - e_a$,e_b^* 是在($T_a + f_0$)的饱和水汽压,e_a 是空气水汽压。而 $VPD = e^* - e_a$,e^* 是在($T_c - T_a$)/2 处饱和水汽压。

7. 水缺乏指数

CWSI 限于全覆盖植被情况下,卫星或机载感应器测量的表面温度等于植冠温度。而对于部分植被覆盖的情况下,CWSI 就不适用,为此 Moran 等(1994)引入水缺乏 WDI 指数,它将测量的反射率与表面温度测量(植冠温度与土壤温度合成)结合一起,表示为

$$WDI = 1 - \lambda E_\Gamma / \lambda E_{\Gamma p} = [(T_s - T_a)_m - (T_s - T_a)_r] / [(T_s - T_a)_m - (T_s - T_a)_x] \tag{10.260}$$

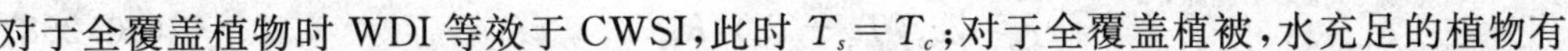

对于全覆盖植物时 WDI 等效于 CWSI，此时 $T_s=T_c$；对于全覆盖植被，水充足的植物有

$$(T_s-T_a)_1=[r_a(R_n-G)/\rho c_p][\gamma(1+r_{cp}/r_a)/\{\Delta+\gamma(1+r_{cp}/r_a)\}]-VPD/[\Delta+\gamma(1+r_{cp}/r_a)] \tag{10.261}$$

式中，r_{cp} 是潜在蒸腾时植冠的阻尼，$(T_s-T_a)_n$ 下标 n 是图中的顶点数。

对于全覆盖没有水的植被由顶点 2 表示：

$$(T_s-T_a)_2=[r_a(R_n-G)/\rho c_p][\gamma(1+r_{cx}/r_a)/\{\Delta+\gamma(1+r_{cx}/r_a)\}]-[VPD/\{\Delta+\gamma(1+r_{cx}/r_a)\}] \tag{10.262}$$

式中，r_{cx} 是叶孔几乎关闭情况下的植冠阻尼。

对于饱和裸地，这时 $r_c=0$（水表面），有

$$(T_s-T_a)_3=[r_a(R_n-G)/\rho c_p][\gamma(1+\gamma)]-VPD/(\Delta+\gamma) \tag{10.263}$$

而对于干的裸地，$r_c=\infty$（类似于气孔完全关闭），有

$$(T_s-T_a)_4=[r_a(R_n-G)/\rho c_p] \tag{10.264}$$

对于 SAVI 任意值，由下面计算 (T_s-T_a) 最大和最小值。

$$(T_s-T_a)_x=c_0+c_1(SAVI) \tag{10.265}$$

和

$$(T_s-T_a)_m=d_0+d_1(SAVI) \tag{10.266}$$

式中，c_0 和 c_1 是图 10.44 中连接点 2 和 4 直线的截距（℃）和斜率（℃）；而 d_0 和 d_1 是连接点 1 和 3 直线的截距（℃）和斜率（℃）。

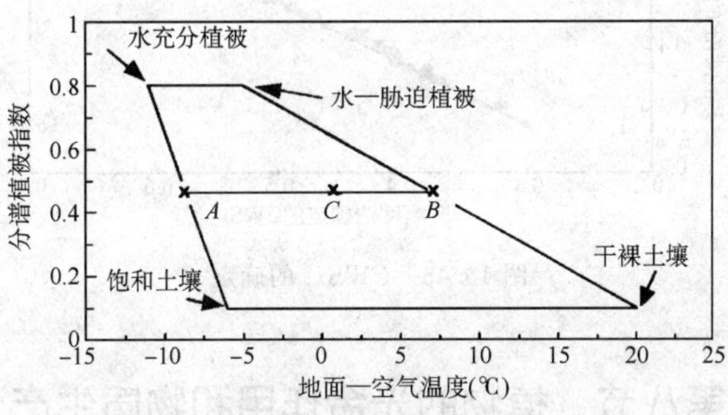

图 10.44 水缺乏指数

三、温度方法

CWSI 和 WDI 方法在实际中应用是很困难的，它需要确定点的气动阻尼测量值，这对于在小区域内存在有多种植物是难以实行的。Idsos 提出基线 $CWSI_b$ 方法，成功地用于实际，它不需要 r_a 值，代之的是它要有非蒸腾和非水胁迫的温度估计，它不仅随植物类别，也随季节而变。

Qiu 等(1996)提出检测 CWSI 的三个温度方法，通过引入（模拟的）叶面温度避免气动阻尼的测量，模拟的温度 T_q 是将植物叶子切下，置于植冠上层，避免植冠产生的暗影。模拟的温度 T_q 等效于植冠上界的温度 T_{cx}，因此 CWSI 的三个温度法，表示为

$$CWSI_q=[(T_c-T_a)_m-(T_c-T_a)_r]/[(T_c-T_a)_m-(T_c-T_a)] \tag{10.267}$$

提出用 T_q 替代 r_a 的方法：

$$r_a = \rho c_p (T_q - T_a)/R_{nq} \tag{10.268}$$

式中，R_{nq}是模仿叶子的净辐射，将式(10.268)代入式(10.250)，假定$G=0$，设$r_c=0$(作物的为充足的水)，最小植冠温度(T_{cm})，由下式计算

$$(T_c - T_a)_m = [R_n (T_q - T_a)/R_{nq}][\gamma/(\Delta+\gamma)] - [VPD/(\Delta+\gamma)] \tag{10.269a}$$

在自然条件下，$r_{cm} \sim r_{cp}$，写为

$$(T_c - T_a)_m = [R_n (T_q - T_a)/R_{nq}][\gamma'/(\Delta+\gamma')] - [VPD/(\Delta+\gamma')] \tag{10.269b}$$

式中

$$\gamma' = \gamma\{1 + [r_{cp} R_{nq}]/[\rho c_p (T_q - T_a)]\} \tag{10.270}$$

在式(10.269)～(10.270)中，R_n和R_{nq}值使用测量的温度和太阳辐射估计。Δ由下式近似计算

$$\Delta = (45.03 + 3.014 T_v + 0.05345 T_v^2 + 0.00224 T_v^3) 10^{-2} \tag{10.271}$$

和

$$T_v = (T_c - T_a)/2 (℃) \tag{10.272}$$

因此，$CWSI_q$是由三个温度(T_c、T_a、T_q)、太阳辐射和VPD确定，消去了r_a。图10.45给出了一致性。

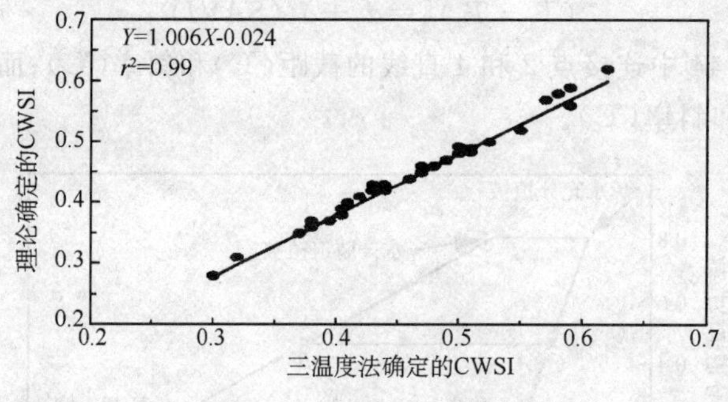

图10.45　$CWSI_q$的确定

第八节　植物的光合作用和物质生产

卫星遥感农作物是建立在光与植物叶子相互作用的基础上的，这种作用表现为光合作用。所谓光合作用是指绿色植物利用光能由CO_2和水合成糖及淀粉等碳水化合物的过程，又称之为碳素同化作用，简称同化；也就是光合作用是植物依靠光能生成ATP(三磷酸腺苷)和$NADPH_2$(还原型烟酰胺腺嘌呤二核苷磷酸)的作用。植物体内干物质的90%左右直接或间接地来自光合作用生成的有机物质，而只有大约10%是由根部吸收的无机物质。大气中的CO_2通过绿色植物进行光合作用，不断地被消耗；而又通过动物、植物及微生物进行的呼吸作用，不断地加以补充，光合作用的化学方程式为

$$6CO_2 + 6H_2O \xrightarrow{h\nu \rightarrow 叶绿素} C_6H_{12}O_3 + 6O_2$$

$$2H_2O \xrightarrow{h\nu} O_2 + 4e^- + 4H^+$$

$$2NADP^+ + 4e^+ + 2H^+ \rightarrow 2NADP$$

$$2NADP + 2H^{++} + CO_2 \rightarrow 2NADP^+ + H_2O + (CH_2O)$$

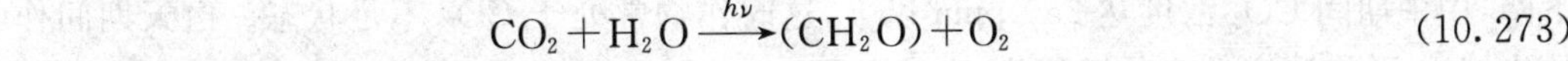

总
$$CO_2 + H_2O \xrightarrow{h\nu} (CH_2O) + O_2 \tag{10.273}$$

光使水分解产生氧和氢，氢进一步还原二氧化碳形成碳水化合物通过光合作用固定 CO_2，又通过呼吸作用排出 CO_2。

对于作物，按光合作用强度分为二大类，一种是大约 30～40 mg CO_2/(10 cm^2 · h)，主要是温带型禾本科植物(水稻、小麦等)，称为 C_3 型植物；

另一种是大约 60～80 mg CO_2/(10 cm^2 · h)，为热带型禾本科植物(玉米、甘蔗等)，称为 C_4 型植物。

单个叶子的光合作用是多个因子的函数，它与各因素之间的关系为

$$\varphi_l = f(Q_l, C_l, T_l, S_l, \eta) \tag{10.274}$$

式中，$Q_l(PAR)$为叶面光合有效辐射强度，C_l 为叶面附近的 CO_2 浓度，T_l 为叶面温度，S_l 为叶子水分状态的指标，η 为无机养分含量的参数。

光合作用全过程是由若干分支过程组成的，大致分为三个阶段。

CO_2 扩散过程：即外界空气中的 CO_2 经过气孔和细胞间隙，直至送到叶绿体的过程，这种扩散过程的速度受叶外空气中 CO_2 浓度以及在一定程度受温度的支配。

光化学过程：即把光能改变 CO_2 还原所需能源的“同化作用”的过程，也就是所谓“光反应”，就是以水的光化学分解为主体，这种光化学反应过程只是受光的影响，而与 CO_2 浓度和温度无关。

生物化学过程：即 CO_2 固定与还原最终形成碳水化合物的过程，也就是所谓“暗反应”，这种生物化学过程受温度的强烈影响，而与光无关，CO_2 的作用是很小的，有时是没有。

一、光强与光合作用

当光的强度较弱时，光合作用强度随光强的增加而增大，但是当光强增加到一定强度时，光合作用强度就不再增高，趋向一个稳定值，这时的光强称为光的饱和点；一旦光照减弱，则光合作用与呼吸作用强度处于平衡，没有 CO_2 的吸收和释放出的现象，此时的光强度称为光的补偿点。

二、CO_2 与光合作用

1. CO_2 来源

CO_2 是光合作用的原料，它来自三个方面：(1)叶子周围空气中的 CO_2；(2)来自根部吸收的 CO_2；(3)叶内组织呼吸作用所生成的 CO_2。

2. CO_2 的分布

(1)作物以上气层的 CO_2 分布：作物群体上面气层内的 CO_2 浓度随太阳的升高而增加，夜间恰好相反而降低，应用边界层乱流理论，CO_2 浓度分布服从对数定理

$$C(z) = C_0 - \frac{P_a}{kV_*}\ln\frac{z-d}{z_0} \tag{10.275}$$

式中，$C(z)$、C_0 分别为 z、$d+z_0$ 高度 CO_2 浓度(gCO_2/cm^3)；z_0、d 为作物群体的粗糙度与地面校正量；V_* 为摩擦强度；$\kappa=0.4$(Karman 常数)；由于 V_* 随风速增大而减小，所以光合作用随风速减弱而增强；观测资料表明，作物群体附近的 CO_2 浓度受作物的每秒茂盛程度、日照强度、风速有着大幅度的变化。夜间和早晨的 CO_2 浓度 400 ppm 以上，但日出后，CO_2 浓度急剧

下降，中午期间 CO_2 浓度达 250 ppm 以下，这时作物常处于 CO_2 不足状态。白天期间作物群体内 CO_2 平均浓度的变化近似为

$$\overline{C}_c(t) \cong C_a + \frac{P_s}{D_a} - \frac{P_{NO}}{D_a}\sin\omega t \tag{10.276}$$

式中，C_a 为作物群体上标准高度上的 CO_2 浓度；P_s 为地面释放 CO_2 的强度；P_{NO} 为正午期间群体净光合强度；D_a 为群体上面标准高度上的交换速率；ω 为时角。

(2)作物群体内 CO_2 分布：作物群体内分布有既吸收 CO_2 也排出 CO_2 的叶层，故群体内 CO_2 与在冠层上面气层 CO_2 的分布有很大的差异，白天作物群体内形成 CO_2 低浓度，于是从大气和地表得到 CO_2 供应；对于直立叶量多的群体，CO_2 低浓度层随太阳高度增大而向群体深层移动。群体内 CO_2 分布近似表示为

$$C(z) = C_H - \int_z^H \left\{ \frac{P_a - \int_{z'}^H f_L(z'') p_n(z'') \mathrm{d}z''}{K(z')} \right\} \mathrm{d}z' \tag{10.277}$$

式中，C_H 为群体冠层的 CO_2 浓度；$f_L(z'')$ 为叶面积密度；$p_n(z'')$ 为叶片净光合作用强度；$K(z')$ 为扩散系数。

(3)地面：在通常的情况下 CO_2 进入叶内与叶绿体发生光合作用的主要途径是叶子的气孔，气孔的大小决定了叶子吸收 CO_2 的数量，当气孔的张开度为零的情况下，几乎不能吸收 CO_2；气孔的张开度与入射至叶子上的光强有关，光强度增大，气孔张开的程度也加大，CO_2 进入叶内也就容易；在一定的光强下，叶子的光合作用随 CO_2 的浓度提高而增高，但是当 CO_2 的浓度增大到一定时，光合作用的强度趋向一饱和值，这时的 CO_2 浓度称为 CO_2 饱和点。在这个饱和点以上，光合作用强度与 CO_2 浓度无关。过高的 CO_2 浓度会缩小气孔的张开度，导致气孔阻力的增大，从而抑制光合作用强度。

3. 风速与光合作用

在风速较小的情况下，光合作用强度随风速成的增大而上升，若湿度低的情况下，光合作用强度在一定风速范围内达到最大值，如果风速超过一定限度，则光合作用强度反而降低。在高湿条件下，光合作用强度始终随风速的增大而提高。此外，在弱光(0.12 cal/(cm^2 · min))的情况下，随风速的提高，光合作用强度不管什么条件均升高；而当光强度为 0.6 cal/(cm^2 · min)条件下，风速超过 30 cm/s，光合作用强度转向降低。其原因是低湿高风速时，叶子蒸腾作用很大，叶子水分条件恶化，导致气孔张开度缩小。

4. 空气湿度与光合作用

空气湿度与光合作用之间，某些情况下呈正相关，而有些情况则呈负相关，也有完全不相关的。湿度对光合作用的影响是间接的。

5. 温度与光合作用

温度与光合作用之间的关系，受光强、空气中 CO_2 的浓度重大的影响，它主要在光合作用的两个环节上起作用，一是 CO_2 扩散过程中，CO_2 的浓度一定程度上受温度支配。

6. 污染与光合作用

随工业的发展，排入大气中的各种有毒物质不断增加，这些污染物质对植物的影响，因作物种类、生育时期、气体浓度、接触时间和次数等而不同，特别是接触时的光强、温度、湿度等的不同而不同。这些污染物质对光合作用产生影响的第一个原因是叶片组织遭受破坏，导致同化面积减少；其次是酶系统发持失调；另外是土壤吸收 SO_2，导致土壤 pH 降低，叶内无机成分

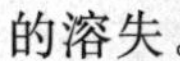

的溶失。

7. 病害与光合作用

病害对光合作用的影响在于引起作物呼吸功能的异常亢进、光合作用降低及罹病叶子的碳水化合物积累等；呼吸作用亢进现象是由于病菌产生的毒素使正常呼吸系统的酶类受到抑制，从而导致呼吸系统发生变化；罹病叶子局部组织坏死，使蒸腾作用衰退，水分输导降低，叶子水分不足，伴随叶绿素减少，从而光合作用降低。

8. 叶子水分状态与光合作用

水分对植物的生长极其重要，在绿色植物光合作用期间，作为作物生长的基本原料 CO_2 是通过叶子的气孔而被吸收的，如果水分供应不足，则会导致水分自体内向大气蒸腾，一般说来，若植物叶子中的水分含量降低，则其反映为气孔开始关闭，这就导致抑制植物水分消耗量的功能，气孔关闭速度越大，关闭时间越长，则影响植物叶子对 CO_2 的吸收，即抑制了光合作用；叶内含水量因作物种类，叶龄以及生育地区的环境条件而不同，如对嫩叶，只要水分稍为亏缺，气孔便马上关闭，于是光合作用随之降低；而对老龄叶子，即使叶内出现亏缺，又无光照下仍保持原来张开状态，光合作用有降低，但不显著。水分的亏缺对其光合作用强度的影响有三个阶段：①气孔对水分不足而自动关闭，结果对 CO_2 吸收效能降低；②细胞质显微结构内由于出现水分亏缺，导致酶活性降低，从而抑制 CO_2 吸收；③角质层、表皮组织和细胞壁等部位出现水分亏缺，导致对 CO_2 需要量或对 CO_2 透过性能均降低。

9. 叶内光合产物积累与光合作用

光合作用产物一旦积累于光合作用器官里，光合作用效率就会降低，就是说光合作用强度与叶片碳水化合物成负相关，随着碳水化合物含量的增加，光合作用强度成直线下降；同时叶片碳水化合物含量又与叶片含钾量成显著负相关，故钾与光合作用成正相关；光合作用产物积累在叶片内，这对光合作用有着不良影响，而钾能防止碳水化合物积累于叶片内，对光合作用起良好的作用。

10. 叶内色素含量与光合作用

在光合作用过程中，能截获光能的叶绿素、胡萝卜素和叶黄素等对光合作用的强度有作用，如果改变色素的含量，叶片的吸收光谱也发生改变，一般说来色素含量降低，叶片对光的吸收效率也下降，特别是绿色部位的吸收率下降尤其显著。

11. 叶龄与光合作用

叶片光合作用强度自出叶后，随着叶片伸展而提高，当达到最大值之后又随叶片衰老而降低。幼龄叶片与老龄叶片的光合作用随光强的增强较平缓，光饱和点也比壮叶低，老龄叶的光补偿点也较高。在光强发生从弱光变为强光时，老龄叶片也显著滞后，老龄叶的光合作用强度达到正常值的时间大约要壮龄叶的 1.5 倍。此外，叶子周围的 CO_2 到达叶绿体反应中心部位之前，要经历靠近叶子表面的外界空气阻力 r_a、气孔阻力 r_s 和叶肉细胞阻力 r_m，r_s 因叶片老龄化而增大，在 CO_2—光合作用的关系方面，叶龄越高的叶片，光合作用强度陡度越小，CO_2 利用效率的越低。同时在幼龄期叶片的呼吸表现最大值，随叶龄的增长，呼吸强度减弱。

12. 叶子历程与光合作用

叶子的历程包括光经历（叶子经历的光照射）、温度经历和湿度经历等，研究表明光经历对光合作用有强烈影响，在强光和弱光下阳地和阴地叶子光合作用下，光饱和点、呼吸作用、光合作用强度等特性的影响。

13. 植株部位与光合作用

光合作用不限于叶片，凡是有叶绿素的地方都有光合作用，如麦穗的光合作用有助于提高粒子的重量，虽然它相对于叶片小得多。

三、光合作用的计算

根据 Collatzt 等(1991)，有三个因子确定光合作用的强度：(1)光合作用酶系统(称为 Rubisco 界限)效率 w_c；(2)细胞膜质叶绿素吸收 PAR 的数量同化强度 w_e；(3)同化和发射环境光合作用生产的植物种类的能力 w_s。光合作用强度是这三种因子的极小，即

$$A \leqslant \min(w_c, w_e, w_s) \tag{10.278}$$

三个因子的表达式如下。

(1)光合作用酶系统(称为 Rubisco 界限)效率 w_c：同化的生理极限因子 w_c 是植物种类所具有酶的功能，也就是实现生化反应的纤维素的能力，贮存存在植被中的酶可以用参数 V_m 表示的模式描述，一个支持酶参与光合作用的最大催化参数。w_c 值取决于叶冠的温度和土壤湿度，对于 C_3 和 C_4 类植被分别表示为

对 C_3：
$$w_c = V_m\left[\frac{c_i - \Gamma^*}{c_i + K_c(1 + O_2/K_o)}\right] \tag{10.279}$$

对 C_4：
$$w_c = V_m$$

式中，V_m 是酶的最大催化功能(mol/m^2)，c_i 是叶子中 CO_2 的分压(Pa)，O_2 是叶子中 O_2 的分压(Pa)，Γ^* 是 CO_2 补偿点($Pa = 0.5O_2/S$)，这里 S 是 CO_2 对于 O_2Rubisco 比，K_c 是 CO_2(Pa) Michaelis-Menten 常数，K_o 是抑制(反催化)常数。V_m 是土壤温度和湿度为函数 $f_T(T_c)$、$f_W(W_2)$ 与 V_{max} 的乘积，

$$V_m = V_{max} f_T(T_c) f_W(W_2) \tag{10.280}$$

由 V_{max} 表示一个叶子生理特性的参数，K_c、K_o、S 是温度的函数，表示为

$$K_c = 30 f_T(T_c), K_o = 30000 f_T(T_c), S = 26000 f_T(T_c) \tag{10.281}$$

其中 $f_T(T_c)$ 表示为：

对 C_3 和 V_m：
$$f_T(T_c) = \frac{2Q_t}{\{1 + \exp[s_1(T_c - s_2)]\}} \tag{10.282a}$$

对 C_4 和 V_m：
$$f_T(T_c) = \frac{2Q_t}{\{1 + \exp[s_1(T_c - s_2)]\} \times \{1 + \exp[s_3(s_4 - T_c)]\}} \tag{10.282b}$$

对 $R_d V_m$：
$$f_T(T_c) = \frac{2Q_t}{\{1 + \exp[s_5(T_c - s_6)]\}} \tag{10.282c}$$

对 K_c：
$$f_T(T_c) = 2.1Q_t \tag{10.283a}$$

对 K_o：
$$f_T(T_c) = 1.2Q_t \tag{10.283b}$$

对 S：
$$f_T(T_c) = 0.57Q_t \tag{10.283c}$$

$$Q_t = \frac{(T_c - 298)}{10} \tag{10.284}$$

$$f_W(W_2) = \frac{1}{\{1 + \exp[0.02(\psi_c - \psi_r)]\}} \tag{10.285}$$

(2)纤维叶绿素吸收 PAR 的数量 w_e：同化强度由下式表示：

对 C_3：
$$w_e = (F_\pi \cdot n)\varepsilon_3(1 - \omega_\pi)\left[\frac{c_i - \Gamma^*}{c_i + 2\Gamma^*}\right] \tag{10.286a}$$

对 C_4： $$w_e=(F_\pi\cdot n)\varepsilon_4(1-\omega_\pi),\tag{10.286b}$$

式中，F_π 是一 PAR 矢量，n 是叶面法线方向，ε_3、ε_4 是 CO_2 同化的量子效率(mol)，ω_π 是 PAR 的漂移系数。

(3)同化和发射环境光合作用生产的植物种类的能力 w_s：

对 C_3： $$w_s=V_m/2\tag{10.287a}$$

对 C_4： $$w_s=2\times10^4V_mc_i/p\tag{10.287b}$$

式中，p 是大气压(hPa)。

假定同化速率(光合作用)A 是用简单方式估计的 w_c、w_e、w_s 函数极小函数，但是观测表明，上面三个过程之间的关系是光滑曲线，可建立下面两个拟合二次方程式

$$\beta_{ce}w_p^2-w_p(w_c+w_e)+w_cw_e=0\tag{10.288a}$$

$$\beta_{ps}A^2-A(w_p+w_s)+w_pw_s=0\tag{10.288b}$$

式中，A 是同化速率(mol/(m^2·s))，β_{ce}、β_{ps} 是拟合系数，其理论值范围从 1 到 0，实际值假定系数从 0.8 到 0.99 量级；w_p 是 w_c、w_e 光滑极小值(mol/(m^2·s))。

净的同化速率 A_n 为

$$A_n=A-R_d\tag{10.289}$$

式中，R_d 是呼出的速率(mol/(m^2·s))，表示为

$$R_d=f_dV_m\tag{10.290}$$

这里对 C_3，$f_d=0.015(C_3)$；对于 C_4，$f_d=0.025$。

对 R_d $$f_T(T_c)=\frac{2Q_t}{\{1+\exp[s_5(T_c-s_6)]\}}\tag{10.291}$$

净的同化速率 A_n 为与叶孔的传导率 g_s 的关系可为

$$g_s=m\frac{A_n}{c_s}h_sp+b\tag{10.292}$$

式中，$g_s(\mathrm{m/s})=0.0224(T/T_f)(p_0/p)g_s$(mol/(m^2·s))；$m$ 是经验系数(对 C_3 类植物，$m=9$；对 C_4 类植被，$m=4$；对于针叶林，$m=6$)；b 是经验系数(对 C_3 类植物，为 0.01；对 C_4 类植被，为 0.04)；h_s 是叶面相对湿度，c_s 是在茎的 CO_2 分压(Pa)，p 是大气压(hPa)，p_0 是标准大气压，$T_f=273.16$ K。

对于光学作用，g_s、c_i、c_s、h_s 与水汽通量和 CO_2 通量之间的关系为

$$E_{it}=g_i(e_s-e_a)\frac{\rho c_p}{\lambda\gamma}=g_s(e_i-e_s)\frac{\rho c_p}{\lambda\gamma}\qquad h_s=\left[\frac{e_s}{e_i}\right]\tag{10.293}$$

$$A_n=\frac{(c_a-c_s)}{p}\frac{g_i}{1.4}=\frac{(c_s-c_i)}{p}\frac{g_s}{1.6}\tag{10.293}$$

式中，e_a、e_s、e_i 分别是空气、地面和茎秆的水汽压，c_p 是空气比热容(J/(kg·K))，γ 是生理测量常数，g_l 是叶面一侧水汽传导率(mol/(m^2·s))，E_{it} 是呼吸辐射强度(kg/(m^2·s))，c_a 和 c_s 分别是在茎内外 CO_2 的分压，$e_i=e^*(T_c)$(Pa)。

光合作用传导率模式是描述发生在植物发育中的过程，下一步是相对于叶冠的关系，获得总 A_c 和 g_c 值，Sellers 等(1996)提出与 PAR 时间平均分布的相关的植物中酶的垂直分布：

$$V_{\mathrm{maxL}}=V_{\mathrm{max0}}\mathrm{e}^{-\bar{k}L}\tag{10.294}$$

式中，V_{maxL}、V_{max0} 分别是对于叶面积指数 $LAI=L$ 和植冠顶 $LAI=0$ 时的值，$\bar{k}$ 是 PAR 衰减系数的时间平均值。

由叶冠同化 PAR 的值为

$$F_{\pi} \cdot n \approx F_{\pi 0}\left[\frac{G(\mu)}{\mu}\right]\mathrm{e}^{-\bar{k}L} \tag{10.295}$$

式中，$F_{\pi0}$是叶冠截获的 PAR 值($\mathrm{W/m^2}$)，$G(\mu)$是面对于入射辐方向 μ 的植冠叶子取向投影。

由于参数 w_c、w_e、w_s 是通过一个指数 $\mathrm{e}^{-\bar{k}L}$ 与植冠叶面积指数相关，为了得到一个 A_c 和 g_c 的总的估计值，消除指数 $\mathrm{e}^{-\bar{k}L}$ 的影响，与植被深度无关。如果现在稠密植物群丛($V<1$)中包含无绿色物质($N<1$)，由于缺少绿色，降低了光合作用强度和植物群丛中丰富的酶，因此积分从 0 到 L_T/V，这就给出

$$A_c = A_{n0}\int_0^{L_T/V} VN\mathrm{e}^{-\bar{k}L}\,\mathrm{d}L = A_{\pi0}\Pi \tag{10.296}$$

式中，$A_{n0}=A_n$ 是对于植冠顶的叶子纯同化，也可表示为

$$A_{n0}=f_c(V_{\max0},\ldots)f_e(F_{\pi0},\ldots)f_s(V_{\max0},\ldots) \tag{10.297}$$

和

$$\Pi=\frac{VN(1-\mathrm{e}^{-\bar{k}L_T/V})}{\bar{k}},\Pi\approx FPAR/\bar{k} \tag{10.298}$$

由 A_c 值确定叶冠的传导率 g_c，调整为

$$g_c=m\frac{A_n}{c_s}h_s p+bL_T \tag{10.299}$$

式中，h_s 和 c_s 类似于叶冠的 h_s、c_s 值。

由叶冠的传导率 g_c 于估算呼吸强度λE_{ct}的表示式为

$$\lambda E_{ct}=\left[\frac{e^*(T_c)-e_a}{\dfrac{1}{g_c}-2r_b}\right]\frac{\rho c_p}{\lambda\gamma}(1-W_c) \tag{10.300}$$

式中，$e^*(T_c)$是温度为 T_c 时的饱和水汽压(Pa)，e_a 是近植冠处叶子的空气的水汽压，ρ、c_p 分别是空气密度和比热容(J/(kg·K))，γ 是生理测量常数，是 W_c 植冠湿面积的份额。

光合作用—传导率模式方程的分量可表示：

[植被的生理变量]=|叶子生理或辐射的速率的界限|×|环境强迫或反馈项|×|植冠 PAR 所用参数|

植被的生理变量：

$$A_c,fg_c=|V_{\max0},F_0||B_1\cdots B_6||\Pi| \tag{10.301}$$

$$w_C=V_{m0}\Pi B_1;w_E=F_{\pi0}\Pi B_2;w_S=V_{m0}\Pi B_3;R_D=V_{m0}\Pi B_4$$

$$A_c=A_{\pi0}\Pi B_5=f(w_C,w_E,w_S)-R_D$$

$$g_c=A_{\pi0}\Pi B_6$$

$$\Pi=FPAR/\bar{k}=VN[1-\exp(-\bar{k}L_1/V)]/\bar{k} \tag{10.302}$$

式中

$$B_1=\left[\frac{c_1-\Gamma^*}{c_1+K_c(1+\mathrm{O}_2/k_o)}\right]=1$$

$$B_2=\left[\frac{G(\mu)}{\mu}\right](1-\omega_\pi)\varepsilon_3\left[\frac{c_i-\Gamma^*}{c_i+2\Gamma^*}\right]=\left[\frac{G(\mu)}{\mu}\right](1-\omega_\pi)\varepsilon_4$$

$$B_3=0.5=2\times10^4c_1/p,B_4=f_d,B_5=1.0,B_6=\frac{mh_sp}{c_s}。$$

四、传导率的时间变化方程

由 A_c 和 g_c 确定的植物生理过程，如不考虑扰动引起的变量瞬时响应变化，通常用光合作用在外部条件变化后约 1 min 建立稳定状态，但是植物孔腔的传导率在几分钟时间达稳定状态。因此可以计算比 1 min 光合作用强度 A_c 更长的时间传导率，传导率的时间变化可以用下式表示：

$$\frac{\partial g_c}{\partial t} = -k_g(g_c - g_{int}) \tag{10.303}$$

式中，k_g 是植物细胞膜质响应时间常数（$=0.00113c^{-1}$），对于 $t\to\infty$，$g_{int}=g_c$，$m\dfrac{A_c}{c_s}h_s p+b$，式(10.303)的解可写为

$$g_c = \mathrm{e}^{-k_g t} g_{c0} + (1-\mathrm{e}^{-k_g t}) g_{\mathrm{int}} \tag{10.304}$$

对于 $t=0$，$g_{c0}=g_c$，在时间 Δt 内 g_c 的变化写为

$$\Delta g_c = g_c - g_{c0} = (1-\mathrm{e}^{-k_g t})(g_{\mathrm{int}} - g_{c0}) \tag{10.305}$$

五、光合作用与物质生产

作物干物质的生产就是叶子光合作用所合成的有机物质的生产。物质总生产量是指作物在一定期间内所进行的光合作用总量，而物质总生产量减去呼吸作用消耗量，为净生产量，而物质总生产量减去叶片呼吸作用消耗量，称为剩余生产量。净生产量减去枯枝落叶等及动物取食后的量称谓生长量。作物的物质生产、消耗、生长等一系列过程，称干物质的再生产。

1. 决定物质生产力的各种因子

(1)叶绿素的现存量：各种资料分析表明各种类型植物的生产力决定于其叶绿素现存量，通常对浮游生物群落为 $10^{-2}\sim10^{-1}$ g/m^2，草原群落为 1～6 g/m^2，森林群落为 2～10 g/m^2。

(2)叶层及群体结构：植物群体的叶绿素现存量是决定于群体的叶量，叶量的多寡又取决于叶片的特征、叶层结构和群体结构等，如草地与森林的群体结构不同，森林叶层厚度远比草地大，具有更多的叶面积。

(3)叶量的持续时间：不同的植物的叶量持续时间不同，如常绿树林与落叶树林，如常绿树林叶量持续时间长，物质生产时间长，物质生产力高。

(4)气候条件：不同纬度地区，光照量不同，植被的叶面积不同，热带地区热带雨林的叶面积指数可达 10 以上，亚热带温带树林叶面积指数为 8 左右，寒带地区落叶林仅为 6 左右。同时不同纬度地区温度也不同，植物的光合作用强度与呼吸率随温度而变化。此外不同地区降水量也不同，植被存量也不同，沙漠地区植被存量明显少于非沙漠地区。

(5)气候生产力：气候生产力指数

$$CVP = T_v \cdot P \cdot G \cdot E/(12\times T_a) \tag{10.306}$$

式中，T_v 为最暖月平均气温，T_a 为气温年较差，P 为年平均降雨量，G 为生育期月数，E 为当地日照量与两极日照量之比的倒数乘以 100 倍的数值。

2. 光合作用与物质生产

$$\begin{aligned}\Delta W &= \text{投射的日射量}(S)\times\text{能量转换率}(E_c) = S\times\text{吸收率}(E_a)\times\text{利用}(E_u)\\ &= S\times\{100-\text{反射率}(A)-\text{透过率}(\Gamma)\}\times E\end{aligned} \tag{10.307}$$

(1)光合有效辐射截获量 ε_i 与归一化植被指数NDVI的关系。根据比尔定律,光合有效辐射截获量 ε_i 可以写成

$$\varepsilon_i = \varepsilon_{\max}(1 - e^{-kLAI}) \tag{10.308}$$

式中,ε_i 是 PAR 截获率,$\varepsilon_{\max}$是叶面积指数 LAI 为最大时(约 0.9)的最大截获率,k 是光合有效辐射 PAR 通过植冠时的衰减系数,归一化植被指数可写为

$$NDVI = NDVI_{\text{back}} + (NDVI_{\max} - NDVI_{\text{back}})e^{-k \cdot LAI} \tag{10.309}$$

式中,NDVI 为植被与背景系统的归一化植被指数,$NDVI_{\text{back}}$ 为背景的归一化植被指数;$NDVI_{\max}$为当LAI 为最大时(约 0.9)的 NDVI 值,k'是随增加的 LAI 相应 NDVI 植被的衰减系数,由式(10.308)和式(10.309)可得光合有效辐射截获率 ε_i 与归一化植被指数 NDVI 的关系为

$$\varepsilon_i = 1 - \left(\frac{0.9 - NDVI}{0.9 - NDVI_{\text{back}}}\right)^{\alpha} \tag{10.310}$$

(2)水稻光谱时间变化曲线的描述:为估计生物量需要确定在作物生长期内光合有效辐射截获率 ε_i 的时间变化。由于 ε_i 可由 NDVI 确定,故可以通过描述 NDVI 的时间变化得到 ε_i 的演变。

(3)NDVI 值的获得可以由下式得

$$NDVI = NDVI_f + \frac{NDVI_{\max} - NDVI_f}{1 + e^{-a^*(t-t_i)}} - \frac{NDVI_{\max} - NDVI_l}{1 + e^{-b^*(t-t_j)}} \tag{10.311}$$

式中,$\alpha = k/k'$,它取决于作物特征、太阳和观测条件,这个关系是非线性的。式中 t 为播种后的天数;$NDVI_f$($NDVI_l$)为第一次和最后一次测量的 NDVI 值。$NDVI_{\max}$ 为其以对数函数增加渐近的 NDVI 最大值;a 为以对数函数增加的拐点 t_i(/天)的斜率;b 为以对数函数减小的拐点 t_j(/天)的斜率;t_i 为以对数函数增加的拐的时间(天),t_j 为以对数函数减小拐点的时间(天)。

(4)由 ε_i 的时间变化求取作物的生物量:作物吸收辐射能而生成干物质生物量写为

$$dDM/dt = \varepsilon^* \cdot G = \varepsilon_a \cdot \varepsilon_b \cdot \varepsilon_c \cdot G \tag{10.312}$$

式中,dDM 是时间 dt 内干物质增长率;G 是入射的太阳短波辐射(MJ/(m^2 · d));ε_c 是为对在 300~3000 nm 短波辐射光合有效辐射 PAR(400~700 nm)的气候效率;ε_a 是植被吸收入射 PAR 部分的吸收效率;ε_b 是吸收 PAR 转变为干物质的变换效率(g/M J)

气候效率 ε_c 主要随大气条件而变,也随太阳高度角、地理位置、时间而变;当无植被背景,吸收效率与 PAR 截获率 ε_i 成正比;每天吸收的 PAR(APAR MJ/(m^2 · d))为

$$APAR = 0.94\varepsilon_i \cdot \varepsilon_c \cdot G \tag{10.313}$$

式中,G、ε_c 和 ε_i 取每天的值,对于 G 取一天的总值,ε_c 和 ε_i 取的是平均值。在作物的第二阶段,辐射能转换为生物量的效率 ε_b 是主要的,这种效率的时间变化决定于两种:一是与耕作和光合作用叶面积改变的作物生长期,二是与温度、肥料、杂草和水分等环境因子有关。因子效率的时间演变模拟是很复杂的,许多作者把这些作为常数处理。

第十一章
卫星被动遥感海洋

海洋占地球表面的十分之七，广阔的海洋中蕴藏着丰富的资源需要开发和利用，海洋的各种物理过程和状态影响大气系统中的现象和运动的发生和发展，海洋环境对人类在海洋的活动有重要影响。卫星探测是监测和提供海洋物理参数的理想工具，卫星可以对全球海洋进行连续观测，得到其他任何观测平台无法获取的参数。

第一节　海洋现象和特征

一、海洋表面风和波浪

海洋表面的风在决定海面温度、海面波浪、海流起重要作用，还对海洋的光学特性、浅海区内的物质分布有重要影响。海风搅动海水引起海面温度改变，导致海表面下冷水上涌；海风使平静海面起波浪，产生海洋泡沫；海风对海面的强迫作用和海洋与大气的热交换，驱动海洋环流。

不同的海域海面风速相差很大，海面风速与气象条件有直接关系。在有风暴发生时，海风可达很大，其值达几十米每秒，极大地改变海面状态。

图 11.1 为海面风速的范围大约从 0 到 18 m/s，峰值出现在 5～8 m/s，约 40％的风速出现在这一范围内，平均风速为 7 m/s，当风速＞12 m/s，对海浪、泡沫产生和向海洋传送动量有明显的作用，但其只占总量的 17％。

海风引起波浪的振幅和海波波长取决于从大气进入海洋的湍流通量，而这又强烈地取决于海面上空温度层结，如果大气较海面暖，则大气是稳定的，从大气进入海洋的湍流通量较不稳定情况下的要小。因而在同样的风速下，更强的湍流通量导得更多有波浪和粗糙度；而弱的湍流通量导致较少的波浪，因此，海面风引起的波浪的频率和振幅取决于风速 U，但也取决于海洋与大气之间的温度差和海面是否平滑。

由风引起的波浪的范围从小于几厘米到几百米，其决定于观测的窗区，对于遥感，所有的波长是重要的。长的海洋波是由于重力引起的，但是对于厘米尺度波，表面张力或毛细波是重要的。对于表面张力适于海水，图 11.2 给出了纯重力波与毛细—重力波相速度之间的比较，可见，重力波的相速随波长而增加，而毛细—重力波在波长 1.8 cm 处达到极小。图 11.2 也给出了对于相同波长，毛细—重力波的相速度比重力波的传播的速度快。直到波长为 7 cm，表面张力是重要的。虽然这些毛细—重力波较长波重力波长短很多，但是它们的出现和分布在相对于风向微波遥感有重要作用。任何水塘或水池的观测表明毛细—重力波具有的波长直接接近相速的极小值,立即起风和增长。在风开始几秒钟内,毛细重力波围绕最小波长平衡分布,而当风停止时,毛细重力波迅速减小。

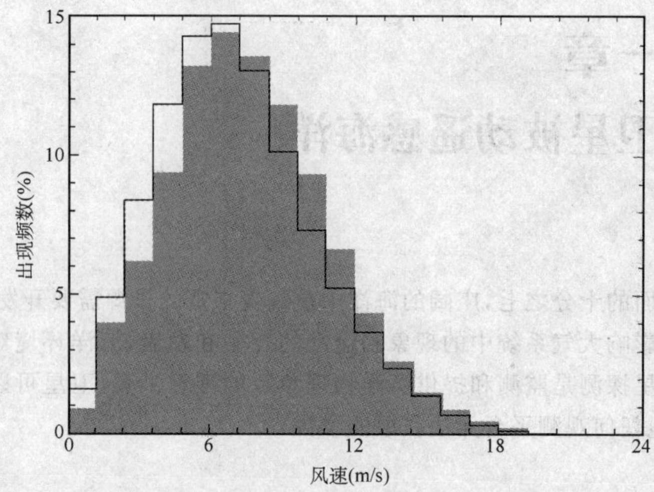

图 11.1　SSM/I 数据(暗区)和环境预测中心(NCEP)(实线)得到的 10 m 风速频数比较

(取自 1992 年 1 月到 1997 年 12 月测量数 6.8×10^{10},Santa Rosa,CA)

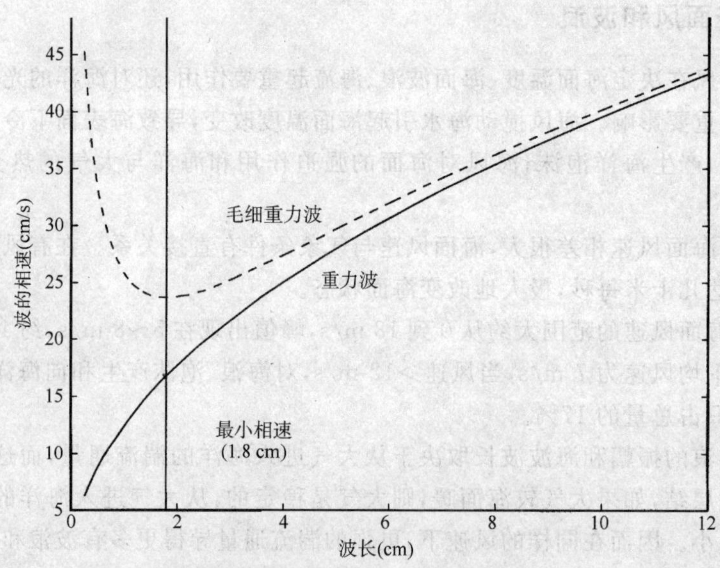

图 11.2　对于海水中毛细—重力波和重力波相对于波长的相速度的比较(Phillips,1977)

海洋的巨浪的产生与毛细—重力波不同,在海洋中,巨浪可在离观测位置的远距离处产生,巨浪的特性仅由于风速的变化而缓慢地变更。长时期的风产生的波的演变可以是描述为时间或海程航道的函数,海程定义为离海岸下风的距离,时间描述应用于离任何海岸的最初为平的水面确定时间由均匀风作用的例子。对于这种情况,作为时间继续进行,首先表现为毛细—重力波,然后是低频重力波,和具有在振幅的长波,因此波频率分布的宽度和尺度随时间而增加。这波的增长直到由风输入能量等于波浪破裂和速度所耗散能量,达到独立的平衡位置的时间。相反,海程描述应用于稳定风吹离海岸,其波谱与时间无关而基本上仅取决于风速和海程。因而当海程增加时，波的幅度和长度增加。在远离海岸处，波谱又达到一个风速独立的平衡。

在北半球冬季最强的风和最长的波出现北太平洋和大西洋上。在南半球，最强的风和最大的波发生在澳大利亚南太平洋上，其没有陆地那样的障碍物，Kinsman(1984)提出，对于观测到的最大风暴波，1500 km 的海程是足够的。当然，观测到的最大峰到槽的波振幅大约是 34 m。

二、波廓线随振幅增加而变化

海面波用它的振幅 a_w 描述，定义为波峰到波谷高度的一半，波数 $k_w=2\pi/\lambda_w$，它的圆频率 $\omega_w=2\pi/T_w$，这里 T_w 是波的周期，λ_w 是波长，如果 η 是离平均自由表面的波的高度，而 x 平行于波的传播方向，则小振幅波由下式表示

$$\eta=a_w\sin(k_w x-\omega_w t) \tag{11.1}$$

波振幅的无量纲形式是波的坡 $a_w k_w$。在小振幅或对于 $a_w k_w \ll 1$，重力波是纯的正弦波，随 $a_w k_w$ 增加，波的形状附加有高次谐波，图 11.3 给出了由式(11.1)得出的对于 $a_w k_w$ 的三种不同值的波廓线的形状的变化，其廓线是由经典 Stokes 波解的三阶展开，图中最上面一条曲线对应于 $\lambda_w=100$ m 和 $a_w=1.6$ m，是与正弦波最相近的曲线。对于中间一条曲线是同样波长，a_w 增加到 3.2 m，最下一条曲线是 a_w 增加到 6.4 m 的情形。比较这些曲线，表明非线性项的增加，将形成宽的谷和窄的波浪的峰顶，因此，波趋向于旋转锥形。随波振幅增加，波形由完全正弦波向旋转锥形变化。这对被动微波和高度计观测有重要的意义。

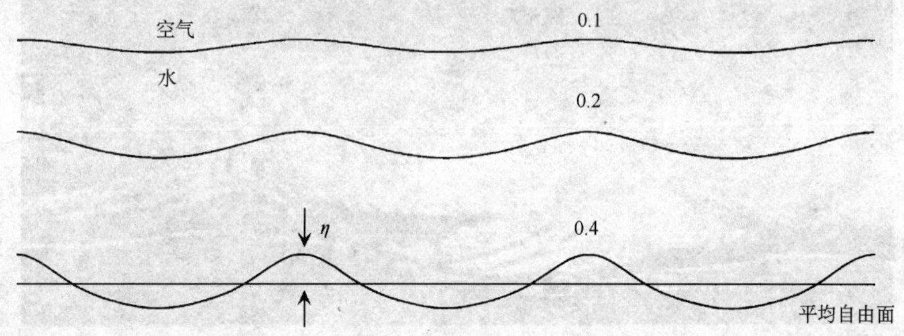

图 11.3　三种不同的波坡 $a_w k_w$ 值的单个频率重力波廓线的比较(Seelye martin，2004)

根据 Lighthill(1980)，最大可能振幅可由下面关系式得到

$$a_{max}k_w=0.444 \text{ 或是 } a_{max}=0.0706\lambda_w \tag{11.2}$$

因此 100 m 长波具有 7 m 的最大振幅。当波接近这最大高度，理论研究表明，波浪顶具有对称和趋于 120°的内角。通过 1/4 波测量，最大波坡度约为 15°。

对于大振幅重力波和毛细—重力波，这曲率的作用是增加波峰，如图 11.4 中，毛细—重力波形成于波峰向前的前方，波的下风面。由于毛细—重力波通过黏性迅速抑制，能量从长波变换到毛细—重力波而消散，导致长波振幅减小，由于这种原因，把这些波称为寄生毛细—重力波。因为这些毛细—重力波形成于不对称的波峰，仪器在向上风观测较向下风观测对波的粗糙度有很大的响应，这可以用微波确定风速和方向。

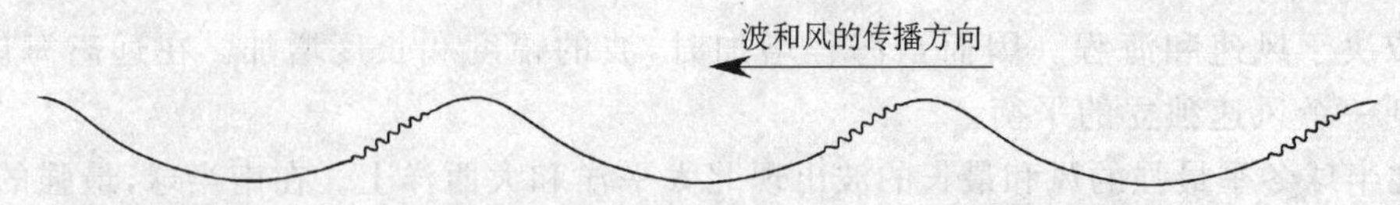

图 11.4　对于海波前向的寄生毛细波的增长(Seelye martin,2004)

三、波浪破裂(碎)、能量吸收和泡沫特性

如果能量连续加到一个波上和当波振幅向它的最大方向增加,长波将破坏(裂)。相反,破裂的结果是,毛细—重力波失去能量,成为寄生毛细波和没有破裂的湍流。如在图 11.5 中,表示了大振幅的图示和波的照片,在波槽中的 10 cm 长波和湍流,在波峰处的没有断裂的区域,在下风面处的寄生毛细波。

长波在深水断裂的发生如下:如果风速很大,当巨浪接近 120°的楔形,巨浪波锋面螺旋式向前、向下和破裂,把这称为白帽浪,其出现于风速大于 3 m/s,波浪破裂减小波的振幅,破坏了表面的平衡,驱使海中小水滴进入空气,将气泡卷入水体(柱),形成一个泡沫突变层。

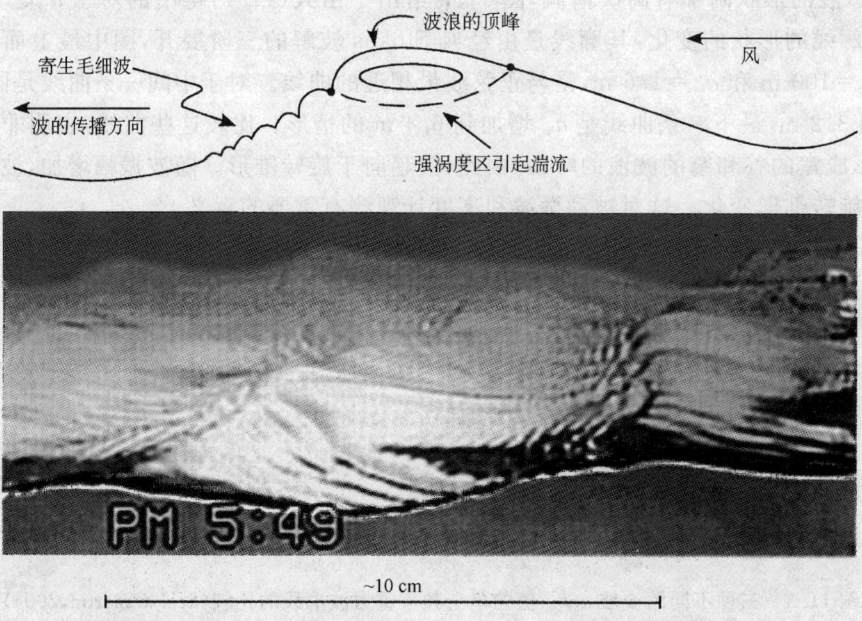

图 11.5　风速较小时引起的重力波因寄生毛细波而失去能量(Jessup 和 Zappa,1997)

当阵风在 25～30 m/s,观测到波高为 12～15 m,表面粗糙度和泡沫是与强风相伴,飞机观测表明,对于风速为 17 m/s,可见到泡沫覆盖表面的部分区域,这些观测表明波断裂在遥感中必须考虑。

也必须考虑与波断裂的水滴喷出和泡沫的产生两个因子,首先,水滴大约以每年 10^9 t 由海盐产生的气溶胶减小了海洋边界层的透过率。全球速率喷发转换为海盐进入海洋边界层,因此对于海洋颜色的反演,必须要确定气溶胶是否存在。第二,泡沫改变了海洋的反射率和发射特性,在可见光波段,由于泡沫比海面有更大的反射,它可以反演海洋的伪彩色。在微波由于泡沫具有与海水不同的发射率,面积范围随风速增加,泡沫出现在破裂浪的下风面侧,泡沫对反演风矢量有重要作用。

泡沫由表面泡沫和次表面泡沫两部分组成，表面泡沫是由环绕薄的海水层的小气泡和次表面泡沫组成，由此防止空气进入由于波断裂的水柱内。根据风速为 8 m/s 观测，表明水柱体内的泡沫至少发生在水深 3 m 的地方，其水表面下即有 20%是空的部分，气泡沫浓度在 e 指数的 0.18 cm 深度指数下降。表面泡沫与深处缓慢上升的泡沫相结合意味着对于约半个波周期或对于 10～20 s 长的时间持续出现表面泡沫。虽然泡沫斑面积和持续时间取决于风速、风作用范围和水温度，泡沫面积范围非线性取决于风速。例如，对于风速 1.4～7 m/s，出现 0～1%的覆盖范围；对于风速 14 m/s，至少有 4%的覆盖范围；对于风速 20 m/s，有 20%的覆盖范围或更大；风速约在 4 m/s 时泡沫面积范围近似地随 $U^{3.5}$ 增加。

四、振幅均方根和主要波高度

有许多例子，波场可以用收集随机波的振幅、波长和传播方向的综合描述。与信号频率波相类似，合成振幅波用波高 $\eta(x,y,t)$ 描述，其中 x 和 y 处于平均自由表面中，x 轴指向下风方向，y 轴垂直于风速。按这规定，$\bar{\eta}\equiv 0$，其 η 上的横杆指的是对长时间的平均。而均方根(rms)位移 σ_η 表示为

$$\sigma_\eta^2=\overline{\eta^2} \tag{11.3}$$

这参数常用于说明随机波振幅场，对于简单的正弦波，$\sigma_\eta^2=a_w^2/2$。

波的振幅也可以用有效波高(*SWH*)或 $H_{1/3}$ 表示。有效波高定义为波顶到波底的平均最大波高 H 的 1/3。对于遥感，用 $H_{1/3}$ 表示由卫星高度计观测到的海洋巨浪特性。定义 $H_{1/3}$ 是根据从船舶如何估计波浪高度，它在早期波预报模式中使用，$H_{1/3}$ 用 σ_η 表示，写为

$$H_{1/3}=4\sigma_\eta \tag{11.4}$$

图 11.6 表示了对于数值产生的波场。对于窄波带宽，式(11.4)是精确的。对于宽波带宽，系数由 4 降低为 3。

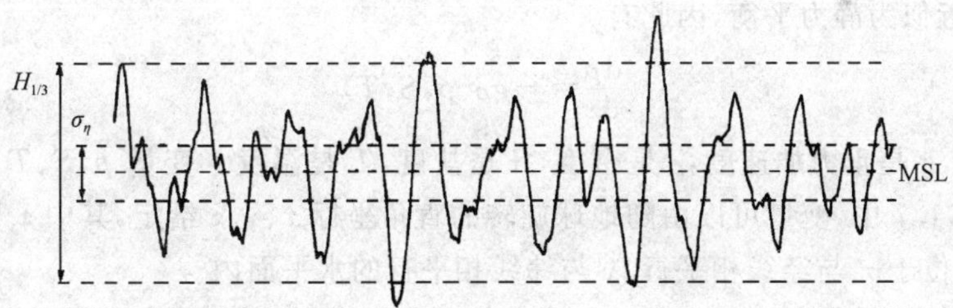

图 11.6　具有近高斯振幅分布的随机波，极大的振幅，MSL 平均海平面

五、海面波坡的方位分布

海面波浪的坡度相对于风向的方位分布以三种方式影响遥感；首先在全电磁谱段，波浪坡面直接将太阳光反射进入仪器(并成为主要的观测辐射)；在可见光波段，从高处观测水面，可观测到在风—粗糙表面形成一由许多小平面瞬间反射光构成弥散的亮点，这种现象称为太阳耀斑；其次，波浪的坡面使阳光为漫透射光通过界面进入海水内部，改变离水辐射的大小影响海色的反演；第三，由于坡面相对于风向具有方位分布，据此可以通过微波遥感反演风速和风向。

下面讨论方位的依赖关系，总的波浪坡度的平均方差 σ^2 和顺风和垂直风方向波浪坡度的

均方差 σ_L 和 σ_c 分别定义为

$$\sigma_L^2=\overline{\eta}_x^2$$
$$\sigma_C^2=\overline{\eta}_y^2 \tag{11.5}$$
$$\sigma^2=\sigma_L^2+\sigma_C^2$$

对于正弦波的情况，平均方差的波坡度 $\sigma_L^2=a_w^2k_w^2/2$。在不同风的条件下，(太阳耀斑时)反射波浪的坡度的角分布是风速的函数，结果表明最大坡度发生在上风和下风方向，最小的出现在横向，坡度大小随方位角平滑变化，也发现大的斜坡更可能在上风和下风方向。这种不对称源是由于寄生毛细波的形成在向前波面。因而反射太阳光在海面形成一长轴平行于风、短轴在右侧的椭圆，在上风方向椭圆较宽。对于 $1<U<12$ m/s，顺风和垂直风方向波浪坡度的均方斜率的比值 σ_c^2/σ_L^2 的变化从现在起 0.6 到 1.0，平均 0.8。

Mobleys 求得平均坡度与风速间线性关系为

$$\sigma_L^2=AU$$
$$\sigma_c^2=BU \tag{11.6}$$

其中，$A=3.5\times10^{-3}$ m/s，$B=2.8\times10^{-3}$ m/s。

油膜覆盖的光滑表面：Cox 和 Munk(1954)的现场试验表明，附加有厚度为 1 μm 的油膜覆盖的表面，相对于清洁水表面坡度值而言减小 2 或 3 倍，并且具有长度小于 0.3 m 的波消失。这个油膜覆盖的表面阻尼可以从雷达观测到。

六、海流、地转洋流和海面高度

在海洋上层，表现为由风驱动的洋流，在热带蒸发，南北极的冷却和季节加热冷却、风的应力等因素决定了海洋上层的质量通量和海水的密度结构。

对于旋转的地球，地转洋流近似地表示洋流、密度结构和海面高度之间的关系，在垂直方向上假定海洋近似为静力平衡，因此有

$$\frac{\mathrm{d}p}{\mathrm{d}z}=-g\rho(p,S,T) \tag{11.7}$$

式中，p 是压力，g 是重力加速度，ρ 是密度，S 是盐度，T 是温度。变量 p、S、T 由海洋测量仪器给出。如图 11.7 中，变量可以由随地球旋转的直角坐标 x、y、z 给定，其中 z 与重力平行，方向向上，x、y 是位于 x 与经线相平行、y 与纬线相平行的水平面内。

在水平面内，运动方程式略去与时间有关的和非线性项，则水的水平压力梯度与在旋转地球观测海洋速度产生的柯氏力之间达到平衡。根据 $f=2\Omega_E\sin\chi$ 是柯氏参数，Ω_E 是地球角速度，χ 是纬度，对于地转速度 u_G 和 v_G 的 x 和 y 分量为

$$\rho f v_G=\frac{\mathrm{d}p}{\mathrm{d}x}, \qquad \rho f u_G=\frac{\mathrm{d}p}{\mathrm{d}y} \tag{11.8}$$

由此给出相对于参考高度 z_0 的在 z 高度的速度 v_G，

$$v_G(x,y,z)=\frac{g}{f}\int_{z0}^{z}\frac{\mathrm{d}\rho}{\mathrm{d}x}\mathrm{d}z+v_0(x,y,z_0) \tag{11.9}$$

同样对于 u_G 有类似的表达式。在方程式中，v_0 是一个取决于 z_0 的未知的参考速度。在任何深处测量 v_0，包括自由表面，结合内部密度分布可计算绝对速度廓线。

对于这些水流，图 11.7 表示了在同一纬度线上海面高度、密度分布，箭头表示地转速度的 v 分量，虚线表示等密度面，实线是海面高度，点线是大地水准面。在无外力作用下，大地水准

面是沿平均海平面高度的等位势面，它并不与加速度分量平行。在海洋中，不均匀的密度分布导致在大地水准面上下移动。例如，沿海岸处水是冷又密度大，远离海岸处的水是暖且密度小，在这些水体内，如果两海水柱是确定的，这样它们在海面和同样深的等压面之间扩展，水柱有同样的质量。但是由于海岸处的水比离海岸的水的密度大，它的高度比离海岸的高度低。这高度差范围从 1 m 通过湾流到 10 cm 或对于海洋涡旋更低。

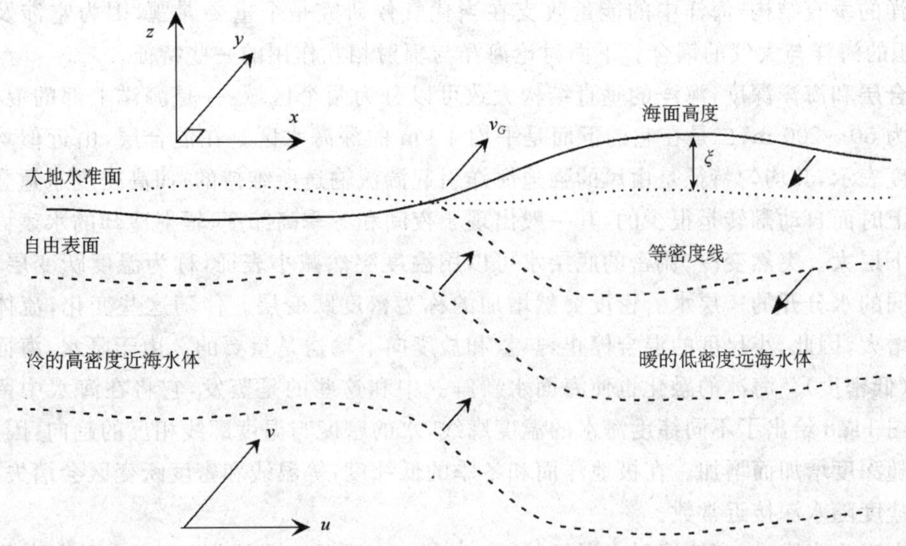

图 11.7　北半球沿等纬度线的地转海流，图中实线是自由表面，点线是大地水准面或等位势面，虚线是等密度线，速度是地转平衡的结果，变量 ζ 是海面高度(Stommel,1966)。

七、海洋的密度结构

海洋密度是表示海洋状态的参数之一，与大气一样，它也可以用静力方程来描述，但是与理想气体公式不同的是，海水的密度不直接与 p/T 成正比例，而是这些变量的弱的非线性函数，它也取决于盐度 S，其关系可以用经验公式表示

$$\rho=\rho(S,T,p=0)/[1-p/K(S,T,p)] \tag{11.10}$$

式中，K 是与 S，T 和 p 低阶多项式拟合给出的系数，如在温度为 5℃时，从海面到水深为 10 km(压力 1000 Pa)处，其纯海水密度($S=0$)由 1000 kg/m³ 增加到 1044 kg/m³。即使 ρ 的变化很小，它对海洋环流和稳定性仍然是很重要的。但是在海洋的光特性研究常常就忽略这种作用。

海水中压力变量可通过静力方程，从海面向下积分到深度 h 得到

$$p(h)=p_a+\int_0^h \mathrm{d}h'\rho(h')g\approx p_a+\bar{\rho}gh \tag{11.11}$$

式中，p_a 是海面大气压，$\bar{\rho}$ 是某一海深的平均密度，上式表明水中深度 h 的总的压力等于大气压加上水柱的重量($\bar{\rho}gh$)，且随海深增加而加大。

对于大气辐射问题，主要考虑的是对于水中两点 P_1 和 P_2 之间视线路径上的水质量 M(1,2)，如果视线与垂直方向间的夹角为 θ，则有

$$M(1,2)=\bar{\rho}h_2\sec\theta-\bar{\rho}h_1\sec\theta \tag{11.12}$$

式中，假定 $h_2>h_1$，可以看到海洋与大气有同样的结果。

对于水很纯情况下的短波辐射，只需考虑瑞利散射，倾斜路径的水质量就足够了，这种情况下的分子散射是由水分子造成的，这与空气分子的光散射形成蓝色天空是类似的。但是大多数实际辐射，水是不纯的，它包含有机沉淀物质、悬浮物质和有机物，其浓度在垂直方向有各种变化，对此采用垂直分层方法处理。

海洋的垂直结构：海洋中的能量收支在当代气候研究是个重要课题，因为它涉及占世界3/4面积的海洋与大气的耦合。下面讨论海洋与辐射相互作用的一些特征。

混合层和海洋深度：海洋的垂直结构大致可以分为两个区域：一是海洋上部的混合层，一般水深为50～200 m；二是在它的下面是平均4 km的深海水区。在混合层，由近似均匀的温度和盐度表示，其均匀特征是由风的强迫海洋引起湍流输送所维持的；而高密度水重叠于低密度水之上时而自动翻转是很少的，其一般出现于夜间和冬季高纬度，辐射冷却的水表面水体的密度比下层大。突然变冷、稠密的底层水可以用温度突然减小表征，称为温度跃变层，它是将温度不同的水分开的一层水。密度突然增加的称为密度跃变层。伴随这些变化，流体的稳定性显著增大，因此，小尺度的混合停止，热量和盐度向下输送是重要的。由于降水，海面接收新鲜的水（低密度）。海冰的融化也使海面水新鲜。中和这些的是蒸发，它将在海水中留下更多的盐。图11.8给出了不同纬度海水的温度廓线，水的密度与温度廓线相反的趋向，因此，密度趋向于随深度增加而增加。在极地洋面和冬季的低纬度，等温线和密度跃变区会消失不存在，温度和盐度随水深接近常数。

海水吸收太阳光（直接辐射＋漫辐射）在1～10 m厚的一个浅层区内，它是海洋能量的主要来源，一年内的周期性加热是太阳入射角和每天白天时间长度变化的结果。图11.9给出了晴空条件下全球海面接收短波辐射的分布，太阳辐照度最大值出现在夏季6月北半球和在冬季12月南半球；图11.10给出北半球混合层温度日平均的年变化，解释这些变化需对海水的物理特性理解，通常当温度增加时，密度略下降，因此表面加热形成轻的和由此上浮的上层水层，阻止向下混合。否则垂直混合使整水层吸收的能量均匀，因此，浅水混合层具有较高的温度；相反，深的混合层具有低的温度。

海洋特性的季节变化：对于给定海区，混合层的深度随季节和由海风引起激发机制的程度而变化，如对于持续7 d的一个风暴，观测到较低的温度跃变层30～50 m，表面温度冷却1～2 K。图11.10中看到，当冬季太阳加热极小时，混合层最深。在冬季，海面发射的红外能量比接收太阳的能量更多，发生净的冷却。由于更冷，混合层更深，密度大的水比夏季混合更深。而在夏季，海洋接收的能量比发射的能量大，并使海面增暖。海水上层更大的浮力，更不可能向下的混合。因此夏季的过程中混合层更浅和更暖。而到秋季，增暖较少，海水变得较不稳定，向下混合使温度跃变层更深，更多的水体得到能量。秋季发生的冷却是由于向下混合的能量比由于增加净辐射的损失的能量更多。因此，混合层的年温度循环，虽然在表面由太阳加热所驱动，但是实际是由于湍流热输送控制要比辐射传输更多。在深海处，实际没有季节变化，温度随水深的变化很小，深海底的温度接近0℃，它的温度由大尺度的海水翻转所支配。下沉基本出现在极地海洋区，世界大部分地区发生冷水上升比下沉的地方多。翻转过程的时间尺度在几个世纪的数量级。如果突然没有了太阳，地球的海洋在几百年内将是没有冻结。

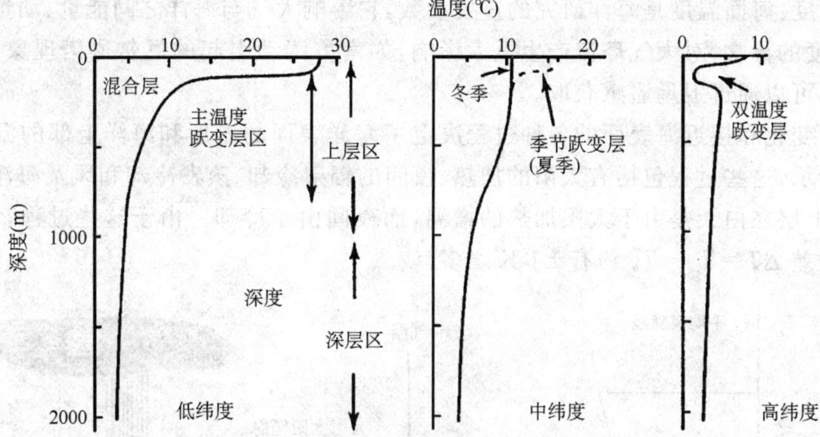

图 11.8　晴空海洋水体平均温度廓线与海洋深度间的关系(Pickard 和 Emery,1982)

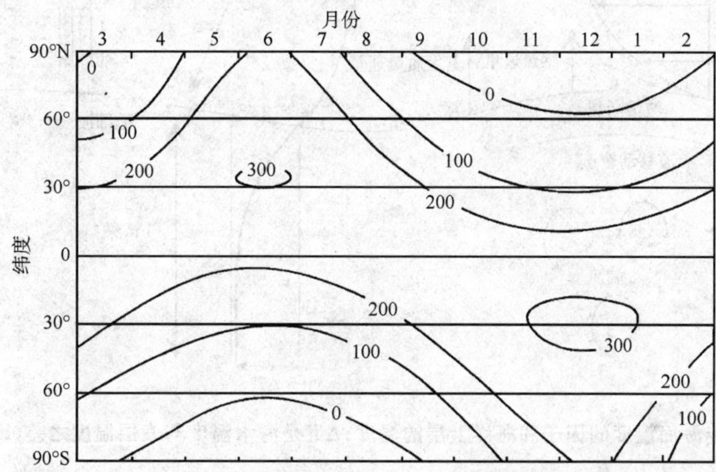

图 11.9　晴空条件下全球海面接收短波辐射(W/m²)的分布(Pickard 和 Emery,1982)

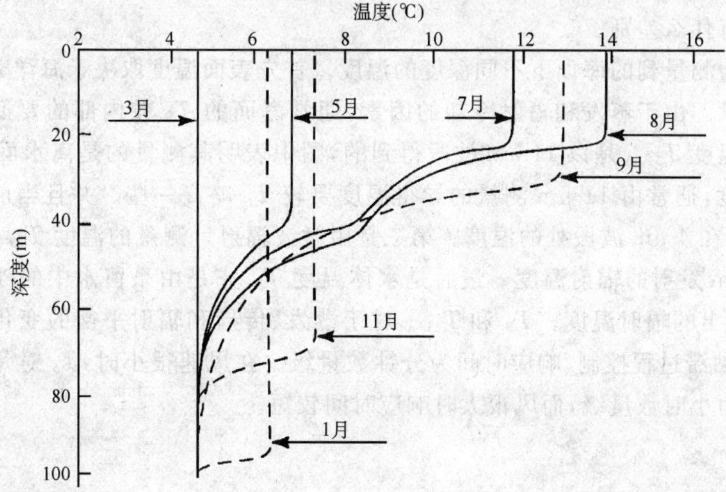

图 11.10　在东北太平洋 45°N、145°W 处温度跃变层的季节上升和下降(Pickard 和 Emery,1982)

海面温度：海面温度是海洋研究的重要参数，它影响大气与海洋之间能量、动量、水汽的交换，海面温度的异常，对大气环流产生重大影响，如南方涛动引起的厄尔尼诺现象。海面上的许多参数都可以通过卫星遥感获取。

海面的变化和接近海表面的各种过程决定了海洋表面的温度和海洋上部的温度廓线，如图 11.11 所示，这些过程包括有太阳的加热、夜间的辐射冷却、蒸发冷却和风及海洋波的混合。通常，海洋上层在白天是由于太阳加热的增温，而夜间由于冷却。由于这些过程，水体与海表面间的温度差 $\Delta T = T_S - T_b$ 约有±1 K 之多。

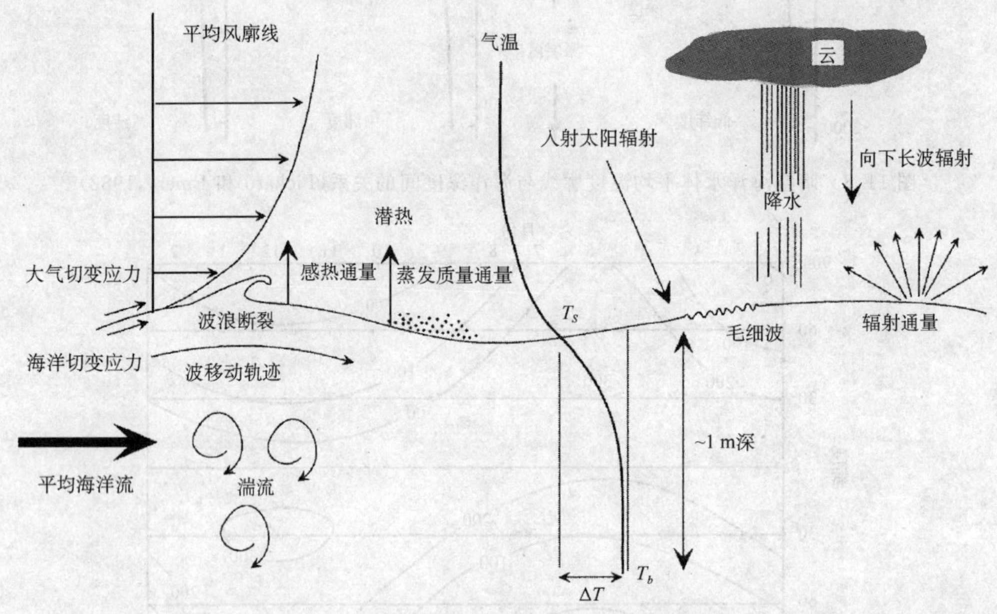

图 11.11　确定海面温度的因子和海洋上层的温度，ΔT 是海水温度与表层温度之差(Katsaros,1980)

海表面水的红外光学不透明性是一个重要特性，单位光学厚度发生在近表面极小的距离内，如果水是平静的，在白天由于海面薄层水拦截了绝大部分能量，因此，海表面下的水的温度与表面温度没有什么差别。

图 11.12 为测量到的海面下不同深度的温度。首先表面温度取决于海洋大气之间热量和湿度通量的贡献。由于蒸发和辐射冷却的因素，通常海面的 T_S 较内部的要低。其次是红外辐射计测量的温度 $T_{11\ \mu m}$是以 11 μm 波段得到的，图中表明其测量的是离水面深 30 μm 水柱发射的辐射温度，通常由 11 μm 测量的导得温度要较 T_S 略高一些。并且当前的方法最接近 T_S，类似地定义在 4 μm 波段处的温度。第三是由微波辐射计测量的温度 $T_{19\ GHz}$，这是由水柱离水面 1～2 mm 发射的辐射温度。最后是水体温度 T_b，它是由系留水中的浮力计测量的水深 0.3～2 m 发出的辐射温度。T_S 和 $T_{11\ \mu m}$对于蒸发、传导和辐射平衡的变化响应时间为几秒，$T_{19\ GHz}$是由黏滞过程控制，响应时间为分钟数量级。在风速很小时，T_b 对每日的加热和冷却的响应时间为小时数量级，而风很大时响应时间较短。

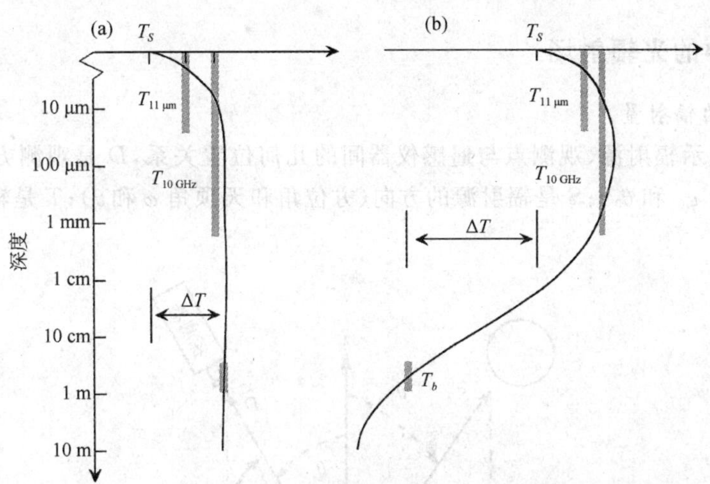

图 11.12 白天和夜间海水温度廓线的比较，深度以对数坐标(Donlon 等，2002)

另外，图 11.12a 是海面风速大于 6 m/s，由于风的作用，水深 10 μm 以下的水体温度大于表面温度，且温度的深度变化较小；图 11.12b 是风速很小时水下的温度变化，可以看到在 10 μm厚度层内，温度先是增大，在这之下水层中是随水的深度增大，温度降低。

第二节 海洋水面和水体对辐射的反射、透射

在小尺度区域的海洋遥感中，卫星接收到的辐射取决于辐射与大气/水体界面的相互作用，为由卫星获取洋面下的水体信息，必须对由水体的射出的辐射进行深入的分析研究，也就是具备水体的吸收和散射特性知识。但是，在红外波段，由海洋对辐射的强烈吸收，吸收和发射辐射限于海表面下 1～100 μm 内，在微波为 1～3 mm，在这些谱段可以略去大气的作用。卫星接收的辐射仅取决于海洋表面的散射和反射。而对于可见光波段，卫星接收的辐射取决于海洋内部对太阳光的后向散射辐射。

如图 11.13 中，在可见光波段有二类反射形式发生，一是在界面处太阳和天空的直接反射辐射或表面反射；二是与离水辐射率相联的漫反射，其是入射太阳辐射通过界面进入水体，部分被水体向后散射，后又通过界面进入大气。对于海洋遥感，由海水内部产生的水表面的离水辐射是反演水体内叶绿素浓度等水特性成为可能。

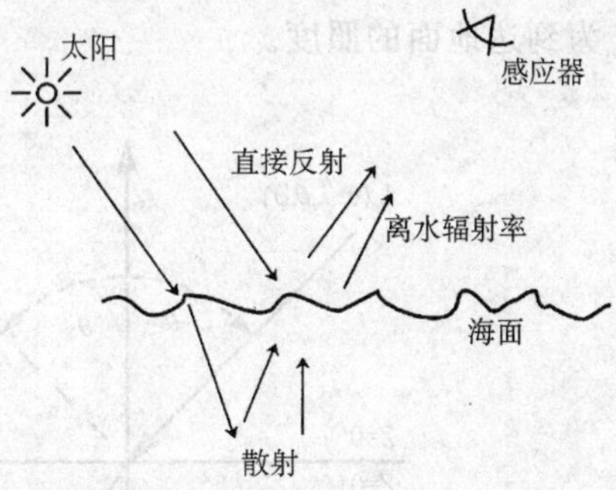

图 11.13 水面处的阳光的直接反射和水体的散射产生的离水辐射率(Seelye Martin，2004)

在白天晴空条件下，仅由天空光无法确定海面颜色，而要由水体内的散射确定。这是因为在水体内的体散射系数类似于大气中的瑞利散射，这时有 160 倍大。对于太阳天顶时并略去吸收，散射系数的数量级为 50 m 深的水体的散射相当于 8 km 大气的光散射，因此，水表面应当接近天空的亮度。即使包括吸收，Raman 证明，在直接太阳光下，水体散射是由蓝海色引起的。对有云覆盖时，这种情况就中止。在这时，水体的散射减小，海色由通过云的直接太阳光的前向散射的表面反射决定，因此水面表现为灰色。

一、水体中的光辐射场

1. 水体中的辐射量

图 11.14 显示辐射源、观测点与遥感仪器间的几何位置关系，D 是观测方向（方位角和天顶角分别表示为 φ_0 和 θ_0）；S 是辐射源的方向（方位角和天顶角 φ 和 θ）；T 是辐射方向，这与辐射源方向相反。

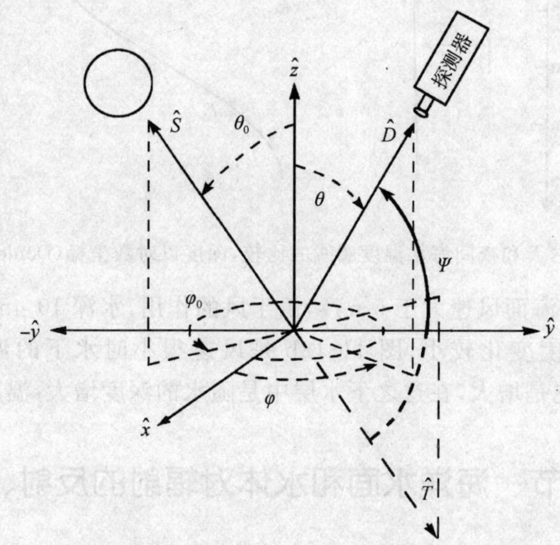

图 11.14　辐射源、观测点与测量仪器间的几何位置关系

(1)水体中的向下辐照度。如图 11.15 中，$L(\lambda,\theta,\varphi)$ 为入射水面的辐射率，则向下的辐照度 E_d 为将 $L(\lambda,\theta,\varphi)$ 对上半空间积分，写为

$$E_d(\lambda)=\int_0^{2\pi}d\varphi\int_0^{\pi/2}L(\lambda,\theta,\varphi)\cdot\cos\theta\cdot\sin\theta\cdot d\theta\qquad(\mu W/(cm^2\cdot nm)\qquad(11.13)$$

式中，θ,φ 是入射辐射方向的极角和方位角，其中 $d\Omega=\sin\theta\cdot d\varphi d\theta$ 为立体角。$L(\lambda,\theta,\varphi)\cdot\cos\theta$ 为到达地面的照度。

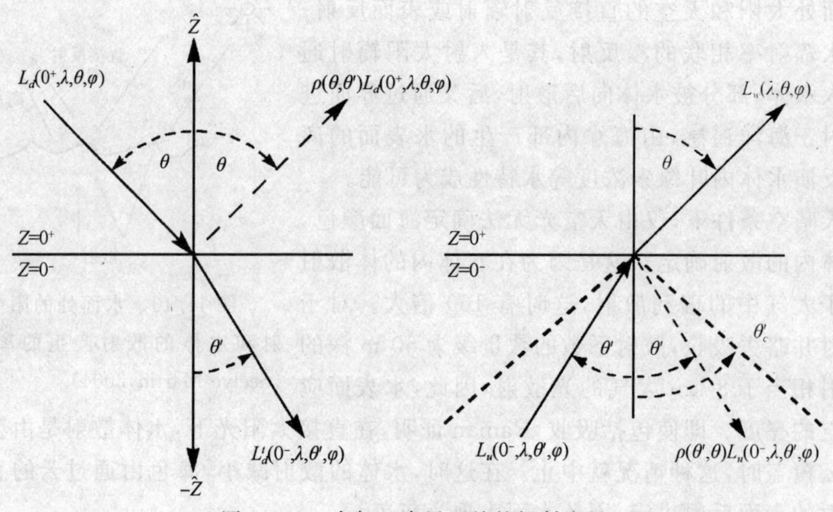

图 11.15　大气—水界面处的辐射度量

(2)水面下向上辐照度。同样,将 $L(\lambda,\theta,\varphi)\cdot\cos\theta$ 对下半空间($\pi/2\to\pi$)积分得到向上辐射照度 E_u,写成

$$E_u(\lambda)=-\int_0^{2\pi}d\varphi\int_{\pi/2}^{\pi}L(\lambda,\theta,\varphi)\cdot\cos\theta\cdot\sin\theta\cdot d\theta \quad (\mu W/(cm^2\cdot nm)) \tag{11.14}$$

定义矢量光谱照度为

$$\boldsymbol{E}(\lambda)=\int_0^{2\pi}d\varphi\int_0^{\pi}L(\lambda,\theta,\varphi)\cdot\cos\theta\cdot\sin\theta\cdot d\theta \tag{11.15}$$

或为

$$\boldsymbol{E}(\lambda)=E_d(\lambda)-E_u(\lambda)$$

(3)向下标量辐照度。如果将 $L(\theta,\varphi)$ 对上半空间($0\to\pi/2$)积分,就得标量辐照度

$$E_{od}(\lambda)=\int_0^{2\pi}d\varphi\int_0^{\pi/2}L(\lambda,\theta,\varphi)\cdot\sin\theta\cdot d\theta \tag{11.16}$$

(4)向上标量辐照度

$$E_{ou}(\lambda)=\int_0^{2\pi}d\varphi\int_{\pi/2}^{\pi}L(\lambda,\theta,\varphi)\cdot\sin\theta\cdot d\theta \tag{11.17}$$

(5)漫辐射衰减系数。如果入射到水体元的漫辐射为 $E_{d,u,od,ou}$,则水体元的漫辐射改变为

$$dE_{d,u,od,ou}=-K_{d,u,od,ou}\cdot E_{d,u,od,ou}\cdot dz \tag{11.18}$$

式中,$K=-dE/E\cdot dz=-d\ln E/dz$ 为漫辐射衰减系数,且

$$K_d\neq K_u\neq K_{od}\neq K_{ou}$$

(6)辐射场的平均余弦

①辐射场的角分布的平均余弦

$$\mu=\int_{4\pi}\cos\theta\cdot L(\theta,\varphi)\cdot d\Omega\Big/\int_{4\pi}L(\theta,\varphi)\cdot d\Omega \tag{11.19}$$

②向下辐射场角分布的平均余弦

$$\mu_d=\int_0^{2\pi}d\varphi\int_0^{\pi/2}\cos\theta\cdot L(\theta,\varphi)\cdot d\theta\Big/\int_0^{2\pi}d\varphi\int_0^{\pi/2}L(\theta,\varphi)\cdot d\theta \tag{11.20}$$

③向下辐射场角分布的平均余弦

$$\mu_u=-\int_0^{2\pi}d\varphi\int_{\pi/2}^{\pi}\cos\theta\cdot L(\theta,\varphi)\cdot d\theta\Big/\int_0^{2\pi}d\varphi(\theta,\varphi)\cdot d\theta \tag{11.21}$$

即有

$$\mu_d=E_d/E_{0d},\mu_u=E_u/E_{0u},\mu=(E_d-E_u)/E_0 \tag{11.22}$$

(7)分谱辐射量与辐射量

分谱辐射通量密度与辐射通量密度关系:$F_\lambda=dF/d\lambda$ W/nm

分谱辐射通量照度与辐射通量照度关系:$E_\lambda=dE/d\lambda$ $W/(m^2\cdot nm)$

分谱辐射亮度与辐射亮度关系:$L_\lambda=dL/d\lambda$ $W/(m^2\cdot nm\cdot sr)$ (11.23)

(8)总的向下辐照度 $E_{\sum 300}$。总的向下太阳辐射为波长从300 nm到2500 nm对分谱辐照度 $E(\lambda)$ 积分,写为

$$E_{\sum 300}=\int_{300}^{2500}E(\lambda)d\lambda \tag{11.24}$$

(9)水体中的光合有效辐射。与陆面作物一样,光合有效辐射为波长从 400 nm 到 700 nm 对分谱辐照度 $E(\lambda)$ 积分

$$PAR = \int_{400}^{700} E(\lambda)\mathrm{d}\lambda \tag{11.25}$$

(10)向上辐射通量的光谱特征。照度反射率：向上辐照度 $E_u(\lambda,z)$ 与向下辐照度 $E_d(\lambda,z)$ 之比

$$R(\lambda,z)=E_u(\lambda,z)/E_d(\lambda,z) \tag{11.26}$$

2. 水气界面处的辐射量

(1)水气界面处的向下、向上辐射照度。如图 11.15 中，在水气界面上表面位置表示为 $z=0^+$，下表面位置表示为 $z=0^-$，则在水气界面处的向下辐射照度写为

$$E_d(0^+,\lambda)=\int_0^{2\pi}\mathrm{d}\varphi\int_0^{\pi/2}L_d(0^+,\lambda,\theta,\varphi)\cdot\cos\theta\cdot\sin\theta\cdot\mathrm{d}\theta \tag{11.27}$$

$$E_d(0^-,\lambda)=\int_0^{2\pi}\mathrm{d}\varphi\int_0^{\pi/2}L_d(0^-,\lambda,\theta',\varphi)\cdot\cos\theta'\cdot\sin\theta'\cdot\mathrm{d}\theta' \tag{11.28}$$

向上辐射照度为

$$E_u(0^-,\lambda)=-\int_0^{2\pi}\mathrm{d}\varphi\int_{\pi/2}^{\pi}L_u(0^-,\lambda,\theta,\varphi)\cdot\cos\theta\cdot\sin\theta\cdot\mathrm{d}\theta\qquad(\mu\mathrm{W/(cm^2\cdot nm)}) \tag{11.29}$$

$$E_u(0^+,\lambda)=-\int_0^{2\pi}\mathrm{d}\varphi\int_{\pi/2}^{\pi}L_u(0^+,\lambda,\theta,\varphi)\cdot\cos\theta\cdot\sin\theta\cdot\mathrm{d}\theta\qquad(\mu\mathrm{W/(cm^2\cdot nm\cdot sr)}) \tag{11.30}$$

(2)水气界面 $z=0^-$ 处的反射率。反射率定义为：向上辐照度 $E_u(\lambda,0^-)$ 与向下辐照度 $E_d(\lambda,0^-)$ 之比

$$R(\lambda,0^-)=E_u(\lambda,0^-)/E_d(\lambda,0^-) \tag{11.31}$$

由于卫星辐射计是以一个很窄的视场接收海面发出(反射)的辐射，所以采用反射率表示，对此，定义次表面遥感方向反射率：向上辐射率 $L_u(\lambda,0^-)$ 与向下辐射率 $L_d(\lambda,0^-)$ 之比

$$r_{RS}(\lambda,\theta,\varphi,0^-)=L_u(\lambda,\theta,\varphi,0^-)/E_d(\lambda,0^-)$$

$$r_{RS}(\lambda,\theta,\varphi,0^-)=R(\lambda,0^-)/Q(\lambda,\theta,\varphi,0^-) \tag{111.32}$$

式中，Q 是辐照度与辐射率的关系方向因子，对于海面，照度与辐射率的关系写为

$$E_u(\lambda,0^-)=QL_u(\lambda,\theta,\varphi,0^-)$$

或写为

$$Q(\lambda,\theta,\varphi,0^-)=\frac{E_u(\lambda,0^-)}{L_u(\lambda,\theta,\varphi,0^-)}(\mathrm{sr}) \tag{11.33}$$

在各向同性的情况下，$L_u(\theta,\varphi)$ 的角分布

$Q(\theta,\varphi)=\pi$，在实际情况下，$Q(\theta,\varphi)=3.5\sim4.2$

为了与卫星感应的信号比较，需要考虑海面上的遥感反射率，它正好是海面上的向上辐射率与向下辐射率的比值：

$$R_{RS}(\lambda,\theta,\varphi)=L_W(\lambda,\theta,\varphi,0^+)/E_d(\lambda,0^-) \tag{11.34}$$

(3)界面 $z=0^+$ 和 $z=0^-$ 处的辐射。次表面的向上辐射 $L_u(0^+)$ 在通过海表面时由于反射和折射(图 11.16)而减小；在海面上的向下辐射通过海表面由于反射而减小，但它海面的向上通量由于的次表面内部反射而加强。因此，海面的上表面 $z=0^+$ 的向上辐射率 $L_u(0^+)$ 与次表面的向上辐射率 $L_u(0^-)$ 表示为

$$L_d^t(0^-,\lambda,\theta,\varphi)=L_d(0^+,\lambda,\theta,\varphi)[1-\rho(\theta,\theta')]n^2\qquad(\mu\mathrm{W/(cm^2\cdot nm\cdot sr)}) \tag{11.35}$$

对于各向同性情况下

$$L_u(0^+,\lambda)=(T^-/n^2)\cdot L_u(0^-,\lambda) \tag{11.36}$$

式中，n 是折射率，T^- 是从海水体到大气的透过率。同样，次表面的向下辐照度 $E_d(0^-)$ 和反射率写为

$$E_d(0^-,\lambda)=T^+\cdot E_d(0^+,\lambda)/(1-\gamma R) \tag{11.37}$$

及

$$R_{RS}=(T^-T^+/n^2)\cdot r_{RS}/(1-\gamma R) \tag{11.38}$$

或

$$R_{RS}=\zeta r_{RS}/(1-\Gamma\cdot r_{RS}) \tag{11.39}$$

其中 $\xi=T_-T_+/n^2$；$\Gamma=\gamma Q$。

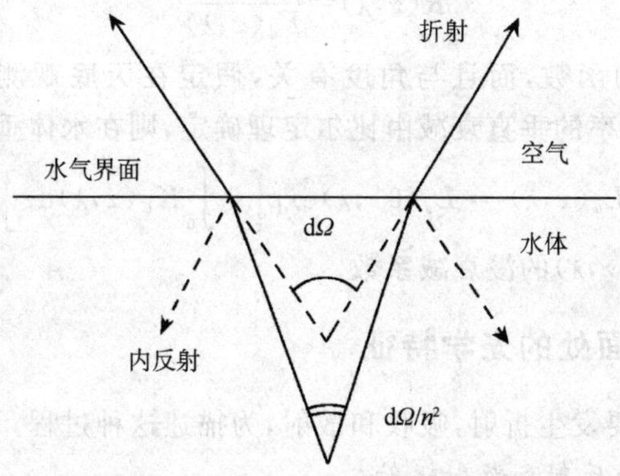

图 11.16 辐射从水体到空气的折射和次表面反射

而次表面处的向上辐射率为

$$L_u(\lambda,\theta,\varphi,0^-)=\frac{E_d(0^-,\lambda)R(0^-,\lambda)}{Q(0^-,\lambda,\theta',\varphi)} \tag{11.40}$$

对于天底观测：$\xi\approx0.518$；$\Gamma\approx1.562$。

图 11.17 给出了次表面和海面上的向上辐射之间的关系（$\theta_0=20°$，$\lambda=412$ nm）

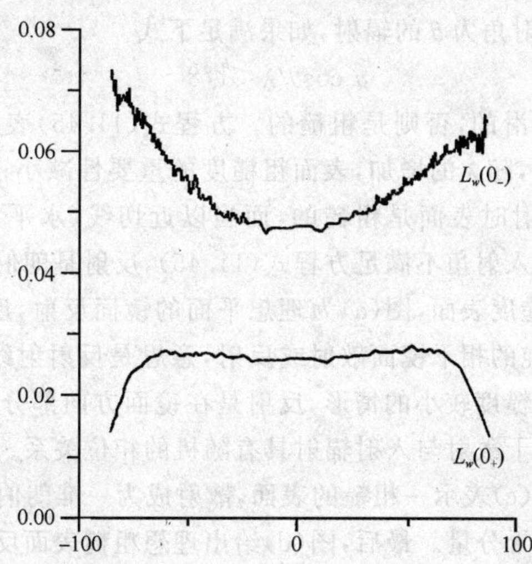

图 11.17 次表面和海面上的向上辐射之间的关系（$\theta_0=20°$，$\lambda=412$ nm）

(4)水体中的照度和垂直辐射廓线。对于波长 λ，根据比尔定理，深度为 z 处的向下辐照

度为

$$E_{\mathrm{d}}(z,\lambda)=E_{\mathrm{d}}(0^{-},\lambda)\exp\left(-\int_{0}^{z}K_{\mathrm{d}}(z,\lambda)\mathrm{d}z\right) \tag{11.41}$$

式中，$E_{\mathrm{d}}(0^{-},\lambda)$是次表面的向下辐射照度，$K_{\mathrm{d}}(z,\lambda)$是照度 $E_{\mathrm{d}}(z,\lambda)$向下漫衰减系数；同样，深度为 z 处的向上辐照度为

$$E_{\mathrm{u}}(z,\lambda)=E_{\mathrm{u}}(0^{-},\lambda)\exp\left(-\int_{0}^{z}K_{\mathrm{u}}(z,\lambda)\mathrm{d}z\right) \tag{11.42}$$

式中，$E_{\mathrm{d}}(0^{-},\lambda)$是次表面的向上辐射照度，$K_{\mathrm{u}}(z,\lambda)$是照度 $E_{\mathrm{u}}(z,\lambda)$向上漫衰减系数；

水体中的反射率表示为向上辐照度 $E_{\mathrm{u}}(z,\lambda)$与向下辐照度 $E_{\mathrm{d}}(z,\lambda)$之比，写为

$$R(z,\lambda)=\frac{E_{\mathrm{u}}(z,\lambda)}{E_{\mathrm{d}}(z,\lambda)} \tag{11.43}$$

但是辐射率不只是深度的函数，而且与角度有关，假定在天底观测的辐射率为 $L_u(z,\lambda)\equiv L_u(z,\lambda,0,0)$，向上的辐射率的垂直衰减由比尔定理确定，则在水体垂直方向有

$$L_u(z,\lambda)=L_u(0^{-},\lambda)\exp\left[-\int_{0}^{z}K_{\mathrm{L}}(z,\lambda)\mathrm{d}z\right] \tag{11.44}$$

式中，$K_{\mathrm{L}}(z,\lambda)$是对于 $L_u(z,\lambda)$的漫衰减系数。

二、大气与水体界面处的光学特征

辐射在水体中传输，要发生折射，吸收和散射，为描述这种过程，下面介绍这方面的内容。

1. 大气与海水界面处反射和散射辐射

对于入射表面的电磁辐射，取决于表面特性，一些能量被反射或散射、一些能量被吸收，某些透过界面，对于以 θ 角入射到一平面的辐射，如果反射是一镜面反射，意味着入射角等于反射角；如果反射面是一粗糙表面，反射过程就十分复杂，需考虑三种情况：①来自光滑水面的镜面反射，②具有毛细波和短重力波水面的反射，③具有泡沫水面的反射。

(1)水面的反射和散射。对于反射和散射，确定海洋表面的是否粗糙和光滑取决于瑞利粗糙度的判据，根据 Rees(2001)，图 11.18 表示辐射入射到一表面的情形，图中 σ_η 是表面高度的 *rms*，通常对于波长为 λ、入射角为 θ 的辐射，如果满足下式

$$\sigma_\eta\cos\theta/\lambda<1/8 \tag{11.45}$$

散射是镜面反射，表面是光滑的，否则是粗糙的。方程式(11.45)表明，散射取决于三个变量 σ_η、θ、λ。对于一定的 σ_η 和 θ，随 λ 的增加，表面粗糙度的重要性减小；而当对于一定的 σ_η 和 λ，粗糙度取决于 θ，当垂直入射时表面是粗糙的，而当以近切线(水平)角入射表面可以是光滑的。在极限情形下，对任意入射角不满足方程式(11.45)，反射是朗伯面。

图 11.19 给出四种粗糙度表面，图(a)为理想平面的镜面反射，反射能量以与入射角相等方向相反的角传播。这是纯的相干镜面散射或反射，意思是反射射线与入射辐射有确定的相位关系。图(b)表示的是粗糙度较小的情形，反射是在镜面方向部分相干散射，部分是在所有方向非相干或漫散射，非相干散射与入射辐射具有随机的相位关系。随粗糙度增加，镜面散射减小，非相干散射增加。图(c)表示一粗糙的表面，散射成为一准朗伯面，散射的大部分是随机的，在镜面方向只有小的相干分量。最后，图(d)给出理想粗糙表面反射情形，反射是完全的朗伯面，如在可见光和红外波段，包括泡沫和云在内，表面近似为朗伯面。

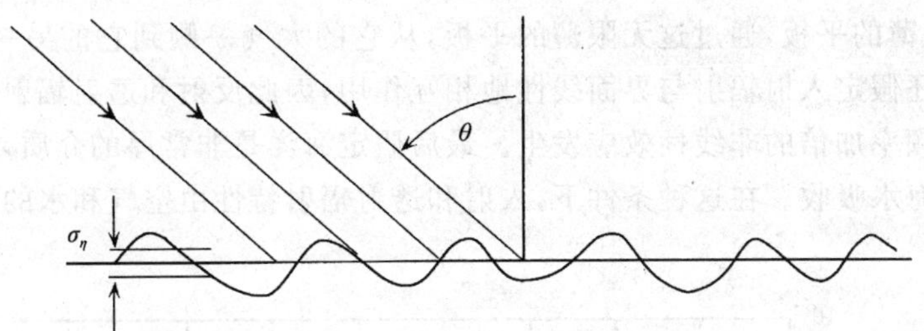

图 11.18　对于散射和镜面反射的瑞利判据(Rees. 2001)

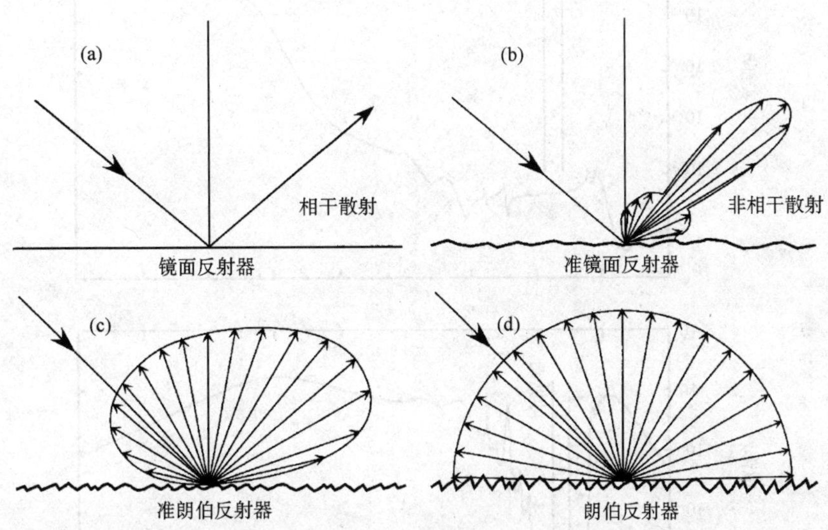

图 11.19　四种海洋表面的反射型式(Seelye Martin,2004)

(2)空气和水界面的镜面反射和透射。介质的复折射指数 n 表示为

$$n = n_r - in_i \tag{11.46}$$

式中,n 是折射指数的实部,表示水体的散射,n_i 是虚部,它表示水体的吸收。折射指数实部为真空中的光速与水体中的速度的比值:

$$n_r = c/v \tag{11.47}$$

虚部为

$$n_i = a \cdot \lambda / 4\pi \tag{11.48}$$

其中,a 是吸收系数,λ 是波长。图 11.20 是折射指数的实部和虚部,可以看到,在可见光区,折射指数较小,随波长增大,折射指数的实部和虚部明显增大。

下面讨论的复折射指数主要是指的它的实部,在空气中折射指数与波长无关,近似为 1,水的折射指数与波长有关,近似为 $n_w(\lambda) = 1.34$。在可见光谱段,清水的折射指数与波长有一定的经验关系(Austin 和 Halikas,1976),为

$$n_w(\lambda) = 1,325147 + \frac{6.6096}{\lambda - 137.1942} \tag{11.49}$$

对于海水的折射指数,它与温度和海水的盐度有关。

如图 11.19a 考虑一水平的交界面,空气在上,水在下,每一介质的特性随离界面的向上和向下的距离而改变,这理想物理情形应用于一平面和可近似为大量小平面的一粗糙面,假定水

气界面为一无限薄的平板，通过这无限薄的平板，从它的大气一侧到它的另一侧水体，改变折射指数的实部，还假定入射辐射与界面线性地相互作用，因此反射和透射辐射随入射辐射线性地增加，没有如频率加倍的非线性效应发生。最后假定海洋是非常厚的介质，在辐射到达海底之前，就全部被海水吸收。在这种条件下，入射和透射辐射特性由空气和水的折射指数的实部和虚部获得。

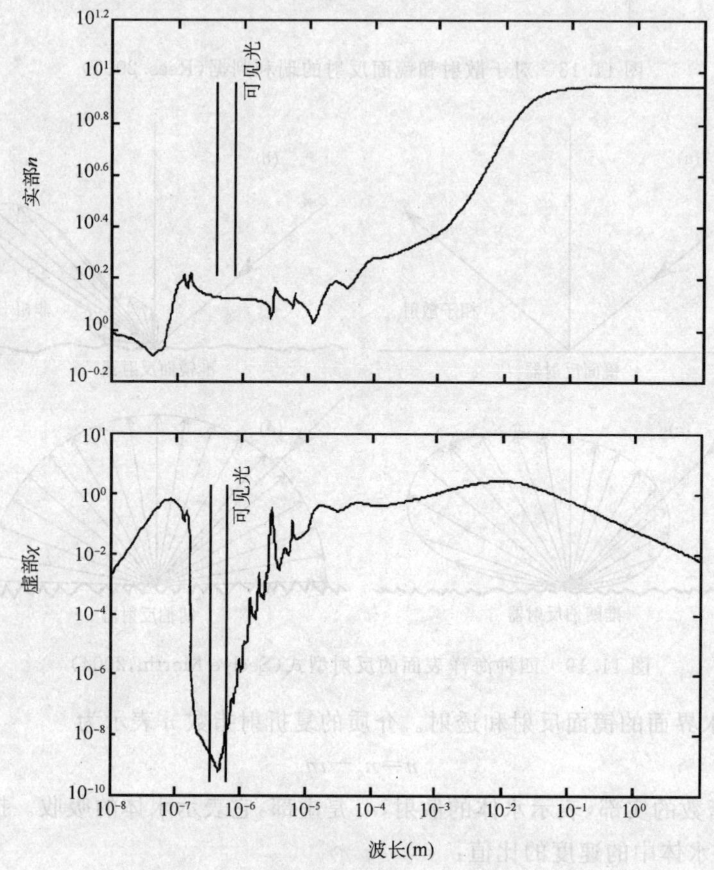

图 11.20　水的折射指数的实部和虚部(Segelstein,1981)

图 11.21 表示的是一束窄辐射射线入射在一平的界面内的镜面反射和透射，这里窄辐射射线占有很小的立体角。上半平面是空气，下半平面是水。为描述该射线与海洋表面相交时的入射和反射的关系。图中给出了与表面的相互作用的几何关系和 Fresnel 关系给出入射和折射辐射间的相对大小。在图中，n_a、n_w 分别是空气和水的折射指数的实部，θ_i、θ_r 和 θ_t 是入射角、反射角和透射角。Snells 给出了入射和反射间的关系，入射角和反射角相等，方向相反，因此有 $\theta_i=-\theta_r$。透射辐射则以 θ_t 角折射，写为

$$n_w/n_a=n=\sin\theta_i/\sin\theta_t \tag{11.50}$$

式中，n 是折射指数之比。对于可见光波长，$n_a=1$，$n_w\approx1.34$，因此可以设 $n=1.34$ 求取 θ_t。由于对于空气入射辐射 $n>1$，因此 $\theta_t<\theta_i$。

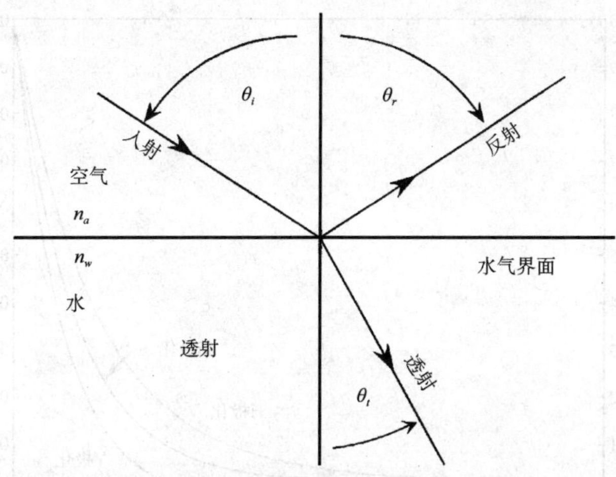

图 11.21　对于由空气一侧入射到镜面界面处的折射和反射(Seelye Martin,2004)

(3)Fresnel 方程。Fresnel 方程给出了反射和透射辐射大小相对于入射辐射的大小,下面先考虑一非极化辐射入射到一镜面的情形,然后是 V 极化和 H 极化的入射辐射。对于非极化的情况下,辐射率的反射率为入射与反射辐射率之比,为

$$r(\lambda,\theta_r)=L_r(\lambda,\theta_r)/L_i(\lambda,\theta_i) \qquad (11.51)$$

根据 Fresnel 方程,$\rho(\theta_i)$为 θ 和 θ_t 的函数,写为

$$r(\theta)=0.5|[\sin(\theta_i-\theta_t)/\sin(\theta_i+\theta_t)]^2+[\tan(\theta_i-\theta_t)/\tan(\theta_i+\theta_t)]^2| \qquad (11.38)$$

在式(11.38)中,$\theta_i\neq 0$,并且 θ_i 和 θ_t 是与 Snells 定理有关。当入射辐射是法向入射,则反射率为

$$r(0)=(n-1)^2/(n+1)^2 \qquad (11.52)$$

对于极化入射辐射的反射率,Fresnel 关系由 V 极化和 H 极化反射系数给出。写为

$$r_H(\theta)=\frac{[(p-\cos\theta)^2+q^2]}{[(p+\cos\theta)^2+q^2]} \qquad (11.53)$$

$$r_V(\theta)=\frac{[(\varepsilon'\cos\theta-p)^2+(\varepsilon''\cos\theta+q)^2]}{[(\varepsilon'\cos\theta+p)^2+(\varepsilon''\cos\theta+q)^2]} \qquad (11.54)$$

在式(11.54)中,$\varepsilon'=n^2-\chi^2$ 和 $\varepsilon''=2n\chi$ 是复介电常数的实部和虚部。而 p 和 q 由下面式子给出

$$p=(1/\sqrt{2})[(\varepsilon'-\sin^2\theta)^2+\varepsilon''^2]^{1/2}+[\varepsilon'-\sin^2\theta]^{1/2} \qquad (11.55)$$

$$q=(1/\sqrt{2})[(\varepsilon'-\sin^2\theta)^2+\varepsilon''^2]^{1/2}-[\varepsilon'-\sin^2\theta]^{1/2} \qquad (11.56)$$

对于法向入射,$\theta=0$,则没有 V 和 H 极化,意味着 $r_H(0)=r_V(0)=r(0)$。

对于 $n=1.34$,空气的入射辐射,图 11.22 给出了 θ、r_V、r_H 与 r 的依赖关系,可以看出,极化反射率位于在 r 的上面和下面,当 $\theta\cong 60°$,$\rho_V=0$,称为 Brewster 角。反射率有用的特性是对于 $\theta<50°$的范围,r 接近于常数,约为 0.02,这种情况下,入射辐射的 98%是透射的,而 $\theta>50°$时,r 迅速增加。

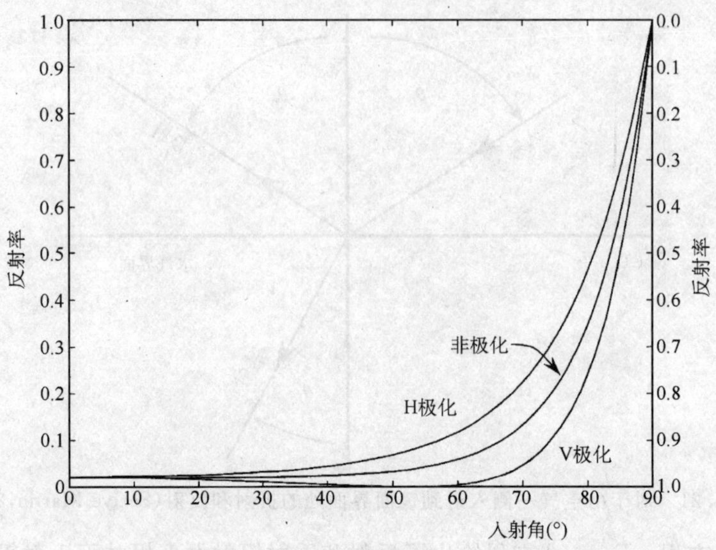

图 11.22 对于可见光波段、水平极化和垂直极化入射辐射的镜面海气界面的辐射反射是入射角的函数(Seelye Martin,2004)

(4)来自毛细波的反射。来自风引起的粗糙海面的 Fresnel 辐射反射形成太阳耀斑,其是指由粗糙表面的入射太阳辐射的散射进入卫星感应器方向的辐射,由于太阳耀斑影响到所有海面反射或发射的卫星观测波长辐射,必须避免它。

对于风引起的粗糙海面,单一反射角的概念失去它的意义。Mobley(1995,1999)假定海面仅是由风驱动的毛细波所覆盖,其所具有的坡度由式(11.6)表示,还假定波的表面近似为一集中的等腰三角形,称为侧(刻—平圆面)面,其每一个作为镜面反射器。如果每一侧面的长度比波长 λ 大得多,如果波面上的侧(刻—平圆面)侧面的偏差比波长 λ 小很多,这个近似的成立的。同样的,如果由侧面近似的表面部分的曲率半径为 R_c 满足下式

$$R_c \gg \lambda \tag{11.57}$$

则在表面的辐射场可以由发生在一正切平面上的辐射近似。由于波浪较短的波长 λ_w 和它的曲面在 1～10 cm 的范围内,这时在 VIR 辐射波长 λ 中小于 10 μm,这条件很容易满足。对于波长长的微波辐射,这条件不必须满足。反而,由小表面波发生的散射,不满足式(11.57),来自较大表面元发生的反射。

在 VIR,对于以某一角 θ 入射于表面的窄的射线束辐射,和假定每一侧面发生的 Fresnel 反射辐射,在侧面之间发生多次反射,图 11.23 显示由数值求解了不同风速状况下反射辐射率的角分布,假定入射于粗糙度与风速成正比的反射辐射的角分布,辐射源以角度 θ=40°位于离半球的远一侧,半球上的每一方框表示天顶角 10°与方位角 15°所包围的面积,对于 U=0 或镜面反射的情形,所有的入射辐集中于反射到以与入射辐射到同一相反的角度的方框内,形成一称之太阳耀斑亮区;对于 U=10 m/s,反射辐射处于天顶角 120°与方位角 90°所包围的面积内。

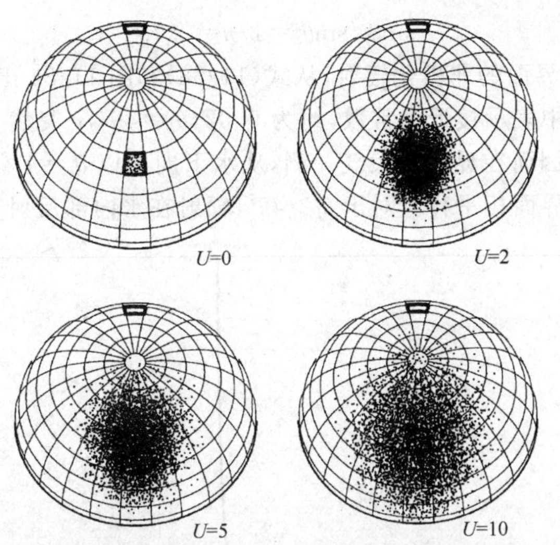

图 11.23 不同风速条件下反射太阳辐射分布(Mobley,1999)

(5)海面的反射。海面反射与海面折射率和状态有关,可以写为

$$r_{\mathrm{dir}}=r_{\mathrm{dsp}}+r_f$$
$$r_{\mathrm{dif}}=r_{\mathrm{ssp}}+r_f$$

式中,r_{dsp}是直接镜面反射,r_{ssp}是漫镜面反射,r_f 是由于海面泡沫引起的反射率,通常反射率是风速和水的折射指数函数,r_f 是海面粗糙度的函数。当风速 $W<4$ m/s,海面泡沫很少,则

$$r_f=0$$

而当 4 m/s$<W<$7 m/s 时,有

$$r_f=0.000022\rho_a C_D W^2-0.00040$$
$$C_D=0.00062+0.00156W^{-1}$$

当 $W>7$ m/s 时,有

$$r_f=(0.000045\rho_a C_D-0.000040)W^2$$
$$C_D=0.00049+0.000065W$$

式中,$\rho_a=1.2\times10^3$ g/m^{3}是空气密度,C_D 是拖曳系数。r_{dsp}取决于海面状态—风速,$\theta<40°$,或 $W<2$ m^{-1}。海水的折射指数 $n_{\mathrm{W}}=\sin\theta_{\mathrm{i}}/\sin\theta_{\mathrm{r}}$ 取 1.341,r_{dsp}直接由式(11.38)计算。

对于 $\theta>40°$,或 $W>2$ m/s,为

$$r_{\mathrm{dsp}}=0.0253\exp[b(\theta-40)]$$
$$b=-0.000714W+0.0618$$

假定均匀和光滑的海面,镜面反射与风速无关,r_{ssp}取 0.066;对于粗糙的海面 $W>4$ m/s,r_{ssp}减小到 0.057。

2. 通过大气和海水界面的透射辐射

只有对于可见光波段,水体的太阳光后向散射辐射由下向上传播入射到界面处,这辐射照度通过界面,产生离水辐射率。对于生物遥感关键是对大气和水体两种介质过程的理解,对于界面之上入射辐射称为气—入射辐射,而界面之下的入射辐射称之为水—入射辐射。

(1)来自水下面的入射光滑界面。如图 11.21 中所示,对于来自水下面的入射辐射,辐射传播方向相反,Sell's 折射定理为

$$\sin\theta_i / \sin\theta_t = 1/n = 0.75 \tag{11.58}$$

对于来自水下的入射到界面的非极化辐射，从式(11.58)和图 11.24 出了反射率 r 与入射角的关系。对于 $\theta_i \leqslant 30°$，图中表示接近为常数，约为 0.02，$\theta_i = 49°$，r 突然上升至 1，因此对于 $\theta_i > 49°$，全反射就发生了。因而在界面的大气一侧，从水下向上以 $\theta_i = 49°$ 入射界面的辐射被折射到 $\theta_t = 90°$，因此辐射与界面相平行。对于 $\theta_i > 49°$，辐射在水内部反射，没有透射。

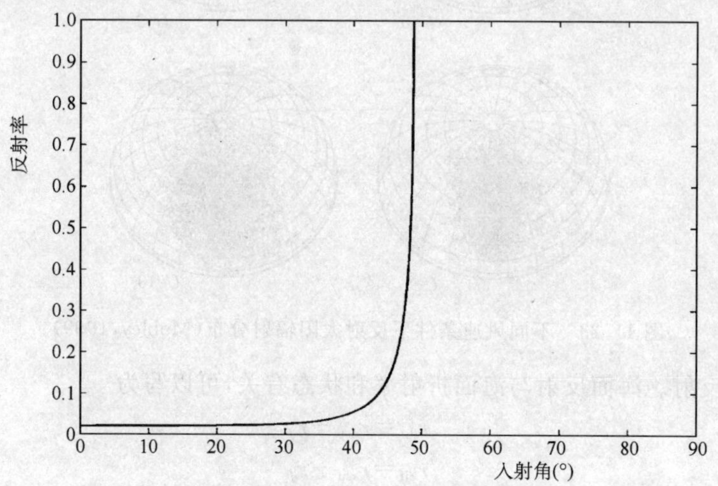

图 11.24　在可见光波段，对于从下面向上入射到水气界面的非极化辐射作为角度函数的反射率(Seelye Martin，2004)

图 11.25 中显示另一种现象，几条射线以不同角度入射海/气界面，当 $\theta_i > 49°$ 时，发生全反射，出现暗区，其立体角范围内的所有入射辐射全被反射。在暗区内由下向上的辐射入射没有通过界面传播，如果下面的入射辐射具有朗伯分布，则几乎有 1/2 的入射辐射不能通过界面。图中还显示光在窄的立体角内向上到界面后以散开进入大气中的大的立体角，反之亦然。这种在界面处辐射的集合和散开分别称为折射的收敛和辐散。

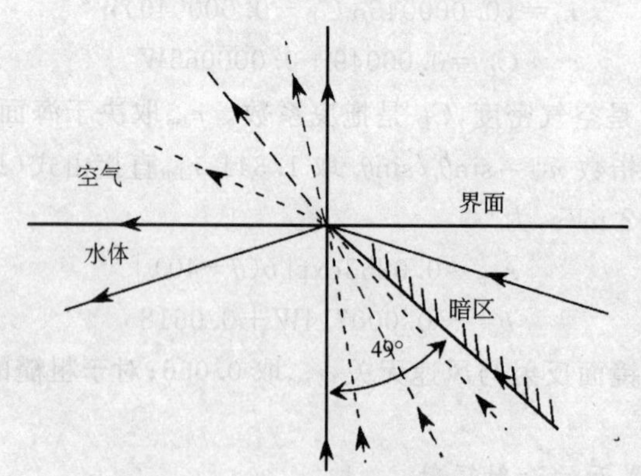

图 11.25　来自海面下的入射辐射，由于通过界面折射率的改变，当 $\theta_i > 49°$ 出现内反射(Seelye Martin，2004)

(2)光通过界面时光的折射的辐合和辐散。如图 11.26 中，假定入射辐射以入射角 θ_1 入射到界面面积 ΔA_S 上，其部分以角度 θ_2 透射。如果 $\widetilde{T}(\theta_1) = 1 - r(\theta_1)$ 为界面处非极化透过率，r 为图给出的反射率。则在界面处辐射通量 Φ_1 和 Φ_2 间的关系为

$$\Phi_2 = \widetilde{T}(\theta_1)\Phi_1 \tag{11.59}$$

对于向上或向下辐射，无论是入射到空气或水体，入射角小于40°时，$T \cong 0.98$，相应的辐射在立体角 $\Delta\Omega_i$ 内传播，这里 $i=1,2$ 表示界面的不同的两侧。根据辐射率定义，上式可以写为

$$L_2 \cos\theta_2 \Delta\Omega_2 = \widetilde{T}(\theta_1) L_1 \cos\theta_1 \Delta\Omega_1 \tag{11.60}$$

由定义

$$\Delta\Omega_i = \sin\theta_i \Delta\theta_i \Delta\varphi_i \tag{11.61}$$

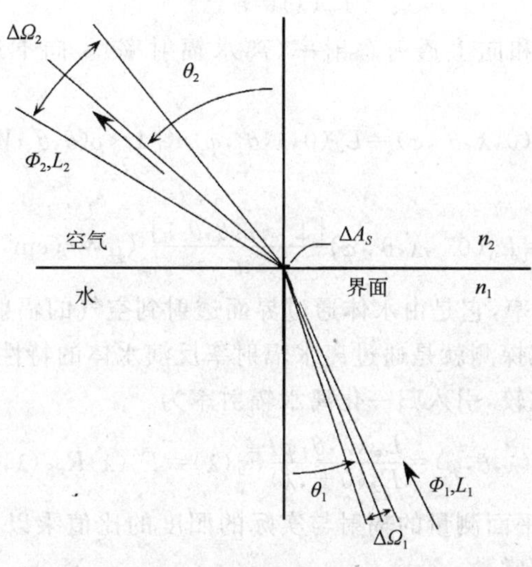

图 11.26　向上传播的辐射聚焦于海洋的空气界面的一个面元上，并且通过界面辐射转变为折射辐散(Seelye Martin,2004)

对于界面的两侧，计算 $\Delta\Omega_i$ 和辐射处理如下。由于方位角 φ_i 在界面内，它们与折射定理无关，且有 $\Delta\varphi_1 = \Delta\varphi_2$，则 θ_i 角之间的关系为

$$\sin\theta_1 = (n_2/n_1)\sin\theta_2 \tag{11.62}$$

对式(11.62)两边求平方，求差和由方程(11.61)的 $\Delta\Omega_i$ 代入，得结果

$$\Delta\Omega_1 \cos\theta_1 = (n_2/n_1)^2 \cos\theta_2 \Delta\Omega_2 \tag{11.63}$$

方程给出了在界面两侧入射立体角和折射立体角之间的关系，称之 Staubel′s 不变性。

将 Staubel′s 不变性方程式(11.63)代入式(11.60)得到

$$L_2 = (n_2/n_1)^2 \widetilde{T} L_1 \tag{11.64}$$

对于 $\widetilde{T}=1$，式(11.64)称为辐射基本定理(Mobley,1994)，对于可见光波长，这里 L_1 是正好是表面下的向上辐射，L_2 是离水辐射，$n = n_2/n_1 = 1.34$，而对于 $\theta_1 < 40°$，或 $\widetilde{T} \cong 0.98$，方程式(11.63)成为

$$L_2 = \widetilde{T} L_1 / n_2 \cong 0.55 L_1 \tag{11.65}$$

对于 $\theta < 50°$ 由空气入射辐射的情况，方程式又写为

$$L_1 = n^2 T L_2 \approx 1.76 L_2 \tag{11.66}$$

式中，L_1 和 L_2 分别是水和空气中的辐射。由式(11.65)和式(11.66)看到，对于空气入射辐射，透过辐射几乎减小一半，而对于水体中的入射辐射，则透过辐射将近加倍。这说明透过的辐射通量与辐射率之间的重要差别，对于水体入射辐射情况，由式(11.59)，通过 $\widetilde{T}$ 或因子0.98减小透过通量，但是由于在界面大气一侧中能量传播是在一个大的立体角内，从

式(11.65)通过0.55减小L_2。相反,对于空气入射情况,从式(11.66)看到,辐射通量再由0.98减小,透过辐射率近乎加倍。由于这原因,在水下看太阳是加倍放大。

(3)水—空气界面处的透过率。根据Fresnel反射方程,水气界面的透过率$T_S(\lambda)$表示为

$$T_S(\lambda)=\frac{4n_w(\lambda)}{[1+n_w(\lambda)]^2} \tag{11.67}$$

式中,n_w是水的折射指数。水体中的透过率写为

$$T_w(\lambda)=e^{-K(\lambda)/s}$$

(4)通过水面的向下和向上透射辐射率(离水辐射率)。向下透过的气—水面界面的辐射为

$$L_d^t(0,\lambda,\theta',\varphi)=L_d^t(0,\lambda,\theta',\varphi)n^2[1-\rho(\theta,\theta';W)] \tag{11.67}$$

和向上的透射辐射写为

$$L_w(\lambda,\theta,\varphi)=L_u(0^-,\lambda,\theta',\varphi)\frac{[1-\rho(\theta,\theta')]}{n^2}\ (\mu W/(cm^2\cdot nm\cdot sr)) \tag{11.68}$$

称$L_w(\lambda,\theta,\varphi)$为离水辐射率,它是由水体通过界面透射到空气的辐射率,离水辐射率包含有各种水体特性的信息。遥感探测就是通过离水辐射率反演水体的特性。

为方便于分析应用比较,引入归一化离水辐射率为

$$L_{wN}(\lambda,\theta,\varphi)=\frac{L_w(\lambda,\theta,\varphi)}{E_d(0+,\lambda)}\bar{F}_a(\lambda)=\bar{F}_a(\lambda)R_{RS}(\lambda,\theta,\varphi) \tag{11.69}$$

式中,$L_{wN}(\lambda,\theta,\varphi)$为在海平面测量的辐射与实际的照度的比值乘以日地平均距离处的大气顶的太阳照度,$\bar{F}_a(\lambda)$是太阳常数。

假定海面上的向上辐射在实际的角度范围内(60°)为各向同性,归一化离水辐射率为

$$L_{wN}(\lambda)=R_{RS}(\lambda)\cdot F_0(\lambda) \tag{11.70}$$

$$L_W=T(\theta_0)L_{wN}\cdot\cos\theta_0 \tag{11.71}$$

(5)大气顶总的向上辐射是离水辐射率与水表面+大气的反射辐射之和。图11.27中,大气顶总的总的向上辐射L_{top}可以写成

$$\begin{aligned}L_{top}=&L_{atm}(\lambda,\theta,\varphi;\theta_0,\varphi_0)+L_{sfc}(\lambda,\theta,\varphi;\theta_0,\varphi_0;W;\tau_a)t'_u(\lambda,\theta;\tau_a)+\\&L_w(\lambda,\theta,\varphi;\theta_0,\varphi_0;W;\tau_a;O)t_u(\lambda,\theta;\tau_a)\end{aligned} \tag{11.72}$$

式中,$L_{atm}(\lambda,\theta,\varphi;\theta_0,\varphi_0)$是大气反射辐射,$L_{sfc}(\lambda,\theta,\varphi;\theta_0,\varphi_0;W;\tau_a)$是水表面反射辐射,$L_w(\lambda,\theta,\varphi;\theta_0,\theta_0;W;\tau_a;O)$是离水辐射率,$t'_u(\lambda,\theta;\tau_a)$是大气透过率。

若大气反射辐射和水表面反射辐射合并写成

$$L_{atm+sfc}=L_{atm}(\lambda,\theta,\varphi;\theta_0,\varphi_0)+L_{sfc}(\lambda,\theta,\varphi;\theta_0,\theta_0;W;\tau_a)t'u(\lambda,\theta;\tau_a) \tag{11.73}$$

则有

$$L_{top}=L_{atm+sfc}+L_wt_u \tag{11.74}$$

当太阳天顶角$\theta_0=0$,大气顶的太阳照度表示为E_0,两边乘以π,除以μ_0E_0,式(11.74)成为

$$\pi L_{top}/(\mu_0E_0)=\pi L_{atm+sfc}/(\mu_0E_0)+\pi L_wt_dt_u/(\mu_0E_0t_d) \tag{11.75}$$

式中,t_d是直接透过率和漫透过率之和。

定义

$$r^*_{top}=\pi L_{top}/(\mu_0E_0) \tag{11.76}$$

$$r_{atm+sfc}=\pi L_{atm+sfc}/(\mu_0E_0) \tag{11.77}$$

$$r_w=\pi L_w/(\mu_0E_0t_d) \tag{11.78}$$

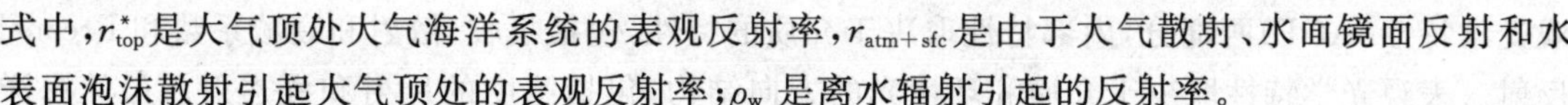

式中，r_{top}^* 是大气顶处大气海洋系统的表观反射率，$r_{atm+sfc}$ 是由于大气散射、水面镜面反射和水表面泡沫散射引起大气顶处的表观反射率；ρ_w 是离水辐射引起的反射率。

$$r_{top}^* = r_{atm+sfc}^* + r_w t_d t_u \tag{11.79}$$

考虑到大气对向上的离水辐射的反射，利用辐射的累加法原理，对上式中第二项离水辐射乘以因子 $1/(1-s\rho_w)$，则有

$$r_{top}^* = r_{atm+sfc}^* + r_w t_d t_u/(1-sr_w) \tag{11.80}$$

式中，s 是大气的反射率。

对于卫星观测的数据还受水汽、二氧化碳、臭氧、甲烷和氧等大气气体的影响，如果把太阳—表面—探测器的路径透过率表示为 T_g，并且气体的吸收可独立处理，这样到达大气顶的反射率写为

$$r_{top}^* = T_g[r_{atm+sfc}^* + r_w t_d t_u/(1-sr_w)] \tag{11.81}$$

求解上式得离水辐射反射率为

$$r_w = (r_{top}^*/T_g - r_{atm+sfc}^*)/s(r_{top}^*/T_g - r_{atm+sfc}^*)] \tag{11.82}$$

因此，由卫星测量的辐射率可以导得离水反射率。

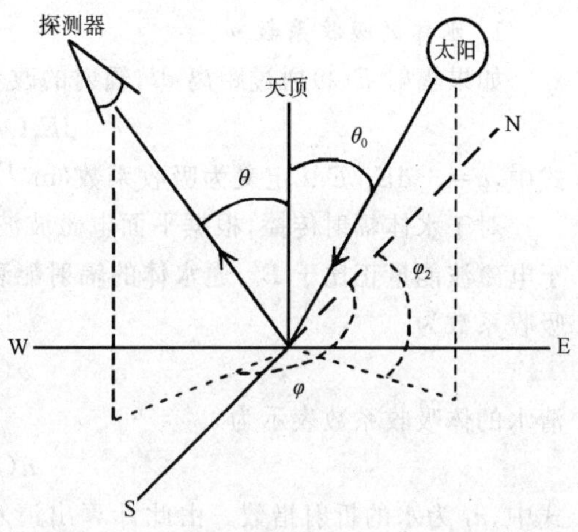

图 11.27　太阳和观测的天顶角和方位角

对于卫星观测到的辐射是在探测器视场的平均，可写成

$$\begin{aligned} L_t(\theta,\varphi\in\Omega_{FOV}) &= \frac{1}{\Omega_{FOV}}\int_{\Omega_{FOV}}\left[\int_{2\pi d} L_{atm+sfc}(\theta',\varphi')\times r(\theta',\varphi'\rightarrow\theta,\varphi)\mathrm{d}\Omega(\theta',\varphi')\right]\mathrm{d}\Omega(\theta,\varphi) + \\ &\quad \frac{1}{\Omega_{FOV}}\int_{\Omega_{FOV}}\left[\int_{2\pi u} L_u(\theta',\varphi')\times t(\theta',\varphi'\rightarrow\theta,\varphi)\mathrm{d}\Omega(\theta',\varphi')\right]\mathrm{d}\Omega(\theta,\varphi) \\ &\equiv L_r(\theta,\varphi\in\Omega_{FOV}) + L_w(\theta,\varphi\in\Omega_{FOV}) \end{aligned} \tag{11.83}$$

式中，Ω_{FOV} 是探测器瞬时视场（FOV）的立体角，$(\theta,\varphi\in\Omega_{FOV})$ 表示当探测器指向与海面法线成 (θ,φ) 方向的辐射率的方向，$L_t(\theta,\varphi\in\Omega_{FOV})$ 表示当探测器指向 (θ,φ) 对整个探测器的视场的辐射率，则进入探测器的照度为 $L_t(\theta,\varphi\in\Omega_{FOV})\Omega_{FOV}$，所有向下半球用 $2\pi_d$ 表示，向上半球用 $2\pi u$ 表示，$r(\theta',\varphi'\rightarrow\theta,\varphi)$ 是海面时间平均的反射率，表示对任何来自天空方向 (θ',φ') 向下辐射反射到向上方向 (θ,φ) 的辐射的反射率，它可以是波面的 Fresnel 反射率与反射方向 $(\theta',\varphi'\rightarrow\theta,\varphi)$ 的概率分布函数的乘积。$t(\theta',\varphi'\rightarrow\theta,\varphi)$ 是海面时间平均透射率，表示海水体向上方向 (θ',φ') 辐射透过海面到方向 (θ,φ) 的辐射。

由此，定义卫星遥感反射率为

$$R_{rs}(\theta,\varphi,\lambda) = \frac{L_w(\theta,\varphi,\lambda)}{E_d(\lambda)} \tag{11.84}$$

式中，$E_d(\lambda)$ 是入射到海面的辐照度。

第三节　水体的吸收和散射特性

对于可见光和近可见光波段，海洋光学和遥感特性分为内部（固有）光学特性（IOP）和表

观光学特性(AOP)两部分,内部特性取决于介质的特性,包括吸收、散射和衰减系数和 Fresnel 反射。表观光学特性取决于介质和环境光的方向结构,包括照度的反射和漫透射。虽然海洋学中描述衰减、吸收和散射与大气中不同,但是数学公式是同样的。在海洋学中,$a(\lambda)$是体积吸收系数,$b(\lambda)$是散射系数,$c(\lambda)$是衰减系数,相应于大气衰减系数。系数 a、b 和 c 的单位为 m^{-1}。对于体积散射函数 $\beta(\alpha,\lambda)$,具有单位 $m^{-1} \cdot sr^{-1}$。

一、水的吸收和散射参数

1. 水体的吸收系数 a

如果辐射 $E(\lambda)$通过距离 dl,辐射的改变量为 $dE_a(\lambda)$,即有

$$dE_a(\lambda) = -aE(\lambda)dl \tag{11.85}$$

式中,$a=-dE_a/Edl$ 定义为吸收系数(m^{-1})。

对于水体辐射传播,根据平面电磁波波播方程式:$\boldsymbol{E}=\boldsymbol{E}_0\exp[i(\boldsymbol{k}z-\omega t)]\exp(-\omega\chi z/c)$由于电磁波能量正比于 $\boldsymbol{E}^2$,通水体的辐射能衰减为 $\exp(-\omega\chi z/c)$,等效为 $\exp(-4\pi\chi z/\lambda)$,定义吸收系数为

$$a(\lambda) = 4\pi\chi/\lambda \tag{11.86}$$

清水的体吸收系数表示为

$$a(\lambda) = 4\pi n_I/\lambda \tag{11.87}$$

式中,n_I 为水的折射指数。由此计算出清水吸收系数的光谱分布如图 11.28 所示,在可见光波段水体的吸收最小,透过率最大;计算表明,透过率在 0.48 μm,在 0.5~0.6 μm,光对清洁水的穿透深度约为 10 m,在 0.6~0.7 μm 波段约为 3 m,0.7~0.8 μm 波段为 1 m,而在 0.8~1.1 μm 波段只有 10 cm。由于可见光的反射率约 7%,海水吸收几乎全部太阳辐射,图中显示出在可见光谱段短波可见光吸收最小。

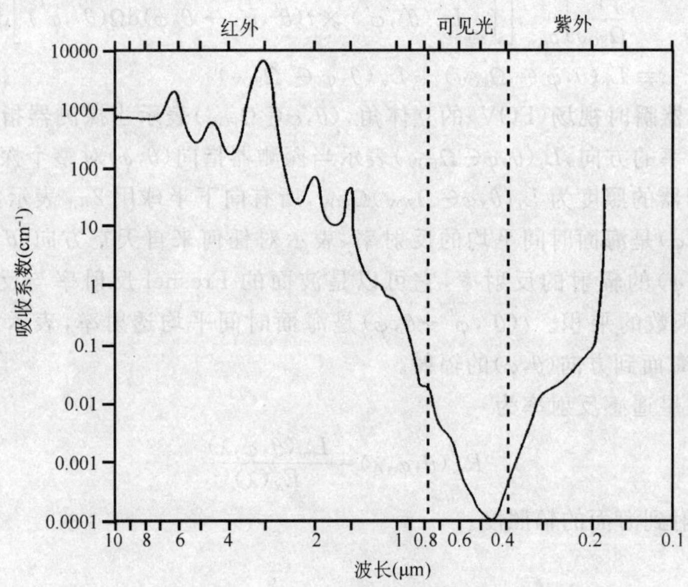

图 11.28 海水的吸收系数(Well,1986)

定义吸收深度为衰减距离的 1/e,即为

$$d_a = [a(\lambda)]^{-1} \tag{11.88}$$

为给出吸收深度相对于辐射波长的大小，定义无量纲深度 $\hat{d} = d_a/\lambda$。如图 11.29 所示，在 475 nm的蓝波段，$\hat{d}$ 达到最大，而对于 $\lambda > 3\ \mu m$，$\hat{d} < 1$。由于在 VNIR 外的长波段的强烈吸收，水体的透射率仅在可见光波段为中心的很窄的波段是重要的。

海洋深处，对于水体的可见光窗区与大气十分类似，位于 0.4～0.6 μm，对于 $\lambda < 0.3\ \mu m$，很少到达 10 cm。可以看到水的吸收在近红外波段出现几个峰值。

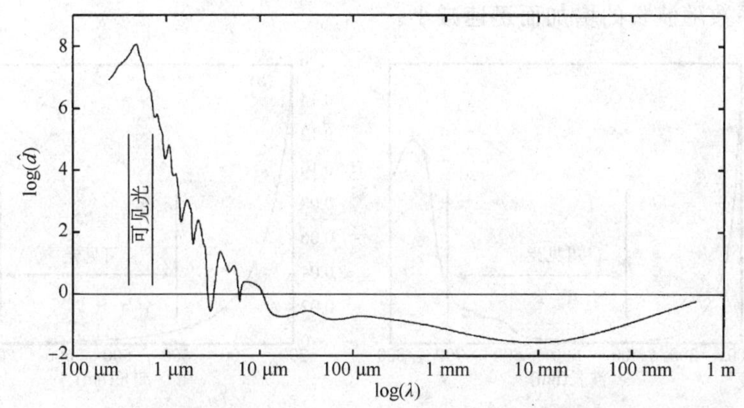

图 11.29　对于波长从 200 nm<λ<0.5 m 归一化衰减深度与波长的依赖关系
（图中水平线是吸收深度等于波长的位置(Martin，2004)）

图 11.30 给出对于波长 200 nm≤λ≤800 nm 范围内 d_a 与 λ 之间的关系，图中水平虚线是 10 m 深度，可以看到在大约 430 nm 蓝色处吸收达到最大，其正好是可见光光谱的短波边界，则对于比其较长或较短的波长迅速减小。对于 320 nm<λ<570 nm，d_a 大于 10 m，因此当光垂直平通过海水时，强烈地偏向于蓝一绿波段。在 640 nm 处，d_a =3 m；在 750 nm 处，d_a = 0.4 m，因此 d_a 随波长增加而迅速减小。

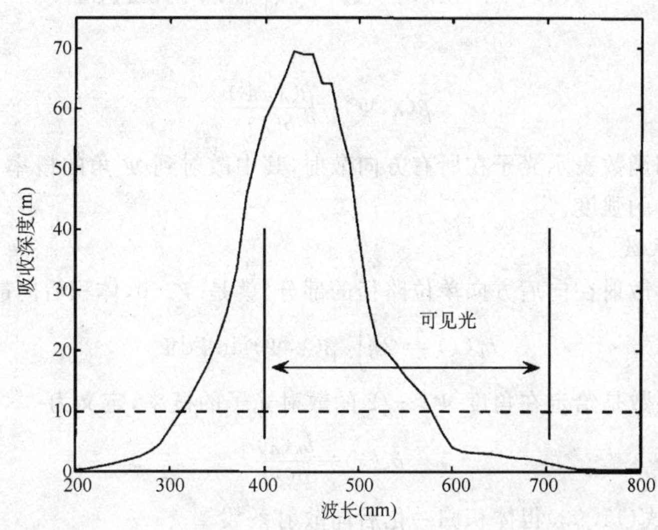

图 11.30　海水的吸收深度与波长的关系，图中水平虚线表示 10 m 的吸收深度(Smith 和 Baker，1981)

2. 散射系数

当辐射 F 通过距离 dl 后由于水体的散射而引起的辐射改变为 dF_b，即

$$dF_b(\lambda)=-b(\lambda)F(\lambda)dl \tag{11.89}$$

式中，$b=-dF_b/Fdl$ 称为散射系数，量纲(m^{-1})。

图 11.31 给出了 200～800 nm 波长范围之间吸收和散射系数与波长间的关系。图中垂直线表示可见光谱的范围。从图 11.31a 中看出，在 300～600 nm 波长范围内吸收最小，在波长较短和较长处迅速增加。在可见光波长内，朝向 UV 方向，吸收极小；而在红光(600～700 nm)和很短的 UV 波长，吸收增加。为比较，图 11.31b 给出了体积散射系数，其与吸收系数相比，散射系数随波长的增加而迅速减小。

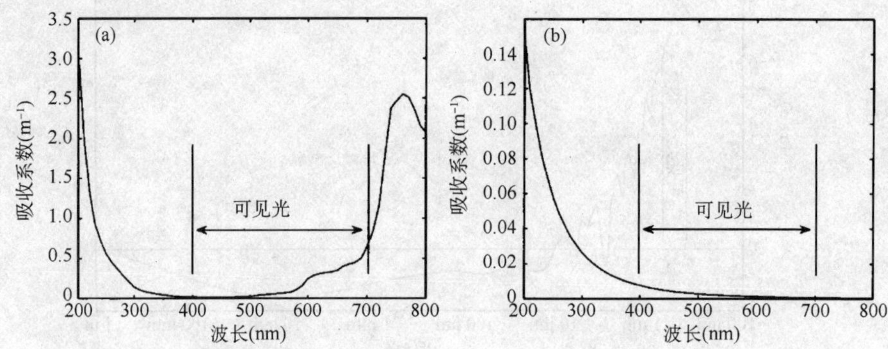

图 11.31　纯水的吸收系数和散射系数与波长间的关系(Smith 和 Baker,1981)

3. 体积散射函数：

当辐射 F 通过距离 dl 在 $d\Omega$ 立体角内由于水体的散射而引起的辐射改变为 d^2F_b，即

$$d^2F_b(\lambda,\Psi)=-\beta(\lambda,\Psi)Fdl\cdot d\Omega \tag{11.90}$$

式中，$\beta(\Psi)=-d^2F_b(\Psi)/Fdl\cdot d\Omega$ 称为体积方向散射函数($m^{-1}\cdot sr^{-1}$)，它与散射系数的关系为

$$b(\lambda)=\int_{4\pi}\beta(\lambda,\Psi)d\Omega=2\pi\int_0^{\pi}\beta(\lambda,\Psi)\sin\Psi d\Psi \tag{11.91}$$

体积散射相函数

$$\tilde{\beta}(\lambda,\Psi)=\frac{\beta(\lambda,\Psi)}{b(\lambda)} \tag{11.92}$$

无量纲体积散射相函数表示光子在所有方向散射，其中散射到 Ψ 角的概率。体积散射系数表示每单位路径散射的强度。

4. 后向散射系数

入射辐射通量散射在向后方向单位路径的部分，就是 $\Psi>0$，体积后向散射系数为

$$b_b(\lambda)=2\pi\int_{\frac{\pi}{2}}^{\pi}\beta(\lambda,\Psi)\sin\Psi d\Psi \tag{11.93}$$

归一化后向散射系数是给定在角度 $\Psi>\pi/2$ 的散射光子的概率，定义为

$$\tilde{b}_b(\lambda)\equiv\frac{b_b(\lambda)}{b(\lambda)} \tag{11.94}$$

或由式(11.92)和式(11.93)得体积归一化后向散射系数

$$\tilde{b}_b(\lambda)\equiv2\pi\int_{\frac{\pi}{2}}^{\pi}\tilde{\beta}(\lambda,\Psi)\sin\Psi d\Psi \tag{11.95}$$

表 11.1　水体的吸收系数和散射系数

λ	a_w	$\frac{\partial a_w(\lambda)}{\partial T}$	$b_w^{(1)}$	$b_w^{(2)}$	λ	a_w	$\frac{\partial a_w(\lambda)}{\partial T}$	$b_w^{(1)}$	$b_w^{(2)}$
340	0.0325	0.0000	0.0104	0.0118	565	0.0743	0.0001	0.0013	
350	0.0204	0.0000	0.0092	0.0103	570	0.0804	0.0001	0.0012	0.0013
360	0.0156	0.0000	0.0082	0.0091	575	0.0890	0.0002	0.0012	
370	0.0114	0.0000	0.0073	0.0081	580	0.1016	0.0003	0.0011	0.0012
380	0.0100	0.0000	0.0065	0.0072	585	0.1235	0.0005	0.0011	
390	0.0088	0.0000	0.0059	0.0065	590	0.1487	0.0006	0.0011	0.0011
400	0.0070	0.0000	0.0053	0.0058	595	0.1818	0.0008	0.0010	
405	0.0060	0.0000	0.0050		600	0.2417	0.0010	0.0010	0.0011
410	0.0056	0.0000	0.0048	0.0052	605	0.2795	0.0011	0.0010	
415	0.0052	0.0000	0.0045		610	0.2876	0.0011	0.0009	0.0010
420	0.0054	0.0000	0.0043	0.0047	615	0.2916	0.0010	0.0009	
425	0.0061	0.0000	0.0041		620	0.3047	0.0008	0.0009	0.0009
430	0.0064	0.0000	0.0039	0.0042	625	0.3135	0.0005	0.0008	
435	0.0069	0.0000	0.0037		630	0.3184	0.0002	0.0008	0.0009
440	0.0083	0.0000	0.0036	0.0038	635	0.3309	0.0000	0.0008	
445	0.0095	0.0000	0.0034		640	0.3382	−0.0001	0.0008	0.0008
450	0.0110	0.0000	0.0033	0.0035	645	0.3513	0.0000	0.0007	
455	0.0120	0.0000	0.0031		650	0.3594	0.0001	0.0007	0.0007
460	0.0122	0.0000	0.0030	0.0031	655	0.3852	0.0002	0.0007	
465	0.0125	0.0000	0.0028		660	0.4212	0.0002	0.0007	0.0007
470	0.0130	0.0000	0.0027	0.0029	665	0.4311	0.0002	0.0006	
475	0.0143	0.0000	0.0026		670	0.4346	0.0002	0.0006	0.0007
480	0.0157	0.0000	0.0025	0.0026	675	0.4390	0.0001	0.0006	
485	0.0168	0.0000	0.0024		680	0.4524	0.0000	0.0006	0.0006
490	0.0185	0.0000	0.0023	0.0024	685	0.4690	−0.0001	0.0006	
495	0.0213	0.0001	0.0022		690	0.4929	−0.0002	0.0006	0.0006
500	0.0242	0.0001	0.0021	0.0022	695	0.5305	−0.0001	0.0005	
505	0.0300	0.0001	0.0020		700	0.6229	0.0002	0.0005	0.0005
510	0.0382	0.0002	0.0019	0.0020	705	0.7522	0.0007	0.0005	
515	0.0462	0.0002	0.0018		710	0.8655	0.0016	0.0005	0.0005
520	0.0474	0.0002	0.0018	0.0019	715	1.0492	0.0029	0.0005	
525	0.0485	0.0002	0.0017		720	1.2690	0.0045	0.0005	0.0005
530	0.0505	0.0001	0.0017	0.0017	725	1.5253	0.0065	0.0004	
535	0.0527	0.0001	0.0016		730	1.9624	0.0087	0.0004	0.0005
540	0.0551	0.0001	0.0015	0.0016	735	2.5304	0.0108	0.0004	
545	0.0594	0.0001	0.0015		740	2.7680	0.0122	0.0004	0.0004
550	0.0654	0.0001	0.0014	0.0015	745	2.8338	0.0119	0.0004	
555	0.0690	0.0001	0.0014		750	2.8484	0.0106	0.0004	0.0004
560	0.0715	0.0001	0.0013	0.0014					

注：(1)Buitveld 等，1994；(2)Morel，1974。

5. 前向散射系数 $b_f(\lambda)$

定义为水体将入射辐射散射到辐射传播方向上所占有的散射辐射的百分数，写为

$$b_f(\lambda) = 2\pi\int_0^{\pi/2}\beta(\lambda,\Psi)\sin\Psi \mathrm{d}\Psi \qquad (\mathrm{m}^{-1}) \tag{11.96}$$

6. 散射相函数 $P(\Psi)$

取体积散射系数 $\beta(\Psi)$ 与散射系数 $b(\lambda)$ 之比，就得散射相函数 $P(\lambda,\Psi)$，写为

$$P(\Psi)=\beta(\lambda,\Psi)/b(\lambda) \tag{11.97}$$

散射相函数 $P(\Psi)$ 归一化为

$$\int_{4\pi}P(\Psi)\mathrm{d}\Omega = 1 \tag{11.98}$$

(1)纯水体中的分子散射

$$P_w(\Psi)=\frac{3(1+\cos^2\Psi)}{16\pi} \tag{11.99}$$

更一般的表示式是

$$P_w(\Psi)=\frac{3(1+\delta)\left(1+\dfrac{1-\delta}{1+\delta}\cos^2\Psi\right)}{8\pi(2+\delta)} \tag{11.100}$$

其中，$b(\lambda)$，$P_w(\Psi)$ 是一组不考虑极化时的描述海水光学特性的量。

Mobley(1994)给出海水体积散射系数、相函数和散射系数为

$$\beta(\lambda,\Psi)=4.72\times10^{-4}(\lambda_0/\lambda)^{4.32}(1+0.835\cos^2\Psi) \qquad (\mathrm{m}^{-1}\cdot\mathrm{sr}^{-1}) \tag{11.101}$$

$$P(\Psi)=0.06225(1+0.835\cos^2\Psi) \qquad (\mathrm{sr}^{-1}) \tag{11.102}$$

$$b(\lambda)=16.06(\lambda_0/\lambda)^{4.32}4.72\times10^{-4} \qquad (\mathrm{m}^{-1}) \tag{11.103}$$

图 11.32a 显示不同波长的水体相函数分布，图 11.32b 不同类别水体散射系数 β、散射角 Ψ 随波长 λ 的改变。

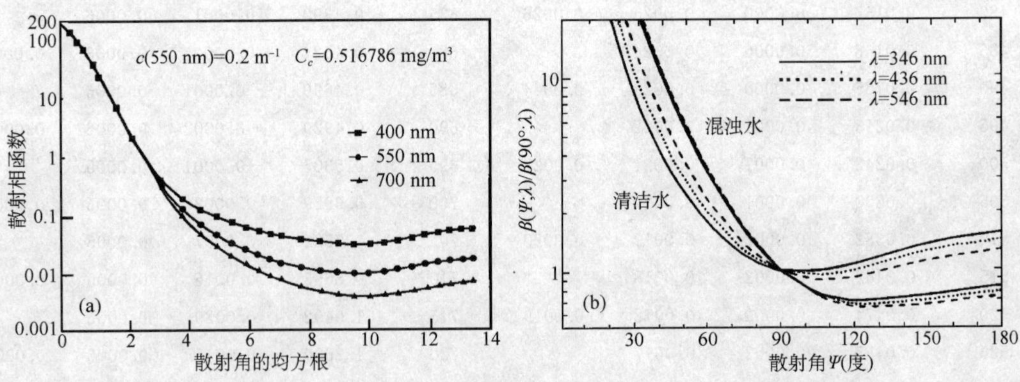

图 11.32 (a)三波长的散射相函数；(b)不同类别水体散射系数 β、散射角 Ψ 随波长 λ 的改变(Mobley,1994)

(2)Mie 散射。均质球形粒子相对复折射指数

$$n=(n_p/n_w)-i(n_p'/n_w') \tag{11.104}$$

其中，n_p 是粒子的折射指数实部，n_w 是纯水的折射指数实部；n_p' 是粒子的折射指数虚部，n_w' 是纯水的折射指数虚部。

粒子的尺度参数

$$\alpha=\frac{2\pi r}{\lambda_w} \tag{11.105}$$

式中，r 是粒子半径，

散射截面

$$k(r,\lambda)=Q(r,\lambda)\cdot\pi r^2 \tag{11.106}$$

式中，$Q(r,\lambda)$ 是散射效率。

7. 不对称因子 $g(\lambda)$

定义为在后向方向上，在每单位路径上水对入射辐射的散射辐射所占有的百分数

$$b_b(\lambda)=2\pi\int_{\pi/2}^{\pi}\beta(\theta)\sin\theta\mathrm{d}\theta \qquad (\mathrm{m}^{-1}) \tag{11.107}$$

归一化后向散射系数

$$\tilde{b}_b(\lambda)=b_b(\lambda)/b(\lambda) \tag{11.108}$$

或为

$$\tilde{b}_b(\lambda)=2\pi\int_0^{\pi}P(\lambda,\theta)\sin\theta\mathrm{d}\theta \tag{11.109}$$

平均余弦

$$g(\lambda)=\langle\cos\theta\rangle=2\pi\int_0^{\pi}\cos(\theta)P(\lambda,\theta)\sin\theta\mathrm{d}\theta \tag{11.100}$$

8. 射线衰减系数

如果辐射通过水体路径 dl 引起辐射的改变写为

$$\mathrm{d}E_{\mathrm{c}}=-(\mathrm{d}E_{\mathrm{a}}+\mathrm{d}E_{\mathrm{b}})=-cE\mathrm{d}l;\ c(z,\lambda)=\mathrm{d}E_{\mathrm{c}}/E\mathrm{d}l=a+b \tag{11.101}$$

式中，$c(z,\lambda)$ 是射线的衰减系数。

$$E(l)=E(0)\exp\left[-\int_0^1 c(l')\mathrm{d}l'\right]=E(0)\exp[-\tau(\mathrm{l})] \tag{11.102}$$

Bouguer 定理：

$$E(l)=E(0)\mathrm{e}^{-\tau(l)} \tag{11.103}$$

9. 水体的光学厚度 τ_{w}

定义为

$$\tau_{\mathrm{w}}(z,\lambda)=\int_0^z c(z,\lambda)\mathrm{d}z \tag{11.104}$$

水体光学厚度表示介质内部光学特性(IOP)，$c(z,\lambda)$ 是衰减系数。

10. 水层的透过率

在深度 z 处水层的透过率写为

$$T_{\mathrm{w}}(z,\lambda)=E(z)/E(0)\mathrm{e}^{-\tau_{\mathrm{a}}}=\exp(-K_{\mathrm{w}}(\lambda)z) \tag{11.105}$$

式中，$\mathrm{e}^{-\tau_a}$ 是大气透过率，τ_a 是大气光学厚度，$K_{\mathrm{w}}(\lambda)$ 是衰减系数。

为测量深度处的辐射照度，引入订正因子 $F_i(\lambda)$

$$F_i(\lambda)=\frac{E_a(\lambda)}{E_w(z,\lambda)}T_{\mathrm{S}}(\lambda)T_{\mathrm{w}}(z,\lambda)G(z,\lambda) \tag{11.106}$$

其中，$T_{\mathrm{S}}(\lambda)$ 是水气界面处的透过率$(=n_{\mathrm{w}}(\lambda)/[1+n_{\mathrm{w}}(\lambda)]^2)$，$E_{\mathrm{a}}(\lambda)$ 和 $E_{\mathrm{w}}(z,\lambda)$ 分别是空气和水下深度处的辐射照度，而 $G(z,\lambda)$ 为

$$G(z,\lambda)=\left[1-\frac{z}{d}\left(1-\frac{1}{n_w(\lambda)}\right)\right]^{-2} \tag{11.107}$$

式(11.105)和式(11.106)中包含两个未知因子 $F_i(\lambda)$ 和 $K_w(\lambda)$，对此可以给出 $E_a(\lambda)$ 和两个波

长的 $E_w(z,\lambda)$，将式(11.67)代入式(11.106)，取对数和重新排列，得到

$$\ln\left[\frac{E_a(\lambda)}{E_w(z,\lambda)}T_S(\lambda)G(z,\lambda)\right]=\ln[F_i(\lambda)]+K_w(\lambda)z \tag{11.108}$$

未知斜率 $K_w(\lambda)$ 和截距 $\ln[F_i(\lambda)]$ 可以利用线性最小二乘法求得。

11. 单次反照率

定义为

$$\omega_0=\frac{b(\lambda)}{a(\lambda)+b(\{\lambda)} \tag{11.109}$$

它表示为散射对于总的衰减的贡献，也就是光与介质相互作用后，剩留下的光子部分。

12. 水中的荧光和拉曼散射

上面海水的 IOP 仅考虑分子和粒子的吸收和弹性散射的情形，也就是只考虑到吸收与散射过程。当介质中包含有辐射源时，由于介质吸收辐射能和较长波长的发射辐射，水中的辐射场也包含有非弹性粒子的散射，表示内部辐射源的系数也是介质内部光学特性，由叶绿素 a、浮游生物色素和可溶解有机分子的荧光发射是海水中一重要非弹性散射过程，由水分子的拉曼散射是水中另一个重要的非弹性散射过程。对于物质的荧光发射处在某一波长上，如叶绿素 a(藻类细胞)的荧光发射是波长处在 683 nm，带宽 25 nm 的辐射，这里如果荧光发射是由彩色可溶性有机物质(CDOM)是更复杂和光谱加宽，荧光可以由任一比发射波长短的光子激发，虽然激发效率随波长而变化，但荧光发射主要取决于荧光物质的浓度。

拉曼散射由激励的和发射的固定频率位移表示，频率位移仅由介质水分子结构确定，这发射出现在比激励波长长的整个可见光谱段，由于它是水分子的物理特性，它总是存在的，虽然由于在海洋上层弹性散射是主要部分，很难检测到它的影响。

从向上辐射场的方向特性观点，荧光发射的各向同性和拉曼散射的准各向同性，增加一个角度为常数的分量，因此，由粒子与粒子间的弹性散射产生光滑结构，所描述的这些发射是属于 IOP 的种类。

二、水体中的辐射场的物理考虑

在水深 z 处的向上辐射 $L_u(z,\lambda,\theta',\varphi)$ 是一个表观光学特性，它取决于水的内部光学特性(IOP)和照射水体的光线的方向。在不考虑水底的情况下，照射正好位于水的下面，因此，对于给定的水质量，也就是对于给定的一组 IOP，在水的上层的向上辐射场 $L_u(0^-,\lambda,\theta',\varphi)$ 强烈地依赖于向下辐射场 $L_d^t(0^-,\lambda,\theta',\varphi,\theta_0,\tau_a,W)$，而且对于给定边界条件，由 $L_d^t(0^-,\lambda,\theta',\varphi,\theta_0,\tau_a,W)$ 表示的矢量场，得到的 $L_u(0^-,\lambda,\theta',\varphi)$ 将取决于 IOP，不仅在大小上，而且对于几何结构，$L_u(0^-,\lambda,\theta',\varphi)$。

当向下的光子返回，和光子湮灭吸收，向上辐射通量与后向散射过程相反，相应这两相反过程的 IOP 的量是后向散射系数 $b_b(z,\lambda)$ 和吸收系数 $a(z,\lambda)$，为简化，考虑一垂直均匀的介质的后向散射系数 $b_b(\lambda)$ 和吸收系数 $a(\lambda)$。因此，由式(11.31)确定的照度反射率 $R(\lambda,0^-)$ 与 $b_b(\lambda)/a(\lambda)$ 或 $b_b(\lambda)/[a(\lambda)+b_b(\lambda)]$，注意到照度反射率是有限量 $R(\lambda,0^-)\leqslant 1$。当 $b_b(\lambda)$ 比 $a(\lambda)$ 大很多时，上面第一个比值是无限大的量，而第二个比值是一个[1,0]之间的有限量。如果假定 $b_b(\lambda)$ 相对于 $a(\lambda)$ 很小时，可以略去 $b_b(\lambda)$，照度反射率可以表示为

$$R(\lambda,0^-)=f(\lambda)\frac{b_b(\lambda)}{a(\lambda)} \tag{11.110}$$

式中，$f(\lambda)$是一个与波长有关的因子，但当 $b_b(\lambda)$与 $a(\lambda)$相比较，不是很小时，照度的反射率可以写为

$$R(\lambda,0^-)=f'(\lambda)\frac{b_b(\lambda)}{a(\lambda)+b_b(\lambda)} \tag{11.111}$$

由此 $f(\lambda)$与 $f'(\lambda)$两因子之间的关系为

$$f'(\lambda)=f(\lambda)\left[1+\frac{b_b(\lambda)}{a(\lambda)}\right] \tag{11.112}$$

与 $R(\lambda,0^-)$类似，对于$\frac{b_b(\lambda)}{a(\lambda)}$很大时，$f$ 趋向于 0，f'趋向于 1，这些因子，f 或 f'实际规定了对于 IOP 的照度反射率和球反射率的大小。

三、*f*、*Q* 和 *R* 间的基本关系

考虑近表面层的辐射过程，在式(11.110)、式(11.111)中 $f(\lambda)$和 $f'(\lambda)$是无量纲因子，但实际中它不是系数而是函数，它因两种情况而变化，由于向上辐射场不是各向同性的，它是入射辐照度的角度分布，对于给定的 $a(\lambda)$和 $b_b(\lambda)$，f 只与太阳角度有关(较少考虑水面状态，即风速)，事实上，对于给定的太阳角，介质的响应，由此引起 f 值取决于水体内部光学特性和体积散射函数。总的说来，f(或 f')是环境和内部光学特性两类变量的函数，表示为 $f[\lambda,(\theta_0,\tau_a,W),a(\lambda),\beta(\lambda,\Psi)]$是或 $f'[\lambda,(\theta_0,\tau_a,W),a(\lambda),\beta(\lambda,\Psi)]$。

从几何量 $Q(\lambda,\theta',\varphi)$的定义看，它与物理状态的改变无关，然而这些物理过程和变量给出了向上辐射场的几何形状，Q 是由 $L_{\mathrm{d}}^{\mathrm{t}}(0^-,\lambda,\theta',\varphi,\theta_0,\tau_a,W)$、VSF$\beta(\lambda,\Psi)$和散射的平均次数 $\bar{n}[b(\lambda)/a(\lambda)]$。为表示 Q 与环境变量和 IOP 的依赖关系，写为 $Q[\lambda,(\theta_0,\tau_a,W),a(\lambda),\beta(\lambda,\Psi)]$。

当不考虑 1 类水的情况下，上面的表示式可以简化，在这样的水中，对于给定波长，可以假定 IOP 通常与叶绿素浓度 Chl 浓度有关，则以上表示式又可写成 $f[\lambda,(\theta_0,\tau_a,W),Chl]$或 $f'[\lambda,(\theta_0,\tau_a,W),Chl]$和 $Q[\lambda,(\theta_0,\tau_a,W),Chl]$。在这简化的表示式计算中，不仅 $a(\lambda)$、$b(\lambda)$，而且 $\beta(\lambda,\Psi)$与 Chl 有关，这意味着对粒子的 VSF$\beta_{\mathrm{p}}(\lambda,\Psi)$必须是已知的，一般方法取 $b(\lambda)$随而 Chl 变化，并保持 VSF 的形状为一常数，例如假定粒子的散射相函数 $\tilde{\beta}_p(\lambda,\Psi)=\frac{\beta_p(\lambda,\Psi)}{b_b(\lambda)}$的形状是常数，其他假定也是可能的。

四、倾斜离水辐射率的表示

各量取决于观测和太阳天顶角，以及由水体 Chl、波长确定的光学特性。倾斜离水辐射率是这些变量的函数，它可以由如下步骤求取：

①通过式(11.68)由 $L_u(0^-,\lambda,\theta',\varphi)$导得 $L_{\mathrm{w}}(\theta,\lambda,\varphi,\theta_0)$；

②通过式(11.33)，求取 $L_u(0^-,\lambda,\theta',\varphi)$与 $E_u(0^-,\lambda)$、$Q[(\lambda,\theta',\varphi),(\theta_0,\tau_a,W)]$的关系；

③通过式(11.31)，求取 $E_u(0^-,\lambda)$与 $E_d(0^-,\lambda)$、$R(0^-,\lambda)$关系；

④通过式(11.110)和式(11.111)，求取 $R(0^-,\lambda)$对于水体内部光学特性(IOP)和 $f[\lambda,(\theta_0,\tau_a,W),Chl]$(或 $f'[\lambda,(\theta_0,\tau_a,W),Chl]$的关系。

最后导得

$$L_w(\theta,\lambda,\varphi,\theta_0,\tau_a,Chl)=E_d(0^-,\lambda,\varphi,\theta_0,\tau_a)R(\theta',W)\frac{f(\lambda,\theta_0,\tau_a,Chl)}{Q(\lambda,\theta',\varphi,\theta_0,\tau_a,Chl)}\frac{b_b(\lambda,Chl)}{a(\lambda,Chl)} \tag{11.113}$$

式中，因子 $R(\theta',W)$ 包含所有反射和折射，由式(11.68)和式(11.37)得

$$R(\theta',W)=\left[\frac{1-\bar{\rho}(\theta_0)}{1-\bar{r}R(0^-,\lambda,\theta_0,Chl)}\frac{1-\rho(\theta',\theta;W)}{n^2}\right] \tag{11.114}$$

一般 $R(\theta',W)$ 通过 $R(0^-,\lambda,\theta_0,Chl)$ 与 λ、Chl 有关，但是由于 $R(0^-,\lambda,\theta_0,Chl)\leqslant 0.1$，$\bar{r}\cong 0.48$，两者的积 $\bar{r}R(0^-,\lambda,\theta_0,Chl)$ 是小值，$\xi(\theta',W)$ 不是重要的。不过由于它直接地取决于 Fresnel 反射率 $\rho(\theta,\theta',W)$，当 $\theta\geqslant 30°$ 时，$R(\theta',W)$ 强烈地随 θ 和海面状态风速 W 变化。相反，对于 $\theta\leqslant 25°$，$R(\theta',W)$ 基本对风速 W 不敏感，因此可以假定 R 为常数，$R=0.529$。最终风速 W 与比值 $\dfrac{f(\lambda,\theta_0,W,Chl)}{Q(\lambda,\theta',\varphi,\theta_0,W,Chl)}$ 的依赖性不明显，所在式(11.116)不能指示风速。

五、水底对辐射的影响

假定是浅水的情况下(图 11.33)。

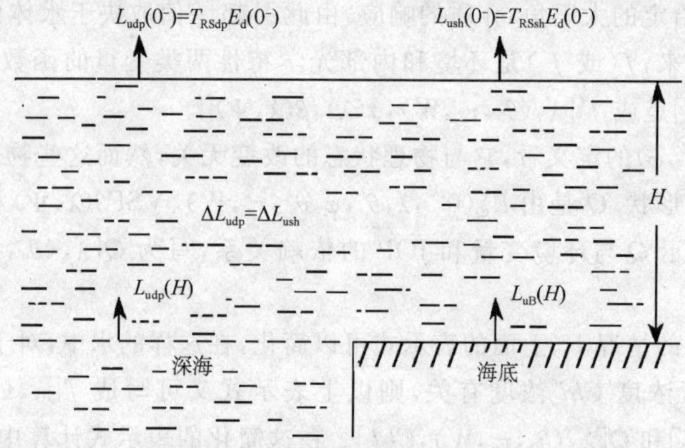

图 11.33 考虑到水底的辐射传输

(1)向上辐射 $L_{ush}(0^-)$ 是来自厚度为 H 的上层水体(L_{ush})和海底反射辐射两分量之和。

$$L_{ush}(0^-)=\Delta L_{ush}+L_{uB}\exp[-K_{uB}\cdot H] \tag{11.115}$$

$$L_{uB}(\mathrm{H})=R_B/\pi\cdot E_d(\mathrm{H})=R_B/\pi\cdot E_d(0^-)\cdot\exp[-K_{uB}\cdot\mathrm{H}] \tag{11.116}$$

式中，R_B 是水底的反照率，K_{uB} 是新的漫散射系数，它表示从深水到水面间向上辐射的减小。

(2)来自深水和浅水情况下厚度为 H 的上层的贡献

$$\Delta L_{ush}=\Delta L_{udp}=r_{RSdp}\cdot E_d(0^-)\cdot\{1-\exp[-(K_d+K_{uc})\cdot H]\} \tag{11.117}$$

式中，在有限海水的情况下，K_{uc} 是与 K_{uB} 类似。因而有

$$\begin{aligned}L_{ush}(0^-)=&R_B/\pi\cdot E_d(0^-)\cdot\exp[-(K_d+K_{uB})\cdot H]+\\&r_{RSdp}\cdot E_d(0^-)\cdot\{1-\exp[-(K_d+K_{uc})\cdot H]\}\end{aligned} \tag{11.118}$$

$$\begin{aligned}r_{RSsh}=&r_{RSdp}\cdot\{1-\exp[-(K_d+K_{uc})\cdot H]\}+\\&R_B/\pi\cdot\exp[-(K_d+K_{uB})\cdot H]\end{aligned} \tag{11.119}$$

Lee 等(1998)

$$r_{RSsh}=r_{RSdp}\cdot\{1-A_0\exp[-(K_d+K_{uc})\cdot H]\}+$$

$$A_1 R_B \cdot \exp[-(K_d + K_{uB}) \cdot H] \tag{11.120}$$

其中

$$K_d = \alpha \cdot D_d; K_{uc} = \alpha \cdot D_{uc}; K_{uB} = \alpha \cdot D_{uB}; \alpha = a + b_b \tag{11.121}$$

$$D_d = 1/\cos\theta_w$$

$$D_u = D_0 (1 + D_1 X)^{0.5} \quad (\text{Kirk}, 1991) \tag{11.122}$$

由水的光学模拟得到 $A_0 = 1.03$；$A_1 = 0.31$；$D_{uc} = 1.2(1+2.0X)^{0.5}$；$D_{uB} = 1.2(1+2.0X)^{0.5}$。

图 11.34 给出了由 SA 模式计算的和 Hydolight 计算的反射率间呈直线性，及水区深度与反射率关系，可以见到在 6 m 处反射率出现一峰值。

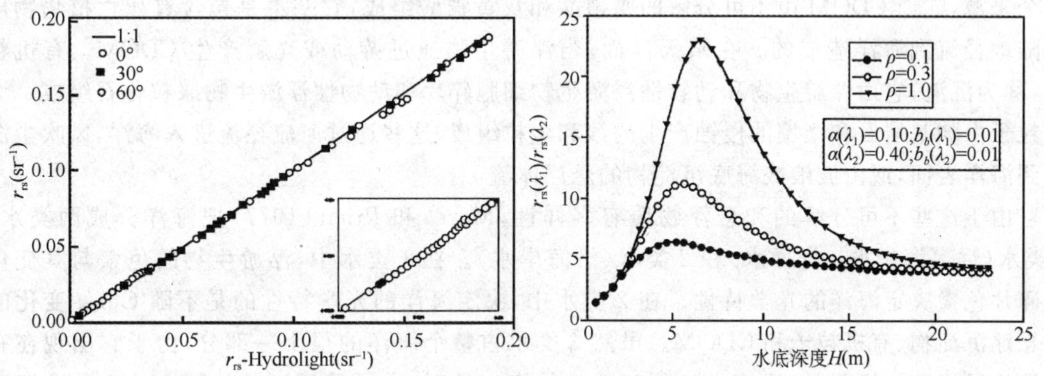

图 11.34　对于不同太阳天顶角的 SA 模式和 Hydolight 计算的浅水区的 r_{rs} 的比较

第四节　海色

卫星在可见光和近红外谱段，可以测量海洋叶绿素 a，与海洋植物相关的光合作用色素。大多数海洋植物在微观上是单一或多细胞自由浮游植物，称作海洋藻类或浮游植物。浮游植物通过光合作用将无机碳固定为有机形式的碳，如碳水化合物。它们无性生殖再生，全球分布，由数百万种类组成，并占全部植物的 25%以上。全球浮游植物至少在以下两方面起作用。

首先，浮游生物处在海洋食物链的最底部，小的海洋动物称为动物性浮游生物，在浮游植物中游动获取能量。而较大的种类的鱼和哺乳动物又去消耗动物性浮游生物。

其次，它们能固定无机碳，并将太阳能转换为化学能，浮游生物对全球碳循环起作用。如浮游生物的数量的质量增加，它们将水体上层的 CO_2 转换为有机碳。浮游生物增长速率和碳的固定称为初级生产力，就是浮游生物因光合作用的单位面积的净的有机固碳速率，的并由放射性碳测定，单位取 μg-碳 · m^{-3} · s^{-1}。

当浮游生物死亡，它们沉入海底深渊和变成碳为海底的一部分，这样由于生物输送碳的过程称为生物泵。由于石化燃料消耗，碳循环失去平衡，过量的碳输送到海洋和大气，CO_2 的增加引起温室效应，由此使全球气候增暖。由浮游生物固碳将大气中过量的碳从海洋上部输送到深海。

从空间测量海色取决于浮游生物的小尺度特性。大多数海洋碳是无机碳，在每一个浮游生物细胞内的光合作用色素可能使无机碳减小或二氧化碳固定为有机碳，因此，太阳能变换为化学能，随氧作为生产。这些色素由普遍存在的叶绿素 a(Chl-a)组成，次要的色素有叶绿素 b

和 c，和光合作用胡萝卜素。海洋叶绿素的年生产量约为 10^{12} kg(Jeffrey 和 Mantoura，1997)。对于强光环境下细胞的增长，附加的光致胡萝卜素防护细胞的光氧化。所有上面的色素由浮游生物吸收约光的 95%。由于在所有浮游生物中只有叶绿素 a 是光合作用色素，它提供浮游生物丰富度和生物量的测量。

一、浮游植物、粒子和不可溶解物质的吸收和散射

海水中颜色的变化包括浮游植物和它的色素，不可溶解有机物质和悬浮粒子物质。把不可溶解有机物质称为染色的溶解有机物质(CDOM)或黄色物质或 gelbstoff，是由陆地和海洋两个来源，陆地 CDOM 由不可分解的腐殖酸和灰黄霉酸组成，它基本是包含有死亡植物物质由陆地径流到海洋造成的。在晴天洋面，当浮游生物通过游动或光解产生 CDOM。有机粒子，称为沉渣，它由浮游生物和动物性浮游生物细胞碎片和动物性浮游生物屎粒化石组成。无机粒子由陆基岩石和土壤的侵蚀产生的沙和尘粒组成，这些通过河流径流进入海洋，风吹尘沉降到海洋表面，或由波浪或海底沉淀物的悬浮体流。

由于这些不可分解的和悬浮物质有多样性，Morel 和 Prieir(1977)把海洋分成两类水：1 类水(远离海岸水—洋面水)和 2 类水(沿海岸水)。在 1 类水中，浮游生物的色素与其变化的碎片色素决定海洋的光学特性。在 2 类水中，决定海洋的光学特性的是不随 Chl-a 变化的如悬浮沉淀物、有机粒子和 CDOM。虽然 2 类水占整个海洋的很小一部分，由于它出现在有大河流径流和如渔业、航运等人口稠密活动的海岸地区，它同等重要的。图 11.35 是渤海湾(a)和苏北沿岸(b)的二类水和远离海岸的一类水的例子，1 类水表现为清水区，透过率大、反照率低，呈深蓝色，而 2 类水，泥沙含量较大，反照率大，呈黄色。

因此，对于 1 类水体有如下特点：

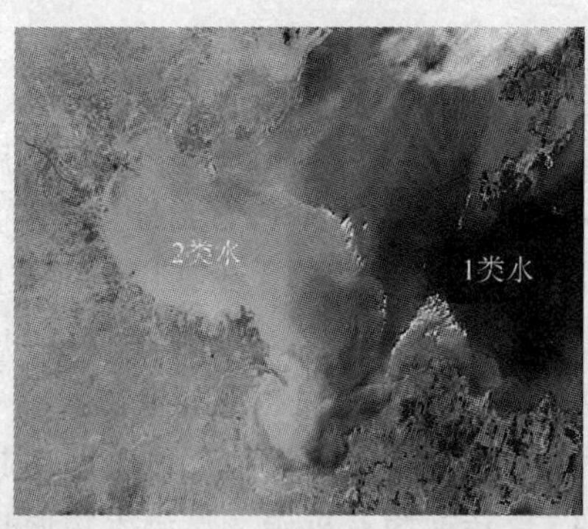

图 11.35　1 类海水和 2 类水

①只有来自水中的浮游植物色素＋相关联的一个分量成分调控的后向散射辐射光谱；

②浓度范围在 0.03～30 mg/m^3；

③接近 IR 波段由于纯水的高的吸收和低的粒子浓度，可以近似为黑体；

④大气订正相对简单。

而对于 2 类水体有如下特点：

①有多个独立的量影响水的后向散射辐射光谱；

②如果仅确一个参数，反演参数要涉及多个量；

③光学特性是可变的；

④经常有很高的浓度，一般计算结果是饱和的；

⑤用大气订正有高的 TSM 浓度问题。

二、海水粒子特性

1. 海中粒子的物理特性

海水中有机物(生物基因)粒子尺度：浮游植物和沉渣 1～200 μm；细菌 0.2～1.0 μm；病毒 0.02～0.25 μm；

海水中的悬浮物质的物理特性：在晴天洋面，质量浓度 0.05～0.5 g/m^3；海中粒子数浓度对于 0.01～1 μm，10^{12}～10^{13} m^{-3}；对于 0.01～1 μm>1 μm，10^8～10^{11} m^{-3}。

水体的散射部分取决于存在的悬浮粒子谱分布和粒子的惰性。尺度最小的是生存的有机物是病毒，其直径为 10～100 nm，浓度为 10^{12}～10^{15} m^{-3}，由于它们太小，病毒趋向于瑞利散射；其次是细菌，其直径为 0.1～1 μm，浓度为 10^{13} m^{-3}，这些主要是蓝色光的吸收体；第三，浮游生物的尺度范围在 2～200 μm，它是由较大尺度的细胞集合组成，由于浮游生物的尺度比可见光波长大，它趋于向 Mie 散射；第四，动物性浮游生物在浮游生物中游动，具有长度 100 μm～20 mm。

2. 粒子谱分布

这些有机质的相对浓度取决于它的大小，大的有机体出现的频率比小的有机体要少。在 30 nm～100 μm 范围内有机体的浓度与直径为四次方的逆关系。这关系在较大尺度成立，因此，虽然海洋中的鱼类和海洋哺乳动物的尺度在 0.1～10 m，它们出现的频率如此少，在卫星观测尺度上，它们不能影响散射和吸收。有机惰性粒子的尺度与浮游生物是可比较的。因为在这种物质中任何光合作用色素会迅速氧化，有机粒子失去它们的 Chl-*a* 吸收特性。无机粒子由细沙粒、矿物尘、黏土粒和金属氧，具有的尺度范围内比从 1 μm 到 10 μm 数量级小很多。

$$n(D)=Ar^{-\nu},\nu=3\sim5 \tag{11.123}$$

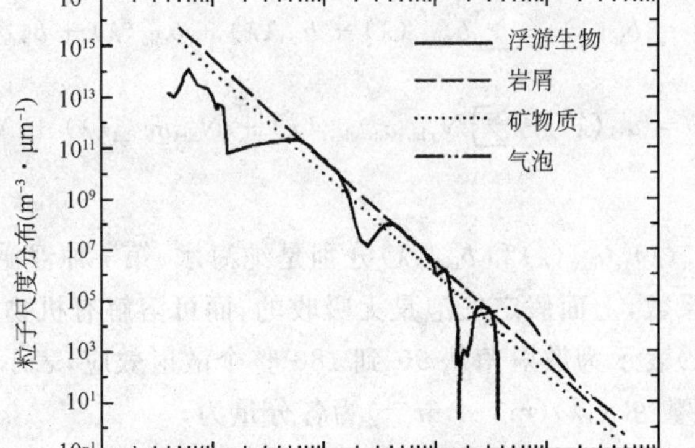

图 11.36　海洋粒子谱分布(Stramski 等，2001)

3. 海水粒子的折射指数

对于大粒子：$m=1.03$，$n(r)=A_1(r/1.3)^{-3}$，$r\geqslant1.03$ μm；无机物(陆地的)粒子：细的地面石英砂，无机黏土和其他；在晴天洋面小于 1～2 μm 的粒子。

4. 海洋内部光特性公式

(1)同类粒子散射系数:半径为 r,波长 λ 的散射系数

$$b(r,\lambda)=N\cdot k(r,\lambda) \tag{11.124}$$

波长为 λ 所有粒子半径的散射系数

$$b(\lambda)=\int_{r_1}^{r_2} n(r)k(r,\lambda)\mathrm{d}r = N\int_{r_1}^{r_2} f(r)\cdot k(r,\lambda)\mathrm{d}r \tag{11.125}$$

式中,N 是粒子浓度数,$N=\int_{r_1}^{r_2} n(r)\mathrm{d}r$ 。

(2)水中多类粒子的吸收系数:水体总的的吸收系数、散射系数、后向散射系数和体积和散射系数是水体中各个分量之和,即是浮游生物、碎屑矿物质和可溶性有机物,得到总的吸收系数、散射系数、后向散射系数和体积和射系数。对于吸收系数的累加模式可写为

$$\begin{aligned} a(\lambda) &= a_{\mathrm{w}}(\lambda)+\sum_{i}^{18} a_{\mathrm{pla},i}(\lambda)+a_{\mathrm{det}}(\lambda)+a_{\min}(\lambda)+a_{\mathrm{CDOM}}(\lambda) \\ &= a_{\mathrm{w}}(\lambda)+\sum_{i}^{18} N_{\mathrm{pla},i}\sigma_{\mathrm{a,pla},i}(\lambda)+N_{\mathrm{det}}\sigma_{\mathrm{a,det}}(\lambda)+N_{\min}\sigma_{\mathrm{a,min}}(\lambda)+a_{\mathrm{CDOM}}(\lambda) \end{aligned} \tag{11.126a}$$

式中,$a_{\mathrm{w}}(\lambda)$是纯海水吸收系数,$a_{\mathrm{pla},i}(\lambda)$是第 i 种浮游生物的吸收系数,$a_{\mathrm{det}}(\lambda)$是由岩屑形成的粒子的吸收系数,$a_{\min}(\lambda)$矿物粒子的吸收系数,$a_{\mathrm{CDOM}}(\lambda)$染色溶解有机物质(CDOM)。这引起系数的单位 m^{-1}。式(11.126)中也用粒子浓度数 $N(\mathrm{m}^{-3})$与粒子的吸收截面 σ_a,$(\lambda)(\mathrm{m}^2)$的乘积表示。式(11.126)中包括有 18 种浮游植物,而对于每一种浮游植物吸收的贡献可以写为每单位体积的粒子数 $N_{\mathrm{pla},i}$ 与平均单体的单粒子吸收截面 $\sigma_{\mathrm{a,pla},i}$ 的乘积。类似地,岩屑粒子和矿物粒子的吸收系数 a_{det}、$a_{\min}$ 分别是总的粒子浓度 N_{det}、$N_{\min}$ 与平均吸收截面 $\sigma_{\mathrm{a,det}}$、$\sigma_{\mathrm{a,min}}$ 的乘积。a_{CDOM} 可以用 λ 的指数函数模拟。

总的散射系数可以写为

$$\begin{aligned} b(\lambda) &= b_{\mathrm{w}}(\lambda)+\sum_{i}^{18} b_{\mathrm{pla},i}(\lambda)+b_{\mathrm{det}}(\lambda)+b_{\min}(\lambda)+b_{\mathrm{bub}}(\lambda) \\ &= a_{\mathrm{w}}(\lambda)+\sum_{i}^{18} N_{\mathrm{pla},i}\sigma_{\mathrm{b,pla},i}(\lambda)+N_{\mathrm{det}}\sigma_{\mathrm{b,det}}(\lambda)+N_{\min}\sigma_{\mathrm{b,min}}(\lambda)+b_{\mathrm{bub}}(\lambda) \end{aligned} \tag{11.126b}$$

式中,$b_{\mathrm{w}}(\lambda)$、$b_{\mathrm{pla},i}(\lambda)$、$b_{\mathrm{det}}(\lambda)$、$b_{\min}(\lambda)$和 $b_{\mathrm{bub}}(\lambda)$分别是纯海水、第 i 种浮游植物、岩屑粒子、矿物粒子、空气气泡的散射系数,上面假定气泡是无吸收的,而可溶解有机物散射可忽略。类似地,总的后向散射系数 $b_b(\lambda)$表示为散射角从 90°到 180°整个散射效应,表示式与上面相类似。

总的体积散射相函数 $\beta(\psi,\lambda)(\mathrm{m}^{-1}\cdot\mathrm{sr}^{-1})$为各分量为

$$\begin{aligned} \beta(\psi,\lambda) &= \beta_{\mathrm{w}}(\psi,\lambda)+\sum_{i}^{18}\beta_{\mathrm{pla},i}(\psi,\lambda)+\beta_{\mathrm{det}}(\psi,\lambda)+\beta_{\min}(\psi,\lambda)+\beta_{\mathrm{bub}}(\psi,\lambda) \\ &= b_{\mathrm{w}}(\lambda)\tilde{\beta}_{\mathrm{w}}(\psi,\lambda)+\sum_{i}^{18} b_{\mathrm{pla},i}(\lambda)\tilde{\beta}_{a,\mathrm{pla,i}}(\lambda)+b_{\mathrm{det}}(\lambda)\tilde{\beta}_{a,\mathrm{det}}(\lambda)+ \\ &\quad b_{\min}(\lambda)\tilde{\beta}_{a,\min}(\lambda)+b_{\mathrm{bub}}(\lambda)\tilde{\beta}_{\mathrm{bub}}(\psi,\lambda) \end{aligned} \tag{11.126c}$$

式中,ψ 是散射角,范围从 0~180°,$\beta_{\mathrm{pla},i}(\psi,\lambda)$、$\beta_{\mathrm{det}}(\psi,\lambda)$、$\beta_{\min}(\psi,\lambda)$和 $\beta_{\mathrm{bub}}(\psi,\lambda)$是纯海水、第 i 种浮游植物、岩屑粒子、矿物粒子、空气气泡的散射相函数。

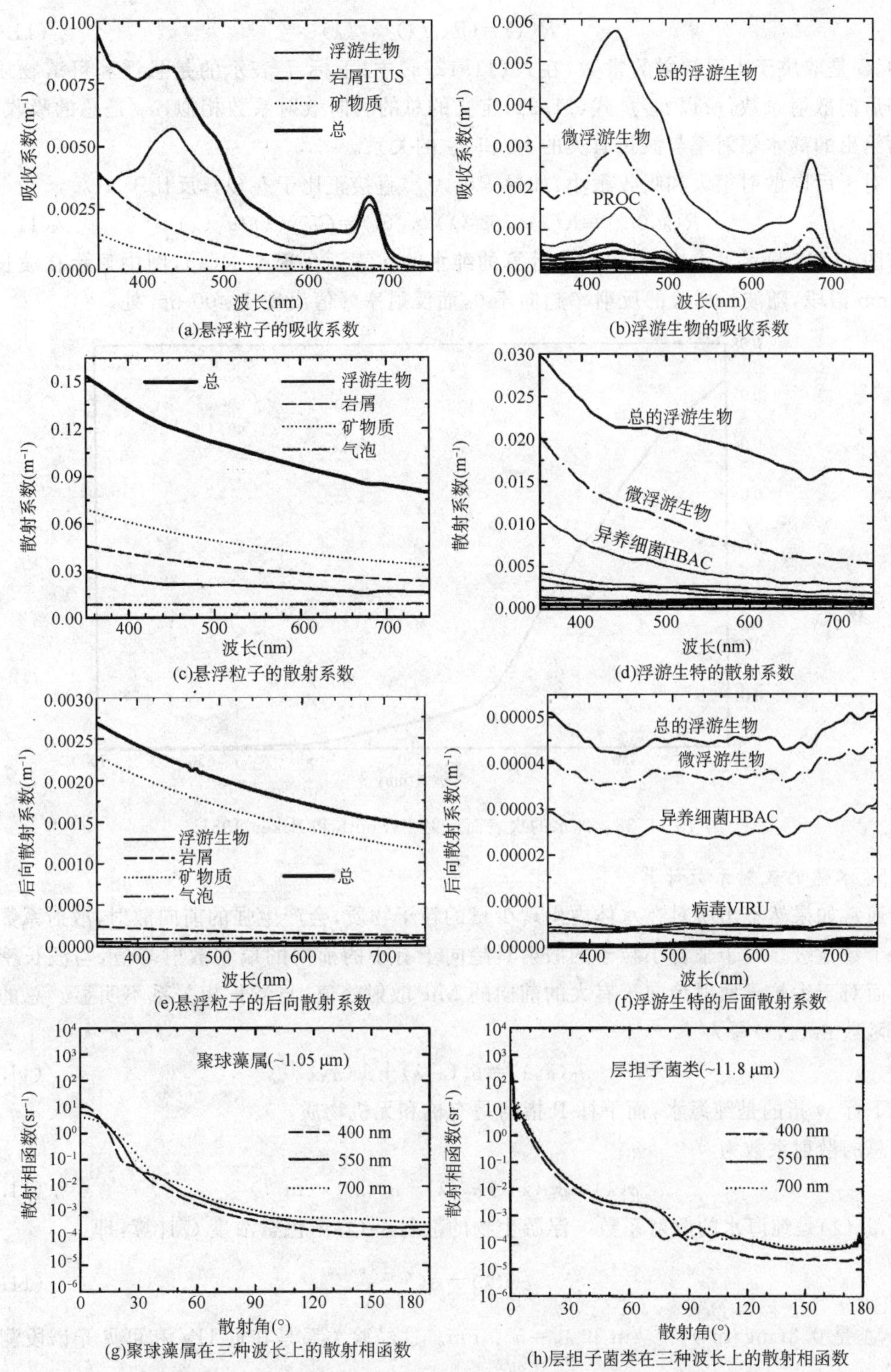

图 11.37　海洋中粒子和生物的光特性(Stramski 等,2001)

按方程式(11.126),这些散射和吸收特性对遥感是很重要的。离水辐射率 $L_w(\lambda)$ 直接决定于下表面的反射率 $R(\lambda)$,考虑到悬浮和可溶物质的散射和吸收特性,$R(\lambda)$ 又写为

$$R(\lambda)=Gb_{bT}(\lambda)/a_T(\lambda) \tag{11.127a}$$

式中，G 是取决于入射辐射的常数，在式(11.127a)中，下标 T 表示的是悬浮和可溶物质的吸收和后向散射系数，所以 b_{bT} 是式(11.91)定义的总的后向散射系数相似，a_T 是总的吸收系数。下面给出的离水辐射率与波长有关的 b_{bT} 和 a_T 的关系。

对于后向散射很大和吸收很小，如果 $R(\lambda,0^-)$ 直接正比于 $b_b(\lambda)$，反比于 $a(\lambda)$，

$$R(\lambda,0^-)\equiv R(\lambda)\approx b_{bT}(\lambda)/a_T(\lambda)=Gb_{bT}(\lambda)/a_T(\lambda) \tag{11.127b}$$

图 11.38 显示了由式(11.127b)计算的纯水的次表面反射率 $R(\lambda)$，图中显示在波长大于 550 nm 谱段，随波长增大的反射率趋向于 0，而反射率峰值出现于 400 nm 处。

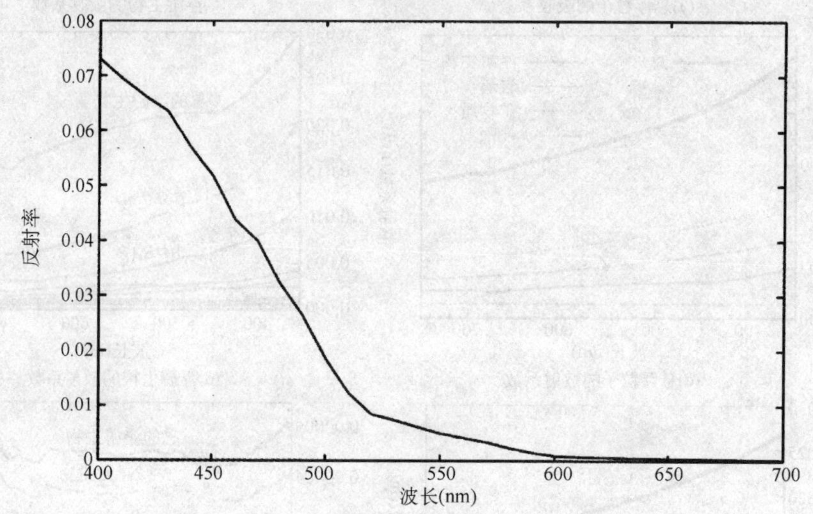

图 11.38 纯水的次表面反射率(Smith 和 Baker,1981)

5. 水体的散射系数计算

通常如果然不出所料在水体内出现少量的粒子物质，会产生强的前向散射，散射系数可增大 1 个数量级。对于来自小粒子的散射具趋向于有小的前向的瑞利散射峰值，与波长密切相关。而对于大粒子散射趋向于有大的前向的 Mie 散射峰值，与波长相关系不明显。总的体积散射函数 $\beta_T(\alpha,\lambda)$ 写为

$$\beta_T(\alpha,\lambda)=\beta_w(\alpha,\lambda)+\beta_p(\alpha,\lambda) \tag{11.128}$$

这里下标 w 指的是纯海水，而下标 P 指的是有机和无机物质。

总的散射系数为

$$\sigma(\lambda)=\sigma_w(\lambda)+\sigma_C(\lambda)+\sigma_S(\lambda) \quad (\mathrm{m}^{-1}) \tag{11.129}$$

式中，$\sigma_w(\lambda)$ 是纯海水的散射系数。浮游生物的散射 $\sigma_C(\lambda)$ 由色素浓度 C 计算，即

$$\sigma C(\lambda)=\Lambda C^{0.62}\frac{\lambda_S}{\lambda} \tag{11.130}$$

式中，Λ 是 $0.3(\mathrm{mg/m^3})^{-0.62}/\mathrm{m}$ 和 $\lambda_S=550$ nm。这经验关系是在近 UV 和可见光谱段测量得出的。

对于更一般的情况，包括沿海岸水，可以用总散射系数 $\sigma_S(\lambda)$ 表示非叶绿素悬浮粒子的散射。非叶绿素悬浮粒子的贡献 $\sigma_S(\lambda)$ 为总散射系数 $\sigma_S(\lambda)$ 减去藻类 $\sigma_C(\lambda)$ 和纯水 $\sigma_W(\lambda)$ 的贡献，即

$$\sigma_S(\lambda_S)=\sigma_S(\lambda)-\sigma_C(\lambda)-\sigma_W(\lambda) \tag{11.131}$$

其中，$\sigma_S(\lambda)$的光谱变化由下式给出

$$\sigma_S(\lambda)=\sigma_S(\lambda_S)\left(\frac{\lambda_S}{\lambda}\right)^{-n} \tag{11.132}$$

这里，n 是 0 和 2 之间的数，其取决于沉积物的类型。对于溶解的有机黄物质对总散射系数无贡献。表 11.2 给出了几种海水中粒子的吸收、散射和后向截面。

表 11.2　海洋中岩屑粒子、矿物粒和气泡的吸收、散射和后向散射截面(Stramski 等，2001)

粒子名称	吸收截面	散射截面	后向散射截面
岩屑粒子	$\sigma_{a,\mathrm{det}}(\lambda)=8.791\times10^{-4}\times\exp(-0.00847\lambda)$	$\sigma_{b,\mathrm{det}}(\lambda)=0.1425\lambda^{-0.9445}$	$\sigma_{bb,\mathrm{det}}(\lambda)=5.881\times10^{-4}\lambda^{-0.8997}$
矿物粒	$\sigma_{a,\min}(\lambda)=1.013\times10^{-3}\times\exp(-0.00846\lambda)$	$\sigma_{b,\min}(\lambda)=0.7712\lambda^{-0.9764}$	$\sigma_{bb,\min}(\lambda)=1.790\times10^{-2}\lambda^{-0.9140}$
气泡	$\sigma_{a,\mathrm{bub}}(\lambda)=0$	$\sigma_{b,\mathrm{bub}}(\lambda)=4607.873(\pm5.555)$	$\sigma_{bb,\mathrm{bub}}(\lambda)=55.359(\pm0.373)$

6. 水体后向散射系数 $b_b(\lambda)$

后向散射系数取决于水体，及它的各分量为

$$b_b(\lambda)=b_{bw}(\lambda)+b_{bp}(\lambda) \tag{11.133}$$

式中，$b_{bw}(\lambda)$是水的后向散射系数，$b_{bp}(\lambda)$是粒子后向散射系数，水的后向散射系数具有 $\lambda^{-4.32}$ 的光谱依赖关系，假定对于粒子的后向散射系数与波长的关系为 $\lambda^{-\eta}$，因此有

$$b_{bw}(\lambda)=b_{bw}(\lambda_r)\left(\frac{\lambda}{\lambda_r}\right)^{-4.32},\quad b_{bp}(\lambda)=b_{bp}(\lambda_r)\left(\frac{\lambda}{\lambda_r}\right)^{-\eta} \tag{11.134}$$

式中，λ_r 是参考波长。

总的不对称因子由单个不对称因子的贡献确定，即

$$g(\lambda)=\frac{g_w\sigma_w(\lambda)+g_c\sigma_c(\lambda)+g_s\sigma_s(\lambda)}{\sigma(\lambda)} \tag{11.135}$$

如果采用 Henyey-Greenstin 相函数，上式是满足的。对于水的分子散射，有 $g_w=0$。而对于与光波长相比较大得多的叶绿体及非叶绿体粒子，g 取较大的值，如 $g_c\sim0.99$，$g_s\sim0.97$。通常 g_c、g_s 的值随水的类型而改变。

图 11.39 给出了三种不同的水区域在波长 514 nm 的体积散射吸收系数，对于纯海水的值是由方程式(11.135)导得的，$\beta_T(\alpha,\lambda)$，与角度的依赖关系很小；对于浑浊水是由 San Diego Harbor 测量到的，而对于海岸水是由 Santa Barbara 海峡，而对于清洁水是由，这些由不同地点和水体测量的散射函数的形状十分相似，比较海洋水和纯海水曲线，表明增加悬浮物质，前向散射增加约 4～5 个数量级，后向散射增加 1 个数量级。由于这些强的前向散射体，气溶胶粒颗后向散射相对小，令为总散射的 2%。

散射函数与波长的关系如下，从方程式(11.134)，纯水的后向散射系数为 $b_{bw}(\lambda)\sim\lambda^{-4.32}$。对于悬浮颗粒物质，没有这些强的幂次方关系。Kopelevich(1983)认为对于大粒子散射，具有强的前向峰值和小的波长关系($\lambda^{-0.3}$)，而对于小粒子散射，具有较为对称的散射函数和强的小组长关系($\lambda^{-1.7}$)。在浮游植物中，Gordon 和 Morel(1983)给出，当 C_a 是浮游植物的浓度(mg/m^3)，颗粒的后向散射系数 $b_{bp}(\lambda)$可写为

$$b_{bp}(\lambda) \sim \lambda^{-1} C_a^{0.62} \mathrm{m}^{-1} \tag{11.136}$$

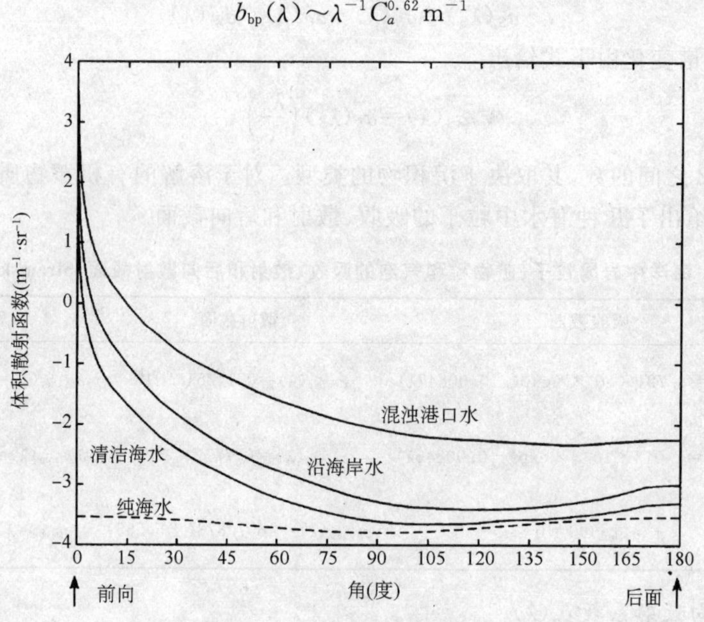

图 11.39 各种海水的体积散射系数与散射角关系(Mobley,1994)

对于任何一种粒子,更一般的后向散射的模拟中,Carder 等(1999)假定具有下面形式

$$b_{bp}(\lambda) = X\lambda^{-Y} \tag{11.137}$$

式中,X 是与粒子浓度成正比,而 Y 取决于粒子的谱分布。对于大粒子和 Mie 散射体,$Y \cong 0$;对于小粒子,$Y>0$。在海色算法中,这一模式用于反演成分的浓度。方程式(11.137)是一个近似,在 Chl-a 吸收峰值附近,它在通过峰值处有显著变化。

7. 海水的吸收

水体总的吸收系数是纯水 $a_w(\lambda)$、浮游生物 $a_{ph}(\lambda)$、非藻类生物或碎岩石 $a_{nap}(\lambda)$ 和不可溶有机物 $a_{CDOM}(\lambda)$ 吸收系数之总和,写成

$$a(\lambda) = a_w(\lambda) + a_{ph}(\lambda) + a_{nap}(\lambda) + a_{CDOM}(\lambda) \tag{11.138}$$

浮游生物 $a_{ph}(\lambda)$ 可用 Chl-比吸收系数 $a_{ph}^*(\lambda)$($\mathrm{m}^2 \cdot \mathrm{mg/Chl}$)表示,写成

$$a_{ph}(\lambda) = a_{ph}(\lambda) a_{ph}^*(\lambda) \tag{11.139}$$

式中,λ_r 是参考波长,如果参考波长取叶绿素吸收带中心波长 440 nm,则又可写为

$$a_{ph}(\lambda) = a_{ph}(440) a_{ph}^*(\lambda) \tag{11.140}$$

$a_{ph}^*(\lambda)$ 具有 $a_{ph}(440)$ 归一化谱形,且 $a_{ph}(440)$ 与 Chl 有幂次方关系,为

$$a_{ph}(440) = 0.0403(Chl)^{0.668} \tag{11.141}$$

但是 $a_{ph}^*(\lambda)$ 对于不同区域由于生长照度和色素的改变,不同种类间和在类别内是变化的。对于给定的 $a_{ph}^*(\lambda)$,$a_{ph}(\lambda)$ 谱使用经验关系计算(Lee 等,1996),表示为

$$a_{ph}(\lambda) = \{a_0(\lambda) + a_1(\lambda)\ln[a_{ph}(440)]\} a_{ph}(440) \tag{11.142}$$

式中,$a_0(\lambda)$ 和 $a_1(\lambda)$ 是光谱间隔 10 nm,范围 390~720 nm 经验系数,因此给定 $a_{ph}(440)$ 的值就可以计算 $a_{ph}(\lambda)$。$a_{ph}(440)$ 的值可以由叶绿素 Chl 得到。

$$a_\varphi(440) = A((Chl)^{-B})(Chl) \tag{11.143a}$$

$$a_g(440) = p_1 a_\varphi(440) \tag{11.143b}$$

$$b_{bp}(555)=\{0.002+0.2[0.5-0.25\log([Chl])\}p_2(Chl)^{0.62} \tag{11.143c}$$

而且，

$$a_\varphi(\lambda)=\{a_0(\lambda)+a_1(\lambda)\ln[a_\varphi(440)]\}a_\varphi(440) \tag{11.144a}$$

$$a_g(\lambda)=a_g(440)\exp[-S(\lambda-440)] \tag{11.144b}$$

$$b_{bp}(\lambda)=b_{bp}(555)\left(\frac{555}{\lambda}\right)^Y \tag{11.144c}$$

对于1类水体，$p_1\approx0.5$，$p_2\approx0.3$，$Y=1.0$；而A和B的平均值是0.0403和0.332，因此，水体的所有光特性随$[Chl]$而变化，且对于一个$[Chl]$值，只有一固定的r_{rs}值。但是，可以发现，对于同一$[Chl]$值有不同的r_{rs}值。为方便，可设定$B=0.332$和其他1类水体的扰动参数为：

$$A=0.03+0.03R_1 \tag{11.145a}$$

$$p_1=0.3+\frac{3.7R_2a_\varphi(440)}{0.02+a_\varphi(440)} \tag{11.145b}$$

$$p_2=0.1+0.8R_3 \tag{11.145c}$$

$$Y=0.1+\frac{1.5+R_4}{1+[Chl]} \tag{11.145d}$$

$$S=0.013+0.004R_5 \tag{11.145e}$$

式中，R_1、R_2、R_3、R_4、R_5是0与1之间的随机值。

总的吸收系数$a_T(\lambda)$可以写为

$$a_T(\lambda)=a_w(\lambda)+a_p(\lambda)+a_{ph}(\lambda)+a_{CDOM}(\lambda) \tag{11.146}$$

式中，下标w指的是纯海水。p指的是粒子，ph是浮游生物色素和不可分解的有机物的CDOM。对于浮游生物色素，吸收（单位m^{-1}）通常对于感兴趣的色素浓度是归一化的，如Chl-a或胡萝卜素，其归一化或比吸收具有的单位是m^2/(mg色素)。

对于第一类水区，晴天洋面的吸收系数$\alpha_{case1}(\lambda)$表示为

$$\alpha_{case1}(\lambda)=[\alpha_w(\lambda)+0.06\alpha_C^*(\lambda)C^{0.65}][1.0+0.2*Y(\lambda)][m^{-1}] \tag{11.147}$$

式中，$\alpha_w(\lambda)$是纯海水的吸收系数，$\alpha_C^*(\lambda)$是叶绿素a的比吸收系数，单位$[(mg/m^3)^{0.65}/m]$，C是色素浓度(mg/m^3)。在式(4.319)中第二项相应叶绿素a浓度的黄物质形成的吸收，所具有光谱变化$Y(\lambda)$写为

$$Y(\lambda)=e^{\Gamma(\lambda-\lambda_0)} \tag{11.148}$$

式中，$\lambda_0=440$(nm)，$\Gamma=-0.014(nm^{-1})$。

对于浑浊水区，即对于第二类水体

$$\alpha(\lambda)=\alpha_{case1}(\lambda)+b_S(\lambda_S)\alpha_S(\lambda)+\alpha_Y(\lambda_0)Y(\lambda) \tag{11.149}$$

式中，$\alpha_S(\lambda)$是悬浮物质的比吸收，$b_S(\lambda_S)$ $(\lambda_S=550\ nm)$和$\alpha_Y(\lambda_0)$分别是悬浮物质和黄物质的浓度。

(1)染色可溶解有机物CDOM和粒子：对于CDOM三种不同浓度和粒子，图11.40给出了$a_T(\lambda)a_T(\lambda)$与波长的依赖关系，对于每一曲线，在蓝色波段吸收最大，且朝向长波方向指数减小。Roesler等(1989)和Hoepffner等(1993)给出对于波长350 nm$<\lambda<$700 nm的$a_p(\lambda)$和$a_{CDOM}(\lambda)$表示为

$$a_i(\lambda)=A_i(400)\exp[-q_i(\lambda-400)] \tag{11.150}$$

在式(11.150)中，下标i参指为P和CDOM，$A_i(400)$是依赖于量级为$10^{-1}\sim10^{-2}$ m^{-1}参考吸收物的浓度，而q_i是某一类别的常数，对于CDOM，q_i的范围从1.1×10^{-2}到1.8×10^{-2}；对于

有机粒子，q_i 的范围从 0.6 到 1.4×10^{-2}，无机粒子也具有类似的范围。

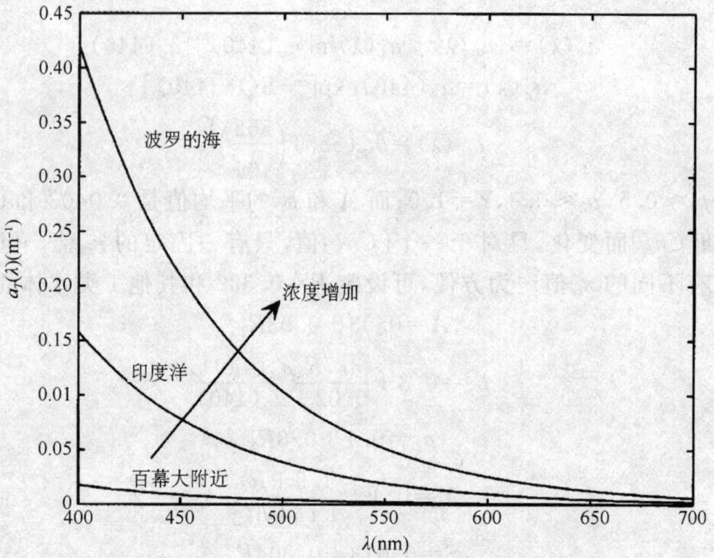

图 11.40　不同海域的吸收系数与粒子浓度的变化(Mobley,1995)

(2)浮游生物：浮游生物的吸收与波间有更为复杂的依赖关系，如图 11.41 中，对于夏季北大西洋 1 类水体，叶绿素 a(实线)和胡萝卜素(虚线)的吸收曲线，图中每条曲线相对于色素浓度是归一化的。胡萝卜曲线包括来自光合作用和光防护胡萝卜素两者的贡献。由于叶绿素 b 和 c 的浓度比 Chl-a 小得多，它们的作用可以忽略。从图中看到 Chl-a 曲线有两个峰值，一个是在440 nm附近的蓝色谱带最大，称为 Sort 带，和一个中心处在 665 nm 的红色谱段最大，一般蓝色峰值比红色峰值大约 3 倍。在 550 nm 和 665 nm 之间，吸收接近为 0，给出叶绿素—富水，它表示绿色。图中虚线是胡萝卜素吸收，它的峰值向 500 nm 移动，它的带宽大约从450 nm伸到到 550 nm。

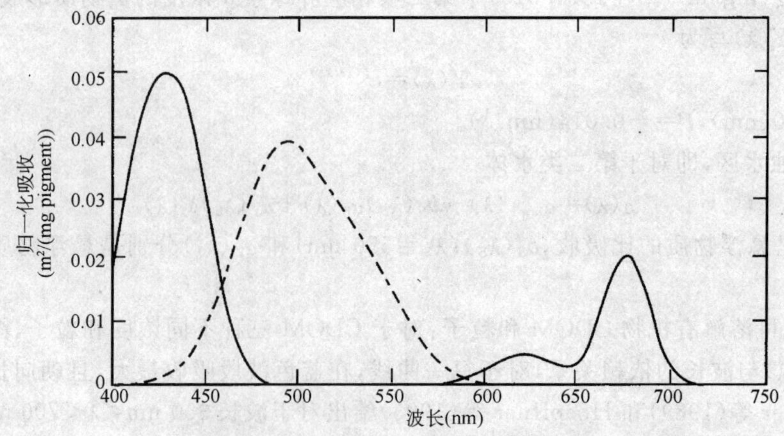

图 11.41　Chl-a 和胡萝卜素吸收(Hoepffner 和 Sathyendranath,1993)

图 11.42 给出了在 9 月北大西洋纯海水归一化总吸收由于粒子和浮游生物改变，浮游生物的吸收等于总吸收减去粒子吸收，每一条曲线对于 Chl-a 浓度是归一化的，图中显示 Chl-a

峰值处在 440 nm 和 665 nm，粒子的吸收随波长增加而指数衰减，归一化浮游生物的吸收与其类别、堆积和副色素有关。

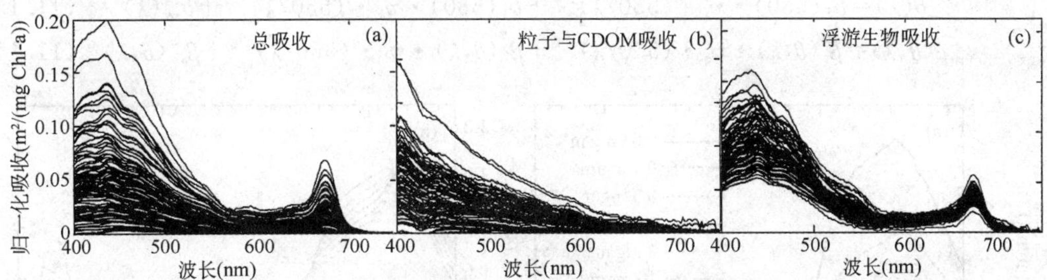

图 11.42　北大西洋西部测量到吸收与波长的关系(Hoepffner 和 Sathyendranath，1993)

从上面分析可知，遥感叶绿素浓度应用叶绿素吸收峰值波长 443 nm，遥感 CDOM 应用 410 nm 波长，在 500～550 nm 波长范围叶绿素吸收为 0，胡萝卜素吸收达最大。荧光要求在 683 nm 峰值处观测，这些为仪器选取波长提供依据。

1 类水的吸收和散射系数。对于 1 类水由三种成分参数：在 443 nm 浮游生物的吸收系数，在可溶解有机物 CDOM 和悬游物质的吸收系数之和，和悬游物质的散射系数之和，其光谱分量写为

$$a_{\mathrm{ph}}(\lambda)=a_{\mathrm{ph}}(443)C \tag{11.151}$$

$$a_{\mathrm{cdm}}(\lambda)=a_{\mathrm{cdm}}(443)\cdot\exp[-S(\lambda-443)] \tag{11.152}$$

其中 C 是浮游生物的比吸收光谱。

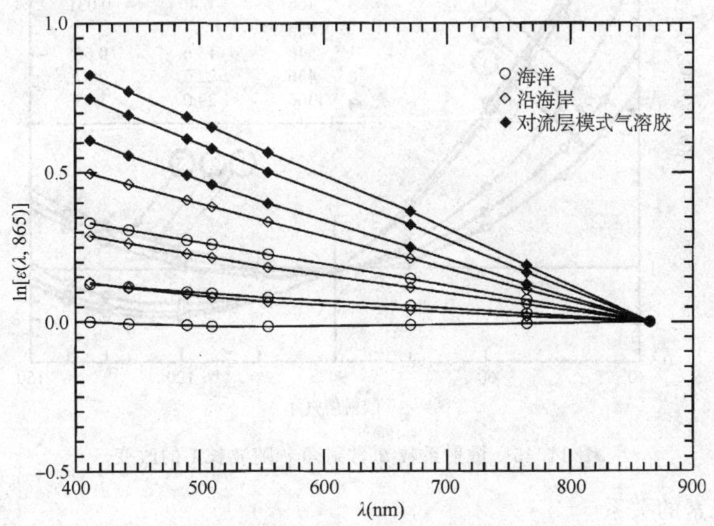

图 11.43　对于天底 ε(λ，865)与波长的依赖关系(Gordon 等，1999)

黄物质的吸收

$$a_y(\lambda)=a_y(\lambda_0)\cdot\exp[-S(\lambda_0-\lambda)] \tag{11.153}$$

黄物质可以来自衰亡的浮游生物细胞和其他有机粒子，或来自一定距离源的平流，是

$$a_{\mathrm{ph}}(\lambda)=a_{\mathrm{ph}}^{*}\cdot C_{x,\mathrm{L}} \tag{11.154}$$

式中，$a_{ph}^{*}(\lambda)=A(\lambda)\cdot C_{x,L}^{-B(\lambda)}$，对于 440 nm，$a_{ph}^{*}(440)=0.04\cdot C_{x,L}^{-0.332}$。

$$a_{\mathrm{ph}}(\lambda)=0.04\cdot\left[\frac{a_{ph}(\lambda)}{a_{ph}(440)}\right]\cdot C_{x,\mathrm{L}}^{0.668} \tag{11.155}$$

$$b(\lambda)=b_{\mathrm{S}}(550)\cdot v_s\cdot(550/\lambda)^{1.7}+b_1(550)\cdot v_1\cdot(550/\lambda)^{0.3}+b_{\mathrm{sw}}(\lambda) \tag{11.156}$$

$$\beta(\theta,\lambda)=\beta_{\mathrm{s}}(\theta,\lambda)\cdot v_{\mathrm{s}}\cdot(550/\lambda)^{1.7}+\beta_1(\theta,\lambda)\cdot v_1\cdot(550/\lambda)^{0.3}+\beta_{\mathrm{sw}}(\theta,\lambda) \tag{11.157}$$

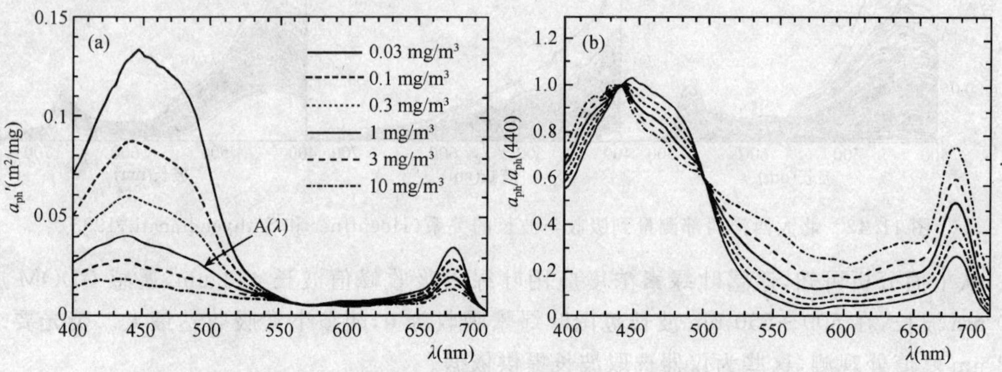

图 11.44 海水散射的谱模式

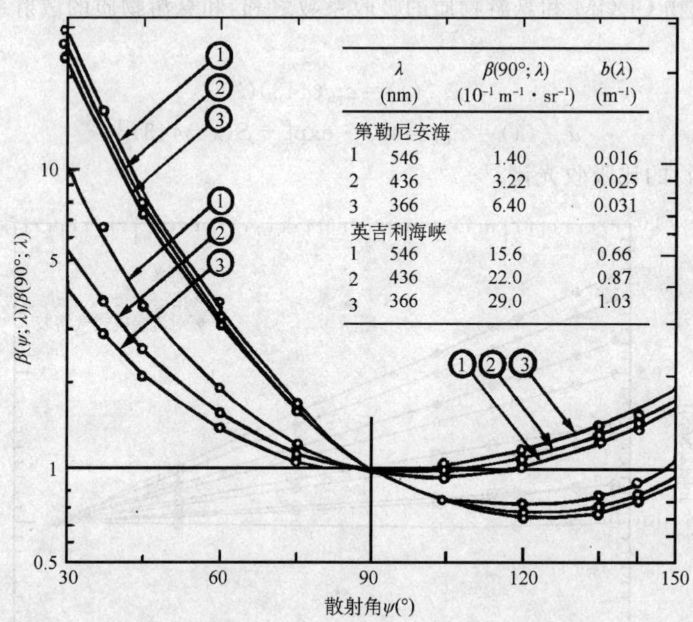

图 11.45 散射系数 β、散射角 ψ 随波长 λ 的改变

散射系数与叶绿素的关系

$$b(550)=b_{\mathrm{sw}}(550)+0.30\cdot(chl)^{0.62} \tag{11.158}$$

$$b(\lambda)=b(550)\cdot(550/\lambda)\qquad(\text{Gordon 和 Morel, 1983}) \tag{11.159}$$

后向散射系数为

$$b_{\mathrm{b}}(\lambda)=b_{\mathrm{sw}}(\lambda)+b_{\mathrm{p}}(550)\cdot(550/\lambda)^{n_1} \tag{11.160}$$

和

$$b_{\mathrm{b}}(\lambda)=0.5b_{\mathrm{bw}}(\lambda)+b_{\mathrm{bp}}(550)\cdot(550/\lambda)^{n_2} \tag{11.161}$$

对海洋(1 类水)：$n_1=1.0$，$n_2=1.45$；

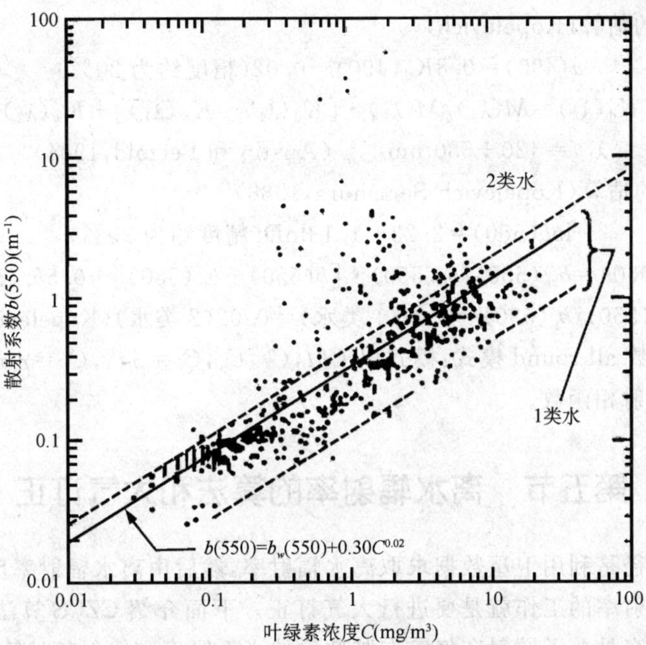

图 11.46 海洋Ⅰ和Ⅱ类水体的叶绿素浓度与散射系数

近海区域(2 类水):$n_1=n_2=0$(Kopelevich)。

分谱吸收的两参数模式:

吸收系数

$$a(\lambda)=a_y(\lambda)+a_{ph}(\lambda)+a_w(\lambda) \tag{11.162}$$

其中(Kopelevich 等,1983)

$$a_y(\lambda)=\begin{cases}a_y(\lambda_0)\cdot\exp[-S_1(\lambda-\lambda_0)] & \lambda<500\text{ nm}\\ a_y(\lambda_0)\cdot\exp[-S_1(500-\lambda_0)]\cdot\exp[-S_2(\lambda-500)] & \lambda\geqslant500\text{ nm}\end{cases} \tag{11.163}$$

Bricaud 等(1995)

$$a_{ph}(\lambda)=a_{ph}^{*}(\lambda)\cdot Chl=A(\lambda)Chl^{1-B(\lambda)} \tag{11.164}$$

Barnard 等(1998)

$$a_g{}'(\lambda)=N_1(\lambda)a_g(488)+N_2(\lambda) \tag{11.165}$$

$$a_p{}'(\lambda)=N_1(\lambda)a_p(488)+N_2(\lambda) \tag{11.166}$$

洋面(1 类水):$a_g(488)$:0.003~0.159 m^{-1},$r^2=0.947\div995$;

近海岸(2 类水):$a_p(488)$:0~1.48 m^{-1},$r^2=0.947\div995$。

海水吸收的单参数模式:

Barnard 等(1998)

$$a(\lambda)=N_1(\lambda)a(488)+N_2(\lambda)+a_w(\lambda) \tag{11.167}$$

Morel 等(1991)

$$a(\lambda)=[a_w(\lambda)+0.06\cdot a_{ph}^{*}(\lambda)\cdot Chl^{0.65}]\cdot[1+0.2\exp(-0.014(\lambda-440))] \tag{11.168}$$

由 K_d 和 D 估算海水的吸收和散射。

(1)吸收系数的估算(Kopelevich)

$$a(490)=0.8K_{\mathrm{d}}(490)-0.02(\text{精度约为 }20\%) \tag{11.169}$$

$$K_{\mathrm{d}}(\lambda_2)=M(\lambda_2)/M(\lambda_1)\cdot[K_{\mathrm{d}}(\lambda_1)-K_{\mathrm{w}}(\lambda_1)]+K_{\mathrm{w}}(\lambda_2) \tag{11.170}$$

$$\lambda_{1,2}=420\div 580\ \mathrm{nm}\qquad (\text{Austin 和 Petzold},1984) \tag{11.171}$$

(2)散射系数的估算(Kopelevich Semshura,1988)

$$\ln b(550)=2.23-1.13\ln D(\text{精度约为 }30\%)$$

$$b_{\mathrm{b}}(550)=b_{\mathrm{bp}}(550)/b_{\mathrm{p}}(550)\cdot[b(550)-b_{\mathrm{w}}(550)]+0.5b_{\mathrm{w}}(550) \tag{11.172}$$

$$b_{\mathrm{bp}}(550)/b_{\mathrm{p}}(550)=0.01(1\text{ 类水})=0.02(2\text{ 类水})(\text{Kopelevich}) \tag{11.173}$$

Haltrins 单参数 all-round 模式:模式以 $Chl,C_f,C_h,C_s=\rho_s v_s,C_1=\rho_1 v_1$ 五个参数描述分谱吸收和散射及散射相函数。

第五节 离水辐射率的算法和大气订正

海洋遥感的途径是利用卫星数据求取离水辐射率,然后由离水辐射率反演水体物理参数。由卫星求取离水辐射率的工作就是要进行大气订正。下面介绍 CZCS 算法和 OCTS 算法,这两种方法的主要内容是分子散射和气溶有胶散射的光学厚度和辐射的计算。

一、卫星遥感海洋的辐射率方程式

如图 11.47 中,卫星以天顶角 θ 遥感海面,测量水面的向上辐射,在星下点处的像点,$\theta_v=\theta=\theta'=0$,其中包含有太阳天顶角为 θ_0 的垂直平面与含有卫星感应器的垂直平面之间方位角为 φ,消除大气效应后的离水辐射率为 $L_{\mathrm{w}}^{\mathrm{S}}[\lambda,(\theta,\varphi)\in\Omega_{\mathrm{FOV}},\theta_0,\tau_a,Chl]$,式中上标表示卫星,$\Omega_{\mathrm{FOV}}$表示在$(\theta,\varphi)$方向上探测器的立体角。由卫星仪器测量到经订正后的离水辐射率由式(11.69)表示,它被 $E_{\mathrm{d}}(0^+,\lambda)$除,得到遥感辐射反射率 $R_{\mathrm{RS}}^{\mathrm{S}}(\lambda,\varphi)$,乘以 $\bar{F}_0(\lambda)$给出归一化离水辐射率 $L_{\mathrm{WN}}^{\mathrm{S}}(\theta,\lambda,\varphi)$,表示为

$$L_{\mathrm{WN}}^{\mathrm{S}}(\theta,\lambda,\varphi)=\frac{L_w^s(\lambda,\theta,\varphi;\theta_0,\tau_a,W,Chl)}{t(\lambda,\theta_0)\cos\theta_0\left(\dfrac{d_0}{d}\right)^2} \tag{11.174}$$

式中,$E_{\mathrm{d}}(0^+,\lambda)=\bar{F}_0(\lambda)t(\lambda,\theta_0)\cos\theta_0\left(\dfrac{d_0}{d}\right)^2$,而 d_0、d 分别是日地平均和实际距离,$t(\lambda,\theta_0)$是太阳天顶角为 θ_0 时的大气漫透射率。

由式(11.186)看到,$L_{\mathrm{WN}}^{\mathrm{S}}(\theta,\lambda,\varphi)$对于几何、环境和 IOP 因子的所有依赖没有清楚地表示,从式(11.186)看到它有强烈的双向特性,由于这些依赖关系,从一个像点到另一个像点的卫星观测的或对同一像点的不同一天的归一化离水辐射率 $L_{\mathrm{WN}}^{\mathrm{S}}(\theta,\lambda,\varphi)$不是可以直接比较的,为此如将所有像点的测值化作为垂直方向的值,因此引入和确定一个精确的归一化的离水辐射率 $L_{\mathrm{WN}}^{\mathrm{ex}}(\lambda)$,不再与双向因了相关,利用式(11.186)将 $L_{\mathrm{WN}}^{\mathrm{S}}(\theta,\lambda,\varphi)$变换为 $L_{\mathrm{WN}}^{\mathrm{ex}}(\lambda)$,首先取比值

$$\frac{L_{WN}^{ex}(\lambda)}{L_{WN}^{s}(\lambda,\theta)}=\frac{E_d(0^+,\lambda,\theta_0)L_w(\lambda,0,0,0,\tau_a,W,Chl)}{E_d(0+,\lambda,\theta)L_w^s(\lambda,\theta,\varphi;\theta_0,\tau_a,W,Chl)} \tag{11.175}$$

式中,$E_{\mathrm{d}}(0^+,\lambda,0)$和 $L_W(\lambda,0,0,0,\tau_a,W,Chl)$分别是对于 $\theta=\theta_0=\theta'=0$ 和虽然 φ 没有确定,也取 $\varphi=0$ 时的未知入射辐照度和离水辐射率,当使用式(11.113)对上式中的 $L_W(\lambda,0,0,0,\tau_a,W,Chl)$和 $L_W(\lambda,\theta,\varphi,\theta_0,\tau_a,W,Chl)$展开,可求得解为

$$L_{\mathrm{WN}}^{\mathrm{ex}}(\lambda)=L_{\mathrm{WN}}^{\mathrm{S}}(\theta,\lambda,\varphi)\frac{R_0}{R(\theta',W)}\frac{f_0(\lambda,\tau_a,Chl)}{Q_0(\lambda,\tau_a,Chl)}\left(\frac{f(\lambda,\theta_0,\tau_a,Chl)}{Q(\lambda,\theta',\varphi,\theta_0,\tau_a,Chl)}\right)^{-1} \tag{11.176}$$

式中，$f_0(\lambda,\tau_a,Chl)$是当$\theta=\theta_0$时f的值，$Q_0(\lambda,\tau_a,Chl)$是当$\theta=\theta_0$和$\theta=\theta'=0$时的值。如在式(11.113)中，当f/Q的比值很小时，在$R(\theta',W)$中仅取决于风速。

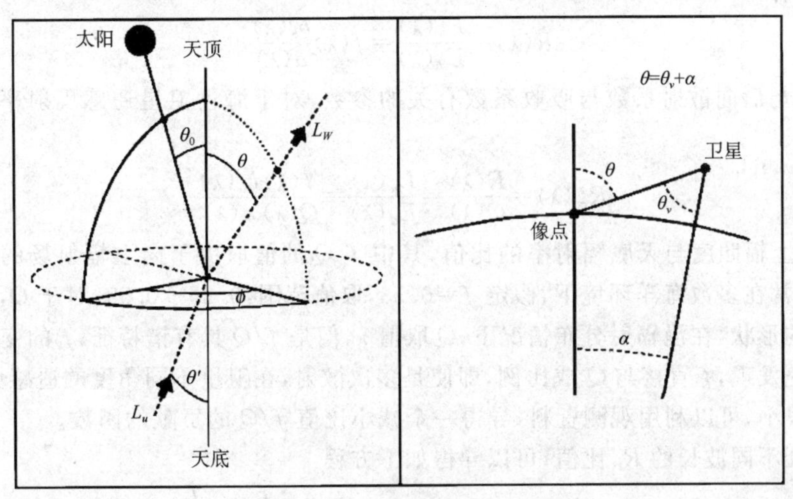

图 11.47　卫星以天顶角θ遥感海面

在海面和水下处的离水辐射率的测量：无论在水面上测量离水辐射率，还是根据水中测量值外推到$z=0^-$，并透射通过界面($\theta=\theta'=0$)确定离水辐射率，直接变换为遥感所用的反射率和归一化离水辐射率。将离水辐射率归一化后导得水面上的$L_{\mathrm{WN}}^{\mathrm{abw}}(\lambda)$或由水中测量导得的$L_{\mathrm{WN}}^{\mathrm{inw}}(\lambda)$，它们之间仍然是不可比较的，也与卫星的测量$L_{\mathrm{WN}}^{\mathrm{S}}(\theta,\lambda,\varphi)$相对应，这些必须变换为$L_{\mathrm{WN}}^{\mathrm{ex}}(\lambda)$才具有可比较性。

对卫星遥感，在水上方法中精确的几何关系同样影响测量。因此通过测量方法使用具有固定的(θ',φ)的式(11.176)将$L_{\mathrm{WN}}^{\mathrm{abw}}(\lambda)$变换为$L_{\mathrm{WN}}^{\mathrm{ex}}(\lambda)$。在这种情况下，对天底观测$R(\theta',W)$简化为$R_0$，和$Q(\lambda,\theta_0,\tau_a,Chl)$简化为约束形式$Q_n(\lambda,\theta_0,\tau_a,Chl)$。将这些代入式(11.176)得到

$$L_{\mathrm{WN}}^{\mathrm{ex}}(\theta,\lambda,\varphi)=L_{\mathrm{WN}}^{\mathrm{inw}}(\theta,\lambda,\varphi)\frac{f_0(\lambda,\tau_a,Chl)}{Q_0(\lambda,\tau_a,Chl)}\left(\frac{f(\lambda,\theta_0,\tau_a,Chl)}{Q(\lambda,\theta',\varphi,\theta_0,\tau_a,Chl)}\right)^{-1} \tag{11.177}$$

由一位置的水上和水下测量的归一化离水辐射率不同角度的依赖关系，由式(11.188)和式(11.177)得到

$$L_{\mathrm{WN}}^{\mathrm{inw}}(\theta,\lambda,\varphi)=L_{\mathrm{WN}}^{\mathrm{abw}}(\theta,\lambda,\varphi)\frac{R_0}{R(\theta',W)}\frac{Q(\lambda,\theta',\varphi,\theta_0,\tau_a,Chl)}{Q_n(\lambda,\theta_0,\tau_a,Chl)} \tag{11.178}$$

如果由卫星测量的导得的这些与海面和水下测量是可比较的，就可以变换为精确的归一化离水辐射率。若式(11.31)中海面处的照度反射率已经确定，也可由模式确定。当在它的定义中仅涉及照度，它的角依赖关系是与式(11.110)中的因子$f(\lambda,\tau^a,Chl)$的照度几何相关。照度反射率和精确离水反射率由式(11.110)和式(11.176)得

$$L_{\mathrm{WN}}^{\mathrm{ex}}(\theta)=\frac{R(0^-,\lambda,\theta_0)\overline{F}_0(\lambda)R_0}{Q_n(\lambda,\theta_0,\tau_a,Chl)} \tag{11.179}$$

二、卫星遥感海洋反射率

照度反射率是向上照度与向下照度之比值，它正好是水面之下的水的后向散射系数与吸收系数的比值有关，写为

$$R(\lambda)=\frac{E_u(\lambda)}{E_d(\lambda)}=f(\lambda)\frac{b_b(\lambda)}{a(\lambda)} \tag{11.180}$$

式中，$f(\lambda)$是与后向散射系数与吸收系数有关的参数，对于海色卫星遥感反射率 $R_{rs}(\lambda)$一般写成

$$R_{rs}(\lambda)=\frac{R(\lambda)}{Q(\lambda)}=\frac{L_u(\lambda)}{E_d(\lambda)}\equiv\frac{f(\lambda)}{Q(\lambda)}\frac{b_b(\lambda)}{a(\lambda)} \tag{11.181}$$

式中，Q 是向上辐照度与天底辐射率的比值，其中 f/Q 的值取决于向上辐射场的形状和体积散射系数，通常在多数海洋环境下，假定 $f=0.33$，取值范围：0.25～0.55；对于 Q，它只取决于向上辐射场的形状，在漫辐射分布情况下，Q 取值 π，但是 f/Q 具有谱特征，f 的变化由 Q 的涨落抵消。研究发现，f 直接与 Q 成比例，即使是多次散射，在卫星不同角度的遥感中，L_u/E_d 与 Q 依赖关系很小，可以利用观测资料，导得一个减小比值 f/Q 的贡献的函数。

利用两个不同波长的 R_{rs} 比值，可以导得如下方程

$$R_{rs}(\lambda_1,\lambda_2,\lambda_3)=\frac{R_{rs}(\lambda_1)}{R_{rs}(\lambda_2)}\Big/\frac{R_{rs}(\lambda_2)}{R_{rs}(\lambda_3)}=\frac{\frac{f}{Q}(\lambda_1)\frac{f}{Q}(\lambda_3)\frac{b_b}{a}(\lambda_1)\frac{b_b}{a}(\lambda_3)}{\left[\frac{f}{Q}(\lambda_2)\right]^2\left[\frac{b_b}{a}(\lambda_2)\right]^2} \tag{11.182}$$

对于天底辐射率，可根据蒙特卡洛法，取太阳天顶角 30°，叶绿素浓度 0.1 mg/m³，对波长 0443 nm，490 nm 和 555 nm 计算 f/Q 值分是 0.089，0.088，0.875。在这些波长的参数 f/Q 的三重比约为 1.006。因此如果 f/Q 的谱特征是线性的，或是近线性的，波长中心 λ_2 与另两个之间是等间隔的，假定 f/Q 的三重比等于 1，仅引起小的误差，给定 Q 与 f 一样的特征，和 f/Q 与波长间关系很小，假定在式(11.182)中的 f/Q 三重比值等于 1 的常数，则式(11.182)简化为

$$R_{rs3}(\lambda_1,\lambda_2,\lambda_3)=\frac{R_{rs}(\lambda_1)}{R_{rs}(\lambda_2)}\Big/\frac{R_{rs}(\lambda_2)}{R_{rs}(\lambda_3)}\cong\frac{\frac{b_b}{a}(\lambda_1)\frac{b_b}{a}(\lambda_3)}{\left[\frac{b_b}{a}(\lambda_2)\right]^2} \tag{11.183}$$

如果假定遥感的水体部分是均匀的，也就是在遥感的水的光特性 IOP 是均匀分布的，则可以分为后向散射和吸收两部分，这样有

$$R_{rs}(\lambda_1,\lambda_2,\lambda_3)=\frac{R_{rs}(\lambda_1)}{R_{rs}(\lambda_2)}\Big/\frac{R_{rs}(\lambda_2)}{R_{rs}(\lambda_3)}=\frac{b_b(\lambda_1)b_b(\lambda_3)}{b_b^2(\lambda_2)}\frac{a^2(\lambda_2)}{a(\lambda_1)a(\lambda_3)} \tag{11.184}$$

现就得到假定 f/Q 与光谱基本无关和均匀垂直分布的，仅用后向散射和吸收系数表示的反射率参数 R_{rs3}的方程式。

后向散射分量，卫星遥感散射辐射参数不是一个简单的散射系数，而是后向体积散射系数在后向方向上各个方向的加权积分，目前这函数还不能则测量确定，因而后向散射系数的角分布不能确定，对此，需导得一个遥感反射率与后向散系数基本无关的方程。下面将分析后向散射的三重比的光谱依赖性，为简化，设

$$b_{rs3}=b_{rs3}(\lambda_1,\lambda_2,\lambda_3)=\frac{b_b(\lambda_1)b_b(\lambda_3)}{b_b^2(\lambda_2)} \tag{11.185}$$

后向散射系数取决于水和水中的粒子成分，这样有

$$b_b(\lambda)=b_{bw}(\lambda)+b_{bp}(\lambda) \tag{11.186}$$

式中，$b_{bw}(\lambda)$、$b_{bp}(\lambda)$分别是水和粒子的后向散射系数，水的后向散射系数具有形式 $\lambda^{-4.32}$；粒子具有 $\lambda^{-\eta}$形式，因此有

$$b_{bw}(\lambda)=b_{bw}(\lambda_r)\left(\frac{\lambda}{\lambda_r}\right)^{-4.32},b_{bp}(\lambda)=b_{bp}(\lambda_r)\left(\frac{\lambda}{\lambda_r}\right)^{-\eta} \tag{11.187}$$

式中，λ_r 是参考波长，将式(11.187)代入式(11.185)，取 λ_2 为参考波长，后向三重散射比为

$$b_{rs3}=\frac{\left[b_{bw}(\lambda_2)\left(\frac{\lambda_1}{\lambda_2}\right)^{-4.32}+b_{bp}(\lambda_2)\left(\frac{\lambda_1}{\lambda_2}\right)^{-4.32}\right]\left[b_{bw}(\lambda_2)\left(\frac{\lambda_3}{\lambda_2}\right)^{-\eta}+b_{bp}(\lambda_2)\left(\frac{\lambda_3}{\lambda_2}\right)^{-\eta}\right]}{\left[b_{bw}(\lambda_2)+b_{bp}(\lambda_2)\right]^2} \tag{11.188}$$

为简化，设 $b_{bw}(\lambda)=b_{bw}(\lambda_2)$，$b_{bp}(\lambda)=b_{bp}(\lambda_2)$，消去与波长的依赖关系，式(11.188)简化为

$$b_{rs3}=\frac{\left(\frac{b_{bw}}{b_{bp}}\right)^2\left(\frac{\lambda_1\lambda_3}{\lambda_2^2}\right)^{-4.32}+\frac{b_{bw}}{b_{bp}}\left[\left(\frac{\lambda_1}{\lambda_2}\right)^{-\eta}\left(\frac{\lambda_3}{\lambda_2}\right)^{-4.32}+\left(\frac{\lambda_1}{\lambda_2}\right)^{-\eta}\left(\frac{\lambda_3}{\lambda_2}\right)^{-4.32}\right]+\left(\frac{\lambda_1\lambda_3}{\lambda_2^2}\right)^{-\eta}}{\left[\frac{b_{bw}}{b_{bp}}+1\right]^2} \tag{11.189}$$

对于正常的海洋状况下，可求解式(11.189)，对于以粒子为主到以海水为主散射的范围 $0\leqslant b_{bw}/b_{bp}\leqslant 2.5$，光谱散射的依赖变化 $0\leqslant\eta\leqslant 2$。

实际中，λ_1，λ_2 和 λ_3 的选取决定于卫星使用的感应器，对此研究 443 nm，490 nm 和 555 nm，通常测量实际海洋水中同一地点的光学特性 IOP 和反射率，对于同一点测量的遥感反射率和吸收系数，这误差在典型的平均误差范围内，因此对于所有的粒子，对考虑的 443 nm，490 nm 和 555 nm 波长 b_{rs3} 是常数，注意到后向散射系数的三重比，对于水的类型或粒子谱分布没有附加假定。

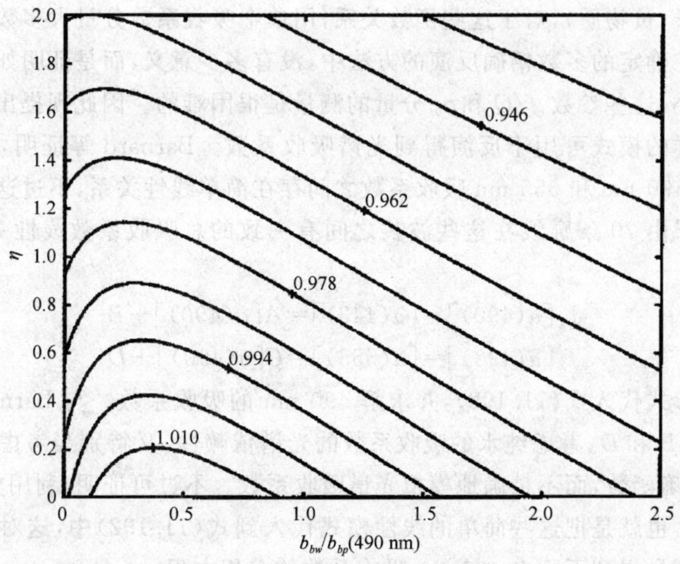

图 11.48　由式(11.189)和 443 nm、490 nm、555 nm 计算的后向散射三重比的为粒子散射形状和在 490 nm 水与粒子后向散射比(b_{bw}/b_{bp})的函数

在式(11.189)中 b_{rs3} 的值，可以用同一点的后向散射系数测量计算 b_{rs3}。为简化上面精确求算，可根据水中粒子的垂直廓线的散射系数 b_p 通过模拟后向散射系数 b_{rs3}，每一波长总的后向散射廓线表示为

$$b_b(\lambda,z)=b_{bw}(\lambda,z)+b_{bp}(\lambda,z)\cong\tilde{b}_b b_b(\lambda,z)+0.5b_w(\lambda) \tag{11.190}$$

式中，$\tilde{b}_b$ 是后向散射的廓线的几率，$b_w(\lambda)$ 是对于纯水的散射系数，$\tilde{b}_b$ 参数的值已经根据其他各种假定模拟。根据 More 等的模拟，对于 1 类水，在低叶绿素贫营养的水中 $\tilde{b}_b$ 由 2.2%对数减小，在高叶绿素富营养的水中 $\tilde{b}_b$ 达到 0.2%，由 Gorodon 等的类似模式，粒子后向散射系数在低叶绿素水由 2%变化到高叶绿素水的 0.5%。Ahn 等使用单一海藻研究表明，后向散射的概率光谱依赖性是细胞单体个别种类色素的函数，$\tilde{b}_b$ 总是小于 0.5%。从贫营养到富营养海洋环境中，常选用 $\tilde{b}_b=1\%$。当然 $\tilde{b}_b$ 还取决于藻类的浓度和粒子谱。

将 b_{rs3} 代入式(11.184)得到

$$R_{rs3}(\lambda_1,\lambda_2,\lambda_3)\cong b_{rs3}\frac{a^2(\lambda_2)}{a(\lambda_1)a(\lambda_3)} \tag{11.191}$$

给定向上辐射率和向下辐射照度模拟廓线和总吸收，使用以上假定可以终止关系式(11.191)检验，因此该项模式用 IOP、吸收三重比可直接比较辐射计量 R_{rs3}。

显然如果式(11.191)在可接受的范围内是正确的，把 b_{rs3} 设置为常数，可以用遥感谢反射率确定吸收系数的三重比，如果对于给定区域或时间周期，在这三波长吸收系数之间存在的函数关系，因此 $a(\lambda_1)=f_1[a(\lambda_2)]$ 和 $a(\lambda_3)=f_3[a(\lambda_2)]$，则有

$$R_{rs3}(\lambda_1,\lambda_2,\lambda_3)\cong b_{rs3}\frac{a^2(\lambda_2)}{f_1[a(\lambda_1)]f_3[a(\lambda_3)]} \tag{11.192}$$

在这式中，三重反射比只表示为 $a(\lambda_2)$ 的函数，可求得 $a(\lambda_1)$、$a(\lambda_2)$、$a(\lambda_3)$ 之间区域和全球关系，可使用式(11.192)，变换 R_{rs3} 确定的吸收系数 $a(\lambda_2)$。

在关系式(11.192)中，可利用任何光谱吸收系数的函数形式，包括可把吸收系数分为各个分量(就是水、粒子、黄物质)，对于这些函数关系，用单个吸收系数分量大多数半经验解析遥感算法给出。但是在确定的多数精确反演的方法中，没有多少意义，而是证明如何使涉及估计参数的不确定性极小，这些参数 f/Q 和 b_b 分量的测量是很困难的。因此现提出一个简化的吸收系数函数给出这样的模式可用于反演得到光谱吸收系数。Barnard 等证明，在海洋广大环境区域，在 443 nm，490 nm 和 555 nm 吸收系数之间存在简单线性关系，不过这线性关系不包括纯水的作用。如果由 70 条廓线在这些波长之间有一致的总吸收系数线性关系(包括纯水)，这样

$$\begin{aligned}f_1[a(490)]&=[a(443)]=A[a(490)]+B\\ f_2[a(490)]&=[a(555)]=C[a(490)]+D\end{aligned} \tag{11.193}$$

则可把这些函数形式代入式(11.192)，并求解 490 nm 的吸收系数。与 Barnard 等不同，在这方法中，求取补偿 B 和 D，考虑纯水的吸收系数的光谱依赖性，又特别当考虑到按地区的数据集，侧重简化的精确函数，而不精确地模拟光谱吸收系数。不过可证明，利用关系式(11.192)，变换遥感辐射率。也就是把这些简单的线性模式代入到式(11.192)中，这对于给定地点的遥感测量反射率很容易得到下面在 490 nm 吸收系数的求积方程：

$$a(490)=\frac{-(AD+BC)\pm[(AD+BC)^2-4(AC-(b_{br3}/R_{rs3}))(BD)]^{1/2}}{2[AC-(b_{br3}/R_{rs3})]} \tag{11.194}$$

三、CZCS 算法

1. 概述(根据 Gordon 等,1983,1988,CZCS)

卫星接收到的辐射 L_T 写为

$$L_T = L_T'(\lambda)g + o = L_M(\lambda) + L_A(\lambda) + t(\lambda)\cdot L_w(\lambda) \tag{11.195}$$

其中,$L_T'(\lambda)$是调整辐射,$g+o$ 是辐射调节参数;$L_M(\lambda)$是由于大气分子的散射辐射,$L_A(\lambda)$是气溶胶粒子散射辐射,$L_w(\lambda)$是离水辐射率,$t(\lambda)$是大气中的漫透射率。

由于方程是对逐个像点的,来自海内部的向上辐射亮度的辐射亮度分布的估计是由卫星观测值 L_T 通过逐个像点的 $L_M(\lambda)$、$L_A(\lambda)$、$L_w(\lambda)$估计得到的。下面就 $L_M(\lambda)$、$L_A(\lambda)$的计算进行介绍。

2. 大气分子散射的计算

(1)臭氧光学厚度的计算

$$\tau_{oz}(\lambda) = K_{oz}(\lambda) * DU \tag{11.196}$$

式中,$\tau_{oz}(\lambda)$是臭氧的光学厚度,$K_{oz}(\lambda)$是与臭氧光学厚度有关的系数,数值见表 11.3。

表 11.3　$K_{oz}(\lambda)$

λ(nm)	412	443	490	520
K_{oz}	$7.701\times e^{-7}$	$3.095\times e^{-6}$	$2.488\times e^{-5}$	$4.724\times e^{-5}$
λ(nm)	465	670	765	865
K_{oz}	$1.127\times e^{-4}$	$4.923\times e^{-5}$	$8.146\times e^{-6}$	$3.410\times e^{-6}$

而 DU 是总臭氧(Dobson 单位,指在平均海平面温度 1℃,气压 1 hPa 处总的臭氧浓度),一个 DU 等于一百臭氧层厚度。DU 以 mm 表示。

(2)瑞利散射的光学厚度 $\tau_M(\lambda)$的计算

$$\tau_M(\lambda) = P/P_0\,\tau_{M_0}(\lambda) \tag{11.197}$$

其中 P 为每一像点的压力,P_0 是标准大气压(1013.25 hPa),$\tau_{M_0}(\lambda)$是标准大气压的瑞利散射的光学厚度,数值见表 11.4。

表 11.4　标准大气压的瑞利散射的光学厚度

λ	412	443	490	520
τ_{M_0}	0.31380	0.23450	0.15540	0.12640
λ	565	670	765	865
τ_{M_0}	0.085430	0.043870	0.025470	0.015760

(3)为计算臭氧吸收的太阳辐照度:考虑到到臭氧吸收,太阳辐照度写为

$$F_0'(\lambda) = F_0(\lambda)\exp\{-\tau_{oz}(\lambda)(1/\cos\theta + 1/\cos\theta_0)\} \tag{11.198}$$

其中

$$F_0(\lambda) = \langle F_0(\lambda)\rangle\{1 + 0.0167\cos[2\pi(D-3)/365]\}^2 \tag{11.199}$$

$\langle F_0(\lambda)\rangle$是年平均太阳辐照度,$F_0$ 的值见表 11.5。θ 是卫星天顶角,θ_0 是太阳天顶角。D 是一年的天数(1 月 1 日,$D=1$;12 月 31 日,$D=365$)。

表 11.5 不同波长处的平均太阳辐照度(W/m^2)

λ(nm)	412	443	490	520
F_0	170.96	188.17	194.59	185.74
λ(nm)	565	670	765	865
F_0	184.49	153.12	122.61	98.55

(4)大气分子散射辐射的计算。大气分子散射辐射

$$L_M(\lambda)=\rho_M(\lambda)\{F_0(\lambda)\cos\theta_0\}/\pi \tag{11.200}$$

大气分子散射辐射反射率为

$$\rho_M(\lambda)=\frac{\{1-\exp(-\tau_M(\lambda)/\cos\theta(\lambda)\}}{\{1-\exp(-\tau_{M0}(\lambda)/\cos\theta_0\}}\cdot\exp\{-\tau_{oz}(\lambda)\cdot(1/\cos\theta+1/\cos\theta_0)\}\times \sum_{i=0}^{2}\rho_i(\lambda,\theta(\lambda),\theta_0)\cos(\lambda,i\cdot\Delta\varphi(\lambda)) \tag{11.201}$$

ρ_i 是由查算表可知的傅里叶系数,$\Delta\varphi$ 是太阳与卫星天顶角之间的差。对于卫星天顶角 0.0～89.95°,傅里叶系数 $\rho_i(\lambda,\theta(\lambda),\theta_0)$ 有 41 个值,而对太阳天顶角 0.0～88°,间隔为 2°,有 45 个值,如果像点在表中无对应的值,可用线性内插方法确定。

3. 大气漫透射率的计算

大气漫透射率 $t(\lambda)$ 由分子漫透射率 $t_M(\lambda)$、气溶胶漫透射率 $t_{oz}(\lambda)$ 和臭氧漫透射率 $t_A(\lambda)$ 三个成分组成。$t(\lambda)$ 表示为

$$t(\lambda)=t_M(\lambda)\cdot t_{oz}(\lambda)\cdot t_A(\lambda) \tag{11.202}$$

其中

$$t_M(\lambda)=\exp\{(-\tau_M(\lambda)/2)/\cos\theta\} \tag{11.203}$$

$$t_{oz}(\lambda)=\exp\{(-\tau_{oz}(\lambda)/\cos\theta)\} \tag{11.204}$$

假定由气溶胶的光子散射在角度 90°范围内,这里计算大气的漫透射,实际大气分子的光学厚度由于散射相函数的对称性,考虑其 1/2。对于 t_{oz},仅考虑海面与卫星间的大气的一次吸收,当大气是平面平行大气,光学路径与 $1/\cos\theta$ 成比例。

4. 气溶胶散射和透射辐射率的估计

(1)气溶胶散射的辐射率与 ε 的关系:气溶胶散射辐射率由于其浓度和类型随时间和空间而改变是不易求取的,通常引入附加参数 $\varepsilon(\lambda)=L_A(\lambda)/L_A(670)$,表示气溶胶散射的光学特征,一旦已知,且假定 $L_A(670)=0$,由式(11.202)求取的 $L_A(\lambda)$ 计算 $L_w(\lambda)$。

首先由于气溶胶散射辐射 $L_A(\lambda)$ 表示为

$$L_A(\lambda)=\frac{\omega_A(\lambda)\cdot\tau_A(\lambda)\cdot F'_0(\lambda)\cdot P_{Aall}(\lambda,\theta,\theta_0,\Delta\varphi)}{4\pi\cdot\cos\theta} \tag{11.205}$$

式中,$\omega_A(\lambda)$ 是气溶胶的单次反照率,$\tau_A(\lambda)$ 是气溶胶的散射光学厚度,$F_0{}'(\lambda)$ 为臭氧吸收订正的太阳辐照度。及

$$P_{Aall}(\lambda,\theta,\theta_0,\Delta\varphi)=P_A(\lambda,\psi_-(\lambda))+\{r(\theta(\lambda))+r(\theta_0)\}\times P_A(\lambda,\psi_+(\lambda)) \tag{11.206}$$

$$\psi_+(\lambda)=\cos^{-1}\{\cos\theta(\lambda)\cdot\cos\theta_0+\sin\theta(\lambda)\cdot\sin\theta_0\cdot\cos\Delta\varphi\}$$

$$\psi_-(\lambda)=\cos^{-1}\{\cos(\psi_+(\lambda))-2\cdot\cos\theta(\lambda)\cdot\cos\theta_0\} \tag{11.207}$$

式中,$P_{Aall}(\lambda,\theta,\theta_0,\Delta\varphi)$ 为包括海面反射作用的散射相函数;$P_A(\lambda,\psi)$ 为散射角为 ψ 的气溶胶相函数;$r(x)$ 为对于入射角为 x 水陆界面处的 Fresnel 反射。其写为

$$r(x)=1-\{2\cdot m(\lambda)\cdot y\cdot z\}\cdot\cos(x) \tag{11.208}$$

$$x=\theta(\lambda)\text{或}\theta_0$$

$$y=\frac{\{m(\lambda)^2+(\cos(x))^2-1\}^{1/2}}{m(\lambda)}$$

$$z=\frac{1}{\{\cos(x)+y\cdot m(\lambda)\}^2}+\frac{1}{\{y+m(\lambda)\cdot\cos(x)\}^2}$$

式中，$m(\lambda)$是海气边界的折射指数(对于所有通道，等于 1.34)。

由此，谱段间的 L_A 比值表示为

$$\frac{L_A(\lambda)}{L_A(670)}=\varepsilon(670)\frac{F'_0(\lambda)}{F'_0(670)} \tag{11.209}$$

式中，比值转换因子

$$\varepsilon(\lambda,670)=\frac{\omega_A(\lambda)\cdot\tau_A(\lambda)\cdot P_{Aall}(\lambda,\theta(\lambda),\theta_0)/\cos\theta(\lambda)}{\omega_A(670)\cdot\tau_A(670)\cdot P_{Aall}(670,\theta(670),\theta_0)/\cos\theta(670)} \tag{11.210}$$

因此，如果每一谱带 ε 已经确定，则对于每一谱段的 L_A 就可以由式(11.209)得到。

在逐个像点计算 ε 时，需要计算气溶胶的透过率，对于亚洲地区需要考虑到尘埃的吸收，以及考虑与气溶胶单次反照率间的依此类关系。

为进行计算，这里作如下假定：①在波长 565 nm 处的离水辐射率是常数($nLw(565)=0.3$)；②气溶胶的散射相函数由两项 Henyey-Greensten(TTHG)函数近似；③$\varepsilon(565,670)$ $\omega_A(565)$具有式(11.210)的关系；④$\omega_A(565)$和 $\omega_A(\lambda)$具有如下关系($\lambda=412$ nm，443 nm，490 nm，520 nm)：

$$\omega_A(\lambda)=1-[1-\omega_A(565)]\times S(\lambda,565) \tag{11.211}$$

式中，$S(\lambda,565)$是分别与波长为 $\lambda=412$ nm、443 nm、490 nm、520 nm 有关的气溶胶单次反照率 6.0、5.0、3.5、3.0 系数；⑤前向散射概率(η)=1.0；⑥$\omega_A(670)=1.0$。

(2)计算在波长 670 nm 处气溶胶散射辐射。假定 $L_w(670)=0$，由式(11.195)得到 $L_M(670)$，然后计算 $L_A(670)$：

$$L_A(670)=L_T(670)-L_M(670) \tag{11.212}$$

(3)比值转换因子 $\varepsilon(565,670)$的计算。由式(11.210)，$\varepsilon(565,670)$的计算由下式得出

$$\varepsilon(565,670)=\frac{L_A(565)}{L_A(670)}\frac{F'_0(670)}{F'_0(565)} \tag{11.213a}$$

式中：

$$L_A(565)=L_T(565)-L_M(565)-t(565)\cdot L_w(565);$$
$$L_w(565)=t_0(565)\cdot\cos\theta_0\cdot nL_w(565);$$
$$t(565)=\exp\{-[\tau_M(565)/2+\tau_{oz}(565)]/\cos\theta(565)\}t_a(565);$$
$$t_0(565)=\exp\{-[\tau_M(565)/2+\tau_{oz}(565)]/\cos\theta_0\}t_a(565); \tag{11.213b}$$

$nL_w(565)$：是 565 nm 处归一化离水辐射率，按式(11.224)等于 0.3；

$t(565)$：是 565 nm 处气溶胶的透过率；

$t_0(565)$：是海面到太阳大气的漫透过率。

如果 $\varepsilon(565,670)<1.0$，则进行下面(4)～(12)步；如果 $\varepsilon(565,670)\geqslant1.0$，则进行(11)步。

(4)计算波长 670 nm 处光学厚度：$\tau_A(670)$由 TTHG 函数计算

$$\tau_A(670)=\frac{L_A(670)\cdot4.0\cdot\pi\cdot\cos\theta(670)}{\omega_A(670)\cdot P_{Aall}(670,\theta(670),\theta_0,\Delta\varphi)\cdot F'_0(670)} \tag{11.214}$$

式中，$P_{Aall}(670,\theta(670),\theta_0,\Delta\varphi)$：为包括海面反射作用的 670 nm 散射相函数；$\omega_A(670)=1.0$。

TTGH 函数：

$$P_A(\psi,\lambda)=\gamma\cdot f(\psi,g_1)+(1-\gamma)\cdot f(\psi,g_2) \tag{11.215}$$

式中

$$f(\psi,g_1)=\frac{1-g^2}{(1+g^2-2g\cdot\cos\psi)^{3/2}} \tag{11.216}$$

$$\gamma=0.983,$$

$$g_1=0.82,$$

$$g_2=-0.55,$$

(5)计算波长 565 nm 处气溶胶光学厚度

$$A=L_T(565)-L_M(565);$$

$$B=P_{Aall}(565)\cdot F'_0(\lambda)/(4\pi\cos\theta(565))[\text{参指计算 } P_{Aall}];$$

$$C=t(565)\cdot t_0(565)\cdot nL_w(565)\cdot\cos\theta_0[\text{按式(11.213b)计算 } t(565)、t_0(565)];$$

$$D=1/\cos\theta(565)+1/\cos\theta_0;$$

$$E=1/\tau_A(670)\cdot X;$$

$$X=0。$$

对于 $\tau_A(565)$ 的初始值是 $\tau_A(670)$

$$\tau_2=\tau_A(670) \tag{11.217}$$

$$\tau=0.0$$

重复迭代步骤，直至 $|\tau_A(565)-\tau_2|<0.0001$。

$$\tau=\tau_2$$

$$y=-A+B\cdot E\cdot\tau_2+C\cdot\exp(-D\cdot(1-E\cdot\tau)\cdot\tau)$$

$$d-y=2\cdot B\cdot E\cdot\tau+(-D+2D\cdot E\cdot\tau)\cdot C\cdot\exp[-D\cdot(1-E\cdot\tau)\cdot\tau]$$

$$\tau_2=\tau-y/d-y$$

$$\tau_A(565)=\tau \tag{11.218}$$

(6)计算波长 565 nm 处的单次反照率 $\omega_A(565)$：$\omega_A(565)$ 由下方程式求取

$$\omega_A(565)=\tau_A(565)/\tau_A(670)\times X \tag{11.219}$$

X 是反照率参数，假定为 1。则由 $\omega_A(565)$ 按下式计算 $\omega A(\lambda)$（λ=412 nm，443 nm，490 nm，520 nm）

$$\omega_A(\lambda)=1-[1-\omega_A(565)]\times S(\lambda,565) \tag{11.220}$$

式中，$S(\lambda,565)$ 是分别与波长分别为 λ=412 nm，443 nm，490 nm，520 nm 有关的气溶胶单次反照率 6.0、5.0、3.5、3.0 系数。

(7)Angstrom 指数 α 的计算：为计算 $L_A(412,443,490,520)$，所使用 Angstrom 指数 α 的计算方程式如下

$$\tau_A(565)/\tau_A(670)=(565/670)^{-\alpha} \tag{11.221}$$

(8)气溶胶光学厚度（412～529 nm）的计算：由式（11.221）确定的 α，就可由下式计算 $\tau_A(\lambda)$：

$$\tau_A(\lambda)=\tau_A(565)\cdot(\lambda/565)^{-\alpha} \tag{11.222}$$

(9)在 412～520 nm 处的归一化离水辐射率的计算：在考虑到瑞利散射与气溶胶多次散

射之间的相互作用中，订正系数 $\beta(\lambda)(\lambda=412\ \text{nm},443\ \text{nm},490\ \text{nm},520\ \text{nm},565\ \text{nm})$ 确定为

$$\beta(412)=0.9$$

$$\beta(443)=0.95$$

$$\beta(\lambda)=1.0(\lambda=490\ \text{nm},520\ \text{nm},565\ \text{nm})$$

离水辐射率由下式计算

$$nL_{\text{w}}(\lambda)=\frac{L_w(\lambda)}{t_0(\lambda)\cdot\cos\theta_0} \tag{11.223}$$

式中：

$$L_{\text{w}}(\lambda)=\{L_{\text{T}}(\lambda)-L_{\text{M}}(\lambda)-L_{\text{A}}(\lambda)\}/t(\lambda);$$

$$L_{\text{A}}(\lambda)=L_{\text{A}}(670)\beta(\lambda)\frac{\omega_A(\lambda)}{\omega_{\text{A}}(670)}\frac{\tau_A(\lambda)}{\tau_A(670)}\frac{P_{Aall}(\lambda)}{P_{Aall}(670)}\frac{\cos\theta(670)}{\cos\theta(\lambda)}\frac{F'_0(\lambda)}{F'_0(670)};$$

$$t(\lambda)=\exp[-\{\tau_{\text{M}}(\lambda)/2+\tau_{oz}(\lambda)+(1-\omega_{\text{A}}(\lambda)\cdot\eta)\cdot\tau_A(\lambda)\}/\cos\theta(\lambda)];$$

$$t_0(\lambda)=\exp[-\{\tau_{\text{M}}(\lambda)/2+\tau_{oz}(\lambda)+(1-\omega_{\text{A}}(\lambda)\cdot\eta)\cdot\tau_A(\lambda)\}/\cos\theta_0];$$

$$\eta=1.0。$$

对于 P_{Aall} 计算由(4)步得到。

(10)在 565 nm 处的归一化离水辐射率的计算：假定 $\varepsilon(565,670)=1.0$，则

$$nL_{\text{w}}(565)=\frac{L_w(\lambda)}{t_0(\lambda)\cdot\cos\theta_0} \tag{11.224}$$

式中：

$$L_{\text{w}}(565)=\{L_{\text{T}}(565)-L_{\text{M}}(565)-L_{\text{A}}(565)\}/t(565);$$

$$L_{\text{A}}(565)=L_{\text{A}}(670)\cdot1.0\cdot\frac{F'_0(565)}{F'_0(670)}。$$

对于 $t(565)$，$t_0(565)$ 的计算由(3)步得到。

(11)$L_{\text{A}}(\lambda=765\ \text{nm},865\ \text{nm})$ 的计算：假定 $L_{\text{w}}(865)=0$，则

$$L_{\text{A}}(865)=L_{\text{T}}(865)-L_{\text{M}}(865) \tag{11.225}$$

在 $\lambda=765$ nm 的情形中，$L_{\text{A}}(765)$ 由下面式子计算：

$$L_{\text{A}}(765)=\rho A'(765)\cdot F_0(765)\cdot\cos\theta_0/\pi \tag{11.226}$$

式中

$$\rho_{\text{A}}'(765)=\rho_{\text{T}}'(765)-\rho_{\text{M}}'(765) \tag{11.227}$$

(这里符号“′”表示当使用 O_2 吸收带时，计算或测量值)

$\rho_{\text{A}}'(765)$：当存在 O_2 吸收带时由于气溶胶散射的反射率；

$\rho_{\text{T}}'(765)$：当存在 O_2 吸收带时由卫星观测的调整反射率；

$\rho_{\text{M}}'(765)$：当存在 O_2 吸收带时由于瑞利散射的反射率；

其中 $\rho_{\text{M}}'(765)$ 由下式求取

$$\rho_{\text{M}}'(765)=\frac{\rho_M(765)}{1+10^{P_M(M)}} \tag{11.228}$$

式中：

$$\rho_{\text{M}}(M)=a_{M0}+a_{M1}\cdot M+a_{M2}\cdot M^2;$$

$$M=1/\cos\theta(765)+1/\cos\theta_0;$$

$$a_{M0}=-1.3491,a_{M1}=0.115,a_{M2}=-7.0218\times10^{-3}。$$

另外，$\rho_M(765)$为当不存在O_2吸收带时由于瑞利散射的反射率；M为空气质量。

(12)在 865 nm 处气溶胶光学厚度$\tau_A(865)$的计算：假定$\omega_A(865)=1$，计算$\tau_A(865)$的方程式如下

$$\tau_A(865)=\frac{L_A(865)\cdot 4\pi\cdot\cos\theta(865)}{\omega_A(865)\cdot P_{Aall}(865)\cdot F'_0(865)} \tag{11.229}$$

式中，P_{Aall}由(4)步得到。

(13)$\varepsilon(670,865)$的计算

假定$L_w(670)=0$和$L_w(865)=0$，则$\varepsilon(670,865)$的计算式如下。

$$\varepsilon(670,865)=\frac{L_A(670)}{L_A(865)}\frac{F'_0(865)}{F'_0(670)} \tag{11.230}$$

(14)Gordon 算法程序：如果$\varepsilon(565,670)\geqslant 1.0$，假定$\varepsilon(\lambda,670)=1.0(\lambda=412\ \text{nm},443\ \text{nm},490\ \text{nm},520\ \text{nm},565\ \text{nm})$，计算$nL_w(\lambda)(\lambda=412\ \text{nm},443\ \text{nm},490\ \text{nm},520\ \text{nm},565\ \text{nm})$。并考虑到瑞利散射和气溶胶多次散射间的相互作用，订正系数$\beta(\lambda)(\lambda=412\ \text{nm},443\ \text{nm},490\ \text{nm},520\ \text{nm},565\ \text{nm})$定义为

$$\beta(412)=0.9$$

$$\beta(443)=0.95$$

$$\beta(\lambda)=1.0(\lambda=490,520,565)$$

离水辐射率由下式计算

$$nL_w(\lambda)=\frac{L_w(\lambda)}{t_0(\lambda)\cdot\cos\theta_0} \tag{11.231}$$

式中：

$$L_w(\lambda)=\{L_T(\lambda)-L_M(\lambda)-L_A(\lambda)\}/t(\lambda);$$

$$L_A(\lambda)=L_A(670)\beta(\lambda)\varepsilon(\lambda)\frac{F'_0(\lambda)}{F'_0(670)}。$$

对于$t(\lambda)$，$t_0(\lambda)$的计算由假定$t_A=1.0$计算，则$\tau_A(865)$和$\varepsilon(670,865)$分别由式(11.229)和式(11.230)计算。对每个像点从(2)到(13)步计算。

二、海洋水色温度感应器(OCTS)算法(Gordon 和 Wang,1994)

(1)OCTS 与 SeaWiFS 算法之间有两个不同的地方，首先是在估算气溶胶类别时所用的谱段不同；OCTS 算法用 670 nm 和 865 nm 代替 765 nm 和 865 nm，这是考虑到O_2-A 吸收带 765 nm 影响大的原因；其次不同是确定气溶胶模式的参数。SeaWiFS 使用 epsilon 参数，而 OCTS 用的是 gamma 参数。定义为

$$\gamma(\lambda_i,\lambda_j)=\tau_A(\lambda_i)/\tau_A(\lambda_j) \tag{11.230}$$

式中，τ_A是假定 10 种气溶胶模式(包括亚洲尘暴)由辐射传输模式导得的预先计算表，使用 gamma 参数，可使表得到很大的简化。由卫星观测的反射率可以写为

$$\rho_T(\lambda)=\rho_M(\lambda)+\rho_A(\lambda)+\rho_{MA}(\lambda)+\rho_G(\lambda)+t(\lambda)\rho_w(\lambda) \tag{11.231}$$

式中，

$\rho_T(\lambda)$：由卫星观测的定标反射率；

$\rho_M(\lambda)$：不考虑气溶胶时，仅由分子(瑞利)的多次散射引起的合成反射率；

$\rho_A(\lambda)$：不考虑空气分子时，仅由气溶胶(瑞利)的多次散射引起的合成反射率；

$\rho_{MA}(\lambda)$：由于空气分子与气溶胶散射之间相互作用反射率合成；

$\rho_G(\lambda)$：来自直接太阳光的镜面反射的合成反射率；

$\rho_w(\lambda)$：离水反射率；

$t(\lambda)$：观测方向的大气漫透射率。

在上面方程式中由于卫星倾斜扫描平面所给出的海面彩色感应器避免太阳的镜面图像平面，$\rho_G(\lambda)$一般可以忽略。

大气订正的目的是由上面含有 ρ_M 的方程式反演 $\rho_w(\lambda)$，根据查算表和卫星数据估算 $\rho_A(\lambda)+\rho_{MA}(\lambda)$和 $t(\lambda)$。

根据辐射率和反射率间的关系为

$$\rho=\pi L/(F_0\cdot\cos\theta_0) \tag{11.232}$$

式中，L 是给定方向的向上辐射率，F_0 是太阳常数，θ_0 是太阳天顶角。因而有

$$\rho_T=\pi(L_T\cdot g+o)/(F_0\cdot\cos\theta_0) \tag{11.233}$$

下面介绍关于 $\rho_M(\lambda)$，$\rho_A(\lambda)+\rho_{MA}(\lambda)$的计算。

(2)分子散射反射率的计算(这一步与上面算法相同)。

(3)气溶胶反射率的估计

①气溶胶多次散射与单次散射间的关系：根据辐射传输方程式模拟得到气溶胶多次散射与单次散射间的关系为

$$\rho_A(\lambda)+\rho_{MA}(\lambda)=\rho_{AS}(M,\lambda)+RES(\lambda,\theta(\lambda),\theta_0,\Delta\varphi,\tau_A,M) \tag{11.234}$$

式中：

$\rho_{AS}(\lambda)$是气溶胶的单次散射的反射率；

$RES=a_0+a_1\cdot\tau_A(M,\lambda)+a_2\cdot\tau_A(M,\lambda)^2+a_3\cdot\tau_A(M,\lambda)^3$；

M 是气溶胶模式；

a_0 总是 0；

a_1,a_2,a_3 是取决于 M、λ、θ、θ_0、$\Delta\varphi$ 的系数，按拉格朗日内插方法由查算表求取。

$\rho_{AS}(\lambda)$写为

$$\rho_{AS}(M,\lambda)=\omega_A(M,\lambda)\cdot PR_A(M,\lambda,\theta(\lambda),\theta_0,\Delta\varphi)\cdot\tau_A(M,\lambda)/(4\cos\theta(\lambda)\cdot\cos\theta_0) \tag{11.235}$$

式中，$\omega_A(M,\lambda)$为气溶胶单次反照率；$PR_A(M,\lambda,\theta(\lambda),\theta_0,\Delta\varphi)$为镜面反射的散射相函数，写为

$$PR_A(M,\lambda,\theta(\lambda),\theta_0,\Delta\varphi)=PR_A(M,\lambda,\psi_-(\lambda))+PR_A(M,\lambda,\psi_+(\lambda))\cdot[R(\theta(\lambda))+R(\theta_0)] \tag{11.236}$$

其中，$PR_A(M,\lambda,\psi)$是散射角为 ψ 的相函数，由查算表输入，其他参数与前相同。

②对每种气溶胶模式计算 $\tau_A(M,670)$，$\tau_A(M,865)$

假定 $\rho_w(670)=0$，$\rho_w(865)=0$，

$$\rho_A(670)+\rho_{MA}(670)=\rho_T(670)-\rho_M(670) \tag{11.237}$$

$$\rho_A(865)+\rho_{MA}(865)=\rho_T(865)-\rho_M(865)$$

则由下面方程式计算 $\tau_A(M,670)$，$\tau_A(M,865)$：

$$a_3\cdot\tau_A^3+a_2\cdot\tau_A^2+(a_1+b)\cdot\tau_A-(\rho_A+\rho_{MA})=0 \tag{11.238}$$

式中

$$b=\omega_A\cdot PR_A/(4\pi\cdot\cos\theta(\lambda)\cdot\cos\theta_0)$$

③气溶胶模式的确定：为了从气溶胶模式库选取合适的气溶胶模式，需由下式计算$\gamma'_{ave}(670,865)$：

$$\gamma'_{ave}(670,865)=\frac{1}{NM}\sum_{M=0}^{NM}\gamma'_{ave}(M,670,865) \tag{11.239}$$

式中，M是气溶胶模式，NM是模式数，而

$$\gamma'_{ave}(M,670,865)=\tau_A(M,670)/\tau_A(M,865) \tag{11.240}$$

是由式(11.238)得到的光学厚度之比值，则由下式选取两气溶胶模式

$$\gamma(,670,865)<\gamma'_{ave}(M,670,865)<\gamma(B,670,865) \tag{11.241}$$

式中，A、B是所选模式，

$$\gamma(M,670,865)=K_{ext}(M,670)/K_{ext}(M,865) \tag{11.242}$$

$\gamma(M,670,865)$是由查算表得到的衰减系数之比值。$K_{ext}(M,\lambda)$是衰减系数，M是A或B模式。

④内部分割比的计算：用(3)步中选取的两气溶胶模式的$\gamma(M,670,865)$对$\rho_A(\lambda)+\rho_{MA}(\lambda)$的插使用内部分割比由下面方程式计算

$$r=\{\gamma'_{ave}(670,865)-\gamma(A,670,865)\}/\{\gamma(B,670,865)-\gamma(A,670,865)\} \tag{11.243}$$

式中，r为内部分割比；$\gamma(A,670,865)$为由查算表的衰减系数之比；$\gamma'_{ave}(670,865)$为由式(11.239)计算的$\gamma'(670,865)$；M为选取的气溶胶模式。

⑤计算412～565 nm每一波长的$\rho_A+\rho_{MA}$：按(3)步选取的两种模式计算$\rho_A(M,\lambda)+\rho_{MA}(M,\lambda)$，并使用(4)步中确定的内部分割比确定每一波长的$\rho_A(\lambda)+\rho_{MA}(\lambda)$，由式(11.238)得：

$$\rho_A(M,\lambda)+\rho_{MA}(M,\lambda)=a_3\cdot\tau_A(M,\lambda)^3+a_2\cdot\tau_A(M,\lambda)^2+(a_1+b)\cdot\tau_A(M,\lambda) \tag{11.244}$$

式中：

$b=\omega_A(M,\lambda)\cdot PR_A/(4\pi\cdot\cos\theta(\lambda)\cdot\cos\theta_0)$；

$\tau_A(M,\lambda)=\{K_{ext}(M,\lambda)/K_{ext}(M,865)\}\cdot\tau_A(M,865)$；

a_1,a_2,a_3，是取决于$\lambda,\theta(\lambda),\theta_0,\Delta\varphi$的系数；

$\omega_A(M,\lambda)$：由查算表给出的气溶胶的单次反照率；

PR_A：镜面反射的相函数；

$K_{ext}(\lambda)$：衰减系数。

按(4)步，通过内部分割比得到

$$\rho_A(\lambda)+\rho_{MA}(\lambda)=(1-r)\cdot\{\rho_A(A,\lambda)+\rho_{MA}(A,\lambda)\}+r\cdot\{\rho_A(B,\lambda)+\rho_{MA}(B,\lambda)\} \tag{11.245}$$

(4)大气漫透射率的计算(分子和臭氧漫透射率同前)。气溶胶漫透射率由下式计算

$$t_A(\lambda)=-f(\lambda)/\cos\theta \tag{11.246}$$

式中：

$f(\lambda)=(1-r)\cdot\{1-\omega_A(A,\lambda)\cdot\eta(A,\lambda)\}\cdot\tau(A,\lambda)+r\cdot\{1-\omega_A(B,\lambda)\cdot\eta(B,\lambda)\}\cdot\tau(B,\lambda)$；

A,B表示所选区的气溶胶模式；

$\eta(A,\lambda)$：是当模式A和B的内部分割比为1时，气溶胶前向散射的几率。

(5)离水反射率的计算。对于λ=412 nm，443 nm，490 nm，520 nm，565 nm谱带计算离水

反射率由下式计算

$$\rho_w(\lambda)=\{\rho_T(\lambda)-\rho_M(\lambda)-\{\rho_A(\lambda)+\rho_{MA}(\lambda)\}\}/t(\lambda) \tag{11.247}$$

(6)计算 $nL_w(\lambda)$、$L_A(\lambda)$、$\tau_A(865)$、$\varepsilon(670,865)$

①计算 λ=412 nm,443 nm,490 nm,520 nm,565 nm 谱带的归一化离水辐射率 $nL_w(\lambda)$

$$nL_w(\lambda)=L_w(\lambda)/(\cos\theta_0\cdot t_0)=\rho_w(\lambda)F_0(\lambda)/(\pi\cdot t_0) \tag{11.248}$$

式中,$nL_w(\lambda)$为归一化离水辐射率;$L_w(\lambda)$为离水辐射率;t_0 为海面到太阳的大气漫透射率。

②L_A(λ=670 nm,765 nm,865 nm):在 λ=670 nm,865 nm 的情形下,$L_A(\lambda)$由下式计算

$$L_A(\lambda)=L_T(\lambda)-L_M(\lambda)=\{\rho_T(\lambda)-\rho_M(\lambda)\}\cdot\{F_0(\lambda)\cdot\cos\theta_0\}/\pi \tag{11.249}$$

在 λ=765 nm 的情形下,$L_A(765)$由下式计算

$$L_A(765)=\rho_A{}'(765)\cdot F_0(765)\cdot\cos\theta_0/\pi \tag{11.250}$$

式中,$\rho_A{}'(765)=\rho_T{}'(765)-\rho_M{}'(765)$(注:这里带“′”的量是对应于 O_2 吸收谱带);

$\rho_A{}'(765)$:是当出现 O_2 吸收谱带气溶胶散射反射率;

$\rho_T{}'(765)$:是当出现 O_2 吸收谱带卫星测量的反射率;

$\rho_M{}'(765)$:是当出现 O_2 吸收谱带瑞利散射反射率,分别表示为:

$\rho_M{}'(765)=\rho_M(765)/(1+10^{P_M(M)})$

$P_M(M)=a_{M0}+a_{M1}\cdot M+a_{M2}\cdot M^2$

$M=1/\cos\theta(765)+1/\cos\theta_0$

$a_{M0}=-1.3491, a_{M1}=0.115, a_{M2}=-7.0218\cdot 10^{-3}$

$\rho_M(765)$:没有 O_2 吸收谱带出现时的瑞利散射反射率(由查算表获得);

M:空气质量。

③$\tau_A(865)$的计算:由式(11.243)求取 $\tau_A(M,865)$和式(11.238)求得内部比 r,计算$\tau_A(865)$

$$\tau_A(865)=(1-r)\cdot\tau_A(A,865)+r\cdot\tau_A(B,865) \tag{11.251}$$

A,B 是气溶胶模式,r 是模式 A,B 的内部比。

④计算 $\varepsilon(670,865)$:由 $\varepsilon(A,670,865)$和 $\varepsilon(B,670,865)$,使用由式(11.243)算得内部分割比,计算 $\varepsilon(670,865)$

$$\varepsilon(670,865)=\frac{\omega_A(M,670)\cdot PR_A(M,670,\theta(670)\cdot\theta_0\cdot\Delta\varphi(670))\cdot\tau_A(M,670)/\cos\theta(670)}{\omega_A(M,865)\cdot PR_A(M,865,\theta(865)\cdot\theta_0\cdot\Delta\varphi(865))\cdot\tau_A(M,865)/\cos\theta(865)} \tag{11.252}$$

或

$$\varepsilon(670,865)=(1-r)\cdot\varepsilon(A,865)+r\cdot\varepsilon(B,865) \tag{11.253}$$

第六节　海洋水体物理参数的反演

一、海色反演的遥感波段

卫星遥感水色的谱段主要取紫色到可见光波段,表 11.6 给出各谱段的特性和作用。

表 11.6 用于海洋遥感的谱段

波长(nm)	功能和作用	波长(nm)	功能和作用
412.5	黄物质和浑浊度	708.75	气溶胶类型,(Red/NIR 边界),大气订正
442.5	叶绿素吸收(最大)	753.75	氧吸收参照带,植物
490	叶绿素和其他色素浓度	761.875	氧吸收带,R-支
510	悬浮沉淀物,赤潮	778.75	海上气溶胶(厚/类别),植物
560	叶绿素基线(吸收最小)	865	气溶胶光学特性,厚度,类型,植物
620	悬浮沉淀物,散射,青紫细菌	885	陆地水汽
665	叶绿素吸收(最大)	900	水汽和植物
681.25	叶绿素荧光,赤潮边界		

二、卫星反演水色

图 11.49 显示了反演叶绿素浓度的模拟方框图,对于给定叶绿素浓度,使用一类水和二类水反射率模式计算遥感反射率。对于一类水,使用由 Morel(1988)提出的反射率模式,对于二类水使用 Tassn(1994)的经验反射率模式,根据这模式,对于给定的叶绿素浓度,悬浮粒子浓度较一类水反射粒模式高, 这模式称之为富含沉淀物反射率模式。大气顶的辐射率计算采用 Gordon 和 Wang(1994)二层模式和 Liu 等(1996)辐射传输程序,相对湿度 80%的海洋气溶胶模式,在大气补充订正算法模式不包括。多数模拟采用查应于波长 0.55 μm 处气溶胶光学厚度 0.15 的能见度 23 km,相应于 13:30 时刻的卫星轨道几何关系。

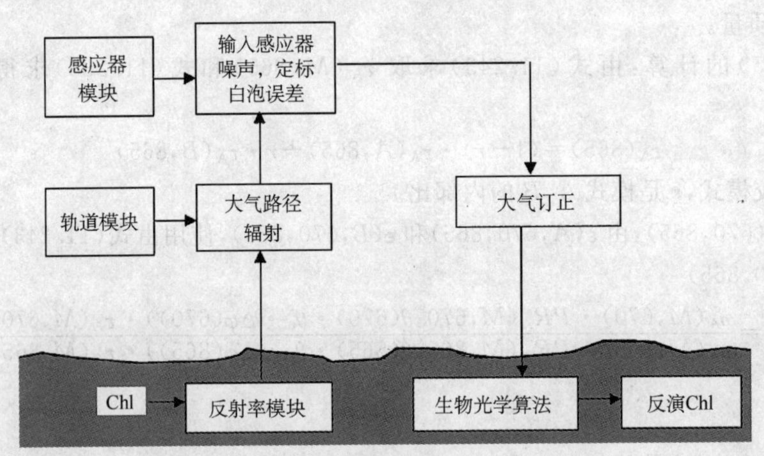

图 11.49 反演叶绿素浓度的模拟方框图

浮游植物色素的吸收系数简单地按 675 nm 的值写为

$$a_{ph}(\lambda)=a_{ph}(675)a_{ph}^{*}(\lambda) \tag{11.254}$$

归一化色素吸收由双曲线正切函数给出为

$$a_{ph}^{*}(\lambda)=a_0(\lambda)\exp\{a_1(\lambda)\tanh[a_1(\lambda)\ln a_{ph}(675)/a_3(\lambda)]\} \tag{11.255}$$

式中,依赖于波长参数 $a_i(\lambda)$,$i=0,1,2,3$ 是由经验确定,分别为 $a_0(412)=2.20$、$a_1(412)=0.75$;$a_0(445)=3.59$、$a_1(445)=0.80$;$a_0(488)=2.27$、$a_1(488)=0.59$;$a_0(555)=0.42$、$a_1(555)=-0.22$;参数 a_2、a_3 与波长无关,取 $a_2=0.5$、$a_3=0.0112$。

通常用粒子物质的后向散射系数和 DOM 的吸收系数,表示为

$$b_{bp}(\lambda)=b_{0}(400/\lambda)^{n},a_{DOM}(\lambda)=a_{0}\exp[-k(\lambda-400)]$$

式中，n 是后向散射比值，k 是 DOM 吸收系数光谱斜率，设为常数 $k=0.022\ \mathrm{nm}^{-1}$，悬浮粒子物质 SPM 后向散射参数与遥感反射率的经验关系为

$$b_0=X_0+X_1R_{rs}(555)\qquad n=Y_0+Y_1\frac{R_{rs}(445)}{R_{rs}(488)}\tag{11.256}$$

式中，$X_0=-1.82\mathrm{E}-3$，$X_1=2.058$，$Y_0=-1.13$ 和 $Y_1=2.257$。如果计算的 n 是负值，则将其设为 0。

反射率模式公式中包含有三个未知数—$a_{bp}(672)$、a_0 和常数项，只有卫星遥感反射率（已大气订正）是已知的。消去常数项，使用遥感反射率光谱比值，由反射率比值得到两个未知数 $a_{bp}(672)$、a_0 的代数方程式：

$$\frac{R_{rs}(412)}{R_{rs}(445)}=\frac{b_b(412)a(445)}{b_b(445)a(412)},\frac{R_{rs}(445)}{R_{rs}(555)}=\frac{b_b(445)a(555)}{b_b(555)a(445)}\tag{11.257}$$

由经验关系得到叶绿素 a 浓度

$$C=A[a_{bp}(672)]B\tag{11.258}$$

式中，$A=51.9$，$B=1.00$；如果 $a_{bp}(672)>0.03\ \mathrm{m}^{-1}$，使用下经验关系式

$$\log(C)=A_0+A_1(\log r)+A_2(\log r)^2+A_3(\log r)^3\tag{11.259}$$

式中，$A_0=0.2818$、$A_1=-2.783$、$A_2=1.863$、$A_3=-2.387$。

为避免两模式叶绿素分布的不确定性，当由半解析到经验方法转换时，叶绿素的值应当是光滑变化的。采用加权平均方法

$$C=wC_{\mathrm{sa}}+(1-w)C_{\mathrm{emp}}\tag{11.260}$$

当半解析方法返回到 $0.015\ \mathrm{m}^{-1}$ 和 $0.03\ \mathrm{m}^{-1}$ 之间的一个值。下标 sa 和 emp 分别表示半解析和经验导得的值，$w=[0.03-a_{bp}(672)]/0.015$ 表示权重因子。

三、水色反演的统计模式（O′reilly 等，1998）

由计算得到的离水辐射率时得出的反射率和测量到的叶绿素浓度，通过统计拟合得到表 11.7的海色的反演模式。

表 11.7　反演水色的统计模式

1. 全球处理（GPS）（幂函数型，Evans Gordon，1994）	
$\mathrm{Chl}_{13}=10^{(a_0+a_1R_1)}$； $C_{23}=10^{(a_2+a_3R_2)}$； $[C+P]=C_{13}$；若 C_{13} 和 $C_{23}>1.5\ \mu\mathrm{g/L}$，则$[C+P]=C_{23}$	$R_1=\ln(L_{\mathrm{wn}}443/L_{\mathrm{wn}}550)$；$a_0=0.053$，$a_1=-1.705$； $R_2=\ln(L_{\mathrm{wn}}520/L_{\mathrm{wn}}550)$；$a_3=0.522$，$a_4=-2.440$
2. Clark 三谱带（C3b）（幂，Muller Karger 等，1990）	
$[C+P]=10^{(a+aR)}$	$R=\lg[(L_{\mathrm{wn}}443+L_{\mathrm{wn}}520)/L_{\mathrm{wn}}550]$ $a_0=0.745$，$a_1=-2.252$
3. Aiken-C（双曲型＋幂，Aiken 等，1995）	
$C_{21}=\exp(a_0+a_1\cdot\ln R)$； $C_{23}=(R+a_2)/(a_3+a_4\cdot R)$； $C=C_{21}$，若 $C<20\ \mu\mathrm{g/L}$，则$[C+P]=C_{23}$	其中 $R=L_{\mathrm{wn}}490/L_{\mathrm{wn}}555$；$a_0=0.464$，$a_1=-1.989$； $a_2=-5.29$，$a_3=0.719$，$a_4=-4.23$

续表

4. Aiken-P(双曲型＋幂，Aiken 等，1995)	
$C_{22}=\exp(a_0+a_1\cdot\ln R)$； $C_{24}=(R+a_2)/(a_3+a_4\cdot R)$； $[C+P]=C_{22}$，若$[C+P]<2.0\ \mu g/L$，则 $C=C_{24}$	$R=L_{wn}490/L_{wn}555$；$a_0=0.696$，$a_1=-2.085$； $a_2=-5.29$，$a_3=5.92$，$a_4=-3.48$
5. OTCS-C(幂，Science on the GLI Mission. D. 16. Ocean optics，Halifax，October 1996. 5)	
$C=10^{(a_0+a_1R)}$	$R=\log[(L_{wn}520+L_{wn}565)/L_{wn}490]$； $a_0=-0.55006$，$a_1=3.497$
6. OTCS-P(多重回归)	
$[C+P]=10^{(a_0+a_1R_1+a_1R_2)}$	$R_1=\ln(L_{wn}443/L_{wn}520)$；$R_2=\ln(L_{wn}490/L_{wn}520)$； $a_3=0.522$，$a_4=-2.440$
7. POLDER(立方)	
$C=10^{(a_0+a_1R+a_2R_2+a_3R_3)}$	$R=\lg(R_{rs}443/R_{rs}565)$ $a_0=0.438$，$a_1=-2.114$，$a_2=0.916$，$a_3=-0.851$
8. CalCOFI 2 谱带线性模式(幂)	
$C=10^{(a_0+a_1R_1)}$	$R=\lg(R_{rs}490/R_{rs}555)$ $a_0=0.444$，$a_1=-2.431$
9. CalCOFI 2 谱带线性模式(立方)	
$C=10^{(a_0+a_1R+a^2R^2+a^3R^3)}$	$R=\lg(R_{rs}490/R_{rs}555)$ $a_0=0.450$，$a_1=-2.860$，$a_2=0.996$，$a_3=-0.3674$
10. CalCOFI 3 谱带线性模式(幂)	
$C=\exp(a_0+a_1R+a_2R_2)$	$R_1=\ln(R_{rs}490/R_{rs}555)$ $R_2=\ln(R_{rs}510/R_{rs}555)$ $a_0=1.025$，$a_1=-1.622$，$a_2=-1.238$
11. CalCOFI 3 谱带线性模式(立方)	
$C=\exp(a_0+a_1R+a_2R_2)$	$R_1=\ln(R_{rs}443/R_{rs}555)$ $R_2=\ln(R_{rs}412/R_{rs}510)$ $a_0=0.753$，$a_1=-2.283$，$a_2=1.389$
12. Model-1	
$C=10^{(a_0+a_1R)}$	$R=\lg(R_{rs}443/R_{rs}555)$ $a_0=0.2492$，$a_1=-1.768$
13. Model-2	
$C=\exp(a_0+a_1R)$	$R_1=\ln(R_{rs}443/R_{rs}555)$ $a_0=1.077835$，$a_1=-2.542605$
14. Model-3	
$C=10^{(a_0+a_1R+a^2R^2+a^3R^3)}$	$R=\lg(R_{rs}443/R_{rs}555)$ $a_0=0.20766$，$a_1=-1.82878$， $a_2=0.75885$，$a_3=-0.73973$
15. Model-4	
$C=10^{(a_0+a_1R+a^2R^2+a^3R^3}$	$R=\lg(R_{rs}490/R_{rs}555)$ $a_0=1.03117$，$a_1=-2.40134$， $a_2=0.3219897$，$a_3=-0.291066$

第七节　卫星遥感海洋初级生产力

如前所述，海洋的初级生产力是指浮游生物因光合作用的单位面积的净的有机固碳速率，并由放射性碳测定，单位取 $\mu gC/(m^3 \cdot s)$。

一、藻类初级生产力

由于浮游生物的光合作用，存在于在全球海洋中的碳是大气的 50 倍，每年海洋与大气间交换的碳是人类活动产生的碳的 15 倍之多，浮游生物产生的生物量比所有其他生态系统产生的更多，并且大于大气二氧化碳的一半。

自 1978 年海岸彩色扫描仪(CZCS)发射以来，制作了全球海洋初级生产力分布图，近期采用 SeaWiFS 感应器获取数据集中制作了局地、区域和全球尺度的藻类初级生产力图，这一新的全球海洋彩色的最重要的任务是大气与海洋之间的碳通量。确定碳通量在控制全球气候中所起的重要作用，另一方面，人类的活动导致大气臭氧的变化，从而改变入射到地表面紫外辐射的变化，成为破坏水生生物生态的潜在危险。

在透光的自然水体区由浮游生物藻类的碳的生产光合作用速率的评价中，虽然如此，在全球海洋中总的初级生产力与陆地植被层的碳生产在量级上是可比较的，对于水生浮游生物的全球监测中，可以由星载海洋彩色感应器推断叶绿素的得到所要求的时间和空间分布。

二、光强与初级生产力间的关系

如上面注意到的，生产力—光强函数描述浮游生物的光合作用对入射辐照度的响应，最简单的是以线性形式表示为

$$P' = \alpha' E \tag{11.261}$$

式中，P'是归一化生物量光合作用的速率，E 是照度，α'是斜率。

光合作用速率 P 和太阳光合有效辐射之间的关系可以由得到的叶绿素浓度 C_{chl} 和两个生理光合作用参数 P^*_{max}(传输系数)和 α^*(两系数的星号表示水生叶绿素浓度是归一化的，替代生物量)。P^*_{max}是最大光合作用速率，α^* 是相对于照度生产力曲线的斜率。初始斜率 α^* 是藻类光合作用(类型和固有的光合作用色素量的函数)的光化方面的直接结果。不一样的是 P^*_{max}、α^* 不是水温的函数，不过这参数表明时间和空间的变化很大。研究表明，对于不同地区同一季节 α^* 可有 4 倍的变化，或对不同区域不同季节有 5 倍的变化。

有高照度的曲线的渐近部分表示细胞酶的酶量的最大速率和确定初级生产力的某一温度。

因为得到随照度增加的光合作用减小的量，光合作用率是照度的饱和函数，Webb 等(1974)提出一个经验的简单的饱和函数，为

$$P' = P^*_{max}[1 - \exp(\alpha' E / P^*_{max})] \tag{11.262}$$

不过这一公式没有考虑到初级生产力与其他因子的依赖关系，如水体温度、营养缺乏以及在透光区由风激起的混合。而且略去了在 P 沿不透明的高度垂直不均匀的水体中可能的变化。

Platt 等(1991)表示初级生产力 $P(z)$ 与对于可得到的次表面的照度 $E(z)$ 深度的依赖关系为

$$P(z)=\frac{C_{chl}(z)\alpha^* E(z)}{[1+(\alpha^* E(z)/P_{max}^{*2})]^{1/2}} \tag{11.263}$$

式中各符号如前的定义，虽然没有强制性的、没有不合理的假定，至少对于 I 类水体，系数 P_{max}^*、α^* 随深度是不变的。不过，Denman(1988)观测到在每一层内的不同类型的浮游生物的光适廓线(也就是由 P 相对于 PAR 曲线的斜率划分)引起的由温度分界线的物理界线。也观测到在上层水内藻类的垂直运动过程期间一般使它们足够慢地适合于近水陆界面的强照度区，由此在整个表层水区使每单位叶绿素浓度的光合作用足够快的再分布。

方程式(11.263)是根据假定斜率 α^* 是线性的和 $E(z)$ 是 PAR。对于已知 PAR 的 $E(z,\lambda)$ 的光谱深度分布的情况下，和已知非线性的斜率函数 $\alpha^*(z,\lambda)$，这样也考虑到波长的依赖关系。而且次表面照度场是水中以太阳天顶角为折射角 θ' 的函数，并且可以分为直接太阳光分量 $E_{dsun}(z,\lambda,\theta')$ 和漫射天空光分量 $E_{dsky}(z,\lambda,\theta')$。在白天时间这些函数 E_{dsun}、E_{dsky} 是必须要考虑的。

结合深度关系和非线性函数、光谱和次表面 PAR 场的角依赖关系和考虑到 $E(z,\lambda)$ 的太阳和天空光部分的光合作用，方程式(11.256)可以再写为

$$P(z)=\frac{C_{chl}(z)\Lambda(z)}{[1+(\Lambda(z)/P_{max}^{*2})]^{1/2}} \tag{11.264}$$

式中

$$\Lambda(z)=\sec\theta'\int\alpha(z,\lambda,\theta')E_{dsun}\,d\lambda+1.2\int\alpha(z,\lambda)E_{dsky}\,d\lambda$$

对白天时间生物发光区方程式(11.264)积分，则得到对于水生物区内的浮游生物的光合作用(近似为初级生产力)。

Vollenweider(1966)证明，比值 P/P_{max} 可以参数化为

$$\frac{P}{P_{max}}=\frac{(E/E_k)}{\{[1+(E/E_k)^2][1+(\alpha E/E_k)^2]^n\}^{1/2}} \tag{11.265}$$

其中，P_{max} 是每单位体积的光合作用速率，它等于 $P_{max}^* C_{chl}$，α 和 n 是参数的增加引起在所有照度曲线低的部分变化，而 n 的增加引起斜率的变化，使曲线最大的点的部分更尖锐。除特殊情况外，无论是 α 还是 n 等于 0，曲线显示三个主要特征：在光强低的部分光合作用与照度之间呈近似的线性关系；在最优照度时有峰值速率，而在强光处抑制；E 是向下的 PAR 光谱区(400～700 nm)的照度积分。初始和渐近水平斜率曲线相交处作为 E_k。

由图 11.50 很容易看到，参数 P_{max} 和 E_k 不是可以直接测量的，即使是强光抑制任何类型的光合作用生产力。可测量的参数是(对于水中叶绿素浓度归一化)和由下面表示式获取的 E：

$$P_{max}=\delta P_{opt}^* \tag{11.266}$$

式中

$$E_k=\delta E_k'$$

其中 δ 是取决于 α 和 n 的常数，即是

$$\delta=[(1+E_{opt}^2)(1+\alpha^2E_{opt}^2)^n]^{1/2}/E_{opt}$$

$$E_{opt}=\{[(1-n)\alpha+\sqrt{\alpha^2(n-1)^2+4n}]/2n\alpha\}^{1/2} \tag{11.267}$$

Fee(1966)对 Vollenweider 模式对时间和深度积分得到

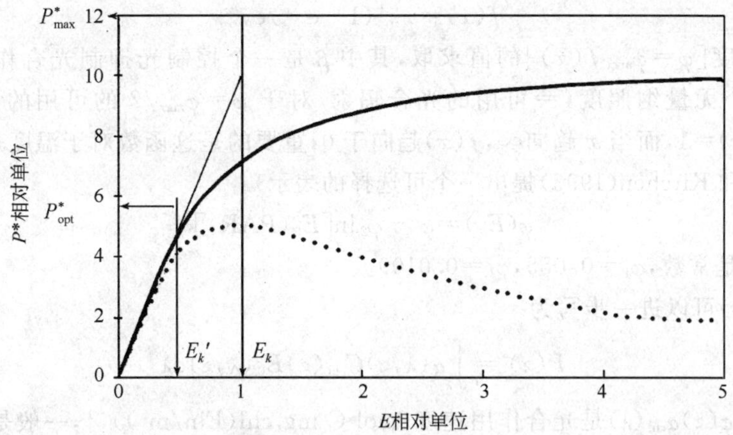

图 11.50　生产力和光强间关系，图中 E_k 是生产力—光强曲线线性部分外推与渐近线相交的光强，$P^*=P^*_{max}E_k'$ 是外推曲线与直线 $P^*=P^*_{opt}$ 的光强

$$P\sum = P_{opt}\delta\int_{-\zeta}^{+\zeta}\int_{0.01E_d(z=-0,t)/E_k}^{E_d(z=-0,t)/E_k}\frac{\mathrm{d}y\mathrm{d}t}{K_d(z,t)\{(1+y^2)(1+\alpha^2y^2)^n\}^{1/2}} \tag{11.268}$$

式中，$E_d(z=-0,t)$ 是时间 t 正好在水面下的光合有效辐射 PAR。ζ 是一天长度的一半；$K_d(z,t)$ 是在深度 z 处时间 t 的向下辐照度的衰减系数，$y=E(0,t)/E_k$，E_k 是当 α 或 $n=0$ 时的光饱和参数（$E_k=P^*_{max}\alpha*$），对于太阳升起和下落时间对方程式(11.268)实行时间积分，和对于相应地面和照度为 1% 的深度 y 进行积分，在这一深度以下的水体对初级生产力没有贡献。在深度 z 处次表面的折射角 θ' 和包括直接和漫射分量的入射辐射照度为

$$E_d(z,\underline{\theta'\equiv t})=E_d(z=-0,\underline{\theta'\equiv t})\exp[-K_d(z,\underline{\theta'\equiv t})z] \tag{11.269}$$

式中，$\theta'=t$ 的下划线为在地方时间和入射辐射的入射角之间等同，是针对方程式积分的时间用对 θ' 积分替代。

因而应用这方法评估对于给定海藻类的初级生产力，需要确定生产力—光强曲线（α,n,E_k,P_{max}），对于实际环境条件（水温、营养物）下聚集浮游生物生长适合的。

三、显式生物理方法

如上所述，第二种方法是定义在深度 z 处初级生产力 P 为比叶绿素吸收 $\alpha_{chl}(\lambda)$、在深度 z 的生物量（叶绿素浓度 $C_{chl}(z)$（mg/m³））、光合作用的量子场 $\varphi(z)$（mol C 处 Ein 吸收）和在深度 z 的量子定标照度 $E_0(\lambda,z)$（Ein/(m² · nm)）的函数，表示为：

$$P(z)=\varphi(z)\int_\lambda \alpha(\lambda)C_{chl}(z)E_0(\lambda,z)\mathrm{d}\lambda \tag{11.270}$$

波长范围是 400～700 nm。

假定 φ 的值与波长无关，但是由定标照度所影响，在低处，照度最小，φ_{max} 达到最大，且随照度减小而减小，根据 Kiefefer(1983)给出

$$\varphi(E_0)=\varphi_{max}\frac{E_\varphi}{E_\varphi+E_0} \tag{11.271}$$

式中，φ_{max} 是常数 = 0.06 molC/(Ein 吸收)，是一个最大的量子效率，E_φ 是一常数 = 10Ein/d，是一等于 $\varphi_{max}/2$ 的量子效率照度，E_0 是定标照度的光谱（400～700 nm）积分。

Platte(1980)引入无量纲函数 $f(x)$，

$$f(x)=x^{-1}(1-e^{-x})e^{-\beta x} \tag{11.272}$$

它表示 φ 随照度$[\varphi=\varphi_{max}f(x)]$的值求取，其中 β 是一个控制光抑制光合作用的参数($\beta=0.01$)；x 是一个无量纲照度(＝可用的光合辐射/对于 $\varphi=\varphi_{max}/2$ 的可用的光合辐射)。当 $x=0$，函数 $f(x)=1$，而当 x 趋向∞，$f(x)$趋向于 0；重要的是这函数对于温度是可调的。

Zaneveld 和 Kitchen(1993)提出一个可选择的表示

$$\varphi(E_0)=\varphi_1-\varphi_2\ln[E_0(\mathrm{PAR})] \tag{11.273}$$

式中，φ_1 和 φ_2 是常数，$\varphi_1=0.055$，$\varphi_2=0.0109$。

式(11.263)可以进一步写为

$$P(z)=\int_\lambda \alpha(\lambda,z)C_{chl}(z)E_0(\lambda,z)\mathrm{d}\lambda \tag{11.274}$$

式中，$\alpha(\lambda,z)=\varphi(z)\alpha_{chl}(\lambda)$是光合作用速度$(\mathrm{mol\ C\ mg\ chl(Ein/m^2)})^{-1}$，一般是指光合作用有效光谱。

对于初级生产力的光合抑制作用可以在式(11.271)中引入指数项，写成

$$\varphi(E_0)=\varphi_{max}\frac{E_\varphi}{E_\varphi+E_0}\exp(-\nu E_0) \tag{11.275}$$

式中，ν 是常数$=0.01(\mathrm{Ein/m^2/day})^{-1}$(Platt，1980)。

因此，最后方程式(11.274)可以写为

$$P(z)=\frac{E_\varphi\exp(-\nu E_0)}{E_\varphi+E_0}\int_\lambda \alpha(\lambda)C_{chl}E_0(\lambda,z)\mathrm{d}\lambda \tag{11.276}$$

或者为

$$P(z)=\varphi_{max}\frac{E_\varphi\exp(-\nu E_0)}{E_\varphi+E_0}\int_\lambda \alpha(\lambda)C_{chl}E_0(\lambda,z)\mathrm{d}\lambda \tag{11.277}$$

四、通过水体的传输和光学特性与初级生产力的关系

1. 向下照度的衰减和发光生物区的深度

按 Beer 定律，对于沿路径(Z_θ)次表面的传播方向 θ'海洋次表面下向辐照度(E_d)的衰减可表示为

$$E_d(Z_\theta',\theta',\lambda)=E_d(Z_\theta'=-0,\theta',\lambda)\exp[-K_d(\lambda)Z_\theta'(\theta')] \tag{11.278}$$

式中，K_d 是照度衰减常数。方程式(11.289)中的 Z_θ 由垂直深度 z 代替，得到

$$E_d(z,\theta',\lambda)=E_d(z=-0,\theta',\lambda)\exp[-K_d(\theta',\lambda)z] \tag{11.279}$$

其中，K_d 是垂直照度衰减系数。

由于 $Z_\theta=z$ 仅是当太阳在天顶时($\theta'=0$)试验确定在次表面处照度廓线的垂直衰减系数随时间的改变，把不变的 $K_d(\theta')$延长至整个白天时间(假定水体是垂直均匀的)，因此确定一个合适的次表面照度的持续变化，显然当借助于式(11.268)的方法确定时，这是一个影响初级生产力模式求取的有影响的因子。

使用光子通过自然水体传播的蒙特卡洛方法模拟，Kirk(1984)得到白天时间和水的类别的与垂直照度衰减系数有关的经验关系式：

$$K_{dsun}(\theta')=(\cos\theta')^{-1}[a^2+(0.425\cos\theta'-0.190)ab]^{1/2} \tag{11.280}$$

$$K_{dsky}=1.168[a^2+0.162ab]^{1/2}$$

式中，K_{dsun}和 K_{dsky}分别是太阳直接和漫射辐射分量的垂直照度的衰减系数，a 和 b 分别是水体

的吸收和散射系数(式中省略波长)。

对于入射辐射的漫射部分为 η,则总的垂直照度衰减系数表示为

$$K_d(\theta')=\eta_w K_{d\,\mathrm{sky}}+(1-\eta_w)K_{d\mathrm{sun}}(\theta') \tag{11.281}$$

式中,η_w 是次表面向下漫射照度部分,为

$$\eta_w=\eta(1-r_{\mathrm{sky}})/[\eta(1-r_{\mathrm{sky}})+(1-\eta)(1-r_{\mathrm{sun}}(\theta))] \tag{11.282}$$

式中,θ 是大气—水界面处已知折射的太阳天顶角,r_{sun} 和 r_{sky} 分别是太阳和天空照度的菲涅尔反射率(从天顶角 θ 直接传播)。

Bukata(1989)证明,对于由单次反照率 $\omega(\omega=b/c,c=a+b)$ 确定的水质量,垂直照度衰减系数 K_d 随 θ 的变化显示两个特征:①当 ω 增加时,太阳天顶角与 K_d 的依赖性减小;②对于所有 ω 值,K_d 的相对值随太阳天顶角增加而增加,直至 70°,至此 K_d 开始迅速减小,这是由于观测到对大的太阳天顶角的总入射辐射漫辐射的百分数增加。

2. 通过生物发光区的矢量和定标照度间的关系

根据 Gershun(1936)定标辐照度与向上 $E_u(z)$ 和向下照度 $E_d(z)$ 和总的衰减系数 $\alpha(z)$ 可以写为

$$E_0(z)=\frac{1}{\alpha(z)}\frac{\mathrm{d}}{\mathrm{d}z}[E_d(z)-E_u(z)] \tag{11.283}$$

Priur 和 Sathyendranath(1981)把 E_0/E_d 的比值表示为

$$\frac{E_0}{E_d}(R)=\frac{1}{\bar{\mu}_d}+\frac{R}{\bar{\mu}_u} \tag{11.284}$$

式中,$\bar{\mu}_d$ 和 $\bar{\mu}_u$ 分别是向下和向上辐照度场的平均余弦。

Jerome(1988,1990)通过曲线与蒙特卡洛法模拟拟合得到对于均匀水体 E_0/E_d 的比值为水体内体积反射率 $R=E_u/E_d$ 和不同深度太阳天顶角的函数。

对于向下辐照度 100%的深度 $z_{100}\equiv z=-0$,

$$\frac{E_0}{E_d}(R,\theta)=\left(\frac{1.068}{\mu'}-0.068\right)[1+3.13R(0°)] \tag{11.285}$$

式中,$R(0°)$是辐射垂直入射时的体积反射率;μ_d 是水中折射角 θ' 的余弦的逆。根据 Bukata 等(1995)得

$$R(0°)=R(\theta',\eta_w)/(1.165\eta_w+(1-\eta_w)/\cos\theta' \tag{11.286}$$

由方程式(11.282)得到

对于向下辐照度 10%的深度(z_{10}):

$$\frac{E_0}{E_d}(R,\theta)=[1+(28.0-50.5R(0°))R(0°)]^{1/2}\left(\frac{\cos 48.6^0}{1-\cos 48.6^0}\right)\left(\frac{1-\mu'}{\mu'}\right)\times \left[\frac{E_0}{E_d}(R,89°)-(1+(28.0-50.5R(0°))^{0.5}\right] \tag{11.287}$$

式中对于 $0\leqslant R\leqslant 0.055$

$$\frac{E_0}{E_d}(R,89°)=1.512[1+(7.39-R(89°)+1376R^2(89°))R(89°)] \tag{11.288}$$

对于 $0.055\leqslant R\leqslant 0.14$

$$\frac{E_0}{E_d}(R,89°)=1.60+3.43R(89°) \tag{11.289}$$

对于向下辐照度 1%的深度(z_1)

$$\frac{E_0}{E_d}(R,\theta)=[1+(39.1-176R(0°))R(0°)]^{1/2}\left(\frac{\cos 48.6°}{1-\cos 48.6°}\right)\left(\frac{1-\mu'}{\mu}\right)\times$$
$$1.512[1+(-2.10+117R(89°)-582R^2(89°))R(89°)]^{0.8}-$$
$$[1+(39.1-176R(0°))^{0.5}] \tag{11.290}$$

式中对于 $0\leqslant R\leqslant 0.055$

$$\frac{E_0}{E_d}(R,89°)=1.512[1+(7.39-R(89°)+1376R^2(89°))R(89°)] \tag{11.291}$$

对于 $0.055\leqslant R\leqslant 0.14$

$$\frac{E_0}{E_d}(R,\theta)=1.37+4.93R(89°) \tag{11.292}$$

在水表面总的漫辐射照射下对于100%的深度

$$\frac{E_0}{E_d}(R)=1.177(1+3.13R) \tag{11.293}$$

对于向下辐照度10%的深度(z_{10})和1%的深度(z_1)

$$\frac{E_0}{E_d}(R)=1.177[1+(11.8+96.8R)R]^{0.5} \tag{11.294}$$

通过 R 表示 E_0/E_d 的比值给出求水体内的光学特性。对于 R 已有很多公式和关于自然水内部光学特性的模式，不过上面的表示完全是复合的，如果已知在 z_{00} 处的 E_0/E_d，计算是很简便的。应用定标照度衰减系数

$$K_0=(\alpha/\mu')[1+(0.247)(b_b/\alpha)]^{1/2} \tag{11.295}$$

式中，α 和 b_b 是吸收和后向散射系数，μ'是在气/水界面处入射辐射方向余弦。由此

$$E_0(z)=E(z_{100}\equiv z=-0)\exp(-K_0 z) \tag{11.296}$$

假定定标衰减系数 K_0 无论随 α 和 b_b 垂直不变还是由垂直变化。水的内部光学特性固有的附加，由此基本由光学活动分量控制。但是在许多情况下，α 和 b_b 的垂直不均匀分布是由于叶绿素的不均匀垂直分布。叶绿素分布的一般形式为

$$C_{\text{chl}}(z)=C_{0\text{chl}}+\frac{h}{\sigma(2\pi)^{1/2}}\exp\left[\left(\frac{(z-z_m)^2}{2\sigma^2}\right]\right. \tag{11.297}$$

式中，$C_{0\text{chl}}$是基线色素浓度；z_m 是叶绿素极小的深度；σ 是峰的宽度；和确定基线之上的总生物量 h。因而，在这种情况下，衰减系数 K_0 的垂直廓线与式(11.285)类似，当然定标不同。

五、由遥感数据估算初级生产力

估计保留在水中光照射区光合作用贮藏的辐射能浮游生物的初级生产力的模式为

$$P=(1/39)\widetilde{E}=(1/39)\widetilde{E}_{PAR}(z=+0)\xi\langle C_{\text{chl}}\rangle_{\text{tot}}\psi^* \tag{11.298}$$

式中，$\widetilde{E}_{PAR}(z=+0)$正好是水表面上的光合有效辐射并对整个白天时间积分，ψ^* 是单位面积上的光合作用的截面(m^2/gchl)，ξ 是光合作用有效色素与总色素的比值，即

$$\xi=C_{\text{chl}}/(C_{\text{chl}}+C_{\text{pheo}}) \tag{11.299}$$

转换因子(C 固定的 39 kJ/g)取自 Platt(1969)。$\langle C_{\text{chl}}\rangle_{\text{tot}}$如上为

$$\langle C_{\text{chl}}\rangle_{\text{tot}}=\int_0^{z_{eu}}C_{\text{chl}}(z)\text{d}z \tag{11.300}$$

对于遥感需调整这一模式，生物量$\langle C_{\text{chl}}\rangle_{\text{tot}}$的垂直积分通过经验的非线性表达式替换。由遥感数据(C_{chlrs})反演得到叶绿素浓度，因子 F 和指数 γ 由回归分析导得。在垂直均匀或完全混合

的水体中，γ 近似为 0.5。但是出现非均匀廓线(部分随深度混合)γ 取稍低的值。

Barthelot(1994)按遥感参数提出 P_{eu} 的更简单的公式，该公式不需要与光合作用有关的参数，但是需根据上层水的叶绿素含量和每日的 PAR，为

$$\lg P_{eu} = -4.286 - 1.390\lg(R_1/R_3) + 0.621\lg[0.43E_d(z=+0.400-700\ \text{nm})] \tag{11.301}$$

式中，R_1 和 R_2 分别是波长为 440 nm 和 550 nm 的体积反射率，对于第一种衰减水体中，在式(11.301)中的比值 R_1/R_3 相对于透光区叶绿素浓度进行回归具有固定叶绿素浓度的系数。

式(11.301)的第二项是入射进入水体的 PAR，Barthelot(1994)称用该方法对初级生产力估算方差于对数标度的为 0.17，比例因子是 1.5。

Balch 等(1989)分析了水透光区初级生产力 P_{eu} 与光学深度处具有 PAR 的叶绿素浓度 $\langle C_{chlrs}\rangle$ 的关系的可靠性，提出下面不含有 PAR 的透光区海平面计算初级生产力的算法：

$$P_{eu} = (210C_{chlrs} + 383)0.01$$

$$P_{eu} = 10^{[1.25+0.75\lg C_{chlrs}]}[4.6(6.9-6.5\lg C_{chlrs})]0.001 \tag{11.302}$$

$$\lg P_{eu} = 0.48\lg C_{chlrs} - 0.29$$

$$\lg P_{eu} = 3.06 + 0.5\ln C_{chlrs} - 0.24PTA + 0.25DL$$

式中，PTA 是局地面积温度异常，DL 是白天的长度。上面算法通过船舶测量结果比较，温度为 T 的最大光合作用 $P_{max}{}'$ 为

$$P_{max}{}' = 10^{(0.006T+0.308)} \tag{11.303}$$

透光区的叶绿素浓度同下式计算

$$C_{chl\ eu} = \frac{C_{chlrs}(6.9-6.5\lg C_{chlrs})}{0.157} \tag{11.304}$$

使用海水混合层深度(ML,m)与表面温度的经验关系

$$ML = 133 - 7(T_{surf}) \tag{11.305}$$

可得深层的温度。由某一深层的温度廓线构建 $P_{max}{}'$ 廓线，然后与叶绿素廓线进行卷积计算水体的 P_{max}。假定光合作用在表面照度光强≥10.5%达到最大，在这光强之下可以通过因子 $F(E,z)$ 对 P_{max} 加权，其随海水的深度减小光合作用。由此算法公式可以写为

$$P_{eu} = \sum_{z=0}^{z=z_{eu}} P_{max}{}' C_{chl}(z) F(E,z) \tag{11.306}$$

Lee 等(1996)提出另一个利用遥感数据估算深处的初级生产力，根据对水体上的遥感测量的向上和向下的辐射分析导得浮游生物在 440 nm 的吸收截面($\alpha_{chl*}(440)$)和水体的吸收系数$\alpha(\lambda)$。在式(11.276)和式(11.277)中光学抑制参数 ν 设为 0.01Ein/(m^2·d)。

对于定标照度吸收系数 K_0 使用式(11.303)代替，在计算中使用向下照度衰减系数 $K_d \approx \alpha/\mu_d$，这里 α 是水体吸收系数，是三个分量之和：$\alpha_w + \alpha_{dom} + \alpha_{ph(chl)}$，$\alpha_w$ 是纯水的吸收，α_{dom} 是不可溶解有机物和细粒的吸收，$\alpha_{ph(chl)}$ 是浮游生物(叶绿素色素)的吸收：

$$\alpha_{dom}(\lambda) = \alpha_{dom}(440)\exp[-S(\lambda-440)] \tag{11.307}$$

S 是指数变量，μ_d 是向下辐射场的次表面的平均余弦。为反演水体吸收系数，比值

$$E_u(z=+0,\lambda)/E_d(z=+0,\lambda)$$

之间的关系，其通常指遥感的反射率和水体内部特性：

$$R_{rs}(\lambda) \approx \frac{0.17}{\alpha_w(\lambda)+\alpha_{dom}(\lambda)+\alpha_{ph}(chl)}\left[\frac{b_{bw}(\lambda)}{3.4} + X\left(\frac{400}{\lambda}\right)Y\right] \tag{11.308}$$

其中,X、Y 是系数,b_{bw}是水的后向散射系数。

将测量的向上光谱辐射 $L_u(z=+0,\lambda,\theta)$ 变换为在气—水下界面次表面体积光谱反射率$R(z=+0,\lambda,\theta)$:

$$R(z=-0,\theta)=\frac{Q[L_u(+0,\theta)-0.021\alpha E_{sky}-f_2 E_{sun}]}{0.544(0.944E_{sky}+f_4 E_{sun})} \tag{11.309}$$

式中,Q 是水的下表面向上辐射率与水面下垂直向上辐射率之比值;α 是垂直向下天空辐射率与向下天空辐射率的比值;f_2 是由于表面波反射到感应器视场的太阳辐射;f_4 是由于表面波对太阳辐射的反射。E_{sun}是来自太阳的向下的照度,E_{sky}是来自天空的光谱辐照度。

在太阳天顶角 θ 可变条件下和相对漫辐射和直接向下总辐射下,在气—水表面界面遥感的次表面的体积反射率写为 $R=(z=-0,\lambda,\theta)$,因此需要将法向次表面体积反射率作为标准太阳角和标准太阳辐射,因而,估计的是气—水表面界面次表面体积反射率可以对直接和漫球辐射分量响应

$$R(z=-0,\theta,\eta_w)=(1-\eta_w)R_{sun}(z=-0,\theta)+\eta_w R_{sky}(z=-0) \tag{11.310}$$

式中,η_w 是由式(11.280)描述,而且是总的次表面向下辐照度部分是漫辐射,而$(1-\eta_w)$是直接辐射部分,$R_{sun}(z=-0,\theta)$是气—水表面界面之下与 θ 有关的总辐射的直接部分体积反射率,$R_{sky}(z=-0)$是气—水表面界面之下的总辐射的漫辐射部分的体积反射率,它与 θ 无关。

当水面是平静的,向下次表面辐照度 $E_d(z=-0,\theta,R)$可以直接由观测获得或间接由水面上的向下辐照度的值 $E_d(z=+0,\theta',R)$通过下式估算:

$$E_d(z=-0,\theta',R)=\left[1+\frac{R(\theta')\rho_u(\theta')}{1-R(\theta')\rho_u(\theta')}\right](1-\rho_d(\theta))E_d(z=+0,\theta',R) \tag{11.311}$$

式中,$\rho_d(\theta)$是对于太阳天顶角 θ 的水面上向下辐照度的反射系数,$\rho_u(\theta)$是对于太阳天顶角 θ' 次表面向上辐照度的反射系数。

对于直接太阳辐射,Bukata 等(1995)导得

$$\rho_u(\theta')=0.271+0.249\cos(\rho_d(\theta') \tag{11.312}$$

而对于心形曲线漫辐射分布,$\rho_u=0.561$。$\rho_d(\theta)$的值可以由菲涅尔方程求取,对于心形曲线漫辐射分布,$\rho_d=0.066$。

Baker 和 Smith(1990)提出对于 $E_d(z=-0)$的简化表示式为

$$E_d(z=-0)=\frac{1}{1-\rho_u R(\theta')}t(\theta))E_d(z=+0,\theta) \tag{11.313}$$

式中,$t(\theta)$是通过空气—水界面的总透过率,表示为

$$t(\theta)=1-[\rho_{sun}(1-\eta)+\rho_{sky}\eta] \tag{11.314}$$

对于均匀分布的天空辐射,估计的 ρ_{sky} 值 0.066,完全密蔽天空下为 0.052。给定的 ρ_w 给出 0.47。

使用无量纲叶绿素浓度 $C_{chl}(\zeta)/\langle C_{chl\ eu}\rangle$和无量纲深度 $\zeta=z/z_{eu}$表示廓线,计算总的透光区域部分叶绿素浓度为

$$\langle C_{chl}\rangle = z_{eu}^{-1}\int_0^{z_{eu}} C_{chl}(z)\mathrm{d}z \tag{11.315}$$

无量纲叶绿素浓度 $C_{chl}(\zeta)/\langle C_{chl\ eu}\rangle$数值分析,它作为遥感确定的叶绿素浓度的 Chl 函数。它可以由下式参数化

$$C_{chl}(\zeta)/\langle C_{chl\ eu}\rangle=C_b+C_{max}\exp\{-[\zeta-\zeta_{max}/\Delta\zeta]^2\} \tag{11.316}$$

式中，$C_b = 0.768 + 0.087\lg c - 0.179(\lg c)^2 - 0.025(\lg c)^3$；$C_{max} = 0.299 - 0.289\lg c + 0.579(\lg c)^2$；$\zeta_{max} = 0.600 - 0.640\lg c + 0.02(\lg c)^2 + 0.115(\lg c)^3$；$\Delta\zeta = 0.710 + 0.159\lg c + 0.02(\lg c)^3$；$C_b$ 是在 ζ_{max} 处出现以 C_{max} 给出的最大值重叠在高斯曲线的一个背景，并由 $\Delta\zeta$ 控制加宽度。

第十二章

空间被动微波遥感

第一节　微波辐射的基本特点

波长从 1 mm 至 30 cm(频率 1～500 GHz)范围内的电磁波称为微波。但是微波波段没有严格的界限,通常用字母命名波段,表 12.1 给出了微波谱各波段的名称和范围。利用探测器观测、记录和分析物体与微波的相互作用(辐射、吸收、反射和透过等),从而间接地认识物体特性的技术称作微波遥感。大量研究工作说明,微波遥感不仅在探测地表和海洋具有优越的能力,在探测大气和云参数方面有特殊功能。微波遥感除具有可见光和红外遥感所具有的大范围、动态、同步和快速观测的特点外,还具有全天候和全天时的优点。

表 12.1　微波谱波段

波段	频率范围(GHz)	波段	频率范围(GHz)	波段	频率范围(GHz)
P	0.225～0.390	**C**	4.20～5.75	**Q**	36.0～46.0
L	0.390～1.550	**X**	5.75～10.90	**V**	46.0～56.0
S	1.550～4.20	**K**	10.90～36.0	**W**	56.0～100

一、微波辐射的主要特点

微波遥感与可见光和红外遥感相比较,在许多方面是不同的,这是因为微波辐射有以下几方面的特点。

1. 微波辐射的穿透性

微波辐射最重要的特点是它能穿透云盖、浓雾、降雨,而且可以穿透一定深度的地表,所以利用微波辐射可以探测云内和云以下的大气状况,还可以对一年四季晴天很少的地区进行地表、海洋等方面进行观测调查。

图 12.1 表示在不同的微波频率处的水云和冰云透过率。可以看出,在任何微波辐射波长上,冰云的微波辐射透过率近于为 1,冰云对微波几乎没有影响;对于水云也仅在短于 2 cm 时才会有较为明显的影响,微波辐辐射波长越长,水云的透过率越大。图 12.2 表示降水时的微波辐射透过率,雨比云对微波有更大的影响,当波长＞4 cm 时,雨对微波的影响可以忽略,只有当波长＞2 cm 时,降水为大雨时,影响变得严重,波长为 1 cm 时,透过率急剧减小,雨的影响达到严重的程度。微波能穿透云雨,它也能穿过植被,其穿透植被的空深度能力取决于植被的含水量、植被的密度和所用的波长,较长波长的微波比短的波长有更大的穿透性,因此,短的

波长给出植被上层的信息，较长的微波波长可获取植被下层及地表面的信息。

微波还可穿透地表到达土壤，图 12.3 表示不同频率的微波穿透不同土壤的情形，较低频率的微波可穿透干燥土壤相当的深度，而较高频率的微波穿透深度明显减小，对较潮湿土壤，微波只能穿透 1 cm。

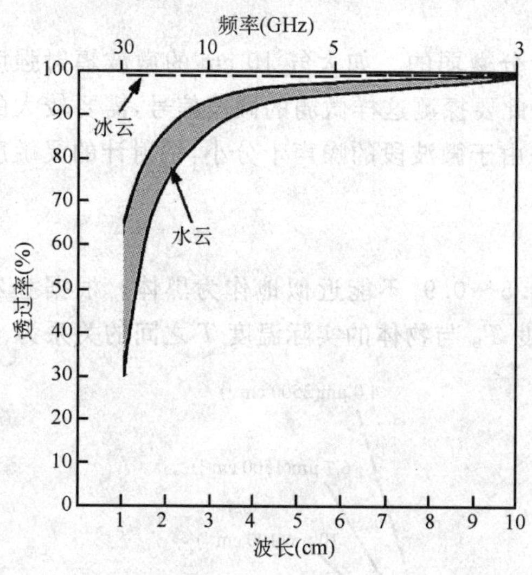

图 12.1　微波段水云和冰云的透射率（Ulaby. 等，1981）

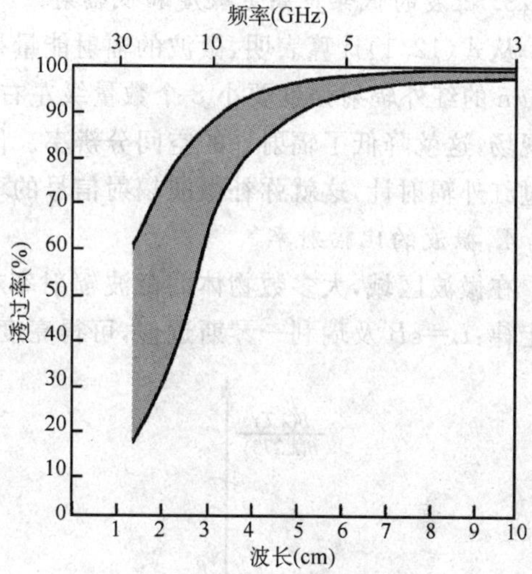

图 12.2　微波段降雨的透射率（同图 12.1）

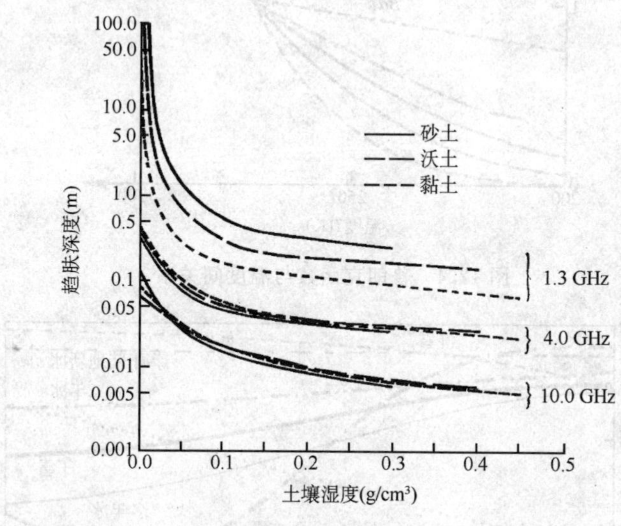

图 12.3　微波穿透土壤的趋肤深度（Ulaby 等，1981）

2. 物体的微波辐射与亮温的线性化

在热力平衡条件下，物体的微波辐射可以用普朗克公式的近似形式——瑞利—琴斯辐射公式表示为

$$B_\lambda(T_B)=\frac{2C\kappa T}{\lambda^4}\quad \text{或}\ B_f(T_B)=\frac{2\kappa T f^2}{C^2} \tag{12.1}$$

式中，$B_\lambda(T_B)$、$B_f(T_B)$分别是波长、频率的黑体辐射率，κ 是玻尔兹曼常数，T_B 是黑体温度，

κ 是波长，f 是频率。从式(12.1)可见，在微波区域，黑体辐射率与黑体温度成正比。因此，为方便在微波区用亮度温度表示辐射。图 12.4 给出了对于波长 4.0 μm、6.7 μm、10 μm、15 μm 和微波及远红外的普朗克函数与温度的关系，可见在微波和远红外普朗克函数与温度呈线性关系。

3. 微波的低噪声高灵敏度和低辐射

从式(12.1)计算表明，微波的辐射能量是十分微弱的。如大气 10 cm 的微波辐射强度比 10 μm 的红外辐射强度要小 8 个数量级左右，因此要探测这样微弱的微波信号，需要较大的仪器视场，这就降低了辐射计的空间分辨率。但是由于微波段的噪声十分小，辐射计的灵敏度远超过红外辐射计，这就弥补微波辐射信号的不足。

4. 微波的比辐射率

在微波区域，大多数物体的微波辐射率在 0.5～0.9，不能近似地作为黑体。根据基尔霍夫定律：$L=\varepsilon B$ 及瑞利—琴斯近似，可得亮度温度 T_B 与物体的实际温度 T 之间的关系为

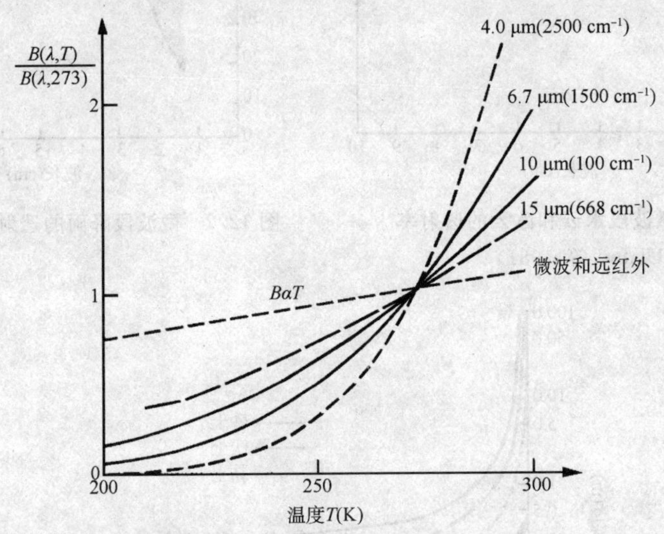

图 12.4 普朗克函数与温度间关系

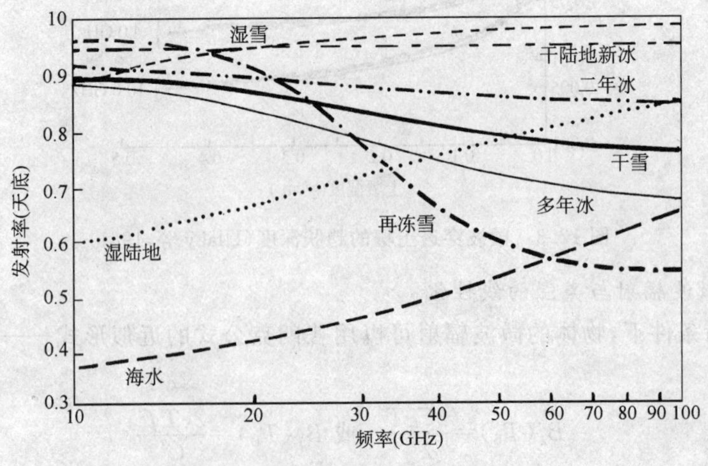

图 12.5 不同地表及覆盖物下的微波发射率

$$T_B = \varepsilon T \tag{12.2}$$

式中，ε 是物体的比辐(发)射率。在微波波段，物体的微波发射率是物体表面粗糙度、复介电常数和温度的函数，而且与辐射方向的偏振方向有关。图 12.5 给出了海水、陆地、冰雪的微波发射率与频率间和关系，可以看到：①海水、海冰、干雪、湿雪、湿陆地、干地等的发射率随波长而变化；②通常在微波频率越低，海水发射率最低，它与湿陆地一样随频率增大，发射率增大；③湿雪和干陆地最大，随微波频率的变化很小；④干雪、多年冰和再冻雪的发射率随频率的增大而减小；物体微波发射率的差异是遥感目标的重要依据。

在微波区，通常表面发射率有如下关系

$$0.5 \approx < \varepsilon_{海洋} < \varepsilon_{冰雪} < \varepsilon_{陆地} \tag{12.3}$$

利用微波区表面的这一关系，可用于监测海洋、冰雪。

二、大气气体和水滴对微波辐射的吸收和衰减

微波遥感大气是通过大气各种成分对微波的散射、吸收和发射获取大气参数信息。在微波的某些波长上大气分子产生强烈的吸收，其总的趋势是：频率越高，大气衰减作用越显著。在低频范围内，大气对微波辐射的吸收很小，当频率小于 10 kMHz 时，大气的吸收可以忽略不计。

图 12.6 中表示大气吸收气体对微波的吸收，从图中可见，大气中的微波吸收气体主要有水汽、氧分子和臭氧。其他气体对微波的吸收可以忽略不计。此外气体分子对微波的散射很小，可以忽略不计。在图中氧的微波吸收波长位于 5 mm(50～70 kMHz) 和 2.53 mm (118.7 kMHz) 两个波段。水汽分子的微波吸收波长位于 1.64 mm(183.3 kMHz) 和 13.48 mm(22.235 kMHz)。

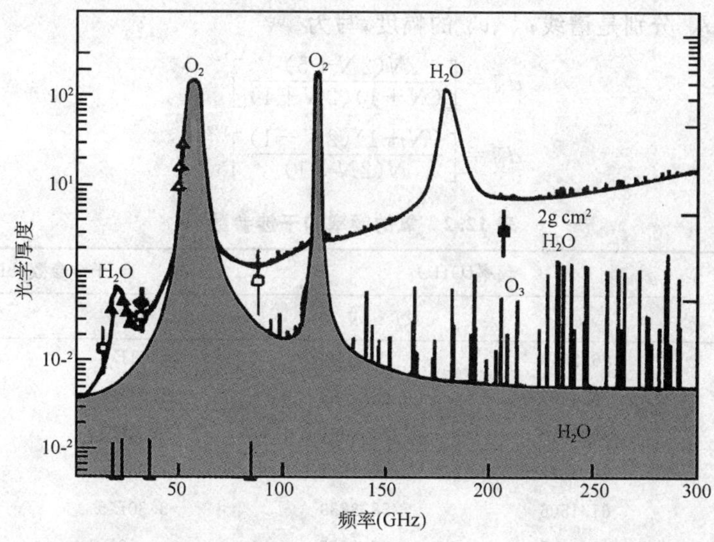

图 12.6 大气微波吸收气体(H_2O、O_2、O_3)(Waters, 1976)

1. 大气中氧分子对微波辐射的吸收

根据微波波谱理论，氧分子对微波辐射的发射和吸收主要是由氧分子转动能级间的量子跃迁引起的，其结构比红外振转谱线的结构要简单得多。氧分子是一个对称的双原子分子，它没有永久的电偶极矩，但由于其两不配对的电子自旋，有永久的磁偶极距，磁偶极距的转动态

的跃迁构成了氧分子的微波吸收谱线。其中 2.53 mm(118.7 kMHz)吸收是单谱线结构，而氧的 5 mm(50～70 kMHz)是由 46 条谱线组成的吸收谱带。

(1)频率大于 50 kMHz、小于 300 kMHz 时氧分子的微波吸收系数。由于微波谱线数少，所以对于计算氧 60 kMHz 谱带吸收的习惯方法是对每条谱线利用 VanVleck-Weisskopf 谱型函数计算吸收，然后将各条线的吸收相加，根据碰撞加宽理论，单条氧谱线的谱线宽度正比于氧的分压力，为

$$w = w_0 P_{O_2} \tag{12.4}$$

式中，w_0 是 $P_{O_2}=1$ hPa 时的线宽，P_{O_2} 是氧的分压。

但是谱线宽度并非与氧的分压有上面简单的关系，为此 Rosenkranz(1975)将谱线重叠理论应用于氧的 60 GHz 重迭谱带，氧分子的微波吸收系数写成

$$k_{O_2}(\nu) = 1.61\times 10^{-2}\nu^2\left(\frac{P}{1013}\right)\left(\frac{300}{T}\right)^2 F' \ (\text{dB/km}) \tag{12.5}$$

式中，P(hPa)为大气压，ν(kMHz)为频率，F'为谱线形状因子，对于转动量子数 $N\leqslant 39$ 的情形中，F'由转动量子数为奇数的各项之和确定，写为

$$F' = \frac{0.7w_b}{v^2+\gamma_b^2} + \sum_{\substack{N=1\\ N为奇数}}^{39}\Phi_N\left[f_N^+(\nu) + f_N^+(-\nu) + f_N^-(\nu) + f_N^-(-\nu)\right] \tag{12.6}$$

而其中

$$f_N^{\pm}(\nu) = \frac{w_N(d_N^{\pm})^2 + P(\nu-\nu_N^{\pm})Y_N^{\pm}}{(\nu-\nu_N^{\pm})^2+(w_N)^2} \tag{12.7}$$

$$\Phi_N = 4.6\times 10^{-3}\left(\frac{300}{T}\right)(2N+1)\times\exp\left[-6.89\times 10^{-3}N(N+1)\left(\frac{300}{T}\right)\right] \tag{12.8}$$

式(12.7)中 d_N^+、d_N^- 分别是谱线 ν_N^+、ν_N^- 的幅度，写为

$$d_N^+ = \left[\frac{N(2N+5)}{(N+1)(2N+1)}\right]^{1/2} \tag{12.9a}$$

$$d_N^- = \left[\frac{(N+1)(2N-1)}{N(2N+1)}\right]^{1/2} \tag{12.9b}$$

表 12.2 氧的频率和干涉参数

N	频率(GHz)		干涉参数(hPa^{-1})	
	ν_N^+	ν_N^-	Y_N^+	Y_N^-
1	56.2648	118.7503	4.51E-4	−2.14E-5
3	58.4466	62.4863	4.94E-4	−3.78E-4
5	59.5910	60.3061	3.52E-4	−3.92E-4
7	60.4348	59.1642	1.86E-4	−2.68E-4
9	61.1506	58.3239	3.30E-5	−1.13E-4
11	61.8002	57.6125	−1.03E-4	3.44E-4
13	62.4112	56.9682	−2.23E-4	1.65E-4
15	62.9980	56.3634	−3.32E-4	2.84E-4
17	63.5685	55.7838	−4.32E-4	3.91E-4
19	64.1278	55.2214	−5.26E-4	4.93E-4
21	64.6789	54.6711	−6.13E-4	5.84E-4

续表

N	频率(GHz)		干涉参数(hPa^{-1})	
	ν_N^+	ν_N^-	Y_N^+	Y_N^-
23	65.2241	54.1300	−6.99E-4	6.76E-4
25	65.7647	53.5957	−7.74E-4	7.55E-4
27	66.3020	53.0668	−8.61E-4	8.47E-4
29	66.8367	52.5422	−9.11E-4	9.01E-4
31	67.3694	52.0212	−1.03E-3	1.03E-3
33	67.9007	51.5030	−9.87E-4	9.86E-4
35	68.4308	50.9873	−1.32E-3	1.33E-3
37	68.9601	50.4736	−7.07E-4	7.01E-4
39	69.4887	49.9618	−2.58E-3	2.64E-3

而 w_N、w_b 为谐振和非谐振谱线宽度，分别写为

$$w_N=1.18\left(\frac{P}{1013}\right)\left(\frac{300}{T}\right)^{0.85}\ (\mathrm{GHz}) \tag{12.10a}$$

$$w_b=0.49\left(\frac{P}{1013}\right)\left(\frac{300}{T}\right)^{0.89}\ (\mathrm{GHz}) \tag{12.10b}$$

在式(12.9)中的谱线 $N=1\sim39$ 的频率 ν_N^+、ν_N^- 和参数 Y_N^+、Y_N^-(称为干涉参数)于表 12.2 中列出。

(2)氧 60 GHz 谱带对于频率小于 45 kMHz 处的吸收系数作用。对于氧的 60 GHz 谱带以外，在频率小于 45 kMHz 的吸收系数，可以忽略 118.75 kMHz 氧谱线的作用，只需考虑氧的 60 GHz 谱带的作用，这时将氧的 60 GHz 谱带作为一条谱线，则氧的 60 GHz 谱带的贡献为

$$k_{O_2}(\nu)=1.1\times10^{-2}\nu^2\left(\frac{P}{1013}\right)\left(\frac{300}{T}\right)^2\cdot w\left[\frac{1}{(\nu-\nu_0)^2+w}+\frac{1}{\nu^2+w^2}\right]\ (\mathrm{dB/km}) \tag{12.11}$$

其中 $\nu_0=60$ GHz，谱线宽度为

$$w=w_0\left(\frac{P}{1013}\right)\left(\frac{300}{T}\right)^{0.85}\ (\mathrm{GHz}) \tag{12.12}$$

其中

$$w_0=\begin{cases}0.59 & P\geqslant333\ \mathrm{hPa}\\ 0.59[1+3.1\times10^{-3}(333-P)] & 25\leqslant P\leqslant333\ \mathrm{hPa}\\ 1.18 & P\leqslant25\ \mathrm{hPa}\end{cases} \tag{12.13}$$

2. 水汽分子对微波辐射的吸收

水汽是一个三角形结构的三原子分子，由于它的不对称性，其电偶极矩不为零。而且它的三个转动轴所相应的转动惯量不相等，所以称它为不对称转子分子由此引起能级不规则，导致水汽分子的谱线分布不规则。水汽的吸收系数可以写成

$$k(\nu,\nu_{lm})=4.34\times10^3\left(\frac{4\pi}{3}\right)S_{lm0}\left[\nu\nu_{lm}\rho_\nu T^{-5/2}\mathrm{e}^{-E_l/\kappa T}F_G(\nu,\nu_{lm})\right] \tag{12.14}$$

其中 $F_G(\nu,\nu_{lm})$ 谱型函数，写成

$$F_G(\nu,\nu_{lm})=\frac{1}{\pi}\frac{4\nu\nu_{lm}w}{(\nu_{lm}^2-\nu^2)^2+4\nu^2w^2} \tag{12.15}$$

而 S_{lm0} 是能级 $l \leftrightarrow m$ 间的跃迁常数，它与线强 S_{lm} 间的关系为

$$S_{lm}=S_{lm0}\,\nu\nu_{lm}\rho_v T^{-5/2}\mathrm{e}^{-E_l/\kappa T} \tag{12.16}$$

在微波波段，水汽的吸收谱带主要有 1.64 mm（183.3 kMHz）和 13.48 mm（22.235 kMHz），除此之外，在高于这两频率处也存有不少其他谱线，这些谱线向低频延伸至低于 100 kMHz，也就是对于低于 100 kMHz 频段有贡献。为了计算对低于 100 kMHz段的吸收系数这部分贡献，将高于 100 kMHz 的谱线（包括 183.3 kMHz）作为剩余项考虑。

(2)低于 100 kMHz 频段的吸收计算公式。在低于 100 kMHz 频段，水汽的吸收主要是由 13.48 mm(22.235 kMHz)谱线引起的，因此吸收系数为 22.235 kMHz 谱线吸收系数与剩余项之和，就是

$$k_{\mathrm{H_2O}}(\nu)=k(\nu,22)+k_r(\nu) \tag{12.17}$$

其中根据式(12.14)，22.235 kMHz 谱线吸收系数写为

$$k(\nu,22)=2\nu^2\rho_v\left(\frac{300}{T}\right)^{-5/2}\mathrm{e}^{-644/T}\times\left[\frac{w_1}{(494.4-\nu^2)^2+4\nu^2 w_1^2}\right]\ (\mathrm{dB/km}) \tag{12.18}$$

式中，谱线宽度 w_1 为

$$w_1=2.85\left(\frac{P}{1013}\right)\left(\frac{300}{T}\right)^{0.626}\left[1+0.018\frac{\rho_v T}{P}\right]\ (\mathrm{GHz}) \tag{12.19}$$

而剩余吸收系数写为

$$k_r(\nu)=2.4\times10^{-6}\nu^2\rho_v\left(\frac{300}{T}\right)^{-3/2} w_1\quad(\mathrm{dB/km}) \tag{12.20}$$

则总的水汽吸收系数写为

$$k_{\mathrm{H_2O}}(\nu)=k_{\mathrm{r}}(\nu)=2\nu^2\rho_v\left(\frac{300}{T}\right)^{-3/2} w_1\times\left[\left(\frac{300}{T}\right)\mathrm{e}^{-644/T}\frac{1}{(494.4-\nu^2)^2+4\nu^2 w_1^2}+1.2\times10^{-6}\right]\ (\mathrm{dB/km}) \tag{12.21}$$

(2)在 100～300 kMHz 频段的吸收计算公式。对于高于 100 kMHz 处的吸收系数应采用完整的谱线表达式。但是 Waters(1976)提出，对于高达 300 kMHz 频率范围内，只要将十个最低频率的跃迁相加就可以了。这时有

$$k_{\mathrm{H_2O}}(\nu)=\sum k(\nu,\nu_{lm}) \tag{12.22}$$

式中，求和仅对 10 个最低频率的谱线上求和。根据式(12.16)和式(12.17)得

$$k_{\mathrm{H_2O}}(\nu)=4.34\times10^3\left(\frac{4\pi}{c}\right)\nu\rho_v T^{-5/2}\times\sum S_{lm0}\,\nu_{lm}\rho_v\mathrm{e}^{-E_i/\kappa T}F_G(\nu,\nu_{lm})\ (\mathrm{dB/km}) \tag{12.23}$$

如果令 $lm=1$ 表示谱线 22.235 kMHz 和 $lm=2$ 表示谱线 183.31 kMHz，引入 Gross 谱型函数，并将 T 对 300 K 归一化时，则上述表示式为

$$k_{\mathrm{H_2O}}(\nu)=1.5\times10^{-12}\nu^2\rho_v\left(\frac{300}{T}\right)^{5/2}\sum_{i=1}^{10}S_{0i}\nu_i^2\mathrm{e}^{-E_i/\kappa T}\times\left[\frac{w_i}{(\nu_i^2-\nu^2)^2+4\nu^2 w_i^2}\right]\ (\mathrm{dB/km}) \tag{12.24}$$

如果又令 $E'_i=E_i/\kappa$，$A_i=S_{i0}\nu_i^2/S_{10}\nu_1^2$ 则上式又可为

$$k_{\mathrm{H_2O}}(\nu)=2\nu^2\rho_v\left(\frac{300}{T}\right)^{5/2}\sum_{i=1}^{10}A_i\mathrm{e}^{-E'_i/T}\times\left[\frac{w_i}{(\nu_i^2-\nu^2)^2+4\nu^2 w_i^2}\right]\ (\mathrm{dB/km}) \tag{12.25}$$

对于式(12.20)中 $i=1,2,3,\cdots,10$ 的 A_i、E'_i、ν_i^b 的值见表 12.3。由表中的 w_{i0}、a_i、x 值，由下

式就可算出谱线宽度，即

$$w_i = w_{i0}\left(\frac{P}{300}\right)\left(\frac{300}{T}\right)^x\left[1+10^{-2}a_i\frac{\rho_v T}{P}\right] \tag{12.26}$$

式中，P 以百帕为单位，T 以开氏温度为单位，ρ_v 的单位为 g/m^3。如果由式(12.25)计算出的 $k_{H_2O}(\nu)$ 与实际的水汽吸收系数的偏差为 $\Delta k(\nu)$，则精确的水汽吸收表示为

$$k_{H_2O}{}'(\nu) = k_{H_2O}(\nu) + \Delta k(\nu) \qquad (\mathrm{dB/km}) \tag{12.27}$$

式中，$\Delta k(\nu)$ 可以用实验室测量确定，写为

$$\Delta k(\nu) = 4.69\times10^{-6}\rho_v\left(\frac{300}{T}\right)^{2.1}\left(\frac{P}{1000}\right)\nu^2 \qquad (\mathrm{dB/km}) \tag{12.28}$$

表 12.3　水汽吸收的谱线参数

i	ν_i(GHz)	E'_i(K)	A_i	w_{i0}(GHz)	a_i	x
1	22.23515		1.0	2.85	1.75	0.626
2	183.31012	644	41.9	2.68	2.03	0.649
3	(323.)	196	334.4	2.30	1.95	0.420
4	325.1538	1850	115.7	3.03	1.85	0.619
5	380.1968	454	651.8	3.19	1.82	0.630
6	(390.)	3062199	127.0	2.11	2.03	0.330
7	(436.)	1507	191.4	1.50	1.97	0.290
8	(438.)	10701507	697.6	1.94	2.01	0.360
9	(442.)	412	590.2	1.51	2.02	0.332
10	448.0008	.	973.1	2.47	2.19	0.510

3. 云和降水粒子对微波辐射的衰减

大气中的云滴、雨滴和其他微粒与微波辐射的相互作用，取决于粒子的密度、形状和大小及介电特性。在上面讨论大气分子与微波的作用主要限于吸收和发射。但是对云粒或雨滴的大小已与微波波长相比较，这时散射作用很强烈。

粒子的复折射指数 n_c 是计算粒子对辐射衰减的重要因子，在微波区域，对于不同性质的粒子的计算公式也不同。

(1)水滴的复折射指数 n_{cw} 和米氏效度因子，水滴的复折射指数可以表示为

$$n_{cw} = n_{rw} - i n_{iw} = \sqrt{\varepsilon_w} = \mathrm{Re}\{\sqrt{\varepsilon_w}\} + i\mathrm{Im}\{\sqrt{\varepsilon_w}\} \tag{12.29}$$

即是

$$n_{rw} = \mathrm{Re}\{\sqrt{\varepsilon_w}\} \text{ 和 } n_{iw} = \mathrm{Im}\{\sqrt{\varepsilon_w}\} \tag{12.30}$$

式中，ε_w 是纯水的相对复介电常数。复折射指数的实部是粒子的折射指数，它与粒子的散射特性相关而它的虚部与粒子的吸收系数有关。图 12.7a 和图 12.7b 表示对于不同温度下纯水复折射指数的实部和虚部与频率间的关系。

利用以上公式计算出对于三个频率(3.0 kMHz、30 kMHz 和 300 kMHz)在有雨和不同云天条件下米氏效率因子与水滴半径的关系。从图 12.8 中可以看出，对于每个频率都存在一个消光因子与水滴半径呈线性关系的区域，这个关系与瑞利近似给出的相一致。如当频率为 3 kMHz时，只有水滴半径小于 1000 μm 时存有这个关系。当频率为 30 kMHz 和 300 kMHz 时，与这关系相一致的水滴粒子半径分别是 100 μm 和 40 μm。同时还可看到，在 3 kMHz 处，

对于所有类型的云，瑞利近似都是成立的；在 30 kMHz 处，对晴天积云，瑞利近似是成立的，而对于浓积云，散射效应很明显，对积雨云，瑞利近似与实际情况有明显的偏差；在 300 kMHz 处，瑞利近似只适用于晴天。对于低频(3 kMHz)区，强降水对微波辐射有明显消光，而对高频(300 kMHz)区，所有的云和降水粒子对微波辐射都有明显的消光。

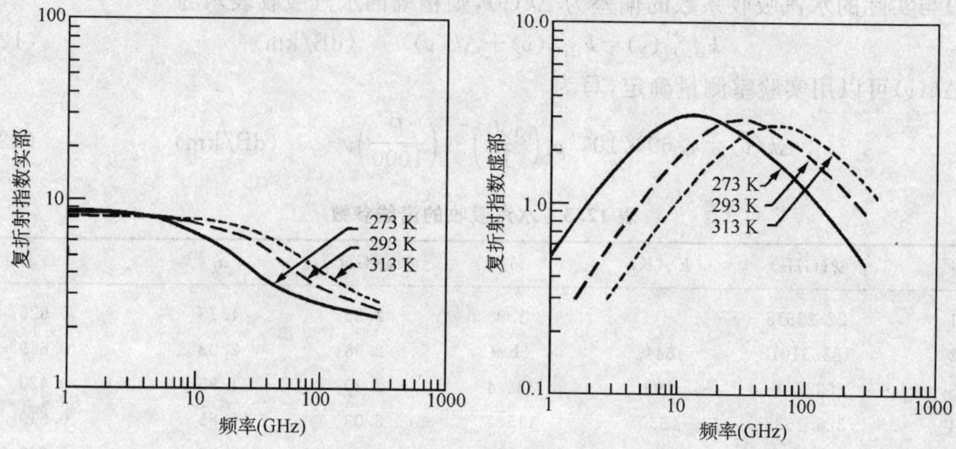

图 12.7　1～300 kMHz 内纯水复折射指数的实数部分及与温度的关系(a)和虚数部分及与温度的关系(b)

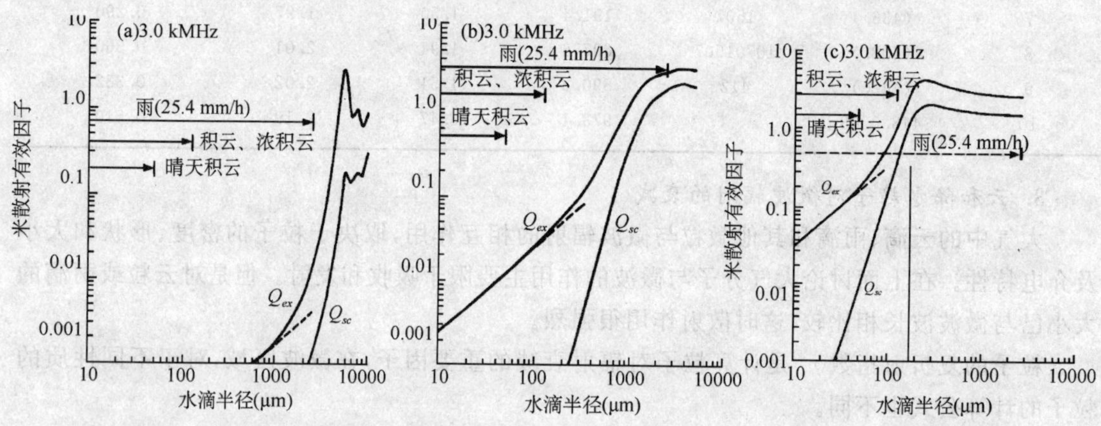

图 12.8　水滴半径与米氏效率因子间关系：(a)3.0 kMHz，(b)30 kMHz，(c)300 kMHz

(虚线表示瑞利消光)(Fraser 等，1975)

(2)冰粒的复折射指数，在微波波段中，冰的折射指数 n_{ci} 比水的 n_{cw} 小，并且对频率的依赖关系很小，n_{ci} 的实部基本与频率和温度无关，它近为常数

$$n_{ri} \approx \sqrt{\varepsilon_i} = 1.78 \tag{12.31}$$

而 n_{ci} 的虚部则随频率和温度变化，但是比实部要小得多，虚部与实部之比 $n_{ii}/n_{ri} < 10^{-2}$。采用 $|n_{ci}| \approx 1.78$，在尺度参数 $x \leqslant 0.3$ 时，由瑞利近似求出的 Q_{ex} 是成立的；而在 $x \leqslant 1$ 时，用瑞利近似计算的 Q_{ab} 有较小的误差。因而对于冰云($r \leqslant 0.2$ mm)，采用瑞利近似计算的 Q_{ex} 的频率范围为70 GHz，而对于 Q_{ab} 大约可到 200 GHz。

(3)雪片的复折射指数，虽然雪片的形状不是球形，但是由于冰粒的散射和吸收与形状只有小的依赖关系，因此，可以利用瑞利近似表示式，把它近似作为球形处理。雪片是由空气和冰晶体的混合物所组成。纯冰的密度是 $\rho_i = 0.916\ \mathrm{g/cm^3}$，而雪片的密度通常为 ρ_s，约在

0.05～0.3 g/cm^3，干雪的相对介电常数表示为

$$\frac{\varepsilon_{rds}-1}{\varepsilon_{rds}}=\frac{\rho_s}{\rho_i}\left(\frac{\varepsilon_i-1}{\varepsilon_i+2\varepsilon_{rds}}\right) \tag{12.32}$$

式中，干雪和冰的相对介电常数的虚部太小，已被忽略。

4. 多粒子的微波辐射的衰减

对于粒子群对微波辐射的衰减，最重要的参数有：①单位体积内液态水的含量；②水滴的谱分布，③粒子的成分(水、冰、雨)；④下面考虑单位体积中水滴对微波的散射和吸收系数。为了考虑某一体积内不同大小粒子的散射作用，需要粒子的尺度谱 $\mathrm{d}n(r)/\mathrm{d}r$，如果粒子的尺度范围从 $r_1 \to r_2$，则总的粒子数为

$$N=\int_{r_1}^{r_2}\frac{\mathrm{d}n(r)}{\mathrm{d}r}\mathrm{d}r \tag{12.33}$$

式中，$n(r)$是半径为 r 的粒子数。

5. 云雾粒子的衰减系数

对于一定的谱分布，定义消光系数 α_{ex} 和散射系数 α_{sc} 分别为

$$\alpha_{ex}=\int_{r_1}^{r_2}\sigma_{ex}\frac{\mathrm{d}n(r)}{\mathrm{d}r}\mathrm{d}r=\int_{r_1}^{r_2}\sigma_{ex}p(r)\mathrm{d}r \tag{12.34}$$

$$\alpha_{sc}=\int_{r1}^{r_2}\sigma_{sc}\frac{\mathrm{d}n(r)}{\mathrm{d}r}\mathrm{d}r=\int_{r_1}^{r_2}\sigma_{sc}p(r)\mathrm{d}r \tag{12.35}$$

和吸收系数 α_{ab} 为

$$\alpha_{ab}=\int_{r_1}^{r_2}\sigma_{ab}\frac{\mathrm{d}n(r)}{\mathrm{d}r}\mathrm{d}r=\int_{r_1}^{r_2}\sigma_{ab}p(r)\mathrm{d}r \tag{12.36}$$

$$\alpha_s=\frac{\lambda_0^3}{8\pi^2}\int_0^{\infty}x^2p(r)Q_x(x)\mathrm{d}x \tag{12.37}$$

式中，$p(r)=\dfrac{\mathrm{d}n(r)}{\mathrm{d}r}$，式中积分是对于 x 的可能全部范围值。可以看出，对于粒子群的消光系数阿 α_{ex}、散射系数 α_{sc} 和吸收系数 α_{ab} 与粒子的谱分布、入射波波长等有关。

(1)云雾粒子的微物理特性

①云雾粒子谱分布：对于云雾粒子谱分布可以写为

$$p(r)=ar^{\alpha}\exp(-br^{\gamma}) \qquad 0\leqslant r\leqslant\infty \tag{12.38}$$

式中，$p(r)$是云雾粒子谱分布，称为变态珈玛分布，当 $\gamma=1$ 时，称为珈玛分布。

②单位体积内的粒子数：

$$N=\int_0^{\infty}p(r)\mathrm{d}r=a\int_0^{\infty}r^{\alpha}\exp(-br^{\gamma})\mathrm{d}r=\frac{a\Gamma(\beta_1)}{\gamma b^{\beta_1}} \tag{12.39}$$

式中，$\Gamma()$是标准伽玛函数，且

$$\beta_1=\frac{\alpha+1}{\gamma} \tag{12.40}$$

③众数半径和最大密度数：将 $p(r)$对 r 微分，并令其为0，则得

$$r_c^{\gamma}=\frac{\alpha}{b\gamma} \tag{12.41}$$

相应的谱分布密度的最大值为

$$p(r_c)=ar_c^{\alpha}\exp\left(-\frac{\alpha}{\gamma}\right) \tag{12.42}$$

④云中含水量:云中的含水量表示为

$$m_c = \frac{4}{3}\pi r^3 \times 10^{-6} a\int_0^\infty r^{\alpha+3}\exp(-br^\gamma)\mathrm{d}r = \frac{4\times 10^6 a\pi}{3\gamma b^{\beta_2}}\Gamma(\beta_2) \tag{12.43}$$

式中

$$\beta_2 = \frac{\alpha+4}{\gamma} \tag{12.44}$$

如果把 $p(r)$对 $p(r_c)$之比定义为归一化云滴谱分布,则由式(12.33)和式(12.37)得

$$P_{\mathrm{norm}}(r) = \frac{p(r)}{p(r_c)} = \left(\frac{r}{r_c}\right)^\alpha \exp\left\{-\frac{\alpha}{\gamma}\left[\left(\frac{r}{r_c}\right)^\gamma - 1\right]\right\} \tag{12.45}$$

(2)瑞利近似下的微波衰减系数

在瑞利近似区内水和冰粒的微波吸收截面远大于散射截面,因此云的消光系数等于云的吸收系数,它等于云的单位体积内云粒吸收截面的总和,即是

$$\alpha_{\mathrm{ex}}^c = \alpha_{\mathrm{ab}}^c = \sum_{i=1}^{N_c}\sigma_{\mathrm{ab}}^c(r_i) \tag{12.46}$$

式中,N_c 是单位体积内云粒的数目,r_i 是第 i 个粒子的半径。根据式(8.40c),$\sigma_{ab}^c(r_i)$写为

$$\sigma_{\mathrm{ab}}^c(r_i) = \frac{8\pi^2}{\lambda} r_i^3 \mathrm{Im}|-K| \tag{12.47}$$

式(12.42)代入式(12.41),则消光系数为

$$\alpha_{\mathrm{ex}}^c = \frac{8\pi^2}{\lambda}\mathrm{Im}|-K|\sum_{i=1}^{N_c} r_i^3 \tag{12.48}$$

云的含水量(g/m³)为云粒的体积与水的密度(10^{-6} g/m³)的乘积,即

$$M_c = 10^6 \sum_{i=1}^{N_c}\frac{4\pi}{3}r_i^3 \tag{12.49}$$

利用上式,消光系数又为

$$\alpha_{\mathrm{ex}}^c = \frac{6\pi}{\lambda}\mathrm{Im}|-\mathrm{K}| \cdot M_c \times 10^{-6} \quad (\mathrm{Np/m}) \tag{12.50}$$

如果将单位换算为 dB/km,其中 λ 以 cm 单位,则简化为

$$\alpha_{\mathrm{ex}}^c = \alpha_{\mathrm{e1}}^c M_c \quad (\mathrm{dB/km}) \tag{12.51}$$

其中

$$\alpha_{\mathrm{e1}}^c = 0.434\,\frac{6\pi}{\lambda}\mathrm{Im}|-K| \ (\mathrm{dB/(km\cdot g\cdot m^3)}) \tag{12.52}$$

图 12.9 给出了温度为−8℃、0℃、10℃、20℃下水云和冰云的质量消光系数 α_{e1}^c 与频率的关系。图中消光系数 α_{e1}^c 随频率的增加而迅速成增加,随温度的下降缓慢增加。冰云比水云的消光系数小 1~2 个数量级。因此在同一频率下,冰云的衰减比水云的衰减要小。图中的曲线是由 Benoit(1968)得出的,它表示为

$$\alpha_{e1}^c == \begin{cases} v^{1.95}\exp[-6.866(1+4.5\times 10^{-3}T)] & \text{水云} \\ v^{1.006}\exp[-8.261(1-1.767\times 10^{-2}T-4.374\times 10^{-4}T^2)] & \text{冰云}\end{cases} \tag{12.53}$$

上式仅适用于频率较低的情况,对频率高的情况,上式就不适用。

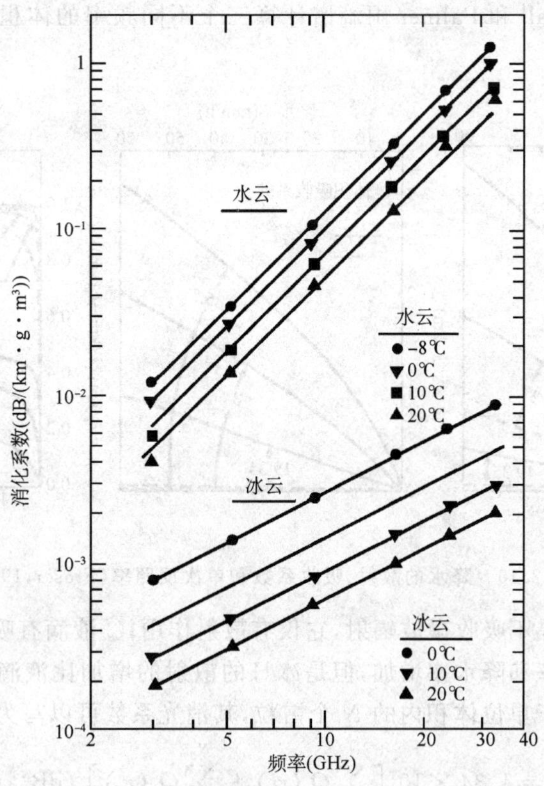

图 12.9　云雾的衰减系数(Benoit,1968)

6. 降水对微波辐射的衰减

降水粒子的直径一般都大于 100 μm,有的可超过 6 mm,冰雹直径可达几厘米,比云滴的直径大几个数量级,在厘米波段范围内,瑞利近似的有效性仅限于 10 mm/h,如果频率超过 30 GHz,瑞利近似只适用于降水很小的情况,一般不再适合,这时计算降水的衰减采用米氏散射理论,降水的辐射特性与雨滴谱密切相关。

(1)雨滴谱分布:对于每小时降水强度为 1～23 mm,根据地面观测结果,Marshall 和 Palmer(1948)提出雨滴谱一般可以表示为

$$p(r)=n_0 e^{-br} \tag{12.54}$$

式中,$p(r)$表示单位体积单位雨滴直径间隔内雨滴直径为 r 的数目。取 $n_0=8.0\times10^6\ \mathrm{m}^{-4}$,则上式中的 b 为

$$b=4100R_r^{-0.21} \tag{12.55}$$

(2)雨的体衰减系数:对于雨滴衰减系数的一般表达式可由式(12.55)给出。对于实际中,消光系数 κ_{ex} 与降水率 R_r 直接建立关系,写为

$$\kappa_{ex}=\kappa_1 R_r^b \qquad (\mathrm{dB/km}) \tag{12.56}$$

式中,κ_1 单位为 dB/km 或 mm/h,降水率用 mm/h 表示,b 是无量纲数,表 12.4 给出了不同谱型下对于不同频率下 V 和 H 的 κ_1 和 b 值。降水率表示为

$$R_r = 6\pi\times10^{-4}\sum_{i=1}^{N_v} v_i d_i^3 \qquad (\mathrm{mm/h}) \tag{12.57}$$

式中,d_i 是第 i 个雨滴的直径,v_i 是第 i 个雨滴的速度。

图 12.10 为 Marshall 和 Palmer 雨滴谱计算三个不同频率的体积散射、吸收系数和单次反照率。

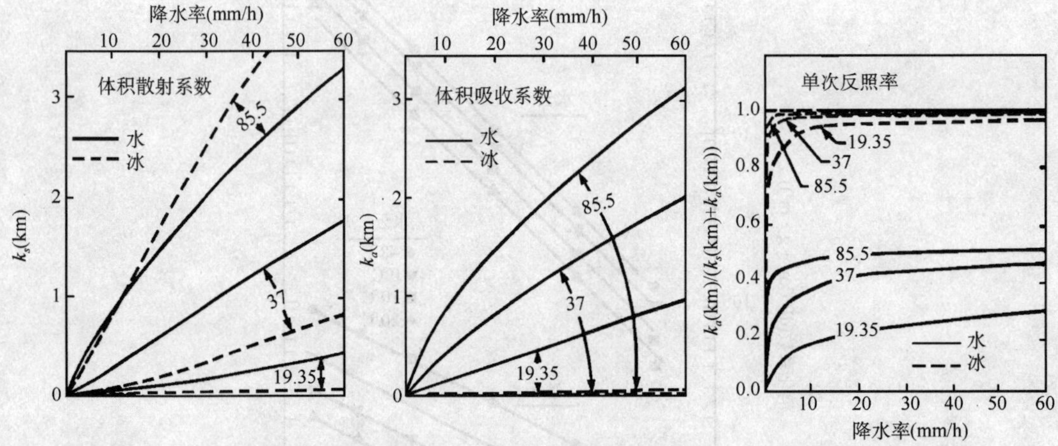

图 12.10 降水的散射、吸收系数和单次反照率(Fraser,1975)

从图中看到:①冰晶不吸收微波辐射,它仅有散射作用;②液滴有吸收和散射,吸收是主要的;③散射和吸收随频率和降水率增加,但是冰日的散射的增加比液滴的散射增加要快得多;④雪的体衰减系数,对于单位体积内的 N 个雪粒,其消光系数可以写为

$$\kappa_{es} = 4.34\times10^3\left[\sum_{i=1}^{N_v}Q_s(ri)+\sum_{i=1}^{N_v}Q_a(r_i)\right]\ (\text{dB/km}) \tag{12.58}$$

式中,$Q_s(r_i)$和 $Q_a(r_i)$分别是第 i 个雪粒的散射和吸收截面,r_i 为雪粒的有效粒子半径,与雪片的半径 r_s 的关系为:$r_s^3=r_i^3/\rho_s$,ρ_s 是雪的密度。在瑞利区,利用式(8.40b)和式(8.40c),Q_s、Q_a 代入式(12.58)得

$$\kappa_{es} = 4.34\times10^3\left[\frac{2\times10^{-3}}{3\lambda_0^4\rho_s^2}|K_{ds}|^3\sum_{i=1}^{N_v}d_i^6+\frac{\pi^3}{\rho_s\lambda_0}\text{Im}\{-K_{ds}\}\sum_{i=1}^{N_v}d_i^3\right]\ (\text{dB/km}) \tag{12.59}$$

式中,$d_i=2r_i$ 是雪直径(mm),λ_0 是波长(cm)。利用式(12.52)和考虑其他等因素,上式可进一步写成与降水率和波长的关系为

$$\kappa_{es}=2.22\times10^{-2}\frac{R_r^{1.6}}{\lambda_0^4}+0.34\text{Im}\{-K_i\}\frac{R_r}{\lambda_0}\quad(\text{dB/km}) \tag{12.60}$$

表 12.4 对于 $\kappa_{ex}=\kappa_1R_r^b$ 和 $\kappa_{ex}=\kappa_1R_r$ 的各参数

频率(GHz)	对数模型				线性	
	κ_1		b		κ_1	注解
	V	H	V	H		
2.8	0.000459		0.954		—	球粒
7.5	0.00459		1.06		0.00481	球粒
9.4	0.0087		1.10		0.00932	球粒
11.0	0.012	0.014	1.23	1.24	—	扁球
16.0	0.0374		1.10	1.24	0.0403	球粒
18.0	0.053	0.061	1.07	1.10	—	扁球

续表

频率(GHz)	对数模型				线性	
	κ_1		b		κ_1	注解
	V	H	V	H		
24.0	0.10	0.11	1.03	1.06	—	扁球
30.0	0.17	0.19	0.98	1.00	—	扁球
34.9	0.225		1.05		0.234	球粒
40.0	0.31	0.38	0.91	0.93	—	扁球
60.0	0.63	0.71	0.81	0.82	—	扁球
69.7	0.729		0.893		—	球粒
80.0	0.86	0.93	0.76	0.77	—	扁球
100.0	1.06	1.15	0.73	0.73	—	扁球

三、地表面对微波的反射和散射

1. 微波的偏振

根据经典电动力学,电磁波用电场矢量 $\boldsymbol{E}$ 和磁场矢量 $\boldsymbol{H}$ 表示,其能流密度与电场和磁场方向可以用乌莫夫—玻印廷矢量描述为

$$\boldsymbol{S}=\frac{c}{4\pi}\boldsymbol{E}\times\boldsymbol{H} \tag{12.61}$$

式中,$\boldsymbol{S}$ 是能流密度,方向是电磁波传播方向,与电场 $\boldsymbol{E}$ 和磁场 $\boldsymbol{H}$ 方向垂直。如果电场或磁场的振动集中在某一方向,则称电磁波在某一方向上的偏振或极化。如果电场振动方向始终固定不变,那么这样的波称平面偏振波。如果电场振动方向随传播方向逆时针(右旋)旋转,则称之为右旋偏振,反之称左旋偏振。如果偏振与入射平面相平行,则称其为水平或平行偏振,用字母"H"表示,如果偏振方向与入射平面相垂直,则称之垂直偏振,用字母"V"表示。图 12.11 表示了入射电磁波的极化特征,E_h 处于入射平面内,E_V 与入射平面垂直。

2. 地表对微波的反射

入射到物体的微波辐射部分要被反射,其反射特性取决于物体表面的粗糙程度。

(1)光滑表面物体的反射,如果表面是光滑的(凹凸不平程度比波长小得多),入射的微波波束将被单向反射,并具有高度的方向性。若略去透入物体内部的功率,则有关系

$$1-R_\lambda=\varepsilon_\lambda \tag{12.62}$$

式中,R_λ 是反射率,ε_λ 是发射率。对于光滑表面,若入射角为 θ_i,则水平偏振和垂直偏振的反射率分别为

$$R_{\lambda H}=\left|\frac{\varepsilon'_{r\lambda}\cos\theta_i-\sqrt{\varepsilon'_{r\lambda}-\sin^2\theta_i}}{\varepsilon'_{r\lambda}+\sqrt{\varepsilon'_{r\lambda}-\sin^2\theta_i}}\right|^2=\left|\frac{n_1\cos\theta_r-n_2\cos\theta_i}{n_1\cos\theta_r+n_2\cos\theta_i}\right|^2 \tag{12.63}$$

$$R_{\lambda V}=\left|\frac{\sqrt{\varepsilon'_{r\lambda}-\sin^2\theta_i}-\cos\theta_i}{\sqrt{\varepsilon'_{r\lambda}-\sin^2\theta_i}+\cos\theta_i}\right|^2=\left|\frac{n_1\cos\theta_i-n_2\cos\theta_r}{n_1\cos\theta_i+n_2\cos\theta_r}\right|^2 \tag{12.64}$$

式中,$\varepsilon'_{r\lambda}$ 是复介电常数,从上式可见,除入射角和波长外,反射率主要取决于复介电常数 $\varepsilon'_{r\lambda}$,介电常数与物体性质有关,如是海面,则与含盐量有关。如是土壤,则与土壤的湿度有关。有关介电常数的表示将在下面叙述。图 12.12 表示水和冰的极化反射率特点,在遥感中根据这

种特点可用于识别冰和水。

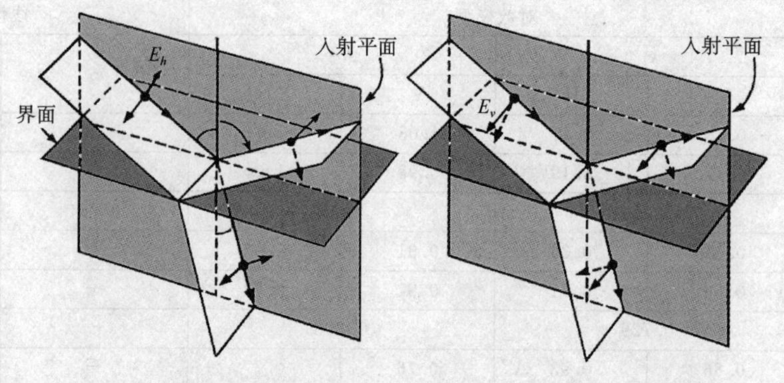

图 12.11　电磁波的偏振和反射、折射

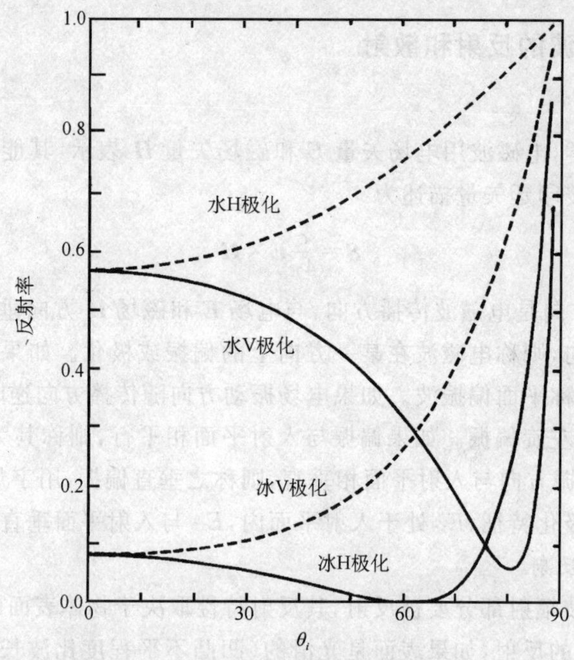

图 12.12　19 GHz 水和冰的反射率

(2)微波的透射：微波辐射投射到物体表面，其部分能量被反射，部分能量进入物体内部，这就是微波的透射现象。微波透射的方向可以用斯奈尔定理表示：

$$\frac{\sin\theta_t}{\sin\theta_0}=\frac{1}{|n|} \tag{12.68}$$

式中，θ_0、θ_t 分别临射辐射的入射角和折射角。$n=\sqrt{\mu_r\varepsilon_r}$，$n$ 是折射率 ε_r、μ_r 分别是电导率和导磁率。微波的透过率写为

$$\boldsymbol{T}_h=\left|\frac{2n_1\cos\theta_i}{n_1\cos\theta_r+n_2\cos\theta_i}\right|^2 \tag{12.69}$$

$$\boldsymbol{T}_v=\left|\frac{2n_1\cos\theta_i}{n_1\cos\theta_i+n_2\cos\theta_r}\right|^2 \tag{12.70}$$

微波进入物体内部由于损耗而衰减，它只能到达一定深度。通常把微波振幅减少 1/e 倍

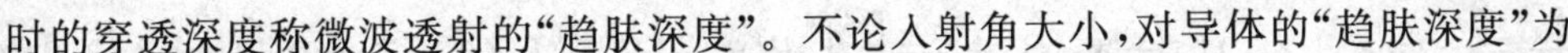

时的穿透深度称微波透射的"趋肤深度"。不论入射角大小,对导体的"趋肤深度"为

$$h=\frac{c}{\sqrt{2\pi\mu_r\sigma\omega}} \tag{12.71}$$

式中,c 为光速,σ 为导电率,μ_r 是导磁率,对于非磁性物质 $\mu_r=1$,$\omega=2\pi f$。从式(12.61)可知,微波透射深度与导体的电磁特性和频率有关,可以计算 1 kMHz 的微波辐射只能透入铜板 2 μm,因此可以认为金属及其他良导体对微波是不透明的。

对不良导体,或导电性好但微波频率较高时,"趋肤厚度"为

$$h=\sqrt{\frac{\varepsilon_r}{\mu_r}}\frac{c}{2\pi\sigma}\frac{1}{\left(1-\frac{2\pi^2\sigma^2}{\omega^2\varepsilon^2}\right)} \tag{12.72}$$

从上式可见,微波频率越低,穿透能力越强。在不同微波频率下各种物质的穿透深度不同,对于干砂土能穿透几十米,但对湿土只能穿透几厘米到几米。在图 12.3 中表示了在 1.3 GHz、4.0 GHz 和 10.0 GHz 三个频率和不同类型土壤湿度时微波的趋肤厚度。可以看出:,当土壤湿度较小时,趋肤厚度随湿度的变化较大,频率低(如在 1.3 GHz)变化更大。同时在同样的频率和湿度情况下,砂土的趋肤厚度较另两种土壤要大。

(3)地表的介电特性

①纯水和海水的介电常数:对于纯水和海水的介电常数为

$$\varepsilon_{sw}=\varepsilon_{sw\infty}+\frac{\varepsilon_{sw0}-\varepsilon_{sw\infty}}{1+j2\pi f\tau_{sw}}-j\frac{\sigma_{sw}}{\varepsilon_0} \tag{12.78}$$

式中,$\varepsilon_{sw\infty}$ 是频率高端处纯水和海水的介电常数的 ε_{sw},ε_{sw0} 是海水的静态介电常数,τ_{sw} 是水的张弛时间,σ_{sw} 是海水离子电导率。

②海冰的介电常数:冰雪的复介电常数远较液态水小,根据实验资料,在 10 GHz 和 1000 GHz之间,纯的新鲜海冰介电常数为一常数,为

$$\varepsilon'_i=3.17$$

海冰的比辐射率较水要大很多,由此可以由微波辐射观测反演海上的冰块。

③雪的介电特性:对于干雪的介电特性,由于干雪是由冰晶粒子和空气孔组成,一般地,干雪的密度为 0.1 g/cm³(新降落的雪)到 0.5 g/cm³(重新冻结)。由于在 10 GHz 和 1000 GHz 之间,纯的新鲜海冰介电常数为一常数,与温度无关,干雪的介电常数仅是其密度的函数,在 3 GHz和 37 GHz 间,为

$$\varepsilon'_{ds}=1+1.9\rho_{ds} \qquad \rho_{ds}\leqslant 0.5\ \mathrm{g/cm^3} \tag{12.79}$$

式中,ρ_{ds} 是干雪的密度(g/cm³)。

干雪的衰减系数为

$$\begin{aligned}
&\text{对于 18 GHz} \quad \kappa_{\mathrm{eds}}=1.5+7.4d_s^{2.3} \quad \mathrm{dB/m}\\
&\text{对于 37 GHz} \quad \kappa_{\mathrm{eds}}=30d_s^{2.1} \quad \mathrm{dB/m}\\
&\text{对于 60 GHz} \quad \kappa_{\mathrm{eds}}=180d_s^{1.9} \quad \mathrm{dB/m}\\
&\text{对于 90 GHz} \quad \kappa_{\mathrm{eds}}=300d_s^{1.9} \quad \mathrm{dB/m}
\end{aligned} \tag{12.80}$$

四、微波辐射在大气中的传输

1. 晴天大气微波辐射传输

在热力平衡情况下辐射传输方程的普遍形式写为

$$\frac{\mathrm{d}L_\lambda}{\mathrm{d}l}=-(\alpha_{\mathrm{ab}\lambda}+\alpha_{\mathrm{sc}\lambda})L_\lambda+\alpha_{\mathrm{ab}\lambda}B_\lambda+\frac{\alpha_{\mathrm{sc}\lambda}}{4\pi}\int_0^{2\pi}\int_0^{\pi}P(\theta_s,\varphi_s;\theta,\varphi)L_\lambda(\theta_s,\varphi_s)\sin\theta_s\mathrm{d}\theta_s\mathrm{d}\varphi_s \quad (12.81)$$

式中，$\alpha_{\mathrm{ab}\lambda}$、$\alpha_{\mathrm{sc}\lambda}$分别是吸收系数和散射系数，$P(\theta_s,\varphi_s;\theta,\varphi)$是散射相函数，$(\theta_s,\varphi_s)$和$(\theta,\varphi)$分别是辐射入射方向和散射方向的极角和方位角。由式(12.81)，并将各项乘以$\lambda^4/2c\kappa$，得亮度温度形式的传输方程为

$$\frac{\mathrm{d}T_{b\lambda}}{\mathrm{d}l}=-(\alpha_{\mathrm{ab}\lambda}+\alpha_{\mathrm{sc}\lambda})T_{\mathrm{b}\lambda}+\alpha_{\mathrm{ab}\lambda}T+\frac{\alpha_{sc}}{4\pi}\int_0^{2\pi}\int_0^{\pi}P(\theta_s,\varphi_s;\theta,\varphi)T_{b\lambda}(\theta_s,\varphi_s)\sin\theta_s\mathrm{d}\theta_s\mathrm{d}\varphi_s \quad (12.82)$$

在微波段区晴空大气的散射很小，所以假定$\alpha_{\mathrm{sc}\lambda}=0$，消光作用完全是由吸收引起的，这时$\alpha_{\mathrm{ab}\lambda}+\alpha_{\mathrm{sc}\lambda}=\alpha_{\mathrm{ab}\lambda}=\alpha_\lambda$ 则上式简化为

$$\frac{\mathrm{d}T_{b\lambda}}{\mathrm{d}l}=-\alpha_\lambda T_{b\lambda}+\alpha_\lambda T \quad (12.83)$$

上式边界条件为

$$T_{\mathrm{b}\lambda}^{\downarrow}(\infty)=T_{\mathrm{c}\lambda}$$

$$T_{\mathrm{b}\lambda}^{\uparrow}(0)=\alpha_{\mathrm{s}\lambda}T_{\mathrm{s}}+(1-\alpha_{\mathrm{s}\lambda})T_{\mathrm{b}\lambda}^{\downarrow}(0)$$

式中，$T_{\mathrm{b}\lambda}^{\uparrow}$、$T_{\mathrm{b}\lambda}^{\downarrow}$分别是向上和向下的微波辐射亮度温度，$T_{\mathrm{c}\lambda}$是宇宙背景微波辐射亮度温度，$T_s$是地面温度。$\alpha_{s\lambda}$是地面吸收率，在热力平衡情况下，它与地面比辐射率$\varepsilon_{s\lambda}$相等。由于$T_{\mathrm{c}\lambda}=2.76$ K为已知，可以扣除。在上述边界条件下，对式(12.83)积分就得

$$T_{\mathrm{b}\lambda}^{\uparrow}(L)=T_{\mathrm{b}\lambda}^{\uparrow}(0)\widetilde{\boldsymbol{T}}_\lambda(0,L)+\int_0^L T(l)\mathrm{d}\widetilde{\boldsymbol{T}}_\lambda$$

$$=\alpha_{s\lambda}T_s\mathrm{e}^{-\int_0^L\alpha_\lambda \mathrm{d}l}+(1-\alpha_{s\lambda})\mathrm{e}^{-\int_0^L\alpha_\lambda\mathrm{d}l}\cdot\int_0^L T(l)\alpha_\lambda\mathrm{e}^{-\int_0^L\alpha_\lambda\mathrm{d}l'}\mathrm{d}l+\int_0^L T(l)\alpha_\lambda\mathrm{e}^{-\int_0^L\alpha_\lambda\mathrm{d}l'}\mathrm{d}l \quad (12.84)$$

和

$$T_{\mathrm{b}\lambda}^{\downarrow}(0)=\int_0^\infty T(l)\alpha_\lambda\mathrm{e}^{-\int_0^L\alpha_\lambda\mathrm{d}l'}\mathrm{d}l \quad (12.85)$$

其中

$$\mathrm{e}^{-\int_0^\infty\alpha_\lambda\mathrm{d}l}=1-\int_0^\infty\mathrm{e}^{-\int_l^\infty\alpha_\lambda\mathrm{d}l'}\alpha_\lambda\mathrm{d}l$$

则式(12.84)可以写为

$$T_{\mathrm{b}\lambda}^{\uparrow}(\infty)=\alpha_{s\lambda}T_s\mathrm{e}^{-\int_0^L\alpha_\lambda\mathrm{d}l}+\int_0^L T(l)[(1-\alpha_\lambda)\mathrm{e}^{-2\int_0^L\alpha_\lambda\mathrm{d}l'}\mathrm{d}l+1]-\mathrm{e}^{-\int_0^\infty\alpha_\lambda\mathrm{d}l}\alpha_\lambda\mathrm{d}l \quad (12.86)$$

式(12.86)左边表示在宇宙空间(∞)处观测地面和大气向上发射的微波辐射，该式右边第一项是地面发射并透过大气到达宇宙的微波辐射；第二项是地面反射大气发射的向下微波辐射，然后透过大气进入宇宙的微波辐射；第三项是大气自身发射的微波辐射。由于在微波波谱区地表的比辐射率小于1，不能看成黑体，所以方和右边各项都有不能忽略。然而对于氧的5 mm吸收带，地表的反射和发射作用可以忽略不计。

2. 有云大气中微波辐射传输

云对红外辐射是不透明的，云层下的红外辐射不能透过较厚的云层，所以在红外波段，通常近似地把看成为黑体，卫星只能测量云面和云层以上大气发射的辐射。但是微波可以穿透云雾，若采用合适的频率，就能测定云能数和云下大气和地表辐射参数。

如图12.13中，设有高云和低云两层，通常高云对微波的衰减很小，可以忽略，低云对大气辐射的反射也很小，也可忽略。且设低云云底接近地面，此时卫星收到的辐射有下面五部分。

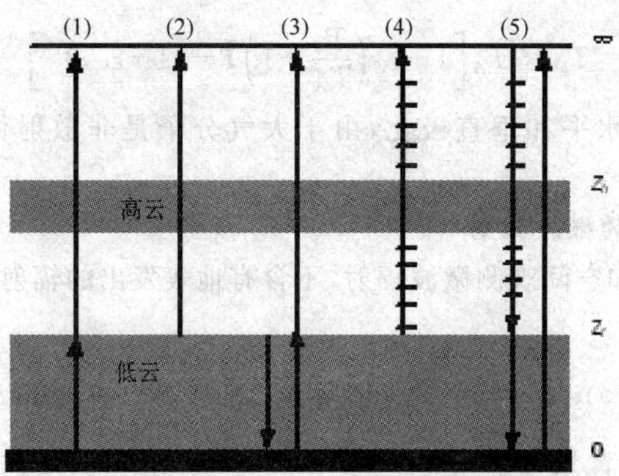

图 12.13　有云时微波辐射传输

(1)直接来自地面的微波辐射

$$\varepsilon_{s\lambda} T_s \widetilde{T}_\lambda^c \widetilde{T}_\lambda(z_l) \tag{12.87}$$

式中，$\varepsilon_{s\lambda}$ 是地面比辐射率，T_s 是地面温度，$\widetilde{T}_\lambda^c$ 是低云的透过率，$\widetilde{T}_\lambda(z_l)$ 是低云顶以上大气的透过率。

(2)来自低云向上发射的微波辐射

$$\varepsilon_\lambda^c T_c \widetilde{T}_\lambda(z_l) \tag{12.88}$$

式中，ε_λ^c 是低云的比辐射率，T_c 为低云温度。

(3)地表反射低云向下的微波辐射

$$(1-\varepsilon_{s\lambda})\varepsilon_\lambda^c T_c \widetilde{T}_\lambda^c \widetilde{T}_\lambda(z) \tag{12.89}$$

式中，$(1-\varepsilon_{s\lambda})$ 是地表的反射率。

(4)低云之上大气发射的微波辐射

$$\int_{z_1}^{\infty} T(z) K_\lambda(z) \mathrm{d}z \tag{12.90}$$

式中，$T(z)$ 为 z 高度处的大气温度，$K_\lambda(z)$ 为权重函数。

(5)地表反射云层之上大气向下的微波辐射

$$\begin{aligned}\widetilde{T}_\lambda(z_1)(\widetilde{T}_\lambda^c)^2(1-\varepsilon_{s\lambda})\int_{z_1}^{\infty} T(z)\frac{\widetilde{T}_\lambda(z_1)}{\widetilde{T}_\lambda(z)} K_\lambda(z)\mathrm{d}z \\ = (\widetilde{T}_\lambda^c)^2(1-\varepsilon_{s\lambda})\int_{z_1}^{\infty}\left[\frac{\widetilde{T}_\lambda(z_1)}{\widetilde{T}_\lambda(z)}\right]^2 T(z) K_\lambda(z)\mathrm{d}z\end{aligned} \tag{12.91}$$

将上面五部分合并，就得卫星在有云情况下接收到的微波辐射

$$\begin{aligned}T_{b\lambda} = \{[\varepsilon_{s\lambda} T_s + \varepsilon_\lambda^c T_c(1-\varepsilon_{s\lambda})]\widetilde{T}_\lambda^c + \varepsilon_\lambda^c T_c\}\widetilde{T}_\lambda(z_1) + \int_{z_1}^{\infty} T(z) K_\lambda(z)\mathrm{d}z + \\ (\widetilde{T}_\lambda^c)^2(1-\varepsilon_{s\lambda})\int_{z_1}^{\infty}\left[\frac{\widetilde{T}_\lambda(z_1)}{\widetilde{T}_\lambda(z)}\right]^2 T(z) K_\lambda(z)\mathrm{d}z\end{aligned} \tag{12.92}$$

3. 卫星接收到的极化辐射

考虑圆锥扫描的仪器(SMMR、SSM/I)，对于水面发射的辐射有很高的极化，各极化彼此无关，则微波辐射计接收到的辐射为

$$T_{bH} \cong T_A\left[1+\varepsilon_H\left(\frac{T_S}{T_A}-1\right)\widetilde{T}-(1-\varepsilon_H)\widetilde{T}^2\right] \tag{12.93}$$

$$T_{bV} \cong T_A\left[1+\varepsilon_V\left(\frac{T_S}{T_A}-1\right)\widetilde{\boldsymbol{T}}-(1-\varepsilon_V)\widetilde{\boldsymbol{T}}^2\right] \tag{12.94}$$

式中，下标 H、V 分别为水平和垂直极化，由于大气分子是非散射体，所以对于 T_A、$\widetilde{\boldsymbol{T}}$ 量无下标。

4. 地对空遥感大气的微波辐射

从地面向上对大气和空间观测微波辐射，不含有地表发出的辐射，因此地面上接收到的微波辐射为

$$T_{b\lambda} = T_{b\lambda}^{\downarrow}(\infty)\mathrm{e}^{-\int_0^{\infty}\alpha_\lambda \mathrm{d}z} + T_{b\lambda}^{\downarrow}(0) == T_{c\lambda}\mathrm{e}^{-\int_0^{\infty}\alpha_\lambda \mathrm{d}z} + \int_0^{\infty} T(l)\alpha_\lambda \mathrm{e}^{-\int_0^{L}\alpha_\lambda \mathrm{d}l'}\mathrm{d}l \tag{12.95}$$

式中，右边第一项是宇宙背景辐射，其中 $T_{c\lambda}=2.76$ K。第二项是大气向下到达地面的微波辐射。

第二节　微波辐射计

关于微波辐射的测量，这里仅限于用于被动遥感测量微波辐射的仪器，在介绍微波辐射计之前，先介绍有关这方面的参量。

一、天线方向图、功率和天线温度

1. 天线方向图

微波辐射计通过天线接收来自大气、地表物体发射的微波辐射，这种天线具有方向性，即在某些方向上接收较多的辐射，而在另一些方向上接收很小的辐射，由此决定了仪器对空间观测的分辨率。天线方向性常用方向图来表示，如图 12.14 中，方向图由几个波瓣组成，最大的波瓣称为主瓣，小的波瓣称为旁瓣(或侧瓣)。图 12.14a 是以极坐标表示的方向图，图 12.14b 是以直角坐标表示的方向图。如果 P_0 是主瓣上的最大功率点处功率，P 是方向图上任一点的功率，则其分贝衰减为

$$\mathrm{d}B=\beta=10\log\frac{P}{P_0} \tag{12.96}$$

据此在图 12.14b 中，主瓣上最大功率点功率为 0 dB，其余部分为负值。−3 dB 表示辐射功率为主瓣最大功率 P_0 的 1/2 的衰减，相应在方向图上是半功率点。−10 dB 为主瓣上最大功率 P_0 的 1/10。

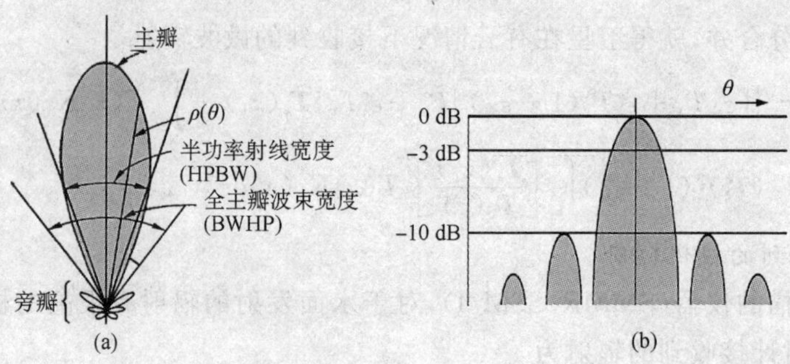

图 12.14　微波天线方向图

天线方向性的好坏可以用主瓣的宽度表示，常取两半功率点与顶点连线间的夹角，称天线的半功率点波束宽度（HPBW）；也可取零信号间的夹角，称全主瓣波束宽度（BWFN）。天线方向图是三维的，若天线方向图是对称的，旋转主瓣轴就能得三维天线方向图；若天线方向图不对称，则需用三维轮廓图或几个二维截面来表示。

2. 天线型式

与 VIR 所用的透镜比较，天线与其的主要差别是天线有侧瓣，在侧瓣处，它是偏离视线方向的某一角度发射和接收辐射能量，也就是(θ,φ)的函数，因而描述侧瓣的特性用归一化辐射功率形式表示

$$F_n(\theta,\varphi)=I(\theta,\varphi)/I_0 \tag{12.97}$$

式中，I_0 是视线方向的最大辐射强度，对于某种特定的天线，F_n 可以由数值计算或实验测量确定，由互易定理，对于发射和接收，功率形式 F_n 是等同的。因此，接收天线的 F_n 可由它的发射特性确定。

半功率射束宽度可以用两半功率点之间的角表示，近似为

$$\Delta\theta_{1/2}\sim\lambda/D \tag{12.98}$$

式中，D 是天线长度。

对于圆锥射束天线，其没有侧瓣，辐射仅限于视线方向的某一立体角，这时天线型式

$$F_n(\theta,\varphi)=1 \qquad \theta\leqslant\Delta\theta/2, 0\leqslant\varphi\leqslant 2\pi \tag{12.99}$$

否则

$$F_n(\theta,\varphi)=0$$

对于理想的各向同性天线情况下，发射和接收的辐射在所有角度是相同的，这时对于所有角度有 $F_n(\theta,\varphi)=1$。此时平均辐射强度为

$$I_{\mathrm{ave}}=\Phi_T/4\pi \tag{12.100}$$

天线特性也可以由立体角表示，如主瓣立体角、侧瓣立体角和后向瓣立体角及形式立体角。其中型式立体角定义为

$$\Omega_P=\int_{4\pi}\int F_n(\theta,\varphi)\,\mathrm{d}\Omega \tag{12.101}$$

对于各向同性，$\Omega_P=4\pi$，而对于圆锥射束天线，按式(12.99)得

$$\Omega_P=2\pi\Delta\theta^2/8$$

类似地，主瓣射束的立体角定义为 F_n 对主瓣积分，即

$$\Omega_M=\int_{\mathrm{main}}\int_{\mathrm{lobe}} F_n(\theta,\varphi)\,\mathrm{d}\Omega$$

同样可以定义侧瓣和后向瓣立体角 Ω_S 和 Ω_B，由式(12.100)和式(12.101)定义主瓣射束效率 η_M 为

$$\eta_M=\Omega_M/\Omega_P \tag{12.102}$$

一般选取 η_M 为 1，较小的侧瓣和来自半功率射束宽度较大的贡献，可以证明，对于微波图像的不同通道，多数为 $\eta_M>0.9$。

3. 天线增益

对于天线方向的增益定义为实际来自给定方向的强度 $I(\theta,\varphi)$与平均强度 I_{ave}之比，即

$$G(\theta,\varphi)=I(\theta,\varphi)/I_{\mathrm{ave}} \tag{12.103}$$

由这一方程 $I_{\max}$ 划分为顶和底，并使用式(3.8)、式(12.97)、式(12.100)和式(12.103)，将式(12.103)转换为

$$G(\theta,\varphi)=4\pi F_n(\theta,\varphi)/\Omega_P \tag{12.104}$$

对于，$F_n=1$ 最大增益表示为

$$G_0=4\pi/\Omega_P$$

因此 G_0 是整个空间立体角与型式立体角 Ω_P 的比值。大的增益意味小的 Ω_P，圆锥天线有高的增益。

一般地说，方向图上某点的天线功率决定于该点与主瓣轴间的夹角 θ、方位角 φ 及瞄准方向角 ψ，写为 $P(\theta,\varphi,\psi)$，将其除以 Ω_A，便函得天线增益系数为

$$G(\theta,\varphi,\psi)=\frac{P(\theta,\varphi,\psi)}{P_0\Omega_A} \tag{12.105}$$

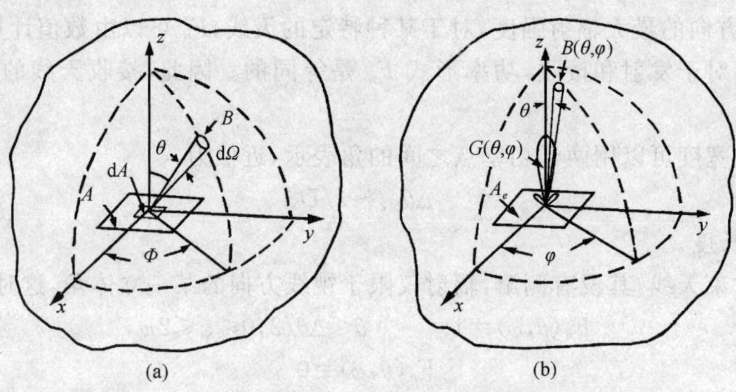

图 12.15　微波天线接收到的功率

4. 微波天线接收到的功率

如图 12.15a 中，设有一个持有温度为 T 的闭合黑腔，在腔内插入一块相对这腔很小的水平板，且设这小板所截取的能量对黑腔的热力平衡作用可以忽略不计，则从腔壁的立体角 $\mathrm{d}\Omega$ 入射到无限小面积 $\mathrm{d}A$ 的单面功率为

$$\mathrm{d}P_{H,V}(\theta,\varphi)=B(\theta,\varphi)\cos\theta\mathrm{d}A\mathrm{d}\Omega\mathrm{d}f \tag{12.106}$$

式中，$B(\theta,\varphi)$ 是腔壁在 θ、φ 方向的辐射率，$\mathrm{d}f$ 是带宽，$\cos\theta\mathrm{d}A$ 的有效接收截面，起加权函数或功率方向图作用。如图 12.15b 中，若用一个具有有效接收面积为 A_e 和天线增益 $G(\theta,\varphi)$ 的天线替代小水平平板，则在带宽 $f\rightarrow f+\mathrm{d}f$ 内天线接收到的功率为

$$P=A_e\int_f^{f+\Delta f}\int_{4\pi}B(\theta,\varphi)G(\theta,\varphi)\mathrm{d}\Omega\mathrm{d}f \tag{12.99}$$

又若天是线偏振，入射辐射是未偏振的，则辐射计只能测到目标物发出功率的 1/2，以及 $\Delta f\ll f^2$，辐射 $B(\theta,\varphi)$ 可以某一频率上的值代替，则式(14.99)可写为

$$\begin{aligned}P&=\frac{1}{2}A_e\int_f^{f+\Delta f}\mathrm{d}f\int_{4\pi}B(\theta,\varphi)G(\theta,\varphi)\mathrm{d}\Omega\\&=\frac{1}{2}A_e\int_f^{f+\Delta f}\mathrm{d}f\int_{4\pi}\frac{2\kappa T}{\lambda^2}G(\theta,\varphi)\mathrm{d}\Omega\end{aligned} \tag{12.100}$$

即是

$$P=\frac{A_e}{\lambda^2}\kappa T\Delta f\int_{4\pi}G(\theta,\varphi)\mathrm{d}\Omega \tag{12.101}$$

又因天线立体角 $\Omega_A=\dfrac{\lambda^2}{A_e}=\int_{4\pi}G(\theta,\varphi)\mathrm{d}\Omega$，将其代入上式得

$$P=\kappa T\Delta f \tag{12.102}$$

显见，一个理想无损耗线偏振天线接收到的微波辐射物体的温度 T 和接收带宽 Δf 成正比，所以功率 P 可以用温度 T 来表示。

5. 天线温度

假定天线的辐射电阻是与终端相匹配，且用吸收材料将天线有效地封闭起来，则天线的辐射电阻表现为闭合罩内的温度 T。若该温度为 T_A，那么电阻 T_A 产生的噪声功率为

$$P=\kappa T_Z A\Delta f \tag{12.103}$$

显然，式(12.102)和式(12.103)在形式上是一致的，只需令 $T_A=T$。在一般情况下，闭合罩不是黑体，故可把式(12.100)写为

$$P=\frac{\kappa A_e\Delta f}{\lambda^2}\int_{4\pi}T_B(\theta,\varphi)G(\theta,\varphi)\,\mathrm{d}\Omega \tag{12.104}$$

如果令式(12.103)和式(12.104)相等，且考虑到

$$\Omega_{\mathrm{A}}=\frac{\lambda^2}{A_e}=\int_{4\pi}G(\theta,\varphi)\,\mathrm{d}\Omega \tag{12.105}$$

则有

$$T_A=\frac{\int_{4\pi}T_B(\theta,\varphi)G(\theta,\varphi)\,\mathrm{d}\Omega}{\int_{4\pi}G(\theta,\varphi)\,\mathrm{d}\Omega} \tag{12.106}$$

式(12.106)的 T_A 就是要定义的天线温度。它表示天线周围的亮度温度 $T_B(\theta,\varphi)$ 按增益系数 $G(\theta,\varphi)$ 于整个空间加权后在天线波束立体角内的平均值。

二、微波辐射计

前面已提到自然界各介质的微波辐射的能量十分微弱，所以微波辐射计必须是高灵敏度的。微波辐射测量早在 20 世纪 30 年代就用于测量外层空间的天体的射电辐射，以后几十年利用微波辐射计测量地球及大气系统，成为环境遥感的一个重要组成部分。一般地说，微波辐射计由三部分组成。①天线：收集空间环境介质发出并入射到天线上的辐射能，即测量用于描述由天线送到接收机的辐射功率的天线温度 T_A；②接收机：将天线送来的辐射功率转变为所要求输出的电信号 V，为提高灵敏度，需减小增益变化 ΔG_S，提高稳定性。③记录显示装置：将接收器输入的电信号转达变成各种数据。

1. 狄克辐射计的依据

对微波辐射计增益特性的研究表明：①系统的平均功率增益 G_S 的功率谱密度的起伏随频率的增加按 $1/f$ 或更快的速度而下降；②增益起伏谱的大部分低于 1 Hz 的频率上；③高于 1 Hz的频率上实际上不存在起伏。增益的改变是限制提高辐射计灵敏度的主要因素。

为此，早在 1946 年狄克(Dicke)提出：若在接收机的输入在天线与参考源(或称比较噪声源)之间周期地换接，其换接速率高于增益的变化谱中的最高有效谱分量，则增益变化的影响可以显著减小。也就是在一个开关周期内，低频增益的变化几乎觉察不出来。按狄克提出的原理制作的微波辐射计称之狄克微波辐射计，星载的微波辐射计大多是狄克型微波辐射计。

2. 狄克辐射计的工作原理

狄克微波辐射计是一个全功率辐射计，它有两个重要部件：①“狄克”开关，位于接收机输

入端，用以调制来自天线的接收机的输入信号；②同步检波器（或称同步解调器）：它位于平方律检波器与低通滤波器之间，

"狄克"开关的速率向于增益变化谱上最高的有影响的谱分量，就是选择开关的速率 f_s，使在一个开关周期内系统的增益基本不变。因此由于开关的作用，到检波器之前的输入功率是由交替半周期中的信号是由两个分量组成：一个是由天线来的信号功率；另一个是从比较源来的噪声功率，而 G_s 是不变的。在平方律检波后相应天线和比较源的直流输出分别为

$$V_s = C_d Gk\Delta f(T_A + T_{rei}) \qquad 0 \leqslant t \leqslant \tau_s/2 \tag{12.107}$$

和

$$V_{rnc} = C_d Gk\Delta f(T_{rnc} + T_{rei}) \qquad \tau_s/2 \leqslant t \leqslant \tau_s \tag{12.108}$$

式中，C_dG 是增益系数，Δf 是接收机带宽，k 是玻尔兹曼常数，T_A 是天线给接收机的信号温度，T_{rnc} 是参考源的噪声温度，T_{rei} 是接收机的有效噪声温度，其值在 7～75 K；$\tau_s(1/f_s)$ 是一次开关周期，一般为 10^{-3}～10^{-1} s。在式(12.107)中假定开关的时间常数远小于 $\tau_s/2$，则输入开关的上升和衰减时间对接收机输入信号波形的影响可以忽略。

开关同步解调器的与狄克开关同步工作，由此其后的两个并联单级放大器的输出相反，一个接收 V_s，另一个接 V_{rnc}，输出相加后送至低通滤波积分器，，则同步解调器的直流输出为

$$V_{dc} = \frac{1}{2}(V_s - V_{rnc}) = \frac{1}{2}C_d Gk\Delta f(T_A - T_{rnc}) \tag{12.109}$$

如果积分时间为 τ，所以低通滤波器的输出等于

$$\begin{aligned} V_{dc}(\text{out}) &= \frac{G_p}{\tau}\left[\int_0^{\tau/2} V_s(t)\,dt - \int_{\tau/2}^{\tau} V_{rnc}\right] \\ &= G_p C_d Gk\Delta f(T_A - T_{rnc}) \end{aligned} \tag{12.110}$$

因此，狄克辐射计输出与接收机的有效噪声温度 T_m 无关。

3. *狄克辐射计的灵敏度*

如果将式(12.110)改写为

$$V_{dc}(\text{out}) = \frac{1}{2}G_S[(T_A + T_{rei}) - (T_{rnc} + T_{rei})] \tag{12.111}$$

由式(12.111)可以看出，接收机输出的交流分量由三部分组成。

(1)由于增益的不确定性引起输出温度的不确定性为

$$\Delta T_G = (T_A - T_{rnc})(\Delta G_S/G_S) \tag{12.112}$$

(2)由于 $T_A + T_{rei}$ 噪声的变化，在 $\tau_s/2$ 期间内积分时它引起噪声温度的不确定性为

$$\Delta T_{n,ant} = \frac{T_A + T_{rei}}{\sqrt{\Delta f\tau/2}} = \frac{\sqrt{2}(T_A + T_{rei})}{\sqrt{\Delta f\tau}} \tag{12.113}$$

(3)由于 $T_{rnc} + T_{rei}$ 的噪声变化引起噪声的不确定性，同理可得

$$\Delta T_{n,rnc} = \frac{\sqrt{2}(T_{rnc} + T_{rei})}{\sqrt{\Delta f\tau}} \tag{12.114}$$

如果以上三种不确定性是独立的，则总的不确定性，即非平衡($T_A \neq T_{rec}$)狄克辐射计的辐射分辨率为

$$\Delta T = [(\Delta T_G)^2 + (\Delta T_{n,\mathrm{ant}})^2 + (\Delta T_{n,mc})^2]^{1/2}$$
$$= \left[\frac{2(T_A + T_{\mathrm{rei}})^2 + 2(T_{mc} + T_{\mathrm{rei}})^2}{\Delta f \tau} + \left(\frac{\Delta G_S}{G_S}\right)^2 (T_A - T_{mc})^2\right]^{1/2} \tag{12.115}$$

如果 $T_A = T_{mc}$，即天线温度等于参考源温度，则称辐射计是平衡的狄克型辐射计，这时上式中括号内的第二项为 0，便有

$$\Delta T_{\min} = \frac{2(T_A + T_{\mathrm{rei}})}{\sqrt{\Delta f \tau}} \tag{12.116}$$

式中，τ 是积分时间，从式(14.116)可见，$T_A + T_{\mathrm{rei}}$ 越大，$\Delta T_{\min}$ 越大，就是分辨率越低；若带宽越宽和积分时间越长，则微波辐射计的辐射探测温度分辨率越高。

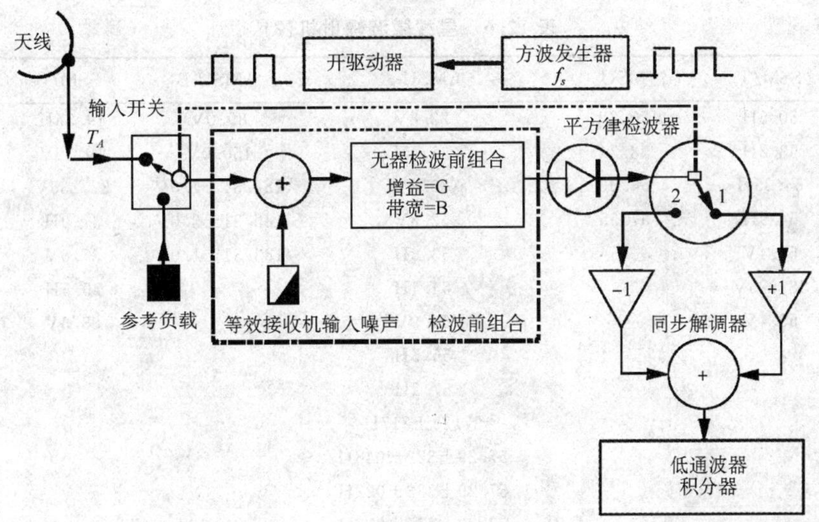

图 12.16　狄克辐射计功能方框图

微波辐射计的空间分辨率可以用天线的半功率点宽度表示，写为

$$\delta = 1.22\lambda / D$$

式中，λ 是波长，D 是天线直径。D 越大和 λ 越小，δ 越小，空间分辨率越高。

三、星载微波辐射机

星载微波辐射机参数如表 12.5 和表 12.6 所示。

表 12.5　星载微波辐射机(1)

频率(GHz)	SMRR		SSM/I		TMI		SSMIS		AMSR	
	IFOV (km)	极化	IFOV (km)	极化	IFOV (km)	极化	IFOV (km)	极化	IFOV (km)	极化
6.9	120	H,V							42	H,V
10.7	74	H,V			47	H,V			27	H,V
−19	44	H,V	56	H,V	26	H,V	56	H,V	15	H,V
−23	37	H,V	49	V	22	V	49	V	13	H,V
−37	21		30	H,V	13	H,V	30	H,V	7.9	H,V

续表

频率(GHz)	SMRR IFOV (km)	SMRR 极化	SSM/I IFOV (km)	SSM/I 极化	TMI IFOV (km)	TMI 极化	SSMIS IFOV (km)	SSMIS 极化	AMSR IFOV (km)	AMSR 极化
−50							39	H	5.5	V
−57							39	H		
−60							78	H		
−90			13	H,V	5.5	H,V	13	H,V	3.2	H,V
150							39	H		
−18.3							39	H		

表 12.6　星载微波辐射机(2)

通道	SSM/T	MSU	AMSU-A	AMSU-B	SSM/I	SSM/T-2
1	50.5H	50.30	23.8V	89.0V	19.35H	183.3±3V
2	53.2H	53.74	31.4V	150.0V	19.35V	183.3±1V
3	54.35H	54.96	50.3V	183.31±7.0V	22.235V	183.3±7V
4	54.9H	57.95	52.8V	183.31±3.0V	37.0H	91.7V
5	58.4V		53.6H	183.31±1.0V	37.0V	150V
6	58.825V		54.4H		85.5H	
7	59.4V		54.9V		85.5V	
8			55.5H			
9			57.2H			
10			57.29±217H			
11			57.29±322±048H			
12			57.29±322±022H			
13			57.29±322±010H			
14			57.29±322±0045H			
15			89.0V			

四、AMSU 微波探测单元

图 12.17 和图 12.18 为 AMSU 微波探测单元参数及方框图，仪器的组成：①天线：采用由马达驱动的两个角锥形旋转天线对地球和宇宙背景观测；②由天线接收的微波信号分别输入

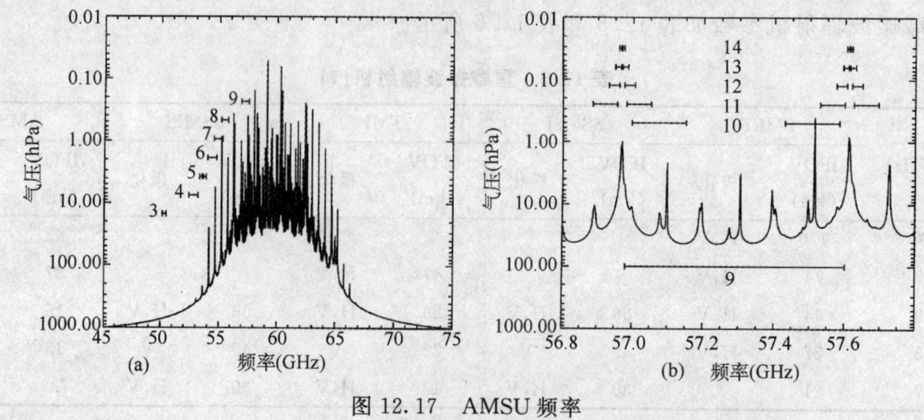

图 12.17　AMSU 频率

到对应的通道 3、4、5、6 和 6、7、9～14、15 接收器，然后进入到模拟 MUX 和 AD 转换器。

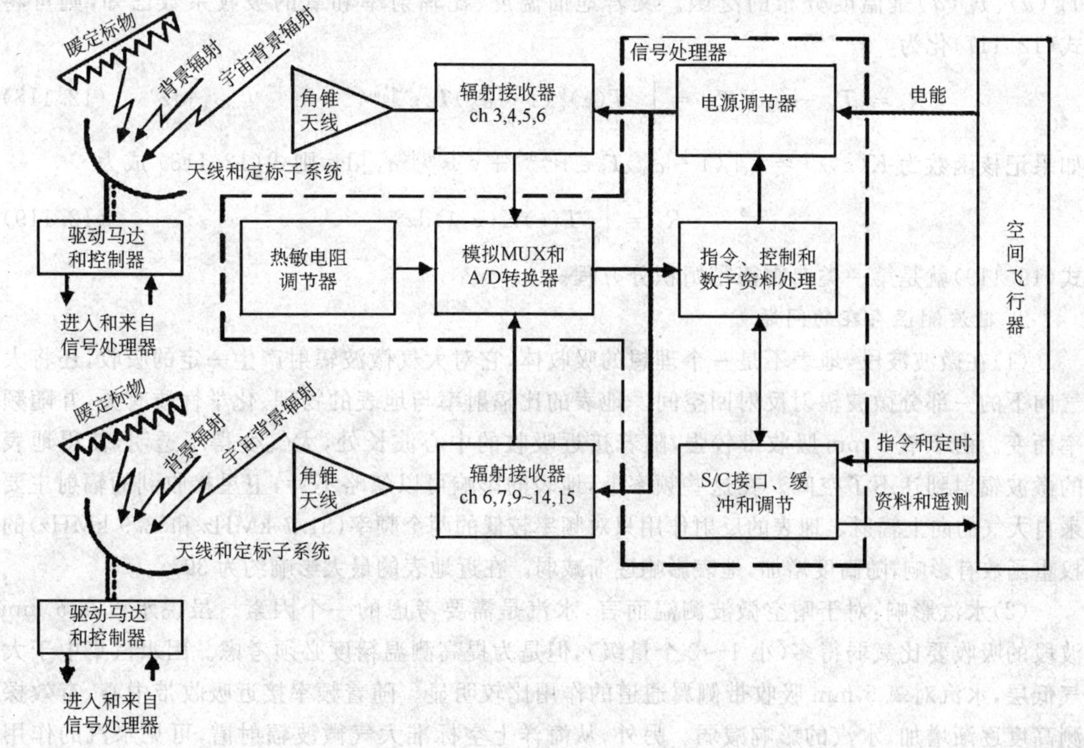

图 12.18　AMSU 功能方框图

第三节　微波遥感大气温度

和红外大气测温一样，微波测量大气温度先要选择在某些波段有强烈气体吸收谱带和谱线，而且在该波段内只有一种吸收气体。其次是要选取气体的是常定的，随时、空的变化很小，大气中的氧分子正好具有这种特性，因此，利用氧分子的 5 mm 微波辐射测量大气温度垂直结构，利用氧分子的 2.53 mm 的微波辐射可以测量高层大气温度。

一、空对地微波遥感大气温度

微波遥感大气温度可以自上而下，也可以自下向上观测大气，分别称为空对地和地对空遥感。

1. 空对地微波测温方程

据式(12.86)，自空间遥感大气微波辐射由三部分组成，写为

$$T_{b\lambda}^{\uparrow}(\infty)=\alpha_{s\lambda}T_s\boldsymbol{T}_{s\lambda}+(1-\alpha_{s\lambda})\boldsymbol{T}_{s\lambda}T_{b\lambda}(d)+T_{b\lambda}(u) \tag{12.117}$$

式中，$\boldsymbol{T}_{s\lambda}=\mathrm{e}^{-\int_0^\infty \alpha_\lambda \mathrm{d}z}$ 是透过率，$T_{b\lambda}(u)$、$T_{b\lambda}(u)$ 分别是向下和向上的大气微波辐射，写为

$$T_{b\lambda}(d)=\int_0^\infty T(z)\alpha_\lambda \mathrm{e}^{-\int_0^z \alpha_\lambda \mathrm{d}z'}\mathrm{d}z$$

$$T_{b\lambda}(u)=\int_0^\infty T(z)\alpha_\lambda \mathrm{e}^{-\int_z^\infty \alpha_\lambda \mathrm{d}z'}\mathrm{d}z$$

式中，α_λ 是氧的微波吸收系数。由于氧分子 5 mm 处 α_λ 随温度的变化很小，可以近似地认为 $T_{b\lambda}(u)$、$T_{b\lambda}(d)$是温度分布的泛函。又若地面温度、比辐射率和氧的吸收系数已知，则可将式(12.117)化为

$$R_\lambda = T_{b\lambda} - \alpha_{s\lambda} T_s \boldsymbol{T}_{s\lambda} = \int_0^\infty T(z)[(1-\alpha_{s\lambda})\boldsymbol{T}_{s\lambda} \mathrm{e}^{-\int_0^z \alpha_\lambda \mathrm{d}z'} + \mathrm{e}^{-\int_z^\infty \alpha_\lambda \mathrm{d}z'} \alpha_\lambda] \mathrm{d}z \tag{12.118}$$

如果记核函数为 $K(z,\lambda) = \alpha_\lambda[(1-\alpha_{s\lambda})\boldsymbol{T}_{s\lambda} \mathrm{e}^{-\int_0^z \alpha_\lambda \mathrm{d}z'} + \mathbf{e}^{-\int_z^\infty \alpha_\lambda \mathrm{d}z'} \alpha_\lambda]\mathrm{d}z$，则式(12.118) 成为

$$R_\lambda = \int_0^\infty T(z)K(z,\lambda)\mathrm{d}z \tag{12.119}$$

式(12.119)就是第一类弗雷德霍姆积分方程。

2. 微波测温存在的问题

(1)在微波波段，地表不是一个理想的吸收体，它对大气微波辐射产生一定的吸收，还将大气向下的一部分微波辐射反射回空间。地表的比辐射率与地表的物理、化学性质有关，并随频率而变。由于氧 5 mm 吸收带较强，随着接近吸收的中心波长处，大气变得不透明，使得地表的微波辐射到达不了空间。在这些频率上，地表的影响可以忽略不计，卫星接收到的辐射主要来自大气的向上辐射。地表的反射作用只对频率较低的两个频率(51.7 kMHz 和53.9 kMHz)的权重函数有影响，随高度增加，地表影响逐渐减弱。在近地表的最大影响约为 30%。

(2)水汽影响：对于晴空微波测温而言，水汽是需要考虑的一个因素。虽说水汽在 5 mm 波段的吸收要比氧弱得多(小 1～2 个量级)，但是为提高测温精度必须考虑。因水汽集中于大气低层，水汽对氧 5 mm 吸收带侧翼通道的作用比较明显。随着频率接近吸收带中心，有效探测高度逐渐增加，水汽的影响减弱。另外，从海洋上空标准大气微波辐射谱，可见水汽的作用主要对低频部分。

(3)云的影响：与红外遥感不同，云对微波辐射的影响较小。试验表明，云对 54.96 kMHz 和 58.80 kMHz 二个通道有影响，其影响程度与云的高度和云柱含水量有关。

二、地对空遥感大气温度

微波辐射计从地面接收来自大气中氧分子发射的 5 mm 的微波辐射反演大气垂直温度分布，这种探测称作地对空微波遥感。

1. 测温方程

由式(12.85)，在地面的微波辐射计接收的微波辐射可以写为

$$T_{b\lambda}(0) = \int_0^\infty T(z)\alpha_\lambda \mathrm{e}^{-\int_0^z \alpha_\lambda \mathrm{d}z'} \mathrm{d}z \tag{12.120}$$

如记 $K(\lambda,z) = \alpha_\lambda \mathrm{e}^{-\int_0^z \alpha_\lambda \mathrm{d}z'}$ 为核函数，则

$$T_{b\lambda}(0) = \int_0^\infty T(z)K(\lambda,z)\mathrm{d}z \tag{12.121}$$

这就化成为第一类弗雷德霍姆积分方程。其解的方法前面已作叙述。

2. 地对空测温的特点

从地对空遥感大气温度与空对地是明显不同。

(1)如图 12.19 中，地对空遥感的核函数与空对地明显不同。由于大气密度随高度指数衰减，所以每个通道的峰值贡献高度都接近地表。并且吸收越强的频率，其对微波辐射的贡献高度范围越低。

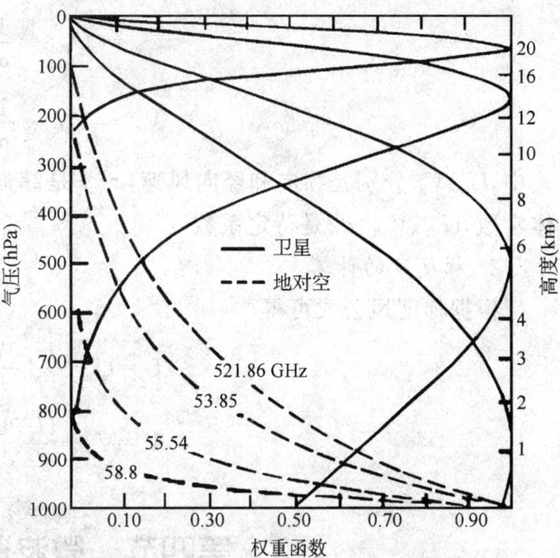

图 12.19　地对空微波遥感核函数

(2)地面微波测温一般应选取吸收不太强的频率，提高可测高度。同时，由于对向下辐射亮度温度贡献最大的大气低层正好是水汽含量最多的地方，因此，水汽对地面微波测温的影响要比空对地重要得多。在计算温核函数时，必须计及水汽影响。

(3)有时，在地表附近局地水平气温相差很大，可达 30 K，到离地面 30 m 处，相距 10 km 的两地温差只有 3 K，在 100 m 高度以上，可以把大气温度看作水平均匀的。因而地表温度的水平不均一性对亮度温度测量值影响主要在低仰角上。若水平温度分布呈波状变化，则最大影响可达 2 K。

(4)若采用单频扫描法测温，需要几十分钟时间，温度随时间变化的作用表现为辐射计天线仰角回定时，测温的亮度温度也随时间变化。

(5)地面微波辐射计测量的天线视线方向上各层大气微波辐射总和，当视线的仰角低到一定程度时(小于 20°)，水平分层大气的假定就不再适用了，此时如同光学衰减测量计算大气相对质量一样，需要考虑地球曲率的影响。

三、利用微波测温结果推算位势高度、厚度和风

1. 位势高度和厚度

如果由微波测量反演的温度廓线为

$$T(p)=a_0(p)+\sum_{i=1}^{3}a_i(p)T_{\mathrm{b}} \tag{12.122}$$

式中，$i=1,2,3$ 代表通道序号，T_{b} 是亮度温度，若位势高度写为

$$Z(p)=\frac{R}{g}\int_{\ln p_s}^{\ln p}T(p)\mathrm{d}\ln p \tag{12.123}$$

将式(12.122)代入式(12.123)得

$$Z(p)=b_0(p)+\sum_{i=1}^{3}b_iT_{\mathrm{b}i} \tag{12.124}$$

式中，$b_i(p)=\dfrac{R}{g}\displaystyle\int_{\ln p_s}^{\ln p}a_i(p)\mathrm{d}\ln p, i=0,1,2,3$。

容易得出厚度的表示式为

$$\Delta Z=c_0+\sum_{i=1}^{3}c_iT_{bi} \tag{12.125}$$

式中，$c_i(p)=\dfrac{R}{g}\displaystyle\int_{\ln p_1}^{\ln p_2}c_i(p)\mathrm{d}\ln p, i=0,1,2,3$。

2. 根据测温结果计算风

根据地转风公式，和测温结果得

$$U_g = U_{sfc} - \frac{1}{\alpha}\sum_{i=1}^{3} d_i \frac{\partial T_{bi}}{\partial y} \tag{12.126a}$$

$$V_g = V_{sfc} - \frac{1}{\alpha}\sum_{i=1}^{3} d_i \frac{\partial T_{bi}}{\partial x} \tag{12.126b}$$

式中，U_g、V_g 分别是纬向和经向风速，x、y 是纬向和经向坐标，$\alpha = f/R$，f 是柯氏参数，R 是气体常数，U_{sfc}、V_{sfc}、d_i 是待定系数。

3. 梯度风的计算

根据梯度风公式可得

$$U = U_g - \frac{U_g}{f}\frac{\partial V_g}{\partial x} - \frac{U_g}{f}\frac{\partial V_g}{\partial y} \tag{12.127a}$$

$$V = V_g - \frac{U_g}{f}\frac{\partial U_g}{\partial x} - \frac{V_g}{f}\frac{\partial U_g}{\partial y} \tag{12.127b}$$

第四节　微波遥感大气水汽

在微波波段，存在有 0.164 cm(183.3 kMHz)和 1.348 cm(22.235 kMHz)两个水汽吸收带，其中 0.164 cm 带吸收较弱，用于卫星探测高层大气的水汽分布，但是由于该波段受红外水汽吸收线的影响，故目前都用 1.348 cm 波段测量水汽。

一、微波遥感水汽的基本问题

1. 遥感方程的线性化问题

水汽的微波吸收系数大致与水汽含量成正比，因而大气透过率以及亮度温度是水汽分布的非线性泛函，这与温度的遥感有着明显的不同，反演水汽要比反演温度困难得多。

为建立地气系统的微波辐射与水汽之间的分布关系，采用一阶变分方法，使水汽遥感方程线性化

$$\delta T_{b\lambda} = -\int_{p_s}^{0} K_\lambda(T, \bar{q}, p)\delta q \mathrm{d}p \tag{12.128}$$

式中，p 为地面气压，$\bar{q}$ 为水汽混合比的气候平均值，δq 为水汽分布平均离差，K_λ 为变分核函数，写为

$$K_\lambda(T, \bar{q}, p) = \frac{R\bar{\boldsymbol{T}}_{s\lambda}}{g}\left\{2T_\infty \bar{\boldsymbol{T}}_{s\lambda} + \frac{1}{R\boldsymbol{T}_{s\lambda}}\int_{T_s}^{T} \bar{\boldsymbol{T}}_\lambda^\downarrow \mathrm{d}T - \int_{T}^{T_\infty} \bar{\boldsymbol{T}}_\lambda^\uparrow \mathrm{d}T - \int \boldsymbol{T}_\lambda^\uparrow \mathrm{d}T\right\} \tag{12.129}$$

式中，g 是重力加速度，$\bar{\boldsymbol{T}}_\lambda^\uparrow$、$\bar{\boldsymbol{T}}_\lambda^\downarrow$ 分别是水汽的空对地和地对空的平均透过率，T_∞ 是 $\bar{\boldsymbol{T}}_\lambda^\uparrow = 1$ 时那个高度上的温度。实际大气中水汽的逐日变化是很大的，其变化量可与平均值相比，故反演结果常有较大误差。

2. 地表微波辐射作用

水汽的 1.348 cm 吸收带比氧的 0.5 cm 吸收带要弱得多，在这波段上大气比较透明，即便收吸带中心附近，大气的总吸收也只有 30%左右。因此，在空间测量 1.348 cm 的微波辐射，相当大的部分来自于地面。在微波区，不同类型的地表比辐射率有很大的差别，为了测量水汽分布，需要测量各种地表的比辐射率有很大的差别，为了测量水汽分布，需要测量各种地表的比辐射率。在海洋上，比辐射率变化很小，所以测量海上的大气中的水汽分布比陆地上要

优越。

3. 水汽垂直分布的影响

水汽的垂直密度分布是以指数形式随高度衰减的。从地面到 10 km 高度，水汽密度可以相差几百倍，而温度只相差 0.25 倍。水汽主要集中在 5 km 以下，而这一层水汽含量对天气有重要作用，但要探测这一层水汽是相当困难的。

二、微波遥感水汽总含量

在海洋上空，用单通道测量大气中水汽的含量已取得相当好的结果。卫星遥测水汽方程写为

$$T_{b\lambda}=(1-r)T_s e^{-\int_0^{\infty}k_\lambda\rho_w dz}+re^{-\int_0^{\infty}k_\lambda\rho_w dz}\int_0^{\infty}T(z)e^{-\int_0^{z}k_\lambda\rho_w dz}k_\lambda\rho_w dz+\int_0^{\infty}T(z)e^{-\int_z^{\infty}k_\lambda\rho_w dz}k_\lambda\rho_w dz \tag{12.130}$$

根据水汽 1.348 cm 吸收带的吸收系数(表)，在 5 km 以下，k_λ 随高度的变化不到 10%，可以把水汽吸收系数 k_λ 看成常数，即 $k_\lambda=\bar{k}_\lambda$，且取 $\overline{T}=T(z)$ 为 5 km 以下大气的平均温度，则有

$$\int_0^{\infty}k_\lambda\rho_w dz=\bar{k}_\lambda Q \tag{12.131}$$

式中，$Q=\int_0^{\infty}\rho_w dz$ 为大气水汽总含量。取近似式

$$e^{-\int_0^{\infty}k_\lambda\rho_w dz}=1-\int_0^{\infty}k_\lambda\rho_w dz=1-\bar{k}_\lambda Q \tag{12.132}$$

代入式(12.130)有

$$T_{b\lambda}=(1-r)T_s[1-\bar{k}_\lambda Q]-r(1-\bar{k}_\lambda Q)\bar{k}_\lambda Q\overline{T}+\overline{T}\bar{k}_\lambda Q \tag{12.133}$$

整理得

$$\bar{k}_\lambda Q=\frac{T_{b\lambda}-(1-r)T_s}{\overline{T}+r\overline{T}-(1-r)T_s}=mT_{b\lambda}-n \tag{12.134}$$

式中

$$m=\frac{1}{\overline{T}(1+r)-(1-r)T_s},\quad n=\frac{(1-r)T_s}{\overline{T}(1+r)-(1-r)T_s}$$

或写成

$$Q=\frac{1}{\bar{k}_\lambda}(mT_{b\lambda}-n) \tag{12.135}$$

对于空对地遥感，上式可简化为

$$Q=\frac{T_{b\lambda}}{\bar{k}_\lambda\overline{T}} \tag{12.136}$$

上式表明，对于吸收不太大的频率及水汽含量不大的情形，大气的水汽总量与微波辐射亮温之间呈线性关系。

由 SSM/I 的 19 GHz，22 GHz 和 37 GHz 利用统计法，可以反演海上大气水汽总量，测量海上水汽，结果如下式

$$w_l=-5.934+0.03697T_{19v}-0.02396T_{19h}+0.01559T_{22v}-0.00497T_{37v} \tag{12.137}$$

式中，亮温单位为 K，水汽单位为 g/cm^2，有关水汽的主要信息来自于 19 GHz 的垂直极化，而

T_{22}用于减小水汽的影响，T_{19h}和T_{37v}用于考虑风速和液态水量的信息，由式(12.137)的反演精度可达 0.07 g/cm^3。

比湿可以通过下式获得

$$q=-0.17+20.00w_l$$

式中，w_l 单位为 g/cm^2，q 单位为 g/kg，上面采用二步获取 q，易导致系统误差，精度为 1.2 g/kg。为此可直接由 SSM/I 的微波测量的亮度温度 T_{19v}、T_{22v}和 T_{37}导得 q，即

$$q=-80.232+0.6295T_{19V}-0.1655T_{19H}+0.1495T_{22V}-0.1553T_{37V}-0.06695T_{37H} \tag{12.138}$$

式中，37 GHz 通道的垂直极化是为了考虑到由于风引起表面的粗糙度而引入的，式(12.138)反演误差精度为 1.1 g/kg。

图 12.20 为由 SSM/I 导得的对于迅速加深风暴的水汽分布，图中看出：在暖锋南侧，冷锋前方(东)，水汽含量是高的，沿槽(粗虚线)最大值达 44 kg/m^2。

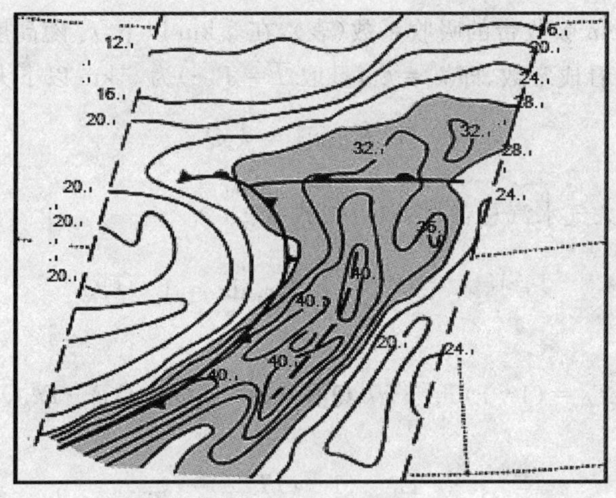

图 12.20 由 SSM/I 导得的 1988 年 1 月 16 日水汽分布(LynnMcMurdie 等，1990)

第五节 微波遥感降水

一、通道的选取

图 12.21 给出了海洋上空云层厚度为 4 km，含水量为 0.4 g/m^2，降水层 3 km，比辐射率 0.5，空对地遥感的亮度温度与降水雨强的关系。从图中看出以下几点。

①对探测雨强小于 10 mm/h 的降水来说，选取 0.86 cm 通道较为合适，但它不能探测超过 20 mm/h 的降水。

②对探测雨强小于 20 mm/h 的降水来说，选取波长为 1.55 cm 的微波通道较为合适，，但不能探测超过 40 mm/h 的暴雨。

③探测降水强度超过 40 mm/h 的大暴雨，只能采用波长 3.2 cm 的微波通道。

另外从空对地微波遥感不说，降水层微波辐射亮度温度对降水强度变化的敏感性与地表的比辐射率有很大关系。当陆地的比辐射率大时，背景微波辐射大，这就降低了降水微波辐射

亮度温度降水强度变化的敏感性。波长越短，背景越强，越不利于降水的探测。而在海洋上，其敏感性可提高 2～3 倍，约在 2～9 K/(mm·h)范围内。因此微波在海上探测比陆地有利。

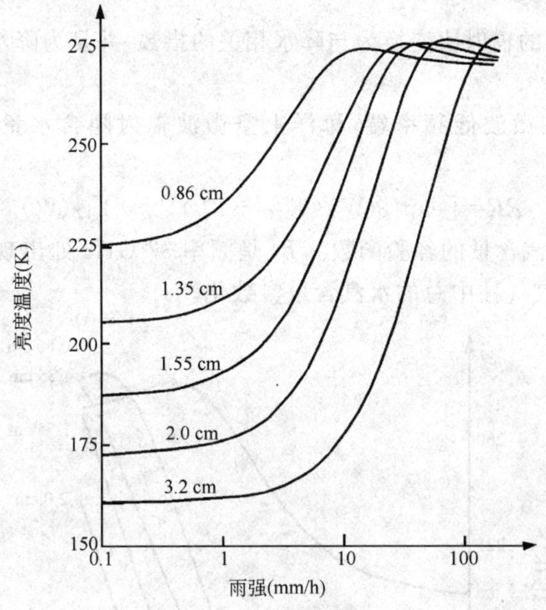

图 12.21 卫星观测洋面上空降水的亮度温度(T_s＝300 K，$\alpha_{\text{込}}$＝0.5)

二、微波探测降水强度的方程

空对地探测微波辐射强度的方程为

$$T_{bf}=\varepsilon_{sf}T_s\mathrm{e}^{-\int_0^\infty(\alpha_c+\alpha_p)\mathrm{d}z}+(1-\varepsilon_{sf})\mathrm{e}^{-\int_0^\infty(\alpha_c+\alpha_p)\mathrm{d}z}\int_0^\infty T(z)(\alpha_c+\alpha_p)\mathrm{e}^{-\int_0^z(\alpha_c+\alpha_p)\mathrm{d}z}\mathrm{d}z+$$
$$\int_0^\infty T(z)(\alpha_c+\alpha_p)\mathrm{e}^{-\int_z^\infty(\alpha_c+\alpha_p)\mathrm{d}z}\mathrm{d}z \tag{12.139}$$

式中，α_c、α_p 分别是云和降水的吸收系数。对于选取 3.2 cm、1.55 cm、0.81 cm 通道，$\alpha_p\gg\alpha_c$，且设降水层的厚度为(H_2-H_1)，平均温度为 $\overline{T}$，则由式(14.139)解得

$$T_{bf}=\varepsilon_{sf}\mathrm{e}^{-\int_{H_1}^{H_2}\alpha_p\mathrm{d}z}[T_s-\overline{T}(1-\mathrm{e}^{-\int_{H_1}^{H_2}\alpha_p\mathrm{d}z})]+\overline{T}[1-\mathrm{e}^{-\int_{H_1}^{H_2}\alpha_p\mathrm{d}z}] \tag{12.140}$$

由于降水吸收系数 α_p 与雨强的关系表示为

$$\alpha_p=aR^{-b} \tag{12.141}$$

则由式(12.140)、式(12.141)建立 T_{bf} 与 R 之间的关系，即由卫星观测到的微波辐射亮温，求出雨强。

二、SSM/I 估计海上降水

1. 统计法

Bauer 和 Schlüssel(1993)利用 DMS 卫星携带的 SSM/I 导得估算降水率的模式为

$$\log_{10}RR=14.66-0.7488\times10^{11}T_{19V}^{-4}-0.04503T_{22V}+$$
$$0.5064\times10^5T_{19H}^{-2}-0.5990\times T_{37H}^{-2}-$$
$$0.1172\times10^{-3}(T_{37V}-T_{19H})^2 \tag{12.142}$$

式中，RR 是降水率(mm/h)，T_{mC} 是对于频率为 nnGHz 线极化为垂直(V)或水平(H)的亮度温度。

2. 指数法

该方法先是将测量的辐射值变换为与降水相关的指数，并且为降水的单调函数，由此导得降水率。

(1)发射率方法：在微波低频率端，海洋上空微波辐射随含水量而增加，Prabhakara 等(1992)导得模式为

$$RR=[\exp\{\beta(W)(T_{37H}-T^{*})\}^{1.7}-1]\gamma(W) \qquad (12.143)$$

式中，β、γ 和 T^{*} 是总水汽含量的经验函数。T^{*} 是频率 37 GHz 处出现降水的阈值温度，它依赖于大气的状态，由大气气柱中总的水汽含量参数化。

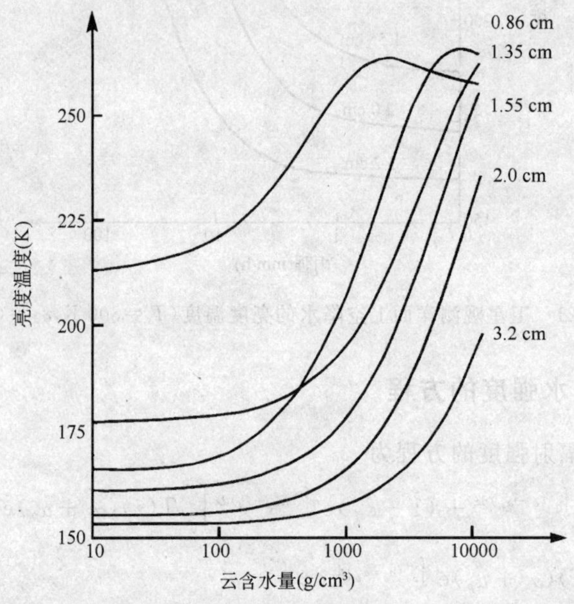

图 12.22　卫星探测云层的亮度温度($T_s=300$ K，$\alpha_{sk}=0.5$)

(2)衰减—极化法：来自海面的微波辐射是冷和高的极化，当大气中由于降水云变厚，微波信号和极化减小，所以某频率处的垂直与水平极化差间称之极化，写为

$$P=T_V-T_H \qquad (12.144)$$

把它作为大气透过率的一个指数，具有以下特点：①P 在无云大气的水面上观测角为 50°达最大值；②P 值随大气的光学厚度和该区域的不透明云量的增加而减小；③由于水平和垂直极化的作用是相同的，P 与散射无关；④地面风和大气气体对 P 的影响可以采用与邻近处的晴空值 P_{cler} 通过归一化方法减小，即 $P'=P/P_{cler}$。⑤可以证明，$P'=\widetilde{T}^{\alpha}$，$\alpha=1.5\sim2$。

(3)散射法：该方法依据的是降水是由冰晶的作用下形成的，冰晶位于降水云的顶部，由于它的微波散射作用，导致亮度温度降低，假定它是降水率的单调函数。根据以上理由，Spencer 等(1989)定义极化订正温度(PCT)，它近似与观测频率无关，写为

$$PCT=1.1818T_V-0.818T_H \qquad (12.145)$$

PCT 可解释为对流层的辐射温度，在无散射的情况下，PCT 则接近为对流层顶的温度，散射减小这些气候值下的 PCT，则实际的 PCT 与气候值之差可用于作为降水指数。

类似地，Petty 等(1990)利用归一化极化指数，定义散射指数为

$$S=P'T_{V,clear}+(1-P')T_C-T_V \tag{12.146}$$

式中，T_V 为观测的垂极化辐射温度和 $T_{V,\mathrm{cler}}$ 是由周围观测的晴空垂直极化温度，T_C 是假定无降水不透明边界层由散射引起的非极化的辐射温度。

$$RR=0.25(S-10) \tag{12.147}$$

第六节　微波遥感云中液态水含量

一、微波遥感云中液态水含量原理

由于微波能穿透云层，因此微波探测云雾中的含水量比红外有更多优势。

1. 通道选择

如果地表温度为 $T_s=300$ K，陆地的 $\alpha_{s\lambda}$ 取 0.8 和 0.9，海面为 0.5，则可以求得不同波长的卫星探测云层亮度温度与云柱总含水量的关系如图 12.21 所示，从图 12.21 中可见，当波长为 0.4 cm，云柱含水量达 1000 g/m²，云层的辐射亮度温度就达到饱和。当含水量继续增加时，由于云层下微波辐射被衰减，无法反映到高空，使亮度温度减小，并趋向云层的平均温度。因此 0.4 cm 的微波只适合于探测含水量较小的云层。当波长大于 2 cm，云层含水量较小，亮度温度变化较小，只有当含水量大于 1000 g/m²，才有明显的日变化。因此要测量大部分云层的含水量，只有选取 0.8～1 cm 的微波通道较为合适。同时在海洋上探测云层含水量比陆地有利。如果辐射计精度为 1 K，用 0.8 cm 通道，在海洋上可以分辨出云层总含水量的 20 g/m²，而陆地上则至少为 100 g/m² 的变化。

2. 云中含水量的估算方法

卫星接收到非降水云层的微波辐射亮度温度为

$$T_{b\lambda}=\varepsilon_{s\lambda}T_s\mathrm{e}^{-\int_0^{\infty}\alpha_{c\lambda}\mathrm{d}z}+\int_0^{\infty}T(z)\alpha_{c\lambda}\mathrm{e}^{-2\int_z^{\infty}\alpha_{c\lambda}\mathrm{d}z}\mathrm{d}z+(1-\varepsilon_{s\lambda})\mathrm{e}^{-\int_0^{\infty}\alpha_{c\lambda}\mathrm{d}z}\int_0^{\infty}T(z)\alpha_{c\lambda}\mathrm{e}^{-2\int_z^{\infty}\alpha_{c\lambda}\mathrm{d}z}\mathrm{d}z \tag{12.148}$$

式中，$\varepsilon_{s\lambda}$ 是地面比辐射率，λ 是波长，$\alpha_{c\lambda}$ 是云层的吸收系数，为

$$\alpha_c=\frac{4.35M\times\{0.0122(291-T)-1\}}{\lambda^2} \tag{12.149}$$

式中，M 是云中含水量。假定云底高度为 H_1，云顶高度为 H_2，云层厚度为 $\Delta H=H_2-H_1$，云层平均温度为 $\overline{T}$，平均含水量为 $\overline{M}$，则云层的吸收率为

$$\int_{H_1}^{H_2}\alpha_c\mathrm{d}z=y_\lambda\int_{H_1}^{H_2}M\mathrm{d}z=y_\lambda G \tag{12.150}$$

即得云柱总含水量 G

$$G=\overline{M}\cdot\Delta H \tag{12.151}$$

将式(12.150)代入式(12.148)，得

$$T_{b\lambda}=\varepsilon_{s\lambda}\mathrm{e}^{-y_\lambda G}[T_s-\overline{T}(1-\mathrm{e}^{-y_\lambda G})]+\overline{T}[1-\mathrm{e}^{-2y_\lambda G}] \tag{12.152}$$

根据式(12.152)，由测得的微波辐射亮度温度就能计算云柱总含水量 G。

如果从地面探测云层，则地面辐射计接收到的微波辐射亮温为

$$T_{b\lambda}(0)=\int_0^{\infty}T(z)\alpha_{c\lambda}\mathrm{e}^{-\int_0^z\alpha_{c\lambda}\mathrm{d}z}\mathrm{d}z \tag{12.153}$$

同样将式(14.150)代入上式,得

$$T_{b\lambda}(0)=\bar{T}[1-\mathrm{e}^{-2y_\lambda G}] \tag{12.154}$$

3. 线性方法求取云中含水量

该方法是处理雨云5号卫星微波波谱仪资料采用的方法。由辐射传输方程为

$$T_{bf}=T_{uf}+\widetilde{T}_f(0,H)[\varepsilon_{sf}T_s(1-\varepsilon_{sf})T_{df}] \tag{12.155}$$

式中,f 是频率,其各项表示为

$$T_{uf}=\int_0^H T(z)\frac{\partial\widetilde{T}_f(z,H)}{\partial z}\mathrm{d}z \text{ 是向上的大气辐射;}$$

$$T_{df}=\int_H^0 T(z)\frac{\partial\widetilde{T}_f(0,z)}{\partial z}\mathrm{d}z \text{ 是向下的大气辐射;}$$

$$\widetilde{T}_f(z_1,z_2)=\exp\left\{-\int_{z_1}^{z_2}\alpha_f(z)\mathrm{d}z\right\} \text{是 } z_1 \text{ 到 } z_2 \text{ 高度间的透过率。}$$

对式(12.155)作变换和运算得

$$T_{bf}=T_s[a_f-b_f\widetilde{T}_f^2(0,H)(1-\varepsilon_{sf})] \tag{12.156}$$

式中

$$a_f=1+\int_0^H[1-\widetilde{T}_f(z,H)]\frac{1}{T}\frac{\mathrm{d}T(z)}{\mathrm{d}z}\mathrm{d}z$$

$$b_f=1-\int_0^H[1-\widetilde{T}_f(z,H)]\frac{1}{\widetilde{T}_f(z,H)T}\frac{\mathrm{d}T(z)}{\mathrm{d}z}\mathrm{d}z$$

对于 $f=22$ kMHz(1.36 cm)的吸收窗区,$a_f\cong b_f\cong 1$,则式(12.156)简化为

$$T_{bf}=T_s[1-\widetilde{T}_f^2(0,H)(1-\varepsilon_{sf})] \tag{12.157}$$

式中,T_s 是一平均温度,总的透过率 $\widetilde{T}_f$ 是水汽、液态水和氧气的透过率乘积,写为

$$\widetilde{T}_f=\widetilde{T}_f(H_2O)\cdot\widetilde{T}_f(\text{液态水})\cdot\widetilde{T}_f(O_2) \tag{12.158}$$

其中

$$\widetilde{T}_f(H_2O)=\exp\left(-\frac{w}{w_0(f)}\right)$$

$$\widetilde{T}_f(\text{液态水})=\exp\left(-\frac{Q}{Q_0(f)}\right)$$

$$\widetilde{T}_f(O_2)=1$$

式中,w 和 Q 分别是大气总水汽含量和总液态水含水量;$w_0(f)$ 和 $Q_0(f)$ 分别是相应不同通道的常数。这时,式(12.157)可以写成

$$T_{bf}=T_s\left[1-\exp\left\{-2\left(\frac{w}{w_0(f)}+\frac{Q}{Q_0(f)}\right)\right\}(1-\varepsilon_{sf})\right] \tag{12.159}$$

因为 $2\left[\frac{w}{w_0(f)}+\frac{Q}{Q_0(f)}\right]\ll 1$,且又 $|x|\ll 1$,$\mathrm{e}^x\cong 1+x$,则可得

$$T_{bf}=2\varepsilon_{ef}T+2\left[\frac{w}{w_0(f)}+\frac{Q}{Q_0(f)}\right](1-\varepsilon_{ef})T \tag{12.160}$$

对于海面,辐射率的变化较小,可以认为是常数,这样对式(12.160)只要两个方程就可解出两个未知数 w 和 Q。为此取两个独立的通道就可得两个方程,如对于22.235 kMHz(1.348 cm)和31.650 kMHz(0.948 cm)两通道,可得

$$w = w_0 + w_1 T_{b22} + w_2 T_{b31} \tag{12.161}$$

$$Q = q_0 + q_1 T_{b22} + q_2 T_{b31} \tag{12.162}$$

对于上式中的系数，可由大量探空资料求出 w，由云图求出 Q，由辐射传输方程求出 T_b，进行回归分析确定 w_0、w_1、w_2 和 q_0、q_1、q_2。

4. 非线性方法求取云中含水量

与式(12.157)类似，卫星接收的微波辐射写为

$$T_{bf} = T_s[1 - \tilde{\boldsymbol{T}}_f^{2\sec\theta}(1 - \varepsilon_{sf})] \tag{12.163}$$

式中，$\sec\theta$ 是卫星微波观测仪器斜视时的因子，透过率写为

$$\tilde{\boldsymbol{T}}_f = \exp\left\{-\left(\frac{w}{w_0(f)} + \frac{Q}{Q_0(f)}\right) + x(f)\right\} \tag{12.164}$$

代入式(12.163)得

$$T_{bs} = T_s\left[1 - (1 - \varepsilon_{sf})\exp\left\{-2\sec\theta\left(\frac{w}{w_0(f)} + \frac{Q}{Q_0(F)} + x(f)\right)\right\}\right] \tag{12.165}$$

令

$$A_f = \frac{w}{w_0(f)} + \frac{Q}{Q_0(f)} + x(f) \tag{12.166}$$

代入上式，整理得

$$A_f = \frac{\cos\theta}{2}\ln\frac{T_s - T_b}{T_s(1 - \varepsilon_{sf})} \tag{12.167}$$

取洋面温度 $T_{sea} = 280$ K，平静海面的比辐射率 $\varepsilon_{22} = 0.41$，$\varepsilon_{31} = 0.44$，代入式(12.167)得

$$A_{22} = \{22.533 - 0.5\ln[280 - T_b(22)]\}\cos\theta \tag{12.168}$$

$$A_{31} = \{2.57 - 0.5\ln[280 - T_b(31)]\}\cos\theta \tag{12.169}$$

令 $A'_f = A_f - x(f)$，则由式(12.166)得

$$w = w_0(22)\frac{\dfrac{Q_0(22)}{Q_0(31)}A'_{22} - A'_{31}}{\dfrac{Q_0(22)}{Q_0(31)} - \dfrac{w_0(22)}{w_0(31)}} \tag{12.170}$$

由探空资料可算得：$w_0(22) = 13.25$ cm，$w_0(31) = 49.95$ cm，$w_0(31)/w_0(22) = 3.77$，$x(22) = 0$，$x(31)) = 0.04$；又根据液态水的微波辐射特性，取 $T_c = 270$ K(云的平均温度)，可得 $Q_0(22)/Q_0(31) = 1.95$，$Q_0(22) = 9.78$，最后得

$$w = 7.863(-A_{31} + 1.95A_{22} + 0.04) \tag{12.171}$$

$$Q = 1.539(3.77A_{31} - A_{22} - 0.15) \tag{12.172}$$

该结果较前方法有明显改进。

5. SSM/I 云中液态水含水量的算法

为简化双极化物理解释，定义归一化极化参数

$$P \equiv \frac{T_V - T_H}{T_{V,O} - T_{H,O}} \tag{12.173}$$

式中，T_V 和 T_H 是某一微波频率处观测到有云时的垂直和水平极化的亮度温度，$T_{V,O}$ 和 $T_{H,O}$ 是对于同一背景下无云时的亮度温度。

SSM/I 是一七通道辐射计在 19 GHz，37 GHz 和 85 GHz 频率处具有垂直和水平极化通道，于 22 GHz 处具有垂直极化通道。85 GHz 通道每 12.5 km 取样，较低频率通道以每25 km

进行取样。

对于 85 GHz 通道,归一化极化参数为(Petty 等,1990,1994)

$$P_{85}=\frac{P_{\text{actual}}}{P_{\text{clear}}}\cong\frac{T_{85V}-T_{85H}}{\exp[4.44-(0.024wind)-(0.027vapor)]} \tag{12.174}$$

对于 37 GHz 通道,归一化极化参数为

$$P_{37}=\frac{P_{\text{actual}}}{P_{\text{clear}}}=\frac{T_{37V}-T_{37H}}{[77.0-(0.970wind)-(0.323vapor)]} \tag{12.175}$$

归一化极化参数 P_{clear} 包含水汽和海面风对极化差的影响,P 通过对于液态水含量 L 的有效透过率 $\boldsymbol{T}$ 近似地表示为

$$P\approx\widetilde{\boldsymbol{T}}^{\alpha}=\exp\left[\frac{(\alpha k_e L)}{\cos\theta}\right] \tag{12.176}$$

式中,k_e 是云中液态水的质量消光系数,$\theta(=53.1°)$是 SSM/I 的观测角,α 可用辐射传输模式确定,k_e 是温度和频率的函数,由于云顶温度的范围为 250～300 K,所以对于 85 GHz 和 37 GHz观测通道,k_e 的范围分别为 1.0～0.7 和 0.4～0.15。由式(12.176)得云液态水含量表示为

$$L=-0.30\left(\frac{1}{k_e}\ln(P)\right) \tag{12.177}$$

对于小的液态水路径,85 GHz 通道很敏感,但是当观测视场内的云不均匀时,会出现非线性响应,特别是视场内为部分云覆盖时。而 37 GHz 可以对于碎裂云为线性响应,获得更为精确的估算。

二、SSM/I 微波反演云中液态水的物理法

Tjemkes 等(1991)和 Greenwald 等(1993)应用 SSM/I 资料,提出了一个物理反演云含水量的方法。该方法将来自海洋表面的发射和反射的偏极化微波辐射分量,考虑由于大气的发射和吸收,将其传输到卫星的辐射转换为非级化辐射。根据辐射传输理论,可以证明在 19.35 GHz频率处的垂直极化与水平极化的改变 $\Delta T\equiv T_{19v}-T_{19h}$ 与云中液态水含量(CWV)的关系为

$$W=-\frac{\mu}{2\kappa_{w19}}\ln\left[\frac{T_{19h}-T_{19v}}{T_sR_{19v}(1-R_{19hv})\widetilde{T}^2_{ox19}}\right] \tag{12.178}$$

式中,μ 是观测天顶角的余弦,$\widetilde{\boldsymbol{T}}^2_{ox19}$ 是频率 19.35 GHz 处氧的透过率,T_s 是地面温度,κ_{w19} 是水汽的质量吸收系数,等于 $2.58\times10^{-3}\ \text{kg}^{-1}\text{m}^2(300/\text{T})^{0.477}$。另外在式(12.178)中地面反射率比为

$$R_{19hv}=\frac{R_{19h}}{R_{19v}}\approx\frac{T_{19h}-\overline{T}}{T_{19v}-\overline{T}} \tag{12.179}$$

式中,$\overline{T}=T_s+\Gamma H_w(1-\widetilde{T}_{w19})\widetilde{T}_{ox19}$,其中 Γ 是温度递减率,H_w 是水汽的标量高度,$\widetilde{T}_{w19}$ 是频率 19.35 GHz 处水汽的透过率,右边第三项是温度和湿度廓线对大气温度发射的影响。如果以 $\widetilde{T}_{l19}=\exp(-\kappa_{l19}L/\mu)$代入式中得

$$\kappa_{w19}W+\kappa_{l19}L=-\frac{\mu}{2}\ln\left[\frac{T_{19h}-T_{19v}}{T_sR_{19v}(1-R_{19hv})\widetilde{T}^2_{ox19}}\right] \tag{12.180}$$

式中,κ_{l19} 是液态水质量吸收系数,L 是云中垂直累积液态水量或称液态水路径,$T_{v,h}$ 是观测的

水平和垂直极化亮度温度，写为

$$T_{v,h}=T_s[1-(1-\varepsilon_{v,h})\widetilde{T}_c^2\widetilde{T}_w^2\widetilde{T}_{ox}^2] \tag{12.181}$$

类似地对于 37 GHz 得

$$\kappa_{w37}W+\kappa_{l37}L=-\frac{\mu}{2}\ln\left[\frac{T_{37h}-T_{37v}}{T_sR_{37v}(1-R_{37hv})\widetilde{T}_{ox37}^2}\right] \tag{12.182}$$

由式(12.180)、式(12.182)得

$$\frac{T_{37v}-T_{37h}}{T_{19v}-T_{19h}}=\frac{(\varepsilon_{37v}-\varepsilon_{37h})\widetilde{\boldsymbol{T}}_{ox37}^2}{(\varepsilon_{19v}-\varepsilon_{19h})\widetilde{\boldsymbol{T}}_{ox19}^2}\exp(-2[\kappa_{w37}-\kappa_{w19}]W/\mu)\times\exp(-2[\kappa_{l37}-\kappa_{l19}]L/\mu) \tag{12.183}$$

即

$$(\kappa_{w37}-\kappa_{w19})W+(\kappa_{l37}-\kappa_{l19})L=-\frac{\mu}{2}\ln\left[\frac{(T_{37v}-T_{37h})}{(T_{19v}-T_{19h})}\times\frac{(\varepsilon_{19v}-\varepsilon_{19h})\widetilde{\boldsymbol{T}}_{ox19}^2}{(\varepsilon_{37v}-\varepsilon_{37h})\widetilde{\boldsymbol{T}}_{ox37}^2}\right] \tag{12.184}$$

可解得水汽和云中液态水路径分别为

$$W=\frac{b_1(\kappa_{l37}-\kappa_{l19})-b_2\kappa_{l19}}{\Delta} \tag{12.185}$$

$$L=\frac{b_2\kappa_{w19}-b_1(\kappa_{w37}-\kappa_{w19})}{\Delta} \tag{12.186}$$

式中，$\Delta=\kappa_{w19}\kappa_{l37}-\kappa_{w37}\kappa_{l19}$。

三、AMSU 微波遥感云中液态水含量

对于 AMSU 扫描角为 θ_s 的地面发射率 ε_s 为垂直 ε_V 和水平发射率 ε_H 的组合，为

$$\varepsilon_s=\varepsilon_V(\theta)\cos^2\theta_s+\varepsilon_H(\theta)\sin^2\theta_s \tag{12.187}$$

式中，θ 是局地天顶角，它是扫描角 θ_s 的函数，写为

$$\theta=\sin^{-1}[(1+H/R)\sin\theta_s] \tag{12.188}$$

其中，H 是卫星高度(870 km)，R 是地球半径(6371.2 km)。图 12.23 是对于温度为 285 K 和盐度这常数时频率为 23.8 GHz、31.4 GHz 和 50.3 GHz 平静海面的发射率随天顶角的变化。

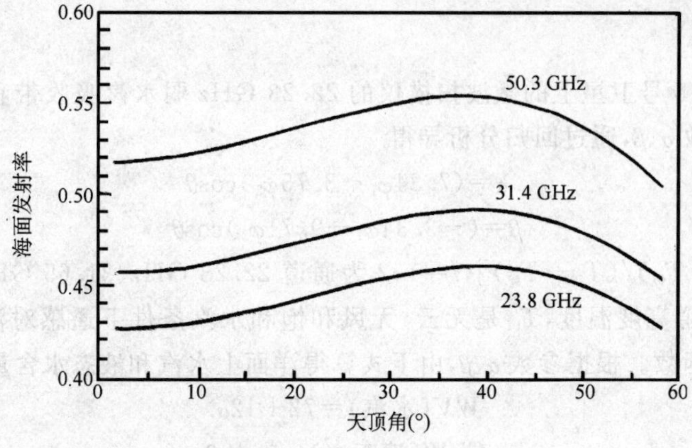

图 12.23　海面微波发射率

AMSU-A 测量的亮温是地面发射的、大气的向上辐射和地面反射大气向下辐射，因此，对卫星 AMU 测量的亮度温度可以写为

$$T_B = T_m[1(\widetilde{\boldsymbol{T}}_\nu^{2\sec\theta}(1-\varepsilon_s)] + \widetilde{\boldsymbol{T}}_\nu^{\sec\theta}\varepsilon_s(T_s - T_m) \tag{12.189}$$

式中，T_m 是大气吸收降为 $1/e$ 时的温度。

对于大气窗通道，AMSU 测量的是地表面或对流层低层的辐射，近似写为

$$T_B \approx T_m[1 - \widetilde{\boldsymbol{T}}_\nu^{2\sec\theta}(1-\varepsilon_s)] \tag{12.190}$$

式中，T_s 是地面温度，$\widetilde{\boldsymbol{T}}_\nu$ 是大气透过率，为

$$\widetilde{\boldsymbol{T}}_\nu = \exp[-(TPW/V_\nu + CLW/Q_\nu + \kappa_\nu)] \tag{12.191}$$

式中，TPW 是可降水，CLW 是云中液态水含量，V_ν、Q_ν 是频率的函数，参数依赖于云的温度和云滴谱，但对于云滴远小于波长时，可忽略云滴谱的作用。κ_ν 是氧的吸收系数，为波长的函数。

由式(12.190)、式(12.191)，可得

$$\frac{TPW}{V_\nu} + \frac{CLW}{Q_\nu} + \kappa_\nu = \frac{\cos\theta}{2}\{\ln[T_s(1-\varepsilon_s)] - \ln(T_s - T_B)\} \tag{12.192}$$

考虑到水汽和液态水的透过率的改变引起亮度温度的变化较地面发射率改变要大，所以可以将发射率作为常数，因此可以得到双微波频率测量的 TPW 和 CLW，并表示为

$$TPW = \cos\theta\{C_0 + C_1\ln[T_s - T_B(\nu_1)] + C_2\ln[T_s - T_B(\nu_2)]\} \tag{12.193}$$

$$CLW = \cos\theta\{D_0 + D_1\ln[T_s - T_B(\nu_1)] + D_2\ln[T_s - T_B(\nu_2)]\} \tag{12.194}$$

在式(12.193)、式(12.194)中与角度有关的因子为 $\cos\theta$，由于存在有氧的吸收，系数 C_0、D_0 也是 $\cos\theta$ 的函数，且可以精确地表示为的 $\cos\theta$ 二次方函数，写成

$$C_0 = \alpha + \beta\cos\theta + \gamma\cos^2\theta \tag{12.195}$$

$$D_0 = \alpha' + \beta'\cos\theta + \gamma'\cos^2\theta \tag{12.196}$$

式中的系数可以通过 $TPW/\cos\theta$、$CLW/\cos\theta$ 对于在两个频率处的$[T_s - T_B(\nu)]$进行回归方法得到，为在所有条件下 $T_s > T_B(\nu)$成立，取 $T_s = 285\ \mathrm{K}$，$\nu_1 = 23.8\ \mathrm{GHz}$，$\nu_1 = 31.4\ \mathrm{GHz}$，求得系数得到

$$C_0 = 247.92 - (69.235 - 44.177\cos\theta)\cos\theta, C_1 = -116.27, C_2 = 73.409;$$

$$D_0 = 8.240 - (2.622 - 1.846\cos\theta)\cos\theta, D_1 = 0.754, D_2 = -2.265。$$

四、微波通道反演热带风暴中的水汽含量、液态水和风

1. Staelin 算法

该法应用雨云 5 号卫星上的微波扫描仪的 22.23 GHz 弱水汽吸收带和 31.65 GHz 窗区通道，此法引入参数 α、β，通过回归分析导得

$$\alpha = (7.34\varphi_1 - 3.75\varphi_2)\cos\theta \tag{12.197}$$

$$\beta = (-3.34\varphi_1 - 9.71\varphi_2)\cos\theta \tag{12.198}$$

其中，$\varphi_i = \ln[(T_1 - T_{0i})/(T_1 - T_{bi})]$，$i=1,2$ 为通道 22.23 GHz、31.65 GHz，T_1 是加权大气平均温度，T_{bi}是通道亮度温度，T_{0i}是无云、无风和饱和水汽条件下遥感对流层大气的亮度温度，$\cos\theta$ 为视角的函数。根据参数 α、β，由下式算得洋面上水汽和液态水含量

$$WV(\text{水汽}) = 72 + 12\alpha \tag{12.199}$$

$$CLW(\text{液态水}) = 0.48\beta \tag{12.200}$$

2. 三通道线性回归法

如果采用 22.23 GHz 和 31.65 GHz 两个频率外，还加上 1935 GHz 则可以得三通道线性回归方程为

$$\begin{pmatrix} w \\ L \\ \vec{V} \end{pmatrix} = \begin{pmatrix} a_1 \\ a_2 \\ a_3 \end{pmatrix} + \begin{pmatrix} b_{11} & b_{12} & b_{13} \\ b_{21} & b_{22} & b_{23} \\ b_{31} & b_{32} & b_{33} \end{pmatrix} \begin{pmatrix} T_{b19} \\ \ln(280 - T_{b22}) \\ \ln(280 - T_{b31}) \end{pmatrix} \tag{12.201}$$

其中，W、L 和 V 分别是所要求取的水汽、液态水和风速，a_i、b_{ij} 是回归系数。

3. 风暴区地面气压的计算

由微波辐射传输方程

$$T_{\mathrm{b}} = \int_0^H W_\lambda(z) T(z) \mathrm{d}z \tag{12.202}$$

式中，T_{b} 是卫星测得的亮度温度，$W_\lambda(z)$ 是权重函数，$T(z)$ 是大气温度廓线。风暴区温度表示成

$$T(r,z) = T_{\mathrm{E}}(z) + \alpha(r)\hat{T}(z) \tag{12.203}$$

式中，$T(r,z)$ 是风暴区温度，$T_{\mathrm{E}}(z)$ 是无风状态温度，$\hat{T}(z)$ 是风暴区温度的异常增量，$\alpha(r)$ 是距风暴中心的距离 r 的函数。

将式(12.202)代入式(12.203)，并用 H_t 表示风暴顶的高度得

$$T_{\mathrm{b}}(r) = T_{\mathrm{bE}}(z)\alpha(r)\int_0^{H_{\mathrm{t}}} W_\lambda(z)\hat{T}(z)\mathrm{d}z \tag{12.204}$$

又对静力方程求导得

、

$$\frac{\mathrm{d}\ln P}{\mathrm{d}z} = -\frac{g}{RT(z)} \tag{12.205}$$

对上式积分得

$$\ln\left[\frac{P_{\mathrm{s}}(r)}{P_{\mathrm{t}}}\right] = \frac{g}{R}\int_0^{H_{\mathrm{t}}} \frac{\mathrm{d}z}{T(z)} \approx \frac{g}{R}\int_0^{H_{\mathrm{t}}} \frac{\mathrm{d}z}{T_{\mathrm{E}}(z)} \approx \frac{g}{R}\alpha(r)\int_0^{H_{\mathrm{t}}} \frac{\hat{T}(z)}{T_{\mathrm{E}}^2(z)}\mathrm{d}z \tag{12.206}$$

式中，P_t 是风暴顶气压，$P_{\mathrm{s}}(r)$ 可写成

$$\ln P_{\mathrm{s}}(r) = \ln P_{\mathrm{E}} - \frac{g}{R}\alpha(r)\int_0^{H_{\mathrm{t}}} \frac{\hat{T}(z)}{T_{\mathrm{E}}^2(z)}\mathrm{d}z \tag{12.207}$$

从式(12.204)解出 $\alpha(r)$，代入式(12.207)得

$$\frac{\Delta \ln P}{\Delta T_b} = -\frac{g}{R}\int_0^{H_{\mathrm{t}}} \frac{\hat{T}(z)}{T_{\mathrm{E}}^2(z)}\mathrm{d}z\left[\int_0^{H_t} W_\lambda(z)\hat{T}(z)\mathrm{d}z\right]^{-1} \tag{12.208}$$

若将式(12.208)右边作为经验公式系数，则可得到风暴中心地面气压和台风中心眼亮度温度的相关公式

$$\ln P_{\mathrm{c}} - \ln P_{\mathrm{E}} = -a(T_{\mathrm{beye}} - T_{\mathrm{bE}}) \tag{12.209}$$

通过回归分析可得经验系数

$$\ln P_{\mathrm{c}} = c_0 + c_1(T_{\mathrm{beye}} - T_{\mathrm{bE}}) \tag{12.210}$$

4. 风的权重函数

根据热力方程

$$\frac{\partial U_{\mathrm{g}}}{\partial \ln P} = \frac{R}{f}\frac{\partial T}{\partial y} \tag{12.211a}$$

$$\frac{\partial V_{\mathrm{g}}}{\partial \ln P} = -\frac{R}{f}\frac{\partial T}{\partial x} \tag{12.211b}$$

以及微波遥感方程

$$T_{\mathrm{b}} = \int T(p)W(p)\mathrm{d}\ln p \tag{12.212}$$

对式(12.212)求导得

$$\frac{\partial T_b}{\partial y}=\int\frac{\partial T}{\partial y}W(p)\mathrm{d}\ln p \tag{12.213a}$$

$$\frac{\partial T_b}{\partial x}=\int\frac{\partial T}{\partial x}W(p)\mathrm{d}\ln p \tag{12.213b}$$

将式(12.211a)、式(12.211b)代入式(12.213a)、式(12.213b),并分部积分得

$$\frac{\partial T_b}{\partial y}=-\frac{1}{R}\int U_g\frac{\partial W(p)}{\partial\ln p}\mathrm{d}\ln p \tag{12.214a}$$

$$\frac{\partial T_b}{\partial x}=\frac{1}{R}\int V_g\frac{\partial W(p)}{\partial\ln p}\mathrm{d}\ln p \tag{12.214b}$$

式中,$\frac{\partial W(p)}{\partial\ln p}$是风的权重函数。

5. 风暴区的涡度和风切变的计算

如果对式(12.214a,b)再微分一次,则得

$$\frac{\partial^2 T_b}{\partial y^2}=-\frac{1}{R}\int\frac{\partial U_g}{\partial y}\frac{\partial W(p)}{\partial\ln p}\mathrm{d}\ln p \tag{12.215a}$$

$$\frac{\partial^2 T_b}{\partial x^2}=\frac{1}{R}\int\frac{\partial V_g}{\partial x}\frac{\partial W(p)}{\partial\ln p}\mathrm{d}\ln p \tag{12.215b}$$

将式(12.215a)与式(12.215b)相加得

$$\nabla^2 T_b=\frac{1}{R}\int\zeta_g\frac{\partial W(p)}{\partial\ln p}\mathrm{d}\ln p \tag{12.216}$$

式中,ζ_g 是风暴涡度,其平均值为

$$\bar{\zeta}_g=\int\zeta_g\frac{\partial W(p)}{\partial\ln p}\mathrm{d}\ln p=\frac{R}{f}\nabla^2 T_b \tag{12.217}$$

用类似方法可得风暴切变为

$$D_e f_1=\frac{R}{f}\left(\frac{\partial^2 T_b}{\partial x^2}-\frac{\partial^2 T_b}{\partial y^2}\right) \tag{12.218a}$$

$$D_e f_2=\frac{R}{f}\left(-2\frac{\partial^2 T_b}{\partial x\partial y}\right) \tag{12.218b}$$

第七节　微波遥感自然表面

自然表面的微波辐射与物体的许多物理参数有关,所以根据测量自然表面的微波辐射可以推断其物理特性。微波遥感包括:(1)海洋遥感,(2)陆面冰雪覆盖物的遥感。

一、海洋的微波遥感

海洋占整个地球表面的7/10,随现代科学技术和人类活动的需要,迫切要求掌握海洋上物理参数的变化规律,由于海面微波辐射与海面温度、盐度、粗糙度、复介电常数等有关,因此,利用微波可以探测海洋各种状态,以进一步认识海洋,开发和利用海洋资源。

1. 微波遥感海面温度

海面的比辐射率随时间和空间的变化较小,因此,用微波能测量海面温度。又微温能穿透

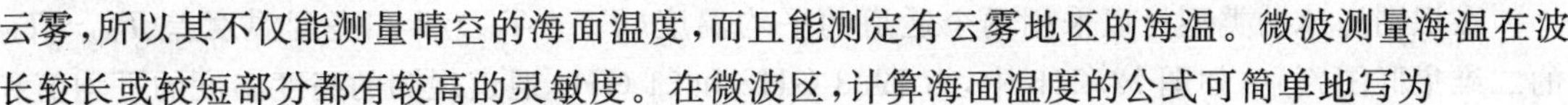

云雾，所以其不仅能测量晴空的海面温度，而且能测定有云雾地区的海温。微波测量海温在波长较长或较短部分都有较高的灵敏度。在微波区，计算海面温度的公式可简单地写为

$$T_{bf}=\varepsilon_{sf}T \tag{12.219}$$

式中，T 是实际海温，ε_{sf} 是海面比辐射率，T_{bf} 是卫星微波辐射计测量到的亮度温度。

2. 微波遥感海冰

海冰占海洋面积的11%～13%，它对海面能量交换、气候变迁、海洋航行和海洋工程等都有重要影响。应用微波测量海冰比可见光、红外探测更为有利。由微波可测量海冰的内容有以下几方面。

(1)海冰的识别：海冰具有低的介电常数，对微波的损耗较小，因而在冰气界面上的反射分量也较小，所以对微波不说，海冰基本上可以看作透明的，如粗糙表面的厚冰的比辐射率接近于1，比水大得多，这种差别很容易根据微波观测将海冰与周围水面区别开。

(2)海冰的种类：海冰的类型分为一年冰、两年冰和多年冰。利用双光谱微波频率可以区分冰的类型，如图12.24a中，给出了微波辐射计观测频率为19.3 GHz和31.0 GHz测量到海上一年冰、两年冰和多年冰的亮度温度，由于一年冰有更多的吸收，它比多年冰要暖，特别是31 GHz频率处。对于多年冰前向散射增加，导致31 GHz频率处亮度温度减小。

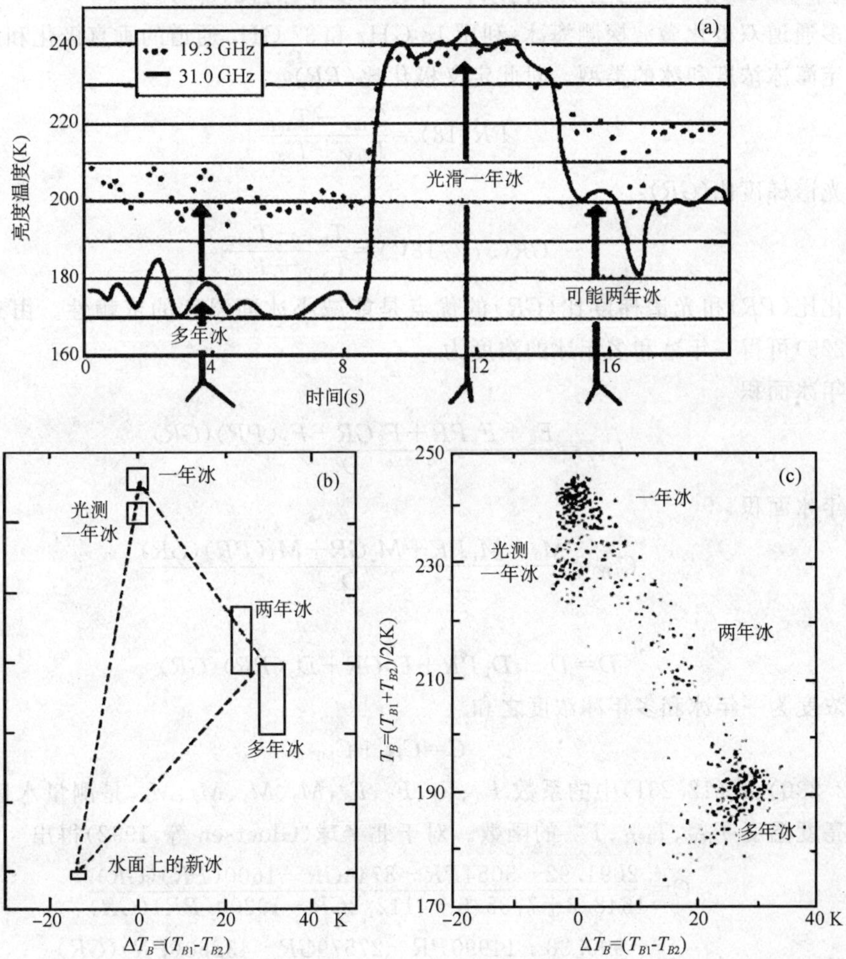

图12.24　(a)冰的类型与19.3 GHz和31.0 GHz亮度温度；(b)冰类型的判别；(c)冰类型的实例

在识别海冰的类型可以采用两个通道的平均温度$(T_{B1}+T_{B2})/2$和亮度温度差$T_{B1}-T_{B2}$的二维集群图判别，如图12.24b中，为19.3 GHz和31 GHz通道观测的亮度温度的平均值和之差构成的二维集群判别器，用于识别一年冰、两年冰和多年冰。图12.24c观测实例。

(3)海冰面积：微波反演海冰面积有单通道和多通道两种方法。下面分别介绍。

①单通道，通常根据海冰与水面(无冰)之间的亮度温度差反演海冰浓度，对于单个微波通道可用于确定某种冰类型的浓度，但不能确定冰的类型。如果观测区内海冰和水面的亮度温度分别为T_{Bi}和T_{Bw}，略去大气的影响，卫星观测的亮温写为

$$T_b=CT_{bi}+(1-C)T_{bw} \tag{12.225}$$

式中，C是卫星视场内海冰部分，$(1-C)$为无冰水面部分。如果T_{Bi}和T_{Bw}已知，则由下式计算海冰的面积

$$C=\frac{T_b-T_{bw}}{T_{bi}-T_{bw}} \tag{12.226}$$

如果在一水面区域出现一年冰和多年冰，观测的亮度温度为

$$T_b=C_wT_{bw}+C_{fy}T_{bfy}+C_{my}T_{bmy} \tag{12.227}$$

式中，C_w、C_{fy}、C_{my}分别是卫星视场内水、一年冰和多年冰占的部分。

②多通道双极化微波探测海冰，利用18 GHz和37 GHz通道的垂直极化和水平极化观测可以确定海冰浓度和冰的类型。对此定义极化比(PR)：

$$PR(18)=\frac{T_{18V}-T_{18H}}{T_{18V}+T_{18H}} \tag{12.228}$$

和光谱梯度比(GR)：

$$GR(37V/18V)=\frac{T_{37V}-T_{18V}}{T_{37V}+T_{18V}} \tag{12.229}$$

使用极化比(PR)和光谱梯度比(GR)的优点是能减小冰面温度的依赖性。由式(12.228)和式(12.229)可得一年冰和多年冰的浓度为

一年冰面积

$$C_{FV}=\frac{F_0+F_1PR+F_2GR+F_3(PR)(GR)}{D} \tag{12.230}$$

多年冰面积

$$C_{MY}=\frac{M_0+M_1PR+M_2GR+M_3(PR)(GR)}{D} \tag{12.231}$$

式中

$$D=D_0+D_1PR+D_2GR+D_3(PR)(GR)$$

总的冰浓度为一年冰和多年冰浓度之和

$$C=C_{FY}+C_{MY} \tag{12.232}$$

在式(12.230)、式(12.231)中的系数F_0、F_1、F_2、F_3，M_0、M_1、M_2、M_3，是测量水区、一年冰、多年冰的亮度温度T_{18V}、T_{18H}、T_{37V}的函数。对于北半球(Gloersen等，1992)得出

$$C=\frac{2091.92-5054PR-8744GR-1600(PR)(GR)}{1648.2+7735.6-4112.2GR-10200(PR)(GR)} \tag{12.233}$$

$$C_{MY}=\frac{-690.38+14990PR-27579GR-43260(PR)(GR)}{1648.2+7735.6-4112.2GR-10200(PR)(GR)} \tag{12.234}$$

(4)卫星微波测量海冰温度：由 NASA 导得 6.6 GHz 垂直极化反演冰的亮温的算法模式

$$T_i = \frac{T_{6.6V} - (1-C)T_{w,6.6V}}{\varepsilon_{i,6.6V}C} \tag{12.235}$$

式中，$T_{6.6V}$ 是观测的亮度温度，$T_{w,6.6V}$ 是水体上的亮温，C 是冰的浓度，$\varepsilon_{i,6.6V}$ 是冰的发射率。

3. 海水盐度的观测

海水中含盐使电导率加大，发射率降低，海面的亮度温度因盐度对海面发射率的影响而发生改变，从而建立的亮度温度与盐度关系，进而由测量的亮度温度推算盐度。由于海面亮度温度还受风的影响，为此应选取受风影响小的频段，在微波频率的低端，当在天底观测时，风的影响最小。在 L 带观测与风无关，在 S 带观测有小的依赖性。这时亮度温度与海面温度和盐度间的关系如图 12.25 所示，可以看到，微波 L 和 S 谱带的海面温度与盐度对亮度温度影响，微波 L 谱带盐度的改变要比 S 谱带更敏感，而当盐度为 34‰时，L 谱带亮度温度与海面温度的关系减弱，而在 S 带，在海面温度范围内，T_S 与 T_B 间近似为线性关系。根据这两种不同的响应，可以测量海温和盐度。这时海面温度和盐度以多项式表示为

$$T_S = \sum_i C_i^T (T_B^{Lb})^m (T_B^{Sb})^n \tag{12.236}$$

$$S_S = \sum_i C_i^S (T_B^{Lb})^m (T_B^{Sb})^n \tag{12.237}$$

式中，m,n 间隔 $0 \leqslant m,n \leqslant 3$ 的一整数。C_i^T 或 C_i^S 是系数，T_B^{Lb}、T_B^{Sb} 为 L 和 S 谱带的亮温。对于误差为 0.1 K 或小于 0.1 K，只需取 9 项即可，为

$$\begin{aligned} T_S = {} & 16.9074T_B^{Sb} - 21.88806T_B^{Lb} + 0.4926T_B^{Lb}T_B^{Sb} - 0.3647(T_B^{Sb}) - 0.0476(T_B^{Lb}) + \\ & 0.0052(T_B^{Sb})^3 - 0.0122(T_B^{Sb})^2 + 0.0099(T_B^{Sb})(T_B^{Lb})^2 - 0.0032(T_B^{Lb})^3 \end{aligned} \tag{12.238}$$

$$\begin{aligned} S_S = {} & 138.2130T_B^{Sb} - 137.4749T_B^{Lb} + 7.0377T_B^{Lb}T_B^{Sb} - 4.6052(T_B^{Sb}) - 2.4460(T_B^{Lb}) + \\ & 0.0403(T_B^{Sb})^3 - 0.0944(T_B^{Sb})^2 + 0.0566(T_B^{Sb})(T_B^{Lb})^2 - 0.0124(T_B^{Lb})^3 \end{aligned} \tag{12.239}$$

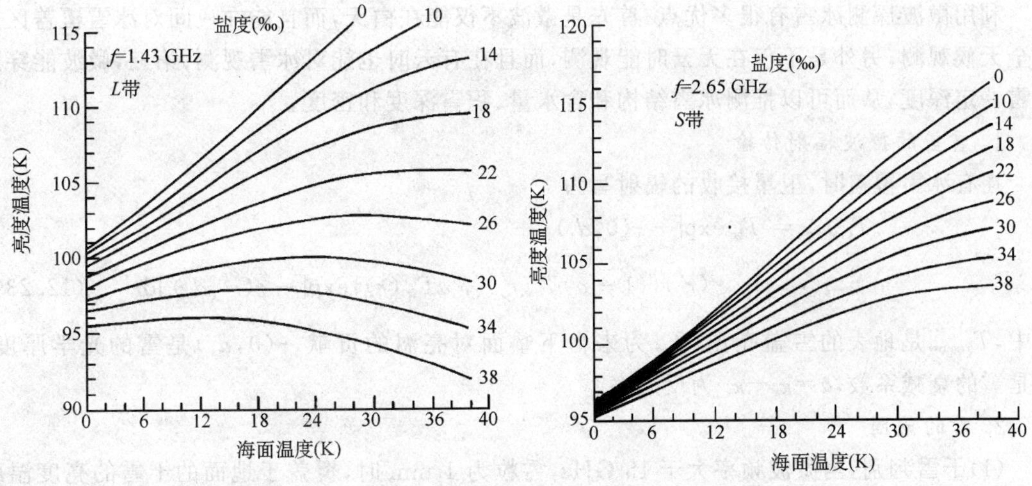

图 12.25　盐度、海面温度和亮度温度

4. 海面风速、粗糙度的估计

海面风引起海面粗糙度的变化，从而导致海面微波辐射率和散射系数的改变，用微波测量以上变化就能估算海面风速和风向。

海面微波亮度温度依赖于风速是由两种原因引起的，第一种原因是风速不太大(小于15～20 m/s)，引起的风浪增加海面的粗糙度；另一原因是随风速加大，海面“白冠”覆盖面积和泡沫增加。第一个原因的亮度温度的变化与频率有关，频率越高，影响越大，此外也和接收入射角和偏振有关。对第二个原因，当风速超过 15～20 m/s 时，泡沫和白冠的影响占支配地位，因泡沫具有很高的亮度温度，几乎接近海面真实温度，而泡沫对亮温的贡献明显地与偏振和入射角无关。当泡沫层的厚度小于观测波长的 1/4 左右时，亮度温度将随频率的降低而下降。

一般说来，当风速小于 8 m/s，亮度温度随风速逐步加大，而当风速大于 8 m/s 时，海面出现泡沫，亮度温度随风速迅速加大。若风速超过 15 m/s，海面变得很粗糙，亮度温度增加主要是泡沫增加而引起的。

5 海面污染物的探测

海洋表面的污染物主要是由海上输油或石油采油区的油漏溢引起的，此地污染物在海面表现为一层薄的油膜，它的出现使得海面状态一系列物理、化学和海洋生物发生变化，引起人们的严重关注。

海洋上油膜的存在，改变了海面比辐射率，从而改变了海面微波亮度温度。微波辐射计测得油膜亮度温度与所采用的波长、入射角和偏振有关。一般地说，油膜亮度温度与所用的波长成反比；对于平滑的海面，油膜的水平偏振亮度温度二倍于垂直偏振的亮度温度。

二、陆面雪的微波遥感

世界上的淡水资源的很大一部分是以冰雪形式存贮起来的，而我国又是世界上中纬度地区山岳冰雪最多的国家之一。虽然冰雪的面积不足全国面积的 6%，但是融水量却占全国地表年总径流量的 20%，相当于黄河入海年总径流量，因此冰雪的变化与国民经济建设有着极其密切的关系。同时冰雪覆盖的变化也是气候研究的重要资料。

利用微波探测冰雪有很多优点，首先是微波不仅能在白天，而且能在夜间对冰雪覆盖区进行全天候观测；另外是不仅在无云时能观测，而且在有云时也能对冰雪观测；第三，微波能穿透冰雪一定深度，从而可以推测冰雪结构和含水量、积雪深度和密度。

1. 雪盖的微波辐射传输

在有冰雪覆盖时，卫星接收的辐射写为

$$T_{b,\mathrm{snow}} = T_{bg}\exp[-\tau(0,d_s)] + \int_0^{d_s}\kappa_e(r')\{(1-a)T_s(r') + aT_{\infty}(r)\}\exp[-\tau(r',d_s)]\mathrm{d}r' \tag{12.239}$$

式中，$T_{b,\mathrm{snow}}$ 是地表的雪盖亮温，T_{bg} 为来自下垫面对亮温的贡献，$\tau(0,d_s)$ 是雪的光学厚度，κ_e 是雪的衰减系数，$a=\kappa_e-\kappa_e$ 为反照率。

2. 雪的范围

(1)干雪判别：当微波频率大于 15 GHz，雪粒为 1 mm 时，覆盖于地面的干雪的亮度温度随频率的增加和雪厚度的增加而减小，因此，统计表明，当 18 GHz 与 37 GHz 的亮度温度差满足下式

$$T_{18\mathrm{V}} - T_{37\mathrm{V}} \geqslant 5\ \mathrm{K}$$

有干雪存在。

$$T_{37\mathrm{V}} - T_{19\mathrm{V}} < -5\ \mathrm{K}$$

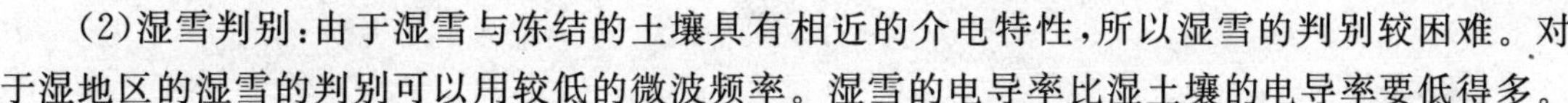

(2)湿雪判别:由于湿雪与冻结的土壤具有相近的介电特性,所以湿雪的判别较困难。对于湿地区的湿雪的判别可以用较低的微波频率。湿雪的电导率比湿土壤的电导率要低得多。

3. 雪水含水量

由于湿雪吸收微波辐射,决定雪的含水量仅限于干雪。由卫星微波测量雪水含水量通过线性拟合确定。用于雪水含量的算法的量有谱极化差、谱时间差、谱梯度和谱差,分别定义如下。

谱极化差: $$SPD=(T_{18V}-T_{37V})-(T_{18V}-T_{18H})$$

谱时间差: $$STD=(T_{18H}-T_{37V})w_{eq}>0-(T_{18V}-T_{37V})w_{eq}=0$$

谱梯度: $$SG=\frac{T_{18H}-T_{37H}}{18-37}$$

谱差: $$SD=T_{18H}-T_{37H}$$

由以上这些量,可得雪水含量的表达式为

$$W_{eq}=2.02SPD-7.42(\text{mm})$$

$$W_{eq}=10.1STD-98(\text{mm})$$

$$W_{eq}=8.7TD-108.7(\text{mm})$$

$$W_{eq}=-2.7\frac{SG-0.085}{0.036}(\text{mm})$$

$d_s=1.59SD$;$\rho_s=0.3\ \text{g/cm}^3$,雪粒大小:0.3 mm。

4. 雪融化的监测

(1)AMSU 计算陆面温度 T_s(Weng 和 Yan,2000):T_s 是陆地 2 m 高处百叶箱温度或洋面的表面温度

$$T_s=37.700+0.38057TB_1-0.39747TB_2+0.94279TB_3 \tag{12.240}$$

式中,TB_1 是 AMSU 通道 1(23.8 GHz)亮温、TB_2 是 AMSU 通道 2 亮温(31.4 GHz)、TB_3 是 AMSU 通道 3 亮温(50.3 GHz)、TB_4 是 AMSU 通道 16 亮温(89 GHz)、TB_5 是 AMSU 通道 17 亮温(150 GHz)

(2)AMSU 计算陆面发射率 ε_i(Weng 和 Yan,2000)

$$\varepsilon_i=b_{0j}+b_{1i}TB_1+b_{2i}TB_2+b_{3i}TB_3 \quad i=1,2,3 \tag{12.241}$$

式中,系数 b_{0j}、b_{1i}、b_{2i}、b_{3i} 如表 12.7 所示。

表 12.7　由 AMSU 通道 1～3 估算发射率 ε_i 式(12.241)中的系数

	b_0	b_1	b_2	b_3
ε_1	7.344616e^{-1}	7.651617e^{-4}	4.906263e^{-3}	−4.967451e^{-3}
ε_2	6.540201e^{-1}	−1.602319e^{-3}	6.560924e^{-3}	−3.925177e^{-3}
ε_3	−4.11900e^{-2}	−9.091600e^{-3}	1.217200e^{-2}	4.885100e^{-4}

第十三章 星载主动微波遥感

第一节　星载雷达遥感基础

雷达是向某一方向发射微波脉冲能量，然后接收由测量目标返回的能量或回波的装置。通常，雷达在地面对空观测，随着卫星技术发展，雷达已装载于卫星，由空间对地球进行观测。目前星载雷达主要有测雨雷达(PR)，散射计，高度计和成像型雷达(SAR)。测雨雷达用于测量降水，散射计用于测量海洋面上的风，高度计测量海面高度，成像型雷达(SAR)获取超高分辨率的地球图像。

与地面雷达相比较，星载雷达有很多优点，下面是两者的主要特点。

在地面遥感中，对不同目标的分辨主要是由雷达或辐射计接收的信号强度来区分的，对于星载遥感中，位置的测量是一种重要分辨率，它通常可由方位角(天线方向图)、距离(时间)和速度(多普勒频移)测量实现，而速度的测量实际是对不同目标的距离测量。幅度的测量则与接收信号的统计特性有关，接收信号包含噪声那样的衰减特性。

一、雷达方程

星载雷达接收目标物或物体的反射(散射)信号可以由雷达方程表示，下面就此作一简要说明。

1. 来自孤立目标物和扩展表面的后向散射

对于来自孤立目标物和物体的散射电磁脉冲，如图 13.1 中，表示雷达天线和目标之间的几何关系，在远场中的目标是一形状不规测的孤立物体，R_0 是与雷达间的距离，物体发射的黑体辐射与后向散射能量相比较很小可以略去，假定天线正对着目标物观测，天线具有孔径 A，增益 $G(\theta,\varphi)$，和视线最大增益 G_0。在某一时刻 t_0，雷达发射脉冲的持续时间为 τ，则脉冲与目标物相互作用，将入射的部分能量反射回天线，由于散射能取决于目标物的形状、组成和电导率以及目标物质特性对后向散射特性的作用。一般雷达发射和接收过程分为三步：发射、目标物散射和接收反射脉冲。

如果天线发射的一个脉冲具有辐射通量 P_T，根据各向同性下平均法向强度 $I_{ave}=\Phi_T/4\pi$ 和增益 $G(\theta,\varphi)=I(\theta,\varphi)/I_{ave}$，在视场方向，发射功率为 P_T 的辐射强度为 I_0，表示为

$$I_0=G_0P_T/4\pi \tag{13.1}$$

当脉冲与目标相交接时，会有下面四种情况：辐射可能透过目标物，或是被目标物吸收，或者向前散射，或者是向后散射；对于没有发射能量通过目标的情况下，目标面积 A_T 是与视线成直

角时的截面积，因此，目标物对雷达所张的立体角 $\Delta\Omega$ 为

$$\Delta\Omega = A_T / R_0^2 \tag{13.2}$$

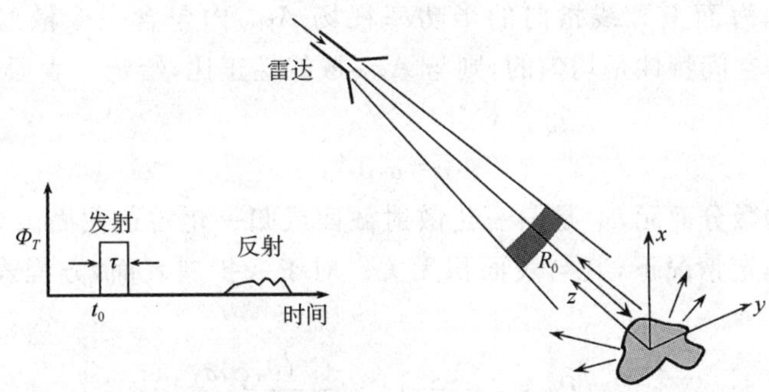

图 13.1　入射到孤立物体上的能量脉冲

由式(13.1)、式(13.2)，假定 $\Delta\Omega \ll 1$，并目标处于视线上，入射至目标的功率 P_{RS} 为

$$P_{RS} = P_T G_0 A_T / 4\pi R_0^2 \tag{13.3}$$

当脉冲与目标相遇时，入射能激励涡流，或是目标吸收，或者是产生新的辐射。对于相对于天线的特定目标取向，如果 f_A 表示为目标吸收并消耗的功率的部分(百分数)，则再发射辐射的功率大小为 $P_{TS} = P_{RS}(1 - f_A)$。因此如果在天线方向再发射辐射的功率增益为 G_{TS}，且 I_{ST} 是天线方向的辐射强度，则

$$I_{ST} = P_{TS} G_{TS} / 4\pi \tag{13.4}$$

由于目标对天线张的立体角为 $\Delta\Omega_A = A_T / R_0^2$，天线接收到的功率为

$$P_R = A P_{TS} G_{TS} / 4\pi R_0^2 \tag{13.5}$$

根据式(13.3)到式(13.5)表示的天线发射、对目标反射脉冲接收，给出接收与发射功率的比值为

$$P_R = \underset{(a)}{[G_0 / 4\pi R_0^2]} \underset{(b)}{[A_T (1 - f_A) G_{TS}]} \underset{(c)}{[A / 4\pi R_0^2]} P_T \tag{13.6}$$

在式(13.6)中，(a)项与目标处测量的发射功率成正比；(b)项给出了目标的特性；(c)项表示与天线处接收的功率成正比。可以看出，(a)和(c)项是天线特性和距离的有关的项，而(b)项表示包括目标面积、吸收能量的百分数，和功率型式的所有目标特性。由于对这些目标特性测量的困难和它本身的意义不大，可把它们合并为称之雷达散射截面 σ，量纲为 m^2。写成

$$\sigma = A_T (1 - f_A) G_{TS} \tag{13.7}$$

将式(13.7)代入式(13.6)，就得雷达方程

$$P_R = \sigma G_0 A / (4\pi)^2 R_0^4 P_T \tag{13.8}$$

方程式(13.8)表明接收功，它与发射功率的比值是距离的四次方成反比，因此雷达必须是一个高功率发射器与一个高灵敏的接收器组成。为消除天线孔径 A，由式(13.8)，对于无损耗的天线的增益写为

$$G_0 = 4\pi A / \lambda^2 \tag{13.9}$$

式(13.9)代入式(13.8)得

$$P_R = [G_0^2 \lambda^2 / (4\pi)^2 R_0^4] \sigma P_T \tag{13.10}$$

上式重新排列为

$$\sigma=[P_R/P_T][(4\pi)^3R_0^4/G_0^2\lambda^2] \tag{13.11}$$

由式(13.11)看出，σ 是 λ、R_0、接收与发射功率比和天线特性的函数。

对于孤立目标，海面上天线指向的半功率视场 A_{FOV} 内包含一个散射和反射面，如果在FOV视场内海洋的空间特性是均匀的，则与 A_{FOV} 成线性正比，给定一表面的 σ，可以定义无量纲截面 σ_0，写为

$$\sigma=\sigma_0\,\mathrm{d}A_S \tag{13.12}$$

式中，$\mathrm{d}A_S$ 是表面的微分面元，σ_0 是归一化散射截面或归一化雷达截面。对此 σ_0 是一无量纲数，对于表面特性恒定情况下，其与表面积无关。对于一扩展表面，方程式(13.10)可以用 σ_0 表示为

$$P_R/P_T=\frac{\lambda^2}{(4\pi)^3}\int_{A_{FOV}}\frac{G^2(\theta,\varphi)\sigma_0}{R_0^4}\mathrm{d}A_S \tag{13.13}$$

考虑指向海面的窄光束散射计，具有面积为 ΔA_{FOV} 的FOV十分小，在这视场内 R_0、θ、φ 近似为常数，在这种情况下，$G(\theta,\varphi)$ 可以由天线轴线（瞄准方向）的增益 G_0 代替，则由式(13.13)得 σ_0 的代数表达式为

$$\sigma_0=(P_R/P_T)[R_0^4(4\pi)^3]/[\lambda^2G_0^2\Delta A_{FOV}] \tag{13.14}$$

如果天线和发射和接收的功率是已知的，则由上式就可以算出 σ_0。此外假定仪器处于无噪声、无辐射环境和无衰减大气，式(13.14)可以应用于窄或锥形射线仪器，如高度计，σ_0 取决于海洋的散射特性，雷达的频率、极化、方位和观测角。

2. 极化

对于由雷达产生的电磁波是平面极化波，在对地球遥感中，雷达发射和接收的可以是V或H平面波。天线发出和接收的是V或H称为VV或HH天线。而较少用发出H接收V(HV)，或发出V接收H(VH)。这时由于对于VH和HV回波功率非常小，大多数卫星携带的雷达使用HH和VV。对于某一特定的入射角和频率，所有四种极化(HH，HV，VV，VH)的测量完全可以用于确定表面的反射特性，并且可以有效地确定反射能的Stoks参数。

3. 大气和海洋对雷达回波的作用

对于雷达观测海洋表面要通过大气，在 σ_0 的反演中，必然要对大气衰减和来自各种发射作用进行订正。对于实际大气和海面的反射和发射，雷达接收的功率 P_R 写为

$$P_R=P'_\sigma+P_{TN} \tag{13.15}$$

式中，P'_σ 是通过大气后雷达接收到的功率，P_{TN} 是热力噪声。写为

$$P_{TN}=P_N+P_B \tag{13.16}$$

式中，P_N 是仪器噪声，而 P_B 是背景发射的总和，即 P_B 是地表面辐射率、大气向上辐射率、向下大气辐射的反射辐射率和宇宙辐射率的总和。

仪器噪声 P_N 对雷达分辨率设置较低的范围，有时噪声用最低噪声表示，它相应于信号电平与噪声相等时的 σ_0，就是信噪比等于1时的噪声，常用噪声等效 σ_0 表示，单位dB。噪声电平给出 σ_0 最优分辨率，大气、海洋和大地黑体辐射相对于接收的 σ_0 是如此小，可以忽略不计。

大气衰减对返回信号的作用如下。如果 P_σ 是大气衰减订正后的接收功率，则

$$P_\sigma=P'_\sigma/t^2 \tag{13.17}$$

在式(13.17)中，t 是依赖空间和时间的透过率，调整波束的入射角，由于雷达脉冲两次通过大气，所以出现二次方。由于大多数雷达和散射计的工作频率小于14 GHz，除强降水之外，透过

率一般接近为 1。

二、瞬时视场内 σ_0 的确定

有多种方法反演地面状况、极化、视角和方位角与 σ_0 的关系。第一种是结合式(13.14)，散射计的锥束正对不同的地表面观测，确定 σ_0 的分布；第二种方法是斜视宽射线雷达观测，将地面扫描点再划分为许多小的面积，这种再分割以两种方式称之为距离和多普勒贮存 bining 分割。在距离分割中，出现的回波是根据脉冲发生和接收之间的距离或时间延迟；在多普勒分割中，地面扫描点的再划分是依据回波的多普勒频移。如图 13.2 中，给出了雷达遥感的四种天线组态和视场 FOV_S。相对于天线，在 FOV_S 内的位置由 x，y 坐标系表示，垂直于轨道方向 x 为方向，轨道方向为 y 方向。

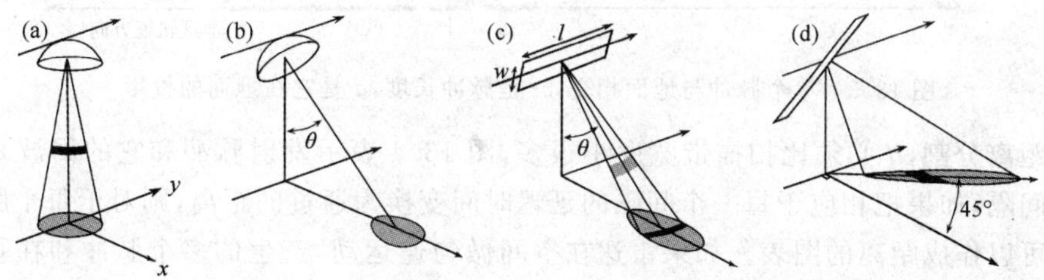

图 13.2　星载主动遥感中使用的四种天线

在这坐标中，沿轨道方向与飞行方向平行，而垂直轨道方向与轨道成直角，原点是星下点。天线具有下面特征。

第一种(如图 13.2a 所示)是抛物线天线指向天底时的高度和它的圆形的 FOV_S，天线的半功率射束宽度 $\Delta\theta_{1/2}$ 为

$$\Delta\theta_{1/2} \sim \lambda/D \tag{13.18}$$

第二种如图 13.2b 所示，同样的抛物线天线指向偏离星下点的地方，这时 FOV 呈椭圆形，用 $\Delta\theta_{1/2}$ 与表面相交的表示。

第三种如图 13.2c 所示，天线为矩形，其长轴与轨道方向相平行，SAR 的天线是这种形态。一般天线长为 $l=10$ m，宽为 $w=2$ m。将方程式(13.18)应用每一个轴，因此，对于天线半功率的宽度 $\Delta\theta_{1/2}$ 在轨道方向用 l 表示，$\Delta\theta_{1/2}$ 在垂直轨道方向用 w 表示，写为

$$\Delta\varphi_{1/2}=\lambda/l \qquad \Delta\theta_{1/2}=\lambda/w \tag{13.19}$$

因此，图 13.2c 表明在轨道方向垂直于卫星轨道方向产生宽的射线束，而在轨道方向产生窄的射线束。在地面星下点暗弯曲区是距离等值区或时间等延迟区。

第四种如图 13.2d 是集束状棒形天线，在与地面平行的一个平面内，与卫星地面 x 方向成 45°夹角，产生狭长的瞬时视场，图中暗灰区是多普勒频移等值线。

三、距离分割

这一部分首先是距离的划分问题，并说明它的分辨率随脉冲的长度成相反的变化，这里讨论短脉冲的产生和称之由长脉冲调制合成短脉冲的线性调制法。

在距离分割中，将雷达侧视接收地面星下点的后向散射能量，根据发射的接收脉冲之间的时间延迟分割。在图 13.3 中表示单个脉冲与地面相交，如果 d 是脉冲在地面投影的长度，

c 是光速，τ 是脉冲持续的时间，则近似为

$$d = c\tau\cos\theta \tag{13.20}$$

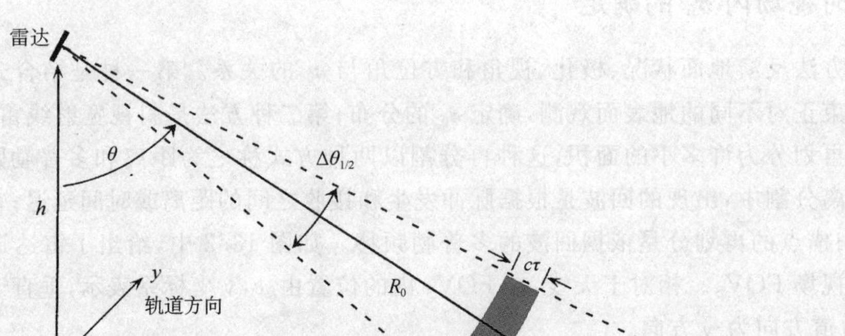

图 13.3　单个脉冲与地面相交，$c\tau$ 是脉冲长度，d 是它在地面的投影

对于距离分割，d 必须比扫描带宽度小很多，图 13.4 表示发射脉冲和它的回波划分为相等的时空间隔，如果把相应于每一个间隔的延迟时间变换为通过的距离，则对于每个脉冲平均间隔功率可以作成距离的图表。如果雷达在空间做匀速运动，产生的多个脉冲和在垂直轨道方向观测，这就构成一幅轨道方向和垂直轨道方向的两维图像。

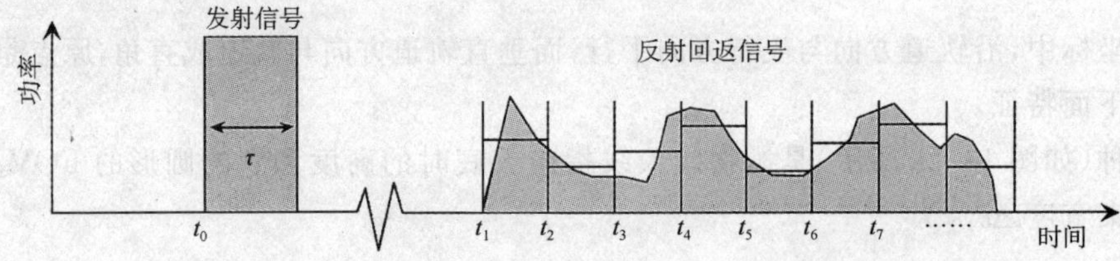

图 13.4　由时间延迟或距离的雷达返回信号的分割

对于这种方法，垂直轨道的分辨率 Δx 取决于时间 τ，并且可作如下计算：如图 13.5 中，入

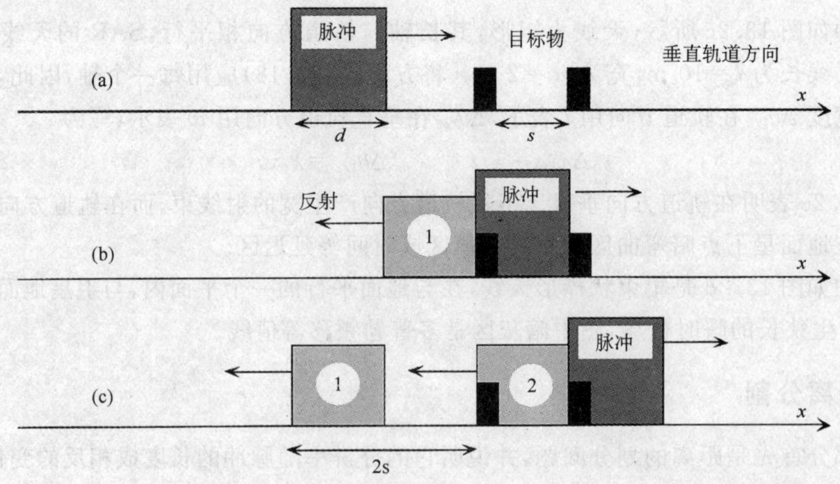

图 13.5　长度为 d 的雷达脉冲入射在两个目标上，并逐次被反射，两个目标之间的距离为 S。(a)入射脉冲，(b)来自第一个目标的反射脉冲 1，(c)来自第二个反射脉冲 2

射脉冲与两个间隔距离为 s 的目标物相互作用，当脉冲到达第一个目标物时，它的部分能量被反射，发射脉冲的余下部分传播到第二个目标物，并发生第二反射。对于第二次反射到达第一个目标物时，它必须通过距离 s，这意味着由两目标物产生的两个反射脉冲相隔 $2s$，因此，两目标物之间的距离的长度要比 1/2 投影脉冲的长度，所以有 $2s>d$。两目标物产生和可识别的回波。这就是最合适的垂直轨道的分辨率 Δx 分辨率，为

$$\Delta x=d/2 \tag{13.21}$$

因此对于给定的脉冲长度，即使是时间间隔很小，地面分辨率不能比式(13.21)确定的要小。

下面要讨论由调频方法产生短脉冲。

1. 调频（调制）

如果雷达发射的一个单脉冲宽度为 τ，载频为 f_0 的信号 $A(t)$：

$$A(t)=A\cos\omega_0 t \qquad -\tau/2<t\leqslant\tau/2 \tag{13.22}$$

式中，$\omega_0=2\pi f_0$，相应的频谱为

$$\begin{aligned}F(\omega)&=\int_{-\infty}^{\infty}A(t)\mathrm{e}^{-i\omega t}\,\mathrm{d}t=A\int_{-\tau/2}^{\tau/2}\cos\omega_0 t\mathrm{e}^{-i\omega t}\,\mathrm{d}t\\&=A\left[\frac{\sin(\omega_0-\omega)\tau/2}{\omega_0-\omega}+\frac{\sin(\omega_0+\omega)\tau/2}{\omega_0+\omega}\right]\end{aligned} \tag{13.23}$$

如果谱中心角频率为 ω_0，则第一个零点出现在

$$\omega=\omega_0\pm\frac{2\pi}{\tau}\text{或者 } f=f_0\pm\frac{1}{\tau} \tag{13.24}$$

两个零点间的带宽为 $B'=2/\tau$

半振幅的带宽为 $B\approx2/\tau$ (13.25)

脉冲的带宽定义为 $B=1/\tau$

因此，短的单色脉冲的带宽很宽，而长脉冲的带宽很窄。

产生很短脉冲要受到两个限制：第一是对于一个中心或载频 f_0，和考虑到傅里叶变换，一个持续时间为 τ 的脉冲具有的带宽为 $\Delta f_B\sim\tau^{-1}$。作为例子，一个 10 cm 的脉冲长度相应为 $\tau=0.3$ ns，因此，$\Delta\varphi_B=3$ GHz，给定在 1～14 GHz 雷达频率使用者，因为电磁辐射(EMR)向外泄漏到邻近频带，这样短的脉冲不能使用。第二个限制是即使是具有 1 m 长度和 $\Delta f_B=0.3$ GHz的 3 ns 脉冲位于其给定的带宽内，为使回波满足必需的信噪比，要求一个大的峰值功率，而对于产生短脉冲是十分困难的和不方便的。许多雷达用高频调制脉冲代替短脉冲，它具有与短脉冲相同的累积功率和带宽。在每个脉冲内，频率随时间线性增加，产生一个称为调频信号，当接收到一个调频脉冲时，信号通过一个滤波器，再建一个短脉冲。因而调频脉冲具有与短脉冲的相同的频率和宽度，但是较长的，低得多的功率和再构建希望的短脉冲。

在线性调频中，频率 f_0 在整个脉冲持续过程中不是常数，但是在 f_0 到 $f_0+\Delta f$ 内作线性变化，Δf 可以是正的，也可以是负的，显然带宽 B 写为

$$B=|(f_0+\Delta f)-f_0|=|\Delta f| \tag{13.26}$$

这样就产生持续时间 τ 很长，而带宽也很宽的脉冲。

线性调制信号表示为

$$A(t)=A\cos\left(\omega_0 t+\frac{\Delta\omega}{2\tau'}t^2\right)=0 \qquad 0\leqslant t\leqslant\tau' \tag{13.27}$$

信号的瞬时角频率为

$$\omega(t)=\omega_0+\frac{\Delta\omega}{2\tau'} \tag{13.28}$$

持续时间长的调频脉冲有很高的距离分辨率。

2. 脉冲重复频率

通常，雷达产生周期间隔为 τ_p 的重复脉冲或每秒产生脉冲的个数，称为脉冲重复频率，定义为

$$PRF=1/\tau_p \tag{13.29}$$

从式(13.29)，每秒 90 次脉冲的速率相应于 90 Hz 的 PRF。对于多数卫星仪器，它的 PRF 要求尽可能的大，由于对同一区域的多次观测，讯噪比通过对回波的平均得到提高。但是在垂直扫描方向的宽度，对 PRF 设置一个上限，为计算最大的 PRF，图 13.6 给出了雷达对地扫描带宽的几何图，对于单个脉冲，首先是来自最近的扫描幅的边发生反射，然后来自远的边界的反射。如果 PRF 太大，则对于来自远边界的第一个脉冲到来之前，就有来自最近边界的第二个脉冲的回波已到达，这些重叠的回波使生成的回波变模糊，使数据变无用，所以需要设立 PRF 的上限。

计算最大 PRF 的方法如下：在图 13.6 中，$d_p=c\tau_p$ 是两脉冲间的距离，R_1 是雷达离扫描幅边近的距离，R_2 是雷达离扫描幅边远的距离，要求在近的第二个脉冲之前，来自远一侧的边的第一个回波反射脉冲到达雷达，满足不等式

$$d_p=c\tau_p>2(R_2-R_1) \tag{13.30}$$

用 PRF 表示，上式成为

$$PRF<c/2(R_2-R_1) \tag{13.31}$$

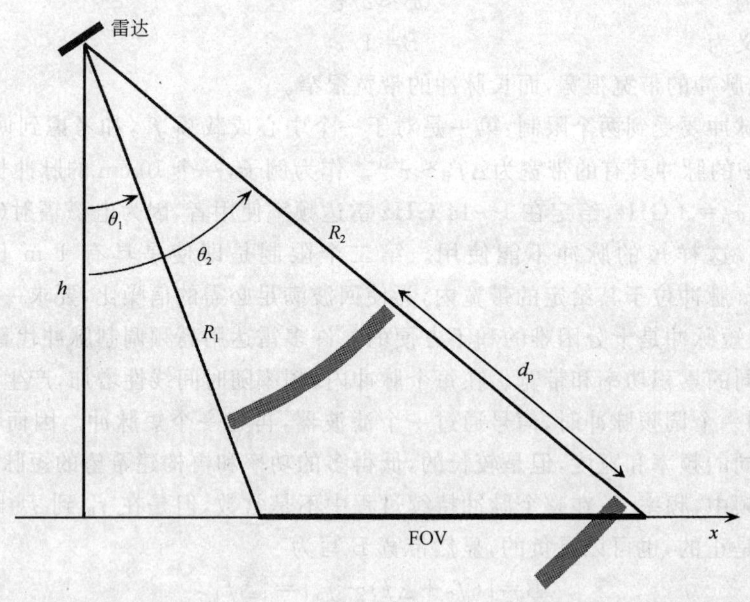

图 13.6　对于确定侧视雷达最大重复频率(PRF)，为简化，第一个脉冲可传播到表面下

假定卫星高度为 800 km，$\theta_1=21°$，$\theta_2=45°$，则分离的脉冲必须有大于 560 km 或 2 ms，得到最大的 PRF 为 530 Hz。

在式(13.31)中限制不禁止交错脉冲或突发脉冲。例如，TOPEX 高度计产生一个突发脉

冲,随后是依次接收其回波。

四、多普勒分割

对于相对于卫星轨迹的任意方向的雷达或散射计,回波信号也可以根据多普勒频移分割。其理由是相对于卫星的水平速度是可能的,或相对于轨道的天线观测角的多普勒频移。对于实际孔径雷达,多普勒处理涉及稳定的频率 f_0 的长脉冲的产生,则对雷达回波的多普勒分割。如 SEASAT 和 NSCAT 散射计采用这种方法。SARS 同时用距离和多普勒分割获取了这种分辨率。下面将讨论多普勒频移的概念,对于水平面上,导得常定的多普勒频移的线的位置,称为等多普勒频移,以及多普勒分割的空间分辨率和旋转地球的多普勒频移位置。

1. 多普勒频移对于视角间的关系

如图 13.7 中,比较运动和静止的电磁波源所发射波的差,在两种情况中,电磁波源发射波长为 λ_0 和频率为 f_0 的球面波。图 13.7a 在静止的情况下,波峰间的时间是 $\Delta t=1/f_0$,图 13.7b表示以速度为 U_0 的移动相同的发射源向静止观测者的辐射。在时间内,发射的波移动距离为 $U_0\Delta t$,则接收到的波长的缩小量为

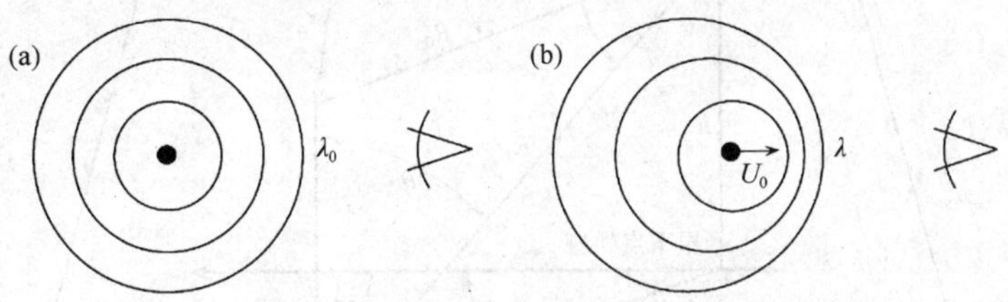

图 13.7 对于不同情况下产生的电磁波长频率的变化

(a)静止源,(b)移动源

$$\lambda=\lambda_0-U_0\Delta t=\lambda_0-U_0/f_0 \tag{13.32}$$

或

$$\Delta\lambda=\lambda-\lambda_0=U_0/f_0 \tag{13.33}$$

由于 $c=\lambda f$,如果 λ 的改变为 $\Delta\lambda$,则频率 f 的改变为

$$\Delta f/f_0=-\Delta\lambda/\lambda_0 \tag{13.34}$$

由式(13.33)和式(13.34),$\Delta f=U_0/\lambda_0$。如果发射器和接收器以均匀匀度同时移动一个静止的反射表面,则多普勒频移是双倍的,因此有

$$\Delta f=2U_0/\lambda_0 \tag{13.35}$$

现考虑散射计相对于卫星轨道以一个恒定的 γ 角度观测一个平的表面,在 γ 方向的卫星速度分量是 $U_0\cos\gamma$,则在卫星上接收的多普勒频移是

$$\Delta f=2U_0\cos\gamma/\lambda_0 \tag{13.36}$$

从式(13.35)和图 13.8 可以看出,表示等多普勒频移的曲线是一常数。

通常相对于卫星轨道的表面一个点的位置是由俯视角 θ 和方位角 φ 表示,对于平面,可得 γ 和 θ,φ 之间的下面关系,如图 13.9 中,天线相对于非旋旋地球的几何关系,卫星高度为 H,由天线到瞬时视场 FOV 的距离是 R_0,FOV 与天线在轨道的距离是 y,而 R_0 的投影到卫星轨道平面的距离 R_B,对于 γ、φ 和 θ,有下面关系式:

$$\cos\gamma=y/R_0,\cos\varphi=y/R_B,\sin\theta=R_B/R_0 \tag{13.37}$$

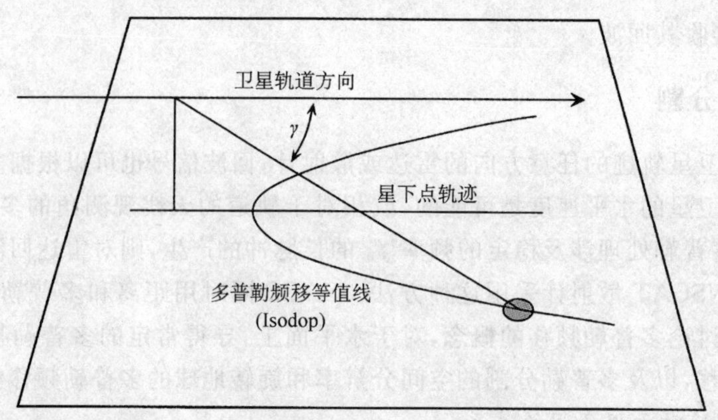

图 13.8　卫星、星下点轨迹，地面多普勒频移线，散射计瞬时视场和它观测角（与轨道方向夹角）

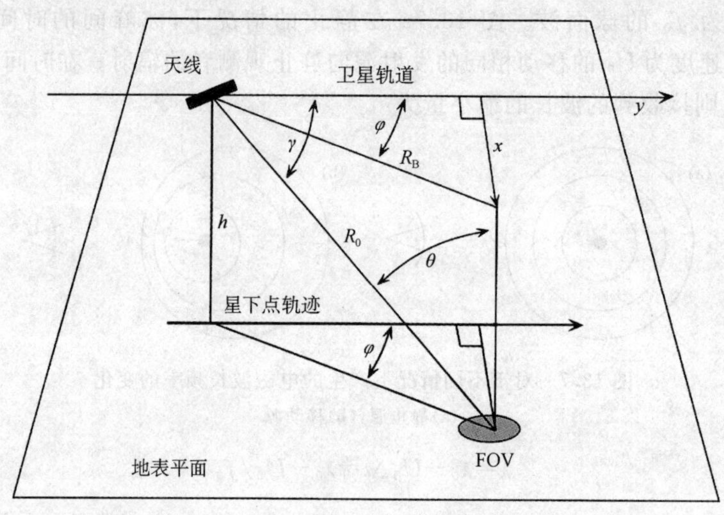

图 13.9　在水平面上多普勒散射计的几何图，其中 φ 是方位角，θ 是入射角，γ 是相对卫星飞行方向的观测角

由式(13.37)，$\cos\gamma=\cos\varphi\sin\theta$。则方程式可以写为

$$\Delta f=(2U_0\cos\varphi\sin\theta)/\lambda_0 \tag{13.38}$$

给出了 Δf 对于 U，φ 和 θ 的依赖关系。

考虑一个类似于 NSCAT 的散射计，其离地高度为 800 km，速度 6.7 km/s。根据式(13.31)计算，图 13.10 给出了多普勒频移等值线图型和等距离圆图，这些表明距离分割和多普勒分割的组合一起可以将地表面格点化为不规测形状单元。两种图和式(13.38)表明，Δf 最大值出现在轨道前方和后方的 $\varphi=0$ 和 π 处，这时，$\Delta f=\pm U_0/\lambda_0$，而当与卫星飞行方向垂直时，$\Delta f=0$。对于 NSCAT 的散射计，载频 $f_0=14$ GHz，前进方向上的最大多普勒频移是 $\Delta f_{\max}=6.4\times10^5$ Hz；在向后方向，$\Delta f_{\max}=-6.4\times10^5$ Hz；以 45°倾斜角的灰色杆表示条状天线的理想 FOV。这个 FOV 的初始附近的多普勒频移间隔十分接近。离初始点越远，等多普勒分布线间隔越大。因此由多普勒频移等值线确定的空间单元的大小，等分间隔的频率随离初始点的距离而增加。

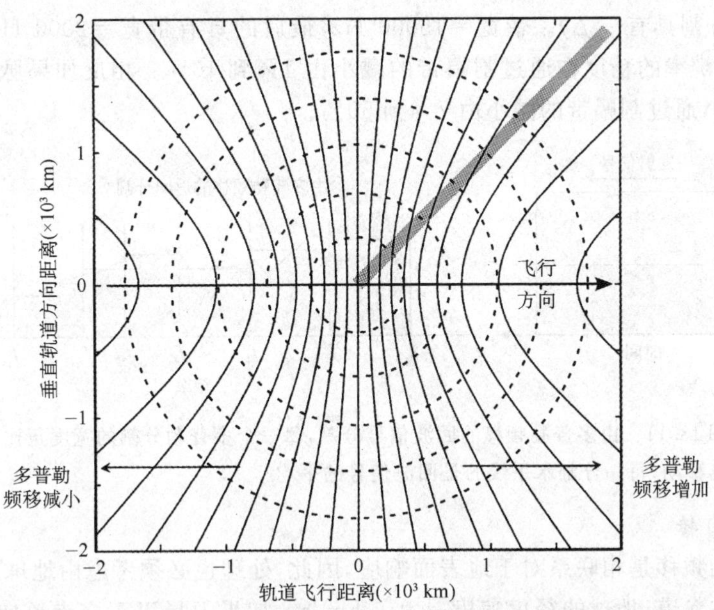

图 13.10　实线是卫星在水平面高度上运动产生在地面上间隔为 $0.1\Delta f_{\max}$ 的多普勒频移等值线，虚线是距离等值线原点在卫星下方，狭窄灰色长杆表示一典型的瞬时视场。

对于一个 SAR 特殊情况，在垂直于轨道方向的视场的多普勒频移等值线特征，式(13.38)和图 13.10 表明，如果 $\varphi=\pi/2-\delta$，这里是相对于垂直轨道方向的方位角，并定义前进方向为正，则对于小的 δ 有

$$\Delta f=2U_0\sin\delta\sin\theta/\lambda_0\approx 2U_0\delta\sin\theta/\lambda_0 \tag{13.39}$$

式(13.39)表明，即使在垂直轨道方向上 $\Delta f=0$；对于方位角接近这方向，Δf 随 δ 呈线性变化。

2. 多普勒地面分辨率

以两种不同方式使用多普勒分割，第一种方式是对于风散射计的情况，σ_0 的地面分布由相长脉冲的多普勒分割确定；第二种是 SAR 处理使用多普勒和距离分割两者结合对一系列小脉冲计算它的强度方法得到在轨道方向和垂直轨道方向的高分辨率。下面讨论单个长回波的分割。

在如前面部分表明，对于距离分割，垂直轨道方向的分辨率的改进，为脉冲长度的减小。相反，这部分表明多普勒分辨率的改进为脉冲长度的增加。由傅里叶变换考虑，对于脉冲长度 τ，对于多普勒频移 $\Delta f_{\min}$ 的最小分辨率可以再解得为

$$\Delta f_{\min}=1/\tau \tag{13.40}$$

式(13.40)表明，较长的脉冲，有较小的 $\Delta f_{\min}$ 和最佳的多普勒分辨率。因为多普勒分辨率或等效地面空间分辨率，随脉冲的长度而改进，对距离分割的多普勒分割一个优点是雷达可较长利用，低的脉冲率。

通过发射具有载频 f_0 的长脉冲的发射，接收回波信号和载频的消除的实施的表面特性的多普勒确定。然后通过一系列具有相应于多普勒频移的带宽的滤波调制处理，其回波是对每一个滤光器的范围内的平均。图 13.11 显示了发射和接收脉冲的图解，其接收功率为一系列由滤波器带宽所确定分割。例如对于 NSCAT 脉冲长度 $\tau=5$ ms，$\Delta f_{\min}=200$ Hz。对于这种情况，Naderi，Freilich 和 Long(1991)证明，为获得在垂直轨道方向上 25 km 的分辨率，在近刈

幅宽度的第一分割具有一 Δf_{bin} 带宽＝15000 Hz，最后的具有带宽＝2000 Hz。给定 Δf_{min}＝200 Hz，空间分辨率的精度在通过割幅带的减小由 1％到 10％。相反如果脉冲长度由因子 5 减小到 τ＝5 ms，通过割幅带的减小由 7％到 50％。

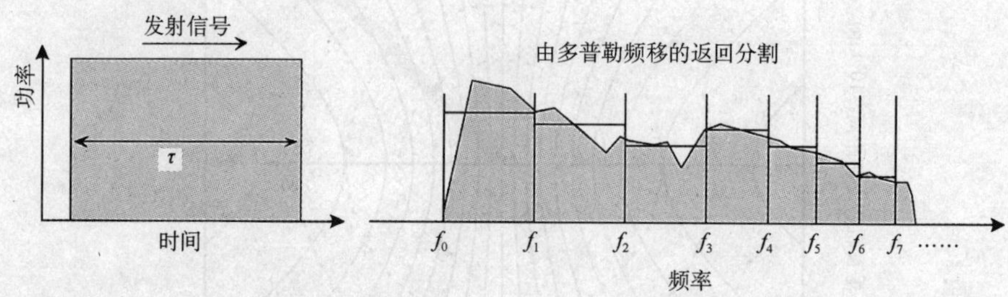

图 13.11　由多普勒频移的回波信号分割，每一个多普勒分割的宽度正比于匀速的距离移动，每一分割水平线的是回波信号的平均

3. 地球的自转

由于多普勒频移是相联系对于地表面响应，因此，处理也必须考虑由地球自转引起的相对地表面运动。在赤道，地球的径度速度是 0.5 km/s。如果卫星以正交赤道向北通过，垂直轨道方向的多普勒频移不再为 0，也就是对于速度为 6.5 km/s 的卫星，等多普勒分布线以一个角等于地球与卫星速度正切，或约 4°。类似的，如果卫星向南通过赤道，角度相反，由此在卫星通过北和南的总角度偏移为 8°。

五、海洋后向散射

海洋的后向散射分为两种情况：一是来自海水表面和二是来自海冰、来自如船泊物体的或油船、冰山。虽然海水表面的 σ_0 取决于表面的粗糙度，而不直接与风速有关，但是一般用风速代替粗糙度。

1. 镜面和角反射

同样在海面，如船泊、冰山和油船出现入射辐射的反射墙，当入射辐射通过这些表面时，反射是镜面反射，且返回是很强的。当表面垂直时，图 13.12 表明反射能离开冰或海面，然后又离开墙面，形成角反射。因此天线又接收到强的反射回波信号，这样在雷达图上表现为亮的色调。

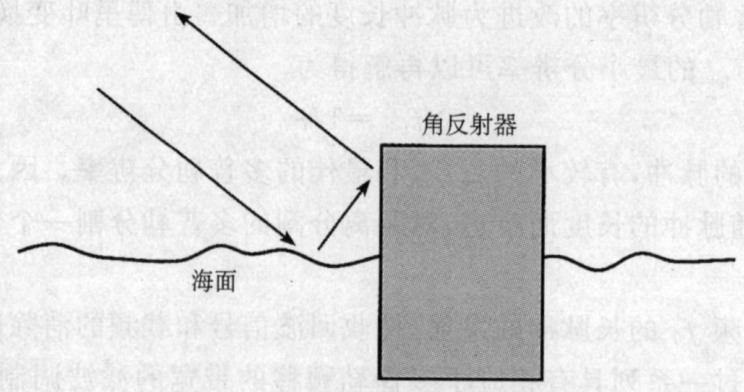

图 13.12　来自具有垂直墙的水泡或海底目标物的角反射

2. 两类洋面的后向散射

来自海面的反射或散射取决于表面波波长分布相对于辐射的波长 λ，一般由短波散射入射能，而由满足 $R_c \gg \lambda$ 的曲率半径条件的长波是反射入射能。对于来自海面的后向散射，它由满足曲率半径限制的大尺度表面，和由比 λ 小很多的 rms 振幅小尺度表面构成，大尺度表面的作用是平流输送，小尺度粗糙度由风产生的波斑的倾斜。波长分成复杂的依赖于入射角的 λ 量级和 rms 粗糙度的两种尺度。

对于无风或平的表面，它一般由 Fresnel 系数确定的镜面反射。当风速和粗糙度增加时，相干镜面反射减小，而相干散射增加，如图 13.13 所示辐射垂直和倾斜入射到镜面和有波浪的海面上的反射和散射。当辐射垂直入射到镜面上时，所有入射辐射返回天线。对于垂直入射到粗糙表面时，垂直于入射辐射的面积减小，因此返回天线的镜面部分和部分反射和不相干散射偏离天线。对于垂直入射，这意味 σ_0 随风速 U 增加而减小，由于最大海面波面的倾斜很少超过 15°，对于入射角 $\theta<15°$，当 θ 和 U 增加，σ_0 继续减小。

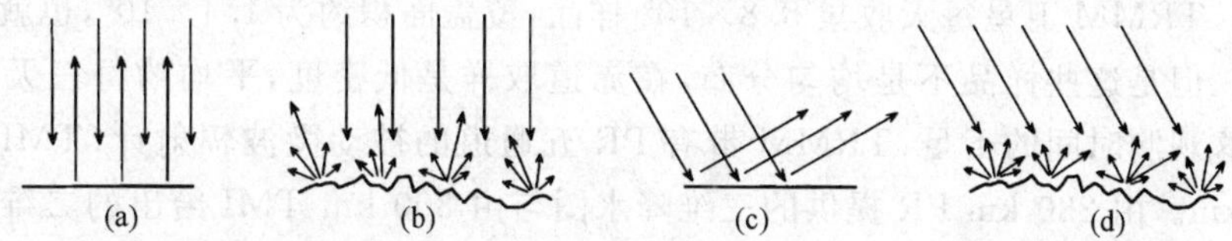

图 13.13　入射到表面的镜面反射和不相干散射：(a)垂直入射，镜面；(b)垂直入射，波浪覆盖；(c)斜入射，镜面；(d)斜入射，波浪覆盖

对于 $\theta>15°$，图 13.13c 表明，对于镜面反射，就没有回波，而当有波浪出现时，天线方向上仅有非相干散射辐射出现。虽然在大的视角下没有镜面反射，早期的雷达试验表明，强的海面后向散射出现在 $\theta>70°$ Bragg 的情况下，这种大角度后向散射称为 Bragg 散射，对于海洋，如果表面波谱包含有一个具有与入射辐射类似的波长分量，将发生 Bragg 共振。

图 13.14 表示了入射辐射与一某一海面波长相互作用产生的 Bragg 散射。在这种情况下，入射辐射的视觉 23°，相应的 $\lambda=56$ mm。Bragg 共振发生在如果具有表面波分量等于雷达波长表面投影的二分之一。

$$\lambda_w=\lambda/2\sin\theta \tag{13.41}$$

如果满足式(13.41)，则由两个相邻的水面波峰同相反射功率返回天线。因此来自波的非相干后向散射辐射在天线处相干相加，这就解释了为什么对于 $\theta>15°$观测到强的回波信号。

从图 13.14 可以看到，更一般的关系式为

$$(2\lambda_w/\lambda)\sin\theta=n,\qquad n=1,2,3,4,\cdots \tag{13.42}$$

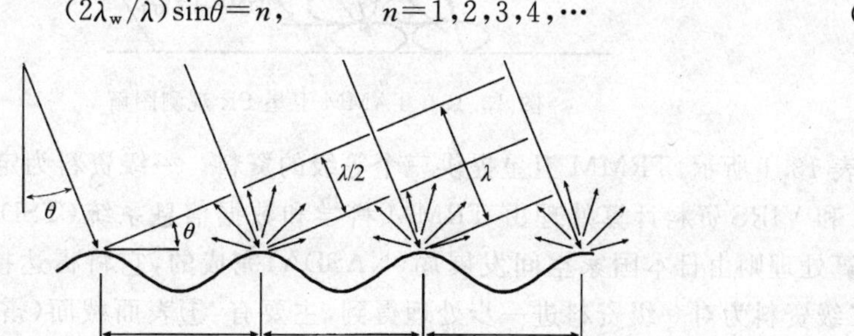

图 13.14　根据 ERS-1SARBragg 散射模式，$\lambda_W=75$ mm

因此,这是熟悉的布雷格(Bragg)散射解。它给出一般出现的风激短的海洋连续波谱的共振波。由于平方波斜率和表面粗糙度随风速增加,布雷格(Bragg)散射随 U 增加。观测和模拟也表明,布雷格(Bragg)散射也来自于寄生在拱起的长波上的短波。总之对于近天底入射角,σ_0 随 U 增加减小;而对于倾斜角,σ_0 随 U 增加。

第二节　TRMM 卫星测量降水

在空间第一部天气雷达是 TRMM 卫星上的降水测量雷达(PR),它是由 NASA 和 NASDA 于 1997 年 11 月发射,主要用于监测热带地区的降水系统。其轨道倾角为 35°,非太阳同步轨道,TRMMPR 的工作频率是 13.8 GHz,如图 13.15 中,轨道天底两侧的扫描角度为±17°,轨道高度 350 km,能提供扫描带宽为 220 km,星下点分辨率为 $4\times4\ km^2$(由尺度 $2\times2\ m^2$ 天线获得),每一射线束宽度约 0.7°,每 0.6 s 有 49 条射线束,脉冲宽度 1.67 μm,相应 250 m 分辨率范围。TRMM 卫星每天收集 8.8×10^6 样品,覆盖面积约为 1.4×10^8,也就是几乎是热带表面两倍。但是这些样品不是均匀分布,在赤道取样是低密度,平均约每三天一次观测取样。为克服这观测时间的不足,TRMM 带有 PR 五通道的被动微波辐射计(TMI),扫描观测的带宽 800 km。由 220 km PR 提供的三维降水图与由 800 km TMI 给出的二维降水分布结合一起得到改进的降水产品。

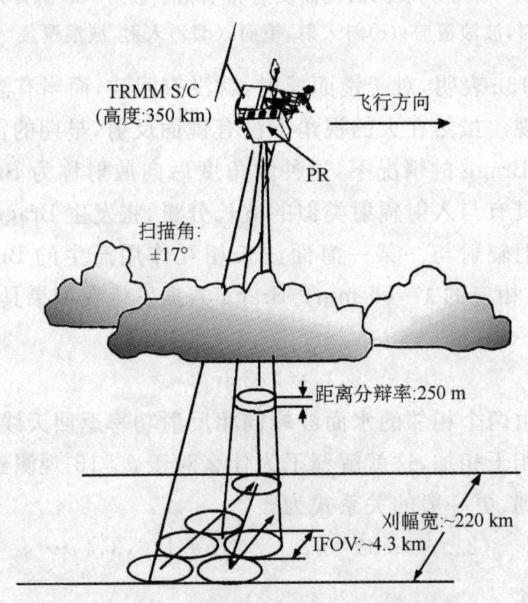

图 13.15　TAMM 卫星 PR 观测图解

如表 13.1 所示,TRMM 卫星提供三个等级的资料。一级资料为定标的和定位的资料;对于 TMI 和 VIRS 资料计算处理由 TRMM 科学和数据信息系统(TSDIS)完成得到,对于 PR 资料计算处理则由日本国家空间发展局(NASDA)完成的,它将雷达接收到的功率转换为反射率;二级资料为对一级资料进一步处理得到,主要有:①表面截面(雷达表面散射截面、总的路径衰减);②降水类型(对流降水还是稳定性降水);③TMI 廓线(TMI 观测区内的地面降水和三维水分结构和加热);④PR 廓线(PR 观测带的地面和三维水结构);⑤同时由 PR 和 TMI

合成得到的地面降水和三维水分结构。三级资料有：月降水、月平均、PR 月累计降水、PR-TMI 月平均降水等。

表 13.1　TAMM 卫星产品资料

名称		目的和用途
等级 2 数据表面截面	2A21	雷达表面散射截面、总的路径衰减
PR 降水类型	2A23	降水类型(对流降水或是稳定性降水)
TMI 廓线	2A12	TMI 廓线(TMI 观测区内的地面降水和三维水分结构和加热)
PR 廓线	2A25	PR 廓线(PR 观测带的地面和三维水结构)
PR-TMI 组合	2A31	同时由 PR 和 TMI 合成得到的地面降水和三维水分结构
等级 3 数据 TMI 月降水	3A21	由 TMI 获得每 5°月平均降水
PR 月平均	3A25	由 PR 获得每 5°月平均降水
PR 统计	3A26	PR 月累计降水—统计方法
PR-TMI 月平均	3B31	PR-TMI 月平均降水
TRMM 和其他卫星	3B42	
TRMM 和其他数据	3B43	

一、星载雷达降水与反射率的 R-Z 关系

在地面天气雷达中，天线很少是限于是直线的，一般选取 C 和 S 波段，因为它可得到合适或略去由雨的衰减。根据经典的雷达 Z-R 关系，可以估算降水强度 R：

$$R=aZ^b \tag{13.43}$$

式中，Z 是雷达的反射率，如果假定是瑞利散射，雨滴谱是第六个矩，等效反射率，也就是 R 是降雨率，a、b 是经验系数。

在地面天气雷达中，通常不考虑路径衰减，采用表观反射因子 Z_a 替代反射因子 Z。而在星载雷达或飞机观测中，这一方法就不适用，因为路径衰减达到 1000 倍或 10000 倍，在反演降水中必须要考虑这种效应。

Hitschfeld 和 Bordan(1954)已得出路径衰减的反射射率 Z_a 测量的订正问题。Z_a 与实际反射率 Z 的关系为

$$Z_a(r)=Z(r)\exp\left[-0.46\int_0^r A(s)\,\mathrm{d}s\right] \tag{13.44}$$

式中，r 是雷达射线距离，A 是指衰减 dB/km，在这种假定下，衰减 A 与雷达反射率的关系为 $A=\alpha Z^{\beta}$，由此可导得关系

$$Z(r)=\frac{Z_a(r)}{[1-aI(r)]^{1/\beta}} \tag{13.45}$$

和

$$I(r)=0.46\beta\int_0^r Z_a{}^{\beta}\,\mathrm{d}s \tag{13.46}$$

是射线的径向距离。

Hitschfeld 和 Bordan(1954)认为通过精确数学求出的解式(13.45)是不稳定的。当路径衰落减很大时，式(13.45)的分母趋向于 0，因此，对于 α 小的误差或小的 Z_a 的定标误差会引起 Z 的很大的误差。为解决这稳定性问题，Hitschfeld 和 Bordan 对远边界 r_m 进行后向中积

分，其边界条件 $Z_a(r_m)$ 已确定，解表示为

$$Z(r)=\frac{Z_a(r)}{[Z_a(r_m)/Z(r_m)+aI(r)]^{1/\beta}} \tag{13.47}$$

和

$$I(r)=0.46\beta\int_0^{r_m} Z_a{}^{\beta}\mathrm{d}s$$

Hitschfeld 和 Bordan(1954)提出由局地雨量筒估算 $Z(r_m)$。实际中实行这方法遇到的困难是地面的雷达的局地性，但这方法是 TRAMM 卫星“降水廓线算法”和地面极化雷达探测的基础。

1. 雨滴谱的统计特性和降水关系的参数

精确的雨滴谱 DSD 是雷达气象的一个重要问题，它涉及雷达参数(如反射率 Z)与实际的参数(如降水强度、降水液态水含量 LWC)间的关系。对于星载或机载雷达附加的困难是对衰减必须要进行订正，就是确定 A、Z 的关系，其极大地依赖于 DSD 的可变性。

归一化 DSD 概念：雨滴谱测量中出现三个物理问题：(1)雨强与滴谱间有什么关系？(2)什么是平均雨滴谱直径？(3)雨滴谱的固有形状是什么？

为了表示雨强，可以考虑两个参数：(1)液态水含量或(2)降水速率 R。一般用 R 比 LWC 更普遍。但是用 LWC 表示要比 R 更好，它不仅有清楚的物理意义(在某一高度上 R 取决于垂直速度和与空气密度有关的最终下落速度的变化)。LWC 的定义很明确，它是与雨滴谱 N(D)(N：每一直径间隔的单位体积的粒子数)的三阶矩成正比，一般表示为

$$LWC=\frac{\pi\rho_w}{6}\int_0^{\infty}N(D)^3\,\mathrm{d}D \tag{13.48}$$

这里平均直径 D_m 是确定为体积加权，D_m 意指平均体积直径，定义为 DSD 的四阶矩与三阶矩之比，写为

$$D_m=\frac{\int_0^{\infty}N(D)D^4\,\mathrm{d}D}{\int_0^{\infty}N(D)D^3\,\mathrm{d}D} \tag{13.49}$$

事实上，D_m 与 D_0 的中值十分接近，“固有的”DSD 形状标准雨滴谱密切相关，当与没有同样液态水含量或平均体积直径 D_m 的两光谱形状比较时，正态是有意义的。因此，标准应当这样定义为“固有的形状”，它是与液态水含量 LWC 和/或直径无关。DSD 的标准一般表示为

$$N(D)=N_0^*F(D/D_m) \tag{13.50}$$

式中，N_0^* 是对于浓度和直径 D_m 的定标参数，在上式中 $F(X)$ 表示固有的 DSD 形状(其中记 $X=D/D_m$)，Testud 等(2011)指出，由于函数 F 与 LWC、D_m 无关，参数应当与 LWC/D_m^4 成正比，特别是，提出下面 N_0^* 定义：

$$N_0^*=\frac{4^4}{\pi\rho_w}\frac{LWC}{D_m^4} \tag{13.51}$$

其中，ρ_w 是液态水密度。

式(13.51)有意义的点是对于 DSD 指数 $N(D)=N_0\exp(-\Lambda D)$ 正好有关系：

$$N_0^*=N_0$$

由此等式给出 N_0^* 简明的物理解释：无论观测的 DSD 的形状如何，相应的 N_0^* 是具有同样的 LWC 和 D_m 的 DSD 指数截断参数，与式(13.49)和式(13.50)的归一化定义十分类似。但是

当假定 DSD 是指数和珈玛函数时，在现在方法中，没有假定 DSD 的形状，N_0^* 是指 DSD 的归一化截断参数。

根据大量雨滴谱得到 DSD 的固有形状表示为

$$N(D)=N_0^*\exp\left[a-4\frac{D}{D_m}-s\sqrt{\left(\frac{D}{D_m}-X_0\right)^2+b}\right] \tag{13.52}$$

式中，$s=1.5$，$b=0.06$，$X=1.124$，$a=0.705$。

2. 降水反演模式

(1)DSD 之间矩的关系。DSD 的矩或多或少地表示关于降水关系意义的 DSD 的积分参数。例如，液态水含量 LWC 与 M_3 成正比，降水速率 R 与 $M_{3.67}$（假定雨滴的终速度为 $V_t\infty D^{0.67}$）成比例，雷达反射率与 M_6 和衰减 A 与 M_3 成比例。其一般关系为

$$M_i=\int N_0^* F(D/D_m)D^2\,dD=N_0^* D_m^{i+1}\xi_i \tag{13.53}$$

式中，ξ_i 是归一化分布 $F(X)$ 矩的阶，写为

$$\xi_i=\int F(X)X^i\,dX$$

因此对于 i 和 j 阶的两个矩，有关系为

$$\frac{M_i}{N_0^*}=\xi_i\xi_j^{-\left[\frac{i-1}{j+1}\right]}\left[\frac{M_i}{N_0^*}\right]^{\left[\frac{i-1}{j+1}\right]} \tag{13.54}$$

其中，N_0^* 的范围为 $10^6\sim10^8\ m^{-4}$。

方程式(13.54)表明，当由 N_0^* 归一化，DSD 的 i 和 j 两阶矩间是 $(i+1)/(j+1)$ 的指数幂关系，与 DSD 的形状无关。取若干 ZR 关系例子，如 $Z=M_6$，和 $R\infty M_{3.67}$（具有对于雨滴降落终速 $V_t\infty D^{0.67}$）式(13.54)设置 Z/N_0^*、R/N_0^* 和的指数关系 $7/4.67=1.499$。因此，可以写为

$$Z/N_0^*=a[R/N_0^*]1.499 \text{ 或 } Z=aN_0^{*\,(-0.499)}R^{1.5} \tag{13.55}$$

R、Z 和 N_0^* 的量纲分别为 mm/h、mm^6/m^3 和 m^{-4}，雨滴末速度是 $V_t=386.6D^{0.67}$（V_t 量纲：m/s）。系数 $a=5.2\times10^4\xi_6\xi_{3.67}^{-1.499}$。对于修改的指数分布，$\xi_6=0.034995$ 和 $\xi_{3..67}=0.023441$。习惯上，经验的 Z-R 指数幂关系是由实际资料在 $\log_{10}(Z)$ 与 $\log_{10}(R)$ 之间所建立的线性相关关系。其每一个仅适用于某一降水类别或天气条件。与传统的 Z-R 关系不同，式(13.55)给出的是 N_0^* 随机关系，如归一化形状一样地稳定，它表示一个应用于对于任何天气条件下的任何降水类型的普遍关系式。表 13.2 给出了应用 TOGA-COARE 数据组，根据 $\log_{10}(Z/N_0^*)$ 和 $\log_{10}(R/N_0^*)$ 之间的线性相关的式(13.55)有效性检验。发现在"通用"关系以及指数幂相关性性高，相关系数接近 1（$\rho=0.9888$），而对于同样资料进行拟合，标准 Z-R 关系仅是 0.838。

表 13.2　用 N_0^* 参数化的 Z-R 关系

经验导得 TOGA-COARE 数据组	$Z/N_0^*=4.73\times10^{-5}(R/N_0^*)^{1.494}$ ($\rho^2=0.988$)
理论	$Z/N_0^*=4.73\times10^{-5}(R/N_0^*)^{1.494}$

(2)降水关系的一般模式。常用的变量如降水速度 R、液态水含量 LWC、等效雷达反射率 Z_e 比衰减、比差分相移 K_{DP} 是 DSD 的积分参数，其普遍关系式是

$$P=\int f_P(D)N(D)\,dD \tag{13.56}$$

式中，P 表示求取的参数，$f_P(D)$是相应于单个雨滴直径 D 权重。在一般情况下，$f_P(D)$不能表示∞D^a；因此，P 不与 DSD 的矩成比例。但是，通过式(13.49)和式(13.56)变换引入 $N(D)$的表示式，写为

$$P = N_0^* D_m \int f_P(X \cdot D_m) F(X) \mathrm{d}X \tag{13.57}$$

方程式(13.57)表明，如果固有(本身)的形状是稳定的，则 P/N_0^* 仅是 D_m 的函数。因对于 P_1 和 P_2 的可有两个方程式(13.57)，由此可以消去 D_m，可以建立 P_1/N_0^* 和 P_2/N_0^* 之间的基本关系，同样的原因，具有"强度变量"如微分反射率 Z_{DR}或背景相移 δ，除非不需要由 N_0^* 归一化。

图 13.16 表示了与 TRMM 卫星降水雷达有关的降水关系，对于 10℃和天底入射的雷达射线，使用 T 矩阵模式计算得到的 $A/N_0^* - Z_e/N_0^*$、$R/N_0^* - Z_e/N_0^*$ 和 $R/N_0^* - A/N_0^*$ 关系，假定 DSD 形状和由式(13.52)确定的修正对数谱分布，通过平方定律表示三种关系，这些关系建立了星载雷达的反演模式。

考虑到相同的类型应用对于地面极化雷达反演模式，如图 13.17 表示对于比衰减 A、雷达反射率 Z、比差分相移 K_{DP}、比差分衰减 $A_H - A_V$、差分雷达反射 Z_{DR}和后向散射相移 δ 的各种关系。当两个变量扩大延伸(如 A 和 Z 或 A 和 R)，这些关系由 N_0^* 参数化；而当两变量是加强(R/A 和 Z_{DR}或 Z_{DR}和 δ)时，这些关系与 N_0^* 无关。

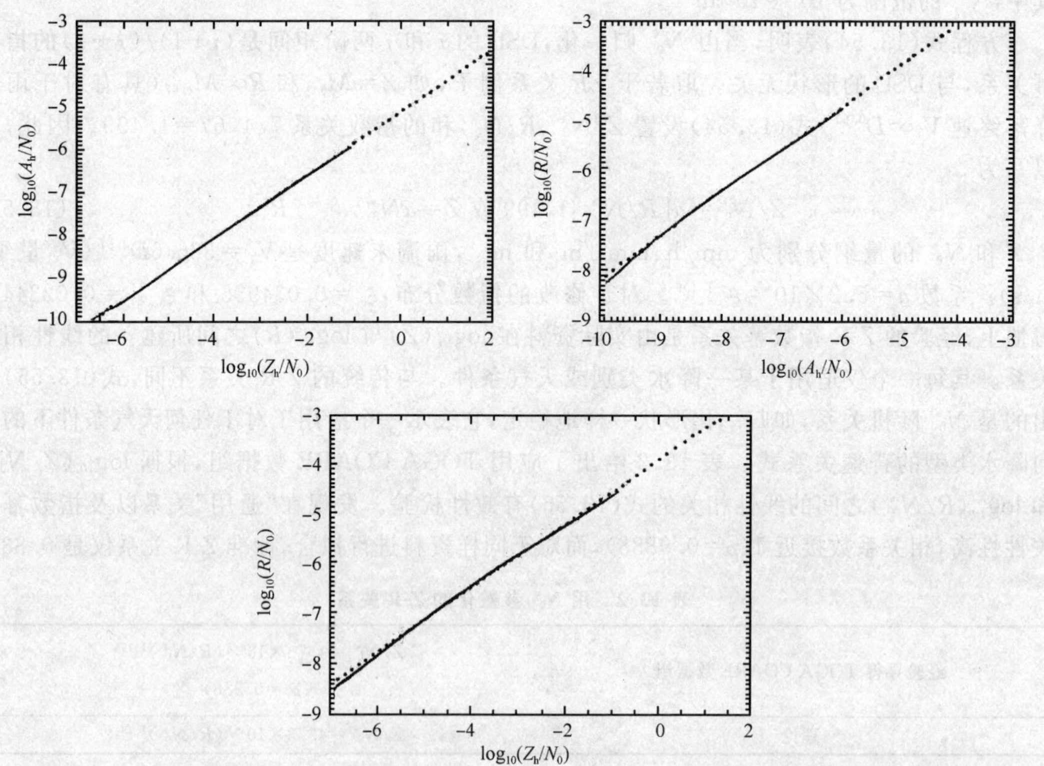

图 13.16 星载雷达频率 14 GHz 在温度 10℃、天底入射情况下 A_h/N_0，Z_h/N_0，R/N_0 间的关系

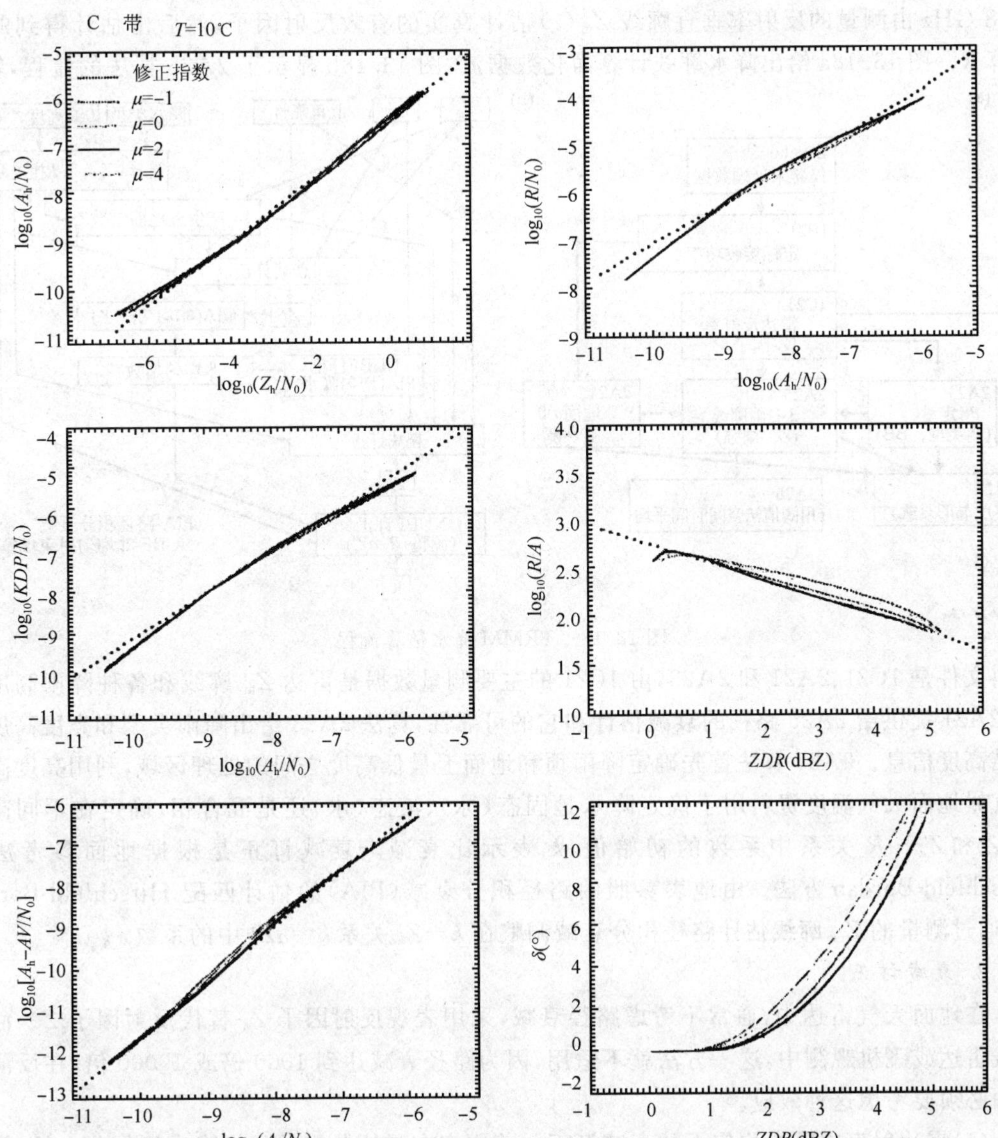

图 13.17　C 带地面极化雷达反演模式，左边从上到下分别是归一化比衰减 A_h/N_0 对于归一化雷达反射率 Z_h/N_0 的关系，归一化比差分相移 KDP/N_0 与 A_h/N_0 的关系；归一化比差分衰减 ADP/N_0 与 A_h/N_0 的关系；右边分别是 R/N_0 与 A_h/N_0，R/A_h 与 ZDR 间的关系，后向散射差分相移 δ 与 ZDR 的关系

二、TRMM 降水廓线的算法

由 TRMM 卫星降水雷达获取海洋和陆地上的降水的水平和垂直分布，对于三维风暴结构的研究和全球大气环流模式都具有重要的意义。为实现这一目的，在将雷达回波变换为降水率之前，主要对衰减进行订正，因为对于 PR 频率的 1.38 GHz 有重要衰减。

1. 算法概述

TRMM 降水廓线的算法设计为 2A25，2A25 算法先是在每一雷达分辨率单元内频率为

1.38 GHz 由测量的反射率垂直廓线 $Z_m(r)$ 估计真实的有效反射因子，然后由估计得到的 Z_e 计算 R。图 13.18a 给出降水廓线计算简化数据流，图 13.18b 显示了 2A25 算法的流程，输入

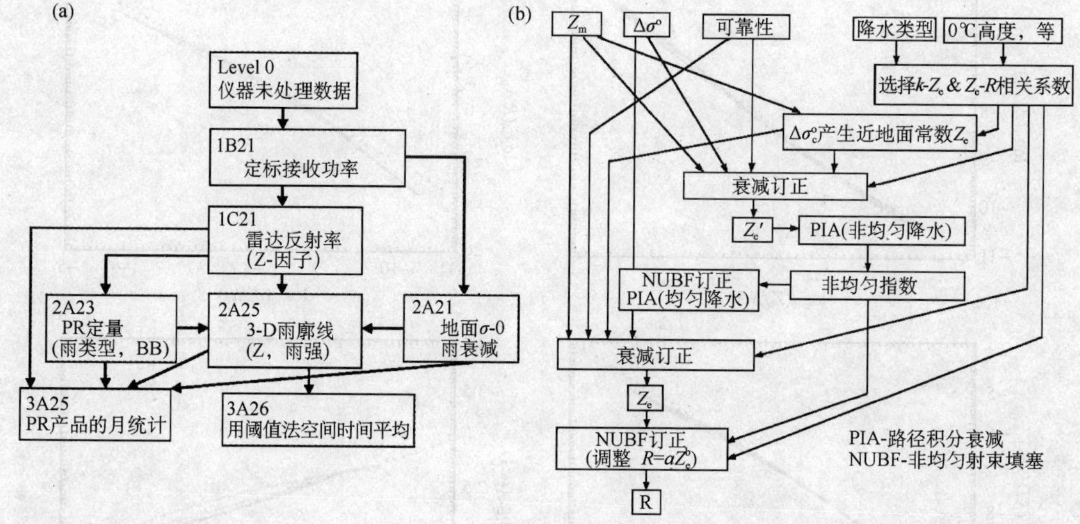

图 13.18 TRMM 降水估算流程

资料文件是 1C21、2A21 和 2A23，由 1C21 的主要测量数据是雷达 Z_m 廓线和各种降雨高度信息；2A21 提供给 2A25 路径的衰减估计和它的可靠性，算法 2A23 给出降雨类型和亮度高度和冻结高度信息。2A25 算法首先确定降雨顶和地面上最低高度之间的处理区域，利用亮度高度和气候地面大气温度资料用于确定降水是固态（冰）、液态（水）还是混合相，确定在不同高度 $k-Z_e$ 和 Z_e-R 关系中系数的初始值，k 表示比衰减。衰减订正是根据地面参考法和 Hitschfeld-Bordan 方法。由地表参照的路径积分衰减（PIA）的估计匹配 Hitschfeld-Bordan 法，通过测量的 Z_m 廓线估计路径积分衰减调整在 $k-Z_e$ 关系 $k=\alpha Z_e^\beta$ 中的系数 α。

2. 衰减订正

在地面天气雷达中，通常不考虑路径衰减，采用表观反射因子 Z_a 替代反射因子 Z。而在星载雷达或飞机观测中，这一方法就不适用，因为路径衰减达到 1000 倍或 10000 倍，在反演降水中必须要考虑这种效应。

(1)雷达射束内降水均匀下的衰减订正。若假定在雷达分辨单元内降水均匀分布的，雷达观测的反射率因子 $Z_m(r)$ 和实际反射率因子 $Z_e(r)$ 的关系为

$$Z_m(r)=Z_e(r)A(r)=Z_e(r)\exp\left[0.2\ln 10\int_0^r k(s)\,\mathrm{d}s\right] \tag{13.58}$$

式中，$A(r)$ 是雷达到目标距离的衰减因子，$k(r)$ 是比衰减或每单位 km 衰减系数，给定衰减因子 $A(r)$，就可以根据关系式 $Z_e(r)=Z_m(r)/A(r)$，由 $Z_m(r)$ 计算 $Z_e(r)$。

如果 k 与 Z_e 的关系表示为 $k=\alpha Z_e^\beta$，则由上式解得

$$Z_e(r)=\frac{Z_m(r)}{A_{\mathrm{HB}}(r)} \tag{13.59}$$

式中，$A_{\mathrm{HB}}(r)$ 为

$$A_{\mathrm{HB}}(r)=\left[1-q\beta\int_0^r \alpha(s)Z_m^\beta(s)\,\mathrm{d}s\right]^{1/\beta}$$

其中，$q=0.2\ln 10$。

设 PIA 是以 dB 表示到表面($r=r_s$)的双路衰减，就是

$$PIA=-10\log_{10}A(r_s)=-10\log_{10}\left[\frac{Z_m(r_s)}{Z_e(r_s)}\right]$$

则 PIA 的 Hitschfeld-Bordan 估计为

$$PIA_{\mathrm{HB}}=-10\log_{10}A_{\mathrm{HB}}(r_s)=-\frac{10}{\beta}\log_{10}(1-\zeta) \tag{13.60}$$

式中，ζ 定义为

$$\zeta=q\beta\int_0^{r_s}\alpha(s)Z_m^{\beta}(s)\mathrm{d}s \tag{13.61}$$

在大多数强降水情况下，ζ 超过 1，式(13.61)将为无意义。即便如此，量 ζ 可作为来自降水回波的 PIA 指示器。

地面参照法也给出一个独立的 PIA 估计，这个 PIA 由 $\mathrm{PIA_{SR}}$ 表示，这方法假定表观雷达截面的减小是由于降水雷达信号传播损耗引起的，为

$$PIA_{\mathrm{SR}}=\Delta\sigma^0=\langle\sigma^0_{\text{no-rain}}\rangle-\sigma^0_{\text{rain}}$$

在上式中，$\sigma^0_{\text{no-rain}}$ 表示对于给定入射角无降水条件下雷达截面的平均，$\Delta\sigma^0$ 表示雷达截面的减小。

对于 ζ 和 $\Delta\sigma^0$ 的 PIA 的最佳估计用 PIA_e 表示，一旦得到 PIA_e 估计，引入衰减订正因子 ε，修改 Hitschfeld-Bordan 估计，给出同样路径衰减 PIA_e 为

$$PIA_e=-\frac{10}{\beta}\log_{10}(1-\varepsilon\zeta)$$

由这一 ε，可以计算所有距离上的衰减订正 $Z_e(r)$：

$$\mathrm{Z}_e(r)=\frac{Z_m(r)}{\left[1-\varepsilon q\beta\int_0^{r}\alpha(s)Z_m^{\beta}(s)\mathrm{d}s\right]} \tag{13.62}$$

因为 ε 与 ζ 相乘等效于调整 α，这就是 α 调整方法。

如果精确选取 $\Delta\sigma^0$，且设 $PIA_e=PIA_{\mathrm{SR}}=\Delta\sigma^0$，衰减订正因子为

$$\varepsilon=\varepsilon_s=\frac{1-10^{\beta\Delta\sigma^0/10}}{\zeta} \tag{13.63}$$

如果用 ε_s 代替式(13.62)中的 ε，得到表面参照方法的初始 α 调整解。

对于 PIA 的两个关系式，给出两个独立变量 θ_1 和 θ_2，求取 PIA 的最大概率值。换言之，就是给定变量 θ_1 和 θ_2，求取 PIA 的最大条件概率：

$$p(PIA|\theta_1,\theta_2) \tag{13.64}$$

在这种情况下，θ_1 是 $\Delta\sigma^0$ 的函数，θ_2 是 ζ 的函数。

如果选区取的风暴模式，则可以计算，例如一旦 α 的垂直廓线和选取常数 β，如果给定 $Z_e(r)$，就可计算 $Z_m(r)$，由此通过式(13.61)得到 ζ。一般由未知的风暴结构、雨滴谱和信号涨落引起 α、β 和 $Z_m(r)$ 不确定，因此对于给定的 PIA 定义 θ_2 的概率密度分布函数为

$$p(\theta_2|PIA)$$

类似地，对于给定的 PIA 定义 θ_1 的概率密度分布函数为

$$p(\theta_1|PIA)$$

如果假定 θ_1 和 θ_2 是独立参数，式(13.64)根据贝叶斯定理可以写为

$$p(PIA \mid \theta_1,\theta_2)=\frac{p(\theta_1 \mid PIA)p(\theta_2 \mid PIA)p(PIA)}{\int p(\theta_1 \mid PIA)p(\theta_2 \mid PIA)p(PIA)\mathrm{d}PIA} \tag{13.65}$$

如果假定对于每个测量忽略总的 PIA,则可以在合理实际宽度范围内将 $p(PIA)$处理为均匀分布,则 $p(PIA|\theta_1,\theta_2)$与 $p(\theta_1|PIA)p(\theta_2|PIA)$成正比。如果把 $p(\theta_1|PIA)$,$p(\theta_2|PIA)$用解析形式表示,则式(13.65)PIA 最大可以在短时间内计算。

现假定关于 $\Delta\sigma^0$ 的误差是常数,不论 $\Delta\sigma^0$ 的数值,它是其平均值的正态分布,设 $\theta_1=\Delta\sigma^0$,因此 $p(\theta_1|PIA)$成为

$$p(\theta_1|PIA)=\frac{1}{\sqrt{2\pi}\sigma_1}\exp\left\{-\frac{[\theta_1-\theta_{10}(PIA)]^2}{2\sigma_1^2}\right\} \tag{13.66}$$

且有

$$\theta_{10}(PIA)=PIA \tag{13.67}$$

注意这公式中,如果实际的 PIA 始终是正值,$\Delta\sigma^0$ 可以取负值,实际中 $\Delta\sigma^0$ 取负值发生在衰减小的情况下。

如果把 ζ 变换为如 θ_1 同样的单位空间,问题可简化,但是从式(13.60)和式(13.61)看到,这是不可能的,因为当衰减大时,ζ 经常超过 1。因为只能取正值(由于 Z_m,α,β 都是正值),并由于模式的不确定性是 α 的值(因为当 Z_m^β 的许多距离分割时由于有限取样数和噪声引起 Z_m 的涨落),假定关于 ζ 的相对值是常数,而且对于给定的 PIA,ζ 是对数分布,也就是假定

$$p(\theta_2|PIA)=\frac{1}{\sqrt{2\pi}\sigma_2}\exp\left\{-\frac{[\theta_2-\theta_{20}(PIA)]^2}{2\sigma_2^2}\right\} \tag{13.68}$$

且有

$$\theta_2=\ln(\zeta)\text{和}$$

$$\theta_{20}(PIA)=\ln\{1-\exp[-0.1\beta\ln(10)PIA]\} \tag{13.69}$$

由式(13.66)和式(13.68)得

$$\begin{aligned}p(PIA|\theta_1,\theta_2)&=\frac{1}{\sqrt{2\pi}\sigma_1}\exp\left\{-\frac{[\theta_1-\theta_{10}(PIA)]^2}{2\sigma_1^2}\right\}\frac{1}{\sqrt{2\pi}\sigma_2}\exp\left\{-\frac{[\theta_2-\theta_{20}(PIA)]^2}{2\sigma_2^2}\right\}\\&=\frac{1}{2\pi\sigma_1\sigma_2}\exp\left\{-\left[\frac{(\theta_1-\theta_{10})^2}{2\sigma_1^2}+\frac{(\theta_2-\theta_{20})^2}{2\sigma_2^2}\right]\right\}\end{aligned} \tag{13.70}$$

$p(PIA|\theta_1,\theta_2)$极大的 PIA 是与距离 d 极小的 PIA 的同样的,距离 d 为

$$d^2=\frac{(\theta_1-\theta_{10})^2}{2\sigma_1^2}+\frac{(\theta_2-\theta_{20})^2}{2\sigma_2^2} \tag{13.71}$$

(2)非均匀射线订正。PR 仪器星下点地面足点约为 4.3 km,在雷达射束内的降水有可能是不均匀的,对此需对非线性的 $k-Z_e$ 和 Z_e-R 关系进行修正。如果矢量表示在垂直于 r 的平面中的位置矢量,假定 R 是 r、x 的函数,且假定对每个点的关系 $R(r,x)=aZ_e^b(r,x)$中的系数 a、b 是已知的。如果不考虑衰减效应,,雷达测量的反射率因子是中心(r_0,x_0)的雷达分辨率单元内 $Z_e(r,x)$的平均:

$$Z_{\mathrm{obs}}(r_0,x_0)=\langle Z_e\rangle=\iint G(r,x)Z_e(r_0+r,x_0+x)\mathrm{d}r\mathrm{d}x \tag{13.72}$$

式中,$G(r,x)$是权重函数,其是归一化。函数 $G(r,x)$由脉冲形状和天线型式决定。类似的,可定义中心(r_0,x_0)的雷达分辨率单元内平均降水率为

$$\langle R\rangle=\iint G(r,x)R(r_0+r,x_0+x)\mathrm{d}r\mathrm{d}x \tag{13.73}$$

由于 b 小于 1，aZ_e^b 是一个凹函数，使用 Jenens 等式可以证明

$$\langle R\rangle=\langle aZ_e^b\rangle\leqslant a\langle Z_e\rangle^b \tag{13.74}$$

对于由测量 $\langle Z_e\rangle$ 估计 $\langle R\rangle$，需要由最初的 a、b 和不均匀信息，求取 a' 和 b'，使它们满足关系式

$$\langle R\rangle=a'\langle Z_e\rangle^{b'} \tag{13.75}$$

通过 k 的概率分布表示降水的不均匀性。如果这概率分布是对数或珈玛分布，可以证明

$$b'=b \qquad a'=aC_{ZR} \tag{13.76}$$

式中，C_{ZR} 是对于 Z_e-R 关系的订正因子，这订正因子不仅取决于散射体内 k 的归一化标准偏差 σ_n，还取决于 k 或 Z_e 本身。

类似的方式，$\langle k\rangle$ 小于 $\alpha\langle Z_e\rangle^\beta$，非均匀降水效应的衰减订正比 Z_e-R 关系更为复杂，但是由于衰减是路径积分量，如果射线近似成立的，r 处的衰减因子是

$$A(r,x)=\exp\left[0.2\ln(10)\int_0^r k(s,x)\mathrm{d}s\right] \tag{13.77}$$

如果这衰减因子对水平方向求平均，则为

$$\langle A(r,x)\rangle=\int G(x)\exp\left[0.2\ln(10)\int_0^r k(s,x)\mathrm{d}s\right]\mathrm{d}x \tag{13.78}$$

式中，$G(x)$ 是权重函数，它的积分是归一化的，并表示双路衰减形式。

$$\exp\left[-0.2\ln(10)\int_0^r\int G(x)k(s,x)\mathrm{d}s\mathrm{d}x\right] \tag{13.79}$$

而且即使降水是垂直均匀的和 k 与 r 无关，表观比衰减不能用距离独立常数表示，也就是 $k(x)$ 是 x 的函数，它不可能找到一个常数 k'，满足下面关系：

$$\int_0^r\int G(x)\exp[-0.2\ln(10)k(x)r]\mathrm{d}x=\exp[-0.2\ln(10)k'r] \tag{13.80}$$

这一事实可这样理解，如果想象具有不同强度的降水充塞垂直方向射束的各一半。设雷达射束一半由雷达反射率因子 Z_1 的降水充塞，另一半由雷达反射率因子 Z_2 的降水充塞，则测量的雷达反射因子成为

$$Z_m(r)=\frac{Z_1}{2}\exp[-0.2\ln(10)k_1r]+\frac{Z_2}{2}\exp[-0.2\ln(10)k_2r] \tag{13.81}$$

式中，k_1 和 k_2 是两降水区的比衰减。假定距离 r 是从降雨顶向下测量，和假定从降雨顶到地面的降水是垂直均匀的，如果 $Z_1\gg Z_2$，则对于小 r 距离，$Z_m(r)$ 如($Z_1/2\exp[-0.2\ln(10)k_1r]$)变化。这关系意味着表观比衰减接近于 k_1。不过，对于大的 r，由于 $k_1\gg k_2$，右边的第一项比第二项小。由此仅余下另一半较小衰减的回波，具有接近比衰减 k_2 的信号随距离减小。在这种情形中，在每一距离处的平均雷达反射因子 $\langle Z_e\rangle$ 是 $(Z_1+Z_2)/2$，且为常数，但表观比衰减系数随距离变化。这事实意味着，对于衰减订正不能由平均 $\langle Z_e\rangle$ 和非均均降水计算比衰减，需要知道所有距离上的降水结构。

3. 单频率星载雷达

对于星载雷达反演降水的算法是降水廓线算法，它是由 Hitschfeld 和 Bordan(1954)导得的(称之 HB54)。如果式(13.47)在远距离 r_m 处的解 $Z(r_m)$ 已知，则可以导得对于 $r<r_m$ 的稳定解，为确定 $r_m=r_s$ 处的解，星载雷达将海面作为参照目标，假定散射截面 σ_o 变化范围较降水区大，通过对降水区内和外的像点的所观测到的表观 σ_o 比较，可以导得路径积分衰减 PIA。

根据式(13.47),由 PIA 估算未知比值 $Z_a(r_m)/Z(r_m)$。这是 TRMM 卫星降水雷达数据的基本方法。但是在 TRMM PR 雷达数据处理的实际算法中应当考虑到 PIA 估算的不确定性,它不能处理小的降水率。因此,在一定的 PIA 阈值下,经典的 Z-R 关系估算是理想的。在实际中发展了一个 TRMM 降水雷达的混合算法。

应当记住 HB54 算法是假定比衰减 A 和反射率 Z 间有指数幂关系 $A=\alpha Z^{\beta}$ 建立的。为与上面描述的反演模式一致,k/N_0^* 相对于 Z_0/N_0^* 的指数幂关系近似为

$$A/N_0^*=\alpha_0[Z_0/N_0^*]^{\beta_0} \tag{13.82}$$

应写为

$$\alpha=\alpha_0[N_0^*]^{1-\beta},\beta=\beta_0 \tag{13.83}$$

其表明,意味着假定 k-Z 关系是 N_0^* 沿路径是常数,这与上面提出的 N_0^* 的极端可变性,似乎是矛盾的,事实上从一个测站的降水与另一个站或对流云与层状云的 N_0^* 有很大的变化,即使如此,对于给定的降水类型和降水事件,N_0^* 显示出稳定性。

HB54 算法解的另一种形式是用比衰减 k 表示,新的公式解的比方法如下:

$$A(r)=A(r_s)\frac{Z_a^{\beta}(r)}{Z_a^{\beta}(r_s)+A(r_s)\cdot I(r,r_s)} \tag{13.84}$$

式中,$I(r,r_s)=0.46b\int_r^{r_s}Z_a^{\beta}\mathrm{d}s$。

在式(13.84)中,比衰减廓线 $A(r)$ 可以表示为近地面的比衰减廓线 $A(r_s)$(未知)的函数,这一式子是有意义的,$A(r)$ 与 DSD 的变化是无关的(在这式子中消去 N_0^*),并与雷达定标无关。但是引入 $A(r_s)$ 作为新的未知数,并用外部的约束确定。即是在反演中考虑的基本参数是 $k(r)$,降水率进一步由 k 估计。根据反演模式为

$$R=c[N_0^*]^{1-d}k^d \tag{13.85}$$

外部约束由路径积分衰减(PIA)给出,地面回波作为参照物估计,表示为

$$\int_0^{r_s}A(u)\mathrm{d}u=PIA \tag{13.86}$$

将式(13.83)代入式(13.85),可直接导得 $A(r_s)$ 表达式为

$$A(r_s)=\frac{Z_a^{\beta}(r)}{I(0,r_s)}\{\exp(0.46\beta\cdot PIA)-1\} \tag{13.87}$$

且有

$$I(0,r_s)=0.46\beta\int_0^{r_s}Z_a^{\beta}\mathrm{d}s \tag{13.88}$$

而且,比较 $A(r_s)$ 和 $Z_e(r_s)$,N_0^* 可以估计为

$$N_0^*=\left[\frac{1}{\alpha}\frac{1-\exp(-0.46\beta\cdot PIA)}{I(0,r_s)}\right]^{\frac{1}{1-\beta}} \tag{13.89}$$

廓线和可以通过式(13.84)和式(13.85)依次确定。因此降水廓线算法不仅可以订正衰减的反射率,但是也调整在 R 估算中的参数 N_0^*。

对于 TRMM 卫星的 PR,由式(13.87)和式(13.89)导得的 $A(r_s)$ 和 N_0^* 的估算精度归因于统计的不确定和地面散射截面 σ_0 的偏差。显然对于强降水,算法可得到最好的结果(由于 PIA 的相对不确定性成为最小),它也对 $k(r)$ 廓线反演有价值,不因为雷达定标 C,而当

$$\Delta(\log N_0^*)=\frac{C\beta}{10(1-\beta)} \tag{13.90}$$

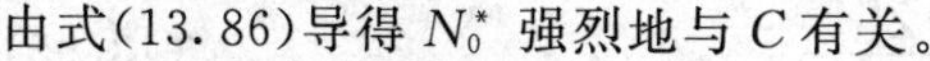

由式(13.86)导得 N_0^* 强烈地与 C 有关。

4. 双频率星载雷达

在星载降水雷达中使用 14 GHz 和 35 GHz 或 14 GHz 和 24 GHz 的双频率雷达是由于下面两个原因。

①它可以将降水廓线算法范围扩大到弱降水，如上所述，降水估算要求 14 GHz 雷达覆盖全部范围（一般 14 GHz 估算范围为 0.1～100 mm/h）。在弱降水时，对于降水廓线的估算的衰减是不够的，业务的 TRMM 卫星扫描带对于经典的 Z-R 关系，由于其随 N_0^* 变化，其精度是不够的，与高频组合，可增大衰减，可以覆盖到弱的降水。

②双频率算法可以应用于限于两个频率的动态范围（0.1～15 mm/h）。这样一个双频率算法可以在没有得到地面回波的 PIA 信息下进行，因此，它可以在地面的分布不均匀的 σ_0 估算不可靠 PIA 情况下工作，如在飓风或山脉地区。

下面简要讨论双频率算法，它有微分或积分两种方法。

微分方法：沿射线的偏差 Z_1-Z_2 是衰减 k_1-k_2 的差的测量，下标 1、2 参指两个频率。这是在沿廓线上没有假定 N_0^* 等于常数下得到的。但是这方法要求累积时间（要求收集足够的样品）与来自空间的不一致。

积分方法：在降水廓线算法的基础上。用双频率雷达，外部约束（由海面回波作为参考目标）由共同的约束代替，表示为在两频率共同的经过 $[r'、r'']$ 路径衰减的一致性。这积分方法在数值上较微分方法更加稳定得多，在用上面的公式相互约束下的公式表示为

$$\int_{r'}^{r''} A_1(u)\mathrm{d}u = \int_{r'}^{r''} pN_0^{*\,(1-q)} A_2^q(u)\mathrm{d}u \tag{13.91}$$

式中，$[r'、r'']$ 表示为通过两频率通道取样数据的共同间隔。并且 $A_1 = pN_0^{*\,(1-q)} A_2^q$ 是在两频率上的衰减的幂次方关系。

三、机载双射线束多普勒雷达

1. 双射线束算法

双射线束算法（Testud 和 Oury；1997）是星载雷达的积分算法，起始点是假定 N_0^* 在部分降水单体内是均匀的，就是沿相应于两观测角的路径无均匀的。如式(13.82)的 X 波段，使用 $A—Z_e$ 关系，可以应用 HB54 起始算法，由 $Z_e(r)=Z_a(r)[1-\alpha I(r)]^{-1/\beta}$ 式，通过机载雷达沿到达 M 点的每个路径取样，点 M 订正的等效反射率写为

$$Z_{e1,2}(M)=\frac{Z_{e,1,2}(M)}{1-\alpha[N_0^*]1-\beta I_{1,2}(M)]^{1/\beta}} \tag{13.92}$$

且有

$$I_{1,2}(M) = 0.46b\int_0^{r1,2} Z_{a1,2}^\beta \mathrm{d}s_{1,2} \tag{13.93}$$

式(13.92)和式(13.93)中的下标 1、2 分别表示天线向前和向后观测。r_1、r_2 分别是雷达天线向前和向后观测时离 M 点的距离。

对于沿两观测角的订正等效反射率是同样的，写为

$$Z_{e1}(M)=Z_{e2}(M) \tag{13.94}$$

根据下式

$$\alpha[N_0^*]^{1-\beta}=\frac{Z_{a1}^{\beta}-Z_{a2}^{\beta}}{Z_{a1}^{\beta}I_2-Z_{a2}^{\beta}I_1} \tag{13.95}$$

和

$$Z_e=\left(\frac{Z_{a1}^{\beta}-Z_{a2}^{\beta}}{Z_{a1}^{\beta}I_2-Z_{a2}^{\beta}I_1}\right)^{1/\beta} \tag{13.96}$$

和

$$k=\frac{Z_{a1}^{\beta}-Z_{a2}^{\beta}}{I_2-I_1} \tag{13.97}$$

方程式(13.96)和式(13.97)表示三维空间内任意一点 M 处的订正反射率 Z_e 和比衰减 k，它们是从两雷达天线观测到的表观反射率的函数。另外，式(13.95)可导出任一点 M 估算 N_0^*，但是，这一估计不是某点的估计，它表示沿两路径到达 M 点的估计的一个平均(由于在双射线束计算中假定 N_0^* 沿两路径上是常数)。

对于 TRMM 卫星雷达，N_0^* 可以在两种情况中使用：

①如果一个统计独立的 N_0^* 是可得到的(如从合适的微物理数据)，雷达导得的 N_0^* 直方图可以对雷达进行定标；

②一旦雷达定标，N_0^* 可以用于调整为估算 R 的反演模式中的 $R-k$ 或 $R-Z_e$ 关系。

2. 立体雷达算法

对于双射线束算法的约束，Kabéche 和 Testud(1995)提出了立体算法，它是一个微分算法。对于每一观测角，取沿射线束的表观反射率 Z_a(由式(13.44)给出)的导数，为

$$\frac{1}{Z_{a1,2}}\frac{\partial Z_{a1,2}}{\partial r_{1,2}}=\frac{1}{Z_e}\frac{\partial Z_e}{\partial r_{1,2}} \tag{13.98}$$

两方程式相减，消去 A 得到

$$\frac{1}{Z_e}\Big/\left(\frac{\partial}{\partial r_1}-\frac{\partial}{\partial r_2}\right)Z_e=\frac{1}{Z_{a1}}\frac{\partial Z_{a1}}{\partial r_1}-\frac{1}{Z_{a2}}\frac{\partial Z_{a2}}{\partial r_2} \tag{13.99}$$

或考虑到图，有

$$\frac{1}{Z_e}\left[(\cos\alpha_1-\cos\alpha_2)\frac{\partial}{\partial X}+(\sin\alpha_1-\sin\alpha_2)\frac{\partial}{\partial Y}\right]Z_e=\frac{1}{Z_{a1}}\frac{\partial Z_{a1}}{\partial r_1}-\frac{1}{Z_{a2}}\frac{\partial Z_{a2}}{\partial r_2} \tag{13.100}$$

式中，X 和 Y 是如图 13.19 中给出的标准的笛卡儿坐标。

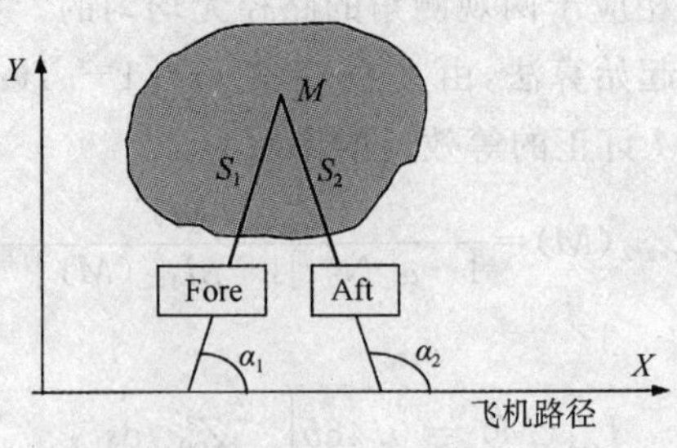

图 13.19 双通道机载雷达的取样方法

方程式(13.100)是对于 Z_e 的微分方程，它是在没有任何对 Z_e 作假定下得到的，因此它可以应用于任何情况下的降水估算。由方程式(13.100)求解 Z_e，会遇到问题：(1)不总是有合适确定的边界条件；(2)由资料计算式(13.100)的右边部分是精确的，因为它涉及的是微分方程式。

四、星载方法应用于地面极化雷达:ZPHI 算法

对于降水廓线应用于地基极化雷达在 A 和 K_{DP} 一般原理存在有准线性关系时,为简化假定为理想的线性关系(事实上是非线性的),对此关系可写为

$$k=\gamma \cdot K_{\mathrm{DP}} \qquad (\text{与 } N_0^* \text{ 无关}) \tag{13.101}$$

记 PIA_{i-1}^{i} 是沿射线束在 r_i 到 r_{i-1} 距离范围之间路径总衰减,由 Φ_{DP} 估算 PIA 为

$$PIA_{i-1}^{i} = \int_{r_{i-1}}^{r_i} k(s)\mathrm{d}s = (\gamma/2) \cdot [\Phi_{\mathrm{DP}}(r_i) - \Phi_{\mathrm{DP}}(r_{i-1})] \tag{13.102}$$

因而,将 r_i 为参考距离,由式(13.57)导得在相同的边界范围之间的衰减廓线 $k(r)$,$k(r_i)$ 由下式给出

$$k(r_i)=\frac{Z_{\mathrm{a}}^{\beta}(r_i)(\exp\{0.23\beta[\Phi_{\mathrm{DP}}(r_i)-\Phi_{\mathrm{DP}}(r_{i-1})]/\gamma\}-1)}{I(r_{i-1},r_i)} \tag{13.103}$$

因此,用极化雷达,沿射线可以分段分析,并且可考虑到不同类型(层状云或对流云)的降水达到最优化,可以沿射线束用确定的 N_0^*,对于每段的 N_0^* 估算与式(13.89)类似,除应考虑到先前段路径衰减。

由分析的基本步骤,$k(r)$、$N_0^*(r)$(这是逐段确定的最后参数),$R(r)$是使用如式(13.85)的 $k-R$ 关系决定的。事实上,两个观测 Z_{a} 和 Φ_{DP} 是用于建立估算 $R(r)$ 调整顿秩序算法名称:ZPHI。但是也可以通过利用全部反演模式导得不同的衰减路径 $k_{\mathrm{DR}}(r)$,其由不同表观反射率 $Z_{\mathrm{DR\,a}}$ 的订正获得真实的 Z_{DR} 估计,为

$$Z_{\mathrm{DR}}(r) = Z_{\mathrm{DR\,a}}(r)\exp\left[0.46\int_0^r A_{\mathrm{DR}}(s)\mathrm{d}s\right] \tag{13.104}$$

这一订正导得由 k 和 Z_{DR} 组合的降雨率估计公式:

$$R/k=e(Z_{\mathrm{DR}})^f \tag{13.105}$$

业务和研究表明:

①ZPHI 能反演在没有雷达斑点噪声的放大下原雷达分辨率的降水速率;

②反演给出的 N_0^* 在层状云降水(NW 象限)和对流降水(SW 象限)之间正的趋势,如对流云中 N_0^* 约是层状云的 10 倍大,与地面雨滴测量器观测的一致;

③在比较中,当降水速率小或中等时,按 K_{DP} 估算的有更多噪声,并产生无意义的结果。

第三节　散射计测量洋面风速

海洋上的风矢量是研究和预测海洋、气象和气候的重要依据,风是海洋上层动量的主要来源,它驱动海洋环流,调节海气间热量、湿度以及如 CO_2 等化学物质的通量,影响区域和全球气候,特别是表面风是海洋表面波产生盆地尺度的海流动量的最大源,风矢对于海洋与大气间的交换是具有决定性的,风速矢量分布确定了海浪的高度分布和传播方向,并可以预测海浪对船泊、海岸和近海结构的影响,但是在没有散射计之前,没有大区域的海风观测数据。

由散射计获取的海风资料可以同化到区域和全球气候系统中,应用于海洋和大气数值天气预报的研究,改善南半球的数值天气预报、更好地描述中纬度海洋风暴,改进海洋环流数值

模式。对于大西洋飓风，散射计风资料可以提早识别飓风的生成，在太平洋地区，可以了解热带辐合带内的风分布，风与SST之间的耦合。也可以改进理解亚洲和非洲季风的生成，以及其他许多现象。

由卫星观测仪器可以得到时空分辨率很高的全球风资料，散射计的基本功能是利用后向散射与方位的依赖关系测量1～2 d间隔的全球表面风矢量，另外散射计测量极区和陆地的冰雪。星载微波散射计可以分为三个类别。

第一类是包括NASA SEASAT-A卫星散射计(SASS)和NASA散射计(NSCAT)采用棒形天线和多普勒分割回波，NSCAT装载于ADEOS-1卫星上。

第二类是装载于欧洲遥感卫星ERS-1和ERS-2上的改进的微波仪器(AMI)散射计和2005年装载于欧洲气象业务卫星(METOP)上的欧洲先进的散射计(ASCAT)，采用三个长的矩形天线和距离分割。

第三类是安装于QuikSCAT卫星和ADEOS-2卫星上的SeaWind散射计，天线采用旋转盘形天线，在不同入射角产生一对圆锥扫描笔形射线束，然后对来自每一射束进行距离分割。

NASA散射计(NSCAT)工作于Ku-带(14 GHz)，$\lambda=2$ cm；欧洲遥感卫星的改进的微波仪器(AMI)散射计工作在C-带(5.3 GHz)，$\lambda=6$ cm。

一、散射计接收到的功率

1. 海面对散射计发射脉冲的散射功率

微波散射计向海面发射微波脉冲功率，然后接收海洋表面的后向散射微波功率，由于海面的风引起的海浪改变了海面的状态，由此也就改变海面的后向散射特性，散射计接收的后向散射功率取决于海面的后向散射截面。因此，由散射计从不同角度确定后向散射截面，从而进一步估算决定海面状态的海面风场。

观测表明，海洋散射的特征表现为：①散射对于风速变化的快速响应；②随风速增加而增加；③随入射角减小而减小；④随方位角呈正弦波的特征，也就是由风与天线射线束的投影构成的角。

散射计接收的总功率 P_R 由来自发射脉冲的后向散射辐射 P_b，来自散射计接收频率带的固有噪声的发射率和来自地球—大气系统及仪器电子部分引入的噪声两者引起的贡献 P_n，因此

$$P_R = P_b + P_n \tag{13.106}$$

因此在计算表面的表观 σ_0，需由 P_R 减去 P_n。

在卫星海风测量系统中，同时要得到两个频率带的测量功率：一是中心处在所希望的返回信号的多普勒频移的窄带处(～80 kHz)；另一个是包含有后向散射信号频率宽的谱带(～1 MHz)。两个测量限在由一个中心处在发射脉冲返回的窄距离开关时间内。

根据Spencer(1994)，散射计接收到的累积功率值可以表示为

$$P_b = (P_R - \alpha P_n)\Big/\left[\int G_d(f)s(f)\mathrm{d}f - \alpha\int G_n(f)s(f)\mathrm{d}f\right] \tag{13.107}$$

式中，α 谱带内的信噪比，$\alpha = G_d(f)\mathrm{d}f\Big/\int G_n(f)\mathrm{d}f$，累积信号和噪声功率，$G_d(f)$ 和 $G_n(f)$ 分别是与频率有关的仪器多普勒和噪声的增益，$s(f)$ 是对于返回信号谱的归一化形状函数 $\left(\int s(f)\mathrm{d}f = 1\right)$。

对于式(13.107)式是假定噪声功率谱在整个噪声频率谱范围内是白噪声导得的，实际测量的 P_R 和 P_n 是相互独立的随机变量，因此，它们的期望值不是相等的，估计的 P_b 可以假定(非物理的)是负值，特别当信噪比很小时，风反演算法必须调整如负的 P_b 估计。

虽然，按式(13.107)由每一单元的测量值 P_R 和 P_n 估算 P_b，但是由雷达方程式不能直接求取大范围的 P_R 和 P_n。但可以假定 σ_0 在所有面积单元为定值，式(13.14)可简化为

$$\sigma_0 = P_b\left[\frac{P_T L\lambda^2}{(4\pi)^3}\right]^{-1}\left[\iint\frac{G_T G_R F}{R^4}\mathrm{d}A\right]^{-1} \tag{13.108}$$

则应用中值定理有

$$\sigma_0 = P_b\left[A_e P_T\left(\frac{G^*\lambda}{4\pi R_0^2}\right)^2\frac{L}{4\pi}\right]^{-1}\Lambda(G,A_e,R_0) \tag{13.109}$$

式中，G^* 和 R_0 分别是天线增益和离面元中心的斜距，而 $\Lambda(G,A_e,R_0)$ 是权重函数，为

$$\Lambda = A_e R_o^4 G^{*4}\left[\iint\frac{G_T G_R F}{R^4}\mathrm{d}A\right]^{-1} \tag{13.110}$$

式中，面积分的动态变量仅是斜距 R。因此利用已知的天线增益 G 和过滤 F 可以计算得到详细的积分表。

2. σ_0 的大气订正

Ulaby 等(1981)，Stewart(1985)等得出在 z 高度处因大气作用在微信号频率 f 的总的控制可以表示为

$$\begin{aligned}\alpha_{TOT}(f,z) &= \alpha_{O_2}(f,z)+\alpha_{H_2O}(f,z)+\alpha_{CLUD}(f,z+\alpha_{RAIN}(f,z)\\ &= \alpha_{GAS}(f,z)+\alpha_{LIQ}(f,z)\end{aligned} \tag{13.111}$$

式中 α_{TOT} 的单位 dB/km，则在频率 f 处的大气光学厚度为

$$\tau(f) = \sec\theta\int_0^H \alpha_{TOT}(f,z)\mathrm{d}z \tag{13.112}$$

式中，θ 是相对于天底的视角，而 $\sec\theta$ 是考虑到由于随离天底视角增大路径的增加的近似，H 是需要订正厚度(20～30 km)大气的有效高度，没有大气作用，海面的订正 σ_0(dB)简单写为

$$\sigma_{0COR} = \sigma_{0MEAS} 2\tau(f) \tag{13.113}$$

式中，σ_{0COR} 和 σ_{0MEAS} 分别是订正和测量的雷达归一化截面。

二、散射计测量风速的原理

由散射计反演海面风速是通过以不同方位角和极化对同一面积进行多次观测，如图 13.20a所示，σ_{HV} 和 σ_{VH} 的反演值要较 σ_{VV} 和 σ_{HH} 的值小很多，散射计以 HH 或 VV 工作。不同的散射计对地观测次数不同，如 SeaSAT SASS 仅作两次测量，AMI 对同一面积作三次观测，而 NSCAT 能对卫星的每一侧以两种极化和三个不同的角度作四次观测。对于海洋风，旋转射线，观测从 2 次到 4 次观测变化，其取决于扫描带内的位置。下面描述多次观测反演风速和风向的方法。

图 13.20b 中给出了散射计设计的概念，对于稳定的风场，每一个散射计以 2～4 个不同时间、方位角和极化接收来自同一视场 FOV 的后向散射，在图中显示了三个射线束，其前头的和右边的 FOV 与天线连线在地面的投影相对于卫星星下点轨道的观测角为 45°，为了反演风成为可能，Bragg 散射必须是主要的，这样天线入射角必须大于 15°～20°。假定卫星高度为 800 km，其海面速度为 7 km/s，如果卫星视场 FOV 与卫星星下点轨迹的垂直距离为500 km，

则中间观测的射线在前面射线之后约 70 s，而后一射线要加上 70 s，这方法给出大约 2 min 期间的三个 σ_0 测量值。根据观测和假定风稳定，下面讨论如何由 σ_0 与方位的依赖关系导得风。

当合适的入射角情况下，海面后向散射随方位角 φ 变化的关系可以为（Moore 等，1979）

$$\sigma^o = A + B\cos\varphi + C\cos2\varphi (\mathrm{m^2/m^2}) \tag{13.114}$$

式中，φ 是雷达观测方向与迎风方向之间的夹角一方位角，当 $\varphi=0$，表示观测方向与风向间夹角为 180°。当雷达对着风的方向时，产生最大的散射信号；当雷达视向顺着风向时，产生较弱的信号；而当雷达视向垂直于风向时，产生最弱的信号。A、B、C 是系数，它们是入射角、风速和极化的函数，表示为

$$A = a(\theta)u^{\gamma_a(\theta)} \tag{13.115}$$
$$B = b(\theta)u^{\gamma_b(\theta)}$$
$$C = c(\theta)u^{\gamma_c(\theta)}$$

其中，a、b、c 和 γ_a、γ_d、γ_c 均是角度的函数，但是当入射角大于 20°时，$\gamma>1$，因此在任一方位 φ 下，σ^o 与风速有关，系数的大小有下面关系

$$a(\theta) > c(\theta) > b(\theta) \tag{13.116}$$

由于 $c(\theta)>b(\theta)$，因而正侧风的速度时信号比顺风时要弱，γ 值一般在 1.7～2.5 变化（入射角在 30°～50°），垂直极化比水平极化大一点，当交叉极化接收时，γ 值可取大于 1；当入射角太大时，γ 有可能是负值。

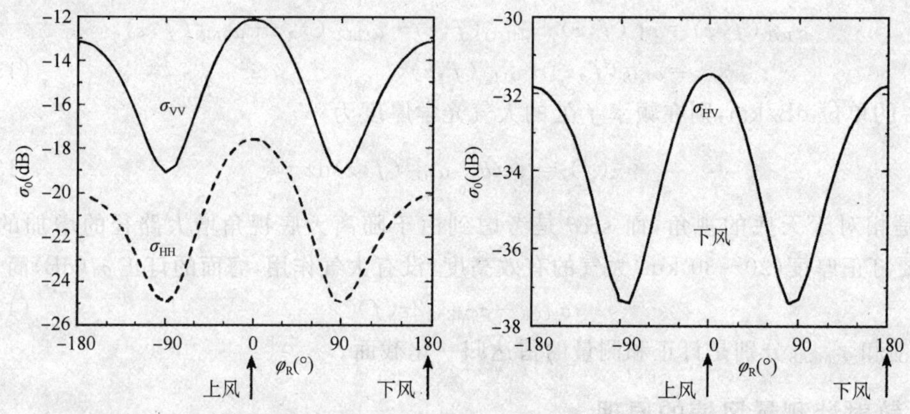

图 13.20a 风速 10 m/s 以 45°入射极化 14 GHz 散射计的 σ_0 对于 φ_R 的依赖关系

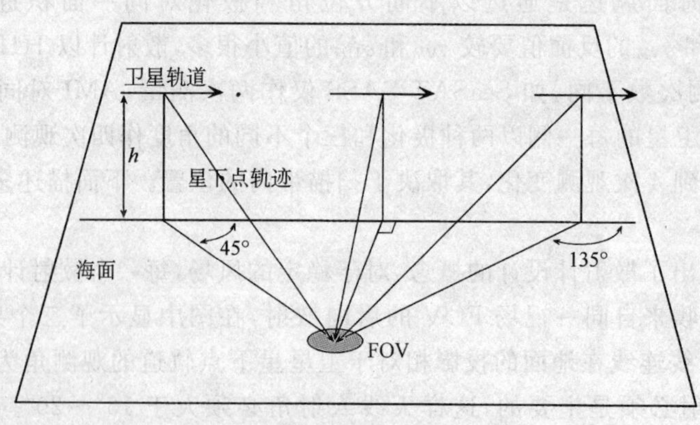

图 13.20b 散射计从几个方向观测同一视场

在实际中，取迎风、顺风与正风三种测风响应来表示 A、B、C，可得表达式

$$\sigma_u^o = A + B + C \tag{13.117}$$

$$\sigma_d^o = A - B + C$$

$$\sigma_c^o = A - C$$

式中，u、d、c 表示迎风、顺风与正风三种测风下的散射系数，类似地也可以表示为

$$\sigma_u^o(\theta) = s_u(\theta) u^{\gamma_u(\theta)} \tag{13.118}$$

$$\sigma_d^o(\theta) = s_d(\theta) u^{\gamma_d(\theta)}$$

$$\sigma_c^o(\theta) = s_c(\theta) u^{\gamma_c(\theta)}$$

其幅度系数的大小关系为

$$s_u(\theta) > s_d(\theta) > s_c(\theta) \tag{13.119}$$

则 A、B、C 系数可以由下式求出

$$A = \frac{\sigma_u^0 + 2\sigma_c^0 + \sigma_d^0}{4} \tag{13.120}$$

$$B = \frac{\sigma_u^0 - \sigma_d^0}{2}$$

$$C = \frac{\sigma_u^0 - 2\sigma_c^0 + \sigma_d^0}{4}$$

最后由 A、B、C 代入式(13.107)，求出散射系数随方位的变化关系。

三、地球物理模式函数(GMF)

1. 基本考虑

由多个测量到的 σ_0 确定风矢量，需要有关于 σ_0 与地面风之间的函数关系，这关系称为地球物理模式函数或简称模式函数。由于与有关视角和方位角的散射正比于海面粗糙度，而不是相对于 10 m 高度风速 U，所以由散射计测量风速是一种间接的方法。散射计所用的风速是在 10 m 高度中性稳定状况下的风速，中性稳定意指在不考虑大气层状特性。

大气层结的重要性是基于它调节通过边界层动量的输送，当海面温度比大气暖时，边界层是不稳定的，因此动量更容易从 10 m 高度输送到地面，对于这种不稳定大气，一定的 U 产生较大的地面粗糙度，比稳定大气得到更多的后向散射，因此不稳定层结大气使得由散射计导得的中性风比观测的要大。而当稳定层结使之比观测的要小。因此，由于风取决于大气的层结状况，在散射计风与浮力风比较之前，必须对浮力风进行调整，使其比观测值大或小。这种调整值一般为 0.1～0.2 m/s。其他因子是水中的有机质或无机质，改变了水的表面张力。

最一般的模式函数的形式给出以极化 P(表示 VV 或 HH 天线)、入射角 θ、风速 U、相对风的方向的 σ_0 是

$$\sigma_0 = F(P、U、\theta、\varphi_R) \tag{13.121}$$

根据飞机和卫星观测。对于一定的 U、θ 和极化，σ_0 只依赖于 φ_R，通过截断傅里叶级数导得两余弦函数，写为下式

$$\sigma_{0P} = A_{0P}(1 + A_{1P}\cos\varphi_R + A_{2P}\cos 2\varphi_R + \cdots) \tag{13.122}$$

在式中，下标 P 表示极化，虽然 Wentz 和 Smith(1999)指出，高阶项 $\cos 3\varphi_R$，$\cos 4\varphi_R$ 对于式(13.122)的贡献不超过第一到第三项的 4%，但有时式(13.122)还加上高阶谐波。

式(13.122)中的系数通过表面的散射计风与其他卫星数据比较由经验得到。例如小风速

情况下与浮标站的风或与 SSM/I 的风比较，风速大时与 ECMWF NWP 风比较。由于模式函数不是由理论得到，而是由经验导得的，因此模式函数需连续更新。

2. 风速反演方法

如果模式函数写为

$$M=M(U,\varphi,f,p,\theta,)=M(U,\varphi) \tag{13.123}$$

首先假定 GMF 具有下面形式

$$M=AU^{\gamma}(1+a\cos\varphi+b\cos2\varphi) \tag{13.124}$$

式中，U 是风速，φ 是方位角（天线指向与风场之间的夹角），而其他如频率、极化、入射角参数是观测系统的函数。

为简化，略去相对很小的 $\cos\varphi$ 项得到

$$M\rightarrow M(U,\varphi)=AU^{\gamma}(1+b\cos2\varphi) \tag{13.125}$$

如果考虑 SEASAT 散射计，有对于由 90°间隔的成对独立测量的每一分辨率单元，并假定有如下 GMF，则有

$$\sigma_1^0=AU^{\gamma}(1+b\cos2\varphi) \tag{13.126}$$

和

$$\sigma_2^0=AU^{\gamma}(1+b\cos(2\varphi+\pi))$$

由此将 σ_1^0 和 σ_2^0 组合，得到

$$\sigma_0^1\sigma_2^0=2AU^{\gamma}$$

和

$$\sigma_0^1\sigma_2^0=2AU^{\gamma}b\cos2\varphi$$

由此得到

$$(\sigma_0^1+\sigma_2^0)/(\sigma_0^1-\sigma_2^0)=b\cos2\varphi \tag{13.127}$$

因而，两个归一化雷达截面的测量可以确定风速。

$$\sigma_3^0=AU^{\gamma}(1+a\cos\varphi+b\cos2\varphi)=AU^{\gamma}(1+b\cos2\varphi) \tag{13.128}$$

和 4 个卷积的不确定性降低为 180°一个。

为寻求无噪声的简化，并由此可以附加测量防止光进入留下的不确定，但由于 GMF 函数的组成和噪声的出现，这是不真实的。实际上这 180°的不确定是最佳的情况。

这样的简单例子表明，某些关键问题在反演中必须考虑其重要性，事实上任何反演方法都分为两步进行：

第一步是解的分析；

第二步是解的分类（消除不确定）。

现在考虑点式反演方法，取 $N_x\times N_y$ 分辨单元，对第一个，建立使下式极小的函数

$$f_{ij}(U,\varphi)=\sum_{m=1}^{M}\mid\sigma_{ijm}^0-M(U_{ij}\cdot\alpha_m+\varphi_{ij})\mid \tag{13.129}$$

式中，σ_{ijm}^0 是 ij 单元测量的值，求和到 M，M 是 GMF 函数，U_{ij} 和 φ_{ij} 是要求的风速和风向，α_m 是同一坐标系中天线的指向。

实际方程式(13.129)是按每当单个测量的可靠性信息时进行适当的调整。对于每一分辨单元所考虑的数学问题是求其极小，

$$\min f_{ij}(U,\varphi) \tag{13.130}$$

由于问题的非线性和测量与模式噪声的存在，问题的求取不是容易的，对此必须作某些假定，特别是对于风速较大和所考虑的帧内出现均匀风场的情形。

作为地球物理模式函数和对于 SeaWinds 入射角和极化的例子，图 13.21 给出了对于 QuikSCAT 模式函数 σ_0、U 和方向的依赖关系，如前所述，这些曲线的最大值，基本出现在上风和下风方向，侧风方向最小。可见模式曲线三段的特点：一般 σ_0 随 U、上风/侧风的差和上风/下风的不对称性而增加。首先，对于固定的入射角和方位角，σ_0 增加近似为 $\log U$。在 φ_R 为常数时，σ_0 随 U 的增加意味着 σ_0 测量随 U 的增加而更加精确，虽然在出现强烈波浪断裂趋向于中止。第二是上风和侧风的 σ_0 在数量上的差，称之为上风和侧风比，而 σ_0 与 φ_R 的相关的依赖可以反演风的方向，图中看出当 U 小时，这个比最大，且随 U 的增加而减小。

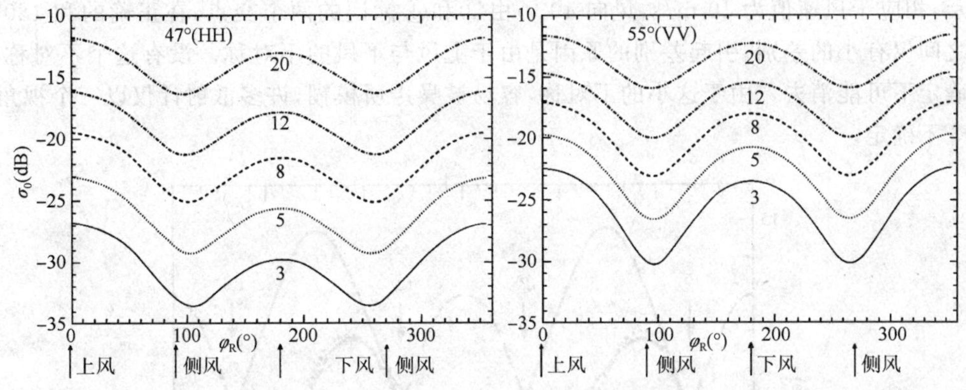

图 13.21　对于 SeaWinds 入射角和 45°HH 和 55°VV 极化的 SeaWinds 地球物理模式函数，曲线是等风速线，每一曲线下的数值是风速值(m/s)

第三，上风和下风的不对称的发生是由于上风最大较下风稍微大些，其出现的原因是出现泡沫和短的表面张力—重力波在较长波面向方下风增长的加强，这个不对称性是反演风的解成为可能。一般而言，这不对称性的随入射角的增大而增加，对于 HH 要比 VV 大，并且在 U 小时最大。对于变化的敏感性，上风与侧风的大小比值和上风与下风的不对称性随入射角的增大而增加。同时也看到，对于同样的入射角，σ_0 在 VV 时比 HH 大 7 dB。这个差就解释了为什么在射线束外部是 VV，内部是 HH，因此两射线束有同样的回波功率。

由式(13.122)给出的模式函数是以查算表给出对于 A_{0P}、A_{1P} 和 A_{2P} 的值，否则需要有对于作为风速、风向、观测角和极化的函数的高阶系数。如 NSCAT 和 AMI 扇形射线束的散射计要求确定的模式函数是对于观测角范围约为 15°～65°，这里确定的 NSCAT 模式函数是对于 VV 和 HH。由于这些散射计在垂直轨道方向给出 20 观测单元。它要求有相对复杂的查算表。

相反，由于模式 SeaWind 函数仅由两个视角确定，它比扇形射束函数容易提高风速和风向的分辨率。

3. 由模函数导得矢量风速

根据 NSCAT，图 13.21 表示了如何由多角度观测导得 σ_0，用于估算风矢量。在图 13.22 中，曲线不是在图中给出的风速等值线。而是 U 依赖于 φ_R 的 σ_0 等值线。各曲线的代表的含义如下。

首先，由单 VV 在相对于卫星轨道方向 45°方位角观测 σ_0 得到的实线，对于这些观测，曲线显示在无风向信息情况下风速处于 6 m/s 和 15 m/s 之间。

第二，虚线是对于 VV 观测 σ_0 与第一种成直角的解。实线和虚线表示由 4 个箭头和②指示的两个观测方向相交。这些相交和每一个表示可能风，称为二重性。在这些点风速大约是 10 m/s，并有 4 个大约彼此有角度差为 90°风向的选择。两个观测的这例子和四个二重性相应于 SeaWinds 扫描带外部和整个 SASS 扫描带。

第三，点曲线给出的是在 65°方向和 HH 观测，首先三条曲线有两个共同相交点，由箭头和③指示，因为这两个风速解在数量上是相等的，而在方向上大约有 180°的差别，三个观测得到准确的风速大小，但不能确定风是吹来还是离开的或一个确定的方向。

最后，短的虚线和长的虚线是对于以 65°和 VV 观测的解，四条曲线相交于一点，并以箭头④表示，相应于风速值为 10 m/s，风向 40°。由③和④标记的两个交点，在正确的和 180°不确定解之间仅有小的差别，引起差别的原因是由于上风与下风的不对称。没有这个不对称，180°的不确定不可能消去。由于这小的不对称，容易被噪声所模糊，许多散射计仅以三个视角并允许两个不确定。

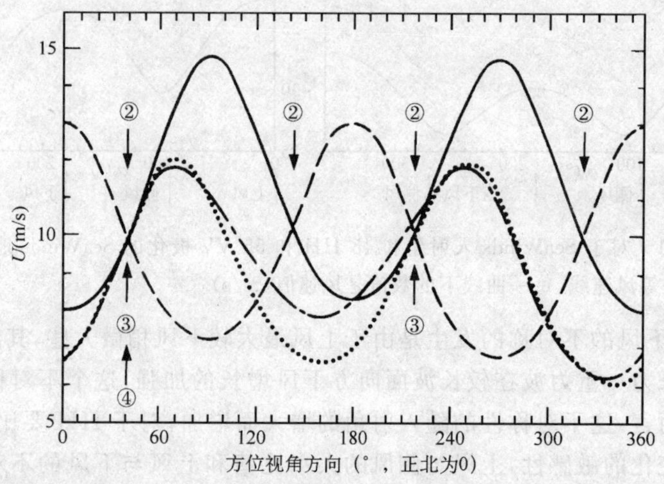

图 13.22　由不同的方位和极化的天线（—— 45°天线方位角（VV）；——135°（VV）；----65°（HH）；-——-65°（VV））取得的现同一位置的测量风矢量；图中的标记②表示从两个视角得到的四个解，标记③为由三个视角导得的两个解，标记④表示由四个观测得到一个解

四、NSCAT 散射计测风

NSCAT 散射计是一个 Ku-带（13.995 GHz）散射计，它是载于 1996 年 8 月 17 日发射 ADEOS-1 卫星上，卫星是太阳同步轨道，高度 795 km，周期 101 min，星下点速度 6.7 km/s。NSCAT 由六个长度为 3 m、宽度为 6 cm 和厚度为 10～12 cm 的双极化天线组成，每个天线沿射线方向产生入射角为 $20° < \theta < 55°$ 的扇形射线束，和在射线的(侧)横向宽度 0.4°。图 13.23 给出了 NSCAT 照射形式，左边的带相对卫星飞行方向的角度分别为 45°、65°和 135°，在则右边的角度分别是 45°、115°和 135°，相对于卫星飞行方向的右边角度的不对称的选择是减小多普勒响应。在卫星的每一侧有三个带，因为天线以 VV 和 HH、观测角为 65°和 115°，在每一侧天线作四种测量。在垂直轨道方向，扫描幅宽为 600 km，在卫星下方星下点两侧直接测量的范围是±165 km，在星下点间隙返回的是镜面后向散射，没有风向资料，其发生于全部扇形射线束的散射计内。在

这间隙外部，每一扫描带划分为 24 个多普勒单元，在垂直轨道方向测量 25 km。

为了在轨道方向获得 25 km 分辨率，每一天线每 3.74 s 取样一次，在取样期间卫星向前前进 25 km。由于 NSCAT 为单次发射和接收，在 3.74 s 期间，旋转 8 个不同的射线束，每一射线束在 468 ms 的子周期内取样。在这子周期内，对每一单元，散射计测量 P_R 和 P_{TN}。为实现此，每个子周期进一步划分为 16 ms 的周期的 29 次观测，其中由 25 次单次发射和接收和 4 次噪声观测组成。一次发射和接收由 5 ms 的发射脉冲和 11 ms 的接收。对于接收脉冲，由前面描述的多普勒分割方法，4 次噪声测量是由 5 ms 的无发射 11ms 接收组成，在每一星下点测量提供 P_{TN} 的测量。为了获得，在观测周期内对 P_R 和 P_{TN} 求平均，在式(13.15)中，则由 P_R 减 P_{TN} 得 P'_σ，对于衰减 Φ_σ 的后向功率订正，由式(13.17)获得，其透过率由气候查算表得到。

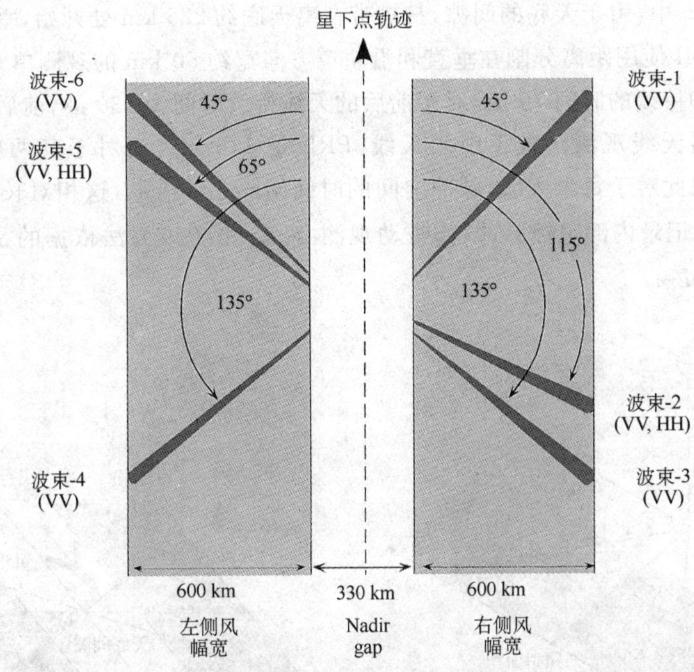

图 13.23　浅灰色的是 NSCAT 地面扫描幅宽，天线的地面足点(观测的地面范围)，中间白色是天底间隙

如前面所述，由散射计观测到的多普勒频移，也是地球自转的函数，因此，在 NSCAT 处理中，每一多普勒单元的中心频率和带宽调整为离赤道距离的函数，因此相对于卫星的地面分割的位置不变化。相反，SASS 不仅在卫星轨道的左侧和右侧分别以 45°、135°的四个扇形天线，并且它有固有的多普勒滤光。这个建立的困难是在近赤道，天线向前和向后的多普勒单元观测具有很不同的长度，减小了在作 σ_0 的相互比较中两个观测的重叠。

五、AMI 散射计

改进的微波仪器(AMI)载于 ERS-1 和 ERS-2 卫星上，其卫星是太阳同步卫星轨道，高度 785 km，周期 100 min，升交点时间 10:30(地方时)，AMI 是一个垂直极化的 C 带散射计，与高分辨率 SAR 组合一起具有低分辨率风散射计，使用一个共同的发射和接收天线，和两个分离的天线。SAR 使用一个大的矩形天线，散射计使用三个大的 ASPECT 比矩形天线，系统有三种工作模式：高分辨率 SAR 图像工作模式，其当卫星处于地面站距离范围内时应用，因此可以直接播放数据。低分辨率 SAR 模式，对于波观测时使用；散射计模式。为了其后播放数据，来自波和散射模的数据记录在卫星上。由于散射计和 SAR 模使用同一电子设备，风数据不总是由邻近的地面站取得。

图 13.24 给出了散射天线的观测视场，其三个矩形天线产生的射线束在卫星的右边的方位角分别为 45°、90°和 135°，其中的中间的天线测量 2.3 m×3.5 m，而在其前后的天线是 3.6 m×0.25 m。中间天线的射线束的仰角为 26°、方位角 1.4°，而前后方天线的射线束的仰角为 26°、方位角 0.9°。对于向前和向后天线，调整接收中心频率要考虑到多普勒频移。为使地球旋转对散射计的影响最小，卫星主动围绕它的天底轴(偏航轴)旋转，因此位于中间的天线观测的多普勒频移始终为 0。

如在图 13.25 中，由于天底的间隙，扫描带在离天底约 225 km 处开始，垂直轨道方向的距离为 475 km，AMI 使用距离分割在垂直和沿轨道方向宽约 50 km 的观测单元内观测 σ_0，对于中间的天线，脉冲持续的时间 70 μs，对于前后的天线持续时间为 130 μs，前后天线的脉冲长度较长，其因为倾斜天线观测。对于中间天线，PRF 是 115 Hz，而对于其两侧的前后天线的 PRF 是 98 Hz，因此对于每个天线，脉冲之间的时间间隔是 10^4 μs，这相对长的时间以三种方式使用：接收 Φ_R，记录内部定标脉冲，作被动观测 Φ_{TN}。由于该方法依据的是每一脉冲，回波定标和直接修改 Φ_{TN}。

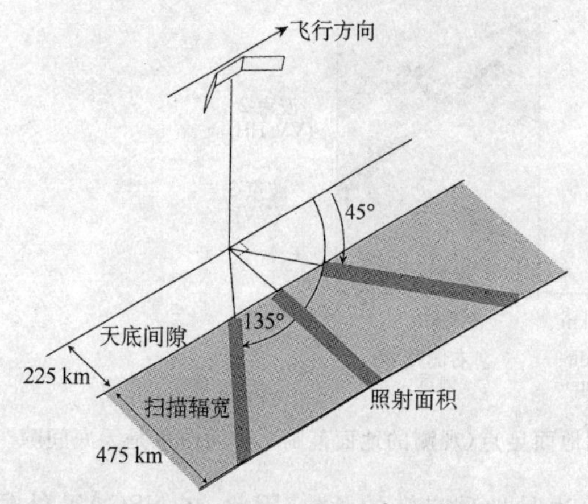

图 13.24　ERS 散射计天线的地面扫描幅带宽

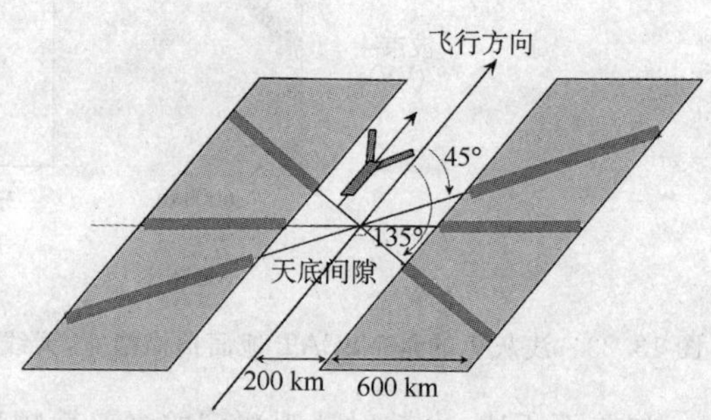

图 13.25　METOP-1 先进的散射计(ASCAT)地面扫描幅宽

对于每个脉冲，应用定标计算 σ_0，修改系统和环境噪声，和由气候资料查算表对大气透过率作订正。则由每个天线的 σ_0 重新取样为 25 km 的平方格点，在垂直扫描带方向 19 个数据点，则单个 σ_0 再取样为 50 km 的分辨率，改进信噪比，其垂直扫描方向的噪声接近为常数。约为信号的 6%，三个方向观测导得两个风速估算值，其最好的估计是与 NWP 比较确定，另外，由地面脉冲冲发器提供的外部定标和仪器漂移的检查和信号降低，和通过相对均匀的后向散射 AMI 散射计观测于 2001 年结束。替代它的是装载在 ESAMETOP-1 卫星上 C 波段先进的散射计(ASCAT)，与 ERS 不同的是上面不包含有合成孔径雷达(SAR)，图 13.25 显示了 ASCAT 天线，仪器是一个具有三个矩形天线的 C 波段距离分割散射计，它与 AMI 很类似，代量它有两个扫描幅宽，中间为天底间隙。

六、Sea Winds 散射计

Sea Winds 散射计是装载在 QuikSCAT 和 ADEOS-2 卫星上的观测仪器，这两颗卫星都是太阳同步轨道卫星，高度 803 km，周期 101 min，QuikSCAT 卫星的升交点时间为 06：00；ADEOS-2 卫星的降交点时间为 10：30。如图 13.26 中，Sea Winds 由具有两补偿馈线在不同入射角方向产生两个 13.4 GHz 锥形射线的 1 m 直径的转动的抛物面天线组成。在圆锥内侧射线以 HH 方式工作，其天底角为 40°和入射角为 47°，在外部射线以 VV 方式工作，其天底角为 46°和入射角为 55°。天线转速为每分钟 18 转。星下点地面分辨率为直径大约为 25 km，来自地表面的回波被分割，或分为与距离有关的若干单元。如图 13.26 中，Sea Winds 扫描带在不考虑天底间隙，整个宽度为 1800 km，扫描带分为两部分，其中暗区，由四个观测确定风；浅灰区，由两个观测确定风。两个观测区的一个出现在射线束获取数据的外部，一个出现在天底附近。

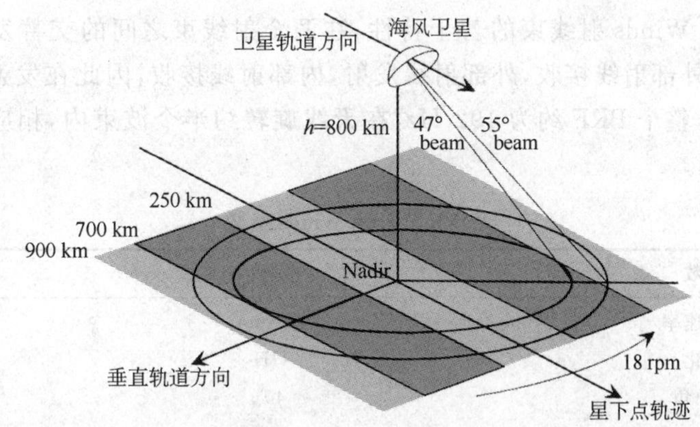

图 13.26　对于不同入射角的 Sea Winds 散射计扫描覆盖，扫描幅宽带暗的部分，风是由四个视角确定，在浅灰色部分是由两个视角确定

图 13.27 表示了单个 Sea Winds 观测表面的旋转形式，在一次转动期间，卫星前进大约 25 km。对于四个观测区，图 11.28 显示了视场 FOV 在时刻 t_1 向前和在 t_4 时刻向后观测了两次，在时刻 t_2 向前和在 t_3 时刻向后观测了两次。Spencer 等(1997)指出，Sea Winds 风反演的进行随季星下点的距离而变化，当测量的方位角的差为 90°时，反演风的结果最好，因此在四种观测区，反演风的质量不是均匀的。

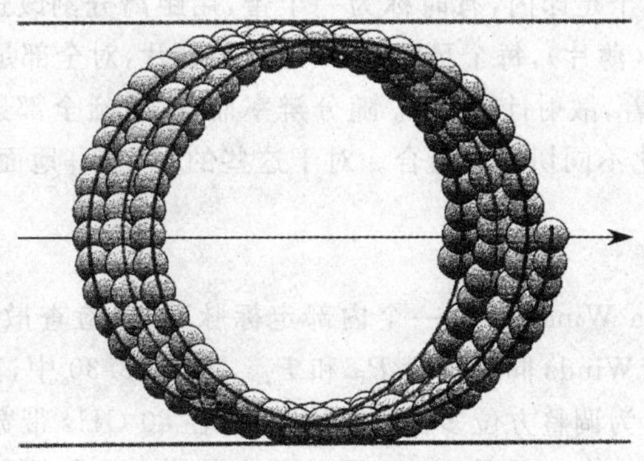

图 13.27　单个 Sea Winds 散射计射束的地面扫描形式，单个视场的直径为 25 km

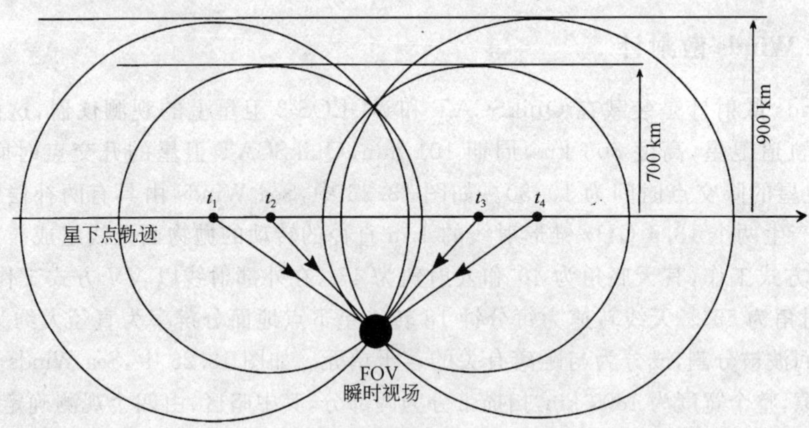

图 13.28　由两个外部射线束和两个内部射束对同一视场子的观测

表 13.3 给出了 Sea Winds 射线束的若干特性，在两个射线束之间的交替发射和接收过程如下：内部射线发射，外部射线接收，外部射线发射，内部射线接收，因此在发射脉冲后每一个回波。对于两个射线，整个 PRF 约为 192 Hz，在天线旋转约半个波束内，相应发射和接收过程的时间约为 5.2 ms。

表 13.3　Sea Winds 参数

参数	内射线束	外射线束
旋转速率	18 rpm	18 rpm
极化	HH	VV
天顶角	40°	46°
表面入射角	47°	55°
斜距	1100 km	1245 km
3 dB 步点(轨道方向扫描×垂直轨道方向扫描)	24×31 km	26×36 km
脉冲长度	1.5 ms	1.5 ms
脉冲长度	>2.7 μs	
沿轨道方向	22	22
沿扫描方向	15 km	19 km

如图 13.29 中，射线束的任一个地面视场（步点）是一个大约在方位方向 25 km 和距离 35 km的椭圆测量。在这个足印内，有时称为一个蛋，用距离分割改进分辨率，把蛋分割为不同的距离格子，称为分层（薄片），每个足印有 12 个分层切片，对全部足印和内部八个切片两者计算 σ_0 分析中。这意味着，散射计测量 σ_0 随分辨率而变，包括全部射线束的足印，不同切片的足印和足印的一个变化不同切片的组合。对于这些的每一个，地面处理确定蛋和它的分层切片的地理中心位置。

1. *定标和噪声控制*

在每转动半周时，Sea Winds 产生一个内部定标脉冲，以检查散射计的增益。为消除噪声，不像其他散射计，Sea Winds 同时测量 P_R 和 P_{TN}，如图 13.30 中，其测量是如下进行的，回波是具有中心频率为 f_c，为调整方位多普勒频移关系，在 80 GHz 带宽内，P_R 以 f_c 为中心，具有对称的峰的谱；相反，P_{TN} 有一重叠于 P_R 平的很宽的谱。为复原信号和噪声，对每一个脉冲，回波通过两个以 f_c 为中心的滤波器，其中一个在 1 MHz 带宽内，另一个在 80 kHz 带宽内。宽的滤波器主要测量噪声，窄的滤波器测量信号和噪声。对于一个好的近似，从一个减去另一个得到订正信号。这同时测量信号和噪声的优点是可以考虑到海面或大气特性的迅速变化的情况，如海洋锋或冰边缘的地区。缺点是 AMT 和 NSCAT 是不一样的，P_R 和 P_{TN} 的测量不是独立的。与 NSCAT 比较表明与这方法相联的噪声增加是小的。

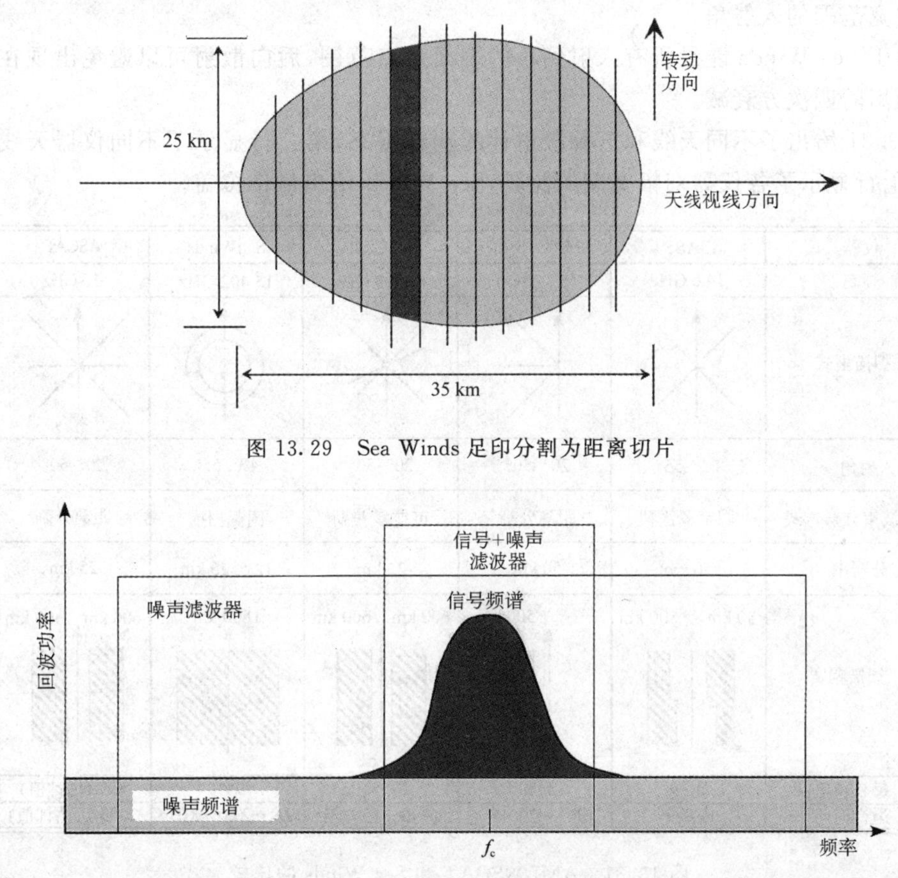

图 13.29　Sea Winds 足印分割为距离切片

图 13.30　对于信号和噪声的检测 Sea Winds 滤波，图显示了信号和噪声的谱，用滤波器区分两者

2. 大气透过率和降水

如式(13.17)表明，对于每一风单元的后向散射由于大气透过率 t 必须订正，但是由于 QuikSCAT 卫星不携带被动微波辐射计，因此可以由 SSM/I 得到的全球月平均气候资料按时间和空间内插求取风单元内的 t，然后计算散射计的观测角。对于 Sea Winds，AMSR 辐射计提供水汽、液态水和降水率。当出现降水时，σ_0 的测量遇到两个问题：(1)透过率随降水的增加而减小，这意味着回波信号有大的衰减；(2)雨滴下落到海面使其表面变形，从而影响的 σ_0 测量，改变风的解。由于短的波长，散射计对小尺度表面的粗糙度和大气衰减更敏感，具有更大的可变性，这两个问题在 C 带和 Ku 带更加严重。

七、AMI、NSCAT 和 Sea Winds 的缺优点和精度的比较

上面描述了几种散射计测风的状况，这些散射计的优缺点如图 13.31 中所示，扇形射束散射计的主要缺点是在天底处的覆盖有大的间隙；相反，只有 Sea Winds 可提供宽的幅宽覆盖，在天底处没有空隙，改进每日的覆盖。另外的优点还有：

①由于卫星要求无障碍观测视场，需要通过散射计扇状射束 2～3 m 的大的长窄矩形或条状天天线，这在发射前需将天线折叠，进入空间后展开是很困难的；而 Sea Winds 是圆形天线，在空间容易展开；

②Sea Winds 的地理模式函数只需要已知两个方向的入射角，而不是像 AMI、NSCAT 散射计需要宽范围的入射角；

③由于 Sea Winds 能量所有入射到小的表面足点范围，后向散射可以避免出现在扇状射束内随距离的四次方衰减。

图 13.31 给出了不同天线和五种散射计的刈幅组态，第三行显示了不同仪器天线的地面形式，第七行显示了各仪器刈幅宽度的比较，Sea Winds 给出最佳覆盖。

仪器	SASS	AMI(ERS-1,2)	NSCAT	SeaWinds	ASCAT
频率	14.6 GHz	5.3 GHz	13.995 GHz	13.402 GHz	5.3 GHz
扫描型式		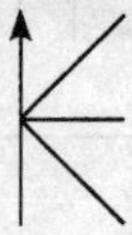	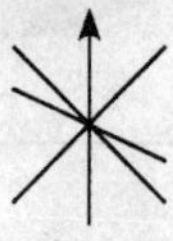	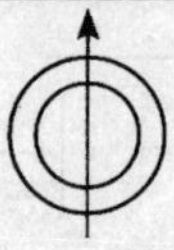	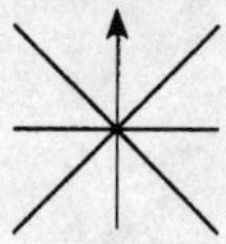
入射角	22°~55°	20°~50°	20°~50°	47°, 55°	20°~50°
波束分辨方式	固定多普勒	距离分割	可变多普勒	圆截扫描	距离分割
分辨率	50 km	50 km	25 km	12.5, 25 km	25 km
扫描幅宽	50 km 500 km 	500 km 	600 km 600 km 	1800 km 	600 km 600 km 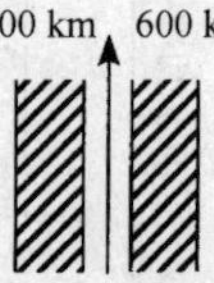
每日覆盖	可变	41%	77%	93%	80%(估计值)
运行时间	1978年	1991—2001年	1996—1997年	1999—2000—2003年	2005年(估计值)

图 13.31　AMI、NSCAT 和 Sea Winds 的比较

第四节　星载雷达高度计测量海面高度

雷达高度计朝向洋面垂直向下发射短脉冲，然后接收反射信号，回波得到关于全球分布和海面高度的变化，海面波浪的振幅和风速大小，特别是发射和接收信号之间的时间差给出了卫星与海面之间的距离或范围，回波的形状得到主要波的高度，而大小得到定标风速。如果卫星高度是精确确定的，对于不同大气、海况和固态地面的距离被订正后，则这些测量可以确定由于潮汐、地转海流和其他海洋现象引起海面高度(SSH)的变化，精度达 2～3 cm。

雷达高度计测量海面高度的困难之一是测量的是相对于大地水准面的高度，它是在没有外力和内力作用下海面的形状，即是海洋表面的静态分量，它可以通过长时间的重复测量求平均得到，除少数特殊区域，大地水准面仅已知比 500 km 大。

一、地球的形状

如图 13.32 中，表示了地球形状和海面的变化。高度计沿卫星和地球质量中心之间的连线，测量海面之上卫星高度或距离 $h=h(\chi,\psi,t)$。其中 χ 是纬度，ψ 是经度，其他的径向可变量是 $H(\chi,\psi,t)$，H 是地球质量中心之上的卫星高度，它可以通过各种方法精确测量，H 和 h 之差是海表面高度的变化量 $h_S(\chi,\psi,t)$，它是地球质量中心上的海面高度，为

$$h_S=H-h \tag{13.131}$$

高度计的目的是确定 h_S，其精度在 2～3 cm，以求解大地水准面流。式(13.131)表明这确定取决于地心上的卫星高度 H 和海面高度 h 这两个量的精确测量。这两个量是同等重要的，下面分别说明。

海面高度用三种近似方法表示：第一是由地球重力和向心力形成的地球质量均匀分布的与时间无关的形状的参考椭球面 $E_R(\chi,\psi)$，其是有通过地极的旋转椭球体的短轴，通过赤道的旋转椭球的长轴，并且椭球是关于极轴对称的。赤道轴的长度是相应于平均海平面高度的椭球表面处赤道长度。TOPEX 椭球具有 6359 km 的极半径和 6380 km 赤道半径，约为大地的 90%。

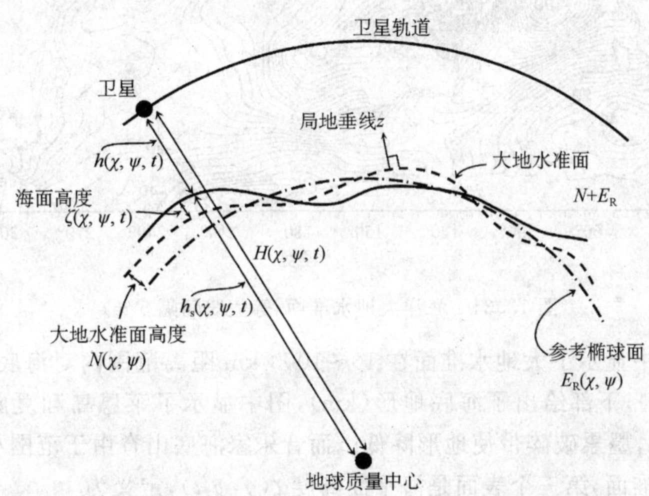

图 13.32　高度计几何图，给出了卫星轨道、参考椭球面、地球质量中心的海面高度、大地水准面高度、χ 是纬度、ψ 是经度

但是现在的椭球问题是地球质量的不均匀分布，在水平尺度 10～1000 km 的范围内，侧向力确定了表面形状，因此，在如陆地脊处海底质量过多的区域吸引水产生一个地形凸起，质量少的地区产生一个谷地(图 13.33)。由质量不均匀分布产生的海面等同于没有风和潮汐外部力的作用时海平面高度表面。这一相对于椭球的表面定义称为大地水准波面 $N(\chi,\psi)$。相应大地水准面是总和 $N+E_R$，通常将 N 称为大地水准面。

大地水准面由球谐函数展开与高度计资料拟合求得，其将大地水准面分解为取决于球谐函数的空间特征，相对于椭球，N 具有约±100 m 的振幅，图 13.34 给出了由 TEXAS 大学用 26 球谐函数的 UTGF26 模式导得的海洋大地水准面。其空间分辨率约为 1500 km，大地水准面在印度南为地形低值，在新几内亚出现一个高值区，图中的大地水准面作了大的光滑。

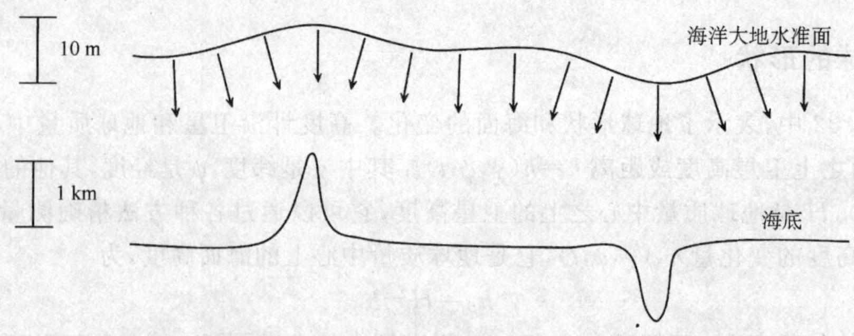

图 13.33 海底地形对海洋大地水准面的影响水平尺度的数量级为 10～1000 km，箭头表示局地重力加速度方向，它与局地大地水准面垂直

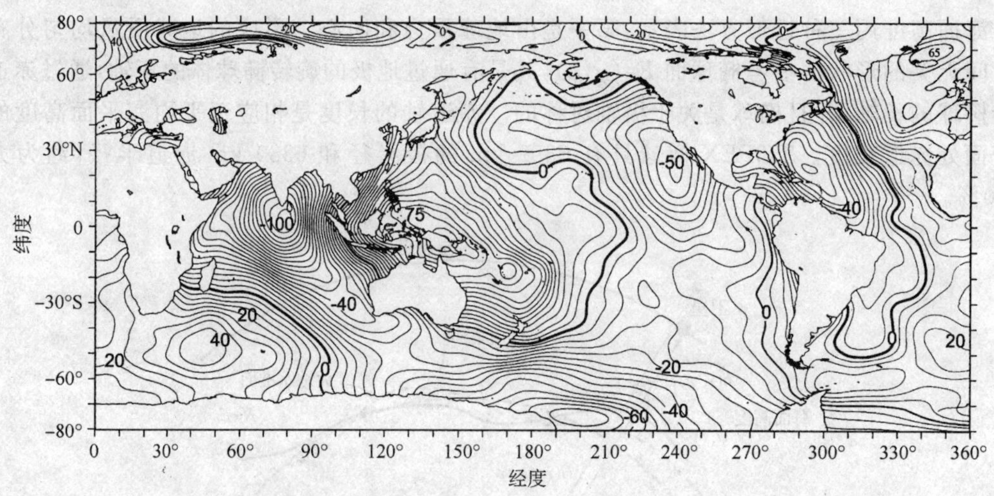

图 13.34 海洋大地水准面(等值线间隔 5 m)

如在图 13.35 中显示了大地水准面在 10～1000 km 距离范围内对海底地形的响应，图的上部是高度响应(m)，下部给出了海底地形(km)，图中显示了莱恩岛和夏威夷海底脊产生的海平面响应 1～5 m，墨累破碎带使地形降低。而音乐家海底山脊由于范围小，没有影响。

相对于大地水准面，第三个表面是海平面高度 $\zeta(\chi,\psi,t)$，定义为

$$\zeta(\chi,\psi,t)=h_S(\chi,\psi,t)-N(\chi,\psi)-E_R(\chi,\psi) \tag{13.132}$$

式中，高度 ζ 描述的是与由大气和海洋的显著的变化引起的大地水准面的有关的海平面改变。这包括地转流、潮汐、大气压变化和季节加热和冷却。大地水准面描述的是静止时海面；ζ 描述的是有海洋动力时的非平衡表面。

海面高度分为稳态和变化两个分量，稳态分量包括潮汐、与大气相联的重量涨落、对于海面季节性加热和冷却的各种表面响应，行星波、可变的海流和涡旋。长时期行星波的出现相对于大地水准面的涡旋和洋流，ζ 具有约 1 m 的变化。高度计的目的是测量 ζ 和确定对于各种地球物理强迫作用的响应。

对于 ζ 的测量海洋的值，H 和 h 确定的值的精度必须在 2～3 cm 内。如若卫星轨道高度为 H，它可以由激光和无线测距、GPS 定位系统一起测量，精度在厘米量级。距离 h 由脉冲的时间间隔确定，许多因素影响 h 的测量，如可变的 V 的气柱浓度，电离层的自由电子变更电磁波的相速度，改变卫星和表面之间孔径间的距离。对于 V 的变化产生海平面高度的明显变化

达到 30 cm，电离层电子的日和年变化引起海平面高度 1 m 的数量级变化。在雷达高度计路径上降水和大气质量的变化也会引起距离的不确定性。最后海洋不是完全的镜面反射，它是由大振幅的巨浪及细波的大范围覆盖，影响反演的距离和误差收支。

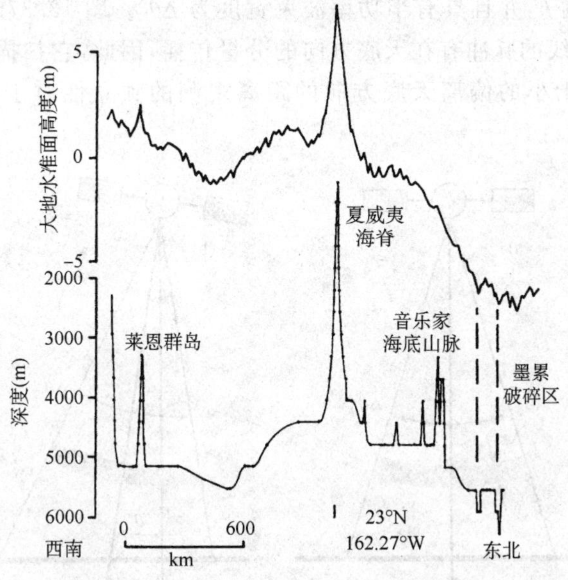

图 13.35　海底地形对大地水准面的作用

二、高度计脉冲与海面的相互作用

这里讨论如何精确决定卫星与海面之间的高 h，这一部分主要考虑来自镜面的脉冲反射。不同的观测角对距离反演的影响如下。

高度计的(瞄准)视线方向不可避免随天底角而变化，如图 13.36 中，为 TOPEX 瞄准方向的观测角偏离天底角平均的时间演变，可见这个角主要位于 0.05°。具有这一定向精度和处于 1340 km 高度的 TOPEX，高度计在视线方向的地面投影处是以星下点(天底)为中心的 1.2 km半径圆形范围内。简单的三角几何证明沿视线方向的距离变化的不确定性在 0.5 m，

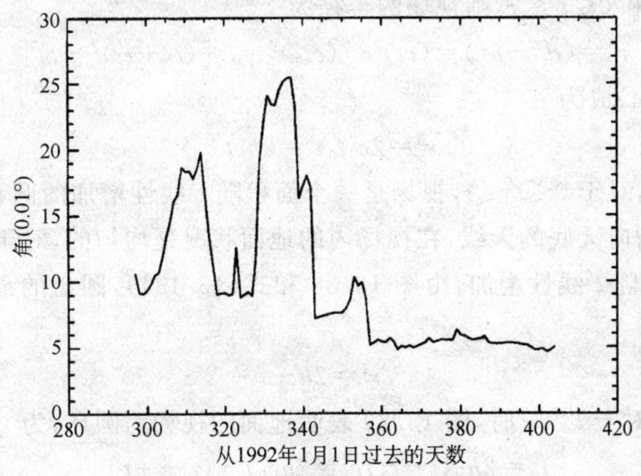

图 13.36　天底观测的时间曲线

或与地转流相联的高度变化为同一数量级。尽管这个变化，由于高度计产生球面波，下面表明，天底视角小的偏离，测距与 θ 无关。

对于天底和倾斜观测的天线，图 13.37a 给出了辐射波峰的图解。在这两种情况中，天线是处在地面之上的高度 h，并且具有半功率波束宽度为 $\Delta\theta_{1/2}$，图 13.37b 中，当 $\theta<\Delta\theta_{1/2}$ 时，对于球面波，来自倾斜天线的脉冲有在天底方向的分量传播，因此，它扫描带的时间与天底方向观测是同样的。这对于小的偏离天底方向的距离观测的独立性对于高度计的成功是主要原因。

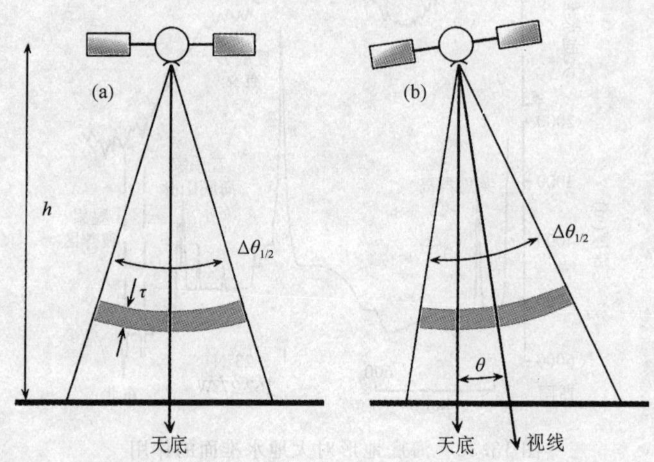

图 13.37　球面波的传播(具有大射线束)(a)天底观测；(b)斜视观测

三、脉冲与星下点(足迹)大小

由于高度计产生短的脉冲，产生的足迹(视场)是比射线束宽度的足迹范围要小，这个较小的 FOV 称为脉冲—有限足迹。它具有的面积与脉冲的持续时间成正比。分析方法如下：对于镜面和天底观测的天线，对于脉冲前边界，由天线到海面的时间 t_0 为

$$t_0=h/c \tag{13.133}$$

图 13.38 给出了脉冲与海面相遇的和视场的大小，为简化，图中的脉冲在通过海面时没有反射，如果 $t'=t-t_0$，和 $0\leqslant t'\leqslant\tau$，则视场的半径为

$$r^2=(d^2-h^2)=(ct)^2-(ct_0)^2=c^2\left[(t_0+t')^2-t_0^2\right] \tag{13.134}$$

对于 $t'\ll t_0$，式(13.134)成为

$$r^2=2c^2t_0t'=2hct' \tag{13.135}$$

式(13.135)表明，对于 $0\leqslant t'\leqslant\tau$，视场是一个面积随 t' 线性增加的圆盘。假定高度计具有固定增益 G_0 的窄束指向天底的天线，在视场内的地面状况是均匀的，对于这种情况，两后向散射功率到天线和 σ_0 也随 t' 线性增加，由图 13.38 和式(13.134)，圆盘的最大半径正比于 τ，并且给出

$$r^2=2hc\tau \tag{13.136}$$

当连续传播的波峰和对于 $t'>\tau$ 时，图 13.39 表明地面的视场为圆环，为

$$r_2^2=2hc(t-t_0)r_1^2=2hc[t-(t_0+\tau)] \tag{13.137}$$

因此，$r_2^2-r_1^2=2hc\tau$，地面视场的面积为 $A_{\max}=2\pi hc\tau$。总之，对于 $0\leqslant t'\leqslant\tau$，视场面积随时间线

性增加。对于 $t'>\tau$，面积为常数直到 r_2 小于射线束的半功率宽度之内，此时回波功率降到 0。

对于镜面，以上说明最大盘面积和环面积等于和正比于 τ。对于 TOPEX，脉冲长度 0.9 m，$\tau=3.125$ ns，因此 $r=1.6$ km 和 $A_{max}=8$ km²。相反，C 带波束的地面视直径约为 60 km；相应于 Ku 带的地面视场具有的直径为 26 km，因此对于镜面，脉冲所限制的视场比波束限制的视场更小。为了避免其他光谱的干扰，最小脉冲长度限为 1 m，因此，这是高度计的最小地面视场。

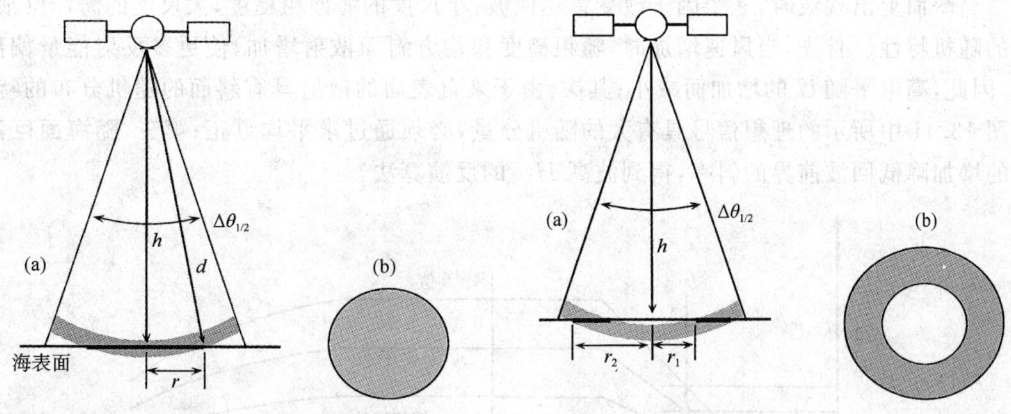

图 13.38　雷达脉冲与镜面相遇(a)侧视；(b)顶视　　图 13.39　对于 $t'>\tau$ 时脉冲照射的圆环面积

四、扫描范围(带)时间的确定

如图 13.40 所示，来自一个脉冲与镜面相交的理想回波，它分为四部分：第一是在回波到达之前，仪器观测的仅是噪声电平；第二是当回波的前界到达天线，Φ_R 随时间线性增加，与地面视场面积的增加成正比；第三是当地面视场成为环形时，回波功率是常数，因此回波达到高值；第四是回波后边界，环成为比半功率射线束大，Φ_R 下降称之为高值下跌。给定这相互作用，定义脉冲中点扫过的时间为 t_{RT}，其为接收照射地面视场点的反射等于它的最大值的一半，或为

$$t_{RT}=t_0+\tau/2 \tag{13.138}$$

从上可见，确定 t_{RT} 的问题变成求取斜直线的中点。t_{RT} 的估计通过(车)跟踪算法进行，就是当回波功率等于高电平与噪声电平的二分之一时确定。

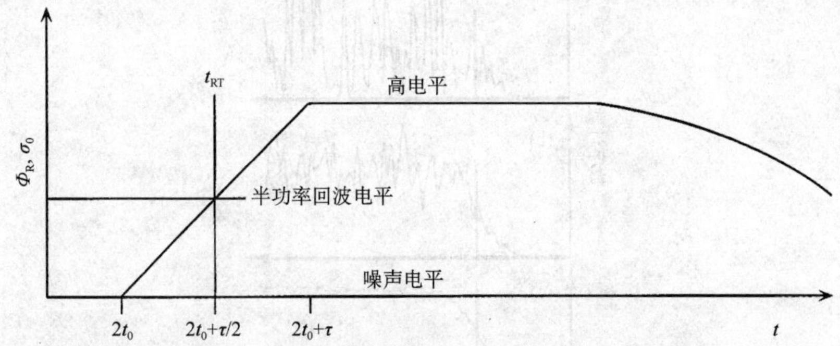

图 13.40　雷达接收由镜面反射的后向散射能和散射截面的时间依赖关系，水平线为返回的后向散射的等于高电平的一半的高度，垂直线是相应的时间

有两个因子制约了这种方法：观测角偏离天底和海面波和表面粗糙度，观测角偏离天底有两种效应：首先是更多的能量被反射而偏离天线，降低了高电平，由此必须调整观测角；第二是观测角足够大，则圆或环处于射线束的地面视场外部。这意味着即使因观测角调整高电平，较早出现高电平降低；对于确定高电平更困难。

五、海波对高度计回波的影响

当海面上出现波时，三个因子改变雷达回波：小尺度的海面粗糙度，大尺度的海洋巨浪，海面的随机特性。首先，当风速增加时，随粗糙度和均方斜面散射增加，使更多反射能量偏离天线，因此，高电平随U的增加而减小；其次，由于来自表面的散射具有斜面的随机分布的特征，在图 13.41 中所示的理想信号具有大的随机分量，必须通过求平均订正；第三，随海面巨浪高度的增加降低回波前界的斜率，得到波高 $H_{1/3}$ 的反演算法。

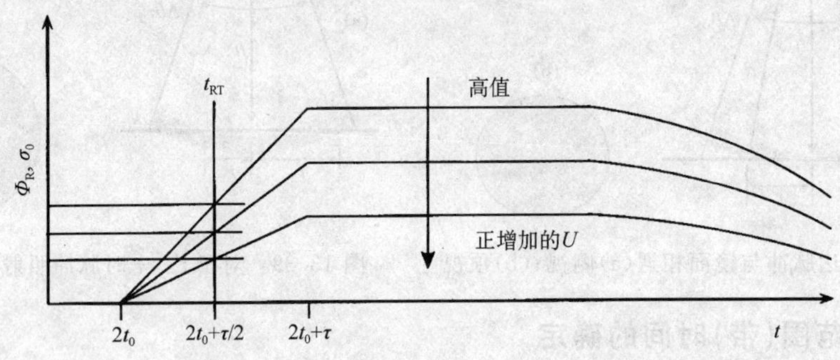

图 13.41　高电平随风速的增加而减小

六、小尺度粗糙度和确定 U

如图 13.42 所示，对于天底观测的雷达，海面粗糙度和均方斜面随U增加，引起σ_0减小。略去随机信号分量矩，在图中，对于风引起的粗糙度，σ_0随U增加而减小，降低在上升时间段

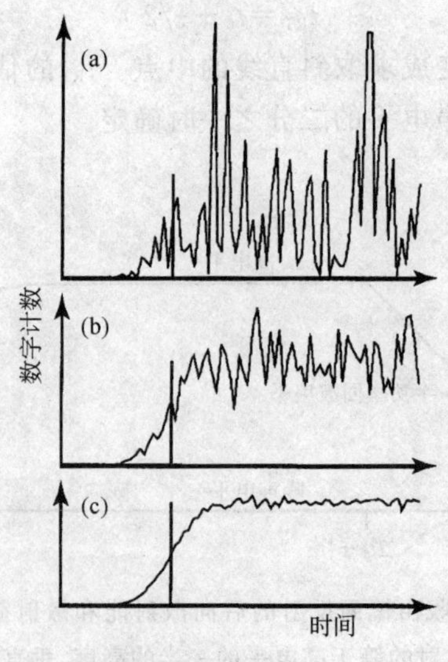

图 13.42　波高对回波的影响

功率不变时的电平。因海面粗糙度响应，这也发生于当海面出现巨浪时，这取决于风速算法的 U 的关系式。由于偏离天底观测降低了电平，为反演 U，必须调整回波信号的观测角。也因表面粗糙度与降水单体的回波衰减相联系，并产生一个虚假的风速信号，必须识别降水并屏蔽。并且高电平对 U 的依赖性，意指高度计电子系统的敏感性和线性和距离反演的精度是 U 的函数。

七、自动增益控制(AGC)和回波求平均

对于随机波场，来自任一单脉冲回波有很大噪声。为降低噪声，须进行自动增益控制(AGC)。首先对于偏离天底角，调整单个回波，然后对足够长的时间对回波求平均，这样均方信号是主要的。图 13.42 显示了具有波高 $H_{1/3}=100$ m 的高斯分布的一个模拟的平均回波信号的影响，随求平均的脉冲数的增加，回波达到如图 13.40 理想的形状。然后 AGC 调整平均回波的电平，因此这时测量的数字计数是一常数。将 AGC 调整值发送到地面以估算 σ_0 和 U；半功率点和 t_{RT} 通过高电平与噪声之差确定。对于 TOPEX 高度计，发射和接收 4000 脉冲/s，卫星上对 50 ms 或 200 脉冲数据平均。对于海洋，进一步对 1 s 求平均。对于镜面反射，地面足点测量约是扫描方向 9 km，轨道方向是 3 km。图 13.42a 单个回波；图 13.42b 是 25 个回波平均；图 13.42c，100 回波平均。

八、海洋巨浪的影响

长时期的海洋巨浪有两个作用：它增加了地面视场的尺度和延长了回波的时间、对于高度计，巨浪的振幅是用波高 $H_{1/3}$ 表示，由 TOPEX 观测，$H_{1/3}$ 的值是 3 m，最大的月平均值是 12 m，最大的瞬时值是 15～20 m。

图 13.43 表示当脉冲与海洋巨浪相遇时的图形。巨浪的出现意味着第一脉冲反射不是发生在时刻 t_0，而现在发生时间为

$$t_1=t_0-H_{1/3}/2c \tag{13.139}$$

类似地，天底最后的脉冲反射发生在

$$t_1=t_0+H_{1/3}/2c+\tau \tag{13.140}$$

类似镜面反射的情况，和对于 $t_1<t\leqslant t_2$，地面视场是一个面积随时间线性增加的圆盘。对于 $t>t_2$，地面视场再成为一个圆环，因此最大照射面积 $A_{\max}$ 可以写为

$$A_{\max}=2\pi h(c\tau+H_{1/3}) \tag{13.141}$$

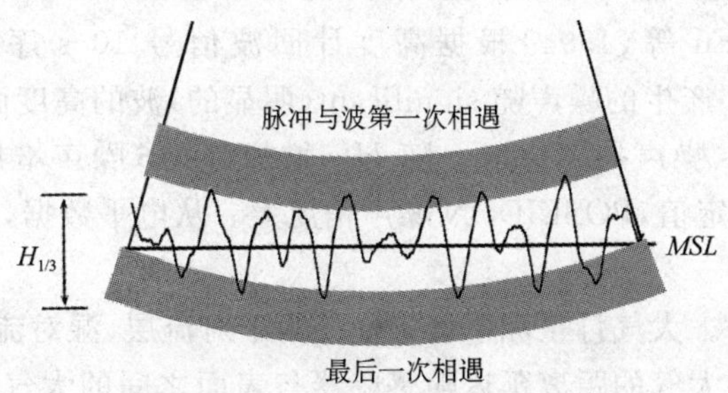

图 13.43 与海浪相遇的脉冲波锋

方程式(13.141)表明 A_{max} 随 $H_{1/3}$ 线性增加。对于 TOPEX，$c\tau$ 大约是 1 m，因此对于 $H_{1/3}$=3 m，A_{max}是它的镜面值的 4 倍。表 13.4 给出了 A_{max} 的 $H_{1/3}$关系，当 Ku 带高度计足点直径小于 26 km 时，它相应于直径和轨道的垂直轨道 1 s 平均表面足点的大小。当 $H_{1/3}$ 由 0 增加到15 m，直径从 3 km 增加到 13 km。这个随 $H_{1/3}$ 面积的增加称为 defocusing 偏转聚焦。对于3 m的 $H_{1/3}$，足点测量为 12 km×6 km，当处在巨浪区域中，如在 Antarctic Convergence，足点尺度约为 20 km×15 km。这表明浪的出现增加海表面足点的尺度和限制高度计的空间分辨率。

表 13.4　A_{max}的主波高度 $H_{1/3}$及单脉冲直径、足点尺度关系

$H_{1/3}$(m)	A_{max}(km²)	直径(km)	足点大小(km×km)
0	8	3.2	9×3
3	34	6.5	12×6
6	59	8.7	15×9
15	134	13	19×13

图 13.44 表示在有海浪和没有海浪下的回波信号特征的比较。当海浪出现时，上升时间是长的相应的斜率减小。尽管这种变化，对于 AGC 调整高电平，半功率点出现在离高度计相同的距离上。因而，对于波的覆盖表面对于镜面的方法也可以用于反演通过的时间。

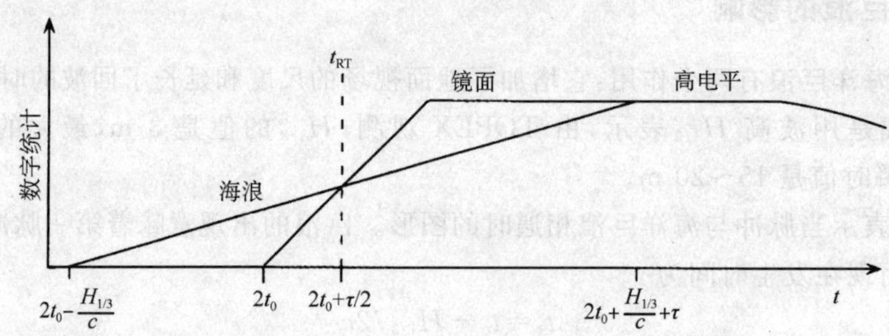

图 13.44　来自镜面和海浪的后向散射时间偏差的比较

九、海面高度反演的偏差和误差

由高度计反演 h_s 的误差和偏差存有五个误差源：高度计噪声、大气误差、海面状态的偏差和不确定性与卫星轨道的误差。这些误差构成了总的误差收支。

(1) 高度计噪声。Fu 等(1994)根据高度计回波信号 10 s 序列的谱分析，如何确定 TOPEX 高度计的噪声。产生的噪声随 significant(明显的)波的高度而变化，这样处在 2 m 的 $H_{1/3}$，ALT 的均方差 rms 噪声是 17 mm。随 $H_{1/3}$ 增加，RMS 噪声增加直至对于 $H_{1/3}$>3 m，达到一个 20～30 mm 稳定值，POSEIDON 噪声稍更大。从电平数据，JASON-1 高度计噪声为 ±15 mm。

(2)大气引起的误差。大气订正和不确定性分为干对流层、湿对流层和电离层三种类型。

干对流层：干对流层大气的距离延迟随感应器与表面之间的大气质量或等效于随海平面气压而变化，并等于每 1 hPa 变化 2.7 mm，这订正是用 ECMWF 的地面气压场，对于 TOPEX 和 JASON-1，根据 ECMWF 均方差气压精度为 3 hPa，相关的订正为 7 mm。

湿对流层订正：湿对流层大气的距离延迟是来自液态水量和降水的作用，而对于来自水汽

的作用足够小,可以忽略。

自由电子的电离层:由双频率高度计导得的电离层距离订正,具有约 5 m 的误差,对于单频率 POSEIDON 高度计,电离层订正是由斜距、双频率 DORIS 信号确定的。

(3)海面状态的偏斜。海面状态偏差是由海浪产生的,它可以分成两部分:第一是电磁场(EM)偏斜,它是雷达脉冲与物理波特性相互作用产生的平均海平面高度的表观凹地;第二是跟踪装置或歪斜偏斜,它是由于跟踪装置确定的半功率点引起的附加表观平面凹地,这两项总和称为总的海面状态偏斜。

(4)轨道确定中的误差。在较短的时间尺度内,卫星轨道的不确定性是最大的距离误差源,轨道误差分为在卫星通过几百千米与一次距离估计相联的一次通过误差,与月或更多时间尺度平均的误差。对于 TOPEX 轨道通过,rms 位置误差约是 2.5 cm,它包括随机和系统两种误差。

(5)不确定的环境源。如潮汐和海平面气压对大气气压场空间变化的响应导致误差。

第五节　星载雷达成像仪

侧视成像雷达十分有效地以高分辨率和在所有天气条件下提供反演海冰和海面后向散射特性,给定许多地球物理布拉格(bragg)散射波模拟处理,由这些雷达的回波形成图像显示大量地表物理现象另一个重要特点是分辨率达到 m 的数量级,除强降水外,对于这些雷达使用的频率处,大气是透明的。

星载成像雷达可以分为合成孔径雷达 SAR 和真实孔径雷达 SLR 两类,SLR 是一个距离分割的仪器,它具有的地面分辨率约为 1 km,而 SAR 是一个地面分辨率高达 3 m 的更为复杂的仪器,由于雷达依赖脉冲照射地面,它可以提供白天和夜间地面覆盖。

SAR 有各种工作模式,标准模式具有典型分辨率 25 m、幅宽 100 km。扫描型 SAR 模式具有分辨率 75～150 m、幅宽 350～500 km,这种模式出现在 RADASAT 和 ENVISATSARs 和许多 SARs 上。

一、成像雷达的一般特征

1. 成像雷达的几何图

合成孔径雷达(SAR)和真实孔径雷达(SLR)天线一般在轨道方向的尺度为 10 m,在垂直轨道方向的尺度为 2 m,在入射角 20°～50°卫星一侧观测。天线上分布着许多发射和接收单元,也就是称之为主(被)动相阵列组成。天线可以是矩形,也可以是具有前向馈电线的抛物天线。卫星携带的 SAR 一般工作的脉冲重复频率(PRF)在 1000～2000 Hz 和频率在 1～10 GHz,相应波长为 3～25 cm;在当 SAR 选取的频率为 $f<1$ GHz 时,雷达受电离层的反射和吸收、地球辐射源和银河系的影响,而对于 $f>10$ GHz,则受大气吸收的影响。

图 13.45 表示 SAR 和 SLR 天线的几何关系,表示了半功率视场 FOV,在卫星飞行方向右视的宽 w 和长 l 的矩形侧视雷达天线。如雷达卫星 SAR 天线 $w=1.5$ m 和 $l=15$ m,地面步点(足印)的尺度由在轨道方向和垂直轨道方向的半功率宽度 $\Delta\theta_{1/2}$,$\Delta\varphi_{1/2}$,按式(13.19)确定。对于雷达高度为 H,入射角 θ,在地面垂直轨道方向的刈幅宽度 X_S,为

$$X_S=\Delta\theta_{1/2}R_0/\cos\theta=\Delta\theta_{1/2}h/\cos^2\theta=\lambda h/w\cos^2\theta \tag{13.142}$$

式中，雷达离地面的距离是 $R_0=h/\cos\theta$。式(13.142)的导数取决于假定 $\Delta\theta_{1/2}\ll\theta$，当加上 $\cos\theta$ 项，变换为垂直于与地面刈幅视线方向的射线束宽。一般 X_S 的值约为 100 km，类似地轨道方向的宽度由下式给出

$$Y_S=\Delta\varphi_{1/2}R_0=\Delta\varphi_{1/2}h/\cos\theta=\lambda h/l\cos^2\theta \qquad (13.143)$$

因此 Y_S 与天线长度 l 成反比。对于雷达卫星，Y_S 的值约为 3 km，因此步点具有很窄的方向比。

对于 SAR 和 SLR，脉冲长度决定了垂直路径(轨道)的分辨率。两种图像在轨道方向的分辨率不同，因为分辨率是方位角的函数，故也称为方位分辨率。因为 SLR 仅是距离的分割，它的方位分辨率相应于式(13.143)中的 Y_S，因此随 l 的增加和距离的减小而改进。如果 RADARSAT 的天线如 SLR 一样工作，它就不能区别两个目标，除非在垂直轨道方向两物体的距离大于 3 km。

相反，SAR 可以实现等于 $l/2$ 或天线长度的一半的最优的方位分辨率，SAR 由如下方法达到这分辨率：实际上，SAR 分为两部分，天线和与其相联的发射和接收器，和它的贮存器或回波贮存，如在图 13.45 所示，考虑 A 点，在雷达坐标系中，该点由左边进入扫描刈幅，从右边离开。这点约需 0.5 s 通过 RADARSAT 扫描刈幅，在这照射时间内大约有 103 个脉冲，对于 SLR 仅记录它的振幅随时间变化，而 SAR 则记录的是振幅和相位随时间的变化两者，称之为相干雷达。在这贮存数据中，每一个空间点通过步点(足印)，具有唯一的时间、距离和多普勒频移。如果在照射期间，表面元的相对位置没有变化，则脉冲序列的强度计算分析产生一个在距离和方位高分辨率的图像。这个计算近似等效于与扫描刈幅度长度(对于 RADARSAT 为 3 km)相等的天线的合成孔径。在实际中，SAR 比长天线工作更好，因为距离和多普勒方法结合产生的方位分辨率与距离无关。

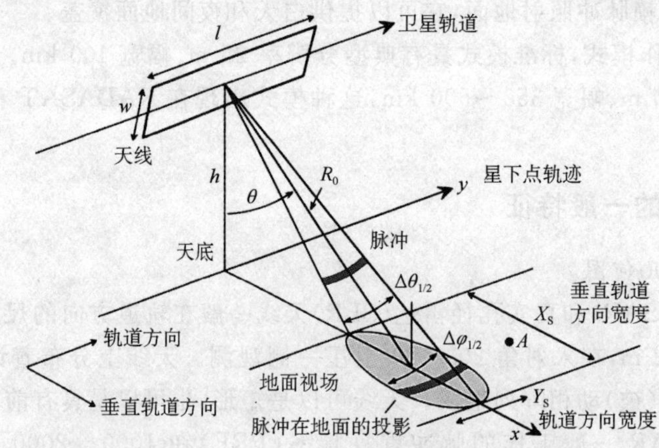

图 13.45 SAR 和 SLR 天线的观测几何图，w 是天线宽度，l 是天线长度。实际中，轨道方向地面足点的宽度远大于垂直轨道方向，通常足点大小 3 km×100 km，而在图中的刻度轨道方向射束宽度仅比标有 x 的宽度大一点

2. 分辨率和像点尺度

在遥感中，有关分辨率有两种定义：一是用瞬时视场的直径，二是可以区别两目标物的最小间隔。首先对于 VIR 图像，分辨率定义为星下点 FOV 的直径，并等于像点的大小。对于微波圆锥扫描，它等于 FOV 直径。为说明第一种情况，图 13.46a 显示了具有垂直的黑柱带的两

个目标的一列 FOV，它由 FOV 直径 Δx 分隔，由于图像把这些目标物表示相邻的暗像点，它们不能分解间隔。对于雷达，由于将分辨率定义为两可区别的两目标物之间的最小间隔，像点的尺度必须等于分辨率距离的一半，图 13.46b 表示了由这可分解的距离分辨的两目标物。最后图 13.46c，显示了目标间隔小于分辨率时，目标不能区分。

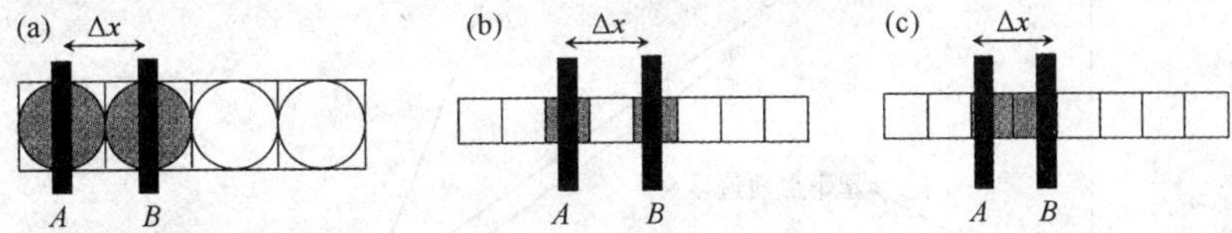

图 13.46　分辨率的两个定义，图中 A、B 是两个目标物，Δx 是分辨的距离，(a)在 VIR 中的分辨率是 FOV 的直径，等于像点的尺度；且目标物间距离为 Δx，由于目标物产生两个相邻接的暗像点，它们不能在图像上区分；(b)雷达分辨率，Δx 是可以区分两目标物的最小间隔，目标的间隔等于分辨率，像点尺度是分辨率的 1/2，在图像上可见到两目标是分离的；(c)两目标间隔比雷达分辨率距离小，它们不能区分

3. SAR 极化

SAR 脉冲是极化的，一般是在水平平面(H)或垂直平面(V)；天线以 H 或 V 两者发送和接收，称之为 HH 或 VV 天线。SAR 使用所有四种极化模式(HH，HV，VV，VH)称为 SAR 极化；当测量到所有四个极化量，雷达是一个四极模，在四极模中，SAR 首先发射 V 脉冲，并测量返回(VV，VH)的 V 和 H。SAR 首先发射 H 脉冲，并测量返回(HH，HV)的 H 和 V。对于交替发射 H 和 V 脉冲之间的原因代替同时发射射两脉冲，其同时发射脉冲出现在 VV 和 HV，和 HH 和 VH 之间区别出现的模糊。极化的 SAR 的优点可提供更多的地面信息，不足之处是比单部极化 SAR 更多的资料。

二、相干雷达

SAR 和 SLR 从不同的位置或不同的时间观测获取同一地区的资料，然后综合利用这些资料确定地面位移或速度的变量。这种雷达广泛地应用于陆地制图和地震及冰块变形研究，在海洋中，也可用于测量海面高度和海流。对于海洋提出两类称之垂直轨道相干雷达和沿轨道相干雷达。

对于垂直轨道相干雷达在同一轨道上由两天线组成，但是在不同垂直位置获取同一地表面图像(图 13.47)，天线在垂直轨道方向被仔细测量和固定的基线距离所分隔开，一般为米量级。相干雷达的几何由天线的尺度、革线的距离、仪器的高度确定，至少有两种可能的天线工作形态。首先是一个天线 A 发射和接收，另一天线仅是接收；因此两天线接收的是同一发射信号的反射，另一种形式是称作乒乓球模式，其是由 A 发射，然后由 A 和 B 接收，随后由 B 发射，接着由 A 和 B 接收，一直持续进行。对于每一个脉冲和每一个表面像点，综合返回信号得到信号间的相位差，相位差正比于由天线到每个像点路径的长度差，根据精确的几何关系，每一像点的海面高度可以计算出。根据这一原理得到垂直轨道的两个卫星的相干雷达。

图 13.48 给出由两相干雷达天线组成的同一轨道不同时间的相干雷达获取的同一面积的两图像，对这一情况，分析每一像点观测的相位差可以得到径向位移，用于测量海面的速度。某一表面先由天线 A 照射，稍后一点时间由天线 B 照射。

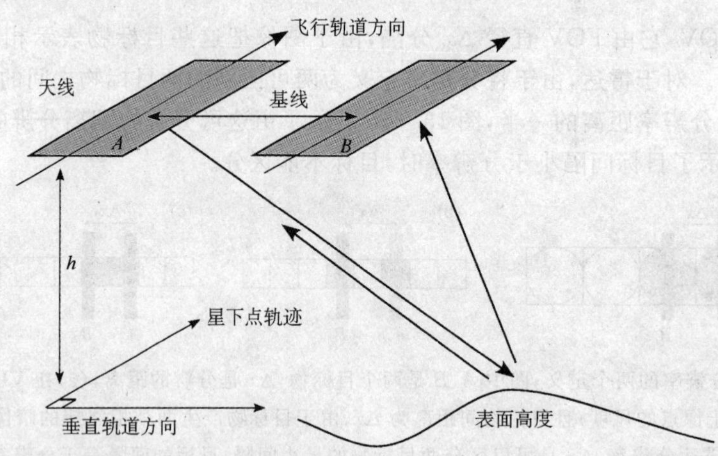

图 13.47 垂直轨道相干的几何图，图中为一定的基线距离的两天线与轨道平行，两天线从两个不同位置观测同一地表面

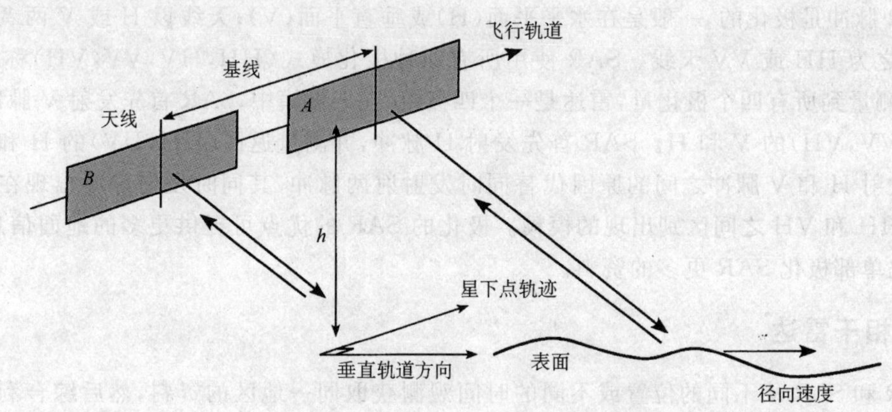

图 13.48 沿轨道相干雷达的几何图

三、合成孔径雷达(SAR)和真实孔径雷达(SLR)

星载成像雷达有合成孔径雷达(SAR)和真实孔径雷达(SLR)两种类型。SLR 是一种具有地面分辨率约 1 km、距离分割仪器。SAR 是一种地面分辨率高达 3 m 的更为复杂的仪器。由于雷达脉冲照射到地面，仪器提供白天和夜间的覆盖。

SAR 能提供海洋和海冰各种信息，在无冰的洋面，SAR 用于研究海洋内波、表面波和海洋涡旋。在 SAR 上可见到其他各种包括浅水海底地形、海流、降水和风的表面形式，油污和其他变更表面物质。

1. 真实孔径雷达

(1)成像原理：如图 13.45 所示，成像型雷达天线发射脉冲投射到卫星天底一侧的地球表面，当卫星运行时，沿轨道方向就得到一条宽度为 S 的连续图形，如果不考虑到地球的曲率和 $\beta \ll 1$ 幅宽由下式计算出

$$S \approx \frac{h\beta}{\cos^2\theta} = \frac{\lambda h}{W\cos^2\theta} \tag{13.144}$$

式中，β 是天线束在仰角方向的宽度，θ 为观测角，W 是天线宽度。

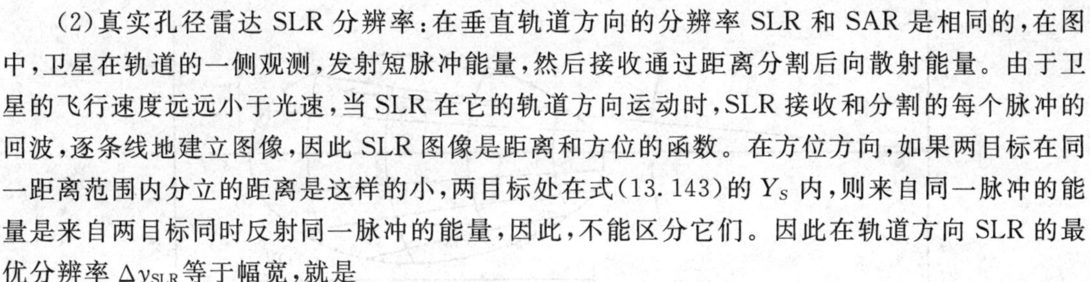

(2)真实孔径雷达 SLR 分辨率：在垂直轨道方向的分辨率 SLR 和 SAR 是相同的，在图中，卫星在轨道的一侧观测，发射短脉冲能量，然后接收通过距离分割后向散射能量。由于卫星的飞行速度远远小于光速，当 SLR 在它的轨道方向运动时，SLR 接收和分割的每个脉冲的回波，逐条线地建立图像，因此 SLR 图像是距离和方位的函数。在方位方向，如果两目标在同一距离范围内分立的距离是这样的小，两目标处在式(13.143)的 Y_S 内，则来自同一脉冲的能量是来自两目标同时反射同一脉冲的能量，因此，不能区分它们。因此在轨道方向 SLR 的最优分辨率 Δy_{SLR} 等于幅宽，就是

$$\Delta y_{\mathrm{SLR}}=Y_S=\Delta\varphi_{1/2}R_0=R_0\lambda/l \tag{13.145}$$

式(13.145)表明轨道方向的分辨率随 R_0 或随与卫星的距离而线性地减小。

在垂直轨道方向，SLR 的分辨率 Δx_{SLR} 等于投影在地表面脉冲长度的 1/2，或是用脉冲持续时间表示为

$$\Delta x_{\mathrm{SLR}}=c\tau/2\sin\theta \tag{13.146}$$

从式(13.145)和式(13.146)可以看到，当偏离天底的角 θ 增加，Δx_{SLR} 减小，而 Δy_{SLR} 增加，当 $\theta\to0$ 或近天底时，来自地表面同时反射能量，因此有 $\Delta x_{\mathrm{SLR}}\to\infty$，$\Delta y_{\mathrm{SLR}}\to\Delta\theta/2$，SLR 不能分辨。

而当 $\theta\to\pi/2$，或对于接近水平角度观测，$\Delta x_{\mathrm{SLR}}\to c\tau/2$，$\Delta y_{\mathrm{SLR}}\to\infty$，SLR 又不能分辨。

2. 合成孔径雷达

为提高星载雷达的分辨率，可以使用合成孔径技术。它是根据这样基本原理：当目标在波束中停留相当长的时间，获取的回波能量越大，分辨率就越高；为实现这一点，星载雷达可以在不同位置或时间对同一目标物观测，这不同位置和时间相应不同的射线束孔径，将这些不同射线束的雷达信号进行处理分析，这就是合成孔径雷达 SAR 法。合成孔径技术有下面两种方法。

(1)由多普勒射线束锐化导得 SAR 的分辨率：SAR 天线的最优方位分辨率等于天线长度的一半，或 $l/2$，其与垂直路径距离和频率无关。Ulaby 等(1982)以几种方式导得这一结果，这称之为多普勒射束尖锐化。这方法涉及通过地面步点的单个目标的多普勒路径并得到一个方位分辨率的偏差。

对于一个非旋转地球和天线对卫星路径的右侧角度观测。如图 13.49 所示，给出 isodops 和表面步点的距离等值线。如果地面相对于卫星的位置由 x 和 y 表示，则步点 y 比 x 要小得多。这里定义 $\delta=y/x$，为方位角相对于垂直轨道方向的比。由于方法涉及多普勒频移，选取 f_0 和 λ_0 为入射辐射的中心频率和波长，由此，按式(13.39)多普勒频移对于入射角的关系为

$$\Delta f=2U_0\delta\sin\theta/\lambda_0 \tag{13.147}$$

从图 13.49 中，将 δ 和 $x=R_0$ 代入上式得

$$\Delta f=2U_0 y/\lambda_0 R_0 \tag{13.148}$$

由式(13.143)，可得步点 y 位置边界 $y_{\max}=Y_S/2$ 可以写为

$$y_{\max}/R_0=\Delta\varphi_{1/2}/2=\lambda_0/2l \tag{13.149}$$

对于后边界具有相等但相反的关系。将式(13.149)代入式(13.148)给出地面步点前、后边界处的频率偏移 Δf_{SAR}，为

$$\Delta f_{\mathrm{SAR}}=\pm U_0/l=1/\tau_{\mathrm{S}} \tag{13.150}$$

在式(13.150)中，τ_{S} 是对于卫星通过天线长度的时间。对于 RADARSAT 卫星，$l=15$ m，$U_0=6.5$ km/s，因此 $\Delta f_{\mathrm{SAR}}=\pm430$ Hz。

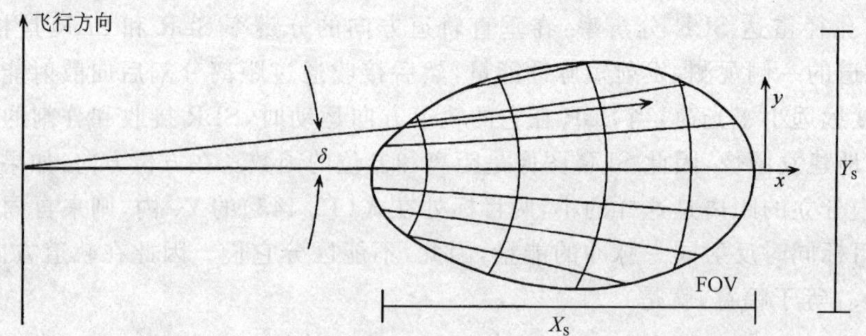

图 13.49　SAR 表面足印、等距离线和正交表面多普勒等值线，y 轴是放大的

图 13.50 给出了相对于卫星，作为固定目标通过足印（步点）它的距离减小，直到它的位置由 $y=0$ 表示，当对于同样的周期，则增加，而多普勒频率线性减小。由于目标距离通过足印是变化的，变化的距离跟踪方法称为聚焦 SAR。为比较，一个非聚焦的 SAR 假定目标是一等距的。

对于聚焦的 SAR，由式（13.147），图 13.50 表示目标位置作为时间和多普勒频移的函数。相对于卫星，目标以多普勒频移 $+\Delta f_{SAR}$ 进入足印，而以 $-\Delta f_{SAR}$ 离开。假定用多普勒频移跟踪目标，这里 Δf 是滤光器的中心频率，且随时间减小，而来自返回信号的载频 f_0 已被更改。如果 Δf_{min} 是可确定的 Δf 的最小频率间隔。则由式（13.148），在轨道方向的最小分辨率 Δy_{min} 可以写为

$$\Delta y_{min}=\Delta f\ min\lambda_0 R_0/2U_0 \tag{13.151}$$

上式表明，如果给定 Δf_{min}，则 Δy_{min} 很容易计算。

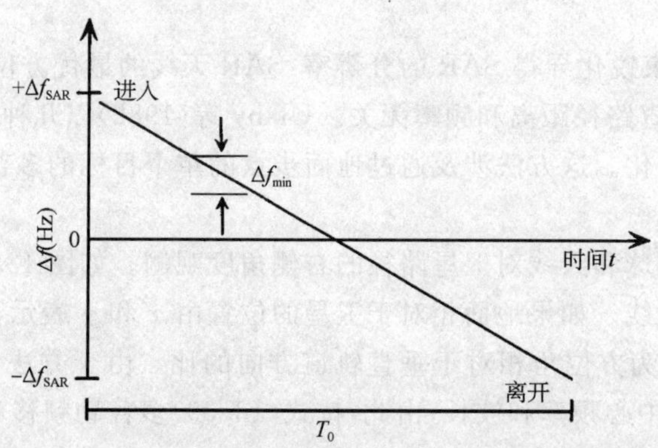

图 13.50　跟踪目标穿过 SAR 足印频率间隔，目标物从左上方进入，右下方出

频率分辨率 $\Delta y_{min}=\Delta f_{min}$ 由照射的时间 T_0 确定，T_0 是表面上的一个点通过扫描带幅时间，或是等效于卫星通过轨道的幅宽的时间。因此由式（13.149）得到

$$T_0=\lambda_0 R_0/lU_0 \tag{13.152}$$

由基本的时间系列约束（Jenkis 和 Watts，1968）有

$$\Delta f_{min}=1/T_0=lU_0/\lambda_0 R_0 \tag{13.153}$$

对于 RADARSAT，T_0 约为 0.5 s，因此，$\Delta f_{min}=1.2$ Hz。将 Δf_{min} 代入式（13.151）表明在轨道方向的最小分辨率为线长度的一半，即是

$$\Delta y_{min}=(lU_0\lambda_0 R_0)/(\lambda_0 R_0 2U_0)=l/2 \tag{13.154}$$

这是一个不一般的结果，其 $l/2$ 与频率和距离无关，而较短的天线，会有更高的分辨率。

由于与距离无关的原因，由实际天线的进一步的问题是地面点，足印点是宽的，因此，合成天线是长的，这合成天线长度的增加补偿了由于距离的增加引起的分辨率的减小。其次，随天线长度减小分辨率改进发生，因为较短的天线得到宽的足印和长的合成孔径。

(2)对于 PRF 的限制：对于式(13.154)有效成立，PRF 必须满足两个限定：一是设置 PRF 的下限，另一个是它的上限，而下限取决于天线的长度，上限取决于天线的宽度。由这些限定给出一个最小天线面积。

PRF 下限由天线分辨率确定，为使式(13.154)成立和由 Nyquist 判据，PRF 必须在取样期间等于最大多普勒频移的二倍，因此

$$PRF \geqslant 2\Delta f_{\mathrm{SAR}} \tag{13.155}$$

为获取 $l/2$ 的 SAR 分辨率，由式(13.150)，PRF 必须满足

$$PRF \geqslant 2U_0/l \tag{13.156}$$

式(13.156)表明，对于角方位分辨率等于 $l/2$，PRF 必须至少等于每个天线长度为两个脉冲，给定这些限定，对于具有速度 $U_0=6.5$ km/s 的 15 m 的雷达天线，PRF 必须大于约 900 Hz。式(13.156)设置 PRF 下限，意味着对于很短的天线得到 $l/2$ 的分辨率，PRF 必须很大。如果对于 PRF 小于式(13.156)的下限 $2U_0/l$，天线连续工作，但是具有 $\Delta y_{\min} > l/2$。

通过对每个脉冲返回的限定，必须在前后脉冲没有混淆的非模糊识别，设定最大或 PRF 上限，PRF 必须满足式(13.156)。为导得对于图 13.51 所示的垂直 SAR 的最大可能 PRF，假定垂直射线束宽度必须比 θ 小很多，其中 θ_{m} 是平均入射角，R_0 是与表面的距离，省略 θ_{m} 和 λ_0 的下标，并进行三角运算，在连续两脉冲之间的距离必须满足

$$d_{\mathrm{p}} = c\tau_{\mathrm{p}} > 2\tan\theta R_0 \lambda / w \tag{13.157}$$

由于 $PRF=\tau_{\mathrm{p}}^{-1}$，式(13.157)可以写为

$$PRF < cw/2R_0\lambda\tan\theta \tag{13.158}$$

对于 RADASAT 天线具有 $\theta=45°$，$\lambda=5.6$ cm 和 $R_0=1100$ km，式(13.158)给出，PRF 必须小于 3600 Hz，从式(13.142)相应于小的 w 一个宽垂直轨道射束宽度，因此从式(13.158)看到，与宽的幅宽的一个窄天线要求一个小的 PRF，随幅宽增加 PRF 的减小，是宽的 SAR 幅宽的原因，具有差的分辨率，为什么对于很高分辨率的 SAR 具有相对窄的垂直轨道的幅宽。

由不等式(13.156)和不等式(13.158)得到

$$2U_0/l < PRF < cw/2R_0\lambda\tan\theta \tag{13.159}$$

重新排列上式，得

$$lw > 4U_0\lambda R_0\tan\theta/c \tag{13.160}$$

从式(13.159)，视角 $\theta=45°$，一个 X 带(10 GHz)天线要求 $lw>2.8\ \mathrm{m}^2$；L 带天线(13 GHz)，要求 $lw>21.8\ \mathrm{m}^2$；与雷达卫星在 5.3 GHz 和 45°处，天线面积 22.5 m² 相比较，它要求最小天线面积为 5.3 m²。对于 Sea Winds 抛物天线，$f=13.4$ GHz，$\theta=50°$，$lw>2.9\ \mathrm{m}^2$；这意味着 Sea Winds 业务 SAR 要求天线直径为 2 m，是实际尺度的 2 倍。

(3)信噪比的约束：如前所述，接收器接收的功率是衰减的后向散射回波、仪器噪声和环境黑体辐射之和。

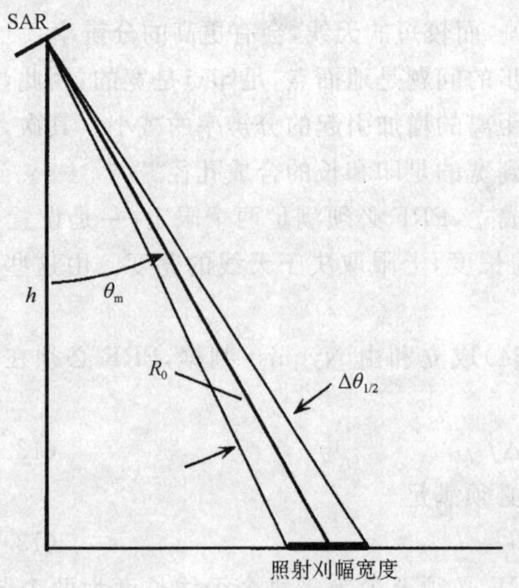

图 13.51　SAR 垂直轨迹刈幅与窄带 SARPRF 关系

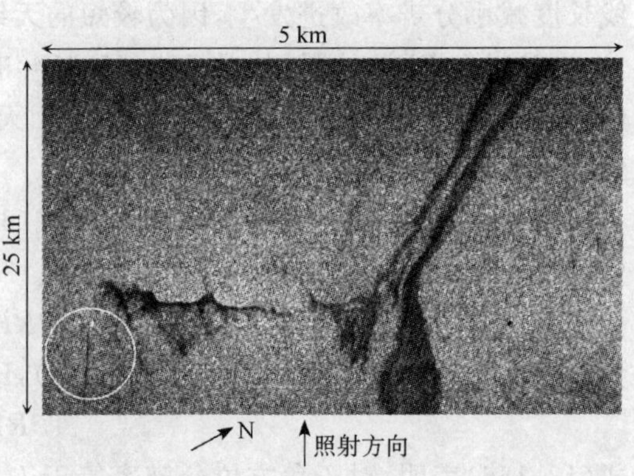

图 13.52　SEASAT 卫星的 SAR 图像

第六节　卫星空间激光探测大气

激光雷达是将激光脉冲送入大气然后通过高灵敏光电探测器收集后向散射光，通过对散射光信号强度分析，确定物体的距离和散射介质化特性。经过近 40 多年，激光雷达已经用于大气气体成分、气溶胶和云遥感探测，新一代激光雷达已装载到云—气溶胶激光雷达和红外探索观测(CALIPSO)卫星和大气科学的极化和各向异性反射激光观测(Parasol)卫星上，实现了空间激光探测地球大气系统云、气溶胶和降水目标。

一、激光雷达系统

对于单行激光雷达系统，发射器和接收器处在同一位置，激光雷达通常采用一激光源发射一系列单色、平行光脉冲，到所要研究的目标物，由光学望远镜接收后向散射光，经带通滤波提高信噪比，然后由光电测器接收，得到的电信号最终数字化，进行贮存或分析。光雷达系统一般由下面各部分组成：

发射器：通常采用脉冲式固态激光器，波长范围从紫外(UV)到近红外(NIR)，一般使用的激光器是 Nd:YAG 钇铝石榴石(λ=1064 nm，工作于 2 阶(532 nm)或 3 阶(355 nm)谐波发生器，红宝石 Ruby(λ=694 nm)，Alexandrite 紫翠玉变石(可调谐波长范围：λ=701～818 nm)，钛：蓝宝石(λ=720～960 nm)，二极管(λ=550～32000 nm)，脉冲能量和重复速率可以在几个千赫兹的 μJ，到 1～10 Hz 范围的 1～10 J。

接收器：典型的接收器采用收集返回式光学系统，激光望远镜使用面积为 0.01 m^2 小的单透镜到表面积为 1～10 m^2 多系列透镜。

带通滤波：采用(1)干涉滤光镜(一般带宽 $\Delta\lambda$=0.1～10 nm)；(2)单色仪；(3)干涉器。

探测器：多数用光电倍增管探测信号，但是雪崩式光电二极管，也广泛使用。所有这些探测器在波长从 UV 到 NIR 是很有效的。对于光雷达探测器的增益范围在 10^5～10^7。

信号处理：由探测器产生的电信号不论是通过 A/D 装置还是光子计数测量方法变换，采用第一种方法是对于强信号，而第二种用于信号很弱的情形，需要对于取样速率或计数速率容量分别用 10～100 MHz。

图 13.53 显示了云—气溶胶激光雷达和红外探索观测（CALIPSO）卫星上的激光探测系统的功能方框图。

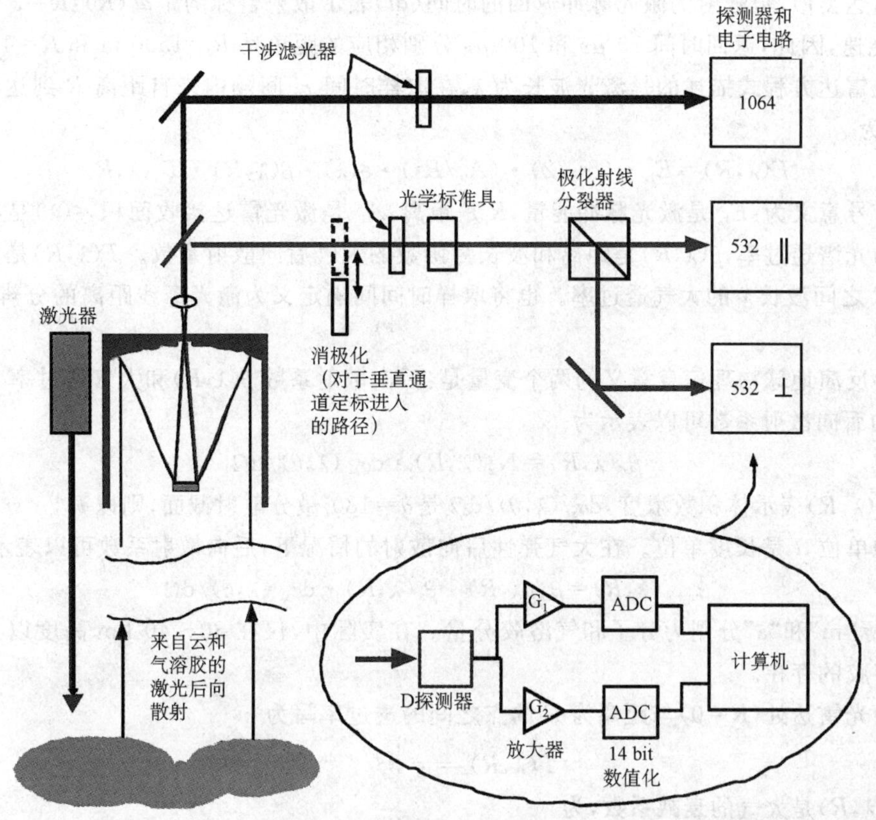

图 13.53　CALIPSO 功能块图解

二、弹性光雷达方程

对于弹性光雷达系统，包含有两分量的激光雷达方程表示为

$$P(r)=\frac{1}{r^2}E_0\xi[\beta_M(r)+\beta_P(r)]T_M^2(0,r)T_{O_3}^2(0,r)T_P^2(0,r) \tag{13.161}$$

式中，$P(r)$激光雷达在距离 r 处接收的后向散射信号，$\xi=G_AC$ 是激光雷达参数，G_A 是增益振幅，C 是激光雷达的定标参数，E_0 是对于单介射出或组成廓线的平均激光能量，$\beta_M(r)$是分子体积散射系数，它正比于分子数密度廓线。

$$T_M^2(0,r) = \exp[-2\int_0^r \sigma_M(r')\mathrm{d}r'] \tag{13.162}$$

是激光雷达和距离 r 之间两路透过率廓线；$\sigma_M(r)=S_M\beta_M(r)$是分子散射衰减系数；$S_M$ 是分子衰减与后向散射体（或光雷达）之比；$T_{O_3}^2(0,r)=\exp[-2\int_0^r \alpha_{O_3}(r')\mathrm{d}r']$是两路臭氧透过率，其中，$\alpha_{O_3}(r')$是臭氧吸收系数；$\beta_P(r)$是部分体积后向散射系数；$T_P^2(0,r)=\exp[-2\eta(r)\tau_P(0,r)]$

是部分两路透过率；$\tau_P(0,r)=\int_0^r\sigma_P(r')\mathrm{d}r'=S_P\int_0^r\beta_P(r')\mathrm{d}r'$是部分光学厚度；$\sigma_P(r')=S_P\beta_P(r)$是分体积衰减系数；$S_P$ 是分衰减与后向散射体(或激光雷达)之比和 $\eta(r)$是多次散射因子。

三、激光雷达方程

与雷达类似，被散射的激光脉冲返回的时间($\mathrm{d}t$)表示散射目标的距离(R)：$R=c\cdot\mathrm{d}t/2$，式中，c 是光速，因此，返回时间 10 μs 和 100 μs 分别相应的距离是 $R=1500$ m 和 $R=15$ km。

激光雷达方程式描述的是激光波长为 λ、在取样时间 τ_d 间隔内来自距离 R 到达激光雷的能量，写为

$$E(\lambda,R)=E_L\cdot(c\tau_d/2)\cdot(A_0/R^2)\cdot\xi(\lambda)\cdot\beta(\lambda,R)\cdot T^2(\lambda,R)\tag{13.163}$$

式中各符号意义为：E_L 是激光脉冲能量，R 是距离，A_0 是激光雷达接收面积，$\xi(\lambda)$是在波长处接收器的光谱透过率，$\beta(\lambda,R)$是距离和波长为函数的大气后向散射系数。$T(\lambda,R)$是激光雷达与距离 R 之间波长 λ 的大气透过率。也将取样时间间隔定义为激光廓线距离的分辨率：$\mathrm{d}R=c\cdot\mathrm{d}t/2$。

需要反演地球物理信息意义的两个变量是：后向散射系数 $\beta(\lambda,R)$和大气透过率 $T(\lambda,R)$。某类 x 的后向散射系数可以表示为：

$$\beta_x(\lambda,R)=N_x(\lambda,R)\cdot\mathrm{d}\sigma_{sx}(\lambda,\theta)/\mathrm{d}\Omega\tag{13.164}$$

式中，$N_x(\lambda,R)$表示体积数浓度，$\mathrm{d}\sigma_{sx}(\lambda,\theta)/\mathrm{d}\Omega$ 是 $\theta=180°$ 微分散射截面，则以 $l^{-1}\cdot sr^{-1}$ 后向散射系数的单位，l 是长度单位。在大气弹性后向散射的情况下，后向散射系数可以表示为

$$\beta_{m+a}(\lambda,R)=\beta_m(\lambda,R)+\beta_a(\lambda,R)\cdot\mathrm{d}\sigma_{sx}(\lambda,\theta)/\mathrm{d}\Omega\tag{13.165}$$

式中，下标“m”和“a”分别为分子和气溶胶分量。在实际中，仅在 30～40 km 高度以上的大气没有气溶胶的存在。

在激光雷达处($R=0$)与距离为 R 的点之间的透过率写为

$$T(\lambda,R)=\mathrm{e}^{-\int_0^R\sigma(\lambda,R)\mathrm{d}R}\tag{13.166}$$

式中，$\sigma_x(\lambda,R)$是大气的衰减系数，为

$$\sigma_x(\lambda,R)=N_x(R)\cdot\sigma_{xs}(\lambda)\tag{13.167}$$

式中，$\sigma_{xs}(\lambda)$是某类粒子的衰减截面，衰减系数以 l^{-1} 为单位表示。由于大气由分子和气溶胶粒子构成，σ 可以表示为

$$\sigma_{m+a}(\lambda,R)=\sigma_m(\lambda,R)+\sigma_a(\lambda,R)\tag{13.168}$$

其中，$\sigma_m(\lambda,R)$为分子衰减截面，$\sigma_a(\lambda,R)$为气溶胶衰减截面。

图 13.54 为由激光雷达方程计算的返回信号的高度分布，采用美国标准大气分子和气溶胶密度廓线分别计算 $\beta_{m+a}(\lambda,R)$和 $\sigma_{m+a}(\lambda,R)$，由图中看到，信号的动态范围很大，特别是大气低层，这些特征意味着 2～15 km 整个对流层需要系统具有四个数量级的动态范围能力，如果观测从 200 m 开始，则需要 7 个数量级。这在设计激光雷达系统信号获取时是必须考虑的。

四、激光雷达方程的解

省去波长符号和距离的依赖关系，假定接收的光谱透过率为 $\xi(\lambda)=1$，可以把激光雷达方程式写为

$$E=E_L\cdot\frac{c\tau_d}{2}\cdot\frac{A_0}{R^2}\cdot(\beta_m+\beta_a)\cdot\mathrm{e}^{-2\int_0^R(\sigma_m+\sigma_a)\mathrm{d}R}\tag{13.169}$$

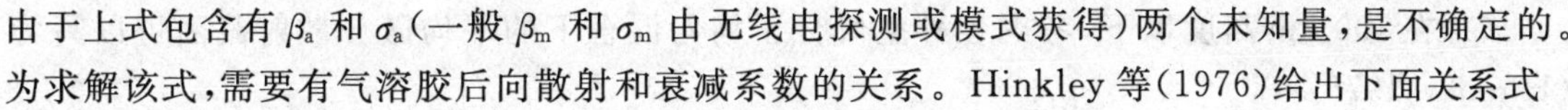

由于上式包含有 β_a 和 σ_a（一般 β_m 和 σ_m 由无线电探测或模式获得）两个未知量，是不确定的。为求解该式，需要有气溶胶后向散射和衰减系数的关系。Hinkley 等(1976)给出下面关系式

$$\beta_a = \text{const} \cdot \sigma_a^g \tag{13.170}$$

式中，g 取决于某种散射介质特性，且一般扩展范围为 $0.67 \leqslant g \leqslant 1$，这种关系有好几种版本。但是在激光雷达中经常假定 $g=1$，也就是在后向散射与衰减系数之间取一个常数比。

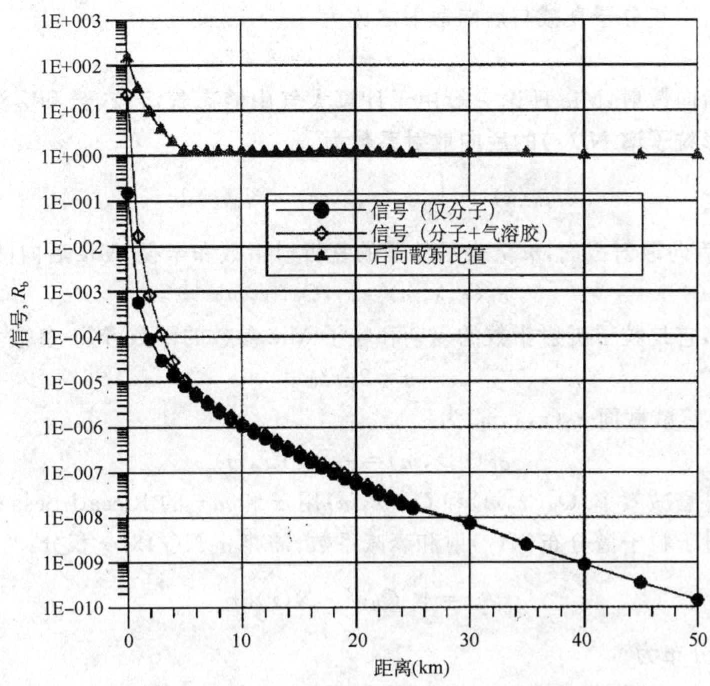

图 13.54　由激光雷达方程计算的回波信号 R_b 是高度的函数

激光雷达方程的解之一是由 Klett(1985)提出的，为

$$\beta_a(R) + \beta_m(R) = \frac{\exp(S' - S'_c)}{\dfrac{1}{\beta_e} + 2\displaystyle\int_R^{R_c} \frac{\exp(S' - S'_c)\,\mathrm{d}R}{B_a}} \tag{13.171}$$

这是一稳定解，但是，它包含函数关系 $B_a = f(\sigma_a) = \beta_a/\sigma_a$，其作用是对一个迭代过程的反演 β_a 订正值。通过定义距离订正信号求得解：

$$S(R) = \ln[E(R) \cdot R^2/\tau_d] \tag{13.172}$$

其将激光雷达方程式变换为

$$\frac{\mathrm{d}S}{\mathrm{d}R} = \frac{1}{\beta_{m+a}} \frac{\mathrm{d}\beta_{m+a}}{\mathrm{d}R} - 2\sigma_{m+a} = \frac{1}{\beta_{m+a}} \frac{\mathrm{d}\beta_{m+a}}{\mathrm{d}R} - \frac{2\beta_{m+a}}{B_a} + 2\beta_m (B_a^{-1} - B_m^{-1}) \tag{13.173}$$

由定义现在有新的信号变量为

$$S' - S'_c = S - S_c + \frac{2}{B_m} \int_R^{R_c} \beta_m \mathrm{d}R' - 2\int_R^{R_c} \frac{\beta_m}{B_a} \mathrm{d}R' \tag{13.174}$$

在定标距离($R < R_c$)内，根据在 $R = R_c$ 处确定的边界条件由 Klett 方程解，最后成为

$$\frac{\mathrm{d}S}{\mathrm{d}R} = \frac{1}{\beta_{m+a}} \frac{\mathrm{d}\beta_{m+a}}{\mathrm{d}R} - \frac{2\beta_{m+a}}{B_a} \tag{13.175}$$

关于分子散射截面的常用公式如下。

(1)在 100 km 高度以下，考虑各种空气分子均匀混合下的平均微分散射截面可以写为(Hinkley,1976)：

$$d\sigma_m(\lambda,\pi)/d\Omega=5.45[\lambda(\mu m)/0.55]^{-4}\times10^{-28}(cm^2/sr) \quad (13.176)$$

注意瑞利散射与λ^{-4}的关系。在海面高度(一般空气数密度为 $N_m=2.5\times10^{19}\ cm^{-3}$)得到

$$\beta_m(\lambda,0)=[\lambda(\mu m)/0.55]^{-4}\times1.39\times10^{-8}(cm^2/sr) \quad (13.177)$$

由瑞利散射理论，空气分子衰减与后向散射之比为

$$\sigma_m/\beta_m=4\cdot\pi/1.5=8.378$$

(2)粒子的后向散射：Mie 理论一般用于计算大气中液态气溶胶、云和雾滴等球形粒子散射特性，对于球形粒子谱 $N_a(r)$的后向散射系数为

$$\beta_a(\lambda)=\int_0^\infty\sigma_B(r,\lambda,m)\cdot N_a(r)dr \quad (13.178)$$

式中，σ_B 是 Mie 后向散射截面，m、r 表示粒子的复折射指数和半径，Mie 后向散射截面写为

$$\sigma_B(r,\lambda,m)=\pi r^2Q_B(x,m) \quad (13.179)$$

这里是散射效率，它是粒子折射指数的复杂和粒子 Mie 参数的函数，Mie 参数为

$$x=2\pi r/\lambda$$

类似的方式，Mie 衰减截面 $\sigma_E(r,\lambda,m)$为

$$\sigma_E(r,\lambda,m)=\pi r^2Q_E(x,m) \quad (13.180)$$

式中，$Q_E(x,m)$是衰减效率，$Q_B(x,m)$和 $Q_E(x,m)$用 x 和 mx 的 Riccati-Bessel 函数的无限级数表示，为计算对于粒子谱分布 $N(r)$射和衰减系数，需将 $\sigma_BN(r)$对 r 积分：

$$\beta_a=\int_0^\infty Q_B\pi^2\cdot N(r)dr \quad (13.181)$$

常用的正态对数分布为

$$N(r)=\frac{dn}{d\log r}=\frac{N}{\sqrt{2\pi}\cdot\log\sigma}\exp\left[-\frac{(\log r-\log r_m)^2}{2\log^2\sigma}\right] \quad (13.182)$$

式中，r_m 和 σ 是标准模式的半径和宽度，当同时出现不同类型的气溶胶粒子时，对数正态函数具有很好地表示气溶胶钟状型分布特征或通过对数正态分布的求和来表示。图 13.55 表示采用 Mie 理论和对数正态分布获得的平流层硫酸气溶胶的后向散射系数，图中有两种情况，一种是背景气溶胶，另一种是由于火山喷发产生的气溶胶，对于第一种情况，采用的是典型的平流层背景气溶胶，具有 $N=10\ cm^{-3}$，$r_m=0.075\ \mu m$ 和 $\sigma=1$ 的单峰正态对数谱分布。而双峰正态对数分布是火山喷发观测到的情形，图 13.55b 表示两种尺度谱分布；图 13.55a 表示折射指数$m=1.44—0.0i$，在 532 nm 处的 Mie 散射效率，这是平流层硫酸—水气溶胶粒子作为粒子尺度的函数；图 13.55c 表示总的年向散射系数，是上层积分范围的函数。这些情况显示两个有趣的特征：①90%的后向散射是由大于 0.1 μm 的粒子产生的，②火山产生的气溶胶的后向散射主要由比背景气溶胶值大一个数量级的较大粒子产生的。

五、粒子的后向散射和消极化率(比)

用激光雷达数据表示气溶胶的一般方式是后向散射比：

$$R_B=(\beta_a+\beta_m)/\beta_m$$

这就是总的大气后向散射与只有分子散射时的比值，式中分子表示的是总的大气散射，分母表示的是分子散射。当 $R_B=1$ 时，只有分子散射；而 R_B 偏离 1 时，表示气溶胶对总的大气后向

散射的贡献,在图 13.55 中显示了标准霾大气中的后向散射比廓线。

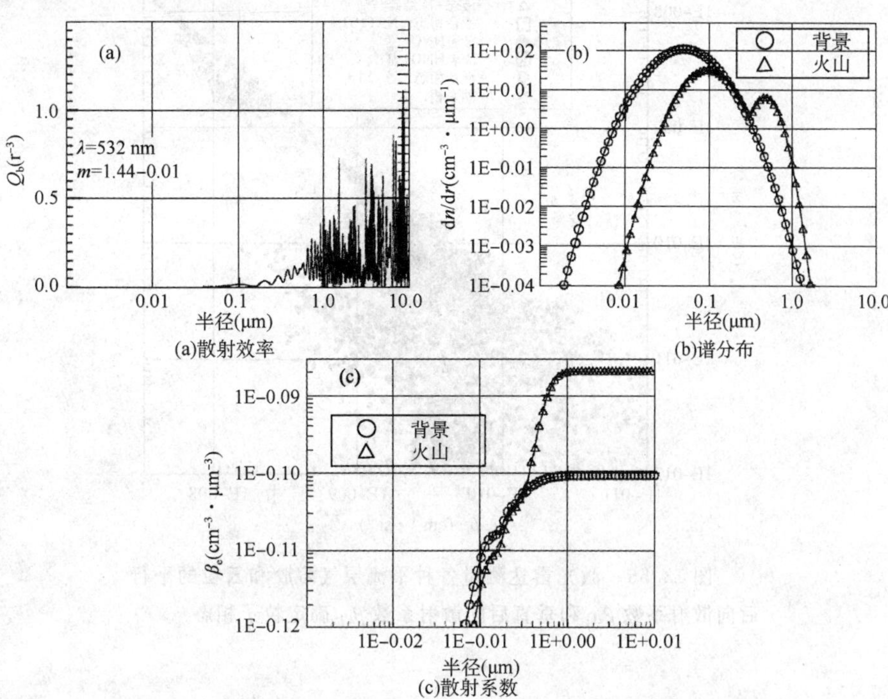

图 13.55 平流层硫酸气溶胶粒子和背景气溶胶粒子的后向散射系数

激光经常是极化的,极化常用于研究气溶胶的相态(液态还是固态,就是水滴还是冰晶),事实上,当后向散射是一极化射束,球形粒子不能对它产生任意消极化的信号,相反非球形粒子对后向散射光的有消极化部分。定量表示消极化激光雷达信号的方式是消极化比 D:

$$D=S_{\perp}/S_{\parallel}$$

式中,$S_{\perp}$ 和 $S_{\parallel}$ 分别表示检测到对于激光的垂直和平行极化平面的激光雷达信号,因此激光雷达用两个探测通道工作。

由分子引起的消极化不超过 1%,这是由于其非对称结构,带通滤波器的通带不是足够窄,包括信号中的拉曼回波。相反,由粒子尺度与波长比较的激光雷达的理论仍然是不完整的。事实上得到的解析解仅是对于轴对称粒子,也就是对于规则的情形。

实际观测表明,简单的固体粒子(冰晶,尘)情况下消极化水平均约在 $D=40\%\sim60\%$ 水平。这样的特征可以用于推断气溶胶和云的相态和特性。图 13.56 显示了这种方法,图中给出各种极地平流层气溶胶和云粒子的平行后向散射系数 $\beta_{a||}$ 和垂直后向散射系数 $\beta_{a\perp}$,图中给出极地平流层不同状态下气溶胶粒子的空间,由它们的后向散射和消极化特征($\beta_{a\perp}/\beta_{a||}$)可以区分不同状态下的平流层气溶胶。实际中液态背景硫酸盐粒子出现在后向平行散射最小并略去消极化情形下,也就是出现在垂直散射,这种后向散射区,则对硫酸盐冻结的贡献按 $\beta_{a\perp}$ 而增加。

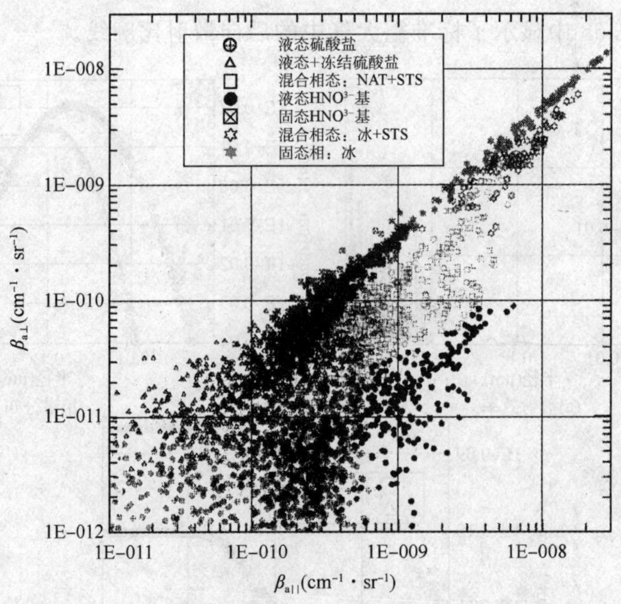

图 13.56　激光雷达测量各种平流层气溶胶和云粒的平行后向散射系数 $\beta_{a||}$ 和垂直后向散射系数 $\beta_{a\perp}$ 确定粒子相态

第十四章
遥感资料在数值模式中的应用——资料的同化

卫星遥感定量资料在数值模式中的应用是遥感资料应用的重要方面之一。当前数值模式的基本问题是需要解决精确表示当前大气状态的初值和合适的地面及侧向边界条件问题。如果这一问题通过遥感得到解决，模式就能预报大气的演变；如果初始条件越精确，边界条件越合理，预报质量就越高。但是对遥感本身而言，它获取的数据多数是非同时的，为获取某时刻大气参数分布状况，提供大气状态的初值和合适的地面及侧向边界条件，就是将遥感资料输入到数值模式中，也就是遥感资料的同化。

第一节　资料同化的基本概念和术语

一、资料同化的基本概念

1. 什么是分析

分析是对给定时间大气真实状态精确图像的处理结果，在模式中表示为一个数据的集合。一个分析可以作为对大气理解和对大气进行的诊断。它也可以作为其他业务的输入资料，特别是对于数值天气预报的初始状态，或作为反演用于模拟观测数据。它可提供对于观测量的检验。

根据真实状态观测提供的观测值数据集合，由这数据集基本的客观信息可产生一个分析。如果模式状态是完全确定的，则分析简化为一个内插问题。但是在大多数情况下，由于资料的稀少及其他只是间接与模式变量有关，分析问题不易确定。为了完好地确定这问题，需要用模式状态的先前估计形式应答某些背景信息，也可以借助对分析问题的物理约束。背景信息可以是气候信息或一些不重要的状态；也可由先前的分析输出生成它；使用模式状态时间一致性的某些假定，如静止(持久假定)或预报模式的预测值。在一个完全确定的系统中，期望将这些信息按时间累加(逐步)到模式，并且传送给所有模式变量。这就是资料同化的概念。

2. 什么是同化

资料的同化是一种分析技术，它是考虑到约束条件(边界条件和初始条件)，将随空间分布、时间和物理特性的观测资料逐步插入到模式状态的一种方法。或是将随时间和空间分布的观测资料和动态模式相结合的一种分析，也称之为资料的同化。

资料同化有两个基本方法：时间序列同化，它考虑的是从过去到分析时间一定时段的观测作的同化，也就是实时同化系统。另一个是非时间序列同化或追溯同化，它是使用未来的观测资料(例如作再分析)。两方法之间另一个明显的不同是随时间的间歇或连续。在间歇方法中，观测资料处理是以小批量进行的。在连续方法中，考虑的是较长时间的并且对分析状态的修正是随时间光滑，其物理更可靠。图 14.1 给出了同化的四种基本类型，数据同化作为时间的函数，根据观测时间分布处理得到时间序列的同化状态。这些方法的综合处理是可能的。

①序列、插入同化：按一定的次序将观测数据插入分析；

②序列、连续同化：按一定的次序将观测数据连续插入分析；

③非序列、插入同化：将观测数据插入分析；

④非序列、连续同化：将观测数据连续插入分析。

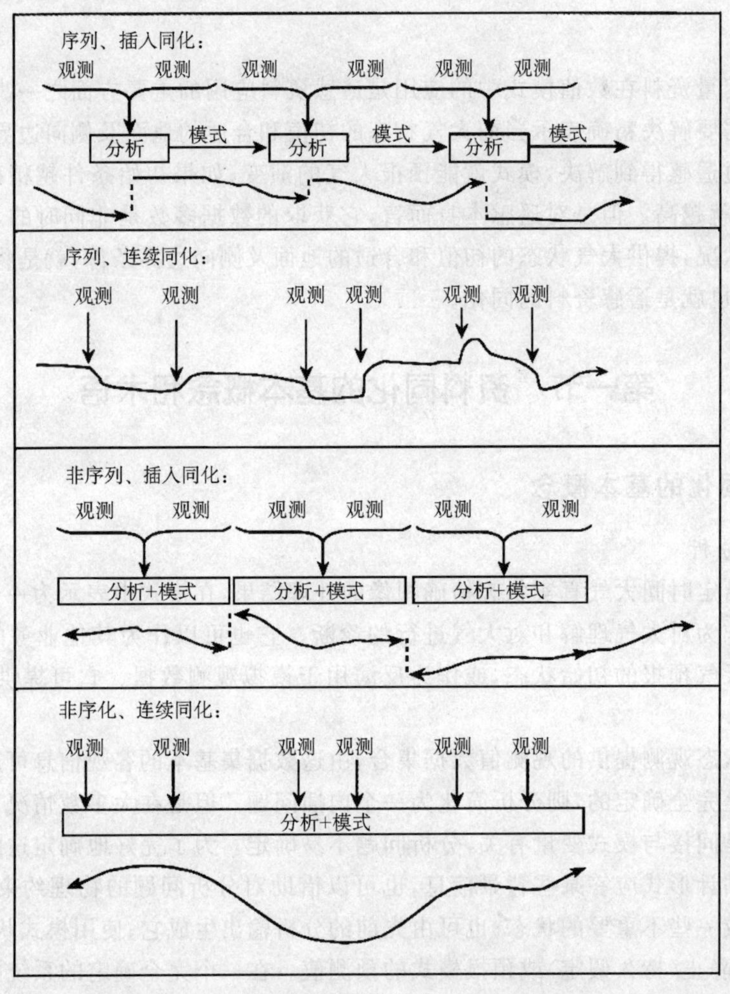

图 14.1 以时间的函数的资料同化的几种类型，按观测的时间分布得到一个同化状态的时间序列（每一类型号下面的曲线）

许多同化方法是从气象和海洋发展的，图 14.2 表示了在气象和海洋学科中资料同化算法的发展史，它由最简单的内插法到牛顿迭代法、逐次订正法、最优内插，至当前的实时资料的同化、卡尔曼滤波。

同化问题可从不同角度分析讨论，其取决于同化方法的选取（控制论、概率论、变分分析等），它们损失函数、最优性、合理性，以及数值模式中算法导得的公式。

为说明与所熟知的初值问题的不同，同化问题可以看成具有某些附加特征的初值问题：对

于模式状态 $\boldsymbol{x}$ 的模式方程是以具有模式误差 $\boldsymbol{\varepsilon}_m$ 的近似表达；初始条件用具有背景误差 $\boldsymbol{\varepsilon}_b$ 表示；而观测 $\boldsymbol{y}_n$ 是具有观测误差 $\varepsilon_{o,n}$，数学表达式为

模式 $$\frac{\partial \boldsymbol{x}}{\partial t}+\boldsymbol{M}(\boldsymbol{x})=\boldsymbol{\varepsilon}_m \tag{14.1}$$

初始 $$\boldsymbol{x}(0)=\boldsymbol{x}_b(0)+\boldsymbol{\varepsilon}_b \tag{14.2}$$

观测 $$y_n=H_n(\boldsymbol{x})+\varepsilon_{o,n},\quad n=1,\cdots,N \tag{14.3}$$

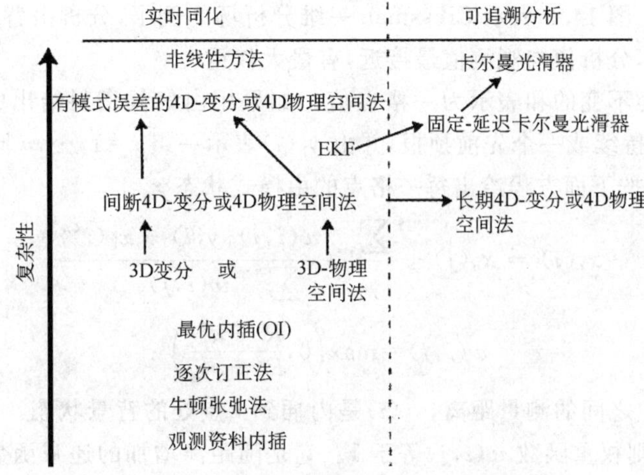

图 14.2　在气象和海洋中使用的同化的发展史

在式(14.3)中引入观测算子 H_n，其等同于观测 y_n 的模式计算。即使是 y_n 测量一显模式状态变量(如温度)，观测算子仍将需要插入到模式状态，对于观测位置，它始终有有限的分辨率。当测量是间接的，如卫星从空间测量辐射率，观测算子可以是辐射传输模式，其考虑整个气柱模式，计算在某一波长的测量自地球发射到空间的辐射率。观测算子对于资料同化是一个中心问题。资料同化工作更多的是与观测算子有关的方法。

通常用 $\boldsymbol{M}(\boldsymbol{x})$ 表示总的模式算子，但是这里在同化过程中，模式状态的时间求导与区别动态求取是分离的。

3. 模式的选择

如在全球气象模式中，它们可以为有限区域模式、中尺度模式、海洋环流模式、波模式、海面温度二维模式、陆面特性模式或对于卫星反演大气一维垂直模式。在气象领域，通常表示模式状态的有几种方式，这些模式状态参数场本身用格点值表示(也就是格点区内场的平均)，谱分量，EOF 值，有限元分解，例如，其可以是同一状态的不同基矢量的投影。风可以用分量 $(u、v)$、涡度和散度 $(\zeta、\eta)$ 表示，或流函数和速度势 $(\varphi、\chi)$ 表示，具有合理确定的积分常数。只要温度是已知的，湿度可以表示为比湿、相对湿度或露点温度。

在垂直方向上，在静力平衡的假定下，厚度或位势高度可以等效为已知的温度和气压。所有这些变换不会改变分析问题，它只是表示的方式而已。虽然在预报模式中不是相同的，但它对于进行可靠的分析是重要的。求取分析的实际问题，也就是误差统计模拟，如果选取正确的表示，则可以极大地简化。

由于模式的分辨率比实际低，即使是最好模式的分析从没有完全实现。在分析算法给出的状态，有时称为模式的真实状态，这是一个称之由模式的最佳可能表示的术语，其是试图作

的近似。由此很清楚，即使没有任何仪器误差，分析等于真实状态，因为代表性的误差，则在观测值与在分析中的等效值之间将会有某些不可避免的偏差。虽然在下面的数学方程式中，这些误差处理为观测误差的一部分，注意到其取决于模式的离散性，不是仪器的问题。

4. Cressman 分析和相关方法

可以将分析方法设计为一个算法，其是模式状态等于可得到观测附近的观测值，和其他对于任意一个状态(就是气候或先前的预报)。这就构成基本的 Cressman 分析方法，它仍应用于简单的同化系统。图 14.3 表示 Cressman 一维分析场的例子，分析由背景场与观测场内插得到，在观测值附近，分析值与观测值最接近，有最大权重。

假定模式状态为不变的和表示为一格点值。如果用由气候资料给出的 $\boldsymbol{x}_{\mathrm{b}}$ 表示先前的模式状态(背景)估计，持续或一个先前预报，并由 $\boldsymbol{y}_{\mathrm{b}}(i)$ 表示一组 $i=1,\cdots,n$ 同样参数的观测，简单的 Cressman 分析按下面方程给出每一格点的由模式状态 $\boldsymbol{x}_{\mathrm{a}}$：

$$\boldsymbol{x}_{\mathrm{a}}(j)=\boldsymbol{x}_{\mathrm{b}}(j)+\frac{\sum_{i=1}^{n}w(i,j)\{y(i)-x_{\mathrm{b}}(i)\}}{\sum_{i=1}^{n}w(i,j)} \tag{14.4}$$

$$w(i,j)=\max\left(0,\frac{R^{2}-d_{i,j}^{2}}{R^{2}+d_{i,j}^{2}}\right) \tag{14.5}$$

式中，$d_{i,j}$ 是点 i 和 j 之间的测量距离，$\boldsymbol{x}_{\mathrm{b}}(i)$ 是内插到 i 点处的背景状态。如果格点 j 与观测点 i 位于同一地点，则权重函数 $w(i,j)$ 等于 1。它是随距离增加的递减函数，如果 $d_{i,j}>R$，权重函数等于 0，这里 R 是使用者定义的常数(影响半径)，此时就没有观测权重。

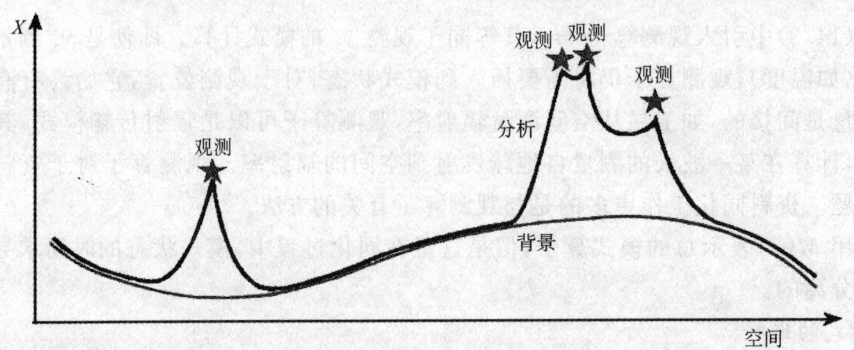

图 14.3 Cressman 一维分析场的例子，图中灰色实线表示背景场 $\boldsymbol{x}_{\mathrm{b}}$，五角星为观测，观测与背景之间内插得到分析值 $\boldsymbol{x}_{\mathrm{a}}$(黑色实线)

Cressman 方法有很多变量。可以重新定义权重函数，例如为 $\exp(-d_{i,j}^{2}/2R^{2})$。更一般的方法是逐次订正法(SCM)，它的特征之一是当 $i=j$ 时，权重小于 1。其意实行的是背景和观测之间的权重平均。另一个是不同时间的资料更新，无论是为了加强订正的光滑性在某个时间的若干迭代，还是按时间的若干订正分布。利用足够的经验，逐次订正方法可以得到如其他任何同化方法，但是对于确定的权重，没有直接的方法。

5. 统计方法的要求

Cressman 方法在实际中不是很满意，其原因是：①如果预先有一个好的质量的分析初步估计，就不需用差质量的观测资料给出的值替代；②当从观测分离时，如何向任意状态的张弛分析是不清楚的，也就是如何确定函数 w 的形状；③一个分析应当遵从若干实际系统的已知特性，如场的光滑度或变量(如静力平衡或饱和约束)之间的关系。这不能由 Cressman 分析方法保证：在分析中随机观测误差可能产生没有物理特征状态。

由于它的简单性，Cressman 方法是一个有用的初始工具。但是它不能给出清除问题的障碍，没有较佳方法产生好的质量估计。众所周知，一个好的分析的构成实际是由有经验的人通过手工分析：①从一个好的质量第一估猜开始，也就是先前的分析或预报给出确实的情况；②如果观测是稠密的，则假定真实的概率近似为它的平均值；必须在观测和第一估猜之间作折中处理，可以确定分析与资料最接近；可疑数据处给予小的权重；③分析应当是光滑的，因为已知的真实场是：当没有观测数据时，分析将是对通常典型的物理现象的已知量第一次估猜的张弛光滑；④分析也应当对服从已知系统的物理现象特征，当然对于不常出现的和不平衡发生的情况除外，但一个好的分析应当是能识别这个，因为对于特殊例子也是重要的。

另外，输入分析系统的数据包括观测、第一估猜和系统的已知物理特性，可以看到对于分析系统的最重要的物理特征的表示是所有类型的数据，是重要的信息源。

二、状态矢量、控制变量和观测

1. 状态矢量

分析问题的数学公式中第一步是定义工作空间。如在一个预报模式中，为表示模式的大气状态，将收集的数据聚集成的一列矩阵称为状态矢量 $\boldsymbol{x}$。矢量分量与实际状态的关系如何，取决于离散性的选择，其在数学上等效为基矢的选择。

如首先解释状态矢量，必须对实际状态本身(它比作为一个状态矢量的表达更为复杂)和表示实际最佳可能的状态矢量 $\boldsymbol{x}_t$ 之间的区分，这里 $\boldsymbol{x}_t$ 是分析时间真实状态矢量。另一个状态矢量是 $\boldsymbol{x}_b$，它是进行分析之前的真实状态的先验或背景估计矢量，在同一时间是成立的。最后是要求取的状态矢量是表示为 $\boldsymbol{x}_a$ 的分析矢量。

2. 控制变量

在实际中，对于所有模式状态分量求解分析问题通常不便利。不可能对所有构成分量进行分析，因为计算机功能的不足，降低分辨率或分析的范围，对于避免如分辨率和预报模式的经验是困难的，需要有高功能计算机，在这种情况下，分析工作空间不是模式空间，在这空间可对背景订正，称为控制变量，则由问题分析求得订正 $\delta\boldsymbol{x}$(或分析增量)因此分析为

$$\boldsymbol{x}_a=\boldsymbol{x}_b+\delta\boldsymbol{x} \tag{14.6}$$

是最接近可能的 $\boldsymbol{x}_t$。形式上在通过简单的变换之前，分析问题可以精确地通过简单的变换求取：在合适的子空间求取 $\boldsymbol{x}_a-\boldsymbol{x}_b$，替代求取 $\boldsymbol{x}_a$。

3. 观测

对于给定的分析，使用若干观测值，可以组成观测矢量 $\boldsymbol{y}$。在分析方法中应用它们，需要能将它们与状态矢量比较。如果每一自由度能直接观测到，这样 $\boldsymbol{y}$ 可以作为状态矢量的一个(特别)值。在这实际中，只有少数观测而非模式变量，并有不规则的倾向，因此，对于观测与状态矢量比较，使用一个的函数称为观测算子，从模式状态空间到观测空间进行转换更新，用算子 $\boldsymbol{H}$ 表示。这个算子一般产生一个值 $\boldsymbol{H}(\boldsymbol{x})$，如果它们与矢量两者很准确，没有模拟误差时就取它为观测值。在实际中，$\boldsymbol{H}$ 是一个从模式离散值到观测点的内插算子的集合，并从模式变量到观测参数的变换。对于每一标量观测，其相应于 $\boldsymbol{H}$ 的列，观测数目，也就是 $\boldsymbol{y}$ 矢量的维数，也就是 $\boldsymbol{H}$ 的列数。如果观测网没有精确的时间周期，它是变化的。常常许多观测较模式

中的变量要少。

4. 偏差

偏差是观测和状态矢量间的不一致性。根据上面讨论，观测点的偏差矢量写为

$$\boldsymbol{y}-\boldsymbol{H}(\boldsymbol{x}) \tag{14.7}$$

当取 $\boldsymbol{x}=\boldsymbol{x}_b$ 时，称 $\boldsymbol{y}-\boldsymbol{H}(\boldsymbol{x}_b)$ 为（背景）偏差更新，且有分析 $\boldsymbol{x}_a$ 或分析残余（差），它给出同化的一个重要信息。

三、误差模拟

为表示背景中的某些不确定性，观测和在分析中，并假定在这些矢量与其真实数值之间的某些模式误差。作这订正时对每一类误差，假定若干概率密度分布函数，或 pdfs。按复杂和严密的概率密度数学理论，对于更多实际意义，下面提出一个 pdfs 简单的解释，用背景误差作为例子。

1. 使用 pdfs 表示不确定性

给定正好是作分析之前的背景场 $\boldsymbol{x}_b$，其是一个且仅有一个偏离真实状态 $\boldsymbol{x}_t$ 的误差矢量：

$$\varepsilon_b=\boldsymbol{x}_b-\boldsymbol{x}_t \tag{14.8}$$

如果在完全相同的条件下，对每一个分析试验重复许多次，但由于未知原因产生每一次都不同的实际误差 ε_b。我们可以统计求算，计算如 ε_b 的平均、方差和频率直方图。在大量实际数据范围内，希望统计收敛于一个值，并仅取决于物理过程式和对误差的响应。当在同样条件下作另一分析，不希望知道误差 ε_b，但至少统计地已知，关于 ε_b 分布的最佳信息是由等级有限小的直方图范围确定，其是积分 1 的标量函数称为 ε_b 的概率密度函数。从这函数，可以导出所有的统计量，包括平均 $\bar{\varepsilon}_b$ 和方差。标量的 pdfs 的普遍模式是高斯分布。它可以推广到多变量 pdfs。

2. 误差变量

背景和观测中的误差模式如下。

背景误差：表示为 $\varepsilon_b=\boldsymbol{x}_b-\boldsymbol{x}_t$，平均 $\bar{\varepsilon}_b$ 和协方差 $\boldsymbol{B}=\overline{(\varepsilon_b-\bar{\varepsilon}_b)(\varepsilon_b-\bar{\varepsilon}_b)^T}$。它们是背景状态的估计误差，也就是背景状态与真实状态之间的差，而不包括离散误差。

观测误差：$\varepsilon_o=\boldsymbol{y}-\boldsymbol{H}(\boldsymbol{x})$，平均 $\bar{\varepsilon}_o$ 和协方差 $\boldsymbol{R}=\overline{(\varepsilon_o-\bar{\varepsilon}_o)(\varepsilon_o-\bar{\varepsilon}_o)^T}$。其包括观测过程中的误差（仪器误差、由于报告值不是最好的），算子 H 的设计误差和表示方法的误差，也就是离散误差，它影响到理想的真实状态 $\boldsymbol{x}_t$。

分析误差：$\varepsilon_a=\boldsymbol{x}_a-\boldsymbol{x}_t$，平均的 $\bar{\varepsilon}_a$。这些误差的测量 $\overline{\|\varepsilon_a-\bar{\varepsilon}_a\|}$ 由分析误差协方差矩阵 $\boldsymbol{A}$ 的迹给出：

$$\mathrm{tr}(\boldsymbol{A})=\overline{\|\varepsilon_a-\bar{\varepsilon}_a\|^2} \tag{14.9}$$

其要求分析状态估计极小，误差平均称为偏差，并且在同化系统中系统问题的符号：模式的偏差，或观测中的偏差，或在所用的方法的系统误差。

统计的代数特征对于了解是重要的。偏差是作为模式状态同类的矢量或观测矢量，这样解释是清楚的。线性变换应用于模式状态或观测矢量（如谱变换）可以应用到偏差矢量。

3. 误差协方差

(1)模式误差协方差。$\boldsymbol{Q}$ 或 $\boldsymbol{Q}(\xi,t,\xi',t')$，在连续情况下，$\boldsymbol{Q}$ 表示的是两个位置和，和在任意时刻和的模式误差之间的协方差。模式误差可能是因模式方程不能表达过程或是由于某些模式参数估计不精确而产生的误差。如果有 M 个模式变量，则 $\boldsymbol{Q}$ 是一个具有 $M\times M$ 维矩阵，

矩阵的每一个元素是一个协方差函数，和具有与 $\boldsymbol{Q}$ 同样的维数。

(2)背景误差协方差。$\boldsymbol{B}$ 或 $\boldsymbol{B}(\boldsymbol{\xi},\boldsymbol{\xi}')$，大多数地球系统近似处于动态平衡，这成为不同模式变量误差之间的相关。例如，在大尺度大气流场中，地转平衡变成风与温度误差之间的相关。这些变量之间的互相关总是包含在 $\boldsymbol{B}$ 中。否则同化将产生一个不平衡的分析，作为对于预报的初始条件不能使用，因为对于更多的平衡状态，通过模式自身的调整引起的瞬间噪声将通过分析增加的相关而失去。在多数同化算法中，如果互相关可以避免，公式会更简单。广泛使用的方法是用一个分析或统计表示模式变量变换到另一组互不相关的变量误差之间的平衡，这是称为控制变量例子，其是一个用于表示实际在分析中极小一步中的变量的一项。控制变量可以是一缓步变量完全不同，或使用中不同的表示。

例如，对于不相关控制变量。设 $\boldsymbol{x}=(u,\varphi)^{\mathrm{T}}$ 具有背景误差协方差函数 B_{uu}，$B_{\varphi\varphi}$ 和 $B_{u\varphi}$。为消去不同控制变量之间的互相关，因此选取变换

$$\begin{pmatrix} u-u_b \\ \varphi-\varphi_b \end{pmatrix} = \begin{pmatrix} \delta u \\ \delta\varphi \end{pmatrix} \rightarrow \begin{pmatrix} \delta\bar{u} \\ \delta\bar{\varphi} \end{pmatrix} \tag{14.10}$$

$$\begin{pmatrix} B_{uu} & B_{u\varphi} \\ B_{\varphi u} & B_{\varphi\varphi} \end{pmatrix}^{-1} \begin{pmatrix} \delta u \\ \delta\varphi \end{pmatrix} \rightarrow \begin{pmatrix} B_{\bar{u}\bar{u}} & 0 \\ 0 & B_{\bar{\varphi}\bar{\varphi}} \end{pmatrix}^{-1} \begin{pmatrix} \delta\bar{u} \\ \delta\bar{\varphi} \end{pmatrix} \tag{14.11}$$

为更精确地描述背景协方差，下面采用观测误差(也陈述应用于观测误差)对此说明。在标量系统，背景误差协方差简单地是方差，也就是对于它与其平均的偏差的平方平均：

$$\boldsymbol{B}=\mathrm{var}(\varepsilon_{\mathrm{b}})=\mathrm{var}\ \overline{(\varepsilon_{\mathrm{b}}-\varepsilon_{\mathrm{b}})^2} \tag{14.12}$$

在多维系统中，协方差是一个平方系统矩阵。如果模式状态矢量是 n 维，则协方差矩阵是一个 $n\times n$ 维矩阵，对于模式的每一个变量，矩阵的对角项包含方差；而其余非对角项是模式变量的每对之间的相交协方差。矩阵是正的。除非某些方差是0，其仅在特殊情况下发生，那里是在背景中的某些特征是理想的，误差协方差矩阵是正定的，例如，如果模式状态是三维的，则背景误差(减去它的平均)表示为(e_1,e_2,e_3)：

$$\boldsymbol{B}=\begin{bmatrix} \mathrm{var}(e_1) & \mathrm{cov}(e_1,e_2) & \mathrm{cov}(e_1,e_3) \\ \mathrm{cov}(e_1,e_2) & \mathrm{var}(e_2) & \mathrm{cov}(e_2,e_3) \\ \mathrm{cov}(e_1,e_3) & \mathrm{cov}(e_2,e_3) & \mathrm{var}(e_3) \end{bmatrix} \tag{14.13}$$

非对角项变换为误差相关(如果相应方差是非零)：

$$\rho(e_i,e_j)=\frac{\mathrm{cov}(e_i,e_j)}{\sqrt{\mathrm{var}(e_i)\mathrm{var}(e_j)}} \tag{14.14}$$

最后，模式状态矢量的线性变换只用于全矩阵变换的协方差。在实际中，它不可能直接变换方差或标准偏差。如果一个矩阵 $\boldsymbol{P}$ 的定义为线性变换(矩阵关于老的坐标的线性是新基矢坐标，这样的 $\boldsymbol{x}$ 变换到新坐标是 $P(\boldsymbol{x})$，则对于新变量的协方差矩阵是 $\boldsymbol{PBP}^{\mathrm{T}}$。

(3)观测误差协方差 $\boldsymbol{R}$：观测误差协方差 $\boldsymbol{R}$ 的维数是 $N\times N$，在 $\boldsymbol{R}$ 中包括测量误差的作用，观测算子设计的误差和代表性的误差(这正好是说，模式不表示所有 50 km 格点模式温度计测量的温度小尺度的变化)。

(4)分析误差协方差 $\boldsymbol{A}$：$\boldsymbol{A}$ 或 $\boldsymbol{A}(\boldsymbol{\xi},\boldsymbol{\xi}')$ 的测量总是用于诊断如何根据背景改进分析程度。

4. 实际估计统计

误差统计(偏差和协方差)是控制气象物理过程和观测网的函数，也取决于先前的误差知识。在实际中误差方差反映在背景或观测特征中的不确定性。通常，对于估计统计学只有假

定它们在一个时间周期是不变和主要范围内均匀的，所以可以取若干实际的误差并作经验统计，这是在误差气候背景中。另一个确定误差统计是将它们作为场的气候统计的一部分。

当在实际中建立同化系统，这样的近似是不可避免的，因为收集精确的资料作定标统计学是很困难的：估计误差不能直接观测，某些对于统计平均值的有用信息可以用观测方法和数值预报方法的已有的资料同化系统得到。

5. 概率密度函数

同化是表示关于包括未知的误差问题，这样解的目标是统计的。在进一步处理问题之前，需要有关误差统计的知识。某个模式和观测系统的误差特征是另一个同化的重要因子之一。确切地说，在同化系统公式中，涉及概率密度函数 $P(\boldsymbol{\varepsilon}_m,\boldsymbol{\varepsilon}_b,\boldsymbol{\varepsilon}_o,t)$ 的完全表示和 P 的时间变化方程

$$\frac{\partial P(\boldsymbol{\varepsilon},t)}{\partial t}+\frac{\partial}{\partial \boldsymbol{\varepsilon}}\left(\frac{\partial \boldsymbol{\varepsilon}}{\partial t}P(\boldsymbol{\varepsilon},t)\right)=0 \tag{14.15}$$

这是 Liouville 方程式，在这种情况下，全部误差对整个相空间积分的总的概率密度是守恒的(定义为 1)。注意对于连续方程如何相似，具有“误差”的传送“概率”。在实际应用中，仅限于平均和协方差这方面的应用。

在大多数情况下，假定模式的背景和观测误差是独立的，此时总的概率密度函数 pdf 是观测 $P_o(\boldsymbol{\varepsilon}_o,t)$、背景 $P_b(\boldsymbol{\varepsilon}_b,t)$ 和模式 $P(\boldsymbol{\varepsilon}_m,t)$ 概率密度 pdf 分量的乘积：

$$P=P_m P_b P_o=\exp(\log P_m+\log P_b+\log P_o) \tag{14.16}$$

显然，最优分析是 pdf 极大，就是上式指数的最大值，但是这不总是成立的。例如：非高斯分布 P，设考虑一维 pdf，其条件概率 $P(x|y)$，就是给定观测 y，在 x 处求取系统的概率。图 14.3 给出了高斯和非高斯 pdf，在图中，高斯分布最大似然点和 x 的平均相重合，这样选取 pdf 的极大值作为最佳的分析解。在非高斯分布中，极大似然估计与平均值是不同的，可看出其不是最佳的分析解。

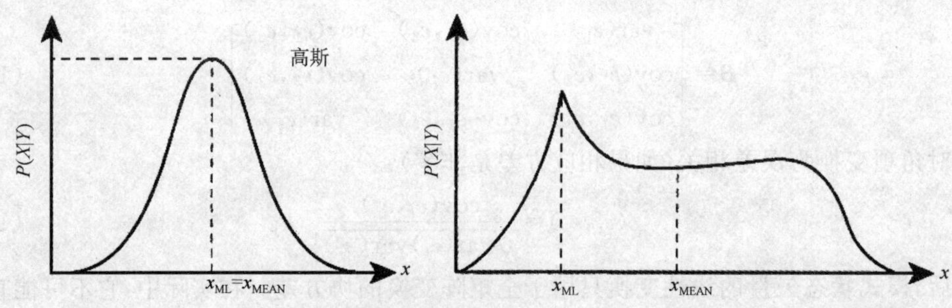

图 14.4 对于高斯和非高斯 pdf $P(x|y)$ 最大似然解的表示

6. 价值函数—目标函数—损失函数

取 pdf 对数的负值，即 $-\log P$，称其为损失函数 J，且用它的最小表示概率的最大写为

$$\min J=\min(-\log P_m-\log P_b-\log P_o)=\min(J_m+J_b+J_o) \tag{14.17}$$

式中，$-\log P_m$、$-\log P_b$、$-\log P_o$ 分别为模式、背景和观测的损失函数。在前面注意到，当附加约束加到同化，这些也在损失函数中表现为附加项，例如，通常 J_c 表示重力波约束的损失函数(气象场中减小小尺度噪声)。对于高斯分布的损失函数表示如下。

(1)二次损失函数：假定模式误差可以忽略，观测和背景误差可以由无偏差高斯分布表示，

根据同化公式，使用定义 $\boldsymbol{\varepsilon}_b=\boldsymbol{x}-\boldsymbol{x}_b$，和 $\boldsymbol{\varepsilon}_o=\boldsymbol{y}-\boldsymbol{H}(\boldsymbol{x})$，得出

$$P_{\mathrm{b}}=\frac{1}{\sqrt{2\pi|\boldsymbol{B}|}}\mathrm{e}^{-\frac{1}{2}(\boldsymbol{x}(0)-\boldsymbol{x}_b(0))^{\mathrm{T}}\boldsymbol{B}^{-1}(\boldsymbol{x}(0)-\boldsymbol{x}_b(0))} \tag{14.18}$$

$$P_{\mathrm{o}}=\frac{1}{\sqrt{2\pi|\boldsymbol{R}|}}\mathrm{e}^{-\frac{1}{2}(\boldsymbol{y}-\boldsymbol{H}(\boldsymbol{x}))^{\mathrm{T}}\boldsymbol{B}^{-1}(\boldsymbol{y}-\boldsymbol{H}(\boldsymbol{x}))} \tag{14.19}$$

式中，$\boldsymbol{B}$ 和 $\boldsymbol{R}$ 是背景和观测协方差函数矩阵，其在离散公式中简化为协方差矩阵 $\boldsymbol{B}$ 和 $\boldsymbol{R}$，$(\cdot)^{\mathrm{T}}$ 表示$(\cdot)$的转置。或者，对于高斯分布下，背景、观测和分析误差分布的 pdf 可以表示

$$P_{\mathrm{b}}(x)=b\ \exp[(\boldsymbol{x}-\boldsymbol{x}_b)^{\mathrm{T}}\boldsymbol{B}^{-1}(\boldsymbol{x}-\boldsymbol{x}_{\mathrm{b}})/2] \tag{14.20a}$$

$$P_{\mathrm{o}}(x)=o\ \exp[(\boldsymbol{y}-\boldsymbol{H}(\boldsymbol{x}))^{\mathrm{T}}\boldsymbol{R}^{-1}(\boldsymbol{y}-\boldsymbol{H}(\boldsymbol{x}_{\mathrm{b}}))/2] \tag{14.20b}$$

$$P_{\mathrm{a}}(x)=a\ P_{\mathrm{b}}(x)P_{\mathrm{o}}(x) \tag{14.20c}$$

式中，b,o,a 是归一化因子。则损失函数为

$$J=\frac{1}{2}(\boldsymbol{x}(0)-\boldsymbol{x}_{\mathrm{b}}(0))^{\mathrm{T}}\boldsymbol{B}^{-1}(\boldsymbol{x}(0)-\boldsymbol{x}_{\mathrm{b}}(0))+\frac{1}{2}(\boldsymbol{y}-\boldsymbol{H}(\boldsymbol{x}))^{\mathrm{T}}\boldsymbol{R}^{-1}(\boldsymbol{y}-\boldsymbol{H}(\boldsymbol{x}))+C \tag{14.21}$$

这里不需要进一步考虑常数 C，因为它对求取损失函数的最小值没有影响。这里具有 pdf 高斯分布的好的结果。首先仅需知道误差协方差代替全部误差特征的 pdf(如果误差有偏差，也需要误差的平均，当在进行分析之前可以减去它)。其次，如果观测算子和模式是线性的，损失函数是关于 $\boldsymbol{x}$ 的二次方，并且仅有一个极小，其分析可以简化。第三，对于二次问题的极小是很有效的方法。这是很重要的，这是因为气象和海洋的同化问题的主要特征是它的大维数($\approx 10^7$)。

例：作为 $\boldsymbol{A}$ 的一个测量的 Hissian，对于无相关观测、背景和模式误差的情况中，有分析误差 $\boldsymbol{\varepsilon}_a$ 的概率密度函数 $P_a(\boldsymbol{\varepsilon}_a)=P_{\mathrm{m}}P_{\mathrm{b}}P_{\mathrm{o}}$。相应损失函数为 $J_a=-\log P_a$ 在分析中具有极小，这样梯度为 0，$J'_a=-P'_a/P_a=\vec{0}$。二阶导数 $J''_a=-P''_a/P_a+P'_a/P_a^2=-P''_a/P_a$。对于高斯分布，考虑

$$P_a=\frac{1}{\sqrt{2\pi|\boldsymbol{A}|}}\mathrm{e}^{-\frac{1}{2}\boldsymbol{\varepsilon}_a^{\mathrm{T}}\boldsymbol{A}^{-1}\boldsymbol{\varepsilon}_a} \tag{14.22}$$

给出 $P''_a=-\boldsymbol{A}^{-1}P_a-\boldsymbol{A}^{-1}\boldsymbol{\varepsilon}_aP'_a=-\boldsymbol{A}^{-1}P_a$ 这里对于最优分析使用 $P'_a=\vec{0}$，收集这些结果，可以看到对于高斯分布，分析误差协方差矩阵是 Hissian 损失函数的逆，

$$\boldsymbol{A}=(J''_a)^{-1} \tag{14.23}$$

(2)非线性损失函数：在实际应用中，模式总是为非线性模式，并且观测算子 H_n 也是非线性的。在式(14.21)中，一个非线性的 $\boldsymbol{H}(\boldsymbol{x})$ 得到关于 $\boldsymbol{x}$ 非线性的损失函数。模式的非线性也对 J 的非线性有作用。在一个通常为 6～12 h 的短时间分析窗(同化窗)内收集的用于分析的观测数据，在整个同化窗内替代 J 对于 $\boldsymbol{x}$ 的极小。仅将 J 对 $\boldsymbol{x}(0)$ 极小，将大大地降低问题的维数，由于模式是理想的，前向模式从 $\boldsymbol{x}(0)$ 积分给出 $\boldsymbol{x}(t)$，并且在这种方式中，当观测与相近时间(如在四维变分中)的模式可比较，模式的非线性由 $\boldsymbol{H}(\boldsymbol{x})$ 开始。图 14.5 给出了这种方法，首先损失函数围绕背景状态 $\boldsymbol{x}_b$ 线性化，并使二次 J_i 对估计的 $\boldsymbol{x}_i$ 极小，重复关于 $\boldsymbol{x}_i$ 线性化的步骤，直到收敛于所要求的精度。这方法广泛地在同化应用中使用。可以看到，一般不能保障求得的损失函数极小。首先，为在正的损失函数谷值结束，需要精确的背景估计；否则，可以局地最小结束，其与最优解离得较远。其次，实际精确要求背景估计取决于非线性损失函数。

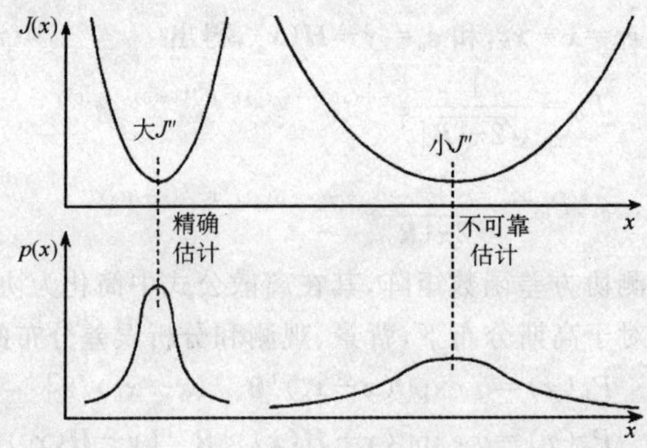

图 14.5 损失函数与 PDF 之间关系

7. 几个特殊例子的说明

(1)非线性性损失函数的迭代解，如图 14.6 中，在每次迭代中，损失函数围绕先前估计 $\boldsymbol{x}_i$ 呈线性，并且给出二次损失函数 J_i。收敛取决于 $\boldsymbol{x}$(背景 $\boldsymbol{x}_b$)的第一次估猜的精度和损失函数 J。

(2)无模式，图 14.7 表示的是缺少模式或没有模式情况下，它没有背景信息可得，分析是 $P(x|y)$ 处于极大处，背景值等于分析值。

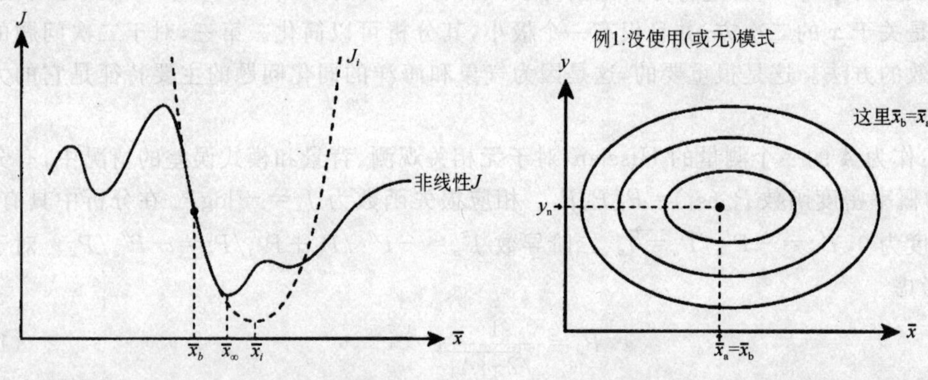

图 14.6 对于非线性损失函数迭代解（图中实线是非线性损失函数）

图 14.7 无模式的情况

(3)理想模式：这情况下，图 14.8a 表示了模式误差为 $\overline{M}(x)=0$，分析是按模式投影被约束。可以看到最大概率移向与模式一致状态；背景场和观测场之间的关系由图 16.8b，图 16.8c说明，在图 16.8b 表示了如果背景值比观测值更精确，给出大的分析残差 $y_n-H_n(\boldsymbol{x}_a)$，则分析接近于背景场；相反，在图 16.8c 表示了如果观测值比背景更精确，给出小的分析残差 $y_n-H_n(\boldsymbol{x}_a)$，则分析接近观测值。

(4)非理想模式：如图 14.9 表示模式误差为概率分布的情况下，分析值不再严格地按模式轨迹，但是可以由模式导得。多大程度上取决于模式误差，模式的误差概率 PDF 显示在模式轨迹上有一个极大值，而小概率等值线与轨迹相平行。

(5)非线性模式理想模式。如图 14.10 中，模式 $\overline{M}(x)$ 是非线性的，概率的极值不是唯一的，迭代方法不一定会收敛，需要线性化，将非线性同化问题分解为一系列近似的线性同化问题。

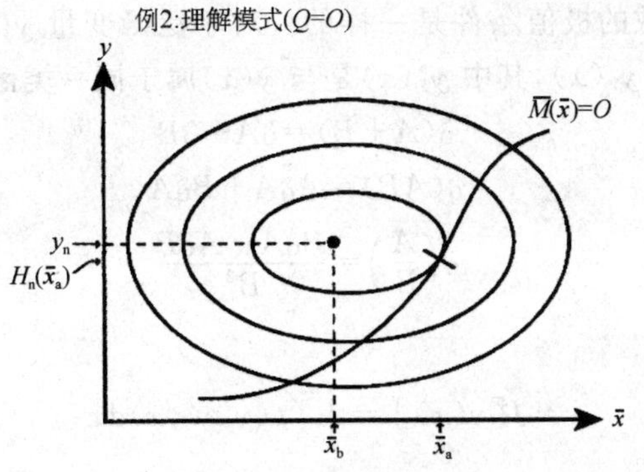

图 14.8(a)　理想模式

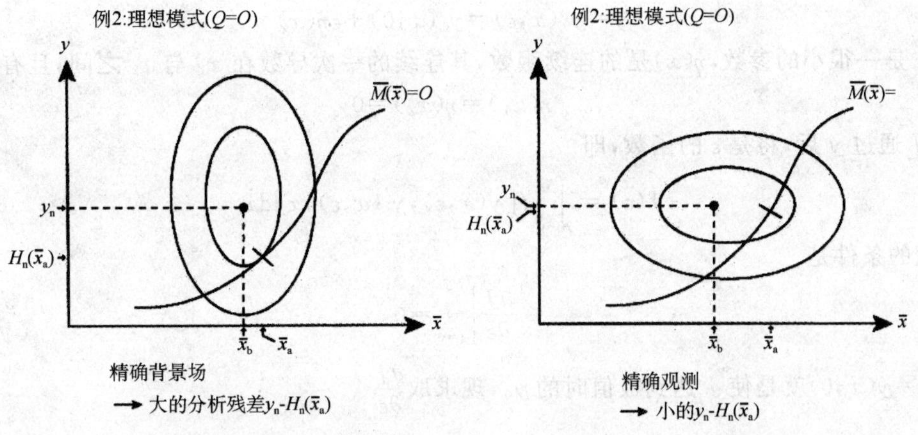

图 14.8(b)　相对精确的背景和观测理想模式　　图 14.8(c)　相对精确的理想模式

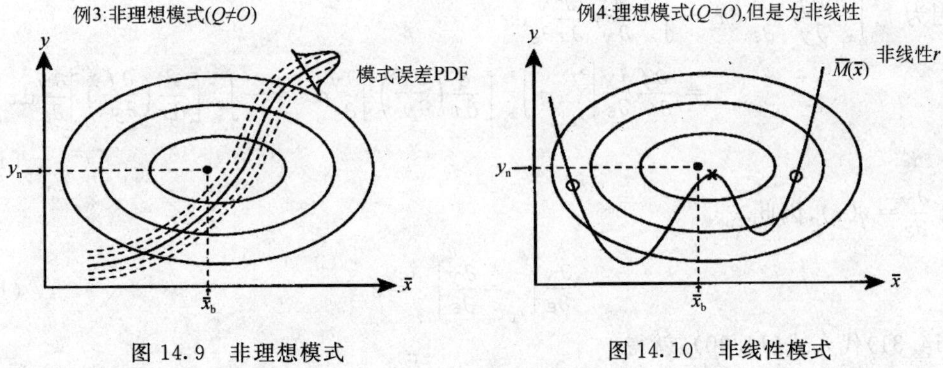

图 14.9　非理想模式　　图 14.10　非线性模式

第二节　资料变分同化

一、什么是变分

变分问题就是求泛函的极值问题，所谓泛函数是：如果 $y(x)$是 x 的函数，则就称 $J[y(x)]$为函数 $y(x)$的泛函数。泛函数 $J[y(x)]$的变分记为 δJ，$J[y(x)]$在 $y=y_0(x)$达到极值的条

件是 $\delta J|_{y=y_0}$，这和求函数的极值条件是一样的。对于泛函变量 $y(x)$ 的变分 $\delta y(x)$ 是指两个函数间的差；$\delta y=y(x)-y_1(x)$，其中 $y_1(x)$ 是与 $y(x)$ 属于同一类函数的函数。变分运算有：

$$\delta(A+B)=\delta A+\delta B \tag{14.24a}$$

$$\delta(AB)=A\delta A+B\delta A \tag{14.24b}$$

$$\delta\left(\frac{A}{B}\right)=\frac{B\delta A-A\delta B}{B^2} \tag{14.24c}$$

如果泛函表示为

$$J[y(x)]=\int_{x_1}^{x_2} f(y,y',x)\mathrm{d}x \tag{14.25}$$

如果泛函 J 取极值时，$y=y_0(x)$，$x_1\leqslant x\leqslant x_2$，它对应于某一曲线 C，则与 C 邻近的其他曲线族方程写为

$$y=y_0(x,\varepsilon)=y_0(x,0)+\varepsilon\eta(x) \tag{14.26}$$

式中，ε 是一很小的参数，$\eta(x)$ 是的连续函数，其连续的一次导数在 x_1 与 x_2 之间，且有

$$\eta(x_1)=\eta(x_2)=0 \tag{14.27}$$

这样，J 通过 y 后，将是 ε 的函数，即

$$J(\varepsilon)=\int_{x_1}^{x_2} f[y(x,\varepsilon),y'(x,\varepsilon),x]\mathrm{d}x \tag{14.28}$$

取极值的条件是

$$\left.\frac{\partial J}{\partial\varepsilon}\right|_{\varepsilon=0}=0 \tag{14.29}$$

由于 $y=y(x,0)$ 就是使 J 达到极值时的 y_0，现求取 $\frac{\partial J}{\partial\varepsilon}$

$$\frac{\partial J}{\partial\varepsilon}=\int_{x_1}^{x_2}\left\{\frac{\partial f}{\partial y}\frac{\partial y}{\partial\varepsilon}+\frac{\partial f}{\partial y'}\frac{\partial y'}{\partial\varepsilon}\right\}\mathrm{d}x \tag{14.30}$$

但是因为
$$\begin{aligned}\int_{x_1}^{x_2}\frac{\partial f}{\partial y'}\frac{\partial y'}{\partial\varepsilon}\mathrm{d}x&=\int_{x_1}^{x_2}\frac{\partial f}{\partial y'}\frac{\partial^2 y}{\partial x\partial\varepsilon}\mathrm{d}x\\&=\left.\frac{\partial f}{\partial y'}\frac{\partial y}{\partial\varepsilon}\right|_{x_1}^{x_2}-\int_{x_1}^{x_2}\left[\frac{\mathrm{d}}{\mathrm{d}x}\left(\frac{\partial f}{\partial y'}\right)\right]\frac{\partial y}{\partial\varepsilon}\mathrm{d}x=-\int_{x_1}^{x_2}\left[\frac{\mathrm{d}}{\mathrm{d}x}\left(\frac{\partial f}{\partial y'}\right)\right]\frac{\partial y}{\partial\varepsilon}\mathrm{d}x\end{aligned} \tag{14.31}$$

又由于 $\frac{\partial y}{\partial\varepsilon}=\eta(x)$，因此

$$\left.\frac{\partial y}{\partial\varepsilon}\right|_{x_1}=\left.\frac{\partial y}{\partial\varepsilon}\right|_{x_2}=0 \tag{14.32}$$

将式(14.31)代入式(14.30)，就得

$$\frac{\partial J}{\partial\varepsilon}=\int_{x_1}^{x_2}\left(\frac{\partial f}{\partial y}-\frac{\mathrm{d}}{\mathrm{d}x}\frac{\partial f}{\partial y'}\right)\frac{\partial y}{\partial\varepsilon}\mathrm{d}x=\int_{x_1}^{x_2}\left(\frac{\partial f}{\partial y}-\frac{\mathrm{d}}{\mathrm{d}x}\frac{\partial f}{\partial y'}\right)\eta(x)\mathrm{d}x \tag{14.33}$$

将式(14.33)两边乘以 $\delta\varepsilon$，代入 $\varepsilon=0$ 时的极值条件，则得

$$\left(\frac{\partial J}{\partial\varepsilon}\right)_0\delta\varepsilon=\int_{x_1}^{x_2}\left(\frac{\partial f}{\partial y}-\frac{\mathrm{d}}{\mathrm{d}x}\frac{\partial f}{\partial y'}\right)\left(\frac{\partial y}{\partial\varepsilon}\right)_0\delta\varepsilon\,\mathrm{d}x=0 \tag{14.34}$$

或

$$\delta J=\int_{x_1}^{x_2}\left(\frac{\partial f}{\partial y}-\frac{\mathrm{d}}{\mathrm{d}x}\frac{\partial f}{\partial y'}\right)\delta y\mathrm{d}x=0 \tag{14.35}$$

式中，$\left(\frac{\partial J}{\partial \varepsilon}\right)_0 \delta\varepsilon=\delta J$ 是 ε 在零值附近变化时 J 的变分，$\left(\frac{\partial y}{\partial \varepsilon}\right)_0 \delta\varepsilon=\delta y$ 则是是 ε 在它零值附近变化时 y 的变分。由于 δy 是任意的，故由式(14.35)，得 $\delta J=0$ 条件是

$$\frac{\partial f}{\partial y}-\frac{\mathrm{d}}{\mathrm{d}x}\frac{\partial f}{\partial y'}=0 \tag{14.36}$$

上式是欧勒于 1744 年提出的，称为欧勒方程。只有满足欧勒方程的 y，才能使泛函 J 取极值。也就是说，它是泛函 J 取极值的条件。

二、同化问题的变分公式

从概率密度的分析可以看到，对于高斯 pdf，多数解是最佳解。大多数解由 pdf 也给出最小损失函数，实际上，损失函数确定解的最佳测量模的精度。对于高斯 pdf，损失函数是二次的，其意味着 L_2 或最小二次模。这样在模式、背景和观测误差总和极小的最优解，作为通过对模式体积和同化时间窗$[0,\tau]$积分的模 L_2（它恰好可设想下面损失函数极小）

$$\begin{aligned}J(\boldsymbol{x}) = &\frac{1}{2}\int_V \mathrm{d}\xi\int_0^\tau \mathrm{d}t\int_V \mathrm{d}\xi'\int_0^\tau \mathrm{d}t'\left(\frac{\partial \boldsymbol{x}}{\partial t}+\boldsymbol{M}(\boldsymbol{x})\right)\boldsymbol{Q}^{-1}(\xi,t,\xi',t')\left(\frac{\partial \boldsymbol{x}}{\partial t}+\boldsymbol{M}(\boldsymbol{x})\right)+\\&\frac{1}{2}\int_V \mathrm{d}\xi\int_V \mathrm{d}\xi'(\boldsymbol{x}(\xi,0)-\boldsymbol{x}_b(\xi,0))^{\mathrm{T}}\boldsymbol{B}^{-1}(\xi,\xi')\boldsymbol{x}(\xi,0)-\boldsymbol{x}_b(\xi,0))+\\&\frac{1}{2}\int_V \mathrm{d}\xi\int_0^\tau \mathrm{d}t\int_V \mathrm{d}\xi'\int_0^\tau \mathrm{d}t'(\boldsymbol{y}-\boldsymbol{H}(\boldsymbol{x}))^{\mathrm{T}}\boldsymbol{R}^{-1}(\boldsymbol{y}-\boldsymbol{H}(\boldsymbol{x}))\end{aligned} \tag{14.37}$$

式中对空间和时间的双重积分正好表示在 ξ,t（相关函数左边项）的误差和在 ξ',t'（右边项）的误差之间所有可能的相关。特别是观测误差可以看作奇数，但是必须精确地表示，并且当求取偏差 $y_n-H_n(\boldsymbol{x})$，通过一个局地函数 $\varphi_n(\xi,t)$乘 $y_n-H_n(\boldsymbol{x})$进行，这样$(\boldsymbol{y}-\boldsymbol{H}(\boldsymbol{x}))$的 n 元，有

$$(\boldsymbol{y}-\boldsymbol{H}(\boldsymbol{x}))_n=\varphi_n(\xi,t)(y_n-H_n(\boldsymbol{x})) \tag{14.38}$$

局地函数具有如下特性：

$$\int_V \mathrm{d}\xi\int_0^\tau \mathrm{d}t\varphi_n(\xi,t)=1 \tag{14.39}$$

由在观测时间和位置的 δ 函数改进对空间和时间求平均，一个特别形式的位置函数，有助于简化的同化算法，不论当观测在同化窗内进行，都可求取在同一时间（分析时间）所有的偏差。

现在变分分析的标准工具可以用于得到最优解。设 $\boldsymbol{x}_a$（分析）是模式状态，其给出相对于变量 $\boldsymbol{x}$ 的 J 极小。定义

$$\boldsymbol{x}(\xi,t)=\boldsymbol{x}_a(\xi,t)+\gamma\boldsymbol{\eta}(\xi,t) \tag{14.40}$$

式中，γ 是一常数，而 $\boldsymbol{\eta}(\xi,t)$是任意矢量，方程式(14.37)极小，即是

$$\lim_{\gamma\to 0}\frac{\mathrm{d}J}{\mathrm{d}\gamma}=0$$

在图 14.11 中，说明使 $J(\boldsymbol{x})$极小的 $\boldsymbol{x}(\xi,t)$变分方法，图中显示了 $\boldsymbol{x}(\xi,t)=\boldsymbol{x}_a(\xi,t)+\gamma\boldsymbol{\eta}(\xi,t)$曲线。

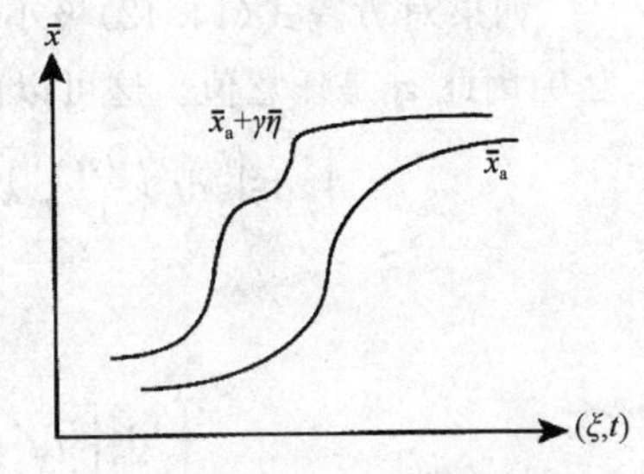

图 14.11　给定 $J(\boldsymbol{x})$极小的 $\boldsymbol{x}(\xi,t)$变化

三、变分问题的解

用式(14.37)和式(16.40)得到下面 J 极小的情况

$$\lim_{\gamma\to 0}\frac{\mathrm{d}}{\mathrm{d}\gamma}\Big(\frac{1}{2}\int_V \mathrm{d}\xi\int_0^\tau \mathrm{d}t\Big(\frac{\partial \boldsymbol{x}_a}{\partial t}+\gamma\frac{\partial \boldsymbol{\eta}}{\partial t}+\boldsymbol{M}(\boldsymbol{x}_a+\gamma\boldsymbol{\eta})\Big)\Big)^{\mathrm{T}}\times$$

$$\int_V \mathrm{d}\xi'\int_0^\tau \mathrm{d}t'\boldsymbol{Q}^{-1}\Big(\frac{\partial \boldsymbol{x}_a}{\partial t}+\gamma\frac{\partial \boldsymbol{\eta}}{\partial t}+\boldsymbol{M}(\boldsymbol{x}_a+\gamma\boldsymbol{\eta})\Big)+$$

$$\frac{1}{2}\int_V \mathrm{d}\xi\int_V \mathrm{d}\xi'(\boldsymbol{x}_a+\gamma\boldsymbol{\eta}-\boldsymbol{x}_b)^{\mathrm{T}}\boldsymbol{B}^{-1}(\boldsymbol{x}_a+\gamma\boldsymbol{\eta}-\boldsymbol{x}_b)+$$

$$\frac{1}{2}\int_V \mathrm{d}\xi\int_0^\tau \mathrm{d}t\int_V \mathrm{d}\xi'\int_0^\tau \mathrm{d}t'(\boldsymbol{y}-\boldsymbol{H}(\boldsymbol{x}_a+\gamma\boldsymbol{\eta}))^{\mathrm{T}}\boldsymbol{R}^{-1}(\boldsymbol{y}-\boldsymbol{H}(\boldsymbol{x}_a+\gamma\boldsymbol{\eta})))$$

$$=\int_V \mathrm{d}\xi\int_0^\tau \mathrm{d}t\Big(\frac{\partial \boldsymbol{\eta}}{\partial t}+\frac{\partial \boldsymbol{M}}{\partial \boldsymbol{x}_a}\boldsymbol{\eta}\Big)^{\mathrm{T}}\boldsymbol{\lambda}(\xi,t)+\int_V \mathrm{d}\xi\int_V \mathrm{d}\xi'(\boldsymbol{x}_a(\xi',0)-\boldsymbol{x}_b(\xi',0))^{\mathrm{T}}-$$

$$\int_V \mathrm{d}\xi\int_0^\tau \mathrm{d}t\int_V \mathrm{d}\xi'\int_0^\tau \mathrm{d}t'\Big(\frac{\partial \boldsymbol{H}}{\partial \boldsymbol{x}_a}\boldsymbol{\eta}\Big)^{\mathrm{T}}\boldsymbol{R}^{-1}(\boldsymbol{y}-\boldsymbol{H}(\boldsymbol{x}_a))=0 \tag{14.42}$$

式中引入了“伴随(共轭)变量”$\boldsymbol{\lambda}$为

$$\boldsymbol{\lambda}(\xi,t)=\int_V \mathrm{d}\xi'\int_0^\tau \mathrm{d}t'\boldsymbol{Q}^{-1}(\xi,t,\xi',t')\Big(\frac{\partial \boldsymbol{x}_a(\xi',t')}{\partial t}+\boldsymbol{M}(\boldsymbol{x}_a(\xi',t')\Big) \tag{14.43}$$

模式的雅可比$\frac{\partial \boldsymbol{M}}{\partial \boldsymbol{x}_a}$,$\frac{\partial \boldsymbol{H}}{\partial \boldsymbol{x}_a}$和观测算子,定义为

$$\lim_{\gamma\to 0}\frac{\mathrm{d}\boldsymbol{M}(\boldsymbol{x}_a+\gamma\boldsymbol{\eta})}{\mathrm{d}\gamma}=\lim_{x\to x_a}\frac{\partial \boldsymbol{M}(\boldsymbol{x})}{\partial \boldsymbol{x}}\boldsymbol{\eta}=\frac{\partial \boldsymbol{M}(\boldsymbol{x})}{\partial \boldsymbol{x}_a}\boldsymbol{\eta} \tag{14.44}$$

并对于$\boldsymbol{H}$同样定义。

例 1:模式误差:从式(14.1),注意到按伴随(共轭)变量定义,模式误差$\boldsymbol{\varepsilon}_m$作为$\boldsymbol{Q}$右侧的项。通过变换关系,在损失函数极小处模式误差的显式写为

$$\boldsymbol{\varepsilon}_m(\xi,t)=\int_V \mathrm{d}\xi'\int_0^\tau \mathrm{d}t'\boldsymbol{Q}(\xi,t,\xi',t')\boldsymbol{\lambda}(\xi',t') \tag{14.45}$$

例 2:一个平流的雅可比算子:在一维平流方程式$\frac{\partial\varphi}{\partial t}+u\frac{\partial\varphi}{\partial\xi}=0$,具有状态矢量$=(u,\varphi)$的雅可比算子为$M_\varphi=u\frac{\partial\varphi}{\partial\xi}$:

$$\frac{\partial M_\varphi}{\partial \boldsymbol{x}_a}\boldsymbol{\eta}=\begin{pmatrix}0 & 0\\ \frac{\partial\varphi_a}{\partial\xi} & u_a\frac{\partial}{\partial\xi}\end{pmatrix}\begin{pmatrix}\eta_u\\ \eta_\varphi\end{pmatrix} \tag{14.46}$$

注意到雅可比非线性算子线性作用于$\boldsymbol{\eta}$。当算子为线性时,雅可比显示线性,称之正切线性算子。

如果对方程式(14.42)极小的表达式再排列,这样$\boldsymbol{\eta}$仅表现为乘法因子,在J极小处必须为0,因此$\boldsymbol{\eta}$是任意值。这可以由分部积分达到,项与项相乘,有

$$\int_V \mathrm{d}\xi\int_0^\tau \mathrm{d}t'\Big(\frac{\partial \boldsymbol{\eta}}{\partial t}\Big)^{\mathrm{T}}\boldsymbol{\lambda}=\int_V \mathrm{d}\xi\boldsymbol{\eta}^{\mathrm{T}}(\xi,\tau)\boldsymbol{\lambda}(\xi,\tau)-\int_V \mathrm{d}\xi\boldsymbol{\eta}^{\mathrm{T}}(\xi,0)\boldsymbol{\lambda}(\xi,0)-$$

$$\int_V \mathrm{d}\xi\int_0^\tau \mathrm{d}t\boldsymbol{\eta}^{\mathrm{T}}(\xi,t)\frac{\partial \boldsymbol{\lambda}}{\partial t} \tag{14.47a}$$

$$\int_V \mathrm{d}\xi\int_0^\tau \mathrm{d}t'\Big(\frac{\partial \boldsymbol{M}}{\partial \boldsymbol{x}_a}\boldsymbol{\eta}\Big)^{\mathrm{T}}\boldsymbol{\lambda}=\int_V \mathrm{d}\xi\int_0^\tau \mathrm{d}t\boldsymbol{\eta}^{\mathrm{T}}(\xi,t)\Big(\frac{\partial \mathrm{M}}{\partial \mathrm{x}_a}\boldsymbol{\eta}\Big)^{*}\boldsymbol{\lambda} \tag{14.47b}$$

$$\int_V \mathrm{d}\xi\int_0^\tau \mathrm{d}t\int_V \mathrm{d}\xi'\int_0^\tau \mathrm{d}t'\Big(\frac{\partial \boldsymbol{H}}{\partial \boldsymbol{x}_a}\boldsymbol{\eta}\Big)^{\mathrm{T}}\boldsymbol{R}^{-1}(\boldsymbol{y}-\boldsymbol{H}(\boldsymbol{x}_a))$$

$$=\int_V d\xi\int_0^\tau dt\int_V d\xi'\int_0^\tau dt'\boldsymbol{\eta}^{\mathrm{T}}(\xi,t)\left(\frac{\partial \boldsymbol{H}}{\partial \boldsymbol{x}_a}\boldsymbol{\eta}\right)^*\boldsymbol{R}^{-1}(\boldsymbol{y}-\boldsymbol{H}(\boldsymbol{x}_a)) \tag{14.47c}$$

对于雅可比分部积分，这里引入简洁符号，即伴随(共轭)算子$\left(\frac{\partial \boldsymbol{M}}{\partial \boldsymbol{x}_a}\right)^*$和$\left(\frac{\partial \boldsymbol{H}}{\partial \boldsymbol{x}_a}\right)^*$。

例 3：伴随$\frac{\partial}{\partial t}$：已在式(14.47a)中看到伴随(共轭)算子，如果两矢量乘积时间的和空间的积分，使用简单的符号，$\langle\cdot,\cdot\rangle$(就是以这个方式定义一个标量积)，看到

$$\langle\frac{\partial}{\partial t}\boldsymbol{\eta},\boldsymbol{\lambda}\rangle=\langle\boldsymbol{\eta},\left(\frac{\partial}{\partial t}\right)^*\boldsymbol{\lambda}\rangle \tag{14.48}$$

这里伴随(共轭)算子$\left(\frac{\partial}{\partial t}\right)^*$是

$$\left(\frac{\partial}{\partial t}\right)^*=\delta(t-\tau)-\delta(t)-\frac{\partial}{\partial t} \tag{14.49}$$

而$\delta(t-\tau)$和$\delta(t)$是狄拉克德尔他函数。

例 4：雅可比平流伴随(共轭)：假定一维平流发生于周期$[0,L]$中。通过关于ξ分部积分给出

$$\int_0^L d\xi\int_0^\tau dt\left(\begin{pmatrix}0 & 0\\ \frac{\partial \varphi_a}{\partial \xi} & u_a\frac{\partial}{\partial \xi}\end{pmatrix}\begin{pmatrix}\eta_u\\ \eta_\varphi\end{pmatrix}\right)^{\mathrm{T}}\begin{pmatrix}\lambda_u\\ \lambda_\varphi\end{pmatrix}$$

$$=\int_0^L d\xi\int_0^\tau dt\begin{pmatrix}\eta_u\\ \eta_\varphi\end{pmatrix}^{\mathrm{T}}\begin{bmatrix}\frac{\partial \varphi_a}{\partial \xi} & 0\\ 0 & -\left(\frac{\partial u_a}{\partial \xi}+u_a\frac{\partial u}{\partial \xi}\right)\end{bmatrix}\begin{pmatrix}\lambda_u\\ \lambda_\varphi\end{pmatrix} \tag{14.50}$$

因周期的原因，所有的边界项没有出现，但它满足任何边界条件。

对于J的最小的表示式重新排列为

$$\begin{aligned}0=&\int_V d\xi\int_0^\tau dt\boldsymbol{\eta}^{\mathrm{T}}(\xi,t)\left(-\frac{\partial \boldsymbol{\lambda}}{\partial t}+\left(\frac{\partial \boldsymbol{M}}{\partial \boldsymbol{x}_a}\boldsymbol{\eta}\right)^*\boldsymbol{\lambda}-\int_V d\xi'\int_0^\tau dt'\left(\frac{\partial \boldsymbol{H}}{\partial \boldsymbol{x}_a}\right)^*\boldsymbol{R}^{-1}(\boldsymbol{y}-\boldsymbol{H}(\boldsymbol{x}_a))+\right.\\&\int_V d\xi\boldsymbol{\eta}^{\mathrm{T}}(\xi,0)\left(\int_V d\xi'\boldsymbol{B}^{-1}(\boldsymbol{x}_a(\xi',0)-\boldsymbol{x}_b(\xi',0))-\boldsymbol{\lambda}(\xi,0)+\right.\\&\int_V d\xi\boldsymbol{\eta}^{\mathrm{T}}(\xi,\tau)\boldsymbol{\lambda}(\xi,\tau)\end{aligned} \tag{14.51}$$

四、变分解的总结

在方程式(14.51)中的三个积分的每一个中的任意函数$\boldsymbol{\eta}$可以独立地变化，这样对于积分的每一个$\boldsymbol{\eta}$的表示式必定等于0，加上式(14.43)定义的伴随(共轭)变量$\boldsymbol{\lambda}$，具有初始条件的前向模式组成的推广反演解，和具有最终条件的欧拉—拉格朗日(伴随)方程式

$$\boldsymbol{\lambda}(\xi,\tau)=0 \tag{14.52}$$

$$-\frac{\partial \boldsymbol{\lambda}}{\partial t}+\left(\frac{\partial \boldsymbol{M}}{\partial \boldsymbol{x}_a}\boldsymbol{\eta}\right)^*\boldsymbol{\lambda}=\int_V d\xi'\int_0^\tau dt'\left(\frac{\partial \boldsymbol{H}}{\partial \boldsymbol{x}_a}\right)^*\boldsymbol{R}^{-1}(\boldsymbol{y}-\boldsymbol{H}(\boldsymbol{x}_a)) \tag{14.53}$$

$$\int_V d\xi'\boldsymbol{B}^{-1}(\boldsymbol{x}_a(\xi',0)-\boldsymbol{x}_b(\xi',0))-\boldsymbol{\lambda}(\xi,0)=\vec{0} \tag{14.54}$$

$$\frac{\partial \boldsymbol{x}_a}{\partial t}+\boldsymbol{M}(\boldsymbol{x}_a)=\int_V d\xi'\int_0^\tau dt'\boldsymbol{Q}(\xi,t,\xi',t')\boldsymbol{\lambda}(\xi',t') \tag{14.55}$$

这些是在高斯最小损失函数处获得最优解 $\boldsymbol{x}_a$ 的完美方程式。这些解包括用伴随变量的模式误差估计。这种形式的反演问题，其没有假定模式不是精确的，称为弱约束，前向和伴随方程式是成对的，因为出现在前向模式，而出现在伴随方程，在一般情况下难建立同化算法，但这可以实现。

一个简化的方法是假定模式是精确的（$\boldsymbol{Q}=0$），其给出强的约束问题。现伴随仅影响解的初始条件，则简化前向模式的积分。在大多数同化算法中作这样的解释，当它可证明模式误差相对于观测和背景误差是小的，这是很好的。即使当模式误差没有完全略去，它也不包括在同化中，因为表示它太困难或计算量太大。

图 14.12 表示了广义的反演解的概念图。图中观测是伴随 $\boldsymbol{\lambda}$ 向后时间积分中的一个源项，每次观测处给出一个跳跃，其跃变在 $\boldsymbol{x}_a$ 的前向积分中强迫变化，初始条件接受一个 $\boldsymbol{B\lambda}$ 贡献。对于强的约束问题，伴随侍解是不变的，但对前向积分的强迫没有贡献。当包括误差的时间相关，对于 $\boldsymbol{\lambda}$ 和 $\boldsymbol{x}_a$ 的变化通过光滑跃变进行。

广义解可以直接变成离散形式表示，通过相应的矢量和矩阵替换连续场子和算子。对于离散情况，它对于设模式算子和包括时间导数有很多优点。在离散情况下特别简单的是一个线性伴随算子，表示为一个矩阵，等于这个矩阵的转置。

例：观测欧拉—拉格朗日（伴随）方程式：欧拉—拉格朗日（伴随）式（14.53）右侧包含在后向时间积分中的源的观测。在上面解中向后步进，在 $\boldsymbol{R}^{-1}$ 右侧是（ξ'，t'）坐标的函数，左边是（ξ，t）函数，所以写为

$$r.h.s=\left(\frac{\partial \boldsymbol{H}}{\partial \boldsymbol{x}_a}\right)^{*}\boldsymbol{R}^{-1}\int_V \mathrm{d}\xi'\int_0^{\tau}\mathrm{d}t'(\boldsymbol{y}-\boldsymbol{H}(\boldsymbol{x}_a)) \tag{14.56}$$

偏差

$$\int_V \mathrm{d}\xi'\int_0^{\tau}\mathrm{d}t'\varphi_n(\xi',t')(y_n-H_n(\boldsymbol{x}_a)) \tag{14.57}$$

是由 $\boldsymbol{R}^{-1}$ 展开给出在所有观测测点的偏差。则在模式变量中观测点到连续增量处，$\left(\frac{\partial \boldsymbol{H}}{\partial \boldsymbol{x}_a}\right)^{*}$ 改变产生的偏差。在这种情况下，右侧项应成为 $\boldsymbol{H}^{\mathrm{T}}\boldsymbol{R}^{-1}(\boldsymbol{y}-H(x_a))$。

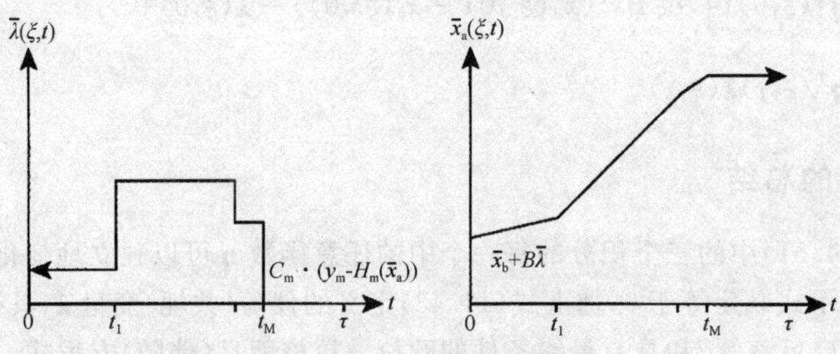

图 14.12　一般反演问题的解

观测和模式空间：在观测空间所有的量与观测是可比较的：y_n 和 $H_n(\boldsymbol{x}_a)$ 是在观测空间中的两个量。在模式空间中，所有的量与状态矢量 $\boldsymbol{x}$ 和 $\left(\frac{\partial \boldsymbol{H}}{\partial \boldsymbol{x}_a}\right)^{*}(y_n-H_n(\boldsymbol{x}_a))$ 是可比较的，同化算法无论在模式还是在观测空间中可以是公式：对于每一个模式空间算法，相应在观测空间中是成对的。两个空间之间的联系是观测算子，在观测空间中，同化问题的大小是由观测的数目

确定的。如在某些海洋应用中，相对少的观测可能是个优点。在模式空间中，同化问题的是由模式维数确定的。如在气象同化问题中，当越来越多的观测被同化时，这可能是个优点。

同化问题的实现：对于在连续情况下的分析，推广逆给出了精确的关系，当实现同化问题时，一般采用离散的模式，如对于伴随线性算子，必须精确转置，否则就不能保证通过离散连续形式直接反演。实际方法就是导得离散正切线性等效算子，然后求得伴随算子，作为正切线性算子转置。

五、正切线性假设

为严格导得关于 $\boldsymbol{K}$ 的最优表示式，需要假定一个线性观测算子 $\boldsymbol{H}$，实际中 $\boldsymbol{H}$ 不是线性的，但是常可以在邻近背景状态下在物理意义上作线性化：

$$\boldsymbol{H}(\boldsymbol{x})-\boldsymbol{H}(\boldsymbol{x}_{\mathrm{b}})=\boldsymbol{H}(\boldsymbol{x}-\boldsymbol{x}_{\mathrm{b}}) \tag{14.58}$$

则 $\boldsymbol{K}$ 成为 $\boldsymbol{H}$ 的连续函数，对于分析，最小二乘法应得到接近最优的解 $\boldsymbol{x}_a$。

一般而言，关于 $\boldsymbol{H}$ 的正切线性假设可以写为以任意状态 $\boldsymbol{x}$ 和对于一个扰动 h 邻近的一阶 Taylor-Young 公式：

$$\boldsymbol{H}(\boldsymbol{x}+h)=\boldsymbol{H}(\boldsymbol{x})+\boldsymbol{H}h+O(||h||^2) \tag{14.59}$$

且 $\lim_{h\to 0}O(||h||^2)h^{-2}=0$。这个假设称为正切线性假设。这假设仅对于模式状态所有扰动，具有同样的数量级和背景误差，$\boldsymbol{H}$ 的高阶变量可以忽略情况下可以接受（特别是它应不是不连续的）。算子称为在 $\boldsymbol{x}$ 点处 $\boldsymbol{H}$ 的微分算子或正切线性函数。虽然这是 $\boldsymbol{H}$ 特性的数学描述，但对于实际的目的是不足够的，在使用明确术语，从应用的角度考虑，对于有限的 h 值，因为必须满足下面近似式

$$\boldsymbol{H}(\boldsymbol{x}+h)-\boldsymbol{H}(\boldsymbol{x})=\boldsymbol{H}h \tag{14.60}$$

在最小二乘法分析问题中，对于所有的 $\boldsymbol{x}$ 值，要求

$$y-\boldsymbol{H}(\boldsymbol{x})=y-\boldsymbol{H}(\boldsymbol{x}-\boldsymbol{x}_{\mathrm{b}})+\boldsymbol{H}(\boldsymbol{x}_{\mathrm{b}}) \tag{14.61}$$

将在分析中遇到，如果在进行变分分析中，在 $\boldsymbol{J}(\boldsymbol{x})$ 极小中，注意到 $\boldsymbol{x}=\boldsymbol{x}_{\mathrm{a}}$，$\boldsymbol{x}=\boldsymbol{x}_{\mathrm{t}}$，也使用所有试验值。因此重要的要求是 $\boldsymbol{H}(\boldsymbol{x})-\boldsymbol{H}(\boldsymbol{x}_{\mathrm{b}})$ 和 $\boldsymbol{H}(\boldsymbol{x}-\boldsymbol{x}_{\mathrm{b}})$ 之间的差，比所有典型的观测误差小很多，对所有模式状态尺度和结构的扰动 $\boldsymbol{x}-\boldsymbol{x}_{\mathrm{b}}$ 与典型的背景误差一致，也与分析增量 $\boldsymbol{x}_{\mathrm{a}}-\boldsymbol{x}_{\mathrm{b}}$ 的振幅一致。

因此，$\boldsymbol{H}$ 的线性化问题不刚好与观测误差本身有关，它也必须用背景误差项 $\boldsymbol{x}_{\mathrm{b}}$ 估价。其在序列同化系统中是先前的预报误差劲，它取决于预报范围和模式质量。最后线性化的订正必须按整个同化系统的上下文进行评估。

第三节　最小二乘法估计的统计内插

最小二乘法估计也称最优线性无偏差估计，该方法在各个领域有广泛的应用。如果状态模式的维数为 n，观测矢量是 $\boldsymbol{p}$，有：

参量：真实状态度 $\boldsymbol{x}_{\mathrm{t}}$，背景状态 $\boldsymbol{x}_{\mathrm{b}}$，分状态 $\boldsymbol{x}_{\mathrm{a}}$，观测矢量 $\boldsymbol{y}$，观测算子背景误差的协方差矩阵 $\boldsymbol{H}$，背景误差的协方差矩阵 $\boldsymbol{B}$，观测误差的协方差矩阵 $\boldsymbol{R}$，分析误差的协方差矩阵 $\boldsymbol{A}$；

算子：线性观测算子：在一个背景状态相邻附近的观测算子的变分是线性的：对任一 $\boldsymbol{x}$ 足够接近 $\boldsymbol{x}_{\mathrm{b}}$，$H(\boldsymbol{x})-H(\boldsymbol{x}_{\mathrm{b}})=\boldsymbol{H}(\boldsymbol{x}-\boldsymbol{x}_{\mathrm{b}})$，这里 $\boldsymbol{H}$ 是一个线性算子；

无 trivial 误差：$\boldsymbol{B}$ 和 $\boldsymbol{R}$ 是一正定矩阵；

无偏误差：背景和观测误差的期望值是 0，也就是$\overline{x_b-x_t}=\overline{y-H(x_t)}=0$；

非相关误差：观测和背景误差是彼此不相关的，就是$(x_b-x_t)(y-H[y_t]^T=0$；

线性分析：寻找一个分析，它是通过对线性地依赖于背景—观测偏差的背景订正；

最优分析：寻找一个分析状态，它是在 rms 意义上最可能接近真实状态（就是最小方差估计）的分析。

一、最优二乘法估计方程

(1)最优二乘法估计或最优无偏差估计(BLUE)：表示为

$$x_a=x_b+K(y-H[x_b]) \tag{14.62}$$

$$K=BH^T(HBH^T+R)^{-1} \tag{14.63}$$

式中，K 是分析权重矩阵。

(2)分析误差协方差矩阵写为

$$A=(1-KH)B(1-KH)^T+KRK^T \tag{14.64}$$

如果 K 是最优二乘法增益，则表示为

$$A=(1-KH)B \tag{14.65}$$

最优无偏差估计(BLUE)分析等效于同化最优问题：

$$x_a=\mathrm{Arg\ min}J$$

$$\begin{aligned}J(x)&=(x-x_b)^TB^{-1}(x-x_b)+(y-H[x])^TR^{-1}(y-H[x])\\&=J_b(x)+J_o(x)\end{aligned} \tag{14.66}$$

式中，J 是分析的损失或错配或惩罚，J_b是背景项，J_o是观测项。分析是最优的，在 rms 意义上与真实状态最接近。如果背景和观没误差 pdfs 是高斯分布，则 x_a 也是 x_t 最大似然估计。

证明：用变换，假定，观测算子，对于式(14.62)是分析与观测偏差的线性依赖关系简单的数学表示，由于 R 是正定矩阵，是正值。

$$\nabla J_b(x)=0=2B^{-1}(x_a-x_b)-2H^TR^{-1}(y-H[x_a])$$

$$0=B^{-1}(x_a-x_b)-H^TR^{-1}(y-H[x_a])+H^TR^{-1}(x_a-x_b)$$

$$(x_a-x_b)=(B^{-1}+H^TR^{-1}H)^{-1}H^TR^{-1}(y-H[x_a]) \tag{14.67}$$

显然与式(14.63)等同，可证明

$$\begin{aligned}H^TR^{-1}(HBH^T+R)&=(B^{-1}+H^TR^{-1}H)BH^T\\&=H^T+H^TR^{-1}HBH^T\end{aligned}$$

由此

$$(B^{-1}+H^TR^{-1}H)^{-1}H^TR^{-1}=BH^T(HBH^T+R)^{-1}$$

用背景分析和观测误差

$$\varepsilon_b=x_b-x_t$$

$$\varepsilon_a=x_a-x_t$$

$$\varepsilon_o=y-H[x_t]$$

$$\varepsilon_a-\varepsilon_b=K(\varepsilon_o-H\varepsilon_b)$$

$$\varepsilon_a=(I-KH)\varepsilon_b+K\varepsilon_o$$

为求取 $\varepsilon_a\varepsilon_a^T$ 表示和取它的期望值，通过期望算子线性化，求得一般的表示式(14.64)（注意到 ε_b 和 ε_o 是不相关的，相关协方差是 0），较简单的式(14.65)通过代入最优 K 表示式消去

一些项，容易导得。

最后，证明式(14.63)本身，通过式(14.64)给出分析误差协方差矩阵，且它的迹极小，也就是总的误差协方差(注意到 $\boldsymbol{B}^{\mathrm{T}}=\boldsymbol{B}$ 和 $\boldsymbol{R}^{\mathrm{T}}=\boldsymbol{R}$)

$$\mathrm{tr}(\mathbf{A})=\mathrm{tr}(\boldsymbol{B})+\mathrm{tr}(\boldsymbol{KHBH}^{\mathrm{T}}\boldsymbol{K}^{\mathrm{T}})-2\mathrm{tr}(\boldsymbol{BH}^{\mathrm{T}}\boldsymbol{K}^{\mathrm{T}})+\mathrm{tr}(\boldsymbol{KRK}^{\mathrm{T}})$$

这是一个 $\boldsymbol{K}$ 的系数的连续微分定标函数，这样可以 $d_{\boldsymbol{K}}$ 表示它的导数，作为以 $\mathrm{tr}(\boldsymbol{A})((\boldsymbol{K}+\boldsymbol{L})-\mathrm{tr}(\boldsymbol{A})(\boldsymbol{K})$差的 $\boldsymbol{K}$ 的一阶项，$\boldsymbol{L}$ 是任意检验矩阵：

$$\begin{aligned}d_{\boldsymbol{K}}[\mathrm{tr}(\boldsymbol{A})]\boldsymbol{L}&=2\,\mathrm{tr}(\boldsymbol{KHBH}^{\mathrm{T}}\boldsymbol{L}^{\mathrm{T}})-2\mathrm{tr}(\boldsymbol{BH}^{\mathrm{T}}\boldsymbol{L}^{\mathrm{T}})+2\mathrm{tr}(\boldsymbol{KRL}^{\mathrm{T}})\\&=2\,\mathrm{tr}(\boldsymbol{KHBH}^{\mathrm{T}}\boldsymbol{L}^{\mathrm{T}}-\boldsymbol{BH}^{\mathrm{T}}\boldsymbol{L}^{\mathrm{T}}+\boldsymbol{KRL}^{\mathrm{T}})\\&=2\,\mathrm{tr}\{[\boldsymbol{K}(\boldsymbol{HBH}^{\mathrm{T}}+\boldsymbol{R})-\boldsymbol{BH}^{\mathrm{T}}]\boldsymbol{L}^{\mathrm{T}})\}\end{aligned}$$

如果$(\boldsymbol{HBH}^{\mathrm{T}}+\boldsymbol{R})\boldsymbol{K}^{\mathrm{T}}-\boldsymbol{BH}=0$，对于任意 $\boldsymbol{L}$ 选择，给出最后一行导数为 0，因为假定$(\boldsymbol{HBH}^{\mathrm{T}}+\boldsymbol{R})$是可逆的，就等效于

$$\boldsymbol{K}=\boldsymbol{BH}^{\mathrm{T}}(\boldsymbol{HBH}^{\mathrm{T}}+\boldsymbol{R})^{-1}$$

- 在高斯 pdf 情况下，背景、观测和分析分布如式(14.20)。

二、对于标量的最简单的序列(逐次)同化和卡尔曼滤波

这是多变量内插的典型例子，假定两种信息 $T_1=T_b$ 之一是预报值(或任何其他背景值)，另一个是一个观测值 $T_2=T_o$。由式(14.62)，可以把分析写为

$$T_a=T_o+(1-\boldsymbol{K})T_b=T_b+\boldsymbol{K}(T_o-T_b)\tag{14.68}$$

式中，T_o-T_b 定义为观测的“修正”，也就是由观测带来新的信息。它也称为观测增量(相对于背景)。$\boldsymbol{K}$ 是最优权重，写为

$$\boldsymbol{K}=\sigma_{\mathrm{b}}^{2}(\sigma_{\mathrm{b}}^{2}+\sigma_{\mathrm{o}}^{2})^{-1}\tag{14.69}$$

其等效于下式 $J(T)$极小。

$$J(T)=J_{\mathrm{b}}(T)+J_{\mathrm{o}}(T)=\frac{(T-T_b)^2}{\sigma_b^2}+\frac{(T-T_o)^2}{\sigma_o^2}\tag{14.70}$$

图 14.13 表示最小二乘法的变分形式，在标量系统中，观测 y 是在同一空间中为模式 x，价值函数 $J_b(T)$和 $J_o(T)$两者呈下凹，且分别朝着背景 x_{b} 和观测 y，它们之和的极小则趋于在背景 x_{b} 和观测 y 之间的一个最优二乘法的分析 x_{a}。

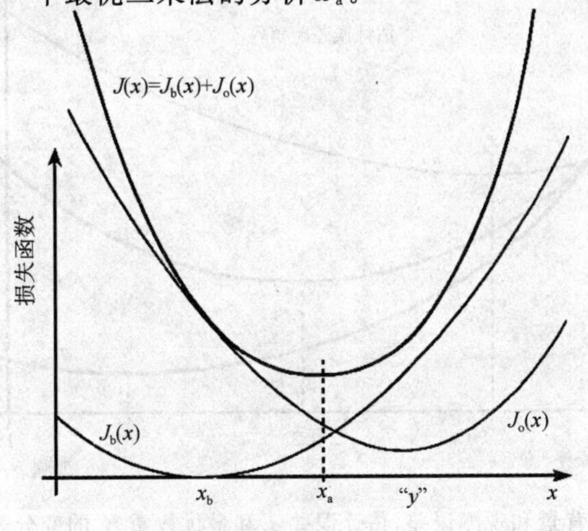

图 14.13　最小二乘法的变分形式

并且如前,分析误差方差是

$$\sigma_a^2=(\sigma_b^{-2}+\sigma_o^{-2})^{-1} \tag{14.71}$$

式(14.71)表示解析的精度(解析误差方差的逆)是背景与观测误差精度的之和。分析方差可以改写为 $\sigma_a^2=\sigma_b^2\sigma_o^2/(\sigma_b^2+\sigma_o^2)$。或

$$\sigma_a^2=(1-K)\sigma_b^2 \tag{14.72}$$

式(14.68)~(14.72)是对于最简单的标量情况下导得的,但是它对于资料同化问题是重要的,因为在多维问题中应用它有如最小方差序列估算方法同样的精确形式。因此,可以解释这些方程如下。

方程式(14.68)表明,由最佳权重加于第一估猜的修正(观测和第一次估猜之间的差)得到的分析解。

方程式(14.69)显示,最佳权重是背景误差方差与总的误差方差(背景和观测误差方差之和)的逆的乘积。注意到较大的背景误差方差,对第一猜测作较大的订正。

方程式(14.71)表明,分析的精度是背景场子与观测场子精度之和。

方程式(14.72)表明,分析的误差方差是背景误差方差,它由1减去最优权重而减小。

从对上面方程式的表述是重要的,因为它对于多维问题的序列同化系统也是成立的。在这些问题中,T_b 和 T_a 是大小为 10^7 数量级的三维场,而 T_o 是一组观测(其大小量级为 10^5 或者 10^6),误差方差由误差协方差矩阵代替,而最优权重由最优增益矩阵代替。

从方程式(14.69)也注意到,在OI中,重要的是调整参数:观测与背景误差方差的先验估计之比 $(\sigma_a/\sigma_b)^2$。

而且如果背景是预报值,可以使用式(14.68)、式(14.69)和式(14.72)建立一个简单的分析循环,当出现观测时会使用一次,然后丢弃,假定完成了时间 t_i 的分析,准备下一次(时次 t_{i+1})循环。分析循环有两个阶段:一是预报阶段用于更新背景场 T_b 和误差方差 σ_b^2,以及分析阶段更新分析 T_a 和误差方差 σ_a^2。

图14.14中表示出:如果在低质量观测情况下($\sigma_o\gg\sigma_b$),$K=0$,分析等于背景;另一方面观测具有很高质量($\sigma_o\ll\sigma_b$),$K=1$,分析等于观测;如果两者具有同样的精度($\sigma_o=\sigma_b$),$K=1/2$,分析简单地为 T_o 和 T_b 的平均;在一般情况下,$0\leqslant k\leqslant 1$,意味着分析是背景与观测的加权平均。

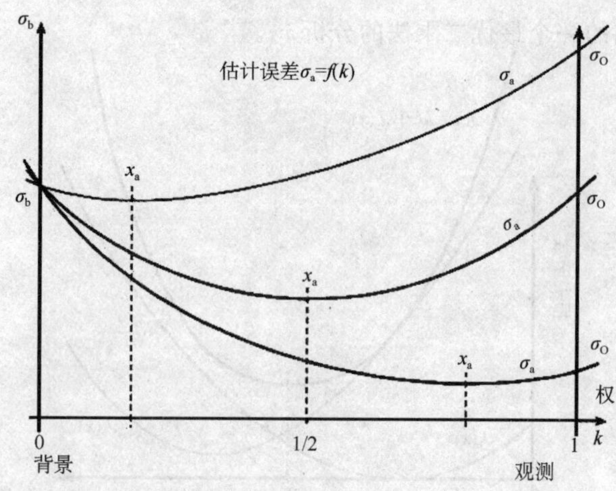

图14.14 对于各种背景和观测误差,估计误差 σ_a 和最优权重 K 的变分表示和确定的分析 x_a

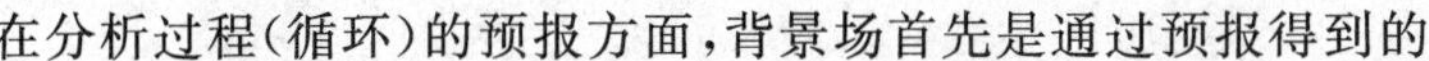

在分析过程(循环)的预报方面，背景场首先是通过预报得到的

$$T_b(t_{i+1})=M[T_a(t_i)] \tag{14.73}$$

式中，M 是预报模式(它可以是动力的模式、连续的、气候外推等)，也需估算背景场的误差方差。在 OI 中，通过作某些合理的假定，如此初始误差方差随模式积分增加为定值，如对一个比 1 大很多的因子 a，

$$\sigma_b^2(t_{i+1})=a\sigma_a^2(t_i) \tag{14.74}$$

这就可以由式(14.69)估计新的权重 $W(t_{i+1})$。

在卡尔曼滤波中，式(14.73)同 OI 中相同，但是对在式(14.74)中的 $\sigma_b^2(t_{i+1})$ 假定一个替代值，使用预报模式本身计算预报误差协方差。如果应用模式式(14.73)，更新真实温度，由于模式不是很完美，它应当有误差：$T_t(t_{i+1})=M[T_t(t_i)]-\varepsilon_M$。

假定模式误差是无偏差的(幸好这不是一个好的假定)具有误差方差 $Q^2=E(\varepsilon_M^2)$，则

$$\varepsilon_{b,i+1}=(T_b-T_t)_{i+1}=M(T_a)_i-M(T_t)_i+\varepsilon_M=\boldsymbol{M}\varepsilon_{a,i}+\varepsilon_M \tag{14.75}$$

式中，$\boldsymbol{M}=\partial M/\partial T$ 是线性的或正弦线性模式算子，和在新时间背景误差协方差的预报为

$$\sigma_{\mathrm{b},i+1}^2=E(\varepsilon_{b,i+1}^2)=\boldsymbol{M}^2\sigma_{\mathrm{a,i}}^2+\boldsymbol{Q}^2 \tag{14.76}$$

在求解过程的解的方面，给出新的 $T_o(t_{i+1})$，使用式(14.69)导得新的解 $T_a(t_{i+1})$，对于 OI 由式(14.74)或对于卡尔曼滤波由式(14.76)得 σ_b^2 的估计，使用式(14.72)得到新的解的误差方差 $\sigma_a^2(t_{i+1})$。在分析之后，完成时间 t_{i+1} 的循环过程，可以进行下一个过程。

通常，不可能直接观测所求解的模式变量(在模式格点上的温度、湿度、风和地面气压)，虽然有的无线电探空，但是与解的格点位置不一致，因此，需要进行水平和垂直内插。一个更复杂的问题是用卫星或雷达遥感仪器测量的变量受到希望的变量影响，如辐射率、反射率、折射率和多普勒频移，而不是变量本身。则一般用观测算子 $H(T_b)$(也称为观测前向算子)得到由第一估猜场观测的第一猜测。使用观测算子涉及由第一估猜到观测位置的空间内插(或物理空间的谱变换)。它也包括根据物理定理的变换，如辐射传输方程，由模式的温度和湿度垂直廓线到观测第一估猜的卫星辐射。

替代使用的观测算子，遥感资料的业务同化常作如下的反演方法，例如，TOVS 是一个在红外和微波测量辐射的仪器。前向算子模式 $H(T,q,cloud)$ 首先要消除云，然后反演温度和湿度廓线 $T(p)$ 和 $q(p)$，并将反演廓线(如无线电观测看到的)同化到模式中。辐射率直接同化，使用前向观测模式 H 将第一估猜变换为“第一估猜 TOVS 辐射率”，然后辐射修正同化(观测减第一估猜的辐射率)，在两半球的预报重要改进。但是这里的通过辐射率的直接同化得到改进，依据下面两个原因。

(1)除模式中各垂直高度的 T 和 q 外有若干独立的辐射率观测，其意味着仅由辐射率导得反演问题是不确定的。因此为反演(变换前向观测算子)，它需要将附加的和较少精度的统计信息引入问题。这附加信息的引入通常基于气候资料，除短期预的第一猜测外，一般较少精度，用辐射率直接同化的修正就不需要这附加信息。

(2)确定反演 T 和 q 廓线的观测误差协方差是十分困难的，由于它涉及在使用附加信息引入的不同经纬度处反演之中强的误差相关。另一方面观测辐射率具有“清”误差协方差，因为它仅取决于仪器误差，而不取决于处理的资料，作为结果对于辐射的观测误差协方差是对角的。

第四节　多变量统计资料同化方法

现将最小二乘法推广到求取观测和背景场矢量的 OI 方程。这些方程式最早是由 Eliassen 等(1954)得到的。但是 Gandin(1963)独立地导得了多变量 OI 方程并应用于客观分析。

一、最优插入法(OI)

上面已研讨了单点的标量最优解析的公式,下面讨论完整的 NWP 业务问题:在给出二维或三维中的一个格点处有效的 $\boldsymbol{x}_b$ 背景场,和一组 p 个不规则的空间点 $\boldsymbol{r}_i$ 处的有效 $\boldsymbol{y}_o$观测量,求取模式变量 $\boldsymbol{x}_a$ 的最优解。

未知分析场和已知背景可以是如温度 $\boldsymbol{T}_a(x,y)$单变量的二维场,或对于所有模式诊断变量 $\boldsymbol{x}=(p_s,T,q,u,v)$的初始条件场,由模式和由变量给定这些模式变量,构成一个长度为 n 的矢量,这里 n 是变量数与点数的乘积。在模式格点处离散的未知“真值”$\boldsymbol{x}_t$也是一个长度 n 的矢量。

注意:这里使用了一个与所要的分析量不同的各个观测变量 $\boldsymbol{y}_o$。特别要指出的是:通常,观测变量与模式变量是不同的,主要有:①不同的起始位置;②模式变量可能是间接测量值,如雷达反射率、多普勒频移、卫星辐射率和全球定位系统的大气折射率。

分析 $\boldsymbol{x}_a$ 是考虑为背景加上通过最佳权重加权的修正量之和。其最优权重由统计内插确定

$$\boldsymbol{x}_t-\boldsymbol{x}_b=\boldsymbol{K}[\boldsymbol{y}_o-H(\boldsymbol{x}_b)]-\varepsilon_a=\boldsymbol{K}\boldsymbol{d}-\varepsilon_a \tag{14.77}$$

$$\varepsilon_a=\boldsymbol{x}_a-\boldsymbol{x}_t \tag{14.78}$$

方程式表明:分析是第一估猜(背景)加上最优权重(或增益)矩阵与修正(观测与第一估猜之间差)的乘积。观测和第一估猜是通过观测算子应用于背景矢量得到的。也注意到,从式(14.58),$H(\boldsymbol{x}_b)=H(\boldsymbol{x}_t)+\boldsymbol{H}(\boldsymbol{x}_b-\boldsymbol{x}_t)=H(\boldsymbol{x}_t)+\boldsymbol{H}\boldsymbol{\varepsilon}_b$,式中矩阵 $\boldsymbol{H}$ 是 H 的线性对角扰动。

但是这里的真实、分析和背景场是长度为 n(格点总数乘模式变量数)的矢量,而权重是一个$(n\times p)$维矩阵。向前观测算子 H 将背景场变换为“观测的第一次估猜值”。H 可以是非线性的(如辐射传输方程式,由温湿廓线计算卫星观测的辐射值)。观测场 $\boldsymbol{y}_o$是一个长度 p 的矢量,p 为观测的次数。矢量 $\boldsymbol{d}$ 也是长度 p,则“修正值”或“观测增量”矢量:

$$\boldsymbol{d}=\boldsymbol{y}_o-H(\boldsymbol{x}_b)] \tag{14.79}$$

应注意的是:①在卡尔曼滤波中,权重矩阵 $\boldsymbol{K}$ 也称之增益矩阵。②误差协方差矩阵由多重矢量误差得到

$$\boldsymbol{\varepsilon}=\begin{bmatrix} e_1 \\ e_2 \\ \vdots \\ e_n \end{bmatrix} \tag{14.80}$$

通过它的转置 $\boldsymbol{\varepsilon}^{\mathrm{T}}=(e_1,e_{2,}\cdots,e_n)$,并对许多例子求平均,由此得到期望值为

$$\boldsymbol{P}=\overline{\boldsymbol{\varepsilon}\boldsymbol{\varepsilon}^{\mathrm{T}}}=\begin{bmatrix} \overline{\boldsymbol{e}_1\boldsymbol{e}_1} & \overline{\boldsymbol{e}_1\boldsymbol{e}_2} & \cdots & \overline{\boldsymbol{e}_1\boldsymbol{e}_n} \\ \overline{\boldsymbol{e}_2\boldsymbol{e}_1} & \overline{\boldsymbol{e}_2\boldsymbol{e}_2} & \cdots & \overline{\boldsymbol{e}_2\boldsymbol{e}_n} \\ \vdots & \vdots & & \vdots \\ \overline{\boldsymbol{e}_2\boldsymbol{e}_1} & \overline{\boldsymbol{e}_1\boldsymbol{e}_1} & \cdots & \overline{\boldsymbol{e}_n\boldsymbol{e}_n} \end{bmatrix} \tag{14.81}$$

式中，上横线"—"表示期望值（与 $\boldsymbol{E}()$ 是一样的）。协方差矩阵是对称和正定的。对角元素是矢量误差分量的方差 $\overline{e_i e_i}=\boldsymbol{\sigma}_i^2$。如果归一化协方差矩阵，每个分量被标准偏差除，即 $\overline{e_i e_j}/\boldsymbol{\sigma}_i\boldsymbol{\sigma}_j=\mathbf{corr}(e_i,e_j)=\boldsymbol{\rho}_{ij}$，得相关矩阵 $\boldsymbol{C}$：

$$\boldsymbol{C}=\begin{pmatrix}1 & \rho_{12} & \cdots & \rho_{1n}\\ \rho_{12} & 1 & \cdots & \rho_{1n}\\ \vdots & \vdots & & \vdots\\ \rho_{1n} & \rho_{12} & \cdots & 1\end{pmatrix} \tag{14.82}$$

如果

$$\boldsymbol{D}=\begin{pmatrix}\sigma_1^2 & 0 & \cdots & 0\\ 0 & \sigma_2^2 & \cdots & 0\\ \vdots & \vdots & & \vdots\\ 0 & 0 & \cdots & \sigma_n^2\end{pmatrix} \tag{14.83}$$

是方差的对角矩阵，则可以写为

$$\boldsymbol{P}=\boldsymbol{D}^{1/2}\boldsymbol{C}\boldsymbol{D}^{1/2} \tag{14.84}$$

③矩阵积的转置等于矩阵次序相反转置的积，$[\boldsymbol{AB}]^{\mathrm{T}}=\boldsymbol{B}^{\mathrm{T}}\boldsymbol{A}^{\mathrm{T}}$；类似地应用于矩阵积的逆：$[\boldsymbol{AB}]^{-1}=\boldsymbol{B}^{-1}\boldsymbol{A}^{-1}$。

④二次函数的一般形式是 $F(\boldsymbol{x})=\frac{1}{2}\boldsymbol{x}^{\mathrm{T}}\boldsymbol{A}\boldsymbol{x}+\boldsymbol{d}^{\mathrm{T}}\boldsymbol{x}+c$，其中 $\boldsymbol{A}$ 是对称矩阵，$\boldsymbol{d}$ 是一个矢量，而 c 是一个标量。为求取标量函数的梯度 $\nabla_x F(\boldsymbol{x})=\partial F/\partial\boldsymbol{x}$（列矢量），利用下面相对于 $\boldsymbol{x}$ 的梯度特性：$\nabla(\boldsymbol{d}^{\mathrm{T}}\boldsymbol{x})=\nabla(\boldsymbol{x}^{\mathrm{T}}\boldsymbol{d})=\boldsymbol{d}$（由于 $\nabla_x\boldsymbol{x}=\boldsymbol{I}$，为单位矩阵），和 $\nabla(\boldsymbol{x}^{\mathrm{T}}\boldsymbol{A}\boldsymbol{x})=2\boldsymbol{A}\boldsymbol{x}$。因此

$$\nabla F(\boldsymbol{x})=\boldsymbol{A}\boldsymbol{x}+\boldsymbol{d},\ \nabla^2 F(\boldsymbol{x})=\boldsymbol{A},\ \delta F=(\nabla F)^{\mathrm{T}}\delta x \tag{14.85}$$

⑤多元回归或线性最佳无偏差估计(BLUE)。假定有两个时间序列矢量

$$\boldsymbol{x}(t)=\begin{pmatrix}x_1(t)\\ x_2(t)\\ \vdots\\ x_n(t)\end{pmatrix}\qquad \boldsymbol{y}(t)=\begin{pmatrix}y_1(t)\\ y_2(t)\\ \vdots\\ y_p(t)\end{pmatrix} \tag{14.86}$$

以其平均值为中心，$E(\boldsymbol{x})=0$，$E(\boldsymbol{y})=0$，也就是距平矢量。现由 $\boldsymbol{y}$ 导得 $\boldsymbol{x}$ 的最佳无偏估计值，也就是以最优权重矩阵 $\boldsymbol{K}$ 得到多元线性回归方程，写为

$$\boldsymbol{x}_a(t)=\boldsymbol{K}\boldsymbol{y}(t) \tag{14.87}$$

其与真值的近似关系为

$$\boldsymbol{x}(t)=\boldsymbol{K}\boldsymbol{y}(t)-\varepsilon(t) \tag{14.88}$$

式中，$\varepsilon(t)=\boldsymbol{x}_a(t)-\boldsymbol{x}(t)$ 是线性回归的分析误差，而 $\boldsymbol{K}$ 是一个使均方误差 $E(\varepsilon^{\mathrm{T}}\varepsilon)$ 极小的 $n\times p$ 矩阵。为导得 $\boldsymbol{K}$，把回归方程的矩阵分量形式写为

$$x_i(t)=\sum_{k=1}^{p}K_{ik}y_k(t)-\varepsilon_i(t) \tag{14.89}$$

则

$$\sum_{k=1}^{n}\varepsilon_i^2(t)=\sum_{k=1}^{n}\Big[\sum_{k=1}^{p}\mathrm{K}_{ik}y_k(t)-x_i(t)\Big]^2 \tag{14.90}$$

并对权重函数矩阵分量求导，即

$$\frac{\partial \sum_{i=1}^{n} \varepsilon_i^2(t)}{\partial K_{ij}} = 2\Big[\cdot \sum_{k=1}^{p} K_{ik} y_k(t) - x_i(t)\Big]\big[y_j(t)\big] = 2\Big[\sum_{k=1}^{p} K_{ik} y_k(t) y_i(t) - x_i(t) y_j(t)\Big] \tag{14.91}$$

用矩阵表示为

$$\frac{\partial \boldsymbol{\varepsilon}^{\mathrm{T}} \boldsymbol{\varepsilon}}{\partial \boldsymbol{K}_{ij}} = 2\{[\boldsymbol{K}\boldsymbol{y}(t)\boldsymbol{y}^{\mathrm{T}}(t)]_{ij} - [\boldsymbol{x}(t)\boldsymbol{y}^{\mathrm{T}}(t)]_{ij} \tag{14.92}$$

因此，如果取长时间的平均和选取均方差最小的 $\boldsymbol{K}$，得到标准方程

$$\boldsymbol{K}E(\boldsymbol{y}\boldsymbol{y}^{\mathrm{T}}) - E(\boldsymbol{x}\boldsymbol{y}^{\mathrm{T}}) = 0 \tag{14.93}$$

或

$$\boldsymbol{K} = E(\boldsymbol{x}\boldsymbol{y}^{\mathrm{T}})[E(\boldsymbol{y}\boldsymbol{y}^{\mathrm{T}})]^{-1} \tag{14.94}$$

其给出最佳无偏估计 $\boldsymbol{x}_a(t) = \boldsymbol{K}\boldsymbol{y}(t)$。

二、统计假设

若定义背景误差和分析误差为长度 n 的矢量：

$$\varepsilon_{\mathrm{b}}(\mathrm{x},\mathrm{y}) = \boldsymbol{x}_b(x,y) - \boldsymbol{x}_t(x,y) \tag{14.95a}$$

$$\varepsilon_a(x,y) = \boldsymbol{x}_a(x,y) - \boldsymbol{x}_t(x,y) \tag{14.95b}$$

在不规则的间隔点，有 p 个观测 $\boldsymbol{y}_o(\boldsymbol{r}_i)$，观测误差为

$$\boldsymbol{\varepsilon}_{oi} = \boldsymbol{y}_o(\boldsymbol{r}_i) - \boldsymbol{y}_t(\boldsymbol{r}_i) = \boldsymbol{y}_o(\boldsymbol{r}_i) - H[\boldsymbol{x}_t(\boldsymbol{r}_i)] \tag{14.96}$$

由于未知真实观测 $\boldsymbol{x}_t$，因此，也未知得到的背景和观测的误差，但是对于它们的特性可以作统计假定，即假定背景和观测是无偏差的：

$$E\{\boldsymbol{\varepsilon}_b(x,y)\} = E\{\boldsymbol{x}_b(x,y)\} - E\{\boldsymbol{x}_t(x,y)\} = 0 \tag{14.97a}$$

$$E\{\boldsymbol{\varepsilon}_{oi}(\boldsymbol{r}_i)\} = E\{\boldsymbol{y}_o(\boldsymbol{r}_i)\} - E\{\boldsymbol{y}_t(\boldsymbol{r}_i)\} = 0 \tag{14.97b}$$

如果预报(背景)和观测是无偏差的，可以在处理前对偏差进行订正。Dee 和 DaSilva(1998)证明如何估计实际模式的偏差为解析过和的部分。

定义分析、背景和观测的误差协方差矩阵为：

$$\boldsymbol{P}_a = \boldsymbol{A} = E\{\boldsymbol{\varepsilon}_a \boldsymbol{\varepsilon}_a^{\mathrm{T}}\} \tag{14.98a}$$

$$\boldsymbol{P}_b = \boldsymbol{B} = E\{\boldsymbol{\varepsilon}_b \boldsymbol{\varepsilon}_b^{\mathrm{T}}\} \tag{14.98b}$$

$$\boldsymbol{P}_c = \boldsymbol{R} = E\{\boldsymbol{\varepsilon}_o \boldsymbol{\varepsilon}_o^{\mathrm{T}}\} \tag{14.98c}$$

非线性观测算子 H，可以将模式变量线性地变换为观测变量，

$$H(\boldsymbol{x} + \delta \boldsymbol{x}) = H(\boldsymbol{x}) + \boldsymbol{H}\delta \boldsymbol{x} \tag{14.99}$$

式中，$\boldsymbol{H}$ 是 $p \times n$ 矩阵，其元素为 $h_{i,j} = \partial H_i / \partial x_j$。假定背景(通常是模式预报)是真实的好的近似，因此分析和观测等于背景值加上一增量。因此，可以把修正矢量式(14.79)写为

$$\begin{aligned} \boldsymbol{d} &= \boldsymbol{y}_o - H(\boldsymbol{x}_b) = \boldsymbol{y}_o - H(\boldsymbol{x}_t + (\boldsymbol{x}_b - \boldsymbol{x}_t)) \\ &= \boldsymbol{y}_o - H(\boldsymbol{x}_t) - \boldsymbol{H}(\boldsymbol{x}_{\mathrm{b}} - \boldsymbol{x}_{\mathrm{t}}) = \boldsymbol{\varepsilon}_{\mathrm{o}} - \boldsymbol{H}\boldsymbol{\varepsilon}_{\mathrm{b}} \end{aligned} \tag{14.100}$$

$\boldsymbol{H}$ 矩阵把模式空间的值变换到相应的观测空间。它的转置或伴随 $\boldsymbol{H}^{\mathrm{T}}$ 将观测空间的矢量变换为模式空间的矢量。

假定背景误差协方差 $\boldsymbol{B}(n \times n)$ 和观测误差协方差 $\boldsymbol{R}(p \times p)$ 是已知的。另外假定观测和背景误差是不相关，则

$$E\{\boldsymbol{\varepsilon}_o\boldsymbol{\varepsilon}_b^{\mathrm{T}}\}=0 \tag{14.101}$$

现使用线性无偏差估计公式(14.94)导得式(14.78)中的最佳权重函数 $\boldsymbol{K}$, $\boldsymbol{x}_o-\boldsymbol{x}_b=\boldsymbol{Kd}$，近似为真实关系 $\boldsymbol{x}_t-\boldsymbol{x}_b=\boldsymbol{Kd}-\boldsymbol{\varepsilon}_a$。

由式(14.100)，$\boldsymbol{d}=\boldsymbol{y}_o-H(\boldsymbol{x}_b)=\boldsymbol{\varepsilon}_o-\boldsymbol{H}\boldsymbol{\varepsilon}_b$，由式(14.94)，使 $\boldsymbol{\varepsilon}_a^{\mathrm{T}}\boldsymbol{\varepsilon}_a$ 极小，给出最佳权重矩阵 $\boldsymbol{K}$（也称为增益矩阵），为

$$\begin{aligned}\boldsymbol{K}&=E\{x_t-\boldsymbol{x}_b)[\boldsymbol{y}_o-H(\boldsymbol{x}_b)]^{\mathrm{T}}\}(E\{[\boldsymbol{y}_t-H(\boldsymbol{x}_b)][\boldsymbol{y}_o-H(\boldsymbol{x}_b)]^{\mathrm{T}}\})^{-1}\\&=E[(-\boldsymbol{\varepsilon}_b)(\boldsymbol{\varepsilon}_o-H\boldsymbol{\varepsilon}_b)^{\mathrm{T}}]\{E[(\boldsymbol{\varepsilon}_o-H\boldsymbol{\varepsilon}_b)(\boldsymbol{\varepsilon}_o-H\boldsymbol{\varepsilon}_b)^{\mathrm{T}}]\}^{-1}\end{aligned} \tag{14.102}$$

考虑到式(14.101)，假定背景误差与观测误差不相关，也就是它们的协方差等于0。把确定的背景误差协方差 $\boldsymbol{B}$ 和观测误差协方差 $\boldsymbol{R}$ 定义式(14.98)代入式(14.102)，得到最佳权重矩阵

$$\boldsymbol{K}=\boldsymbol{B}\boldsymbol{H}^{\mathrm{T}}(\boldsymbol{R}+\boldsymbol{H}\boldsymbol{B}\boldsymbol{H}^{T})^{-1} \tag{14.103}$$

最后导得解析误差协方差

$$\begin{aligned}\boldsymbol{P}_a&=E\{\boldsymbol{\varepsilon}_a\boldsymbol{\varepsilon}_a^{\mathrm{T}}\}=E\{\boldsymbol{\varepsilon}_b\boldsymbol{\varepsilon}_b^{\mathrm{T}}+\boldsymbol{\varepsilon}_b(\boldsymbol{\varepsilon}_o-H\boldsymbol{\varepsilon}_b)^{\mathrm{T}}\boldsymbol{K}^{\mathrm{T}}+\\&\quad\boldsymbol{K}(\boldsymbol{\varepsilon}_o-H\boldsymbol{\varepsilon}_b)\boldsymbol{\varepsilon}_b^{\mathrm{T}}+\boldsymbol{K}(\boldsymbol{\varepsilon}_o-H\boldsymbol{\varepsilon}_b)(\boldsymbol{\varepsilon}_o-H\boldsymbol{\varepsilon}_b)^{\mathrm{T}}\boldsymbol{K}^{\mathrm{T}}\}\\&=\boldsymbol{B}-\boldsymbol{B}\boldsymbol{H}^{\mathrm{T}}\boldsymbol{K}^{\mathrm{T}}-\boldsymbol{KHB}+\boldsymbol{KRK}^{\mathrm{T}}+\boldsymbol{KHBH}^{\mathrm{T}}\boldsymbol{K}^{\mathrm{T}}\end{aligned} \tag{14.104}$$

并代入式(14.103)得到

$$\boldsymbol{P}_{\mathrm{a}}=(\boldsymbol{I}-\boldsymbol{KH})\boldsymbol{B} \tag{14.105}$$

为方便，重复IO的基本方程式，并用它们的解释表示，与标量最小二乘法相似：

$$\boldsymbol{x}_a=\boldsymbol{x}_b+\boldsymbol{K}[\boldsymbol{y}_o-H(\boldsymbol{x}_b)]=\boldsymbol{x}_b+\boldsymbol{Kd} \tag{14.106a}$$

$$\boldsymbol{K}=\boldsymbol{B}\boldsymbol{H}^{\mathrm{T}}(\boldsymbol{R}+\boldsymbol{H}\boldsymbol{B}\boldsymbol{H}^{\mathrm{T}})^{-1} \tag{14.106b}$$

最优权重（或增益）矩阵是由在观测空间($\boldsymbol{BH}^{\mathrm{T}}$)中的背景误差协方差乘以总的误差协方差（背景和观测误差协方差的总和）的逆。注意，如与观测误差协方差比较，背景误差协方差较大，需对第一估猜做大的订正。

将由下面部分看到，权重函数式(14.106b)可以另一种等效形式表示为

$$\boldsymbol{K}=(\boldsymbol{B}^{-1}+\boldsymbol{H}^{\mathrm{T}}\boldsymbol{R}^{-1}\boldsymbol{H})^{-1}\boldsymbol{H}^{\mathrm{T}}\boldsymbol{R}^{-1} \tag{14.107a}$$

$$\boldsymbol{P}_a=(\boldsymbol{I}_n-\boldsymbol{KH})\boldsymbol{B} \tag{14.107b}$$

式中，下标 n 是解析或模式矩阵中的单位矩阵的标记。解的误差协方差是由背景误差协方差给出，它由单位矩阵(n×n)减去最优权重矩阵得到。

最后导得另一个误差协方差的形式，即由式(14.77)、式(14.100)和式(14.107a)得到

$$\boldsymbol{\varepsilon}_a=\boldsymbol{\varepsilon}_b+[\boldsymbol{B}^{-1}+\boldsymbol{H}^{\mathrm{T}}\boldsymbol{R}^{-1}\boldsymbol{H})]^{-1}\boldsymbol{H}^{\mathrm{T}}\boldsymbol{R}^{-1}(\boldsymbol{\varepsilon}_o-\boldsymbol{H}\boldsymbol{\varepsilon}_b)=[\boldsymbol{B}^{-1}+\boldsymbol{H}^{\mathrm{T}}\boldsymbol{R}^{-1}\boldsymbol{H}]^{-1}[\boldsymbol{B}^{-1}\boldsymbol{\varepsilon}_b+\boldsymbol{H}^{\mathrm{T}}\boldsymbol{R}^{-1}\boldsymbol{\varepsilon}_o] \tag{14.108}$$

如果由式(14.108)再计算 $\boldsymbol{P}_a=E\{\boldsymbol{\varepsilon}_a\boldsymbol{\varepsilon}_a^{\mathrm{T}}\}$，并使 $E\{\boldsymbol{\varepsilon}_b\boldsymbol{\varepsilon}_o^{\mathrm{T}}\}=0$, $\boldsymbol{P}_b=\boldsymbol{B}=\{\boldsymbol{\varepsilon}_b\boldsymbol{\varepsilon}_b^{\mathrm{T}}\}$, $\boldsymbol{P}_o=\boldsymbol{R}=\{\boldsymbol{\varepsilon}_o\boldsymbol{\varepsilon}_o^{\mathrm{T}}\}$，得到

$$\boldsymbol{P}_a^{-1}=\boldsymbol{B}^{-1}+\boldsymbol{H}^{\mathrm{T}}\boldsymbol{R}^{-1}\boldsymbol{H} \tag{14.109}$$

式(14.109)表明，解的精度定义为解的误差协方差的逆，是背景精度与投影到模式空间观测精度之和。

注意上面所有表示取决于假设：误差统计估计是精确的，如果观测和/或背景误差协方差不很确切，如果有偏差，或如果观测和背景误差是相关的，除由式(14.107c)、式(14.109)包含之外，解的精度是很差的。

另外,注意以下几点。

①可以看出,来自两个不同源的误差方差是重要的:一是仪器误差方差的大小;二是出现在次格点尺度的观测不表示在模式和解析的格点的平均值,这第二种类型的误差是代表性误差。观测误差的方差 $\boldsymbol{R}$ 是仪器误差的方差 $\boldsymbol{R}_{\text{instr}}$ 和相当性误差协方差 $\boldsymbol{R}_{\text{repr}}$ 的总和,假定这些误差是不相关的。如果观测算子 H 的误差存在有观测误差协方差 $\boldsymbol{R}_H$,这也包括在观测误差协方差内:

$$\boldsymbol{R}=\boldsymbol{R}_{\text{instr}}+\boldsymbol{R}_{\text{repr}}+\boldsymbol{R}_H \tag{14.110}$$

②对于下面要讨论的卡尔曼滤波,与 OI 很类似,主要差别是背景误差协方差 $\boldsymbol{B}$,假定按时间是常数替代 OI 或 3D-Var 中的时间,从先前的解的时间 t_n 到新的时间 t_{n+1} 解的更新。从时间 t_n 的解开始的模式预报,$x_b^{n+1}=\boldsymbol{M}(\boldsymbol{x}_a^n)$,式中 $\boldsymbol{M}$ 是非线性模式。因此,从两边减 $\boldsymbol{x}_t^{n+1}=\boldsymbol{M}(\boldsymbol{x}_t^n)-\boldsymbol{\varepsilon}_M$,有

$$\boldsymbol{\varepsilon}_b^{n+1}=\boldsymbol{M}\boldsymbol{\varepsilon}_a^n+\boldsymbol{\varepsilon}_M \tag{14.111}$$

式中,$\boldsymbol{\varepsilon}_M$ 是模式误差,从式(14.111)得到卡尔曼滤波新的预报误差协方差

$$\boldsymbol{B}=\boldsymbol{P}_f(t_{n+1})=\boldsymbol{\varepsilon}_b^{n+1}(\boldsymbol{\varepsilon}_b^{n+1})^{\mathrm{T}}=\boldsymbol{M}(t_n)\boldsymbol{P}_a(t_n)\boldsymbol{M}^{\mathrm{T}}(t_n)+\boldsymbol{Q}(t_n) \tag{14.112}$$

其中,$\boldsymbol{Q}=E(\boldsymbol{\varepsilon}_m\boldsymbol{\varepsilon}_m^{\mathrm{T}})$ 是预报模式误差协方差。$\boldsymbol{M}$ 是线性正切模式和 $\boldsymbol{M}^{\mathrm{T}}$ 是它的伴随矩阵。随这些变化,权重矩阵成为卡尔曼滤波矩阵 $\boldsymbol{K}$。权重矩阵成为卡尔曼增益矩阵 $\boldsymbol{K}$。虽然从 OI 这是一个小的改变。在式(14.107c)中由的矩阵乘法近似等效于预报模式的 $n/2$ 次积分,式中 n 是模式的自由度数。

进行 OI 操作作的近似:可以看到,用矩阵形式表示的分析解为

$$\boldsymbol{x}_a=\boldsymbol{x}_b+\boldsymbol{K}[\boldsymbol{y}_o(H-\boldsymbol{x}_b)] \tag{14.113}$$

或者从背景场定义增量为 $\delta x=x-x_b$,则解析解增量为

$$\delta\boldsymbol{x}_a=\boldsymbol{K}\delta\boldsymbol{y}_o \tag{14.114}$$

最佳权重矩阵由解析误差协方差极小给出

$$\boldsymbol{K}=\boldsymbol{B}\boldsymbol{H}^{\mathrm{T}}(\boldsymbol{H}\boldsymbol{B}\boldsymbol{H}^{\mathrm{T}}+\boldsymbol{R})^{-1} \tag{14.115}$$

如果所有统计假定是精确的,也就是背景误差协方差 $\boldsymbol{B}$ 和观测误差协方差 $\boldsymbol{R}$ 是已知的,则式(14.113)或式(14.114)和式(14.115)提供了内插解析解,此时解析误差协方差为

$$\boldsymbol{P}_a=\boldsymbol{A}=(\boldsymbol{I}-\boldsymbol{K}\boldsymbol{H})\boldsymbol{B} \tag{14.116}$$

若如实际发生的,统计仅是真实统计的近似,则式(14.113)和式(14.115)提供了一个统计内插,不需要"最佳内插"。

OI 在物理空间中,无论是格点到格点,还是对于有限体积均是有代表性的。在 OI 操作中,在格点空间中点与点(或体积与体积)求解式(14.114)和式(14.115)。在物理空间中作消除的公式,展开矩阵方程

$$\mathbf{B}=\begin{bmatrix} b_{11} & \cdots & b_{1n} \\ \vdots & & \vdots \\ b_{n1} & \cdots & b_{nn} \end{bmatrix} \qquad \mathbf{H}=\begin{bmatrix} h_{11} & \cdots & h_{1n} \\ \vdots & & \vdots \\ h_{p1} & \cdots & h_{pn} \end{bmatrix} \tag{14.117}$$

$$\mathbf{R}=\begin{bmatrix} r_{11} & \cdots & r_{1p} \\ \vdots & & \vdots \\ r_{p1} & \cdots & r_{pp} \end{bmatrix} \qquad \mathbf{K}=\begin{bmatrix} K_{11} & \cdots & K_{1p} \\ \vdots & & \vdots \\ K_{n1} & \cdots & K_{np} \end{bmatrix}$$

$\boldsymbol{H}$ 是向前观测模式 H 的线性扰动,而 $\boldsymbol{H}^{\mathrm{T}}$ 是转置或伴随矩阵,通过 $\boldsymbol{H}$ 乘左边将格点增量变换

为观测增量(也就是线性内插)，$\boldsymbol{H}^{\mathrm{T}}$ 将观测点变换为格点。现有 n 个格点，或如果考虑若干变量，n 是格点数和变量的积。考虑下标为 g 的特殊格点。下标 j 和 k 表示影响格点 g 的观测，而 p 是这样的观测。考虑到 $\boldsymbol{B}$ 是背景误差协方差，所以背景误差是 $\boldsymbol{\varepsilon}_b(x,y)=\boldsymbol{x}_b(x,y)-\boldsymbol{x}_t(x,y)$，而 $b_{jk}=$ 在于 $E[\boldsymbol{\varepsilon}_b(x_j,y_j)\boldsymbol{\varepsilon}_b^{\mathrm{T}}(x_k,y_k)]$，期望值是对许多例子的平均。

可以把权重函数式(14.115)写为

$$\boldsymbol{K}(\boldsymbol{HBH}^{\mathrm{T}}+\boldsymbol{R})=\boldsymbol{BH}^{\mathrm{T}} \tag{14.118}$$

考虑到内插方程式的矩阵形式

$$\boldsymbol{x}_a=\boldsymbol{x}_b+\boldsymbol{K}[\boldsymbol{y}_o-H(\boldsymbol{x}_b)] \tag{14.119}$$

式中最优权重矩阵是由式(14.118)得到的。

如图 14.15 所示，对于三个格点 e,f,g 最简单的情况，两个观测 1，2。此时，$\boldsymbol{x}^a=(x_e^b,x_f^b,x_g^b)^{\mathrm{T}}$。观测矢量是 $\boldsymbol{y}^o=(y_1^o,y_2^o)$，而观测点的背景值是

$$\boldsymbol{Hx}^b=\begin{pmatrix} h_{1e} & h_{1f} & h_{1g} \\ h_{2e} & h_{2f} & h_{2g} \end{pmatrix}\begin{pmatrix} x_e^b \\ x_f^b \\ x_g^b \end{pmatrix}=\boldsymbol{y}^b \tag{14.120}$$

观测算子 $\boldsymbol{H}$ 的系数是由格点位置到观测位置的线性或高次内插得到。假定观测的分析变量是相同的。

图 14.15　三个格点和两个观测的简单系统

因此，矩阵 $\boldsymbol{H}$ 的系数是简单内插系数。例如，使用线性内插，$\boldsymbol{H}$ 应为

$$\boldsymbol{H}=\begin{bmatrix} \dfrac{x_f-x_1}{x_f-x_e} & \dfrac{x_1-x_e}{x_f-x_e} & 0 \\ 0 & \dfrac{x_g-x_2}{x_g-x_f} & \dfrac{x_2-x_f}{x_g-x_f} \end{bmatrix} \tag{14.121}$$

背景误差协方差矩阵元是格点之间的协方差：

$$\boldsymbol{B}=\begin{bmatrix} b_{ee} & b_{ef} & b_{eg} \\ b_{fe} & b_{ff} & b_{fg} \\ b_{ge} & b_{gf} & b_{gg} \end{bmatrix} \tag{14.122}$$

因此

$$\boldsymbol{BH}^{\mathrm{T}}=\begin{bmatrix} b_{e1} & b_{e2} \\ b_{f1} & b_{f2} \\ b_{g1} & b_{g2} \end{bmatrix} \tag{14.123}$$

是由格点到观测点间的背景误差协方差内插得到的，也就是 $b_{g2}=b_{ge}h_{2e}+b_{gf}h_{2f}+b_{gg}h_{2g}$，则

$$\boldsymbol{HBH}^{\mathrm{T}}=\begin{bmatrix} b_{11} & b_{12} \\ b_{21} & b_{22} \end{bmatrix} \tag{14.124}$$

是观测点间背景误差协方差的向后内插近似。在这种情况下观测误差协方差为

$$\boldsymbol{R}=\begin{bmatrix} r_{11} & r_{12} \\ r_{21} & r_{22} \end{bmatrix} \tag{14.125}$$

通常合理地假定在不同位置作的测量误差是不相关的，在这种情况下，$\boldsymbol{R}$ 是对角矩阵（测量误差可以是相关的，但是仅在同样仪器作的较少的观测数据内，这时 $\boldsymbol{R}$ 是一组对角矩阵，很容易反演）。从这简单例子，很明显，受观测影响个别格点的 **OI** 内插方程式写为

$$x_g^a = x_g^b + \sum_{j=1}^{p} K_{gj} \delta y_j \tag{14.126}$$

其中权重是线性方程式的解

$$\sum_{j=1}^{p} K_{gj}(b_{jk} + r_{jk}) = b_{gk} \tag{14.127}$$

在式(14.127)中，K_{gj} 是权重，它是观测增量 δy_j 对于分析增量 δx_g^a 的倍数，r_{jk} 是两观测点 j 和 k 之间观测误差协方差，b_{jk} 是观测点 j 和 k 之间背景误差协方差，而 b_{gk} 是格点 g 和观测点 k 之间背景误差协方差。假定观测矢量已转换为模式的同类型变量，也就是用反演方法，内插矩阵 $\boldsymbol{H}$ 已经与 $\boldsymbol{B}$ 相乘。产生格点到观测，观测到观测背景相关如在上面作为简单例子。对于每一格点，和对于每一格点的每一变量的多变量分析（也就是位势高度和两水平风分量 z,u,v）的情况，有如式(14.126)和式(14.127)。

式(14.126)和式(14.127)构成对于每一格点 OI 方法。注意背景误差协方差在确定最佳权重起重要作用。背景误差协方差确定了标量和背景的订正结构。在实际式(14.126)的运算中，有若干附加的简化，特别是背景误差协方差的元素 b。

①如 OI 和 3D-Var 统计内插方法比 SCM 经验方法有很多优点，其考虑到观测增量间的相关性。对于 SCM 方法中，观测增量的权重函数仅决定于格点之间的距离。因此，在 SCM 中，所有的观测给出相似的权重即使它们的数目是集中一个象限内，正如在不同的象限内单个观测。在 OI(或者 3D-Var)，相反，因此，对于紧密一起和很少独立性观测，独立的观测增量将给出在解析中比观测给出更多的权重。事实上孤立的观测较观测接近一起的有更多的独立信息，由此结果如果观测点是相互靠近一起，观测点 j,k 的预报误差的相关 $b_{jk}\sqrt{b_{jj}b_{kk}}$ 是大的。

②当几个观测太紧靠在一起，则式(14.127)的解成为病态矩阵，在这种情况下，一般计算相互靠近的单个观测组合的“过密的观测”，在同一时间通过对个别观测的随机误差求平均，修正病态的优点。过密的观测应是一加权的平均，考虑为开始接近的观测的相对观测误差。

为了发展一个基于资料同化的 OI，首先要估算误差协方差 $\boldsymbol{B}$ 和 $\boldsymbol{R}$ 和观测算子 $\boldsymbol{H}$。在这之前看到，对于一个观测与模式变量是一致的简单系统中，观测算子简单地是由模式对观测点的内插。如果变量是不同的，它不仅内插到观测点，但如果模式是真实的，也应当获得在前向模式表示观测。例如，如果观测是卫星辐射率，观测算子从模式格点对辐射率观测点内插，则利用辐射传输理论将模式压力为函数的气柱温度和湿度变换为“假定的”辐射率。由仪器误差估计获得观测误差协方差。如果测量是独立的，矩阵 $\boldsymbol{R}$ 是对角的，那是重要的优点，估计预报误差协方差 $\boldsymbol{B}$ 是很困难的，它对结果有重要的影响。

20 世纪 80 年代在 OI 应用中估算 $\boldsymbol{B}$ 作简要说明，根据预报误差之间水平和垂直估计的关系，以短期预报和无线电探空观测之间差的估计 $\boldsymbol{B}$。相反，对于 3D 变分，方法几乎是通用的，不取决于测量值，而是在同一时间预报检验间的差。

在 OI 中，它一般用 $\boldsymbol{D}$ 对背景误差协方差标准化，$\boldsymbol{B}$ 和 $\boldsymbol{D}$ 的方差对角矩阵为

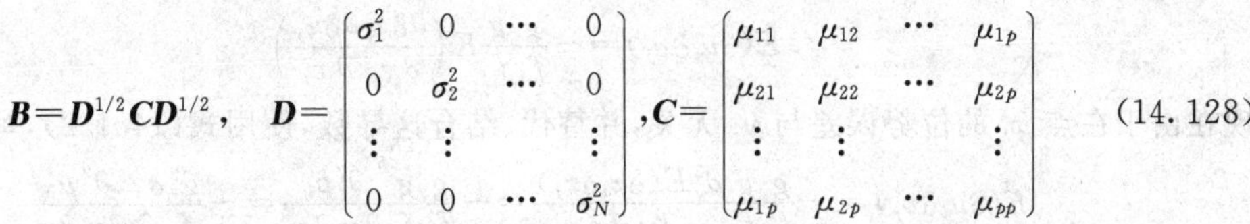

$$\boldsymbol{B}=\boldsymbol{D}^{1/2}\boldsymbol{C}\boldsymbol{D}^{1/2},\quad \boldsymbol{D}=\begin{bmatrix}\sigma_1^2 & 0 & \cdots & 0\\ 0 & \sigma_2^2 & \cdots & 0\\ \vdots & \vdots & & \vdots\\ 0 & 0 & \cdots & \sigma_N^2\end{bmatrix},\boldsymbol{C}=\begin{bmatrix}\mu_{11} & \mu_{12} & \cdots & \mu_{1p}\\ \mu_{21} & \mu_{22} & \cdots & \mu_{2p}\\ \vdots & \vdots & & \vdots\\ \mu_{1p} & \mu_{2p} & \cdots & \mu_{pp}\end{bmatrix} \tag{14.128}$$

式中

$$\mu_{ij}=b_{ij}/(\sqrt{b_{ii}}\sqrt{b_{jj}})=b_{ij}/(\sqrt{\sigma_i^2}\sqrt{\sigma_j^2})$$

是两个观测点 i、j 的背景误差的相关，而 σ_i^2 是误差方差。

在 OI 中，通常假定把背景误差相关分成水平相关与垂直相关的积，下面可以看到这些简单的相关一般仅为距离的函数。

考虑在实际中经常出现的某等压面 p 上仅使用无线电探空资料的 z、u、v 二维分析的简单例子，由于在点 i 和 j 处的两个分离的无线电探空误差是不相关的（虽然在垂直方向上位势误差是相关的），可以假定观测误差协方差矩阵是对角的：

$$r_{ij}=0 \qquad i\neq j$$

$$r_{ii}=\sigma_{oi}^2 \tag{14.129}$$

还假定对于每一变量的背景误差协方差 $b_{ii}=\sigma_{bg}^2$ 是常数（其等于在格点处的背景误差方差，并对于所有的格点是同样的）。

由这些假定，对格点 g 的式(14.127)为

$$\sum_{j=1}^{p}K_{gj}\mu_{jk}+\eta_k K_{gk}=\mu_{gk} \tag{14.130}$$

这里 $\eta_k=\sigma_{ok}^2/\sigma_{bg}^2$ 是观测的相对误差与背景误差的方差平方的比值，可通过多次“调整”该参数给出权重的大小。从式(14.116)也可证明，在格点的相对分析误差为

$$\frac{\sigma_{ag}^2}{\sigma_{bg}^2}=1-\sum_{j=1}^{p}K_{gk}\mu_{gk} \tag{14.131}$$

式中，分析误差已由在格点处的背景误差方差所数值定标，在格点空间中式(14.130)等效于式(14.107c)。

现进一步假定在水平面两点间的背景误差的相关是均匀和各向同性的（也就是它不随两点的刚性平移或旋转而变化）。在这个情况下，位势高度背景误差相关仅取决于两点之间的距离，对位势误差相关采用高斯指数函数

$$\mu_{ij}=\mathrm{e}^{-r_{ij}^2/2L_\varphi^2} \tag{14.132}$$

式中，$r_{ij}^2=(x_i-x_j)^2+(y_i-y_j)^2$ 是 i,j 两点间距离的平方，一般量级为 500 km，L_φ 是背景误差的相关尺度。对于垂直相关函数也可以使用高斯函数，这些假定显然是粗糙的，并且仅定性地开始反映到背景误差相关的真实结构。例如，在实际大气中，背景相关长度取决于变形的罗斯贝波的半径，因此，是纬度的函数，在热带较副热带地区具有较长的水平误差。它也取决于资料的密度：在资料丰富地区与稀少地区边界的，预报误差的相关性不应当是各向同性。

另一个在大尺度气流 OI 求的解重要假定是背景风场误差相关与位势高度误差相关是地转关系。这有两个优点：它避免了独立估算风场的误差相关，并且它意味风场和高度场分析增量间的近似地转平衡，由此改进分析的平衡。一旦对于高度背景误差相关所作的函数假定，则高度与风场之间的多变量相关由高度相关求得。例如，两个水平风分量间背景误差相关为：

$$E(\delta u_i \delta v_j) = -\frac{g}{f_i}\frac{g}{f_j}E\left(\frac{\partial \delta z_i}{\partial y_i}\frac{\partial \delta z_j}{\partial x_j}\right) \tag{14.133}$$

现在由于在点 x_i 的位势误差与 y_i 无关，并替代、结合这导数，使用式(14.132)，写为

$$E(\delta u_i \delta v_j) = -\frac{g}{f_i}\frac{g}{f_j}\frac{\partial^2 E(\delta z_i \delta z_j)}{\partial y_i \partial x_j} = -\frac{g}{f_i}\frac{g}{f_j}\frac{\partial^2 b_{ij}}{\partial y_i \partial x_j} = -\frac{g^2}{f_i}\frac{\sigma_z^2}{f_j}\frac{\partial^2 \mu_{ij}}{\partial y_i \partial x_j} \tag{14.134}$$

风场增量的标准偏差也可以由地转关系 $E(\delta u_i^2)^{1/2} = (g\sigma_z/f_i)$，$E(\delta v_i^2)^{1/2} = (g\sigma_z/f_j)$ 导得，因此通过式(14.134)被这标准偏差除得到两个风分量增量的互相关：$\rho_{u,v} = -\partial^2\mu_{ij}/\partial y_i \partial x_j$。类似地，可得到 i,j 两点的三个变量任意两个增量之间的相关：$\rho_{h,h} = \mu_{ij}$，$\rho_{h,u} = \frac{\partial \mu_{ij}}{\partial y_i}$，$\rho_{u,h} = \frac{\partial \mu_{ij}}{\partial y_j}$ 等。

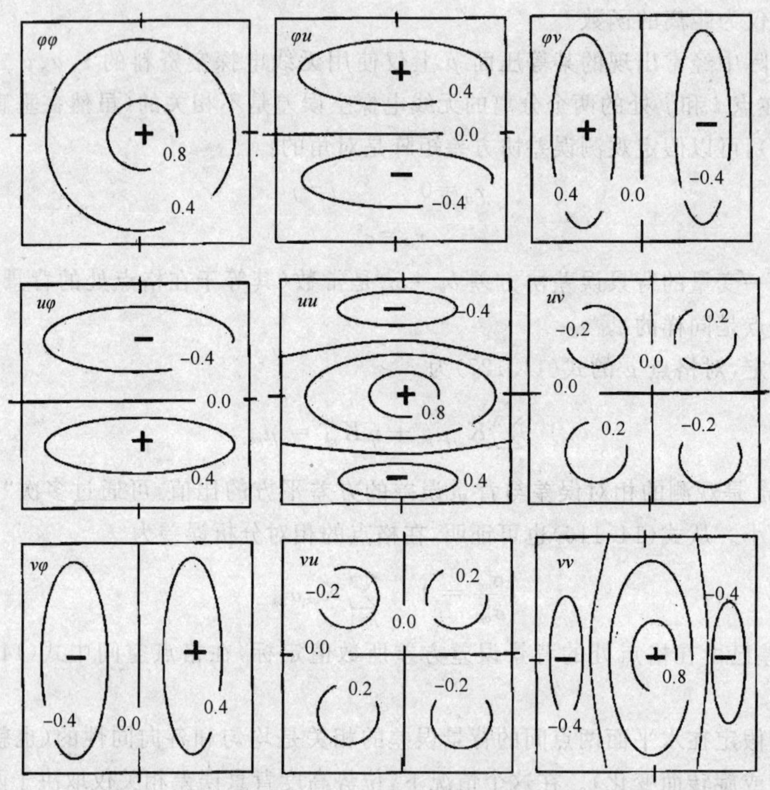

图 14.16　多变量 IO 分析假定用地转增量产生的相关和互相关系数

图 14.16 给出了在 OI 中使用的典型的高度和风的互相关函数的图形，注意到 u-h 的互相关较 h-u 的互相关为相反的符号，因为第一和第二变量分别相应 i 和 j 第一和第二两点。例如一个较高的观测导得 h 增量正的解将是 u 向北的正增量结果，相反，一个 u 的增量将导得 h 向北的负增量。

式(14.134)在赤道地区不能成立，在这地区，作对风和高度增量的去耦合近似。

三、Bratseth OI 的迭代方法

Bratseth(1986)提出一个收敛到 OI 分析的 SCM 变化形式，它是根据几何级数的收敛

$$\sum_{k=0}^{\infty}(\boldsymbol{I}-\boldsymbol{A})^k = \boldsymbol{A}^{-1} \qquad (\boldsymbol{I}-\boldsymbol{A})^k \to 0 \qquad k \to \infty \tag{14.135}$$

OI 算法写为

$$\boldsymbol{x}_g^a=\boldsymbol{x}_g^b+(\boldsymbol{BH}^{\mathrm{T}})_g\boldsymbol{M}^{-1}\boldsymbol{d} \tag{14.136}$$

式中，$\boldsymbol{d}$ 是由逐次迭代确定的订正矢量。$\boldsymbol{M}$ 是为提高收敛速度选取的对角矩阵。

Bratseth's 算法由一系列订正计算组成(没有如 OI 那样将矩阵的逆变换为最优权重)：

$$\boldsymbol{d}_0=\delta\boldsymbol{y}$$

$$\boldsymbol{d}_v=[\boldsymbol{I}-(\boldsymbol{HBH}^{\mathrm{T}}+\boldsymbol{R})\boldsymbol{M}^{-1}]\boldsymbol{d}_{v-1} \tag{14.137}$$

使用迭代公式(14.137)，订正为

$$\boldsymbol{d}_v=\sum_{k=0}^{v}[\boldsymbol{I}-(\boldsymbol{HBH}^{\mathrm{T}}+\boldsymbol{R})\boldsymbol{M}^{-1}]^k\delta\boldsymbol{y} \tag{14.138}$$

式(14.138)中的求和是一个几何级数。由于选取的 $\boldsymbol{M}$ 保证收敛，在足够大的 j 范围内，级数收敛为

$$\boldsymbol{d}_\infty=[(\boldsymbol{HBH}^{T}+\boldsymbol{R})\boldsymbol{M}^{-1}]^{-1}\delta\boldsymbol{y}=\boldsymbol{M}(\boldsymbol{HBH}^{\mathrm{T}}+R)^{-1}\delta\boldsymbol{y} \tag{14.139}$$

在足够次数的迭代后，把订正式(14.139)代入式(14.136)，则 OI 的期望解(与 $\boldsymbol{M}$ 无关)为

$$\boldsymbol{x}_g^a=\boldsymbol{x}_g^b+(\boldsymbol{BH}^{\mathrm{T}})_g(\boldsymbol{HBH}^{\mathrm{T}}+\boldsymbol{R})^{-1}\delta\boldsymbol{y} \tag{14.140}$$

由于对角矩阵 $\boldsymbol{M}$ 是任意的，Bratseth's 提出一个加速收敛的选择

$$m_{jj}=\sum_{k=1}^{p}|b_{jk}+r_{jk}| \tag{14.141}$$

式中，b_{jk} 是矩阵 $\boldsymbol{HBH}^{\mathrm{T}}$ 的元素，而 r_{jk} 是矩阵 $\boldsymbol{R}$ 的元素。在下面例子中进一步说明这方法。

OI 的一维例子与 Bratseth's 方案的比较：考虑一维格点空间的简单例子，在沿 x 轴的 $x_1=0$ 和 $x_2=\alpha L_\varphi$ 上有两个位势高度观测，这里 L_φ 是位势观测的相关长度，所有格点处在 x 轴上 $x_g=g\Delta x$。对每一个格点，可以把式(14.126)和式(14.127)重新写为

$$\varphi_g^a=\varphi_g^b+w_{g1}(\varphi_1^o-\varphi_1^b)+w_{g2}(\varphi_2^o-\varphi_2^b) \tag{14.142}$$

式中权重由下面线性方程式组得到

$$(b_{11}+r_{11})w_{g1}+b_{12}w_{g2}=b_{1g}$$

$$b_{21}w_{g1}+(b_{22}+r_{22})w_{g2}=b_{2g} \tag{14.143}$$

如前注意到的，假定在不同的点的观测误差是不相关的，并且它们与背景误差是不相关的。

如前假定背景误差相关是高斯分布

$$b_{ij}=\sigma_\varphi^2\mu_{ij}=\sigma_\varphi^2\mathrm{e}^{-(x_i-x_j)^2/2L_\varphi^2} \tag{14.144}$$

并且观测与背景误差方差之比是

$$\eta=r_{ii}/b_{ii}=\sigma_o^2/\sigma_\varphi^2 \tag{14.145}$$

如果一个观测是位势，另一个观测是风 v，则项 b_{ij} 由下式计算：

$$b_{ij}=\frac{1}{f}\frac{\partial E(\delta\varphi_i\delta v_j)}{\partial x_j}=\frac{\sigma_\varphi^2}{f}\frac{\partial\mu_{ij}}{\partial x_j}=\frac{\sigma_\varphi^2}{f}\frac{\partial\mathrm{e}^{-(x_i-x_j)^2/2L_\varphi^2}}{\partial x_j}$$

$$=\frac{\sigma_\varphi^2(x_i-x_j)}{fL_\varphi^2}\mathrm{e}^{-(x_i-x_j)^2/2L_\varphi^2} \tag{14.146}$$

为直接求解 OI 问题，下面讨论对于相同格点和多于两次观测的 Bratseth's 迭代方法。首先通过实行足够的逐次迭代计算订正矢量 $\boldsymbol{d}$，假定 p 个观测是影响格点 g，迭代的第一步就是观测增量矢量

$$\boldsymbol{d}_0=\begin{bmatrix}\varphi_1^o-\varphi_1^b\\ \vdots\\ \varphi_p^o-\varphi_p^b\end{bmatrix} \tag{14.147}$$

由下式给出随后的迭代

$$\boldsymbol{d}_v=\boldsymbol{A}\boldsymbol{d}_{v-1}+\boldsymbol{d}_0 \tag{14.148}$$

矩阵 $\boldsymbol{A}$ 的元素 a_{ij} 如式(14.137)那样,由下式得出

$$a_{ij}=\delta_{ij}-(b_{ij}+\delta_{ij}r_{ij})/m_{jj} \tag{14.149}$$

式中,如果 $i=j$,则 $\delta_{ij}=1$,否则为 0。而数值矩阵 $\boldsymbol{M}^{-1}$ 的元素为

$$m_{jj}=\sum_{k=1}^{p}|b_{jk}+\delta_{jk}r_{jk}| \tag{14.150}$$

通过 Bratseth 选取以加速收敛。

对于 $\boldsymbol{d}$ 实行足够多的迭代,格点的分析由下式得到

$$\varphi_g^a=\varphi_g^b+(b_{g1}\cdots b_{gp})\begin{bmatrix}1/m_{11} & 0 & \cdots & 0\\ 0 & 1/m_{11} & \cdots & 0\\ \vdots & \vdots & & \vdots\\ 0 & 0 & \cdots & 1/m_{11}\end{bmatrix}\begin{bmatrix}d_1\\ \vdots\\ d_p\end{bmatrix} \tag{14.151}$$

如前证明,$\boldsymbol{d}$ 随 v 的增大而收敛为

$$\boldsymbol{d}_v\to\boldsymbol{M}(\boldsymbol{B}+\boldsymbol{R})^{-1}\boldsymbol{d}_0 \tag{14.152}$$

因此

$$\varphi_g^a\to\varphi_g^b+(b_{g1}\cdots b_{gp})\begin{bmatrix}b_{11}+r_{11} & b_{12} & \cdots & b_{1p}\\ b_{21} & b_{22}+r_{22} & \cdots & b_{2p}\\ \vdots & \vdots & & \vdots\\ b_{p1} & b_{p2} & \cdots & b_{pp}+r_{pp}\end{bmatrix}^{-1}\begin{bmatrix}d_1\\ \vdots\\ d_p\end{bmatrix}_0 \tag{14.153}$$

这就是 OI 分析。

第五节　三维变分、物理空间分析方法和与 OI(插入法)的关系

从前一节看到,通过最小分析误差方差(通过最小二乘法求取最优权重)最优分析的数值公式与通过一变分方法(求取测量它对于背景和对于观测的距离的损失函数极小)求解同样问题之间是重要等效。当涉及三维场时同样是真实的。在推导 OI 中,求取了分析误差协方差极小的最优权重矩阵 $\boldsymbol{K}$。Lorenc(1986)证明这个解与的变分同化确定问题是等同的:求取最优分析场 $\boldsymbol{x}_a$ 是使标量损失函数最小,损失函数定义为通过背景误差协方差的逆加权的 $\boldsymbol{x}$ 与背景 $\boldsymbol{x}_b$ 之间的距离,加上由观测误差协方差的逆加权的 $\boldsymbol{x}$ 和观测 $\boldsymbol{y}_o$ 的距离:

$$2J(\boldsymbol{x})=(\boldsymbol{x}-\boldsymbol{x}_b)^{\mathrm{T}}\boldsymbol{B}^{-1}(\boldsymbol{x}-\boldsymbol{x}^b)+[\boldsymbol{y}_o-\boldsymbol{H}(\boldsymbol{x})]^{\mathrm{T}}\boldsymbol{R}^{-1}[\boldsymbol{y}_o-\boldsymbol{H}(\boldsymbol{x})] \tag{14.154}$$

对具有两个测量简单标量情况,变分损失函数可通过最大似然方法导得,也就是,给出两个独立测量,分析最相似的大气状态。类似地,可以定义给定背景场和新的观测的真实状态的似然函数

$$L_{\mathbf{B}}(\boldsymbol{x}\,||\,\boldsymbol{x}_b)=p_{\boldsymbol{B}}(\boldsymbol{x}_b\,||\,\boldsymbol{x})=\frac{1}{(2\pi)^{n/2}|\boldsymbol{B}|^{1/2}}\mathrm{e}^{-\frac{1}{2}[(\boldsymbol{x}_b-\boldsymbol{x})^{\mathrm{T}}\boldsymbol{B}^{-1}(\boldsymbol{x}_b-\boldsymbol{x})]} \tag{14.155}$$

$$L_{\mathbf{R}}(\boldsymbol{x}\,||\,\boldsymbol{y}_o)=p_{\mathbf{R}}(\boldsymbol{y}_o\,||\,\boldsymbol{x})=\frac{1}{(2\pi)^{p/2}|\boldsymbol{R}|^{1/2}}\mathrm{e}^{-\frac{1}{2}[(\boldsymbol{y}_o-H(\boldsymbol{x}))^{\mathrm{T}}\boldsymbol{R}^{-1}(\boldsymbol{y}_o-H(\boldsymbol{x}))]} \tag{14.156}$$

由于背景和新观测是独立的，它们的联立概率是两个高斯概率的乘积，大气最相似状态 $\boldsymbol{x}$ 为联立概率极大，这个最大也与当联立概率的对数极大相关联，其与损失函数极小是同样的。

一、三维变分同化(3D-Var)

三维变分损失函数也可以由贝叶斯得出，这种情况下假定真实场是由先验概率分布函数确定的随机过程(给定背景场)

$$p_{\mathbf{B}}(\boldsymbol{x})=\frac{1}{(2\pi)^{n/2}|\boldsymbol{B}|^{1/2}}\mathrm{e}^{-\frac{1}{2}[(\boldsymbol{x}_b-\boldsymbol{x})^{\mathrm{T}}\boldsymbol{B}^{-1}(\boldsymbol{x}_b-\boldsymbol{x})]} \tag{14.157}$$

贝叶斯定理表明，给定一个新的观测 $\boldsymbol{y}_o$，一个真实场的后验概率分布为

$$p(\boldsymbol{x}\,||\,\boldsymbol{y}_o)=\frac{p(\boldsymbol{y}_o|\boldsymbol{x})\,p_{\mathbf{B}}(\boldsymbol{x})}{p(\boldsymbol{y}_o)} \tag{14.158}$$

真实状态的贝叶斯估计是最大后验概率之一，式(14.158)分母是观测的气候分布，而且不取决于当前真实状态 $\boldsymbol{x}$。因此当分子极大时或由损失函数极小，得到后验概率最大。

对于 $\boldsymbol{x}=\boldsymbol{x}_a$ 时，按式(14.154)的 $J(\boldsymbol{x})$ 的极小，也就是求解下式

$$\nabla_{x}J(\boldsymbol{x}_a)=0 \tag{14.159}$$

得到分析解。

由以下方式得到精确解，如在上节中，展开式(14.154)的第二项——观测差项，假定分析值近似真值，并因此对于观测，按背景值将 H 线性化：

$$\boldsymbol{y}_o-\boldsymbol{H}(\boldsymbol{x})=\boldsymbol{y}_o-H[\boldsymbol{x}_b+(\boldsymbol{x}_b-\boldsymbol{x})]=[\boldsymbol{y}_o-H(\boldsymbol{x}_b)]-\boldsymbol{H}(\boldsymbol{x}-\boldsymbol{x}_b) \tag{14.160}$$

把式(14.160)代入式(14.154)给出

$$\begin{aligned}2J(\boldsymbol{x})=&(\boldsymbol{x}-\boldsymbol{x}_b)^{\mathrm{T}}\boldsymbol{B}^{-1}(\boldsymbol{x}-\boldsymbol{x}_b)+\\&[\boldsymbol{y}_o-H(\boldsymbol{x}_b)]-\boldsymbol{H}(\boldsymbol{x}-\boldsymbol{x}_b)]^{\mathrm{T}}\boldsymbol{R}^{-1}[\boldsymbol{y}_o-H(\boldsymbol{x}_b)]-\boldsymbol{H}(\boldsymbol{x}-\boldsymbol{x}_b)]\end{aligned} \tag{14.161}$$

将乘积项展开，对于转置矩阵积使用转置规则，则给出

$$\begin{aligned}2J(\boldsymbol{x})=&(\boldsymbol{x}-\boldsymbol{x}_b)^{\mathrm{T}}\boldsymbol{B}^{-1}(\boldsymbol{x}-\boldsymbol{x}^b)+(\boldsymbol{x}-\boldsymbol{x}_b)^{\mathrm{T}}\boldsymbol{H}^{\mathrm{T}}\boldsymbol{R}^{-1}\boldsymbol{H}(\boldsymbol{x}-\boldsymbol{x}_b)-\\&\{\boldsymbol{y}_o-H(\boldsymbol{x}_b)\}^{\mathrm{T}}\boldsymbol{R}^{-1}\boldsymbol{H}(\boldsymbol{x}-\boldsymbol{x}^b)-(\boldsymbol{x}-\boldsymbol{x}_b)^{\mathrm{T}}\boldsymbol{H}^{\mathrm{T}}\boldsymbol{R}^{-1}\{\boldsymbol{y}_o-H(\boldsymbol{x}_b)\}+\\&\{\boldsymbol{y}_o-H(\boldsymbol{x}_b)\}^{\mathrm{T}}\boldsymbol{R}^{-1}\{\boldsymbol{y}_o-H(\boldsymbol{x}_b)\}\end{aligned} \tag{14.162}$$

损失函数是分析增量$(\boldsymbol{x}-\boldsymbol{x}_b)$的二次函数，根据式(14.85)，给出一个二次函数，$F(\boldsymbol{x})=\frac{1}{2}\boldsymbol{x}^{\mathrm{T}}\boldsymbol{A}\boldsymbol{x}+\boldsymbol{d}^{\mathrm{T}}\boldsymbol{x}+c$，式中，$\boldsymbol{A}$ 是对称矩阵，$\boldsymbol{d}$ 是一矢量，c 是一标量。其梯度为$\nabla F(\boldsymbol{x})=\boldsymbol{A}\boldsymbol{x}+\boldsymbol{d}$。对于 $\boldsymbol{x}$(或对于$(\boldsymbol{x}-\boldsymbol{x}_b)$)的损失函数 J 的梯度为

$$\nabla J(\boldsymbol{x})=\boldsymbol{B}^{-1}(\boldsymbol{x}-\boldsymbol{x}_b)+\boldsymbol{H}^{\mathrm{T}}\boldsymbol{R}^{-1}\boldsymbol{H}(\boldsymbol{x}-\boldsymbol{x}_b)-\boldsymbol{H}^{\mathrm{T}}\boldsymbol{R}^{-1}\{\boldsymbol{y}_o-H(\boldsymbol{x}_b)\} \tag{14.163}$$

现设$\nabla J(\boldsymbol{x}_a)=0$，以确保 J 为极小，由此得到对于 $\boldsymbol{x}_a-\boldsymbol{x}_b$ 的方程式

$$(\boldsymbol{B}^{-1}+\boldsymbol{H}^{\mathrm{T}}\boldsymbol{R}^{-1}\boldsymbol{H})(\boldsymbol{x}_a-\boldsymbol{x}_b)=\boldsymbol{H}^{\mathrm{T}}\boldsymbol{R}^{-1}\{\boldsymbol{y}_o-H(\boldsymbol{x}_b)\} \tag{14.164}$$

或

$$\boldsymbol{x}_a=\boldsymbol{x}_b+(\boldsymbol{B}^{-1}+\boldsymbol{H}^{\mathrm{T}}\boldsymbol{R}^{-1}\boldsymbol{H})^{-1}\boldsymbol{H}^{\mathrm{T}}\boldsymbol{R}^{-1}\{\boldsymbol{y}_o-H(\boldsymbol{x}_b)\} \tag{14.165}$$

其增量形式为

$$\delta \boldsymbol{x}_a = (\boldsymbol{B}^{-1} + \boldsymbol{H}^{\mathrm{T}} \boldsymbol{R}^{-1} \boldsymbol{H})^{-1} \boldsymbol{H}^{\mathrm{T}} \boldsymbol{R}^{-1} \delta \boldsymbol{y}_o \tag{14.166}$$

在形式上，这是个变分分析问题的解，但事实上该解是通过用共轭梯度迭代法或准牛顿方法使$J(\boldsymbol{x})$最小的算法。

注意对于极小的控制变量(也就是对于损失函数J极小的变量)是分析量，不是在OI中的权重。分析的误差方差极小之间的等效性(通过最小二乘法求取最优权重)，三维变分损失函数方法(求取最优解，为与通过方差逆的观测权重距离极小)是一个重要特性。

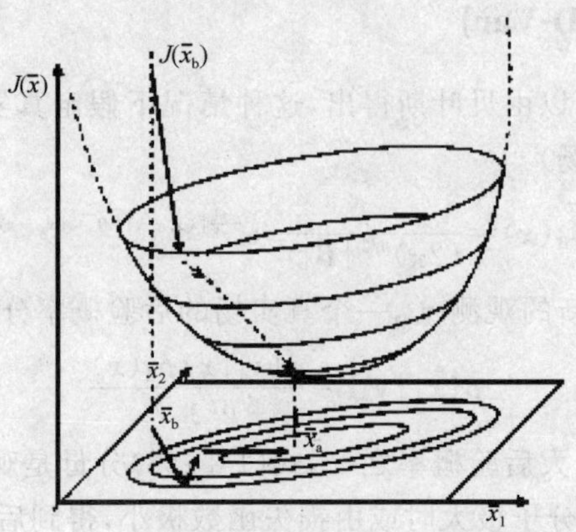

图 14.17　三维变分损失函数极小的图解表示

图14.17显示了三维变分方法损失(目标)函数极小的几何图形，二次方损失函数具有抛物面形状，在最优分析$\boldsymbol{x}_a$处极小，极小工作是通过几条线的搜索，移动控制变量$\boldsymbol{x}$到损失函数较小的面元区，通常在损失函数局地斜坡(梯度)寻找。

二、OI和3D变分统计问题的等效性

现证明在部分得到的3D变分解和OI解析解的间的等效性。也表明在式(14.165)中权重矩阵乘修正量$\{\boldsymbol{y}_o - H(\boldsymbol{x}_b)\} = \delta \boldsymbol{y}_o$是由OI得到的权重矩阵是同样的，也就是

$$\boldsymbol{K} = (\boldsymbol{B}^{-1} + \boldsymbol{H}^{\mathrm{T}} \boldsymbol{R}^{-1} \boldsymbol{H})^{-1} \boldsymbol{H}^{\mathrm{T}} \boldsymbol{R}^{-1} = (\boldsymbol{B}\boldsymbol{H}^{\mathrm{T}})(\boldsymbol{R} + \boldsymbol{H}\boldsymbol{B}\boldsymbol{H}^{\mathrm{T}})^{-1} \tag{14.167}$$

这一等式是一个公式。如果观测变量与模式变量是同样的，就是如果$\boldsymbol{H} = \boldsymbol{H}^{\mathrm{T}} = \boldsymbol{I}$，则使用矩阵乘积的逆和转置规则，直接得到式(14.167)。但是通常$\boldsymbol{H}$是个矩形和不可逆的矩阵。式(14.167)可以考虑下面一组矩阵方程证明

$$\begin{pmatrix} \boldsymbol{R} & \boldsymbol{H} \\ \boldsymbol{H} & -\boldsymbol{B}^{-1} \end{pmatrix} \begin{pmatrix} \boldsymbol{K} \\ \delta \boldsymbol{x}_a \end{pmatrix} = \begin{pmatrix} \delta \boldsymbol{y}_o \\ \boldsymbol{0} \end{pmatrix} \tag{14.168}$$

式中，$\boldsymbol{K}$是一个矢量，现要由式(14.168)导得方程$\delta \boldsymbol{x}_a = (\boldsymbol{B}^{-1} + \boldsymbol{H}^{\mathrm{T}} \boldsymbol{R}^{-1} \boldsymbol{H})^{-1} \boldsymbol{H}^{\mathrm{T}} \boldsymbol{R}^{-1} \delta \boldsymbol{y}_o$，对于权重函数的3D-Var。另一方面，由两行消去$\delta \boldsymbol{x}_a$，得矢量方程$\boldsymbol{K}$，$\boldsymbol{K} = (\boldsymbol{R} + \boldsymbol{H}^{\mathrm{T}} \boldsymbol{R}^{-1} \boldsymbol{H})^{-1} \delta \boldsymbol{y}_o$。由$\boldsymbol{K}$代入式(14.145)的第二组行，得到对于权重矩阵的**OI**：$\delta \boldsymbol{x}_a = \boldsymbol{B}\boldsymbol{H}^{\mathrm{T}}(\boldsymbol{H}\boldsymbol{B}\boldsymbol{H}^{\mathrm{T}} + \boldsymbol{R})^{-1} \delta \boldsymbol{y}_o$，这就证明了通过3D-Var和OI求解问题的公式的等效性。不过由于解的方法的不同，它们的结果是不同的，并且大多数采用3D-Var方法。

三、物理空间解析系统

Da Silva等(1995)引入另一个与3D-Var和OI有关的方法，其是在观测空间完成极小，而

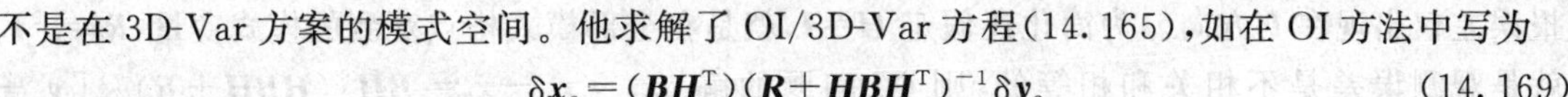

不是在 3D-Var 方案的模式空间。他求解了 OI/3D-Var 方程(14.165)，如在 OI 方法中写为

$$\delta \boldsymbol{x}_a=(\boldsymbol{B}\boldsymbol{H}^{\mathrm{T}})(\boldsymbol{R}+\boldsymbol{H}\boldsymbol{B}\boldsymbol{H}^{\mathrm{T}})^{-1}\delta \boldsymbol{y}_o \tag{14.169}$$

但是分为两步：

$$\boldsymbol{K}=(\boldsymbol{R}+\boldsymbol{H}\boldsymbol{B}\boldsymbol{H}^{\mathrm{T}})^{-1}\delta \boldsymbol{y}_o \tag{14.170}$$

满足

$$\delta \boldsymbol{x}_a=(\boldsymbol{B}\boldsymbol{H}^{\mathrm{T}})\boldsymbol{w} \tag{14.171}$$

这第一步计算量最大，通过损失函数极小

$$J(\boldsymbol{K})=\frac{1}{2}\boldsymbol{w}^{\mathrm{T}}(\boldsymbol{R}+\boldsymbol{H}\boldsymbol{B}\boldsymbol{H}^{\mathrm{T}})\boldsymbol{K}-\boldsymbol{K}^{\mathrm{T}}[\boldsymbol{y}_o-H(\boldsymbol{x}_b)] \tag{14.172}$$

如果观测数比模式的自由度数小很多，这是对于达到类似的 3D-Var 结果的更有效的方法。

如 $\boldsymbol{K}$ 的中间解由下式表示

$$\boldsymbol{K}=\boldsymbol{R}^{-1}(\delta \boldsymbol{y}_o-\boldsymbol{H}\delta \boldsymbol{x}_a)=\boldsymbol{R}^{-1}[\boldsymbol{y}_o-H(\boldsymbol{x}_b)] \tag{14.173}$$

也就是通过观测协方差矩阵的逆加权的分析值与观测值错配。

四、3D 变分，PSAS 和 OI 方法优点的评述

虽然三种统计内插法解同样的问题，但是解的方法有明显不同。如前面所表明的，在实际中，OI 方法要求引入若干近似，局地解的解析，格点与格点、或小体积与小体积。对此要求使用一个“影响半径”，选取最接近格点或分析体积的测站。背景协方差矩阵也具有局地近似。虽然它们的形式是等效的，3D-Var 与 PSAS 最相近，相对于 OI 方法有重要的优点，因为是使用全局极小算法使损失函数极小，并作为结果不需要通过 OI 所作的许多简化近似。

①在 3D-Var(PSAS)中，没有数据选择，同时使用全部得到的数据，这避免了在选用不同观测时区域之间边界的跳跃。

②在 OI 中，背景误差协方差是由粗假定得到，如将相关分为水平和垂直高斯相关，并背景误差在地转平衡中。对于 3D-Var 背景误差协方差矩阵，虽然它仍然要求简化假设，可以用更一般的，全球方法，而不是在 OI 中使用的局地近似。特别是多数业务中心对于估算下面预报误差协方差采用“NMC 方法”，即：

$$\boldsymbol{B}\approx\alpha E\{[\boldsymbol{x}_f(48\ \mathrm{h})-\boldsymbol{x}_f(24\ \mathrm{h})][\boldsymbol{x}_f(48\ \mathrm{h})-\boldsymbol{x}_f(24\ \mathrm{h})]^{\mathrm{T}}\} \tag{14.174}$$

如在式(14.174)表明的，在“NMC”方法中，预报或背景误差协方差的结构的估计为同一时间对两个短期模式预报之间许多(如 50)差的平均。则协方差的大小量级是合适的尺度。在这近似中，宁可由与无线电探测的差估算预报误差协方差的结构，模式预报差本身提供了多变量全球预报差协方差。严格地说，预报协方差式(14.174)是预报差协方差，并仅是对于预报误差的结构替代。除此之外，它已表明，比预先由预报分钟观测估计的计算估计产生更好的结果。对这改进的重要原因是无线电探空网没有足够的数据密度提供合适的全球结构估计，式(14.174)提供一个预报误差结构的全球表示。在 NCEP 系统中，根据谱模式预报变量的分析变量。这可以一个主要简化：水平均匀的假定和误差协方差各向同性意味着谱模式误差是不相关的，也就是在谱空间中背景误差协方差是对角的。在垂直方向用经验正交函数展开。

③背景误差协方差 $\boldsymbol{B}$ 在确定 OI 分析增量的特征中具有一个重要作用。分析增量仅能发生在由 B 的子空间内。

这很容易证明，如果假定背景误差协方差由一个矢量 $\boldsymbol{b}$ 构成，也就是 $\boldsymbol{B}=\boldsymbol{b}\boldsymbol{b}^{\mathrm{T}}$。这假定预

报误差仅出现在 $\boldsymbol{b}$ 方向。为简化还假定 $\boldsymbol{H}=\boldsymbol{I}$，就是在全部模式格点观测的模式变量，$\boldsymbol{R}=\alpha^2\boldsymbol{I}$，就是观测误差是不相关和相等的，则 OI 问题的解 $\delta\boldsymbol{x}_a=\boldsymbol{x}_a-\boldsymbol{x}_b=\boldsymbol{BH}^{\mathrm{T}}(\boldsymbol{HBH}+\boldsymbol{R})^{-1}[\boldsymbol{y}_o-H(\boldsymbol{x}_b)]$可精确地写为 $\delta\boldsymbol{x}_a=\boldsymbol{bb}^{\mathrm{T}}\delta\boldsymbol{y}_o/(\boldsymbol{b}^{\mathrm{T}}\boldsymbol{b}+\alpha^2)$。

注意到分析增量具有 $\boldsymbol{b}$ 方向，而宏观世界的大小按矢量 $\boldsymbol{b}$ 子空间观测增量投影成比例。

如果 $\boldsymbol{H}\neq\boldsymbol{I}$，可以写 $\tilde{\boldsymbol{b}}=\boldsymbol{Hb}$，则 $\boldsymbol{H}\delta\boldsymbol{x}=\boldsymbol{HBH}^{\mathrm{T}}(\boldsymbol{HBH}+\boldsymbol{R})^{-1}\times[\boldsymbol{y}_o-H(\boldsymbol{x}_b)]$，由先前公式得到

$$\delta\boldsymbol{x}_a=\frac{\boldsymbol{bb}^{\mathrm{T}}\boldsymbol{H}^{\mathrm{T}}[\boldsymbol{y}_o-H(\boldsymbol{x}_b)]}{\boldsymbol{b}^{\mathrm{T}}\boldsymbol{H}^{\mathrm{T}}\boldsymbol{Hb}+\alpha^2} \tag{14.175}$$

再证明分析增量发生在 $\boldsymbol{b}$ 方向，具有的振幅与关于 $\boldsymbol{b}$ 子空间修正投影成比例。

如果 $\boldsymbol{B}=\sum_{i=1}^{k}\boldsymbol{b}_i$，存在于 $k<n$ 维的子空间，模式的维数，则 3D-Var 损失函数 $2J(\boldsymbol{x})=(\boldsymbol{x}-\boldsymbol{x}_b)^{\mathrm{T}}\boldsymbol{B}^{-1}(\boldsymbol{x}-\boldsymbol{x}_b)+[\boldsymbol{y}_o-H(\boldsymbol{x})]^{\mathrm{T}}\boldsymbol{R}^{-1}[\boldsymbol{y}_o-H(\boldsymbol{x})]$用上可再证明，由通过 $\boldsymbol{b}_i$ 矢量的 k 维子空间内。这就是因为在子空间外侧，协方差矩阵的逆是无限大，并由此在 k 维的子空间内的增量不是禁止的，因为它引起损失函数的值大的增加。

④对损失函数，在没有增加极小的损失附加约束是可能的，例如，在式(14.154)得出损失函数的“处罚”项强迫联立分析增量近似，满足线性全球平衡方程。在 OI 中，利用地转约束增量以仅达到在分析中近似平衡。在实际中，发现按照非线性标准模初始化 OI 分析。用全球平衡方程加上弱约束损失函数，在 NCEP 全球模式中通过与由 OI 得到的结果比较更多的阶数降低旋转式(14.154)。换言之，用实行 3D-Var，成为不需要在分析过程中进行区分初始步骤。

⑤也结合在观测变量和模式变量重要的非线性关系，在损失函数式(14.154)极小的 H 算子中，通过进行内部的 H 线性观测算子迭代运算中保持定值，而与外部迭代是不断更新的。这在 OI 方法中是很困难的。

⑥引入 3D-Var 具有辐射的三维变量的同化，在这方法中，没有进行反演，代之将每一卫星感应器作为具有无互相关的误差的独立的观测。作为结果，对于每一卫星观测的步点，即使某些通道测量被拒绝，因为受到云的污染，其他仍可使用。除此之外，由于所有的资料被同时同化，在某一位置通道的数据可能影响在不同地理位置的卫星资料的使用。当观测空间而不是反演空间做的，观测质量控制成为更容易和更可靠。

⑦在三维求解中，包括观测质量控制也是可能的。

⑧3D-Var(PSAS)的观测空间提供改进迭代解的可能，通过一组资料，解决预处理问题。

第六节　扩展的卡尔曼滤波

3D-Var 同化仅对状态不变的情形，而对于随时间变化的状态，3D-Var 同化无法作为状态的预测进行同化，因此必须在同化过程中引入时间，由此发展了 KF-卡尔曼滤波和 4D-Var 同化。图 14.18 显示了卡尔曼滤波和 4D-Var 同化的比较，卡尔曼滤波是使用时间步长$[t_i,t_{i+1}]$的观测数据，在离散模式的每一时间步进行一次分析，KF-卡尔曼滤波的解表现为在每一时间步有跃变，它是在模式的每一时间步求解广大义逆；4D-Var 是在$[0,\tau]$同化窗内积分，4D-Var 的解是连续曲线。实际中两者的解在 4D-Var 同化窗的终端十分接近。

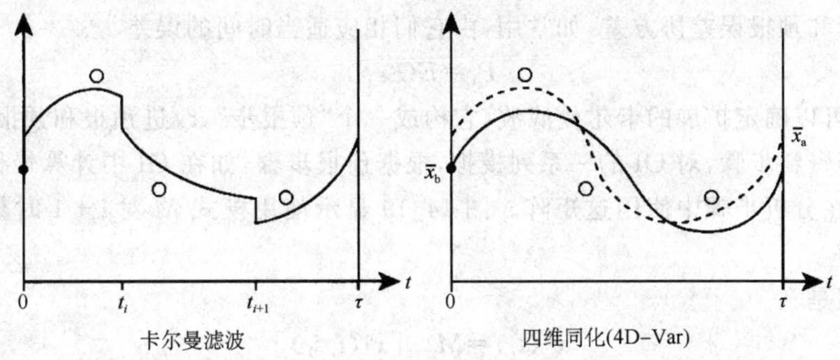

图 14.18　KF-卡尔曼滤波和 4D-Var 同化比较

如在前面节研讨的，对于简单的标量情况，卡尔曼滤波(KF)形式中与 OI 是十分类似的，但是它具有的主要差别是：预报或背景误差协方差 $\boldsymbol{P}^f(t_i)$ 是使用模式本身的时间变化确定，而不是将它为一个定值的协方差矩阵 $\boldsymbol{B}$。

设 $\boldsymbol{x}^f(t_i)=M_{i-1}[\boldsymbol{x}^a(t_{i-1})]$ 表示由先前分析时间 t_{i-1} 到现在时间 t_i 的(非线性)模式预报改进，模式是不完美的(事实上，它已离散化，因此，它不包括次网格过程)。因此假定对于真实大气为

$$\boldsymbol{x}^t(t_i)=M_{i-1}[\boldsymbol{x}^t(t_{i-1})]+\eta(t_{i-1}) \tag{14.176}$$

式中，η 是噪声平均值为零的过程和协方差矩阵 $\boldsymbol{Q}_{i-1}=E(\eta_{i-1}\eta_{i-1}^{\mathrm{T}})$ 的(就是当由一个好初始条件开始，预报误差由 $-\eta_{i-1}$ 给出，为方便选择其负号)。虽然假定平均误差为 0，在现实的模式误差中有重要的偏差，应当考虑到。Dee 等(1998)提出如何估计和修正这些模式偏差。

在扩展的卡尔曼滤波中，关于 t_{i-1} 和 t_i 之间的模式非线性投影的线性化模式得到预报协方差误差，这样如果引入在初始条件中引入一扰动，下式给出最终扰动

$$\begin{aligned}\boldsymbol{x}(t_i)+\delta\boldsymbol{x}(t_i)&=M_{i-1}[\boldsymbol{x}(t_{i-1})+\delta\boldsymbol{x}(t_{i-1})]\\&=M_{i-1}[\boldsymbol{x}(t_{i-1})]+\boldsymbol{L}_{i-1}\delta\boldsymbol{x}(t_{i-1})+O(|\delta\boldsymbol{x}|^2)\end{aligned} \tag{14.177}$$

线性化正切模式 $\boldsymbol{L}_{i-1}$ 是一个在时刻 t_{i-1} 变换为在时刻 t_i 的最终扰动的矩阵。这里要指出的是如果在时间间隔 t_0-t_i 有若干步，通过每一步的改进线性正切模式矩阵的乘积给出由时刻 t_0 到 t_i 扰动的改进的线性正切模式表示为

$$\boldsymbol{L}(t_0,t_i)=\prod_{j=i-1}^{0}\boldsymbol{L}(t_j,t_{j+1})=\prod_{j=i-1}^{0}\boldsymbol{L}_j=\boldsymbol{L}_{j-1}\boldsymbol{L}_{j-2}\cdots\boldsymbol{L}_0 \tag{14.178}$$

因此，伴随模式(线性正切模式的转置)写为

$$\boldsymbol{L}(t_i,t_0)^{\mathrm{T}}=\prod_{j=0}^{i-1}\boldsymbol{L}(t_{j+1},t_j)^{\mathrm{T}}=\prod_{j=0}^{i-1}\boldsymbol{L}_j^{\mathrm{T}} \tag{14.179}$$

式(14.179)表明，伴随模式使扰动从后(终止时刻)向前(初始时刻)的“逆向”发展。如在 3D-Var和 OI 中，假定观测具有零平均的随机误差，观测误差协方差矩阵 $\boldsymbol{R}_i=E(\varepsilon_i^o\varepsilon_i^{o\mathrm{T}})$，这里

$$\boldsymbol{y}_i^o=H(\boldsymbol{x}^t(t_i))+\varepsilon_i^o \tag{14.180}$$

H 是向前或观测算子。

注意 6 h 预报误差取决于初始误差和由在这期间预报模式引入的误差：

$$\begin{aligned}\varepsilon_i^f&=M_{i-1}(\boldsymbol{x}_{i-1}^t)+\eta_i-M_{i-1}(\boldsymbol{x}_{i-1}^a)=M_{i-1}(\boldsymbol{x}_{i-1}^a+\boldsymbol{x}_{i-1}^t-\boldsymbol{x}_{i-1}^a)+\\&\quad\eta_i-M_{i-1}(\boldsymbol{x}_{i-1}^a)\approx\boldsymbol{L}_{i-1}\varepsilon_{i-1}^a+\eta_i\end{aligned} \tag{14.181}$$

式中已略去高阶项。

确定分析和预报误差协方差，如常用，由它们相应适当时间的误差

$$P_i = E(\varepsilon_i \varepsilon_i^{\mathrm{T}}) \tag{14.182}$$

从这些方程，可以确定扩展的卡尔曼滤波，它构成一个“预报步”，改进预报和预报误差协方差，由分析或更新资料步骤，对 OI 的一系列模拟，根据预报步骤，如在 OI 中计算最优权重或卡尔曼增益矩阵，在分析步骤中使用这矩阵。图 14.19 显示使用模式 M 对 $i+1$ 时刻的状态矢量的预报 x_{i+1}^f。

预报步骤是

$$\boldsymbol{x}^f(t_i) = M_{i-1}[\boldsymbol{x}^a(t_{i-1})] \tag{14.183}$$

$$\boldsymbol{P}^f(t_i) = \boldsymbol{L}_{i-1}\boldsymbol{P}^a(t_{i-1})\boldsymbol{L}_{i-1}^{\mathrm{T}} + \boldsymbol{Q}(t_{i-1}) \tag{14.183}$$

如在 OI 中写分析步骤，具有

$$\boldsymbol{x}^a(t_i) = \boldsymbol{x}^f(t_i) + \boldsymbol{K}_i\boldsymbol{d}_i \tag{14.184}$$

$$\boldsymbol{P}^a(t_i) = (\boldsymbol{I} - \boldsymbol{K}_i\boldsymbol{H}_i)\boldsymbol{P}^f(t_i) \tag{14.184}$$

式中

$$\boldsymbol{d}_i = \boldsymbol{y}_i^o - H[\boldsymbol{x}^f(t_i)] \tag{14.185}$$

是观测增量或修正量。

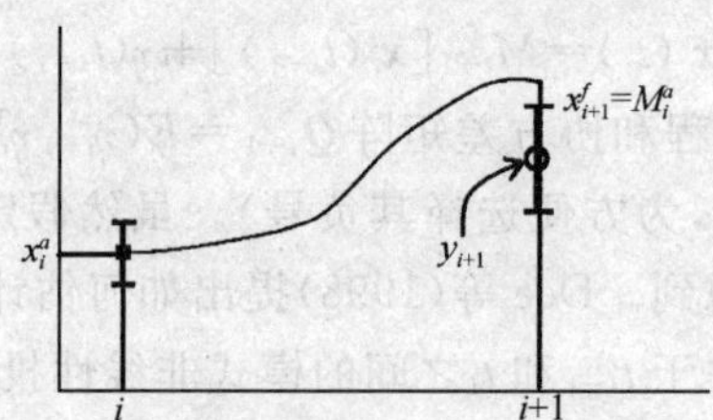

图 14.19　x_i^a 是真实状态 x_i^t 在时刻 i 的估计量，x_{i+1}^f 是使用模式 M 对 $i+1$ 时刻的状态矢量的预报，y_{i+1} 是 $i+1$ 时刻得到的观测量(Ide 等，1997)

在完成预报步计算后，对于卡尔曼增益或加权矩阵式(14.155)是通过分析误差协方差 $\boldsymbol{P}_i^a$ 最小得到的。对于 OI 它是由同一公式导得的，而对常定的背景协方差 $\boldsymbol{B}$，由随时间改变的预报误差协方差 $\boldsymbol{P}^f(t_i)$替代：

$$\boldsymbol{K}_i = \boldsymbol{P}^f(t_i)\boldsymbol{H}_i^{\mathrm{T}}[\boldsymbol{R}_i + \boldsymbol{H}_i\boldsymbol{P}^f(t_i)\boldsymbol{H}^{\mathrm{T}}]^{-1} \tag{14.186}$$

扩展卡尔曼滤波是资料同化的“黄金标准”，即使系统用很差的大气初始状态估测开始，扩展的卡尔曼滤波仍可通过一周的初始变换周期或这样进行，按它提供的大气状态的最佳线性无偏差估计和它的误差协方差进行。但是如果系统是很不稳定，观测次数不足够，对于线性化可能成为不精确，扩展的卡尔曼滤波可能偏离真实解。

对预报误差协方差矩阵的数据不断更新，保证分析考虑到每日的误差。由于线性模式矩阵 $\boldsymbol{L}_{i-1}$具有的大小为 n，现代模式的自由度数(10^6)和资料更新误差协方差是等效于进行 n 阶的模式积分，扩展的卡尔曼滤波耗时很大。由于这原因，这一步用简化的假定代替(如低阶模式)。

一、不确定性和 PDF

定量精确预报 x_{i+1}^f 可以用初始猜测误差和数值模式误差。在时刻 t_i，初始猜测误差和真实状态之间之间差是一误差矢，记为 $\varepsilon_i^a = \boldsymbol{x}_i^a - \boldsymbol{x}_{i+1}^t$。虽然它的值是未知的，但可以对于它的统计特性作若干假定，可以假定是无偏差的($\overline{\boldsymbol{\varepsilon}_i^a}=0$，其上横线表示期望值)，且它的误差 ε_i^a 是一

高斯随机变量的多变量分布,相应的概率密度函数(pdf)是

$$\varepsilon_i^a \rightarrow N(0,\boldsymbol{P}_i^a) \sim \exp\left[-\frac{1}{2}\varepsilon_i^{aT}\boldsymbol{P}_i^{a-1}\varepsilon_i^a\right] \tag{14.187}$$

式中,$\boldsymbol{P}_i^a=\overline{\varepsilon_i^a\varepsilon_i^{a\,\mathrm{T}}}$是与 $\boldsymbol{x}_i^a$ 相联的 $n\times n$ 误差协方差矩阵,^{T}表示转置,误差协方差是通过它的转置相乘获得和对许多样本求平均,导得对称的和正定矩阵。对于多元统计方法包含有很多的背景信息,类似地操作算子 $\boldsymbol{M}(t_i,t_{i+1})$存有不确定性和类似误差记为

$$\eta=\boldsymbol{M}(t_i,t_{i+1})\boldsymbol{x}_i^t-\boldsymbol{x}_{i+1}^t \tag{14.188}$$

又个别误差出现是未知的(否则可运行一个好的模式),但是可以假定它的统计分布是中心处于 $\overline{\eta}=0$ 的高斯分布:

$$\eta \rightarrow N(0,\boldsymbol{Q}) \sim \exp\left[-\frac{1}{2}\eta^{\mathrm{T}}\boldsymbol{Q}^{-1}\eta\right] \tag{14.189}$$

式中,$\boldsymbol{Q}=\overline{\eta\eta^{\mathrm{T}}}$是 $n\times n$ 的模式误差协方差矩阵。另假定 ε_i^a 和 η 是不相关的:$\overline{\varepsilon_i^a\eta^T}=0$。通常,这些统计假定对实际误差分布是十分粗糙的(特别是模式偏差是很一般的),但是在导得最优估计的基值是很方便的。图 14.20 表示状态矢量中误差图形说明。

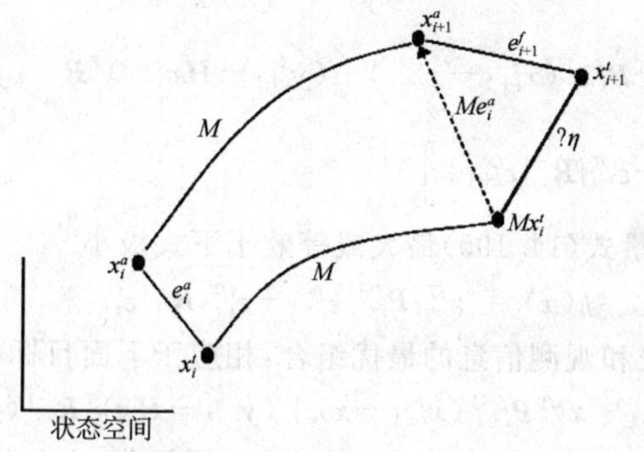

图 14.20　状态矢量中误差图形

根据上面定义,预报误差 ε_{i+1}^f 可以写为

$$\varepsilon_{i+1}^f=x_{i+1}^f-x_{i+1}^t=\boldsymbol{M}\boldsymbol{x}_i^a-(\boldsymbol{M}\boldsymbol{x}_i^t-\eta)=\boldsymbol{M}\varepsilon_i^a+\eta \tag{14.190}$$

如果模式是线性的,预报误差的统计特性很容易确定。实际上,式(14.190)、式(14.187)和式(14.183)意味着预报状态是无偏差的和正态分布,即

$$\varepsilon_{i+1}^f \rightarrow N(0,\boldsymbol{P}_{i+1}^f) \sim \exp\left[-\frac{1}{2}\varepsilon_{i+1}^{fT}\boldsymbol{P}_{i+1}^{f-1}\varepsilon_{i+1}^f\right] \tag{14.191}$$

具有预报误差协方差矩阵为

$$\boldsymbol{P}_{i+1}^f=\overline{\varepsilon_{i+1}^f\varepsilon_{i+1}^{f\,\mathrm{T}}}=\boldsymbol{M}\,\overline{\varepsilon_i^a\varepsilon_i^{a\,\mathrm{T}}}\boldsymbol{M}^{\mathrm{T}}+\overline{\eta\eta^{\mathrm{T}}}=\boldsymbol{M}\boldsymbol{P}_i^a\boldsymbol{M}^{\mathrm{T}}+\boldsymbol{Q} \tag{14.192}$$

这一方程式是第一个 KF 的基本方程式。它可以解释如下:在预报步期限间,通过动力模式转换初始状态的误差(对于不稳定模式,误差振幅加大;而对于稳定模式,误差减弱)和通过不完美模式会加大预报误差协方差。通过动力学模式了解实际效益和误差协方差传播界限是近几年重要研究课题。虽然代数形式是简单的,但这方程式包含有几种主要困难。

为了用新资料结合预报最优化,必须将 $i+1$ 时刻观测资料精确定量化,与实际状态有关的观测矢量为

$$\boldsymbol{y}_{i+1}=\boldsymbol{H}\boldsymbol{x}_{i+1}^t+\varepsilon_{i+1}^O \tag{14.193}$$

式中,$\boldsymbol{H}$ 是观测算子,

$$\varepsilon_{i+1}^{O} \rightarrow N(0,R) \sim \exp\left[-\frac{1}{2}\varepsilon_{i+1}^{OT}\boldsymbol{R}^{-1}\varepsilon_{i+1}^{O}\right] \tag{14.194}$$

二、最优分析

由式(14.191)给出的 pdf 确定真实状态的先验统计分布 $P(x_{i+1}^{t})$，当式(14.194)给出真实状态的测量 y_{i+1} 概率，也就是 $P(y_{i+1}|x_{i+1}^{t})$，使用贝叶斯定理，它直接导得给定观测的真实状态的后验概率。使用 Bayes 公式

$$P(x_{i+1}^{t}|y_{i+1}) = \frac{P(y_{i+1}|x_{i+1}^{t}) \cdot P(x_{i+1}^{t})}{P(y_{i+1})} \tag{14.195}$$

状态的最大先验概率分布是这一反演问题的最大似然解，使用 Bayes 方法的是资料同化和反演问题的普遍公式，在式(14.195)中，分母是一定标因子(对所有可能状态数值积分)，其在确定年验概率中可以忽略。高斯分布式(14.191)和式(14.194)意味着

$$\begin{aligned}
&P(y_{i+1}|x_{i+1}^{t})P(x_{i+1}^{t}) \sim \\
&\exp\left[-\frac{1}{2}(x_{i+1}^{f}-x_{i+1}^{t})^{\mathrm{T}}\boldsymbol{P}_{i+1}^{f-1}(x_{i+1}^{f}-x_{i+1}^{t})\right] \cdot \exp\left[-\frac{1}{2}(y_{i+1}-\boldsymbol{H}x_{i+1}^{t})^{\mathrm{T}}\boldsymbol{R}^{-1}(y_{i+1}-\boldsymbol{H}x_{i+1}^{t})\right] \\
&= \exp\left[-\frac{1}{2}\{(x_{i+1}^{f}-x_{i+1}^{t})^{\mathrm{T}}\boldsymbol{P}_{i+1}^{f-1}(x_{i+1}^{f}-x_{i+1}^{t}) + (y_{i+1}-\boldsymbol{H}x_{i+1}^{t})^{\mathrm{T}}\boldsymbol{R}^{-1}(y_{i+1}-\boldsymbol{H}x_{i+1}^{t})\}\right] \\
&= \exp\left[-\frac{1}{2}\{\varepsilon_{i+1}^{fT}\boldsymbol{P}_{i+1}^{f-1}\varepsilon_{i+1}^{f} + \varepsilon_{i+1}^{OT}\boldsymbol{R}^{-1}\varepsilon_{i+1}^{O}\}\right]
\end{aligned} \tag{14.195}$$

的最优估计 x_{i+1}^{t} 是状态矢量式(14.195)最大或等效于下式极小

$$J(x) = \{\varepsilon_{i+1}^{fT}\boldsymbol{P}_{i+1}^{f-1}\varepsilon_{i+1}^{f} + \varepsilon_{i+1}^{OT}\boldsymbol{R}^{-1}\varepsilon_{i+1}^{O}\} \tag{14.196}$$

作为误差定义的结果，预报和观测信息的最优组合，相应于下面目标(损失)函数极小

$$J(\boldsymbol{x}) = (\boldsymbol{x}_{i+1}^{f}-\boldsymbol{x})^{\mathrm{T}}\boldsymbol{P}_{i+1}^{f-1}(\boldsymbol{x}_{i+1}^{f}-\boldsymbol{x}) + (\boldsymbol{y}_{i+1}-\boldsymbol{H}\boldsymbol{x})^{\mathrm{T}}\boldsymbol{R}^{-1}(\boldsymbol{y}_{i+1}-\boldsymbol{H}\boldsymbol{x}) \tag{14.197}$$

这个求积公式包括预报和测量偏差(不合适的 misfit)两部分，它们由各自协方差加权。使用变分计算，得到一个对于最优状态 $\boldsymbol{x}_{i+1}^{a}$ 的隐含方程

$$\delta_{x}\boldsymbol{J}(\boldsymbol{x}) = 0 \Rightarrow \boldsymbol{x}_{i+1}^{a} = \boldsymbol{x}_{i+1}^{f} + \boldsymbol{P}_{i+1}^{f}\boldsymbol{H}^{\mathrm{T}}\boldsymbol{R}^{-1}(\boldsymbol{y}_{i+1}-\boldsymbol{H}\boldsymbol{x}_{i+1}^{a}) \tag{14.198}$$

对上式进行某些运算得到

$$\boldsymbol{x}_{i+1}^{a} = \boldsymbol{x}_{i+1}^{f} + \boldsymbol{P}_{i+1}^{f}\boldsymbol{H}^{\mathrm{T}}(\boldsymbol{H}\boldsymbol{P}_{i+1}^{f}\boldsymbol{H}^{\mathrm{T}}+\boldsymbol{R})^{-1}(\boldsymbol{y}_{i+1}-\boldsymbol{H}\boldsymbol{x}_{i+1}^{f}) \tag{14.199}$$

通过观测和先验估计(也就是更新矢量 $\boldsymbol{d}_{i+1} = \boldsymbol{y}_{i+1} - \boldsymbol{H}\boldsymbol{x}_{i+1}^{f}$)之间的偏差(不合适的 misfit)加权测量得到最优状态，因此分析是两个高斯概率密度分布函数的结果，$n \times p$ 权重矩阵为

$$\boldsymbol{K}_{i+1} = \boldsymbol{P}_{i+1}^{f}\boldsymbol{H}^{\mathrm{T}}[\boldsymbol{R}+\boldsymbol{H}\boldsymbol{P}_{i+1}^{f}\boldsymbol{H}^{\mathrm{T}}]^{-1} \tag{14.200}$$

式中，$\boldsymbol{P}_{i+1}^{f}\boldsymbol{H}^{\mathrm{T}}(\boldsymbol{H}\boldsymbol{P}_{i+1}^{f}\boldsymbol{H}^{\mathrm{T}}+\boldsymbol{R})^{-1}$ 是卡尔曼增益，它包括预报误差和观测误差协方差矩阵，它可以解释为预报误差方差与总的误差方差(预报和观测误差方差)之比值在观测空间的投影：较大的预报误差，对预报较大的订正。在整个状态矢量($\boldsymbol{H} \sim \boldsymbol{I}$)的观测范围($\boldsymbol{R} \sim 0$)内，卡尔曼增益矩阵收敛趋向于单位 1，且最优估计为观测的理想拟合。相反，如与观测比较，预报是极其精确的($\boldsymbol{P}^{f} \sim 0$)，则订正是可忽略的。式(14.199)是卡尔曼滤波的基本方程。图 14.21 给出了最优分析卡尔曼滤波概念图。

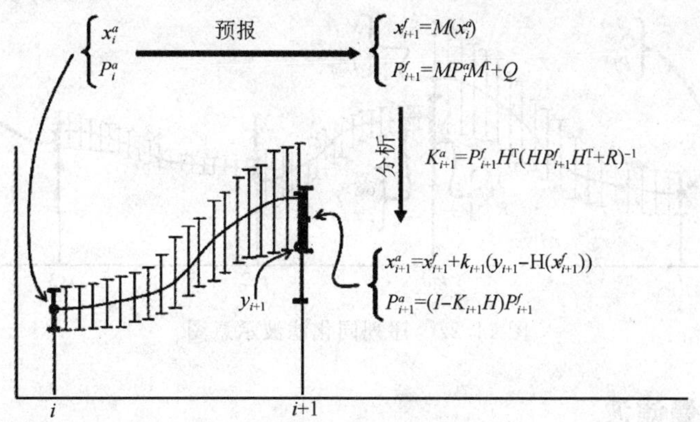

图 14.21　最优分析滤波概念图

三、序列同化

当获取到新的观测资料，过程可以重复递推，制作时刻 t_{i+2} 新的预报，可以使用在时刻 t_{i+1} 的由式(14.199)最优状态估计作为初始条件，概括地说，算法是包括两步的同化过程：(1)对于模式状态的转换和与在 t_i 和 t_{i+1} 时刻之间的误差协方差相联的预报步；(2)使用得到的时刻 t_{i+1} 资料的订正的分析步。然后再产生一完整的 KF 方程组扩展到非线性模式 $\boldsymbol{M}$ 和观测算子 $\boldsymbol{H}$。

从初始条件和开始，预报步方程式是

$$\boldsymbol{x}_{i+1}^{f}=M(t_i,t_{i+1})\{\boldsymbol{x}_i^a\} \tag{14.201}$$

和

$$P_{i+1}^{f}=MP_i^aM^{\mathrm{T}}+Q \tag{14.202}$$

式中，$\boldsymbol{M}$ 是由 $M(t_i,t_{i+1})$ 导得的正切线性算子，因此，在 t_i 和 t_{i+1} 时刻之间求取非线性模式的线性化，是进行传送误差协方差。

预报步是根据通过使用 $\boldsymbol{y}_{i+1}$ 订正 $\boldsymbol{x}_{i+1}^f$ 的分析步

$$\boldsymbol{x}_{i+1}^{a}=\boldsymbol{x}_{i+1}^{f}+\boldsymbol{K}_{i+1}(\boldsymbol{y}_{i+1}-\boldsymbol{H}\{\boldsymbol{x}_{i+1}^{f}\}) \tag{14.203}$$

使用卡尔曼增益矩阵

$$\boldsymbol{K}_{i+1}=\boldsymbol{P}_{i+1}^{f}\boldsymbol{H}^{\mathrm{T}}[\boldsymbol{R}+\boldsymbol{H}\boldsymbol{P}_{i+1}^{f}\boldsymbol{H}^{\mathrm{T}}]^{-1} \tag{14.204}$$

其中是关于计算的梯度，可以明相应于关于分析误差协方差迹的极小的，由下式给出

$$\boldsymbol{P}_{i+1}^{a}=\boldsymbol{P}_{i+1}^{f}-\boldsymbol{P}_{i+1}^{f}\boldsymbol{H}^{\mathrm{T}}[\boldsymbol{R}+\boldsymbol{H}\boldsymbol{P}_{i+1}^{f}\boldsymbol{H}^{\mathrm{T}}]^{-1}\boldsymbol{H}\boldsymbol{P}_{i+1}^{f}=[\boldsymbol{I}-\boldsymbol{K}_{i+1}\boldsymbol{H}]\boldsymbol{P}_{i+1}^{f} \tag{14.205}$$

这也可以将增益写为

$$\boldsymbol{K}_{i+1}=\boldsymbol{P}_{i+1}^{a}\boldsymbol{H}^{\mathrm{T}}\boldsymbol{R}^{-1} \tag{14.206}$$

$\boldsymbol{R}$ 是可逆的，式(14.205)表明按附加信息量同化到系统中分析，降低预报中的不确定性。

然后在序列同化中，通过重复这个预报/分析过程，实施序列同化运行。由于在给定时间，只有过去的资料影响最佳估计，资料同化方法属于滤波方法一类。这些与光滑方法相反，它是用过去和未来的资料估计给定时刻的系统的最佳状态。分析误差协方差反映到卡尔曼滤波中是过去累计的信息与由于不稳定机制和模式不足的误差增长间的竞争。图 14.22 表示了序列同化滤波的概念。

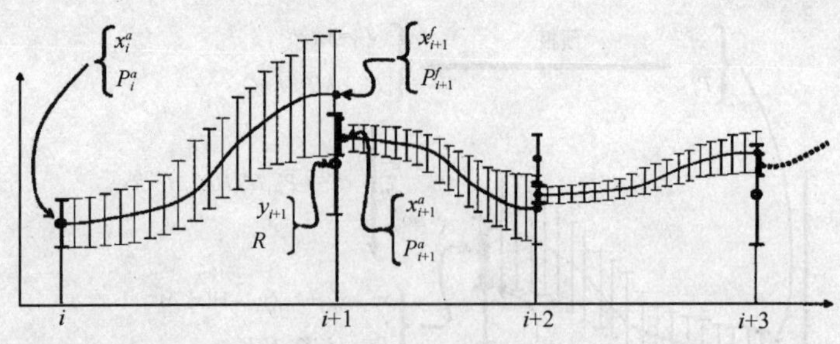

图 14.22 序列同化滤波示意图

四、集合卡尔曼滤波

一集群卡尔曼滤波是可简化的卡尔曼滤波。在这个方法中，K 资料的同化过程的一个集群是同时实行的。所有过程的同化相同的实时观测，但是为保持事实上它们的相互独立，在每一个集群资料同化中，将不同的随机扰动观测加于观测同化。使用这资料同化的集群系统估计预报误差协方差。根据 t_{i-1} 时刻的完全的集群分析和 K 预报 $\boldsymbol{x}_k^f(t_i)=M_{i-1}^k[\boldsymbol{x}_k^a(t_{i-1})]$，由 K 预报 $\boldsymbol{x}_k^f(t_i)$ 得到估计预报误差协方差。例如可以假定

$$\boldsymbol{P}^f \approx \frac{1}{K-1}\sum_{k=l}^{K}(\boldsymbol{x}_k^f-\bar{\boldsymbol{x}}^f)(\boldsymbol{x}_k^f-\bar{\boldsymbol{x}}^f)^{\mathrm{T}} \tag{14.207}$$

式中，上横线表示集群平均，但这应理解为预报误差的方差，因为使用每次预报计算它自身的误差协方差。Hamill 等(2000a)提出替代计算对于来自集群的第 i 集群的预报误差协方差，其除预报 l 之外的：

$$\boldsymbol{P}_l^f \approx \frac{1}{K-2}\sum_{k\neq l}(\boldsymbol{x}_k^f-\bar{\boldsymbol{x}}^f)(\boldsymbol{x}_k^f-\bar{\boldsymbol{x}}^f)^{\mathrm{T}} \tag{14.208}$$

Hamill 等(2000b)也提出 3D-Var 和集群卡尔曼滤波之间的一个混合方法，其预报误差协方差由 3D-Var 协方差 $\boldsymbol{B}_{\text{3D-Var}}$ 的线性组合得到

$$P_l^{f(\text{hybrid})}=(1-\alpha)P_l^f+\alpha\boldsymbol{B}_{\text{3D-Var}} \tag{14.209}$$

式中，α 是个可调参数，它从式(14.208)的纯的集群卡尔曼滤波的 0 变化到纯的 3D-Var 的 1。在式(14.208)中，集群卡尔曼滤波协方差仅由有限的集群成员 $K-1$ 估计，与模式的较多的自由度数比较，其列数缺少。与 3D-Var 相结合后，由于计算的预报误差来自很多样本的估计。

第七节 四维变分同化

与 3D-Var 相比较，4D-Var 涉及模式的动态时间变化，是 3D-Var 的一个时间扩展，它可适合于在时间间隔(t_0,t_n)的观测分布，图 14.23 显示了它们间的不同。损失函数包括一项在间隔开始的背景测量距离，以及对于相对于模式对观测时间积分的每一观测增量计算损失函数的时间求和：

$$J[\boldsymbol{x}(t_0)]=\frac{1}{2}[\boldsymbol{x}(t_0)-\boldsymbol{x}^b(t_0)]^{\mathrm{T}}\boldsymbol{B}_0^{-1}[\boldsymbol{x}(t_0)-\boldsymbol{x}^b(t_0)]+$$
$$\frac{1}{2}\sum_{i=0}^{N}[H(\boldsymbol{x}_i)-\boldsymbol{y}_i^0]^T\boldsymbol{R}_i^{-1}[H(\boldsymbol{x}_i)-\boldsymbol{y}_i^0] \tag{14.210}$$

控制变量(相对于损失函数的变量为极小)是随时间间隔模式的初始状态 $\boldsymbol{x}(t_0)$，这里在间隔端

的解析是由来自解 $\boldsymbol{x}(t_0)=M_0[\boldsymbol{x}(t_0)]$ 的模式积分给出的。因此，使用模式是一个强的约束，也就是解析解具有满足模式方程。换言之，4D-Var 是寻求一个初始条件，在同化间隔内预报与观测的最佳拟合。事实上 4D-Var 方法假定一个完美的模式是有一个不足，例如给定对于一个在间隔开始时的老观测到间隔结束时新观测同样可信的。对此，下面给出一个一定模式误的订正方法。

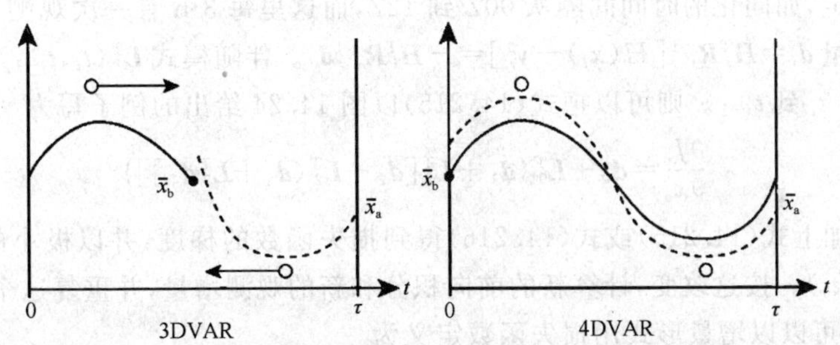

图 14.23　3D-Var 与 4D-Var 之间的差别

当由一个小的量 $\delta\boldsymbol{x}(t_0)$ 改变控制变量 $\boldsymbol{x}(t_0)$ 时的损失函数写为

$$\delta J=J[\boldsymbol{x}(t_0)+\delta\boldsymbol{x}(t_0)]-J[\boldsymbol{x}(t_0)]\approx\left[\frac{\partial J}{\partial\boldsymbol{x}(t_0)}\right]^{\mathrm{T}}\cdot\delta\boldsymbol{x}(t_0)\tag{14.211}$$

式中，损失函数的梯度 $[\partial J/\partial\boldsymbol{x}(t_0)]_j=\partial J/\partial x_j(t_0)$ 是一列矢量，如式(14.211)提出的，迭代最小方法要求损失函数梯度的估计。在最简单的方法中，最大陡度下降法，选择按每一步迭代控制变量的变化梯度相反 $\delta\boldsymbol{x}(t_0)=-a\nabla_{x(t0)}J=-a\partial J/\partial\boldsymbol{x}_j(t_0)$。另外，更有效的方法，如共轭梯度或准牛顿法，也要求使用梯度，因此，为了有效求解这个极小问题，需能计算 J 相对于控制变量元的梯度。

如 OI 和三维变分中所述的，给定对称矩阵和一函数 $J=\frac{1}{2}\boldsymbol{x}^{\mathrm{T}}\boldsymbol{Ax}$，由 $\partial J/\partial\boldsymbol{x}=\boldsymbol{Ax}$ 给出梯度。如果 $J=\boldsymbol{y}^{\mathrm{T}}\boldsymbol{Ay}$，$\boldsymbol{y}=\boldsymbol{y}(\boldsymbol{x})$，则

$$\frac{\partial J}{\partial\boldsymbol{x}}=\left(\frac{\partial\boldsymbol{y}}{\partial\boldsymbol{x}}\right)^{\mathrm{T}}\boldsymbol{Ay}\tag{14.212}$$

式中，$(\partial\boldsymbol{y}/\partial\boldsymbol{x})_{k,l}=\partial y_k/\partial x_l$，是一矩阵。

将式(14.210)写为 $J=J_b+J_o$，和由上面讨论的规则，背景分量的损失函数 $J_b=\frac{1}{2}[\boldsymbol{x}(t_0)-\boldsymbol{x}^b(t_0)]^{\mathrm{T}}\boldsymbol{B}_0^{-1}[\boldsymbol{x}(t_0)-\boldsymbol{x}^b(t_0)]$ 对于 $\boldsymbol{x}(t_0)$ 的梯度为

$$\frac{\partial J_b}{\partial\boldsymbol{x}(t_0)}=\boldsymbol{B}_0^{-1}[\boldsymbol{x}(t_0)-\boldsymbol{x}^b(t_0)]\tag{14.213}$$

$J=J_b+J_o$ 中的 $J_o=\frac{1}{2}\sum_{i=0}^{N}[H(\boldsymbol{x}_i)-\boldsymbol{y}_i^0]^{\mathrm{T}}\boldsymbol{R}_i^{-1}[H(\boldsymbol{x}_i)-\boldsymbol{y}_i^0]$ 梯度更复杂，因为 $\boldsymbol{x}_i=M_i[\boldsymbol{x}(t_0)]$。如果对初始状态引入扰动，则 $\delta\boldsymbol{x}_i=\boldsymbol{L}(t_0,t_i)\delta\boldsymbol{x}_0$，因此有

$$\frac{\partial(H(\boldsymbol{x}_i)-\boldsymbol{y}_i^0)}{\partial\boldsymbol{x}(t_0)}=\frac{\partial H}{\partial\boldsymbol{x}_i}\frac{\partial M}{\partial\boldsymbol{x}_0}=\boldsymbol{H}_i\boldsymbol{L}(t_0,t_i)=\boldsymbol{H}_i\prod_{j=i-1}^{0}\boldsymbol{L}(t_j,t_{j+1})\tag{14.214}$$

由式(14.214)指出，矩阵 $\boldsymbol{H}_i$，$\boldsymbol{L}_i$ 是线性雅可比 $\partial H/\partial\boldsymbol{x}_i$，$\partial M/\partial\boldsymbol{x}_o$。因此，由式(14.212)和式(14.214)，观测损失函数的梯度为

$$\left[\frac{\partial J}{\partial \boldsymbol{x}(t_0)}\right]=\sum_{i=0}^{N}\boldsymbol{L}(t_i,t_0)^{\mathrm{T}}\boldsymbol{H}_i^{\mathrm{T}}\boldsymbol{R}_i^{-1}[H(\boldsymbol{x}_i)-\boldsymbol{y}_i^0] \tag{14.215}$$

式(14.215)表明，4D-Var 的极小的每一次迭代要求梯度计算，也就是计算在观测时刻 t_i 处前向积分期间增量 $[H(\boldsymbol{x}_i)-\boldsymbol{y}_i^0]$，后乘以 $\boldsymbol{H}_i^{\mathrm{T}}\boldsymbol{R}_i^{-1}$，并对这些加权增量积分，使用伴随模式回到初始时刻。由于后向伴随积分部分一般是几个时间间隔，式(14.215)中的求和可以更方便于工作的排列。假定，如同化的时间间隔从 00Z 到 12Z，而这里每 3 h 有一次观测。计算前向积分加权负观测增量 $\bar{\boldsymbol{d}}_i=\boldsymbol{H}_i^{\mathrm{T}}\boldsymbol{R}_i^{-1}[H(\boldsymbol{x}_i)-\boldsymbol{y}_i^0]=-\boldsymbol{H}_i^{\mathrm{T}}\boldsymbol{R}_i^{-1}\boldsymbol{d}_i$。伴随模式 $\boldsymbol{L}^{\mathrm{T}}(t_i,t_{i-1})=\boldsymbol{L}_{i-1}^{\mathrm{T}}$ 应用到矢量“改进”，它由 t_i 到 t_{i-1}。则可以把式(14.215)以图 14.24 给出的例子写为

$$\frac{\partial J_o}{\partial \boldsymbol{x}_o}=\bar{\boldsymbol{d}}_0+\boldsymbol{L}_0^{\mathrm{T}}\{\bar{\boldsymbol{d}}_1+\boldsymbol{L}_1^{\mathrm{T}}[\bar{\boldsymbol{d}}_2+\boldsymbol{L}_2^{\mathrm{T}}(\bar{\boldsymbol{d}}_3+\boldsymbol{L}_3^{\mathrm{T}}\bar{\boldsymbol{d}}_4]]\} \tag{14.216}$$

由式(14.213)加上式(14.215)或式(14.216)得到损失函数的梯度，并以极小的算法修改合适的控制变量 $x(t_0)$。按这改变，计算新的前向积分和新的观测增量，并重复这个过程。

4D-Var 也可以以增量形式用损失函数定义为

$$J(\delta\boldsymbol{x}_0)=\frac{1}{2}(\delta\boldsymbol{x}_0)^{\mathrm{T}}\boldsymbol{B}_0^{-1}(\delta\boldsymbol{x}_0)+\frac{1}{2}\sum_{i=0}^{N}[H_i\boldsymbol{L}(t_0,t_i)\delta\boldsymbol{x}_0-\boldsymbol{d}_i^o]^{\mathrm{T}}\boldsymbol{R}_i^{-1}[H_i\boldsymbol{L}(t_0,t_i)\delta\boldsymbol{x}_0-\boldsymbol{d}_i^o] \tag{14.217}$$

并如在式(14.217)中确定的观测增量。在增量公式中，可以选择一个简单的算子，求解维数较小空间 $\boldsymbol{w}$ 的极小问题，而不是初始模式变量 $\boldsymbol{x}$：

$$\delta\boldsymbol{w}=\boldsymbol{S}\delta\boldsymbol{x} \tag{14.218}$$

式中，S 是表示的秩不完全的，因此它没有逆存在，而用推广逆，则得到极小问题为

$$J(\delta\boldsymbol{w}),\boldsymbol{x}_0^b=\boldsymbol{x}_0^g+\boldsymbol{S}^{-1}\delta\boldsymbol{w}_0 \tag{14.219}$$

并可进行一个新的全模式分辨率的外部迭代。

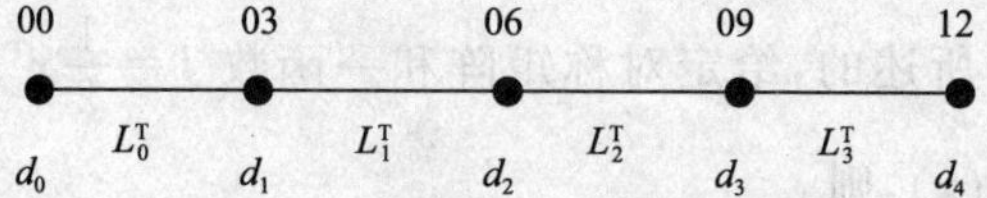

图 14.24　小时区间内观测损失函数的梯度计算示意图

（观测每半小时一次，伴随模式每一时段内向后积分）

也可以通过“预处理”方式加速迭代，改变控制变量，使损失函数“球形”，而且每一次迭代更接近损失函数的中心。

图 14.25 显示了 4D-Var 的特性：①其工作假定在模式很完美情况下，即使模式误差很大，问题是可期望的；②它要求相当确定的算子，叫做伴随模式，如果预报模式是复杂的，它可大量工作；③在实时系统中，分析程序开始之前要求同化在整个 4D-Var 时间间隔内等待得到观测的数据，在获取数据后，序列系统可以很短时间内处理观测资料，这可能延迟得到分析 $\boldsymbol{x}_a$；④可以使用 $\boldsymbol{x}_a$ 作为预报初始状态，然后通过 4D-Var 构建，确保预报与模式方程式完全一致，观测的四维分布直至 4D-Var 时间间隔 n 结束，对数值预报这是制作的间断的 4D-Var 一个很合的系统；⑤4D-Var 是在它的时间周期限内一个最优同化算法。

映射方法：下面讨论弱约束的变量法，而不是强约束，考虑到在预报和预误差协方差求取中模式误差的存在。预报误差作为动力中随机强迫出现，具有一个先前预报误差协方差矩阵 $\boldsymbol{Q}$。因此损失函数为

$$J[\boldsymbol{x}(t_0)] = \frac{1}{2}[\boldsymbol{x}(t_0) - \boldsymbol{x}^b(t_0)]^{\mathrm{T}}\boldsymbol{B}_0^{-1}[\boldsymbol{x}(t_0) - \boldsymbol{x}^b(t_0)] + \frac{1}{2}\sum_{m,m'=0}^{M}[\boldsymbol{x}_{m+1} - M_m(\boldsymbol{x}_m)]^{\mathrm{T}}\boldsymbol{Q}_{m,m'}^{-1}[\boldsymbol{x}_{m'+1} - M_{m'}(\boldsymbol{x}_{m'})] + \frac{1}{2}\sum_{i=0}^{N}[H(\boldsymbol{x}_i) - \boldsymbol{y}_i^0]^{\mathrm{T}}\boldsymbol{R}_i^{-1}[H(\boldsymbol{x}_i) - \boldsymbol{y}_i^0] \tag{14.220}$$

式中第二项考虑到模式误差。在原理上，损失函数把问题等效于卡尔曼滤波。但是在观测空间内，使用映射方法更方便，如图 14.26 所示。

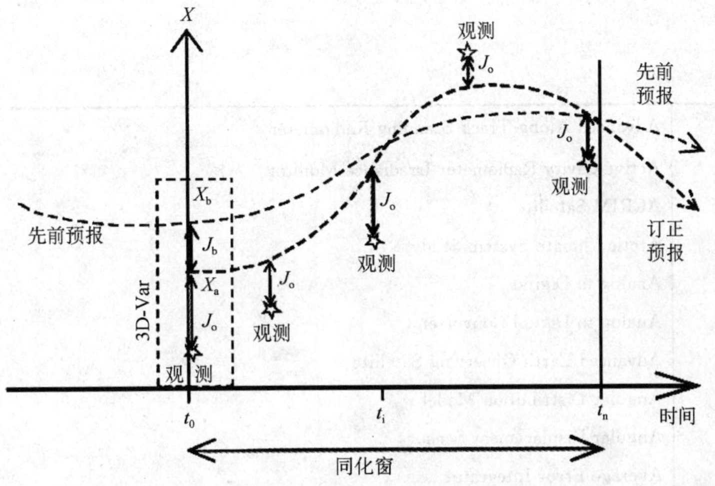

图 14.25　显示了 4D-Var 同化过程

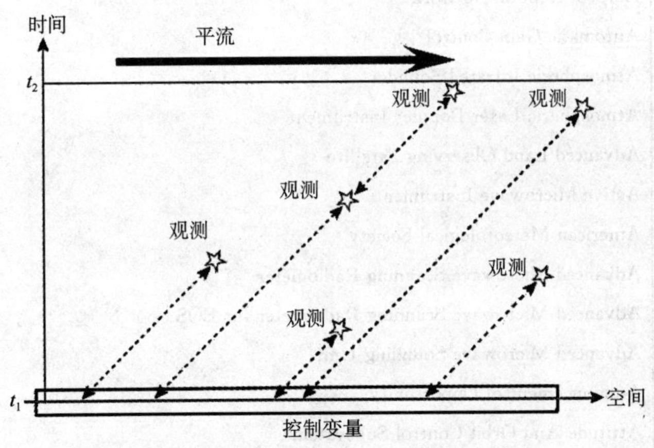

图 14.26　采用映射方法观测资料的同化过程

缩略语

AATSR	Advanced Along-Track Scanning Radiometer
ACRIM	Active Cavity Radiometer Irradiance Monitor
ACRIMSAT	ACRIM Satellite
ACSYS	Arctic Climate System Study
A/D	Analog to Digital
ADC	Analog to Digital Converter
ADEOS	Advanced Earth Observing Satellite
ADM	Angular Distribution Model
ADS	Angular Displacement Sensor
AEI	Average Error Integrator
AEM	Applications Explorer Mission
AERONET	Aerosol Robotic Network
AGC	Automatic Gain Control
AIRS	Atmospheric Infrared Sounder
ALADIN	Atmospheric Laser Doppler Instrument
ALOS	Advanced Land Observing Satellite
AMI	Active Microwave Instrument
AMS	American Meteorological Society
AMSR	Advanced Microwave Scanning Radiometer
AMSR-E	Advanced Microwave Scanning Radiometer for EOS
AMSU	Advanced Microwave Sounding Unit
AO	Announcement of Opportunity
AOCS	Attitude And Orbit Control Subsystem
AOS	Acquisition Of Signal
AOT	Aerosol Optical Thickness
APAR	Absorbed Photosynthetically Active Radiation
AREAS	Altimeter Return Echo Analysis System
ARM	Atmospheric Radiation Measurement
ARP	Absorbed Radiation By Phytoplankton
ASCAT	Advanced Scatterometer on Metop

ASF	Alaska SAR Facility
ASTER	Advanced Spaceborne Thermal Emission and Reflection Radiometer
ASTEX	Atlantic Stratocumulus Transition Experiment
ATBD	Algorithm Theoretical Basis Document
ATLID	Atmospheric Lidar
ATMOS	Atmospheric Trace Molecule Spectroscopy Experiment
ATSR	Along Track Scanning Radiometer
AVG	Name Used for the CERES Average Monthly Regional Radiative Fluxes and Cloud Product
AVHRR	Advanced Very High Resolution Radiometer
AVIRIS	Airborne Visible-Infrared Imaging Spectrometer
BAHC	Biospheric Aspects of the Hydrological Cycle
B/S	Bits/Second
BB	Blackbody
BDS	Bi-Directional Scan
BECO	Booster Engine Cutoff
BGC	Biogeochemical
BHR	Bi-Hemispherical Reflectance
BIOME	Biogeochemical Information Ordering Management Environment
B/S	Beam Splitter
BOREAS	Boreal Ecosystems Atmosphere Study
BRDF	Bidirectional Reflectance Distribution Function
BRF	Bidirectional Reflectance Factor
BUAN	Baseline Upper Air Network
CAGEX	CERES/RM/GEWEX Experiment
CALIOP	The Cloud-Aerosol Lidar with Orthogonal Polarization
CART	Cloud And Radiation Testbed
CASS	Coarse Analog Sun Sensor
CASSE	CASS Electronics
CCD	Charge Coupled Device
CCSDS	Consultative Committee for Space Data Systems
CCN	Cloud Condensation Nuclei
CDA	Command and Data Acquisition
CDDIS	Crustal Dynamics Data Information System
CDOM	Colored (or Chromomorphic) Dissolved Organic Matter
CEES	Committee on Earth and Environmental Sciences
CEI	Coherent Error Integrator
CEO	Centre for Earth Observation
CEOS	Committee for Earth Observation Satellites
CERES	Clouds and the Earth's Radiant Energy System
CFC	Chlorofluorocarbon
Ch	Channel
CH4	Methane

CHEM-1	Chemistry Mission-1(Now Aura)
CLAVR	Cloud Advanced Very High Resolution Radiometer
CLIVAR	Climate Variability and Predictability
CHAMP	Challenging Mini-satellite Payload for Geophysical Research and Application (GFZ)
CLW	Cloud Liquid Water
CME	Coronal Mass Ejection
CMF	Circular Median Filter
CMIS	Conical Scanning Microwave Imager/Sounder
CMOD	Geophysical transfer function for the ERS (C-band) scatterometer
CMV	Cloud Motion Vector
C&DMS	Command & Data Management System
Ciox	Cxides of Chlorine
CNES	Centre National d'Etudes Spatiales (France)
CO	Carbon Monoxide
CPF	Calibration Parameter File
CPR	Cloud Profiling Radar
CRS	Clouds and Radiative Swath
Cris	Cross-Track Infrared Sounder
CSSM	Cloud Scene Simulation Model
CZCS	Coastal Zone Color Scanner
3D/4D-Var	3/4-Dimensional Variational Analysis
D/A	Digital to Analog
DAAC	Distributed Active Archive Center
DAO	Distributed Active Archive Center
Db	Decibel
DC	Direct Current
DCP	Data Collection Platform
DCPI	Data Collection Platform Interrogate
DCPR	Data Collection Platform Report
DCS	Data Collection System
DEM	Digital Elevation Model
DHR	Directional Hemispherical Reflectance
DID	Dynamic Interaction Diagnostic
DIRA	Digital Integrating Rate Assembly
DIS	Data and Information System
DISORT	Discrete Ordinate Radiative Transfer
DMSP	Defense Meteorological Satellite Program
DNMI	Det Norske Meteorologiske Institutt (Norwegian Meteorological Institute, Oslo)
DOE	Department Of Energy
DOM	Dissolved Organic Matter
DORIS	Doppler Orbitography and Radiopositioning Integrated by Satellite
DPH	Data Products Handbook

DPU	Data Processing Unit
DSN	Deep Space Network
DSS	Digital Sun Sensor
DTED	Digital Terrain Elevation Data
EASE	Equal-Area Scalable Earth, a Grid for Data Mapping
EC	European Commission
ECMWF	European Centre for Medium-Range Weather Forecasts
ECS	EOSDIS Core System
EDC	EROS Data Center
ECU	European Currency Unit
EDR	Environmental Data Record
EEA	European Environment Agency
EECM	Earth Explorer Core Mission
EED	Electroexplosive Device
EEOM	Earth Explorer Opportunity Mission
ENSO	El Nifio-Southern Oscillation
EIRP	Effective Isotropic Radiated Power
ENVISAT	Environmental Satellite, ESA
ELT	Emergency Locator Transmitter
EO-1	Earth Observing 1
EOC	Edge Of Coverage
EOPP	Earth Observation Preparatory Programme
EOS	Earth Observing System
EOS-CHEM	Earth Observation System-Chemistry Satellite
EOS PM	EOS Afternoon-Crossing Satellite (Now Aqua)
EOSDIS	EOS Data and Information System
EOSPSO	EOS Project Science Office
EP	Earth Probe
EPGN	EOS Polar Ground Network
EPIRB	Emergency Position Indicating Radio Beacon
EPS	Energetic Particles Sensor
ERB	Earth Radiation Budget
ERB	Earth Radiation Budget Experiment
ERBS	Earth Radiation Budget Satellite
EROS	Earth Resources Observation System
ERS	European Remote Sensing Satellite
ERS-1	European Remote Sensing Satellite-1
ERTS	Earth Resources Technology Satellite
ES	Earth Sensor
ES	EOS Science, a Product Identification Code for CERES Data Products
ESA	European Space Agency
ESAC	Earth Science Advisory Committee

ESDIS	Earth Science Data and Information System
ESE	Earth Science Enterprise(US)
ESMO	Earth Science Mission Operations
ESMR	Electrically Scanning Microwave Radiometer
ESSP	Earth System Sciences Pathfinder
EST	Exposure Setting Table
ET	Evapotranspiration
ETM	Enhanced Thematic Mapper
ETM+	Enhanced Thematic Mapper Plus
EUMETSAT	European Organisation for the Exploitation of Meteorological Satellites
EVI	Enhanced Vegetation Index
E/W	East/West
EWSK	East/West Stationkeeping
FET	Field Effect Transistor
FIFE	First ISLSCP Field Experiment
FIRE	First ISCCP Regional Experiment
FOT	Fiber Optics Taper
FOV	Field Of View
FPAR	Fraction of Photosynthetically Active Radiation
FSW	Name Used for the CERES Monthly Gridded Radiative Fluxes and Clouds Product
FTP	File Transfer Protocol
GAIM	Task Force on Global Analysis, Interpretation and Modelling
GAW	Global Atmospheric Watch (WMO)
GBIF	Global Biodiversity Information Facility
GCOS	Global Climate Observing System
GCM	General Circulation Model (Also Global Climate Model)
GCTE	Global Change and Terrestrial Ecosystems
GDR	Geophysical Data Record
GECFS	Global Environmental Change and Food Systems
GEMS	Global Environmental Monitoring Strategy (WHO)
GEO	Group on Earth Observations
GEOHAB	Geological and Biological Habitat Mapping
GEONET	GPS Earth Observation Network System (Japan)
GEOS	Goddard Earth Observing System
GEOSAT	Geodetic Satellite
GEOSS	Global Earth Observation System of Systems
GEWEX	Global Energy and Water Cycle Experiment
GFRP	Graphite-Fiber-Reinforced Plastic
GGOS	Global Geodetic Observing System
GHG	Greenhouse Gas
GIMTACS	GOES I-M Telemetry and Command System
GIS	Geographic Information Systems

GISP	Global Invasive Species Programme
GLAS	Geoscience Laser Altimeter System
GLOBEC	Global Ocean Ecosystem Dynamics
GLONASS	Global Navigation Satellite System IRussian concept)
GLOSS	Global Observing System for Sea Level
GMES	Global Monitoring for Environment and Security
GMS	Geostationary Meteorological Satellite (Japan)
GMT	Greenwich Mean Time
GNP	Gross National Product
GNSS	Global Navigation Satellite System
GCOS	Global Climate Observing System
GODAE	Global Ocean Data Assimilation Experiment
GOES	Geostationary Operational Environmental Satellite
GOF-GOLD	Global Observations of Forest and Land Cover Dynamics
GOOS	Global Ocean Observing System (hosted by lOC)
GOS	Global Observing System (co-sponsored by ICSU, IOC of UNESCO, UNEP and WMO)
GOME	Global Ozone Monitoring Experiment
GOOS	Global Oceans Observing System
GPCC	Global Precipitation Climatology Centre (hosted by Germany)
GPCP	Global Precipitation Climatology Project
GPM	Global Precipitation Measurement
GPS	Global Positioning System(US concept)
GRACE	Gravity Recovery And Climate Experiment(NASA)
GRAS	GNSS Receiver for Atmospheric Sounding
GRDC	Global Run off Data Centre (hosted by Germany)
G/S	Ground Station
GSFC	Goddard Space Flight Center
GSN	Global Seismographic Network
G/T	Gain-To-Noise Temperature Ratio
GTOS	Global Terrestrial Observing System
GTS	Global Telecommunication System (of WMO)
GVAR	GOES Variable Data Format
GVI	Global Vegetation Index
HAIRS	High Accuracy Intersatellite Ranging System
HASS	High Accuracy Sun Sensor
HDF	Hierarchical Data Format
HDP	Human Dimensions of Global Change Programme
He	Helium
HEPAD	High Energy Proton and Alpha Particle Detector
Hgcdte	Mercury Cadium Telluride (Mercadtelluride)
HIRDLS	High-Resolution Dynamics Limb Sounder
HIRS	High-Resolution Infrared Radiation Sounder

Hox	Hydrogen Oxides
HRPT	High-Resolution Picture Transmission
HRV	High Resolution Visible
HSB	Humidity Sounder for Brazil
HSRL	High Spectral Resolution Lidar
HVPS	High Voltage Power Supply
IAG	International Association of Geodesy
ICEMAP	Ice-Mapping Algorithm
ICESat	Ice, Clouds, and Land Elevation Satellite
ICT	Imaging Control Table
ICSU	International Council of Scientific Unions
ID	Identification
IERS	International Earth Rotation Service
IES	Instrument Earth Scans
IF	Intermediate Frequency
IFC	In-Flight Calibration
IFOV	Instantaneous Field Of View
Ifsar	Interferometric Synthetic Aperture Radar
IGAC	International Global Atmospheric Chemistry Project
IGBP	International Geosphere/Biosphere Programme
IGBP-DIS	Data and Information System
IGDR	Interim Geophysical Data Record
IGeS	International Geoid Service
IGFOV	Instantaneous Geometric Field Of View
IGOS	Integrated Global Observing Strategy
IGRF	International Geomagnetic Reference Field
IGS	International Ground Station
IGS	International GPS Service for Geodynamics
IMC	Image Motion Compensation
INR	Image Navigation and Registration
Insb	Indium Antimonide
IOC	Intergovernmental Oceanographic Commission
IPAR	Instantaneous Photosynthetically-Active Radiation
IPCC	Intergovernmental Panel on Climate Change
IPT	Integrated Product Team
IR	Infrared
IR/MW	Infrared/Microwave
ISCCP	International Satellite Cloud Climatology Project
ISLSCP	International Satellite Land Surface Climatology Project
ISS	Interrupt Safety System
ISTP	International Solar-Terrestrial Physics programmes
ITPP	International TOVS Processing Package

IWC	Ice Water Content
JMR	Jason-1 Microwave Radiometer
JPL	Jet Propulsion Laboratory
Kbps	Kilobits Per Second
L/O	Lift-Off
LSTP	Local Solar Time at Perigee
LAI	Leaf Area Index
Landsat	Land Remote Sensing Satellite
Larc	Langley Research Center
LASE	Laser Atmospheric Sensing Experiment
LI	Lifted Index
LIS	Lightning Imaging Sensor
LOICZ	Land-Ocean Interactions in the Coastal Zone
LOS	Line-of-Sight
LP	Level Processors
LST	Land Surface Temperature
Ltyp	Spectral Radiance at Typical Conditions
LUCC	Land Use and Land Cover Change
LVIS	Laser Vegetation Imaging Sensor
LW	Longwave
LWC	Liquid Water Content
MAS	MODIS Airborne Simulator
MB	Megabyte
MBLA	Multi-Beam Laser Altimeter
MERIS	Medium Resolution Imaging Spectrometer
Met. Data	Meteorological Data
METEOSAT	Meteorology Satellite (An ESA Geosynchronous Satellite)
Metop	Meteorological Operational Satellite
MISR	Multi-Angle Imaging Spectroradiometer
MIT	Massachusetts Institute of Technology
MLE	Maximum Likelihood Estimator
MIPAS	Michelson Intefferometer for Passive Atmospheric Sounding instrument
MLR	Multiple Linear Regression
MLS	Microwave Limb Sounder
MMS	Multi-Mission Modular Spacecraft
MOA	Meteorological Ozone and Aerosol
MOBY	Marine Optical Buoy
MODIS	Moderate Resolution Imaging Spectroradiometer
MODLAND	MODIS Land Science Team
MODTRAN	Moderate Resolution Atmospheric Radiance and Transmittance Model
MOLA	Mars Orbiter Laser Altimeter
MOMS	Modular Optoelectronic Multispectral Scanner

MOPITT	Measurements Of Pollution In The Troposphere
MSE	Mean Squared Error
MSFC	Marshall Space Flight Center
MSG	Meteosat Second Generation satellite
MSS	Multispectral Scanner
MSU	Microwave Sounding Unit
MVI	Modified Vegetation Index
MW	Microwave
MWG	Mission Working Group
MW/IR	Microwave/Infrared
MWP	Microwave Water Path
N/A	Not Applicable
NASA	National Aeronautics and Space Administration
NASDA	National Space Development Agency(Japan)
NBAR	Nadir BRDF-Adjusted Reflectance
NCEP	National Centers For Environmental Prediction
NCSA	National Center For Supercomputing Applications (At The University Of Illinois)
NDVI	Normalized Difference Vegetation Index
NE	Noise Equivalent
NEAN	Noise Equivalent Radiance Difference
NECT	Noise Equivalent Change in Temperature
NESDIS	National Environmental Satellite, Data, and Information Service
NIR	Near Infrared
NISN	NASA Integrated Services Network
NLUT	Normalization Look-Up Table
NMC	National Meteorological Center
NOAA	National Oceanic and Atmospheric Administration
NOHRSC	National Operational Hydrologic Remote Sensing Center
NORAD	North American Aerospace Defense Command
NO_x	Nitrogen Oxides (NO, NO_2, NO_3)
NPOESS	National Polar-Orbiting Operational Environmental Satellite System
NPP	Net Primary Production
NSCAT	NASA Scatterometer
NSIDC	National Snow and Ice Data Center
NWS	National Weather Servic
OCIO	Chlorine Dioxide
OCO	Orbiting Carbon Observatory
OI	Optimum Interpolation
OLR	Outgoing Longwave Radiation
OMI	Ozone Monitoring Instrument
Orxnl	Oak Ridge National Laboratory
OSDR	Operational Sensor Data Record

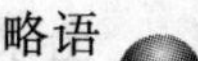

Ox	Oxides
PAR	Photosynthetically-Active Radiation
PDF	Portable Document Format
Pdf	Probability Density Function
PEB	Phycoerythrobilin
PGE	Product Generation Executive
PICASSO	Pathfinder Instruments for Cloud And Aerosol Spacebome Observations
PICASSO-CENA	Pathfinder Instruments for Cloud And Aerosol Spacebome Observations-Climatologie Etendue des Nuages Et des Aerosols
POCC	Project Operation Control Center
PO. DAAC	Physical Oceanography Distributed Active Archive Center(At The Jet Propulsion Laboratory)
POES	Polar Orbiting Environmental Satellite
POLDER	Polarization and Directionality of The Earth's Reflectance
PP	Pre-Processor
ppm	Parts Per Million
ppmv	Parts Per Million by Volume
PR	Precipitation Radar
PSC	Polar Stratospheric Cloud
PSN	Photosynthesis
PUB	Phycourobilin
QA	Quality Assurance
OATS	Orbit and Attitude Tracking System
ODAPS	OGE Data Acquisition and Patching Subsystem
OGE	Operations Ground Equipment
OIS	OGE Input Simulator
OMUX	Output Multiplexer
OSR	Optical Solar Reflector
PCM	Pulse Code Modulation
PCU	Power Control Unit
PDR	Processed Data Relay
PM	Product Monitor
PMD	Propellant Management Device
PMT	Photomultiplier Tube
PRI	Pulse Repetition Interval
PRISM	Processes Research by an Imaging Space Mission
PT	Parameter Table Dynamic Pressure
QA/QC	Quality Assessment/Quality Control
QC	Quality Control
Quikscat	Quick Scatterometer
Quiktoms	Quick Total Ozone Mapping Spectrometer
QZSS	Quasi-Zenith Satellite System
Rad	Radiance

RADARSAT	Radar Satellite
RAM	Random Access Memory
RAOBS	Radiosonde Observations
RF	Radio Frequency
RFI	Radio Frequency Interference
RHC	Right Hand Circular
RMS	Root Mean Square
ROM	Read Only Memory
RSBR	Raytheon Santa Barbara Research
RSMAS	Rosenstiel School of Marine And Atmospheric Science, University Of Miami
RSS	Root Sum Square
RW	Reaction Wheel
SADA	Solar Array Drive Assembly
SADE	Solar Array Drive Electronics
SAGE	Stratospheric Aerosol and Gas Experiment
SAM	Stratospheric Aerosol Measurement
SAR	Synthetic Aperture Radar
SAR	Search And Rescue
SARB	Surface and Atmospheric Radiation Budget
SARSAT	Search And Rescue Satellite-Aided Tracking
SAS	Sun Analog Sensor
SASS	SEASAT-A Satellite Scatterometer
SATTDE	Solar Array Trim Tab Drive Electronics
SAU	Signal Analyzer Unit
SBRS	Santa Barbara Remote Sensing
S/C	Spacecraft
SCAR-B	Smoke, Cloud, And Radiation-Brazil
SCF	Scientific Computing Facility
SD	Sensor Data
SEASAT	Sea Satellite
Seawifs	Sea-Viewing Wide Field-of-View Sensor
SECO	Sustainer Engine Cutoff
SEC	Space Environment Center
SEDAC	Socioeconomic Data and Applications Center
SEM	Space Environment Monitor
SERCAA	Support Of Environmental Requirements for Cloud Analysis and Archive
SEU	Single Event Upset
SESC	Space Environment Services Center
SFC	Surface Fluxes and Clouds
SFSS	Satellite Field Service Station
SGDR	Sensor Geophysical Data Record
SGP	Southern Great Plains

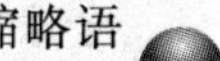

SH	Southern Hemisphere
SHM	Safe Hold Mode
SHME	Safe Hold Mode
SI	Systeme Internationale
SIM	Spectral Irradiance Monitor
SIPS	Science Investigator-Led Processing System
SK	Stationkeeping
SLA	Shuttle Laser Altimeter
SLR	Satellite Laser Ranging
SMM	Solar Maximum Mission
SMMR	Scanning Multichannel Microwave Radiometer
SMS	Synchronous Meteorological Satellite
S/N	Signal-to-Noise Ratio
SNOMAP	Snow-Mapping Algorithm
SNR	Signal-to-Noise Ratio
SOCC	Satellite Operations Control Center
SOHO	Solar Heliospheric Observatory
SORCE	Solar Radiation and Cloud Experiment
SPOT-2	Systeme Pour l'Observation De La Terre-2
SPS	Sensor Processing System
SRB	Surface Radiation Budget
SRBAVG	Name for CERES Monthly TOA/ Surface Averages Product
SRD	Sensor Requirements Document
SRTM	Shuttle Radar Topography Mission
SSA	Sequential Shunt Assembly
SSALTO	Segment Sol Multimission Altimetry and Orbitography
SSF	Single Scanner Footprint *
SSM/I	Special Sensor Microwave/Imager
SSP	Sub-Satellite Point
SST	Sea Surface Temperature
STDN	Satellite Tracking Data Network
SW	Shortwave
SWE	Snow Water Equivalent
SWH	Significant Wave Height
SWIR	Shortwave Infrared
SWS	Seawinds Standard
SXI	Solar X-Ray Imager
SYN	Name for CERES Synoptic Radiative Fluxes And Clouds Product
T &C	Telemetry and Command
TACTS	Telemetry and Command Transmission System
TARFOX	Tropospheric Aerosol Radiative Forcing Observational Experiment
Tb	Brightness Temperature

TCP	Topographic Control Points
TC&R	Telemetry, Command and Ranging
TEC	Total Electron Content
TLM	Telemetry
TMF	Trim Maneuver Firing
TLS	Tropospheric Emission Spectrometer
TIM	Total Irradiance Monitor
TIMED	Thermosphere, Ionosphere, Mesosphere, Energetics, And Dynamics
TIR	Thermal Infrared
TLSCF	Team Leader Science Computing Facility
TM	Thematic Mapper
TMI	TRMM Microwave Imager
TMR	TOPEX Microwave Radiometer
TOA	Top Of the Atmosphere
TOGA	Tropical Ocean Global Atmosphere
TOMS	Total Ozone Mapping Spectrometer
TOPEX	Ocean Topography Experiment
TOPEX/Poseid On	Ocean Topography Experiment/ Poseidon (U. S.-France)
TOVS	TIROS Operational Vertical Sounde
T/P	TOPEX/Poseidon
TRMM	Tropical Rainfall Measuring Missio:
Ts	Sea Surface Temperature
TSI	Total Solar Irradiance
TSIM	Total Solar Irradiance Mission
TT	Total Totals
Ttyp	Temperature at Typical Conditions
UA_RS	Upper Atmosphere Research Satellite
UHF	Ultra High Frequency
UMD	University of Maryland
UNESCO	United Nations Educational, Scienti and Cultural Organization
USGS	United States Geological Survey
USNO	United States Naval Observatory
UT	Universal Time
UTC	Universal Time Coordinate
UV	Ultraviolet
VAS	Visible and Infrared Spin Scan Radiometer Atmospheric Sounder
VCDE	Valve Coil Drive Electronics
VCL	Vegetation Canopy Lidar
VDC	VCL Data Center
VDIS	Vertical Distribution of Intercepted Surfaces
VECO	Vernier Engine Cutoff
VI	Vegetation Index

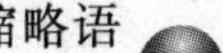

VIE	Vegetation Index
VIIRS	Visible/Infrared Imager/Radiometer Suite
VIRGO	Variability of Solar Irradiance And Gravity Oscillations
VIRS	Visible Infrared Scanner
VIS	Visible
VISSR	Visible Infrared Spin-Scan Radiometer
VNIR	Visible and Near Infrared
VPGS	VCL Precision Geolocation System
WCP	World Climate Programme
WCRP	World Climate Research Program
WDE	Wheel Drive Electronics
WEFAX	Weather Facsimile
WFC	Wide Field Camera
WHYCOS	World Hydrological Cycle Observing System
WINCE	Winter Cloud Experiment
WMO	World Meteorological Organization
WN	Window
WOCE	World Ocean Circulation Experiment of the World Climate Research Program
WS	Wind Scatterometer
WWW	World Weather Watch
XRP	X-Ray Positioner
XRPE	X-Ray Positioner Electronics
XRS	X-Ray Sensor
ZAVG	Name for CERES Monthly Zonal and Global Radiative Fluxes and Clouds Product

参考文献

Abbott M R, Chelton D B. 1991. Advances in passive remote sensing of the ocean, U. S. National Report to IUGG. *Reviews of Geophysics*, *Supplement*:571-583.

Abbott M R. Letelier R M. 1998. Decorrelation scales of chlorophyll as observed from biooptical drifters in the California Current. *Deep-Sea Res.*, **45**:1639-1668.

Aber J D. 1979. A method for estimating foliage-height profiles in broadleaved forests. *J. Ecology*, **67**: 35-40.

Ackerman S A, Smith W L and Revercomb H E. 1990. The 27-28 October 1986 FIRE IFO cirrus case study: Spectral properties of cirrus clouds in the 8-12 micron window. **118**:2377-2388

Ackerman S A, Strabala K I, Menzel W P, Frey R A, Moeller C C, Gumley L E. 1998. Discriminating clear sky from clouds with MODIS. *J. Geophys. Res.*, **103**:32,141-32,157.

Ackerman S A. 1989. Using the radiative temperature difference at 3. 7 and 11? m to track dust outbreaks. *Remote Sensing of Environment*, **27**(2):129-133.

Ackerman S A. 1997. Remote sensing of aerosols using satellite infrared observations. *Journal of Geophysical Research-Atmospheres*,**102**(D14):17069-17079.

Ackerman, S A, Strabala K I, Gerber H E, Gumley L E, Menzel W P, Tsay S-C. 1998. Retrieval of effective microphysical properties of clouds: A wave cloud case study. *J. Geophys. Res.*, **25**: 1121-1124.

Ackermanl S, Strabala K, Menzel P, *et al*. 2002. Discriminating clear-sky from cloud with modis algorithm theoretical basis document; No. ATBD(MOD35).

Ahmad Z and Fraser R S. 1981. An Iterative Radiative Transfer Code For Ocean-Atmosphere

Aiken J, Moore G F, Trees C C, *et al*. 1995. The SeaWiFS CZCS-type pigment algorithm// Hooker S B, Firestone E R. SeaWiFS Technical Report Series, vol. 29, Goddard Space Flight Center, Greenbelt, MD.

Alishouse, J C, Synder S, Vongsathom J, Ferraro R R. 1990. Determination of oceanic total precipitable water from the SSM/I. IEEE Trans. *Geosci Remote Sens.*, **28**: 811-816.

Amnann H, Gregonch D, Gaiser S, Hagan D, Pagano T, Ting D. 1999. AIRS Algorithm Theoretical Basis Document Level lB Part 1: Infrared Spectrometer, version 2. 1, available at http://eospso. gsfc. nasa. gov/ atbd/ airstables. html.

Anderson, J, J M. Russell III S. Solomon, Deaver L E. 2000. Halogen occultation experimenat confirmation of stratospheric chlorine decrease in accordance with the Montreal Protocol. *J. Geophys. Res.*, **105**: 4483.

Angstrom A. 1964. The parameters of atmospheric turbidity. *Tellus*, **16**:64-75.

Asrar G, Dozier J. 1994. *Science Strategy for the Earth Observing System*. American Institute of Physics Press, Woodbury, NY., 119 Pp.

Asrar G, Greenstone R. 1995. *MTPE/EOS Reference Handbook*. NASA Pub. NP-215, National Aeronautics and Space Administration, Washington D. C., 276 pp.

Aumann H H, Miller C. 1995. Atmospheric Infrared Sounder(AIRS) on the Earth Observing System. Advanced and Next Generation Satellites. Europt/SPIE.

Austin R W, Halikas G. 1976. The index of refraction of seawater. *SIO Ref*. 76-1, Vis. Lab., Scripps Inst. Of Oceanography, La Jolla, California, 64pp.

Backus G E and Gilbert J F. 1970. Uniqueness in the inversion of inaccurate gross earth data. Phil. *Trans. R. Soc. Lond.*, **266**:123.

Bamsley M J, and Mttller J-P. 1991. Measurement, simulation and analysis of directional reflectance properties of Earth surface materials. ESA SP-**319**:375-382.

Baret F, Guyot G, Major D. 1989. TSAVI: A vegetation index which minmizes soil brightness effects on LAI and APAR estimate. 12th Canadian Symp. on Remote Sensing and IGARSS? 90, vancouver canada.

Baret F, Guyot G. 1991. Potentials and limits of vegetation index for LAI and APAR assessment. *Remote Sensing of Environrnent*, **35**:161-173.

Baum B A, Minnis P, Coakley J A, Jr., Wiehcki B A, Heck P, Tovinkere V, Trepte Q, Mayor S, Murray T, Sun-Mack S. 1995b. Imager cloud height determination(Subsystem 4.2). *Clouds and the Earth's Radiant Enelgy, System(CERES) Algorithm Theoretical Basis Document, Vohane III*: Cloud Analyses and Radiance Inversions(Subxystern 4), NASA Ref. Pub. 1376, 3, ed. By the CERES Science Team 83-134.

Baum B B, Soulen P F, Strabala K I, King M D, Ackerman S A, Menzel W P, Yang P. 2000. Remote sensing of cloud propertiesusing MODIS airborne simulator imagery during SUCCESS. *Jour. Geophys. Res.*, **105**: D9, 11781-1179.

Becker E. 1987. The impact of spectral emissivity on the measurement of land surface temperature from a satellite. Int. *J. Remote Sens.*, **8**(10): 1509-1522.

Becker F, Li Z L. 1990. Toward a local split window method over land surface. *Int. J. Remote Sens*. **11**:369-393.

Benoit A. 1968. Signal attenuation due to neutral oxygen and water vapor, rain and clouds. *Microwave. J.*, **11**:73-80.

Bevis M, Businger S, Rocken C, Anthes A and Ware R. 1992. GPS meteorology: Remote sensing of atmosphreric water using the global positioning system. *J. Geophys. Res*,. **97**:15787-15801.

Blanchard D C and Woodcock A H. 1980. *Ann. N.Y. Acad. Sci.*, **338**:330-347

Bowers S S, Hanks R J. 1965. Reflection of radiant energy from soil. *Soil Science*, **100**:130-138.

Bratseth A. 1986. Statistical interpolation by means of successive corrections. *Tellus*, 38A:439-447.

Breece H T, Holmes R H. 1971. Bidrectional scattering characteristics of healthy green soybean and corn leave in vivo. *Applied Optics*, **10**:119-127.

Brest C L, Goward S N. 1987. Deriving surface albedo measurements from narrow band satellite data. Int. *J. Remote Sem.*, **8**: 351-367.

Bricaud A, Babin M, Morel A, Claustre H. 1995. Variability in the chlorophyll-specific absorption coefficients of natural phytoplankton: Analysis and parameterization. *J. Geophys. Res.*, **100**:13321-13332.

Broecker. 1991. Oceanography. **4**:79-89.

Broge N H, Leblanc E. 2000. Comparing prediction power and stability of broadband and hyperspectral vegetation indices for estimation of green leaf area index and canopy chlorophyll density. *Remote Sensing of Environment*, **76**:156-172.

Brooks D R, Harrison E E, Minnis P, Suttles J T, Kandel R S. 1986. Development of algorithms for understanding the temporal and spatial variability of the Earth's radiation balance. *Rev. Geophys.*, **24**:

422-438.

Brown M_J, Parker G G. 1994. Canopy light transmittance in a chronosequence of mixed-species deciduous forests. Canadian *J. Forest Res.*, **24**: 1694-1703.

Buiteveld H, Hakvoort J H M, Donze M. 1994. The optical properties of pure water. *Ocean Optics XII*, SPIE **2258**:174-183.

Carder K L, Chen F R, Lee Z P, *et al*. 1999. Semi-analytic MODIS algorithms for chlorophyl I a and absoption with bio-optical domains based on nitrate - depletion temperatures. *J. Geophys. Rev.*, **104**: 5403-5421.

Carder K L, Greg W W, Costello D K, Haddad K, Prospero J M. 1991b. Determination of Saharan dust radiance and chlorophyll from CZCS imagery. *J. Geophys. Res.*, **96**: 5369-5378.

Carder K L, Steward R_G, Paul J H, and Vargo G A. 1986. Relationship between chlorophyll and ocean color constituents as they affect remote-sensing reflectance models. Limn. *Oceanog.*, **31**: 403413.

Carlson T, Gillies R, Perry E. 1994. A method to make use of thermal infrared temperature and NDVI measurements to infer surface soil water content and fractional vegetation cover. *Remote Sensing Reviews*, **9**: 161-173.

Caselles V, Valor E, Coll C, Rubio E. 1997. Thermal band selection for the PRISM instrument 1. Analysis of emissivity-temperature separation algorithms. *J. Geophys. Res.*,**102**:11145-11164.

Cavalieri D J, Gloersen P, Parkinson Ci,Comiso S C, Zwally H J. 1997. Observed hemispheric asymmetry in global sea ice changes. *Science*, **272**: 1104-1106.

Cess R, Dutton E, DeLuisi J, Jiang F. 1991. Determining surface solar absorption from broadband satellite measurements for clear skies: Comparisons with surface measurements, *J. Climatol.*, **4**: 236-247.

Chahine M T, Haskins R, Susskind J, and Renter D. 1987. Satellite observations of atmospheric and surface interaction parameters. *Adv. Space Res.*,**7**: 111-119.

Chahine M T. 1992. The hydrological cycle and its influence on climate. *Nature*, **359**: 373-380.

Chamberlin WS, and Marra J. 1992. Estimation of photosynthetic rate from measurements of natural fluorescence: Analysis of the effects of light and temperature. *Deep-Sea Res.*, **39**: 1695-1706.

Charlock T P, Rose F, Yang S-K, Alberta T, and Smith G. 1993. An observation study of the interaction of clouds, radiation, and the general circulation. *Proceedings of the IRS'92: Current Problems in Atmospheric Radiation*. Tallinn(3-8 August 1992), A. Deepak Publishing: 151-154.

Chelton D B, McCabe P J. 1985. A review of satellite altimeter measurement of sea surface wind speed: With a proposed new algorithm. *J. Geophys. Res.*, **90**: 4707-4720.

Chesters D, L W Uccellini and Robinson W D. 1983. Low-level water vapor fields from the VISSR Atmospheric Sounder (VAS) "split window" channels. *J. Clim. Appl. Meteor.*, **22**:725-743.

Chu D A, Kaufman Y J, Remer L A,Holben B N. 1998. Remote sensing of smoke from MODIS airborne simulator during the SCAR-B experiment. *J. Geophys. Res.*, **103**(D24), **31**:979-31,987.

Chu W P, McCormick M P. 1979. Inversion of stratospheric aerosol and gaseous constituents from spacecraft solar extinction data in the 0. 38-1. 0/lm wavelength region. *Appl. Opt.*, **18**:1404-1414.

Coakley J A and Bretherton F P. 1982. Cloud cover from high-resolution scanner data:Detecting and allowing for partially filled fields of view. *J. Geophys. Res.*, **87**:4917-4932.

Collatzt G J, Ball G J, Grivet J T, Berry J A. 1991. Physiological and environmental regulation of stomatal conductance, photosynthesis and transpirations:A model that includes a laminar boundary layer. *Agriculture and Forestry Meteorology*,**54**:107-136.

Comiso J C, Cavalieri D J, Parkinson C P,Gloersen P. 1997. Passive microwave algorithms for sea ice concentration: A compmison of two techniques. *Remote Sens. Environ.*, **60**: 357-384.

Comiso J C, Cavalieri D J, Parkinson C P,Gloersen P. 1997. Passive microwave algorithms for sea ice concentration: A compmison of two techniques. *Remote Sens. Environ.*, **60**: 357-384.

Conrath B J. 1972. Vertical resolution of temperature profiles obtained from remote radiation measurements. *J. Atmos,sci.*, **29**:1262.

Cox C, Munk W. 1954. Statistics of the sea surface derived from sun glitter. *J. Marine Res*, **13**:198-227.

Crist E P, Kauth R J. 1986. The Tasseled Cap De-mystified. *Photogrammetric Engineering & Remote Sensing*, **52**(1):81-86.

Da Silva A, Pfaendtner J, Guo J,*et al*. 1995. Assessing the effects of data selection with DAO' s physical-space statistical analysis system. Proceedings of the second international symposium on the assimilation of observations in meteorology and oceanography, Tokyo, Japan, World Meteorological Organization and JapanMeteorological Agency, Tokyo, Japan.

Daughtry C S T, Walthall C L, Kim M S, et al. 2000. Estimating com leaf chlorophyll concentration from leaf and canopy reflectance. *Remote Sensing of Environment*, **74**:229-239.

Davis J L,Herring T A, Shapiro I I, Rogers A E and Elgeres G. 1985. Geodesy by radio interferometry: Effect of atmospheric modeling errors on estimates of baseline length. *Radio. Sci.* ,**20**:1593-1607.

Dee D, DaSilva A. 1998. Data assimilation in the presence of forecast bias. *Quart. J. Roy. Meteor. Soc.*, **124**:269-295.

Deepak A. 1980. *Remote Sensing of Atmospheres and Oceans*, Academic Press, New York, 641pp.

Deschamps P, Phulpin T. 1980. Atmospheric correction of infrared measurements of sea surface temperature using channels at 3.7, 11, and 12 mm. *Boundary-Layer Meteor.*, **18**: 131-143.

Dickinson R E. 1987. Evapotranspiration in global climate models. *Adv Space Res.*, **7**: 17-26.

Diner D J, Bmegge C J, Martonchik J V, Bothwell G W, Danielson E D, Ford V G, Hovland L E, Jones K L, White Mi. 1991. A Multi-angle Imaging Spectroradiometer for terrestrial remote sensing from the Earth Observing System. *Int. J. Imaging Sys. Technol.*, **3**: 92-107.

Dobson G M. 1957. Observers' handbook for the ozone spectrometer. *Ann. Int. Geophys. Year*, **5**:46-89.

Donglian Sun. ,Y. Ji. , P. E. Ardanuy. ,P. S. Kealy. ,W. Yang, 2000?: Visible/infrared imager / radiometer suite algorithm theoretical basis document. *William Emery*, *Science Team Member University of Colorado*, RAYTHEON SYSTEMS COMPANY Information Technology and Scientific Services 4400 Forbes Boulevard Lanham, MD 20706

Donlon C J,Minnett P J,Gentermann C, et al. 2002. Toward improved validation of satellite sea surface skin temperature measurements for climate research. *J. Climate*,**15**:353-369.

Downing H D, Williams D. 1975. Optical constants of water in the infrared. *J. Geophys. Res.*, **80**:1656 - 1661.

Dozier J. 1989. Spectral signature of alpine snowcover from the Landsat Thematic Mapper. *Remote Sens. Environ.*, **28**: 9-22.

d'Entremont R E, Barker Schaaf C L, Lucht W, Strahler A H. 1999. Retrieval of red spectral albedo and bidirectional reflectance using AVHRR HRPT and GOES satellite observations of the New England region. *J. Geophys. Res.*, D-**104**:6229-6239.

Eliassen A, Sawyer J S, Smagorinsky J. 1954. Upper air network requirements for numerical weather prediction. Technical Note No 29. World Meteorological Organization, Geneva. Emanuel K A and Raymond D J.

Eppley R W, Stewart E, Abbott M R,Heyman U. 1985. Estimating ocean primary production from satellite chlorophyll: Introduction to regional differences and statistics for the Southern California Bight. *J. Plank: Res.*, **7**: 57-70.

Esaias W E, Iverson R L, Turpie K. 1999. Ocean province classification using ocean colour data: Observing biological signatures of variations in physical dynamics. *Global Change Biology*, **5**: 1-17.

Evans RH, Gordon H R. 1994. CZCS System Calibration: Aretrospective examination. *J. Geophys. Res.*, **99**C: 7293-7307.

Eyre J R. 1987. On systematic errors in satellite souding products and their climtological mean values. *Quart J. Poy. Meteorol. Soc.*, **113**:297.

Fahey D W. 2006. Twenty questions and answers about the ozone layer: 2006 update. Final Release: February 2007. From *Scientific Assessment of Ozone Depletion*: 2006. http://www.wmo.int/pages/prog/arep/gaw/ozone/index.html

Field C B, Randerson J T, Malstrom C M. 1995. Global net primary production: Combining ecology and remote sensing. *Remote Sens. Environ.*, **51**: 74-88.

Fisher R A. 1921. On the mathematical foundation of theoretical statistics. *Phil, Trans. R. Soc. Lond.*, A**222**: 309.

Foster J L, Hall D K, Chang A T C, Rango A. 1984. An overview of passive microwave snow research and results. *Rev Geophys.*, **22**: 165-178.

Fraser K S, Gant N E, Reifenstein E C. 1975. Interaction mechanisms-within the atmosphere, in manual of remote sensing// G. Reeve I R. American Society of Photogrammetry, Falls Church, Viginia, Chapter 5 pp. 207-210.

Freilich M H, Dunbar R S. 1999. The accuracy of the NSCAT 1 vector winds: Comparisons with National Data Buoy Center buoys. *J. Geophys. Res.*, **104**: 11,231-11,246.

Fu L-L, Christensen E J, Yamarone C A, Lefebvre M, Menard Y, Dorrer M, Escudier P. 1994. TOPEX/Poseidon Mission Overview. *J. Geophys. Res.*, **99**: 24,369-24,381.

Fu Q, Liou K. 1993. Parameterization of the radiative properties of cirrus clouds. *J. Atmos. Sci.*, **50**: 2008-2025.

Gao B C, Kaufman Y J, Hah W, Wiscombe W J. 1998. Correction of thin cirrus path radiance in the 0.4 - 1.0(m spectral region using the sensitive 1.375-μm cirrus detecting channel. *J. Geopbys. Res.*, **103**: 32,169-32,176.

Gloersen P, Campbell W J, Cavalieri D J, Comiso J C, Parkinson C L, Zwally H J. 1992. *Arctic and Antarctic Sea Ice*, 1978-1987: *Satellite Passire Microwave Observations and Analysis*, NASA Spec. Pub. 511, National Aeronautics and Space Administration, Washington, D.C., 290 pp.

Goldberg M D, McMillin L M. 1999. Methodology for deriving deep-layer temperatures from combined satellite infrared and microwave observations. *J. Climate*, **12**: 5-20.

Goodberlet M A, Swirl C T, Wilkerson J C. 1989. Remote sensing of ocean surface winds with the SSM/I. *J. Geophys. Res.*, 94, 14,547-14,555.

Goodman A H, Henderson-Sellers A. 1988. Cloud detection analysis: A review of recent progress. *Atmos. Res.*, **21**, 203.

Goody H M. 1964. *Atmospheric Radiation*, 1. Theoretical Basic, Clarendon Press. Oxford. 436pp.

Gordon H R, Du T, Zhang T. 1997. Remote sensing ocean color and aerosol properties: Resolving the issue of aerosol absorption. *Appl. Opt.*, **36**:8670-8684.

Gordon H R, Voss K J. 1999. MODIS normalized water-leaving radiance. MODIS algorithm theoretical basis document ATBD MOD-17, April 30, 1999, Greenbelt MD: NASA Goddard Space Flight Center.

Gordon H R, Wang M. 1994. Retrieval of water-leaving radiance and aerosol optical thickness over the oceans with SeaWiFS: A preliminary algorithm. *Appl. Opt.*, **33**: 443-452.

Gordon H R. 1997. Atmospheric correction of ocean color imagery in the Earth Observing System era. *J. Geophys. Res.*, **102**D: 17,081-17,106.

Gordon H, Morel A. 1983. Remote assessment of ocean color for interpretaion of satellite visible imagery, A review. New York: Springer - Verlng.

Goyet C, Brewer P G. 1993. Biochemical properties of the oceanic cycle. In *Modeling Oceanic Climate Interactions*, ed. by J. Willebrand, NATO Advanced Study Institute, III: 271-297.

Grody N C. 1976. Remote sensing of atmospheric water content from satellites using microwave radiometry. IEEE Trans. Antennas Propagat., AP-24, 155-162.

Gupta R K, Vijayan D, Prasad T S. 2001. New hyperspectral vegetation characterization parameters. *Advances in Space Research*, **28**(1): 201-206.

Gupta S K, Damell W L, Wilber A C. 1992. A parameterization for longwave surface radiation from satellite data: Recent improvements, *J. Appl. Meteor.*, **31**: 1361-1367.

Guyot G, Goyon D, Riom J. 1989. Factors affecting the spectral response of forest canopies: A review. *Geocaro Interational*.

Guyot G, Goyon D, Riom J. 1989. Factors affecting the spectral response of forest canopies: A review. Geocaro Interational.

Guyot G. 1980. Analysis of foctors acting on the Vriability of spectral signatures of natural surfaces. InProceeding International Symposium I. S. P. Hamburg. *International Archives Photogrammetry*, **22**: 382-393.

Guyot G., Jacquiin C, Malet P, Thouy G. 1978. Evolution des indicatrices de réflexion de cultures de céréales en fonction de leurs stades phénologiques. In Proceedings International Symposium on Remote Sensing for Observation and Inventory of Earth Resources and Endangered Environment. Freibuurg, F. R. G., 2-5 July 1978. *International Arechives of Photogrammetry*, **22**: 705-718.

Guyot G. 1984. Caracterisation spectrale des couverts vegetaux dans le visible et le proche infrarouge, application a la teledetection. *Bulletin Socifte Francaise de Photogrammetrie et de Teledetection*, **95**: 5-22.

Guyot G. 1984. Caracterisation spectrale des couverts vegetaux dans le visible et le proche infrarouge, application a la teledetection. Bulletin Socifte Francaise de Photogrammetrie et de Teledetection, **95**: 5-22.

Haines B J, Bar-Sever Y E. 1998. Monitoring the TOPEX microwave radiometer with GPS: Stability of columnar water vapor measurements. *Geophys. Res. Lett.*, **25**: 3563-3566.

Hale G M, Querry M R. 1973. Optical constants of water in the 200-nm to 200-μm wavelength region. *Appl. Opt.*, **12**: 555 - 563.

Hamill T M, Mullen S L, Snyder C, *et al*. 2000a. Ensemble forecasting in the short to medium range: Report from a workshop. *Bull. Amer. Meteor. Soc.*, **81**: 2653-2664.

Hamill T M, Snyder C, Morss R E. 2000b. A comparison of probabilistic forecasts from bred, singular-vector, and perturbed observation ensembles. *Mon. Wea. Rev.*, **128**: 1835-1851.

Harris A R., Mason I M. 1992. An extension to the split-window technique giving improved atmospheric correction and total water vapor. **13**(5): 881-892.

Hay C M, Kuretz C A, Odenweller J B, et al. 1979. Development of. 4I Procedures for Dealing with the Effects of Episodal Events on Crop Temporal Spectral Response, AGRISTARS Report SR-B9-00434.

Hayden C M, Schmit T J, Schreiner A J. 1998. The cloud clearing for GOES product processing. *NOAA/NESDIS Technical Report*.

Heymsfield A J, Platt C M R. 1984. A parameterization of the particle size spectrum of ice clouds in terms of the ambient temperature and the ice water content. *J. Atmos. Sci.*, **41**:846-855.

Hinkley E D. 1976. Laser monitoring of the atmosphere. *Springer Verlag*. 380pp. New York.

Hitschfeld W, Bordan J. 1954. Errors inherent in the radar measurment of rainfall at attenuating wavelengths. *J. Meteorol.*, **11**:58-67.

Hobbs P V. 1993. *Aerosol-Cloud-Climate Interaction*. Academic Press. Inc.

Hoepffner N, Sathyendranath S. 1993. Determination of the major groups of phytoplankton pigments from the absorption spectra of total particulate maaer. *J. Deophys. Res.*, **98**:22789-22803.

Hofer R E, Njoht E G, Waters J W. 1981. Microwave radiomeuic measurements of sea surface temperature from the SeaSat satellite: First results. *Science*, **212**: 1385-1387.

Hofstadter M, Aumann H, Manning E, Gaiser S, Gautier C, and Yang S. 1999. AIRS Algorithm Theoretical Basis Document Level lB Part$_2$: Visible/Near-Infrared Channels, version 2. 1, available at http:// eospso. gsfc. nasa. gov/ atbd/airstables. html.

Hoge F E, Wright C W, Lyon P E, Swift R N, Yungel J K. 1999a. Satellite retrieval of inherent optical properties by ineversion of an oceanic radiance model: A preliminary algorithm. *Applied Optics*, **38**: 495-504.

Hoge F E, Wxight C W, Lyon P E, Swift R N, Ymlgel J K. 1999b. Satellite retrieval of the absorption coefficient of phytoplankton phycoerythrin pigment: Theory and feasibility status. *Applied Optics*, **38**: 7431-7441.

Holben B N, *et al*. 1986. Directional reflectance response in AVHHRR red and near IR bands for three cover types and varying atmospheric conditions. *Remote Sensing of Environment*, **19**:213-236.

Holben B N, Kimes D S, Fraser R S. 1986. Directional reflectance response in AVHRR red and near IR band for three cover types and varying atmospheric cindition. *Remote Sensing of Environment*, **19**:213-236.

Holben B N, Venuote E, Kaufman Y J, Tanré D, Kalb V. 1992. Aerosol retrieval over land from AVHRR data-application for atmospheric correction. IEEE Trans. *Geosci. Remote Sens.*, **30**: 212-222.

Hollingel J P. 1971. Passive microwave measurements of sea surface roughness. IEEE Trans. Geosci. Electron., GE-9, 165-169.

Houghton J T, Taylor F W, Rodgers C D. 1984. *Remote Sounding of Atmospheres*. Cambridge University Press, Cambridge, UK, 343 pp.

Howard, *et al*. 1955. Near-infrared transmission through synthetie atmospheres. *Geophys. Res. Pap.*, 40: ASCRC-TR-55-213.

Hu B, Lucht W, Strahler A, Schaaf C, Smith M. 2000. Surface albedos and angle-corrected NDVI from AVHRR observations over South America. *Remote Sens. Env*,., **71**: 119-132.

Huete A R, Didan K, Miura T, et al. 2002a. Overview of the radiometric and biophysical performance of the MODIS vegetation indices. *Remote Sensing of Environrnent*, **83**:195-213.

Huete A R, Justice C. 1999. MODIS Vegetation Index (MOD 13) Algorithm Theoretical Basis Document, Greenbelt: NASA Goddard Space Flight Center, http://modarch. gsfc. nasa. gov/ MODIS/LAND/gvegetation-indices, 129 p.

Huete A R, Liu H Q, Batchily K, van Leeuwen W. 1997. A comparison of vegetation indices over a global set of TM images for EOS-MODIS. *Remote Sens. Environ.*, **59**: 440-451.

Huete A R. 1988. A Soil-adjusted Vegetation Index (SAVI). *Remote Sensing of Environrnent*, **25**:295-309.

Huete A, Justice C, Lin H. 1994. Development of vegetation and soil indices for MODIS-EOS. *Remote Sens. Environ.*, **49**: 224- 234.

Hunt E R, Rock B N, Nobel P S. 1987. Measurement of leaf relative water content by infared reflectance. *Re-*

mote Sensing of Environment, **22**:429-435.

Hutchison K D, Cracknell A P. 2006. *Visiable Infrared Imager Radiometer Suite*. CRC. Press.

Ide K, Courtier P, Ghil M, Lorenc A. 1997. Unified notation for data assimilation: Operational, sequential and variational. *J. Meteor. Soc. Japan*, **75**:181-189.

Idso S B, Jackson R D, Reginato R J. 1977. Remote sensing of crop yields. *Science*, **196**:19-25.

Inoue T. 1987. A cloud type classification with NOAA 7 split window measuremenets 923991-4000.

Iqbal M. 1983. *An Introduction to Solar Radiation*. Academic Press, Toronto and New York, 390 pp.

Irvine W M, Pollack J B. 1968. Infrared optical properties of water and ice spheres. *Icarus*, **8**:324 - 360.

Iverson R L, Esaias W E, and Turpie K. 2000. Ocean annual phytoplankton carbon and new production, and annual export production estimated with empirical equations and CZCS data. *Global Change Biology*, **6**: 57-72.

Jackson R D, Huete A R. 1991. Interpreting vegetation indices. *Prev. Vet. Med.*, **11**:185-200.

Jacobson M Z. 1999. Isolating nitrated and aromatic aerosols and nitrated aromatic gases as sources of ultraviolet light absorption. *J. Geophys. Res.*, 104 (D3):3527-3542.

Jaenick R and Schütz L. 1978. J. Geophys. Res. ,**83**:3585-3599.

Jaenicke R. 1988. Landolt-B? rnstein New Series, V: Geophysics and Space Research, 4: Meteorology. // Fischer G. Numerical Data and Functional Relationships in Science and Technology. Physical and Chemical Properties of the Air. 391-457. Springer, Berlin.

Janssen M A. 1993. *Atmospheric Remote Sensing by Microwave Radiometry*, Chap. 1, John Wiley& Sons, New York, 572 pp.

Jedlovec G J. 1987. Determination of atmospheric moisture structure from high resolution MAMS radiance data. Ph. D. Thesis, University of Wisconsin, Madison, WI, 157 leaves.

Jedlovec G J. 1990. Precipitable water estimation from high resolution split window radiance measurements. *Jour. Appl. Meteor.*, **29**:863-877.

Jeffrey S W, Mantoura R F C. 1997. Development of pigment method for oceanography: SCOR - supported Working Groups and objectives// Jeffrey S W. Phytoplankton Pigments in Oceanography: Guideline to Modern Methods.

Jenkis G M, Watts D G. 1968. *Spectral Analysis and its Applications*. San Erancisco, Ca?: Holden-Day.

Jessup A T, Zappa C J. 1997. Defining and quantifying microscale wave breaking with infrared imagery. *J. Geophys Res.*, **102**:23145-23153.

Kabéche A, Testud J. 1995. Stereorada meteorology: A new unified approach to process data from airborne or ground-based meteorological radas. *J. Atmos. Ocean Technol.*, **12**(4):783-799.

Kamieli A, Kaufinan Y J, Remer L, Wald A. 2001. AFRI: Aerosol Free Vegetation Index. *Remote Sensing of Environment*, **77**:10-21.

Katsaros K B. 1980. The aqueous thermal boundary layer. *Boundary Layer Meteorol*, **18**:107-127.

Kaufman Y J and Gao B C. 1992. Remote sensing of water vapor in the near IR from EOS/MODIS. *IEEE Trans. Geosci. Remote Sensing*, **30**:871-884.

Kaufman Y J, Setzer A, Ward D, Tanre D, Holben B N, Kirchhoff V W J H, Menzel W P, Pereira M C, and Rasmussen R. 1992. Biomass Burning Airborne and Spaceborne Experiment in the Amazonas(BASE-A). *Jour. Geophys. Res.*, Vol **97**, No. D13:14581-14599.

Kaufman Y J, Tanré D, Gordon H R, *et al*. 1997a. Passive remote sensing of tropospheric aerosol and atmospheric correction for the aerosol effect. *J. Geophys. Res.*, **102**(D14), 16815-16830.

Kaufman Y J, Tanré D, Remer L, *et al*. 1997b. Operational remote sensing of tropospheric aerosol over land from EOS-moderate resolution imaging spectroradiometer. *J. Geophys. Res.*, **102**(D14), 17051-17067.

Kaufman Y J, Tanre D. 1992. Atmospherically resistant vegetation index (ARVI) for EOS-MODIS. *IEEE Transactions on Geoscience and Remote Sensing*, **30**:261-270.

Kaufman YJ, Justice C O, Flynn L P, *et al*. 1998a. Potential global fire monitoring from EOS-MODIS. *J. Geophys. Res.*, 103, 32215-32238.

Kauth R J, Thomas G S. 1976. The Tasseled Cap-A Graphic Description of the Spectral-Temporal Development of Agricultural Crops as Seen by Landsat," Proceedings, Symposium on Machine Processing of Remotely Sensed Data, West Lafayette, IN: LA_RS, 41-51.

Kaye G W C and Laby T H. 1973. Table of physical and chemical constants and some mathematical functions. 14th ed. Longman, London.

Kiefer D A and Reynolds R A. 1992. Advances in understanding phytoplankton fluorescence and photosynthesis. In *Primary Productivity and Biogeochemical Cycles in the Sea*, ed. by P. G. Falkowsld and A. D. Woodhead, Plenum, New York: 155-174.

King. 1987. Determination of the scaled optical thickness of clouds from reflected solar radiation measurements. J. Atmos. Sci., **44**:1734-1751.

Kim M, Danghtry C S, Chappelle E W, et al. 1994. The Use of High Spectral Resolution Bands for Estimating Absorbed Photosynthetically Active Radiation (APAR), Proceedings, 6th Symposium on Physical Measurements and Signatures in Remote Sensing, January 17-21, Val DIsere, France, 299-306.

King M D. 1999. *EOS Science Plan: The State of Science in the EOS Program*, NASA Goddard Space Flight Center, Greenbelt, MD, 397 pp.

King M D and Greenstone R. 1999. 1999 EOS Reference Handbook: A Guide to NASA's Earth Science Enterprise and the Earth Observing System, NASA Goddard Space Flight Center, Greenbelt, MD, 361 pp.

King M D, Kaufman Y J, Tanré D, Nakajima T. 1999. Remote sensing of tropospheric aerosols from space: Past, present, and future. *Bull. Amer. Meteor. Soc.*, **80**: 2229-2260.

King M D, Radke L F, Hobbs P V. 1990. *J. Atmos. Sci.*. **47**:894-907

King M D, Strange M G., Leone P, Blaine L R. 1986. *J. Atmos. Oceanic Tech.*, **3**:513-522.

King M D, Tsay S C, Ackerman S A and Larsen N F. 1998. Discliminating heavy aerosol, clouds, and fires during SCAR-B: Application of airborne multispectral MAS data. *J. Geophys. Res.*, **103**:31989-32000.

King M D. Menzel W P, Grant P S, *et al*. 1996. Airborne scanning spectrometer for remote sensing of cloud, aerosol, water vapor and surface properties. *J. Atmos. Oceanic Technol.*, **13**:777-794.

Kinsman B. 1984. Wind Wave: Their Generation and Propagation on the Ocean Surface. New York: Dover Publications.

Kirk J T O. 1991. Volume scattering function, average cosines, and the underwater light field, Limnol. *Oceanogr.*, **36**:455 - 467.

Kleepsies T J, and McMillan L M. 1984. Physical retrieval of precipitable water using the split window technique. *Proc. Conf. on Satellite Meteorology/Remote Sensing and Applications*, Amer. Meteor. Soc., Boston, MA: 55-57.

Klein A G, and Hall D K. 2000. Snow albedo determination using the NASA MODIS instrument. *Proc. 56th Annual Eastern Snow Conference*, 2-4 June 1999, Fredericton, New Brunswick, Canada: 77-85.

Klett J D. 1985. Lidar inversion with variable backscatter/extinction ratios. *Applied Optics*, **24**:1638-1643.

Klippel W and Warneck P. 1980. *Atmos. Environ.*, **14**:809-818.

Knyazikbin Y, Martonchik J V, Myneni R B, *et al*. 1998a. Synergistic algorithm for estimating vegetation canopy leaf area index and fraction of absorbed photosynthetically active radiation from MODIS and MISR data. or. *Geophys. Res.*, **103**, 32257-32275.

Knyazikhin Y, Martonchik J V, Diner D J, *et al.* 1998b. Estimation of vegetation canopy leaf area index and fraction of absorbed photosynthetically active radiation from atmosphere -corrected MISR data. *J. Geophys. Res.*, **103**, 32239-32256.

Kokhanovsky A A. 2006. *Cloud Optics*. Springer Press. University of Bremen, Germany.

Komhyr W D, Grass R D, Leonard R K. 1989a. Dobson Spectrometer 83: A Standard for Total Ozone Measurements, 1962-1987.

Kopelevich O V. 1983. Small-parameter model of optical propertics of sea water // Monin A S. Chapter 8 in Ocean Optics, Vol. I: Physical Ocean Optical, Moscow: Nauka Pub (Russian).

Kramm G. 1991. *Meteor. Rundsch.*, **43**: 65-80.

Kummerow C, Barnes W, Kozu T, Shiue J, Simpson J. 1998. The Tropical Rainfall Measuring Mission (RMM) sensor package. *J. Atmos. Oceanic Technol.*, **15**: 808-816.

Kuo C C, Staelin D H, RosenkxanT P W. 1994. Statistical iterative scheme for estimating atmospheric relative humidity profiles. IEEE Trans. *Geosci. Remote Sens.*, **32**: 254-260.

Lacis A A and Hansen J E. 1974. A parameterization for the absorption of solar radiation in the earth's atmosphere. *J. Atmos. Sci.*, **31**: 118-133.

Lakshmi V, Susskind J, Choudhm'y B J. 1998. Determination of land surface skin temperatures and surface air temperature and humidity from TOVS HIRS2/MSU data. *Adv. Space Res.*, **22**(5): 629-636.

Lambin E F, Strahler A H. 1994. Indicators of land-cover change for change-vector analysis in multitemporal space at coarse spatial scales. Int. *J. Remote Sens.*, **15**: 2099-2119.

Landgraf J, Hasekamp O P, Box M A, Trautmann T. 2001. A linearized radiative transfer model for ozone profile retrieval using the analytical forward-adjoint perturbation theory approach. *J. Geophys. Res.*, **106**: 27291-27305.

Leckner B. 1978. The spectral distribution of solar radiation at the earth's surface elements of a model. *Sol Energy*, **20**: 143-150

Lee Z P, Carder K L, Peacock T G, Davis C O, Mueller J L. 1996. Method to derive ocean absorption coefficients from remote sensing reflectance. *Appl. Opt.*, **35**(3): 453-462.

Lee Z P, Carder K L, Steward R G, et al. 1998. An empirical ocean color Algorithm for light absorption coefficients of optically deep waters. *J. Geophys. Res.*, **103**: 27967-27978,

Levy R C, Remer L A, et al. 2004. Effects of neglecting polarization on the MODIS aerosol

Li J, Wolf W W, Menzel W P, Zhang W, Huang H L, Achtor T H. 2000. Global soundings of the atmosphere from ATOVS measurements: The algorithm and validation. *Jour. Appl. Meteor.*, **39**: 1248-1268.

Li X, Strahler A H and Woodcock C E. 1995. A hybrid geomeuic optical- radiative transfer approach for modeling albedo and directional reflectance of discontinuous canopies. IEEE Trans. *Geosci. Remote Sens.*, **33**: 466-480.

Lichtenthaler H K, Pfister K. 1978. Praktikum der photosynthese. Quelle &Meyer Verlag, Heidelbeg.

Lighthill J. 1980. *Waves in Fluids*. Cambrige: Cambrige University Press.

Liou K N. 1980. *An introduction to atmosphereic radiation*. Academic press, New York.

Liou K N. 1992. *Radiation and Cloud Processes in the Atmosphere*. Oxford University Press, Oxford, UK. 487 pp.

Liou K N. 2004. *An introduction to atmosphereic radiation*. Second Edition. Academic press.

Liou K N, Ou S C, Takano Y, *et al.* 1990. Remote sounding of the tropical cirrus cloud temperature and optical depth using 6.5 and 10.5 μm radiometers during STEP. *J. Appl. Meteor.*, **29**: 715-726.

Liu G, Curry J. 1993. Determination of characteristic features of cloud liquid water from satellite microwave measurements. *J. Geophys. Res.*, **98**:5069-5092.

Liu Q, Rupert E. 1996. A radiative transfer model:matrix operator method. *Applied Optics*, **35**:4229-4237.

Liu W T, Katsaros K B, Businger J A. 1979. Bulk parameterization of air-sea exchanges of heat and water vapor including the molecular constraints at the surface. *J. Atmos. Sci.*, **36**:1722-1735.

Liu W T, Tang W, Wentz F J. 1992. Precipitable water and surface humidity over global oceans from SSM/I and ECMWF. *J. Geophys. Res.*, **97**: 2251-2264.

Lord D, Desjardins R L, Dube P A, Brach E J. 1985. Variation of crop canopy spectral reflectance measurements. *Remote Sensing of Environment*, **18**:113-123.

Lorenc A. 1986. Analysis methods for numerical weather prediction. *Quart. J. Roy. Meteor. Soc.*, **112**: 1177-1194.

Lucht W, Lewis P. 2000. Theoretical noise sensitivity of BRDF and albedo retrieval from the EOS-MODIS and MISR sensors with respect to angular sampling. *Int. J. Remote Sens.*, **21**(1): 81-98.

Lucht W, Schaaf C B, and SU'ahler A H. 2000. An algorithm for the retrieval of albedo from space using semiempirical BRDF models. IEEE Trans. *Geosci. Remote Sens.*, **38**(2): 977-998.

Lucht W. 1998. Expected retrieval accuracies of bidirectional reflectance and albedo from EOS-MODIS and MISR angular sampling. *J. Geophys. Res.*, **103**: 8763-8778.

Ma X L, Smith W L, Woolf H M. 1984. Total ozone from NOAA satellites—a physical model for obtaining observations with high spatial resolution. *J. Clim. Appl. Meteor.*, **23**:1309-1314.

Ma Xi, Smith Wi, Woolf H M. 1984. Total ozone from NOAA satellites A physical model for obtaining observations with high spatial resolution. *J. Climate Appl. Meteor.*, **23**: 1309-1314.

Maignan F, Bréon F M, Lacaze R. 2004. Bidirectional reflectance of Earth targets: Evaluation of analytical models using a large set of spaceborne measurements with emphasis on the Hot-Spot. *Remote Sensing of Environment*, **90**:210-220.

Marshall J S, Palmer W McK. 1948. The distribution of raindrop with size. *J. Meteorol.*, **5**:165-166.

Martin S. 2004. *An introduction to Ocean Remote Sensing*. cambridge: Cambridge University Prees.

McMillin L M, Crone L J, Goldberg M D, Kleespies T J. 1995. Atmospheric transmittance of an absorbing gas. OPTRAN: a computationally fast and accurate transmittance model for absorbing gases with fixed and variable mixing ratios at variable viewing angles. *Appl. Opt.*, **34**(N27): 6269-6274.

Meischner P. 2004. *Weather Radar, Orinciple and Advanced Applications*. Springer Press.

Menenti M, Bastiaanssen W G M, Hefny K, et al. 1991. Mapping of ground water losses by evaporation in the Western Desert of Egypt, DLO Winand Staring Centre, Report No. 43, Wageningen, The Netherlands: 116pp.

Menke W. 1989. *Geophysical data analysis: discrte inverse theory*. Revised edition. Academic Press.

Minnis P, Garber D P, Young D F, Arduini R F, Takano Y. 1998. Parameterization of reflectance and effective emittance for satellite remote sensing of cloud properties. *J. Atmos. Sci.*, **55**: 3313-3339.

Mobley C D. 1994. *Light and Water; Radiative Transfer in Natural Water*. San Diego: Academic Press.

Mobley C D. 1995. The optical properties of water. In Hand of Optical 2nd edn. Vol. 1, ed. M. Bss, pp. 43. 3-43. 56. New York: McGraw-Hill.

Mobley C D. 1999. Estimation of the remote sensing reflectance from above surface measurements. *Appl. Opt.*, **38**:7442-7455.

Monteith J L. 1972. Solar radiation and productivity in tropical ecosystems. *J. Appl. Ecology*, **9**: 747-766.

Monteith J L. 1973. *Principles of Environmental Physics*. Arnold Press, London.

MOORE R J, FUNG A K. 1979. Radar determination of winds at sea. *Proc. IEEE*, **67**:1504-1521.

Moran M S, Clarke T R, Inoue Y, Vidal A. 1994. Estimating crop water deficit using the relation between surface- air temperature and spectral vegetation index. *Remote Sensing of Environment*, **49**:246-263.

Morel A, and Andre J M. 1991. Pigment distribution and primary production in the Western Mediter-ranean as derived and modeled from Coastal Zone Color Scanner observations. *J. Geophys. Res.*, **96**: 12685-12698.

Morel A, Gentili B. 1991. Diffuse reflectance of oceanic waters:Its dependence on Sun angle as 60 influenced by the molecular scattering contribution. *Appl. Opt.*, **30**:4427 - 4438.

Morel A, Prieir L. 1977. Analysis of variation in ocean color. *Limnol. Oceanogr.*, **22**:709-722.

Morel A. 1974. Optical properties of pure water and pure sea water// Jerlov N G and Nielson E S. *Optical Aspects of Oceanography*.

Morel A. 1988. Optical modeling of the upper ocean in relation to its biogenous matter content (case I waters). *Jour. Geophys.* Res., **93**C:10749 - 10768.

Moré J J and Wright S J. 1993. Optimization Software guide,SIAM, Philadelphia.

Mueller J. L, Fargion G S,et al. 2003. *Ocean optics protocols for satellite ocean color sensor validation,revision* 4,*volume* 1:*Introduction,background and conventions*. NASA.

Myneni R B, Nemani R R, Running S W. 1997. Estimation of global leaf area index and absorbed PAR using radiative transfer model. IEEE Trans. *Geosci. Remote Sens.*, **35**: 1380-1393.

Müller-Karger F E, McClain C R, Sambrotto R N, Ray G C. 1990. A comparison of ship and Coastal Zone Color Scanner mapped distributions of phytoplankton in the southeastern Bering Sea. *J. Geophys. Res.*, **95**:11483-11499.

Naderi F M, Freilich M H, and Long D G. 1991. Spaceborne radar measurement of wind velocity over the ocean An overview of the NSCAT scatterometer system. *Proc. IEEE*, **79**: 850-866.

Nakajima T and King M D. 1990. Determination of the optical thickness and effective particle radius of clouds from reflected solar radiation measurements. Part 1. *Theory*, *J. Atmos. Sci.*, **47**:1878-1893.

Nakajima T Y, Nakajima T. 1995. Wide-area determination of cloud microphysical properties from NOAA AVHRR measurements for FIRE and ASTEX regions. ,7.. *J. Atmos. Sci.*, **52**: 4043-4059.

Nemani R R, Pierce L, Running S, Gowm'd S. 1993. Developing satellite- derived estimates of surface moisture status. *J. Appl. Meteor.*, **32**(3): 548-557.

Nemani R R, Running S W. 1995. Satellite monitoring of global land-cover changes and their impact on climate. *Climatic Change*, **31**: 395-413.

Njoku E G, Entekhabi D. 1996. Passive microwave remote sensing of soil moisture, *J.. Hydrology*, **184**: 101-129.

Njoku E, Li L. 1999. Retrieval of land sturface parameters using passive microwave measurements at 6 to 18 GHz. *IEEE Trans. Geosci. Remote Sens.*,**37**: 79-93.

Nordberg W, Conaway J, Ross D B, Wilheit T T. 1971. Measurement of microwave emission from a foam covered wind driven sea. *J. Atmos. Sci.*,**38**: 429-433.

NSIDC, The National Snow and Ice Data Center DAAC. 1996. *DMSP SSM/I Brightness Temperature and Sea Ice Concentration Grids for the Polar Regions*, *User's Guide*, CIRES, University of Colorado,Boulder, CO, second revised edition.

O'Reilly J E, Maritorena S, Mitchell B G, *et al*. 1998. Ocean color algorithms for SeaWiFS. *J. Geophys. Res.*, **103**:24937-24953.

Olson W, Kummerow C D, Hong Y, Tao W K. 1999. Atmospheric latent heating distributions in the tropics derived from satellite passive microwave radiometer measurements. *J. Appl. Meteor.*, **38**: 633-664.

Omar A H, Won J G, *et al*. 2005. Development of global aerosol models using cluster analysis ofAerosol Robotic Network (AERONET) measurements. *Journal of Geophysical Research-Atmospheres*, 110(D10).

Optics, **35**:4229-4237.

Ou S C, Liou K N, Baum B A. 1996. Detection of multilayer cirrus cloud systems using AVHRR data: Verification based on FIRE II IFO composite measurements. *J. Appl. Meteor.*, **35**:177-191.

Ou S C, Liou K N, Caudill T R. 1998. Remote sounding of multilayer cirrus cloud systems using AVHRR data collected during FIRE II IFO. *J. Appl. Meteor.*, **37**:241-254.

Ou S C, Liou K N, Gooch W M, Takano Y. 1993. Remote sensing of cirrus cloud parameters using advanced very-high-resolution radiometer 3.7- and 10.9- mm channels. *Applied Optics*, **32**:2171-2180.

Ou S C, Liou K N, Takano Y, et al. 1995. Remote sounding of cirrus cloud optical depths and ice crystal sizes fromAVHRR data: Verification using FIRE II IFO composite measurements. *J. Atmos. Sci.*, **52**: 4143-4158.

Palmer K F, Williams D. 1974. Optical properties of water in the near infrared. *J. Opt. Soc. Amer.*, **64**: 1107 - 1110.

Paltridge G W, and Platt C M R. 1976. *Radiative Processes in Meteorology and Climatology*. Elsevier, Amsterdam, 318 pp.

Penndorf R. 1954. The vertical distribution of Mie particles in the troposphere. *Geophysics Research*, *Paper*, 25, AFCRL, Bedford, MA.

Penner J E, Dickinson R E, O'Neill C A. 1992. Effects of aerosol from biomass burning on the global radiation budget. *Science*, **256**: 1432-1434.

Petty G W, Katsaros K B. 1990. Precipitation observed over the South China Sea by the Nimbus-7 scanning multichannel microwave radiometer during winter MONEX. *Journal of Applied Meteorology*, **29**: 273-287.

Petty G W, Katsaros K B. 1994. The response of the SSM/I to the marine environment. Part II: A parameterization of the effect of the sea surface slope distribution on emission and reflection. *Journal of Atmospheric and Oceanic Technology*, **11**:617-628.

Petty G W. 1994a. Physical retrievals of over-ocean rain rate from multichannel microwave imagery. Part I: Theoretical characteristics of normalized polarization and scattering indices. *Meteorology and Atmospheric Physics*, **54**:79-100.

Petty G W. 1994b. Physical retrievals of over-ocean rain rate from multichannel microwave imagery. Part II: Algorithm implementation. *Meteorology and Atmospheric Physics*, **54**:101-121.

Phillips O M. 1977. *The Dynamics of the Upper Ocean*. Cambrige: Cambrige University Press.

Pinty B, Verstraete M M. 1992. GEMI: A nonlinear index to monitor global vegetation from satellites. *Vegetation*, **101**:15-20.

Platt T C, Caverhill C, Sathyendranath S. 1991. Basin scale estimates of oceanic primary production by remote sensing: The North Atlantic. *J. Geophys. Res.*, **96**(15): 147-149.

Prabhakara C, Com'ath B J, Hanel R A. 1970. Remote sensing of atmospheric ozone using the 9.6 micron band. *J. Atmos. Sci.*, **26**: 689-697.

Prata A J and Platt C M R. 1991. Land surface temperature measurments from AVHRR. In Proc. 5th AVHRR Data Users Conference, June 25-28, Tromso, Norway, EUM, P09, pp433-8.

Prata A J. 1993. Land surface temperature derived from the Advanced Very High Resolution Radiometer and the Along-Track Scanning Radiometer I. Theory. J. Geophys. Res., **98**:16689-16702.

Price J C. 1984. Land surface temperature measurements from the split window channels of the NOAA7 Advanced Very High Resolution Radiometer. *J. Geophys. Res.*, **89**: 7231-7237.

Prince S D, Goward S N. 1995. Global primary production: A remote sensing approach. *J. Biogeography*, **22**: 815-835.

Qiu G Y, Momii K, Yano T. 1996a. Estimating of plant transpiration by imitation leaf temperature I. Theoretical consideration and field verification. *Tran Jpn, Soc. Irrig. Drainage Reclamational Eng*, **183**: 47-56.

Quattrochi D A and Luvall J C. 2000. *Thermal Remote Sensing in Land Surface Processes*. CRC Press. N. W.

Randall D A, Harshvardhan, Dazlich D A, Corsetti TG. 1989. Interactions among radiation, convection, and large-scale dynamics in a general circulation model. *J. Atmos. Sci.*, **46**: 1943-1970.

Rao C R N, Stowe L L, McClain E P. 1989. Remote sensing of aerosols over the oceans using AVHRR data: Theory, practice, and applications. *Int. J. Remote Sens.*, **10**: 743-749.

Rees W G. 2001. *Physical Principles of Remote Sensing*. 2nd edn. Cambrige: Cambrige University Press.

Remer L A, Kaufman Y J, Holben B N, Thompson A M, McNamara D. 1998. Biomass burning aerosol size distribution and modeled optical properties. *J.. Geophys. Res.*, **103**(D24), 31879-31891.

Remer L A, GassóS, Hegg D A, Kaufman Y J, Holben B N. 1997. Urban/ industrial aerosol: Ground-based sun/sky radiometer and airborne in situ measurements. *J. Geophys. Res.*, **102**(D 14): 16849-16859.

retrieval over land. *Ieee Transactions on Geoscience and Remote Sensing*, **42**(11): 2576-2583.

Richardson A J, Wiegand C L. 1977. Distinguishing vegetation from soil background information. *Remote Sensing of Environment*, **8**: 307-312.

Roach W T. 1961. The absorption of solar radiation by water vapour and carbon dioxide in a cloud leoss atmosphere. *Q. J. R. Meteorol. Soc.*, **47**: 364-373.

Rock B N, Vogelmann J E, Williams D L, et al. 1986. Remote Detection of Forest Damage. *Bio Science*, **36**: 439.

Rodgers C D. 1990. The Charaterization and Analysis of Profiles Retrieved from Remote Measurement of Thermal Radiation. *Rev. Geophys. and Space Phys.*, **14**: 609.

Rodgers C D. 2000. Inverse methods for Atmosphere soundin. Oxford University. Word Scientific. Press.

Roger M Bonnet. 1998. The Earth Explorers – The science and Research Elements of ESA? s Living Planet Programme. European Space Agency. Agence spatiacle europeene.

Rosenkranz P W. 1975. Shape of the 5mm oxygen band in the atmosphere. IEEE. Trans., A. P23, pp498-506.

Rosenkranz P W. 1998. Water vapor microwave continuum absoiption: A comparison of measurements and models. *Radio Sci.*, **33**: 919-928.

Rossow W B, Garder L C. 1993. Cloud detection using satellite measurements of infrared and visible radiances for ISCCP. *J. Clim.*, **6**: 2341-2369.

Rossow W B, Garder L C. 1993. Cloud detection using satellite measurements of infrared and visible radiances for ISCCP. *J. Climate*, **6**: 2341-2369.

Rossow W B, L C Gardner and Lacis A A. 1989. Global seasonal cloud variations from satellite radiance measurements. Part I: Sensitivity of analysis. *J. Climate*, **2**: 419 – 458.

Roujean J L, Leroy M, Deschamps P Y. 1992. A bidirectional reflectance model of the Earth's surface for the correction of remote sensing data. *Journal of Geophysical Research*, 97(D18): 20455-20468.

Rouse J W, Haas R H, Schell J A, Deering D W. 1974. Monitoring Vegetation Systems in the Great Plains with ERTS, Proceedings, 3rd Earth Resource Technology Satellite (ERTS) Symposium, 1, 48-62.

Ruimy A, Saugier B, Dedieu G. 1994. Methodology for the estimation of terrestrial net primary production from remotely sensed data. *J. Geophys. Res.*, **99**(D3): 5263-5283.

Running S W, Loveland T R, Pierce L L, Nemani R R, Hunt E R. 1995. A remote sensing based vegetation classification logic for global land cover analysis. *Remote Sens. Environ.*, **51**: 39-48.

Running S W, Nemani R R, Peterson D L, *et al.* 1989. Mapping regional forest evapotranspiration and photosynthesis by coupling satellite data with ecosystem simulation. *Ecology*, **70**: 1090-1101.

Russell P B, Livingston J M, Dutton E G, *et al.* 1993. Pinatubo and pre- Pinatubo optical depth spectra: Mauna Loa measurement, comparisons, infrared praticle size distributions, radiative effects and relationship to lidar data. J. Appl. Meteorol., **15**: 292-300.

Salisbury J W, D'Aria D M. 1992. Emissivity of terrestraial materials in the 8-14 mm atmospheric window. *Remote Sens. Environ.*, **42**: 83-106.

Saunders R W, Kriebel K T. 1988. An improved method for detecting cleat-sky and cloud radiances for AVHRR data. *Int. J. Remote Sens.*, **9**: 123-150.

Schluessel P, Emery W J, Grassl H, Mammen T. 1990. On the bulk-skin tempemture difference and its impact on satellite remote sensing of sea surface temperatures. *J. Geophys. Res.*, **95**: 13341-13356.

Schubert S D, Rood R B, Pfaendtner J. 1993. An assimilated dataset for earth science applications. *Bull. Amer. Meteor. Soc.*, **74**: 2331-2342.

Segelstein D. 1981. The complex refractive index of water. M. S. thesis, University of Missouri-Kansas City.

Seiler W and Crutzen P J. 1980. *Climatic Change*, **2**: 207-247.

Sellers P J. 1987. Canopy reflectance, photosynthesis and transpiration. *Int. J. Remote Sens.*, **6**: 1335-1372.

Sellers P, Meeson B, Closs J, et al. 1996b. The ISLSCP Initiative global datasets: Surface boundary conditions and atmospheric forcings for land-atmosphere studies. *Bull. Amer. Meteor. Soc.*, **77**: 1987-2005.

Sellers P, Randall D, Collatz G, et al. 1996a. A revised land surface parameterization (SiB2) for atmospheric GCMs, Part I: Model formulation. *Climate*, **9**: 676-705.

Shannon C E and Weaver W. 1949. *Mathematical Theory of Communication*. Paperback edition. Umiversity of Illinois Press, Urbana, 1962.

Slater P N, Biggar S F, Holm R G, *et al.* 1987. Reflectance-based and radiance-based methods for the inflight absolute calibration of multi-spectral sensors. *Remote Sens. Environ.*, **22**: 11-37.

Smith G L, Green R N, Raschke E, *et al.* 1986. Inversion methods for satellite studies of the Earth's radiation budget: Development of algorithms for the ERBE mission. *Rev. Geophys.*, **24**: 407-421.

Smith R C, Baker K S. 1981. Optical properties of the clearest natural waters. *Apll. Opt.*, **20**: 177-184.

Smith W L. 1983. The retrieval of atmospheric profiles from VAS geostationary radiance observations. *Jour. Atmos. Sciences.*, **40**: 2025-2035.

Smith W L and Zhou F X. 1982. Rapid extraction of layer relative humidity, geopotential thickness, and atmospheric stability from satellite sounding radiometer data. *Appl. Optics*, **21**: 924-928.

Smith W L, Wade G S, Woolf H M. 1985. Combined atmospheric sounder/cloud imagery-a new forecasting tool. *Bull. Amer. Met. Soc.*, **66**: 138-141.

Snyder W, Wan Z. 1996. Surface temperature correction for active infrared reflectance measurements of natural materials. *Appl. Opt.*, **35**(13): 2216-2220.

Sobrino J A, Z L L, Stoll M ph, Becker F. 1994. Improvement in the Split-Window technique for land surface temperature determination. IEEE. Trans. *Geosci. Remote Sens.*, **32**(2): 243-253.

Sohn B J, Robertson F R. 1993. Intercomparison of observed cloud radiative forcing: A zonal and global perspective. *Bull. Amer. Meteor. Soc.*, **74**: 997-1006.

Solomon S, Bonnann S, Garcia R R, *et al.* 1997. Heterogeneous chlorine chemistry in the tropopause region.

J. Geophys. Res., **102**:21411-21429.

Solomon S, Portmann R W, Garcia R R, *et al.* 1996. The role of aerosol variations in anthropogenic ozone depletion at northern midlatitudes. *J. Geophys. Res.*, **101**(D3): 6713-6727.

Spencer M W. 1994. Seawinds SES Filtering Requirements, *JPL IOM*-3347-94-002, 14 Jan.

Spencer M W, Wu C, Long D G. 1997. Tradeoffs in the design of aspaceborne scanning pencil beam scatterometer: application to Sea Winds. *IEEE Trans. Geosci. Remote Sens.*, **35**:115-126.

Spencer Roy W, Goodman H Michael, Hood, Robbie E. 1989. Precipitation retrieval over land and ocean with the SSM/I: identification and characteristics of the scattering signal. *Journal of Atmospheric and Oceanic Technology*, **6**:254-273.

Spinhirne J D, Hart W D. 1990. *Mon Wea. Rev.*, **118**:2329-2343.

Staelin D H, Chen F W. 2000. Precipitation observations near 54 and 183 GHz using the NOAA-15 satellite. IEEE Trans. *Geosci. Remote Sens.*, *in press*.

Staelin D H, Kunzi K F, Pettyjohn R L, *et al.* 1976. Remote sensing of atmospheric water vapor and liquid water with the Nimbus-5 microwave spectrometer. *J. Appl. Meteor.*, **15**: 1204-1214.

Stanghellini C. 1987. Transpiration of greenhouse crops- an aid to climate management, Ph. D thesis, Agriculture University, Wageningen, The Netherlands.

Steffen W, Sanderson A, *et al.* 2004. Global Change and the Earth System: A Planet Under Pressure. By IGBP Secretariat Royal Swedish Academy Of Science.

Stephene G L. 1994. *Remote Sensing of the Lower Atmosphere*. Oxford: Oxford University Press.

Stephens G L, Tsay S C. 1990. On the cloud absorption anomaly. *Q. J R. Meteorol. Soc.*, **116**:671-704.

Stewart R H. 1985. *Methods of Satellite Oceanography*. Univ. of Cal. Press, Berkeley, CA., 360.

Stommel H. 1966. *The Gulf Stream*. 2nd edn. Berkely: University of California Press.

Stowe L L, McClain E P, Carey R, *et al.* 1991. Global distribution of cloud cover derived from NOAA/A~ operational satellite data. *Adv Space Res.*, **11**: 51-54.

Stowe L, Ardanuy P, Hucek R, Abel P, Jacobowitz H. 1993. Evaluating the design of an earth radiation budget instrument with system simulations. Part I: Instantaneous estimates. *J. Atmos. Oceanic Tech.*, **10**: 809-826.

Strabala K I, Ackexman S A, Menzel W P. 1994. Cloud properties inferred from 8-12 micron data. *J. Appl. Meteor.*, **33**: 212-229.

Strahler A, Moody A, Lambin E. 1995. Land cover and land-cover change from MODIS. *Proc. 15th Int. Geosci. and Remote Sens. Symp.*, Florence, Italy, **2**: 1535-1537.

Stramski D, Bricaud A, Morel A. 2011. Modeling the inherent optical properties of the ocean based on the detailed composition of the planktonic community. *Applied Optics*, **40**(18):2929-2945.

Stroeve J, Nolin A, Steffen K. 1997. Comparison of AVHRR-derived and in situ surface albedo over the Greenland Ice Sheet. *Remote Sens. Environ.*, **62**: 262-276.

Strow L L, Tobin D C, McMillan W W, *et al.* 1998. Impact of a new water vapor continuum and line shape model on observed high resolution infrared radiances. *J. Quantitative Spectro- scopy and Radiative Transfer*, **59**(3-5): 303-317.

Sun Donglian, Ji Y, Ardanuy P E, et al. 2002. Visible/infrared imager / radiometer suite algorithm theoretical basis document. *William Emery, Science Team Member University of Colorado*, RAYTHEON SYSTEMS COMPANY Information Technology and Scientific Services 4400 Forbes Boulevard Lanham, MD 20706.

Susskind J, Bamet J C, Blaisdell J. 1998. Determination of atmospheric and surface parameters from simulated

AIRS/AMSU/HSB data：Retrieval and cloud clearing methodology. *Adv Space Res.*，**21**(3)：369-384.

Systems. *Journal of the Atmospheric Sciences*，**39**：656-665.

Szu-Cheng Ou，Liou K N，Takano Y，et al. 2002. Cloud effective particle size and cloud optical thickness visible/infrared imager/radiometer suite algorithm theoretical basis document. RAYTHEON SYSTEMS COMPANY Information Technology and Scientific Services 4400 Forbes Boulevard Lanham，MD 20706.

Takano Y，Liou K N. 1989. Solar radiative transfer in cirrus clouds. Part I：Single-scattering and optical properties of hexagonal ice crystals. *J. Atmos. Sci.*，**46**：3 －19.

Tanré D，Herman M and Kanfman Y J. 1996. Information on the aerosol size distribution contained in the solar reflected spectral radiances. *J. Geophys. Res.*，**101**，19043-19060.

Tanré D，Kaufman Y J，Henuan M，Mattoo S. 1997. Remote sensing of aerosol properties over oceans using the MODIS/EOS spectral radiances. *J. Geophys. Res.*，**102**(D14)，16971-16988.

Tassan S. 1994. Local algorithms using SeaWiFS data for the retrieval of phytoplankton pigments，suspended sediment，and yellow substance in coastal waters. *Applied Optics*，**33**：2369-2378.

Testud J，Oury S，Ameayene P，Black R. 2011. The concept of "normalized" distribution to describe raindrop spectra：a tool for cloud physics and cloud remote sensing. *J. appl. Meteorol.*，**22**：1704-1775.

Testud J，Oury S. 1997. Algorithme de correction d? atténuation pour radar météorologique. C. R. Acad，*Sci. Paris*. **324**(2a)：705-710.

Thomas G E，Stamnes K. 1999. *Radiation Transfer in the Atmosphere and Ocean*. Cambridge：Cambridge University Prees.

Tikhhonov A-K. 1963. On the solution of incorrectly stated problems and a metheod of regularization. *Dokl. Acad. Nauk SSSR*，**151**：501.

Townshend J R G，Justice C O，Li W，Gurney C，McManus J. 1991. Global land cover classification by remote sensing：Present capabilities and future possibilities. *Remote Sens. Environ.*，**35**：243-256.

Trenbelxh K E. 1998. Atmospheric moisture residence times and cycling：implica- tions for rainfall rates and climate change. *Climate Change*，**39**：667-694.

Turco，Earth Under Siege. 1997. colorado. http：//irina. colorado. edu.

Twomey S. 1963. On the numerical solution of fredholm integral equation of the first kind by the inversion of linear system produced by quadrature. *J. Ass. Comput. Mach.*，**10**：97.

Twomey S，Cocks T. 1982. *J. Meteor. Soc. Japan.*，**60**：583-592.

Ulaby F T R，Mooore K，Fung A K. 1981. Micowave remote sensing. Vol. I. Addison-Wesly Publishing Company.

Ulaby F T，Kouyat F，Fung A K. 1981a. A Backscatter Model for a Randomly Perturbede Periodie Surface. IEEE Int，Geosci，and Rem，Symp(IGARSS? 81)Digest，Washington.

Ulaby F T，Moore M，Fung A. 1982. *Microwave remote sensing*：*Active and passive*，*vol. I-III*. Reading，MA：Addison-Wesley Publishing Co.

Ulaby F T，Moore R K，Fung A K. 1981. Microwave Remote Sensing：Active and Passive. **1**：456.

Ulivieri C，Castronouvo M M，Francioni R，Cardillo A. 1992. A SW algorithm for estimating land surface temperature from satellite. Presented at COSPAR，Washington DC，USA. *Adv. Space Res.* 1，**4**(3)：59-65.

Ulivieri C，Castronouvo M M. 1985. Surface temperature retrievals from satellite measurments. *Acta Astronautica.*，**12**(12)：977-985.

Ustin S L，Smith M O，Adams J B. 1993. Remote sensing of ecological processes：A strategy for developing and testing ecological models using spectral mixture analysis//Ehleringer J R and Field C B. *Scaling Physiological Processes Leaf to Globe*. Academic Press，New York. 339-357.

van Leeuwen W J D, Huete A R, Laing T W. 1999. MODIS vegetation index compositing approach: Aprototype with AVHRR data. *Remote Sens Environ.*, **69**: 264-280.

Vanderbilt V C, Kollenkark J C, Biehl L L, *et al.* 1981. Diurnal changes in reflectance factor due to sun-row direction interactions. In Proceedings International Colloquium Spectral Singnatures of Object in Remote Sensing. Advignon, France 8-11 Sept 1981. Les Colloque de IINRA, **5**: 499-508.

Vennote E F, El Saleous N, Justice C O, *et al.* 1997. Atmosphelic correction of visible to middle-infrared EOS-MODIS data over land surfaces: Background, operational algolithm and validation. *J. Geophys. Res.*, **102**(D14), 17131-17141.

Vermote E, Tanre D, Deuze J L, Herman M, Morcrette J J. 1997. Second Simulation of the Satellite Signal in the Solar Spectrum (6S). 6S User Guide Version 2, 217.

Vidal R C and Blad B L. 1991. Atmospheric and emissivity correction of land surfcae temperature measured from satellite using gorund measurments or satellite data. *Int. J. Remote Sens.*, **12**(12): 2449-2460.

Vorosmarty C, Grace A, Moore III B, Choudhury B, Willmott C J. 1991. A strategy to study regional hydrology and terrestrial ecosystem processes using satellite remote sensing, ground-based data, and computer modeling. *Acta Astronautica*, **25**: 785-792.

Wald A E, Kaufman Y T, Tanré D and Gao B C. 1998. Daytime and nighttime detection of mineral dust over desert using infrared spectral contrast. *J. Geophys. Res.*, **103**: 32307-32313.

Wan Z, Dozier J. 1996. A generalized splitwindow algorithm for retrieving land-surface temperature from space. IEEE Trans. *Geosci. Remote Sens.*, **34**(4): 892-905.

Wan Z, Li Z-L. 1997. A physics-based algorithm for retrieving land-surface emissivity and temperature from EOS/MODIS data. IEEE Trans. *Geosci. Remote Sens.*, **35**: 980-996.

Wang J R. 1980. The dielectric properties of soil-water mixtures at microwave frequencies. *Radio Sci.*, **15**: 977-985.

Wang J R, Choudhury B J. 1995. Passive microwave radiation from soil: Examples of emission models and observations// Choudhury B J, Kerr Y H, Njoku E G, Pampaloni P. *Passive Microwave Remote Sensing Research Related to Land-Atmosphere Interactions*. VSP Press, The Nether-lands: 423-460.

Wang M, Gordon H R. 1994. Estimating aerosol optical properties over the oceans with MISR: Some preliminary studies. *Appl. Opt.*, **33**: 4042-4057.

Wanner W, Li X, Strahler A H. 1995. On the derivation of kernels for kernel-driven models of bidrectional reflectance, *J. Geophys. Res.*, **100**: 21077-21090.

Wanner W, Strahler A H, Hu B, *et al.* 1997. Global retrieval of bidirectional reflectance and albedo over land from EOS MODIS and MISR data: Theory and algorithm. *J. Geophys. Res.*, **102**: 17143-17162.

Waters J W. 1976. Absorption and emission of microwave radiation by atmospheric case in method of experimental physics// Meeks M L. 12. part B. Radio Astronomy, Academic Press, Section.

Webster P J. 1994. The role of hydrological processes in ocean-atmosphere interactions. *Rev. Geophys.*, **32**: 427-476.

Welch R M, Cox S K, Davis J M. 1980. Solar Radiation and Clouds. *Meteor. Monogr.*, 39: Amer. Meteor. Soc., 96.

Weng F, Grody N C. 1994. Retrieval of cloud liquid water using the spectral sensor microwave imager(SSM/I). *J. Geophys. Res.*, **99**: 25535-25551.

Wentz E J. 1992. Measurement of oceanic wind vector using satellite microwave radiometers. IEEE Trans. *Geosci. Remote Sens.*, **30**: 960-972.

Wentz F J. 1975. A two-scale scattering model for foam-free sea microwave brightness temperatures. *J. Geo-*

phys. Res., **80**: 3441-3446.

Wentz F J. 1997. A well-calibrated ocean algorithm for SSM/I. *J. Geophys. Res.*, **102**: 8703-8718.

Wentz F J, Smith D K. 1999. A model function for the ocean-normalized radar cross section at 14 GHz derived from NSCAT observations. *J. Geophys. Res.*, **104**: 11499-11514.

Wielicki B A, Bat' B Rkstrom and 21 others. 1998. Clouds and the Earth's Radiant Energy System(CERES): Algolithm overview. IEEE Trans. *Geosci. Remote Sens.*, **36**: 1127-1141.

Wielicki B A, Barkstrom B R, Harrison E F, *et al*. 1996. Clouds and the Earth's Radiant Energy System(CERES): An Earth Observing System experiment. *Bull. Amer. Meteor. Soc.*, **77**: 853-868.

Wielicki B A, Cess R D, King M D, *et al*. 1995. Mission to Planet Earth: Role of clouds and radiation in climate. *Bull. Amer. Meteor. Soc.*, **76**: 2125-2153.

Wilheit T T. 1990. An algorithm for retrieving water vapor profiles in clear and cloudy atmospheres from 183 GHz radiometric measurements: Simulation studies. *J. App. Meteor.*, **29**: 508-515.

Wilheit T T, Chang A T C. 1980. An algorithm for retrieval of ocean surface and atmospheric parameters from the observations of the Scamping Multichannel Microwave Radiometer(SMMR). *Radio Sci.*, **15**: 525-544.

World Meteorological Organization(WMO). 1995. Scientific assessment of ozone depletion: 1994, Global Ozone Res. and Monit. Proj., WMO Report 37, 326 pp.

Wtmsch C, Stammer D. 1998. Satellite altimetry, the marine geoid, and the oceanic general circulation. Ann. Rea,. *Earth Planet. Sci.*, **26**: 219-253.

Yamamoto G.. 1962. Direct absorption of solar radiation by atmospheric water, carbon dioxide and molecular oxygen. *J. Atmos. soc.*, **19**: 182-188.

Yamanouchi T, Suzuki K, Kawaguci S. 1987. Detection of clouds in Antarctica from infrared multispectral data of AVHRR. *J. Meteor. Soc. Japan*, **65**: 949-962.

Yoder J A, McClain C R, Feldman G C, Esaias W E. 1993. Annual cycles of phytoplankton chlorophyll concentrations in the global ocean, A satellite view. *Global Biogeochem. Cycles*, **7**: 181-193.

Young D F, Minnis P, Baumgardner D, Gerber H. 1998. Comparison of in situ and satellite-derived cloud properties during SUCCESS. *Geophys. Res. Lett.*, **25**: 1125-1128.

Zdunkowski W G, Trautmann T, Bott A. 2007. *Rdiation in the Atmosphere*. Cambridge: Cambridge University Press.

Zha Y, Gao J, Ni S. 2003. Use of normalized difference built-up index in automatically mapping urban areas from TM imagery. *International Journal of Remote Sensing*, **24**(3): 583- 594.

Zhan X, DeFries R, Hansen M, *et al*. 1999. Algorithm Theoretical Basis Document of the MODIS Enhanced Land Cover and Land Cover Change Product(MOD 29), update available at http://eospso. gsfc. nasa. gov/atbd/modistables. html.

Zhan X, Miller S, Chauhan N, et al. 2002. Soil moisture Visible/infrared imager/radiometer suite algorithm theoretical basis document. Version 5: March. *Steve Running (University of Montana), Phase I Science Team Member*. RAYTHEON SYSTEMS COMPANY. Information Technology and Scientific Services. 4400 Forbes Boulevard. Lanham, MD 20706. SRBS Document #: Y2387.

Zwally H J, Comiso MYM C, Parldnson C L, *et al*. 1983. Antarctic Sea Ice, 1973-1976: Satellite Passive-Microwave Observations, NASA Spec. Pub. 459, National Aeronautics and Space Administration, Washington D.C., 206 pp.